“十二五”普通高等教育本科国家级规划教材

Organic Chemistry Experiments

有机化学实验（第五版）

兰州大学 编

王清廉 王少华 朱道勇 张野 修订

中国教育出版传媒集团
高等教育出版社·北京

内容提要

本书为“十二五”普通高等教育本科国家级规划教材，内容分为有机化学实验的一般知识、有机化学实验基本操作、有机化合物的制备与反应、有机化合物的鉴定和附录五部分。2021年，本书第四版荣获首届全国教材建设奖全国优秀教材二等奖。

新版在继续保持教材原有体系和特色的基础上，对红外光谱、核磁共振谱及气液色谱的内容做了更新和充实，提供了更为翔实的数据和例证，对气质联用技术给予了特别的关注。本书第三部分增加了谱图表征的数量，并首次展现了化合物 ^{13}C NMR 的数据。新版调整了部分实验，适当增加了微量制备实验的数量。实验编排改变了以往以化合物类别编序的方式，代之以反应类型分类。新版增加了思考题的数量，涉及基本操作及所有谱图的解析。同时，新增数字化资源，包括实验基本操作视频和演示视频等，读者可扫描二维码观看学习。

本书可作为高等学校化学、应用化学及相关专业本科生和研究生的有机化学实验课程教材，也可供从事有机化学和相关专业的研究人员参考。

图书在版编目（CIP）数据

有机化学实验 / 兰州大学编 . -- 5 版 . -- 北京 ：高等教育出版社，2025. 7. -- ISBN 978-7-04-064602-3

Ⅰ. O62-33

中国国家版本馆 CIP 数据核字第 2025ZX6995 号

YOUJI HUAXUE SHIYAN

策划编辑 李 颖 曹 瑛　　责任编辑 李 颖　　封面设计 马天驰　　版式设计 童 丹
责任绘图 李沛蓉　　责任校对 王 雨　　责任印制 赵 佳

出版发行	高等教育出版社	网　　址	http://www.hep.edu.cn
社　　址	北京市西城区德外大街4号		http://www.hep.com.cn
邮政编码	100120	网上订购	http://www.hepmall.com.cn
印　　刷	大厂回族自治县益利印刷有限公司		http://www.hepmall.com
开　　本	850 mm × 1168 mm　1/16		http://www.hepmall.cn
印　　张	31.25	版　　次	1978 年 8 月第 1 版
字　　数	830 千字		2025 年 7 月第 5 版
购书热线	010-58581118	印　　次	2025 年 12 月第 3 次印刷
咨询电话	400-810-0598	定　　价	65.00 元

本书如有缺页、倒页、脱页等质量问题，请到所购图书销售部门联系调换

物 料 号　64602-00

第五版前言

本书第四版出版以来，继续受到读者的欢迎与厚爱，并入选“十二五”普通高等教育本科国家级规划教材；荣获首届全国教材建设奖全国优秀教材二等奖，这是对作者莫大的鞭策和鼓励。再接再厉，努力追赶国际先进水平，培养高综合素质和创新能力的人才，打造高水平的精品教材，是我们不懈的追求和目标。本次修订在保持教材原有体系和特色的基础上，本着“更新、更精、更细、更活”的原则，对第四版做了以下修订：

(1) 鉴于波谱技术已成为鉴定有机化合物的常规手段，新版充实了红外光谱和核磁共振谱的内容，提供了更为实用翔实的数据、例证和应用，并在制备实验中提供了34种化合物 ^{13}C NMR的数据，旨在提高学生识别和解析谱图的能力。

(2) 适应科学技术发展的趋势，对气液色谱一节做了较大的修改和充实，对气质联用技术给予了特别的关注。

(3) 新版删去了危害环境、陈旧过时和以苯为原料的13个实验，新增了碱催化的卤代烷消除、格氏反应制备苯甲酸、发酵法制备乙醇和 β-二联萘酚的拆分等10个实验。实验总体数量变化不大，为90个。

(4) 实验编排改变了以往以化合物类别编序的方式，代之以反应类型分类，有利于理论联系实际，加深学生对反应机理的理解。

(5) 对分馏和减压蒸馏的装置和操作，进行了替换和补充，这是对传统方法改进的有益尝试。

(6) 半微量和微量制备已成为国内外有机化学实验教学改革的趋势。鉴于本书的读者对象，新版仍以小量制备实验为主，适当增加了微量制备实验的数量 (共10个)，各校可根据教学条件，灵活地加以选择。

(7) 增加了思考题的数量，涉及基本操作及所有谱图的解析，旨在提高学生分析和解决问题的能力。

(8) 新增数字化资源，包括实验基本操作视频和演示视频等，读者可扫描二维码查看学习。

王清廉为本书的主编和统稿人；王少华、朱道勇和张野为副主编，承担了部分内容编写、审稿、实验复核、视频制作及校阅等工作。

樊春安、翟红林教授和邵永亮高工分别修订了“二维核磁共振谱简介”与“高效液相色谱”、“有机化学文献资源简介”及“X射线单晶结构分析在有机化学中的应用简介”；张海霞教授及兰州大学化学化工学院测试中心的同仁，对本书波谱部分的修订给予了大力的支持和帮助；孔荞、黎润泽、蒲雁林、马媛四位同学参与了视频的制作。

兰州大学化学化工学院、药学院和天然产物化学国家重点实验室的领导对本书再版工作给予了热情的鼓励和支持。本书得到了兰州大学教材建设基金的资助。高等教育出版社的编辑为本书的出版付出了辛勤的劳动，在此一并表示感谢。

本书参考了国内外有机化学实验教材的有关内容，谨表谢意。

本书的疏漏、错误和不妥之处，敬请读者及同行指正。

编者

2024 年 1 月

第四版前言

本教材自2010年6月再版以来，深受读者的欢迎，并入选“十二五”普通高等教育本科国家级规划教材，作者对此深感欣慰。在此期间，科学技术和教学内容都有了新的变化。再接再厉，勇于攀登，精心打造一本高水平的优秀教材，为我国的高等教育事业贡献绵薄之力，是我们的责任和义务，也是本次修订教材的宗旨。

本次修订在原有的基础上，我们力求做到以下几点：一是“精”(数据精确，文字简练)；二是“严”(结构严谨，逻辑严密，翔实可靠)；三是“新”(反映学科进展前沿知识)；四是“活”(文字生动活泼，理论紧扣实验，启发学生思维)。

修订后的教材，保持了原版的体系和特色，篇幅基本不变，在具体内容和细节上，做了必要的变动、补充和增删。

(1) 更换了某些毒性高、污染性强、耗时太长及陈旧性的内容，而代之以更具实用性、先进性和趣味性的实验，如“吡咯衍生物杯吡咯的制备”、“乙酰乙酸乙酯酶催化的还原”(不对称合成)、超声化学反应等，并更新了部分波谱图。教材重新增补了“反应动力学”的实验，这是国内外大多数有机化学实验教材都有的内容。

(2) 对第三版教材中错漏、冗繁、重复、不规范和不够严谨的表述进行了认真的检查和修订。

(3) 鉴于仪器和技术的进步，对“二维核磁共振和双共振技术简介”和“X射线单晶结构分析在有机化学中的应用简介”重新进行了撰写，对“无水无氧操作技术”与“有机化学文献资源简介”等章节进行了重新修订。

(4) 对“有机化学实验基本操作”和“有机化合物的鉴定”部分的有关内容也作了必要的修订。

(5) 波谱技术部分压缩了理论表述的篇幅，增加了应用和实验操作的内容。

本书由王清廉、李瀛、高坤、许鹏飞、曹小平编写，王清廉承担了本书的主要编写任务和统稿工作。

王为教授和邵永亮高工分别为本书撰写了“二维核磁共振和双共振技术简介”与“X射线单晶结构分析在有机化学中的应用简介”；翟红林教授修订了“有机化学文献资源简介”一节。兰州大学化学化工学院和测试中心的有关人员审阅了“色谱分离技术”及“鉴别结构的波谱方法”，提出了宝贵的意见和建议；田瑄教授对本书的初稿进行了认真的审阅、校对和改正。本书得到了兰州大学教材建设基金的资助；兰州大学化学化工学院和功能有机分子国家重点实验室的领导对本书的再版给予了热情的鼓励和支持；高等教育出版社的编辑为本书的出版付出了辛勤的劳动。在此一并表示衷心的感谢。

本书参考了国内外有机化学教材的有关内容，谨表谢意。

由于作者水平和时间有限，疏漏，错误和不妥之处在所难免，恳望读者不吝赐教。

编者

2016年9月于兰州

第三版前言

由兰州大学王清廉，沈凤嘉修订的《有机化学实验》再版以来，与第一版一样，继续被读者广泛采用和受到好评。本书第二版从1994年到2009年，已先后28次印刷。此期间有机化学实验的教学内容已经发生了较大变化，现代波谱手段在有机化学领域中更加广泛地应用，教学仪器、设备不断更新和完善，半微量、微量实验已成为国内外化学教育及研究领域关注的热点，创新型人才的培养受到普遍重视。为适应科学技术发展和实验教学改革的趋势，我们广泛参阅了近年来国内外出版的有机化学实验教材，通过教学实践，对《有机化学实验》(第二版) 一书进行了修订和增补。修订后的教材保持了原书的体系和特色，具体内容做了修订、增补和调整，使之更具时代感和适用性。

半微量和微量实验的研究和推广正在受到普遍的关注，成为未来实验教学的发展趋势。它有利于减少环境污染，体现了"绿色化学"的时代特色。试剂用量少，降低了教学成本，安全省时，能更好地体现当代实验技术的水平，但难度也随之提高，对实验教学的指导和学生的实验技能都提出了更高的要求。考虑到本教材的读者和使用院校的现状，教材中安排的大多数制备实验由常量变为以小量和半微量为主，即固体和液体产物分别保持在1 g和5 g左右。我们认为，常规的操作训练仍然是基本和必须掌握的，实验的有效性对树立学生的学习信心也是至关重要的。教材中专门安排"微量制备"一节并在相关部分加入或并列了微量制备，以适应不同院校的需要。在基本操作部分对微量固体和液体的分离提纯技术，如重结晶、蒸馏、萃取、升华、柱色谱、蒸发等都做了较为详细的叙述，以适应实验教学改革的发展趋势。

教材中第一部分增加了"化学试剂的取用和转移"，并对"实验室的安全，事故的预防，处理与急救"，"有机化学实验常用仪器、设备和应用范围"和"手册的查阅和有机化学文献简介"等有关内容做了修订。

第二部分"有机化学实验基本操作"比第二版更为翔实，更新了有关内容并增补了新的技能，增加和更新了必要的数据、图表和插图，测试仪器也以介绍当前流行、常用的为主。鉴于色谱技术已成为分离鉴定有机化合物的主要手段，书中除对传统的薄层色谱、柱色谱、纸色谱和气相色谱作了修订外，还较详细地介绍了高效液相色谱。增补了"无水无氧操作技术"及微量物质的提纯技术等有关内容。相关训练的思考题的数量也比过去有所增加，旨在提高学生解决实际问题的能力。波谱技术部分增加了质谱、碳谱、二维核磁共振及相关技术，以及X射线单晶结构分析在有机化学中的应用等内容，力求使本书不仅成为一本教科书，而且成为一本从事有机化学研究工作者手头的工具书和参考书。

第三部分"有机化合物的制备与反应"在保持原来体系安排的基础上进行了增补和调整，增加了一些新实验。实验数量由原来的75个增加到96个，以适应不同院校的需要，也可为研究生的实验训练提供选做内容。书中删去了一些开设较少的实验，如乙醚、乙醇的生物合成，1-苄基叔戊醇的制备与脱水等。新增加的实验大多数是近年来国内外教材普遍采用的，有典型性、实用性和趣味性的化合物，如甲基叔丁基醚、樟脑的还原，鲁米诺、乙酸葡萄糖酯、辣椒红素的提取等。教材中删去了原来费时和难度较大的动力学测定，改为更为简单易行的S_N1和S_N2活性比较和速率控制与平衡控制实验。教材在聚合反应中增加了加成聚合的各种实验方法，以适应化学学科融入大学科的发展趋势。书中对波谱技术一章重新进行了修订，谱图数量由原来的70多张增加到100多张，并用新的分辨率更高的谱图代替了原来的谱图，以提高学生利用谱图鉴别化合物的能力。鉴于微波辐射制备已成为新的合成方法，书中增加了微波辐射合成一节及相关的实验内容。我们对新增加的实验均进行了认真的复核。

第四部分“有机化合物的鉴定”新增加了芳烃类、羧酸衍生物和氨基酸及蛋白质的鉴定，附录部分也修订了有关内容。

本书由王清廉、李瀛、高坤、许鹏飞和曹小平共同修订，王清廉负责全书的统稿。高等教育出版社的编辑同志对本书的出版付出了大量的心血和帮助；第二版的作者沈凤嘉教授对本书的再版给予了热情的鼓励和支持；二维核磁共振及相关技术和X射线单晶结构分析在有机化学中的应用简介分别由杨立和王欣教授撰稿；本版承蒙吉林大学刘在群教授认真仔细审阅，指出了疏漏之处，提出了宝贵的意见和建议，对此一并表示衷心的感谢。

本书参考了兄弟院校和国外教材的一些内容，谨表谢意。由于作者水平有限，疏漏欠妥之处在所难免，恳请读者批评指正。

编者
2009年12月于兰州

第二版前言

由兰州大学、复旦大学化学系有机化学教研室编写的《有机化学实验》一书出版以来，一直被各校广泛采用，受到普遍好评，并于1987年获国家教委优秀教材一等奖，发行量已超过25万册。鉴于近年来新反应、新技术和新合成方法的不断涌现，以及现代分析手段在有机化学领域中的广泛应用，有机化学实验教学的内容已经发生了较大变化，教学仪器及设备也在不断更新与完善。根据近年来教学改革的实践和使用本教材的学校所反映出的意见和要求，参考近期国内外出版的同类教材，我们对第一版教材进行了修订。修订后的教材基本保持了第一版教材的体系与特色，内容则做了较大的变动与补充，并对第一版教材中一些欠准确之处进行了纠正。

本书第一至三部分的内容在第一版教材的基础上选择了理论和实际上必需的有机化学基本知识和基本操作。理论叙述尽量简明实用，偏重实验方法的讨论，对操作步骤均给予详尽说明，指出学生易出现的错误和问题，希望使学生的基本操作训练能够切实得到加强，并强调了安全操作在实验室工作中的重要性。考虑到目前大多数学校教学安排的实际情况，基本操作训练的大部分内容分别安排在相应的章节中，以使学生对操作原理和操作要点做深入了解并获得较深的印象，避免了本书第一版编排上的前后脱节，并作为有机化学实验最初阶段训练的主要内容。

第四部分是合成与制备实验。与第一版教材相比，制备实验的数目由46个增加至75个。合成实验的编选原则，首先是考虑到重要的、有代表性的、典型的有机反应与类型，并兼顾到有机化学出现的新理论、新反应和新技术，其次考虑到安全和减少环境污染，以及药品与试剂是否易得，时间安排是否恰当，是否有利于加强学生的基本操作训练及科学方法的培养等诸方面，同时考虑到实验的趣味性与实用性。本书保留了第一版教材中经实践证明是行之有效的大多数实验，并对近年来在教学实践中采用的新实验及改进的合成方法与技术给予了特别关注。编选的实验数量较大，是为了适应不同培养目标(教学和科学研究人才培养基地、化学专业和应化专业等)的特殊要求。

合成与制备实验由三部分组成。第一部分是基本的化学转化，包括了一些典型的反应类型与化合物类型，以传统的训练内容为主。目的是使学生掌握与熟悉基本的操作技术和典型的制备方法。同一制备实验，有些安排了两种不同的实验方法，有利于学生进行对比，并提高他们的兴趣。

基本化学转化之后安排了几组多步骤合成实验，如磺胺药、局部麻醉剂苯佐卡因及苯偶姻的辅酶合成与转化等，使学生在掌握了最基本的操作技术和完成一定数量的典型制备之后，向着合成较复杂的分子方面跨进一步。

考虑到学科发展的趋势，制备与合成的第三部分选编了一些难度较大的新的合成方法与实验技术。如Wittig反应、烯胺在合成中的应用、光化学反应、相转移反应、催化氢化、旋光拆分，有机活性中间体及反应动力学的测定等。这部分内容可根据实际情况加以选用，也可穿插在有关部分。

文献实验在本部分最后一节提出，并列出了一些可供选择的例子。

根据实验独立设课的原则，对各类化合物及典型反应的制备方法均进行了适当的讨论，力求使本书成为实验教科书而不是单纯地作为实验教材。考虑目前国内化学实验教学的实际状况，实验步骤的叙述和注释较为详细，这对保证实验的有效结果和教学质量是必要的。

作为一门基础课实验，基本操作的训练与合成实验仍然以常量为主。为了节约药品和时间，提高对实验操作的要求，本书缩小了大多数实验的制备规模。固体产物一般保持 2 g 左右，液体产物 5～10 mL，并选用了个别半微量实验。考虑到目前试剂价格的不断上涨，除多步骤合成外，本书收集的合成实验能成龙配套，即前面实验的产物作为后面实验的原料，总共可组合 21 套（见附录Ⅵ）。教师在组织实验内容时可单独安排，也可采用多步骤合成加以实施。

由于波谱技术已成为鉴定有机化合物的主要手段，本书对典型的化合物大多附有 NMR 和 IR 谱图，谱图数量由第一版不到 10 个增加到 70 多个，希望能结合制备实验给学生提供更多的训练机会，提高他们解析谱图和通过波谱鉴定有机化合物的能力。

尽管仪器分析已成为鉴别有机化合物最重要的手段，但化学分析作为一种简单易行的方法仍是不可缺少的，并且是仪器分析无法完全代替的。本书的第五部分较系统地介绍了有机化合物的定性鉴定，增加了系统鉴定方面的内容，并对部分官能团的定性分析内容做了修改。

本书所列实验内容均进行过认真的复核，制备实验的产率是中等程度的学生所能达到的。

本书由王清廉，沈凤嘉修订，具体分工如下：王清廉编写第一至三部分基本操作训练实验内容，第四部分、第五部分和附录。沈凤嘉编写第一至三部分除基本操作训练实验外的内容，本书的仪器装置图由吴海涛同志绘制。

兰州大学化学系有机化学教研室的蒋继宗、焦天权、蔡关兴、顾尚香、李瀛、曹小平、高坤、张炜、虞亚川、涂思龙等参加了本书实验的复核工作，为本书的编写付出了辛勤的劳动。我们也感谢使用过本书第一版的历届学生，他们的实践和建议使本书得以不断完善。

南开大学、南京大学、四川大学、西北大学、郑州大学等院校的代表参加了本书的审稿，南开大学唐士雄教授担任主审，他们为本书的修订与完善提出了许多宝贵的建议。兰州大学张自义教授以及高等教育出版社对本书的编写给予了热情的指导和鼓励。在此，一并向他们表示衷心的感谢。

本书参考了兄弟院校某些实验内容，谨表谢意。

限于编者水平，本书疏漏和谬误之处在所难免，恳望读者不吝赐教。

编者

一九九二年十月

第一版前言

本书是根据一九七七年十月高等学校理科化学类教材会议制定的《有机化学实验》教材编写大纲编写的。供综合大学化学系有机化学基础课实验使用,也可供高等师范院校及其他院校有关专业参考选用。主要内容包括四个方面:有机化学实验的一般知识、基本操作、合成实验和性质试验。

为了使学生牢固地掌握有机化学基本操作技术,一部分重要的基本操作单独安排了实验。

大部分操作结合合成实验进行。各校在根据具体情况选择合成实验时,应考虑使学生在必须掌握的基本操作方面有多次练习的机会,同时兼顾反应类型。

由于近年来色谱技术(柱色谱、薄层色谱、气相色谱)和波谱技术(紫外光谱、红外光谱、核磁共振谱)等在有机化学实验中的广泛应用,因此本书中列入了这两个方面的内容,并在部分实验中增加了光谱解析的思考题。这两部分内容在安排实验时可根据实际情况参考选用。

为了培养学生独立工作能力,本书安排了文献实验。所谓文献实验就是学生在接到题目后,在教师指导下找寻资料,选择合成方法或步骤,进行实验操作,写出工作报告的实验。具体文献实验的题目由各校自己确定。

本书还简单介绍了一些有机化学方面的手册、字典、实验参考书、文献、文摘及其查阅方法,并在最后附有元素原子量、常用酸碱密度、百分组成等附表及常用有机溶剂的纯化方法,以供学生学习和查阅参考。

在本书编写过程中得到了各兄弟院校的鼓励和支持,特别是北京大学、南开大学、南京大学、吉林大学、中山大学、四川大学、北京师范大学等校的同志们向我们提供了他们的工作经验和实验步骤,对此我们衷心地表示感谢。

参加本书编写工作的有兰州大学沈凤嘉、蒋继宗、王清廉和复旦大学吴世晖、谷珉珉、黄乃聚、姚子鹏,张生勇等同志,刘子馨、何慧珠同志参加了本书的绘图工作。

一九七八年五月二十九日至六月六日在苏州召开的《有机化学实验》审稿会上对本书初稿进行了讨论。与会代表对本书提出了许多宝贵的修改意见。全书最后由沈凤嘉、吴世晖等同志整理定稿。

由于时间仓促和我们的水平有限,错误及不妥之处定然不少,请读者批评指正。

兰州大学
复旦大学 化学系有机化学教研室
一九七八年六月

目　录

第一部分　有机化学实验的一般知识

第二部分　有机化学实验基本操作

第四部分 有机化合物的鉴定

附 录

第一部分 有机化学实验的一般知识

1.1 实验须知

对学生的忠告

有机化学实验是化学学科重要的基础课,其教学目的是培养学生掌握有机化学实验的基本技能和基础知识,验证和加深对有机化学的基本理论、有机化合物和有机反应的理解,把抽象的知识变为生动有趣充满魅力的现实,从而了解有机化学世界的真正奥妙;培养学生正确选择有机化合物的合成、分离与鉴定的方法。同时,也是培养学生创新思维和创新能力,理论联系实际、实事求是、细致严谨的科学态度与良好的工作作风的重要环节。成功地完成实验,会给你带来巨大的愉悦感和成就感,也是你将来从事研究生涯的良好开端。

安全实验是化学实验的基本要求。实验前,学生必须仔细阅读本书第一部分“1.2 实验室安全及事故的预防、处理与急救”。掌握实验室安全及急救常识,熟悉实验室周围环境,弄清水、电、燃气的开关和阀门,以及消防器材、消防沙、灭火毯、洗眼器、紧急淋浴器的位置和使用方法,熟悉实验室安全出口和紧急情况下的逃生路线。

学生在领取实验仪器后,应对照清单仔细核查。特别要注意玻璃仪器表面有无星状裂痕,分液漏斗旋塞及塞子是否配套合适,球形冷凝管中脆弱的冷凝球是否破损,经检查完整无损后签名,将清单交指导教师或教辅人员保存。

进入实验前必须认真预习有关实验内容,明确实验目的、要求、原理和方法,理清实验思路,了解实验中使用的药品的性质和有可能引起的危害及注意事项,写出预习报告。

进入实验室应穿实验服,不得穿拖鞋、短裤、裙子及裸露皮肤的服装,梳理暴露的长发。必须戴合格的化学防护眼镜或护目镜,以及合适的乳胶手套。

不允许一个人单独在实验室工作;不允许做未经指导教师许可的实验。

为了保证实验的正常进行和培养良好的实验作风,学生必须遵守下列实验室规则:

(1) 实验前做好一切准备工作,检查仪器是否完好无损,装置是否正确,电器线路接地是否良好。

(2) 实验中应保持安静和遵守秩序。实验进行时要集中精力,认真操作,不得擅自离开。要安排好时间,按时结束。

(3) 遵从教师和实验室工作人员的指导,严格按照操作规程和要求进行实验。发生意外事故时,要保持镇静,及时采取应急措施,并立即报告指导教师。

(4) 保持实验室整洁有序。做到台面、地面、水槽、仪器四净。不是立即需要使用的仪器,应放置在实验柜内。实验完毕后应将实验台整理干净,关闭所用水、电和燃气。

(5) 爱护公用仪器。公用仪器、工具及药品用后立即归还原处。节约水、电、燃气及消耗性药品,严格量取规定的药品用量。

(6) 轮流值日。值日生的职责为整理公用仪器，打扫实验室，清理废物桶，并协助实验室管理人员检查和关好水、电、燃气及门、窗。

1.2　实验室安全及事故的预防、处理与急救

保护人身安全是化学实验的头等大事。相比其他学科实验，有机化学实验存在着更大的潜在危险性。实验室使用的各种试剂具有易燃、易爆、有毒或腐蚀性等特点，若使用不当，就有可能导致着火、爆炸、灼伤、中毒等事故；常用的玻璃仪器容易破碎，使用不当会导致割伤；实验室存在的真空和高压装置，装有氢气、氮气的高压气瓶，若使用不当，也会发生意外事故。此外，急于求成，粗枝大叶，马马虎虎，手忙脚乱，也是造成事故的原因。认真预习和了解所做实验中用到的物品和仪器的性能、用途、可能出现的问题及预防措施，严格执行操作规程，胆大心细，有条不紊，就能有效地维护人身和实验室的安全，确保实验的顺利进行。下列事项应引起高度重视，并予以切实执行。

1.2.1　着火

着火是有机化学实验中常见的事故，预防着火要注意以下几点：

(1) 防火的基本原则是使火源与溶剂尽可能远离，尽量不用明火直接加热。盛有易燃有机溶剂的容器不得靠近火源，数量较多的易燃有机溶剂应存放在危险药品橱内。

(2) 尽量防止和减少易燃气体的外逸，并注意室内通风，及时排除室内的有机物蒸气。

(3) 不能用烧杯或敞口容器盛装易燃液体，加热时要根据实验要求及易燃物的特点选择合适的热源，通常不允许使用明火。

(4) 回流或蒸馏液体时应放沸石或搅拌磁子，以防溶液因过热暴沸而冲出。若在加热后发现未放沸石，则应停止加热，待稍冷后再放，否则在过热液体中放入沸石会导致液体突然沸腾，冲出瓶外而引起火灾。蒸馏易燃溶剂 (特别是低沸点易燃溶剂) 的装置，要防止漏气，接引管支管应与橡胶管相连，使余气口通往水槽。

(5) 易燃及易挥发物，不得倒入废物桶内。与水有剧烈反应的金属钠的残渣用乙醇做安全处理后，集中进行处置。

(6) 防止实验室燃气阀门或管道漏气。注意实验进行时，装置和仪器有无漏气及破裂发生。

一旦发生了着火事故，应沉着镇静，切勿惊慌失措，及时采取措施，控制事故扩大。首先，立即关闭附近所有火源，切断电源，移去未着火的易燃物，然后根据易燃物的性质及火势的大小设法扑灭。最初几秒时间内的行动往往决定事态后续的发展。

地面或桌面着火，如火势不大，可用淋湿的抹布灭掉；反应瓶内有机物着火，可用石棉布或抹布盖住瓶口，即可熄灭；衣服着火时，切勿在实验室乱跑，用抹布等将着火部位包起来，或打开就近的自来水开关用水冲淋熄灭，较严重时应就地卧倒，以免火焰烧向头部，用灭火毯等把着火部位包起来，或在地上打滚以熄灭火焰。

火势较大时，应视情况采用下列灭火器材，使用时坚持“一提、二拔、三握、四压”的原则。

二氧化碳灭火器　有机实验室中最常用的是二氧化碳灭火器，其钢筒内装有压缩的液态二氧化碳。使用时拔下保险销，左手握住启闭阀的压把，右手握住手柄，用力按下压把，站在上风口，对准火焰根部喷射。注意! 手不要握在喇叭口的外壁或金属连接管上，因灭火器喷出的二氧化碳压力骤然降低，温度也骤降，手握在上述位置易被冻伤。

干粉灭火器　干粉灭火器内充装的是干粉灭火剂，由具有灭火效能的碳酸氢钠等无机盐与适量的

润滑剂与防潮剂经干燥、粉碎、混合而成的微细固体粉末组成。将灭火器提到距火源适当距离后,先上下颠倒几次,使筒内的干粉松动,然后拉开保险销,拉住皮管,朝向火苗,用力握下手压柄让喷嘴对准火焰,左右移动扫射,灭火剂便会喷出灭火,熄灭后用冷水冷却余烬,保持监控确信熄灭。

无论使用何种灭火器,皆应从火源四周向中心扑灭。

干沙、灭火毯和石棉布也是实验室常用的灭火器材。

实验室常用的灭火器及其适用范围见表 1.2.1。

表 1.2.1　实验室常用的灭火器及其适用范围

灭火器类型	药液成分	适用范围
水基型泡沫灭火器	AFFF 水成膜泡沫灭火剂和氮气	适用于扑灭石油及石油产品等非水溶性物质的着火
二氧化碳灭火器	液态二氧化碳	适用于扑灭电气设备、小范围油类及忌水的化学物品的着火
干粉灭火器	主要成分是碳酸氢钠等无机盐与适量的润滑剂和防潮剂	适用于扑救油类、可燃性气体、电气设备、精密仪器、图书文件和遇水易燃物品的初期火灾
洁净气体灭火器	七氟丙烷、三氟甲烷	特别适用于扑灭油类、有机溶剂、精密仪器、高压电气设备的着火

1.2.2　爆炸

实验时,仪器装配不当造成堵塞;减压蒸馏使用不耐压的仪器;违章处理或使用易爆物如过氧化物、多硝基化合物、叠氮化物及硝酸酯等;反应过于猛烈难以控制等,都可能引起爆炸。预防爆炸应注意以下几点:

(1) 常压操作时,切勿在封闭系统内进行加热或反应,操作进行时,必须经常检查仪器装置各部分有无堵塞现象;需用密闭装置蒸馏或回流时,可在与空气相接处加一气球,既可使系统与空气隔绝,又可在体系压力过大时,使气球膨胀或破裂,而不致发生意外事故。

(2) 减压蒸馏时,不得使用耐压强度不大的仪器 (如锥形瓶、平底烧瓶、薄壁试管等)。必要时,要戴上防护面罩或防护眼镜。

(3) 加压操作时 (如高压釜、封管等),要有严格的防护措施,并应经常注意釜内压力有无超过安全负荷。选用封管的玻璃厚度是否适当,管壁是否均匀、有无破损等。

(4) 使用易燃、易爆气体,如氢气、乙炔等时要保持室内空气畅通,严禁明火,并应防止一切火星的发生,如由于敲击、鞋钉摩擦、静电摩擦、电动机炭刷或电器开关等所产生的火花。使用遇水易燃易爆的物质 (如钠、钾等) 应特别小心,严格遵照操作规程。

(5) 反应过于猛烈,要根据情况及时除去热源,采取冷却或控制加料速度等措施,降低反应速率。

(6) 燃气开关应经常检查,并保持完好。燃气灯及其橡胶管在使用时亦应仔细检查。发现漏气应立即熄灭火源,打开窗户,用肥皂水检查明确漏气位置。若不能自行解决,应及时报告指导教师。

1.2.3　中毒

化学药品通常具有毒性。有机实验室中种类繁多挥发性强的有机试剂和各种无机试剂使其比其他化学实验更具有危险性,如操作不当和缺少必要的防护措施,就可能引起中毒。中毒通常分为急性中毒和慢性中毒两种,急性中毒是指一次性接触中突然引起的伤害(如 HCN)。慢性中毒是指在反复的接触中出现明显的中毒症状,通常有一个潜伏期。其实二者之间并没有严格的界限,大多数化合物根据摄入的剂量可显示出急性中毒或慢性中毒症状。

毒性物质根据产生的后果分为致癌物质及诱发性化合物等。产生中毒的原因主要是皮肤接触和通过呼吸道进入肺部和血液中。由于大多数有机溶剂在室温下有一定的蒸气压,在实验室吸入化学试剂是很难避免的,当空气中试剂的含量超过规定的上限时就可能引起中毒。

挥发性有机物的毒性通常用 PEL (允许接触限度) 来表示,即按体积允许的空气中化学试剂平均浓度的最大值。非毒性有机物如乙醇、乙酸乙酯的 PEL 为 400×10^{-6}～1000×10^{-6},而毒性有机物如苯、氯仿的 PEL 则为 1×10^{-6}～2×10^{-6}。

需要特别提醒的是,以往经常作为溶剂使用的苯是一种高毒性化合物,长时间接触可引起血小板减少甚至诱发白血病,目前已很少使用,代之以毒性较小的甲苯或环己烷。如必须使用苯时,需戴上橡胶手套在通风橱内小心操作。

检验和评价化学毒性一种近似的方法是动物试验。LD_{50} (半数致死剂量) 是指一次摄入或注射引起被试验动物 (如小白鼠) 50% 死亡的量。LD_{50} 通常以每千克体重毫克数或克数来表示,当然数值的大小与被试验的动物及试验条件有关。LC_{50} (半数致死浓度) 则用于空气和水的污染,指引起被试验动物 50% 死亡的空气或水中化学试剂的浓度,通常用 $mg\cdot m^{-3}$ (空气中) 或 $mg\cdot L^{-1}$ (水中) 表示。要确定化学试剂对人类潜在的危害大小,LD_{50} 与 LC_{50} 仅能提供一种参考,有些对动物相对安全的试剂对人类却可能显示毒性。更有意义的研究是摄入人体组织的影响,这方面的工作正在逐步地展开。

防止中毒最重要的是必须了解使用的化合物的性质。国际职业安全与健康组织 (OSHA) 制定了实验室环境的安全健康标准。“化学品安全信息卡” (MSDS) 已问世多年并不断加以补充,它提供了关于物质的物性、活性、着火及灭火介质、爆炸危险及预防措施、毒性数据及紧急处理、储藏和废物处理程序的最新信息。对于不了解的药品,MSDS 无疑是最好的向导,乙醚的 MSDS 数据见附录Ⅶ。现在化学试剂供应商已开始对所售的试剂提供“化学品安全信息卡”。学生在进行实验前,应切实做到以下几点:

(1) 戴防护眼镜及防护手套。

(2) 药品不要沾到皮肤上,尤其是极毒的药品。实验完毕后应立即洗手。称量任何药品都应使用工具,不得用手直接接触。一旦药品沾或溅到皮肤上,通常用水洗去,用有机溶剂清洗是一种错误做法,会使药品渗入皮肤或引起皮炎。

(3) 使用和处理有毒或腐蚀性物质如浓酸、浓碱和溴或溴溶液时,应在通风橱中进行,并戴上防护眼镜和橡胶手套,尽可能避免有机物蒸气扩散在实验室内。

(4) 对沾染过有毒物质的仪器和用具,实验完毕应立即采取适当方法处理以破坏或消除其毒性。

(5) 严防水银等有毒物质流失而污染实验室。温度计破损后水银洒落,应及时向指导教师报告,可用水泵或吸管尽量收集洒落的水银,最后再用硫黄处理或三氯化铁溶液清除。水银压力计应采取稳妥的安全措施。

实验时若有中毒症状,应到空气新鲜的地方休息,最好平卧,出现其他较严重的症状,如斑点、头昏、呕吐、瞳孔放大时应及时送往医院。

1.2.4 灼伤

皮肤接触了高温,如热的物体、玻璃管、火焰、蒸气等;低温,如固体二氧化碳、液体氮和腐蚀性物质,如强酸、强碱、溴等都会造成灼伤。因此,实验时,要避免皮肤与上述能引起灼伤的物质接触。

实验中发生灼伤,要根据不同的灼伤情况分别采取不同的处理方法。

被酸或碱灼伤时,应立即用大量水冲洗。酸灼伤用 1% 碳酸氢钠溶液冲洗,碱灼伤用 1% 硼酸溶液冲洗,最后再用水冲洗。严重者要对灼伤面消毒,并涂上软膏,送医院救治。

被溴灼伤时,应立即用水和肥皂清洗,然后用 2% 硫代硫酸钠溶液洗至伤处呈白色,最后用甘油加以按摩。

如被灼热的玻璃烫伤,应用流动的冷水冲洗 10～30 min,并在患处涂以红花油,然后擦一些烫伤软膏。

任何药品溅入眼内,都要立即用大量水或洗眼器冲洗。冲洗后,如果眼睛仍未恢复正常,应立即送医院救治。

化学危险品的安全标志见图 1.2.1。

图 1.2.1 化学危险品的安全标志

1.2.5 割伤

割伤是实验室较常见的事故。造成割伤,一般有下列几种情况:装配仪器时用力过猛或装配不当;装配仪器时着力处远离连接部位;仪器口径不合而勉强连接;玻璃折断面未烧圆滑有棱角等。防止割伤应注意以下几点:

(1) 使用玻璃仪器时,最基本的原则是,不能对仪器的任何部分施加过度的压力和张力。

(2) 需要用玻璃管和塞子连接装置时,用力处不要离塞子太远,尽可能近一点,如图 1.2.2 中 (1) 和 (3) 所示,图中 (2) 和 (4) 的操作是不正确的。将温度计或玻璃管插入橡胶塞或橡胶管时,应检查塞孔大小是否合适,孔径应稍微大一点或选用较细的玻璃管,涂以水或甘油润滑后,用毛巾或布裹住逐渐旋转插入。

(3) 新割断的玻璃管断口处特别锋利,使用时,要将断口处用火烧至熔化,使其呈圆滑状。

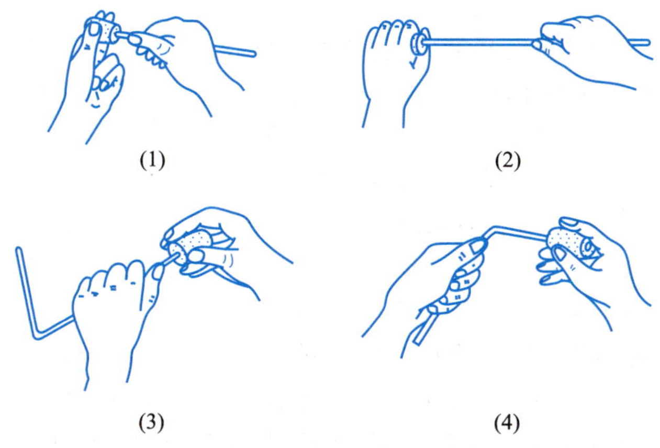

图 1.2.2 玻璃管与塞子连接时的操作方法

(4) 注意仪器的配套。

如不慎发生割伤事故,先将伤口处的玻璃碎片取出,用蒸馏水洗净伤口,涂上碘伏,用创口贴或纱布包扎好。伤口较大或割破了血管,则应用力按住伤口,防止大出血,及时送医院救治。

1.2.6　实验室常用急救药品

(1) 医用酒精、碘伏、止血粉、创口贴、凡士林、玉树油或鞣酸软膏、烫伤膏、硼酸溶液 (1%)、碳酸氢钠溶液 (1%)、硫代硫酸钠溶液 (2%) 等。

(2) 医用镊子、剪刀、纱布、药棉、绷带等。

1.2.7　废弃物的处理

正确地处理实验室的各种废弃物,体现了实验者的社会责任感和实验素养,也是保护环境的需要。废弃的液体或固体绝不能简单地倒入水槽或丢入废物桶了事,而是应该严格按照国家和地方法规合理地加以回收处理。实验室应建立废弃化学品的管理制度和程序,同时有专人负责和协调处理废弃化学品。废弃物的排放应注意以下事项:

(1) 废酸碱应中和后才能冲入下水道。废硫酸用氢氧化钠中和后,即成为无害的硫酸钠。少量水溶性的溶剂如允许可倒入下水道。不溶于水的溶剂如烃类、含卤与含氧的溶剂,不允许倒入下水道。

(2) 所有实验废弃物应按固体、液体,有害、无害等,分类收集于不同容器,混杂在一起将会使后续处理付出更昂贵的代价。收集容器外加贴标签,注明废弃物品名称、危险类别、单位、地点及联系人等信息,废液存放地应通风良好,并确保容器密闭可靠,不破碎,不泄漏。

(3) 能与水发生剧烈反应的化学品,处置之前要用适当的方法在通风橱内进行分解。对于特殊的废弃化学品,如在废弃前需要进行处理,请详细阅读相应化学品 MSDS 的相关内容。

(4) 进入下水道的化学品必须是无毒、水溶性 (溶解度 ≥3%)、生物可降解及不燃烧的,一次排放废弃化学品不应多于 100 g,并应溶于大量水中。

1.3　实验预习、记录和实验报告

1.3.1　实验预习

实验预习是有机化学实验的重要环节,对实验成功与否、收获大小起着关键的作用。应避免照方抓药,依葫芦画瓢。预习不是抄书,而是认真钻研、深思熟虑、理清思路,写出预习报告。指导教师有义务拒绝未进行预习的学生进行实验。预习的具体要求如下:

(1) 明白实验的目的和要求,弄清楚本次实验要做什么,怎样做,为什么要这样做,即每步操作的理由,及完成本实验的关键与难点。对实验原理及操作的透彻理解,可缩短实验时间。

(2) 将本实验的反应式 (主反应、主要副反应)、主要反应物、试剂和产物的物理常数 (查手册或辞典)、用量 (g, mg, mL, mol, mmol) 和规格摘录于记录本中。

(3) 列出实验流程图,标明粗产物分离提纯的过程。

(4) 写出实验简单步骤。学生应根据实验内容上的文字改写成简单明了的实验步骤 (不是照抄实验内容!)。步骤中的文字可用符号简化,例如试剂写分子式,克 = g,毫升 = mL,加热 = △,加 = +,沉淀 = ↓,气体逸出 = ↑,仪器以示意图表示。学生在实验初期可画装置简图,步骤写得详细些,以后逐步简化。这样在实验前已形成了一个工作提纲,使实验有条不紊地进行。

(5) 查阅本次实验中涉及的试剂及产物的 MSDS 数据。

(6) 时间安排。

1.3.2 实验记录

实验记录是科学研究的第一手资料,是整理实验报告和研究论文的根本依据。保持完整清晰的实验记录的习惯,是成功的科学工作者最重要的素质之一,也为他人重复你的实验提供了重要的依据。司空见惯的是,由于记录得不仔细,造成错误、挫折以及因不必要的重复实验而浪费时间。

实验记录要遵循真实、完整和及时的原则。“真实”即根据实验数据如实记录;“完整”即对实验中的数据及现象等做详细记录;“及时”即边观察边记录。不要过分相信自己的记忆力,补做“回忆录”,有时可能忘记实验关键的现象或数据。

要准备一个事先标记了页码的专用记录本上作实验记录。每个实验新起一页,用不褪色墨水的笔记录所有数据,不可涂改,用单划线划去笔误并附上注释,不可空页、不可跳行记录,要划去每页空白。

实验记录内容一般包括:实验项目和名称、日期、天气温度、所用试剂用量与浓度、试剂的来源与纯度、相关操作和现象(开始时间,加料方式,热效应,温度与颜色变化,均相还是异相,固体的产生与消失,气体的放出,酸、碱的种类、浓度与数量,与预期不同的反应现象,薄层色谱跟踪反应进展情况等);反应后处理(萃取,洗涤过程,干燥剂,重结晶或蒸馏等纯化方法及具体条件等);产物沸程或熔程;薄层色谱或柱色谱的条件与结果;产物的气液色谱及波谱数据;实验结果(产量、产率)。

1.3.3 实验报告

实验报告是在实验结束后对实验过程的情况总结、归纳和整理,是对实验现象和结果进行分析和讨论,是将感性认识提高到理性认识的必要步骤,也是完成整个实验的重要组成部分。实验报告的内容包括以下几个部分:

(1) 实验目的;

(2) 实验原理,主、副反应式;

(3) 主要试剂及主、副产物的物理常数;

(4) 主要试剂用量及规格;

(5) 仪器装置(示意图);

(6) 实验步骤及现象;

(7) 粗产物纯化及原理;

(8) 产率计算;

(9) 实验讨论与思考题解答。

实验报告要求真实可靠、数据完整、文字简练、条理清晰、书写工整。应对反应现象给予讨论,对操作的经验教训和实验中存在的问题提出改进建议。对于研究性和综合性实验,还应列出参考文献,介绍实验背景,给出结果与讨论等,最后为教师的评语和成绩。以正溴丁烷为例:

有机化学实验报告

姓名 ×××　班级 ×××　桌号 ××

实验名称: 正溴丁烷 (n-bromobutane)

日期 2020.9.10　室温 20 °C

1. 目的和要求

(1) 了解由醇制备溴代烷的原理及方法。

(2) 初步掌握回流及气体吸收装置和分液漏斗的使用。

2. 主反应式

$$NaBr + H_2SO_4 \longrightarrow HBr + NaHSO_4$$

$$n\text{-}C_4H_9OH + HBr \xrightarrow{\text{浓硫酸}} n\text{-}C_4H_9Br + H_2O$$

副反应式

$$CH_3CH_2CH_2CH_2OH \xrightarrow{\text{浓硫酸}} CH_3CH_2CH{=}CH_2 + H_2O$$

$$2\,n\text{-}C_4H_9OH \xrightarrow{\text{浓硫酸}} (n\text{-}C_4H_9)_2O + H_2O$$

$$2NaBr + 3\,H_2SO_4 \longrightarrow Br_2 + SO_2\uparrow + 2\,H_2O + 2\,NaHSO_4$$

3. 主要试剂及产物的物理常数

名称	相对分子质量	性状	折射率	相对密度/d_4^{20}	熔点/°C	沸点/°C	溶解度/g · (100mL 溶剂)$^{-1}$		
							水	醇	醚
正丁醇	74.12	无色透明液体	1.39931	0.80978	-89.9～-89.2	117.71	7.920	∞	∞
正溴丁烷	137.03	无色透明液体	1.4398	1.299	-112.4	101.6	不溶	∞	∞

4. 主要试剂用量及规格

正丁醇　实验试剂, 7.4 g (9.2 mL, 0.10 mol)

浓硫酸　工业品, 26.7 g (14.5 mL, 0.27 mol)

溴化钠　实验试剂, 12.5 g (0.12 mol)

5. 实验装置图 (略)

6. 实验步骤及现象

步骤	现象
(1) 于 150 mL〿中放置 10 mL 水 +14.5 mL 浓硫酸, 振摇冷却	放热, 烧瓶烫手
(2) +9.2 mL n-C_4H_9OH 及 12.5 g NaBr	不分层, 有许多 NaBr 未溶。瓶中已出现白雾状 HBr
(3) 装冷凝管, HBr 吸收装置, 石棉网小火 1 h	沸腾, 瓶中白雾状 HBr 增多, 并从冷凝管上升, 为气体吸收装置吸收。瓶中液体由一层变成三层, 上层开始极薄, 中层为橙黄色, 上层越来越厚, 中层越来越薄, 最后消失。上层颜色由淡黄色 ⟶ 橙黄色
(4) 稍冷, 改成蒸馏装置, +沸石, 蒸出 n-C_4H_9Br	馏出液混浊, 分层, 瓶中上层越来越少, 最后消失, 消失后过片刻停止蒸馏。蒸馏瓶冷却析出无色透明结晶 ($NaHSO_4$)
(5) 粗产物用 15 mL 水洗	产物在下层
在干燥分液漏斗中用 5 mL 浓硫酸洗	加一滴浓硫酸沉至下层, 证明产物在上层
8 mL 水洗	
8 mL 饱和 $NaHCO_3$ 溶液洗	两层交界处有些絮状物
8 mL 水洗	
(6) 粗产物置 25 mL〿中, +1 g $CaCl_2$ 干燥	粗产物有些混浊, 稍摇后透明
(7) 产物滤入 25 mL〿中, +沸石蒸馏收集 99～103 °C 馏分	99 °C 以前馏出液很少, 长时间稳定于 101～102 °C。后升至 103 °C, 温度下降, 瓶中液体很少, 停止蒸馏
产物外观, 质量	无色液体, 瓶质量 15.5 g, 总质量 23.5 g, 产物质量 8 g

7. 粗产物纯化过程及原理 (图 1.3.1)

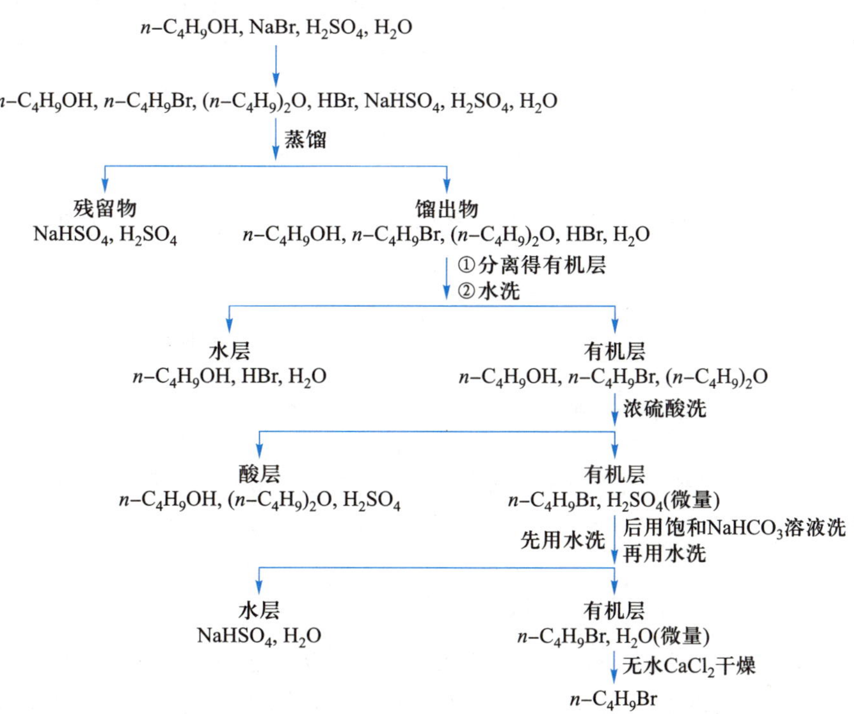

图 1.3.1 粗产物纯化过程及原理

8. 产率计算

因其他试剂过量，理论产量应按正丁醇计算。0.1 mol 正丁醇能产生 0.1 mol (即 $0.1\ \text{mol}\times 137\ \text{g}\cdot\text{mol}^{-1}=13.7\ \text{g}$) 正溴丁烷。

$$产率=\frac{8\ \text{g}}{13.7\ \text{g}}\times 100\%=58\%$$

9. 讨论

醇能与硫酸生成𨦡盐，而卤代烷不溶于硫酸，故随着正丁醇转化为正溴丁烷，烧瓶中分成三层。上层为正溴丁烷，中层可能为硫酸氢正丁酯，中层消失即表示大部分正丁醇已转化为正溴丁烷。上、中层两层液体呈橙黄色，可能是副反应产生的溴所致。从实验可知溴在正溴丁烷中的溶解度较在硫酸中的溶解度大。

蒸去正溴丁烷后，烧瓶冷却析出的结晶是硫酸氢钠。

由于操作时疏忽大意，反应开始前忘加沸石，使回流不正常，停止加热稍冷后，再加沸石继续回流，致使操作时间延长，今后要引起注意。

10. 回答思考题 (略)

评语及成绩 (略)

1.4 实验产率的计算

有机化学反应中，理论产量是指根据反应式计算得到的产物的数量，即原料全部转化成产物，同时在分离和纯化过程中没有损失的产物的数量。产量 (实际产量) 是指实验中实际分离获得的纯粹产物的数量。产率是指实际得到的纯粹产物的数量和计算的理论产量的比值，即

$$产率=\frac{实际产量}{理论产量}\times 100\%$$

例 用 10 g 环己醇和催化量的硫酸一起加热时，得到 6 g 环己烯，试计算它的产率。

$$\text{环己醇 (OH)} \xrightarrow{硫酸} \text{环己烯} + H_2O$$

相对分子质量 100 82

根据反应式：1 mol 环己醇能生成 1 mol 环己烯，今用 10 g 即 0.1 mol 环己醇，理论上得 0.1 mol 环己烯，理论产量为 $82\ \text{g}\cdot\text{mol}^{-1}\times 0.1\ \text{mol}=8.2\ \text{g}$，但实际产量为 6 g，所以产率为

$$\frac{6\ \text{g}}{8.2\ \text{g}}\times 100\%=73\%$$

在有机化学实验中，产率通常不可能达到理论值，这是以下这些因素影响所致：

(1) 可逆反应。在一定的实验条件下，化学反应建立了平衡，反应物不可能全部转化成产物。

(2) 有机化学反应比较复杂，在发生主要反应的同时，一部分原料消耗在副反应中。

(3) 分离和纯化过程中所引起的损失。

为了提高产率,常常增加其中某一反应物的用量。究竟选择哪一种反应物过量要根据有机化学反应的实际情况、反应的特点、各反应物的相对价格、在反应后是否易于除去,以及对减少副反应是否有利等因素来决定。下面是在这种情况下计算产率的一个实例。

例　用6.1 g苯甲酸,17.5 mL乙醇和2 mL浓硫酸一起回流,制得6 g苯甲酸乙酯。这里,浓硫酸是该酯化反应的催化剂。

$$C_6H_5COOH + C_2H_5OH \xrightarrow[\triangle]{\text{浓硫酸}} C_6H_5COOC_2H_5 + H_2O$$

相对分子质量　122　46　150

6.1 g (0.05 mol)　13.3 g (0.29 mol)

从反应式中各反应物的摩尔比很容易看出乙醇是过量的,故理论产量应根据苯甲酸来计算。0.05 mol苯甲酸理论上产生0.05 mol即0.05 mol×150 g·mol^{-1}=7.5 g苯甲酸乙酯,产率为

$$\frac{6\ \text{g}}{7.5\ \text{g}}\times 100\% = 80\%$$

1.5　有机化学实验常用仪器、设备及其应用范围

进行有机化学实验时,所用的器具有玻璃仪器、金属用具、电器及一些其他设备,有的由个人保管使用,有的公用,了解实验所用仪器的性能、正确的使用方法及如何保养,是实验者应具备的基本常识。

1.5.1　玻璃仪器

玻璃仪器是化学实验的主要工具,应小心谨慎,轻拿轻放。粗枝大叶、马虎对待,造成破损会带来不必要的经济损失。

玻璃仪器分为普通磨口和标准磨口两种。常用的标准磨口玻璃仪器见图1.5.1。

有机化学实验中通常使用标准磨口玻璃仪器,也称磨口仪器。它与相应的普通玻璃仪器的区别在于各接头处加工成通用的磨口,即标准磨口。内外磨口之间能互相紧密连接,因而不需要软木塞或橡胶塞。这不仅可以节约配塞子和钻孔的时间,避免反应物或产物被塞子所沾污,而且装配容易,拆洗方便,并可用于减压等操作,使工作效率大大提高。标准磨口玻璃仪器口径的大小,通常用数字编号来表示,该数字是指磨口最大端直径的毫米整数。常用的有10, 14, 19, 24, 29, 34, 40, 50等。有时也用两组数字来表示,另一组数字表示磨口的长度,例如14/30,表示此磨口直径最大处为14 mm,磨口长度为30 mm。相同编号的磨口、磨塞可以紧密连接。有时两个玻璃仪器,因磨口编号不同无法直接连接时,则可借助不同编号的磨口接头(或称大小接头)[见图1.5.1 (23)]使之连接。

微量有机化学实验仪器大多为常规仪器的缩放,其组合装置的操作规范仍与常规实验一致,所用的特殊仪器见图1.5.2。图1.5.2 (1)为具螺旋帽和O形圈的微型反应器(或称锥型反应器)。图1.5.2 (2)为微型蒸馏头,其结构分为回馏段、冷凝段、馏液承接阱及馏液出口四部分,集蒸馏头、冷凝管、接引管、馏液接收瓶的功能为一体,显著地减少了器壁的黏附损失,馏液收集阱一次可容纳4 mL馏液,体系可连接真空系统;图1.5.2 (3)为微型分馏头,用于微型分馏操作,起到分馏柱、蒸馏头和接收器等

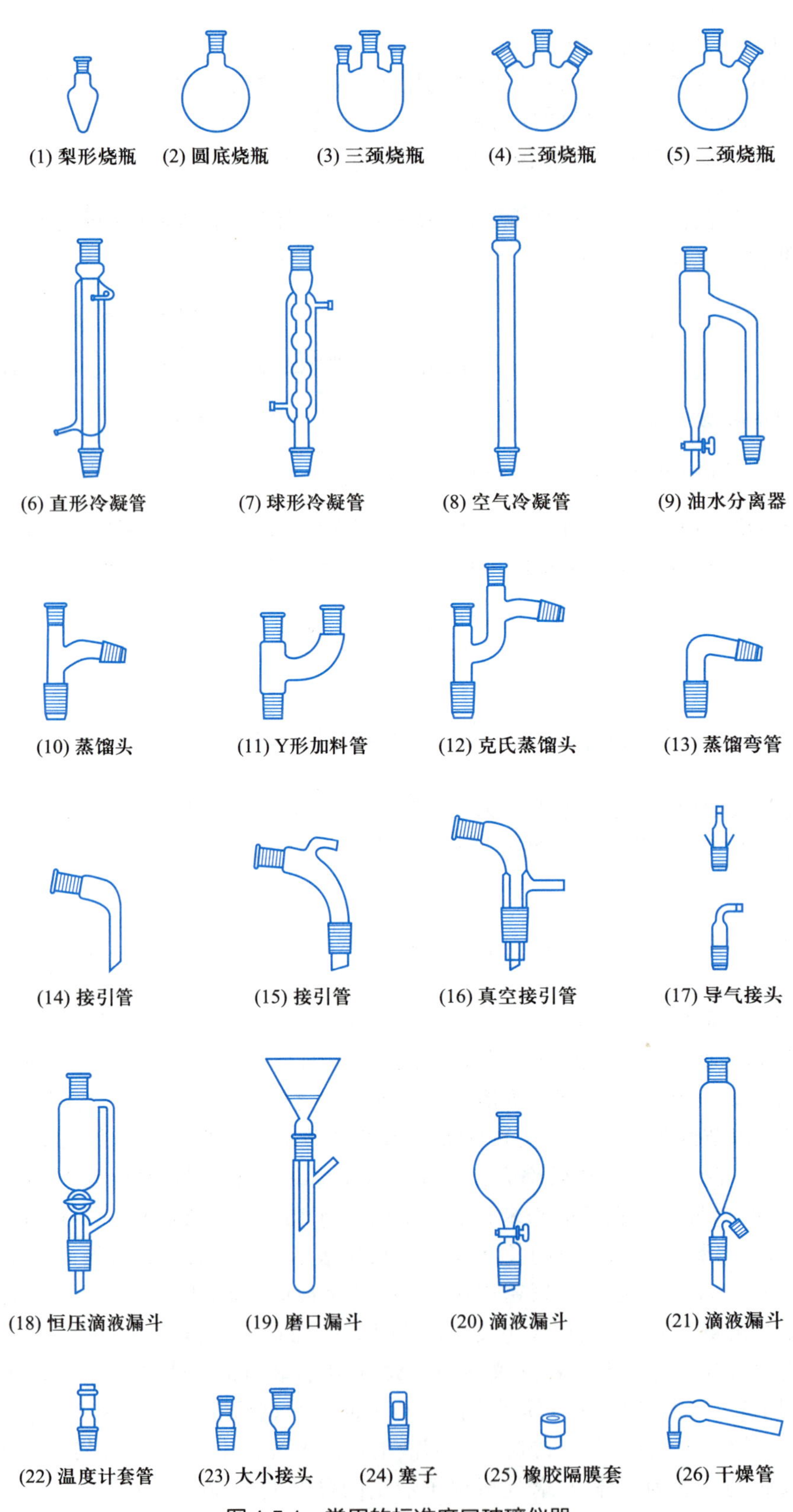

图 1.5.1 常用的标准磨口玻璃仪器

功能,有时也可用作分水器,分馏柱内可填充玻璃管等填料以提高分馏效率。图 1.5.2 (4) 为真空指形冷凝器,由夹层通冷凝水的冷凝柱和抽气管道组成,可进行常减压蒸馏和固体升华等操作。

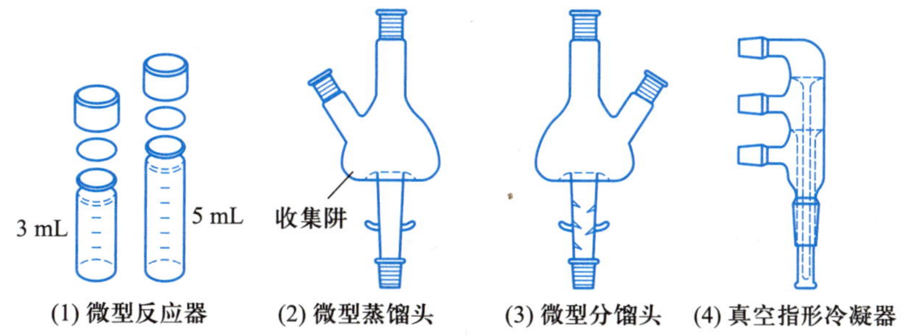

图 1.5.2 微量有机化学实验所用的特殊仪器

微量制备仪器通常用 14/10 标准口连接在一起,接口之间不能使用润滑剂,以免污染反应物,代替用螺旋帽和 O 形圈加以密封和相互连接,并省去了铁夹。连接时将螺旋帽置于内部接口的上方,接着在磨口的上方向下滑动 O 形圈,固定好内部和外部接口,最后拧紧螺旋帽 (见图 1.5.3)。这种连接方式可以有效地防止蒸气挥发并保证抽真空时不会漏气。图 1.5.3 中 (4) 为标准型磨口接头,通常需涂抹润滑脂。

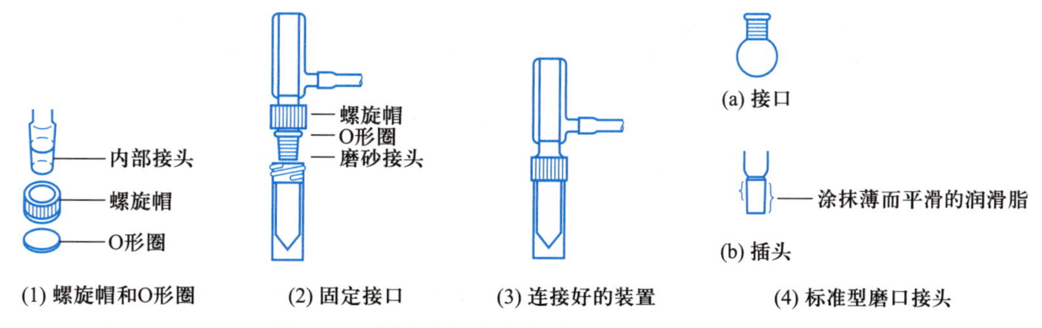

图 1.5.3 微量有机化学实验仪器之间的连接装置

尽管磨口仪器已普遍使用,但也不能完全取代普通的玻璃仪器,常用的普通玻璃仪器见图 1.5.4。

仪器使用后应及时清洗干净。特别是磨口仪器放置时间太久,容易黏结在一起,很难拆开。如果遇到这种情况,可在磨口周围涂上润滑剂或有机溶剂后用电吹风对着黏接口处加热,使外层膨胀而打开,或用水煮后再用木块轻敲黏结处。严重的黏结可在教师指导下,在燃气灯上用黄色火焰小火缓慢转动加热试着打开,注意用毛巾或抹布包住周围部分以免灼伤。带旋塞或具塞的仪器如分液漏斗等清洗后,应在塞子和磨口接触处夹放纸片以防黏结。一般使用时,磨口处无须涂抹薄层润滑脂,以免污染反应物或产物,但反应中有强碱时,则要涂润滑脂,以免磨口连接处遭碱腐蚀,致使插入部件相互"咬住"而无法打开。当减压蒸馏时,应在磨口连接处涂润滑脂或真空油脂,以保证装置的密封性。润滑脂应在磨口插头的上半部薄薄地涂上一层,然后连接转动,呈均匀透明状为宜。其用量不可过多,以免污染产物;也不宜过少,影响气密性,且在实验结束后产生黏结,不易打开。除试管等个别玻璃仪器外,一般不能直接用火加热。锥形瓶不耐压,不能做减压用。厚壁玻璃器皿 (如吸滤瓶) 容易炸裂,故不能加热。温度计的水银球壁较薄,不宜作搅拌棒用,且不能测定超范围的温度,使用后要冷却至室温再用水冲洗,以免炸裂。

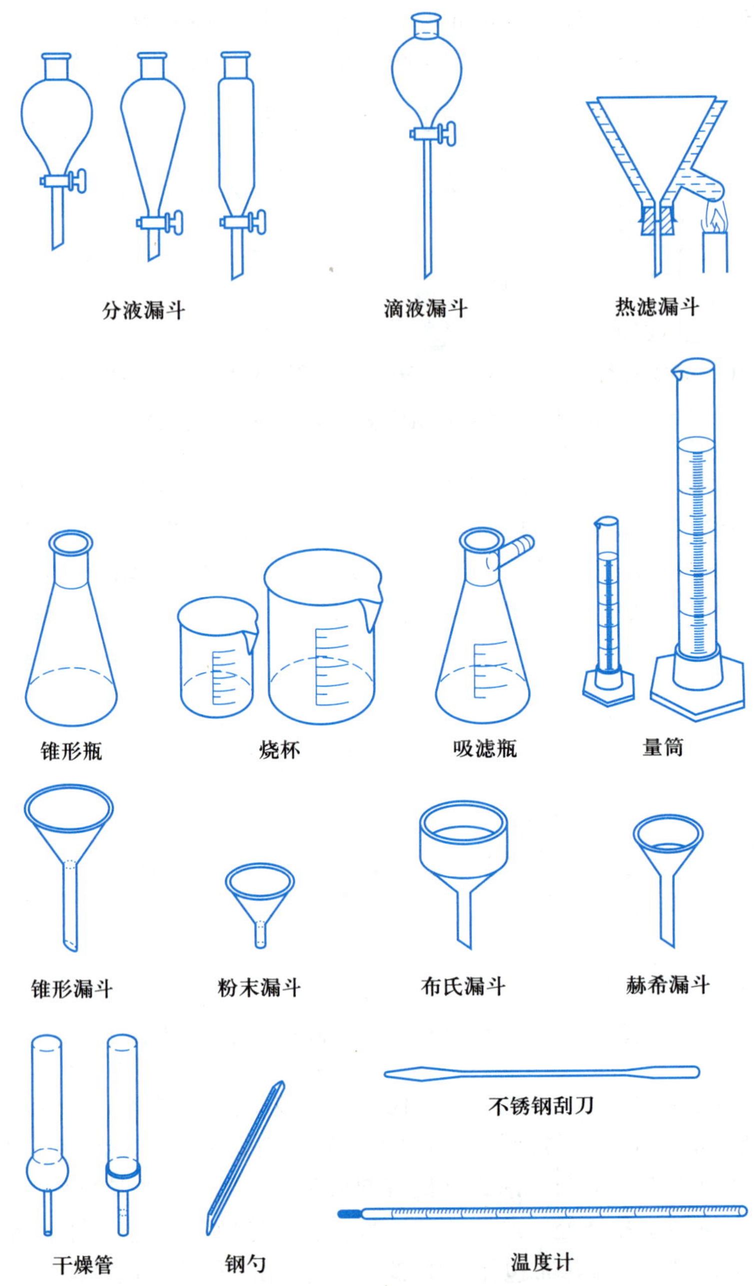

图 1.5.4 有机化学实验常用的普通玻璃仪器

有机化学实验常用玻璃仪器的应用范围见表 1.5.1。

1.5.2 金属用具

有机化学实验中常用的金属用具有:升降台(见图 1.5.5)、铁架、铁夹(见图 1.5.6)、铁圈、三脚架、水浴锅、镊子、剪刀、三角锉、圆锉刀、压塞机、打孔器、水蒸气发生器、燃气灯、不锈钢刮刀、钢勺等。这些用具应放在固定地方,不要乱拿乱放,防止锈蚀。

表 1.5.1 有机化学实验常用玻璃仪器的应用范围

仪器名称	应用范围	备注
圆底烧瓶	用于反应,回流加热及蒸馏	
三颈烧瓶	用于反应,三口分别安装电搅拌器、回流冷凝管及温度计	
二颈烧瓶	用于半微量、微量实验的反应器	中间口接冷凝管、分馏头等,侧口接温度计和加料滴液漏斗
冷凝管	用于蒸馏和回流	
空气冷凝管	用于蒸馏沸点高于 140 °C 的液体	
真空指形冷凝器	微量液体的减压蒸馏	固体升华可当作冷凝管用
蒸馏头	与圆底烧瓶组装后用于蒸馏	
单股接引管	用于常压蒸馏	
双股接引管	用于减压蒸馏	
分馏柱	用于分馏多组分混合物	
恒压滴液漏斗	用于反应体系内有压力使液体顺利滴加	
分液漏斗	用于溶液的萃取、洗涤及分离	
锥形瓶	用于储存液体、混合溶液及加热小量溶液	不能用于减压蒸馏
烧杯	用于加热、浓缩溶液及溶液混合和转移	
量筒	量取液体	切勿直接火加热
吸滤瓶	用于减压过滤	不能直接火加热
布氏漏斗	用于减压过滤	瓷质
磁板漏斗	用于减压过滤	瓷质,瓷质板为活动圆孔板
熔点管	用于测熔点	内装石蜡油、硅油或浓硫酸
干燥管	装干燥剂,用于无水反应装置	

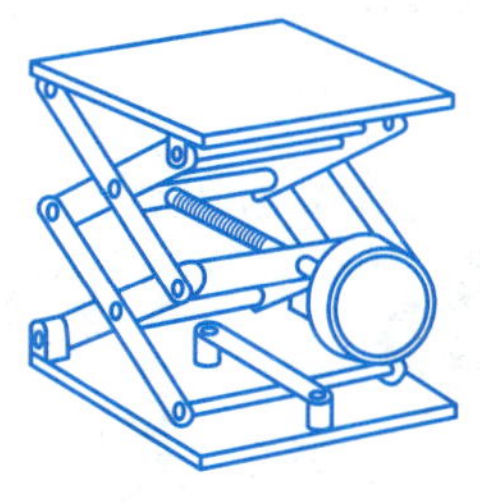

图 1.5.5 升降台

(1) 冷凝管夹

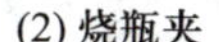

(2) 烧瓶夹

(3) 卡夹(金属或塑料)

图 1.5.6 常用的铁夹

1.5.3 常用电器与设备

1. 烘箱

实验室常用带有自动温度控制系统的电热鼓风干燥箱,其使用温度一般为 50～300 °C。

烘箱通常用来烘干玻璃仪器或无腐蚀、无挥发性、加热时不分解的药品。切忌将挥发、易燃、易爆物放在烘箱内烘烤。刚用乙醇或丙酮等有机溶剂淋洗过的玻璃仪器,要待有机溶剂挥发干净后才可放入烘箱,以免发生燃爆。烘干玻璃仪器时,应先尽量将仪器上的水沥干,再放进烘箱。放仪器时应自上而下依次放入,以免上层仪器上残留的水滴滴到下层,使已热的下层玻璃仪器炸裂。用于烘干铺好的色谱板时应注意防止铁屑等杂物污染下层的色谱板。仪器烘干后要用洁净的干布包住后取出,以防烫伤。取出的热玻璃仪器自然冷却时常有水汽凝在壁上,因此热仪器取出后应先用吹风机或气流烘干器的冷风吹冷后再用。橡胶塞、塑料制品不能放入烘箱烘烤。带旋塞或具塞的仪器,应取下塞子后再放入烘箱中烘干。

2. 气流烘干器

气流烘干器是一种用于快速烘干仪器的设备(见图 1.5.7)。使用时,将仪器洗干净后,甩掉多余的水分,然后将仪器套在烘干器的多孔金属管上。注意随时调节热空气的温度。气流烘干器不宜长时间加热,以免烧坏电动机和电热丝。

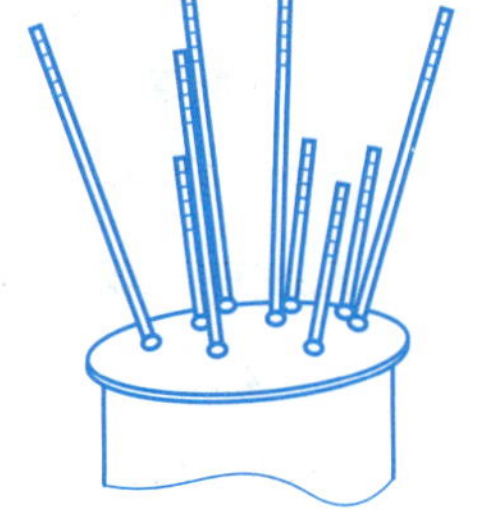

图 1.5.7　气流烘干器

3. 真空干燥箱

真空干燥箱主要用来干燥熔点较低或高温下易分离的药品(见图 1.5.8)。由于在真空下加热,干燥速度也将加快许多。

4. 电吹风

电吹风又名干燥枪,除可快速吹干头发外,也是实验室干燥仪器的常用工具。当需要快速干燥仪器时,开启电吹风先用热风对着仪器开口加热,驱除其中的潮气,接着用冷风吹至接近室温,然后加上干燥管或通入干燥的氮气,以防仪器冷却时潮气浸入。电吹风也可用来驱赶薄层色谱板上的溶剂。

5. 电热套(见第二章中图 2.2.3)

6. 调压变压器

调压变压器(简称调压器)为调节电源电压的电器装置(见图 1.5.9),常用来调控电热套、油浴等的加热温度或控制电动搅拌器的转动速度,使用时应注意以下几点:

(1) 先将调压器调至零点,再接通电源。

(2) 在调压器标明"输入"的接线柱上连接电源导线,在标明"输出"的接线柱上连接用电装置的导线,切忌接错而引起电器烧毁。

(3) 调节变换时,应缓慢均匀,无论使用哪种调压器都不能超负荷运行,最大使用量为满负荷的 2/3。

(4) 用完后将旋钮调至零点,切断电源,置于干燥通风处保持清洁,防止腐蚀。

图 1.5.8　真空干燥箱

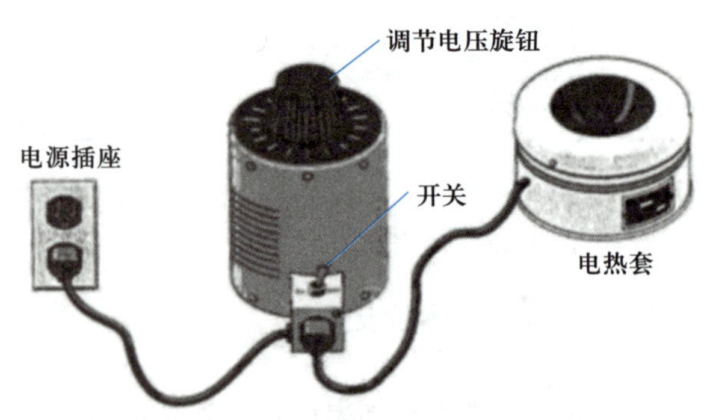

图 1.5.9　连接电热套的调压变压器

7. 磁力搅拌器 (见图 1.6.4)

8. 电动搅拌器 (见图 1.6.6)

9. 离心机

离心机如图 1.5.10 所示。离心法是分离互不相溶固液两相的有用方法,其操作是将样品置于高速旋转的离心管中,转速通常为 2000～3000 $r \cdot min^{-1}$。需要注意的是,离心时必须保持平衡,即在样品管的相反方向置有同样体积液体的离心管,以免旋转时发生振荡。离心结束后,用巴斯德滴管或倾滗法除去液体。离心法能从液体中除去极细的能穿透滤纸的固体杂质,也可在微量重结晶时用于 Craig 管的过滤,或在萃取时破坏难分层的乳浊液。

10. 循环水式多用真空泵

循环水式多用真空泵是以循环水作为流体,利用射流产生负压的原理而设计的一种多用真空泵,广泛用于蒸发、蒸馏、结晶、过滤、减压及升华等操作中 (见图 1.5.11)。由于水可以循环使用,避免了直排水的现象,节水效果明显,是实验室常用的减压设备,一般用于对真空度要求不高的减压体系中。

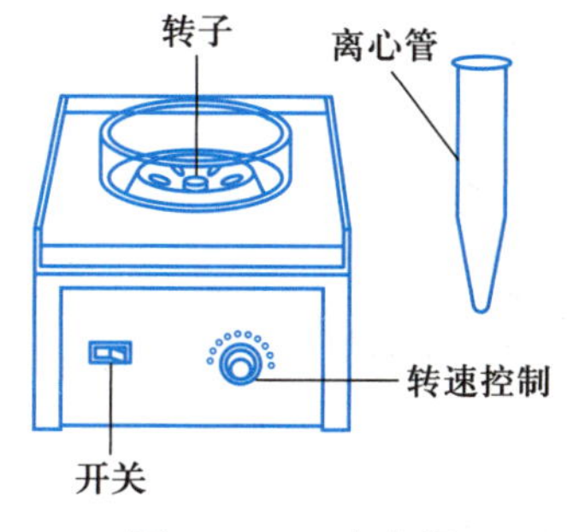

图 1.5.10 离心机

图 1.5.11 循环水式多用真空泵

使用时应注意:

(1) 真空泵抽气口应连接一个缓冲瓶,以免停泵时,水被倒吸入反应瓶中。

(2) 开泵前,应检查是否与体系接好,然后,打开缓冲瓶上的旋塞。开泵后,用旋塞调至所需要的真空度。关泵时,先打开缓冲瓶上的旋塞,拆掉与体系的接口,再关泵,切忌相反操作。

(3) 应经常补充和定期更换水泵中的水,以保持泵的清洁和真空度。

11. 油泵

油泵也是实验室常用的减压设备,常在对真空度要求较高的场合下使用 (见图 1.5.12)。

12. 超声波清洗器

超声波清洗器 (见图 1.5.13) 是利用超声波发生器发出的交频信号,通过换能器转换成交频机械振

图 1.5.12 油泵

图 1.5.13 超声波清洗器

荡而传播到介质——清洗液中，强力的超声波在清洗液中以疏密相间的形式向被洗物件辐射，产生"空化"现象，即在清洗液中有"气泡"形成，产生破裂现象。"空化"在达到被洗物体表面破裂的瞬间，产生远超过100 MPa的冲击力，致使物体的面、孔、隙中的污垢被分散、破裂及剥落，达到净化清洁的目的。它主要用于小批量的清洗、脱气、混匀、提取、有机合成、细胞粉碎等。

13. 旋转蒸发器

旋转蒸发器由电动机带动可旋转的蒸发瓶(圆底烧瓶)、冷凝管和接收瓶组成(见图1.5.14)。可以在常压或减压下操作，可一次进料，也可分批吸入料液。由于蒸发器的不断旋转，可免加沸石而不会暴沸。蒸发器旋转时，会使料液附于瓶壁形成薄膜，蒸发面大大增加，加快了蒸发速率，是实验室浓缩溶液、回收溶剂的理想装置。

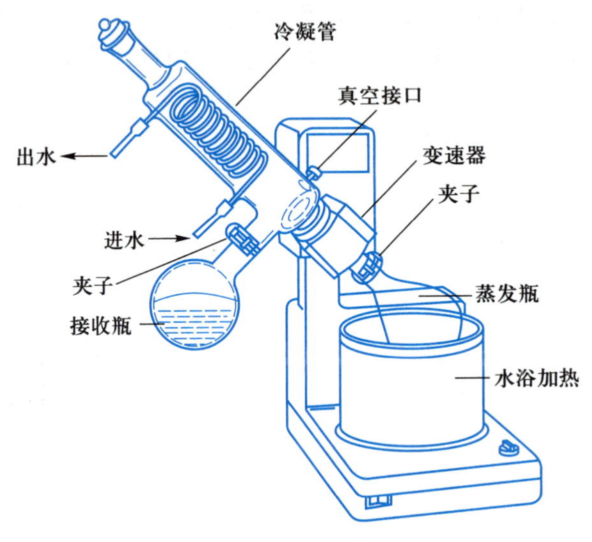

图1.5.14 旋转蒸发器

1.5.4 其他仪器设备

1. 托盘天平

在常量合成操作中常用托盘天平称量，其最大称量质量为500 g，可准确称量至0.1 g，使用时，应用镊子取用砝码，注意保持托盘天平清洁，称量时不许将药品直接放在称量盘上，应置于干净的硫酸纸上或表面皿中称量。

2. 电子天平

电子天平是实验室常用的称量设备，尤其在半微量、微量实验中。根据使用目的不同，电子天平精度有多种规格可供选择[(图1.5.15所示为普通的电子天平和带有防护罩的分析天平。其感量分别为0.001 g (1 mg)和0.0001 g (0.1 mg)]。

Scout电子天平是一种比较精密的称量仪器，其设计精良，可靠耐用。它采用前面板控制，具有简单易懂的菜单，可自动关机，电源可以采用9 V电池或随机提供的电源适配器。

使用方法如下：

(1) 开机。按Rezero on，瞬时显示所用的内容符号后依次出现软件版本号和0.0000 g。热机时间为5 min。

(2) 关机。按Mode off直至显示屏指示off，然后松开此键实现关机。

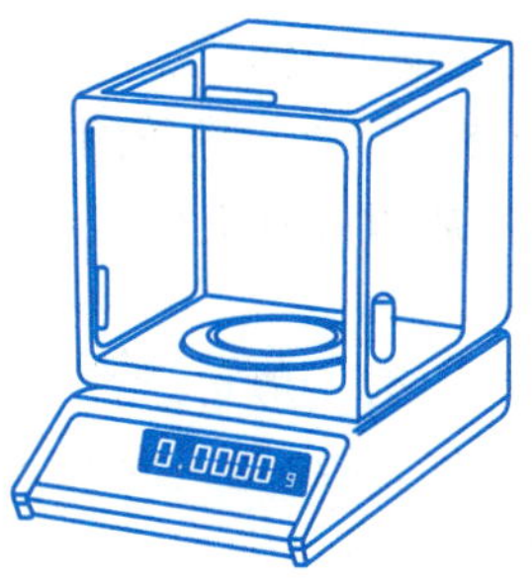

图 1.5.15 电子天平和带有防护罩的分析天平

(3) 称量。复按 Mode off 选定所需要的单位，然后按 Rezero on，调至零点 (一般已调好，请不要动)。在天平的称量盘上添加需要称量的样品，从显示屏上读数。

(4) 去皮。称量容器内的样品时，可通过去皮功能，将称量盘上的容器质量从总质量中除去。将空的容器放在称量盘上，按 Rezero on 使显示屏置零，加入所称量的样品，天平即显示出净质量，并可保持容器的质量直至再次按 Rezero on。

电子天平是一种比较精密的仪器，使用时应注意维护和保养。

(1) 天平应放在清洁、稳定的环境中，以保证测量的准确性。勿放在通风、有磁场或产生磁场的设备附近，勿在温度变化大、有震动或存在腐蚀性气体的环境中使用。

(2) 保持机壳和称量盘的清洁，以保证天平的准确性，可用蘸有柔性洗涤剂的湿布擦洗。

(3) 将校准砝码存放在安全干燥的场所，不使用时拔掉电源适配器，长时间不用时请取出电池。

3. 钢瓶

钢瓶又称高压气瓶，是一种在加压下储存或运送气体的容器，瓶体材料通常有铸钢、低合金钢等。氢气、氧气、氮气、空气等在钢瓶中呈压缩气体状态，二氧化碳、氨气、氯气、石油气等在钢瓶中呈液化状态。乙炔钢瓶内装有多孔性物质 (如木屑、活性炭等) 和丙酮，乙炔气体在压力下溶于其中。为了防止各种钢瓶混用，全国统一规定了瓶身、横条及字体的颜色，以示区别。现将我国常见气体钢瓶的颜色及其特征摘录于表 1.5.2 中。

使用钢瓶时应注意：

(1) 钢瓶应放置在阴凉、干燥、远离热源的地方，避免日光直晒。氢气钢瓶应放在与实验室隔开

表 1.5.2 我国常见气体钢瓶的颜色及其特征

气体名称	钢瓶颜色	瓶体字样	字体颜色	瓶上横条颜色
氧气	天蓝	氧	黑	
氢气	深绿	氢	红	红
氮气	黑	氮	黄	棕
氦气	棕	氦	白	
压缩空气	黑	压缩空气	白	
氯气	草绿	氯	白	红
氨气	黄	氨	黑	
二氧化碳	黑	二氧化碳	黄	
乙炔	白	乙炔	红	

的气瓶房内。实验室中应尽量少放钢瓶。

(2) 搬运钢瓶时要旋上钢帽, 套上橡胶圈, 轻拿轻放, 防止摔碰或剧烈振动。

(3) 使用钢瓶时, 如直立放置应有支架并绑住, 以免摔倒, 如水平放置应垫稳, 防止滚动, 还应防止油和其他有机物沾污钢瓶。

(4) 钢瓶使用时要用减压表, 一般可燃性气体 (氢气、乙炔等) 钢瓶气门螺纹是反向的, 不燃性和助燃性气体 (氮、氧等) 钢瓶气门螺纹是正向的。各种减压表不得混用。开启气门时应站在减压表的另一侧, 以防减压表脱出而被击伤。

(5) 钢瓶中的气体不可用完, 应留有 0.5% 表压以上的气体, 以防止重新灌气时发生危险。

(6) 用可燃性气体时一定要有防止回火的装置 (有的减压表带有此种装置)。在导管中塞细铜丝网, 管路中加液封可以起保护作用。

(7) 钢瓶应定期试压检验 (一般钢瓶三年检验一次)。逾期未经检验、锈蚀严重或漏气时不得使用。

4. 气体减压阀

(1) 气体减压阀的结构与作用。

钢瓶一般会 (充气) 达到 10～15 MPa 的压力, 它自带的开关阀不能控制压力, 故需要安装减压阀, 将高压气体压力降到安全范围后方能使用。

在常规的化学实验室可见到多种气体减压阀, 其中最常见的是图 1.5.16 所示的单级减压阀和二级减压阀。

二级减压阀的优点是钢瓶气接近用空时, 气流压力还能保持。所以在气相色谱 (GC) 中使用二级减压阀比较好, 而在典型的 Schlenk 线上单级减压阀就足够了。

另外, 实验室中会遇到的一种常见 “减压阀”, 其实是流量控制阀。它不像真正减压阀那样能控制压力, 而是只能控制流量, 可以很容易地将气体从钢瓶中引出, 如图 1.5.17 所示。

减压阀前面有两个压力表和一个螺旋手柄, 还有要接在钢瓶阀上的螺帽接头, 有时气体出口处还有一个针阀。

(2) 减压阀的使用。

① 确认钢瓶已固定好, 减压阀符合要求, 对所用的气体可能带来的危险心中有数。

② 取下钢瓶总阀上的保护帽, 检查出气口确认是洁净无水的。

③ 将减压阀拧在钢瓶出气口上, 直到拧不动为止, 然后用扳手 (不能用老虎钳) 将其拧紧。

④ 确认减压阀上的控制阀处于关闭状态, 如果连有出气阀, 确认它也是关闭的。拧紧阀时不要过度用力, 以免损伤阀座。

⑤ 缓缓打开钢瓶阀, 从减压阀上的压力表可以显示钢瓶气体的压力。

⑥ 慢慢拧减压阀控制阀, 挤压隔膜, 放出气体, 直到减压阀压力表上的读数达到期望值。

⑦ 打开放气阀控制流量, 但最终压力是通过减压阀控制阀设定的。

⑧ 检查系统各接口是否漏气, 可用稀的肥皂水或厂商提供的泄漏检验溶液, 如果发现有泄漏, 则将连接口拧紧; 如果仍不奏效, 应向指导教师求助。

(3) 使用注意事项。

① 不要在减压阀上涂润滑脂或油, 以免污染反应体系, 且其可能会与某些气体发生反应。例如, 当氧气减压阀被润滑脂污染后, 会很快发生氧化反应, 甚至起火。

② 尽量不要在螺口上缠绕特氟龙密封带, 其碎片可能会被吹进减压阀, 造成泄漏, 损坏阀门或给出错误读数。

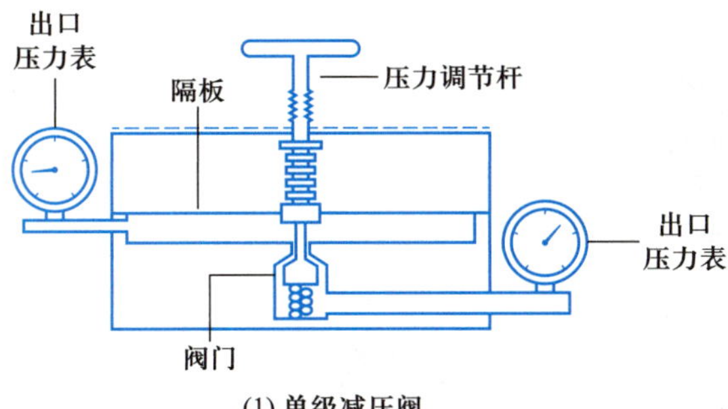

(1) 单级减压阀

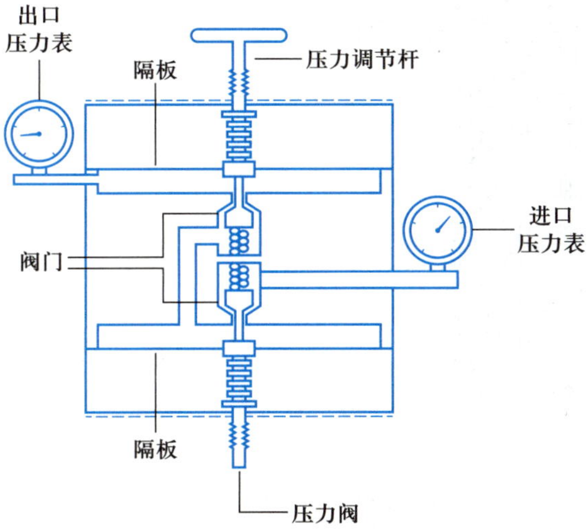

(2) 二级减压阀

图 1.5.16 气体减压阀

图 1.5.17 减压阀 (流量控制阀)

③ 减压阀不能通用。例如, 可燃性气体, 像氢气, 其减压阀螺纹是相反的。

(4) 拆卸减压阀。

① 关上钢瓶总阀。

② 缓缓打开减压阀上的出气阀。

③ 确认压力计读数降到零。

④ 打开减压器控制阀 (顺时针), 确认余压已完全释放。

⑤ 用扳手 (不能用老虎钳) 将减压阀从钢瓶上拆卸下来, 立即换上钢瓶保护帽。

⑥ 如果减压阀是用于腐蚀性气体的, 拆下之后应在通风橱中用干燥的空气或氮气吹扫几次。

5. 高压釜

高压釜是一种间歇操作的适用于高温高压下进行化学反应的容器。在有机合成中常用于固体催化剂存在下进行氢化及高分子合成中聚合反应等。高压釜的构造如图 1.5.18 所示, 由釜体和釜盖两部分组成, 用耐腐蚀性良好的不锈钢制作。釜为厚壁筒形容器, 釜盖上有针形阀、安全阀、压力表、热电偶套管及搅拌装置, 容积大的高压釜还带有内部冷却的盘管。釜体和釜盖的密闭通过拧紧螺母来实现, 它们的接触面要求光洁度很高。高压釜的体积一般为 50～2000 mL, 耐压范围一般为 10～30 MPa, 实际的耐压能力需相当于工作压力的 2～3 倍, 方能确保安全。

由于釜盖和釜体是线接触, 所以密闭性能良好, 釜体部分置于封闭式电炉中以备加热。

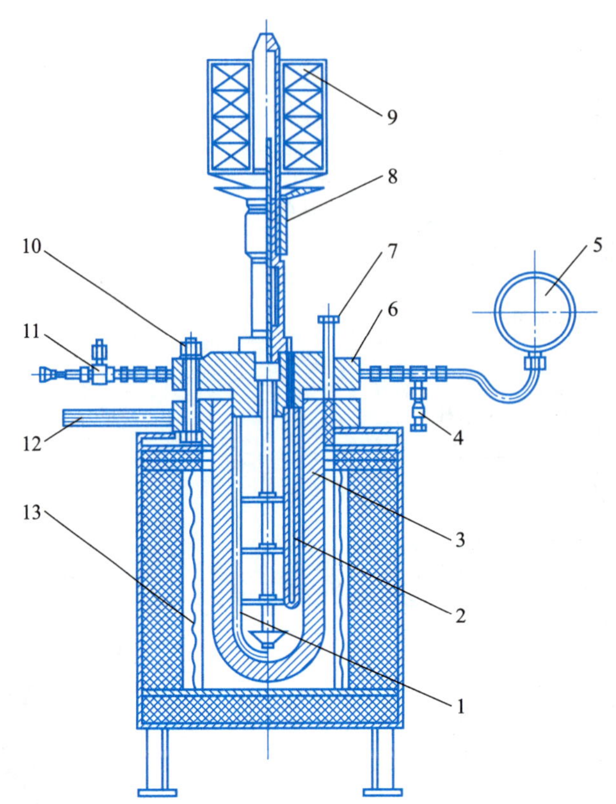

1—压料管; 2—热电偶套管; 3—釜体; 4—安全阀; 5—压力表; 6—釜盖; 7—起盖螺钉;
8—搅拌器; 9—线包; 10—主螺栓; 11—针形阀; 12—手柄; 13—电加热器

图 1.5.18 电磁搅拌高压釜

利用高压釜进行不同反应时，操作方法基本相似，但不完全相同。现以最常用的催化加氢为例，介绍操作方法和注意事项。

(1) 加料。

所加物料不要超过釜体容积的 2/3，但也不宜过少，以免热电偶接触不到液面。加催化剂时釜中不能预先有氢气，催化剂也不能粘在壁上。要用溶剂盖没，以防着火。

(2) 闭釜。

釜体螺栓、釜盖上的螺栓孔及紧固螺母均有编号，需对号装配。依对角线方式拧紧螺母，每次拧紧不超过 1/8 圈，一般每个螺母须拧紧 5 次以上。应避免拧得不均匀而漏气，也不应拧得过紧，损坏密封面。在拧合前应仔细排除较坚硬的微粒 (如催化剂等)，防止拧合时损坏磨口，导致漏气。

(3) 排除空气。

釜中空气可用抽气泵抽去，或用氮气排除。在加氢反应时可用充氢稀释法除去空气。其步骤是: ① 连接高压导管至氢气钢瓶; ② 关闭高压釜进气阀和出气阀; ③ 打开氢气钢瓶角阀; ④ 缓缓打开进气阀，待压力升至 5 $kg \cdot cm^{-2}$ 时，立即关闭; ⑤ 缓缓打开出气阀 (氢气需导至室外)，待压力降至零点前关闭。如此重复充氢、排气三次，排净空气。

(4) 检漏。

缓慢通氢气至实验所需压力，依次关闭进气阀和角阀 (角阀在不通氢时应保持常闭，以减少不安全因素)。开始时有部分氢气溶解于溶液中，压力可能稍降，5 min 后压力不再降低，表示装置不漏气，即可开始反应。

(5) 氢化反应。

启动搅拌并缓慢加热至所需温度，因高压釜壁很厚，温度滞后严重，应提前降低加热电压。不允许在搅拌前将物料加热至较高温度，以免反应在搅拌时猛烈爆发，引起温度、压力急剧上升，发生危险 (一旦发现异常情况，应立即停止搅拌，然后再作其他处理)。随着反应的进行，压力逐渐降低，需要补充氢气，直到压力不降为止。将累计压力降 Δp 与估计压力降 Δp^0 比较，判断反应进程 ($\Delta p^0 = n \cdot 22.4/V$，其中氢气体积 V 为高压釜容积减去料液体积，n 为所需氢气的物质的量，它由投料量计算)。反应完毕，停止加热和搅拌，切断电源。

(6) 出料。

待物料冷却后，放出剩余氢气 (通至室外)，用氮气排除或用水泵抽吸除去氢气，放入空气以免开釜时催化剂着火，引燃料液。如开釜时发现火星，立即捂住釜口，防止起火燃烧。依对角线次序松开釜盖上的螺母。取下釜盖，置于三脚铁架上。利用抽气泵或滴管将物料吸出，用少量溶剂清洗，合并洗涤液。

(7) 后处理。

吸滤出催化剂 (不要吸干)，以少量溶剂洗涤，回收催化剂。将滤液蒸去溶剂得到产物。

(8) 清洗高压釜。

用优质卫生纸，蘸溶剂擦拭釜体和釜盖内壁。密封面要小心轻擦，以免损伤，也不要留下催化剂颗粒。沾有催化剂的废纸会自燃，应妥善处理。若下次更换实验，尚需卸下搅拌套管和进气、出气阀门等部件，进行彻底清洗。

(9) 事故预防措施。

在用高压釜进行催化氢化时，应首先考虑安全问题。一要防止氢气和空气混合物的爆炸；二要防止高压釜炸裂造成人身伤害或引起房屋着火及损坏。为了预防这些事故的出现，其相应的措施有：

① 不在普通的化学实验室中进行氢化，而在远离各种实验室的专用氢化室中进行。这一点，对常压、低压和高压氢化都适用。

② 氢化器尤其是高压釜应放置在特制的防火防爆室内，并装置良好的通风设备。

③ 氢化器应不和氢气钢筒放在一个室内，二者可用高压导气管连接起来。

④ 整个氢化室，包括氢气钢瓶储藏室，严禁烟火。

⑤ 在灌氢时用放氢法排去氢化器内空气时，发现氢化器漏气和反应完毕放氢时，都应开启通风设备。

⑥ 反应进行时，实验人员不能停留在氢化器旁，而应留在防火防爆室外，留心反应是否正常进行。至多只能间歇地进入防火防爆室观察一下高压釜上的压力表示数及高压釜的温度。

⑦ 如发现氢化过程中高压釜的振动或搅拌系统声音异常，或突然听到漏气声，或高压釜出现炸裂，应首先将氢化器的搅拌及加热电源切断 (这些电源的总开关都应装在防火防爆室的外面)，然后再视情况决定是否进入防火防爆室检查。

⑧ 反应完毕离开氢化室前，除照明系统外的所有电源应切断。氢化室和存放氢气钢瓶的房门，均应上锁。

上述这些措施，都是在进行氢化时所必须注意的，切不可有任何疏忽。

1.6 有机化学实验常用装置

常用的有机化学实验装置有回流、蒸馏、搅拌及气体吸收等，现分别图示和简介如下。

1.6.1　回流装置

很多有机化学反应需要在反应体系的溶剂或液体反应物的沸点附近进行，这时就要用回流装置，如图 1.6.1 (1) 所示。回流时应根据反应液体的沸点恰当地选择冷凝管，高挥发性的液体 [bp (沸点) < 60 °C] 应选择球形冷凝管。回流速率应控制在液体蒸气浸润不超过冷凝管的 1/3 或不超过两个回流球为宜。回流加热前应先在瓶内放入沸石或搅拌磁子以防暴沸。图 1.6.1 (1) 为常见的回流装置。如需隔绝潮气，可以冷凝管上端加上装有氯化钙的干燥管。若回流中无不易冷却物放出，还可将一气球套在冷凝管上端，以防潮气的浸入。图 1.6.1 (2) 是同时可以滴加液体的回流装置，根据液体的沸点温度，可选用水浴、油浴或电热套等加热方式。当反应混合物中有悬浮的固体或包含互不相溶的液体时，则必须装配电磁搅拌或机械搅拌，以促进反应。

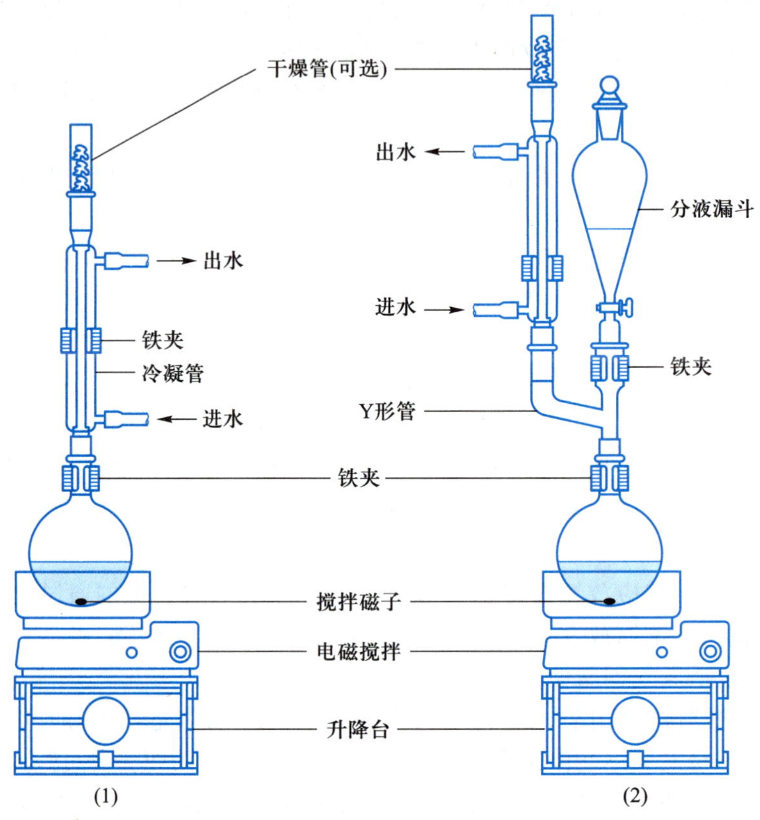

图 1.6.1　回流装置

1.6.2　蒸馏装置 (见图 2.6.1)

1.6.3　气体吸收装置

图 1.6.2 为气体吸收装置，用于吸收反应过程中生成的有刺激性和水溶性的气体 (如溴化氢、氯化氢、二氧化硫、二氧化氮等)。其中图 1.6.2 (1) 和 (2) 可作少量气体的吸收装置。图 1.6.2 (1) 中的玻璃漏斗应略微倾斜，使漏斗口一半在水中，另一半在水面上。这样，既能防止气体逸出，亦可防止水被倒吸至反应瓶中。当反应过程中有大量气体生成或气体逸出很快时，可使用图 1.6.2 (3) 所示的装置，水自上端流入 (可利用冷凝管流出的水) 吸滤瓶中，在恒定的平面上溢出。粗的玻璃管恰好伸入水面，被

水封住，以防止气体逸入大气中。图中的粗玻璃管也可用 Y 形管代替。

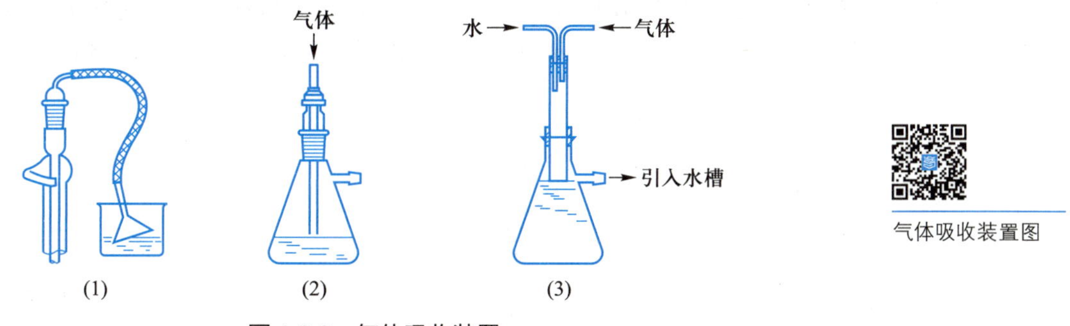

图 1.6.2　气体吸收装置

微量制备反应中，水溶性的气体也用润湿的棉花或玻璃棉来进行吸收。通常将润湿的棉花或玻璃棉置于小锥形瓶或烧杯中，更方便的方法是填充在连接冷凝管的干燥管中 (见图 1.6.3)。

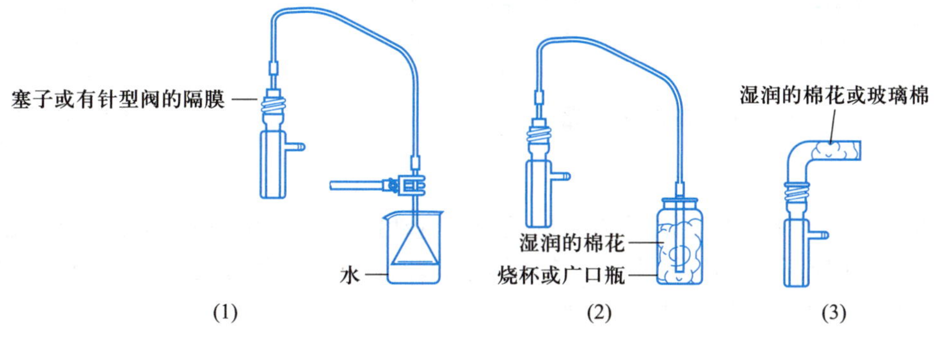

图 1.6.3　微量制备气体吸收装置

1.6.4 搅拌装置

如果是非均相间反应，或反应物之一被逐渐滴加，应尽可能使其迅速均匀地混合，以避免因局部过浓过热而导致其他副反应发生或有机物的分解；有时反应产物是固体，如不搅拌将影响反应顺利进行，在这些情况下均需进行搅拌操作。在许多合成实验中，若使用搅拌装置，不但可以较好地控制反应温度，促进热平衡，使沸腾平稳进行，同时也能缩短反应时间和提高产率。最有效的搅拌是电磁搅拌和机械搅拌，对搅拌要求不高的反应，也可用摇动代替，通常是周期性地松开固定烧瓶的铁夹，用手握住瓶颈进行旋摇。

1. 电磁搅拌

电磁搅拌又称磁力搅拌，是基础实验室中常用的搅拌工具。当反应物料较少，不需要太高温度的情况下，电磁搅拌可代替电动搅拌，且易于密封，使用方便。电磁搅拌的装置 [见图 1.6.4 (1)]。电磁搅拌器是以电动机带动磁场转动，并以磁场控制搅拌磁子转动达到搅拌的目的。一般电磁搅拌器都兼有加热装置，可以调速调温，也可以按照设定的温度维持恒温。搅拌磁子是一个包裹着聚四氟乙烯或玻璃外壳的软铁棒，外形为橄榄状、棒状 (适合于锥形瓶等平底容器) 和旋齿状 (适合微量反应) 等 (见图 1.6.5)。放置搅拌磁子时，应将瓶子倾斜沿瓶壁小心滑于瓶底，不可直接丢入，以免造成容器底部破裂。

搅拌时，应小心旋转旋钮，依挡次顺序缓慢调节转速，使搅拌均匀平稳地进行。如调速过急或物料过于黏稠，会使搅拌磁子跳动而撞击瓶壁，此时应立即将调速旋钮归零，待搅拌磁子静止后再重新缓缓开启。

连有加热装置的电磁搅拌如图 1.6.4 (2) 所示，同时加热和磁力搅拌在有机化学实验室是最常见的操作。应根据瓶子的大小选择合适的搅拌磁子，加热装置可以是油浴、沙浴或电热套等，后者温度的控制较难。

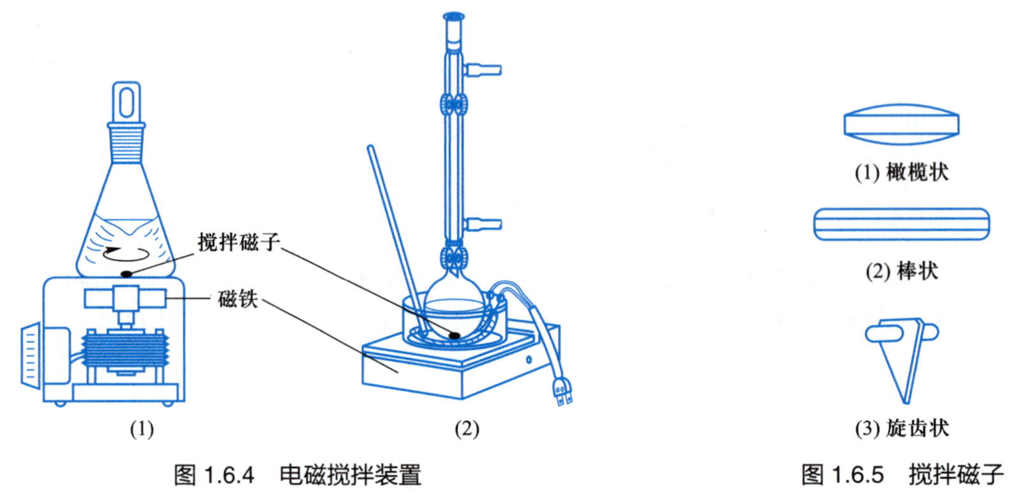

图 1.6.4 电磁搅拌装置

图 1.6.5 搅拌磁子

2. 电动搅拌

黏稠的混合物或大体积的流体，最有效的是使用电动搅拌。常用的电动搅拌装置 (见图 1.6.6)，是可同时进行搅拌、回流和自滴液漏斗加入液体的实验装置，如在一侧加上 Y 形管，还可同时测量反应的温度。电动机带有可调变压器，用于调速。

简易密封装置见图 1.6.7 (1)，搅拌棒与套管由合适的乳胶管连接，自套管的下端插入搅拌棒。这样

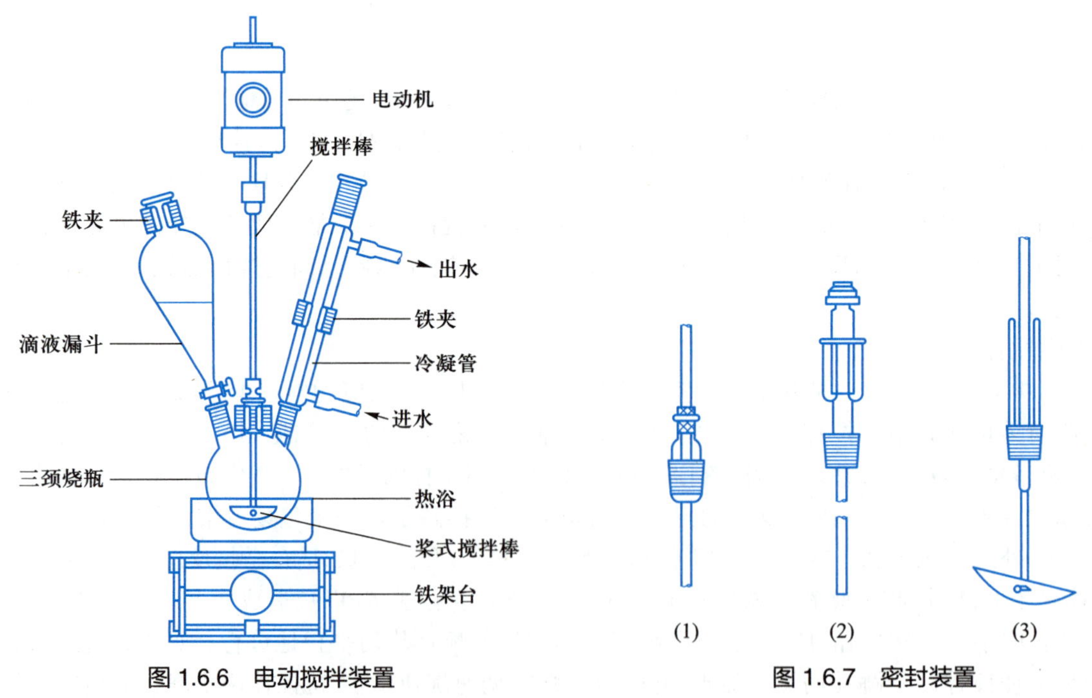

图 1.6.6 电动搅拌装置

图 1.6.7 密封装置

固定在套管上端的橡胶套与搅拌棒紧密接触，可达到密封的效果。搅拌棒的顶端可用短的厚壁橡胶管与电动机连接。在搅拌棒和橡胶管之间滴入少量硅油或甘油，对搅拌可起润滑和密封作用。搅拌棒下端接近三颈烧瓶底部，离瓶底适当距离，且在搅拌时要避免搅拌与瓶中的玻璃管或温度计相碰。这种简易密封装置在一般减压 (1.33～1.6 kPa) 时也可使用。图 1.6.7 (2) 是液体磨口密封装置，常用的密封液体是水、石蜡油、甘油等，由于汞蒸气毒性强，故尽可能避免用汞作密封液体。此外，聚四氟乙烯壳体、橡胶 O 形圈密封的磨口玻璃仪器密封件已有商品供应，十分方便 [见图 1.6.7 (3)]。

搅拌所用的搅拌棒通常由玻璃制成，式样很多，其中桨式搅拌棒 (见图 1.6.6) 适用于两相不混溶的体系，其优点是搅拌平稳，搅拌效果好。市售的桨式搅拌棒有玻璃、聚四氟乙烯和不锈钢几种，其规格可适合不同大小的烧瓶。当反应混合物中含有活泼的金属钠或钾时，必须使用玻璃搅拌棒。

1.6.5 微量反应装置

图 1.6.8 是微量反应装置，与常量和小量制备装置不同的是，用锥形反应器代替了圆底烧瓶或三颈烧瓶，用微型蒸馏头代替了接收装置，用电磁搅拌代替了电动搅拌。

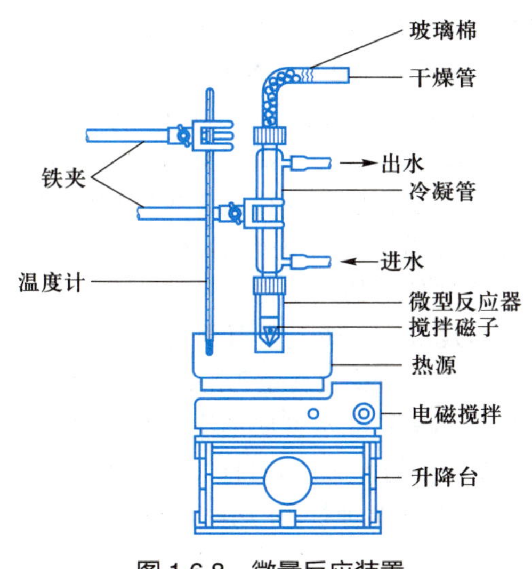

图 1.6.8 微量反应装置

微量反应装置图

1.6.6 仪器装置方法

有机化学实验常用的玻璃仪器装置，一般皆用铁夹将仪器依次固定于升降台或铁架上。铁夹的双钳应贴有橡胶等软性物质，用铁夹夹玻璃器皿时，先用左手手指将双钳夹紧，再拧紧铁夹螺丝，待夹钳手指感到螺丝触到双钳时，即可停止旋动，做到夹物不松不紧。

以回流装置图 1.6.1 (1) 为例，装置仪器时先根据热源高低 (一般以铁圈或升降台高低为准) 用铁夹夹住圆底烧瓶瓶颈，垂直固定于升降台或铁架上搁置的热浴或石棉网上，烧瓶瓶底距热浴底部 1～2 cm 为宜。铁架应正对实验台外面，不要歪斜。若铁架歪斜，重心不一致，装置会不稳，影响实验进行。然后将冷凝管下端正对烧瓶用铁夹垂直固定于烧瓶上方，再放松铁夹，将冷凝管放下，使磨口塞紧后，再将铁夹稍旋紧，固定好冷凝管，使铁夹位于冷凝管中部偏上一些。用合适的橡胶管连接冷凝水，进水口在下方，出水口在上方。最后在冷凝管顶端装置干燥管。

总之，安装仪器应先下后上，从左到右，做到“稳”“妥”“端”“正”。“稳”即稳固牢靠；“妥”即小心使用铁夹，不要太松或太紧，并消除不安全因素；“端”即端正美观，其装置的轴线应与实验台的边缘平行，横看一个面，纵看一条线，明亮剔透，错落有序，给人以美的享受；“正”即要按照物料的体积和沸点正确地选择仪器和热源。

要防止装置扭曲或夹子夹得过紧而造成张力，致使仪器放置或加热时破裂。

1.7　仪器的清洗、干燥和塞子的配置

1.7.1　仪器的清洗

玻璃仪器是否清洁干燥，直接影响实验结果的可靠性与准确性，是实验成功的重要条件。有机化学实验中常见的清洗玻璃仪器的方法是用毛刷蘸上皂粉或洗涤剂刷洗润湿器壁，直至玻璃表面的污物除去为止，最后用自来水清洗。当仪器倒置时，水沿器壁自然流下，均匀润湿，器壁不挂水珠，表明已干净，可供一般实验需用。若为用于精制产品的仪器，或供有机分析用的仪器，则尚需用蒸馏水摇洗，以除去自来水冲洗时带入的杂质。

为了使清洗工作简便有效，在每次实验结束后，应立即清洗使用过的仪器，因为当时清楚污物的性质，容易用合适的方法除去。褐色的二氧化锰污渍可用30% $NaHSO_3$ 水溶液刷洗除去，也可用6 $mol\cdot L^{-1}$稀盐酸和水洗涤，因有氯气放出，后一种应在通风橱中进行。已知瓶中残渣为碱性时，可用稀盐酸或稀硫酸溶解，反之，酸性残渣可用稀的氢氧化钠溶液除去；已知残留物溶解于某常用的有机溶剂中，可用适量的该溶剂处理。当不清洁的仪器放置一段时间后，往往由于挥发性溶剂的逸去，使洗涤工作变得更加困难。若用过的仪器中有焦油状物，则应先用纸擦去大部分焦油状物质再用溶剂处理。丙酮既溶于水又能溶解大多数有机物，故常用于清洗仪器的残留物。为避免不必要的浪费，用量应尽可能少，用后倒入指定的回收容器中。注意，含溴的残留物不能使用丙酮去除，因可能产生伤害眼睛的催泪剂。一种很有效的清洗剂是氢氧化钾的醇溶液，在瓶内放置适量乙醇，加入几片固体氢氧化钾，温热并旋转烧瓶，洗涤完成后，废碱液倒入指定容器，并用皂粉和水彻底清洗。对于附着极牢固的残留物，可在皂液与丙酮液浸泡下用弯曲的刮刀耐心去除。若仍无法达到目的，可使用铬酸洗液，它是由浓硫酸和铬酸酐或重铬酸钾配制成的强氧化剂，具有高度的腐蚀性，使用时应戴防护眼镜和防护手套，小心操作，仪器清洗后倒入指定容器。

不允许盲目使用各种化学试剂和有机溶剂来清洗仪器，这样不仅造成浪费，而且还可能带来危险。

磨口仪器打开后，应先用浸渍有己烷或二氯甲烷的湿纸巾擦去磨口接口处的润滑油（脂），再清洗，以防其在洗涤时转入容器内壁。

有机实验室中常用超声波清洗器来洗涤玻璃仪器，既省时又方便。只要把用过的仪器，内外部完全浸泡于配有洗涤剂的溶液中，接通电源，利用声波的振动和能量，即可达到清洗仪器的目的。清洗过的仪器，再用自来水漂洗干净即可。

1.7.2　仪器的干燥

实验室干燥仪器最常用的方法是倒置晾干，也可倒置在气流烘干机上烘干。一般将洗净的仪器倒置一段时间后，若没有水迹，即可使用。有些需严格要求无水的实验，仪器的干燥与否甚至成为实验成败的关键，为此可将所使用的仪器于加热至150 ℃的烘箱中放置15～20 min烘干。干燥仪器最快的方法是用少量的丙酮（< 5 mL）涮洗残余的水滴。丙酮可回收重复使用。涮洗后倒置容器，让最后一滴溶剂流出，再用电吹风吹干。先通入冷风1～2 min，当大部分溶剂挥发后，再吹入热风使干燥完全（有

机溶剂蒸气易燃烧和爆炸，故不宜先用热风吹)。吹干后，再吹冷风使仪器逐渐冷却。否则，被吹热的仪器在自然冷却过程中会在瓶壁上凝结一层水汽。

1.7.3 塞子的配置与钻孔

有机化学实验中，在玻璃仪器上配置的塞子一般以软木塞为宜。采用软木塞的好处是不易被有机溶剂溶胀，橡胶塞则易受有机物质侵蚀而溶胀，且价格也稍贵。但是，在要求密封的实验中(如减压蒸馏)则必须使用橡胶塞，以防漏气。

塞子的大小应与所用玻璃仪器的瓶口大小相适应，塞子进入瓶颈部分不能少于塞子本身的1/2，也不能多于2/3，一般以1/2为宜(见图1.7.1)。所选塞子应先检查，不应有裂缝。

在不使用磨口仪器时，为使不同仪器相互连接，需在塞子上打孔。软木塞在钻孔前先要用压塞器(图1.7.2)碾压紧密，以防止在打孔时软木塞裂开。所钻的孔径的大小既要使玻璃管或温度计等能够插入，又要保证不会漏气。因此所选打孔器的口径应略小于所插入物件的口径。钻孔时，将软木塞小端向上放在木板上(不要直接放在实验台上，以免损坏台面)，在打孔器的下面涂些甘油或水润滑，然后从塞子小端的中央垂直均匀地边向一个方向转动，边向下施加压力，不要倾斜，也不要晃动，时时注意打孔器是否垂直。切不可硬行推入，用力太大会使软木塞破裂。当钻至塞子的1/2左右时，边转动打孔器，边向上拔出。用金属棒捅掉打孔器内的软木屑，然后将塞子翻身，再从大的一端的中间向下垂直钻孔，将孔钻通，必要时可用圆锉加以修饰。

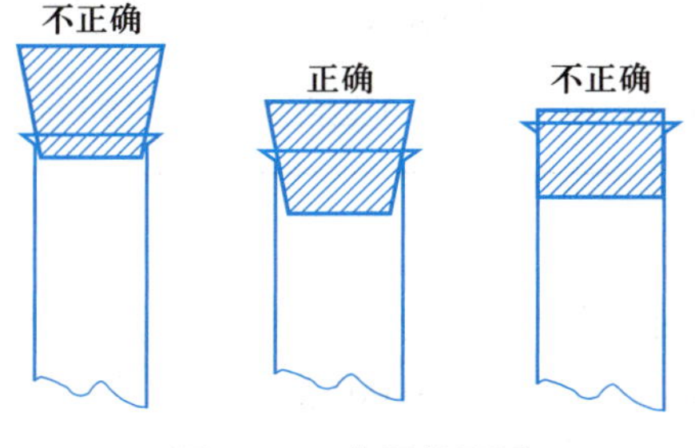

图1.7.1 塞子的配置

图1.7.2 压塞器

在橡胶塞上钻孔时，所选用的打孔器的口径应与要插入其内的管子的口径相仿。钻孔时更应缓慢均匀，多转几圈，不要用力顶入，否则钻出的孔很细小而不适用(见图1.7.3)。当把温度计或玻璃管插入塞子的孔中时，应先涂一些甘油或水加以润滑，并将手握住玻璃管接近塞子的地方，均匀用力慢慢旋入塞子孔内，不可握得离塞子太远，否则易折断玻璃管(或温度计)，甚至造成割伤事故。最安全的是用毛巾包住靠近塞子的玻璃管慢慢旋入。现在已有电动打孔器商品供应，使用更为方便。

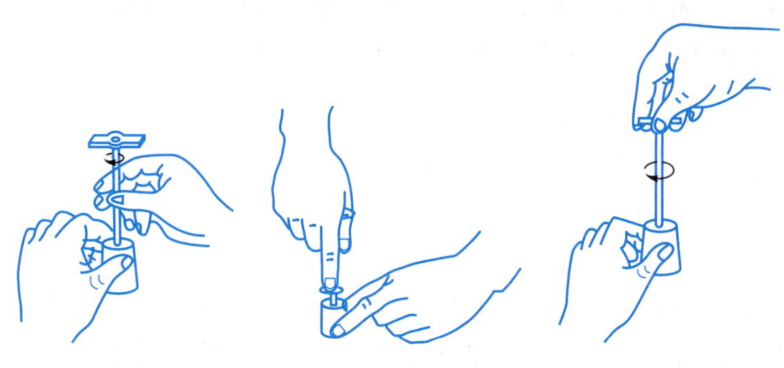
图1.7.3 塞子的钻孔

每次实验后,应将使用过的塞子洗净、干燥,保存备用。

1.8 化学试剂的取用和转移

1.8.1 化学试剂的规格

化学试剂按照纯度分成不同的规格,国产试剂通常分为四级(见表1.8.1)。试剂规格越高,价格越贵。凡低规格试剂可以满足实验要求的应避免使用高规格试剂,以免造成不必要的浪费。有机化学实验中大量使用的是三级和四级试剂,有时甚至用工业品代替。取用时要核对标签以确认试剂规格无误。

表1.8.1 国产试剂的规格

试剂级别	中文名称	代号及英文名称	标签颜色	主要用途
一级品	保证试剂或“优级纯”	GR (guarantee reagent)	绿	用作基准物质,用于分析鉴定及精密的科学研究
二级品	分析试剂或“分析纯”	AR (analytical reagent)	红	用于分析鉴定及一般科学研究
三级品	化学纯粹试剂或“化学纯”	CP (chemically pure)	蓝	用于要求较低的分析实验和要求较高的合成实验
四级品	实验试剂	LR (laboratory reagent)	棕、黄或其他	用于一般性合成实验和科学研究

1.8.2 化学试剂的称量

有机化学制备实验中,需要称取固体或液体时,通常使用天平。实验室常用电子天平(见图1.5.15)。有机化学制备实验中称量允许误差通常在1%,一般情况下使用感量为0.001 g的天平就足够准确了。称量时,应将被称量的固体置于尺寸合适的硫酸纸上,或使用称量瓶、锥形瓶、烧瓶等盛装被称量的物质。要注意保持天平的清洁,并严格按照规定的操作程序进行称量。

1.8.3 液体试剂的量取和转移

液体试剂若已知密度,其质量可方便转化为体积,一般用量筒和漏斗(见图1.8.1)量取,根据其体积不同,通常可量取2～500 mL的液体。量筒误差较大,精确量度需用其他仪器。用量少时可用移液管量取,用量少且计量要求不严格时也可用滴管(见图1.8.2)量取。观察刻度时应使眼睛与液面的弯月面底部平齐。黏度较大的液体可用天平称取,以免因黏附而造成过大的误差。量取腐蚀性液体时应戴上乳胶手套,量取发烟或逸出有毒气体的液体时应在通风橱内进行。

1.8.4 微量液体试剂的量取和转移

1～2 mL液体试剂或产品的转移,是一项重要的实验操作技术,以下是几种常见的量取和转移方法。

1. 巴斯德滴管

巴斯德滴管如图1.8.2所示。挤压乳胶泡吸入所需要量的液体,再将滴管尖端插入容器挤出。其难点是,挤压时容易吸入比需要量多的液体进入管内,这需在实践中反复练习。

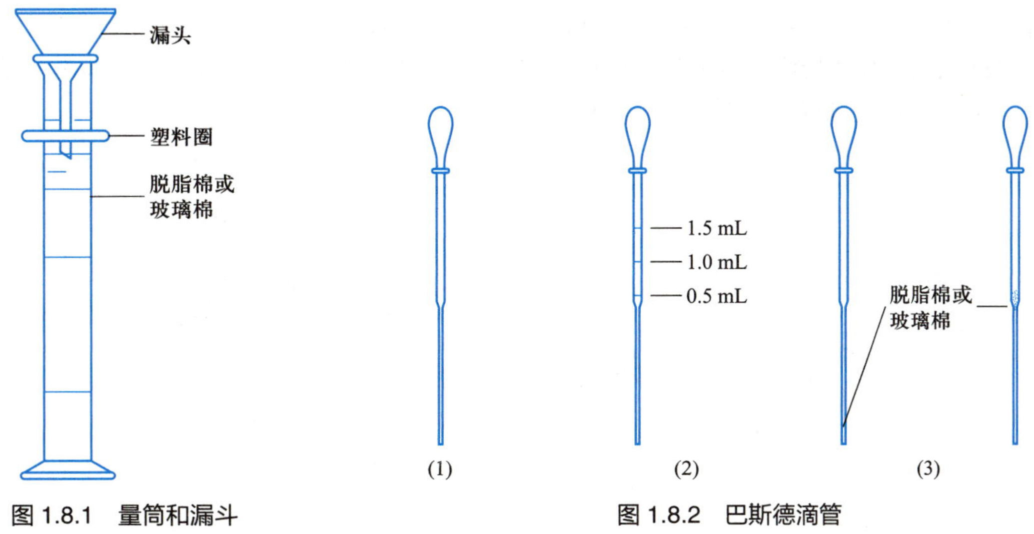

图 1.8.1 量筒和漏斗

图 1.8.2 巴斯德滴管

巴斯德滴管是一种定性转移工具，当需定量时需进行校对。用准确计量体积的水 ($d = 1.0\ g \cdot mL^{-1}$) 标定滴管的体积，并划分刻度，如 0.5 mL, 1.0 mL, 1.5 mL, 2.0 mL 等 [见图 1.8.2 (2)]。这种滴管的细尖部分易折断，在标定滴管时可一次多标定几支备用。滴管中还可以堵塞一小团脱脂棉或玻璃棉，其位置可在滴管尖端，也可在粗细交界处 [见图 1.8.2 (3)]。这种滴管用来转移液体，可以防止液体中固体粒子进入滴管中，起到过滤作用，同时也可以减慢管内液体挥发速度。堵塞的滴管可用作微量过滤器，又称为过滤滴管。用脱脂棉堵塞，其空隙小；用玻璃棉堵塞，其空隙大，但玻璃棉耐腐蚀；可根据用途、转移试剂的性质选择脱脂棉或玻璃棉。堵塞的方法是：选择适当大小脱脂棉团或玻璃棉团，从粗端置入滴管中，然后用一支硬的金属丝将脱脂棉或玻璃棉推到滴管中部，也可以慢慢地继续推到滴管的尖端。根据不同堵塞位置选择棉团大小，使棉团堵塞后能紧密地塞住。滴管使用后要及时清洗干净，尖端靠下，置于锥形瓶或试管中保存。

2. 移液管

定量体积的量度最好用具有刻度的移液管，它有多种不同的规格和大小。常见的两种类型如图 1.8.3 所示。图 1.8.3 (1) 为“吹风管”，其标度的体积需用洗耳球将保留在尖端的液体吹出，尖端外的液滴也须通过触及容器器壁使其流出。图 1.8.2 (2) 为“保留管”，其设计的体积不需要将注入后尖端留下的液体吹出。两种移液管使用时应注意区别，使用后应立即清洗干净。

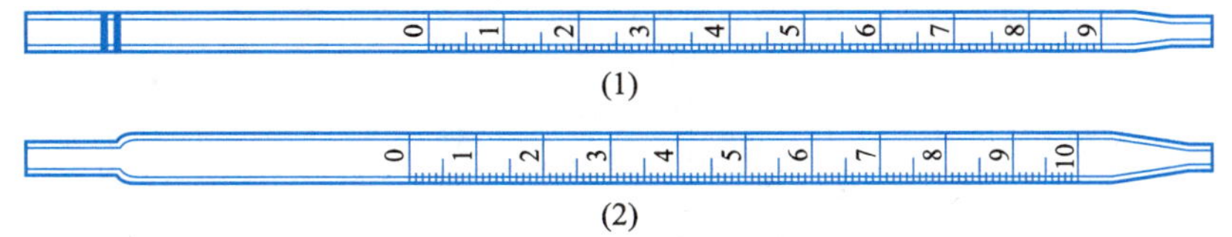

图 1.8.3 移液管

3. 注射器

微量液体也可用注射器来计量。注射器针管和针头的连接方式有固定一体和可拆卸两种 (见图 1.8.4)。注射器针头可插入橡胶隔膜套中，可防止管内易挥发的液体挥发。使用后的注射器应及时用低沸点溶剂清洗干净，方法是抽一定量的溶剂入注射器，然后针头朝上，向下拉内芯，使溶剂润湿，洗涤针管内壁，再将溶剂推压到回收瓶中，不允许反复拉动，但可重复洗涤几次。

用微量移液管或注射器计量液体的体积后，可将液体直接转移到反应烧瓶或其他容器中。在转移对空气敏感化合物时，使用注射器更为方便（见图 1.8.5），针尖接触空气面积小，还可以将针尖插入橡胶隔膜套中，防止在转移过程中试剂与空气接触。

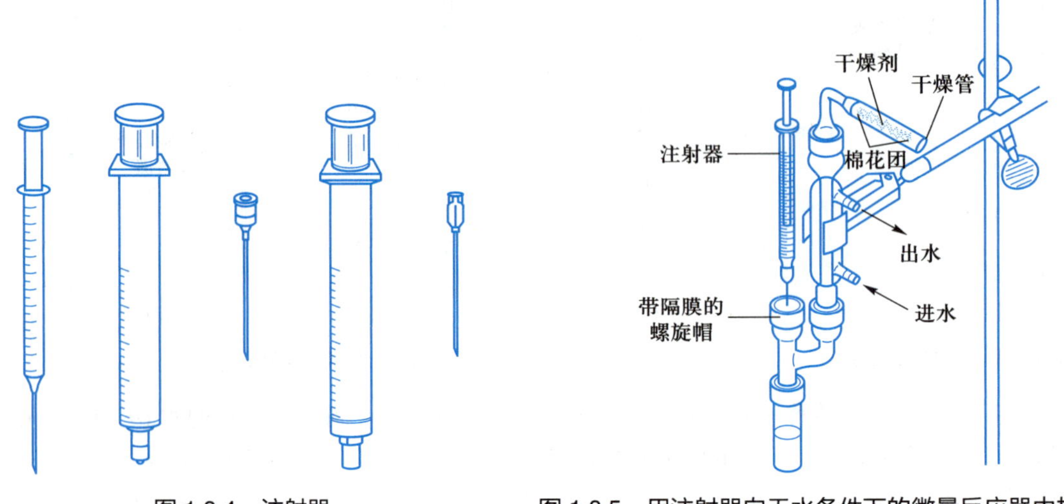

图 1.8.4 注射器

图 1.8.5 用注射器向无水条件下的微量反应器中加入试剂

4. 分配泵和自动滴管

分配泵和自动滴管是精确转移液体的装置，通常用于从试剂瓶中转移液体。

分配泵见图 1.8.6，通常用于转移 0.5 mL 以上的液体。其活塞是耐腐蚀的聚四氟乙烯材料。使用时先尽可能地向上提拉活塞，从试剂瓶吸入液体进入具有刻度的玻璃泵体，然后靠活塞的重力或轻轻挤压活塞将液体转入容器。

自动滴管及使用方法如图 1.8.7 所示。

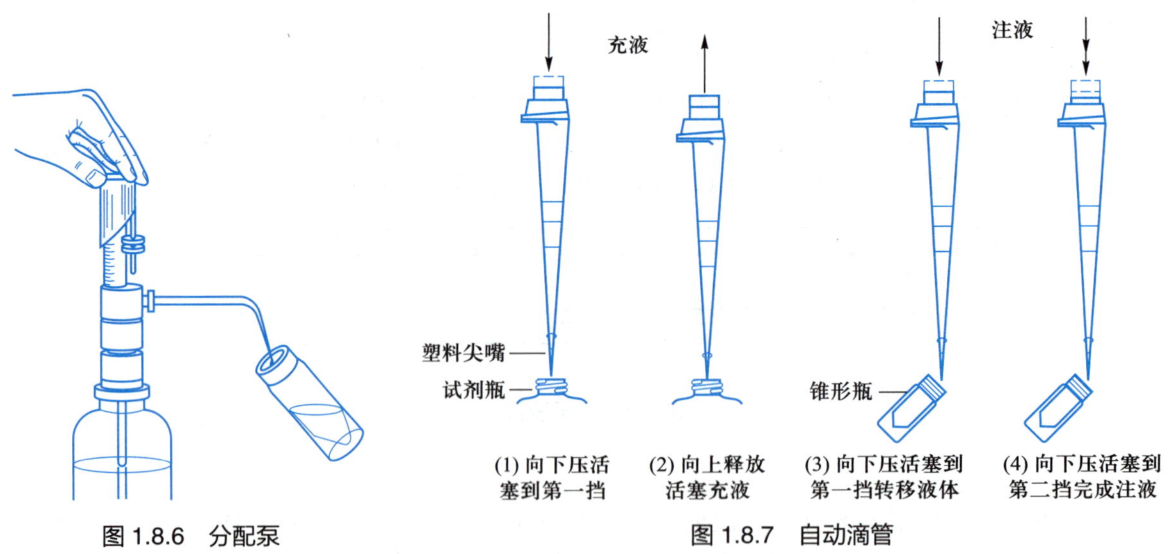

图 1.8.6 分配泵

图 1.8.7 自动滴管

1.9 无水无氧操作技术

在有机化学实验室中，有许多对空气和水敏感的物质，如金属、过渡金属有机化合物及碱金属等，有些反应只能在无水无氧条件下进行，因此，了解和掌握无水无氧操作技术是十分必要的。

1. 惰性气体保护法

无水无氧操作技术一般需要在氮气、氩气或氦气等惰性气体保护下进行，氮气是最常用的惰性气体。市售瓶装氮气的纯度为99.9%，可满足一般的需要。经过净化处理后，可得到99.99%的高纯氮气。有时为了确保氮气无水，在导入反应体系前应进行干燥，可通过串联两个分别装有变色硅胶和分子筛的干燥塔来达到目的。一种简易的多接头氮气保护装置见图1.9.1。

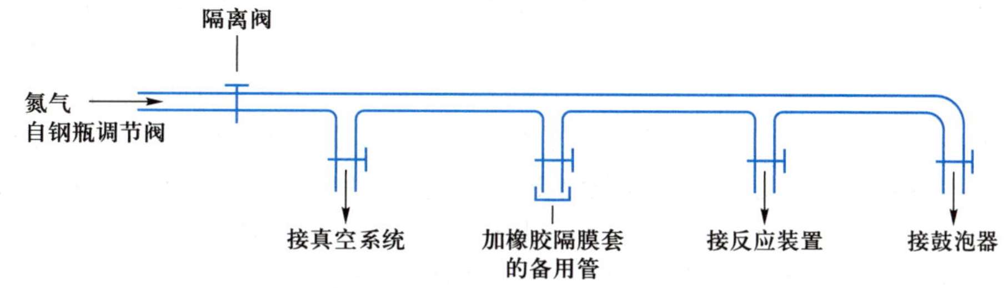

图1.9.1 简易多接头氮气保护装置

装置由总管、支管、隔离阀，几个二通旋塞及鼓泡器等组成。支管分别连接真空系统、反应装置和鼓泡器，并有一个加有橡胶隔膜套的备用管。

将干燥的仪器装置连接到氮气保护的支管上，关闭氮气隔离阀，打开支管上的真空系统旋塞，抽真空使装置处于真空状态。必要时可使用电吹风烘烤，以驱除器壁上黏附的微量水分和残留的空气。待仪器冷却后，关闭抽真空旋塞，打开氮气分配支管上的旋塞，向装置充入氮气，再抽空、充氮，如此反复3次，即可获得所需要的惰性气体氛围。最后关闭真空系统，在氮气流保护下，进行加料和反应操作。整个过程要注意阀门的开关顺序，防止鼓泡器倒吸。在反应操作中应保持鼓泡器持续鼓泡，以保证体系始终处于正压状态。

另一种多接头惰性气体保护装置是双排管(见图1.9.2)，与以上简易装置相比，其优越性在于每个接头都是独立的，可分别进行抽真空和通氮气操作。

一种比较简单的方法是惰性气体的气球保持法(见图1.9.3)。操作时，先将装满惰性气体的带有针

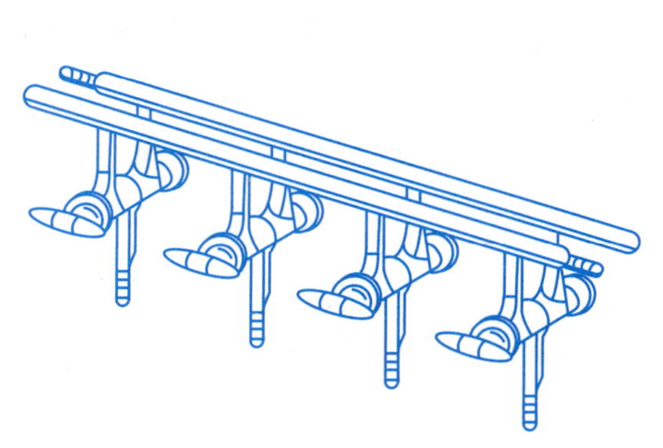

图1.9.2 双排管

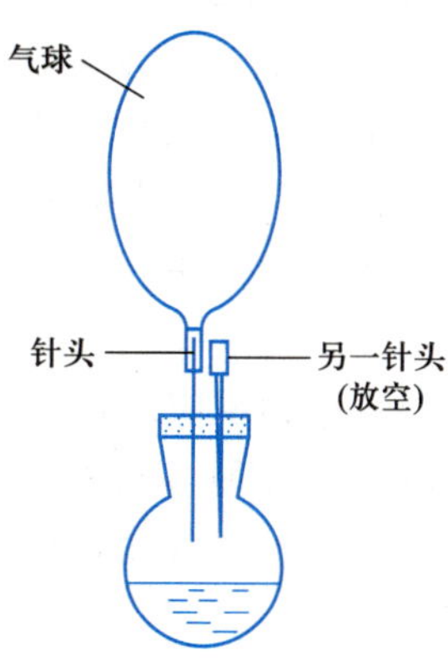

图1.9.3 气球保持法

头的气球插入装有橡胶塞的圆底烧瓶的一口上，然后插入另一细针排空体系中的空气，待反应瓶被惰性气体完全冲洗以后，则拔去此针以备用。气球可使整个反应体系处于惰性气体的压力下，而液体反应物或固体反应物的投入均照上面介绍的方法操作。也可以先将反应系统抽真空，然后在反应瓶的一口插上充满惰性气体的气球。这一方法简便实用。根据需要，气球也可置于冷凝管的顶部。

2. 试剂和溶剂的处理

在有空气和水敏感化合物参与的反应中，所使用的试剂和溶剂必须事先通过脱水和脱氧处理，根据化合物的敏感性不同，处理的方法和严格程度也有所不同。

为了保证试剂有充分的干燥度，可在使用前 1～2 d 向其中加入活性分子筛。分子筛的活化程序为：先于 320 °C 加热 3 h，置于真空干燥器内冷却，再向干燥器内通入氮气，使其恢复为大气压。用过的分子筛再生的方法也比较简单，将它放在烧瓶中加热，同时用水泵抽气，以除尽残余溶剂，然后再放入烘箱中于 320 °C 加热干燥 12 h。

除去溶剂中的氧气，可利用盖在瓶口上的橡胶隔膜套，插入一支长注射针头，向溶剂中鼓入纯化的氮气或氩气，另插入一支短注射针头至液面上使驱赶的气体放出。在驱赶了氧气之后，即可拔出针头待用。在需要使用溶剂时，通过瓶口上的橡胶隔膜套，一边注入氮气，一边即可用注射器抽取溶剂使用。对于用粉状干燥剂干燥的溶剂，可在氮气氛下将其从干燥剂中蒸馏出来，并在氮气氛保护下储存备用。

对于那些会受极微量的氧和水影响的反应，可采用如下方法来处理溶剂：处理装置为特制的溶剂蒸馏系统（见图 1.9.4），将仪器洗净烘干并装配好后，使纯净的氮气由旋塞 A 进入，经旋塞 B，D 和 E 放出，彻底冲洗出空气后，关闭旋塞 A，改由 F 处通入细微量氮气，经鼓泡器放出，使整个系统保持常规的静态氮气压力。暂时移开旋塞 A，将经预先粗干燥过的溶剂加入蒸馏瓶，再加入适量的干燥剂。在 1 L 四氢呋喃中，加入约 25 g 二苯酮和 6 g 金属钠。装上旋塞 A 后，将溶剂加热回流。当溶剂中的水分和氧气被除尽后，金属钠便将二苯酮还原成四苯基频哪醇钠，从而出现持久的蓝紫色。继续回流片刻，以除去从接收器和冷凝器表面所带下的痕量水汽。关闭旋塞 B，让接收器慢慢积聚溶剂至一定量，用注射器从旋塞 C 抽出溶剂。最好用一根细不锈钢空心针管穿过旋塞 C 上的胶塞和旋塞孔插入接收器底，另一端插入储存器，储存器的胶塞上插一根放空针头，关闭旋塞 E 后，随着系统内氮气压力的增加，溶剂即被压入储存器中。如继续加入上述溶剂处理，应检查蒸馏瓶中是否有足够的活性干燥剂。若回流后不出现蓝紫色，应酌情补加二苯酮和金属钠。蒸馏结束后，关掉热源和冷水，关闭系统中各旋塞及氮气，使该系统在无水无氧状态下封闭供下次实验使用。若蒸馏烧瓶中高沸点物过多难以蒸馏，可将其取下，重新换一个已烘干的烧瓶即可。

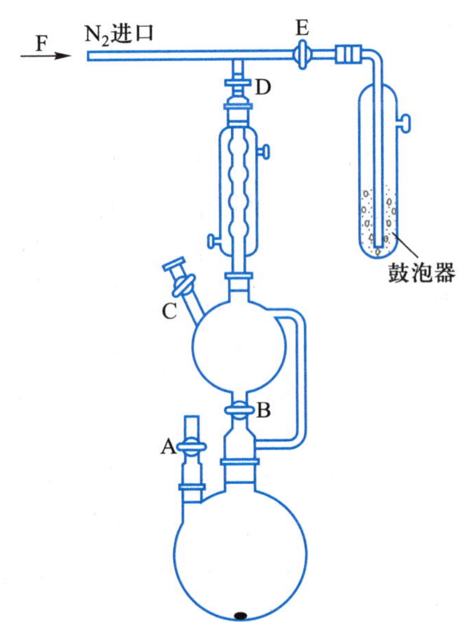

图 1.9.4　溶剂蒸馏系统

3. 液体的转移和反应装置

在实验室常用各种不同体积的注射器和适合大小不同接口的橡胶隔膜套，来转移和计量对空气敏感的液体化合物。橡胶隔膜套也称橡胶翻皮塞，它不仅可使容器内的物料与空气隔绝，也方便注射器插入转移液体。

典型的从有隔膜套的容器向另一个容器转移液体（5～100 mL）的操作是选择与被转移液体体积

相应的注射器，其针头足够长，针管粗且具有柔韧的弹性。注射器要求无水无氧，使用前应拆开，置于 120 °C 的烘箱中干燥 3～4 h，趁热接好针头，置于干燥器中冷却，然后用氮气冲洗出其中的空气。其方法是将注射器针头插入氮气导管的备用橡胶隔膜套（见图 1.9.5），慢慢抽出活塞至注射筒最大刻度拔出针头，推压活塞排出筒中的气体，如此重复 2～3 次，最后再插入隔膜套中抽取大半筒氮气，即可用来转移液体。从用橡胶隔膜套封口的试剂瓶中转移液体到反应瓶时，须将注射器的长针插入瓶内液体下面，以免抽取样品后造成的负压而使空气漏入。再用注射器针头通过橡胶隔膜套向瓶内通入氮气，造成瓶内正压。慢慢抽动活塞，吸入比需要量稍多的液体。提起针头到液面以上，小心地提升注射器至垂直位置，仔细挤压活塞，得到所需体积的液体，拔出针头，通过橡胶隔膜套将液体转移至反应瓶或滴液漏斗内。

常用的无水无氧反应装置见图 1.9.6。由三颈烧瓶、回流冷凝管、恒压漏斗、温度计和电磁搅拌组成。所有仪器在反应前除水和除氧。如前所述，将仪器在 120 °C 烘干 4 h，置于干燥器中冷却，然后装好仪器，打开恒压漏斗旋塞（旋塞应涂上润滑脂），在漏斗顶口的橡胶隔膜套上插入注射针头，作为氮气出口，同时打开冷凝管上的二通旋塞，小心调节和转换用真空橡胶管连接的三通旋塞，重复抽真空充氮 2～3 次，使反应系统彻底隔绝空气。并确保反应在平稳的氮气流下进行。

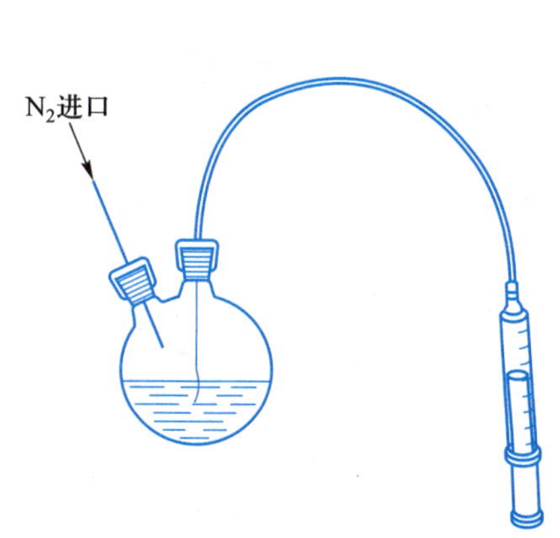

图 1.9.5　液体的转移

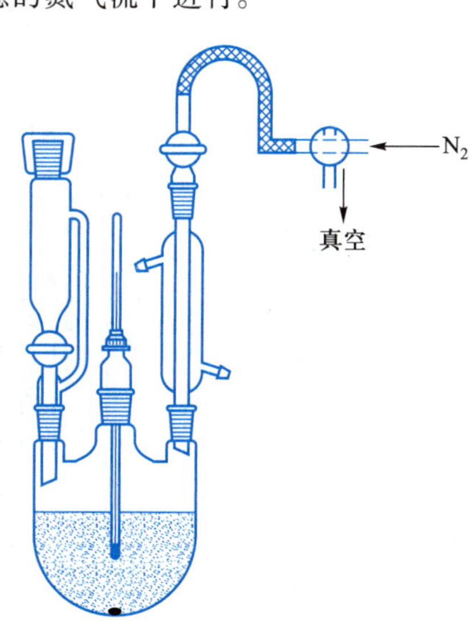

图 1.9.6　无水无氧反应装置

4. 固体的加料方法

在氮气的保护下将称量好的反应物放入圆底烧瓶中，并用弯管与反应瓶连接。每次分批加料时，将弯管旋转 90°～180°，并用橡胶棒轻轻敲打烧瓶让固体落入反应瓶中，固体的加料装置见图 1.9.7。

5. Schlenk 技术

对空气和水高度敏感化合物（如正丁基锂）的制备和处理，通常采用 Schlenk 技术。

(1) 原理。无水无氧操作线也称 Schlenk 线，是一套惰性气体的净化及操作系统。通过这套系统，可以将无水无氧惰性气体导入反应系统，从而使反应在无水无氧气氛中顺利进行。无水无氧操作线主要由除氧柱、干燥柱、Na–K 合金管、截油管、双排管、压力计等部分组成，如图 1.9.8 所示。

惰性气体（如氩气或氮气）在一定压力下由鼓泡器导入安全管经干燥柱初步除水，再进入除氧柱以除氧，然后进入第二根干燥柱以吸收除氧柱中生成的微量水，继而通过 Na–K 合金管以除去残余微

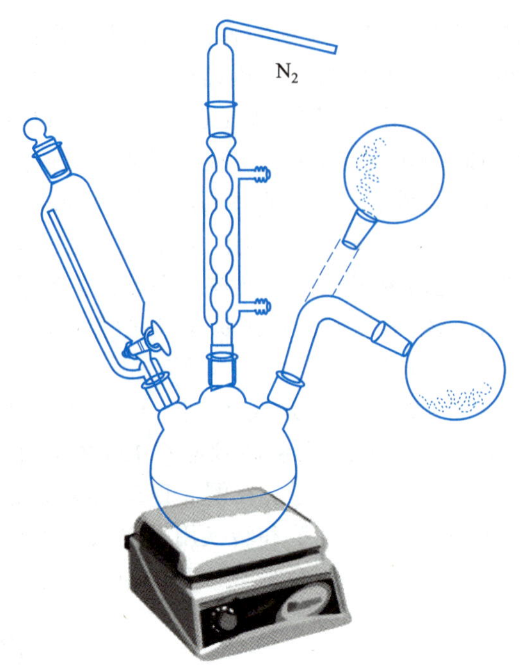

图 1.9.7　固体的加料装置

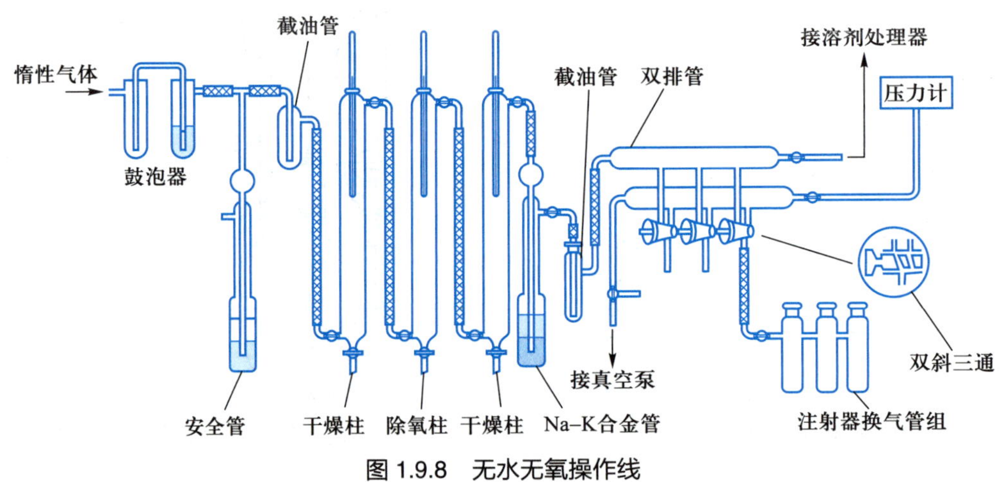

图 1.9.8　无水无氧操作线

量水和氧，最后经过截油管进入双排管 (惰性气体分配管)。

在干燥柱中，常填充脱水能力强并可再生的干燥剂，如 5 Å 分子筛；在除氧柱中则选用除氧效果好并能再生的除氧剂，如银分子筛。经过这样的脱水除氧系统处理后的惰性气体，就可以导入反应系统或其他操作系统。

(2) 实验方法。在使用无水无氧操作线之前，要对干燥柱和除氧柱进行活化。

若选用 5 Å 分子筛作干燥剂，则在长为 60 cm、内径为 3 cm 的玻璃柱中，装入 5 Å 分子筛。从柱的上端插入量程为 400 °C 的温度计，柱外绕上 500 W 电热丝，其外再罩上长为 60 cm、内径为 6 cm 的玻璃套管。柱的下端连三通，分别与真空泵及惰性气体相接。在 1.33 kPa (10 mmHg)、320～350 °C 下对分子筛柱活化 10 h。然后旋转三通，导入惰性气体，停止加热，自然冷却至室温，关上旋塞，并接入系统。

若选用银分子筛来除氧，则在长为 60 cm、内径为 3 cm 的玻璃柱内，装入银分子筛，柱的上端插入量程为 400 °C 的温度计, 柱外绕上 300 W 的电热丝, 其外再罩上长为 60 cm、内径为 6 cm 的外管。活化时, 从柱下端侧管通入氢气, 尾气从柱上端侧管通至室外。加热至 90～110 °C, 活化 10 h 左右, 活化过程中生成的少量水可以通过柱下端的导管放出。当银分子筛变黑后, 停止加热, 继续通氢气, 自然冷却至室温, 关上各旋塞, 并接入系统。Na−K 合金管上端长为 50 cm、内径为 2 cm, 下端长为 15 cm、内径为 5 cm。上端侧管连三通, 并分别与真空泵和惰性气体相接。先抽真空并用电吹风或燃气灯烘烤后, 自然冷却至室温, 再充惰性气体, 抽换气三次。在充惰性气体条件下, 从上口加入切碎的钠 (15 g) 和钾 (45 g), 并用适量的石蜡油加以覆盖。然后加热下端, 使钠、钾熔融, 冷却后即成 Na−K 合金。插入已抽换气的内管, 关上旋塞, 并接入系统。

将上述柱子处理后串联起来就可以进行除水除氧操作。

将要求除水除氧的仪器通过带旋塞的导管, 与无水无氧操作线上的双排管相连以便抽换气。在该仪器的支口处要接上液封管以便放空。同时保持仪器内惰性气体为正压, 使空气不能入内。关闭支口处的液封管, 旋转双排管的双斜旋塞使体系与真空管相连。抽真空, 用电吹风或燃气灯烘烤待处理系统各部分, 以除去系统内的空气及内壁附着的潮气。烘烤完毕, 待仪器冷却后, 打开惰性气体阀, 旋转双排管上双斜三通, 使待处理系统与惰性气体管路相通。像这样重复处理 3 次, 即抽换气完毕。

(3) 注意事项。

① 如果含氧要求在 2 $mL\cdot m^{-3}$ 的范围, 在 Schlenk 线上可以不用 Na−K 合金管。

② 用 5 Å 分子筛来干燥惰性气体 (如氩气), 容量大, 易再生, 水平衡蒸气压小于 0.13 Pa。

③ 用银分子筛除氧容易, 容量较大, 可再生。一般经银分子筛除氧处理后的惰性气体, 其含氧量可降至 2 $mL\cdot m^{-3}$。

活性铜也是实验室常用的脱氧剂。其活性与脱氧容量及铜的形状有关, 一般说来, 多孔性和细小的颗粒活性高, 容量大。

在脱氧柱中装入 BTS 触媒 —— 一种活性很高的小丸状载体铜, 使用前于氮气流中将其加热至 120～140 °C, 再逐渐以氢取代氮, 从而将其还原。还原时的最高柱温不应超过 200 °C, 否则还原性的铜将发生熔结。每千克 BTS 触媒在室温下能除去 4 L 氧, 在 150 °C 时, 其脱氧能力增至 6 倍, 因此常将该触媒在加热情况下使用。

④ 无水无氧操作线中所用胶管宜采用厚壁橡胶管, 以防抽换气时有空气渗入。

⑤ 如果在反应过程中要添加药品或调换仪器, 需要开启反应瓶时, 都应在较大的惰性气流中进行操作。

⑥ 系统若需搅拌, 应使用电磁搅拌。若使用机械搅拌, 应加大惰性气体流量。

⑦ 若要对乙醚、四氢呋喃、甲苯等溶剂作严格无水无氧处理, 可按如下步骤进行: 将回流装置通过三通管与无水无氧操作线相连, 经抽换气后, 将经钠丝预处理过的溶剂以及钠块和二苯甲酮 (按 1∶4 质量比) 转入其中。旋转双斜三通旋塞, 使上下相通保持回流。待溶液由黄色变为深蓝色后, 即可关上双斜三通旋塞, 使溶剂积聚于储液腔中。取溶剂时可用注射器从上口抽出或旋转双斜三通旋塞从下侧管放出。

⑧ 无水无氧操作线中, 鼓泡器内装有石蜡油和汞。通过鼓泡器, 一方面可以方便地观察体系内惰性气体气流的情况; 另一方面也可以在体系内部压力或温度稍微变化产生负压时, 使内部与外部隔绝, 防止空气进入。水银安全管的作用主要是为了防止反应系统内部压力太大而将瓶塞冲开。它既可以保持一定的系统压力, 又可以在系统压力过大时, 让惰性气体从中放空。载油管起着捕集鼓泡器中带出的石蜡油的作用。载油管内装有活化的分子筛, 以吸收惰性气体流速过快时从 Na−K 合金管中带出

的少量石蜡油,以免进入反应器。

有关脱氧脱水技术的详细信息可参阅相关书籍。

1.10 有机化学文献资源简介

化学文献是前人在化学领域进行科学研究和生产实践成果的记录和总结。在进行有机化学实验时,学生需要了解有关实验的所有信息,包括反应物和产物的物理常数、化学性质和波谱特征,所用溶剂的处理方法、合成路线、合成方法的选择及后处理步骤等,这就必须学会查阅化学手册和有关文献。化学文献资料的查阅和检索是实验和研究工作的重要组成部分,是化学工作者必须具备的基本功。化学文献的查阅不但可以避免不必要的重复探索,取得事半功倍的效果,而且还可以启迪智慧的火花。目前与有机化学有关的文献资料已相当丰富,许多文献资料,如化学辞典、手册、理化数据及光谱资料等,其数据来源可靠、查阅简便,并不断进行补充更新,是有机化学的知识宝库,也是化学工作者学习和研究的有力工具。随着计算机和网络技术的发展,基于网络的文献资源将发挥越来越重要的作用。这里就常用的化学手册和有机化学文献做一简单介绍。

1.10.1 常用工具书

1.《化工辞典》(第四版,化学工业出版社,2010 年出版)

《化工辞典》是一本综合性化工工具书,它收集了有关化学和化工名词 1.6 万余条。列出了无机和有机化合物的分子式、结构式、基本的物理化学性质及有关数据,并对其制法和用途作了简要说明。书前有按笔画为顺序的目录和汉语拼音检字表。本书侧重于从化工原料的角度来阐述。

2. Handbook of Chemistry and Physics (CRC 物理化学手册)

这是美国化学橡胶公司出版的一本 (英文) 手册。它出版于 1913 年,每隔 1~2 年再版一次。最初每版分上、下两册,从 51 版开始合为一册。该书内容分六个方面:数学用表、元素和无机化合物、有机化合物、普通化学、普通物理常数和其他。

在"有机化合物"部分中,列出了超过 1.5 万条常见有机化合物的物理常数,并按照有机化合物英文名字的字母顺序排列。查阅时可利用化合物的英文名称索引、分子式索引等查出所需要的化合物分子式及其物理常数。由于有机化合物有同分异构现象,因此在一个分子式下面常有许多编号,需要逐条去查。

目前,该手册已推出网络在线版,增加了基于分子结构的检索。

3. Sigma-Aldrich

美国 Aldrich 化学试剂公司出版的化学试剂目录,它收集了 1.8 万多种化合物的相对分子质量、分子式、沸点、折光率、熔点等数据,较复杂的化合物还附了结构式,并给出了该化合物核磁共振和红外光谱谱图的出处。每个化合物不同包装的价格等信息,为有机合成相关试剂的订购及价格比较提供便利。书后附有分子式索引,便于查找,还列出了化学实验中常用仪器的名称、图形和规格。

4. The Merk Index (默克索引)

由美国默克公司出版的记录化学品、药物和生理性物质的综合性百科全书,收集了近一万种化合物的性质、制法和用途,4500 多个结构式及 42000 条化学产品和药物的命名。一般是用方程式来表明反应的原料和产物及主要反应条件,并指出最初发表论文的著作者和出处,同时将有关这个反应的综述性文献的出处一并列出,便于进一步查阅。在 Organic Name Reactions 部分中介绍了在国外文献资料中以人名来称呼的反应。此外,还专门设有一节谈到中毒的急救。卷末有分子式和主题索引。本书1989年由美国Merach公司首次出版,2008年已出到第14次版。默克索引亦设有订阅的电子检索形式,普遍被参考图书馆所采纳,以及在网上查阅的形式。

5. I. V. Heibrom Dictionary of Organic Compounds (海氏有机化合物辞典)

本书收集常见的有机化合物2.8万条,连同衍生物在内共6万余条。内容为有机化合物的组成、分子式、结构式、来源、性状、物理常数、化合物性质及其衍生物等,并给出了制备该化合物的主要文献资料。各化合物按名称的英文字母顺序排列。目前已提供基于Web页面的条件组合查询。

该书已有中文译本,名为《海氏有机化合物辞典》,中国科学院自然科学名词编订室译,科学出版社出版。1966年出版了第6版。此后每年出一补编,1988年已出了第6补编。

6. Handbuch der Organischen Chemie (贝尔斯坦有机化合物大全)

这一大部重要的参考书,以德文编写,最早由F.K.Beilstein主编,故常称此书为"Beilstein"。

本书正编 (Hauptwerk) 共31卷,包括了1910年1月1日以前全部有机化学主要资料。

第一补编 (Erstes Erganzungswerk) 共27卷,包括1919年以前的文献资料。

第二补编 (Zweites Erganzungswerk) 共29卷,包括1929年年底以前的资料。

第三补编 (Drittes Erganzungswerk) 由1958年开始出版,包括了1930—1949年的文献资料。

第四补编 (Viertes Erganzungswerk) 包括了1959年以前的资料。

第三/四补编,第三补编自第17卷起与第四补编合并,收集1930—1959年年底以前的资料。

国外已出第五补编,以英文编写。

本手册内容十分丰富全面,指出了每一个化合物的来源、物理化学性质、生理作用、用途和分析方法等,并附有原始文献,同时注明了它在主编、第一补编、第二补编等中所在的卷数和页码以供查考。

1993年Beilstein开发了"CrossFire"数据库系统,以本地客户端方式访问数据库服务器。2009年由Elsevier公司现将Crossfire Beilstein/Gmelin和Patent Chemistry Database内容整合为统一的资源,推出网络版的Reaxys数据库,形成专为帮助研究人员更有效地设计化合物合成路线的新型工具。

7. Organic Reactions

John Wiley & Sons出版,1942年创刊至今。该刊详细介绍了有机反应的广泛应用,给出了典型的实验操作细节和附表。

8. Organic Synthesis

John Wiley & Sons出版,1932年创刊至今。从1至59卷,每10卷汇编成册(Ⅰ～Ⅵ),从Ⅷ册起每5年汇编成1册。该刊详细描述了各种有机化合物及常用的无机试剂和溶剂的纯化、制备方法及特殊的反应装置。所有反应的实验步骤都要被复核至彻底无误,故报道的许多方法都带有普遍性,可供参考用于相应的类似物合成。每册累积汇编中都有分子式、化学物质名称、作者姓名和反应类型的索引。

9. Reagents for Organic Synthesis, Wiley, New York

这是有机化学中所用试剂和催化剂的一个极为有用的简编。每个试剂按英文名称的字母顺序排列。该书对入选的每个试剂都介绍了化学结构、相对分子质量、物理常数、制备和纯化方法、合成方面的应用等,并附有主要的原始资料以备进一步参考。每卷卷末附有反应类型、化合物类型、合成目标物、作者和试剂等索引。最近的卷对第1卷进行了修订和补充,并出版了卷1～12的累积索引。

10. Synthetic Methods of Organic Chemistry

W. Theilheimer和A. F. Finch主编,1948年由Interscience出版至今。着重于描述用于构造碳—碳键

和碳—杂原子键的化学反应和一般反应官能团之间的相互转化。反应可以按照系统排列的符号进行分类。书中还附有累积索引。

11. Aldrich NMR 谱图集

Aldrich NMR 谱图集, 1983 年出版第 2 版, 由 C. L. Pouchert 主编, Aldrich 化学公司 (Milwaukee, Wisconsin) 出版。共两卷, 收集了约 3.7 万张谱图。

Aldrich ^{13}C 和 ^{1}H NMR 谱图集, 1993 年出版第 3 版, 由 C. L. Pouchert 和 J. Behnke 主编, Aldrich 化学公司出版。共 3 卷, 收集了约 1.2 万张谱图。

12. Sadtler NMR 谱图集

Sadtler NMR 谱图集由美国宾夕法尼亚州 Sadtder 研究实验室收集。至 1996 年已经收入了超过 6.4 万种化合物的质子 NMR 谱图, 以后每年增加 1000 张。该 NMR 谱图集对不同环境氢质子的共振信号和积分强度给予相应的指认。此外还有 4.2 万种化合物的 ^{13}C NMR 质子去偶谱图也由该实验室发表。

13. Sadtder 标准棱镜红外光谱集

Sadtler 标准棱镜红外光谱集, 由美国宾夕法尼亚州 Sadtler 研究实验室收集。至 1996 年已经出版 1～123 卷, 收入了超过 9.1 万种化合物的红外光谱谱图, 同时还收入了超过 9.1 万种化合物的相应光栅红外光谱图。

14. Aldrich 红外光谱集

Aldrich 红外光谱集 1981 年出版第 3 版, 由 C. L. Pouchert 主编,Aldrich 化学公司出版。共 2 卷, 收集了约 1.2 万张红外光谱图。该公司还于 1983 年至 1989 年出版了 3 册傅里叶红外光谱谱图集。

15. Vogel's Textbook of Practical Organic Chemistry, 5th E., Longman Group UK Limited, 1989 年

这是一本较完备的实验教科书。内容主要分三个方面, 即实验操作技术、基本原理及实验步骤、有机分析。很多常用的有机化合物的制备方法大都可以在这里找到, 而且实验步骤比较成熟。

1.10.2 常用期刊文献

1. Angewandte Chemie, International Edition (应用化学, 国际版, 缩写为 Angew. Chem. Int. Ed.)

该刊 1888 年创刊 (德文), 由德国化学会主办。从 1962 年起出版英文国际版。主要刊登覆盖整个化学学科研究领域的高水平研究论文和综述文章, 是目前化学学科期刊中影响因子最高的期刊之一。

2. Journal of the American Chemical Society (美国化学会会志), 缩写为 J. Am. Chem. Soc.

1879 年创刊, 由美国化学会主办。发表所有化学学科领域高水平的研究论文和简报, 目前每年刊登化学各方面的研究论文 2000 多篇, 是世界上最有影响的综合性化学期刊之一。

3. Journal of the Chemical Society (化学会志), 缩写为 J. Chem. Soc.

1848 年创刊, 由英国皇家化学会主办, 为综合性化学期刊。1972 年起分 6 辑出版, 其中 Perkin Transactions 的 Ⅰ 和 Ⅱ 分别刊登有机化学、生物有机化学和物理有机化学方面的全文。研究简报则发表在另一辑上, 刊名为 Chemical Communications (化学通讯), 缩写为 Chem. Commun.。

4. Journal of Organic Chemistry (有机化学杂志, 缩写为 J. Org. Chem.)

1936 年创刊, 由美国化学会主办。初期为月刊, 1971 年改为双周刊。主要刊登涉及整个有机化学学科领域高水平的研究论文的全文、短文和简报。全文中有比较详细的合成步骤和实验结果。

5. Tetrahedron (四面体)

1957 年创刊, 由英国牛津 Pergamon 出版, 是迅速发表有机化学方面权威评论与原始研究通讯的国际性杂志, 主要刊登有机化学各方面的最新实验与研究论文。多数以英文发表, 也有部分文章以德文

或法文刊出。

6. Tetrahedron Letters (四面体快报, 简称 Tetrahedron Lett.)

1959 年创刊, 由英国牛津 Pergamon 出版, 是迅速发表有机化学领域研究通讯的国际性刊物。文章以英文、德文或法文发表, 主要刊登有机化学家感兴趣的通讯报道, 包括新概念、新技术、新结构、新试剂和新方法的简要快报。

7. Synthetic Communications (合成通讯, 缩写为 Syn. Commun.)

美国 Dekker 出版的国际有机合成快报刊物, 1971 年创刊, 主要刊登有机合成化学方面的新方法、试剂的制备与使用方面的研究简报。

8. Synthesis (合成)

德国斯图加特 Thieme 出版的有机合成方法学研究方面的国际性刊物, 1969 年创刊, 月刊。主要刊登有机合成化学方面的评述文章、通讯和文摘。

9. CCS Chemistry

由中国化学会独立创办的国际杂志, 2019 年创刊, 月刊。主要刊登化学学科各领域重要基础理论方面的创造性的研究成果。

10.《中国科学》化学专辑

由中国科学院主办, 1950 年创刊。1982 年起, 中英文版同时分 A 和 B 两辑出版, 化学在 B 辑中刊出。从 1997 年起, 分成 6 个专辑, 化学专辑主要反映我国化学学科各领域重要的基础理论方面的创造性的研究成果。

11.《化学学报》

由中国化学会主办, 1933 年创刊。主要刊登化学学科基础和应用基础研究方面的创造性研究论文的全文、简报和快报。

12.《高等学校化学学报》

由教育部主办的化学学科综合学术性刊物, 1964 年创刊。该刊主要刊登我国化学学科各领域创造性的研究论文、研究简报和研究快报。

13.《有机化学》

由中国化学会主办, 1981 年创刊。编辑部设在中国科学院上海有机化学研究所。主要刊登我国有机化学领域的创造性的研究综述、全文、简报和快报。

1.10.3 化学文摘

文摘提供了发表在杂志、期刊、综述、专利和著作中原始论文的简明摘要, 是检索化学信息的快速工具。本节主要介绍 Chemical Abstracts (美国化学文摘, CA)。

美国化学学会 (ACS) 下属的美国化学文摘社 (CAS) 出版发行的化学文摘 (CA) 以化学化工为主, 涉及生物、医学、轻工、冶金、物理等领域, 是最常用的检索工具。CA 具有摘录广泛、出版迅速、索引完备的特点, 收录有 136 个国家 56 种文字出版的 14000 多种期刊, 包括期刊、图书、学位论文、科技报告、会议论文、专利等文摘。

CA 索引包括了作者、一般主题、化学物质、化学物质登记号、专利号、环系索引、分子式索引及累积索引。

CA 中对每一个文献中提到的物质都给予一个唯一的登记号, 这些登记号已广泛在整个化学文献中使用, 成为事实上的行业标准。

CA 文摘除印刷版外,还适时推出了光盘版、网络版 (联机版)。

SciFinder 提供通过 Internet 在线查询化学文摘 CA 的服务,其数据库包括化学文摘 1907 年创刊以来的所有内容,更整合了 Medline 医学数据库、欧洲和美国等近 61 家专利机构的全文专利资料等。SciFinder 有多种先进的检索方式,比如化学结构式 (其中的亚结构模组对研发工作极具帮助) 和化学反应式检索等。

1.10.4　网络资源

互联网上的化学信息与资源面广量大,高度动态。通过互联网检索各类化学信息与资源是一种新的趋势,并成为化学工作者了解学科发展动态的首要选择。

1. 美国化学学会 (ACS) 数据库

美国化学学会 ACS (American Chemical Society) 出版集团为全球化学研究机构、企业及个人提供高品质的文献资讯及服务。其旗下的多数期刊成为世界顶级的学术刊物,如 Journal of the American Chemical Society、Chemical Reviews 等。其网站除具有一般的检索、浏览、论文提交等功能外,还可在第一时间内查阅到被作者授权发布、尚未正式出版的最新文章。

2. 英国皇家化学学会 (RSC) 数据库

英国皇家化学学会 RSC (Royal Society of Chemistry) 是一个主要的文献传播机构和出版商。该协会出版的期刊及数据库一向是化学领域的核心期刊和权威性的数据库。数据库 Methods of Organic Synthesis (MOS),提供有机合成方面最重要的通告服务,提供反应图解,涵盖新反应、新方法等。数据库 Natural Product Updates (NPU),提供有关天然产物化学方面最新发展的文摘,包括分离研究、生物合成、新天然产物等。

3. Elsevier (Science Direct) 数据库

荷兰爱思维尔 (Elsevier) 出版集团是全球最大的科技与医学文献出版发行商之一,已有 180 多年的历史。Science Direct Online 系统是 Elsevier 公司的核心产品,自 1999 年开始向读者提供电子出版物全文的在线服务,包括 Elsevier 出版集团所属的 2200 多种同行评议期刊和 2000 多种系列丛书、手册及参考书等,其中约 1500 种期刊具有全文浏览权限。该数据库涵盖了数学、物理、化学、天文学、医学、生命科学、商业及经济管理、计算机科学、工程技术、能源学、环境科学、材料科学、社会科学等众多学科。

4. John Wiley (约翰威立) 数据库

约翰威立父子出版公司 (Wiley InterScience-JohnWiley & Sons Inc.) 创立于 1807 年,是全球历史悠久、知名的学术出版商之一。该网站是 JohnWiley & Sons Inc. 的学术出版物的在线平台,提供包括化学化工、生命科学、医学、高分子及材料学、工程学、数学及统计学、物理及天文学、地球及环境科学、计算机科学等 14 学科领域的学术出版物。

5. 中国知网

该数据库内容涵盖国内期刊、博士论文、硕士论文、会议论文、报纸、工具书、年鉴、专利、标准、国学及海外文献等公共知识信息资源,分为理工 A (数理科学)、理工 B (化学化工能源与材料)、理工 C (工业技术)、农业、医药卫生、文史哲、经济政治与法律、教育与社会科学综合、电子技术与信息科学 9 大专辑,126 个专题数据库,网上数据每日更新。

第二部分　有机化学实验基本操作

2.1　简单玻璃工操作

玻璃工操作是有机化学实验中的重要操作之一。测熔点、薄层色谱、减压蒸馏所用的毛细管和点样管，蒸馏时用的弯管，气体吸收装置以及滴管、玻璃钉等常需自己动手制作。在玻璃工操作中最基本的是拉玻璃管 (又称拉丝) 和弯玻璃管。

2.1.1　玻璃管的洁净和切割

所加工的玻璃管 (棒) 应清洁和干燥。加工后的玻璃管 (棒) 视实验要求可用自来水或蒸馏水清洗。制备熔点管的玻璃管则要先用洗涤剂 (硝酸、盐酸等) 洗涤，再用自来水，最后用蒸馏水清洗、干燥，然后进行加工。

玻璃管 (棒) 的切割是用三角锉刀的边棱或用小砂轮在需要割断的地方朝一个方向锉一稍深的痕，不可来回乱锉，否则不但锉痕多，而且易使锉刀或小砂轮变钝 [见图 2.1.1(1)]。然后用两手握住玻璃管，以大拇指顶住锉痕背面的两边，轻轻向前推，同时朝两边拉，玻璃管即平整地断开 [见图 2.1.1(2)]。

为了安全，折断玻璃管 (棒) 时应尽可能离眼睛远些，或在锉痕的两边包上布再折。也可用玻璃棒拉细的一端在燃气灯焰上加强热，软化后紧按在锉痕处，玻璃管即沿锉痕的方向裂开。若裂痕未扩展成一整圈，可以逐次用烧热的玻璃棒压触在裂痕稍前处，直至玻璃管完全断开。此法特别适用于接近

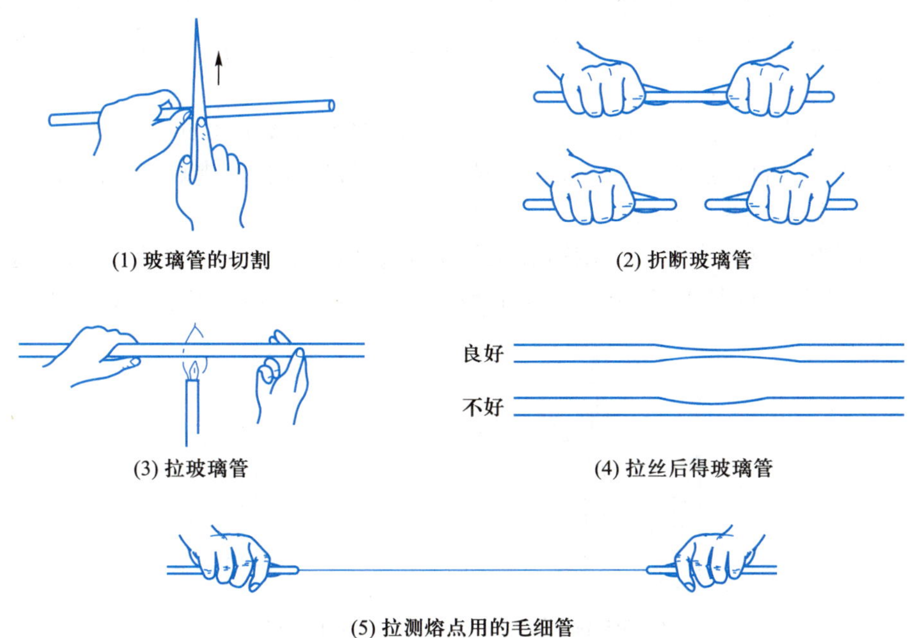

(1) 玻璃管的切割

(2) 折断玻璃管

(3) 拉玻璃管

(4) 拉丝后得玻璃管

(5) 拉测熔点用的毛细管

图 2.1.1　玻璃管的切割、折断、拉丝和拉测熔点用毛细管

玻璃管端处的截断。裂开的玻璃管边沿很锋利，必须在火中烧熔使之光滑 (熔光)，即将玻璃管呈 45° 角在氧化焰边沿处一边烧，一边来回转动直至平滑即可。不应烧得太久，以免管口缩小。

2.1.2 拉玻璃管

将玻璃管外围用干布擦净，先用小火烘，然后再加大火焰 (防止发生爆裂，每次加热玻璃管、棒时都应如此) 并不断转动。一般习惯用左手握玻璃管转动，右手托住，如图 2.1.1(3) 所示。转动时玻璃管不要上下前后移动。在玻璃管略微变软时，托玻璃管的右手也要以大致相同的速度作同方向 (同轴) 转动，以免玻璃管绞曲。当玻璃管发黄变软后，即可从火焰中取出，若玻璃管烧得较软时，从火焰中取出后，稍停片刻，再拉成需要的细度。在拉玻璃管时两手的握法和加热时相同，让玻璃管呈倾斜，右手稍高，两手作同方向旋转，边拉边转动。拉制好后两手不能马上松开，尚需继续转动，直至完全变硬后，由一手垂直提置，另一手在上端拉细的适当地方折断，粗端烫手，置于石棉网上 (切不可直接放在实验台上!)，另一端也如上法处理，然后再将细管割断。拉出来的细管子要求和原来的玻璃管在同一轴上，不能歪斜，否则要重新拉。这种工作又称拉丝。通过拉丝能掌握已熔融玻璃管的转动操作和玻璃管熔融的“火候”。这两点是做好玻璃工操作的关键。应用这一操作能顺利地将玻璃管制成合格的滴管。如果转动时玻璃管上下移动，这样由于受热不均匀，拉成的滴管不会对称于中心轴。另外，在拉玻璃管时两手也要作同方向旋转，不然加热虽然均匀，由于拉时用力不当，也不会是非常均匀的，如图 2.1.1(4) 所示。

2.1.3 拉制熔点管、沸点管、点样管及玻璃沸石

取一根清洁干燥的、直径 1 cm、壁厚 1 mm 左右的玻璃管，放在灯焰上加热。火焰由小到大，不断转动玻璃管，当烧至发黄变软，然后从火中取出，此时两手改为同时握玻璃管作同方向来回旋转，水平地向两边拉开 [见图 2.1.1(5)]。开始拉时要慢些，然后再较快地拉长，使之成内径为 1 mm 左右的毛细管。如果烧得软、拉得均匀，就可以截取很长一段所需内径的毛细管。然后将内径 1 mm 左右的毛细管截成长为 15 cm 左右的小段，两端都用小火封闭 (封时将毛细管呈 45° 角在小火的边沿处一边转动，一边加热，制点样管时，无须封口)，冷却后放置在试管内，以备测熔点用。使用时只要将毛细管从中央割断，即得两根熔点管。

沸点管：仿照上面的方法拉成内径为 4～5 mm 的小玻璃管，截成 7～8 cm 长一根，将一端封闭，以此作为沸点管的外管。另将熔点管截成 4 cm 长一根，封闭一端，以此作为沸点管的内管。两者一起组成微量法测沸点用的沸点管 [见图 2.1.2(1)]。

将不合格的毛细管 (或玻璃管、玻璃棒) 在火焰中反复熔拉 (拉长后再对叠在一起，造成空隙，保留空气) 几十次后，再熔拉至内径 1～2 mm。冷却后截成长约 1 cm 的小段，装在小试管中，以后蒸馏时作

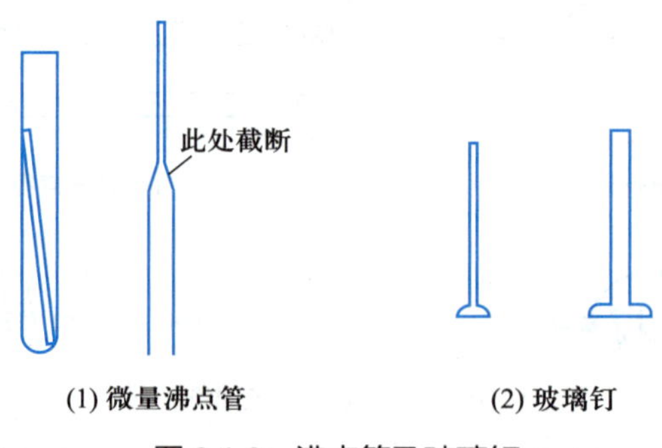

图 2.1.2 沸点管及玻璃钉

玻璃沸石用。

2.1.4 玻璃钉的制备

方法同拉玻璃管的操作。将一段玻璃棒在燃气灯焰上加热，火焰由小到大，且不断均匀转动，到发黄变软时取出拉成内径为 2~3 mm 的玻璃棒。自较粗的一端开始，截取长 6 cm 左右的一段，将粗的一端在氧化焰的边沿烧红软化后在石棉网上按一下，即成一玻璃钉 [见图 2.1.2(2)]。供玻璃钉漏斗过滤时用。

另取一段玻璃棒，将其一端在氧化焰的边沿烧红软化后在石棉网上按成直径约 1.5 cm 的玻璃钉 (如果一次不能按成要求的大小，可重复按几次)。截成 6 cm 左右，然后在火焰上熔光，此玻璃钉可供研磨样品和抽滤时挤压产品用。

2.1.5 玻璃管 (棒) 的弯曲

玻璃管 (棒) 受热变软即可弯曲成实验中所需要的零件。但当玻璃管弯曲时，管的一面要收缩，另一面则要伸长。收缩的面易使管壁变厚，伸长处易使管壁变薄。操之过急或不得法，弯曲处会出现瘪陷或纠结现象。若将收缩和伸长协调起来，玻璃管的弯曲部分和非弯曲部分的管径粗细接近一致，可按下面具体操作进行。

将玻璃管在鱼尾灯头或大头喷灯的氧化焰中加热 [见 2.1.3(1)]。受热长度约 5 cm，一边加热，一边缓慢转动使玻璃管受热均匀。当玻璃管加热至黄红光开始软化时即移出火焰 (切不可在灯焰上弯玻璃管)，两手水平持着轻轻着力，顺势弯曲至所需要的角度 [见图 2.1.3(2)]。

如果弯成较小角度，则需要按上法分几次弯，每次弯一定的角度后，再次加热位置稍有偏移，用累积的方式达到所需的角度。弯好的玻璃管应在同一平面上 [见图 2.1.3(2)]。

另一种方法，将玻璃管的一端用橡胶乳头套上或拉丝封住，斜放在灯焰上加热，均匀转动至玻璃管发黄变软，移出灯焰，在玻璃管开口一端稍加吹气，同时缓慢地将玻璃管弯至所需的角度，两个动作应配合好。

弯玻璃管的操作中应注意以下两点: ① 两手旋转玻璃管的速度必须均匀一致，否则弯成的玻璃管会出现歪扭，致使两臂不在一个平面上; ② 玻璃管受热程度应掌握好，受热不够则不易弯曲，容易出现

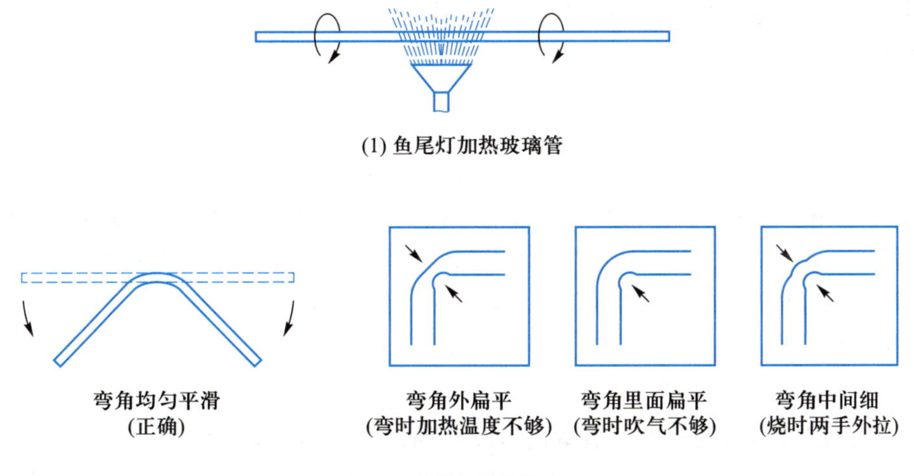

图 2.1.3 制作玻璃弯管

纠结或瘪陷，受热过度则在弯曲处的管壁出现厚薄不均匀和瘪陷 [见图 2.1.3(2)]。

对于管径不大 (小于 7 mm) 的玻璃管，可采用重力的自然弯曲法进行弯管。其操作方法：取一段适当长的玻璃管，一手拿着玻璃管的一端，使玻璃管要弯曲的部分放在燃气灯的最外层火焰上加热 (火不宜太大!)，不转动玻璃管。开始时，玻璃管与灯焰互相垂直，随着玻璃管慢慢自然弯曲，玻璃管手拿端与灯焰的交角也要逐渐变小，变小的程度视要弯的角度而定。这种自然弯法的特点是不转动，比较容易掌握。但由于弯时与灯焰的交角不可能很小，而限制了可弯的最小角度，一般只能是 45° 左右。用此法弯管有三点必须注意：① 玻璃管受热段的长度要适当长些；② 火不宜太太，弯速不要太快；③ 玻璃管成角的两端与燃气灯焰必须始终保持在同一平面。

加工后的玻璃管 (棒) 均应及时进行退火处理，退火方法是趁热在弱火焰中加热一会，然后将其慢慢移出火焰，再放在石棉网上冷却到室温。如果不进行退火处理，玻璃管 (棒) 内部会因骤冷而产生很大的应力，使玻璃管 (棒) 断裂。即使不立即断裂，过后也容易断裂。

简单玻璃工

[实验]

领取直径 5～8 mm、长约 70 cm 的玻璃管 1～2 根，直径 8～12 mm、长约 30 cm 的经清洗干燥过的薄壁玻璃管两根及玻璃棒若干，完成下列制作。注意，刚烧制过的玻璃温度高且冷却慢，应小心操作，防止烫伤。烧制过的玻璃应放在石棉网上，切勿直接放在实验台面上。

1. 制作滴管

当拉玻璃管熟练后，用直径 5～6 mm 的玻璃管制成总长度约为 15 cm 的滴管 3 根，其细端内径为 1.5 mm、长为 3～4 cm。细端口须在火焰中熔光。粗端口在火焰中烧软后在石棉网上按一下，使其外缘突出，冷后装上乳胶头即成。

2. 拉制熔点管

用直径 8～12 mm 的薄壁玻璃管拉制成长约 15 cm、直径 1 mm 的两端封口的毛细管 30 根，装入大试管备用。

3. 制作玻璃钉

取直径 2～3 mm、长 5～6 cm 的玻璃棒，拉制小玻璃钉 1 只 (放在小漏斗内即成玻璃钉漏斗，作抽滤少量晶体用)。

4. 制作玻璃弯管

制作 75° 和 30° 角的玻璃弯管各 1 支。

5. 拉制玻璃沸石

取一段玻璃管，在火焰中反复熔拉几十次，然后拉成毛细管粗细的玻璃棒，截成长 2～3 cm 的玻璃段，即成玻璃沸石。共拉制数十根，装在瓶中备用 (蒸馏时作助沸用，特别是当蒸馏少量物质时，它比一般沸石黏附的液体要少，并容易刮下吸附在它表面的固体物质)。

本实验约需 4 h。

[思考题]

(1) 为什么在拉制玻璃弯管及毛细管等时，玻璃管必须均匀转动加热?

(2) 在加热玻璃管 (棒) 之前，应先用小火加热。在加工完毕后，又需经小火 “退火”，这是为什么?

2.2 加热和冷却

2.2.1 加热

有机反应的速率，一般随温度升高而加快，加热可使反应以合适的速率进行。此外，有机化学实验的许多基本操作如蒸馏、重结晶、除去溶剂等都要用到加热。

加热时有两点需要注意：① 无论加热液体或固体，必须在安装仪器时，保证在发生过热时，热源能迅速地除去，以免发生事故；② 一般而言，加热有机溶剂最安全的方法是在通风橱内使用无火焰的热源，这不仅减少了火灾的危险，也有利于降低室内溶剂的蒸气比例。

有机化学实验通常选择比明火更安全的电加热装置，它们主要由将电能转化为热能的电阻元件和调节电压的变压器组成，其传热介质随装置而有所不同。化学实验室中常用的热源有燃气灯、电热套和电热板等。玻璃仪器一般不能用火焰直接加热，因为剧烈的温度变化和加热不均匀会造成玻璃仪器的损坏。同时，由于局部过热，还可能引起有机化合物的部分分解。为了避免直接加热可能带来的弊端，实验室中常常根据具体情况应用不同的间接加热方式。

1. 燃气灯

燃气灯是一种方便、快速和廉价的热源，常用于直接加热或间接加热（见图 2.2.1）。当加热的液体是水或在较高温度下稳定而不分解、又无着火危险时，可直接加热，即把盛有液体的容器（如烧杯、锥形瓶）放在石棉网上；如果是圆底烧瓶，瓶底最好距石棉网 1～2 mm，这样受热均匀，且受热面积大，相当于空气浴。当加热液体易挥发、易燃、易分解以及为避免玻璃容器受热不均匀而破裂时，可采用间接加热，即用燃气灯加热热浴（如水浴、油浴、沙浴）。

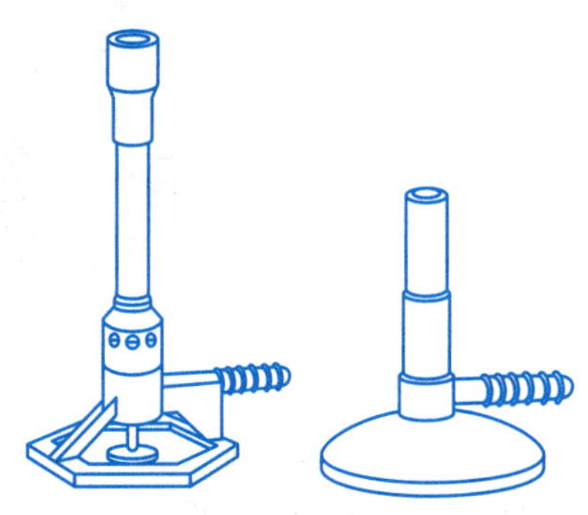

图 2.2.1 燃气灯及微量燃气灯

绝不允许用燃气灯加热易挥发可燃性的溶剂，如乙醚、石油醚等，即使在允许使用燃气灯的情况下，也应注意附近是否有人在从事易燃性溶剂的操作。

2. 水浴

当所需加热温度在 80 ℃ 以下时，可将容器浸入水浴中。水浴液面应略高于容器中的液面，勿使容器底接触水浴锅底。控制温度稳定在所需要范围内。水浴可用电热板或燃气灯加热。

若长时间加热，水浴中的水汽化蒸发，可采用电热恒温水浴，还可在水面上加几片石蜡，石蜡受热熔化铺在水面上，也可用铝箔覆盖水浴的开口部分，以减少水的蒸发。

3. 蒸汽浴

需要加热至 100 ℃ 时，蒸汽浴是安全的热源。将蒸汽连接到蒸汽浴或锥形蒸汽浴（见图 2.2.2），二者底部均有通往水槽的进出口，并配置一组相互重叠的同心圈，可以依据容器体积除去改变孔径大小。例如，如欲快速加热，可除去同心圈将瓶子一半浸入蒸汽浴 [见图 2.2.2(1)]，并用毛巾覆盖瓶子上部以防散热。如需缓慢加热，开口可调节至仅瓶底接触蒸汽浴。加热烧杯或锥形瓶，开口应调到仅容器较小的面积暴露在蒸汽中。

4. 电热套

加热圆底烧瓶最常用的装置是电热套，如图 2.2.3 所示，它是由玻璃纤维丝编织成半球形的内套，内芯也可以是刚性的陶瓷材料，提供加热的电阻丝嵌在玻璃纤维丝或陶瓷芯内，中间填上保温材料，外

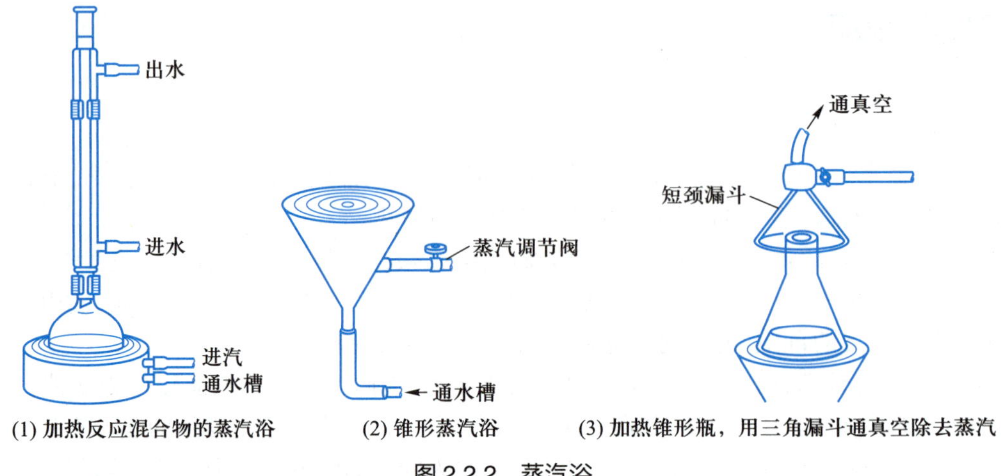

图 2.2.2　蒸汽浴

图 2.2.3　电热套

边加上铝制外壳。加热温度由调节变压器控制，最高加热温度可达 400 ℃。电热套根据内套直径大小不同，分为 50 mL、100 mL、250 mL 等规格，最大可达 3000 mL，使用时可根据烧瓶的大小选择合适的装置。

由于电热套不含铁材料，故可连接电磁搅拌装置，同时加热和搅拌反应混合物。使用电热套时，应使反应瓶外壁与其内壁保持 1~2 cm 的距离，以便利用热空气传热，这便是最简单的空气浴。陶瓷芯的电热套还可在空腔内填充细沙作为传热介质，既可用于加热尺寸较小的烧瓶，又可达到受热均匀的目的。

电热套的缺点是加热较慢，较难获得反应所需要的温度并保持恒温，且热容量较大，一旦发现反应过热或失去控制时，应立即撤除，自然冷却或用冷水浴冷却反应瓶。

不允许用电热套加热空的烧瓶，以防炸裂。绝不允许不连接变压器直接使用电热套！要避免化学药品洒在电热套内，以免电阻丝烧毁。

5. 油浴

加热温度在 80~250 ℃时可用油浴，实验室常用的油浴浴液为矿物油、植物油及硅油等。硅油价格较高，但具有良好的热稳定性，可加热至 275 ℃而不分解。油浴可采用外部电热板加热和内部加热两种。内部加热见图 2.2.4。在带手柄的蒸发皿底部放置包在硬质玻璃管内的电阻丝，电阻丝两端与可调变压器相连。为保持热平衡，可采用适当的方式进行搅拌。

与电热套相比，油浴的温度可通过在其中装置温度计加以测定并可通过仔细调节变压器较准确地加以控制，瓶内外的温度梯度约为 10 ℃。油浴所用的油中不能溅入水，否则加热时会产生泡珠或爆溅。使用油浴时，要特别注意防止油蒸气污染环境和引起火灾，为此，可用一块中间有圆孔的石棉板覆盖油锅。

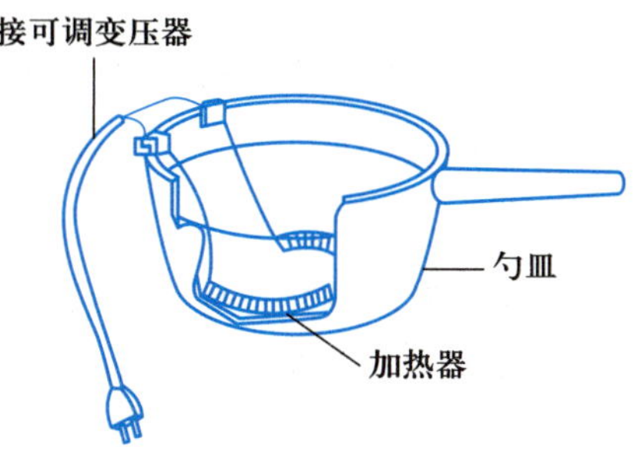

图 2.2.4　电加热油浴

反应结束后，应用蘸有己烷或二氯甲烷的纸拭去瓶外的油污，然后再用皂粉和水清洗。

6. 电热板

加热板装置见图 2.2.5(1)，用于平底容器如烧杯、锥形瓶等的加热。内部装有电阻丝和用于调节电压的装置，可通过调节旋钮控制加热温度。通常用来加热水、矿物油和硅油等，但不得加热沸点较低、可燃的有机溶剂。电磁搅拌加热板 [见图 2.2.5(2)] 也属于此种类型，可用于温度要求不高反应时的加热。

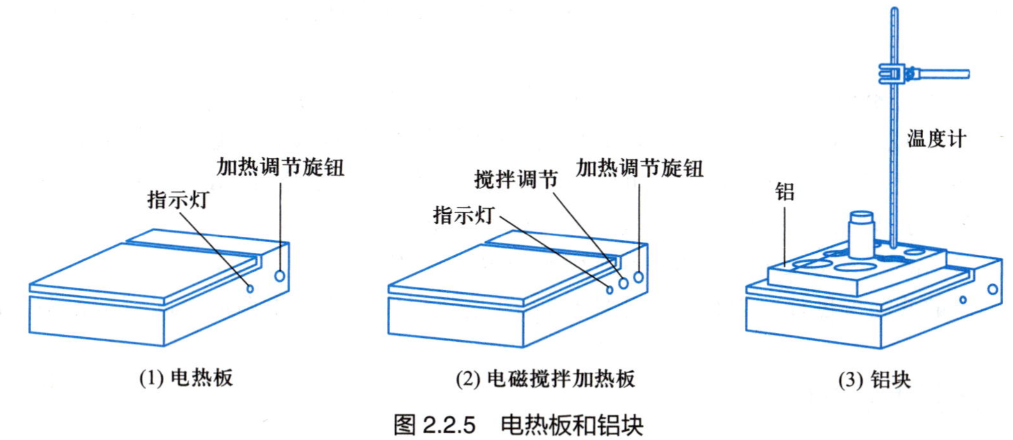

图 2.2.5　电热板和铝块

7. 铝块

铝块是与电热板相连接的方便的配件，适用于微量装置进行的反应 [见图 2.2.5(3)]。块上有各种尺寸和形状的凹槽，可容纳锥形反应器和小烧瓶。铝块也可以插入玻璃温度计或金属具刻度的温度计。玻璃温度计须用夹子或铁丝垂直固定，以防破损。

铝块的温度可通过调节电热板的功率来进行，二者是相互关联的。可以在控制盘上均匀地选择 4～5 个点，测定每个插点的温度，记录两个与反应器相符的温度。

8. 沙浴

沙浴是一种为在小瓶内少量体积液体加热的装置。通常将清洁而又干燥的细沙平铺在铁盘上，把盛有液体的容器埋在沙中，在铁盘下加热。由于沙对热的传导能力较差而散热却较快，所以容器底部与沙浴接触处的沙层要薄些，以便于受热。另一种沙浴是在陶瓷芯的电热套中放入细沙，反应瓶可较深地埋入沙中，沙浴的温度由连接电热套的变压器来控制。将温度计插入与瓶底相同的位置，观察温度变化。沙浴的加热温度通常不超过 200 ℃，以免玻璃容器炸裂。由于沙子是不良热导体，不易搅拌，因此温度较难控制。

除了以上介绍的几种加热方法外，还可根据实验的需要采用熔盐浴、金属浴 (合金浴)、电炉法等加热方法。无论采用何法加热，都要求加热均匀而稳定，尽量减少热量损失。

2.2.2 冷却

化学反应为避免不需要的副反应，或者为使放热反应变得容易控制，能够平稳进行；另外有些反应中间体在室温下不稳定，像这些情况都需要冷却反应混合物。重结晶时，冷却可提高固体产物的收率，并使结晶易于析出。

基础实验室冷却最常用的方法，就是将盛有反应物的容器浸入冰水浴中覆盖容器部分表面。由于水是更有效的传热介质，冷却的效果要比单用冰好。如果有水存在，不妨碍反应的进行，也可以把冰块投入反应物中，这样可以更有效地保持低温。

若需要把反应混合物冷却到 0 ℃以下，可用食盐和碎冰的混合物，一份食盐与三份碎冰的混合物，温度可降至 −18～−5 ℃，食盐投入冰内时碎冰易结块，故最好边加边搅拌。冰与六水合氯化钙结晶 ($CaCl_2 \cdot 6H_2O$) 的混合物，也可用来降温，如十份六水合氯化钙结晶与 7～8 份碎冰均匀混合，温度可降至 −40～−20 ℃。

液氨也是常用的冷却剂，温度可达 −33 ℃。由于氨分子间的氢键，氨的挥发速度并不很快。

将干冰 (固体二氧化碳) 与适当的有机溶剂混合时，可得到更低的温度，如与乙醇或丙酮的混合物可达 −78 ℃。

液氮可冷至 −188 ℃，购买和使用都很方便，使用时注意不要被冻伤。

液氮和干冰 (或干冰–丙酮溶液) 应盛放在保温瓶 (也称杜瓦瓶) 或其他绝热较好的容器中，上口用铝箔覆盖，以减少挥发，增加制冷效率。如有机物需长时间保持低温，应使用防爆电冰箱。置于冰箱内的容器需加盖塞子，贴好标签，以防水汽进入或有机物泄漏。

在使用温度低于 −38 ℃ 的冷浴时，不能用水银温度计，因水银在 −38.87 ℃ 时会凝固，需用乙醇、正戊烷等制成的低温温度计。因有机液体传热较差，这类温度计达到平衡的时间较水银温度计长。

2.3 干燥和干燥剂

干燥试剂、溶剂或产物是有机化学实验室中最普遍的一项操作，几乎涉及所有进行的化学反应及产物的分离提纯与分析鉴定。本节将按有机物的物理状态介绍各种干燥的原理、方法和实验操作。

2.3.1 干燥基本原理

干燥方法大致可分为物理法和化学法两种。物理法有吸附、分馏、利用共沸蒸馏将水分带走等方法。此外还常用离子交换树脂和分子筛等来进行脱水干燥。离子交换树脂是一种不溶于水、酸、碱和有机物的高分子聚合物，如苯磺酸钾型阳离子交换树脂是由苯乙烯和二乙烯基苯共聚后经磺化、中和等处理后得到的细圆珠状粒子，内有很多空隙，可以吸附水分子。如果将其加热至 150 ℃以上，被吸附的水分子又将释出。分子筛是多孔硅铝酸盐的晶体，晶体内部有许多孔径大小均一的孔道和占本身体积一半左右的许多孔穴，它允许小的分子“躲”进去。从而达到将不同大小的分子“筛分”的目的。

例如 4 Å 分子筛是一种硅铝酸钠 [$NaAl(SiO_3)_2$], 微孔的表观直径约为 4.2 Å (0.42 nm), 能吸附直径 4 Å (0.4 nm) 的分子。吸附水分子后的分子筛可经加热至 350 ℃ 以上进行解吸后重新使用。

化学法是以干燥剂来进行去水的, 其去水作用又可分为两类: ① 能与水可逆地结合生成水合物, 如氯化钙、硫酸镁等; ② 与水发生不可逆的化学反应而生成一个新的化合物, 如金属钠、五氧化二磷。目前实验室中应用最广泛的是第一类干燥剂。

$$\text{干燥剂 (固体)} + H_2O\ \text{(液体)} \rightleftharpoons \text{干燥剂} \cdot x\,H_2O\ \text{(固体)}$$

$$P_2O_5\ \text{(固体)} + 3\,H_2O\ \text{(液体)} \longrightarrow 2\,H_3PO_4$$

应用干燥剂应注意: ① 因为是可逆反应, 形成的水合物根据其组成在一定温度下保持恒定的蒸气压, 如 25 ℃ 时硫酸镁水合物平衡时的蒸气压为 0.13 kPa, 与被干燥的液体和干燥剂的相对量无关。无论加入多少硫酸镁, 在室温下所能达到的蒸气压不变, 所以不可能将水完全除尽, 故干燥剂的加入量要适当, 一般为 5% 左右; ② 干燥剂只适用于干燥含有少量水的液体有机化合物, 如果含大量水, 必须在干燥前设法除去; ③ 温度升高使平衡向脱水方向移动, 所以在蒸馏前, 必须将干燥剂滤除; ④ 干燥剂在完成干燥后应容易从被干燥的液体中除去, 并在合理的时间内有效地除去水分。

2.3.2 液体有机化合物的干燥

1. 干燥剂的选择

液体有机化合物的干燥, 通常是用干燥剂直接与其接触, 因而所用的干燥剂必须不与该物质发生化学反应或催化作用, 不溶解于该液体中。例如酸性物质不能用碱性干燥剂, 而碱性物质则不能用酸性干燥剂。有的干燥剂能与某些被干燥的物质反应生成配合物, 如氯化钙易与醇类、胺类形成配合物, 因而不能用来干燥这些液体。强碱性干燥剂如氧化钙、氢氧化钠能催化某些醛类或酮类发生缩合、自动氧化等反应, 也能使酯或酰胺类发生水解反应。氢氧化钾 (钠) 还能显著地溶解于低级醇中。

在使用干燥剂时, 还要考虑干燥剂的吸水容量和干燥效能。吸水容量是指单位质量干燥剂所吸收的水量; 干燥效能是指达到平衡时液体干燥的程度。对于形成水合物的无机盐干燥剂, 常用吸水后结晶水的蒸气压来表示。例如, 硫酸钠形成 10 个结晶水的水合物, 其吸水容量达 1.25。氯化钙最多能形成 6 个结晶水的水合物, 其吸水容量为 0.97。两者在 25 ℃ 时的蒸气压分别为 0.26 kPa 及 0.04 kPa。因此, 硫酸钠的吸水容量较大, 但干燥效能弱; 而氯化钙的吸水容量较小但干燥效能强。所以在干燥含水量较多而又不易干燥的 (含有亲水性基团) 化合物时, 常先用吸水容量较大的干燥剂除去大部分水分, 然后再用干燥性能强的干燥剂干燥。通常第二类干燥剂的干燥效能较第一类高, 但吸水容量较小, 所以都是用第一类干燥剂干燥后, 再用第二类干燥剂除去残留的微量水分。只是在需要彻底干燥的情况下才使用第二类干燥剂。

此外选择干燥剂还要考虑干燥速度和价格等因素, 常用干燥剂的性质与应用见表 2.3.1。

2. 干燥剂的用量

干燥剂的用量可根据水在液体中的溶解度和干燥剂的吸水容量来估计。可以从手册或网络上查出水在液体中的溶解度。一般来说, 含亲水性基团的化合物 (如醇、醚、胺等) 所用的干燥剂要多些, 而不含亲水性基团的化合物 (如烃类) 用量要少些。由于干燥剂也能吸附一部分液体, 所以要严格控制干燥剂的用量。必要时, 宁可先加入一些吸水容量大的干燥剂干燥, 过滤后再用干燥效能较强的干燥剂。一般干燥剂的用量为每 10 mL 液体需 0.5～1 g, 但由于液体中的水分含量不等, 干燥剂的质量、颗粒大小和干燥时的温度等不同, 以及干燥剂也可能吸附一些产物 (如氯化钙吸收醇) 等诸多因素, 因此

表 2.3.1　常用干燥剂的性质与应用

干燥剂	酸碱性	性能与应用
$CaCl_2$	中性	吸水容量大, 作用快, 效率低, 价廉; 常用的初步干燥剂; 颗粒状, 易于与被干燥溶液分离。不能用于干燥醇、酚、胺及羧酸
Na_2SO_4	中性	吸水容量大, 作用慢, 效率低, 价廉; 常用的初步干燥剂; 小颗粒状, 易通过过滤或倾滗法除去
$MgSO_4$	弱酸性	较 Na_2SO_4 作用快, 吸水容量大, 中等效率, 价廉; 常用的初步干燥剂; 可通过过滤除去
浓硫酸	酸性	高效; 卤代烷、脂肪烃良好的干燥剂; 不能干燥弱碱性的烯烃、醇和醚等
P_2O_5	酸性	高效; 适用于卤代烷、醚及芳香烃的干燥; 干燥后需用蒸馏除去
CaH_2	碱性	高效; 适用于极性和非极性溶剂的干燥, 但乙腈例外; 不能用于对碱敏感的化合物; 干燥后可通过蒸馏除去。注意! 使用时有氢气放出: $CaH_2 + 2H_2O \longrightarrow Ca(OH)_2 + H_2 \uparrow$
Na 或 K	碱性	高效; 不能用于对碱金属或碱敏感的化合物; 干燥完成后过量的 Na 或 K 必须及时销毁, 以免着火; 可通过蒸馏与干燥剂分离。注意! 使用时有氢气放出
CaO 或 BaO	碱性	高效, 作用快; 适用于醇和胺的干燥; 不能用于对碱敏感的化合物; 干燥后可通过蒸馏去除
分子筛 (3 Å 或 4 Å)	中性	迅速, 高效; 推荐作初步干燥剂; 3 Å 和 4 Å 的孔径尺寸仅允许像水和氨这样的分子 “躲入”

很难规定具体的数量, 操作者应细心地积累这方面的经验。观察被干燥的液体, 如原先混浊的液体加入干燥剂放置后, 呈清澈透明状, 表明干燥已基本合格。有时干燥后由混浊变为澄清, 并不一定说明它不含水分, 澄清与否和该化合物在水中的溶解度有关。也可以观察干燥剂的形态, 如干燥剂结块, 在瓶底聚集在一起或相互黏结, 附在瓶壁上, 表明干燥剂不够。经静置后, 干燥剂棱角清楚分明, 摇动时颗粒能自由悬浮移动, 表明用量已足够了。

各类有机化合物常用的干燥剂见表 2.3.2。

表 2.3.2　各类有机化合物常用的干燥剂

化合物类型	干燥剂
烃	$CaCl_2$, $CaSO_4$, Na, P_2O_5
卤代烃	$CaCl_2$, $MgSO_4$, Na_2SO_4, P_2O_5
醇	K_2CO_3, $MgSO_4$, CaO, Na_2SO_4
醚	$CaCl_2$, Na, P_2O_5
醛	$MgSO_4$, Na_2SO_4
酮	K_2CO_3, $CaCl_2$, $MgSO_4$, Na_2SO_4
酸、酚	$MgSO_4$, Na_2SO_4
酯	$MgSO_4$, Na_2SO_4, K_2CO_3
胺	KOH, NaOH, K_2CO_3, CaO
硝基化合物	$CaCl_2$, $MgSO_4$, Na_2SO_4

3. 实验操作

干燥前应将被干燥液体中的水分尽可能分离干净。宁可损失一些有机物，也不应有任何可见的水层。将该液体置于锥形瓶中，取适量的干燥剂小心加入液体中（见图 2.3.1）。干燥剂颗粒大小要适宜，太大时因表面积小吸水很慢，且干燥剂内部不起作用，太小时则因表面积太大不易过滤，吸附有机物甚多。然后加上塞子，振摇片刻，增加液固两相的接触，促进干燥。如果在有机液体中存在较多的水分，这时常常可能出现少量的水层（如在用氯化钙干燥时），必须将此水层用分液漏斗分去或用吸管将水层吸去，再加入一些新的干燥剂，放置一段时间（至少半小时，最好放置过夜），并不时加以振摇。然后将已干燥的液体通过置有折叠滤纸或一小团脱脂棉的漏斗直接滤入烧瓶中（见图 2.3.2），进行蒸馏。对于某些干燥剂，如金属钠、生石灰、五氧化二磷等，由于它们和水反应后生成比较稳定的产物，有时可不必过滤而直接进行蒸馏。

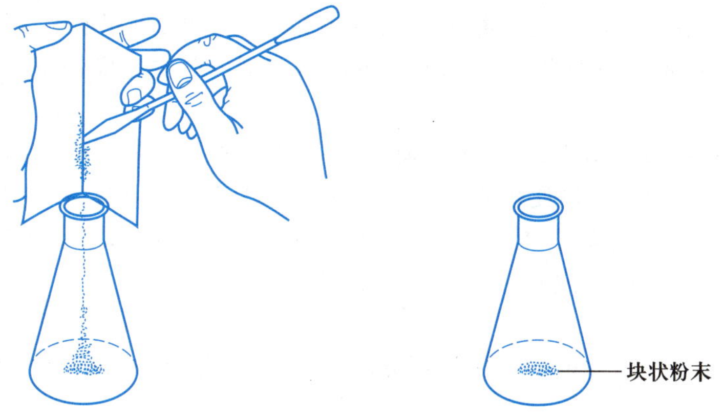

图 2.3.1 向溶液中加入干燥剂

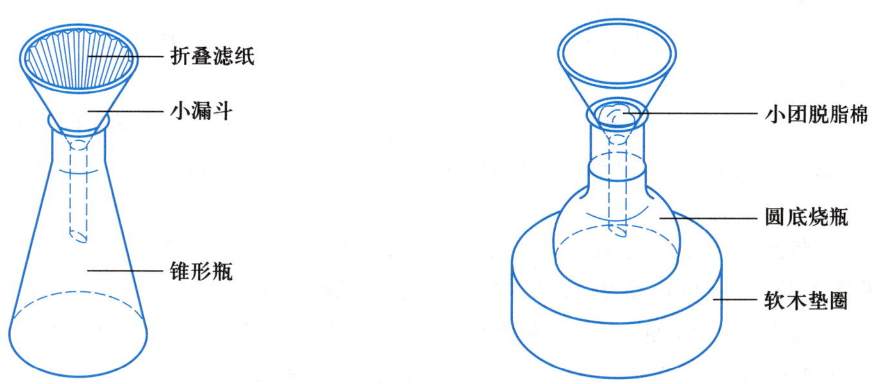

图 2.3.2 干燥剂的过滤

微量液体的干燥操作与常量相似。干燥剂的用量随之大幅度减小，无水硫酸钠是微量操作最常用的干燥剂。应用药匙小心加入锥形反应器或试管，并加以搅拌。如干燥剂结块或液体混浊，应适量补加，直至液体透明。干燥完成后，可用折叠滤纸过滤，或用干燥的巴斯德滴管小心地将液体转移至另一干燥的锥形反应器或试管中，用少量干燥的溶剂涮洗干燥剂 1～2 次，涮洗后的溶剂并入先前干燥的液体中。

4. 共沸干燥法

许多溶剂能与水形成共沸混合物,共沸点低于溶剂的本身,因此当共沸混合物蒸完,剩下的就是无水溶剂。显然,这些溶剂不需要加干燥剂干燥。如工业乙醇通过简单蒸馏只能得到95.5%的乙醇,即使用最好的分馏柱,也无法得到无水乙醇。为了将乙醇中的水分完全除去,可在乙醇中加入适量环己烷或甲苯进行共沸蒸馏。先蒸出的是环己烷-水-乙醇共沸混合物,然后是环己烷-乙醇混合物,残余物继续蒸出即为无水乙醇。

共沸干燥法也可用来除去反应时生成的水。如羧酸与乙醇的酯化过程中,为了提高酯的产率,可加入环己烷或甲苯,使反应所生成的水-环己烷-乙醇形成三元共沸混合物而蒸馏出来。

2.3.3 固体有机化合物的干燥

1. 晾干

将待干燥的固体放在表面皿上或培养皿中,尽量平铺成一薄层,再用滤纸或培养皿覆盖上,以免灰尘沾污,然后在室温下放置直到干燥为止,这对于低沸点溶剂的除去是既经济又方便的方法。

2. 红外灯干燥

固体中如含有不易挥发的溶剂时,为了加速干燥,常用红外灯干燥。干燥的温度应低于晶体的熔点,干燥时旁边可放一支温度计,以便控制温度。要随时翻动固体,防止结块。但对于常压下易升华或热稳定性差的结晶不能用红外灯干燥。红外灯可用可调变压器来调节温度,使用时温度不要调得过高,严防水滴溅在灯泡上而发生炸裂。

3. 烘箱干燥

烘箱用于干燥无腐蚀、无挥发性、加热不分解的物品。切忌将挥发、易燃、易爆物放在烘箱内烘烤,以免发生危险。

对于用水或高沸点溶剂重结晶的样品,除湿最好在烘箱中进行。烘箱的温度应低于样品熔点或分解点20~30 ℃。干燥也可在真空中进行。对空气敏感的化合物的干燥应在惰性氛围如氮气、氩气或真空条件下进行。对于要进行元素分析的样品,需在真空条件下干燥至恒重。

4. 干燥器干燥

普通干燥器一般适用于保存易潮解或升华的样品。但干燥效率不高,所费时间较长。干燥剂通常放在多孔瓷板下面,待干燥的样品用表面皿或培养皿盛装,置于瓷板上面,所用干燥剂由被除去溶剂的性质而定。

变色硅胶是干燥器中使用较普遍的干燥剂,其制备方法是:将无色硅胶平铺在盘中,在空气中放置几天,任其吸收水分,以减少内应力,如果部分干燥的硅胶有内应力,浸入溶液中即会发生炸裂,变成更小的颗粒。当吸收的水分使它的质量增加了原质量的1/5时,浸入20%氯化钴的乙醇溶液中,15~30 min后取出晾干,再置于250~300 ℃的烘箱中活化至恒重,即得变色硅胶。它干燥时为蓝色,吸水后变成红色,烘干后可再使用。除硅胶外,无水氯化钙、五氧化二磷也是常用的干燥剂。

真空干燥器比普通干燥器干燥效率高,但这种干燥器不适用于易升华物质的干燥。用水泵抽气后,要放气取样时,要用滤纸片挡住入口,防止冲散样品。抽气时要接上安全瓶,以免在水压变化时水倒吸入干燥器内。对于空气敏感的物质,可通入氮气保护。图2.3.3所示为普通干燥器和真空干燥器。

干燥枪,又称真空恒温干燥器(见图2.3.4),干燥效率很高,可除去结晶水或结晶醇,常常用于元素定量分析样品的干燥。使用时将装有样品的小试管或小舟放入夹层内,曲颈瓶内放置五氧化二磷,并混杂一些玻璃棉。用水泵(或油泵)抽到一定真空度时,就可关闭旋塞,停止抽气。如继续抽气,反而有

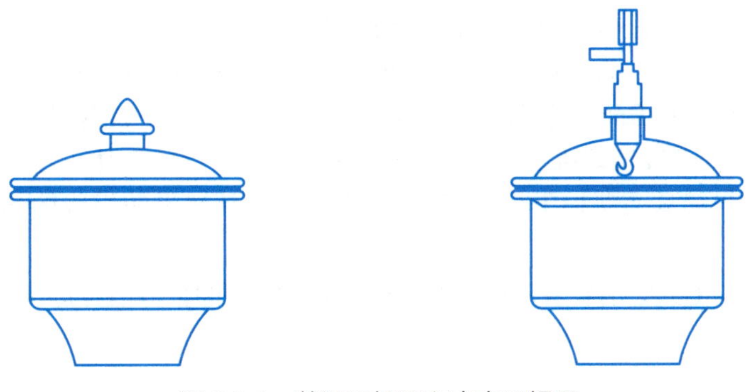

图 2.3.3　普通干燥器和真空干燥器

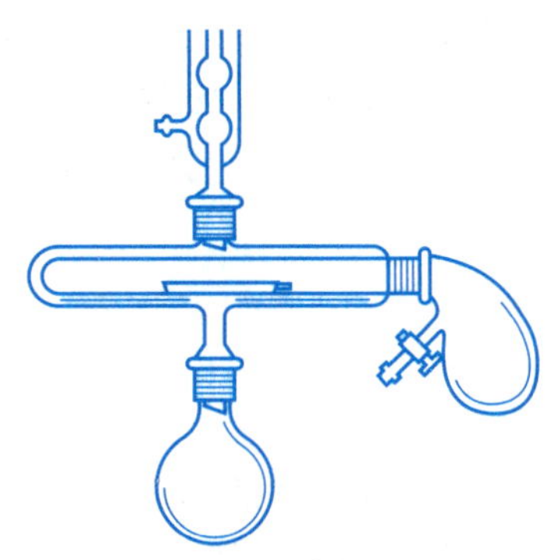

图 2.3.4　真空恒温干燥器

可能使水汽扩散到枪内。另外要根据样品的性质,选用沸点低于样品熔点的溶剂加热夹层外套,并每隔一定时间再行抽气,使样品在减压或恒定的温度下进行干燥。

5. 冷冻干燥

冷冻干燥是使有机物的水溶液或混悬液在高真空的容器中,先冷冻成固体状态,然后利用冰的蒸气压较高的性质,使水分从冰冻的体系中升华,有机物即成固体或粉末。对于受热时不稳定物质的干燥,该方法特别适用。

2.3.4　气体的干燥

有气体参加反应时,常常将气体发生器或钢瓶中气体通过干燥剂干燥。固体干燥剂一般装在干燥管、干燥塔或大的 U 形管内。液体干燥剂则装在各种形式的洗气瓶内。要根据被干燥气体的性质、用量、潮湿程度以及反应条件,选择不同的干燥剂和仪器。干燥气体常用的干燥剂见表 2.3.3。

表 2.3.3　干燥气体常用的干燥剂

干燥剂	可干燥的气体
CaO, 碱石灰, NaOH, KOH	NH_3 类
无水 $CaCl_2$	H_2, HCl, CO_2, CO, SO_2, N_2, O_2, 低级烷烃, 醚, 烯烃, 卤代烃
P_2O_5	H_2, O_2, CO_2, SO_2, N_2, 烷烃, 乙烯
浓硫酸	H_2, N_2, CO_2, Cl_2, HCl, 烷烃
$CaBr_2$、$ZnBr_2$	HBr

用无水氯化钙干燥气体时,切勿用细粉末,以免吸潮后结块堵塞。如用浓硫酸干燥,酸的用量要适当,并控制好通入气体的速度。为了防止发生倒吸,在洗气瓶与反应瓶之间应连接安全瓶。

用干燥塔进行干燥时,为了防止干燥剂在干燥过程中结块,那些不能保持其固有形态的干燥剂(如P_2O_5)应与载体(如石棉绳、玻璃纤维、浮石等)混合使用。低沸点的气体可通过冷阱将其中的水或其他可凝性杂质冷冻而除去,从而获得干燥的气体,固体二氧化碳与甲醇组成的体系或液态空气都可用作冷却阱的冷冻液。

为了防止大气中的水汽侵入,有特殊干燥要求的开口反应装置可加干燥管,进行空气的干燥。

2.3.5　干燥管

为防止潮气进入反应混合物,理想的方法是在惰性气体如氮气或氩气氛围下进行。简单的方法是利用装有干燥剂的干燥管。干燥管有直形和弯形两种,前者用于常量或小量实验,后者多用于半微量或微量实验。使用时需在其底部或在弯曲接头处置入松散的玻璃丝,以防干燥剂落入瓶内。干燥剂应为颗粒状,如氯化钙等通常含有蓝色的指示剂,如指示剂变粉红,表示失效。注意不要将干燥剂或玻璃丝塞填过紧。

2.4　有机化合物物理常数测定

物理常数(熔点、沸点、折射率和比旋光度等)的测定对鉴定化合物有着重要的价值。尽管某一物理常数相同的化合物不止一种,然而所有物理常数都完全相同的两种化合物却极为罕见。由于纯净的化合物在一定条件下都有固定的物理常数,因而物理常数是衡量化合物纯度的重要标志。

2.4.1　熔点的测定及温度计校正

熔点是固体化合物在大气压下固、液两相达到平衡时的温度。纯粹的固体有机化合物一般都有固定的熔点,即在一定压力下,固、液两相之间的变化是非常敏锐的,自初熔至全熔(熔点范围,称为熔程)温度变化在 0.5~1 ℃。若该物质含有杂质,则其熔点往往较纯物质的低,且熔程也较长。这对于鉴定纯粹的固体有机化合物来讲具有很大价值,同时根据熔程长短又可定性地看出该化合物的纯度。

1. 基本原理

纯物质的熔点和凝固点是一致的。从图 2.4.1 可以看到,当加热纯固体化合物时,在一段时间内温度上升,固体不熔。当固体开始熔化时,温度不会上升,直至所有固体都转变为液体,温度才上升。反过来,当冷却一种纯液体化合物时,在一段时间内温度下降,液体未固化。当开始有固体出现时,温度不会下降,直至液体全部固化后,温度才会再下降。

纯物质的熔点可以从蒸气压与温度的变化曲线(见图 2.4.2)来理解。图中曲线 O 表示固体蒸气压随温度升高而升高的曲线,ML 表示液态物质的蒸气压-温度曲线。由于固相的蒸气压随温度变化的速率较相应的液相大,最后两曲线就相交,在交叉点 M 处(只能在此温度时)固、液两相可并存,此时的温度 T_M 即为该物质的熔点。当温度高于 T_M 时,这时固相的蒸气压已较液相的蒸气压大,因而就可使所有的固相全部转变为液相;若低于 T_M 时,则由液相转变为固相;只有当温度为 T_M 时,固、液两相的蒸气压才是一致的,此时固、液两相方可并存。这就是纯粹晶体物质有固定和敏锐熔点的原因。一旦温度超过 T_M,甚至只有几分之一摄氏度时,如有足够的时间,固体就可全部转变为液体。所以要精确测定熔点,在接近熔点时加热速度一定要慢,温度升高速率不能超过 2 ℃·min^{-1}。只有这样,才能使整个熔化过程尽可能接近于两相平衡的条件。

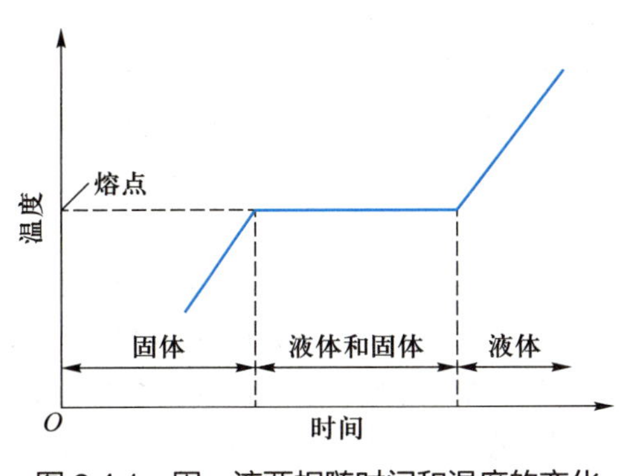

图 2.4.1 固、液两相随时间和温度的变化

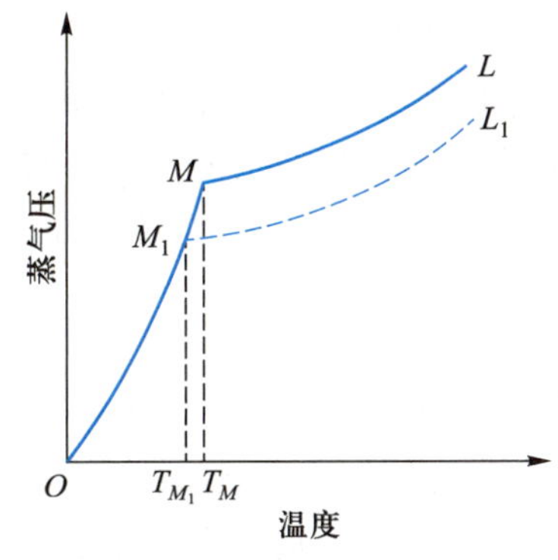

图 2.4.2 蒸气压-温度曲线

当有杂质存在时 (假定两者不形成固溶体), 根据拉乌尔 (Raoult) 定律可知, 在一定的压力和温度下, 在溶剂中增加溶质的物质的量, 导致溶剂蒸气分压降低, 化合物的熔点必较纯粹者低。将出现新的液体曲线 M_1L_1, 在 M_1 点建立新的平衡, 相应的温度为 T_{M_1}, 即发生熔点下降。应当指出, 当有杂质存在时, 熔化过程中固相和液相平衡时的相对量在不断改变, 因此两相平衡不是一个温度点 T_{M_1}, 而是从最低的熔点 (与杂质共同结晶或共混合物, 其熔化的温度称之为最低共熔点) 到 T_{M_1} 一段。这说明杂质的存在不仅会导致初熔温度降低, 而且会使熔程变长, 故测定熔点时一定要记录初熔和全熔的温度。

杂质的存在对纯物质熔点的影响也可见图 2.4.3, 若将 α-萘酚与萘以不同的比例混合, 测定其熔点, 便可得到相图 2.4.3。图中曲线上的点为熔点。纯 α-萘酚 (A) 的熔点为 95.5 ℃, 纯萘 (B) 的熔点为 80 ℃。曲线 ac 表示在 α-萘酚中逐渐加入萘全熔点逐渐降低, 直至萘的摩尔分数为 0.605 时的情况。曲线 bc 表示在萘中逐渐加入 α-萘酚, 全熔点也逐渐降低, 直到 α-萘酚的摩尔分数为 0.395 时, 两条曲线相交于 c 点。c 点叫最低共熔点, 这时的混合物能像纯物质一样在恒定的温度 (61 ℃) 熔化, 而且液态的组成与固态组成相同。但它并不是一种化合物, 而是一种均匀的机械混合物 —— 共熔混合物。

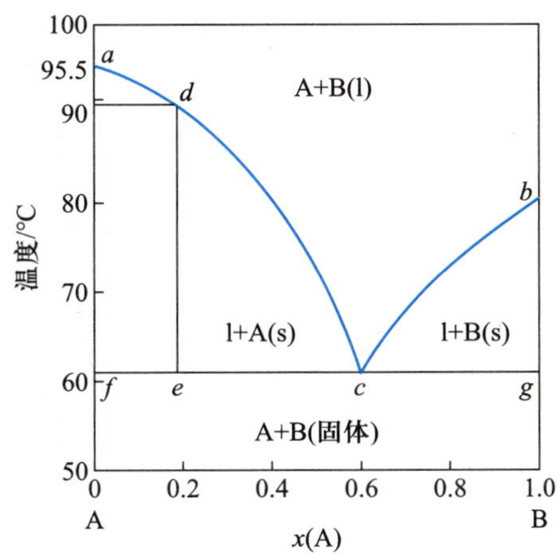

图 2.4.3 α-萘酚 (A) 与萘 (B) 的组成与熔点的关系

从图 2.4.3 还可以看到混合物的熔融过程, 80% 的 α-萘酚和 20% 的萘的混合物, 加热升温时, 当温度达到 e 点时 (61 ℃), α-萘酚与萘将按恒定的比例 (共熔点的比例) 一起熔化, 而温度保持不变。最后由于萘含量少首先全部熔化, 只留下 α-萘酚与熔化的共熔组分 (液体) 保持平衡。继续加热, 则剩下的 α-萘酚将继续熔化, 液体中的 α-萘酚含量超过共熔组分。由于溶液的 α-萘酚的蒸气压增加, 它与熔

融液达到平衡的温度也将提高，其关系可由图 2.4.3 中 *cd* 表示。当温度达到 *d* 点时（约 89 ℃），α-萘酚全部熔化。这时全熔点比纯物质低，而从始熔到全熔的温度间隔（熔距）较宽（*e*～*d*），约 28 ℃。

必须注意，当样品组分恰好与共熔混合物组分相同时，在其共熔温度时会显示敏锐的熔点，因此共熔混合物容易被误认作纯净化合物。此时可向样品中加入少量任意一种已知组分，其熔点会升高，由此可判断样品的纯度。

将杂质加入纯化合物中产生熔点下降的方法可用于化合物的鉴定。通常把熔点相同或相近的两个化合物混合后测定的熔点称为混合熔点。如混合熔点仍为原来的熔点，一般可说为两个化合物相同；如果混合熔点下降，且熔程较长，则可确定为不是相同的化合物。测定时一般将两个样品以 1∶9、1∶1、9∶1 三种不同比例的混合分别测其熔点，从而比较测得的结果。混合熔点的测定虽然也有个别例外，但对于鉴定有机化合物，验证两化合物是否是同一物质仍有很大的实用价值。

2. 实验操作

(1) 熔点管的制备。见“简单玻璃工操作”一节（2.1.3 小节）。

(2) 样品的装入。放少许待测熔点的干燥样品于干净的表面皿上，用玻璃棒或不锈钢刮刀将它研成粉末并集成一堆。将熔点管开口端向下插入粉末中，然后把熔点开口端向上，轻轻地在桌面上敲击，以使粉末落入和填紧管底。最好取一支长 30～40 cm 的玻璃管，垂直于一干净的表面皿上，将熔点管从玻璃管上端自由落下，可更好地达到上述目的。为了在管内装入高 2～3 mm 紧密结实的样品，一般需如此重复数次。一次不宜装入太多，否则不易夯实。粘在管外的粉末须拭去，以免沾污加热浴液。要测得准确的熔点，样品一定要研得极细，装得结实，使热量的传导迅速均匀。对于蜡状的样品，为了解决研细及装管的困难，只得选用较大口径（2 mm 左右）的熔点管。样品的装入见图 2.4.4。

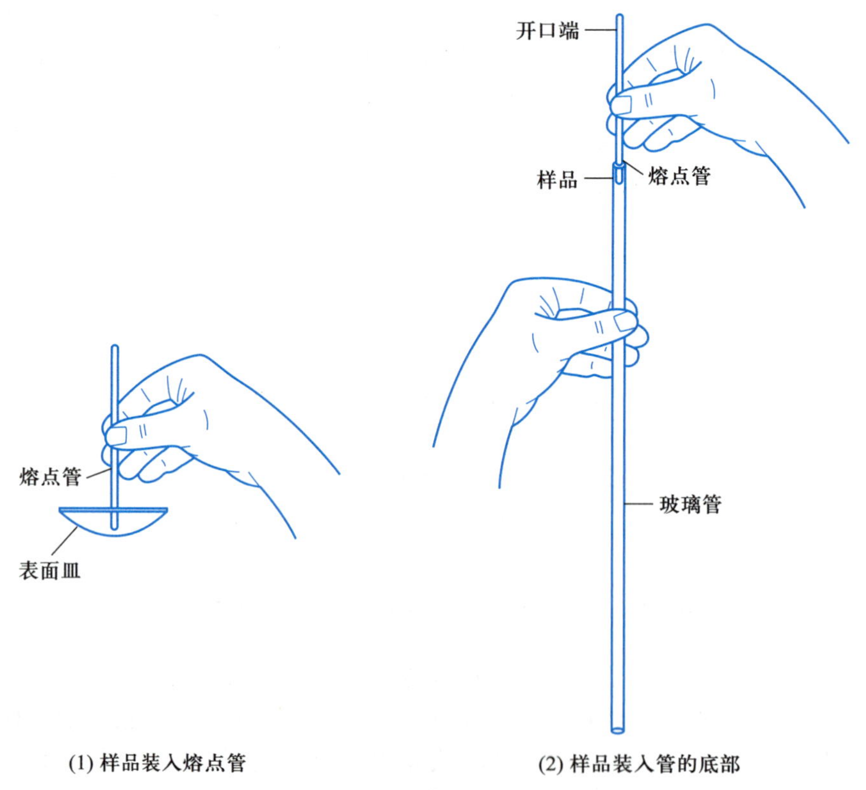

(1) 样品装入熔点管　　(2) 样品装入管的底部

图 2.4.4　熔点管中样品的装填

(3) 熔点浴。熔点浴的设计最重要的是要使受热均匀，便于控制和观察温度。实验室中最常用的熔点浴是提勒 (Thiele) 管。

提勒管又称 b 形管，如图 2.4.5(1) 所示。管口装有开口软木或橡胶塞，温度计插入其中，刻度应面向塞子开口，其水银球位于 b 形管上下两叉管口之间，装好样品的熔点管，借少许浴液黏附或用一段薄的橡胶圈束缚于温度计下端，使样品的部分置于水银球侧面中部 [见图 2.4.5(1) 和 (2)]。b 形管中装入加热液体 (浴液)，高度达上叉管处即可。在图示的部位用燃气灯加热，受热的浴液作沿管上升运动，从而促成了整个 b 形管内浴液呈对流循环，使得温度较为均匀，而不需用搅拌。

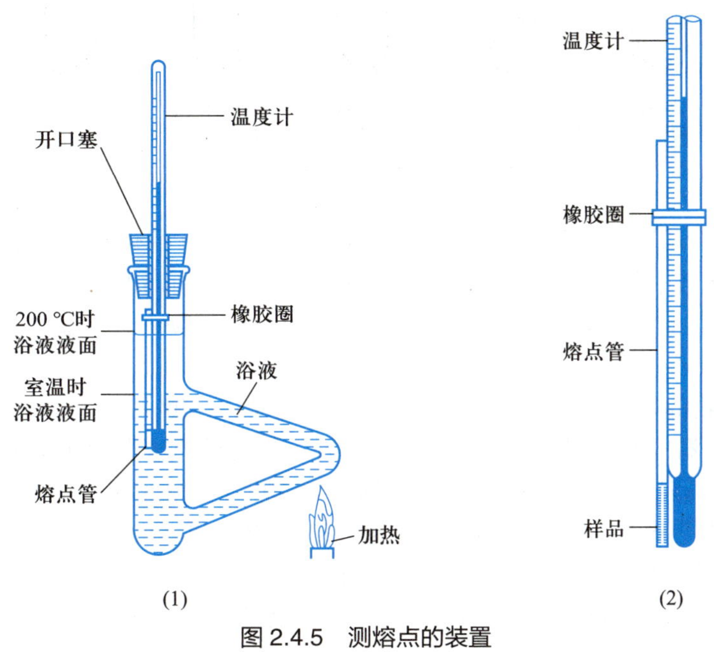

图 2.4.5 测熔点的装置

在测定熔点时，凡是样品熔点在 220 ℃ 以下的，可采用浓硫酸作为浴液。但在高温时，浓硫酸将分解放出三氧化硫及水。长期不用的熔点浴应先渐渐加热去掉吸入的水分，如加热过快，就有冲出的危险。

当有机物和其他杂质混入硫酸时，会使硫酸变黑，有碍熔点的观察，此时可加少许硝酸钾晶体共热后使之脱色。

除浓硫酸以外，亦可采用石蜡油或硅油等，但此类加热液体不适用于测定低熔点的化合物，因为它们在室温下呈半固态或固态。

(4) 熔点的测定。

熔点的测定

① 毛细管熔点测定法。将提勒管垂直夹于铁架上，按前述方法装配完备，以浓硫酸作为加热液体，用温度计水银球蘸取少许硫酸滴于熔点管上端外壁上，即可使之黏着，或剪取一小段橡胶管，将此橡胶圈套在温度计和熔点管的上部 [图 2.4.5(1)]。将黏附有熔点管的温度计小心地伸入热浴中，以小火在图示部位缓缓加热。开始时升温速度可以较快，到距离熔点 10～15 ℃ 时，调整火焰使温度每分钟上升 1～2 ℃。越接近熔点，升温速率应越慢 (掌握升温速率是准确测定熔点的关键)。这一方面是为了保证有充分的时间让热量由管外传至管内，以使固体熔化，另一方面是因为观察者不能同时观察温度计所示度数和样品的变化情况。只有缓慢加热，才能使此项误差减小。记下样品开始塌落并有液相 (俗称出汗) 产生时 (初熔) 和固体完

全消失时 (全熔) 的温度计读数, 即为该化合物的熔程。要注意在初熔前是否有萎缩或软化、放出气体以及其他分解现象。例如, 一物质在 120 ℃时即开始萎缩, 在 121 ℃时有液滴出现, 在 122 ℃时全部液化, 应记录如下: 熔点 121~122 ℃, 120 ℃时萎缩。固体样品的熔化过程见图 2.4.6。

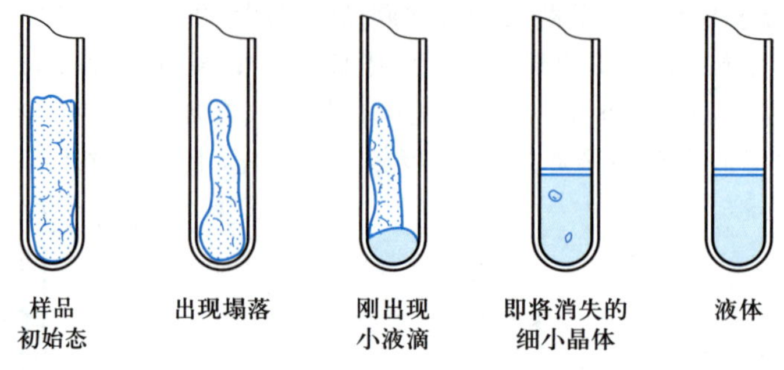

图 2.4.6 固体样品的熔化过程

熔点测定至少要有两次重复的数据。每一次测定都必须用新的熔点管另装样品, 不能将已测过熔点的熔点管冷却, 使其中的样品固化后再作第二次测定。因为有时某些物质会部分分解, 有些会转变成具有不同熔点的其他结晶形式。测定易升华物质的熔点时, 应将熔点管的开口端烧熔封闭, 以免升华。

如果要测定未知物的熔点, 可准备两个毛细管, 应先对样品粗测一次。加热速度可以稍快, 知道大致的熔点范围后, 待浴温冷至熔点以下约 30 ℃, 再取另一根装样的熔点管作精确测定。

影响熔点测定结果的因素较多, 如加热速度、毛细管壁的薄厚、直径大小、样品颗粒粗细及装填是否紧密等, 它们均与热传导是否均匀、超前或滞后有关。温度计的准确程度和加热速率是最重要的因素。

熔点测好后, 温度计的读数须对照温度计校正图进行校正。

一定要待熔点浴冷却后, 方可将浓硫酸倒回瓶中。温度计冷却后, 用废纸擦去硫酸, 方可用水冲洗, 否则温度计极易炸裂。

有些化合物在加热到熔点温度时可能发生分解, 通常表现为样品变黑或变褐。文献中报道这类化合物时, 通常在熔点温度的右下角加符号 “d”, 如 186 $℃_d$, 表示该化合物在 186 ℃时发生分解 (decomposition)。有时分解是由于化合物与空气中的氧之间发生了反应。如果将熔点管抽真空和进行密封, 这种分解就可以避免, 熔点管的抽真空和密封见图 2.4.7。用小钉在橡胶隔膜套上刺一细孔, 插入熔点管的密封端, 橡胶隔膜套连接在玻璃管上, 并通过真空橡胶管与抽真空系统相连。

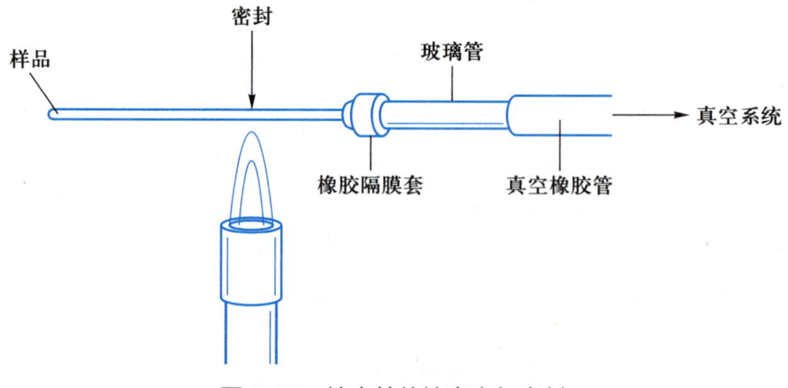

图 2.4.7 熔点管的抽真空与密封

② 电热熔点仪测定法。现代实验室提勒管已被更为方便的电热熔点仪所代替。一种普通型的是Thomas-Hoover熔点仪[见图2.4.8(1)]。其特殊设置的填装振荡器可将样品装入毛细管,并可同时测定5个样品的熔点。仪器内置有可加热和搅拌的油浴。电阻加热器浸泡在油浴中,可通过面上的旋钮调节电压,控制油浴加热速度。底部的旋钮可调节搅拌速率,使加热平稳进行。同时装置有可移动的放大镜,方便观察温度及毛细管中的样品。

另一种是Mel-Temp熔点仪[见图2.4.8(2)]。其不同处在于加热金属块而不是液体导热到毛细管。温度计插在金属块上端的孔槽中,可显示加热块和毛细管的温度。可通过精确地控制电压调节加热块的加热速率。

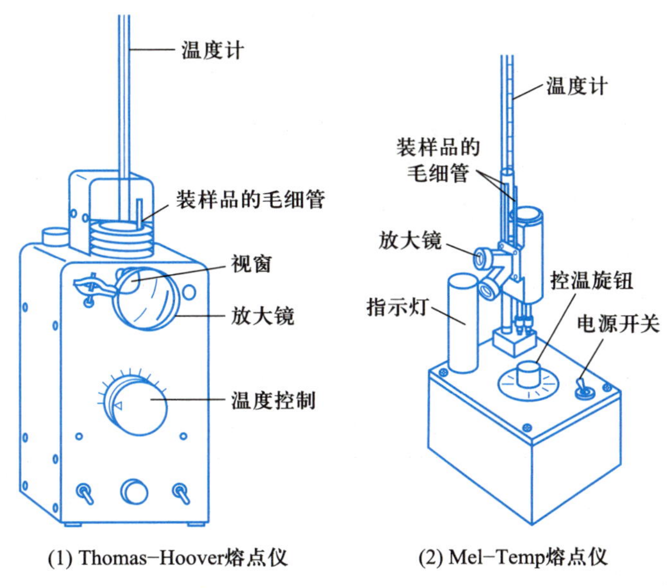

(1) Thomas-Hoover熔点仪　　(2) Mel-Temp熔点仪

图2.4.8　电热熔点测定仪

通过装在仪器上的放大镜,可以观察样品熔化的全过程,熔点范围可以从装置上的温度计读出。当温度低于熔点10 ℃左右时,调节升温速率为1～2 ℃·min^{-1}。记录开始出现液滴和全部液化的温度范围,即为该化合物熔程。

③ 显微熔点测定法。毛细管法测定熔点不能清晰地观察样品在受热过程中的变化情况,使用显微熔点测定仪可以克服这些不足,X-6显微熔点测定仪(见图2.4.9)主要由电加热系统、温度计和显微镜组成。测定熔点时,样品放在两片洁净的载片玻璃之间,置于热浴中,调节显微镜高明度,观察被测物质的晶形。先拧开加热旋钮,使温度快升,到温度低于熔点10～15 ℃时,换开微调旋钮,减慢升温速率,使每分钟上升1～2 ℃,其他事项与提勒管测定法相同。

当需重复测定时,可将金属冷却圆板置于热浴中,热交换后的圆板可使温度很快降下来。

目前数字熔点仪(见图2.4.9)已在实验室中使用,它采用光电检测数字温度显示等技术,具有初熔-全熔过程自动显示、测量快捷方便等优点。

3. 温度计的校正

用以上方法测定熔点时,温度计上的熔点读数与真实熔点之间常有一定的偏差,这可能是温度计的质量引起的。例如,一般温度计中的毛细孔径不一定是很均匀的,有时刻度也不是很精确。其次,温度计有全浸式和半浸式两种。全浸式温度计的刻度是在温度计的汞线全部均匀受热的情况下刻出来

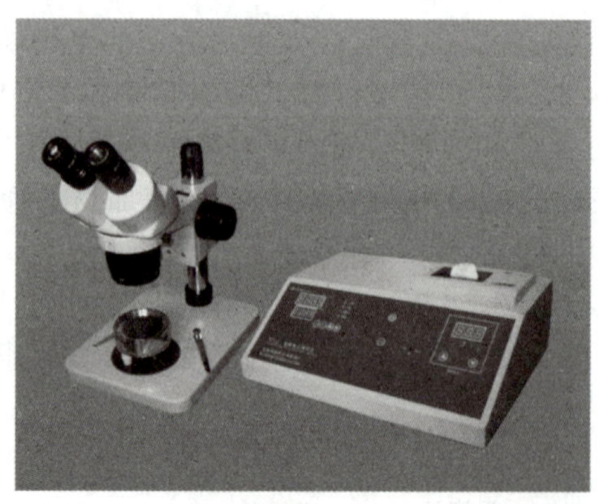

图 2.4.9 X-6 显微熔点测定仪和数字熔点仪

的，而在测熔点时仅有部分汞线受热，因而露出的汞线温度当然较全部受热时为低。另外，经长期使用的温度计，玻璃也可能发生体积变形而使刻度不准。因此，若要精确测定物质的熔点，则需校正温度计。为此，可选用一标准温度计与之比较。通常也可采用纯粹化合物的熔点作为校正的标准，通过此法校正的温度计，上述误差可一并除去。校正时只要选择数种已知熔点的纯粹化合物作为标准，测定它们的熔点，以观察到的熔点作纵坐标，测得熔点与应有熔点的差数作横坐标，画成曲线。在任一温度时的校正值可直接从曲线中读出。

常用标准化合物的熔点见表 2.4.1，校正时可具体选择。

表 2.4.1 常用标准化合物的熔点

标准化合物	熔点/℃
α-萘胺	50
二苯胺	53～54
苯甲酸苄酯	71
萘	80.55
间二硝基苯	90.02
二苯乙二酮	95～96
乙酰苯胺	114.3
苯甲酸	122.4
尿素	132.7
二苯基羟基乙酸	151
水杨酸	159
D-甘露醇	168
对苯二酚	173～174
马尿酸	187
3,5-二硝基苯甲酸	205
蒽	216.2～216.4
咖啡因	236
酚酞	262～263

零点的测定最好用蒸馏水和纯冰的混合体。在一个 ϕ15 cm×2.5 cm 的试管中放入蒸馏水 20 mL, 将试管浸在冰盐浴中至蒸馏水部分结冰, 用玻璃棒搅动使之成冰-水混合体系, 将试管从冰盐浴中移出, 然后将温度计插入冰-水中, 用玻璃棒轻轻搅动混合物, 到温度恒定 2～3 min 后再读数。

[实验]

(1) 测定尿素的熔点 (mp 132.7 ℃)。

(2) 测定肉桂酸的熔点 (mp 133 ℃)。

(3) 测定 50% 尿素和 50% 肉桂酸混合样品的熔点。

(4) 由教师提供 1～2 种未知物, 测定其熔点并鉴定。

本实验约需 4 h。

[思考题]

(1) 为什么物质的熔 "点" 实际上是熔 "程", 因此从未出现单一熔点的报道?

(2) 三个瓶子中分别装有 A, B, C 三种白色结晶的有机固体, 每一种都在 149～150 ℃ 熔化。50∶50 的 A 与 B 的混合物在 130～139 ℃ 熔化; 50∶50 的 A 与 C 的混合物在 149～150 ℃ 熔化, 那么 50∶50 的 B 与 C 的混合物在什么样的温度范围内熔化呢? A, B, C 是否为同一种物质?

(3) 测定熔点时, 若遇下列情况, 将产生什么结果?

(a) 熔点管不洁净;

(b) 熔点管底部未完全封闭, 尚有一针孔;

(c) 熔点管壁太厚;

(d) 样品未完全干燥或含有杂质;

(e) 加热太快。

(4) 指出用毛细管法测定纯化合物熔点时导致下列情况的错误操作。

(a) 比正确熔点低;

(b) 比正确熔点高;

(c) 熔程大 (超过几摄氏度)。

(5) 判别下列说法: (a) 杂质总是使有机化合物的熔点降低; (b) 对晶形有机物来说其熔点敏锐总是表示其为纯的单一化合物; (c) 若将化合物 A 的样品加到化合物 X 中而不降低 X 的熔点, 则 X 必与 A 为同一物质; (d) 若化合物 A 加入后使化合物 X 熔点降低, 则 X 一定不是 A。

(6) 用电热熔点仪测定未知物的熔点, 为 182 ℃, 其结果是否可信? 为什么?

(7) 根据下面列出的熔点, 对样品的纯度应得出什么结论?

(a) 120～122 ℃; (b) 147 ℃ (分解); (c) 46～60 ℃; (d) 162.5～163.5 ℃

(8) 一未知物的熔点为 160～161.5 ℃, 根据给出的信息, 你认为该未知物为下列三种化合物中的哪一种?

(a) 水杨酸 158～160 ℃; (b) *N*-苯甲酰苯胺 161～163 ℃; (c) 三苯甲醇 159.5～160.5 ℃

如能提纯上述样品, 采用熔点装置设计一种实验方法, 确定三种化合物中哪一种与鉴定的未知物相同。

(9) 两种物质 Q 和 R 的熔点-组成如下图所示, 根据此图回答下列问题:

(a) Q 和 R 的熔点各是多少?

(b) 共熔混合物的熔点和组成各是多少?

(c) 如果 20% Q 和 80% R 的混合物, 加热时的熔化点为 120 ℃, 160 ℃, 或 75 ℃?

(d) Q 和 R 的混合物观察在 105~110 ℃熔化, 混合物的组成是什么? 简要加以解释。

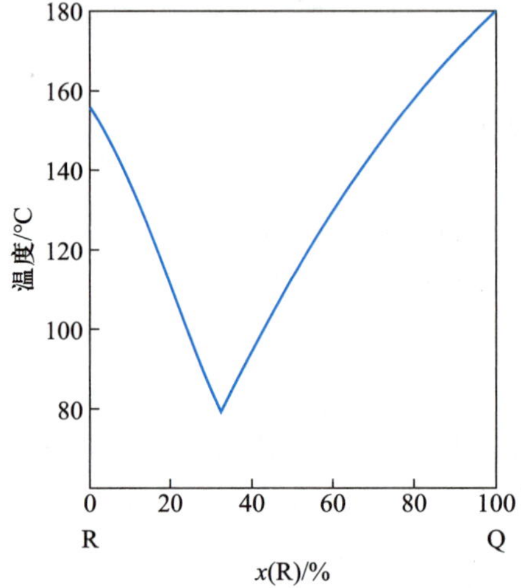

2.4.2 沸点的测定

1. 基本原理

将液体置于容器中, 液体分子运动, 使得液体分子从液体表面逸出, 在液体上部空间形成蒸气, 同时蒸气中的分子也会返回液体中, 最后达到分子从液体中逸出的速率等于从蒸气中返回到液体的速率, 即达到动态平衡。此时液面上的蒸气压称为饱和蒸气压。实验证明, 一定温度下, 每种液体都具有一定的饱和蒸气压, 它与体系中液体量及蒸气量无关。

液体受热时, 它的饱和蒸气压就增大。液体蒸气压与温度的关系如图 2.4.10 所示。当液体的饱和蒸气压与外界大气压相等时, 开始有大量的气泡不断地从液体内部逸出, 液体呈沸腾状态, 此时的温度就是该液体的沸点。因此, 液体的蒸气压与标准大气压相等时的温度, 称为此液体的沸点。例如, 水的沸点为 100 ℃, 是指在 101.325 kPa (760 mmHg) 下水在 100 ℃时沸腾。

由于物质的沸点随外界大气压的改变而变化, 因此, 讨论或报道一种化合物的沸点时, 一定要注明测定沸点时外界的大气压, 以便与文献值相比较。

沸点是液体有机化合物重要的物理常数之一, 纯净的液体有机物通常都具有固定的沸点。通过沸点的测定, 可以初步判断液体的纯度。但具有固定沸点的液体并非均为纯净的化合物。当液体中含有

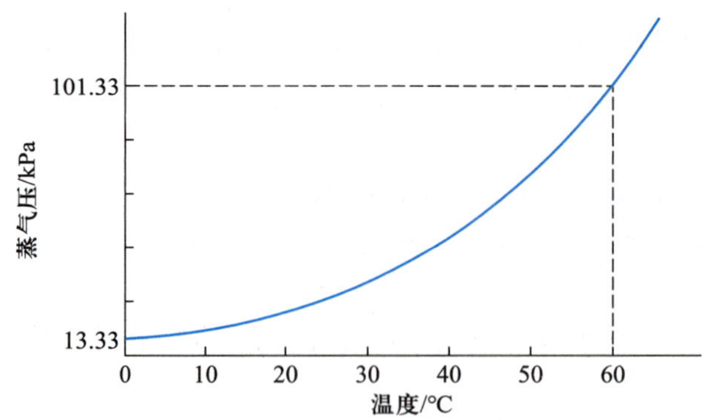

图 2.4.10 液体蒸气压与温度的关系

非挥发或挥发性组分时，其沸程通常会变宽。

2. 沸点的测定

沸点测定分常量法与微量法两种。常量法的装置与蒸馏操作相同。液体不纯时沸程较长 (常超过 3 ℃)，在这种情况下无法测定液体的沸点，应先把液体用其他方法提纯后，再测定沸点。

微量法测定沸点可采用图 2.4.11 所示的装置。将待测液体样品滴入沸点管 (制法见第 2.1 节“简单玻璃工操作”) 的外管中，或滴入长约 5 cm，外径 5~8 mm 的小试管中，液柱高约 1 cm。将一端封闭的约 6 cm 长的毛细管，封口在上倒插入待测液体中。然后将沸点管或小试管用小橡胶圈附于温度计旁，放入热浴中进行加热。加热时，由于气体膨胀，内管中会有小气泡缓缓逸出，在到达该液体的沸点时，将有一连串的小气泡快速地逸出。此时可停止加热，使浴温自行下降，气泡逸出的速度即渐渐减慢。当气泡不再冒出而液体刚要进入内管的瞬间 (即最后一个气泡刚欲缩回至内管中时)，表示毛细管内的蒸气压与外界压力相等，此时的温度即为该液体的沸点。为校正起见，待温度降低几摄氏度后再非常缓慢地加热，记下刚出现大量气泡时的温度。两次温度计读数相差应不超过 1 ℃。

另一种微量法测定沸点的装置如图 2.4.12 所示。在长而窄的试管中加入 0.5~1 mL 待测液体和 1~2 粒沸石，用微型铁夹将温度计和试管固定后置于油浴或沙浴中加热。温度计水银球的下部位于液面上 1~2 cm 处，并确保不触及管的内壁。逐步升温加热样品至沸，继续缓慢地提高加热速率，直到冷凝环达水银球上部 1~2 cm 处。此时温度计的读数达到最大值并稳定保持至少 1 min，即为该液体的沸点。注意，加热速率过快，可能导致蒸气过热而使观察到的沸点偏高。

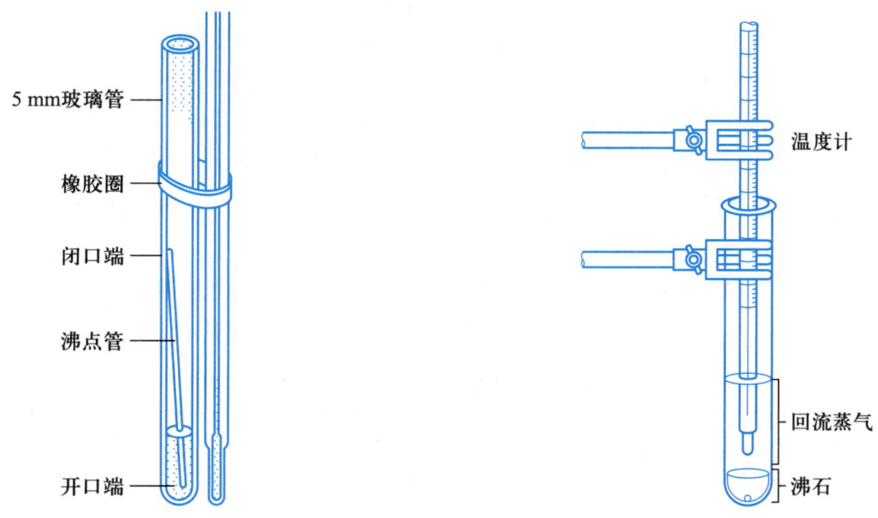

图 2.4.11 微量法测定沸点的装置

图 2.4.12 利用试管微量法测定沸点的装置

[思考题]

(1) 参考图 2.4.10，回答下列问题。

(a) 对于在 45 ℃ 沸腾的液体，体系所需的总蒸气压是多少？

(b) 体系的总蒸气压为 40 kPa 时，液体沸腾的温度约为多少？

(2) 蒸馏时，温度计的温度过高或过低对沸点的测定有何影响？

(3) 如蒸馏时加热过猛，测定的沸点会不会偏高？为什么？

(4) 沸点恒定的液体一定是纯物质吗？为什么？

(5) 用微量法测定沸点时，把最后的一个气泡刚欲缩回内管的瞬间的温度作为该化合物的沸点，为什么?

2.4.3　液体化合物折射率的测定

1. 基本原理

光在两种不同介质中的传播速度是不相同的。光线从一种介质进入另一种介质,光的传播方向与两种介质的界面不垂直时,则在界面处的传播方向发生改变。这种现象称为光的折射。

根据折射定律,波长一定的单色光在确定的外界条件下 (温度、压力等),从一种介质 A 进入另一种介质 B 时,入射角 α 和折射角 β (见图 2.4.13) 的正弦之比与两种介质的折射率 N 与 n 成反比:

$$\sin\alpha/\sin\beta=n/N \tag{1}$$

当介质 A 为真空时,$N=1$,n 为介质 B 的绝对折射率,则有

$$n=\sin\alpha/\sin\beta \tag{2}$$

如果介质 A 为空气,$N_{空气}=1.00027$ (空气的绝对折射率),则

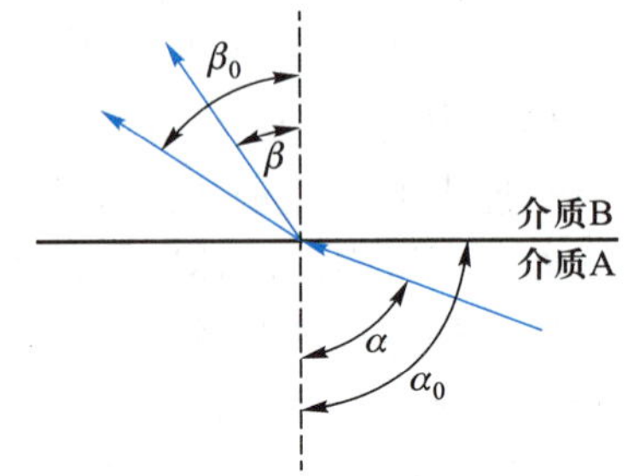

图 2.4.13　光的折射现象

$$\sin\alpha/\sin\beta=n/N_{空气}=n/1.00027=n' \tag{3}$$

n' 为介质 B 的相对折射率。n 与 n' 数值相差很小,常以 n 代替 n'。但进行精密测定时,应加以校正。

n 与物质结构、光线的波长、温度及压力等因素有关。通常大气压的变化影响不明显,仅在精密测定时才考虑。使用单色光要比使用白光时测得的 n 值更为精确,因此,常用钠光 (D) ($\lambda=289$ nm) 作光源。温度可用仪器维持恒定值,如可在恒温水浴槽与折射仪间循环恒温水来维持恒定温度。一般温度升高 (或降低) 1 ℃,液体有机化合物的折射率就减少 (或增加) 3.5×10^{-4}~5.5×10^{-4}。为了简化计算,常采用 4×10^{-4} 作为温度变化常数。折射率表示为 n_D^{20},即以钠光为光源,20 ℃时所测定的 n 值。例如,甲基叔丁基醚折射率在 25 ℃时的实测值为 1.3670,其校正值为:$n_D^{20}=1.36700+5\times4\times10^{-4}=1.3690$。

不同温度下纯水与乙醇的折射率见表 2.4.2。

折射率是有机化合物最重要的物理常数之一,它能被精确而方便地测定出来。作为液体物质纯度的标准,比沸点更可靠。利用折射率,可鉴定未知化合物。如果一种化合物是纯的,那么就可以根据所

表 2.4.2　不同温度下纯水与乙醇的折射率

温度/℃	水的折射率 n_D^t	乙醇 (99.8%) 的折射率 n_D^t
14	1.33348	—
16	1.33333	1.36210
18	1.33317	1.36129
20	1.33299	1.36048
22	1.33281	1.35967
24	1.33262	1.35885
26	1.33241	1.36803
28	1.33219	1.35721
30	1.33192	1.35639
32	1.33164	1.35557
34	1.33136	1.35474

测得的折射率排除考虑中的其他化合物,而识别出这种未知物。

折射率也用于确定液体混合物的组成。在蒸馏两种或两种以上的液体混合物且当各组分的沸点彼此接近时,就可利用折射率来确定馏分的组成。因为当组分的结构相似和极性小时,混合物的折射率和物质的量组成之间常呈线性关系。例如,由 1 mol 四氯化碳和 1 mol 甲苯组成的混合物,n_D^{20} 为 1.4822,而纯甲苯和纯四氯化碳在同一温度下 n_D^{20} 分别为 1.4994 和 1.4651。所以,在分馏此混合物时,就可利用这一线性关系求得馏分的组成。

2. 阿贝 (Abbey) 折射仪及操作方法

测定液体折射率的仪器构成原理见图 2.4.13,当光由介质 A 进入介质 B,如果介质 A 对于介质 B 是疏物质,即 $n_A < n_B$ 时,则折射角 β 必小于入射角 α,当入射角 α 为 90° 时,$\sin\alpha = 1$,这时折射角达到最大值,称为临界角,用 β_0 表示。很明显,在一定波长与一定条件下,β_0 是一个常数,它与折射率的关系是

$$n = 1/\sin\beta_0$$

可见通过测定临界角 β_0,就可以得到折射率,这就是通常所用阿贝折射仪的基本光学原理。

阿贝折射仪的结构见图 2.4.14。

为了测定 β_0 值,阿贝折射仪采用“半明半暗”的方法,就是让单色光由 0~90° 的所有角度从介质 A 射入介质 B,这时介质 B 中临界角以内的整个区域均有光线通过,因而是明亮的,而临界角以外的全部区域没有光线通过,因而是暗的,明暗两区域的界线十分清楚。如果在介质 B 的上方用一目镜观测,就可看见一个界线十分清晰的半明半暗的像。

介质不同,临界角也不同,目镜中明暗两区的界线位置也不一样。如果在目镜中刻上一“十”字交叉线,改变介质 B 与目镜的相对位置,使每次明暗两区的界线总是与“十”字交叉线的交点重合,通过测定其相对位置 (角度),并经换算,便可得到折射率。而阿贝折射仪的标尺上所刻的读数即是换算后的折射率,故可直接读出。同时阿贝折射仪有消色散装置,故可直接使用日光,其测得的数字与钠光线所测得的一样。这些都是阿贝折射仪的优点。

阿贝折射仪的使用方法: 先使折射仪与恒温槽相连接,恒温后,分开直角棱镜,用丝绢或擦镜纸蘸少量乙醇或丙酮轻轻擦洗上下镜面。待乙醇或丙酮挥发后,加一滴蒸馏水于下面镜面上,关闭棱镜,调

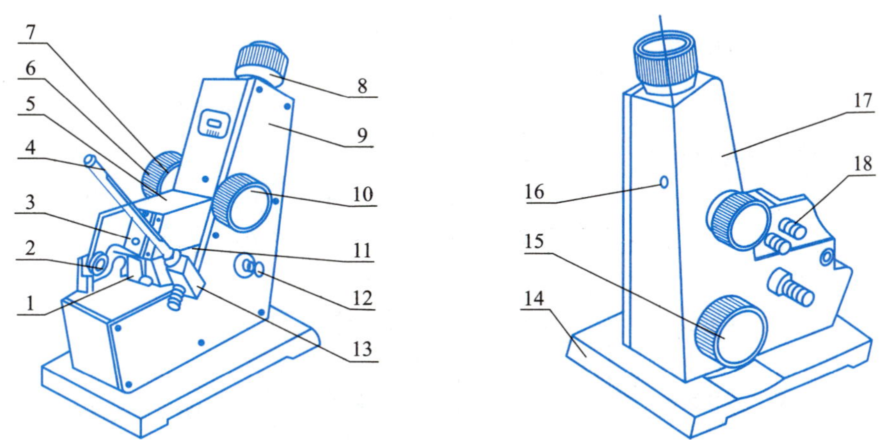

1—反射镜; 2—转轴; 3—遮光板; 4—温度计; 5—进光棱镜座; 6—色散调节手轮; 7—色散值刻度圈; 8—目镜; 9—盖板; 10—手轮; 11—折射棱镜座; 12—照明刻度盘聚光镜; 13—温度计座; 14—底座; 15—刻度调节手轮; 16—小孔; 17—壳体; 18—恒温器接头

图 2.4.14 阿贝折射仪的结构图

节反光镜使镜内视场明亮，转动棱镜直到镜内观察到有界线或出现彩色光带；若出现彩色光带，则调节色散，使明暗界线清晰，再转动直角棱镜使界线恰巧通过“十”字的交点。记录读数与温度，重复两次测得纯水的平均折射率与纯水的标准值 ($n_D^{20}=1.33299$) 比较，可求得折射仪的校正值，然后以同样方法测求待测液体样品的折射率。校正值一般很小，若数值太大时，整个仪器必须重新校正。

在测定折射率时常见情况如图 2.4.15 所示，其中 (4) 所示是读取数据时的图案。当遇到 (1) 即出现色散光带，则需要调节棱镜微调旋钮直至彩色光带消失呈 (2) 所示图案，然后再调节棱镜调节旋钮直至呈 (4) 所示图案；若遇到 (3)，则是样品量不足所致，应再添加样品，重新测定。

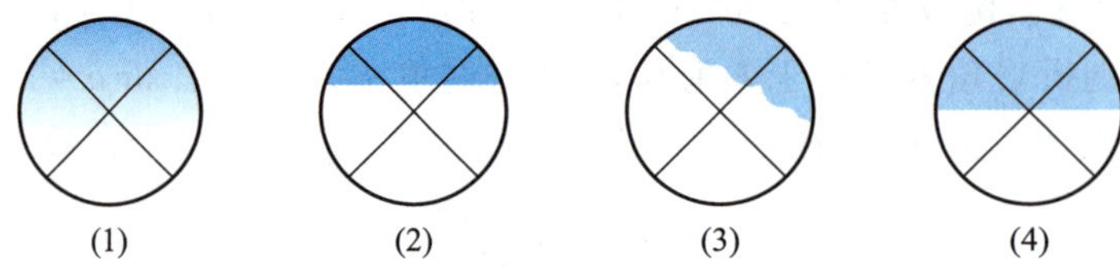

图 2.4.15 测定折射率时目镜中常见的图案

使用阿贝折射仪应注意下列几点：

(1) 阿贝折射仪的量程为 1.3000～1.7000，精密度为 ±0.0001；测量时应注意保温套温度是否正确。如欲测准至 ±0.0001，则温度应控制在 ±0.1 ℃ 的范围内。

(2) 仪器在使用或储藏时，均不应曝于日光中，不用时应用黑布罩住。

(3) 折射仪的棱镜必须注意保护，不能在镜面上造成刻痕。滴加液体时，滴管的末端切勿触及棱镜。

(4) 在每次滴加样品前应洗净镜面；在使用完毕后，也应用丙酮或 95% 乙醇洗净镜面，待晾干后再闭上棱镜。

(5) 对棱镜玻璃、保温套金属及其间的胶合剂有腐蚀或溶解作用的液体，均应避免使用。

最后还应当指出，阿贝折射仪不能在较高温度下使用；对于易挥发或易吸水样品测量有些困难；另外对样品的纯度要求也较高。

目前，电子显示阿贝折射仪 (见图 2.4.16) 已广泛使用，操作更为方便。

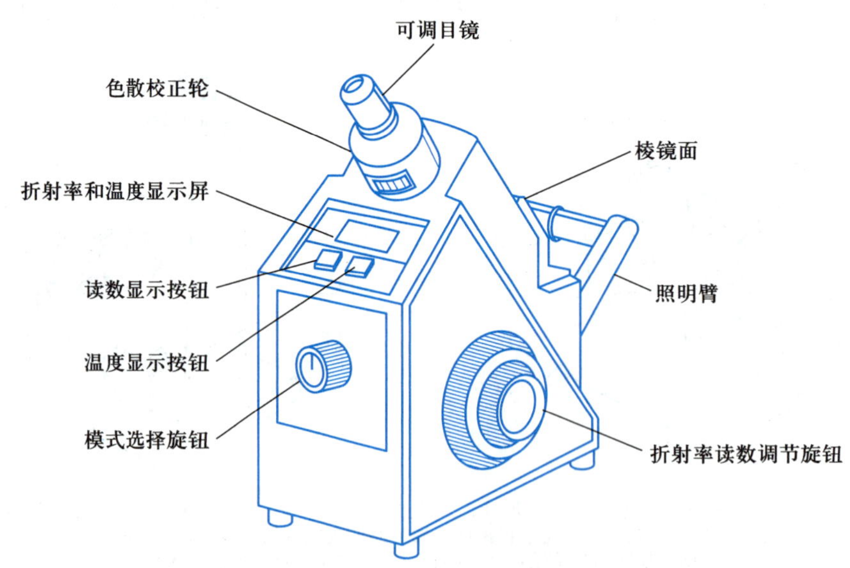

图 2.4.16 电子显示阿贝折射仪

[思考题]

(1) 测定液体化合物的折射率有何意义?

(2) 测定折射率前后为什么要擦洗折射仪上下镜面?

(3) 哪些因素会影响折射率的测定结果?

(4) 假定测定松节油的折射率为 $n_D^{30}=1.2410$, 在 25 ℃时其折射率的近似值应为多少?

2.4.4 旋光度及其测定

有些有机化合物能使偏振光的振动平面旋转一定的角度,这一角度称为旋光度。具有这种性质的物质为旋光性物质,其分子具有实物与镜像不能重叠的特征,即"手性"(chirality),生物体内大部分有机分子都是有旋光性的。旋光度的测定对于研究具有旋光活性的分子的构型及确定某些反应机理具有重要的作用。在给定的实验条件下,将测得的旋光度通过换算,即可得知旋光性物质特征的物理常数——比旋光度,后者对鉴定旋光性物质是不可缺少的,并且可计算出旋光性物质的光学纯度。

1. 基本原理

定量测定溶液或液体旋光度的仪器称为旋光仪,其工作原理见图 2.4.17。常用的旋光仪主要由光源、起偏镜、样品管和检偏镜等部分组成。光源 a 为炽热的钠光灯。起偏镜 b 是由两块光学透明的方解石粘合而成的,也称尼科尔棱镜,其作用是使自然光通过后产生所需要的平面偏振光。H 的作用是将由 b 产生的偏振光一分为二。样品管 c 装待测的旋光性液体或溶液,其长度有 1 dm 和 2 dm 等几种,对旋光度较小或溶液浓度较小的样品,最好采用 2 dm 长的样品管。当偏光通过盛有旋光性物质的样品管后,因物质的旋光性使偏光不能通过第二个棱晶(d 检偏镜),必须将检偏镜扭转一定角度后才能通过,因此要调节检偏镜进行配光。这一棱镜可随着装有目镜 f 的面板旋转,以观察偏振光的旋转角 α。

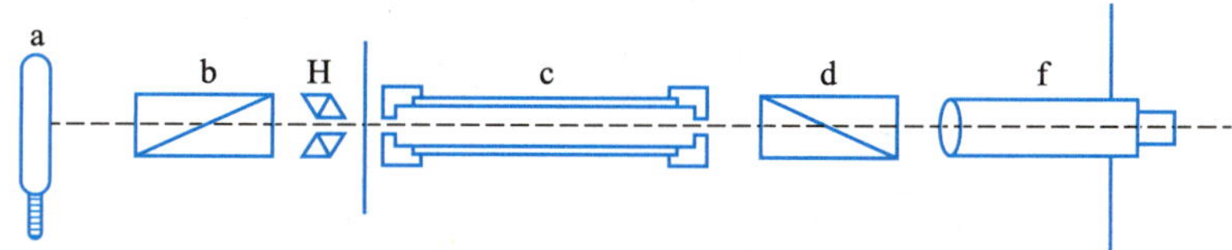

图 2.4.17 旋光仪工作原理示意图

物质的旋光度与测定时所用溶液的浓度、样品管长度、温度、所用光源的波长及溶剂的性质等因素有关。因此,常用比旋光度 $[\alpha]$ 来表示物质的旋光性。当光源、温度和溶剂固定时,$[\alpha]$ 等于单位长度、单位浓度物质的旋光度(α)。像沸点、熔点一样,比旋光度是一个只与分子结构有关的表征旋光性物质的特征常数。溶液的比旋光度与旋光度的关系为

$$[\alpha]_\lambda^t=\frac{\alpha}{\rho_B\cdot l}$$

式中 $[\alpha]_\lambda^t$ 表示旋光性物质在温度 t、光源波长 λ 时的比旋光度;α 为标尺盘转动角度的读数,即旋光度;l 为样品管的长度,单位为 dm;ρ_B 为溶液的质量浓度,以 100 mL 溶液所含溶质 B 的质量表示,单位为 $g\cdot mL^{-1}$。

如测定的旋光性物质为纯液体,比旋光度可由下式求出:

$$[\alpha]_\lambda^t=\frac{\alpha}{\rho\cdot l}$$

式中 ρ 为纯液体的密度($g\cdot mL^{-1}$)。

表示比旋光度时通常还需标明测定时所用的溶剂。

为了准确判断旋光度的大小，测定时通常在视野中分出三分视场（见图 2.4.18）。当检偏镜的偏振面与通过棱镜的光的偏振面平行时，通过目镜可观察到图 2.4.18(2) 所示（当中明亮，两旁较暗）三分视场，若检偏镜的偏振面与起偏镜偏振面平行时，可观察到图 2.4.18(1) 所示（当中较暗，两旁明亮）三分视场，只有当检偏镜的偏振面处于$\frac{1}{2}\phi$（半暗角）的角度时，视场内明暗相等如图 2.4.18(3) 所示，这一位置作为零度，使标尺上 0° 对准刻度盘 0°。

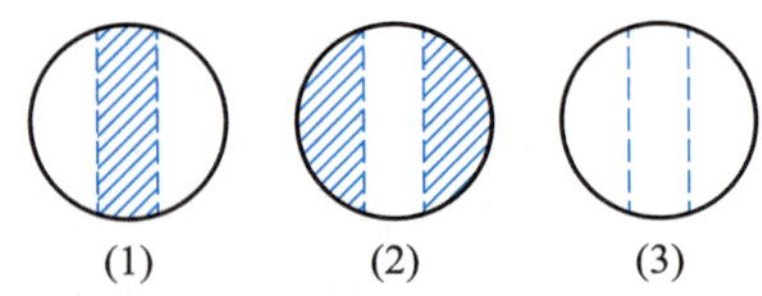

图 2.4.18　三分视场

测定时，调节视场内明暗相等，以使观察结果准确。一般在测定时选取较小的半暗角，由于人的眼睛对弱照度的变化比较敏感，视野的照度随半暗角的减小而变弱，所以在测定中通常选几度到十几度的结果。

2. 旋光仪

旋光仪的种类很多，测定旋光的范围、读数的形式差别很大，在使用旋光仪前要先阅读仪器说明书，掌握操作方法，了解注意事项。现在的旋光仪都是自动调节、自动显示读数，测定精确，使用很方便。图 2.4.19 所示为旋光仪的外形图。

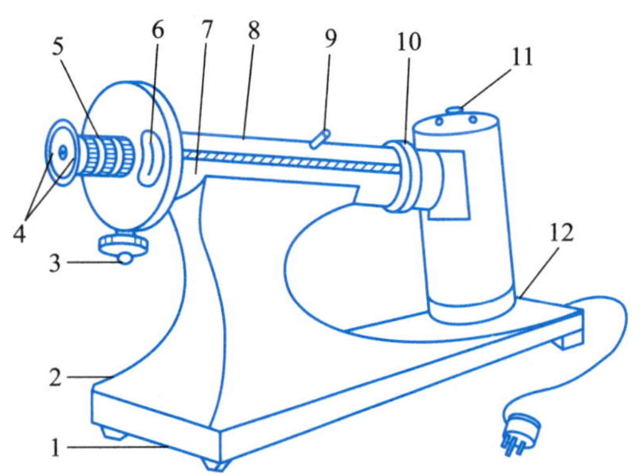

1—底座；2—电源开关；3—刻度盘转动手轮；4—放大镜座；5—视度调节螺旋；6—刻度盘游标；7—镜筒；8—镜筒盖；9—镜盖手柄；10—镜盖连接圈；11—灯罩；12—灯座

图 2.4.19　旋光仪

WZZ 型数字式旋光仪应用了光电检测器和晶体管自动示数装置，灵敏度较高，读数方便，且可避免人为的读数误差，故目前应用广泛。图 2.4.20 所示为 WZZ-1 型数字式旋光仪。使用 1 mg 样品配成 1 mL 的溶液，即可测得准确的比旋光度数据。

图 2.4.20　WZZ-1 型数字式旋光仪

3. 测定方法

(1) 配制溶液。准确称量 0.1～0.5 g 样品，置于 25 mL 容量瓶中配成溶液。溶剂一般可选用水、乙醇或氯仿等。如因样品导致溶液不清亮时需用定性滤纸加以过滤。

(2) 仪器接入 220 V 交流电源，打开电源开关，预热 5 min，点亮钠光灯。

(3) 打开示数开关，调节零位手轮，使旋光示值为零。

(4) 在样品管中装蒸馏水或空白溶剂，放入样品室，盖上箱盖。样品管中若有气泡，让气泡浮在凸处，用软布揩干通光面两端的雾状水滴。样品管螺帽不宜旋得过紧，以免产生应力，影响读数。检查零点是否变化。

(5) 取出样品管，装入样品。按相同位置和方向放入样品室内，盖好盖，示数盘将转出该样品的旋光度，红色示值为左旋 (−)，黑色示值为右旋 (+)。

(6) 按复测按钮，重复读数几次，取平均值作为样品的测定结果。

(7) 测定温度要求在 (20±2) ℃。温度升高 1 ℃，大多数旋光性物质的旋光度减少 0.3%。

(8) 计算光学纯度。测得旋光度并换算为比旋光度后，按下式求出样品的光学纯度 (OP)。光学纯度的定义是：旋光性产物的比旋光度除以光学纯样品在相同条件下的比旋光度。

$$OP=\frac{[\alpha]_{\mathrm{D}}^{t}(\text{观察值})}{[\alpha]_{\mathrm{D}}^{t}(\text{理论值})}\times 100\%$$

[思考题]

(1) 旋光度和比旋光度有什么联系与区别？

(2) 旋光度的测定有什么实际意义？

(3) 影响旋光度的因素有哪些？测定旋光度时应注意哪些事项？

(4) 糖的溶液为什么要放一天后再测定旋光度？

2.5 固体有机化合物的分离与提纯

纯粹的化合物是指仅含结构相同的一种分子的均匀的物质。经过化学反应所合成的有机化合物，一般总是与许多其他物质 (其中包括未反应的原料、副产物、无机物、溶剂及催化剂等) 共存于最后的产物中，因此在进行制备时，常需要从复杂的混合物中分离出所需要的物质。同样，通过萃取最初得到的天然产物也是不纯的。化学家一直在致力于分离纯净的产物，最终的目标是得到的物质不能被已知的实验技术进一步纯化。固体有机化合物的分离和提纯常用的方法有重结晶和升华。此外，萃取和洗涤、各种色谱方法也适用于固体和液体有机化合物的分离与提纯。随着现代有机合成技术的发展，分离与提纯的技术和手段越来越重要。对化学工作者来说，熟练地掌握各种分离与提纯的操作技术是十分重要的。

2.5.1 重结晶

观察晶体从溶液中析出是有机化学家最大的视觉乐趣之一。溶液中形成的美丽闪光的各种形态和色泽的晶体 —— 棱状、立方形、片状、菱形等，赋予研究者辛勤工作伴随的满足和巨大的成就感。

将晶体用溶剂加热溶解后，又重新成为晶体析出的过程称为重结晶。重结晶是提纯固体有机化合物最常用的方法，其一般过程如下：

(1) 选择合适的溶剂。

(2) 将不纯的固体有机物在溶剂的沸点或接近于沸点时溶解在溶剂中，制成接近饱和的浓溶液，若固体有机物的熔点较溶剂的沸点低，则应制成在熔点以下的饱和溶液。

(3) 若溶液含有色杂质，可加适量活性炭煮沸脱色。

(4) 趁热过滤此热溶液以除去其中不溶性杂质及活性炭。

(5) 冷却过滤液，使结晶从过饱和溶液中析出，而可溶性杂质仍留在母液中。

(6) 减压过滤，从母液中将结晶分出，洗涤结晶以除去吸附的母液，所得的结晶，经干燥后测定熔点。若发现其纯度不符合要求，可重复上述操作，直至熔点不再改变。

1. 基本原理

固体有机物在溶剂中的溶解度与温度有密切关系。一般是温度升高，溶解度增大。若将固体溶解在热的溶剂中达到饱和，冷却时即由于溶解度降低，溶液变成过饱和而析出结晶。利用溶剂对被提纯物质及杂质的溶解度不同，可以使被提纯物质从过饱和溶液中析出，而让杂质全部或大部分仍留在溶液中 (若杂质在溶剂中的溶解度极小，则配成饱和溶液后被过滤除去)，从而达到提纯目的。

对重结晶而言，在任何情况下，杂质含量过多都是不利的 (杂质太多还会影响结晶速率，甚至妨碍结晶的生成)。一般重结晶只适用于纯化杂质含量在 5% 以下的固体有机混合物，所以从反应粗产物或提取的天然产物粗产物直接重结晶是不适宜的，必须先采用其他方法如萃取、水蒸气蒸馏、减压蒸馏等初步提纯，然后再用重结晶提纯。

在进行重结晶时，选择理想的溶剂是成败的关键，较好的溶剂应在重结晶时产生高纯度的产物并具有高的收率。理想的溶剂必须具备下列条件:

(1) 不与被提纯物质起化学反应。

(2) 在较高温度时能溶解多量的被提纯物质，而在室温或更低温度时，只能溶解少量该种物质。通常溶于热的溶剂中约 1 g/(20 mL) 是比较理想的。

(3) 对杂质的溶解度非常大或非常小 (前一种情况是使杂质留在母液中不随提纯物晶体一同析出，后一种情况是使杂质在热过滤时被滤去)。

(4) 容易挥发 (溶剂的沸点较低)，易与结晶分离除去。沸点通常在 50～120 ℃ 为宜。溶剂的沸点应低于被提纯物质的熔点。

(5) 能给出较好的结晶。

(6) 无毒或毒性很小。

最后一点往往被人们所忽视，像苯、二氧六环、吡啶等已被证明或怀疑具有致癌或诱发性的毒性，应尽可能地避免使用，实在无法替代时，也应在通风橱内进行操作。在多数情况下，甲苯或环己烷是较好的苯的替代物，乙酸乙酯或甲基叔丁基醚有时可替代二氧六环。一般而言，如有其他性能相似的溶剂可以替代，应尽可能少用卤代物，不仅因为它们具有较大的毒性，也因为其废弃物处理比其他溶剂更加困难。表 2.5.1 给出了常用的重结晶溶剂。

在几种溶剂同样都合适时，应根据结晶的收率、操作的难易、溶剂的毒性、易燃性和价格等因素综合考虑来加以选择。

当一种物质在一些溶剂中的溶解度太大，而在另一些溶剂中的溶解度又太小，不能选择一种合适的溶剂时，使用混合溶剂常可得到满意的结果。所谓混合溶剂，就是把对此物质溶解度很大的和溶解度很小的而又能互溶的两种溶剂 (如水和乙醇) 混合起来，这样可获得新的良好的溶解性能。用混合溶剂重结晶时，可先将待纯化物质在接近良溶剂的沸点时溶于良溶剂中 (在此溶剂中极易溶解)。若有不溶物，趁热滤去；若有色，则用适量 (如 1%～2%) 活性炭煮沸脱色后趁热过滤。于此热溶液中小心地加

表 2.5.1 常用的重结晶溶剂

溶剂	沸点/℃	冰点 */℃	与水的混溶性	极性	介电常数	易燃性 **	毒性
乙醚	34.6	—	微溶	中等	4.3	++++	—
丙酮	56	—	溶	中等	20.7	+++	—
石油醚	可变	—	不溶	非极性	2	++++	—
二氯甲烷	41	—	不溶	中等	9.1	0	高
甲醇	65	—	溶	极性	32.6	++	高
环己烷	81	—	不溶	非极性	1.9	++++	—
乙酸乙酯	77	—	不溶	中等	6.0	++	—
乙醇	78.5	—	溶	极性	24.3	++	—
水	100	0		高极性	80	0	—
甲苯	110.6	—	-	非极性	2.4	++	高
冰乙酸	118	16	+	中等	6.15	+	—
1,4-二氧六环	101	—	溶	小	2.2	++	高
四氢呋喃	65	—	溶	中等	7.6	++	—

* 未列出的冰点为 0℃ 以下。
** “+” 表示容易。

入热的不良溶剂 (物质在此溶剂中溶解度很小),直至所出现的混浊不再消失为止,再加入少量良溶剂或稍热使恰好透明。然后将混合物冷却至室温,使结晶从溶液中析出。有时也可将两种溶剂先行混合,如 1∶1 的乙醇和水,则其操作和使用单一溶剂时相同。重结晶常用的混合溶剂见表 2.5.2。

表 2.5.2 重结晶常用的混合溶剂

乙醇-丙酮	乙酸乙酯-己烷
乙醇-石油醚	甲醇-二氯甲烷
乙醇-水	甲醇-乙醚
丙酮-水	甲醇-水
氯仿-石油醚	乙醚-己烷 (或石油醚)

2. 实验操作

(1) 溶剂的选择。在重结晶时需要知道用哪种溶剂最合适和物质在该溶剂中的溶解情况。一般化合物可以查阅相关手册和辞典中的溶解度或通过试验来决定采用何种溶剂。

选择溶剂时,必须考虑被溶物质的成分与结构。因为物质往往易溶于结构与其近似的溶剂中。极性物质较易溶于极性溶剂中,而难溶于非极性溶剂中。例如含羟基的化合物,在大多数情况下或多或少地能溶于水中,随着碳链增长,如高级醇,在水中的溶解度显著降低,但在有机溶剂中,其溶解度却会增大。

溶剂的最终选择,只能用实验方法来确定。其方法是取 20～30 mg 待结晶的固体粉末于一小试管中,用滴管加入 5～10 滴溶剂,并加以振荡。若该物质在溶剂中已全溶,则溶解度过大,此溶剂不适用。如果该物质不溶解,加热溶剂至沸点,并逐渐滴加溶剂,若加入溶剂量达到 1 mL,而该物质仍然不能全溶,则溶解度过小,必须寻求其他溶剂。如果该物质能溶解在0.5～1 mL沸腾的溶剂中,则将试管进行冷却,观察结晶析出情况,如果结晶不能自行析出,可用玻璃棒摩擦溶液液面下的试管壁,或再辅以冰水冷却,以使结晶析出。若结晶仍不能析出,则此溶剂也不适用。如果结晶能正常析出,要注意析出的量。将几种溶剂用同法比较后,可以选用结晶收率最好的溶剂来进行重结晶。

(2) 溶解。通常将待结晶物质称量并置于大小合适的锥形瓶或圆底烧瓶中,加入较需要量(根据查得的溶解度数据或溶解度试验方法所得的结果估计得到)稍少的适宜溶剂,加热到微微沸腾一段时间后,若未完全溶解,可再次逐渐添加溶剂,每次加入后均需再加热使溶液沸腾,直至物质完全溶解(要注意判断是否有不溶性杂质存在,以免误加过多的溶剂)。要使重结晶得到的产品纯、收率高,溶剂的用量是关键。虽然从减少溶解损失来考虑,溶剂应尽可能避免过量,但这样在热过滤时会引起很大的麻烦和损失,特别是当待结晶物质的溶解度随温度变化很大时更是如此。因为在操作时,会因挥发而减少溶剂,或因降低温度而使溶液变为过饱和而析出沉淀。因而要根据这两方面的损失来权衡溶剂的用量,一般可比需要量多加20%左右的溶剂。

为了避免溶剂挥发及可燃溶剂着火或有毒溶剂吸入,通常应在锥形瓶上装置回流冷凝管,添加溶剂可由冷凝管的上端加入,通常应在通风橱中操作。根据溶剂的沸点和易燃性,选择适当的热浴加热。

微量物质的溶解类似于小量。在试管或Craig管中加入几滴溶剂,总量不超过1 mL,加热使溶液沸腾,用巴斯德滴管滴加溶剂到沸腾的混合物中至固体恰好溶解,可使用药匙搅拌促进溶解。分次加入少量的溶剂,观察溶解状况,通常多加2%～5%的溶剂,以防过滤时结晶析出。也要防止加入过多溶剂,降低产品收率。必须仔细观察,若有少量固体存在,可能为不溶物。

(3) 活性炭脱色。有机化学反应中常常会产生一些相对分子质量较大的有色杂质,粗制的固体有机化合物若含有有色杂质,在重结晶时,杂质虽可以溶解于沸腾的溶剂中,但当冷却晶体析出时,部分杂质还会被结晶吸附,使产物颜色较深。有时在溶液中会存在某些树脂状物质或其他不溶的杂质微粒成均匀悬浮体,使溶液混浊,过滤困难,或用一般过滤方法难以除去。有以上情况发生时,就要用活性炭处理。

使用活性炭时,须先将要脱色处理的有机化合物溶液稍微冷却(若将活性炭加到沸腾的溶液中,会造成暴沸使溶液冲出容器,千万小心!),然后加入活性炭。活性炭的用量视杂质多少、溶液颜色深浅而定,一般为干燥粗产物质量的1%～5%。活性炭也会吸附一部分产物,故用量不宜太多。若发现经脱色后的溶液颜色仍较深,可用活性炭再处理一次。为了使活性炭充分吸附有色杂质,加入活性炭后应煮沸5～10 min,然后趁热过滤。

若粗产物溶于溶剂后形成透明或颜色较浅的溶液,则可不必用活性炭处理。

(4) 趁热过滤。

① 常压热过滤。固体粗产物溶于热的溶剂中,经活性炭脱色后,要进行过滤以除去吸附了有色杂质等的活性炭和不溶解的固体杂质。为了避免在过滤时溶液冷却,结晶析出,造成操作困难和损失,必须使过滤操作尽可能快地完成,同时也要设法保持被滤液体的温度,使它尽可能冷得慢点。

为了使过滤操作进行得快,一是采用颈短而粗的玻璃漏斗,二是使用折叠滤纸。

折叠滤纸的方法是(见图2.5.1):将滤纸对折,再对折成四等分。打开后,将每四等分再对折成八等分。沿着每个八等分的中线,互成反方向各再折一次,成十六等分。请注意,在接近圆心处不要用力折,以免由于磨损造成过滤时破裂。

使用前应将折叠好的滤纸翻转并整理好后再放入漏斗中,这样可避免被手弄脏的一面接触滤过的滤液。

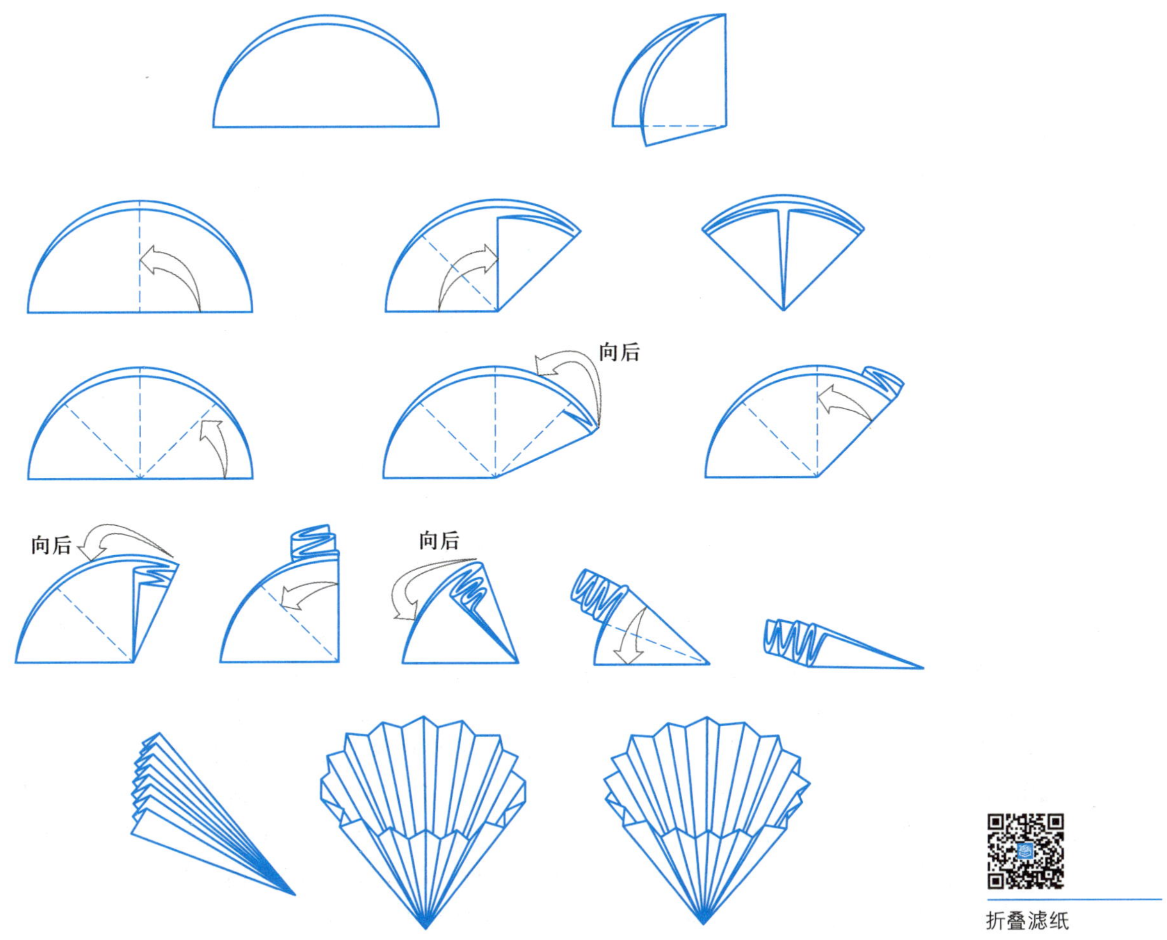

图 2.5.1 滤纸的折叠方法

使用无颈或短颈漏斗的目的是加快过滤速率,避免晶体在颈部析出而造成堵塞。在过滤前,要把漏斗在烘箱中预热,待过滤时取出放在铁架台的铁圈中,或置于盛滤液的锥形瓶上。图 2.5.2(1) 所示为用水作溶剂的一种热过滤装置,盛滤液的锥形瓶用小火加热,产生的热蒸汽可使玻璃漏斗保温。但要特别注意,在过滤易燃溶剂的溶液时,先把漏斗预热。在漏斗中放一折叠滤纸,折叠滤纸向外突出的棱边,应紧贴于漏斗壁上。在过滤即将开始前,先用少量热的溶剂湿润,以免干滤纸吸收溶液中的溶剂,使结晶析出而堵塞滤纸孔。过滤时,漏斗上应盖上表面皿 (凹面向下),减少溶剂的挥发。盛滤液的容器一般用锥形瓶,只有水溶液才可收集在烧杯中!如过滤进行得很顺利,常只有很少的结晶在滤纸上析出 (如果此结晶在热溶剂中溶解度很大,则可用少量热溶剂洗下,否则还是弃之为好,以免得不偿失)。当结晶较多时,必须用刮刀刮回到原来的瓶中,再加适量的溶剂溶解并过滤。滤毕后,用洁净的塞子塞住盛溶液的锥形瓶,放置冷却。

如果溶液稍经冷却就要析出结晶,或过滤的溶液较多,则最好应用蒸汽漏斗或电热板加热过滤 [见图 2.5.2(2) 和 (3)]。过滤易燃溶剂时,严禁使用明火!

热过滤时,应用纸片或细木棒插在漏斗与接收瓶之间,以免溶剂蒸气不能释放而产生压力,造成过滤困难。

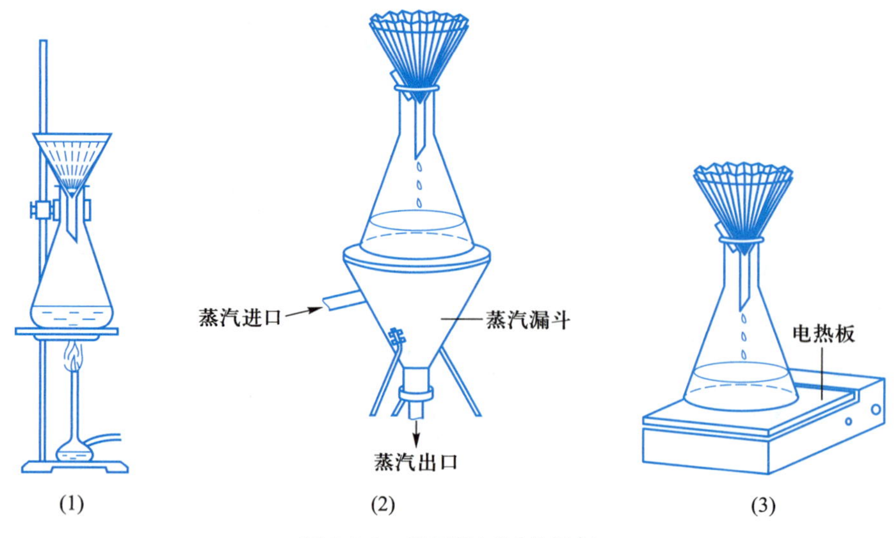

图 2.5.2 常压热过滤的装置

② 减压热过滤。减压热过滤也叫抽滤,其优点是过滤快,但缺点是遇有沸点较低的溶液时,会因减压而使热溶剂沸腾、蒸发导致溶液浓度改变,使结晶有过早析出的可能。

抽滤使用布氏漏斗。所用滤纸大小应和布氏漏斗底部恰好合适,然后用水湿润滤纸,使滤纸与漏斗底部贴紧。当抽滤样品需要在无水条件下过滤时,需先用水贴紧滤纸,然后用无水溶剂洗去纸上水分(如用乙醇或丙酮洗),确信已将水分除净后再行过滤(见图 2.5.3)。减压抽紧滤纸后,迅速将热溶液倒入布氏漏斗中,在过滤过程中布氏漏斗里应一直保持有较多的溶液。在未过滤完以前不要抽干,同时压力不宜降得过低,为防止由于压力低,溶液沸腾而沿抽气管跑掉,可用手稍稍捏住抽气管,或使安全瓶旋塞保持不完全关闭状态,使吸滤瓶中仍保持一定的真空度,而能继续迅速过滤。

有时某些物质易于析出结晶,在过滤过程中结晶在滤纸上析出,阻碍继续过滤,处理不妥,产物损失很多,在小量实验中,影响更为严重。此时需小心将析出物与滤纸一同返回,重新制备热溶液,这种

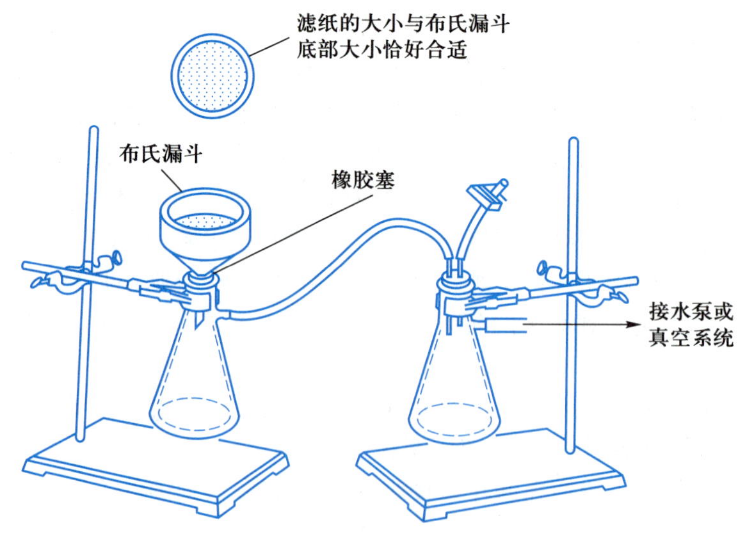

图 2.5.3 减压热过滤装置

情况下，宁可将热溶液配制得稍稀一些。

(5) 结晶。将滤液在冷水浴中迅速冷却并剧烈搅动，可得到颗粒很小的晶体。小晶体包含杂质较少，但其表面积较大，吸附于其表面的杂质较多。若希望得到均匀而较大的晶体，可将滤液 (如在滤液中已析出结晶，可加热使之溶解) 在室温或保温下静置使之缓缓冷却，这样得到的结晶往往比较纯净。

有时由于滤液中有焦油状物质或胶状物存在，结晶不易析出，或因形成过饱和溶液而不析出结晶，在这些情况下，可以采用以下方法：① 用玻璃棒摩擦器壁以形成粗糙面，使溶质分子呈定向排列而形成结晶的过程较在平滑面上迅速和容易；② 加入少量该溶质的结晶于此过饱和溶液中，结晶往往迅速析出，这种操作称为“接种”或“种晶”。若无此物质的晶体，可用玻璃棒蘸一些溶液稍干后即会析出晶体；③ 将过饱和溶液置于冷冻剂中，用玻璃棒摩擦瓶壁；④ 在冰箱中放置较长时间。

有时被纯化的物质呈油状析出，油状物长时间静置或足够冷却后虽也可以固化，但这样的固体中往往含有较多杂质 (杂质在油状物中溶解度常较在溶剂中的溶解度大，且析出的固体中还会包含一部分母液)，纯度不高，用大量溶剂稀释，虽可防止油状物生成，但将使产物大量损失。这时可将析出油状物的溶液加热重新溶解，然后慢慢冷却。一旦油状物析出时便剧烈搅拌混合物，使油状物在均匀分散的状况下固化，这样包含的母液就大大减少。但最好还是重新选择溶剂，使之能得到晶形的产物。

(6) 减压过滤。为了将结晶从母液中分离出来，一般采用布氏漏斗进行减压过滤 (图 2.5.4)。吸滤瓶的侧管用厚壁橡胶管接一安全瓶，再与水泵相连，以免水泵压力降低时泵中的水倒流至吸滤瓶中。安全瓶瓶塞上装一二通旋塞，以便必要时放气。布氏漏斗中铺的圆形滤纸要剪得比漏斗内径略小，并紧贴于漏斗的底壁。为盖住滤孔，在抽滤前先用少量溶剂将滤纸润湿，然后打开水泵将滤纸吸紧，防止固体在抽滤时自滤纸边沿吸入瓶中。借助玻璃棒，将容器中液体和晶体分批倒入漏斗中，并用少量滤液洗出黏附于容器壁上的晶体。关闭水泵前，先将抽滤瓶与水泵间连接的橡胶管拆开，或将安全瓶上的旋塞打开接通大气，以免水倒流至吸滤瓶中。

布氏漏斗中的晶体要用溶剂洗涤，以除去存在于晶体表面的母液，否则干燥后仍会使结晶沾污。可用重结晶的同一溶剂进行洗涤，用量应尽量少，以减少溶解损失。洗涤的过程是先将抽气暂时停止，在晶体上加少量溶剂，用刮刀或玻璃棒小心搅动 (不要使滤纸松动)，使所有晶体润湿。静置一会儿，待晶体均匀地被浸湿后再进行抽气。为了使溶剂和结晶更好地分开，最好在进行抽气的同时用清洁的玻璃塞倒置在结晶表面上并用力挤压 (见图 2.5.4)。一般重复洗涤 1～2 次即可。

图 2.5.4 减压过滤装置

如重结晶溶剂的沸点较高，在用原溶剂至少洗涤一次后，可用低沸点的溶剂洗涤，使最后的结晶产物易于干燥 (要注意此溶剂必须是能和第一种溶剂互溶而对晶体是不溶或微溶的)。

过滤少量的晶体 (半微量操作) 可用玻璃钉漏斗 [图 2.5.5(1)] 和吸滤瓶。玻璃钉的脚应较小，且比漏斗的颈略长。玻璃钉上覆盖一小圆滤纸，其直径应较玻璃钉略大，以溶剂润湿后进行抽气，并用玻璃棒或刮刀挤压，使滤纸边沿紧贴漏斗壁，以防止晶体自玻璃钉与漏斗的间隙处漏下。过滤、洗涤、抽干以后，将漏斗取下倒覆在干净表面皿上，轻推玻璃钉脚，晶体即会落在表面皿上。此外，也可使用如图 2.5.5 的赫希漏斗，它由陶瓷烧成，与布氏漏斗相仿，可供少量固体抽滤之用。

现在已有各种规格型号的烧结玻璃漏斗，有的还有磨口，可直接与带相同尺寸磨口的吸滤瓶相连，使用起来更加方便，也可防止滤纸屑沾污产物。

抽滤后所得母液若有较大量有机溶剂，一般应蒸馏回收，或合并后蒸馏回收，既节约又避免污染环

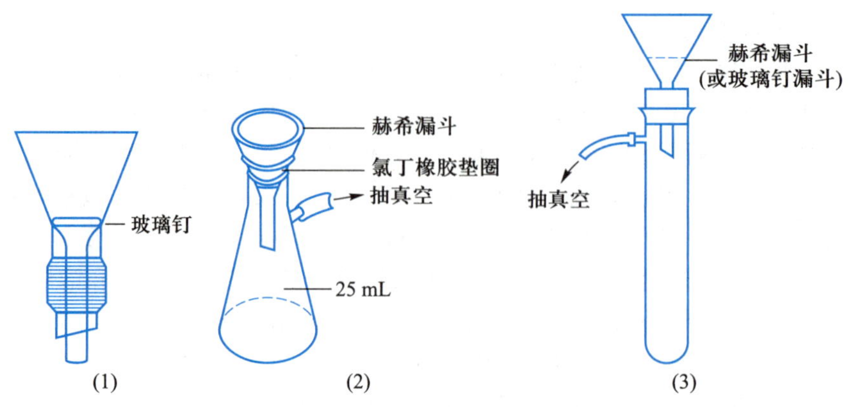

图 2.5.5 玻璃钉漏斗和赫希漏斗

境。如母液中溶解物质较多,不容忽视,可将母液适当浓缩,回收得到一部分晶体。但其纯度往往较低,需测熔点后再决定是否可直接使用,或需进一步提纯。

(7) 结晶的干燥。重结晶后的产物须干燥后才可测熔点。在进行定性、定量分析以及波谱分析前也必须将其干燥,以免影响鉴定。计算产率也必须用干燥样品质量。固体样品干燥的方法通常有以下几种:

① 空气晾干。将抽干的固体物质转移到表面皿上铺成薄薄的一层,再用一张滤纸覆盖以免灰尘沾污,然后在室温下放置,一般要经几天后才能彻底干燥。

② 烘干。一些对热稳定的化合物,可以在低于该化合物熔点或接近溶剂沸点的温度下进行干燥。实验室中常用红外灯、烘箱、蒸汽浴等方式进行干燥。必须注意,由于溶剂的存在,结晶可能在较其熔点低得多的温度下就开始熔融了,因此必须十分注意控制温度并经常翻动晶体。

③ 用滤纸吸干。有时晶体吸附的溶剂在过滤时很难抽干,这时可将晶体放在两三层滤纸上,上面再用滤纸挤压以吸出溶剂。此法的缺点是晶体上易沾污一些滤纸纤维。

④ 置于干燥器中干燥 (见 2.3 干燥和干燥剂)。若用水、乙醇或甲苯等高沸点溶剂进行结晶,产品的干燥需要较长时间,至少应该过夜,彻底干燥后才能测熔点。

(8) 重结晶的要点。不少学生重结晶时,回收产物的量比希望得到的少,这是以下原因造成的:① 溶解时加入过多的溶剂; ② 脱色时加入过多的活性炭; ③ 热过滤时动作太慢导致结晶在滤纸上析出; ④ 结晶尚未完全时进行抽滤。注意以上几点,通常可以提高收率。

3. 微量物质的重结晶

微量 (20~200 mg) 物质重结晶,最关键的是选择溶剂和避免不必要的转移。一种方法是在小离心管中进行。热溶液制备后,即进行离心,使不溶的杂质沉于管底,用吸管将上层清液移至另一支小离心管中,任其结晶。也可在有橡胶滴头滴管的细颈部放入少许脱脂棉作为热溶液的过滤器 [见图 1.8.2(3)]。使用前,可用少量所应用的溶剂洗涤脱脂棉,以除去短小纤维。用一滴管将待过滤的热溶液移入此滴管中,接上橡胶滴头。用力一压,热溶液或澄清溶液从滴管流至小离心管中。通常一次挤压还不能把液体全部挤出,可在橡胶滴头上扎一小孔,挤压时将小孔压住,然后放手,让空气进入。再次挤压,即可完全挤出。

应用离心法除去杂质或利用普通滴管作为过滤器来滤除杂质,热溶液应制备得稍稀些,使在操作过程中不至于立即析出结晶为宜。如澄清热溶液太稀,以致冷却后不易析出结晶时,可稍浓缩后再行冷却,任其结晶。晶体与母液分离可用离心法,一般以 2000~3000 $r\cdot min^{-1}$ 离心即可,晶体坚实地沉淀于离心管底部,然后将母液吸出。晶体若需洗涤,则可加入少量合适的冷溶剂,用细玻璃棒搅匀后离心,再吸除溶剂。若需再结晶,就在原来离心管内进行。为了除去附着于晶体表面的母液,可用滤纸条吸除,再缓慢小心地真空干燥 (见图 2.5.6),必要时还可以外加热浴。也可用 Craig 管进行微量热过滤 (见图 2.5.7)。

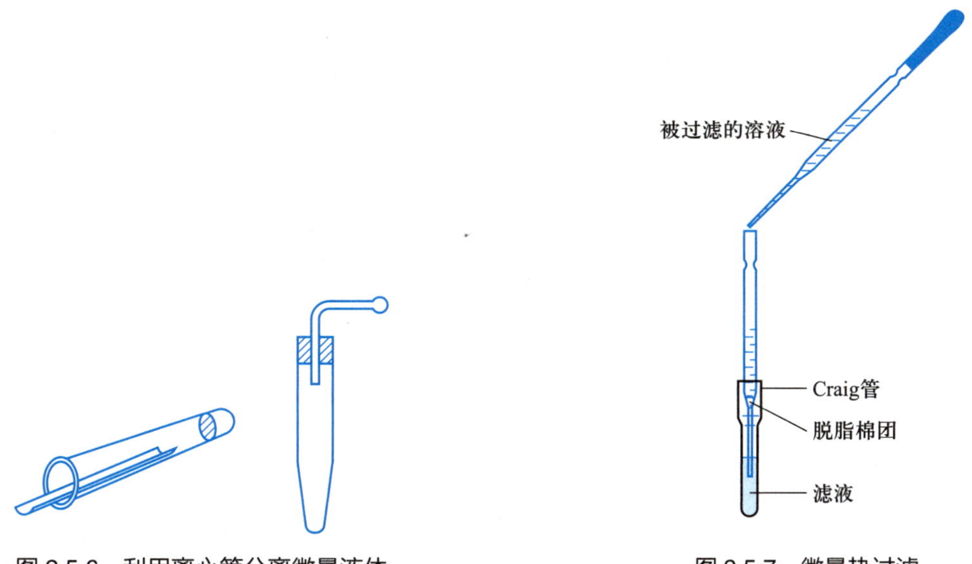

图 2.5.6 利用离心管分离微量液体

图 2.5.7 微量热过滤

将粗产物溶解,经脱色、热过滤后,滤液用 Craig 管收集,冷却或蒸发溶剂,使结晶析出,然后插上重结晶管的上管,放入离心试管中,离心后滤液流入离心管中,而结晶则留在重结晶管的砂芯玻璃上,借助系在重结晶管上的金属丝将重结晶从离心管中取出 (见图 2.5.8)。

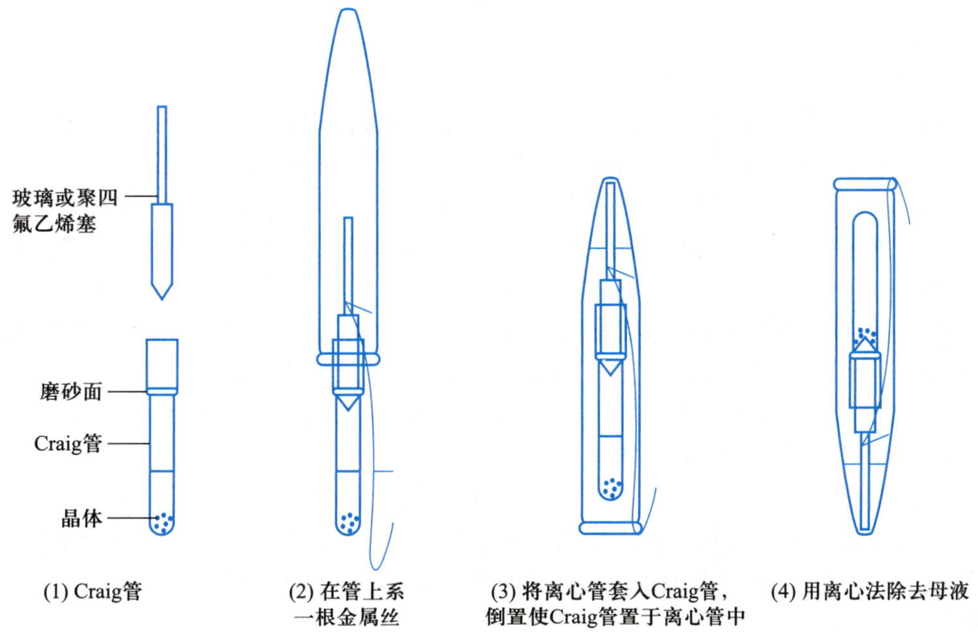

图 2.5.8 用离心法除去 Craig 管中溶剂的方法

[实验]

1. 乙酰苯胺重结晶

重结晶的流程如下:

重结晶

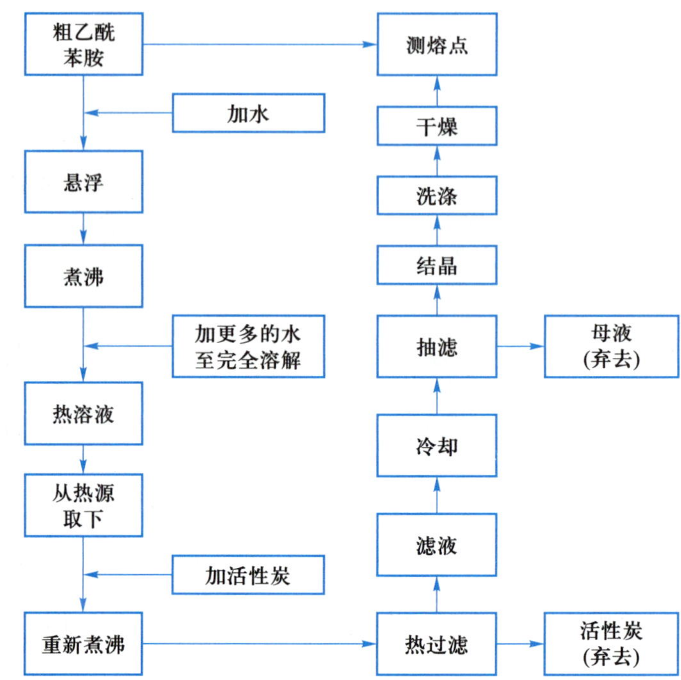

取 2 g 粗乙酰苯胺, 放于 150 mL 锥形瓶中, 加入 50 mL 水和 1～2 粒沸石或搅拌磁子。置石棉网上加热至沸, 并用玻璃棒不断搅动, 使固体溶解, 这时若有尚未完全溶解的固体, 可继续加入少量热水[1], 至完全溶解后, 再多加 2～3 mL 水[2] (总量约 70 mL)。移去火源, 稍冷后加入少许活性炭[3], 稍加搅拌后继续加热微沸 5～10 min。

事先在烘箱中烘热无颈漏斗[4], 过滤时趁热从烘箱中取出, 把漏斗安置在铁圈上, 于漏斗中放一预先折好的折叠滤纸, 并用少量热水润湿。将上述热溶液通过折叠滤纸, 迅速地滤入 150 mL 烧杯中。每次倒入漏斗中的液体不要太满; 也不要等溶液全部滤完后再加。在过滤过程中, 应保持溶液的温度。为此将未过滤的部分继续用小火加热以防冷却。待所有的溶液过滤完毕后, 用少量热水洗涤锥形瓶和滤纸。

滤毕, 用表面皿将盛滤液的烧杯盖好, 放置一旁, 稍冷后, 用冷水冷却以使结晶完全。如要获得较大颗粒的结晶, 可在滤完后将滤液中析出的结晶重新加热使溶解, 于室温下放置, 使其慢慢冷却。

结晶完成后, 用布氏漏斗抽滤 (滤纸先用少量冷水润湿, 抽气吸紧), 使结晶与母液分离, 并用玻璃塞挤压, 使母液尽量除去。拔下抽滤瓶上的橡胶管 (或打开安全瓶上的旋塞), 停止抽气。加少量冷水至布氏漏斗中, 使晶体润湿 (可用刮刀使结晶松动), 然后重新抽干, 如此重复 1～2 次, 最后用刮刀将结晶移至表面皿上, 摊开成薄层, 置空气中晾干或在干燥器中干燥。

测定干燥后精制产物的熔点, 并与粗产物熔点作比较, 称量并计算收率。

用水重结晶乙酰苯胺时, 往往会出现油珠。这是因为当温度高于 83 ℃时, 未溶于水但已熔化的乙酰苯胺会形成另一液相, 这时只要加入少量水或继续加热, 此种现象即可消失。

2. 苯甲酸的重结晶

取 2 g 苯甲酸, 加入 50 mL 水, 其余操作同上述乙酰苯胺重结晶 (溶剂总量约为 80 mL)。

微量步骤:

将 200 mg 苯甲酸置于小试管中, 加入 2 mL 水, 在沙浴中加热至微沸。用微匙或玻璃棒搅拌混合物促进溶解, 并防止溶液暴沸。用巴斯德滴管分次每次加入 0.2～0.4 mL 水, 在保持沸腾和搅拌下直至固体完全溶解, 再多加 0.5 mL 水。

如溶液有色, 待稍冷后, 加入 1～2 粒粒状活性炭, 重新沸腾几分钟。吸取热水, 预热巴斯德滴管和过滤滴管 (见图 2.5.7), 趁热过滤, 将滤液收集到 Craig 管中, 若有活性炭或不溶性杂质, 可重复过滤。在沙浴上浓缩澄清溶液。仔细观察, 当溶液呈现雾状时, 表明溶液已达饱和状态。在沸腾状态下, 加入几滴溶液, 至雾状消失。从沙浴中取出 Craig 管, 冷却至室温, 再置于冰水浴中冷却 15 min。必要时可用微匙或玻璃棒刮擦 Craig 管管壁或 "种晶", 使结晶析出完全。

将 Craig 管置于离心管中, 离心后滤液流入离心管中, 晶体则在 Craig 管塞上, 借助于系在管塞上的金属丝, 将 Craig 管从离心管取出 (见图 2.5.8), 再将样品刮至滤纸或表面皿中, 在室温下晾干或在烘箱中烘干。称量, 测熔点。

3. 萘的重结晶

在装有回流冷凝管的 100 mL 圆底烧瓶或锥形瓶中, 放入 2 g 粗萘, 加入 15 mL 70% 乙醇和 1～2 粒沸石。接通冷凝水后, 在水浴上加热至沸[5], 并不时振摇瓶中物, 以加速溶解。若所加的乙醇不能使粗萘完全溶解, 则应从冷凝管上端继续加入少量 70% 乙醇 (注意添加易燃溶剂时应先灭去火源), 每次加入乙醇后应略微振摇并继续加热, 观察是否可完全溶解。待完全溶解后, 再多加一些, 然后熄灭火源。移开水浴, 稍冷后加入少许活性炭, 并稍加摇动。再重新在水浴上加热煮沸数分钟。趁热用预热好的无颈漏斗和折叠滤纸过滤, 用少量热的 70% 乙醇润湿折叠滤纸后, 将上述萘的热溶液滤入干燥的 100 mL 锥形瓶中 (注意这时附近不应有明火), 滤完后用少量热的 70% 乙醇洗涤容器和滤纸。盛滤液的锥形瓶用塞子塞好, 任其冷却, 最后再用冰水冷却。用布氏漏斗抽滤 (滤纸应先用 70% 乙醇润湿, 吸紧), 用少量 70% 乙醇洗涤, 抽干后将结晶移至表面皿上。放在空气中晾干或放在干燥器中, 待干燥后测熔点, 称量并计算收率。

本实验需 5～6 h。

[注释]

[1] 乙酰苯胺在水中的溶解度:

t/°C	20	25	50	80	100
溶解度/[g·(100 mL)$^{-1}$]	0.46	0.56	0.84	3.45	5.5

[2] 每次加入 2～3 mL 热水, 若加入溶剂加热后并未能使未溶物减少, 则可能是不溶性杂质, 此时可不必再加溶剂。但为了防止过滤时有晶体在漏斗中析出, 溶剂用量可比沸腾时饱和溶液所需的用量适当多一些。

[3] 活性炭绝对不可加到正在沸腾的溶液中, 否则将导致暴沸。加入活性炭的量相当于样品量的 1%～5%。

[4] 无颈漏斗即截去颈的普通玻璃漏斗。也可用预热好的热滤漏斗, 漏斗夹套中充水约为其容积的 2/3。

[5] 萘的熔点较 70% 乙醇的沸点为低, 因而加入不足量的 70% 乙醇加热至沸后, 萘呈熔融状态而非溶解, 这时应继续加溶剂直至完全溶解。

[思考题]

(1) 简述有机化合物重结晶的各个步骤及目的。

(2) 某一有机化合物进行重结晶时,最适合的溶剂应该具有哪些性质?

(3) 加热溶解重结晶粗产物时,为何先加入比计算量(根据溶解度数据)略少的溶剂,然后渐渐添加至恰好溶解,最后再多加少量溶剂?

(4) 为什么活性炭要在固体物质完全溶解后加入?为什么不能在溶液沸腾时加入?

(5) 将溶液进行热过滤时,为什么要尽可能减少溶剂的挥发?如何减少其挥发?

(6) 用减压过滤收集固体时,为什么在关闭水泵前,先要打开安全瓶通大气的旋塞?

(7) 在布氏漏斗中用溶剂洗涤固体时应注意什么?

(8) 用有机溶剂重结晶时,在哪些操作上容易着火?应该如何防范?

(9) 重结晶操作的目的是获得最大收率的精制品,解释下列各项为什么会得到相反的效果。

(a) 在溶解时用了不必要的大量溶剂。

(b) 抽滤得到的结晶在干燥之前没有用新鲜的冷溶剂洗涤。

(c) 抽滤得到的结晶在干燥前用新鲜的热溶剂洗涤。

(d) 使用大量活性炭脱色。

(e) 结晶是从油状物的固化凝块粉碎得到的,而此油状物原来是从热溶液中析出的。

(f) 将盛有热溶液瓶立即放入冰水中加速结晶。

(10) 0 ℃时,100 mL 水溶解 0.02 g 苯甲酸,而溶解 0.53 g 乙酰苯胺。如果你做了其中某一化合物的重结晶,试根据在制备热溶液时所用的水的总体积,计算该化合物在 0 ℃时,由于溶解度有多少量是不能回收的。

(11) 针对两种不同的需提纯的物质,溶剂选择结果如下:

	溶剂	室温时的溶解度	加热时的溶解度	冷却时析出的结晶
固体 A	甲醇	不溶	不溶	—
	乙酸乙酯	不溶	溶	很少
	环己烷	不溶	溶	多
	甲苯	不溶	溶	很少
固体 B	水	溶	—	—
	乙醇	溶	—	—
	二氯甲烷	不溶	不溶	—
	石油醚	不溶	不溶	—
	甲苯	不溶	不溶	—

基于上述结果,你在提纯 A 和 B 时,应选用什么样的单一或混合溶剂?为什么?

(12) 化合物 A 和杂质 X 和 Y 溶解度与温度的关系如下图所示。试说明重结晶提纯 A 时 X 和 Y 如何被除去。

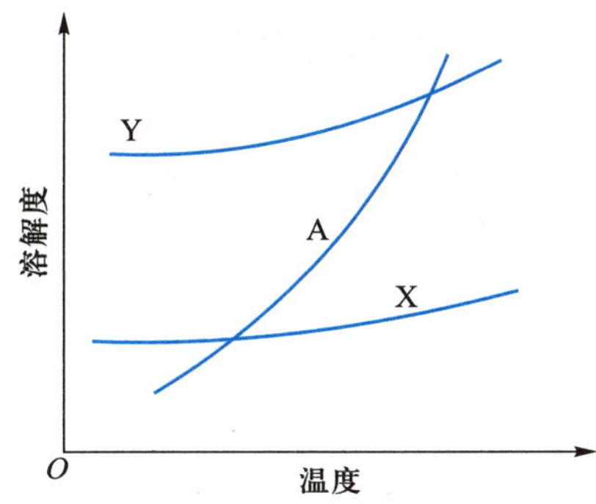

(13) 合成一种重要的抗生素的过程中, 得到的一种中间体为不纯的固体, 该物质在所列溶剂中的溶解度如下所示:

	水	乙醇	甲苯	石油醚	丁酮	乙酸
冷	不溶	溶	不溶	不溶	溶	微溶
热	易溶	溶	不溶	不溶	溶	溶

回答:

(a) 上述哪一种溶剂最适合作中间体重结晶的溶剂? 为什么?

(b) 解释为什么乙醇、石油醚和丁酮不适合作中间体重结晶的溶剂。

(c) 上述溶剂中极性最大和最小的各是哪一种?

2.5.2 升华

升华是指固体物质直接气化为蒸气, 然后由蒸气直接凝固为固体物质的过程。升华也是纯化固体有机化合物的重要方法之一, 但并不是所有的固体有机化合物都能用升华来纯化, 它只能适用于那些在不太高的温度下有足够大的蒸气压 [高于 2.67 kPa (20 mmHg)] 的固态物质。升华可用来除去不挥发性的杂质, 或分离不同挥发度的固体混合物。升华可得到较高的纯度的产物, 但操作时间长, 损失也较大, 在实验室只适用于较少量 (1～2 g) 物质的纯化, 表 2.5.3 列出了一些化合物的熔点、沸点及升华温度, 升华温度较其在相同真空度下的沸点为低。

1. 基本原理

一般来说, 对称性较高的固态物质, 具有较高的熔点, 易于用升华来提纯。

为了解和控制升华的条件, 就必须研究固、液、气三相平衡 (见图 2.5.9)。图中 *ST* 表示固相与气相平衡时固体的蒸气压曲线, *TW* 是液相与气相平衡时液体的蒸气压曲线, 两曲线在 *T* 处相交, 此点即为三相点。在此点, 固、液、气三相可并存, *TV* 曲线表示固、液两相平衡时的温度和压力。它指出了压力对熔点的影响并不太大。这一曲线和其他两曲线在 *T* 处相交。

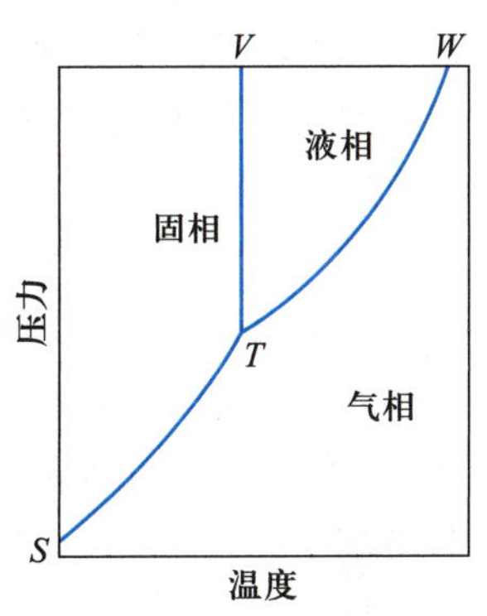

图 2.5.9 物质三相平衡图

一种物质的正常熔点是固、液两相在大气压下平衡时的温度。在三相点时的压力是固、液、气三相的平衡蒸气压, 所以三相点时的温度和正常的熔点有些差别。然而, 这种差别非常小, 通常只有几分之一摄氏度。因此, 在一定压力范围内, *TV* 曲线偏离垂直方向很小。

表 2.5.3 一些化合物的熔点、沸点及升华温度

化合物	相对分子质量	熔点/℃	沸点/℃			在 1.3×10^{-4} kPa (10^{-3} mmHg) 下升华最初温度/℃
			101.3 kPa (760 mmHg)	1.9 kPa (15 mmHg)	1.3×10^{-4} kPa (10^{-3} mmHg)	
菲	178	101	340		95.5	20
月桂酸	200	43.7		176	101	22
肉豆蔻酸	228	53.8		196.5	121	27
蒽醌	208	285	380			36
菲醌	208	217	>360			36
茜素	240	289	430		153	38
硬脂酸	284	71.5	~371	232	154.5	38
月桂酮	338	70.3				40
肉豆蔻酮	394	76.5				46
棕榈酮	451	82.8				53
硬脂酮	506	88.4		345(12)		58
䓛	228	252.5	448		169	60
棕榈酸	256	62.6		215	138	32
三十二烷	450	70.5		310	202	63

在三相点以下,物质只有固、气两相。若降低温度,蒸气就不经过液态而直接变成固态,若升高温度,固态也不经过液态而直接变成蒸气。因此,一般的升华操作皆应在三相点温度以下进行。若某物质在三相点温度以下的蒸气压很高,因而汽化速率很大,就可以容易地从固态直接变为蒸气,且此物质蒸气压随温度降低而下降非常显著,稍降低温度即能由蒸气直接转变成固态,则此物质可容易地在常压下用升华方法来提纯。例如,樟脑(三相点温度 179 ℃,压力 49.3 kPa)在 160 ℃时蒸气压为 29.1 kPa,即未达熔点前,已有相当高的蒸气压,只要缓缓加热,使温度维持在 179 ℃以下,它就可不经熔化而直接蒸发,蒸气遇到冷的表面就凝聚成固体,这样蒸气压可始终维持在 49.3 kPa 以下,直至挥发完毕。

有些物质在三相点时的平衡蒸气压比较低,如萘在熔点 80 ℃的蒸气压只有 0.93 kPa。使用一般升华方法不能得到满意的结果。这时可将萘加热至熔点以上,使其具有较高蒸气压,同时通入空气或惰性气体,促使蒸发速率加快,并可降低萘的分压,使蒸气不经过液态而直接凝聚成固态。此外,亦可采取减压升华的办法来纯化。

2. 实验操作

(1) 常压升华。最简单的常压升华装置如图 2.5.10(1) 所示。在蒸发皿中放置粗产物,上面覆盖一张刺有许多小孔的滤纸(最好在蒸发皿的边缘上先放置大小合适的用石棉纸做成的窄圈,用以支撑此滤纸)。然后将大小合适的玻璃漏斗倒盖在上面,漏斗的颈部塞有玻璃棉或脱脂棉团,以减少蒸气逃逸。在石棉网上渐渐加热蒸发皿(最好能用沙浴或其他合适的热浴),小心调节火焰,控制浴温低于被升华物质的熔点,使其慢慢升华。蒸气通过滤纸小孔上升,冷却后凝聚在滤纸上或漏斗壁上。必要时外壁可用湿布冷却。当升华量较大时,可用图 2.5.10(2) 所示装置分批进行升华。在空气或惰性气体流中进行升华的装置见图 2.5.10(3),在锥形瓶上配有二孔塞,一孔插入玻璃管以导入空气或惰性气体,另一孔插入接引管,接引管的另一端

升华

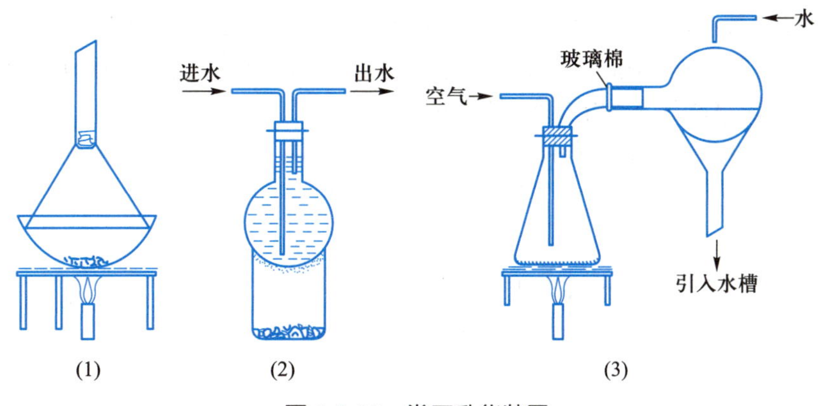

图 2.5.10　常压升华装置

伸入圆底烧瓶中,烧瓶口塞一些棉花或玻璃棉。当物质开始升华时,通入空气或惰性气体,带出的升华物质,遇到冷水冷却的烧瓶壁就凝聚在壁上。

用简易升华装置进行升华,操作的关键是控制加热。用燃气灯加热时,火要小,以免把有机化合物烤焦。要保持在所要求的温度,最好采用空气浴、沙浴或油浴为热源,效果较好。

(2) 减压升华。减压升华装置如图 2.5.11 所示,依据升华物质的量选择适当的装置。将样品放入吸

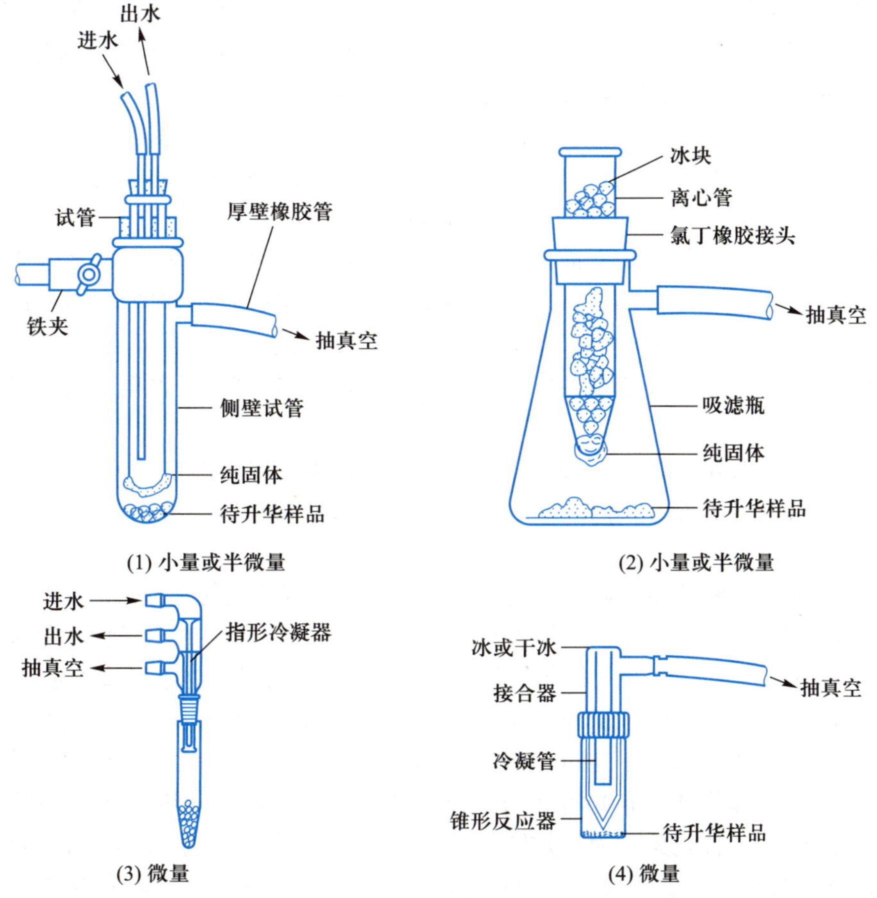

图 2.5.11　减压升华装置

滤管 (或瓶) 中, 在吸滤管中放入装有碎冰的试管或 "指形冷凝器", 接通冷凝水, 抽气口与水泵连接好, 打开水泵, 关闭安全瓶上的放空阀, 进行抽气。将此装置放入电热套或水浴中加热, 使固体在一定压力下升华。冷凝后的固体将凝聚在 "指形冷凝器" 的底部。

减压升华时, 停止抽滤时一定要先打开安全瓶上的放空阀, 再关泵, 否则循环泵内的水会倒吸进吸滤管中, 造成实验失败。

[思考题]

(1) 什么样的物质可以通过升华进行提纯?

(2) 升华的基本原理是什么? 升华温度应控制在什么范围内, 为什么?

2.6　液体有机化合物的分离和提纯

蒸馏是纯化和分离液体有机化合物最常用的方法, 包括分馏、减压蒸馏和水蒸气蒸馏。常量法沸点测定也是通过蒸馏来进行的。蒸馏还可除去液体中的不挥发性组分、回收溶剂和浓缩溶液。

2.6.1　常压蒸馏

1. 基本原理

将液体加热至沸腾, 使液体变为蒸气, 然后使蒸气冷却再凝结为液体, 这两个过程的联合操作称为蒸馏。蒸馏可将易挥发和不易挥发的物质分离开来, 也可将沸点不同的液体混合物分离开来。但液体混合物各组分的沸点必须相差至少 40 ℃ 才能得到较好的分离效果。

液体化合物在一定的温度下均有一定的蒸气压, 液体的蒸气是液体表面的分子进入气相倾向大小的客观量度。当液体的温度不断升高时, 蒸气压也随之增加, 直到液体的蒸气压等于液体表面的大气压时, 液体开始沸腾, 沸腾时的温度称为该液体的沸点。

当一个液体混合物沸腾时, 液体上面的蒸气组成与液体混合物的组成不同, 蒸气组成富集的是易挥发的组分, 即低沸点的组分。假如把沸腾时液体上面的蒸气进行收集并冷却成液体, 这时冷却收集到的液体的组成与蒸气的组成相同。随着易挥发组分的蒸出, 混合物的易挥发组分占比将变小, 因而混合物的沸点稍有升高, 这是由于组成发生了变化。当温度相对稳定时, 收集到的蒸出液将是原来混合物中的一个纯组分。

在常压下进行蒸馏时, 由于大气压往往不是恰好为 0.1 MPa, 因而严格说来, 应对观察到的沸点加上校正值, 但由于偏差一般都很小, 即使大气相差 2.7 kPa, 这项校正值也不过 ±1 ℃ 左右, 因此可以忽略不计。

在加热过程中, 在液体底部和容器玻璃受热的接触面上就有蒸气的气泡形成。溶解在液体内部的空气或以薄膜形式吸附在瓶壁上的空气有助于这种气泡的形成。玻璃的粗糙面也起促进作用。这样的小气泡 (称为汽化中心) 即可作为大的蒸气气泡的核心。在沸点时, 液体释放大量蒸气至小气泡中, 待气泡中的总压力增加到超过大气压, 并足够克服由于液柱所产生的压力时, 蒸气的气泡就上升逸出液面。因此, 假如在液体中有许多小空气泡或其他的汽化中心时, 液体就可平稳地沸腾。如果液体中几乎不存在空气, 瓶壁又非常洁净和光滑, 形成气泡就非常困难。这样加热时, 液体的温度可能上升到超过沸点很多而不沸腾, 这种现象称为 "过热", 一旦有一个气泡形成, 由于液体在此温度时的蒸气压已远远超过大气压和液柱压力之和, 因此上升的气泡增大得非常快, 甚至将液体冲溢出瓶外, 这种不正常沸腾称为 "暴沸"。因而在加热前应加入助沸物以引入汽化中心, 保证沸腾平稳。助沸物一般是表面疏松多孔、吸附有空气的物体如素瓷片、沸石或玻璃沸石等,另外也可用搅拌磁子代替沸石。在任何情况下,切忌将助沸物加入已受热接近沸腾的液体中,否则因突然放出大量蒸气而将大量液体从蒸馏瓶口喷出造成危险。如果加热前忘了加入助沸物,补加时必须先移去热源,待加热液体冷至沸点以下后方可加入。如果沸腾中途停止过,则在重新加热前应加入新的助沸物。因为起初加入的助沸物在加热时逐出了部分空气,在冷却时吸附了液体,因而可能已经失效。另外,如果采用浴液间接加热,应保持浴温不要超过蒸馏液沸点 20 ℃,这种加热方式不但可大大减少瓶内蒸馏液各部分之间的温差,而且可使蒸气的气泡不单从烧瓶的底部上升,也可沿着液体的边沿上升,因而也可大大减小过热的可能。

纯粹的液体有机化合物在一定的压力下具有一定的沸点,但是具有固定沸点的液体不一定都是纯粹的有机化合物,因为某些有机化合物常与其他组分形成二元或三元共沸混合物,它们也有一定的沸点。不纯物质的沸点则取决于杂质的物理性质以及它和纯物质间的相互作用。假如杂质是不挥发的,则溶液的沸点比纯物质的沸点略有提高(但在蒸馏时,实际上测量的并不是溶液的沸点,而是逸出蒸气与其冷凝液平衡时的温度,即是馏出液的沸点而不是瓶中蒸馏液的沸点)。若杂质是挥发性的,则蒸馏时液体的沸点会逐渐上升。或者由于两种或多种物质组成了共沸混合物,在蒸馏过程中温度可保持不变,停留在某一范围内。因此,沸点恒定并不一定意味着它是纯粹化合物。

2. 蒸馏装置及实验操作

(1) 蒸馏装置及安装。图 2.6.1(1) 所示为常用的蒸馏装置,由蒸馏瓶、蒸馏头、温度计、冷凝管、接引管和接收瓶组成。图中标示了温度计水银球在蒸馏头中的位置。蒸馏瓶与蒸馏头之间有时需借助于大小接头连接。磨口温度计可直接插入蒸馏头,普通温度计通常借助于温度计套管固定在蒸馏头的上口处。温度计水银球的上限应和蒸馏头侧管的下限在同一水平线上,冷凝水应从冷凝管的下口流入,上口流出,以保证冷凝管的套管中始终充满水。用不带支管的接引管时,接引管与接收瓶之间不可直接连接,以免造成封闭体系,使体系压力过大而发生爆炸。蒸馏易挥发低沸点液体时,需将接引管的支管连接橡胶管通向水槽或通风橱。当进行防潮蒸馏时,支管口可连接干燥管。所用仪器必须清洁干燥、规格合适。

安装仪器之前,首先要根据蒸馏物的量,选择大小合适的蒸馏瓶。蒸馏物液体的体积,一般不要超过蒸馏瓶容积的 2/3,也不要少于 1/3。仪器的安装顺序一般是从热源开始,先在架设仪器的升降台或

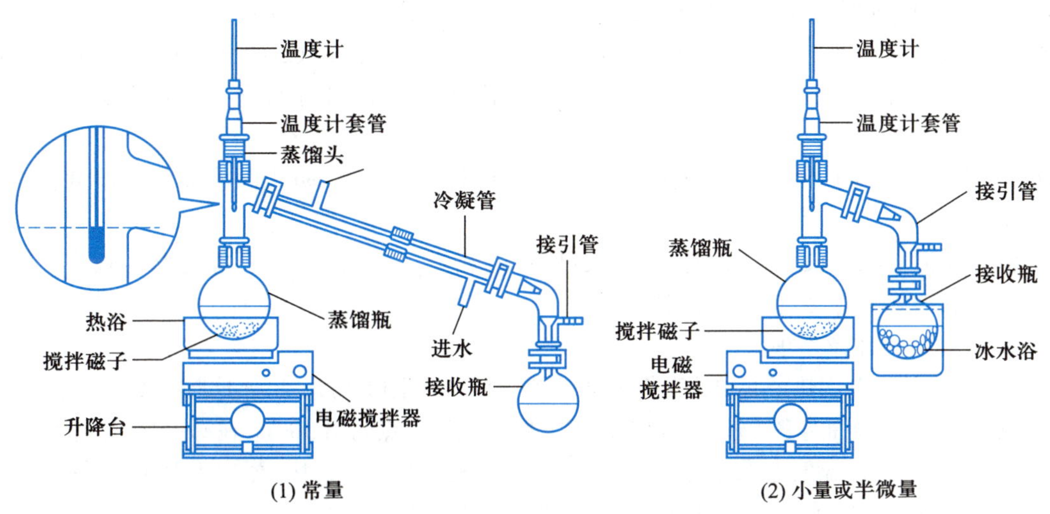

图 2.6.1 常用蒸馏装置

铁架上放好热浴,再根据热浴的高低安装蒸馏瓶。瓶底应距热浴底部 1~2 cm。蒸馏瓶用铁夹垂直夹好。安装冷凝管时,应先调整它的位置使其与已装好的蒸馏瓶高度相适应并与蒸馏头的侧管同轴,然后松开固定冷凝管的铁夹,使冷凝管沿此轴移动与蒸馏瓶连接。铁夹不应夹得太紧或太松,以夹住后稍用力尚能转动为宜。在冷凝管尾部通过接引管连接接收瓶 (用锥形瓶或圆底烧瓶)。仪器接口处最好用卡夹加以固定,以防止脱落。正式接收馏液的接收瓶应事先称量并做记录。

(2) 蒸馏操作。

① 加料。将待蒸馏液通过玻璃漏斗小心倒入蒸馏瓶中。要注意不使液体从支管流出。加入几粒沸石或搅拌磁子,塞好带温度计的塞子。再一次检查仪器的各部分连接是否紧密和妥善。

② 加热。用水冷凝管时,先由冷凝管下口缓缓通入冷水,自上口流出引至水槽中,调节水的流速处于平缓状态,然后开始加热。加热时可以看见蒸馏瓶中液体逐渐沸腾,蒸气逐渐上升,温度计的读数也略有上升。当蒸气的顶端达到温度计水银球部位时,温度计读数就急剧上升。这时应适当调小热浴的温度,使加热强度略微降低,蒸气顶端停留在原处,使瓶颈上部和温度计受热,让水银球上液滴和蒸气温度达到平衡。然后稍稍加大加热强度进行蒸馏。控制加热温度和蒸馏速率,通常以 1~2 滴 $\cdot s^{-1}$ 为宜。在整个蒸馏过程中,应使温度计水银球上常有冷凝的液滴,此时的温度即为液体与蒸气平衡时的温度。温度计的读数就是液体 (馏出液) 的沸点。一方面蒸馏时加热的温度不能太高,否则会在蒸馏瓶的颈部造成过热现象,使温度计读得的沸点偏高;另一方面,蒸馏也不能进行得太慢,否则由于温度计的水银球不能为馏出液蒸气充分浸润而使温度计上所读得的沸点偏低或不规则。

③ 观察沸点及收集馏液。进行蒸馏前,至少要准备两个接收瓶。因为在达到预期物质的沸点之前,常有沸点较低的液体先蒸出。这部分馏液称为“前馏分”或“馏头”。前馏分蒸完,温度趋于稳定后,蒸出的就是较纯的物质,这时应更换一个洁净干燥的接收瓶接收,记下这部分液体开始馏出时和最后一滴时温度计的读数,即是该馏分的沸程 (沸点范围)。一般液体中或多或少地含有一些高沸点杂质,在所需要的馏分蒸出后,若再继续升高加热温度,温度计的读数会显著升高,若维持原来的加热温度,就不会再有馏液蒸出,温度会突然下降。这时就应停止蒸馏。即使杂质含量极少,也不要蒸干,以免蒸馏瓶破裂或发生其他意外事故。

蒸馏完毕,应先关闭热浴电源或熄灭燃气灯,然后停止通水,拆下仪器。拆除仪器的顺序和装配的顺序相反,先撤下接收器,然后拆下接引管、冷凝管、蒸馏头和蒸馏瓶等。

液体的沸程常可代表它的纯度。纯粹的液体沸程一般不超过 2 ℃,对于合成实验的产品,因大部分是从混合物中采用蒸馏法提纯,由于蒸馏方法的分离能力有限,故在普通有机化学实验中收集的沸程较宽。

当被蒸馏物沸点高于 140 ℃时,须用空气冷凝管代替水冷凝管,防止因液体蒸气温度较高而导致冷凝管炸裂。

当溶液较少时 (< 10 mL),也可用图 2.6.1(2) 所示的装置,省掉了冷凝管,缩短路径长度以减少黏附带来的损失。接收器通常置于冰水浴中。

3. 蒸馏过程中的注意事项

(1) 热浴的过热问题。热浴必须比蒸馏液体的沸点高出若干摄氏度,否则不能将被蒸馏物蒸出。热浴温度比沸点高出越多,蒸馏速率越快。但热浴温度一般不能比沸点高出 30 ℃,在沸点很高的情况下也绝不能超出 40 ℃。因热浴的温度过高,易于产生两个现象:一是蒸馏速率太快,蒸馏瓶中和冷凝器上部的蒸气压超过大气压,以致将两处的塞子冲开甚至将烧瓶炸裂,使大量蒸气逸出。如是易燃的物质即引起燃烧甚至爆炸,严重时可引起火灾及人身事故。这一现象在蒸馏低沸点物时尤应注意。二是为被蒸馏物的过热分解。高沸点（ > 120 ℃）化合物在蒸馏时由于易被冷凝，往往蒸气未达到蒸馏瓶的支管处，即已回流冷凝而滴回瓶中。此时应用石棉绳或玻璃棉绕在蒸馏瓶颈上保温等办法解决（或采用减压蒸馏），如不用以上办法而一味提高热浴的温度，则经过一定时间后，高沸点的液体往往因受热过久而分解或变质。

(2) 对被蒸馏物性质的了解。蒸馏前，应尽可能多地了解被蒸馏物的性质，如对被蒸馏物的沸点范围已经了解，则对选择热浴及选用冷凝系统极为有利。又如在室温易于固化的物体，则了解其熔点后，即可在冷凝系统中作相应的预防措施（如缩短冷凝路程，在冷凝管中通温水等），不致将冷凝管道堵塞。物质在蒸馏中有无爆炸的可能，也是极为重要的。例如过氧化氢、肼等达到一定浓度时，三聚乙醛与浓硫酸达到一定比例时，有过氧化物的乙醚浓缩至一定程度时，均有在蒸馏过程中引起爆炸的可能。遇到这种可能时，一方面在蒸馏过程中应注意适可而止或消除其爆炸因素；另一方面这类化合物的蒸馏本身就应在具有安全装置的通风橱中进行，并应戴上防护面罩。

4. 微量蒸馏技术

提纯少量液体甚至比提纯少量固体更加困难。简单的蒸馏装置通常适合于体积不少于 5 mL 的液体。当需要提纯液体的体积在 0.5～5 mL 区间时，为了减少黏附和转移带来的损失，通常使用微量的蒸馏装置，或称为 Hickman 蒸馏头，其底部可用来接收馏出液，并可从侧管取出。很少量的液体，最好使用制备液相色谱或高效液相色谱进行分离提纯。典型的微量蒸馏装置见图 2.6.2。

将待蒸馏的液体加入微型反应器或小的圆底烧瓶，加入沸石或搅拌磁子，装上微型蒸馏头，蒸馏头的顶端装上冷凝管，被冷凝的液体收集在微型蒸馏头中。当液体的沸点高于 150 ℃时，则无须加冷凝管，蒸馏头的颈部足以使蒸气冷凝下来。测定蒸馏温度（沸程）可插入微型温度计，温度计的上部用铁夹或塞子固定（注意通大气），水银球应位于蒸馏头颈部的下端 [见图 2.6.2(1)]。由于液体体积太小，不需要准确测量蒸馏温度，也可以测定外部浴温 [见图 2.6.2(2)]。浴温一般高于被蒸馏液体沸点 20 ℃。蒸馏结束后，通常用滴管转移收集液体，也可从蒸馏头的侧管小心倒出。

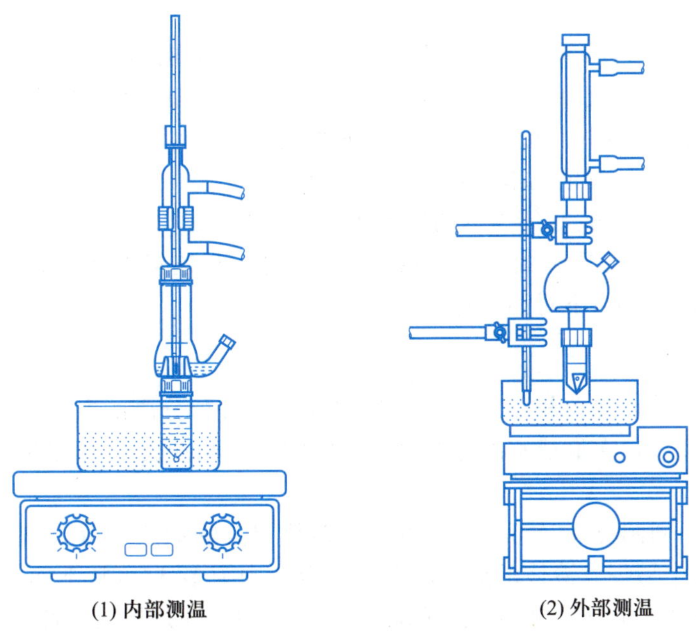

(1) 内部测温　　(2) 外部测温

图 2.6.2　微量蒸馏装置

蒸馏及沸点的测定

[实验]

1. 工业乙醇的蒸馏

常压蒸馏

按图 2.6.1(1) 所示装置仪器，用水浴代替电热套进行加热。用蒸馏的方法将混有其他不挥发性或低挥发性杂质的工业乙醇提纯为 95% 的乙醇[1]。

在 125 mL 蒸馏瓶中，加入 60 mL 上述含有不挥发性染料的工业乙醇进行蒸馏，蒸馏速率不要过快[2]，以 1~2 滴 $\cdot s^{-1}$ 为宜，分别收集 77 ℃ 以下，77~79 ℃ 的馏分[3]，并测量馏分的体积。

2. 微量法测定沸点

按 2.4.2 小节中微量法测定沸点的操作步骤，测定 95% 乙醇的沸点。记录测得的数据，并与常量法作比较。

95% 乙醇的沸点为 78.2 ℃。

本实验需 3~4 h。

[注释]

[1] 95% 乙醇为共沸混合物，而非纯粹物质，它具有一定的沸点和组成，不能借助普通蒸馏法进行分离。

[2] 冷却水的流速以能保证蒸气充分冷凝为宜，通常只需保持缓缓的水流即可。

[3] 蒸馏有机溶剂均应用小口接收器，如锥形瓶等。

[思考题]

(1) 什么叫沸点？液体的沸点和大气压有什么关系？文献上记载的某物质的沸点是否即为你在当地实测的沸点？

(2) 蒸馏时为什么蒸馏瓶所盛液体的量不应超过容积的 2/3，也不应少于 1/3？

(3) 蒸馏时加入搅拌磁子或沸石的作用是什么？如果蒸馏前忘加沸石，能否立即将沸石加至接近沸腾的液体中？当重新进行蒸馏时，用过的沸石能否继续使用？

(4) 为什么蒸馏时最好控制馏出液的速度为 1~2 滴 $\cdot s^{-1}$？

(5) 如果液体具有恒定的沸点，能否认为它是单一物质？

(6) 在微量蒸馏时，装在蒸馏装置上部的温度计水银球应于连接冷凝管的出口处附近。温度计水银球的位置在出口处以上或以下对温度计读数有何影响？

2.6.2　分馏

应用分馏柱将几种沸点相差较小或沸点相近的混合物进行分离的方法称为分馏，它在化学工业和实验室中被广泛应用。现在最精密的分馏设备已能将沸点相差仅 1~2 ℃ 的混合物分开。

1. 基本原理

如果将几种具有不同沸点而又可以完全互溶的液体混合物加热，当其总蒸气压等于外界压力时，就开始沸腾汽化，蒸气中易挥发液体的成分较在原混合液中为多，这可从下面的分析中看出。为了简化，这里仅讨论混合物是二组分理想溶液的情况，所谓理想溶液即是指在这种溶液中，相同分子间的相互作用与不同分子间的相互作用是一样的，也就是各组分在混合时无热效应产生，体积没有改变，各组分在全部浓度范围内遵守拉乌尔定律。这时，溶液中每一组分的蒸气压等于此纯物质的蒸气压和它在溶液中的摩尔分数的乘积。亦即

$$p_A = p_A^* x_A \quad p_B = p_B^* x_B \tag{1}$$

式中 p_A、p_B 分别为溶液中 A 和 B 组分的气相分压；p_A^*、p_B^* 分别为纯 A 和纯 B 的饱和蒸气压；x_A 和 x_B 分别为 A 和 B 在溶液中的摩尔分数。溶液的总蒸气压：

$$p = p_A + p_B$$

根据道尔顿分压定律，气相中每一组分的蒸气压和它的摩尔分数成正比，因此在气相中各组分蒸气的成分为

$$x_A^{气} = \frac{p_A}{p_A + p_B} \qquad x_B^{气} = \frac{p_B}{p_A + p_B} \tag{2}$$

由式 (1) 和式 (2) 可以得到

$$\frac{x_A^{气}}{x_B^{气}} = \frac{p_A}{p_B} = \frac{p_A^* x_A}{p_B^* x_B} \tag{3}$$

因为在气相和溶液中 $x_A + x_B = 1$，所以若 $p_A^* = p_B^*$，则 $x_B^{气}/x_B = 1$，表明此时液相的成分和气相的成分完全相同，这样的 A 和 B 就不能用蒸馏 (或分馏) 来分离。如果 $p_A^* > p_B^*$，则 $x_B^{气}/x_B > 1$，表明沸点较低的 A 在气相中的浓度较在液相中大 (在 $p_A^* < p_B^*$ 时，也可作类似的讨论)。了解分馏原理最好是应用恒压下的沸点–组成曲线图 (称为相图，表示这两组分体系中相的变化情况)。通常它是用实验测定在各温度时气液平衡状况下的气相和液相的组成，然后以横坐标表示组成，纵坐标表示温度而作出的 (如果是理想溶液，则可直接由计算作出)。图 2.6.3 是 101.325 kPa 下苯–甲苯二元混合物的沸点–组成图。苯和甲苯的沸点分别为 80 ℃ 和 111 ℃。图中下方的曲线称为液体线，代表了两种化合物不同比例混合物的沸点，上面的曲线称为蒸气线，表示在同一温度下与沸腾的液体平衡时气相的组成。例如，由 58% 苯和 42% 甲苯组成的混合物的沸点为 90 ℃，如图中 *A* 点所示，与沸点的液体平衡时气相的组成如图中 *B* 点所示，为 72% 的苯和 22% 的甲苯。可以明显地看出，在给定的温度下达到平衡时，气相富集了比沸腾的液相更多的挥发性组分，这正是分馏分离的依据。若将此组成的蒸气冷凝为液体 (*C* 点，接近 85 ℃)，则此溶液的组成与气相相同。如将此溶液再蒸馏，达到沸点 *C* (85 ℃) 时，其对应气相的组成为 90% 的苯和 10% 的甲苯 (*D* 点)。显然，如此继续重复，即可获得接近纯苯的气相。与此同时，蒸馏釜中由于挥发性组分苯的摩尔分数减少，当继续蒸馏时，混合物的沸点将持续升高，直到达到纯甲苯的沸

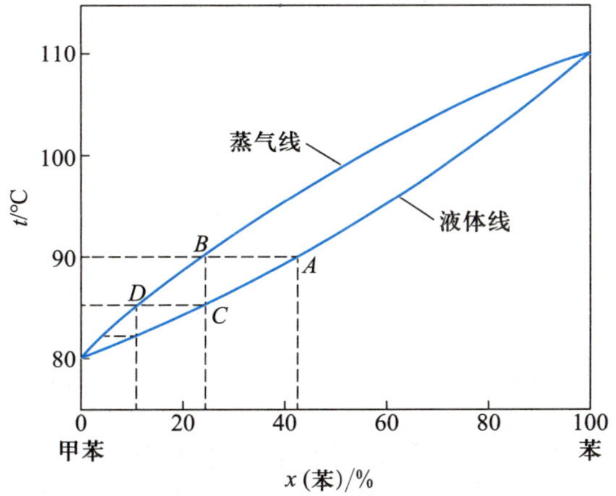

图 2.6.3 苯–甲苯二元混合物的沸点–组成图

点。伴随着蒸馏液组成的不断变化，在蒸馏结束时，釜中最终将为纯净的甲苯。

从以上讨论可以看出，通过反复的常压蒸馏，能够分离出一定量的纯物质。所以分馏就是多次重复的蒸馏过程。

连续蒸馏过程是在分馏柱内进行的。在分馏过程中的液体蒸气进入分馏柱中，其中较难挥发的成分在柱内遇冷即凝为液体，流回原容器中，而易挥发成分仍为气体进入冷凝管中，冷凝为液体蒸出液（馏分）。在此过程中，柱内流回的液体和上升蒸气进行热交换，使流回液体中较易挥发的成分，因遇热蒸气而再次汽化，同时，高沸点液体蒸气在柱内冷凝时放热，使气体中的易挥发成分继续保持气体上升至冷凝管中。因此，这种热交换作用是提高分馏效果的必要条件之一，即要求流回的液体和上升的蒸气在柱内有充分的接触机会。为此，通常是在分馏柱内放入填充物，或设计成各种高效的塔板，使流回的液体于其上形成一层薄膜，从而保证其与上升的蒸气有最大的接触面进行热交换。同时，也有利于气液平衡。

2. 非理想溶液的分馏

虽然大多数挥发性有机化合物的均相溶液近似理想溶液，但其中某些显示出非理想的行为。这是由于不同分子之间的作用不同，以致发生了对拉乌尔定律的偏离。有些溶液蒸气压较预期的大，即所谓正向偏离；另一些则较预期的小，即所谓负向偏离。

在正向偏离情况下，两种或两种以上的分子之间的引力要比同种分子间的引力弱，故其合并起来的蒸气压要比单一的易挥发的组分的蒸气压大，于是在此组成范围内的混合物（指图 2.6.4 中 *X* 与 *Y* 之间），其沸点要比任何一个纯组分低（*Z* 点），*Z* 点的组成可成为第三组分，组成了最低共沸点混合物。这个最低沸点混合物有一定的组成（*Z* 点）。例如水与乙醇（bp 78.5 ℃）形成最低共沸物，沸点 78.2 ℃，其组成为水 4.4% −乙醇 95.6%。

在负向偏离的情况下，两种或两种以上分子间的引力，要比同种分子间的引力大，故其合并起来蒸气压要比单一的难挥发的组分的蒸气压低，故组成了最高共沸点混合物，于是在此组成范围内的混合物（图 2.6.5 中 *X* 与 *Y* 之间）沸腾温度比纯的高沸点组成分还高，这个最高共沸点混合物也有一定的组成（*Z* 点）。因此在分馏过程中，有时可能得到与单纯化合物相似的混合物，它也有固定沸点和固定组成，其气相和液相的组成完全相同，故不能用分馏法进一步分离。这种混合物称为共沸混合物（或恒沸混合物），其沸点称为共沸点（或恒沸点）。表 2.6.1 列出了常见共沸混合物的沸点和组成。

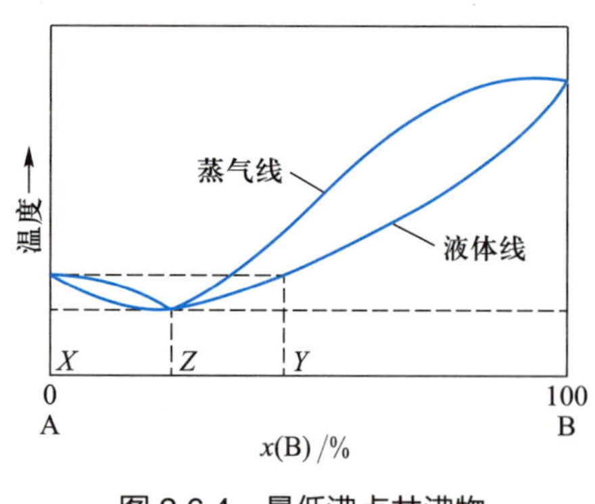

图 2.6.4 最低沸点共沸物

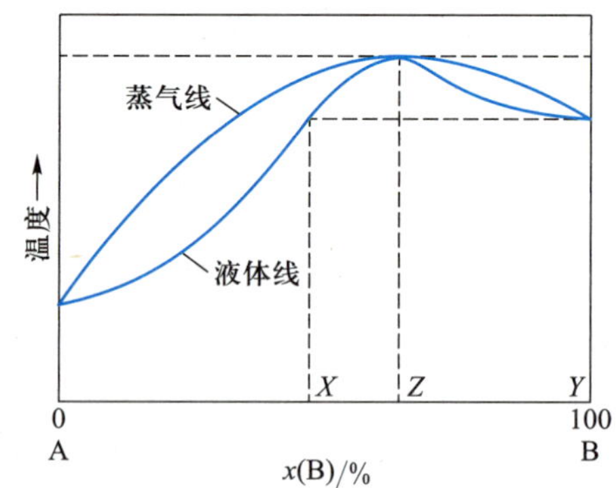

图 2.6.5 最高沸点共沸物

恒沸蒸馏是从有机溶液中除去水的一种有用方法。例如，甲苯和水形成的恒沸混合物的组成为质量分数 86.5% 的甲苯和 13.5% 的水，在反应混合物中加入一定量的甲苯，进行蒸馏，利用形成恒沸混合物，可以带出其中的水分。

表 2.6.1 常见共沸混合物的沸点和组成

<table>
<tr><td></td><td colspan="2">组分(甲)</td><td colspan="2">组分(乙)</td><td colspan="3">共沸混合物</td></tr>
<tr><td></td><td>名称</td><td>bp/℃</td><td>名称</td><td>bp/℃</td><td>$w_{甲}$/%</td><td>$w_{乙}$/%</td><td>bp/℃</td></tr>
<tr><td rowspan="7">二元最低共沸点混合物</td><td>乙醇</td><td>78.3</td><td>甲苯</td><td>110.5</td><td>68.0</td><td>32.0</td><td>76.7</td></tr>
<tr><td>乙酸乙酯</td><td>77.1</td><td>乙醇</td><td>78.3</td><td>69.4</td><td>30.6</td><td>71.8</td></tr>
<tr><td>异丁醇</td><td>82.5</td><td>水</td><td>100.0</td><td>88.2</td><td>11.8</td><td>79.9</td></tr>
<tr><td>苯</td><td>80.1</td><td>异丙醇</td><td>82.5</td><td>66.7</td><td>33.3</td><td>71.9</td></tr>
<tr><td>苯</td><td>80.1</td><td>水</td><td>100.0</td><td>91.1</td><td>8.9</td><td>69.4</td></tr>
<tr><td>乙酸乙酯</td><td>77.1</td><td>水</td><td>100.0</td><td>91.9</td><td>8.8</td><td>70.4</td></tr>
<tr><td>水</td><td>100.0</td><td>乙醇</td><td>78.5</td><td>4.4</td><td>95.6</td><td>78.2</td></tr>
<tr><td rowspan="3">二元最高共沸点混合物</td><td>丙酮</td><td>56.4</td><td>氯仿</td><td>61.2</td><td>20.0</td><td>80.0</td><td>64.7</td></tr>
<tr><td>甲酸</td><td>100.7</td><td>水</td><td>100.0</td><td>77.5</td><td>22.5</td><td>107.3</td></tr>
<tr><td>氯仿</td><td>61.2</td><td>乙酸乙酯</td><td>77.1</td><td>22.0</td><td>78.0</td><td>64.5</td></tr>
</table>

<table>
<tr><td rowspan="4">三元最低共沸点混合物</td><td colspan="2">组分(甲)</td><td colspan="2">组分(乙)</td><td colspan="2">组分(丙)</td><td colspan="4">共沸混合物</td></tr>
<tr><td>名称</td><td>bp/℃</td><td>名称</td><td>bp/℃</td><td>名称</td><td>bp/℃</td><td>$w_{甲}$/%</td><td>$w_{乙}$/%</td><td>$w_{丙}$/%</td><td>bp/℃</td></tr>
<tr><td>乙醇</td><td>78.3</td><td>水</td><td>100.0</td><td>苯</td><td>80.1</td><td>18.5</td><td>7.4</td><td>74.1</td><td>64.9</td></tr>
<tr><td>乙酸乙酯</td><td>77.1</td><td>乙醇</td><td>78.3</td><td>水</td><td>100.0</td><td>83.2</td><td>9.0</td><td>7.8</td><td>70.3</td></tr>
</table>

3. 分馏柱及分馏的效率

(1) 分馏柱。分馏柱的种类较多，普通有机化学实验中常用的有填充式分馏柱和刺形分馏柱 [又称韦氏 (Vigreux) 分馏柱，见图 2.6.6(2)]。填充式分馏柱是在柱内填上各种惰性材料，以增加表面积。填料包括玻璃珠、玻璃管、陶瓷或螺旋形、马鞍形、网状等各种形状的金属片或金属丝，其效率较高，适合于分离一些沸点差距较小的化合物。最常用的填充式分馏柱是海氏 (Hempel) 分馏柱 [见图 2.6.6(1)]。它是利用放空的冷凝管，其外管同时可起到保温作用。使用前应清洗和干燥内管，以免污染产品。外管无须干燥，微量水分不会影响蒸馏。填充物应填充到出水口顶部。韦氏分馏柱结构简单，且比填充式分馏柱黏附的液体少，缺点是比同样长度的填充柱分馏效率低，适合于分离少量且沸点差距较大的液体。如填有 6 mm 玻璃管，管长 30 cm 的韦氏分馏柱，理论塔板数为 1~2，而相同长度的海氏分馏柱理论塔板数为 3~4。沸点差值不小于 20 ℃ 的二元体系，利用海氏分馏柱可达到较理想的分离效果。若欲分离沸点相距很近的液体化合物，则必须使用精密分馏装置。

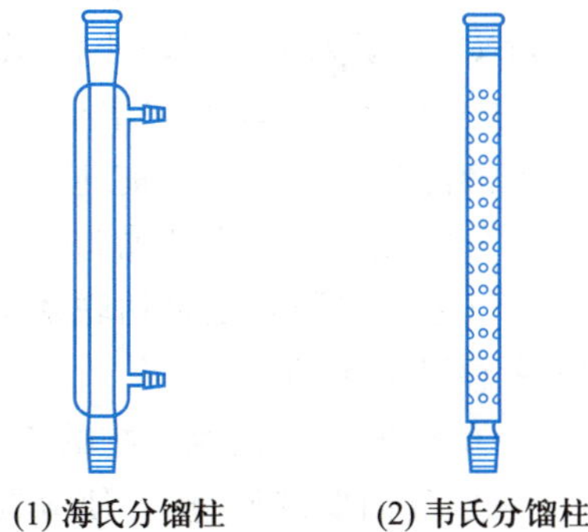

(1) 海氏分馏柱　(2) 韦氏分馏柱

图 2.6.6 分馏柱

(2) 影响分馏效率的因素。分馏的效率和分馏柱的设计与操作有关，下面是几个影响分馏效率的因素。

① 理论塔板数。它是分馏柱效率高低的一个主要指标，需由实验来测定。简单地说，n 个理论塔板数表示该分馏柱具有进行 n 次简单蒸馏，每次都达到气液平衡，并都只蒸出极少量液体的能力。因此，理论塔板数越高，分馏柱的分离能力越强。理想二组分混合物分离所需的理论塔板数与组分沸点差之间的关系见表 2.6.2。

表 2.6.2　理想二组分混合物分离所需的理论塔板数与组分沸点差之间的关系

沸点差值/℃	108	72	54	43	36	20	10	7	4	2
分离所需理论塔板数	1	2	3	4	5	10	20	30	50	100

② 理论等板高度 (height equivalent to a theoretical plate, 简称 HETP)。它表示与一个理论塔板数所相当的分馏柱的高度 (cm), 即

$$\mathrm{HETP}=\frac{\text{分馏柱有效高度}}{\text{理论塔板数}}$$

HETP 越小, 则单位长度分馏柱的分离效率越高。假设两个分馏柱的理论塔板数同为 10, 但长度分别为 30 cm 和 60 cm, 则前者的分馏效率要比后者高。

③ 回流比。从分馏柱顶端冷却返回到分馏柱中的液量与馏出液的液量之比为回流比, 由实验来控制。回流比小, 从烧瓶中蒸发的蒸气大部分被冷凝收集, 显然分离效率不高。若要提高分离效率, 回流比就应控制得大些。回流比最大即蒸气全部冷凝返回蒸馏柱中, 称为全回流, 这时分馏效率最高。理论塔板数就是在全回流时测得的。实际使用时, 塔板数较理论塔板数低。但回流比太大, 则收集馏出液量太少, 分馏速度太慢。通常实验室中选择的回流比为理论塔板数的 1/10～1/5。

④ 温度梯度。温度梯度是指分馏柱底部和顶部的温度差, 保持合理的温度梯度对有效的分馏特别重要。它是通过调节蒸馏速度和保温来实现的。理想的温度梯度是柱底接近釜内溶液的沸点, 从下到上逐渐降低达到柱顶接近易挥发组分的沸点。

⑤ 压力降差。即分馏柱两端的蒸气压力差。它表示分馏柱阻力的大小, 取决于分馏柱的大小、种类和蒸馏速率。压力降差越小越好, 蒸气容易上升。这点对减压分馏特别重要。若压力降差大, 釜内压力比分馏柱顶压力高许多, 则其沸腾的温度也高, 易导致对热敏感的物质分解。

⑥ 附液。即分馏时留在柱中液体的量。附液也应越少越好, 最大不宜超过被分离组分的 1/10。附液量太大, 就无法分离较小体积的液体混合物。

⑦ 液泛。蒸馏速率增至某一程度时, 上升的蒸气能将下降的液体顶上去, 破坏了回流, 这种现象称为液泛。在分馏开始前, 应先在全回流的情况下液泛 2～3 次, 使分馏柱中填料充分润湿才能正常发挥其分馏效率。但在正常进行过程中又要防止液泛, 以免破坏回流和回流比。

以上这些因素是密切联系又相互制约的, 提高分馏效率必须综合考虑, 要达到良好的分离效果, 必须注意以下事项:

① 根据被分馏混合物的沸点差选择合适的分馏柱和填充材料。

② 分馏要缓慢进行, 使分馏柱内的气液相广泛密切地接触, 以利于热量的交换和传递。因此, 必须选择好合适的热浴, 一般以油浴为佳。应仔细调节加热速率, 保持合理的温度梯度。

③ 选择好合适的回流比, 使有相当数量的液体流回烧瓶中。

④ 尽量减少分馏柱的热量损失, 通常可在分馏柱外裹以石棉绳、玻璃棉或电热带等保温材料。

4. 分馏装置

(1) 简单分馏。实验室中简单的分馏装置包括热源、蒸馏器、分馏柱、冷凝管和接收器五个部分 (见图 2.6.7)。安装操作与蒸馏类似, 自下而上, 先夹住蒸馏瓶, 再装上海氏分馏柱和蒸馏头。调节夹子使分馏柱垂直, 装上冷凝管并在合适的位置夹好夹子, 夹子一般不宜夹得太紧, 以免应力过大造成仪器破损。连接接引管, 再将接收瓶与接引管用卡夹或橡皮筋固定, 但切勿使橡皮筋支持太重的负荷。如接收瓶较大或分馏过程中需接受较多的蒸出液, 则最好在接收瓶底垫上用铁圈支撑的石棉网, 以免发

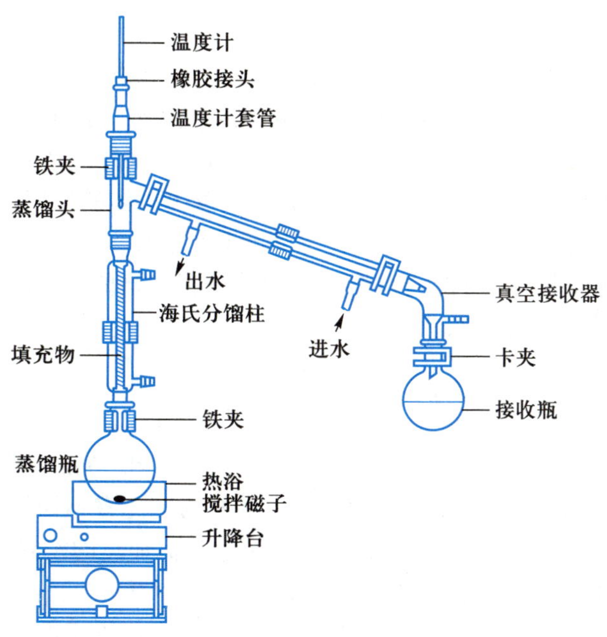

图 2.6.7 简单分馏装置

生意外。

(2) 精密分馏。实验室常用的精密分馏装置 [见图 2.6.8(1)] 由热源、蒸馏器、分馏柱、分馏头、接收器、保温器等部分组成。分馏柱通常为填料式, 一般都附有保温装置, 常见的有电加热保温夹套和镀银保温真空套。分馏头一般为全回流可调分馏头 [见图 2.6.8(2)], 用以冷凝蒸气、观察温度和控制回流比。微量分馏装置见图 2.6.8(3)。

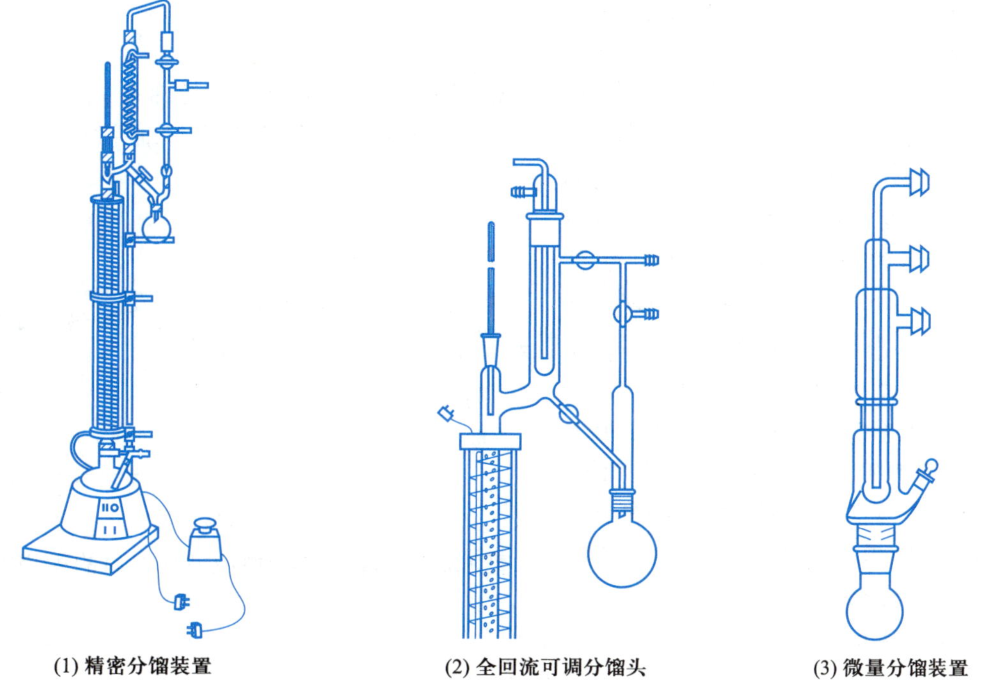

(1) 精密分馏装置　(2) 全回流可调分馏头　(3) 微量分馏装置

图 2.6.8 精密分馏和微量分馏装置

5. 简单分馏操作

简单分馏操作和蒸馏大致相同，将待分馏的混合物放入圆底烧瓶中，加入沸石或搅拌磁子。柱的外围可用石棉绳包住，这样可减少柱内热量的散发，减少风和室温的影响，选用合适的热浴加热。液体沸腾后要注意调节浴温，使蒸气慢慢升入分馏柱，10～15 min 后蒸气到达柱顶（可用手摸柱壁，如若烫手表示蒸气已达该处）。在有馏出液滴出后，调节浴温使得蒸出液体的速率控制在每秒 2～3 滴，这样可以得到比较好的分馏效果，待低沸点组分蒸完后，再渐渐升高温度。当第二个组分蒸出时，沸点会迅速上升。上述情况是假定分馏体系有可能将混合物的组分进行严格的分馏，如果不是这种情况，一般则有相当大的中间馏分（除非沸点相差很大）。

[实验]

1. 甲苯和环己烷的分馏

分馏

在 100 mL 圆底烧瓶中加入 15 mL 环己烷和 30 mL 甲苯，然后加入搅拌磁子（或沸石）。按图 2.6.7 所示装置仪器。分馏柱为填充有不锈钢丝或洁净的碎玻璃管的海氏分馏柱。注意填充不要过紧，导致装置类似加热的密封系统，阻碍蒸气上升。用玻璃棉包裹分馏柱以防散热。准备 2 个标记为 A 和 B 的清洁干燥的 25 mL 锥形瓶或圆底烧瓶作为接收器，并将 A 连接到真空接引管上，用卡夹固定。用置于电热板上的油浴作为热源。

打开电磁搅拌器，并开始缓慢加热。随着继续加热混合物，蒸馏头的温度达到 81 ℃，即是环己烷的沸点。调节加热速率，使蒸馏持续平稳地进行，以每秒滴出 1～2 滴为宜。如液不能悬挂于水银球上，说明加热速率过快。蒸馏头温度保持在 81 ℃ 一段时间，最终出现稍微的上升或下降，直至波动在 (81 ± 3) ℃ 时，换上接收瓶 B。继续平稳加热，温度将再次升高，直至达到 110 ℃，此即为甲苯的沸点，更多的液体被蒸出。当不再有液体被明显蒸出时，停止加热。

记录每个接收瓶馏出液的体积。让分馏柱上的液体回落到烧瓶中，记录残留物的体积。取 A 与 B 馏出液各 0.2 mL，进行 GC 分析（见图 2.8.26）。

2. 甲醇和水的分馏

在 100 mL 圆底烧瓶中，加入 25 mL 甲醇和 25 mL 水的混合物，再加入几粒沸石。按图 2.6.7 所示装好分馏装置。用油浴慢慢加热，开始沸腾后，蒸气慢慢进入分馏柱中，此时要仔细控制加热温度，使温度慢慢上升，以保持分馏柱中有一个均匀的温度梯度。当冷凝管中有蒸馏液流出时迅速记录温度计所示的温度。控制加热速率，使馏出液慢慢地、均匀地以每分钟 2 mL（约 60 滴）的速率流出。当柱顶温度维持在 65 ℃ 时，收集约 10 mL 馏出液 (A)。随着温度上升，分别收集 65～70 ℃ (B)，70～80 ℃ (C)，80～90 ℃ (D)；90～95 ℃ (E) 的馏分。瓶内所剩为残留液。90～95 ℃ 的馏分很少。分别量出不同馏分的体积，以馏出液体积为横坐标，温度为纵坐标，绘制分馏曲线，如图 2.6.9 所示。

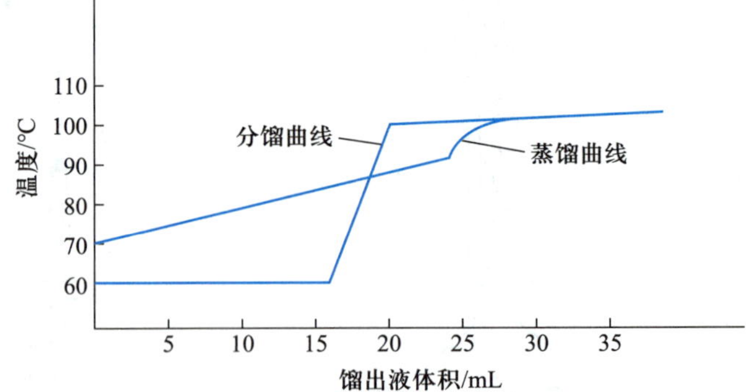

图 2.6.9　甲醇-水混合物（体积比 1∶1）的蒸馏和分馏曲线

本实验需 3～4 h。

[思考题]

(1) 分馏与简单蒸馏在原理、装置和用途上有何区别?

(2) 影响分馏效率的因素有哪些?

(3) 分馏时若加热速度太快,馏出液每秒钟的滴数超过一般要求量,分馏效果会显著下降,为什么?

(4) 说明对下列纯化,蒸馏和分馏哪一种更合适,并简述选择的理由。

(a) 从海水中制备饮用水;

(b) 从苯 (bp 80 ℃) 和甲苯 (bp 111 ℃) 的混合物中提纯苯;

(c) 从粗油中获得汽油;

(d) 从对二氯苯 (bp 174～175 ℃) 中除去乙醚 (bp 35 ℃)。

(5) 用分馏法提纯液体时,为了取得较好的分离效果,为什么分馏柱必须保持回流液?

(6) 在分离两种沸点相近的液体时,为什么装有填料的分馏柱比不装填料的效率高?

(7) 什么是共沸混合物? 为什么不能用分馏法分离共沸混合物?

(8) 在分馏时通常用水浴或油浴加热,它比直接用火加热有什么优点?

(9) 根据甲醇-水混合物的蒸馏和分馏曲线,哪一种方法分离混合物各组分的效率较高? 为什么?

(10) 50 ℃时甲醇和乙醇的蒸气压分别为 54 kPa 和 29.5 kPa, 如混合物在 50 ℃时含 0.2 mol 甲醇和 0.1 mol 乙醇,试计算每种液体的分压和总压。

(11) 仔细研究图 2.6.3 提供的苯-甲苯二元混合物的沸点-组成图。假定组成为 70% 甲苯和 30%苯的混合物通过有效分馏,提供纯度超过 99% 的苯,实现此分离分馏柱最小的理论塔板数应为多少?

2.6.3 减压蒸馏

减压蒸馏特别适用于那些在常压蒸馏时未达沸点即已受热分解、氧化或聚合的物质。

1. 基本原理

液体的沸点是指它的蒸气压等于外界大气压时的温度,所以液体沸腾的温度是随外界压力的降低而降低的,因而如用真空泵连接盛有液体的容器,使液体表面上的压力降低,即可降低液体的沸点,这种在较低压力下进行蒸馏的操作称为减压蒸馏。

减压蒸馏时物质的沸点与压力有关,有时在文献中查不到与减压蒸馏选择的压力相应的沸点,则可根据下面的一个经验曲线 (见图 2.6.10) 找出该物质在此压力下的沸点 (近似值)。

已知某一个液体化合物在常压下沸点为 290 ℃,实验中循环水泵减压下蒸馏体系压力为 20 mmHg (2.67 kPa)。该压力下,这一液体化合物的沸点是多少呢? 用尺子连接 C 上的 20 mmHg (2.67 kPa) 与 B 上的 290 ℃ 两点,延伸至 A 上的 160 ℃,便是该液体化合物在 20 mmHg 下的沸点 (约为 160 ℃),表示为 160 ℃/2.67 kPa。同理,当已知某一液体化合物文献沸点为 120 ℃/2 mmHg (0.266 kPa),也可以用图 2.6.10 估计出其常压下的沸点约为 295 ℃。

表 2.6.3 列出了一些有机化合物在常压下和不同压力下的沸点。从中可以看出,当压力降低到 2.67 kPa (20 mmHg) 时,大多数有机物的沸点比常压 0.1 MPa (760 mmHg) 的沸点低 100～120 ℃,当减压蒸馏在 1.33～3.33 kPa (10～25 mmHg) 之间进行时,大体上压力每相差 0.133 kPa (1 mmHg),沸点相差约 1 ℃。当要进行减压蒸馏时,预先粗略地估计出相应的沸点,对具体操作和选择合适的温度计与热浴都有一定的参考价值。

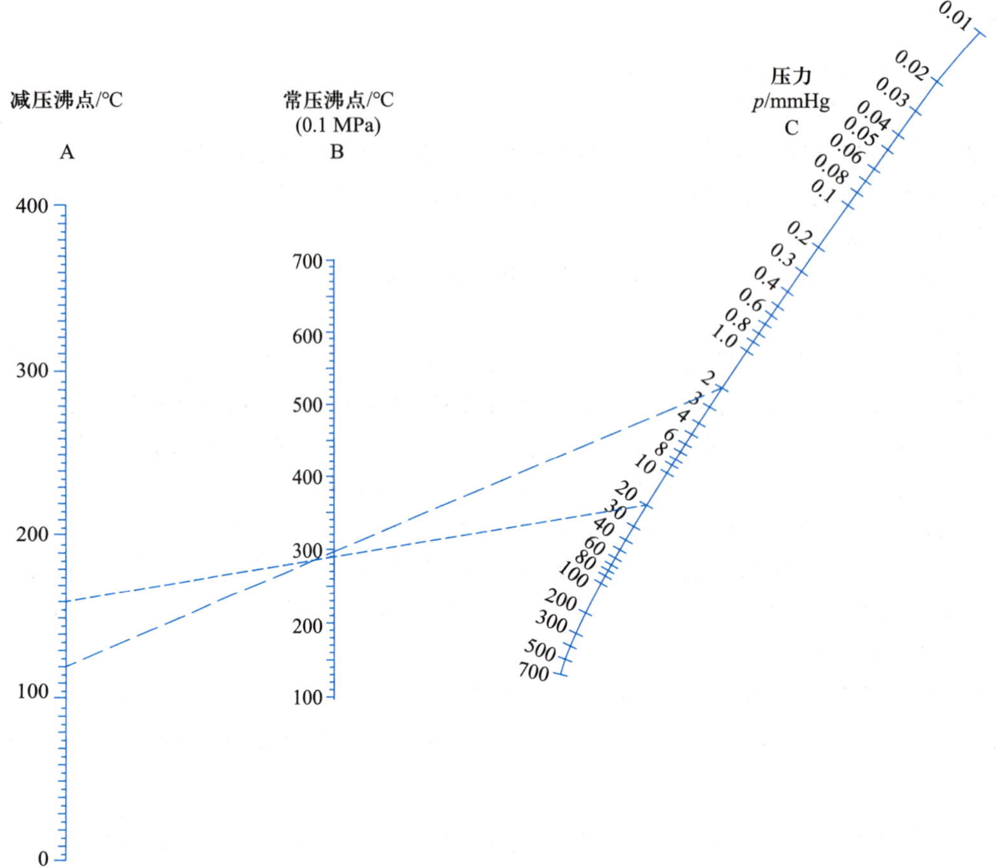

图 2.6.10　液体在常压、减压下的沸点近似关系图 (1 mmHg≈133.3 Pa)

表 2.6.3　一些有机化合物在常压下和不同压力下的沸点　单位: ℃

压力/mmHg	化合物					
	水	氯苯	苯甲醛	水杨酸乙酯	甘油	蒽
760	100	132	179	234	290	354
50	38	54	95	139	204	225
30	30	43	84	127	192	207
25	26	39	79	124	188	201
20	22	34.5	75	119	182	194
15	17.5	29	69	113	175	186
10	11	22	62	105	167	175
5	1	10	50	95	156	159

注: 1 mmHg ≈ 133.3 Pa。

2. 减压蒸馏的装置和操作

减压蒸馏装置是常压蒸馏装置的改进, 如图 2.6.11(1) 所示, 适用于超过 10 mL 液体的蒸馏。系统由蒸馏、抽气和测压三部分组成。

与常压蒸馏不同的是,减压蒸馏不能直接连接真空源,而是通过一个带支管的厚壁安全瓶。安全瓶上装有一个二通旋塞,其作用是:① 防止水泵压力突然降低时,水倒流到装置中;② 安全瓶同时连接蒸馏装置、真空源和压力计,可释放系统压力和放空,并可调节系统的真空度。

(1) 蒸馏部分。蒸馏部分可按照普通蒸馏的方法和步骤进行安装 [见图 2.6.11(1)]。为防止剧烈沸腾液体冲入冷凝管,搅拌磁子通常是防止暴沸使蒸馏平稳进行的方便方法。

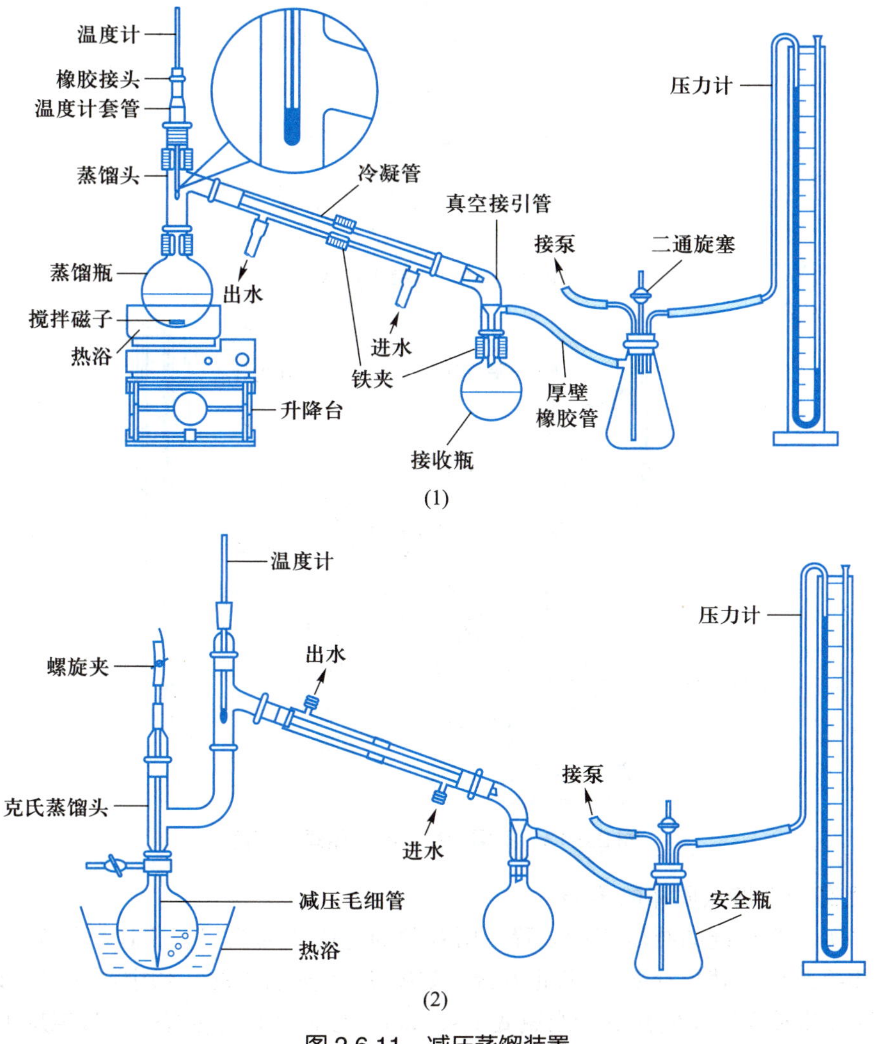

图 2.6.11 减压蒸馏装置

开始安装仪器时,首先倾斜蒸馏瓶,沿瓶壁小心滑入搅拌磁子。接着加入要蒸馏的液体,其体积通常不超过瓶子容积的一半。润滑所有磨口接头。安装蒸馏头、温度计套管、温度计、真空接引管和接收瓶。温度计套管上端应连接一段厚壁橡胶管,以确保系统的密封性。夹紧蒸馏瓶、冷凝管和接收瓶。蒸馏时若要收集不同馏分而又不中断蒸馏,可用双尾或多尾接引管 (见图 2.6.12),通过转动,可使不同馏分进入指定接收器中。要确保所有接头连接紧密。最后将真空接引管连接真空源和压力计。开启冷凝水和搅拌,选择合适的热源加热蒸馏。

图 2.6.13 所示装置适用于体积为 1~10 mL 液体的蒸馏。去掉了冷凝管,减少了黏附带来的损失。

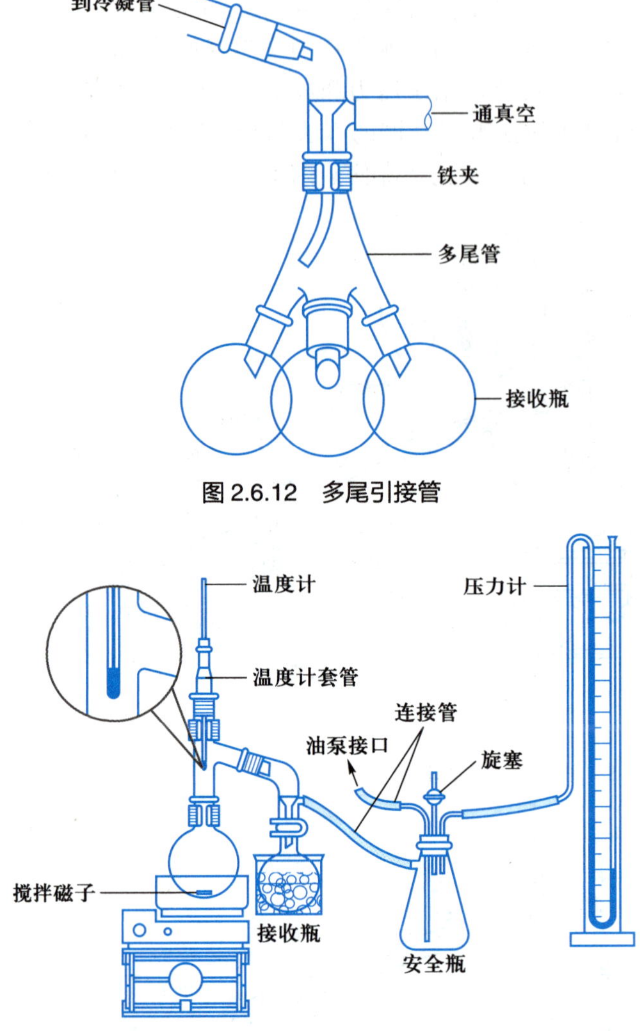

图 2.6.12　多尾引接管

图 2.6.13　不用冷凝管的减压蒸馏装置

也适用于沸点太高或低熔点固体的蒸馏。

图 2.6.11(2) 所示为传统的减压蒸馏装置。用双颈的克氏蒸馏头代替普通蒸馏头以免液体沸腾时冲入冷凝管。用毛细管代替搅拌磁子,防止暴沸。如图所示,蒸馏头的一颈中插入温度计;另一颈中插入一根毛细管①。其长度恰好使其下端距瓶底 1~2 mm。毛细管上端连有一段带螺旋夹的橡胶管。螺旋夹用以调节进入空气的量,使极少量的空气进入液体,呈微小气泡冒出,代替沸石作为液体沸腾的汽化中心,使蒸馏平稳进行。

对于给定的液体,蒸馏时形成的热气体积和密度取决于系统的压力。当在 38 mmHg 时,一滴液体蒸发时形成的体积是常压下 760 mmHg 时的 20 倍。减压蒸馏时,大量的蒸气在蒸馏瓶产生,高速进入冷凝管。由于减压时比常压下蒸气密度低得多,产生大量气泡甚至引起暴沸,很难控制蒸发速率,因此

① 毛细管的制法有: (a) 可选取长度较克氏蒸馏瓶高度略大的厚壁毛细管,在其一端用火焰加热软化后抽细,拉细的程度视需要的毛细管孔而定; (b) 先将其一端用火焰加热软化拉成直径为 2 mm 左右的毛细管,再用小火将毛细管烧软,并迅速地向两边拉伸,使成细发状,截下所需的长度即可。检查毛细管是否合适,可用小试管盛少许丙酮或乙醚,将毛细管插入其中,吹入空气,若毛细管口连续冒出微小的气泡即为合适。

必须小心操作，使蒸馏缓慢平稳地进行。在热浴中放一温度计，控制浴温，比待蒸馏液体蒸馏头的温度高 20～30 ℃，使每秒馏出 1～2 滴，在整个蒸馏过程中，都要密切注意瓶颈上的温度计和压力的读数。经常注意蒸馏情况和记录压力及沸点等数据。纯物质的沸点范围一般不超过 2 ℃，假如起始蒸出的馏液比要收集物的沸点低，则在蒸至接近预期的温度时需要调换接收器。

蒸馏完毕时，与蒸馏过程中需要中断时 (如调换毛细管、接收瓶) 相同，首先移去热浴，待稍冷后缓缓打开旋塞解除真空，使系统内外压力平衡后，方可关闭油 (水) 泵。否则，由于系统中的压力较低，水或油泵中的油就有吸入干燥塔的可能。

(2) 抽气部分。实验室通过用水泵或油泵进行减压。

① 水泵。水泵常用玻璃或金属制成 (见图 2.6.14)。水泵产生的真空度取决于泵的构造、水温、水压和泵中水的流速。水源温度较低时，水泵可达 1.07 kPa (8 mmHg) 的真空度，通常的使用范围为 2.0～3.3 kPa (15～25 mmHg)。要求不高的真空，一般可用水泵获得。现在常用水循环泵代替简单的水泵，它还可以提供冷凝水，更为方便实用。

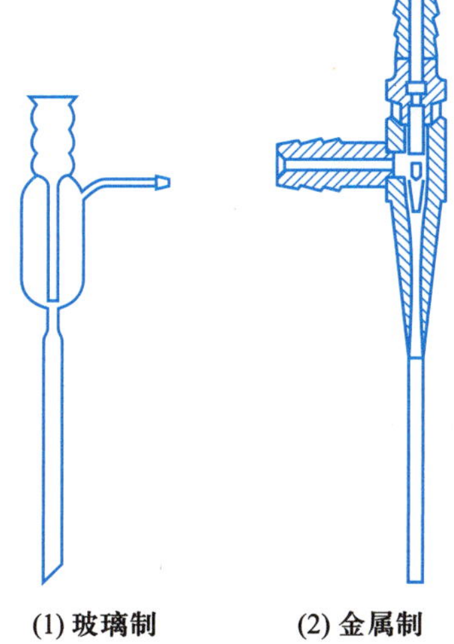

图 2.6.14 水泵

② 油泵。油泵的效能取决于泵的机械结构及真空泵油的好坏 (油的蒸气压必须很低)，好的油泵能抽至真空度为 1.33×10^{-2}～1.33×10^{-4} kPa (10^{-1}～10^{-3} mmHg)。油泵结构较精密，工作条件要求较严。蒸馏时，如果有挥发性的有机溶剂、水或酸的蒸气，都会损坏油泵。因为挥发性的有机溶剂蒸气被油吸收后，就会提高油的蒸气压，影响真空效能。酸性蒸气会腐蚀油泵的机件。水蒸气凝结后与油形成浓稠的乳浊液，破坏了油泵的正常工作，因此使用时必须十分注意保护油泵。一般使用油泵时系统的压力常控制在 0.133～0.665 kPa (1～5 mmHg)，因为在沸腾液体表面上要获得 0.133 kPa (1 mmHg) 以下的压力比较困难。当用油泵减压时，油泵与接收器之间除连接安全瓶外，还须顺次安装冷却阱和几种吸收塔以防止易挥发的有机溶剂、酸性气体和水蒸气进入油泵，污染泵油，腐蚀机体，降低油泵减压效能 (见图 2.6.15)。即使如此，还须注意油泵的维护。在使用一段时间后如发现真空度下降，应及时换上新油，以免油泵机件被腐蚀。

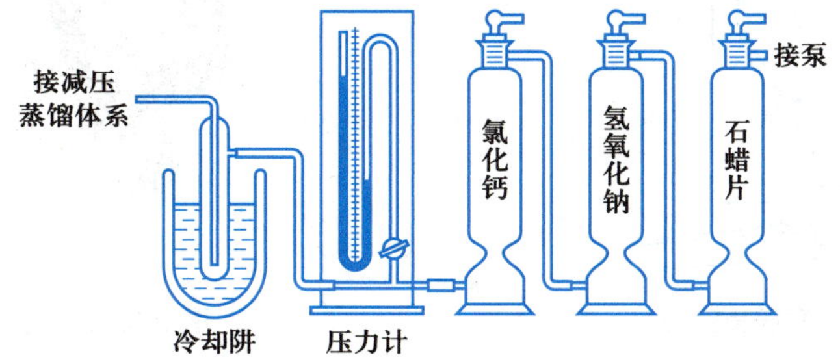

图 2.6.15 油泵保护装置

要特别注意油泵的转动方向。如果油泵接线位置搞错，会使泵反向转动，导致水银冲出压力计，污染实验室。

(3) 测压部分。实验室通常采用水银压力计来测量减压系统的压力。图 2.6.16(1) 所示为开口式水银压力计，两臂汞柱高度之差，即为大气压力与系统中压力之差。因此蒸馏系统内的实际压力 (真空度) 应是大气压力减去这一压力差。封闭式水银压力计见图 2.6.16(2), 两臂液面高度之差即为蒸馏系统中的真空度。测定压力时, 可将管后木座上的滑动标尺的零点调整到右臂的汞柱顶端线上, 这时左臂的汞柱顶端线所指示的刻度即为系统的真空度。开口式压力计较笨重, 读数方式也较麻烦, 但读数比较准确。封闭式压力计比较轻巧, 读数方便, 但常常因为有残留空气以致不够准确, 需用开口式压力计来校正。若体系内压力要降至 0.133 kPa (1 mmHg) 以下, 则要用转动式真空规又称麦氏真空规 (McLeod vacuum gauge), 如图 2.6.17 所示。为了安全起见, 现代实验室通常选用电子真空计量表 (见图 2.6.18)。不同的压力测量仪器显示不同的压力单位, 压力单位之间的换算关系为: 1 bar = 1×10^5 Pa; 1 atm = 1.013×10^5 Pa = 760 mmHg = 760 Torr。

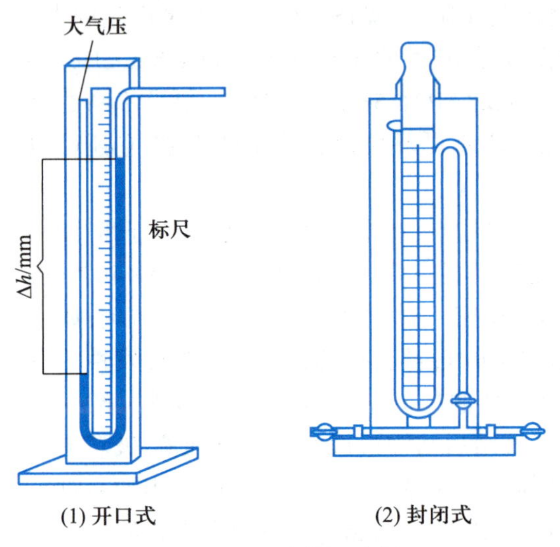

(1) 开口式　　(2) 封闭式

图 2.6.16　水银压力计

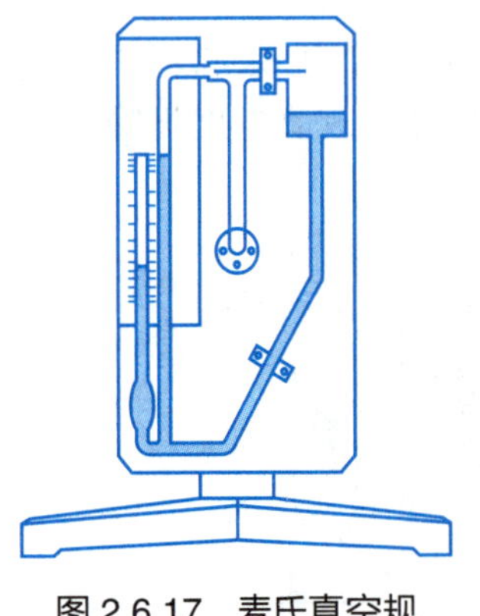

图 2.6.17　麦氏真空规

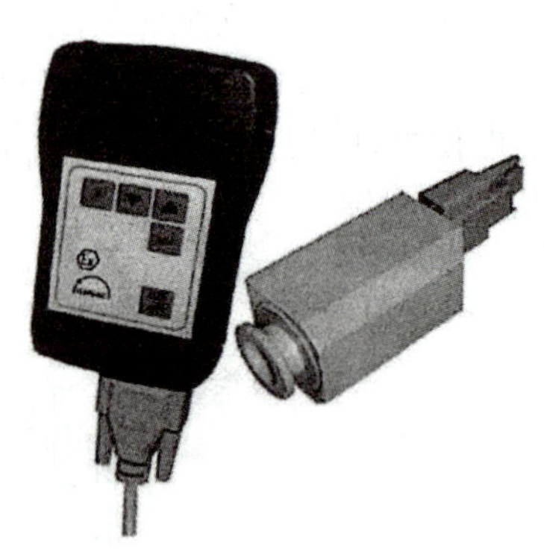

图 2.6.18　电子真空计量表

3. 减压蒸馏的注意事项

(1) 减压蒸馏时应仔细检查, 绝不允许使用有裂纹、薄壁或平底的玻璃器皿。系统外部承受着数百千克的压力, 即使使用水泵, 也可能产生内爆。安全瓶最好用毛巾包裹, 以免发生事故。

(2) 装置仪器时, 仔细用润滑脂涂抹所有磨口接头, 确保系统紧密不漏气。温度计套管应用短的厚壁橡胶管连接。应避免使用橡胶塞, 蒸馏时热蒸气能从橡胶萃取杂质从而污染产物。安全瓶上的橡胶塞应确保合适紧密的连接。所有连接须用厚壁橡胶管。

(3) 当开始搅拌并打开真空系统时，如用水泵应开到最大，然后慢慢关闭二通旋塞，必要时可重新打开。待蒸液体中通常含有少量低沸点的溶剂，产生气泡并可能引起暴沸，此时可调节放气阀使之减退并逐渐消失，这可能要反复几次，直至溶剂被完全除去。当液体表面相对平静时，充分抽真空，调节二通阀，直至所需要的压力。当系统的真空稳定后，检查压力计并记录蒸馏进行时的压力。开始加热进行蒸馏。整个蒸馏过程中须随时检查压力，记录压力计和温度计的读数。

热源最好使用油浴，更方便控制浴温和釜温。

(4) 使用多尾接引管是较方便的方法。如中途要更换接收器，必须中断蒸馏，停止加热。待蒸馏瓶稍冷后，慢慢打开二通阀通大气。换接收器之后，抽真空到之前的压力，重新加热继续蒸馏。定期查看压力计，并记录在换接收器后系统的温度和压力。

(5) 蒸馏完成后，停止加热，撤去热源，待蒸馏瓶稍冷后，慢慢释放真空，打开真空源。

[实验]

1. 乙酰乙酸乙酯的蒸馏

市售的乙酰乙酸乙酯中常含有少量的乙酸乙酯、乙酸和水，由于乙酰乙酸乙酯在常压蒸馏时容易分解产生去水乙酸，故必须通过减压蒸馏进行提纯。

减压蒸馏

在 50 mL 蒸馏瓶中，加入 20 mL 乙酰乙酸乙酯，按图 2.6.11 所示减压蒸馏装置装好仪器，通过减压蒸馏进行纯化。

2. 苯甲醛、呋喃甲醛或苯胺的蒸馏

用蒸馏乙酰乙酸乙酯同样的方法，通过减压蒸馏提纯苯甲醛、呋喃甲醛或苯胺。减压蒸馏苯甲醛时，要避免其被空气中的氧所氧化。

在蒸馏之前，应先从手册上查出它们在不同压力下的沸点，供减压蒸馏时参考。

[思考题]

(1) 具有什么性质的化合物需用减压蒸馏进行提纯?

(2) 减压蒸馏过程中，如何防止液体加热暴沸? 为什么不能使用沸石?

(3) 使用水泵减压蒸馏时，应采取什么预防措施?

(4) 进行减压蒸馏时，为什么必须用油浴加热? 为什么必须先抽真空后加热?

(5) 使用油泵减压时，要有哪些吸收和保护装置? 其作用是什么?

(6) 当减压蒸馏完所需要的化合物后，应如何停止减压蒸馏? 为什么?

2.6.4 水蒸气蒸馏

水蒸气蒸馏是分离和提纯有机化合物的常用方法，当混合物中含有大量树脂状或焦油状杂质，或在混合物中某种组分沸点很高，进行普通蒸馏时会发生分解，利用普通蒸馏、重结晶等方法时难以进行分离，以及从较多固体中分离被吸附的液体的情况下，可采用水蒸气蒸馏的方法进行分离。水蒸气蒸馏也是从动植物中提取芳香油等天然产物最常用的方法之一。

进行水蒸气蒸馏时，对需要分离的有机化合物有以下要求:

(1) 不溶或微溶于水;

(2) 长时间与水共沸不与水反应;

(3) 近于 100 ℃ 时有一定的蒸气压，一般不小于 1.33 kPa (10 mmHg)。

1. 基本原理

互不混溶的挥发性物质的混合物，其中每一个组分 i 在一定温度时的分压 p_i 等于在同一温度下的纯化合物的蒸气压，即 $p_i = p_i^*$，而不取决于混合物中各化合物的摩尔分数，这就是说混合物的每一组分是独立蒸发的。这一性质与互溶液体的溶液完全相反，两种互溶的液体的蒸气压服从拉乌尔定律，各自的蒸气压与它们的摩尔分数成正比。因此根据道尔顿分压定律，不互溶的挥发性有机物质在某一温度 t 下的总蒸气压力为

$$p_t = p_A^* + p_B^* + \cdots + p_i^*$$

式中 p_A^*、p_B^*、p_i^* 表示各组分的分压等于同一温度下纯化合物蒸气压。任何温度下的总蒸气压力，总是大于任一组分的蒸气压，等于各组分的分蒸气压力之和。p_t 随温度升高而增大，当温度升高到使 p_t 等于外界大气压时，该体系开始沸腾，这时的温度为该体系的沸点，此沸点必较体系中任一组分的沸点都低。蒸馏时，混合物沸点保持不变，直至该物质全部随水蒸出，温度才会上升至水的沸点。蒸出的是水和与水不混溶的物质，很容易分离，从而达到纯化的目的。

图 2.6.19 给出了溴苯 (bp 156 ℃) 和水 (bp 100 ℃) 两种不互溶的混合物，以及两种化合物的混合物的蒸气压与温度的关系。图中虚线表示混合物应在 95 ℃ 左右沸腾，该温度的总蒸气压就等于大气压。如上述原理所指出，该温度低于水的沸点，而在此混合物中，水是最低沸点组分。因此，要在 100 ℃或更低温度下蒸馏化合物，水蒸气蒸馏是有效方法。

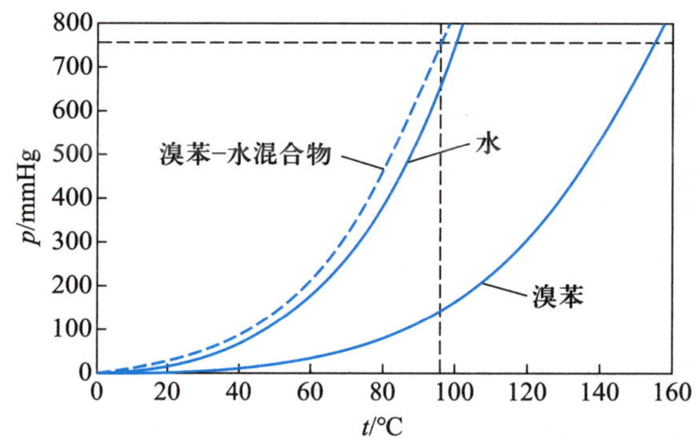

图 2.6.19　溴苯、水及溴苯-水混合物的蒸气压与温度的关系

对互不相溶的 A 和 B 组成的二组分体系而言，如果将 A 和 B 的蒸气看作理想气体，则可得到气体方程 (1) 和 (2)。其中 p^* 代表纯液体的蒸气压，V 为体系所包含的蒸气的体积，m 为气相中组分的质量，M 为组分的相对分子质量，R 和 T 分别为摩尔气体常数和热力学温度。

$$p_A^* V_A = (m_A / M_A) RT \tag{1}$$

$$p_B^* V_B = (m_B / M_B) RT \tag{2}$$

方程 (1) 除以 (2)，由于分子和分母中 RT 因子相同，并且体系包含的两种蒸气具有相同的体积 ($V_A = V_B$)，故可得

$$\frac{m_A}{m_B} = \frac{p_A^* M_A}{p_B^* M_B} \tag{3}$$

即蒸气混合物中组分的质量之比与它们的蒸气压和相对分子质量成正比。

水具有低的相对分子质量和较大的蒸气压，有可能用来分离相对分子质量较高和蒸气压较低的物质。以溴苯为例，它的沸点为 135 ℃，与水不相混溶；与水一起加热到 95.5 ℃时，水的蒸气压为 85.9 kPa，

溴苯的蒸气压为 15.2 kPa。两者总压力为 0.1 MPa。于是混合物开始沸腾蒸出。将它们的蒸气压、溴苯的相对分子质量 157 和水的相对分子质量 18 代入上式，得

$$\frac{m_A}{m_B}=\frac{85.9\times18}{15.2\times157}\approx\frac{6.5}{10}$$

即蒸出 6.5 g 水可带出 10 g 溴苯，溴苯在蒸出混合物中占的质量分数为 60.6%。由于各种有机化合物或多或少溶于水，导致水的蒸气压降低，故实际蒸出的质量比理论计算值略有偏差。

从上例可以看出，由于溴苯的相对分子质量是水的 9 倍左右，虽然它的蒸气压是水的 1/6，馏出液中溴苯还是较多的。但若某化合物相对分子质量很大，而其蒸气压过低，就不能水蒸气蒸馏提纯。一般来说，物质的蒸气压在 100 ℃ 左右为 1.33 kPa 以上才能用水蒸气蒸馏提纯。在 100 ℃ 左右蒸气压为 0.133～0.665 kPa 的有机化合物，可以用过热水蒸气来蒸馏，因为此时温度较 100 ℃ 高，被提纯物质具有较高蒸气压，从而提高了馏出液中该物质的质量比例。

2. 水蒸气蒸馏装置和实验操作

水蒸气蒸馏的装置一般由水蒸气发生器和蒸馏装置两部分组成。这两部分在连接部分要尽可能紧凑，以防水蒸气在通过较长的管道后部分冷凝成水，而影响蒸馏的效率。水蒸气发生器可为连有侧管和出气口的金属筒或圆底烧瓶，如图 2.6.20 所示。通常盛水量以其容积的 3/4 为宜。如果太满，沸腾时水将冲至烧瓶。玻璃安全管几乎插到发生器的底部。当容器内气压太大时，水可沿着安全管上升，以调节内压。如果系统发生阻塞，水便会从安全管的上口喷出。此时应检查导管是否被阻塞。金属筒的侧管可观察水蒸气发生器中的水位。在水蒸气管道与蒸馏瓶之间装一个带螺旋夹 T 形管，以除去其中的冷凝水。当操作不正常或结束蒸馏时，可使系统与大气相通。

水蒸气蒸馏

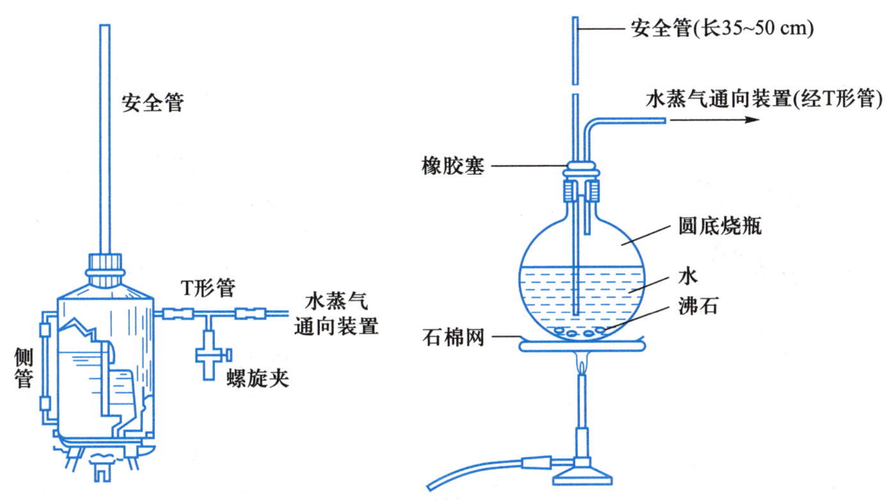

图 2.6.20 水蒸气发生器

少量物质的水蒸气蒸馏装置如图 2.6.21 所示。

进行水蒸气蒸馏时，先将混合物置于圆底烧瓶中，加热水蒸气发生器，直至接近沸腾后再将 T 形管的螺旋夹拧紧，使水蒸气均匀地进入圆底烧瓶。必须控制加热速率，使蒸气能全部在冷凝管中冷凝下来。如果随水蒸气挥发的物质具有较高的熔点，在冷凝后易析出固体，则应调小冷凝水的流速，使它冷凝后仍然保持液态。假如已有固体析出，并且接近阻塞时，可暂时停止冷凝水的流通，甚至需要将冷凝

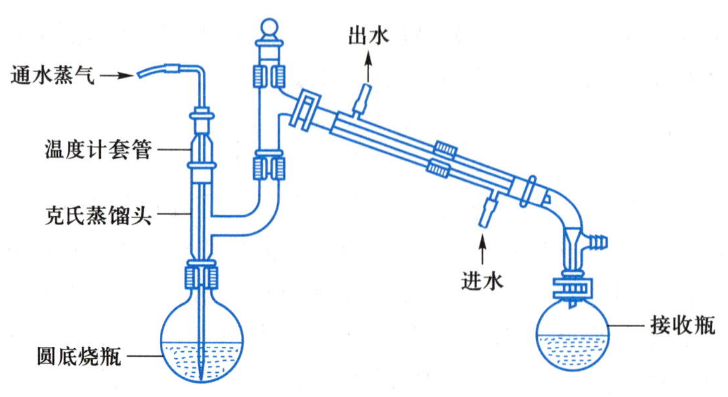

图 2.6.21 水蒸气蒸馏装置

水暂时放去，以使物质熔融后随水流入接收器中。必须注意当冷凝管夹套中要重新通入冷凝水时，要小心而缓慢，以免冷凝管因骤冷而破裂。万一冷凝管已被阻塞，应立即停止蒸馏，并设法疏通 (如用玻璃棒将阻塞的晶体捅出或用电吹风的热风吹化结晶，也可在冷凝管夹套中灌以热水使之熔出)。

水蒸气蒸馏过程中，可以看见一滴滴混浊液随热蒸气冷凝聚集在接收瓶中。当被蒸物质全部蒸出后，蒸出液由混浊变澄清，此时不要结束蒸馏，要再多蒸出 10～20 mL 的透明馏出液方可停止蒸馏。

在蒸馏需要中断或蒸馏完毕后，一定要先打开 T 形管的螺旋夹通大气，然后方可停止加热，否则蒸馏瓶中的液体将会倒吸到水蒸气发生器中。在蒸馏过程中，如发现安全管中的水位迅速上升，则表示系统中发生了堵塞。此时应立即打开螺旋夹，然后移去热源。待排除了堵塞后再继续进行水蒸气蒸馏。

常量水蒸气蒸馏操作或处理的物质量较大时，也可用气液分离器 (见图 2.6.22) 代替 T 形管，以免蒸馏瓶被水充满，并除去蒸汽中存在的杂质。

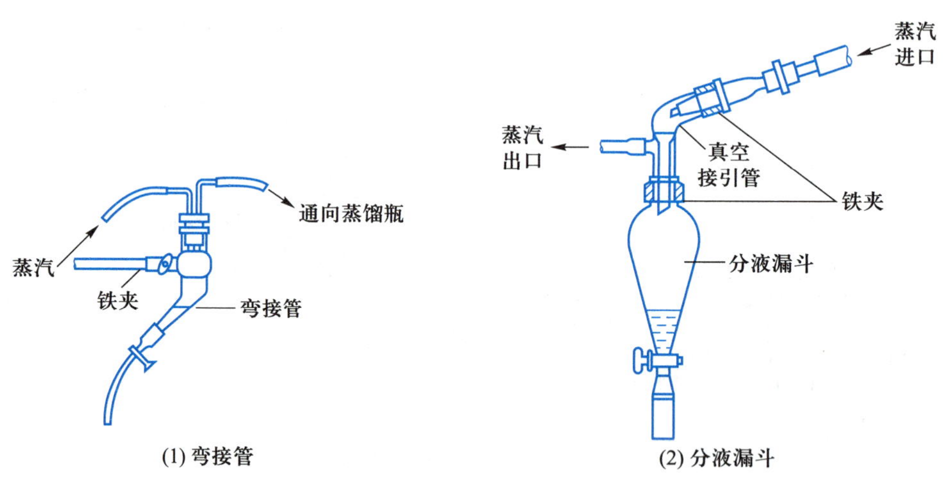

图 2.6.22 水蒸气蒸馏中的气液分离器

少量物质的水蒸气蒸馏，也可用三颈烧瓶代替圆底烧瓶，如图 2.6.23 所示。

在 100 ℃ 左右蒸气压较低的化合物可利用过热水蒸气来进行蒸馏。例如，可在 T 形管和烧瓶之间串联一段铜管 (最好是螺旋形的)。铜管下用火焰加热，以提高水蒸气的温度。烧瓶再用油浴保温。

简化的水蒸气蒸馏装置可用蒸馏装置替代，在蒸馏烧瓶中加入适量的水，进行蒸馏操作，当温度计的读数至 100 ℃ 时，停止蒸馏。采用这一方法进行微量样品的水蒸气蒸馏特别方便。

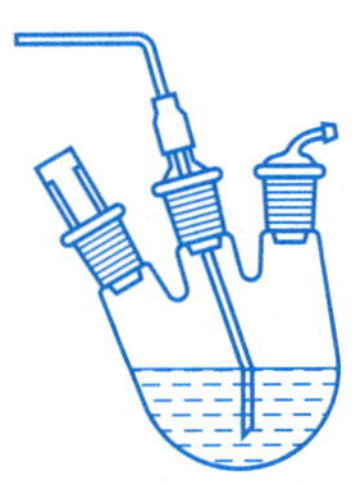
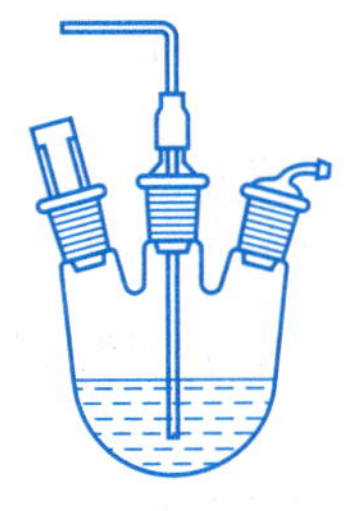

图 2.6.23 少量物质的水蒸气蒸馏装置

[思考题]

(1) 适宜于用水蒸气蒸馏和提纯的有机化合物应具有哪些基本条件?

(2) 为什么进行水蒸气蒸馏时, 一般蒸出液由混浊变澄清后还需再多蒸出 10～20 mL 的蒸出液?

(3) 用硝基苯还原制备苯胺时, 用水蒸气蒸馏从反应混合物中分离苯胺。已知蒸馏温度为 98.4 ℃时, 苯胺和水的蒸气压分别为 5.65 kPa 和 95.42 kPa, 计算馏出液中苯胺和水的质量比。

(4) 进行水蒸气蒸馏时, 发生下列情况应如何处理?

(a) 水蒸气安全管中的水柱持续升高;

(b) 加热水蒸气发生器的热源中断;

(c) 蒸馏瓶中的液体越来越多;

(d) 冷凝管中有固体析出;

(e) 接收瓶冒出蒸气。

2.7 萃取

萃取是有机化学实验中用来提取或纯化有机化合物的常用操作之一。应用萃取可以从反应混合物或动植物组织中提取出所需要的物质, 也可以用来洗去混合物中少量杂质。通常称前者为“抽提”或“萃取”, 后者为“洗涤”。

1. 基本原理

萃取是利用物质在两种不互溶 (或微溶) 溶剂中溶解度或分配比的不同来达到分离、提取或纯化目的的一种操作。这可用与水不互溶 (或微溶) 的有机溶剂从水中萃取有机化合物来说明。将含有机化合物的水溶液用有机溶剂萃取时, 有机化合物就在两液相间进行分配。在一定温度下, 此有机化合物在有机相中和在水相中的浓度之比为一常数, 此即所谓“分配定律”。假如一物质在两液相 A 和 B 中的浓度分别为 c_A 和 c_B, 则在一定温度下, $c_A/c_B = K$, K 是一常数, 称为“分配系数”, 它可以近似地看作此物质在两溶剂中溶解度之比。

有机物质在有机溶剂中的溶解度, 一般比在水中的溶解度大, 所以可以将它们从水溶液中萃取出来。但是除非分配系数极大, 否则用一次萃取是不可能将全部物质移入新的有机相中的。在萃取时, 若在水溶液中先加入一定量的电解质 (如氯化钠), 利用所谓“盐析效应”, 以降低有机化合物和萃取溶剂在水溶液中的溶解度, 可提高萃取效果。

当用一定量的溶剂从水溶液中萃取有机化合物时, 以一次萃取好还是多次萃取好? 可以利用下列的推导来说明。设在体积 V 的水中溶解质量 m_0 的物质, 每次用体积 S 与水不互溶的有机溶剂重复萃取。假如 m_1 为萃取一次后剩留在水溶液中的物质质量, 则在水中的浓度和在有机相中浓度就分别为

m_1/V 和 $(m_0-m_1)/S$, 两者之比等于 K, 即

$$\frac{m_1/V}{(m_0-m_1)/S}=K \quad 或 \quad m_1=\frac{KV}{KV+S}\cdot m_0$$

令 m_2 为萃取两次后该有机化合物在水中的剩留质量, 则有

$$\frac{m_2/V}{(m_1-m_2)/S}=K \quad 或 \quad m_2=m_1\frac{KV}{KV+S}=m_0\left(\frac{KV}{KV+S}\right)^2$$

显然, 在萃取 n 次后的剩留质量 m_n 应为

$$m_n=m_0\left(\frac{KV}{KV+S}\right)^n$$

当用一定量的溶剂萃取时, 总是希望在水中的剩余质量越少越好。因为上式中 $\frac{KV}{KV+S}$ 恒小于 1, 所以 n 越大, m_n 就越小, 即把溶剂分成几份作多次萃取比用全部量的溶剂作一次萃取为好。但必须注意, 上面的式子只适用于几乎和水不互溶的溶剂, 例如苯、四氯化碳或氯仿等。对于与水有少量互溶的溶剂, 如乙醚等, 上面的式子只是近似的, 但也可以定性地判断预期的结果。

例如, 在 100 mL 水中含有 4 g 正丁酸的溶液, 在 15℃ 时用 100 mL 甲苯来萃取, 设已知在 15℃ 时正丁酸在水和甲苯中的分配系数 $K=\frac{1}{3}$, 用甲苯 100 mL 一次萃取后在水中的剩留质量为

$$m_1=4\times\frac{\frac{1}{3}\times 100}{\frac{1}{3}\times 100+100}\ \text{g}=1.0\ \text{g}$$

如果用 100 mL 的甲苯以每次 33.3 mL 萃取三次, 则剩留质量为

$$m_3=4\times\left(\frac{\frac{1}{3}\times 100}{\frac{1}{3}\times 100+33.3}\right)^3\ \text{g}=0.5\ \text{g}$$

从上面的计算可以知道 100 mL 甲苯一次萃取可以提出 3.0 g (75%) 的正丁酸, 而分三次萃取时则可提出 3.5 g (87.5%)。所以, 用同样体积的溶剂, 分多次萃取比一次萃取的效率高, 但是当溶剂的总量保持不变时, 萃取次数 (n) 增加, S 就要减小。例如, 当 $n>5$ 时, n 和 S 这两个因素的影响就几乎相互抵消了, 再增加 n, m_n/m_{n+1} 的变化很小。通过运算也可以证明这一结论。在实际操作时, 萃取次数的多少与被萃取物的价值及分配系数 K 值的大小有关。对价值高的化合物, 可多萃取几次, 而当 K 足够大时, 萃取 1~2 次就可以了。

上面的分析也适合于由溶液中萃取出 (或洗涤去) 溶解的杂质。

2. 萃取溶剂的选择

选择合适的萃取溶剂是能否成功地分离和纯化化合物的关键。正确选择萃取溶剂应遵循以下几点:

(1) 萃取溶剂与水不溶或几乎不溶;

(2) 溶剂不与混合物中的组分发生不可逆的化学反应;

(3) 被萃取物在溶剂中的溶解度大, 而杂质和其他组分在其中的溶解度小;

(4) 萃取溶剂沸点不宜太高, 易通过蒸馏等方法方便地从溶质中除去。

此外,溶剂的化学稳定性好,价格便宜,毒性小,相对密度适当,操作方便也是考虑的因素。

萃取溶剂的选择是随着被提取物的性质而定的。一般而言,难溶于水的物质用石油醚等萃取;较易溶者用乙醚或甲苯萃取;易溶于水的物质用乙酸乙酯或其他类似溶剂来萃取。例如,如用乙醚提取水中的草酸效果差,若改用乙酸乙酯来萃取,效果就好。事实上,完全理想的溶剂很难找到。只要合乎主要要求,即使有其他一些不足,亦可采用。

经常使用的溶剂有:乙醚、石油醚、戊烷、己烷、四氯化碳、氯仿、二氯甲烷、二氯乙烷、甲苯、乙酸乙酯、醇等。表 2.7.1 列出了一些常用萃取溶剂的有关性质。

表 2.7.1 常用萃取溶剂的有关性质

溶剂	沸点/°C	在水中的溶解度 / $g\cdot(100\ mL)^{-1}$	危险性	相对密度	易燃性
乙醚	35	6	吸入,易燃	0.71	++++
戊烷	36	0.04	吸入,易燃	0.62	++++
石油醚	40~60	低	吸入,易燃	0.64	++++
二氯甲烷	40	2	LD_{50}, 1.6 $mL\cdot kg^{-1}$	1.32	+
石油醚	60~90	低	吸入,易燃	0.65	++++
氯仿	61	0.5	吸入	1.48	—
己烷	69	0.02	吸入,易燃	0.66	++++
甲苯	111	0.06	吸入,易燃 (比苯毒性小)	0.87	++

3. 酸碱萃取

溶质在极性和非极性溶剂中有着差别很大的分配系数。当中性与酸或碱性化合物共存时,很明显,中性化合物是非极性的,而酸或碱性化合物是极性的,例如苯甲酸、苯酚、苯胺和萘等。羧基、酚羟基和氨基是亲水基,而烃基是憎水基。由于酸和碱性化合物有着体积较大的烷基 ($R>C_6$) 和芳基 (Ar),当用中等极性的乙醚或二氯甲烷作为萃取剂时,酸和碱性化合物大量地停留在有机相中。但当用碱或酸的水溶液萃取时,酸即生成了它的共轭碱,碱即生成了它的共轭酸。共轭酸碱作为离子化合物是高极性的,因而从有机相转入水相,分配系数 $K_{水}/K_{有机相}>1$,故可将此类物质用酸碱水溶液从有机相萃取出来。萃取后的水溶液分别用酸或碱溶液中和时,有机物即可游离出来。羧酸通常用5%或10%的碳酸钠或碳酸氢钠溶液中和,酚用5%的氢氧化钠溶液中和,胺用稀硫酸或稀盐酸中和。

$$R-C(=O)-O-H + B^-Na^+ \rightleftharpoons R-C(=O)-O^-\ Na^+ + B-H$$

羧酸 不溶于水 $K_{水/有机相}<1$ ； 碱 钠盐 ； 羧酸钠盐 溶于水 $K_{水/有机相}>1$

$$Ar-O-H + B^-Na^+ \rightleftharpoons Ar-O^-Na^+ + B-H$$

酚 不溶于水 $K_{水/有机相}<1$ ； 碱 钠盐 ； 酚钠盐 溶于水 $K_{水/有机相}>1$

$$\underset{\substack{\text{胺}\\ \text{不溶于水}\\ K_{\text{水/有机相}}>1}}{R-\ddot{N}H_2} + H-Cl(aq) \longrightarrow \underset{\substack{\text{铵盐}\\ \text{溶于水}\\ K_{\text{水/有机相}}>1}}{R\overset{\oplus}{N}H_2-H\overset{\ominus}{Cl}}$$

$$\underset{\text{溶于水}}{R-C(=O)-O^- \ Na^+} + H-Cl(aq) \rightleftharpoons \underset{\text{不溶于水}}{R-C(=O)-O-H} + Na^+Cl^-$$

$$\underset{\text{溶于水}}{Ar-O^- \ Na^+} + H-Cl(aq) \rightleftharpoons \underset{\text{不溶于水}}{Ar-O-H} + Na^+Cl^-$$

$$\underset{\text{溶于水}}{R\overset{+}{N}H_2-H\overset{-}{Cl}} + H\ddot{O}^- \ \ddot{N}a^+(aq) \longrightarrow \underset{\text{不溶于水}}{R-\ddot{N}H_2} + H_2O + NaCl$$

酸性、碱性和中性化合物的分离流程如图 2.7.1 所示。

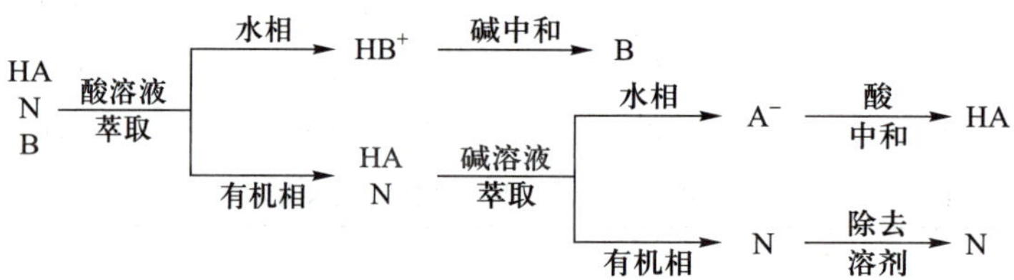

图 2.7.1　酸性、碱性和中性化合物的分离流程

4. 实验操作

液液萃取

(1) 溶液中物质的萃取。在实验中常见的是水溶液中物质的萃取。最常使用的萃取器皿为分液漏斗。操作时应选择容积较液体体积大一倍以上的分液漏斗，将旋塞擦干，在离旋塞孔稍远处薄薄地涂上一层润滑脂 (注意切勿涂得太多或使润滑脂进入旋塞孔中，以免沾污萃取液)，塞好后再将旋塞旋转几圈，使润滑脂均匀分布，看上去透明即可。一般在使用前应于漏斗中放入水摇荡，检查塞子与旋塞是否渗漏，确认不漏水时方可使用。然后将漏斗放在固定在铁架上的铁圈中，关好旋塞，将要萃取的水溶液和萃取剂 (一般为溶液体积的 1/3) 依次自上口倒入漏斗中，塞紧塞子 (注意塞子不能涂润滑脂)。取下分液漏斗，用右手手掌顶住漏斗顶塞并握住漏斗，左手的食指和中指夹住下口管，同时，食指和拇指控制旋塞 [见图 2.7.2(1) 和 (2)]。然后将漏斗平放，前后摇动或做圆周运动，使液体振荡起来，两相充分接触。在振荡过程中应注意不断放气，以免萃取或洗涤时，内部压力过大，造成漏斗的塞子被顶开，使液体喷出，严重时会引起漏斗爆炸，造成伤害事故。放气时，将漏斗的下口向上倾斜，使液体集中在下面。用控制旋塞的拇指和食指打开旋塞放气 (注意不要对着人!)，一般振荡两三次就放一次气 [见图 2.7.2(3)]。如此重复至放气时只有很小压力后，再剧烈振荡 2～3 min，然后再将漏斗放回铁圈中静置，待两层液体完全分开后，打开上面的玻璃塞，再将旋塞缓缓旋开，下层液体自旋塞放出。分液时一定要尽可能分离干净，有时在两相间可能出现一些絮状物也应同时放去。然后将上层液体从分液漏斗的上口倒出，切不可也从旋塞放出，以免被残留在漏斗颈上的第一种液体所沾污。将水溶液倒回分液漏斗中，再用新的萃取剂萃取。当分

层难以判断时，为了弄清哪一层是水溶液，可任取其中一层的小量液体，置于试管中，并滴加少量自来水，若分为两层，说明该液体为有机相。若加水后不分层，则是水溶液。萃取次数取决于分配系数，一般为 3～5 次，将所有的萃取液合并，加入过量的干燥剂干燥。然后蒸去溶剂，萃取所得的有机化合物视其性质可利用蒸馏，重结晶等方法纯化。

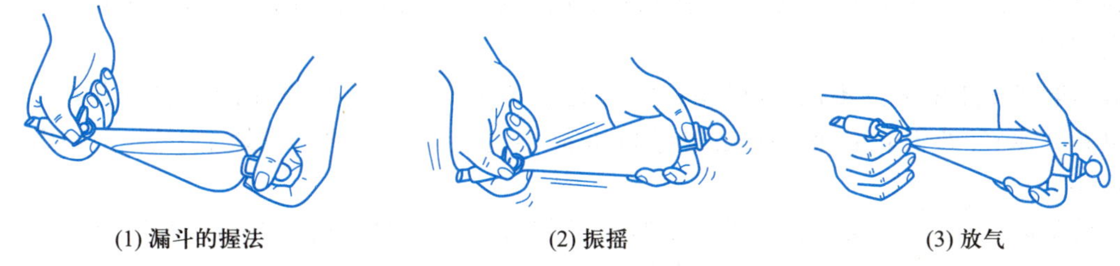

图 2.7.2　萃取时手握分液漏斗的方法

在萃取时，特别是当溶液呈碱性，或含有表面活性较强的物质 (如蛋白质、长链脂肪酸等) 时，常常会产生乳化现象，有时由于存在少量轻质的沉淀、溶剂互溶、两液相的相对密度相差较小等，也可能使两液相不能很清晰地分开，这样很难将它们完全分离。用来破坏乳化的方法有:

① 利用 “盐析效应”，在溶液中加入几毫升饱和氯化钠水溶液，重新轻轻摇动。氯化钠增强了水层的离子性，有利于有机化合物进入有机相，同时增大了水相的相对密度。

② 将乳化的溶液通过置有玻璃棉或助滤剂 (硅藻土) 的布氏漏斗或希氏漏斗，进行真空过滤。使用滤纸时，絮状物或胶体物质会使滤纸孔发生堵塞。

③ 若因溶液呈碱性而产生乳化，可加入少量稀硫酸。但酸切勿过量，以免发生中和或使溶液酸化，组分发生化学变化。

④ 用滴管在乳化界面加入几滴破乳剂，如乙醇、磺化蓖麻油等。

⑤ 利用离心机离心，或将乳化液转入锥形瓶置于超声波清洗仪中振荡。

⑥长时间静置。

如果事先预知可能发生乳化 (如相转移反应等)，则应在萃取时将漏斗塞子打开，握住漏斗轻轻地旋摇，直至无明显气体放出，而不要做剧烈的摇振，以免给分离带来不必要的麻烦。

用乙醚萃取时，应特别注意周围不要有明火。摇荡时，要用力小，时间短，应多摇多放气，否则，漏斗中蒸气压力大，液体会冲出造成事故。

萃取时正确判断水相和有机相是十分重要的，必须小心操作，认真思考。尽管水和萃取溶剂的相对密度对判断提供了重要的依据。但由于高浓度的溶液可能使两相的相对密度发生颠倒，以致做出错误的判断，故在正确判断哪一相是含所需要分离的产物之前，水相和有机相都不能轻易丢弃。

微量萃取操作

进行微量制备反应时，由于溶液的体积太小而无法用分液漏斗进行萃取，可采用锥形反应器或具螺帽的离心管 (见图 2.7.3)，可分离的溶液体积分别约为 4 mL 和 10 mL。为防止溶液撒落或溅出，反应器或离心管应置于合适的小烧杯中。

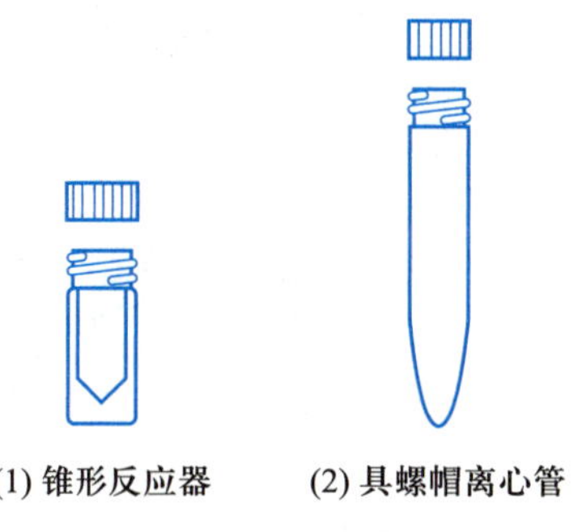

图 2.7.3　微量萃取装置

在进行萃取前，应仔细检查容器是否有裂缝或破损。可靠的方法是在容器中加 1 mL 水，旋紧盖帽，剧烈摇动后仔细观察有无泄漏发生。

萃取通常涉及水相和不相溶的有机相。萃取时两相必须充分混合。最简单的方法是摇振反应器或试管，也可通过磁子搅拌 5～10 min 达到混合的目的。混合时必须注意适时旋松螺帽释放体系的压力，防止事故发生。另一种方法是将混合物吸入滴管然后迅速地挤回容器。但不要用力过猛，防止液体喷溅到容器之外。重复操作几次，即可达到萃取的目的。用新鲜的溶剂进行多次萃取可使产物回收达到最大程度。

根据萃取时使用的溶剂不同，有机相可以在上层或下层，二者分离操作的方法略有差异。最常见的是有机相比水轻，处于上层，例如用乙醚萃取水相；也可能有机相比水重处于下层，例如用二氯甲烷萃取有机相。

以乙醚萃取水相为例，操作方法见图 2.7.4。放置含有产物的水相于 5 mL 的锥形反应器中，加入 1 mL 乙醚，振摇或搅拌使充分混合，静置分层（如使用离心管，可利用离心机促进分层）。在萃取容器旁边放置于小烧杯中的空试管，将滴管的尖端插入容器底部，小心地将底层水相移至空试管中，注意尽量避免将有机相或两相之间的乳化层吸出。当从容器中移出小量液体时，使用过滤滴管更为合适。使用另一干净的滴管将容器中的醚层小心转移至另一试管或锥形瓶中。用滴管重新将水层吸入萃取容器，重复上述操作 2～5 次，以达到从水相中完全萃取所需有机化合物的目的。用合适的干燥剂如无水硫酸钠或硫酸镁干燥萃取后的有机相。

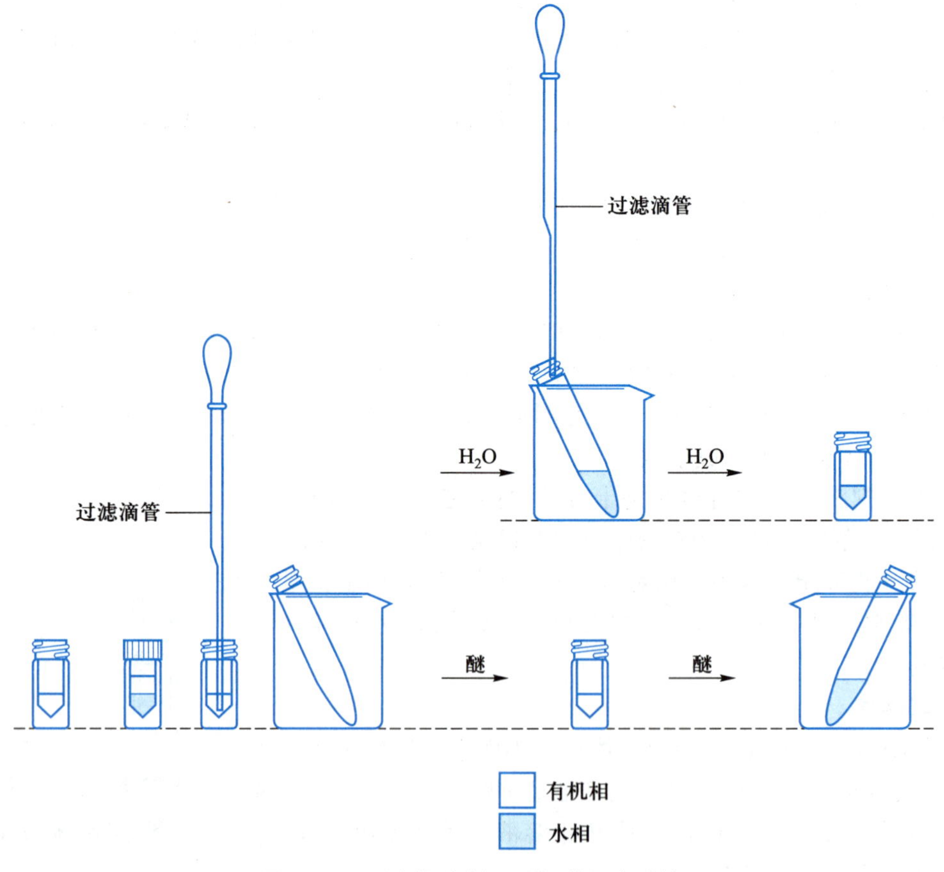

图 2.7.4　用有机溶剂（乙醚）萃取水溶液

当用二氯甲烷或氯仿作萃取剂时，有机相会出现在下层 (见图 2.7.5)，此时可用类似的操作方法进行萃取。

判断水相和有机相的一个简单方法是，在分离的水相或有机相中加入几滴水，摇动后看看是否相溶或体积发生变化。

(2) 固体物质的萃取。从固体混合物中萃取所需物质，最简单的方法是将固体混合物粉碎研细后放入容器。接着选择适当的溶剂浸泡，用力振荡，通过过滤的方法将萃取液和残留的固体分开。若待提取物对某种溶剂的溶解性特别好，可采用洗涤的方法；若待提取物的溶解度小，则应采用脂肪提取器——索氏 (Soxhlet) 提取器来进行提取 (见图 2.7.6)。

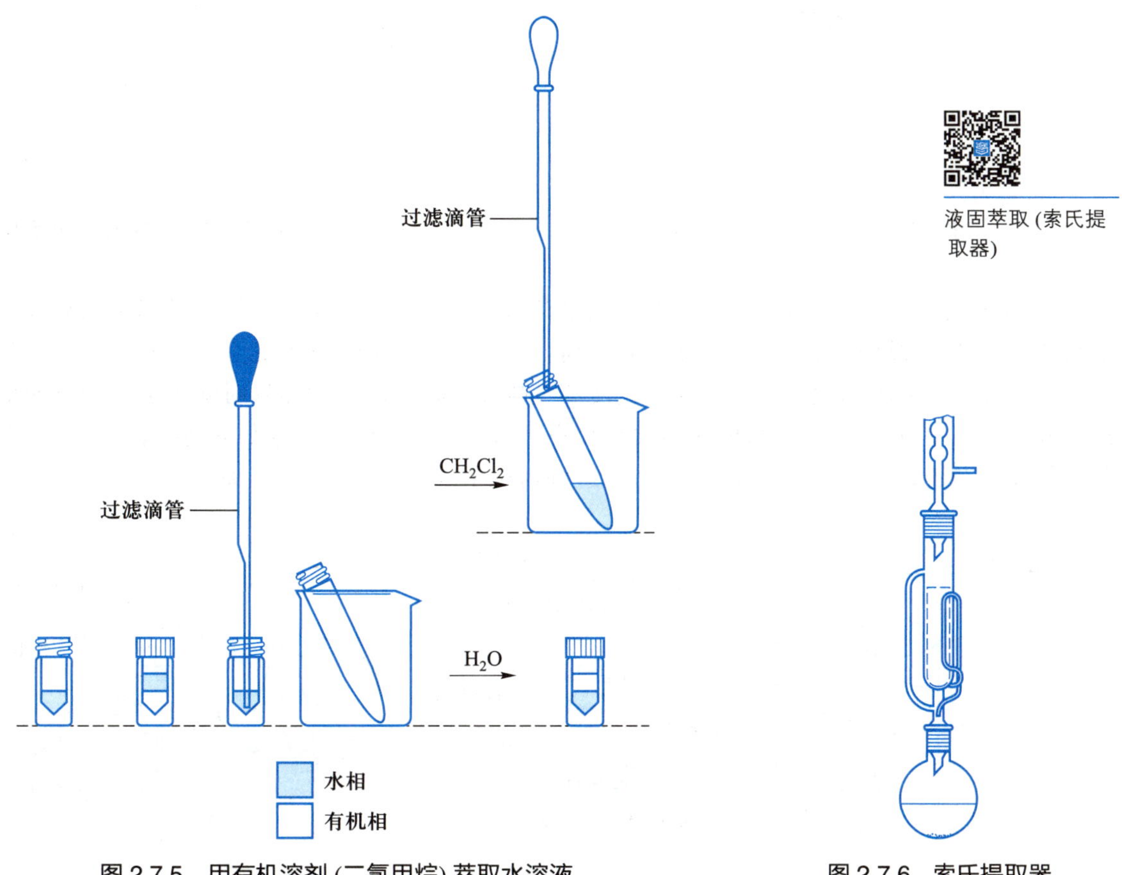

图 2.7.5 用有机溶剂 (二氯甲烷) 萃取水溶液

图 2.7.6 索氏提取器

脂肪提取器是利用溶剂回流及虹吸原理，使固体物质连续不断地被纯的溶剂所萃取，因而效率较高。萃取前应先将固体物质研细，以增加溶剂浸润的面积，然后将固体物质放在滤纸套内，置于提取器中。提取器的下端通过木塞 (或磨口) 和盛有溶剂的烧瓶连接，上端接冷凝管。当溶剂沸腾时，蒸气通过玻璃管上升，被冷凝管冷凝成为液体，滴入提取器中，当溶剂液面超过虹吸管的最高处时，即虹吸流回烧瓶，从而萃取出溶于溶剂部分的物质。就这样利用溶剂回流和虹吸作用，使固体的可溶物质富集到烧瓶中。然后用其他方法将萃取出的物质从溶液中分离出来。对少量的提取物，选用半微量提取器更为合理 (见图 2.7.7)。用微型蒸馏装置进行固–液萃取见图 2.7.8。

图 2.7.7　简易半微量提取器

图 2.7.8　用微型蒸馏头进行固-液萃取

(3) 溶剂蒸发。蒸发溶剂、浓缩萃取溶剂是萃取技术及其他技术如柱层析技术的重要操作。在许多制备中，回收产品时，也必须除去过量的溶剂。乙醚、二氯甲烷及苯等溶剂是易燃或有毒的。如果蒸掉几毫升以上的溶剂就应采取措施避免使蒸气排放到室内。一种蒸发时除去蒸气的方便措施是将其导入水泵之中，并在泵中被水稀释排放到水槽下水管内。几种快速蒸发溶剂的装置如图 2.7.9 所示。但这种办法对于去掉大量溶剂是不适宜的，这种情况下，可用蒸馏办法解决。

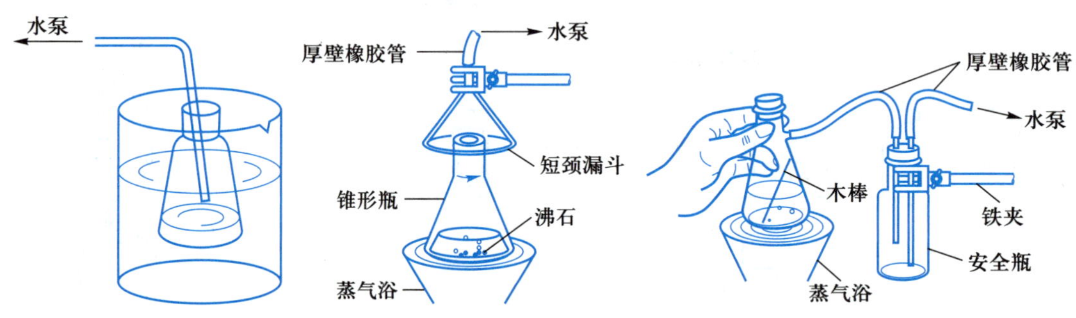

图 2.7.9　少量挥发性溶剂的除去装置

为了快速蒸发较大量的溶剂，可使用真空旋转蒸发器 (见图 1.5.14)。

微量溶剂的蒸发

微量制备中锥形反应器或试管溶液中的溶剂，可采用合适的热源如沙浴等进行蒸发。为防止蒸发时起泡，溶液中应放置搅拌磁子或加入沸石。蒸发时应调节温度勿使溶液剧烈沸腾。通入氮气或空气，可加快蒸发速率 [见图 2.7.10(1)]，也可在反应器上方装置连接水泵的漏斗 [见图 2.7.10(2)] 或在试管的支管连接水泵 [图 2.7.10(3)]。

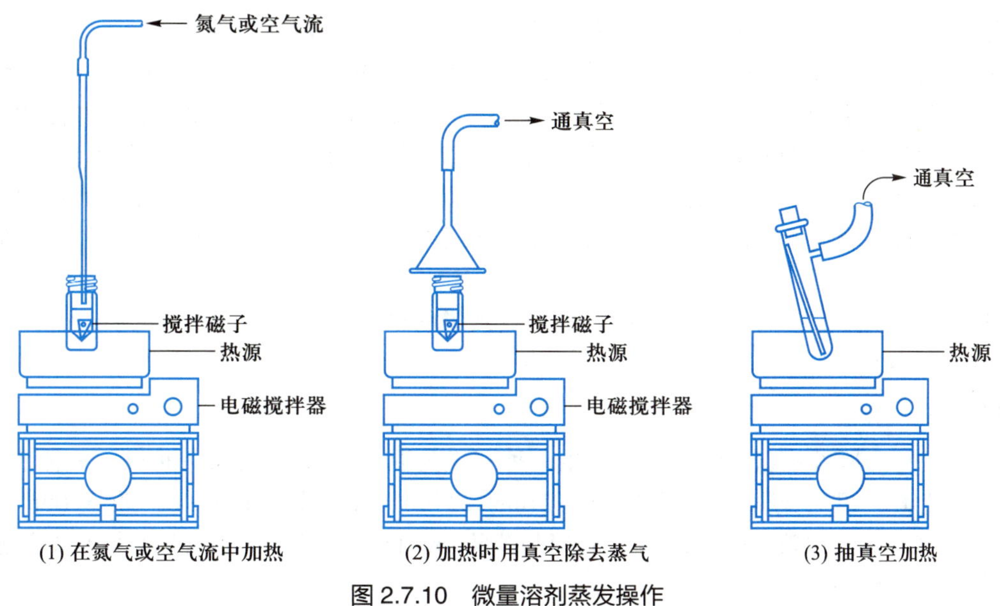

图 2.7.10 微量溶剂蒸发操作

[实验]

用萃取法分离一种三组分混合物。

实验室现有一种三组分混合物，已知其中含有对甲苯胺（一种碱），β-萘酚（一种弱酸）和萘（一种中性物质），试根据其性质和溶解度，设计合理方案将各组分分离出来。

NH_2 CH_3 OH

对甲苯胺 (mp 45℃)　　β-萘酚 (mp 123℃)　　萘 (mp 80℃)

[参考方案]

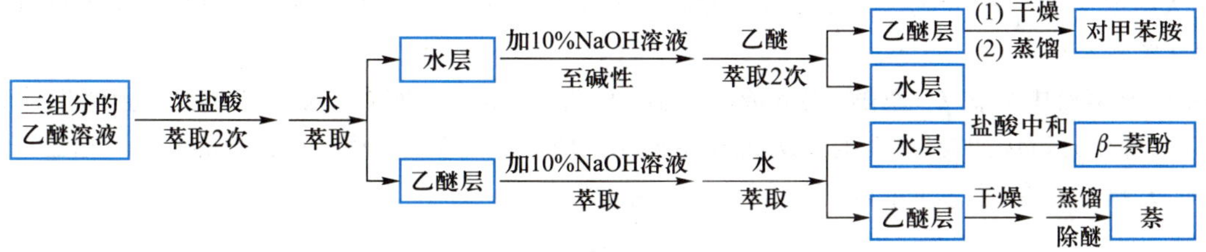

[操作]

取 1.5 g 三组分混合物样品[1] 溶于 12 mL 乙醚中，将溶液转入 25 mL 分液漏斗中，加入 1.5 mL 浓盐酸溶解在 12 mL 水中的溶液，并充分摇荡，静置分层后，放出下层液体（水溶液）于锥形瓶中。再用第二份酸溶液萃取一次。最后用 6 mL 水萃取，以除去可能溶于乙醚层过量的盐酸，合并三次酸性萃取液。在搅拌下向酸性萃取液中滴加 10%氢氧化钠溶液至其对石蕊试纸呈碱性。然后用乙醚 (12 mL×2) 萃取碱液。合并醚萃取液，用粒状氢氧化钠干燥 15 min。然后将乙醚溶液滤入一已称量的圆底烧瓶或锥形瓶中，用水浴蒸馏并回收乙醚。称量残留物（为哪种组分?），并测定其熔点。

剩下的乙醚溶液用10%氢氧化钠溶液萃取（5 mL×2），再用6 mL水萃取一次，合并在碱性萃取液中。在搅拌下向碱性溶液中缓缓滴加浓盐酸，直到溶液对石蕊试纸呈酸性为止。在中和过程中外部用冷水浴冷却，至终点时有白色沉淀析出，真空抽滤，回收β-萘酚，干燥后称量并测定熔点。

剩下的乙醚溶液（其中含哪种组分?）从分液漏斗上部倒入一锥形瓶中，加适量无水氯化钙不时振荡15 min。然后将乙醚溶液滤入一已知质量的圆底烧瓶中，用水浴蒸馏并回收乙醚，称量残留物，同时测定其熔点。

必要时，每种组分可进一步重结晶，以获得熔点敏锐的纯品。

本实验需3～4 h。

[注释]

[1] 本实验中，教师可随意分配给每个学生一种三组分混合物，其中含有一种碱、一种酸、一种中性化合物。除上面一组化合物之外，可用苯甲酸（mp 122 ℃）、肉桂酸（mp 133 ℃）、联苯（mp 70 ℃）、对二氯苯（mp 53 ℃）、对氯苯胺（mp 72 ℃）与间硝基苯胺（mp 111 ℃）等。学生可以从它们的熔点来鉴定所给混合物的各种组分。

[思考题]

(1) 什么是萃取？什么是洗涤？指出二者的异同点。

(2) 使用分液漏斗前必须检查哪些项目？用完后又应该怎样处理？

(3) 萃取时出现乳化现象如何破乳？如何防止出现乳化现象？

(4) 萃取时如何判断水层和有机层？这两种液体应如何放出才合适？

(5) 从分液漏斗下端放出液体时为什么不要流得太快？当界面接近旋塞时，为什么要将旋塞关闭，静置片刻再行分离？

(6) 在对甲苯胺、β-萘酚和萘三组分分离实验中，利用了什么性质？在萃取过程中各组分发生的变化是什么？

(7) 乙醚作为一种常用的萃取剂，其优缺点是什么？

(8) 在100 mL水中溶有5 g有机物，用50 mL乙醚萃取，计算一次萃取和分两次萃取后有机物在水中的残余量各是多少？（设$K_{乙醚/水}=3$）

(9) 从乙醚萃取液中分离苯甲酸、β-萘酚和萘，为什么开始步骤要用碳酸氢钠的水溶液，而不是氢氧化钠的水溶液？

(10) 从醚溶液中分离β-萘酚，如溶液酸化到pH为10而不是使石蕊试纸显酸性，会产生什么结果？

(11) 一种作为药物的天然产物lorazepam在水和氯仿中的溶解度分别为0.08 $mg\cdot mL^{-1}$和2.0 $mg\cdot mL^{-1}$。试估算此天然产物在氯仿和水两相之间的分配系数。

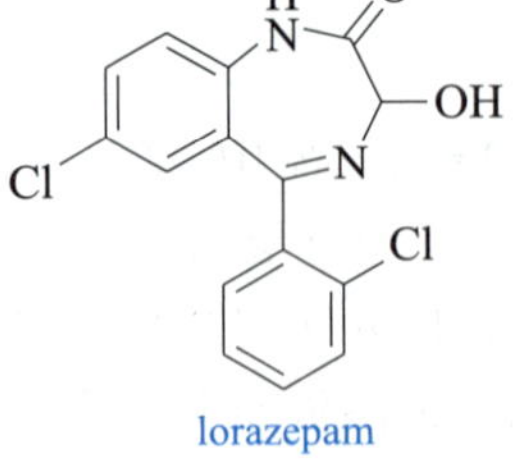

lorazepam

2.8 色谱分离技术

咳! 倒霉! 你把忘记盖上笔帽的圆珠笔放在了心爱的衬衣的口袋里。作为对疏忽大意的惩罚, 洁净的口袋上出现了一个墨点。你用湿毛巾贴在墨点上, 试图去除, 结果墨点均匀地变大, 圆圈的外围出现了新的颜色。事实上, 你已经经历了一次粗糙的色谱操作, 将其中含有某种染料的混合物进行了初步的分离。这里含纤维素的衣料为固定相, 水为流动相。

色谱分离技术是 20 世纪初在研究植物色素时发现的一种分离分析方法, 借以分离和鉴定一些结构和性质相近的有机有色物质, 色层 (谱) 一词由此而得名。长期以来, 经过不断改进, 已成功地发展成为多种类型的色谱分离分析方法, 成为化学工作者的有力工具。色谱分离技术提供了数目浩繁、用一般方法难以分离的有机化合物分离提纯的方法及定性鉴别和定量分析的数据, 还可用于化合物纯度的鉴定和化学反应进程的跟踪, 并已用于对映体的分离。

与经典的分离提纯手段 (重结晶、升华、萃取和各种蒸馏等) 相比, 色谱法具有高效、灵敏、准确及简便等特点, 已广泛用于有机化学、生物化学的科学研究和有关的化工生产等领域内。

色谱法按其操作形式不同, 可分为薄层色谱和柱色谱; 按其作用原理不同又可分为吸附色谱、分配色谱、离子交换色谱和凝胶渗透色谱。

类似于萃取, 所有色谱法的操作原理是利用混合物中各组分在互不相溶的两相中不等量地分配。固定相通常是固体或液体, 流动相是气体或液体, 当流动相连续通过固定相时, 混合物中的组分对两相有着不同的亲和力, 选择性地暂时达到动态平衡。当物质在流动相的平衡浓度降低时, 又从固定相中释放出来, 当流动相的组分连续通过固定相时, 组分在两相中有着不同的平衡常数和分配系数。组分对固定相的亲和力越强, 在流动相迁移速度越慢。经过多次的吸附和解吸附, 最终进入分离区或迁移带, 从而将各组分分开。化合物选择性吸附的亲和力包括静电引力、偶极相互作用、氢键、络合及范德华力。

吸附色谱是用吸附剂作固定相, 利用被分离组分在吸附剂表面吸附能力不同和在流动相中溶解度的差异而进行分离的方法。

分配色谱则是基于混合物中各组分在固定相和流动相分配常数的差异实施分离的方法。

图 2.8.1 为色谱法分离混合物的示意图。

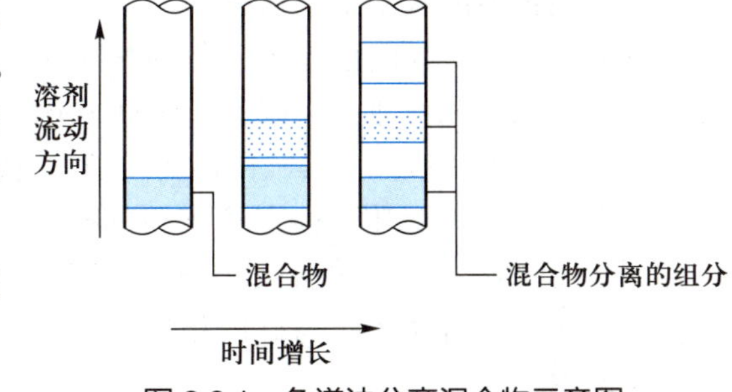

图 2.8.1 色谱法分离混合物示意图

2.8.1 薄层色谱

薄层色谱 (thin layer chromatography, 简称 TLC), 是一种微量、快速和简便的固液吸附色谱方法。它展开时间短 (几分钟到几十分钟就可达到分离目的), 分离效果高 (可达到 300～4000 块理论塔板数), 需要样品少 (少到 10^{-8} g)。可用于化合物的鉴定和分离混合物; 监测反应进程, 特别为新反应摸索最佳的反应条件; 作为制备柱色谱分离的先导, 为柱色谱提供理想的吸附剂和洗脱剂; 如果将吸附层加厚, 样品点成一条线时, 又可用作制备色谱, 分离多达 500 mg 的样品, 用于精制样品。特别适用于挥发性较小或在较高温度易发生变化而不能用气相色谱分析的物质, 其限制是不能用于沸点低于 150 ℃ 挥发性的化合物。

薄层色谱通常是将吸附剂均匀地涂布在洁净的玻璃板 (载玻片) 上作为固定相, 经干燥活化后, 在薄层板的一端用毛细管点上样品, 置于有适当极性的溶剂作展开剂 (流动相) 的展开槽内, 进行展开, 当展开剂上升至一定高度后, 取出薄层板停止展开。

由于混合物中的各个组分对吸附剂 (固定相) 的吸附能力不同, 当展开剂 (流动相) 流经吸附剂时, 发生多次吸附和解吸过程, 吸附力弱的组分随流动相迅速向前移动, 吸附力强的组分滞留在后, 由于各组分具有不同的移动速率, 最终得以在固定相薄层上分离。展开完成后的薄层板, 干燥后用适当的方法显色, 记录原点至主斑点中心及展开剂前沿的距离, 计算比移值 (R_f):

$$R_f = \frac{\text{溶质的最高浓度中心至原点中心的距离}}{\text{溶剂前沿至原点中心的距离}}$$

图 2.8.2 给出了二组分混合物展开后各组分的 R_f。良好的分离, R_f 应在 0.15～0.75, 否则应更换展开剂重新展开。

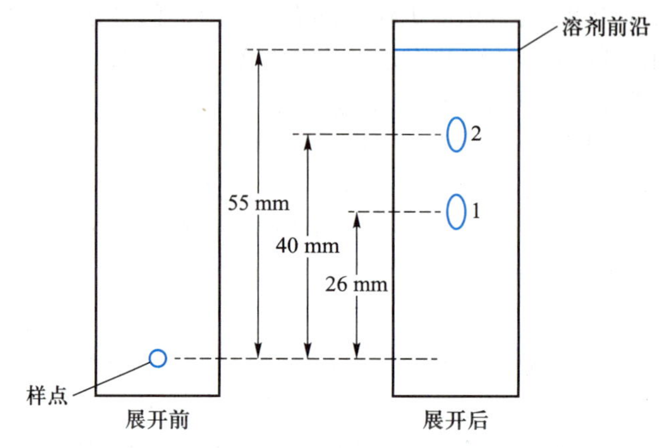

图 2.8.2　二组分混合物的薄层色谱

1. 薄层色谱的吸附剂和支持剂

最常用的薄层吸附色谱的吸附剂是氧化铝和硅胶, 二者均具极性, 氧化铝更强一些。分配色谱的支持剂为硅藻土和纤维素。硅胶 ($m\mathrm{SiO_2} \cdot n\mathrm{H_2O}$) 是无定形多孔性物质, 略具酸性。硅胶可与极性化合物形成氢键而发生吸附。其吸附能力与含水量有关, 含水量大, 硅胶中的大部分羟基与水分子结合, 降低了对极性分子的吸附。薄层色谱用的硅胶分为 "硅胶 H" —— 不含黏合剂, "硅胶 G" —— 含煅石膏黏合剂, "硅胶 HF_{254}" —— 含荧光物质, 可于波长 254 nm 紫外光下观察荧光, "硅胶 GF_{254}" —— 既含煅石膏又含荧光剂等类型。与硅胶相似, 氧化铝也因含黏合剂或荧光剂而分为氧化铝 G、氧化铝 GF_{254} 及氧化铝 HF_{254}。

吸附剂的吸附能力与颗粒大小有关。氧化铝和硅胶的颗粒大小以 200 目筛孔为宜, 纤维素颗粒一般为 150～200 目筛孔。颗粒太大, 展开剂推进速度过快, 分离效果差; 反之, 颗粒太小, 展开时又太慢, 且易出现拖尾而不集中的斑点。

色谱用的氧化铝 (Al_2O_3) 可分酸性、中性和碱性 3 种。酸性和碱性氧化铝有时用于酸性或碱性化合物的分离, 然而中性氧化铝是 TLC 最常用的形式。

有机化合物对 TLC 板固定相的吸附强度取决于吸附剂的极性和本性, 以及化合物中存在的官能团的类型。含羧基和其他极性官能团的化合物比含极性较小官能团的化合物如烯烃、卤代烷等有更强的吸附。不同官能团对极性固定相洗脱能力的大小顺序如图 2.8.3 所示。

在极性固定相增强吸附

$$\mathrm{RCO_2H < ROH < RNH_2 < R_1R_2C{=}O < R_1CO_2R_2 < ROCH_3 < R_1R_2C{=}CR_3R_4 < RHal}$$

图 2.8.3　不同官能团对极性固定相洗脱能力的大小顺序

吸附剂的活性与其含水量有关,含水量越高,活性越低,吸附剂的吸附能力越弱;反之则吸附能力越强。吸附剂的含水量与活性等级关系见表 2.8.1。

表 2.8.1 吸附剂的含水量与活性等级关系

活性等级	Ⅰ	Ⅱ	Ⅲ	Ⅳ	Ⅴ
氧化铝含水量/%	0	3~4	5~7	9~11	15~19
硅胶含水量/%	0	5	15	25	38

常用的是Ⅱ级和Ⅲ级吸附剂。Ⅰ级吸附性太强,且易吸水;Ⅴ级吸附性太弱。

黏合剂除上述的煅石膏 ($2CaSO_4 \cdot H_2O$) 外,还可用淀粉及羧甲基纤维素钠 (CMC) 等,后者更适合教学实验。一般先将羧甲基纤维素钠放在少量水中浸泡,配成 0.5%~1% 溶液,经 3 号砂芯漏斗过滤即得可供使用的澄清溶液。通常将薄层板按加黏合剂和不加黏合剂分为两种,加黏合剂的薄层板称为硬板,不加黏合剂的称为软板。

2. 薄层板的制备与活化

薄层板制备的好坏直接影响层析的效果,薄层应尽量均匀而且厚度 (约 250 μm) 要一致,否则,在展开时溶剂前沿不齐,层析结果也不易重复。

(1) 平铺法。用商品或自制的薄层涂布器 (见图 2.8.4) 进行制板,它适合于科研工作中数量较大、要求较高的需要。如无涂布器,可将调好的吸附剂平铺在玻璃板上,也可得到厚度均匀的薄层板 (见图 2.8.5)。

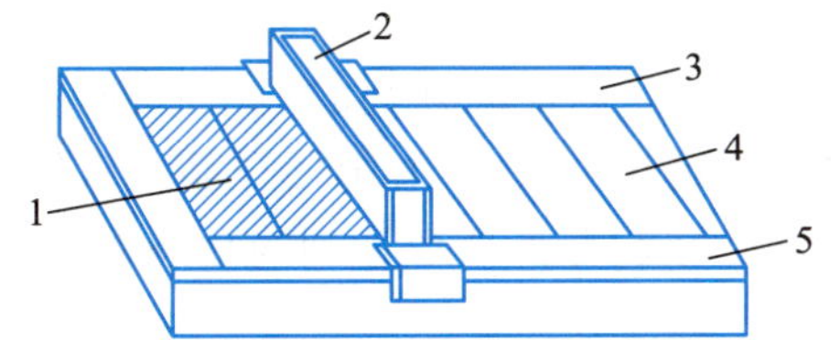

1—吸附剂薄层; 2—涂布器; 3,5—夹玻板; 4—玻璃板 (10 cm × 3 cm)

图 2.8.4 薄层涂布器

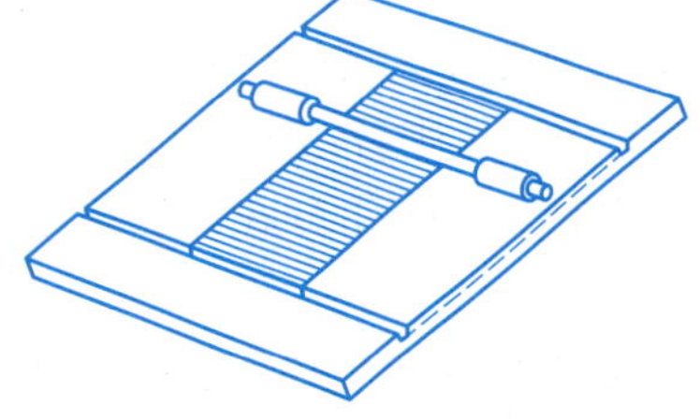

图 2.8.5 涂铺大薄层板示意图

厂商提供各种类型不同规格的薄层板,可以购买而无须自制。但作为初学者,学会自制薄层板也是有益的。

适合于教学实验的是一种简易平铺法。取 3 g 硅胶 G 与 6~7 mL 0.5%~1% 的羧甲基纤维素钠的水溶液在烧杯中调成糊状物,铺在清洁干燥的载玻片上,用手轻轻在玻璃板上来回摇振,使表面均匀平滑,室温晾干后进行活化。3 g 硅胶可铺 7.5 cm × 2.5 cm 载玻片 5~6 块。

(2) 浸渍法。把两块干净玻璃片背靠背贴紧,浸入调制好的吸附剂中,取出后分开、晾干。

(3) 薄层板的活化。把涂好的薄层板置于室温晾干 (最好过夜),晾干后的薄层板使用前需在 110 ℃ 的烘箱中活化 1 h 或更长,以便去除吸附在薄层板上的水分。活化后的薄层板应保存在干燥器中备用。

3. 点样

通常将样品溶于低沸点溶剂 (丙酮、甲醇、乙醇、氯仿、乙醚或四氯化碳等) 配成 1% 溶液,用内径小于 1 mm 管口平整的毛细管点样。点样前,先用铅笔在薄层板上距一端 1~1.5 cm 处轻轻划一横线作为起始线,然后用毛细管吸取样品,在起始线上小心点样,斑点直径一般不超过 2 mm。若溶液太稀,一次点样往往不够，如需重复点样，则应待前次点样的溶剂挥发后方可重点，以防样点过大，造成拖尾、扩散等现象，影响分离效果。若在同一板上点几个样，样点间距应为 1～1.5 cm。点样结束待样点干燥后，方可进行展开。点样要轻，不可刺破薄层 (见图 2.8.6)。

样品的浓度对展开效果影响颇大，通常以 1%～2% 为宜，不同浓度在展开时，往往呈现不同的效果。低浓度时，样品所有部分以相同的速率扩散，样点与展开点彼此呈线性关系，即为圆形分布；高浓度时，由于扩散速率比低浓度快，往往出现拖尾现象，展开点为钟状，影响分离效果 (见图 2.8.7)。

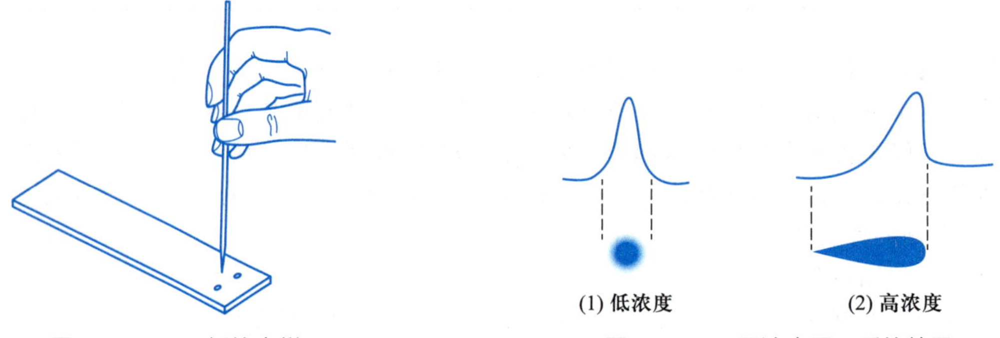

图 2.8.6　TLC 板的点样

图 2.8.7　不同浓度展开后的效果

在薄层色谱中，样品的用量对物质的分离效果有很大影响，所需样品的量与显色剂的灵敏度、吸附剂的种类、薄层厚度均有关系。样品太少时，斑点不清楚，难以观察，但是样品量太多时往往出现斑点太大或拖尾现象，以致不容易分开。

4. 展开

(1) 展开剂的选择。选择合适的展开剂对薄层色谱至关重要。选择展开剂的一个原则是：展开剂的极性不能大于样品中各组分的极性，否则会由于展开剂在固定相上被吸附，迫使样品一直保留在流动性中。在这种情况下，组分在薄层板上移动得非常快，很难建立起分离所要达到的动态平衡，影响分离效果。

另外，所选择的展开剂必须能够将样品中各组分溶解，但不能同组分竞争与固定相的吸附，如果被分离的样品不溶于展开剂，那么各组分可能会牢固地吸附在固定相上，而不随流动相移动或移动很慢。

不同的展开剂使给定的样品沿着固定相的相对移动能力，称为洗脱能力。表 2.8.2 给出了常用溶剂在 TLC 板上的极性和展开能力。单一的展开剂效果不好时，可选择混合展开剂。

表 2.8.2　TLC 常用的展开剂

溶剂名称
烷烃 (己烷、环己烷、石油醚), 甲苯, 二氯乙烷, 乙醚, 氯仿, 乙酸乙酯, 异丙醇, 丙酮, 乙醇, 甲醇, 乙腈, 水 极性及展开能力增强 →

对于烃类化合物，一般采用非极性或极性较小的己烷、石油醚或甲苯作展开剂。如将己烷或石油醚与甲苯或乙醚以各种比例混合能配成中等极性的溶剂，可适用于许多含一般官能团的化合物的分离；对极性物质的分离常常采用极性较大的溶剂例如乙酸乙酯、丙酮或甲醇等。不同极性化合物的混合物选用不同极性溶剂作展开剂分离的效果见图 2.8.8。

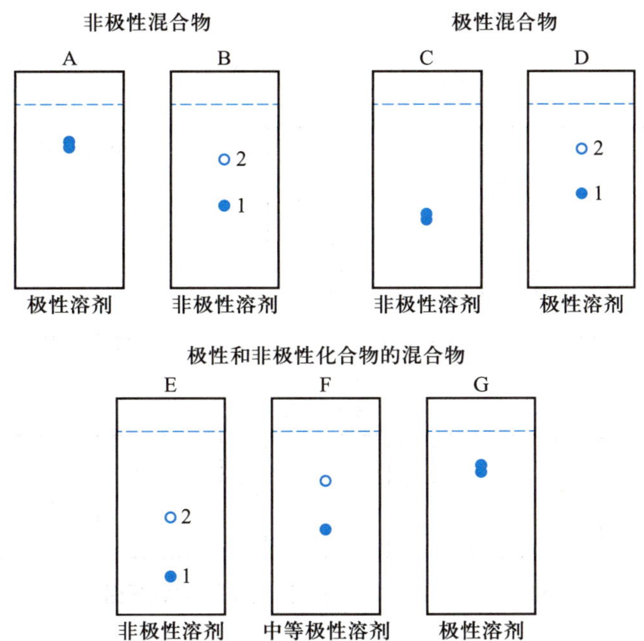

图 2.8.8　不同极性化合物的混合物选用不同极性溶剂作展开剂分离的效果
(在所有情况下, 化合物 1 的极性大于化合物 2 的极性)

在 TLC 分析中有时会产生条痕或拖尾, 而不是所希望的一个或几个圆点。这主要有两个原因: ① 如前所述, 样品浓度过大, 这可以通过稀释来解决; ② 样品中所含组分较多, 以致不是一系列单个的点而呈条痕状, 这可以使用不同的展开剂加以改善。有些化合物如羧酸 RCOOH 或胺 RNH_2, 对 TLC 板上的硅胶或氧化铝有强的吸附作用, 以致倾向于形成条痕, 解决的方法是“去活化”吸附, 即分离羧酸时, 向展开剂中加入 1~2 滴乙酸; 分离胺时, 向展开剂加入 1~2 滴氨水。

展开剂的选择有时需经过反复试验, 简易的试验方法是将涂有吸附剂的载玻片上每间隔 1 cm 点几个样品点, 然后用吸有溶剂的毛细管轻轻接触一个样品点的中心, 此时溶剂扩散成一个圆点, 溶剂前沿用铅笔作一记号。再用不同溶剂试验其余各点。样品原点将扩展为如图 2.8.9 所示的同心环, 从扩散的图像来确定适宜的溶剂作展开剂。在实际操作中, 常用两种或三种溶剂的混合物作展开剂, 这样的分离效果往往比用单一的溶剂好, 因为这样更有利于细致地调配展开剂的极性。

(2) 展开操作。薄层色谱展开在密闭器中进行。为使溶剂蒸气迅速达到平衡, 可在色谱缸内衬一滤纸, 一般可按下列方式展开。

① 单向展开。将点样后的薄层板放入盛有展开剂的广口瓶中, 广口瓶内衬一滤纸。展开剂浸入薄层的高度约为 0.5 cm。含有黏合剂的薄层板可以 30°~45° 角或垂直方式放置 (见图 2.8.10)。

② 双向展开。使用方形玻璃板铺制薄层, 样品点在角上, 先向一个方向展开。然后转动 90° 角的位置, 再换另一种展开剂展开 (见图 2.8.11)。这样, 成分复杂的混合物可以得到较好的分离效果。

5. 显色

薄层展开后, 如果样品本身是有色的, 可以直接观察到分离的过程。然而许多化合物是无色的, 这就存在一个显色问题, 常用的显色方法有以下几种。

(1) 碘熏显色。最常用的显色剂为碘, 它与许多有机化合物形成褐色的配合物。方法是将几粒碘置于密闭的容器中, 待容器充满碘的蒸气后, 将展开后干燥的薄层板放入, 碘与展开后的有机化合物

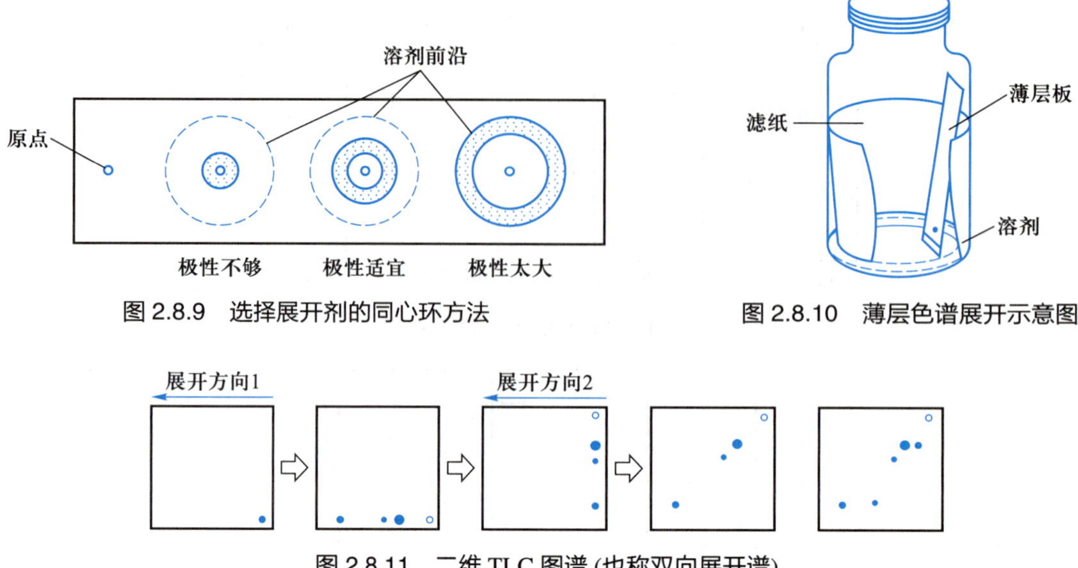

图 2.8.9　选择展开剂的同心环方法

图 2.8.10　薄层色谱展开示意图

图 2.8.11　二维 TLC 图谱 (也称双向展开谱)

可逆地结合, 在几秒到几分钟内化合物的斑点位置呈褐色。但需注意有些化合物如酚类等与碘反应, 则不能用此法显色。此外, 当薄层板上仍有溶剂时, 由于碘蒸气亦能与溶剂结合, 使薄层板显淡棕色, 有碍观察, 故放入前需将薄层板晾干。薄层板取出后, 碘升华逸出, 故必须立即用铅笔标出化合物的位置。

(2) 紫外灯显色。如果样品本身是发荧光性的物质, 可以在紫外灯下, 观察斑点所呈现的荧光 (见图 2.8.12)。对于不发荧光的样品, 可用含有荧光剂 (硫化锌镉、硅酸锌、荧光黄) 的薄层板在紫外灯下观察, 展开后的有机化合物在亮的荧光背景下呈暗色斑点。

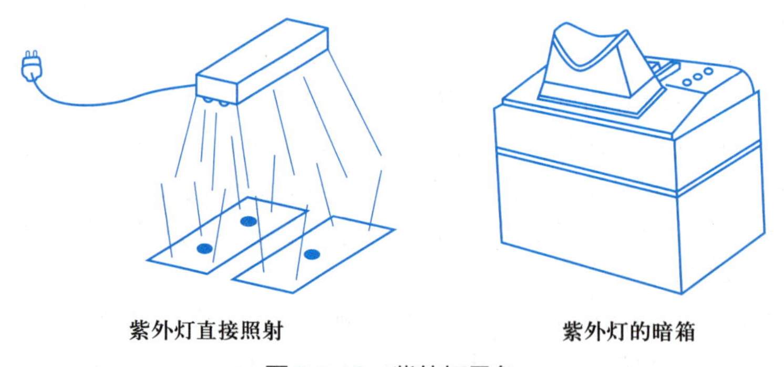

图 2.8.12　紫外灯显色

(3) 喷显色剂。非荧光性物质也可用喷雾器喷以适当的显色剂如浓硫酸、三氯化铁、高锰酸钾、磷钼酸、茚三酮水溶液等显色剂, 使样品斑点呈现颜色。喷雾时, 为使薄层不受损失, 显色剂雾滴要小, 并且喷雾均匀。

表 2.8.3 列出了几类化合物的薄层色谱, 表 2.8.4 列出了一些常用的显色剂及被检出的物质。

表 2.8.3 几类化合物的薄层色谱

类别	吸附剂	展开剂	显色剂
生物碱	氧化铝 硅胶	(1) 氯仿+5%～15% 甲醇 (2) 甲苯+1%～10% 乙醇 (3) 环己烷∶氯仿 (3∶7)** +0.05%二乙胺	(1) 改良的碘化铋钾试剂 * (2) 碘蒸气
甾族类	氧化铝 硅胶	(1) 环己烷∶乙酸乙酯 (7∶3) (2) 氯仿∶丙酮 (9∶1) (3) 甲酸∶乙酸∶水 (5∶5∶1)	(1) 5% 磷钼酸 [溶于乙醇∶乙醚 (1∶1)] 溶剂中 (2) 三氯化锑-氯仿溶液 (20 mL 溶于 0.7 mL 氯仿中)
氨基酸	氧化铝 硅胶	(1) 正丁醇+50% 乙醇 (2) 甲醇∶乙酸 (97∶3)	水合茚三酮液 (0.2～0.5 mL) 溶于95 mL 乙醇，再加入 5 g 4-乙基-2-甲基吡啶
酚类	硅胶	(1) 甲苯 (2) 环己烷∶氯仿∶二乙胺 (5∶5∶1)	5% 三氯化铁溶液 [溶于甲醇∶水 (1∶1) 中]
	纤维素粉	(1) 丁醇∶乙酸∶水 (4∶1∶5) (2) 甲苯∶乙酸∶水 (2∶2∶1 或 1∶1∶2)	
醛类	硅胶	(1) 甲苯∶石油醚 (1∶1) (2) 甲苯+5% 乙酸乙酯	邻联茴香胺乙酸溶液
黄酮类及其单糖苷类	纤维素	(1) 70% 乙酸 (2) 30% 乙酸 (3) 丁醇∶乙酸∶水 (4∶1∶5)	1% 三氯化铝的乙醇溶液

* 改良的碘化铋钾试剂的配制：
(1) 取次硝酸铋 0.1 g，溶于 10 mL 冰乙酸和 20 mL 蒸馏水中。
(2) 取碘化钾 8 g，溶于 20 mL 蒸馏水中。
临用前，取 (1) 液 3 mL，加 1.5 mL 冰乙酸及 4 mL 蒸馏水，再加 (2) 液 0.5 mL，混匀即成。
** 比例为体积比，表中同。

表 2.8.4 一些常用的显色剂及被检出物质

显色剂	配制方法	被检出物质
浓硫酸 *	90% 的浓硫酸	通用试剂，大多数有机物在加热后显黑色斑点
香兰素-浓硫酸	1% 香兰素的浓硫酸溶液	冷时可检出萜类化合物，加热时为通用显色剂
四氯邻苯二甲酸酐	2% 四氯邻苯二甲酸酐溶液，溶剂由丙酮∶氯仿 =10∶1	可检出芳香烃
硝酸铈铵	6 g 硝酸铈铵的 15 mL 2 mol·L^{-1} 硝酸溶液	检出醇类
铁氰化钾-三氯化铁	1% 铁氰化钾水溶液与 2% 的三氯化铁水溶液使用前等体积混合	检出酚类
2,4-二硝基苯肼	1.94 g 2,4-二硝基苯肼溶于 45 mL 质量分数为 7% 的盐酸溶液	检出醛酮
溴酚蓝	0.05% 溴酚蓝的乙醇溶液	检出有机酸
茚三酮	0.3 g 茚三酮溶于 100 mL 乙醇中	检出胺、氨基酸
氯化锑	三氯化锑的氯仿饱和溶液	甾体、萜类、胡萝卜素等
二甲氨基苯胺	1.5 g 二甲氨基苯胺溶于 25 mL 甲醇、25 mL 水及 1 mL 乙酸组成的混合溶液中	检出过氧化物

* 以 CMC 为黏合剂的硬板不宜用硫酸显色，因为硫酸也会使 CMC 炭化变黑，整板黑色而显不出斑点位置。

6. 制备薄层色谱

薄层色谱最广泛的应用是分析和鉴别，即确定混合物中组分的数目和本性，但也可以从混合物中分离和提纯化合物，后一过程称为制备薄层色谱。其原理同前者相似，二者的主要区别在于样品和吸附剂的用量。用于鉴别的 TLC 吸附剂的厚度约为 0.25 mm，而制备 TLC 则至少 3 mm。一块制备 TLC 板 (20 cm×20 cm) 能够分离样品的量最大可达 500 mg，而分析 TLC 仅为几毫克，因此，制备 TLC 通常用巴斯德滴管代替毛细管点样。色谱按常规方法展开后接着显色。最理想的显色方法是使用荧光指示剂，也可用碘或合适的显色剂显色。当用碘显色时，通常是在薄层板的一侧，以免污染板上其余的化合物。为此可以借助形状类似船的小容器，将少量碘的丙酮溶液 (0.1%～0.5%) 置于其中，在通风橱中蒸发显色。碘船置于薄层板一侧的底部 (见图 2.8.13)，板上的褐色斑点指示被分离的化合物。

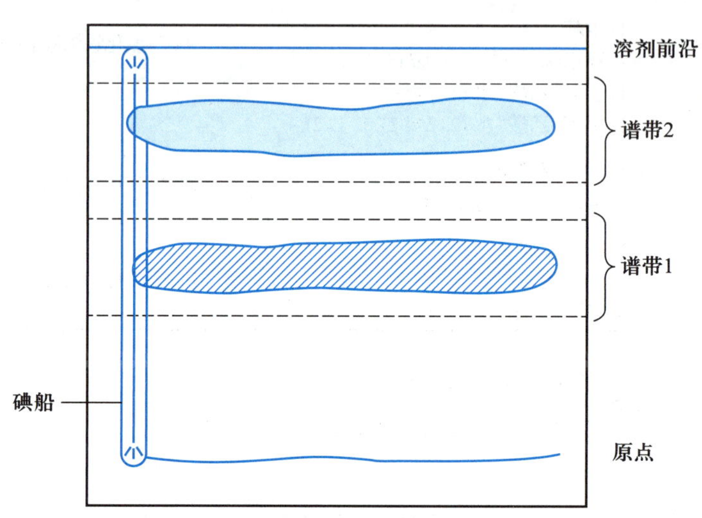

图 2.8.13　制备薄层色谱

薄层板上的组分确定后，用刮刀将谱带刮下，将吸附剂和组分的混合物置于小烧杯或锥形瓶中，用合适的溶剂从吸附剂中萃取化合物。对大多数有机物而言，丙酮是良好的溶剂，它易溶解有机物，但不溶解被吸附的荧光指示剂。滤去吸附剂，必要时可用丙酮多次萃取，最后除去溶剂。用溶剂从固定相萃取化合物过程也称为洗脱。

[实验 1. 偶氮苯和苏丹Ⅲ的分离]

由于偶氮苯和苏丹Ⅲ的极性不同，利用薄层色谱可以将二者分离。

薄层色谱

偶氮苯　　苏丹Ⅲ

[试剂]

1% 偶氮苯的甲苯溶液，1% 苏丹Ⅲ的甲苯溶液，1% 的羧甲基纤维素钠 (CMC) 水溶液，硅胶 G，9∶1 的甲苯–乙酸乙酯。

[步骤]

(1) 薄层板的制备。取 7.5 cm×2.5 cm 左右的载玻片 5 片，洗净晾干。

在 50 mL 烧杯中，放置 3 g 硅胶 G，逐渐加入 0.5% 羧甲基纤维素钠 (CMC) 水溶液 8 mL，调成均匀的糊状，用滴管吸取此糊状物，涂于上述洁净的载玻片上，用手将带浆的玻片在玻璃板上做上下轻微的颠动，并不时转动方向，制成薄厚均匀、表面光洁平整的薄层板 [1]，涂好硅胶 G 的薄层板置于水平的玻璃板上，在室温放置 0.5 h 后，放入烘箱中，缓慢升温至 110 ℃，恒温 0.5 h，取出，稍冷后置于干燥器中备用。

(2) 点样。取 2 块用上述方法制好的薄层板。分别在距一端 1 cm 处用铅笔轻轻划一横线作为起始线。取管口平整的毛细管插入样品溶液中，在一块板的起点上点 1% 的偶氮苯的甲苯溶液和混合液两个样点 [2]。在第二块板的起点线上点 1% 的苏丹Ⅲ的甲苯溶液和混合液两个样点，样点间相距 1～1.5 cm。如果样点的颜色较浅，可重复点样，重复点样前必须待前次样点干燥后进行。样点直径不应超过 2 mm。

(3) 展开。用 9∶1 的甲苯–乙酸乙酯为展开剂，待样点干燥后，小心放入已加入展开剂的 250 mL 广口瓶中进行展开。瓶的内壁贴一张高 5 cm，环绕周长约 4/5 的滤纸，下面浸入展开剂中，以使容器内被展开剂蒸气饱和。点样一端应浸入展开剂 0.5 cm。盖好瓶塞，观察展开剂前沿，当其上升至离板的上端 1 cm 处取出，尽快用铅笔在展开剂上升的前沿处划一记号，晾干后观察分离的情况，比较二者 R_f 的大小。

[实验 2. 邻硝基苯胺与间硝基苯胺的分离 (选做)]

邻硝基苯胺由于形成分子内氢键，极性小于间硝基苯胺，利用 TLC 可以将二者分离。

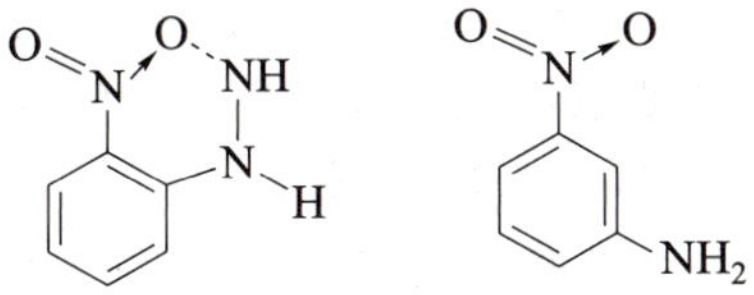

[试剂]

邻硝基苯胺的甲苯溶液和间硝基苯胺的甲苯溶液 (体积比 4∶1 的混合液)，10 mL 体积比 5∶1 的环己烷–乙酸乙酯，其余同实验 1。

具体操作同实验 1。晾干后观察分离的情况，比较二者 R_f 的大小。

[实验 3. 镇痛药片 APC 组分的鉴定]

普通的镇痛药如 APC 通常是几种药物的混合物，大多含阿司匹林、非那西汀、咖啡因和其他成分，由于组分本身是无色的，需要通过紫外灯显色或碘熏显色，并与纯组分的 R_f 比较来加以鉴定。

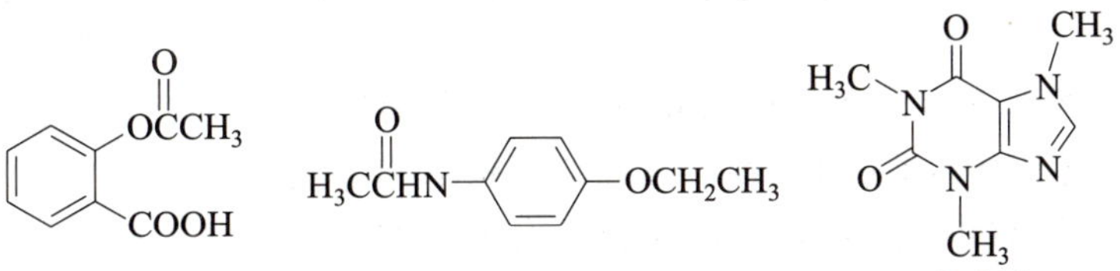

阿司匹林　　非那西汀　　咖啡因

[试剂]

APC 镇痛药片，2% 阿司匹林、2% 非那西汀和 2% 咖啡因的 95% 乙醇溶液，体积比 12∶1 的 1,2–二氯乙烷-乙酸。

[步骤]

(1) 样品液的制备。从教师处领取镇痛药 APC 一片，用不锈钢勺研成粉状。用一小团玻璃棉或棉球塞住一支滴管的细口，将粉状 APC 转入其中使堆成柱状，用另一支滴管从上口加入 5 mL 95% 乙醇通过柱状的镇痛药粉，萃取液收集于小试管中。

(2) 点样。取三块制好的薄层板，每块板上点两个样点，分别为 APC 的萃取液和 2% 阿司匹林的 95% 乙醇溶液、2% 非那西汀的 95% 的乙醇溶液、2% 咖啡因的 95% 乙醇溶液三个标准样品。

(3) 展开。用体积比 12∶1 的 1,2-二氯乙烷与乙酸，或用 5 mL 乙醚、2 mL 二氯甲烷和 7 滴冰乙酸的混合液作展开剂在广口瓶中进行展开，观察展开剂前沿上升至离板的上端约 1 cm 取出，尽快用铅笔在展开剂上升的前沿划一记号。

(4) 鉴定。将烘干的薄层板放入 254 nm 紫外分析仪中照射显色，可清晰地看到展开得到的粉红色亮点，说明 APC 药片中三种主要成分都是荧光物质。用铅笔绕亮点作出记号，求出每个点的 R_f，并将未知物与标准样品比较。

在完成薄层板的分析之后，将薄层板置于放有几粒碘结晶的广口瓶内，盖上瓶盖，直至暗棕色的斑点明显时取出，并与先前在紫外分析仪中用铅笔作出的记号进行比较。

本实验约需 4 h。

[注释]

[1] 制板时要求薄层平滑均匀。为此，宜将吸附剂调得稍稀些，尤其是制硅胶板时，更是如此，否则吸附剂调得很稠，就很难做到均匀。另一个制板的方法是：在一块较大的玻璃板上，放置两块 3 mm 厚的长条玻璃板，中间夹一块 2 mm 厚的薄层用载玻片，倒上调好的吸附剂，用宽于载玻片的刀片或油灰刮刀顺一个方向刮去。倒料量要合适，以便一次刮成。

[2] 点样用的毛细管必须专用，不得弄混。点样时，使毛细管液面刚好接触到薄层即可，切勿点样过重而使薄层破坏。

[思考题]

(1) 完成下列填空，每个空选择下面列出的一个词，每个词只能使用一次。

在________色谱中，样品的分离是基于________偶极和________偶极之间的相互作用。最普遍使用的________相是________和________，后者比前者具有较高的________。高极性的化合物可以用________的溶剂和活性________的吸附剂有效地加以分离。使________相沿薄层板流动的方法称为________。溶剂移动的距离与样品移动距离的________被用来计算 R_f。通常样品的极性越高，R_f________。TLC 常用来________样品中的组分，而色谱柱则用来________样品的组分。

吸附，吸附性，氧化铝，分析，展开，极性，氢键，高，低，分离，流动，硅胶，比例，固定，偶极。

(2) 在一定的操作条件下为什么可利用 R_f 来鉴定化合物？

(3) 在混合物薄层色谱中，如何判定各组分在薄层板上的位置？

(4) 展开剂的高度若超过了点样线，对薄层色谱有何影响？

(5) 在硅胶 G 板上用三种不同的混合溶剂进行生物碱的 TLC 分析。溶剂 1：氯仿 / 丙酮 / 二乙胺 (5∶4∶1)；溶剂 2：氯仿 / 二乙胺 (9∶1)；溶剂 3：环己烷 / 氯仿 / 二乙胺 (5∶4∶1)。不同生物碱的 R_f 如下表所示。

生物碱	溶剂 1	溶剂 2	溶剂 3
吗啡	0.10	0.08	0.00
奎宁	0.19	0.26	0.07
可待因	0.38	0.53	0.16
可卡因	0.73	0.90	0.65
马钱子碱	0.53	0.76	0.28
乌头原碱	0.68	0.90	0.35
利血平	0.72	0.80	0.20

如果你在刑警侦查实验室工作, 针对下述三种情况, 如何选择溶剂?

(a) 刑警收缴的样品包含在走私的药品中, 怀疑其中含有吗啡、可卡因和乌头碱;

(b) 一种可卡因和利血平的混合物;

(c) 一种含马钱子碱和利血平的毒品。

(6) 用 TLC 分析跟踪不同时间化学反应 (A + B ⟶ C) 的进程, 反应混合物在 0, 15 min 和 30 min 时取样展开后的情况如下所示:

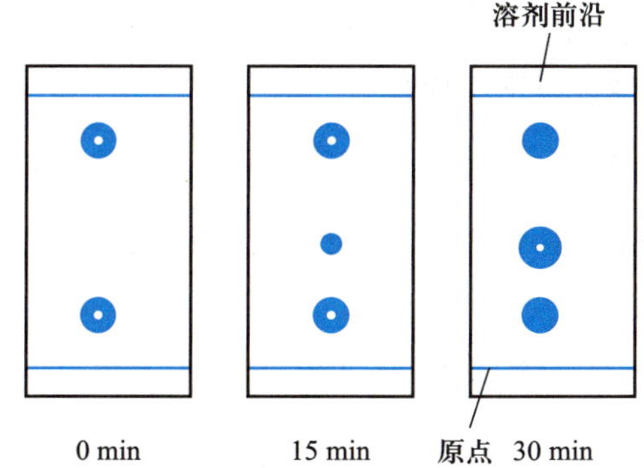

纯样品 A 和 B(在相同条件下) 的 R_f 分别为 0.2 和 0.8。

(a) 计算所有点的 R_f。

(b) 鉴定每个点, 并对 TLC 分析的结果加以解释。

(c) 在制备 C 时, 哪种原料是限制试剂? 简述理由。

2.8.2 柱色谱

柱色谱 (column choromatography) 又称柱上层析法。常用的柱色谱有吸附色谱和分配色谱两类, 前者常用氧化铝和硅胶作固定相, 后者则以吸附在惰性固体 (如硅藻土、纤维素等) 上的活性液体作为固定相 (也称固定液)。实验室最常用的是吸附色谱。

柱色谱是分离、提纯反应混合物和天然产物的重要方法。尽管比较费时, 但由于操作方便, 分离量可以大至几克, 小至几十毫克, 在常量制备中有重要的实用价值。

与薄层色谱相似, 柱色谱利用填装在柱中的吸附剂作为固定相, 将混合物中各组分先从溶液中吸附到其表面上, 溶剂 (流动相) 流经吸附剂时, 发生无数次吸附和脱附的过程, 由于各组分被吸附的程度不同, 吸附强的组分移动得慢留在柱的上端, 吸附弱的组分移动得快在柱的下端, 从而达到分离的目的。

柱色谱的分离效果取决于柱中平衡的建立。实际上由于溶剂的持续流动,真正的平衡并不存在,选择的操作条件最好在接近平衡的情况下进行。吸附剂的用量、颗粒的大小、柱子的尺寸及溶剂的极性和流速是决定分离是否有效的几个重要因素。借助仔细选择的条件,几乎任何混合物均可被分离,甚至可用旋光活性的固定相来分离对映异构体。

1. 吸附剂

硅胶和氧化铝均可,选择取决于被分离化合物的种类。吸附剂一般要经过纯化和活性处理,颗粒大小应当均匀,并具有大的比表面积。通常高性能氧化铝和硅胶的比表面积为几百平方米每克,颗粒大小以 70～200 目 (50～200 μm) 为宜。它允许溶剂在重力作用下,保持合适的流速,并使溶质中的组分较快地在吸附表面和流动相之间达到平衡。颗粒太大,流速快,不利于平衡的建立,导致差的分离效果;相反,颗粒太小,流速慢,不仅拖延了分离时间,而且由于扩散导致组分重新混合,同样不利于分离。

如前所述,色谱用的氧化铝分为酸性 (pH＝4)、中性 (pH＝7) 和碱性 (pH＝10),分别适用于酸性、中性和碱性化合物的分离。由于酸碱的催化作用会导致含某些官能团的化合物发生反应,例如碱性氧化铝会导致酯的水解、醛酮的缩合,酸性氧化铝会导致醇特别是叔醇的脱水、烯烃的异构化等,使用中性氧化铝可避免上述情况的发生。

类似薄层色谱,氧化铝和硅胶根据其含水量的多少分为Ⅰ～Ⅴ级,柱色谱常用的氧化铝为Ⅱ～Ⅲ级。

2. 溶质的结构与吸附能力的关系

化合物的吸附性与它们的极性成正比,化合物分子中含有极性较大的基团时,吸附性也较强,氧化铝和硅胶对各种化合物的吸附性按以下次序递减:

酸和碱 > 醇、胺、硫醇 > 酯、醛、酮 > 芳香族化合物 > 卤代物、醚 > 烯 > 饱和烃

非极性物质与吸附剂之间的作用主要依靠诱导力,作用力较弱。极性物质与氧化铝作用类型作用力的强度按下列次序递减:

盐的形成 > 配位作用 > 氢键作用力 > 偶极－偶极作用 > 诱导力

3. 溶解样品溶剂的选择

样品溶剂的选择也是重要的一环,通常根据被分离化合物中各种成分的极性、溶解度和吸附剂活性等来考虑: ① 溶剂要求较纯,否则会影响样品的吸附和洗脱; ② 溶剂和氧化铝不能起化学反应; ③ 溶剂的极性应比样品极性小一些,否则样品不易被氧化铝吸附; ④ 样品在溶剂中的溶解度不能太大,否则影响吸附,也不能太小,如太小,溶液的体积增加,易使色谱分散。常用的溶剂有石油醚、甲苯、乙醇、乙醚、氯仿等,沸点不宜过高,一般在 40～80 ℃,有时也可用混合溶剂。如有的成分含有较多的极性基团,在极性较小的溶剂中溶解度太小时,可先选用极性较大的氯仿溶解,而后加入一定量的甲苯,这样既降低了溶液的极性,又减少了溶液的体积。

4. 洗脱剂

样品吸附在氧化铝柱上后,用合适的溶剂进行洗脱,这种溶剂称为洗脱剂。洗脱剂的选择通常是先用薄层色谱法进行探索,这样只需花较少的时间和样品就能完成对溶剂的选择试验,然后将薄层色谱法找到的最佳溶剂或混合溶剂用于柱色谱。

洗脱首先使用非极性溶剂如石油醚、己烷等,用来洗脱出极性最小的组分。然后逐渐增加洗脱剂的极性,使极性不同的化合物,按极性由小到大的顺序自色谱中洗脱下来。这一方法称为阶梯法或“分馏洗脱”。阶梯法通常使用混合溶剂,在非极性溶剂中加入不同 (体积) 比例的极性溶剂,例如 90∶10、

70∶30、50∶50、30∶70、10∶90、0∶100,这样使极性不会剧烈增加,防止柱上“色带”很快洗脱下来。常用溶剂、混合溶剂的极性和洗脱力见表 2.8.5。

表 2.8.5 常用溶剂、混合溶剂的极性和洗脱力

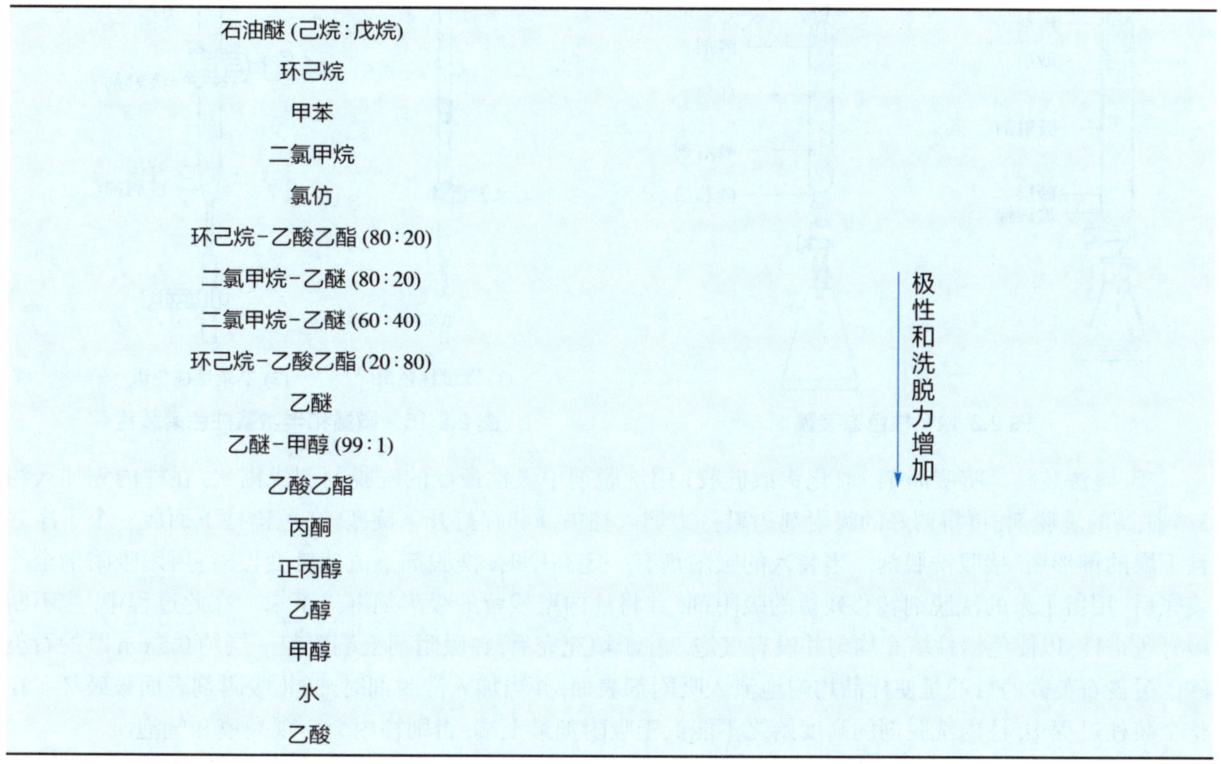

石油醚(己烷∶戊烷)
环己烷
甲苯
二氯甲烷
氯仿
环己烷-乙酸乙酯(80∶20)
二氯甲烷-乙醚(80∶20)
二氯甲烷-乙醚(60∶40)
环己烷-乙酸乙酯(20∶80)
乙醚
乙醚-甲醇(99∶1)
乙酸乙酯
丙酮
正丙醇
乙醇
甲醇
水
乙酸

极性和洗脱力增加

5. 柱色谱装置

色谱柱是一根带有下旋塞或无下旋塞的玻璃管,如图 2.8.14 所示。吸附剂的用量根据分配系数的大小和色谱系统各组分的极性而有所不同。对简单的分离,每克混合物约需 10 g 吸附剂。一般来说,吸附剂的质量应是待分离物质质量的 20~30 倍,对于极性相似的化合物,甚至可达到 100∶1~200∶1,所用柱的高度和直径比应为 8∶1。表 2.8.6 给出了样品质量、吸附剂质量与色谱柱直径和高度之间的关系,实验者可根据实际情况参照选择。微量和半微量柱色谱装置见图 2.8.15。

6. 操作方法

(1) 装柱。装柱是柱色谱中最关键的操作,装柱的好坏直接影响分离效果。装柱前应先将色谱柱洗干净,进行干燥,垂直固定于铁架上。在柱底铺一小块脱脂棉,再铺约 0.5 cm 厚的石英砂,然后进行装柱。装柱分为湿法装柱和干法装柱两种。

表 2.8.6 样品质量、吸附剂质量与色谱柱直径和高度的关系

样品质量/g	吸附剂质量/g	色谱柱直径/mm	色谱柱高度/mm
0.01	0.3	3.5	30
0.10	3.0	7.5	60
1.00	30.0	16.0	130
10.00	300.0	35.0	280

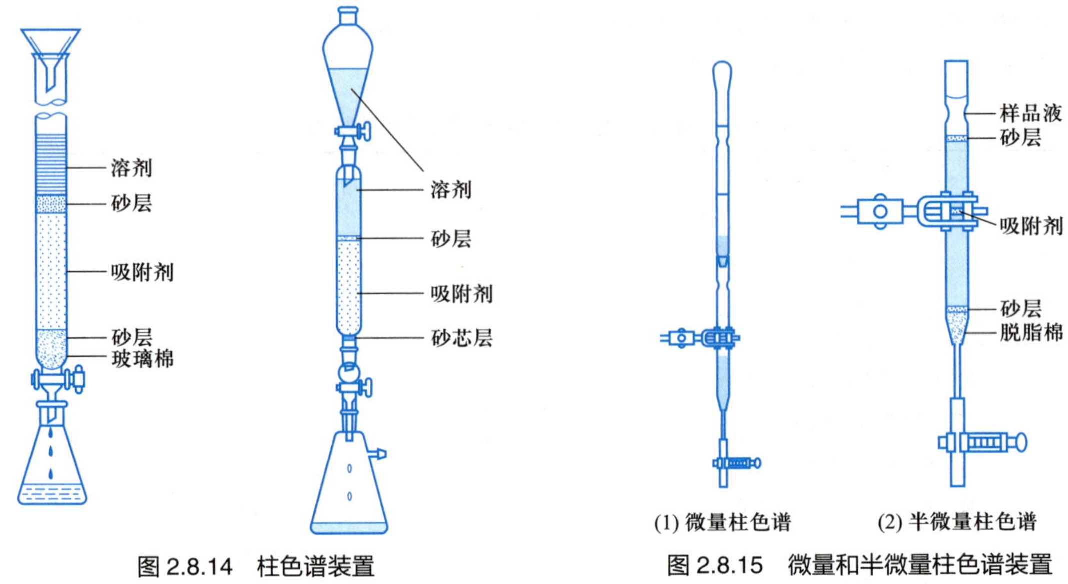

图 2.8.14　柱色谱装置

图 2.8.15　微量和半微量柱色谱装置

① 湿法装柱。将吸附剂 (氧化铝或硅胶) 用洗脱剂中极性最低的洗脱剂调成糊状, 在柱内先加入约 3/4 柱高的洗脱剂, 再将调好的吸附剂边敲打边倒入柱中, 同时, 打开下旋塞, 在色谱柱下面放一个干净并且干燥的锥形瓶, 接收洗脱剂。当装入的吸附剂有一定高度时, 洗脱剂下流速度变慢, 待所用吸附剂全部装完后, 用留下来的洗脱剂转移残留的吸附剂, 并将柱内壁残留的吸附剂淋洗下来。在此过程中, 应不断敲打色谱柱, 以使色谱柱填充均匀并没有气泡。柱子填充完后, 在吸附剂上端覆盖一层约 0.5 cm 厚的石英砂。覆盖石英砂的目的是使样品均匀地流入吸附剂表面, 并当加入洗脱剂时, 防止吸附剂表面被破坏。在整个装柱过程中, 柱内洗脱剂的高度始终不能低于吸附剂最上端, 否则柱内会出现裂痕和气泡。

② 干法装柱。在色谱柱上端放一个干燥的漏斗, 将吸附剂倒入漏斗中, 使其成为细流连续不断地装入柱中, 并轻轻敲打色谱柱柱身, 使其填充均匀, 再加入洗脱剂湿润。也可以先加入 3/4 的非极性洗脱剂, 然后再倒入干的吸附剂。因为硅胶和氧化铝的溶剂化作用易使柱内形成缝隙, 所以这两种吸附剂不宜使用干法装柱。

装柱时表面不平整或柱子未被夹持在两个平面中完全垂直的位置, 会造成谱带重叠。第二条谱带最前面的边缘在第一条谱带洗脱完毕之前就开始洗脱出来了 (见图 2.8.16)。吸附剂表面或内部不均匀, 有气泡或裂缝, 会使谱带前沿的一部分从谱带主体部分中向前伸出, 形成沟流 (见图 2.8.17)。

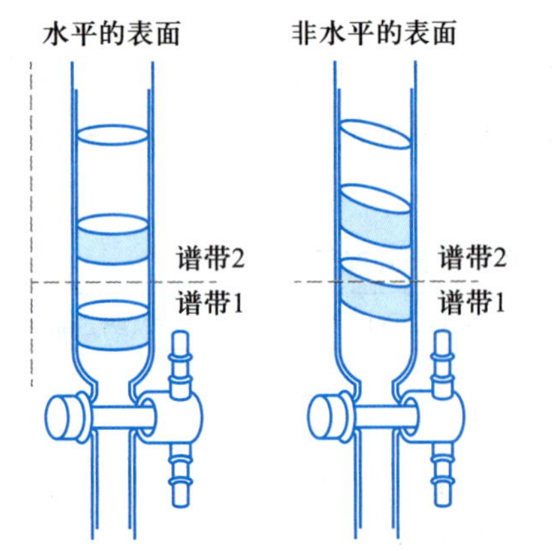

图 2.8.16　水平的和非水平的谱带前沿的对比

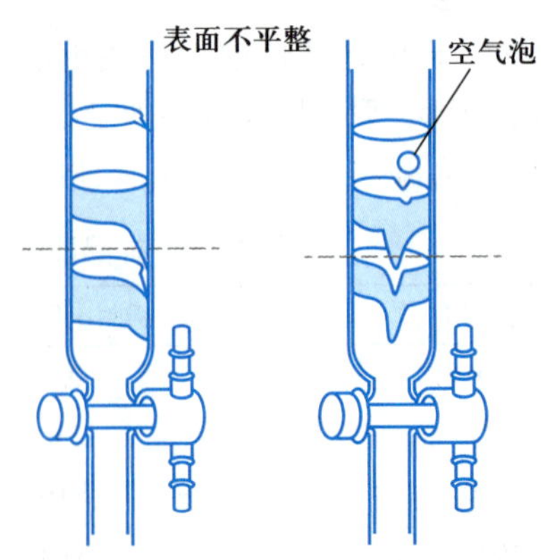

图 2.8.17　表面不平整或空气泡造成的沟流

(2) 展开及洗脱。当溶剂下降到吸附剂表面时,立即开始进行色谱分离。把样品溶解在最少量体积的溶剂中,该溶剂一般是展开色谱的第一个洗脱剂。

用滴管把样品溶液转移到色谱柱中,并用少量溶剂分几次洗涤柱壁上所沾试液,直至无色。注意不要让溶剂将吸附剂冲松浮起。样品加完后,打开下旋塞,使样品进入石英砂层后,再加入洗脱剂进行洗脱。样品中各组分在吸附剂上经过吸附、溶解、再吸附、再溶解…… 按极性大小有规律地自上而下移动而相互分离。

色谱带的展开过程也就是样品的分离过程,在此过程中应注意:

① 洗脱剂应连续平稳地加入,不能中断。样品量少时,可用滴管加入,样品量大时,用滴液漏斗作储存洗脱剂的容器。控制好滴加速度,可得到更好的效果。

② 在洗脱过程中,应先使用极性最小的洗脱剂淋洗,然后逐渐加大洗脱剂的极性,使洗脱剂的极性在柱中形成梯度,以形成不同的色带环。也可以分步进行淋洗,即将极性小的组分分离出来后,再改变洗脱剂的极性分出极性较大的组分。

③ 在洗脱过程中,样品在柱内的下移速度不能太快,但是也不能太慢 (甚至过夜),因为吸附表面活性较大,时间太长会造成某些成分被破坏,使色谱扩散,影响分离效果。通常流出速率为每分钟 5～10 滴,若洗脱剂下移速度太慢,可适当加压或用水泵减压。

④ 当色谱带出现拖尾时,可适当提高洗脱剂极性。

(3) 色谱柱的检测。在分离有色物质时,可以直接观察到分离后的“色带”,然后用洗脱剂将分离后的“色带”依次自柱中洗脱出来,分别收集在不同容器中,或者将柱吸干,挤压出柱内固体,按“色带”分割开,再用适宜溶剂将溶质萃取出来。然而大多数有机化合物是无色的,因此最常用的方法是收集一系列固定体积的馏分,用薄层色谱法进行检测,确定哪些馏分中的化合物是相同的,然后把它们合并。对于可吸收紫外-可见光的化合物,电子监测器可用来测定在柱中溶剂存在时光吸收的差别,从而确定不同组分的谱带位置。此外,洗脱液折射率差别的测定也可用来确定不同的谱带。

另一检测方法是将无机磷光体混合于吸附剂中,经此法处理过的吸附剂填充柱在紫外光照射下会发射荧光。当有溶质存在时,荧光消失,并出现暗带,从而可观察到分离后各“色带”的位置。

7. 加压柱色谱和干柱快速色谱

(1) 加压柱色谱。在研究工作中,重力柱色谱已大量被加压柱色谱所代替。由于使用的吸附剂更细 (23～24 μm, 230～240 目),加压柱色谱不仅省时,且更有效。从开始到完成洗脱,通常约需 15 min。小直径吸附剂固定相每平方厘米需 1～2 kg (100～200 kPa) 压力,为此,需要特殊的装置 (见图 2.8.18),用压缩空气或氮气作为施压气体。

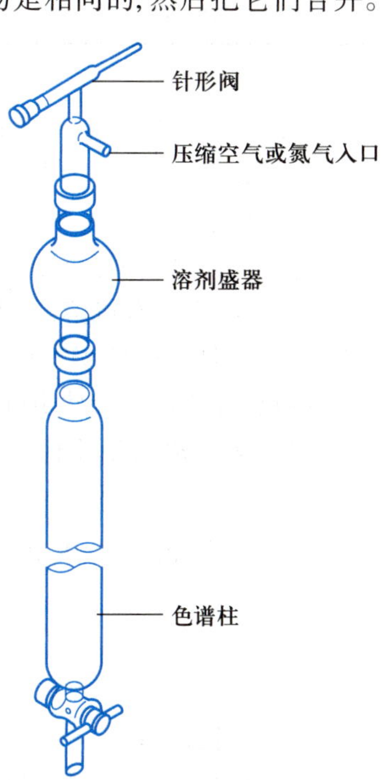

图 2.8.18 加压柱色谱装置

(2) 干柱快速色谱。针对经典柱色谱分离操作费时,固定相和洗脱液用量过大等缺点,另一种改进是采用干柱快速色谱,也称减压柱色谱。此法的特点是在进行溶剂洗脱时,将溶剂在真空下全部抽去使固定相“干”后,再加入新的洗脱剂,作下一轮组分的收集,其原理相当于是薄层色谱的多次展开,具有快速、简便及处理量大等优点,特别适用于天然产物的提取及反应产物相对量大的分离和纯化。

干柱快速色谱的装置如图 2.8.19 所示，以砂芯漏斗充当色谱柱，固定相通常使用硅胶。表 2.8.7 给出了漏斗尺寸、硅胶量、样品量和溶剂量的参考数据。

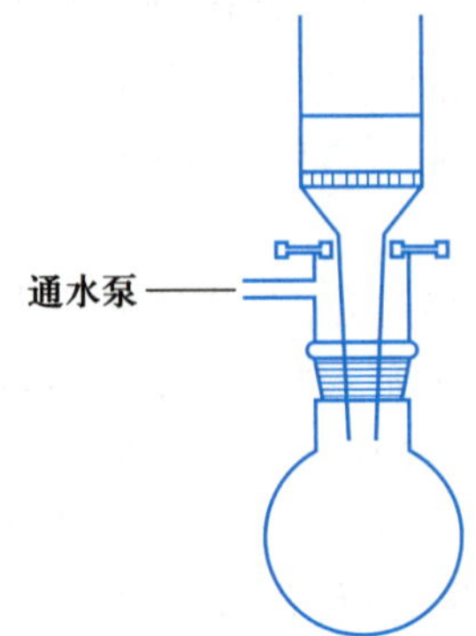

图 2.8.19 干柱快速色谱装置

表 2.8.7 干柱快速色谱有关数据

砂芯漏斗尺寸 (直径 / 长度)/mm	硅胶量/g	样品量	溶剂量/mL
30/45	15	15～500 mg	10～15
40/50	30	0.5～3 g	15～30
70/55	100	2～15 g	20～50

固定相的高度一般不超过 55 mm，否则常量操作会降低分离效果。为防止固定相塌陷不平，可在装好的固定相表面铺一层石英砂。

8. 反相色谱

与正相色谱不同，反相柱色谱固定相填装的材料由涂敷非极性烃膜的惰性载体组成，最常用的烃为烷基硅烷，水和有机溶剂 (甲醇、乙腈、四氢呋喃等) 的混合物通常作为洗脱剂。在这种情况下，非极性分子更易被非极性固定相所固定，而极性溶质更易溶解在流动相 (随流动相流出)。洗脱顺序与正相色谱相反，混合物中极性更强的组分比极性小的更容易洗脱，洗脱顺序变为相反 (见图 2.8.20)。反相色谱有时用来分离用正相色谱难以分离的混合物，特别适用于蛋白质和组分复杂的混合物 (如药物) 的分离。

$$RCO_2H < ROH < RNH_2 < R_1R_2C{=}O < R_1CO_2R_2 < ROCH_3 < R_1R_2C{=}CR_3R_4 < RHal$$

洗脱能力增强 →

图 2.8.20 非极性固定相洗脱顺序

9. 微量柱色谱

微量柱色谱 (见图 2.8.21) 可分离 10～30 mg 的样品，常用来除去产物中的杂质。微量柱色谱通常用硅胶作吸附剂 (用量约 3 g)，用尺寸合适体积较大的滴管作色谱柱，用薄层色谱作为先导选择合适的洗脱剂。将硅胶与极性最小的洗脱剂调成糊状，用滴管转移至色谱柱中至 2/3 高度 (见图 2.8.21)。基本操作与常量色谱法相同。

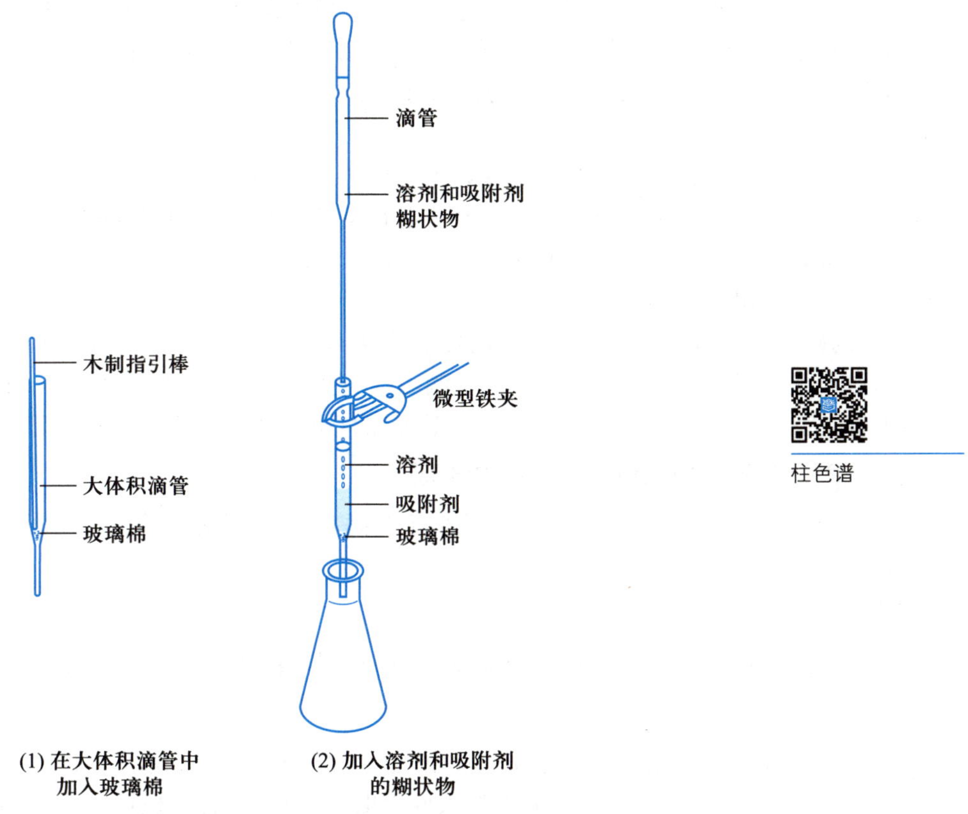

图 2.8.21 微量柱色谱

[实验 1. 荧光黄与碱性湖蓝 BB 的分离]

荧光黄为橙红色，商品一般是二钠盐，稀的水溶液带有荧光黄色。碱性湖蓝 BB 又称为亚甲基蓝，深绿色的有铜光的结晶，其稀的水溶液为蓝色，其结构式如下：

COOH　HO　O　O　荧光黄

N　$(H_3C)_2N$　$\overset{+}{S}$　Cl^-　$N(CH_3)_2$　碱性湖蓝BB

[试剂]

中性氧化铝 (100～200 目), 1 mL 溶有 1 mg 荧光黄和 1 mg 碱性湖蓝 BB 的 95% 乙醇溶液。

[步骤]

装置见图 2.8.14。取一根 Φ 15 cm×1.5 cm 色谱柱或用一支 25 mL 酸式滴定管作色谱柱[1], 垂直装置, 以 25 mL 锥形瓶作洗脱液的接收器。

用镊子取少许脱脂棉 (或玻璃棉) 放于干净的色谱柱底部, 轻轻塞紧, 再在脱脂棉上盖一层厚 0.5 cm

的石英砂 (或用一张比柱内径略小的滤纸代替), 关闭旋塞, 向柱中加入 95% 乙醇至约为柱高的 3/4 处, 打开旋塞, 控制流出速率为 1 滴 $\cdot s^{-1}$。通过一干燥的玻璃漏斗慢慢加入色谱用中性氧化铝, 或将 95% 乙醇与中性氧化铝先调成糊状, 再徐徐倒入柱中。用木棒或带橡胶塞的玻璃棒轻轻敲打柱身下部, 使填装紧密[2], 当装柱至 3/4 处, 再在上面加一层 0.5 cm 厚的石英砂[3]。操作时一直保持上述流速, 注意不能使液面低于砂子的上层[4]。

当溶剂液面刚好流至石英砂面时, 立即沿柱壁加入 1 mL 已配好的含有 1 mg 荧光黄与 1 mg 碱性湖蓝 BB 的 95% 乙醇溶液[5], 当此溶液流至接近石英砂面时, 立即用 0.5 mL 95% 乙醇溶液洗下管壁的有色物质, 如此连续 2~3 次, 直至洗净为止。然后在色谱柱上装置滴液漏斗[6], 用 95% 乙醇作洗脱剂进行洗脱, 控制流出速率如前[7]。

蓝色的碱性湖蓝 BB 因极性小, 首先向柱下移动, 极性较大的荧光黄则留在柱的上端。当蓝色的色带快洗出时, 更换另一接收器, 继续洗脱, 至滴出液近无色为止, 再换一接收器。改用水作洗脱剂至黄绿色的荧光黄开始滴出, 用另一接收器收集至黄绿色全部洗出为止, 分别得到两种染料的溶液。

[实验 2. 邻硝基苯胺和对硝基苯胺的分离]

邻硝基苯胺由于形成分子内氢键, 极性小于对硝基苯胺, 对硝基苯胺可与吸附剂形成氢键, 利用柱色谱可将二者分离。

[试剂]

中性氧化铝, 3 mL 邻硝基苯胺和对硝基苯胺的甲苯溶液[8], 甲苯。

[步骤]

用一支 25 mL 酸式滴定管作为色谱柱。用中性氧化铝和适量的无水甲苯按照上述方法制备色谱柱。

当甲苯的液面恰好降至氧化铝上端的表面上时, 立即用滴管沿柱壁加入 3 mL 邻硝基苯胺和对硝基甲苯胺混合液。当溶液液面降至氧化铝上端表面时, 用滴管滴入甲苯洗去黏附在柱壁上的混合物, 然后在色谱柱上装置滴液漏斗, 用甲苯淋洗, 控制滴加速率如前, 直至观察到色带的形成和分离。当黄色邻硝基苯胺色带到达柱底时, 立即更换另一接收器, 收集全部此色带。然后改用甲苯-乙醚 (体积比 1∶1) 为洗脱剂, 并收集淡黄色对硝基苯胺色带。

将收集的邻硝基苯胺的甲苯溶液和对硝基苯胺的苯-乙醚溶液分别用水泵减压蒸去溶剂, 冷却结晶, 干燥后测定熔点。邻硝基苯胺的熔点为 71~71.5 ℃; 对硝基苯胺的熔点为 147~148 ℃。

本实验需 5~6 h。

[注释]

[1] 色谱柱的大小, 取决于被分离物的量和吸附性。一般的规格是: 柱的直径为其长度的 1/10~1/4, 实验室中常用的色谱柱, 其直径在 0.5~10 cm。当吸附物的色带占吸附剂高度的 1/10~1/4 时, 此色谱柱已经可作色谱分离了。色谱柱或酸式滴定管的旋塞不宜涂润滑脂, 以免洗脱时混入样品中。

[2] 色谱柱填装紧密与否, 对分离效果很有影响。若柱中留有气泡或各部分松紧不匀 (更不能有断层或暗沟), 会影响渗滤速率和显色的均匀。但如果填装时过分敲击, 又会因太紧密而流速太慢。

[3] 加入细砂的目的是在加料时不致把吸附剂冲起, 影响分离效果。若无细砂也可用玻璃棉或剪成比柱子内径略小的滤纸压在吸附剂上面。

[4] 为了保持色谱柱的均一性, 使整个吸附剂浸泡在溶剂或溶液中是必要的。否则当柱中溶剂或溶液流干时, 就会使柱身干裂, 影响渗滤和显色的均一性。

[5] 最好用移液管或滴管将分离的溶液转移至柱中。

[6] 如不装置滴液漏斗，也可用每次倒入 10 mL 洗脱剂的方法进行洗脱。

[7] 若流速太慢，可将接收器改成小吸滤瓶，安装合适的塞子，接上水泵，用水泵减压保持适当的流速。也可在柱子上端安一导气管，后者与气袋或双链球相连，中间加一螺旋夹。利用气袋或双链球的气压对柱子施加压力。用螺旋夹调节气流的大小，这样可加快洗脱的速度。

[8] 此溶液由 0.55 g 对硝基苯胺和 0.7 g 邻硝基苯胺溶于 100 mL 甲苯配成。

[思考题]

(1) 柱色谱中为什么极性大的组分要用极性较大的溶剂洗脱?

(2) 柱中若留有空气或填装不匀，对分离效果有何影响? 如何避免?

(3) 为什么滴定管旋塞不涂油脂更适合于柱色谱使用?

(4) 试解释为什么荧光黄比碱性湖蓝 BB 在色谱柱上吸附得更加牢固。

(5) 含三种有机试剂 (A、B 和 C) 的混合物欲以柱色谱进行分离，先导的 TLC 分析给出了如下结果 (见下图)。

(a) 用柱色谱有效地分离 A、B 和 C，应用哪一种溶剂或混合溶剂?

(b) 如果只需分离出化合物 A(B 和 C 弃去)，应选择哪一种溶剂作洗脱剂?

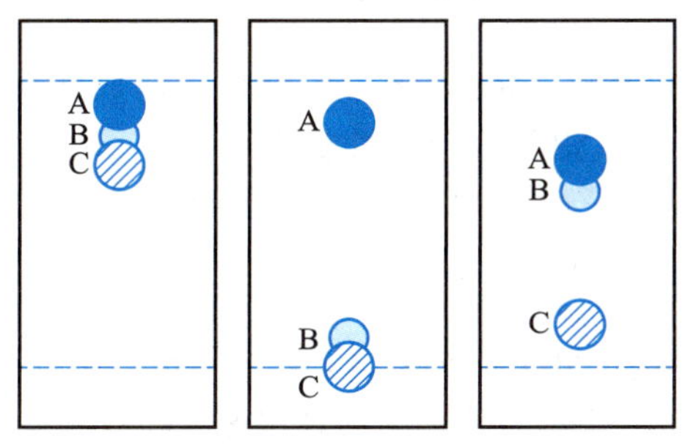

TLC分析

(6) 用两种直径不同但填有相同固定相和相同流动相的色谱柱来分离二组分的混合物，因装柱不均匀，二者均出现了谱带的倾斜 (见柱色谱示意图)。柱 2 比柱 1 有较大的长度/直径值，试问哪一个会得到较好的分离效果? 为什么?

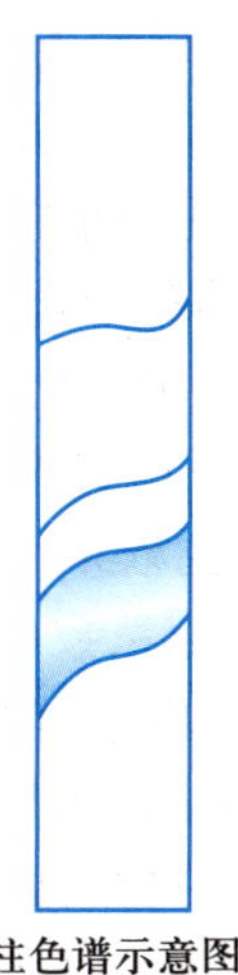

柱色谱示意图

(7) 用柱色谱分离生物碱的混合物，用甲苯、乙醚、二氯甲烷和甲醇作系列洗脱剂，共收集到135个组分(每个3 mL)。组分1, 15, 30, 45等用TLC分析结果如下图所示，回答下列问题：

(a) 混合物中共存在多少种生物碱？

(b) 哪些组分可以合并而无须进一步分析？

(c) 哪些剩余的组分在最终合并前需用TLC进行鉴定？

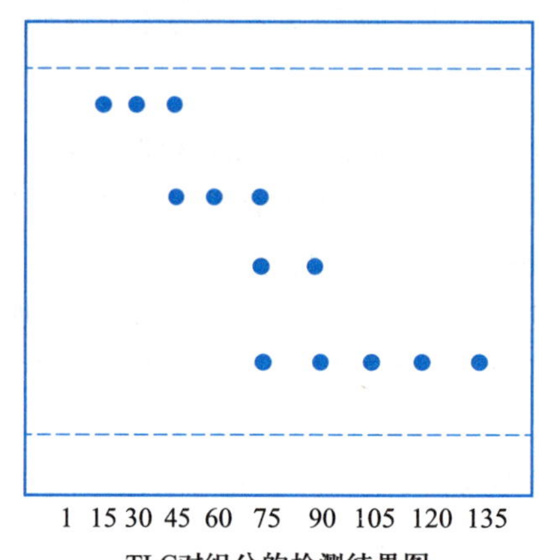

TLC对组分的检测结果图

(8) 大多数蛋白质都是很大的分子，因此大多可用反相色谱成功地加以分离。

(a) 对于反相色谱，固定相和流动相哪一个极性更大？

(b) 解释为什么反相色谱比正相色谱更适合分离此类物质。

2.8.3 气液色谱

气液色谱(gas-liquid chromatography)，简称GLC，属于气相色谱(GC)，是一种利用沸点及与固定相作用差异对挥发性混合物组分进行分离的技术。具有快速、高效和高灵敏度的优点，甚至可分离沸点相差0.5 ℃的混合物。主要用于沸点500 ℃以下易挥发性多组分混合物的分离和鉴定，同时也可用于制备需要的纯物质。特别是近几十年来出现的气质联用技术，把气相色谱优越的分离能力与质谱的鉴定能力完美地结合起来，已使其成为石油化工、有机合成、生物化学和环境监测领域不可缺少的工具。

1. 基本原理

气液色谱的原理是基于混合物中各组分在气态流动相和液态固定相之间不断地分配来实现混合物的分离。当样品被注入加热的样品室后，迅速汽化并被载气(氮气或氦气)带入分离柱，所使用的载气称为流动相，常用的固定相是填充于色谱柱的细小颗粒固体，其表面涂覆由黏稠的高沸点液体形成的液膜。这种固体颗粒称为载体或担体，被吸附的液体称为固定液。随着流动相和待分离组分流过柱子，其中的组分在两相之间不断地进行分配，与固定相作用更强的组分移动的速度慢于作用弱的组分，从而实现各组分的分离。类似于分馏柱，GLC可由提供的塔板数进行性能表征，不过GLC能提供更多的理论塔板数，故能实现分馏柱无法达到的分离效果。

进行气液色谱分离时，混合物中各组分分配系数的不同主要取决于各组分在固定液中溶解度的不同。而影响某一组分在液相中溶解度的主要因素有两个，一是分离时柱温的蒸气压，二是它与液相的作用力溶解度大小。气体组分在某一液体中的溶解度随着蒸气压的升高而降低，意味着挥发性更强的物质能更快地通过色谱柱，比挥发性相对弱的物质更早地被洗脱出来。根据“相似相容原理”，用极性固定液时，极性物质能更有效地被分离出来，而用非极性固定液时，非极性物质能更好地被分离。

组分的保留时间是指物质从进样点到达检测器所需要的时间，用于定性分析，其值为 1～30 min，与混合物中是否存在其他物质无关。影响样品保留时间的 4 个实验因素为：① 固定相性质；② 色谱柱长度；③ 色谱柱温度；④ 载气流速。因此，选择特定的柱子、柱温和流速，化合物的保留时间是固定的。

2. 气相色谱的流程

商品化的气相色谱仪的种类很多，但基本结构和流程大同小异，有着共同的基本特征。其主要部件及流程如图 2.8.22 所示。主要包括载气供应系统、进样系统、色谱柱、温度控制系统、检测系统和数据处理系统等部分。

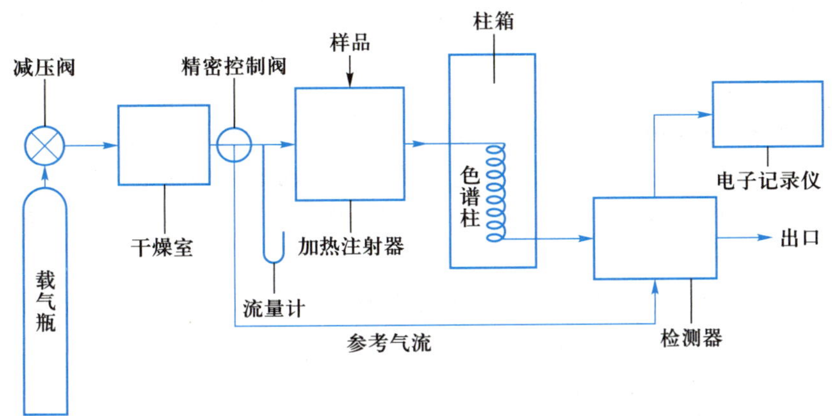

图 2.8.22 气相色谱仪主要部件及流程

在图 2.8.22 中，载气由高压气瓶供给，经过减压阀及精密调节阀等压力控制系统控制气流的压力和速率，再经过净化干燥管纯化脱水后进入进样器、色谱柱及检测器等，色谱柱的温度和载气的流速稳定后，从进样器注入样品，在载气的气流携带下，样品各组分即进入色谱柱内，实现分离后，不同组分先后进入检测器，检测器将组分的瞬间浓度或单位时间的进入量转变为电信号，放大后由记录器记录成色谱峰。

GLC 常用的检测系统有两种，一种为热导检测器 (TCD)，其工作原理是基于流动相中所含组分不同所形成的热导性差异，来产生信号变化进行检测。而氢火焰离子化检测器 (FID) 是对流动相中由氢火焰所引起的离子流的变化进行检测，具有更高的灵敏度和更好的功能。

3. 进样和载气

当色谱柱的温度和载气流速稳定后，用气密性的进样器注射样品到气相色谱的进样口进行加热，通常所用的进样器容量为 1～10 μL。具体操作中可将样品直接进行进样，或者将样品溶解在挥发性溶剂，如乙醚或戊烷中进样，样品中不能含有非挥发性物质，否则，有可能引起进样口堵塞，或者污染色谱柱中固定相。

气密性的进样器制作非常精密，价格昂贵，因此，在使用时需要非常小心地按照以下步骤进行：在抽取样品时，轻轻地拉动针芯至进入针管中的样品量大于所需抽取的样品量后，进样器针尖朝上，将多余的样品量推出，然后将针尖擦干净；进样时，将进样器的针尖插过隔垫，随即以最快的速度插到底，与此同时，保证柱塞没有任何停留过程向下迅速推动柱塞至针筒底部，并保持此状态将进样器取出来。如果进样过程较慢，即样品不是瞬间汽化完全，将导致色谱峰变宽、峰高变低或拖尾，甚至出现两个或两个以上的峰。同时，进样过程中应避免使针尖变弯变形，并在进样后迅速将进样器清洗干净。用挥发性好的溶剂如丙酮冲洗后，再来回推动柱塞吹干针筒。

柱子加热时，载气作为流动相应稳定地流经系统。载气的流速按照GC仪器和柱制造商提供的说明进行操作。通常随着流速增加，分离效果迅速提高，直至达到最佳流速。针对不同样品，最佳流速可通过实验加以确定。

4. 色谱柱、载体和固定液

色谱柱是色谱仪的心脏，常用的有玻璃管柱，柱的选择在很大程度上决定着分离的效果。因此，固定液的性质、载体 (又称作担体) 和柱子的长度与内径是分析时必须考虑的因素。色谱柱分为填充柱和毛细管柱两种。一般分析用的填充柱长度为1～4 m，内径为2～5 mm。柱通常由不锈钢、铝或玻璃制成，呈弯曲、U形或螺旋状。柱中充满表面涂有固定液的载体。柱的两端置有多孔性的材料，可以允许气体通过，但阻止固定液泄出。

载体的作用是使固定液在其表面形成一个均匀薄膜。载体要求热稳定好，化学惰性，具有较高的比表面积和较小的颗粒 (30～80 目)，颗粒较小的载体比颗粒大的具有更高的分离效率。通常使用的载体有硅藻土型和非硅藻土型两类。一些常见的填充柱内都含有硅藻土色谱填料 Chromosorb P 和 Chromosorb W，其比表面积从 $1\ m^2 \cdot g^{-1}$ 到 $6\ m^2 \cdot g^{-1}$ 不等。现在商用的气相色谱柱有各种类型的填充材料，并能涂覆有不同种类的固定液。

固定液的选择是能否有效分离样品组分的决定性因素。用于GLC的固定液目前已有数百种，但大多数有机物的分离都能在少数几种固定液上进行。选择固定液通常根据“相似相溶性”原则，要求固定液的结构、性质、极性与被分离的组分相似或匹配，因此，对非极性组分一般选择非极性固定液。非极性固定液与被溶解的非极性组分之间的作用力弱，组分一般按沸点顺序分离，即低沸点组分首先流出。如样品是极性和非极性混合物，在沸点相同时，使用非极性固定液，极性物质最先流出。对于中等极性的样品，选择中等极性的固定液，组分基本上按沸点顺序分离，而沸点相同的极性物质后流出，含有强极性基团的组分，一般选用强极性的固定液。

表2.8.8列出了常用的色谱柱固定液，每种固定液都有可承受的最高温度，其最高值取决于固定液的稳定性和挥发性，高于此温度时，固定液将蒸发并随着流动相渗出。

表 2.8.8　常用的色谱柱固定液

固定液	类型	极性	最高可用温度/°C
Carbowax 20M	聚乙二醇	极性	250
OV-17	甲基苯基聚硅氧烷	中等	280
QF-1	氟硅橡胶	中等	250
SE-30	硅橡胶	非极性	320

与上述的填充柱相反，毛细管柱一般不用固体载体作支持剂，而是直接将液体固定相涂在长而细的管子的内壁，形成均匀的薄层。毛细管的材料通常为玻璃或石英，其直径为0.25～1 mm，长度为10～60 m。毛细管柱的分离能力远大于填充柱。依据固定相和操作条件，典型填充柱的理论塔板数为10000，而毛细管柱在理想的操作条件下，理论塔板数可高达100000，常用于复杂样品的快速分离。

目前，由于对分离分析要求的不断增加，厂商已提供了各种型号、满足不同需要的商品色谱柱，从而大大提高了工作效率。

色谱柱的分离效率，或者说是分辨率，通常会随着柱长的增大以及柱径的减小而提高，增大柱长可增加各个组分的保留时间的差异，而减小柱径可使得峰宽变窄，在相同的保留时间下，宽峰 [见图 2.8.23(1)] 比窄峰 [见图 2.8.23(2)] 更容易引起峰的重叠。

此外，还可以通过改变另外两个实验因素，柱温和载气流速来改变色谱峰的分离度。由于气体在液相中的溶解度会随着温度的升高而降低，因此，提高柱温会缩短保留时间，从而改变组分的分配系数，使其出峰更快；更快的载气流速也可以使得保留时间变短。尽管在较高的温度和流速下，会降低分辨率和峰的分离度，但在保留时间太长的情况下，还是有必要提高柱温和载气流速。

5. 柱箱

柱箱也称恒温装置或加热炉。在进行柱色谱分析时，必须精确地控制温度，以保证 GLC 分析结果的重复性。柱温可通过置于柱箱中的电加热装置来实现。柱温的选择可明显地影响保留时间，通常柱温越高，组分流出越快。

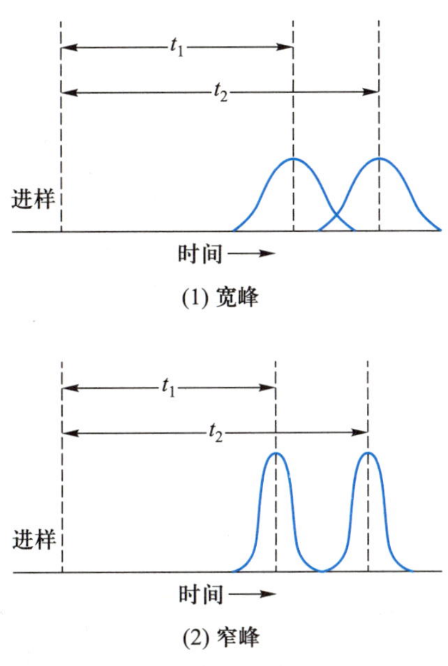

图 2.8.23 峰宽对分辨率的影响

普通的 GLC 仪器通常在恒定的温度下进行操作，也称恒温模式，用于分离沸点相近的化合物。现行的 GLC 仪器都配备有程序升温控温方式，用于分离包含沸点相差较大的混合物。在刚开始分析时，恒温箱的温度可以在特定时间内保持恒定的温度，随着分析时间的变化可以升到较高的温度。例如在图 2.8.24 所示的温度程序中，起始温度为 100 ℃，5 min 后，温度以 5 ℃·min^{-1} 的速率升温到 125 ℃ 并保持此温度 5 min，接着又以 10 ℃·min^{-1} 的速率升温到 175 ℃，并保持在此温度下完成整个分析过程。随着温度的升高，洗脱速率也会提高，所以程序升温使得被分离的混合物中所含高沸点成分都能在适当的时间内被洗脱出来，有较好的分离效率。如果在较高的温度下进行色谱分析，会使低沸点的成分被太快洗脱出来，达不到分离所需要的效果。

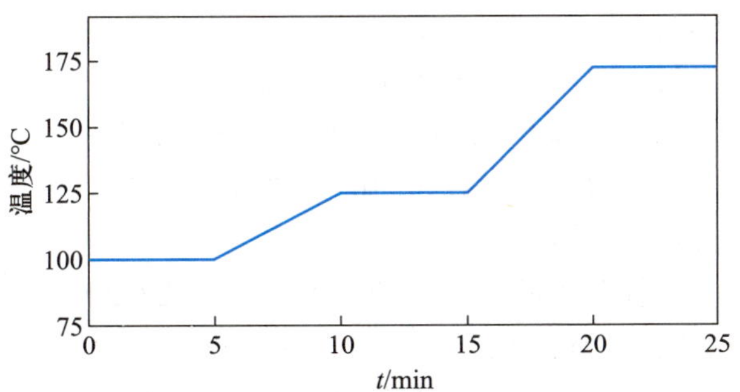

图 2.8.24 气液色谱操作中程序升温模式举例

6. GC-MS 分析

气液色谱功能的另一扩展包括与质谱 (MS) 的直接联用产生的气质 (GC-MS) 联用仪。结合了 GLC 的分离能力及 MS 的对于痕量物质的定性分析能力，使得在 GLC 中被分离的混合物中所得到的每一种成分，都能得到对应的质谱图，从而进一步提升了分离分析效率。如果混合物中所含成分为已知化合物，如在分析一段从正相色谱上得到的洗脱物 —— 无色的苯甲醇和甲酸甲酯时，可以从 MS 得到的信息中确认它们的结构和在色谱柱上的洗脱顺序。当所含成分未知时，根据质谱给出的摩尔质量及被分析物的来源，有可能推测出未知成分的结构，当然，未知物结构的最终确定还需要其他光谱数据的配合。

气相色谱-质谱联用

图 2.8.25 给出了 GC-MS 的部分结构示意图 (由于 GLC 色谱柱之前的那一部分结构与图 2.8.22 中

所示相同，故此处省略)。与图 2.8.22 相比，可以看到在 GC−MS 中，色谱柱 (1) 出口处有一个分流器 (2)，将洗脱液的一部分分流到检测器 (3)，另一部分分流到质谱仪 (4)，使得数据处理与记录系统 (5, 6) 可以将所需分析成分的色谱数据以及对应的质谱数据记录下来。流过 GLC 及 MS 检测器的蒸气都将直接排到空气或尾气收集装置中 (7)。

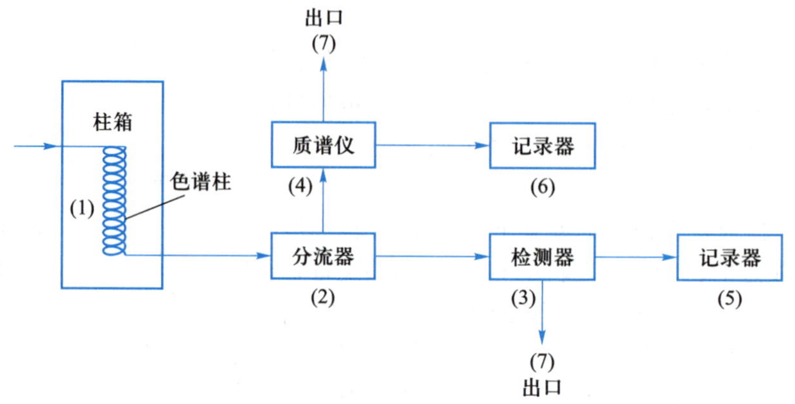

图 2.8.25　GC−MS 的部分结构示意图

7. 定性定量分析

(1) 定性分析。在特定的实验条件下，选择同样的柱子，保持固定的柱温和载气流速，纯物质的保留时间是一定的，这是对某一未知组分或者被分离混合物中某一成分进行定性分析的基本依据。在典型的 GC 实验中，将某一未知成分或混合物进样后，记录其保留时间，然后，将一系列已知的标准物质在同一条件下进行进样分析，并对比其保留时间，可以对未知成分进行初步定性。确定标准物质和某一未知成分的保留时间是否一致，更有效的方法是将两种成分等量混合后，再进行 GC 分析，如果只观察到一个色谱峰，则两种物质保留时间相同。当然，确定了标准物质和未知成分的色谱峰保留时间相同，是确定未知成分结构必要但不充分条件，因为也许两种完全不同的物质也会有相同的保留时间，未知成分的结构确定还需要进行波谱或其他分析。

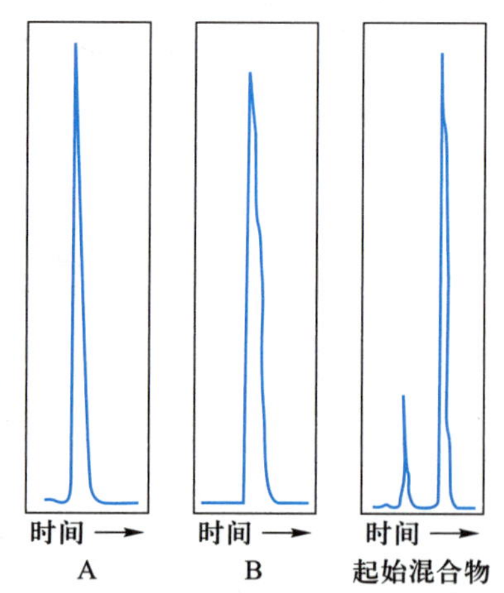

图 2.8.26　2.6.2 小节所述分馏实验中所得混合物的 GC 分析

柱和条件: 19091S−433UI, 30 m × 250 μm × 0.25 μm, 起始柱温: 75 ℃ (2.0 min), 升温速度: 2 ℃ · min^{-1}, 最终柱温: 115 ℃ (30 min), 流量: 1.0 mL · min^{-1}

现举例说明利用 GC 进行定性分析的方法 (见图 2.8.26)。对 2.6.2 小节中进行的分馏实验中所得到的环己烷和甲苯的混合物进行 GC 分析得到图中所示色谱图，图中 A 和 B 代表了分馏实验中所得到的两段馏分。对混合物中各个峰进行定性，需要将它们与纯的环己烷和甲苯的保留时间进行对比，保留时间短的峰为环己烷，保留时间相对长一点的则为甲苯。

对苯甲醇 (bp 215.3 ℃) 和苯甲酸甲酯 (bp 199.6 ℃) 混合物进行 GC−MS 的分析结果见图 2.8.27。图中 (1) 为混合物的 GLC 谱图，由于 GLC 分离的原理通常基于物质沸点的不同，因此，按经验判断峰 A 应为沸点低的苯甲酸甲酯，而峰 B 应为苯甲醇，同样可以将苯甲醇和苯甲酸甲酯分别进样，对比其 GLC 保留时间进行确认。而如果使用 GC−MS，就不需要这一步，因两种化合物的相对分子质量不同，苯甲醇和苯甲酸甲酯相对分子质量分别为 108.14 和 136.15。图 2.8.27(2) 和 (3) 分别为峰 A 和峰 B 相对应的质谱图，在 (2) 和 (3) 中能看到质荷比分别为 108 和 136 的分子离子峰,从而可以证明峰A为苯甲醇,峰B为苯甲酸甲酯。与根据沸点高低预期的两种物质出峰顺序相反,其原因应当是固定相与苯甲酸甲酯之间的作用力强于预期。总之,通过GC–MS进行一步分析可以对混合物中两物质的出峰顺序进行明确指认。对GLC图谱中两个峰的峰面积进行积分,进而可参照相

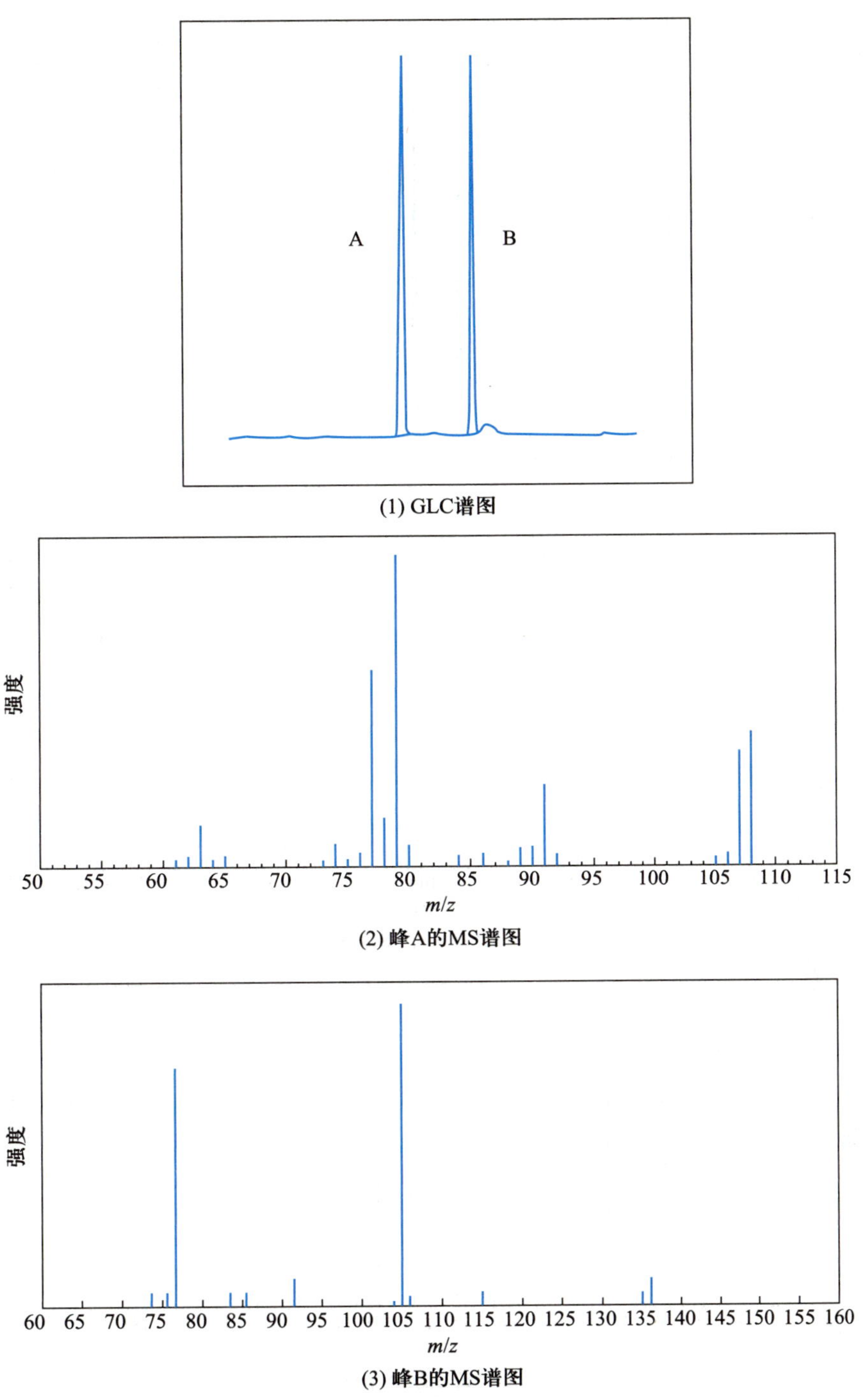

图 2.8.27 苯甲醇和苯甲酸甲酯的 GC–MS 分析

柱和条件: BPX(DB–5), 15 m×0.1 mm×0.25 μm, 起始柱温: 50 ℃ (2.0 min), 升温速率: 15 ℃·min^{-1}, 最终柱温: 260 ℃ (30 min), 流速: 1.5 mL·min^{-1}

对含量比进行定量分析。

另一个可以说明 GC-MS 分析能力比单独使用 GLC 要强大的例子是苯甲酸甲酯和丙二酸二乙酯混合物的分析 (见图 2.8.28)。丙二酸二乙酯的沸点 (bp 199.3 ℃) 与苯甲酸甲酯非常接近，虽然可以利用

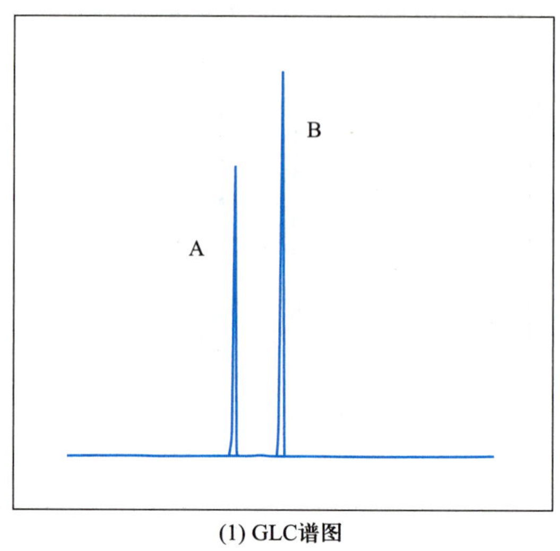

(1) GLC谱图

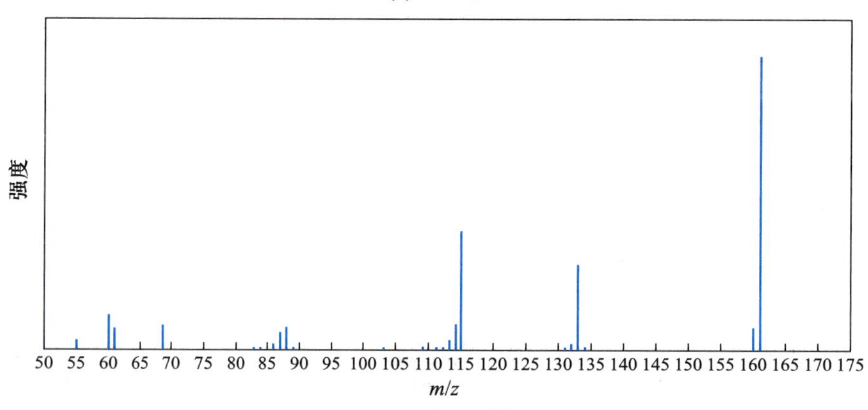

(2) 峰A的MS谱图

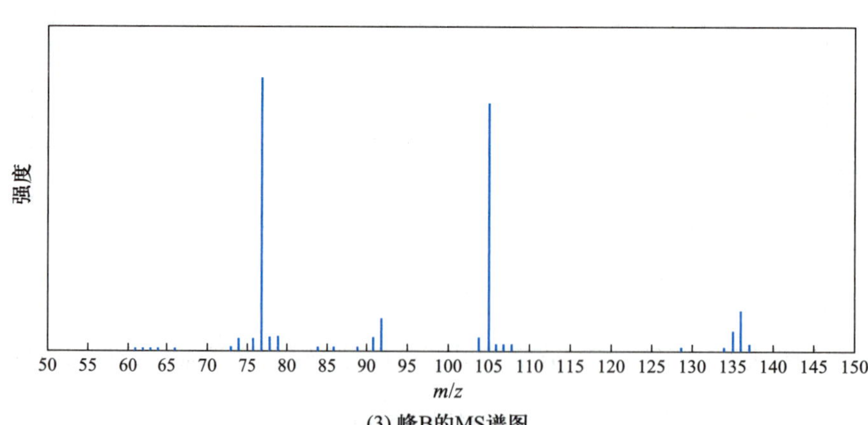

(3) 峰B的MS谱图

图 2.8.28 苯甲酸甲酯和丙二酸二乙酯的 GC-MS 分析

柱和条件: BPX(DB-5), 15 m×0.1 mm×0.25 μm, 起始柱温: 50 ℃ (2.0 min), 升温速率: 15 ℃·min^{-1}, 最终柱温: 260 ℃ (30 min), 流速: 1.5 mL·min^{-1}

两种物质的极性差别来预测它们 GLC 的洗脱顺序，但通过对 GLC 谱图中 150s 和 160s 处的两个峰进行气质联用分析，即可确定峰 A 为丙二酸二乙酯，峰 B 为苯甲酸甲酯，整体上分析效率更高。

对于丙二酸二乙酯质谱数据，分子离子峰理论上应该为 160.17，结果却为 161，这可能是因为仪器校正偏差所引起的质荷比失真，毕竟对于 GC-MS 数据的合理解析，仪器的精确校正也很重要。在本实验的质谱分析条件下，丙二酸二乙酯很明显有质子化倾向，因此仪器检测到的是质子化的离子而不是分子离子。这种现象对于初学者来说，会增加质谱数据解析的难度。

(2) 定量分析。检测器的电信号输出与蒸气中被探测到的物质的摩尔分数相关，因此色谱峰的相对面积与混合物中各成分的相对含量是相关的。在利用色谱进行定量分析时，要求有可靠的方法来确定各峰的峰面积。

电子积分仪是记录峰面积最精确的一种方法，其对检测器输入的信号强度作为输出信号进行时间积分。但是，这种设备价值较贵，一般只在研究型实验室里使用。由于绘图纸的厚度和密度分布均匀，另一种对相对峰面积进行计算的方法是将绘出的峰小心剪下来后，在分析天平上称量剪下来的各个峰的质量，相对峰面积的大小与它们的质量成比例。原始的色谱图应当保存，因此在打印计算峰面积时，应使用复印件。

此外，如图 2.8.29 所示，如果峰形对称，则可以认为此峰为等边三角形来估算峰面积，其峰面积可以近似地通过峰高乘以半峰宽来计算。混合物中所含各成分的比例可以根据各个峰相对应的峰面积来进行计算，及各个峰所占总峰面积的比例，具体计算方法如图 2.8.29 所示。

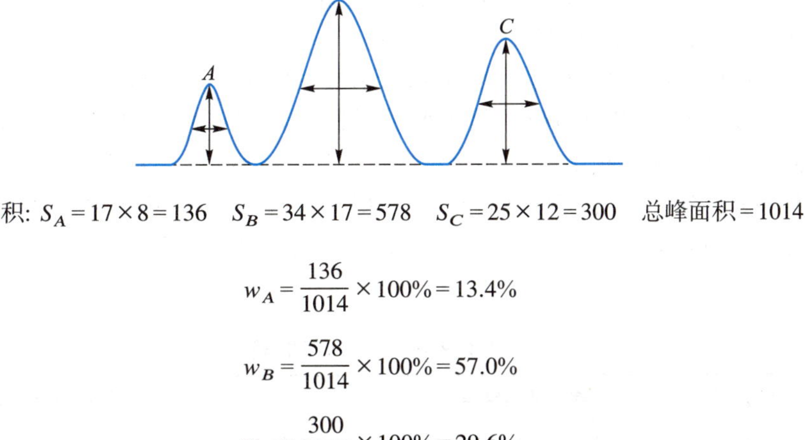

峰面积：$S_A = 17 \times 8 = 136$　$S_B = 34 \times 17 = 578$　$S_C = 25 \times 12 = 300$　总峰面积 = 1014

$$w_A = \frac{136}{1014} \times 100\% = 13.4\%$$

$$w_B = \frac{578}{1014} \times 100\% = 57.0\%$$

$$w_C = \frac{300}{1014} \times 100\% = 29.6\%$$

图 2.8.29 GLC 分析混合物中各成分所含比例计算

尽管各物质峰面积与流动相中所含摩尔分数相关，但并不一定与样品实际的量相关，因为检测器对不同类型的化合物，其响应是不一样的。并不是所有的物质都有同样的热导性 (TCD)，也并不是所有的物质在氢火焰中都形成同样类型、同样多的离子 (FID)。因此，在进行混合物的分析时，有必要引入合适的校正因子 (响应因子) 对色谱图中的各个峰进行校正，以便得到精确的定量分析结果。尽管对各个不同的物质需要进行实验测定其校正因子，但其近似值在有关气相色谱的专著上已有记载。表 2.8.9 给出了实验中有可能遇到的一些物质在热导检测器 (TCD) 和氢火焰离子化检测器 (FID) 中的校正因子。注意：火焰离子检测器的校正因子数值范围大于热导检测器。

表 2.8.9　一些代表性物质的质量校正因子 (W) 和摩尔校正因子 (M)

化合物	热导检测器		氢火焰离子检测器	
	W_f	M_f	W_f	M_f
苯	1.00	1.00	1.00	1.00
甲苯	1.02	0.86	1.01	0.86
乙苯	1.05	0.77	1.02	0.75
异丙苯	1.09	0.71	1.03	0.67
乙酸乙酯	1.01	0.89	1.69	1.50
乙酸正丁酯	1.10	0.74	1.48	0.99
正庚烷	0.90	0.70	1.10	0.86
邻二甲苯	1.08	0.79	1.02	0.75
间二甲苯	1.04	0.76	1.02	0.75
对二甲苯	1.04	0.76	1.02	0.75
乙醇	0.82	1.39	1.77	3.00
水	0.71	3.08	—	—

为了对混合物中各成分进行定量分析，在已知质量校正因子 (W_f) 的情况下，将每个物质的峰面积乘以其对应的校正因子即可，得到的校正峰面积可根据图 2.8.29 中所列出来的算式，计算混合物中各物质的占比，使用质量较正因子得到的是质量分数。

计算混合物中各成分的摩尔分数，需要用到摩尔校正因子 (M_f)，摩尔校正因子由标准溶液中各物质的摩尔质量除以质量校正因子并归一化所得。表 2.8.10 举例说明配置热导检测器的 GLC 分析中，如何用摩尔校正因子进行混合物中各成分相对含量的计算，分析对象为乙醇、正庚烷、甲苯和乙酸乙酯的混合物。表中第三列和最后一列为未校正所得到的百分含量计算结果以及引进摩尔校正因子后计算所得到的百分含量计算结果。可以看到，两个结果之间数值差别比较大，由此可见在定量分析计算过程中校正的重要性。

表 2.8.10　计 算 结 果

化合物	峰面积	未校正所得结果	校正后所得结果		
	S_A/mm^2	S_A/207.1×100	M_f	$S_A \times M_f$	$S_A \times M_f$/194.4×100
乙醇	44.0	21.2	1.39	61.2	31.5
正庚烷	78.0	37.7	0.70	54.6	28.1
甲苯	23.2	11.2	1.00	23.2	11.9
乙酸乙酯	61.9	29.9	0.89	55.4	28.5
总值	207.1	100		194.4	100

8. 操作步骤

以 FULI-9790 型色谱仪为例，步骤如下。

(1) 开机。首先开机启载气钢瓶，调节减压阀输出压力至 0.5 MPa，打开气体净化器上氮气开关，并同时调节仪器上柱前压达到合适的数值。打开仪器电源，输入合适的柱温、检测器温度和汽化温度，使各温度达到所需值并稳定。

(2) 点火。首先打开氢气钢瓶调节减压阀输出压力至 2 MPa, 打开气体净化器上氢气开关, 调节仪器上表压使其压力到达合适的数值。再打开空气压缩机, 调节仪器上表压到达合适的数值。然后按下点火按钮。

(3) 进样。首先打开计算机, 进入 SrAdv 色谱数据工作站, 输入相关的实验信息。进样器用待测样品清洗后, 抽取一定量的样品, 进样, 同时按下"开始"键, 观察出峰情况, 待所有样品被洗脱后按"停止"键, 保存文件。

(4) 关机。实验结束时, 先关闭氢气、空气气源, 熄火, 然后关闭控制电源, 柱箱温度降低后再关闭载气气源。

(5) 数据处理。从 Sradv 色谱数据工作站调出所需图谱, 编辑报告, 预览报告。打印报告, 关闭计算机, 最后切断总电源。

[思考题]

(1) 苯 (1 g, 12.5 mmol) 和 1-氯丙烷 (1 g, 12.5 mmol) 在无水 $AlCl_3$ 存在下反应, 生成 1.2 g 产物, 经 GLC(热导池检测器) 分析, 色谱显示了两个峰, 鉴定分别为正丙苯 (面积 = 65 mm^2, $W_f = 1.06$) 和异丙苯 (面积 = 113 mm^2, $W_f = 1.090$)。试计算两种异构体的收率。请注意, 由于两种产物有相同的相对分子质量 (120), 应用质量较正因子给出二者的质量和摩尔百分比。

(2) 在奥林匹克和田径游泳等大型体育比赛中, GC-MS 常用来检测运动员是否服用类固醇之类的兴奋剂。如果改进分析方法, 并测定特殊合成代谢类固醇的保留时间, 如何应用这一方法确定运动员是否服用了合成代谢类固醇?

(3) 利用气相色谱分离啤酒样品中的有机组分, 根据组分的沸点差异, GLC 提供了几个峰的痕迹。其中两个类似的峰的保留时间分别为 9.56 min 和 16.25 min, 确定为乙酸乙酯和乙酸丁酯。

(a) 根据上述信息、样品中哪一个组分洗脱更快? 这两种物质报道的沸点是多少?

(b) 如何通过 GLC 实验确认鉴定 9.56 min 和 16.25 min 两个峰是什么?

(c) 测试样品中的主要组分首先被洗脱出来, 此峰应与啤酒中的哪一个化合物相吻合? 推断化合物与对应标准化合物的沸点一致吗? 试解释之。

(d) 建议两种调整实验条件的方法, 以降低样品中所有组分的保留时间。

2.8.4 高效液相色谱

高效液相色谱 (high performance liquid chromatography), 简称 HPLC。20 世纪 70 年代后期, HPLC 开始在有机化学实验中应用, 逐渐发展成一种高效、快速分离分析有机化合物的工具。高效液相色谱的原理与柱色谱相似, 当液态的流动相在高压驱动下流经填充着固定相的 HPLC 色谱柱时, 加载的样品会按极性大小或分子的大小与形状, 通过分配、交换、排列洗脱得以分离, 并利用其不同的物理性质加以检测。

根据选用的固定相的不同, HPLC 的分离采用吸附、分配、尺寸排阻、离子交换等机制过程。有机化学实验室使用最普遍的是正相和反相分配色谱。

与中低压柱色谱比较, HPLC 具有分离效率高、简便及重现性好等优点, 使之远优于常规的柱色谱成为出色的分离手段。其原因在于固定相填料的尺寸小, 经典柱色谱的尺寸在 0.15~0.5 mm, 而 HPLC 的固定相通常采用小到 0.003 mm 的填料, 填料颗粒仅为普通柱色谱的几千分之一, 随着填料尺寸的减小和比表面积的增大, 色谱柱的操作更接近于平衡状态, 从而产生了更好的分离效果。填料尺寸的减小也伴随着流速的大大降低，这种情况可以在高压下用泵输送溶剂流经色谱柱来加以克服。目前已开始应用的超高效液相色谱 (ultra performance liquid chromatography, 简称 UHPLC)，其固定相尺寸约为 1.7 μm，工作柱压为124 MPa，分离效率和时间效率比 HPLC 都有大幅度提高。新出现的超临界液相色谱显示了更惊人的分离效果。此外，普通柱色谱通常用于制备 (化合物最终被分离)，而 HPLC 主要用于分析。目前，半制备和制备型 HPLC 也广泛被采用。大部分开管色谱柱使用一两次就需更换，而 HPLC 的色谱柱如维护得当，可重复使用，寿命长。

与气相色谱 (GC) 相比，HPLC 可用来分析和制备由于挥发性小不适合于 GC 进行研究的大分子化合物，从而使蛋白质、核酸、多糖及合成高聚物的研究成为可能。目前已有约 80% 的有机化合物能用 HPLC 进行分离分析。另一个优于 GC 的用途是在制备模式下，相对大量的物质 (约 0.1 g) 可以很容易地被分离和收集。

HPLC 的不足在于缺少通用的具有高灵敏度的检测器，GC 采用火焰离子检测器，大部分的有机化合物，甚至是痕量物质，都可以检测。而 HPLC 却要根据被分析混合物的类型选择不同的检测器，大部分 HPLC 检测器的灵敏度仅为 GC 检测器的 1%。HPLC 和 GC 被认为是互补的技术，二者联合应用，使研究和表征未知样品成为可能。

1. HPLC 系统

一般的 HPLC 系统由以下几部分组成：储液器、一个或多个输液泵、溶剂混合系统、进样器、色谱柱、检测器和数据记录装置。根据操作的目的是分析还是制备，色谱柱的流出液分别被收集在废液回收装置或将各部分分开收集在试管中。现代的 HPLC 设备中，检测器、数据记录装置和输液泵均由计算机控制。

溶剂的混合在它们流经输液泵之前或之后均可以进行。在输液泵之前进行溶剂的混合称为低压混合，仅需要一个输液泵；溶剂分别流经输液泵然后混合，这个过程叫作高压混合。

因为后者需要两个输液泵，因此比只用一个输液泵的系统要昂贵很多，但却可以提供更好的控制混合溶剂比例的能力。图 2.8.30 为低压高效液相色谱示意图。

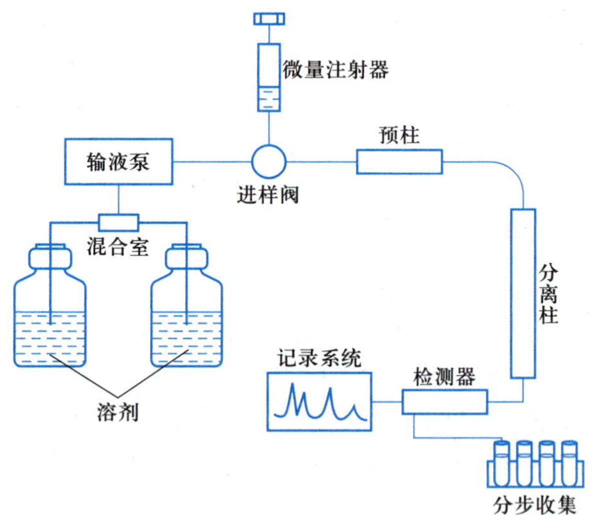

图 2.8.30 低压高效液相色谱示意图

2. 溶剂

同开管柱色谱类似，HPLC 有等度洗脱和梯度洗脱两种方式。HPLC 反相系统流动相最常用的溶剂有甲醇、乙腈、水和水基缓冲溶液，异丙醇、正己烷等则多用于正相体系。另外的有机溶剂，如二氯甲烷和己烷等对难溶有机物的分离时可以在对应色谱体系中使用。应用于 HPLC 的溶剂必须无尘，否则可以引起输液泵故障，阻塞并破坏色谱柱。获得无尘溶剂的一种方法是用带有特定微孔的高分子滤膜过滤。滤纸因会脱落纤维素，不能用于过滤。对于大多数过滤过程，常用薄膜的孔径为 0.45 μm。市售的有很多由不同的高分子材料 (如乙酸纤维素、尼龙、聚四氟乙烯) 制成的滤膜，其中水系滤膜 (如乙酸纤维素滤膜) 不适于过滤有机溶剂。各种滤膜的耐化学品性的信息由生产商提供，使用前应进行核查，过滤后的溶剂必须储存在无尘的容器中。除了用高分子滤膜过滤溶剂外，从溶剂储存器中抽取溶剂的管路的末端也应该安装由玻璃等材料制成的入口过滤器,以阻止不易发现的微粒进入输液泵。

HPLC 分析中经常遇到的一个棘手的问题是检测器会有气泡形成。这些气泡产生噪声基线,从而导致错误读数而影响分析。气泡主要来源于流动相溶剂中溶解的气体(如空气中的氧气和氮气)。排除的方法是最好给仪器配备在线脱气机;另一种方法是流动相过滤完成后,应用超声波振动脱气 20 min。此外,使用时向溶剂连续通入氦气不失为一种很好的选择(见图 2.8.31),但成本高。氦气在 HPLC 溶剂中的溶解性很有限,因此当氦气被通入溶剂中时会带走溶解在里面的空气,使溶剂中基本不含气体。溶剂使用前连续通入氦气 10~15 min,之后保存在氦气压力为正的容器中以备使用。需要说明的是,尽管通过彻底地通入氦气可以有效避免气泡的形成,但如果检测器内压力降低,一些来自流动相汽化的气泡仍可能会形成。为此,在检测器之后的废液管末端安装一个限流阀,则可以避免此种情况的发生。限流阀的作用是防止检测器出现明显的压力降低。

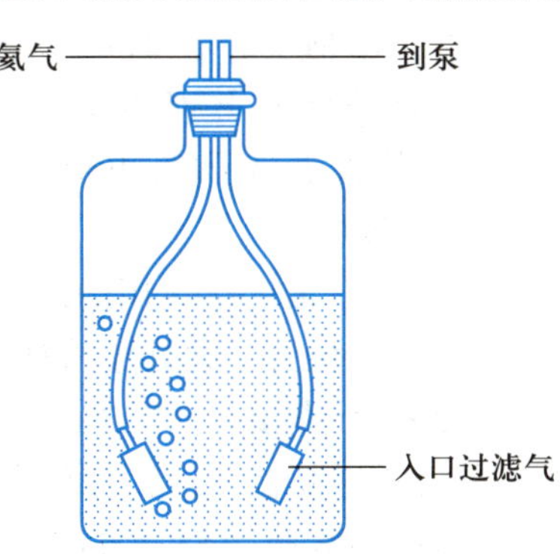

图 2.8.31 向流动相喷入氦气

选用混合溶剂用于 HPLC 时,应当注意它们之间的互溶性。在用于分析的浓度范围之内溶剂都应当是完全互溶的。当水基缓冲溶液与有机溶剂混合时,应仔细选择盐的浓度和所用有机溶剂的量,以免盐沉淀出来。所用有机溶剂的比例越大,盐的浓度越低,越不易发生沉淀。

对于从色谱柱流出化合物,紫外-可见光谱是最常用的检测方法之一。为了提高分析灵敏度,必须注意降低溶剂对检测样品紫外吸收的干扰。每种溶剂都有一个截止波长(cutoff wavelength),即该溶剂可以在紫外检测器中使用的最低波长。当波长低于截止波长时,溶剂会有明显的紫外吸收,从而干扰所分析化合物的检测。表 2.8.11 列出了常用溶剂的截止波长,有时溶剂中会含有对选用的波长有吸收的杂质,这种不希望发生的情况可以通过购买 HPLC 级的溶剂来加以避免。HPLC 级的溶剂未与其他物质混合之前不需要过滤。通过混合 HPLC 级的溶剂与盐制成的缓冲溶液,用之前必须过滤,以除去盐中的灰尘。

表 2.8.11 常用溶剂的截止波长

溶剂	UV 截止波长/nm	溶剂	UV 截止波长/nm
乙酸	260	乙酸乙酯	255
丙酮	330	正己烷	210
乙腈	190	异丙醇	210
丁酮	330	甲醇	210
甲基叔丁基醚	325	二氯甲烷	235
氯仿	245	四氢呋喃	220
环己烷	210	甲苯	286
水	191		

数据引自: (1) David R. Lide. "Solvents for Ultraviolet Spectrophotometry", CRC Handbook of Chemistry and Physics, Internet Version (87th Edition). 2007, Section 8: 8-127. (2) J. G. Speight. Lange's Handbook of Chemistry (16th Edition). 2005, Section 3: Table 3.26.

3. 输液泵

HPLC 系统最常用的输液泵是往复泵,其活塞在凸轮轴的带动下可以产生几乎恒定的流速。输液泵可以在最高能到 55.2 MPa 的压力下输送溶剂。泵头(见图 2.8.32)的体积应当小(<1 mL),以利于溶

剂成分的快速交换。用于制造输液泵内部(与溶剂有接触)的材料应具惰性,要避免使用含 HCl、HBr 之类腐蚀性物质的溶剂,因为它们甚至可腐蚀不锈钢,使 Fe、Co、Ni 等金属从不锈钢中溶解出来,导致产生分析错误,并损坏仪器。输液泵应当细心操作,严禁出现溶剂储存器中无溶剂的情况。缓冲溶液,尤其是含氯离子的,由于会产生腐蚀,绝不允许长时间停滞在输液泵内。

4. 进样器

HPLC 中最广泛应用的进样器是六通阀。阀有采样和进样两个位置。阀处于采样位置时,样品通过注射器(见图 2.8.33)直接进入具有一定容积的管道系统样品环中,多余的样品被分流到废液瓶。大多数的六通阀装备有可移动的能储存 5~200 μL 溶液的样品环。阀处于采样位置时,溶剂不经样品环直接由泵输送到色谱柱。一旦样品被加载,阀柄移到进样位置,这时样品环与输液泵和色谱柱连接。确定样品被完全地注入,到下一次运行之前,阀应当处于进样的位置。在一个新的样品被加入样品环(于采样的位置)之前,应用溶剂冲洗几遍,以避免交叉污染。任何缓冲溶液都不能在样品环中放置过夜。如果使用水基缓冲溶液,每天用完后都应当用水冲洗样品环。

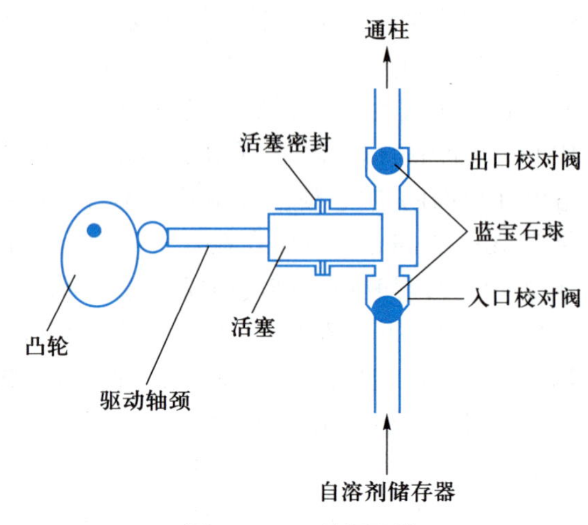

图 2.8.32 往复泵头

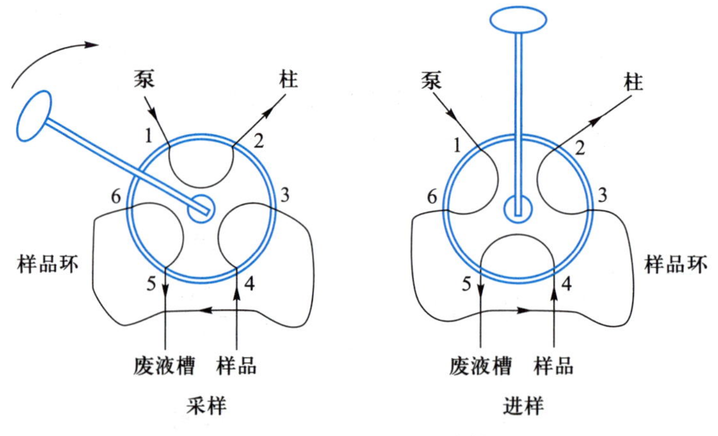

图 2.8.33 六通 HPLC 注射阀

注射进入色谱柱的样品容积正常的为 20 μL 以内。样品溶液应当无尘,用 0.45 μm 滤膜过滤或在 10000~14000 $r \cdot min^{-1}$ 转速下离心几分钟即可。为避免检测时出现问题,样品最好溶解在作为流动相的同一种溶剂中。

5. 色谱柱

色谱柱是 HPLC 系统的心脏。分离的质量取决于选用的固定相的类型。相对于 GC,可用作 HPLC 的固定相的数量减少了,但这并不会对分离造成严重的影响,因为可以通过选择合适的流动相或改变流动时间比例控制分析效率,从而使 HPLC 色谱柱变得通用。有机化学实验室使用最普遍的是以硅胶为固定相的正相色谱柱和以硅胶包衣 C_{18} 为固定相的反相色谱柱。手性色谱柱的固定相是在硅胶上载附或键合了手性拆分体。

对大多数的分析型HPLC色谱柱而言，其外壳一般用不锈钢制成，直径为4～6 mm，长度为75～250 mm，制备型色谱柱尺寸更大。用于不含金属的样品分析时，玻璃柱或玻璃衬里钢管柱也有商品供应。色谱柱必须用能耐高压的材料制作，不同的固定相有不同的压力限制。使用色谱柱之前，应仔细核对生产商提供的说明。色谱柱处于高于允许的最大压力时，将会被永久的毁坏。

在使用色谱柱前，也应检查流动相与固定相的兼容性，因为某些溶剂会对固定相产生永久性的损伤。例如硅胶色谱柱，对大多数有机溶剂有抵抗力，在 pH = 2～7 的缓冲溶液中也可以使用，超出此范围，部分硅胶会分解成硅酸 (H_2SiO_3) 而被明显地损坏，采用饱和了硅酸的流动相可以避免这种情况。为此，通常在进样阀之后安装填充硅胶的预柱。流动相慢慢地溶解预柱上的硅胶，饱和了硅酸之后，就不能再溶解了。

为了延长色谱柱的寿命，用同种固定相制成的预柱，一般安装在进样阀与色谱柱之间。预柱尺寸小，可以阻止颗粒和其他的污染物进入长的色谱柱。预柱需要经常更换，尤其是测试可能与固定相有相互作用的生物样品时更需重新更换。

大多数 HPLC 分析通常在室温下操作，需要高温度时，可通过调节柱温箱温度来实现。

为了达到最理想的分离效果，上样前色谱柱必须用流动相加以平衡，使溶剂以中等流速 (0.3～1.0 mL · min^{-1}) 至少流过 5 个柱体积。例如，如果色谱柱的体积为 10 mL，使用之前，至少应该让 50 mL 的溶剂流过。

测定时先选定适合被测样品的色谱柱类型，再确定流动相比例条件。当色谱柱经平衡、进样和分析结束后，正、反相色谱柱都必须用大于测样的溶剂比例条件洗脱色谱柱和保存。一般而言，正相色谱柱用 90∶10 正己烷-异丙醇，反相色谱柱用 70∶30 甲醇-水洗脱 30 min，而后保存。

测样体系如选用酸和盐的缓冲体系，测样结束后，需先用纯水将色谱柱洗脱不少于 1 h，然后用大于测样的溶剂比例条件洗脱色谱柱，再用纯甲醇或体积比 70∶30 甲醇-水溶液洗脱之后保存色谱柱。

6. 检测器

HPLC 通常有三种类型的检测器：紫外-可见、荧光和示差检测器。在检测器中，样品进入一个小的流动池中，按照被测定样品的光学性质进行检测。可变波长的紫外-可见 HPLC 检测器原理如图 2.8.34 所示，可以用氘灯和钨灯光源，氘灯发射出连续的紫外线波长范围为 190～400 nm，而钨灯发射出的波长介于近紫外和可见光 (340～850 nm) 之间。示差检测器波长的选择应该适合于分离时所选用的旋转光栅 (光栅是一种利用色散分开辐射各个频率的工具)，光束被一分为二，一条通过样品池，另一条通过参比池，参比池中可能只是空气。被样品所吸收的射线波长，是通过比较样品池和参比池的光束强度来确定的。吸附量和摩尔吸附量成正比。提高检测的灵度的方法最好是增加池的长度，一般的池长度为 0.6～1 cm。各种波长的检测器可以方便地找到样品的最大吸收波长，即对样品最灵敏的波长。

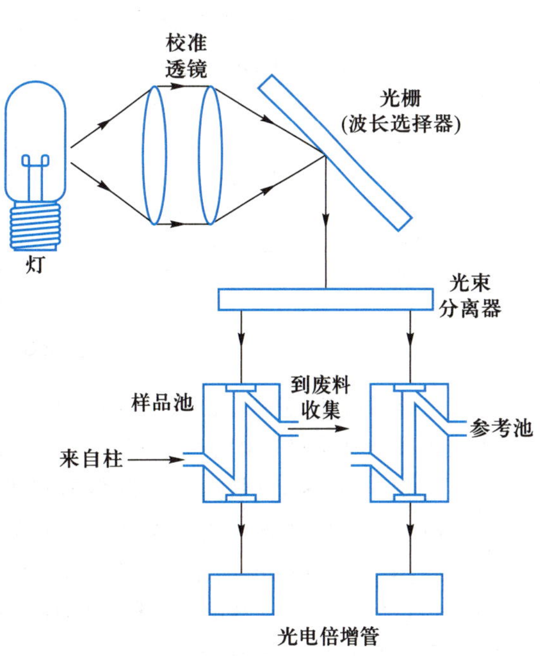

图 2.8.34 可变波长紫外-可见 HPLC 检测器

对于样品的常规分析，早期最广泛应用的是单波长的 HPLC 检测器。如汞灯和锌灯常作为荧光检测器发光源，目前已被氘灯代替。汞灯光源发射的紫外线波长为 254 nm，此波长有利于检测某些化合物的特殊吸收，例如芳香类化合物、羰基化合物和含有共轭烯键的化合物。锌灯光源发射出更短的紫外线波长 (214 nm)。除了已经提到的紫外-可见 HPLC 检测器，目前二极管阵列检测器也越来越流行，它可以在 190～800 nm 较宽的范围内捕获大部分有机化合物的信号。

在 HPLC 的历史上首先应用的是折射率的检测，可以用来检测溶剂和样品之间折射率的不同，但灵敏度仅是紫外-可见检测的千分之一，并且只适用于均相组分，目前这种检测手段大部分被用作制备和限于非常特殊的分离检测。荧光检测的灵敏度大约是紫外-可见检测的 10 倍，其工作原理是，选择一定波长的入射光源，入射光源与样品成 90° 角射入，照射样品。有荧光的化合物如芳香类化合物、核酸和蛋白质等，利用荧光检测，显示出非常高的灵敏度。此外，蒸发光散射器，以激光为光源，最大的优越性在于能检测不含发色团的化合物，如糖类、脂类、聚合物、未衍生脂肪酸和氨基酸、表面活性剂和药物等，并可在没有标准样品和化合物结构参数未知的情况下，检测未知化合物。

7. 反相色谱

反相色谱由非极性的固定相和保持一定的极性或极性逐渐减小的流动相所组成的液相色谱体系。因为其与极性固定相和极性逐渐增加的流动相所组成的液相色谱体系 (正相色谱) 相反，故称为反相色谱。与正相色谱对比，在反相色谱中极性大的物质首先被洗脱下来，最后被洗脱下来的才是非极性的化合物。

反相色谱最常用的固定相是化学修饰的硅胶 (见图 2.8.35)，即在普通硅胶中由特殊的反应物把碳氢链键合到硅胶颗粒上，得到硅醇羟基被保护的疏水性固定相。二甲基十八烷基氯硅烷就被用作这类反应物，因为它所含碳原子的总数为 18，所以该固定相被称为 C_{18}，长的碳氢链使得这种固定相呈非极性。反相色谱其他的固定相主要有 C_1 和 C_8，在这类固定相中碳原子的个数分别为 1 和 8。

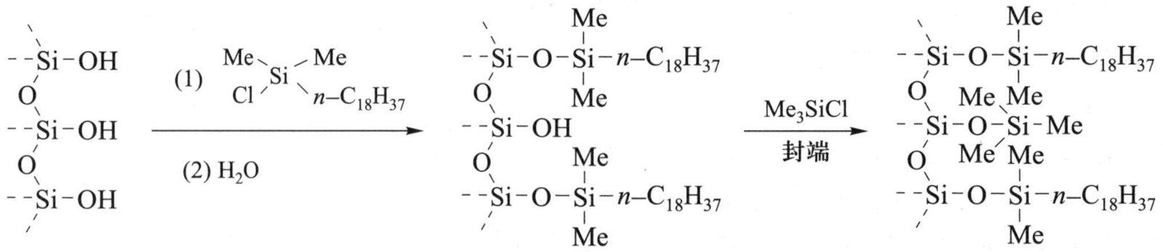

图 2.8.35　硅胶的修饰和封端

反相硅胶柱中通常会含有不确定数目的羟基基团保留在硅原子上，这主要是由于部分没有反应的硅烷醇覆盖在了硅胶的表面。硅烷醇的存在可能会导致残留的羟基干扰分离过程，这可以通过用三甲基氯硅烷与游离的硅烷醇反应降低到最低程度，这一过程称为封端反应。

反相柱的分离基础是流动相和固定相的分配机制，固定相是非极性相，使用被永久覆盖的硅胶固体作为载体，当极性的流动相通过色谱柱时，非极性的溶质会优先分配吸附进入非极性的固定相表面，这是由于它们都是疏水性的。极性的溶质会优先进入极性的流动相中，从而导致极性的物质会比非极性的物质在色谱柱中流动得更快。

根据混合物分离，反相高效液相色谱的流动相可以是单一洗脱体系，或是极性不断变小的梯度洗脱体系。在梯度洗脱时，首先用极性的溶剂，洗脱的是极性化合物，非极性的化合物优先进入固定相中，并通过降低洗脱剂的极性，将非极性化合物洗脱下来。

分离极性化合物，建议用 C_1 和 C_3 的固定相，但分离非极性的化合物最好选择 C_{18}，这是因为固定相的碳氢链越长，保留时间越长。

8. 尺寸排阻色谱法

有机化合物的分离也可以用完全不同于前面讨论的吸附解析、分配和反相等原理，这就是根据分子的大小和形状来进行分离，可以称作尺寸排阻色谱，也可以称为凝胶渗透色谱或者凝胶过滤色谱。

在尺寸排阻色谱法中，固定相是具有相对明确孔径的多孔的固体，小分子（比孔径小的）是可以通过固定相的微粒，进入固定相中，并且要经过一段时间才返回到溶剂当中。而大分子（比孔径大的）不能进入固定相中，所以大分子的化合物会比小分子的化合物优先洗脱下来。

尺寸排阻色谱有不同型号的固定相，葡聚糖凝胶是一种修饰后的右旋糖苷，常被用来分离蛋白质，这种固定相被广泛地应用到开管柱色谱，但是不能运用到高效液相柱中，因为缺乏足够的刚性来承受高压。与此相反，硅胶柱可以承受高压，因而可用于分离蛋白质的尺寸排阻高效液相色谱。

9. 其他类型化学键合固定相

键合固定相因有不同程度的极性，并有不同的化学和物理性质，而被广泛应用于极难分离化合物的分离。例如，固定相中含有苯环，可以被化学修饰从而可以结合磺酸或季铵盐基团，这类修饰可以运用到离子交换色谱中。

离子交换色谱包括阴离子交换和阳离子交换。在阳离子交换色谱中，固定相中的 H^+ 把溶质中的阳离子取代下来，使得阳离子保留在柱子中。另外，阴离子交换中带正电荷中心的固定相，通过静电相互作用将溶质中的阴离子保留在色谱柱中，这个中心一般是附在固定相上的季铵盐基团 (R_4N^+)。

化合物的洗脱是在色谱柱中反复冲洗的过程，在阳离子交换柱中加入酸，就会使得 $—SO_3H$ 基团和释放阳离子 (M^+) 发生改变。在阴离子色谱柱中加入碱性物质会使得 R_4N^+、OH^- 基团和洗脱的阴离子 (X^-) 发生改变。离子交换色谱对于分离蛋白质、核酸和其他类型的分子均有很好的效果。

10. 高效液相色谱的注意事项

为了省时和提高效率，使用 HPLC 时应注意以下几点:

(1) 使用高效液相色谱级的专用溶剂。

(2) 流动相需要滤膜过滤，保持洁净。

(3) 在测试之前为了平衡色谱柱，至少应用 5 个柱体积的溶剂进行洗脱。

(4) 所用溶剂和固定相应是兼容的。

(5) 样品需用滤头过滤纯化。

(6) 仪器在运行过程中不要碰注射阀，使其保持注入。

(7) 如果使用了缓冲水溶液，要用 3 个柱体积高效液相色谱级的水冲洗仪器和样品环。

(8) 当长时间不用时，应用规定的溶剂来保存色谱柱。

使用禁忌:

(1) 不能让泵空转。

(2) 不能突然改变压力，或者是超过压力最大量程。

(3) 体系中不能残留缓冲水溶液。

2.9 鉴别结构的波谱方法

鉴定有机化合物的结构是有机化学工作者面临的一项重要任务。在有机化学发展的过程中，人们一直借助化学实验了解有机化合物结构方面的信息。这种经典的方法具有样品和试剂的消耗量大、步骤多和周期长等缺点，鉴定一种化合物往往非常困难，有的甚至需要长达数十年的时间。随着技术的进步,近几十年来发展起来的波谱方法已成为非常重要的研究有机化合物结构的手段。在众多的方法中,以红外光谱、核磁共振谱、紫外-可见光谱和质谱应用最广。除质谱外,这些波谱方法都是利用不同波长的电磁波对有机分子作用。波谱法具有微量、快速及不破坏被测试样品的结构等优点。它们的出现已经大大改变了传统测定结构的方式,促进了复杂有机化合物的研究和有机化学的发展。本节对常用的红外光谱、核磁共振谱、紫外-可见光谱和质谱加以介绍。

2.9.1　红外光谱

红外光谱 (infrared spectroscopy) 简称 IR。自从 20 世纪 50 年代初以来,红外光谱已广泛用于有机分析。作为一种吸收光谱,红外光谱主要用来迅速鉴定分子中含有哪些特征官能团以及鉴定两个有机化合物是否相同。红外光谱和其他几种波谱技术结合,可以在较短的时间内完成一些复杂的未知物结构的鉴定。

1. 基本原理

红外光谱是测量一种有机化合物对不同频率或波长红外光吸收变化的波谱。一般最有用的红外区域的频率范围是 4000～400 cm^{-1} (波数),或用波长表示为 2.5～25 μm,也称中红外区。波长常用的单位是微米 (μm),1 μm = 10^{-6} m。此外,红外波谱用波数 (σ) 替换波长来绘图,单位为 cm^{-1},它与波长的关系为

$$\sigma = \frac{1}{\lambda} \times 10^4$$

红外光所对应的能量范围为 41.86～4.186 kJ · mol^{-1},相当于分子振动能级跃迁所需要的能量。分子吸收红外光能,从振动基态激发到高能态,产生红外吸收光谱。图 2.9.1 为 3-甲基环己-2-烯酮的红外光谱。图中横坐标为波数,纵坐标为透射率。

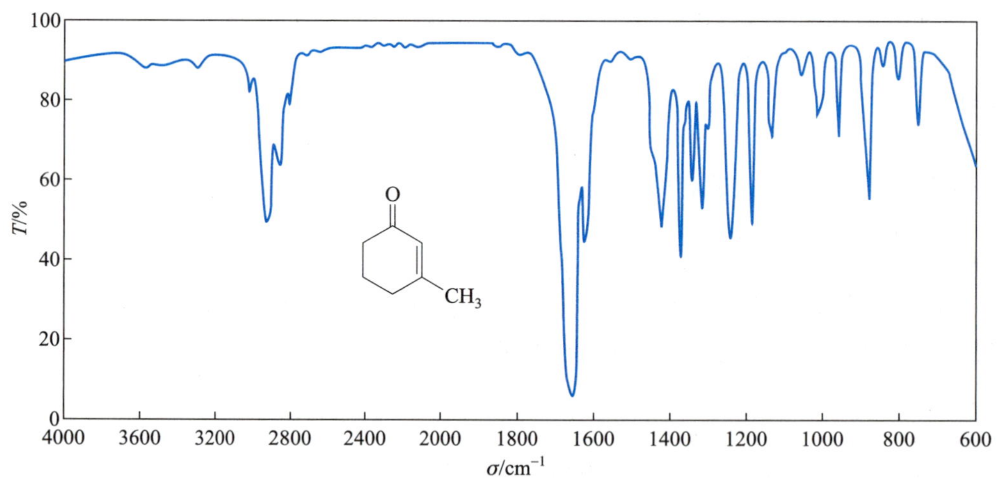

图 2.9.1　3-甲基环己-2-烯酮的 IR 谱图

透射率 T 与透射光强度 I 和入射光强度 I_0 的关系为

$$T = \frac{I}{I_0} \times 100\%$$

可以看出,透射率越小,透射光强度越弱,吸收越强。

在图 2.9.1 所示的红外光谱中,最强的吸收发生在大约 1675 cm^{-1} 处,为 C═O 的伸缩振动吸收峰,在红外光谱术语中,它被称为“峰”。产生观察到的分子激发所需要的能量 (对应不同位置的吸收峰) 在

光谱中从左到右逐渐减少。

由于分子振动能级跃迁的同时，伴随着转动能级的跃迁，因此吸收峰为宽的谱带而不是类似原子吸收光谱中尖锐的峰线。随着仪器和操作条件不同，红外光谱中吸收峰的强度也有所差异，但其相对强度一般是可靠的。

红外光谱的吸收强度可定性地用很强 (very strong, 缩写为 VS)、强 (strong, 缩写为 S)、中强 (medium, 缩写为 M)、弱 (weak, 缩写为 W) 和可变 (variable, 缩写为 V) 等符号来表示。吸收峰的形状分为宽峰、尖峰、肩峰和双峰等类型。

分子并不是坚硬的刚体，组成分子的原子很像由弹簧连接起来的一组球的集合体。弹簧的强度相应于各种强度不同的化学键，大小不等的球相应于各种质量不同的原子。分子中存在着两种振动形式，即伸缩振动 (stretching) 和弯曲振动 (bending)。以亚甲基为例，该基团的振动形式如图 2.9.2 所示。

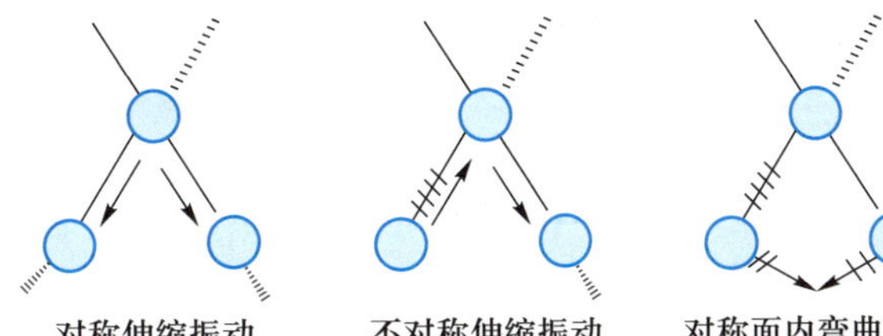

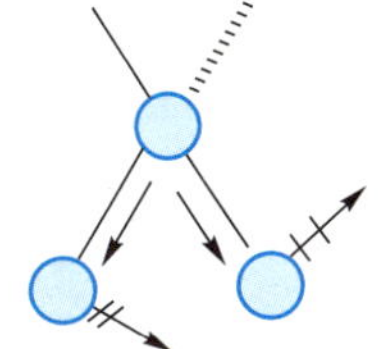

图 2.9.2 亚甲基的振动形式

伸缩振动伴随着键长的伸长和缩短，需要较高的能量，往往在高频区产生吸收；弯曲振动 (或变角振动) 包括面内弯曲和面外弯曲振动，伴随着键角的扩大或缩小，需要较低的能量，通常在低频区产生吸收。分子中各种振动能级的跃迁同样是量子化的，并且在红外区内。如果用频率连续改变的红外光照射分子，当分子中某个化学键的振动频率和红外光的频率相同时，就产生了红外吸收。需要指出的是，并非所有的振动都会产生红外吸收，只有那些偶极矩的大小和方向发生变化的振动，才能产生红外吸收。与特定振动相关的偶极矩变化越大，能量传递到分子的效率越高，观察到的吸收越强，这称为红外光谱的选择规律。

如果忽略分子的其余部分，将个别化学键看成用弹簧连接起来的质量为 m_1 和 m_2 的两个小球，弹簧的质量忽略不计，这样就可以近似地将双原子的伸缩振动看作是简谐振动，从而利用胡克 (Hooke) 定律来理解化学键的振动。其振动频率如以波数表示为

$$\sigma = \frac{1}{2\pi c}\sqrt{k \bigg/ \frac{m_1 m_2}{m_1 + m_2}} = \frac{1}{2\pi c}\sqrt{\frac{k(m_1 + m_2)}{m_1 m_2}}$$

式中 c 为光速；m_1、m_2 均为成键原子质量，单位为 g；k 为化学键的力常数，单位为 $N \cdot cm^{-1}$。

从上式可以看出，键的振动频率与力常数 (k) 成正比，而与成键原子质量成反比。

力常数 (k) 的大小与键能和键长有关，键能越大，键长越短，k 值越大。碳-碳单键、双键、三键的 k 值分别为 4~6 $N \cdot cm^{-1}$，8~12 $N \cdot cm^{-1}$，12~18 $N \cdot cm^{-1}$。对应的红外吸收光谱分别在 1200~800 cm^{-1}，1680~1620 cm^{-1}，2260~2100 cm^{-1} 范围内。

从公式也可以看出，成键原子质量越轻，振动越快，频率越高。组成 O—H, N—H, C—H 键的原子中都有一个相对原子质量最小的氢，因此，这些键的伸缩振动均出现在频率较高的区域 (3700~2850 cm^{-1})

由于多原子分子振动自由度的数目较大，加之振动的耦合等因素的影响，使得红外光谱图变得相当复杂。尽管如此，人们在研究大量有机化合物红外光谱图的基础上发现，不同化合物中相同的官能

团和某些化学键在红外光谱图中有大体相近的吸收频率，一般称为官能团或化学键的特征吸收频率。特征吸收频率受分子具体环境的影响较小，在比较窄狭的范围出现，彼此之间极少重叠，且吸收强度较大，很容易辨认，这是红外光谱用于分析化合物结构的重要依据。

2. 红外光谱仪

红外光谱可由红外光谱仪测得。现代红外光谱仪是以傅里叶变换为基础的仪器。与传统的仪器相比，傅里叶变换红外光谱仪 (fourier transform infrared spectroscopy, FT-IR) 不用棱镜或光栅分光，而是用干涉仪得到干涉图，采用傅里叶变换将以时间为变量的干涉图变换为以频率为变量的光谱图，具有扫描速度快、光通量大、测定光谱范围宽、高信噪比和高分辨率等特点。傅里叶变换红外光谱仪 (以 IR Presting-21 型为例) 工作原理如图 2.9.3 所示。

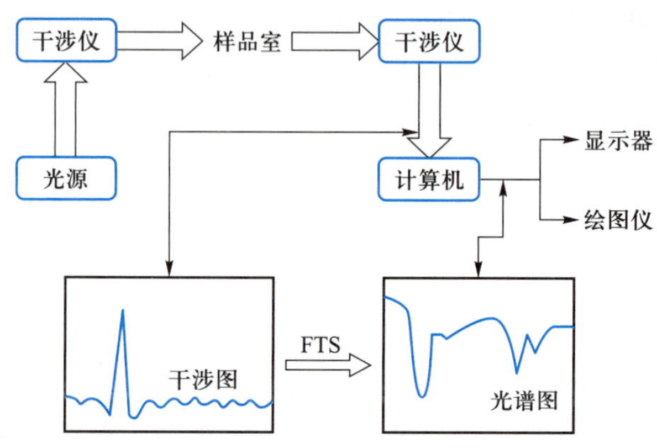

图 2.9.3 傅里叶变换红外光谱仪原理示意图

3. 红外光谱的测定

(1) 透射率。作为一般规则，液体或固体样品的红外光谱应显示出相对较弱吸收的可检测峰，但不应有强得超出尺度的吸收。实际操作中，一个好的方法是改变被分析的样品，使其光谱中最强的峰值接近 0，这样就最大限度地提高了观察到微弱峰值的可能性。图 2.9.1 说明了这种做法，其中最强吸收的 T 值接近于零。确定红外光谱中峰的绝对强度的两个实验变量是样品的浓度和含有样品的池的厚度。这些因素决定了辐射通过样品时在辐射路径中的分子数量，分子越多，吸收强度越大。利用现代红外光谱仪，打印光谱上的峰值强度也可以用程序调节放大。

(2) 样品池。用于红外光谱分析的样品池一般有两种类型：样品的路径长度或厚度固定的样品池和路径长度可变的样品池，后一种类型的样品池价格比较昂贵。一种简单的方法是将样品夹在两个透明的盐板或窗口之间 (见图 2.9.4 和图 2.9.5)。将一滴样品放在一个板上，然后将第二个板放在形成膜的顶部，就可以很容易地制备样品池。然后将组装好的平板放入光谱仪的支架中。如果样品太厚，可

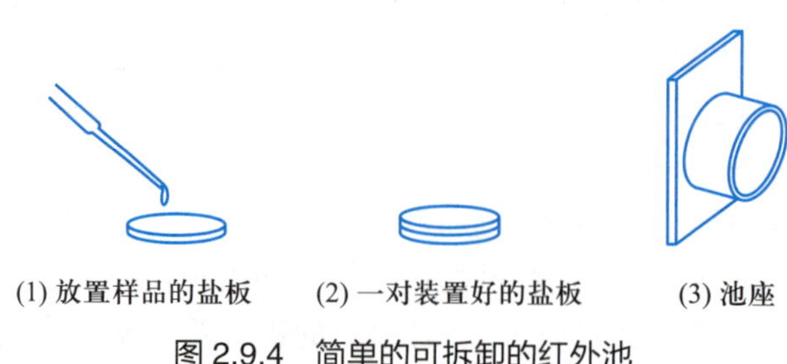

图 2.9.4 简单的可拆卸的红外池

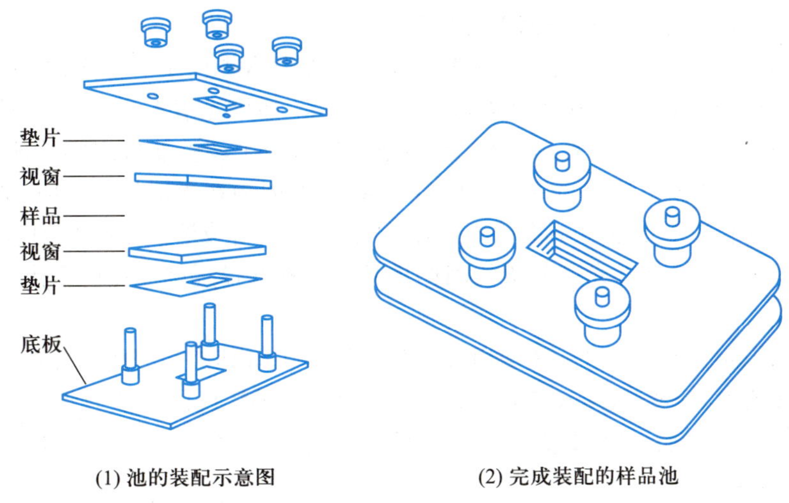

(1) 池的装配示意图　　(2) 完成装配的样品池

图 2.9.5　可拆卸的红外池

以取出一些样品, 小心挤压, 避免弄破盐板, 而产生更薄的膜; 如果样品太薄, 则需分离板, 添加更多样品, 然后重新连接, 产生合适的薄膜。

固定厚度的样品池由两块透明的盐板组成, 用塑料或金属垫片隔开, 固定了样品池中所含样品的厚度, 如图 2.9.6 所示。注射器通常用于将样品注入样品池, 在操作中样品池也应以一定角度放置在笔或铅笔顶部, 以防止注入样品时在样品池内形成气泡。如果观察到气泡, 必须添加更多样品, 直到气泡消失为止。

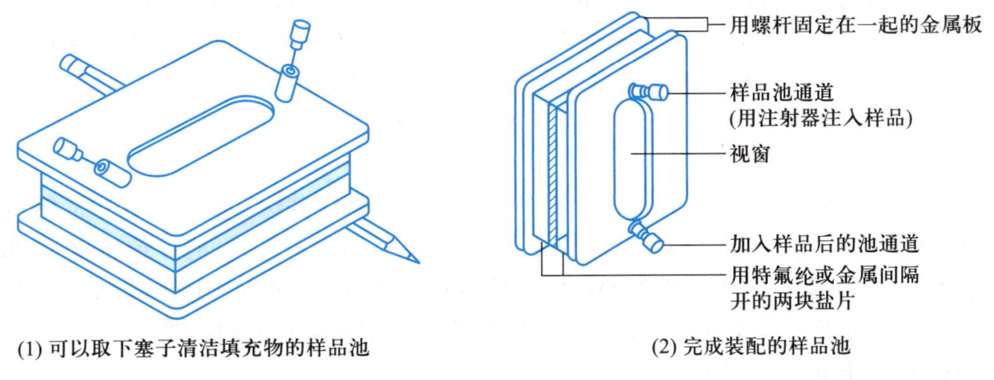

(1) 可以取下塞子清洁填充物的样品池　　(2) 完成装配的样品池

图 2.9.6　固定厚度的红外池

红外样品池中使用的窗口的保养和处理也很重要。盐板通常是透明的熔融盐, 如氯化钠或溴化钾, 如果这些盐板暴露在潮湿环境中, 视窗将变得混浊, 致使盐板减少了通过样品池的光线量。因此在处理组装好的红外样品池或盐板时, 应避免呼吸或手接触视窗表面。此外, 与样品池接触的其他物质 (包括样品) 必须干燥。这意味着用于清洁样品池或盐板的溶剂也须干燥。清洁样品池的合适溶剂包括无水乙醇、二氯甲烷和氯仿, 应避免使用含水的溶剂。

通过缓慢通入干燥的氮气或空气使固定厚度样品池干燥, 而可拆卸样品池和盐板用实验室纸巾轻轻擦拭或吸干来干燥, 避免划伤样品池或盐板的表面。清洁、干燥的样品池或盐板应置于干燥器中, 以免受到空气中水汽的影响。

(3) 液体样品。液体样品的红外光谱最容易用纯液体获得, 称为纯样品。由于浓度在此类样品中是不变的,因此仅可通过改变路径长度来修改峰值强度。这可以通过以下两种方法实现:一种是使用路径长度为0.020~0.030 mm的固定厚度池。这种短路径长度通常提供了一个光谱,在该光谱中,强吸收如与羰基相关的吸收会给出一个不接近0透射率的吸收峰。如果光谱不合适,可以使用不同的固定厚度的样品池。另一种选择是使用盐板,并通过轻轻地按压盐板来调整盐板之间的薄膜厚度,从而调节吸收池厚度/路径长度。盐板不适合与挥发性样品一起使用,因为在光谱仪运行时,部分或全部样品将蒸发,从而导致测量的相对峰值强度不准确。此外,样品也可制备成溶液或吸收到微孔膜中进行分析。

(4) 固体样品。制备用于红外光谱分析的固体样品有多种选择,包括溶液、浇铸、压片、糊状法和微孔聚乙烯薄膜。

① 溶液。获得固体红外光谱的一种常用技术是在溶液中对其进行分析。首选溶剂为氯仿和二硫化碳,样品在所选溶剂中的溶解度应在5%~10%的范围内,这种浓度的溶液通常在路径长度为0.1 mm的固定厚度样品池中可提供合适的光谱。这种方法并不完美,大约在750 cm^{-1}和1220 cm^{-1}处会出现溶剂氯仿的强烈吸收。

② 浇铸。可将固体的溶液"浇铸"到氯化钠圆盘上,待溶剂蒸发后,形成固体薄膜,合适的溶剂包括乙醚、二氯甲烷和氯仿。为了制备铸件,将大约两滴溶液均匀地涂抹在圆盘上,并允许溶剂蒸发,然后将圆盘放在分光计的支架中,从而获得光谱。如果薄膜太薄而无法提供有用的光谱,则可向圆盘中添加溶液;如果样品太厚以至于吸收带太强,则需使用溶剂清洗圆盘,使用更稀的溶液重新浇铸。要注意的是,氯化钠具有吸湿性,因此不允许使用水或95%乙醇来制备溶液或清洁圆盘。

红外光谱(压片法)

③ 压片。溴化钾可熔融形成几乎透明的盐板。通过使KBr承受5~10 t/in^2的高压(in为英寸),以产生盐塑性流动所需的热量,释放压力,可形成一个清晰的平板。因此,可通过将约1 mg样品与100 mg干燥、粉末状的KBr充分混合,并在模具中对所得混合物施加高压来制备含该化合物的KBr压片。混合采用玛瑙而不是陶瓷材料制成的研钵和杵,是因为陶瓷可能会被磨损,并产生不透明颗粒污染压片。一旦制备出令人满意透明的压片,即可获得红外光谱。如果光谱中的谱带强度不令人满意,可重新制备另一个压片,其中固体样品的浓度已做了相应地调整。

溴化钾具有极强的吸湿性,因此,除非在制备压片时,否则须将其保存在干燥器中的密封瓶中。即使采取了安全的预防措施,也很难制备完全无水的压片,如被水污染,这可能导致3600~3200 cm^{-1}范围内的红外吸收出现问题。因为水中的O—H与醇和胺中的O—H和N—H的伸缩振动均出现在该区域,压片中的湿气可能部分或完全掩盖相应样品的吸收。因此,上述范围内吸收峰的出现,可能导致样品中O—H和N—H的错误判断。

④ 糊状法。把1~3 mg研细的样品粉末悬浮分散在几滴石蜡油、全氟丁二烯等糊剂中,在玛瑙研钵中研磨成均匀的糊状,将糊状物均匀分布在两个盐板之间,再固定好两块盐板即可测试。测完后,盐板应用无水乙醇冲洗,软纸擦净。此法适用于大多数固体,操作迅速、方便,缺点是石蜡油本身在2900 cm^{-1}、1465 cm^{-1}和1380 cm^{-1}处有吸收峰,解析图谱时须将这几个峰除去。

⑤ 红外卡。近年来,方便的红外卡已可直接用来进行样品的红外分析,卡上有两个19 mm的圆孔,其中包含有一层薄的微孔性的聚乙烯薄膜。取约50 mg待分析的样品,溶于挥发性的有机溶剂,用滴管或注射器将溶液置于孔中的薄膜上,由于薄膜的特性,溶液很快被吸收,在室温下蒸发几分钟后,溶剂挥发,在膜上形成均匀分散的溶质,接下来直接置于仪器样品池中进行测定(见图2.9.7)。红外卡可使用两次,价格较贵,可用于各种常规方法难以处理的样品,如微量样品、难于制样的样品和强吸收不透光的样品。

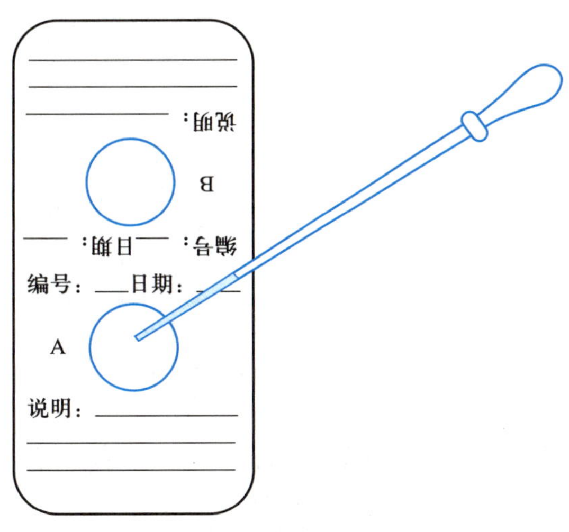

图 2.9.7 红外样品分析卡

目前较先进的 Nicolat-Avator 全新智能型 FT-IR 仪配有标准取样附件和样品池，针对不同类型的样品，选取相应的附件或样品池即可测定。

乙酰苯胺样品的 IR 谱图见图 2.9.8。

实验测试完毕后，应将玛瑙研钵、刮刀和模具等接触样品部件用丙酮擦洗，红外灯烘干，冷却后放入干燥器中，红外光谱仪应在切断电源，光源冷却至室温后，关好光源窗。样品池或样品仓应卸除，以防样品污染或腐蚀仪器。最后将仪器盖上罩，登记和记录操作时间和仪器状况，经指导教师允许后方可离去。

(5) 光谱校对。红外光谱校准是必要的，因为存在诸如由于仪器中的绘图纸未对准或机械滑动，可能会导致吸收出现在不正确的波数处。聚苯乙烯 (图 2.9.9) 是一种常用标准物，通常使用由其制备的一种薄而透明的薄膜，装入支架，安装在光谱仪上，在获得样品的光谱后，将标准品插入样品池。如果使用参考池，则应将其移除。相应地，在样品的光谱上至少记录一个标准吸收带，对于聚苯乙烯，通常记录 1601 cm^{-1} 处的吸收，也可使用其他谱带。

一旦测量了标准的参考峰，则应相应调整报告的样品吸收位置。例如，如果聚苯乙烯的 1601 cm^{-1} 峰出现在光谱上的 1595 cm^{-1} 处，则通过在图标纸记录的值上添加 6 cm^{-1} 校正样品中波段的波数。由于误差源可能在整个范围内变化，因此在整个光谱中使用相同的校正因子并非严格正确，但在大多数情况下，可以满足测量需求。为了进行更精确的工作，应在红外光谱中的几个不同位置记录校准峰，如同时检查 3027 cm^{-1}、2951 cm^{-1}、1087 cm^{-1}、907 cm^{-1} 4 个吸收峰的位置是否正确。

4. 谱图解析和应用

化合物的红外光谱可用于确认分子中存在的特征官能团，评估已知化合物的纯度，并确定未知物的结构。

未知化合物的红外光谱分析提供了有关不同官能团存在与否的有用信息。一般来说，4000～1250 cm^{-1} 范围内的吸收，即所谓的官能团区域，涉及与特定官能团相关的振动激发。例如，酮羰基的伸缩振动模式吸收峰出现在 1760～1675 cm^{-1} 区域，而碳碳双键的伸缩振动模式吸收峰出现在 1680～1610 cm^{-1} 附近。表 2.9.1 列出了各种官能团及其红外吸收范围。表 2.9.2 是表 2.9.1 的更详细版本。注意，吸收的缺失与吸收的存在同样重要。例如，如果光谱的羰基区域没有强带，则意味着大概率不存在诸如醛、酮、酰胺和酯等类化合物。

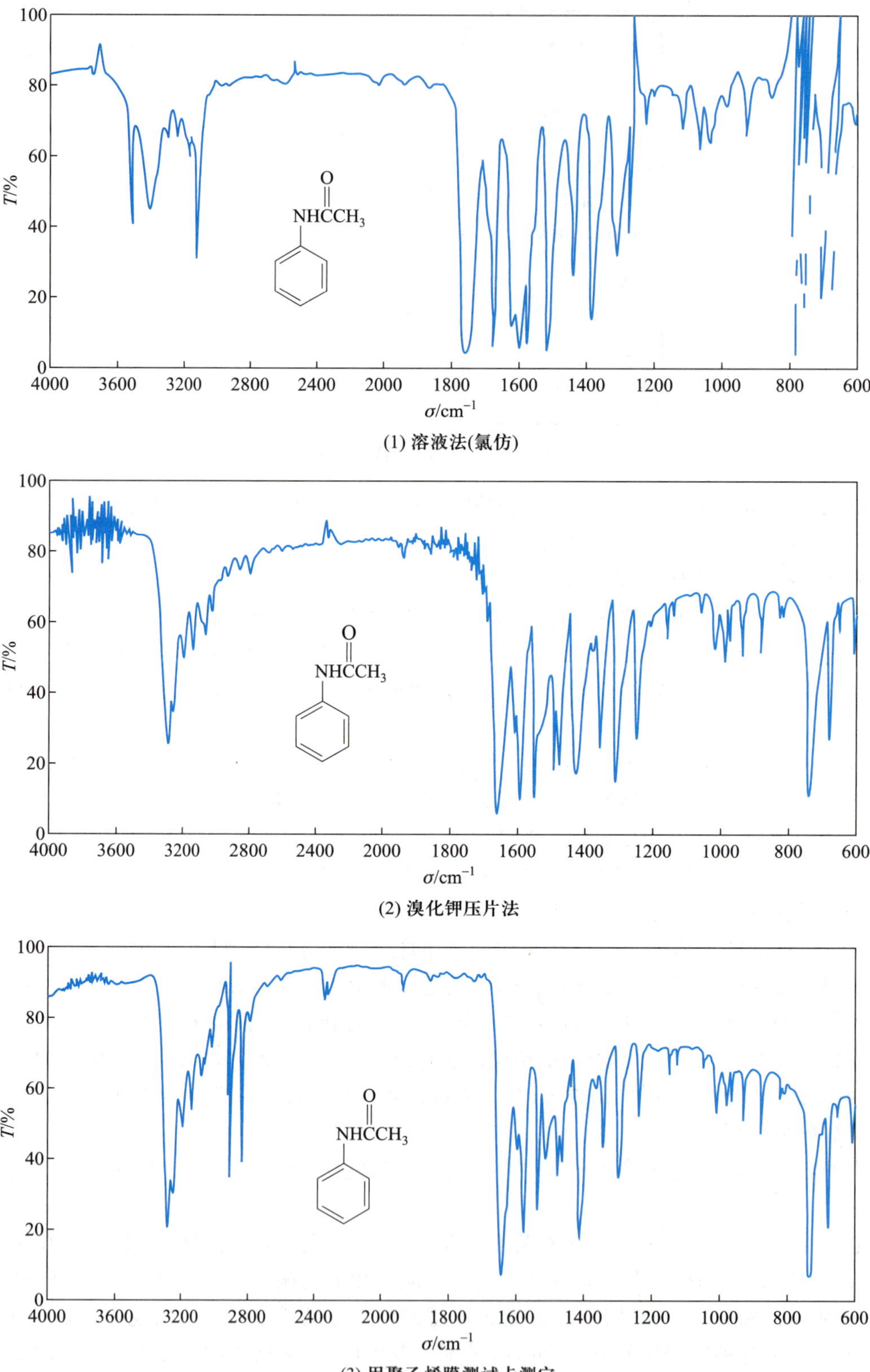

图 2.9.8 乙酰苯胺样品的 IR 谱图

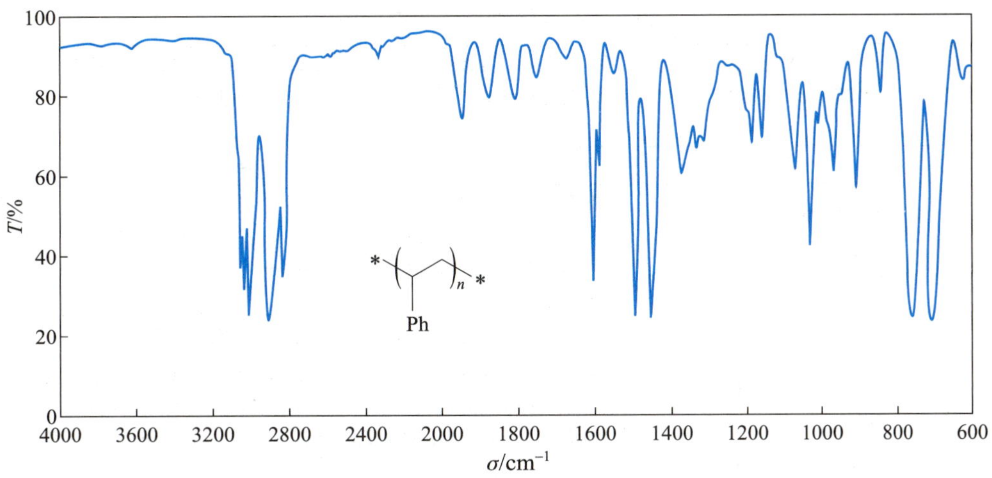

图 2.9.9 聚苯乙烯薄膜的 IR 谱图

表 2.9.1 官能团的红外吸收范围

键	化合物类型	σ/cm^{-1}	强度
C—H	烷烃	2850～2970	强
C—H	烯烃 ($\mathrm{>C{=}C<^{H}}$)	1340～1470	强
		3010～3095	强
		675～995	强
C—H	炔烃 (—C≡C—H)	3300	强
C—H	芳环	3010～3100	中等
		690～900	强
O—H	单体醇, 酚	3590～3650	可变, 有时可变
	氢键醇, 酚	3200～3600	宽
	单体羧酸	3500～3650	中等
	氢键羧酸	2500～3200	宽
N—H	胺, 酰胺	3300～3500	中等
C=C	烯	1610～1680	可变
C=C	芳环	1500～1600	可变
C≡C	炔	2100～2260	可变
C—N	胺, 酰胺	1180～1360	强
C≡N	腈类	2210～2280	强
C—O	醇, 醚, 羧酸, 酯	1050～1300	强
		1675～1760	强
		1500～1570	强
NO_2	硝基化合物	1300～1370	强

表 2.9.2 详细的特征红外吸收

氢伸缩区 (3600～2500 cm^{-1}) 该区域的吸收与碳、氧和氮结合的氢原子的伸缩振动有关。在解释很弱的频带时应特别细心, 因为这些可能是在 1800～1250 cm^{-1} 的频率范围内出现的强频带的倍频吸收, 强度一般是弱吸收的一半。在 1650 cm^{-1} 附近的倍频吸收较为常见		
σ/cm^{-1}	官能团	注释
(1) 3600～3400	O—H 伸缩 强度: 可变	游离的 O—H 3600 cm^{-1} (尖); 非缔合的 O—H, 3400 cm^{-1} (宽), 两个波段经常出现在醇光谱中; 缔合的 O—H (CO_2H 或烯醇化的 β-二羰基化合物), 谱带很宽 (约 500 cm^{-1}, 其中心在 2900～3000 cm^{-1})
(2) 3400～3200	N—H 伸缩 强度: 中等	游离的 N—H 3400 cm^{-1} (尖); 缔合的 N—H 3200 cm^{-1} (宽); NH_2 出现两个峰 (间隔约 50 cm^{-1}); 仲胺的 N—H 强度通常很弱
(3) 3300	炔烃 C—H 伸缩 强度: 强	在 3300～3000 cm^{-1} 区域完全没有吸收, 表示无 C≡C 或 C═C 键合的氢, 因为在分子中这段吸收很弱, 解析时应细心。芳香化合物除了在 3050 cm^{-1} 处的吸收外, 还经常在 1500 cm^{-1} 和 1600 cm^{-1} 处显示出中等强度的尖峰
(4) 3080～3010	烯烃 C—H 伸缩 强度: 强到中等	
(5) 3050	芳香族 C—H 伸缩 强度: 可变, 通常中等到弱	
(6) 3000～2600	O—H 强氢键伸缩 强度: 中等	与 C—H 键伸缩振动叠加而在该区域出现宽的吸收峰是羧酸的特征峰
(7) 2980～2900	脂肪族 C—H 伸缩 强度: 强	在此区域完全没有吸收的表示不存在饱和 C—H 键或与四价碳结合的氢原子。三级 C—H 吸收较弱
(8) 2850～2760	醛 C—H 伸缩 强度: 弱	醛分子, 在该区域有一个或两个谱带
三键区 (2300～2000 cm^{-1}) 该区域的吸收与三键的伸缩振动有关		
σ/cm^{-1}	官能团	注释
(1) 2260～2215	C≡N 强度: 强	与双键共轭的腈在此区域吸收峰出现在低频区, 非共轭腈出现在高频区
(2) 2150～2100	C≡C 伸缩 强度: 末端炔烃强, 其他可变	对称性炔烃, 该谱带不存在; 几乎对称, 则该谱带非常弱或不存在
双键区 (1900 ～1550 cm^{-1}) 该区域的吸收通常与碳碳、碳氧、碳氮双键的伸缩振动有关		
σ/cm^{-1}	官能团	注释
(1) 1815～1770	酰氯的 C═O 伸缩 强度: 强	与双键共轭的羰基在吸收范围内出现在下限; 非共轭羰基出现在范围的上限
(2) 1870～1800 和 1790～1740	酸酐的 C═O 伸缩 强度: 强	两个羰基的谱带都存在; 每个谱带都因环的大小和共轭而改变, 其程度与酮的改变程度大致相同
(3) 1750～1735	酯或内酯的 C═O 伸缩 强度: 非常强	酯羰基同其他羰基一样, 受结构和电子效应的影响, 共轭酯的吸收在 1710 cm^{-1} 处, γ-内酯的吸收在 1780 cm^{-1} 处
(4) 1725～1705	醛或酮的 C═O 伸缩 强度: 很强	该值指的是无环、非共轭的羰基吸收频率, 附近无带负电荷基团的醛或酮, 如卤素或羰基。因为这一频率可以通过结构改变预测, 概括如下: (a) 共轭作用: 羰基与芳环或碳碳双键或三键的共轭导致频率降低约 30 cm^{-1}, 如果羰基是交叉共轭系统的一部分 (羰基两侧的不饱和度), 则频率降低约 50 cm^{-1} (b) 环大小的影响: 六元环和更大环中的羰基表现出与无环酮大致相同的吸收; 小于六元环的羰基吸收频率较高, 例如, 环戊酮吸收频率约为 1745 cm^{-1}, 环丁酮吸收频率约为 1780 cm^{-1}; 共轭作用和环尺寸的影响是相加的, 例如, 2-环戊烯酮在 1710 cm^{-1} 处吸收 (c) 电负性原子的影响: 电负性原子, 尤其是氧或卤素, 通常与醛或酮的 α-碳原子结合将羰基吸收频率的位置提高约 20 cm^{-1}

续表

σ/cm^{-1}	官能团	注释
(5) 1700	羧酸 C═O 伸缩 强度: 强	共轭伸缩将该吸收频率降低约 20 cm^{-1}
(6) 1690～1650	酰胺或内酰胺的 C═O 伸缩 强度: 强	共轭伸缩将该频带的频率降低约 20 cm^{-1}。在 γ-内酰胺中, 频率提高了约 35 cm^{-1}, β-内酰胺提高了 70 cm^{-1}
(7) 1660～1600	烯烃的 C═C 伸缩 强度: 可变	共轭烯烃的伸缩出现在范围的低端, 并且吸收为中等到强: 非共轭烯烃出现在范围的高端, 吸收通常较弱。环的存在提高了这些谱带的吸收频率, 但其程度低于羰基拉伸的程度
(8) 1680～1640	C═N 伸缩 强度: 可变	该谱带通常较弱且难以辨认

氢弯曲区 (1600～1250 cm^{-1})　该区域的吸收通常是由连接在碳和氮上的氢原子的弯曲振动产生的。这些谱带通常不会提供太多有用的结构信息, 对于结构分析最有用的谱带用星号标记

σ/cm^{-1}	官能团	注释
(1) 1600	NH_2 弯曲 强度: 强到中等	结合 3300 cm^{-1} 区域的波段, 该波段通常用于表征伯胺和酰胺
(2) 1540	NH 弯曲 强度: 一般弱	结合 3300 cm^{-1} 区域的波段的吸收, 该区域的吸收是伯胺和酰胺的相关峰
(3) *1520 和 1530	NH 伸缩 强度: 强	这对谱带通常很强
(4) 1465	CH_2 弯曲 强度: 可变	该谱带的吸收强度根据亚甲基基团的数量而变化; 亚甲基越多, 吸收越强
(5) 1410	含羰基 CH_2 弯曲 强度: 可变	这种是与羰基相邻的亚甲基的吸收, 其强度取决于组分分子中存在的此类基团的数量
(6) *1450 和 1375	CH_3 弯曲 强度: 强	低频 1375 cm^{-1} 的谱带是甲基的特征吸收。异丙基上的甲基会出现两个峰, 1385 cm^{-1} 和 1365 cm^{-1}
(7) 1325	CH 弯曲 强度: 弱	弱, 很难观察到

指纹区域 (1250～600 cm^{-1})　指纹区通常具有丰富的细节, 并包含许多波段。该区域对于判断未知物是否与已知物相同特别有用。对该区域的所有吸收峰作归属是不可能的, 因为其中许多谱带为振动模式的组合, 因而对整个分子结构非常敏感; 此外许多单键伸缩振动和各种弯曲振动也出现在该区域内, 建议该区域的结构指定应视为对官能团区的一种验证性的支持, 并且通常与更高频率的频带结合一起视为确凿的证据

σ/cm^{-1}	官能团	注释
(1) 1200	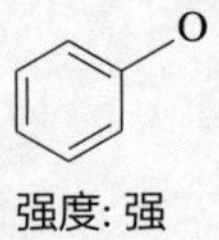 O 强度: 强	很难确定是由 C—O 弯曲还是拉伸振动产生。在醇、醚和酯类的光谱中, 在该区域发现一条或多条强谱带。任何基于此关系的结构指认都应视为一种推测。酯通常在 1170 cm^{-1} 和 1270 cm^{-1} 之间显示一个或两个强谱带
(2) 1150	C—O 强度: 强	
(3) 1100	CH—O 强度: 强	
(4) 1050	CH_2—O 强度: 强	

续表

σ/cm^{-1}	官能团	注释
(5) 985 和 910	$H_2C{=}CH$—（末端乙烯基） C—H: 弯曲 强度: 强	末端乙烯基一对典型的强吸收带
(6) 965	反式 HC=CH C—H: 弯曲 强度: 强	反-1,2-二取代烯烃的强吸收带
(7) 890	$C{=}CH_2$ C—H: 弯曲 强度: 强	1,1-二取代乙烯典型的吸收带，如果亚甲基键合在电负性基团或原子上，频率可以在 20～80 cm^{-1} 范围内变化
(8) 810～840	顺式 HC=CH 强度: 强	不常见，由于取代基的变化，吸收频率常常超出这一区域
(9) 700	三取代 HC=C 强度: 可变	不常见，因吸收频率常被溶剂吸收或其他谱带所掩盖
(10) 750 和 690	单取代苯环（5 个 H） C—H: 弯曲 强度: 很强	由于被溶剂或其他谱带掩盖，价值不大。但在判断芳香化合物取代基的位置时非常有用
(11) 750	邻二取代苯环（4 个 H） C—H: 弯曲 强度: 很强	
(12) 780 和 700	间二取代苯环（4 个 H） 强度: 很强	

续表

σ/cm^{-1}	官能团	注释
(13) 825	H H H H 强度: 强	
(14) 1400～1000	C—F 强度: 强	这些吸收的位置对结构很敏感, 不是特别有用, 因为卤素的存在更容易用化学方法检测。谱带通常很细
(15) 800～600	C—Cl 强度: 强	
(16) 700～500	C—Br 强度: 强	
(17) 600～400	C—I 强度: 强	

评估纯度涉及将样品的光谱与纯样品的光谱进行比较, 在样品中观察到额外的谱带表明存在污染物, 该技术对低含量杂质不敏感, 1%～5% 范围内的污染物通常很难被检测出来。

确定未知物质的结构一个通用的原则, 即如果两个样品的红外光谱重叠, 则样品是相同的。重叠性的标准是非常严格的, 它意味着两个光谱中每个吸收的强度、形状和位置必须相同。除非使用相同的样品池和仪器获得两个样品的光谱, 否则很难实现这一点。然而, 在具体测量中如果发现未知物的红外光谱与已知物的光谱非常相似, 当使用的仪器和样品池不一样时, 即使它们不是同一物质, 也很有可能是相似的。其他方法, 如核磁共振波谱, 制备衍生物和混合物熔点测定, 也可用于确定样品是否确实相同。

在红外光谱中, 发生在 1250～500 cm^{-1} 区域的吸收称为指纹区, 尽管结构相似的化合物在官能团区有着很高的可比性, 但扩展到指纹区, 其吸收峰的差异会比较明显, 例如, 2,3-二甲基丁烷和 2-甲基丁烷的红外光谱如图 2.9.10 和图 2.9.11 所示, 在指纹区光谱差别较大。

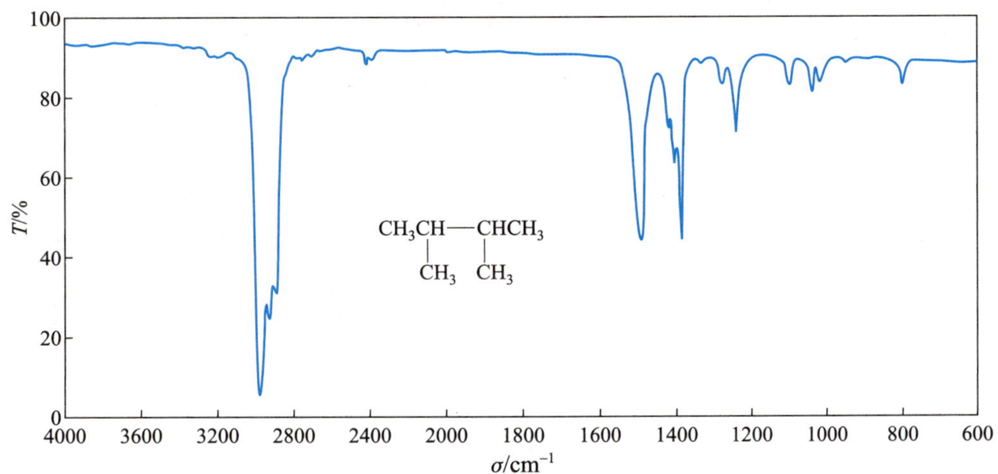

图 2.9.10 2,3-二甲基丁烷的 IR 谱图

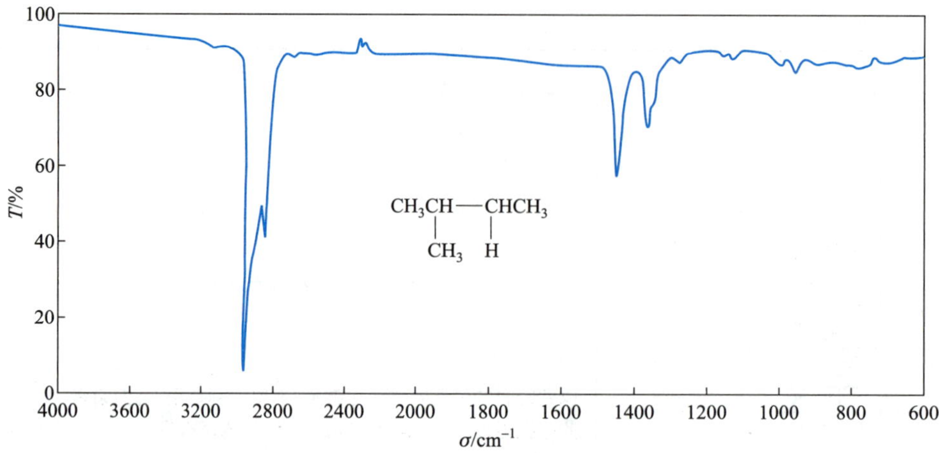

图 2.9.11　2-甲基丁烷的 IR 谱图

[思考题]

图 2.9.12(1)～(7) 为 7 种化合物的 IR 谱图，根据表 2.9.1 和表 2.9.2，指出每种化合物可能的主要吸收峰和相关吸收峰。

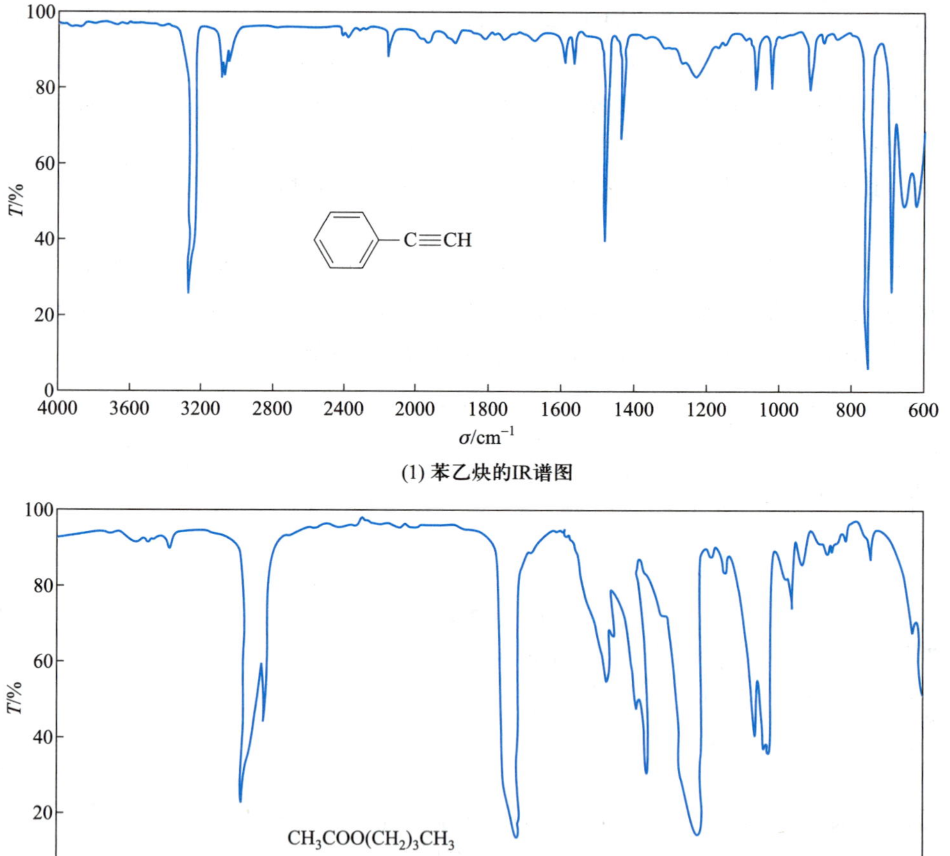

(1) 苯乙炔的IR谱图

(2) 乙酸丁酯的IR谱图

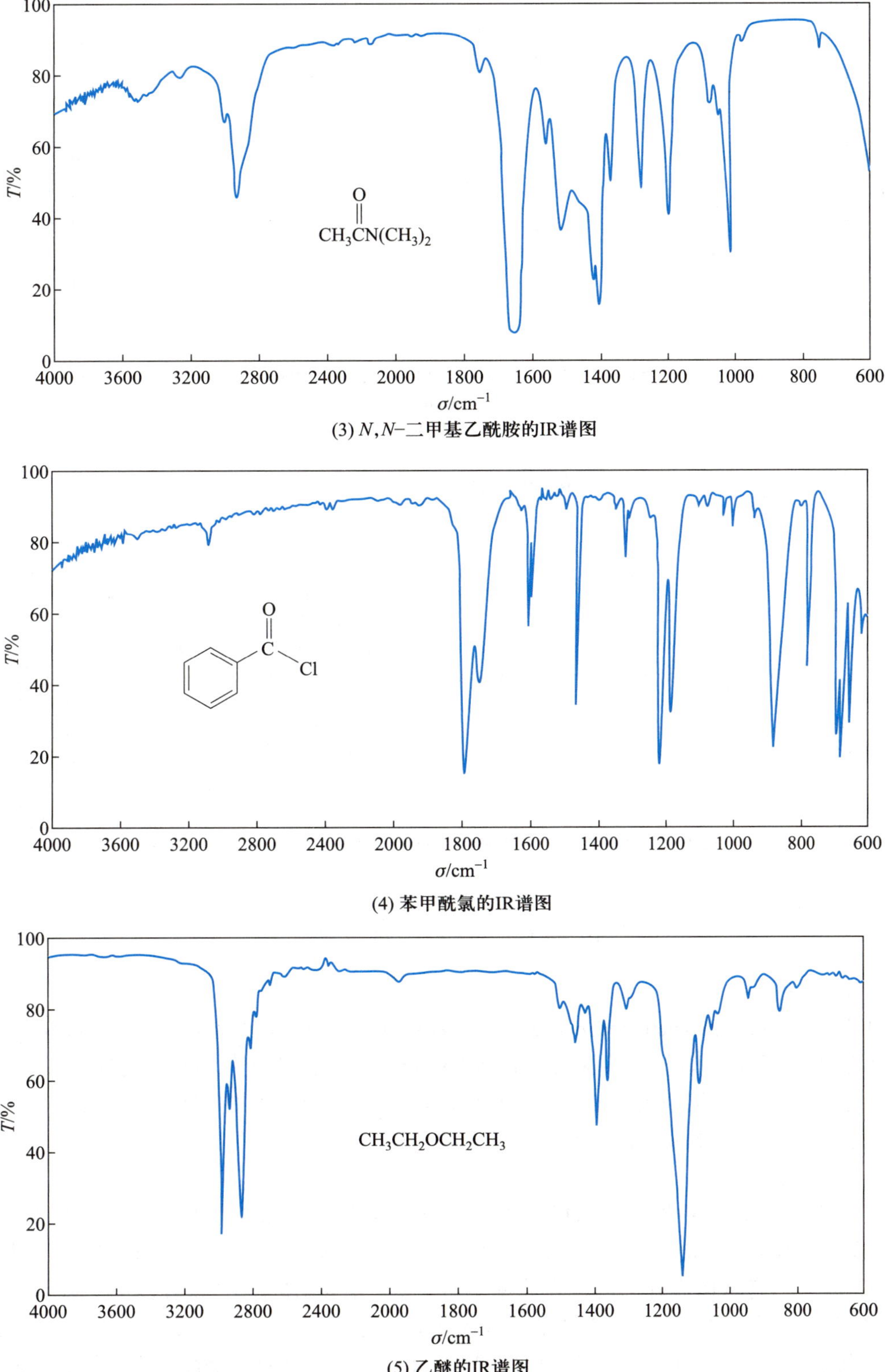

(3) *N*,*N*-二甲基乙酰胺的IR谱图

(4) 苯甲酰氯的IR谱图

(5) 乙醚的IR谱图

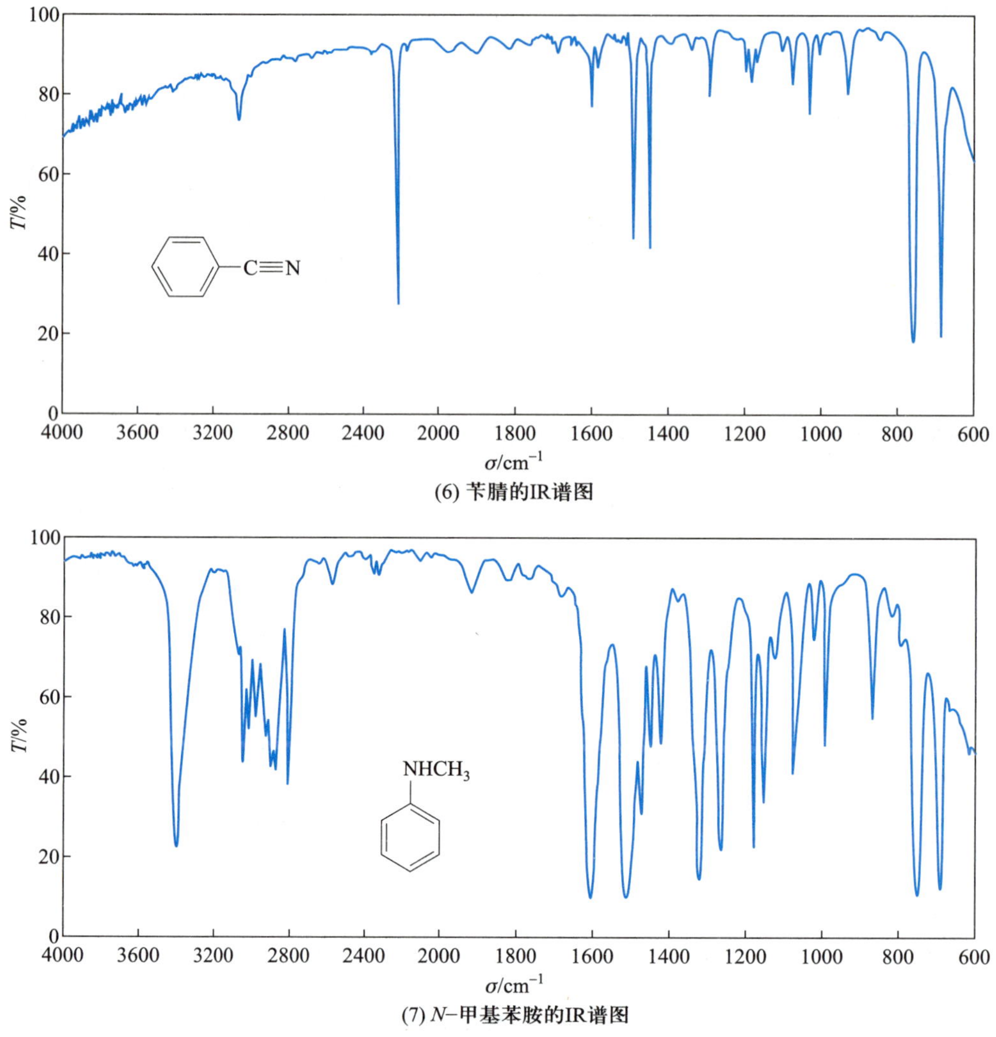

(6) 苄腈的IR谱图

(7) *N*–甲基苯胺的IR谱图

图 2.9.12　7 种化合物的 IR 谱图

2.9.2　核磁共振谱

核磁共振谱 (nuclear magnetic resonance spectroscopy, 简称 NMR) 是鉴定有机化合物结构最有效的波谱分析方法之一, 尤其是氢核磁共振谱 (^{1}H NMR) 和碳核磁共振谱 (^{13}C NMR) 的应用最为广泛, 可以提供分子中氢原子和碳骨架的重要信息。随着 900 MHz 超导 NMR 仪的问世, 该波谱对有机化学、生物化学、药物化学和医学的发展已起到了非常重要的作用。

1. 质子核磁共振现象

NMR 技术取决于有机物被置于磁场中所表现的特定核的“自旋”能级裂分的性质。具有磁矩的原子核 (自旋量子数 $I \neq 0$) 如 ^{1}H、^{13}C、^{19}F、^{15}N、^{31}P 等原子都具有核自旋的特性, 化学家最感兴趣的是 ^{1}H 和 ^{13}C, 因为二者是构成有机化合物最重要的元素。氢核 (质子) 可以看作一个球形旋转着的带电质点, 自旋产生一个小的磁矩, 自旋磁量子数为 $+1/2$ 或 $-1/2$。当质子被置于外加磁场时, 其磁矩相对外加磁场有两种取向, 与外加磁场同向的是稳定的低能态, 反向的是高能态。图 2.9.13 为氢核自旋在外加磁场中的重新排列。与自旋重排或自旋翻转有关的能量, 取决于对特定核施加磁场的场强 B_0 和磁旋比 γ 的特性 [见式 (1)]。现代核磁共振波谱仪通常在 90～500 MHz、B_0 在 21000～117000 G

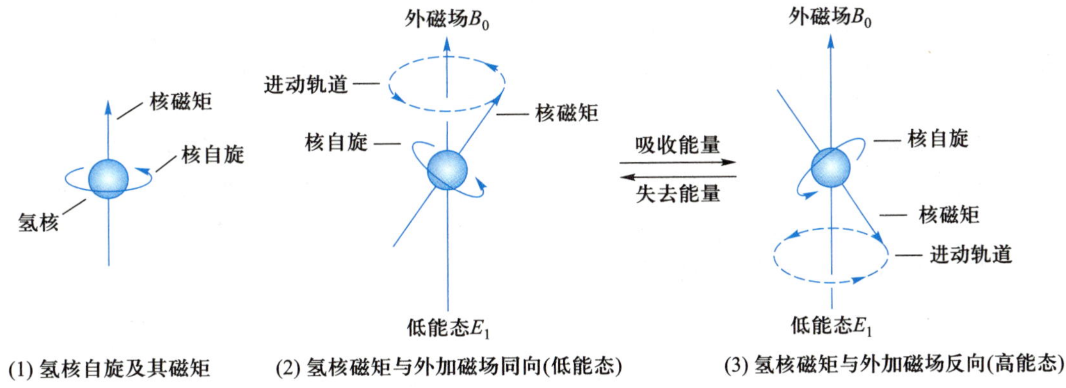

图 2.9.13 氢核自旋在外加磁场中的重新排列

(2.1～11.7 T) 范围下操作。这就意味着对一个 ^{1}H 核来说两能级过渡所需的能量少于 0.42 J · mol^{-1}。

$$\Delta E = \gamma \frac{h}{2\pi} B_0 \tag{1}$$

式中 ΔE 为两种自旋状态的能量差，γ 为质子旋磁比，h 为普朗克常量，B_0 为外加磁场的磁感应强度 (简称强度)。

另一种描述外加磁场强度与两种自旋状态能量差的关系如图 2.9.14 所示。可以看出，能量差与 B_0 成正比，外加磁场强度越大，保持同向的倾向越强，质子转向所需的能量越高。

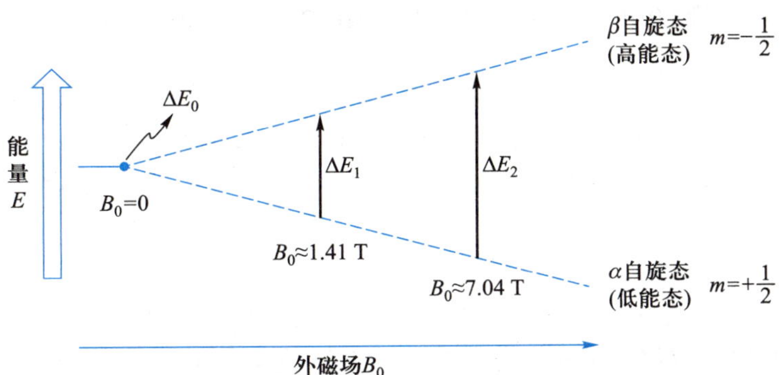

图 2.9.14 质子两种自旋态能量差与外加磁场强度的关系

这种能量需要由电磁波谱射频 (RF) 范围内的辐射来匹配。因此，将射频振荡器并入核磁共振波谱仪，为核自旋激发提供能量。当磁场和振荡器频率之间的关系满足式 (2) 所要求时，共振条件就满足了，从低能级核自旋状态转变到高能级核自旋状态即可发生。

$$\Delta E = h\nu = \gamma \frac{h}{2\pi} B_0$$
$$\nu = \frac{\gamma}{2\pi} B_0 \tag{2}$$

式中 ν 为振荡器的频率。

为了满足式 (2) 的共振条件，可以固定 B_0 而改变 ν，也可以固定 ν 而改变 B_0，现代的 NMR 仪被称为傅里叶 (FT) 变换光谱仪，采用脉冲技术操作，其中所有共振频率同时产生，B_0 保持恒定，这种技术允许用比连续波仪器更少的时间采集到光谱。从式 (1) 和式 (2) 可以看出，在一个分子中对所有的氢原子来说磁性环境相同，即 B_0 相同的话，则需要相同的射频频率产生自旋翻转，结果会在 ^{1}H NMR 谱中只出现单一吸收峰，这是一个最缺乏结构分析信息的结果。幸运的是，氢核并不都是磁等性的，因为分子的三维电子结构会导致其中氢原子的磁环境发生变化，这意味着实现共振条件需要不同大小的能量，使得光谱中包含着不同位置氢原子有价值的信息用于确定分子结构。图 2.9.15 为 1-硝基丙烷的 ^{1}H NMR 谱图。对于这一光谱中要重点讨论化学位移、自旋-自旋裂分和峰值积分，在此之前，让我们首先简要概述呈现 NMR 数据的一般格式。

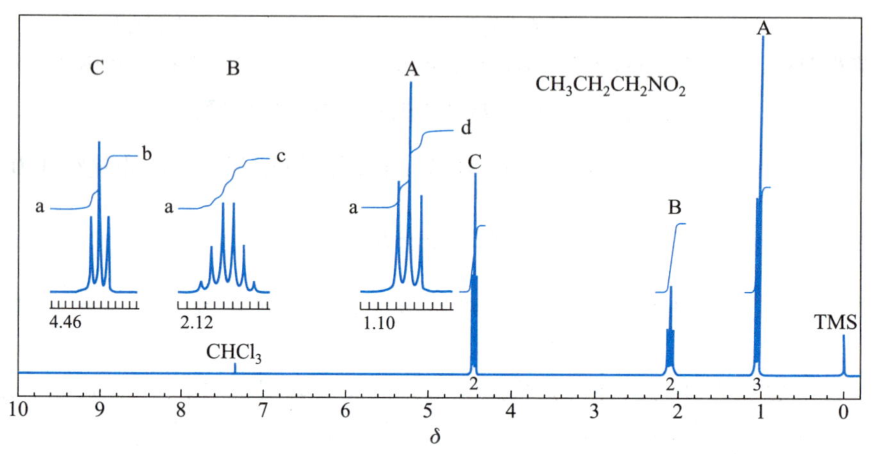

图 2.9.15　1-硝基丙烷的 ^{1}H NMR 谱图 (300 MHz, $CDCl_3$)

在图 2.9.15 中，外加磁场的强度 B_0 沿水平轴绘制，并在频谱中从左到右增加，这个方向称之为高场，反之称为低场。比如，标记为 B 的峰组可以描述为标记为 C 的共振的高场。实现共振所需的能量也随着从左到右而增加，吸收带的强度绘制在垂直轴上，并从绘图的底部或基线开始增加。现实中，通常水平轴由化学位移 (δ) 来表示，从左往右依次降低，最右侧一般接近 0。

2. 化学位移等价和不等价质子

在一个分子中，化学环境相同的质子在相同的外加磁场强度下发生吸收，将其定义为化学等价的。在 ^{1}H NMR 谱中，信号数目表示一个分子中包含几种化学等价质子，即含有多少种类的质子。从图 2.9.15 中可以看到，三组峰的中心的刻度分别为 1.0、2.0、4.4。这些值是 1-硝基丙烷中三种化学环境不同的氢核的化学位移，表明 1-硝基丙烷分子中存在着三种不同的化学等价质子。判断化学等价的简单方法是，设想分子中碳上的氢原子分别被别的原子或基团取代，若产生同一化合物，说明这些氢核是等价的。如将 1-硝基丙烷甲基上的三个氢分别被氘 (D) 取代，产生同一化同物，因此在 ^{1}H NMR 谱中具有相同的化学位移，如果把相同的替代用在 C1 上，则产生一对对映体，对映体在非手性环境下，具有相同的化学位移。

若分子中存在手性中心，会引起化学上的不等价性。例如 2-氯丁烷，C2 上有一个手性中心，其作用使 C3 上连接的两个等价氢原子在化学上不等价，如图 2.9.16 所示，取代试验产生一对非对映体，非对映体的氢核彼此有不同的化学位移，因此，2-氯丁烷有五组而不是四组不等价质子。图 2.9.17 为 4-甲基-1-戊烯被取代的典型分析。π 键或环的旋转受阻是引起化学不等价性的另一因素。

取代试验表明，C1 上的两个烯键氢原子是化学不等价的，这意味着烯键上包含有 3 个化学位移不同的质子，如图 2.9.18 所示。本例中用到的取代试验是证明非对称取代烯烃 $H_2C{=}CR^1R^2$ 上乙烯偕质

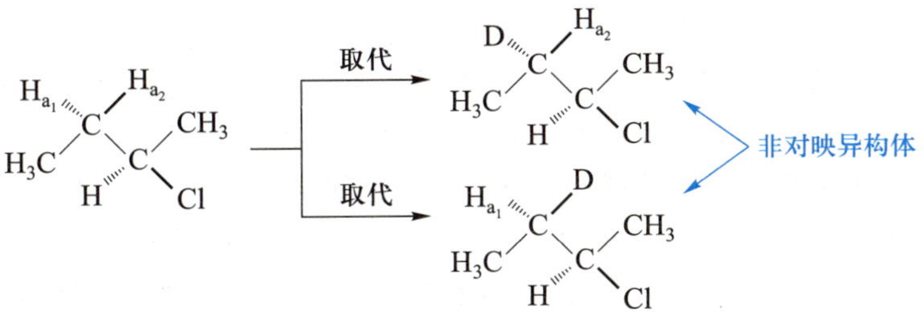

图 2.9.16 2-氯代丁烷被取代的典型分析

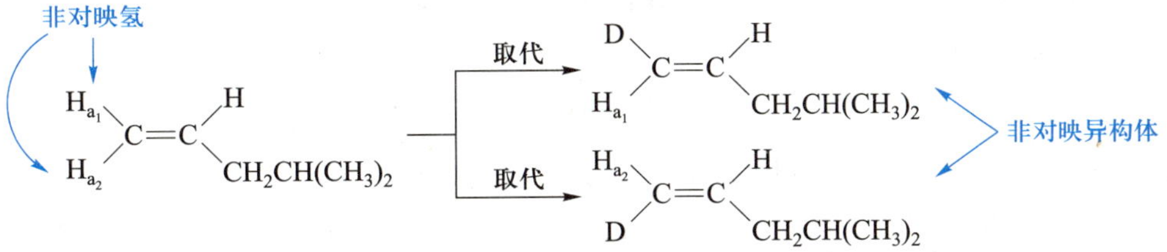

图 2.9.17 4-甲基-1-戊烯被取代的典型分析

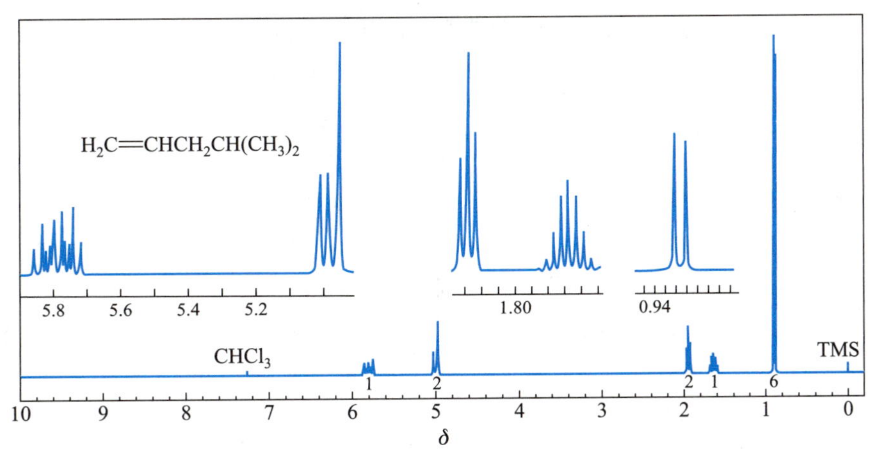

图 2.9.18 4-甲基-1-戊烯的 ^{1}H NMR 谱图 (300 MHz, $CDCl_3$)

子化学不等价的普遍方法。例如,对 R^1 而言,若其中一个氢原子是顺式的,另一个则是反式的。这一立体化学关系可以迅速简单地确定它们的不等价性。

再回到 1-硝基丙烷 (图 2.9.15),在磁场强度不变的情况下,谱图中出现三组不同的吸收信号,是分子中氢核产生不同屏蔽效应的结果。与裸质子不同,化合物中的质子被电子所包围,在外加磁场作用下,质子周围的电子环流将产生一个小的感应磁场,与外加磁场方向相反,从而使质子感受到的磁感应强度比外加磁场低,外加磁场强度还要略微增加,才能使质子跃迁。这种质子周围电子对抗外加磁场的作用称为屏蔽效应。一个原子核所受的屏蔽越强,在特定的振荡频率下产生共振所需的外加磁场强度 (B_0) 越高。

屏蔽效应的大小与质子周围电子云的相对密度有关,吸电子基可以使同一碳上或邻近质子周围的电子云密度降低,屏蔽效应随之降低,使质子的共振吸收移向低场。硝基作为一个强的吸电子基,导致其附近的质子核感应磁场小于远离硝基的核,甲基上的氢核离硝基最远,屏蔽效应最强,故出现在最高场。

π 电子环流产生的感应磁场可以增强或减弱质子所感受到的外加磁场强度,称为各向异性,这取决于质子所在的位置。如乙烷 (δ 0.9) 和乙烯 (δ 5.25),苯环质子 (δ 7.27) 比乙烯质子在更低的磁场发生共振,这是由于 **π** 电子环流的存在,质子周围的感应磁场与外加磁场同向,外加磁场尚未到达裸质子所需的磁场强度时，即发生了共振吸收。这种质子周围的感应磁场增强外加磁场的作用称为去屏蔽效应。烯烃和羰基质子也存在类似的去屏蔽效应。去屏蔽质子移向低场的另一原因与碳原子的杂化状态有关，通常电负性顺序为 $sp > sp^2 > sp^3$。乙炔质子 (δ 1.81) 比乙烯质子在高场共振是由于乙炔质子所在的位置使质子产生的感应磁场与外加磁场同向，尽管乙炔碳原子是最具电负性的。

由于屏蔽和去屏蔽效应引起 ^{1}H NMR 谱中质子相较裸质子吸收峰移动的现象称为化学位移。由于感应磁场非常小，只有外加磁场的百万分之几，同时没有绝对的质子吸收峰位置可参考，实际操作中都是选用参考化合物，得出相对的化学位移值。最常用的参考化合物是四甲基硅烷 $[(CH_3)_4Si]$，简称 TMS，是一种惰性的挥发性液体，可直接添加到样品中，从而作为内标。

化学位移用 δ 表示，其定义为

$$\delta = \frac{\nu_{样} - \nu_{标}}{\nu_0} \times 10^6$$

式中 $\nu_{样}$ 和 $\nu_{标}$ 分别为样品和 TMS 的共振频率；ν_0 为仪器所使用的频率。

表 2.9.3 给出了连接不同基团氢原子近似的化学位移。表 2.9.4 给出了各种分子 ^{1}H NMR 谱吸收汇编。这些位移依据甲基、亚甲基和次甲基类型的氢原子分类，粗体表示的氢原子对应所列的吸收。

表 2.9.3　连接不同基团氢原子近似的化学位移 *

质子类型	δ	质子类型	δ
$(CH_3)_4Si$	0	C_6H_5-H	6.5～8
$-CH_3$	0.9	$-\overset{\overset{O}{\|}}{C}-H$	9.0～10
$-CH_2-$	1.3	$I-\overset{\|}{\underset{\|}{C}}-H$	2.5～4
$-\overset{\|}{C}H-$	1.4	$Br-\overset{\|}{\underset{\|}{C}}-H$	2.5～4
$-\underset{\|}{C}=\underset{\|}{C}-CH_3$	1.7	$Cl-\overset{\|}{\underset{\|}{C}}-H$	3～4
$-\overset{\overset{O}{\|}}{C}-CH_3$	2.1	$F-\overset{\|}{\underset{\|}{C}}-H$	4～4.5
$C_6H_5-CH_3$	2.3	RNH_2	不变, 1.5～4
$-C\equiv C-H$	2.4	ROH	不变, 2～5
$R-O-CH_3$	3.3	ArOH	不变, 4～7
$R-\underset{\underset{R}{\|}}{C}=CH_2$	4.7	$-\overset{\overset{O}{\|}}{C}-OH$	不变, 10～12
$R-\underset{\underset{R}{\|}}{C}=\underset{\underset{R}{\|}}{C}-CH_3$	5.3		

* 近似值是由于质子受接邻基团的影响。

表 2.9.4 各种分子 ^{1}H NMR 谱吸收汇编

化合物	δ	化合物	δ
甲基吸收			
$\mathbf{CH_3}NO_2$	4.3	$\mathbf{CH_3}CHO$	2.2
$\mathbf{CH_3}F$	4.3	$\mathbf{CH_3}I$	2.2
$(\mathbf{CH_3})_2SO_4$	3.9	$(\mathbf{CH_3})_3N$	2.1
$C_6H_5COO\mathbf{CH_3}$	3.9	$\mathbf{CH_3}CON(CH_3)_2$	2.1
$C_6H_5—O—\mathbf{CH_3}$	3.7	$(\mathbf{CH_3})_2S$	2.1
$CH_3COO\mathbf{CH_3}$	3.6	$CH_2{=}C(CN)\mathbf{CH_3}$	2.0
$\mathbf{CH_3}OH$	3.4	$\mathbf{CH_3}COOCH_3$	2.0
$(\mathbf{CH_3})_3O$	3.2	$\mathbf{CH_3}CN$	2.0
$\mathbf{CH_3}Cl$	3.0	$\mathbf{CH_3}CH_2I$	1.9
$C_6H_5N(\mathbf{CH_3})_2$	2.9	$CH_2{=}CH—C(\mathbf{CH_3}){=}CH_2$	1.8
$(\mathbf{CH_3})_2NCHO$	2.8	$(\mathbf{CH_3})_2C{=}CH_2$	1.7
$\mathbf{CH_3}Br$	2.7	$\mathbf{CH_3}CH_2Br$	1.7
$\mathbf{CH_3}COCl$	2.7	$C_6H_5C(\mathbf{CH_3})_2$	1.3
$\mathbf{CH_3}SCN$	2.6	$C_6H_5CH(\mathbf{CH_3})_2$	1.2
$C_6H_5CO\mathbf{CH_3}$	2.6	$(\mathbf{CH_3})_3COH$	1.2
$(\mathbf{CH_3})_2SO$	2.5	$C_6H_5CH_2\mathbf{CH_3}$	1.2
$C_6H_5CH{=}CHCO\mathbf{CH_3}$	2.3	$\mathbf{CH_3}CH_2OH$	1.2
$C_6H_5\mathbf{CH_3}$	2.3	$(\mathbf{CH_3}CH_2)_2O$	1.2
$(\mathbf{CH_3}CO)_2O$	2.2	$\mathbf{CH_3}(CH_2)_3X(X{=}Cl、Br、I)$	1.0
$C_6H_5OCO\mathbf{CH_3}$	2.2	$\mathbf{CH_3}(CH_2)_4CH_3$	0.9
$C_6H_5CH_2N(\mathbf{CH_3})_2$	2.2	$(\mathbf{CH_3})_3CH$	0.9
亚甲基吸收			
化合物	**δ**	**化合物**	**δ**
$C_6H_5\mathbf{CH_2}N(CH_3)_2$	10.0	$(CH_3O)_2\mathbf{CH_2}$	4.5
$CH_3\mathbf{CH_2}SO_2F$	9.9	$C_6H_5\mathbf{CH_2}OH$	4.4
$CH_3\mathbf{CH_2}I$	9.8	$CF_3CO\mathbf{CH_2}C_3H_7$	4.3
CH_3CHO	9.7	$HC{\equiv}C—\mathbf{CH_2}Cl$	4.1
吡啶 (α-$\mathbf{CH_2}$)	8.5	$(CH_3CH_2)_2C(COO\mathbf{CH_2}CH_3)_2$	4.1
$EtOCOC(CH_3){=}\mathbf{CH_2}$	5.5	$CH_3COO\mathbf{CH_2}CH_3$	4.0
$\mathbf{CH_2}Cl_2$	5.3	$HC{\equiv}C\mathbf{CH_2}Br$	3.8
$\mathbf{CH_2}Br_2$	4.9	$H_2C{=}CH\mathbf{CH_2}Br$	3.8
$CH_3COO(CH_3)C{=}\mathbf{CH_2}$	4.6	$Br\mathbf{CH_2}COOCH_3$	3.7
$(CH_3)_2C{=}\mathbf{CH_2}$	4.6	$CH_3\mathbf{CH_2}OH$	3.6
$C_5H_5\mathbf{CH_2}Cl$	4.5	$CH_3\mathbf{CH_2}NCS$	3.6

续表

亚甲基吸收			
化合物	δ	化合物	δ
$CH_3\mathbf{CH_2}CH_2Cl$	3.5	环己酮 (α-$\mathbf{CH_2}$)	2.4
$(CH_3\mathbf{CH_2})_4N^+ I^-$	3.4	$BrCH_2\mathbf{CH_2}CH_2Br$	2.4
$CH_3\mathbf{CH_2}SH$	3.3	环己烷	2.0
$C_6H_5\mathbf{CH_2}CH_3$	3.3	$CH_3(\mathbf{CH_2})_4CH_3$	2.0
$(CH_3\mathbf{CH_2})_3N$	3.1	环丙烷	1.5
$(CH_3\mathbf{CH_2})_2CO$	2.6	$C_6H_5\mathbf{CHO}$	1.4
环戊烷	2.4	4-$ClC_6H_4\mathbf{CHO}$	1.4
环戊酮 (α-$\mathbf{CH_2}$)	2.4	4-$CH_3OC_6H_4\mathbf{CHO}$	0.2
次甲基吸收			
化合物	δ	化合物	δ
1,4-$C_6\mathbf{H_4}(NO_2)_2$	8.4	对苯醌	6.8
$C_6H_5\mathbf{CH}{=}CHCOCH_3$	7.9	$C_6\mathbf{H_5}NH_2$	6.6
$C_6H_5\mathbf{CHO}$	7.6	呋喃 (β-**H**)	6.3
呋喃 (α-**H**)	7.4	$CH_3CH{=}\mathbf{CH}COCH_3$	5.8
萘 (β-**H**)	7.4	环己烯 (烯键 **H**)	5.6
1,4-$C_6\mathbf{H_4}I_2$	7.4	$(CH_3)_2C{=}\mathbf{CH}COCH_3$	5.2
1,4-$C_6\mathbf{H_4}Br_2$	7.3	$(CH_3)_2\mathbf{CH}NO_2$	4.4
$C_6\mathbf{H_6}$	7.3	溴代环戊烷 (**H** 在 Cl 上)	4.4
$C_6\mathbf{H_5}Br$	7.3	$(CH_3)_2\mathbf{CH}Br$	4.2
1,4-$C_6\mathbf{H_4}Cl_2$	7.2	$(CH_3)_2\mathbf{CH}Cl$	4.1
$C_6\mathbf{H_5}Cl$	7.2	$CH_3\mathbf{CH_2}Br$	3.4
$\mathbf{CH}Cl_3$	7.3	$C_6H_5C{\equiv}\mathbf{CH}$	2.9
$\mathbf{CH}Br_3$	6.8	$(CH_3)_3\mathbf{CH}$	1.6

几乎所有类型的质子 δ 值都出现在 TMS 的低场,但也有个别例外 δ 为负值。

3. 偶合裂分与偶合常数

在图 2.9.15 所示的 1-硝基丙烷 ^{1}H NMR 图谱中可以看出,亚甲基和甲基产生的吸收峰都不是单峰。C1 和 C3 的亚甲基和甲基为三重峰,而 C2 上的亚甲基则为六重峰。这是相邻不等价的质子相互作用的结果。这种化学不等价质子之间的相互作用称为自旋偶合,由于自旋偶合引起谱线增多的现象称为自旋裂分。

n	相对强度
0	1
1	1　1
2	1　2　1
3	1　3　3　1
4	1　4　6　4　1
5	1　5　10　10　5　1
6	1　6　15　20　15　6　1
7	1　7　21　35　35　21　7　1
8	1　8　28　56　70　56　28　8　1

图 2.9.19　帕斯卡三角形

^{1}H NMR 谱中的信号裂分是有规律的。一个信号被裂分的数目,取决于相邻的质子数。如果有 n 个等价的相邻质子,则信号被裂分为 $n+1$ 个峰,这称为"$n+1$"规律,信号裂分的数目与相对强度符合帕斯卡 (Pasacal) 三角形 (见图 2.9.19)。1-硝基丙烷的分裂模式为 H_a 和 H_c

各为三重峰, H_b 为六重峰, 正是符合 $n+1$ 的分裂模式。图 2.9.19 帕斯卡三角形显示了一阶倍数的相对强度; 依据假设所有最邻近的质子偶合常数相同, 并且 n 是相等的。

通过以下方式可以预测每种化学上不同类型的核的裂分或偶合模式, 在一般情况下, 原子 A 具有核自旋 I_z, 其中 $I_z=1/2$、1、3/2 等, 并且与另一个原子 B 偶合, B 的共振裂分产生的峰的数目可由式 (3) 给出。当 A 是 H、C、F 或 P 时, 该表达式简化为式 (4) 中表达的 $n+1$ 规则, 因为对于所有这些原子核, $I_z=1/2$。根据式 (4), 1-硝基丙烷的预期分裂模式为 H_a 和 H_c 各三个峰, 以及 H_b 的六个峰。这正是图 2.9.15 中看到的裂分模式。

$$N=2nI_z+1 \tag{3}$$

$$N=n+1 \tag{4}$$

预测偶合氢核裂分模式的 $n+1$ 规律, 必须符合以下两个条件: ① 相互偶合的质子 J 值必须相同; ② 偶合核化学位移的差值 Δv (Hz) 与偶合常数 J 值之比必须大于 10。当满足这些条件时, 可以对共振的多重性进行一阶分析。因此, “$n+1$” 规律须符合式 (5)。

$$\Delta v/J \geqslant 10 \tag{5}$$

自旋裂分所产生的谱线的间距称为偶合常数, 用 J 表示, 单位为 Hz。J 的大小表示偶合作用的强弱, 与两个核的相对位置有关。随着键数的增加, J 很快减小, 两个质子相隔两个或三个单键可以发生偶合, 超过三个单键以上时偶合常数接近等于零。利用观测到的相同的 J, 可以指认质子之间的相关性。

重新观察图 2.9.15 的图谱, 发现 $J_{ab}=J_{bc}\approx 7$ Hz。偶合核组的化学位移差异分别为 $\Delta v_{AB}=315$ Hz 和 $\Delta v_{BC}=700$ Hz, 对于所关注的比率, 应用式 (5) 分别给出了 315/7=45 和 700/7=100 的值, 两个比率都超过式 (5) 的标准, 这一事实意味着裂分模式是由 $n+1$ 规则预测的。此外, 图 2.9.15 中多重峰中每个峰的相对强度可以从帕斯卡三角形预测其近似值。

偶合常数 J 的大小与振荡器频率无关, 因此使用的单位是 Hz 而不是 δ, 测量值取决于两个主要因素: 偶合核之间的键数, 以及核之间的键角或二面角。双子偶合的角度依赖性, 即同一原子上磁性不同的质子之间的偶合, 如图 2.9.20 所示, 其中 θ 是偶合核之间的键角。图 2.9.21 给出了相邻偶合的情况, 其中偶合核位于相邻原子上, 且具有二面角 ϕ。图 2.9.22 给出了一些典型结构偶合常数的范围。

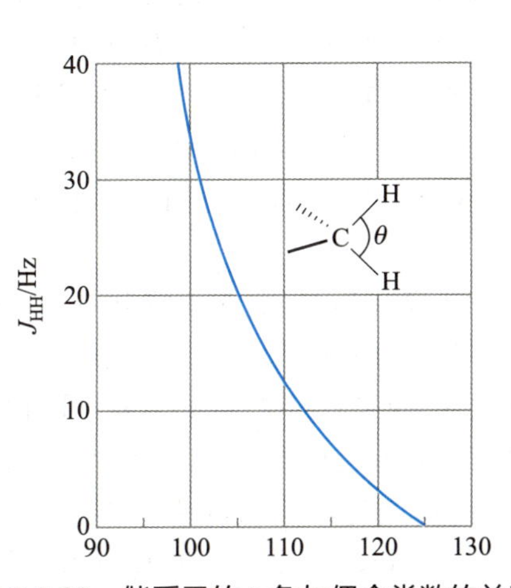

图 2.9.20 偕质子的 θ 角与偶合常数的关系

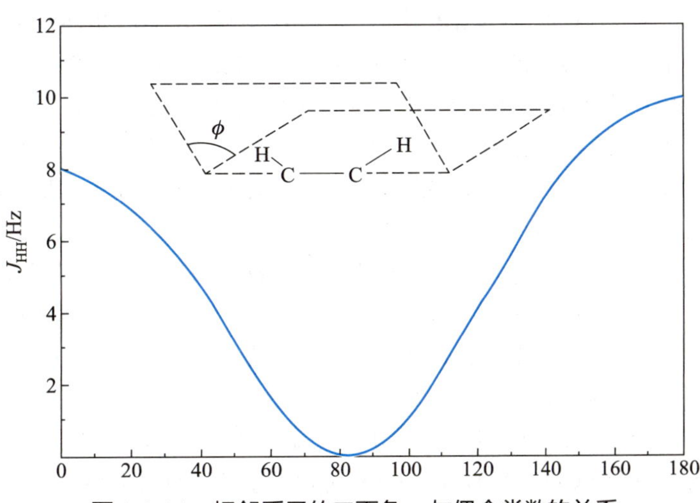

图 2.9.21 相邻质子的二面角 ϕ 与偶合常数的关系

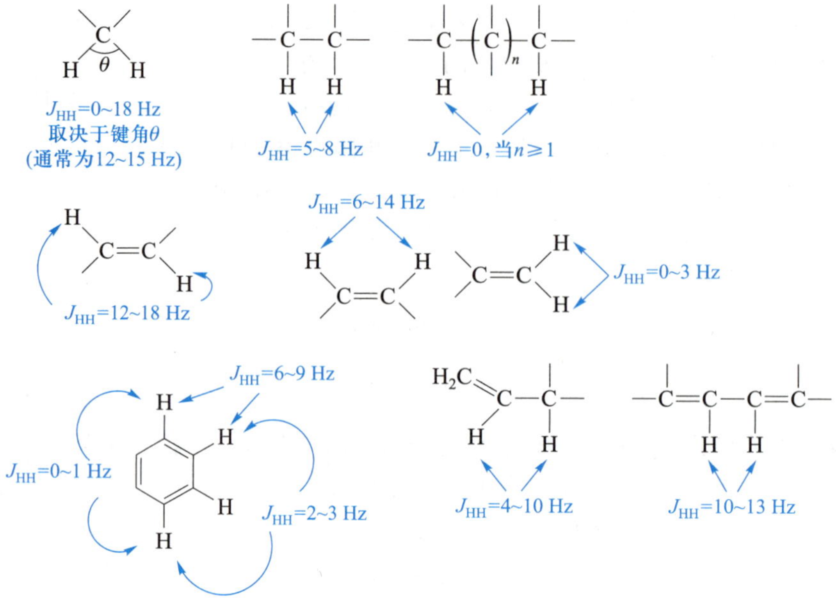

图 2.9.22　典型结构的偶合常数

从图 2.9.20 可以看出偕质子的 θ 角与偶合常数的关系。从图 2.9.21 可以看出, 相邻质子二面角 ϕ 接近 90 ℃时, 偶合常数最小, 当二面角为 0 ℃或 180 ℃时, 偶合常数最大。

随着 $\Delta\nu/J$ 的减少, 观察到的光谱变为二阶并且更加复杂。分裂模式可能不再能通过 $n+1$ 规则预测, 并且多重峰中峰的强度不能通过使用帕斯卡三角形来近似。这可以通过观察图 2.9.23 中 1−丁醇和图 2.9.24 中戊烷的 ^{1}H NMR 谱来说明。

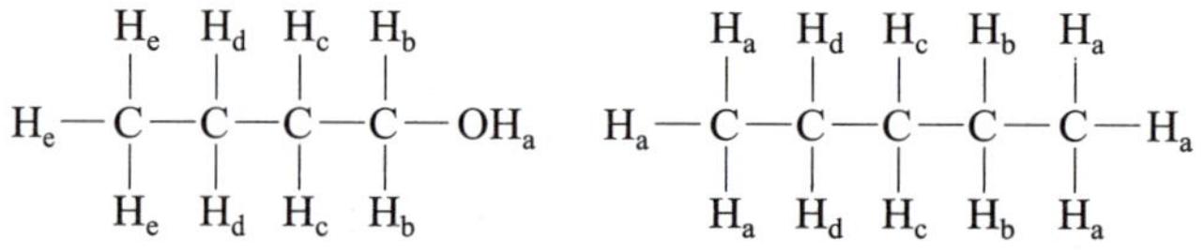

1−丁醇　　戊烷

在 1−丁醇 ^{1}H NMR 中, H_e 型和 H_d 型核分别产生集中在 δ 0.94 和约 δ 1.4 的多重峰, J_{de} 约为 7 Hz。使用 300 MHz 光谱仪, 比率 $\Delta\nu/J_{de}$ 大于 10, 因此满足式 (5) 的标准。H_e 型原子核以三重态出现, 三个峰的相对强度近似于帕斯卡三角形的预期, 即 1∶2∶1。相反, 尽管 H_d 型和 H_c 型对应于由 $n+1$ 规则预测等式, 峰的相对强度也不符合帕斯卡三角形。这是因为不满足式 (5) 的标准。两种质子的化学位移差异仅为 48 Hz [300×(1.56−1.40)], 它们的偶合常数 J_{cd} 约为 7 Hz, $\Delta\nu/J_{cd}$ 约为 7(48/7), 因此不能通过应用简单的一阶规则来预测两个多重峰的比率。

假设 $J_{bc}=J_{ab}$, 将 $n+1$ 规则应用于 H_a 和 H_b 型核, 导致预测的分裂模式为 H_b 的四重峰和 H_a 的三重峰。然而, 我们实际观察到的是一个中心位于 3.65 的略微加宽和扭曲的四重态和一个中心位于 1.88 的三重峰, 如图 2.9.23(1) 所示。这些峰的拓宽不是由于任何二阶效应, 而是在羟基质子为 H_a 可与其他醇分子或样品中存在的微量水进行快速交换的条件下获得的。由于这种交换, 羟基质子携带的自旋信息部分丢失, 使得与羟基质子自旋偶的质子产生的峰变宽。但如在抑制这种交换的条件下获得的光谱, 如使用 CD_3SOCD_3 (DMSO−d_6) 作为溶剂 [见图 2.9.23(2)], H_a (δ 3.38 处的四重态) 和 H_b (δ 4.33 处的三重态) 是尖锐的, 则符合 $n+1$ 规则。分子中质子的化学位移会随着溶剂而变化, 因此在报告 NMR 光

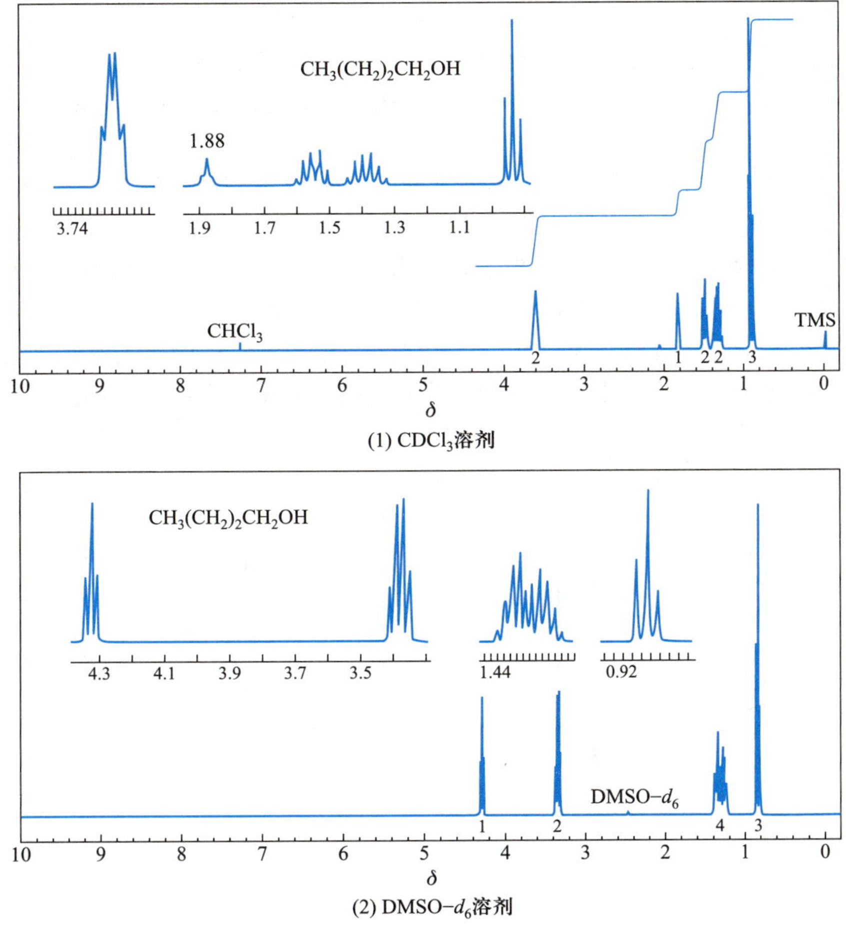

(1) $CDCl_3$溶剂

(2) DMSO-d_6溶剂

图 2.9.23 1-丁醇的 ^{1}H NMR 谱图 (300 MHz)

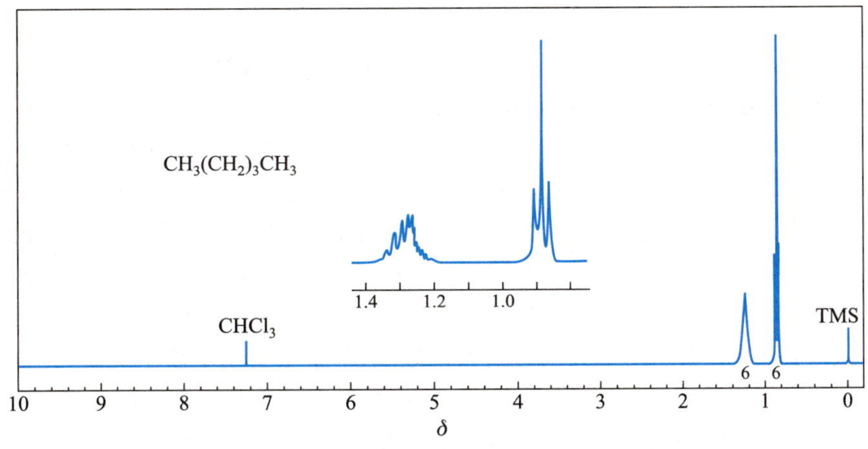

图 2.9.24 戊烷的 ^{1}H NMR 谱图 (300 MHz, $CDCl_3$)

谱数据时，必须注明使用的溶剂。

在戊烷的光谱中 (见图 2.9.24)，可以看到 H_a 型原子核的 δ 约为 0.90，而 H_b 型和 H_c 型原子核的 δ 约为 1.30。由于 $\Delta\nu/J_{ab}$ 值大于 10，因此满足式 (5) 的条件，根据 $n+1$ 规则，H_a 的峰值三重态。然而，$\Delta\nu/J_{bc}$

比远小于 10, H_b 和 H_c 型核的分裂模式复杂, 不能用一阶分析和 $n+1$ 规则来解释。

到目前为止, 我们已经可根据氢的化学位移对氢进行分组, 然后确定大致的裂分形状, 但对于化学等价而言不具有磁等效性的质子, 也可能使光谱的外观和解释复杂化。这种现象经常出现在芳香族化合物的核磁共振氢谱中。

有些质子虽然是化学等价的, 但却是磁不等价的。例如 4-溴硝基苯的 $H_aH_{a'}$ 和 $H_bH_{b'}$ 是化学等价的, 但二者与其他位置的质子的偶合常数是不同的, 即 $J_{H_aH_b} \equiv J_{H_{a'}H_{b'}}$ 和 $J_{H_aH_{b'}} \equiv J_{H_{a'}H_{b'}}$, 但 $J_{H_{a'}H_{b'}} \neq J_{H_{a'}H_b}$ 和 $J_{H_aH_b} \neq J_{H_aH_{b'}}$。因此, H_a 和 $H_{a'}$ 虽然是化学等价质子, 却是磁不等价质子, 同理, H_b 和 $H_{b'}$ 也是磁不等价质子。图 2.9.25 中 4-溴硝基苯的 ^{1}H NMR 谱中, 芳环上的 H_b 和 $H_{b'}$ 的化学位移为 8.11, H_a 和 $H_{a'}$ 的化学位移为 7.23, 观察到的这两组峰均为双峰, $J_{HH}=8$ Hz。虽然磁不等价的 H_a 和 H_b, 之间也裂分, 但该偶合为四键偶合, J_{ab} 值非常小。发生在三个以上键上的核自旋相互作用称为远程偶合, 这种现象在具有共轭 π 键的体系中最为常见。

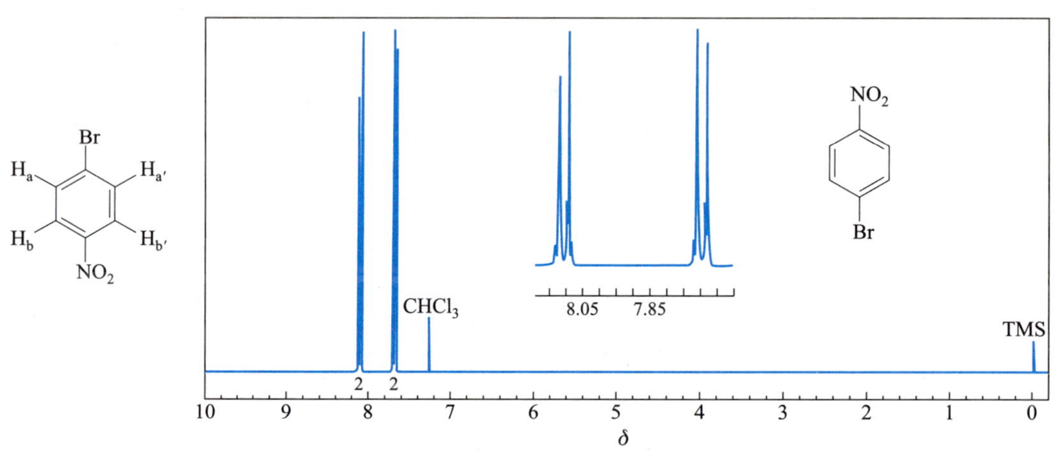

图 2.9.25　4-溴硝基苯的 ^{1}H NMR 谱图

4. 峰面积

在核磁共振谱图中, 各组峰面积与产生这种信号核的数量呈线性关系。这可由电子积分确定, 该积分通常绘制为光谱上出现的阶梯轨迹, 如图 2.9.15 所示。

在实践中, 首先记录 ^{1}H NMR 谱图, 然后在同一张纸上绘制积分。积分在一个或一组峰范围内上升的垂直距离是峰面积的直接量度, 因此也是产生共振的质子相对数量的量度。一旦确定了每一组峰的高度, 就可以通过将积分高度除以测量的最小高度来计算产生这些峰的氢原子的相对数量, 从而得出各种质子的比率。例如, 在 1-硝基丙烷的光谱中, 图 2.9.15 中台阶的高度由距离 ab、ac 和 ad 表示。测量相对高度以获得光谱中 A、B 和 C 组的比为 1.55∶1.0∶1.0。因为分子中氢原子的数量必须为整数, 所以这个比率通过将每个值乘以一个数来转换为整数, 这个整数给出了质子类型相对比率。如果知道分子式, 那么选择整数可以给出一个与氢原子核绝对数相对应的比值总和。1-硝基丙烷中有七个氢原子, 因此使用作为乘法提供绝对比为 3.10∶2.0∶2.0, 其和为 7.1, 因为电子积分的精度通常为 5%～10%, 这在分子中质子总数的实验误差范围内。

5. 核磁共振仪和样品的制备

(1) 核磁共振仪。测定核磁共振的仪器称为核磁共振仪, 其工作原理如图 2.9.26 所示。核磁共振仪主要由磁体、样品管、射频源、射频放大器、射频接收器和信号记录仪组成。核磁共振仪按射频频

率不同 (^{1}H 核的共振频率) 分为 90 MHz、200 MHz、300 MHz、400 MHz、500 MHz、600 MHz 等仪器, 目前国际市场上供应的仪器射频频率最高可达 900 MHz。核磁共振仪所用的磁体有永久磁体、电磁体和超导磁体, 其中超导磁体因场强高和稳定均匀被广泛使用, 特别是高分辨傅里叶变换的核磁共振仪, 如 300 MHz 以上的仪器, 均使用超导磁体。核磁共振仪按射频源和扫描方式不同分为连续波核磁共振仪 (CW-NMR) 和脉冲傅里叶变换核磁共振仪 (PFT-NMR)。目前, PFT-NMR 因灵敏度高、省时、使用简便等显著优点已基本替代了 CW-NMR。从仪器组成上讲, PFT-NMR 是在 CW-NMR 基础上增加了脉冲程序器和数据采集及处理系统。

核磁共振

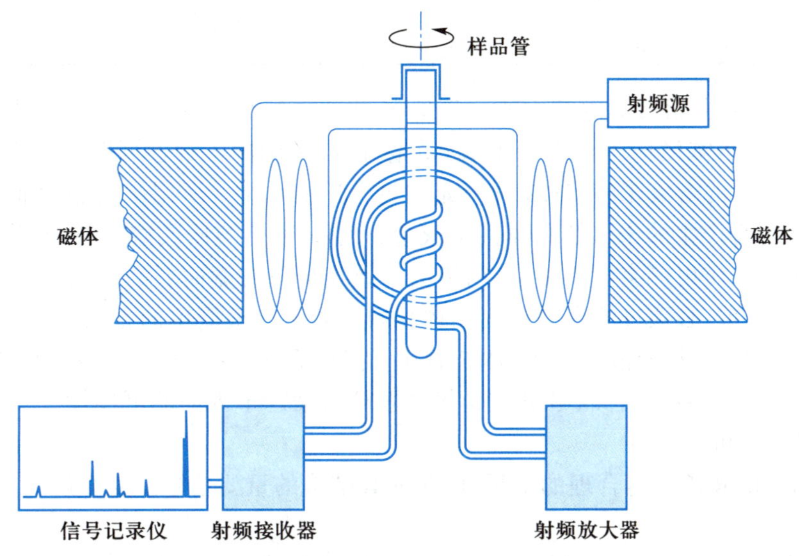

图 2.9.26 连续波核磁共振仪工作原理示意图

(2) 样品的制备。NMR 谱通常在高精度的特殊玻璃管中进行。尽管可获得低黏度纯液体的波谱, 但不管其正常的物态如何, 被测试物通常都溶解在氘代溶剂中, 其作用是保持核磁设备的正常匀场和锁场。匀场是让样品溶剂周围的磁场均一稳定; 锁场的作用是保持磁场频率稳定, 提高信噪比。最常用的溶剂是氘代氯仿 ($CDCl_3$), 尽管还有其他溶剂, 如 CD_3OD, CD_3COCD_3, C_6D_6, DMSO-d_6 和 DMF-d_7 等, 但后者价格更贵。如果样品是水溶性的, 可以使用重水 (D_2O)。常用的 ^{1}H NMR 和 ^{13}C NMR 氘代溶剂见表 2.9.5。

表 2.9.5 常用的 ^{1}H NMR 和 ^{13}C NMR 氘代溶剂

溶剂	结构	核	δ_H 或 δ_C	偶合常数 J_{HD}/Hz 或 J_{CH}/Hz
氘代丙酮	$CD_3(C{=}O)CD_3$	^{13}C	29.8 (七重峰)	20
			206.5 (七重峰)	<1
氘代丙酮	$CD_3(C{=}O)CD_3$	^{1}H	2.04 (q)	2.2
氘代氯仿	$CDCl_3$	^{13}C	77 (t)	32
氘代氯仿	$CDCl_3$	^{1}H	7.27 (s)	
重水	D_2O	^{1}H	4.65 (bs)	

续表

溶剂	结构	核	δ_H 或 δ_C	偶合常数 J_{HD}/Hz 或 J_{CH}/Hz
氘代二甲亚砜	CD_3SOCD_3	^{13}C	39.7 (q)	21
氘代二甲亚砜	CD_3SOCD_3	^{1}H	2.49 (q)	1.7
氘代甲醇	CD_3OD	^{13}C	49.0 (七重峰) 3.30 (q)	21.5
氘代甲醇	CD_3OD	^{1}H	4.78 (s)	
氘代三氟乙酸	CF_3COOD	^{1}H	11.50 (s)	
氘代苯	C_6D_6	^{1}H	7.15 (s, bs)	

含质子的溶剂一般不宜使用，因其中所含氢原子引起的强烈共振可能会掩盖样品本身的吸收。

获得 NMR 谱的溶液浓度应当在 5%～15% (质量分数) 范围内。尽管可以使用最少为 0.6 mL 的溶液，但是最好使用 1 mL 的溶液来将 NMR 管填充到更合适的水平。所用试管必须非常干净和干燥，溶液中必须没有样品本身产生的未溶解固体甚至灰尘。此外，由于溶质或溶剂与金属 (例如“锡”罐中的铁) 接触，痕量的铁磁杂质可能会污染溶液，结果会导致光谱只有宽而弱的吸收。

在测量 NMR 谱之前，必须过滤含有任何固体材料的溶液。最简单的方法是将一小块玻璃棉塞入巴斯德吸管，然后通过塞子将溶液过滤到 NMR 管中。使用后，应清洁核磁共振管并彻底干燥。最好将其存放在密闭容器中或倒置放置，以尽量减少灰尘颗粒污染管子内部的可能性。

6. ^1H NMR 谱图解析

对化合物的 ^1H NMR 谱进行合理的解析，可获取其结构的重要信息。完整解析 ^1H NMR 谱的步骤如下：

(1) 根据谱图中出现的信号数目，确定分子中有几种类型的等价质子。

(2) 通过测量每个峰或组峰的积分曲线阶梯高度，确定不同类型氢核的相对数目。如果已知分子式将得到的相对比转换为绝对比。

(3) 确定各组峰的化学位移值参照数据表，推测分子中可能存在的官能团。

(4) 分析各组峰的自旋裂分模式 ($n+1$ 规则) 和偶合常数，确定各种类型氢核最邻近的质子数。

总结以上几方面的信息，提出一个或几个与谱图相符的结构，最后参照分子式及不饱和度、其他光谱或化学数据及物理性质数据，最终确认未知物的结构。

未知物分析举例：

已知分子式为 C_4H_9Br 化合物的 ^1H NMR 谱如图 2.9.27 所示，试确定其结构。

解析：整合 H_a、H_b 和 H_c 的积分，相对比例约为 2∶1∶6。分子式中共有 9 个氢原子，两个为 A 型，1 个为 B 型和 6 个 C 型。给出的分子式总共有 9 个氢原子，故绝对比应为 2∶1∶6。观察化学位移，多重峰中心的 δ 约为 3.3 (H_a)、2.0 (H_b) 和 1.0 (H_c)。低场二重峰 H_a 意味着附近存在着电负性的溴原子，因为有两个这样的氢核，其结构可写作—CH_2Br。在 δ 1.0 处 H_c 的出现，与甲基相关的质子一致。因为有 6 个氢原子，必然存在两个甲基，这部分结构可写作 $(CH_3)_2C$—。由于这两个结构包含分子全部的碳原子和一个氢原子外的其他原子，因此缺失的原子必然是带有两个甲基和溴甲基的碳原子上的次甲基氢。

尽管次甲氢原子的化学位移超出了表 2.9.3 给出的此类质子的范围，但参照表 2.9.4 表明，当存在卤原子 β 位上有氢的碳原子时，甲基共振会移向低场，如溴乙烷 (CH_3CH_2Br) 中甲基的 δ 为 1.7，同样的

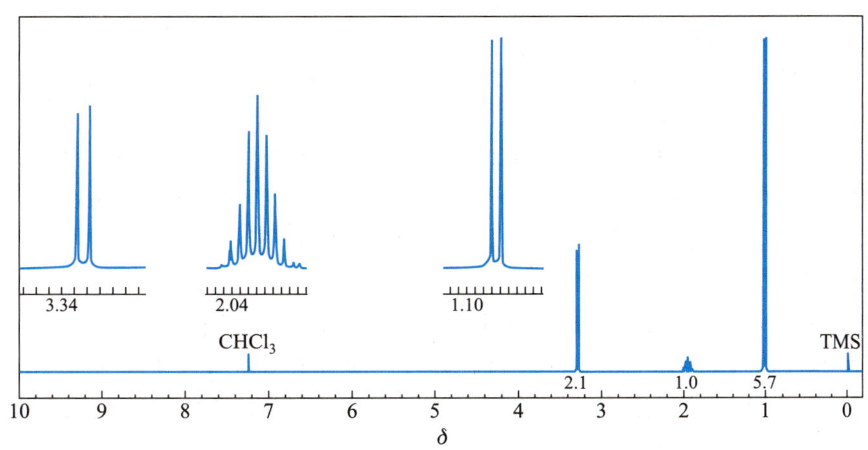

图 2.9.27 未知化合物的 ^{1}H NMR 谱图 (300 MHz, $CDCl_3$)

效应也适用于次甲基氢。现在有充分的信息确定未知物的结构为 1-溴-2-甲基丙烷 (异丁基溴), 即 $(CH_3)_2CHCH_2Br$。

裂分模式 A 型和 C 型的质子显示双峰意味着它们都有一个最近的邻居, 这与 1-溴-2-甲基丙烷的 H_a 和 H_b 都与次甲基氢原子偶联的事实一致。相反, H_b 与其他两种类型的 8 个质子偶合, $n+1$ 规则决定了 H_b 分裂模式中的九重峰。多重峰两个弱的最外峰 "缺失" 并不明显, 如在更高的放大倍数下观察, 则可看到所有的九个峰。在仪器正常的操作条件下, 多重峰最外层的吸收通常太弱, 在利用裂分模式解释未知化合物波谱时, 必须考虑这一事实。

尽管上述未知物的结构可以从 ^{1}H NMR 谱获得的三种基本信息中的两种来解决, 但通常情况下, 还是需要对所有三种信息进行详细解释。

7. ^{13}C 核磁共振谱

^{12}C 无核自旋, 但它的同位素 ^{13}C 与氢一样, 核自旋量子数为 1/2, 具有核自旋共振现象。^{13}C 核磁共振谱 (^{13}C NMR, 简称碳谱) 已成为测定有机化合物结构的常规手段, 它能够提供 ^{1}H NMR 无法得到的结构信息。图 2.9.28 为 3-甲基庚烷的 ^{1}H NMR 和 ^{13}C NMR 谱图, 可以看出氢谱只能区分出甲基和

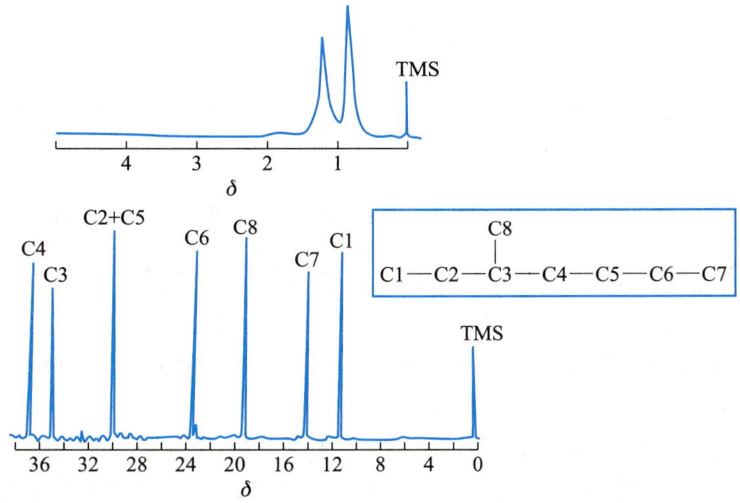

图 2.9.28 3-甲基庚烷的 ^{1}H NMR(上部) 和 ^{13}C NMR(下部) 谱图

亚甲基两种峰。由于不同氢原子化学位移十分接近，导致吸收峰发生重叠而难以解析，而碳谱却可以清晰地显示 8 个不同环境的碳原子。从碳谱可以获得化合物分子“骨架”的信息，而氢谱则提供分子结构的外围信息。

^{13}C 的自然丰度约为 1.1%，化合物中仅有 1.1% 的碳原子会发生核自旋，即一百个碳原子中只有一个 ^{13}C 会在 NMR 谱中产生吸收。这种低含量 NMR 的活性使得要得到碳谱更加困难。在同一磁场强度下，^{1}H 和 ^{13}C 检出的相对灵敏度为 6400∶1，因此得到 ^{1}H NMR 通常只需几分钟，而要得到 ^{13}C NMR 则需要几十分钟乃至数小时，且需要更多的样品量来采集图谱。

与 ^{1}H NMR 谱原理相同，当置于外加磁场中时，^{13}C 采取两种自旋状态，在受到合适能量电磁辐射照射时，就会产生共振吸收 [式 (2)]，这意味着自旋翻转伴随着能量跃升发生。与 ^{1}H NMR 一样，分子中的 ^{13}C 有着不同的电子环境，从而产生化学位移，四甲基硅烷作为 NMR 的内标，大多数 ^{13}C NMR 共振吸收位于 TMS 的低场，给出正值。

现代仪器能够同时进行 ^{1}H NMR 和 ^{13}C NMR 的测试。当以碳谱为目的时，仪器操作允许所有离 ^{13}C 最近的相邻质子去偶的模式，这一过程称为“质子宽带去偶”。运用这一技术得到的碳谱，不会出现氢谱中观察到的自旋裂分。由于 ^{13}C 自然丰度很低，两个键合在一起的原子彼此偶合的可能性仅有万分之一，故在图谱中观察不到 ^{13}C 之间的偶合，使得质子宽带去偶的 ^{13}C NMR 极其简单，由每个磁不等性的碳原子尖锐单一的共振谱线组成。

以 2–丁酮 ^{13}C 谱为例 (见图 2.9.29)，其中四种不同类型的碳原子产生四种不同的共振吸收峰。在 δ 79.5 附近的三重峰与溶剂 $CDCl_3$ 有关，因为存在氘–碳裂分，质子宽带去偶技术不能消除，氘的核自旋 I_z 为 1，因此根据式 (3)，可以预测碳原子的三重态，与实验观察到的相符。

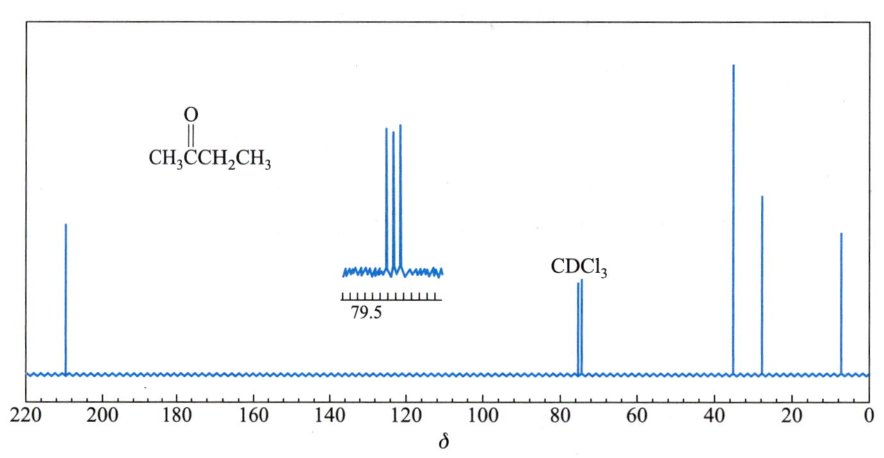

图 2.9.29　2–丁酮质子宽带去偶的 ^{13}C NMR 谱图 (75 MHz, $CDCl_3$)

值得一提的是 ^{13}C NMR 作为一种专门的技术，可提供与给定碳原子相互作用的氢原子的信息，这一技术被称为去畸变极化增强，简称 DEPT。对该技术的讨论已超出了本书讨论的范围。

碳原子的化学位移比质子的化学位移更接近其真实化学环境，因此 ^{13}C 共振的化学位移范围比 ^{1}H 共振的化学位移范围大得多。具体而言，大多数类型的氢原子在 TMS 的约 10 低场内共振，但碳原子的化学位移在 TMS 的约 220 低场范围内发生。这意味着两种不同类型的碳原子一般不可能在完全相同的化学位移下共振。因此，质子去偶 ^{13}C NMR 谱中的峰数可以解释为等于分子中存在的不同类型的碳原子数。通过观察 2–丁酮 (见图 2.9.29) 的 ^{13}C NMR 谱中的四个峰和苯甲酸甲酯的六个峰 (见

图 2.9.30), 可以说明这一原理。在后一种情况下, 苯环上与酯官能团为邻位和间位的碳原子是磁等性的, 因此环中的碳原子只有四种共振吸收。

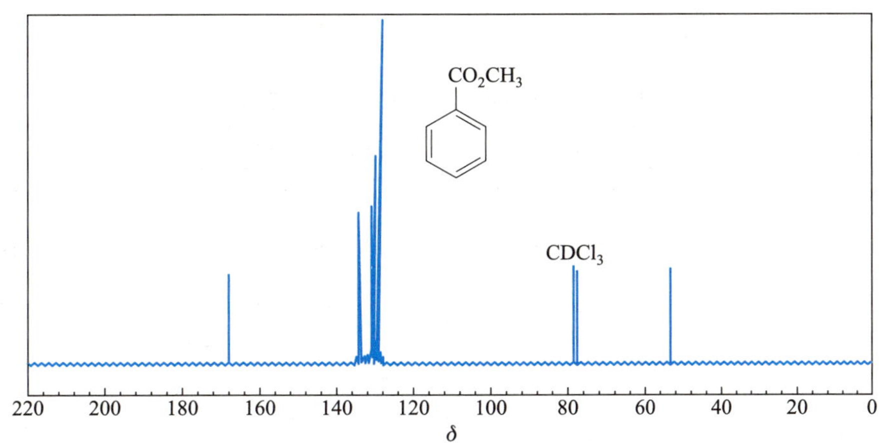

图 2.9.30 苯甲酸甲酯的 ^{13}C NMR 谱图 (75 MHz, $CDCl_3$)

^{13}C: δ 51.8, 128.5, 129.7, 130.5, 132.9, 166.8

与氢谱一样, 一些特征 ^{13}C 的化学位移范围如表 2.9.6 所示。由表中数据可知, 在 ^1H NMR 谱中产生低场化学位移的一些分子在 ^{13}C NMR 谱中也产生低场位移。电负性取代基如碳原子上的羰基或杂原子, 会导致共振向低场位移。这是由电负性部分的去屏蔽效应引起的。决定 ^{13}C NMR 中化学位移的第二个因素是碳原子的杂化状态, 比较 sp^3 (10～65), sp^2 (115～210) 和 sp 杂化 (65～85) 的结构的碳原子化学位移, 可以看出, 对于饱和烃中类似的氢核, 对应碳核的化学位移值较小。

如表 2.9.7 所示, 与取代基 Y 的距离也可能影响化学位移, 如差 0 个碳原子 (α 效应)、一个碳原子 (β 效应) 或两个碳原子 (γ 效应)。这种取代基效应具有显著的加和性, 因此可以大致准确地预测分子中碳原子预期的化学位移。表 2.9.8 汇总了一些无环烷烃的加和效应。这些可与表 2.9.7 中的数据结合使用, 以预测化合物的 ^{13}C 化学位移。

以 1-氯丁烷 ($CH_3CH_2CH_2CH_2Cl$) 为例来说明这些预测的操作方法。根据观察到丁烷化学位移 (表 2.9.8) C1 (C4) 和 C2 (C3) 的化学位移分别为 13.4 和 25.2, 来进行计算预测如下:

$$C1: 13.4 + 31 = 44.4 \qquad C2: 25.2 + 11 = 36.2$$

$$C3: 25.2 - 4 = 21.2 \qquad C4: 13.4 + 0 = 13.4$$

实际观察到的化学位移显示在结构下方。可以发现预测和实测结果的一致性是显著的, 显示了这种方法较强的碳核化学位移预测能力。

$$CH_3—CH_2—CH_2—CH_2—Cl$$

13.4 20.4 35.0 44.6

回到图 2.9.29 的 2-丁酮的质子宽带去偶谱, 远低场靠近 δ 210 的共振可归属于羰基碳原子 (表 2.9.6)。剩下的三个共振接近 δ 37.30 和 8, 可通过① 识别羰基导致其直接连接的碳原子比那些离其更远的原子移向低场 (α 效应); ② 使用表 2.9.7 和表 2.9.8 中的数据计算预期的化学位移。这些计算如下所示。同样, 与图 2.9.29 中提供的实验观察位移的比较, 显示了取代基加和法在预测相关的碳原子共振方面的价值。

C1: $-2.3+30=27.7$　C2: 不能从表 2.9.7 和表 2.9.8 计算

C3: $5.7+30=35.7$　C4: $5.7+1=6.7$

表 2.9.6　一些特征 ^{13}C 的化学位移范围

吸收碳原子 (表示为 C 或 Ar)	近似 δ	吸收碳原子 (表示为 C 或 Ar)	近似 δ
$RCH_2\mathbf{CH_3}$	13～16	$R\mathbf{C}\equiv CH$	74～85
$R\mathbf{CH_2}CH_3$	16～25	$RCH=\mathbf{CH_2}$	115～120
$R_3\mathbf{C}H$	25～38	$R\mathbf{C}H=CH_2$	125～140
$H_3\mathbf{C}—C(=O)—R$	30～32	$R\mathbf{C}\equiv N$	118～125
$H_3\mathbf{C}—C(=O)—OR$	20～22	$\mathbf{Ar}H$	125～150
$R\mathbf{C}H_2—Cl$	40～45	$R—\mathbf{C}(=O)—NR'R''$	160～175
$R\mathbf{C}H_2—Br$	28～35	$R—\mathbf{C}(=O)—OR'$	170～175
$R\mathbf{C}H_2—NH_2$	37～45	$R—\mathbf{C}(=O)—OH$	175～185
$R\mathbf{C}H_2—OH$	50～65	$R—\mathbf{C}(=O)—H$	190～200
$RC\equiv\mathbf{C}H$	67～70	$R—\mathbf{C}(=O)—CH_3$	205～210

表 2.9.7　烷烃中 H 被 Y 取代的增量取代效应 (+低场, −高场)

Y	α		β		γ
	末端	内部	末端	内部	
CH_3	+9	+6	+10	+8	−2
$HC=CH_2$	+20		+6		−0.5
$C\equiv CH$	+4.5		+5.5		−3.5
COOH	+21	+16	+3	+2	−2
COOR	+20	+17	+3	+2	−2

续表

Y	α 末端	α 内部	β 末端	β 内部	γ
COR	+30	+24	+1	+1	−2
CHO	+31		0		−2
C_6H_5	+23	+17	+9	+7	−2
OH	+48	+41	+10	+8	−5
OR	+58	+51	+8	+5	−4
OCOR	+51	+45	+6	+5	−3
NH_2	+29	+24	+11	+10	−5
NHR	+37	+31	+8	+6	−4
NR_2	+42		+6		−3
CN	+4	+1	+3	+3	−3
F	+68	+63	+9	+6	−4
Cl	+31	+32	+11	+10	−4
Br	+20	+25	+11	+10	−3
I	−6	+4	+11	+12	−1

表 2.9.8 一些无环烷烃的加和效应

化合物	C1	C2	C3	C4	C5
甲烷	−2.3				
乙烷	5.7				
丙烷	15.8	16.3	15.8		
丁烷	13.4	25.2	25.2		
戊烷	13.9	22.8	34.7	22.8	13.9
己烷	14.1	23.1	32.2	32.2	23.1
庚烷	14.1	23.2	32.6	29.7	32.6
辛烷	14.2	23.2	32.6	29.9	29.9
壬烷	14.2	23.3	32.6	30.0	30.3
癸烷	14.2	23.2	32.6	31.1	30.3
2-甲基丙烷	24.5	25.4			
2-甲基丁烷	22.2	31.1	32.0	11.7	
2-甲基戊烷	11.5	29.5	36.9	18.3 (3-甲基)	

在 2-丁酮的 ^{13}C NMR 谱中，各个峰的相对强度并不相同，尽管每个共振都是由一个碳原子引起的，其原因已超出了本书讨论的范围。虽然产生特定共振的碳原子数量与共振强度之间不存在 1∶1 的相关性，但峰值高度所反映的强度，与是否有氢原子在碳原子上及特定的化学位移有关，一般来说，如果碳原子上没有氢原子，与该原子相关的共振强度相对较低。

对苯甲酸甲酯的 ^{13}C NMR 谱的分析表明，根据表 2.9.6 中的信息以及共振峰强度来衡量碳原子是否有氢来确认。由于分子的对称性，共有六组化学不等价的碳原子。根据表 2.9.6 中的数据，δ 166.8 处的共振应是属于羰基碳原子 C1′，正如预期的那样，其强度相对较低。同样，该表表明 δ 51.8 处的吸收来自甲氧基碳原子 C2′。

剩余的四个共振位于 ^{13}C NMR 谱的芳香区，可分配如下：基于其低强度，δ 130.5 处的峰值可能是由于芳香环的 C1；酯基邻位和对位碳原子应为间位碳原子的低场，是由于酯通过离域 π 电子去屏蔽了邻位和对位，并通过 σ 键从环中吸取电子，这意味着 δ 128.5 处的共振应对应两个间位碳原子。邻位碳原子数是对位碳原子数的两倍，可对芳香区 δ 129.7 和 132.9 处剩余的两个共振进行分配。在 δ 129.7 处，C2 的共振较强烈，而在 δ 132.9 处，C4 的共振稍弱，这些赋值与使用表 2.9.9 中提供的取代基加和效应计算的赋值一致。

表 2.9.9　单取代苯的芳香碳原子增量位移（从 δ 128.5 的苯，+低场，−高场）

取代基	C1	C2	C3	C4	取代 C
H	0.0	0.0	0.0	0.0	
CH_3	+9.3	+0.7	−0.1	−2.9	21.3
CH_2CH_3	+15.6	−0.5	0.0	−2.6	29.2 (CH_2), 15.8 (CH_3)
$CH(CH_3)_2$	+20.1	−2.0	0.0	−2.5	34.4 (CH), 15.8 (CH_3)
$C(CH_3)_3$	+22.2	−3.4	−0.4	−3.1	34.5 (C), 31.4 (CH_3)
$HC{=}CH_2$	+9.1	−2.4	+0.2	−0.5	137.1 (CH), 113.3 (CH_2)
$HC{\equiv}CH$	−5.8	+6.9	+0.1	+0.4	84.0 (C), 77.8 (CH)
C_6H_5	+12.1	−1.8	−0.1	−1.6	
CH_2OH	+13.3	−0.8	−0.6	−0.4	64.5
OH	+26.6	−12.7	+1.6	−7.3	
OCH_3	+31.4	−14.4	+1.0	−7.7	54.1
OC_6H_5	+29.0	−9.4	+1.6	−5.3	
$OC(=O)CH_3$	+22.4	−7.1	−0.4	−3.2	23.9 (CH_3), 195.7 (C=O)
$C(=O)H$	+8.2	+1.2	+0.6	+5.8	192.0
$C(=O)CH_3$	+7.8	−0.4	−0.4	+2.8	24.6 (CH_3), 195.7 (C=O)
$C(=O)C_6H_5$	+9.1	+1.5	−0.2	+3.8	196.4 (C=O)

续表

取代基	C1	C2	C3	C4	取代 C
COOH	+2.9	+1.3	+0.4	+4.3	168.0
$COOCH_3$	+2.0	+1.2	-0.1	+4.8	51.0 (CH_3), 166.8 (C=O)
COCl	+4.6	+2.9	+0.6	+7.0	168.5
C≡N	-16.0	+3.6	+0.6	+4.3	119.5
NH_2	+19.2	-12.4	+1.3	-9.5	
$N(CH_3)_2$	+22.4	-15.7	+0.8	-11.8	40.3
$NHCOCH_3$	+11.1	-9.9	+0.2	-5.6	
NO_2	+19.6	-5.3	+0.9	-4.5	
F	+35.1	-14.3	+0.9	-4.5	
Cl	+6.4	+0.2	+1.0	-2.0	
Br	-5.4	+3.4	+2.2	-1.0	
I	-32.2	+9.9	+2.6	+7.3	
SO_2NH_2	+15.3	-2.9	+0.4	+3.3	

[思考题]

(1) 为什么在报告化学位移时应指出使用的溶剂?

(2) 图 2.9.31(1)~(3) 中提供了三种化合物的核磁共振氢谱的化学位移、裂分模式和氢原子的相对数量, 试推导出与这些数据一致的一种或多种结构。

C_4H_9Br: δ 1.04 (6H), 二重峰,δ 1.95 (1H), 多重峰, δ 3.33 (2H)

$C_3H_6Cl_2$: δ 2.2 (2H), 多重峰, δ 3.75 (4H), 三重峰

$C_5H_{11}Br$: δ 0.9 (6H), 二重峰, δ 1.8 (4H), 多重峰, δ 3.4 (1H), 三重峰

(3) 提供化合物 (a)—(c) 的结构, 其核磁共振氢谱分别在图 2.9.31(1)~(3) 中给出。

(a) 化合物 1, $C_{10}H_{14}$

(b) 化合物 2, C_3H_8O

(c) 化合物 3, C_8H_9Cl

(4) 图 2.9.32(1)~(6) 是其结构显示在核磁共振氢谱上的化合物。根据观察到的化学位移、积分和裂分模式, 尽可能完整地解释这些谱。

(5) 计算 2-甲基-1-丙醇 $[(CH_3)_2CHCH_2OH]^{13}C$ NMR 的化学位移。

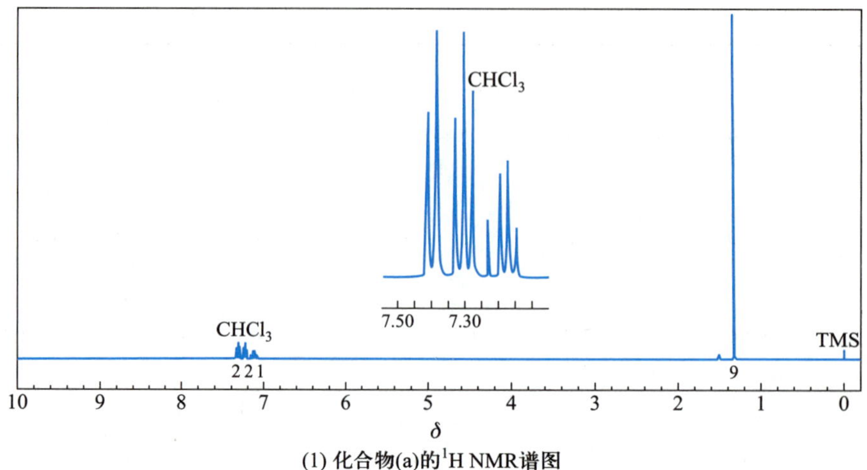

(1) 化合物(a)的 ^{1}H NMR谱图

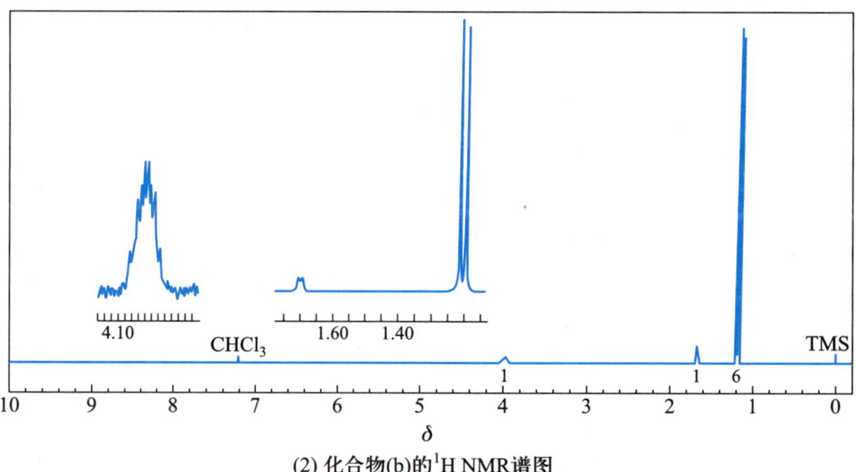

(2) 化合物(b)的 ^{1}H NMR谱图

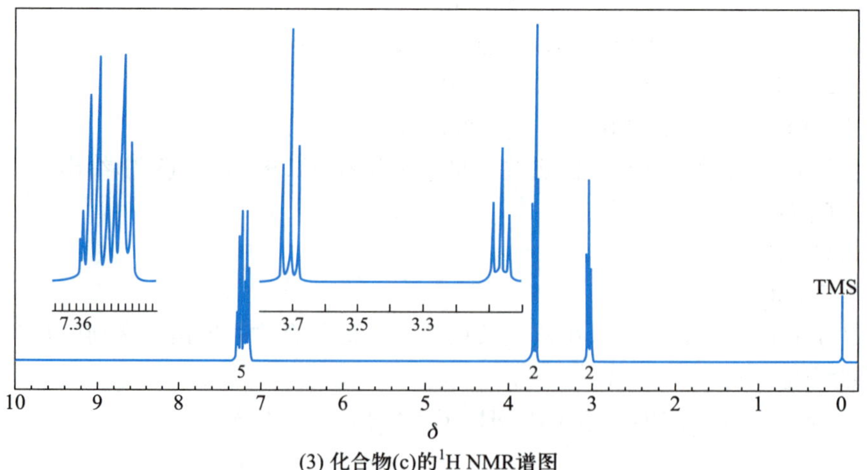

(3) 化合物(c)的 ^{1}H NMR谱图

图 2.9.31 三种化合物的 ^{1}H NMR 谱图

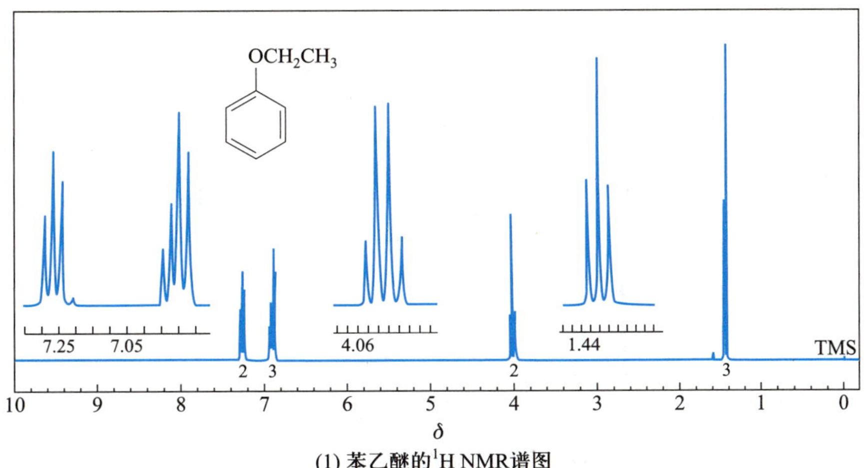

(1) 苯乙醚的¹H NMR谱图

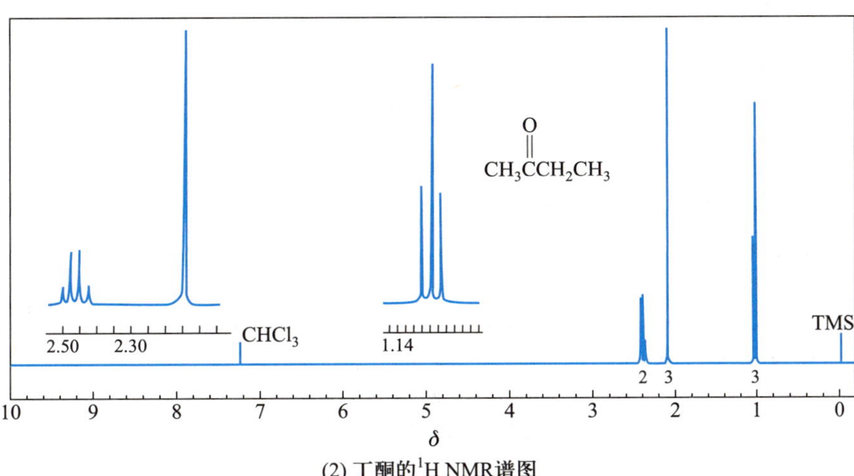

(2) 丁酮的¹H NMR谱图

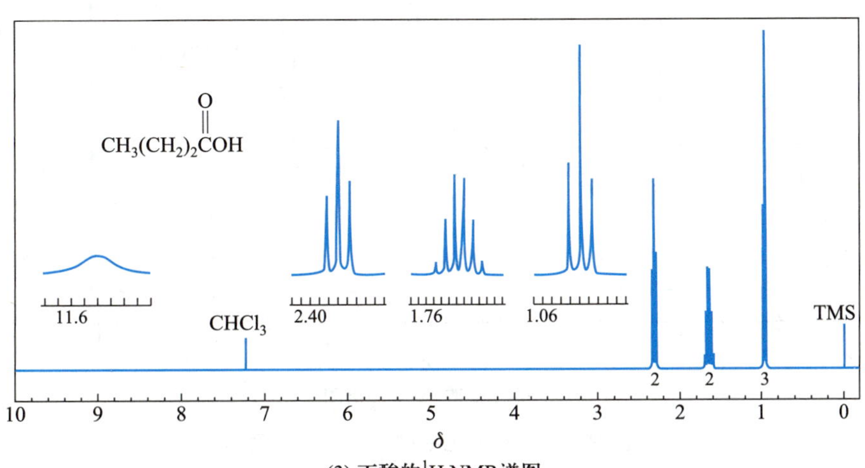

(3) 丁酸的¹H NMR谱图

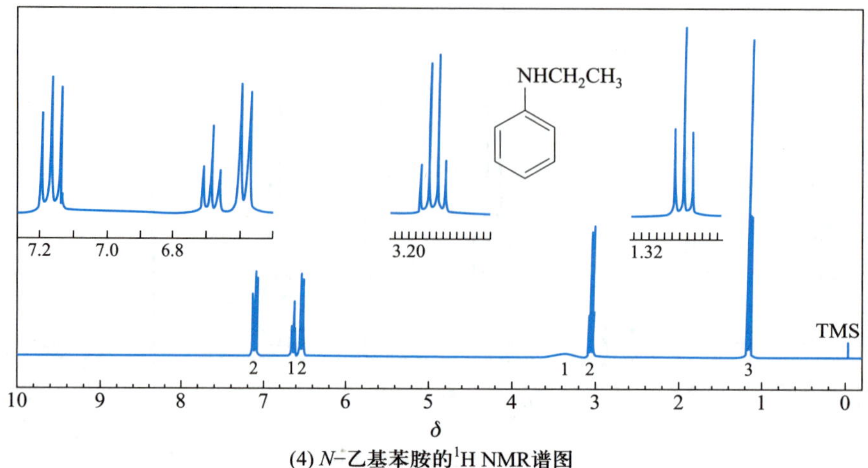

(4) *N*–乙基苯胺的^{1}H NMR谱图

(5) 乙酸乙酯的^{1}H NMR谱图

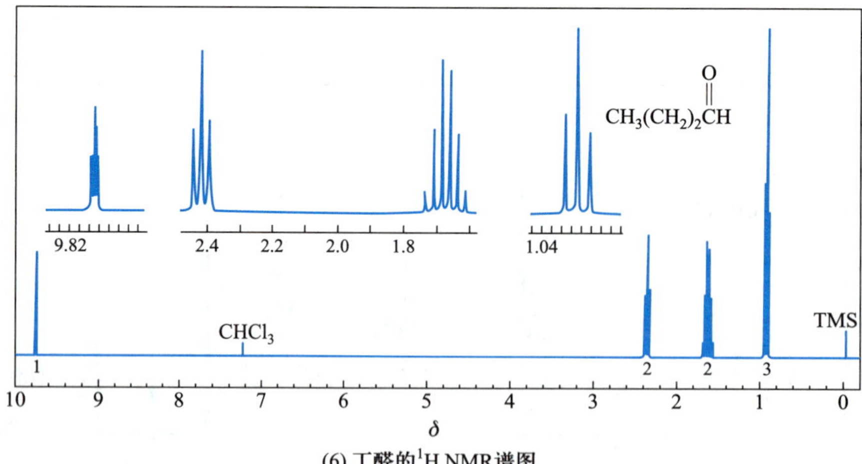

(6) 丁醛的^{1}H NMR谱图

图 2.9.32　6 种化合物的 ^{1}H NMR 谱图

2.9.3 二维核磁共振谱简介

在对上述一维核磁共振氢谱和碳谱有了基本认识的基础上，我们将注意力转向有机化合物结构鉴定与现代核磁研究中更为重要的二维核磁共振 (two-dimensional nuclear magnetic resonance, 简称 2D NMR) 技术。尽管实验教材中一般都不涉及二维核磁共振，在本书中还是增加了这部分内容，因为它是核磁共振中非常重要的一部分，同学们至少应该对它有初步的了解。

在连续增加的时间 t_1 内施加一系列 90°-90° 脉冲，产生了一系列一维 FID $t_1(1), t_1(2), \cdots$，对它们做傅里叶变换 (FT) 给出一系列一维的频率谱 (右上角)。将这些谱图的最大值和最小值描绘出来，就"变换"出一系列衰减的正弦曲线，对它们做通常的傅里叶变换即得到二维的堆积谱 (它最后可以展示为等高线谱)。

图 2.9.33 给出了二维 NMR 的基本概念。利用该技术，标准的一维 NMR 图谱随时间演化到第二维。如图所示的脉冲序列中，在预备期后施加一个 90° 脉冲，在经过一定的演化时间 t_1 后再施加第二个 90° 采样脉冲，这样就产生了一个 FID (自由感应衰减，free induction decay)，它在时间 t_2 内被采集。这样可以在时间 t_1 (1) 到 t_1 (n) 中采集一系列 FID。对这些 FID 做傅里叶变换，可以得到一系列一维的在频率域的波浪状的谱图，它的信号强度随时间变化，实际上给出正的和负的峰。如果将这些变化着的峰的最大值和最小值描绘出来，可以得到一系列衰减的正弦曲线。这些衰减曲线非常像那些产生一维谱图的原始的 FID。如果对这些曲线做傅里叶变换，就可以得到一个二维的信号阵列。谱图中对角线上的峰组称为"对角峰"或"自相关峰"，但能提供相关结构连接信息的是"非对角线上的相关峰"，即"交叉峰"。它的非对角线的交叉峰显示与一维信号相关的信息 (如自旋-自旋偶合)。在图中这个一维谱显示在堆积图的对角线上，但通常一维谱是画在堆积图的垂直和水平轴上。这个堆积图也可以画成等高线图，它就像一个堆积图的鸟瞰图，仅显示信号足够强的有意义的峰，不显示堆积图中谱线的

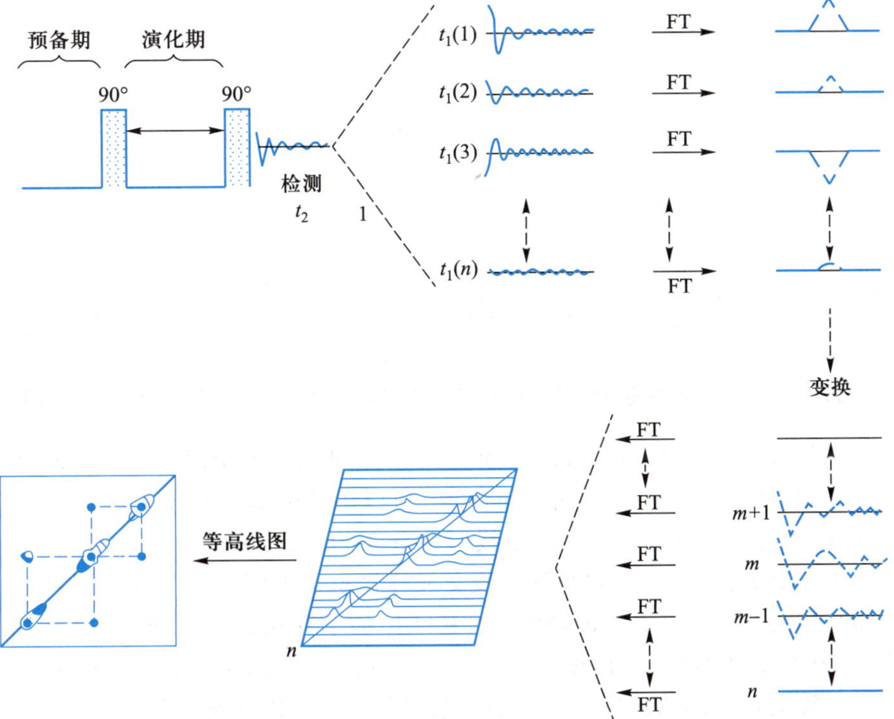

图 2.9.33 二维核磁共振谱的生成

基线。这样的方法可以得到一些在一维谱中通常被淹没的信息。例如，在所谓的 $^{1}H-^{1}H$ COSY (定义见后) 谱中，非对角线的交叉峰揭示结构中不同质子间的自旋偶合。当多重峰互相重叠使谱峰很复杂，简单的偶合分析无法得出自旋偶合常数时，这个方法特别有用。

质子与碳的偶合可以用二维技术定量测定，但这超出了本书的范围。通过适当的选择核磁共振脉冲序列，可以将这种偶合的信息转换为峰强度的信息，这样得到的谱图虽然严格说来不算二维谱，但却非常有用，因为它给出了连接在每个碳原子上的质子数。例如，在常规碳谱的碳通道上检测 ^{13}C 信号时，在氢通道上借助“质子宽带去偶”不仅可以消除 ^{1}H 对 ^{13}C 的偶合裂分而将谱图简化，还可利用 NOE 效应 (nuclear overhauser effect) 额外增强所检测的 ^{13}C 信号。在这些已发展的脉冲序列中，DEPT 谱 (无畸变极化转移增强，distortionless enhancement by polarization transfer) 已被广泛用于区分碳谱图中的伯碳、仲碳、叔碳和季碳，其中 DEPT 135° 中伯碳 (CH_3) 和叔碳 (CH) 为正信号、仲碳 (CH_2) 为负信号，而季碳 (C) 不出峰；DEPT 90° 中只检测叔碳 (CH)，其他类型碳原子不出峰。图 2.9.34 从下往上依次展示了乙基苯基醚在氘代氯仿中的 ^{13}C NMR、DEPT 135° 和 DEPT 90° 谱。从碳谱可知，乙基苯基醚有 6 种不同化学位移的碳原子，其中 DEPT 135° 谱中 δ 15 甲基伯碳 C6 和 δ 114～130 芳环叔碳 C2/C3/C4 为正信号，δ 63 与氧原子相连的仲碳 C5 为负信号，而 δ 159 芳环季碳 C1 不出峰；DEPT 90° 谱中只有 δ 114～130 ppm 芳环叔碳 C2/C3/C4 为正信号，其他类型碳原子均不出峰。将以上 DEPT 135° 、DEPT 90° 和常规碳谱相结合，或者采用 APT (attached proton test) 连接质子测试实验，便可获得有机化合物中碳原子数目、种类和化学位移分布情况。

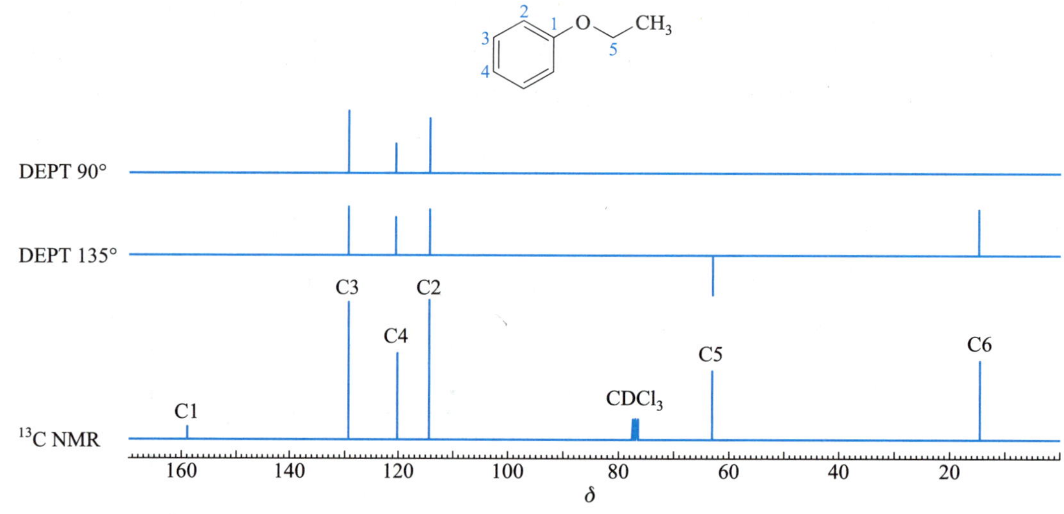

图 2.9.34 乙基苯基醚在氘代氯仿中的 ^{13}C NMR、DEPT 135° 和 DEPT 90° 谱图

$^{1}H-^{1}H$ COSY (相关谱，correlation spectroscopy) 是常见的二维 NMR 谱，一般反映相互作用较强的 $^{3}J_{HH}$ 偶合 (芳环体系中可能出现 $^{4}J_{HH}$、$^{5}J_{HH}$ 偶合峰)，可以用来确认自旋体系内质子间的相互连接性。$^{1}H-^{1}H$ COSY 为同核位移相关谱，是沿着对角线对称分布的，只分析其中的一半即可。图 2.9.35 为间二硝基苯的 $^{1}H-^{1}H$ COSY 谱，方框中的非对角线交叉峰显示了不同质子间的“自旋-自旋偶合”作用。由该图中可知，δ 8.25 处的 H5 质子与 δ 8.85 处的 H4/H6 质子存在邻位偶合 ($^{3}J_{HH}$) 作用，而 δ8.85 处的 H4/H6 质子还与 δ 9.25 处的 H2 质子存在间位偶合 ($^{4}J_{HH}$) 作用。H5 质子显示为三重峰，表明其偶合裂分主要来源于两个邻位质子 H4/H6。需要指出的是，尽管有时可以观测到芳环上对位质子之间的远程偶合 ($^{5}J_{HH}$)，但此例中没有观测到两个对位质子 H2 与 H5 的自旋偶合。

另一种常用的二维 NMR 谱是“检测质子 $^{1}H-^{13}C$ COSY”，即 HMQC 谱 (异核多量子相关谱, heteronuclear multiple quantum correlation), 反映直接相连碳氢间的 $^{1}J_{CH}$ 偶合, 能实现骨架碳原子及其所连质子的谱峰归属。图 2.9.36 为 2-丁醇的 HMQC 谱, 一维氢谱位于横轴, 一维碳谱位于纵轴, 二维阵列

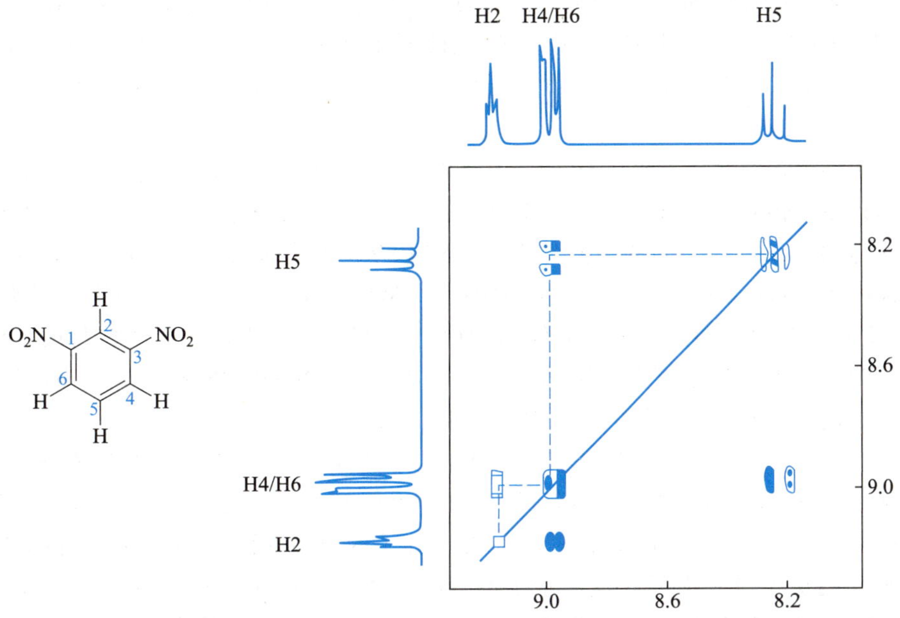

图 2.9.35 间二硝基苯的 $^{1}H-^{1}H$ COSY 谱图 (250 MHz, $CDCl_3$)

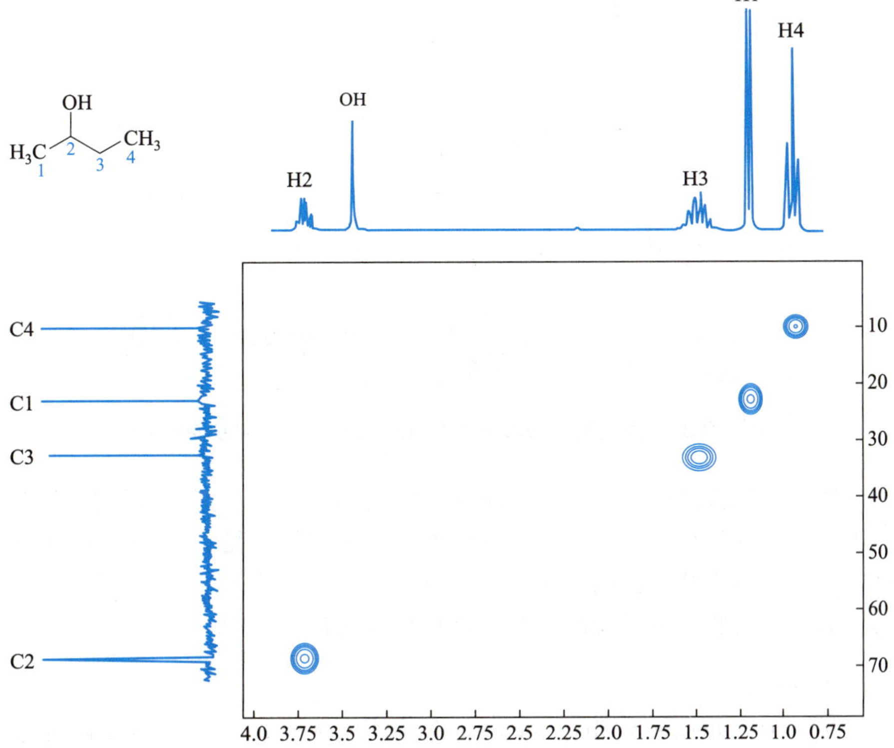

图 2.9.36 2-丁醇的 HMQC 谱图 (检测质子 $^{1}H-^{13}C$ COSY 谱, 250 MHz, $CDCl_3$)

中四个交叉峰指出了质子-碳的连接关系。这样，就可以在两类谱图中从较容易解析的图谱开始，并与另一个谱图相联系，确定分子的结构特征。在2-丁醇的例子中，羟基质子的 ^{1}H 信号没有与任何碳相关，因此是与杂原子相连。对于2-丁醇这样的简单分子而言，可首先根据一维氢谱的图谱解析归属其相应的质子信号。例如，H1 质子应裂分为二重峰，H4 质子应裂分为三重峰，根据 ^{1}H-^{13}C 异核相关谱中的交叉峰可以找出相应的 C1 和 C4 信号。尽管 H2 质子和 H3 质子均为多重峰，但由于 C2 上连有电负性较大的氧原子，因而 H2 的化学位移位于低场，再结合相关谱中的交叉峰，便可找出对应的 C2 和 C3 信号。

二维 NMR 中一个与空间相互作用有关的是 NOESY 谱（核 Overhauser 效应增强谱，nuclear overhauser enhancement Spectroscopy），其中 ^{1}H-^{1}H NOESY 谱的二维阵列给出核在有机分子中质子与质子之间的空间关系，用于考察分子内质子间的空间邻近性。NOESY 分析是基于核的 Overhauser 效应，由于 NOE（nuclear overhauser enhancement）效应与空间距离的六次幂成反比（质子间距离范围一般小于 0.5 nm），因此它可以用来揭示核与核之间的距离和立体结构信息。众所周知，当被照射的核与被观察的核之间的距离减小时，被观察核的信号强度大大增加。因此可以通过 NOESY 判断核之间的空间距离，这是其他的普通二维方法无法实现的。在实际应用中 NOESY 谱的分析是比较困难的，一个优先考虑的方法是用 NOE 差谱（它虽然与二维谱相关，但严格说并不是二维谱）。图 2.9.37 所示的是樟脑的 ^{1}H NMR 谱和 NOE 差谱，在相关 NOE 实验中，选择性照射最高场的 C8 甲基质子（见箭头），并将得到的照射谱减去常规 ^{1}H NMR 谱 (1)，便可以得到相应的 NOE 差谱 (2)。在该 NOE 差谱中，$H3_{exo}$ 质子和 H4 质子的信号明显增强，其他质子的信号没有增强或仅显示少许负的增强，这与 C8 甲基在空间上与 $H3_{exo}$ 和 H4 距离最近相一致。然而，对樟脑分子中所有质子信号的完全指认还需要许多其他的核磁共振技术，NOE 差谱只是其中的一种方法。

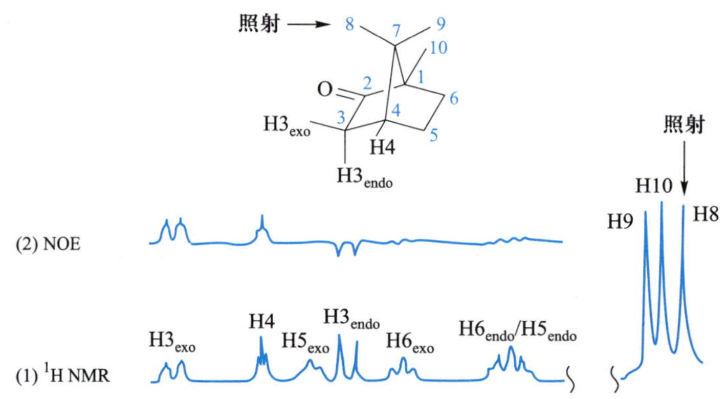

图 2.9.37　樟脑的 ^{1}H NMR(400 MHz, $CDCl_3$) 和 NOE 差谱图

掌握上述常用的二维核磁技术及其相关脉冲序列应用，再结合高分辨质谱的数据和常规氢谱、碳谱的分析，能解决很多常见有机化合物结构鉴别的难题。在实际过程中，还可能得到一些其他方面的信息，比如样品来源、分离详情、合成步骤或者其他类似化合物的信息。对于复杂分子的鉴定，往往因为部分结构是已知的，这些都可以使结构鉴定过程得以简化。

2.9.4　紫外-可见光谱

紫外-可见光谱（ultraviolet and visible spectroscopy，简称 UV-Vis）是基于分子内价电子跃迁产生的吸收光谱。一般把波长在 200～400 nm 的区域称近紫外区，400～800 nm 的区域称为可见光区。远紫外

区的紫外光 (波长 100～200 nm) 能被空气中的 O_2、N_2、CO_2 及 H_2O 所吸收, 必须在真空条件下测定, 技术要求很高, 实际用途不大。紫外光谱主要用于含共轭体系的有机化合物的结构和含量测定。

1. 基本原理

通常情况下, 分子处于能级最低态 —— 基态, 当分子受到不同波长的光照射时, 分子中的某一种电子运动从低能级跃迁到高能级。吸收红外光可使分子的振动能级改变, 产生红外光谱, 吸收紫外和可见区域的光可使价电子从低能级激发到高能级, 故紫外光谱通常称为电子光谱。可被激发的电子可以是 σ 电子、π 电子和未成键的 n 电子。电子激发所需的能量, 如图 2.9.38 所示, 图中 σ、π 为成键轨道, σ^*、π^* 为反键轨道。

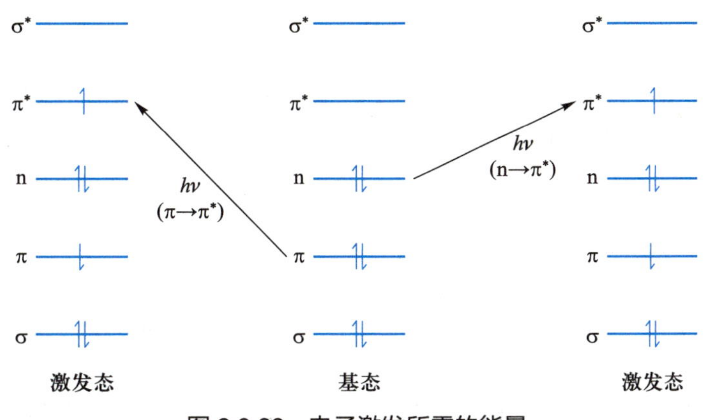

图 2.9.38 电子激发所需的能量

从图 2.9.38 可见, 各类跃迁所需能量顺序为

$$\sigma \rightarrow \sigma^* > n \rightarrow \sigma^* > \pi \rightarrow \pi^* > n \rightarrow \pi^*$$

$\sigma \rightarrow \sigma^*$ 跃迁所需能量最高, 在近紫外区无吸收; $n \rightarrow \sigma^*$ 跃迁所需的能量仍较高, 大部分吸收在远紫外区; $n \rightarrow \pi^*$ 跃迁 (如 C═O、C═N 中杂原子的 n 电子向 π^* 跃迁) 所需能量最少, 吸收波长在近紫外区, 但吸收强度弱; $\pi \rightarrow \pi^*$ 跃迁的吸收能量与分子共轭程度有关, 孤立双键 $\pi \rightarrow \pi^*$ 跃迁的吸收在远紫外区, 随着共轭程度的增加, $\pi \rightarrow \pi^*$ 的能量差变小, $\pi \rightarrow \pi^*$ 跃迁吸收向近紫外区转移。

π 电子受原子核的作用较小, 比较容易激发。单烯烃和非共轭的二烯最大吸收峰的位置仍在 200 nm 以下。例如, 乙烯和 1,4-戊二烯的 λ_{max} 分别为 171 nm 和 178 nm, 共轭二烯和共轭多烯最大吸收峰的位置向长波移动, 在 200 nm 以上, 且 κ 值较大, 为强吸收类型。例如 1,3-丁二烯的 λ_{max} 为 217 nm。化合物中所含的共轭双键数目越多, π 和 π^* 之间的能级差越小, 吸收不断向长波方向移动。例如, 1,3,5-己三烯和 1,3,5,7-辛四烯的 λ_{max} 分别为 258 nm 和 290 nm。分子中含有 8 个以上双键的共轭多烯的吸收已进入可见光谱区。例如, 存在于维生素 A 中的 β-胡萝卜素, 分子中包含 11 个共轭双键, 其 λ_{max} 为 497 nm, 呈现橙黄色。

β-胡萝卜素

当分子中含有由杂原子形成的不饱和键(如C—O、C—N)时,杂原子上的未成键的n电子跃迁到π^*轨道,产生$n \rightarrow \pi^*$跃迁。$n \rightarrow \pi^*$的跃迁所需的能量最低,产生的紫外吸收波长最长,但吸收强度弱,通常$\kappa < 200\ L \cdot mol^{-1} \cdot cm^{-1}$。

分子中有能进行$\pi \rightarrow \pi^*$跃迁的基团称为紫外区发色团。例如,含有C═C、C═O、N═N和—NO_2等,存在发色团的分子,物质在紫外区对光波有吸收。还有一些基团,本身在近紫外区无吸收,但当与发色团直接相连时,能产生$n \rightarrow \pi^*$跃迁,使发色团波长向长波方向移动(红移),同时吸收强度增加,这类基团称为助色团,例如,—OH、—NH_2、—OR、—X等,这些基团一般有孤电子对。

激发态的电子回到基态,这一过程叫弛豫或者衰减。在弛豫的过程中以热量的形式损失一部分能量,另一部分以光的形式释放。后者是鲁米诺的化学发光现象。

2. 紫外光谱的表示方法

紫外光谱图曲线受多种因素的影响,如溶剂、待测液的浓度和光程长(检测池的厚度)等。当某一单色光通过溶液时,溶液浓度较稀时,吸收光强的大小与溶液的光程和溶液的浓度的关系符合比尔-朗伯定律。

$$A = \lg \frac{I_0}{I} = \kappa c l$$

式中A为吸光度(或光学密度);I_0为入射光强度;I为透射光强度;κ为摩尔吸收系数(指浓度为1 $mol \cdot L^{-1}$的溶液在厚度为1 cm的吸光池中,于一定波长下测得的吸光度);c为测定时溶液的浓度($mol \cdot L^{-1}$);l为光程(cm)。

在紫外光谱图中,纵坐标为吸光度,横坐标为入射光的波长。若溶液的浓度和光程已知,且从谱图中读取吸光度,从上式可求出某物质的摩尔吸收系数。摩尔吸收系数的范围一般是10～100000 $L \cdot mol^{-1} \cdot cm^{-1}$。

图2.9.39和图2.9.40分别为对甲基苯乙酮和香芹酮的紫外光谱图,可以看出紫外光谱不是尖峰而是带状峰。这是由于在电子跃迁的同时,伴随着振动和转动能级的跃迁。

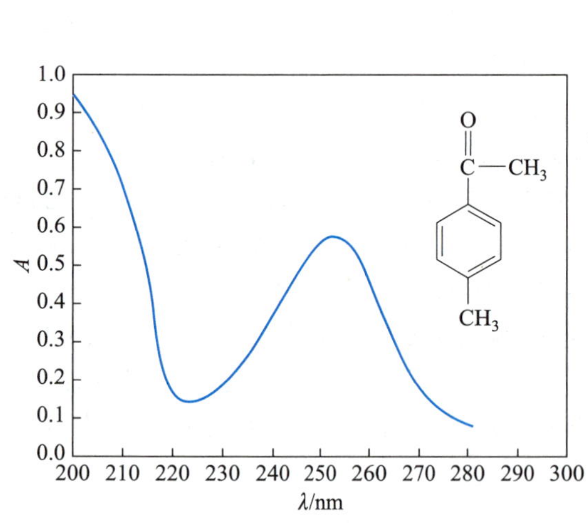

图2.9.39　对甲基苯乙酮的UV谱图

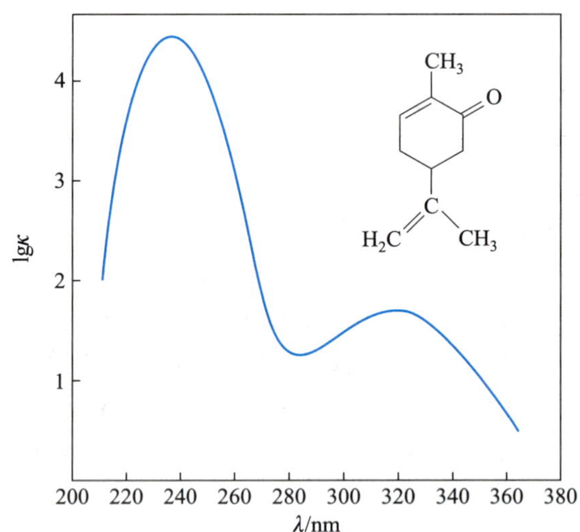

图2.9.40　香芹酮的UV谱图

以对甲基苯乙酮为例,它在甲醇溶液中的最大吸收在252 nm处,吸收强度$A = 0.57$,摩尔吸收系数$\kappa = 12300\ L \cdot mol^{-1} \cdot cm^{-1}$,则可表示为$\lambda_{max}^{CH_3OH} = 252$ nm ($\kappa = 12300\ L \cdot mol^{-1} \cdot cm^{-1}$),或$\lambda_{max}^{CH_3OH} = 252$ nm ($\lg \kappa = 4.09$)。在鉴定化合物纯度时,也可以用下列形式记载紫外光谱数据。如在异丙醇中测定维生素

A 的紫外光谱时，得到了以下结果：在 325 nm 处有一个最大的吸收，使用的浓度为 1%，使用的吸收池厚度为 1 cm，测得的吸收强度（或消光系数）E 为 1530，则可以写成 $\lambda_{max}^{(CH_3)_2CHOH}=325$ nm，$E_{1\,cm}^{1\%}=1530$。

3. 紫外光谱在有机化学中的应用

(1) 检测化合物的结构特征在化合物的结构鉴定方面。紫外光谱并不像红外光谱、核磁共振谱那样重要。虽然它能提供分子中生色团和助色团的结构信息，但并不能反映整个分子的结构特征，必须结合红外光谱、核磁共振谱、质谱及其他结构分析方法，才能做出可靠的结构特征。表 2.9.10 是紫外光谱特征所对应的结构信息。

表 2.9.10 紫外光谱特征所对应的结构信息

紫外光谱特征	结构信息
> 200 nm 无吸收	饱和碳氢化合物，饱和胺、醇、醚等不含双键的化合物
> 210 nm 有强吸收，$\kappa>10^4$ L·mol^{-1}·cm^{-1}	K 带吸收，共轭双烯、α,β-不饱和酮或更长的共轭体系
260～300 nm 有中强吸收，$\kappa=200\sim1000$ L·mol^{-1}·cm^{-1}	B 带吸收，苯环。若 $\kappa>10000$ L·mol^{-1}·cm^{-1}，苯环连有共轭发色团
270～350 nm 有弱吸收，$\kappa<100$ L·mol^{-1}·cm^{-1} 多种谱 R 带吸收，饱和醛酮等非共轭的含 n 电子发色团化带，甚至延伸至可见光区	R 带吸收，饱和醛酮等非共轭的含 n 电子发色团化合物，长链共轭体系或多环芳香性生色团

(2) 对化合物纯度的鉴定。由于一般能吸收紫外光的物质，其 κ 值都很高，且重复性好，所以一些对近紫外光透明的溶剂或化合物，如其中的杂质能吸收近紫外光的，只要 $\kappa>2000$ L·mol^{-1}·cm^{-1}，检查的灵敏度便能达到 0.005%。例如乙醇在紫外和可见光区域没有吸收带，若杂有少量苯时，则在 255 nm 处有一个吸收。又如环己烷中，常含有苯杂质，如果这样，在靠近 255 nm 处便有吸收峰出现。因此用这一方法来检查是否存在杂质是很方便和灵敏的。

(3) 对一些化合物的定量测定。一个有紫外吸收的有机化合物，其摩尔吸收系数与吸收强度 A 之间的关系如前所述：

$$\kappa=\frac{A}{c\cdot l}$$

根据上述关系式，紫外光谱用作定量分析，要比用红外光谱法灵敏和准确。例如维生素 A 的紫外光谱数据是：$\lambda_{max}^{(CH_3)_2CHOH}=325$ nm，$E_{1\,cm}^{1\%}=1530$。根据这个数据，如果在测定一个维生素 A 粗产品时，它在 325 nm 的消光系数是 $E_{1\,cm}^{1\%}=1216$，于是得维生素 A 粗产品纯度是 79.5%。

$$\frac{E_{粗}}{E_{精}}\times100\%=\frac{1216}{1530}\times100\%=79.5\%$$

除了利用消光系数 E 以外，在文献中还常见到的是 κ（或 $\lg\kappa$），也可以利用这些数据来测定有机化合物的含量。

此外，紫外光谱在反应动力学研究、pK_a 的测定等方面也是很有用的。

4. 仪器、样品的制备和测定

(1) 紫外-可见分光光度计。图 2.9.41 为双色散双光路紫外-可见双光束分光光度计光学系统结构示意图。其主要组件由五个部分组成，即辐射光源、单色器、样品吸收池、检测系统和信号显示系统。现代的仪器如 Varian Cary 100 型紫外分光光度计为双光束带有数字显示的仪器，配有专用计算机及绘图打印机，实现了编写操作程序、光谱测量、数据处理和图谱打印自动化，使测试工作更为快捷方便。

测定波长范围在200～900 nm。

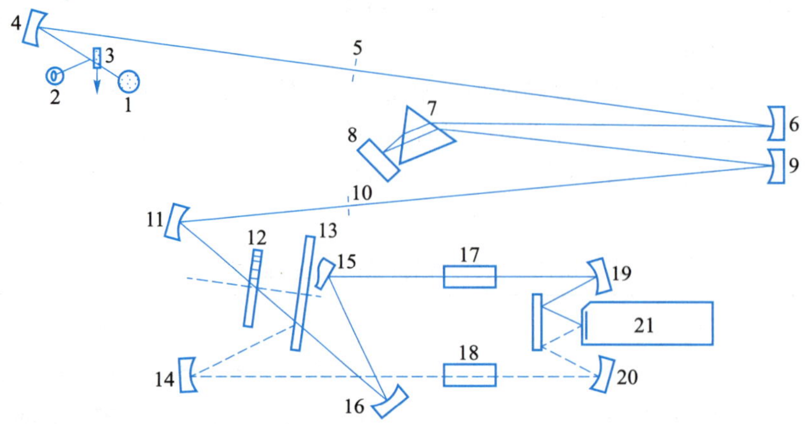

1—氘灯; 2—钨灯; 3—光源变换镜; 4, 11—复曲面镜; 5—入口狭缝; 6, 9—Ebert 镜; 7—石英棱镜; 8—Littrow 镜; 10—出口狭缝; 12—调制器盘; 13—旋转镜; 14, 16—球面镜; 15—平面镜; 17—参考池; 18—样品池; 19, 20—凹面镜; 21—光电倍增管

图 2.9.41 紫外-可见双光束分光光度计光学系统结构示意图

(2) 样品的制备和测定。绝大多数的紫外光谱是在溶液状态下测定的, 多种溶剂都可用在紫外光谱的测定中。溶剂要求在波长大于200 nm不能有明显的吸收 (见表2.9.11)。每一种溶剂都有一个截止波长, 低于此值, 谱图出现明显的吸收, 不能用于紫外光谱的测定。

表 2.9.11 常用溶剂在紫外区域透明的极限波长

溶剂	λ_{max}/nm
95% 乙醇	205
正己烷	205
水	200
环己烷	205
甲醇	205
乙腈	<200
氯仿	245

测定通常使用分析纯的溶剂。测量时, 溶液的浓度和吸光度大小有关, 合适的浓度应保持吸光度在0.3～1.5的范围。溶液的大致浓度也可以由已知的生色团的摩尔吸收系数值进行估计。根据经验规则, 对 lg κ 值为1.0的激发来说, 0.01～0.001 mol·L^{-1} 的浓度得到的谱图的吸光度值比较适中。为得到更加满意的结果, 还可以对溶液进行稀释。

在进行紫外光区的测定时, 必须选用石英材质的测试池, 以避免玻璃对紫外光的吸收; 可见光区的测定可以采用玻璃材质的器皿。

只有配制准确浓度的溶液, 才能得到准确的吸光度 A 和摩尔吸收系数 κ。配置过程先要准确称量样品, 定量转移到容量瓶中, 然后稀释得到准确浓度的溶液。注意痕量的杂质, 如具有较强的吸收, 也会对谱图产生影响, 因此所用的器皿必须内外面清洁。为减少污染, 在测试前后均应该用所用溶剂进行清洗。器皿的外表面也需保持清洁, 不留手印。此外, 由于丙酮在酸性或弱碱性的环境易发生羟醛缩合反应，生成4-甲基-3-戊烯-2-酮，该物质具有较强的吸收而影响测定 κ，故一般不选用丙酮作为溶剂。

紫外光谱的测定一般包括选择参数、调零和测量等步骤。测定时，应在教师或专业人员指导下掌握了具体操作方法和注意事项后才能进行。

[思考题]

(1) 给出用于测定紫外光谱溶剂的三个特征。

(2) 根据图 2.9.42 提供的两种化合物的紫外光谱的信息，确定它的 A 和 $\lg\kappa$ 值。

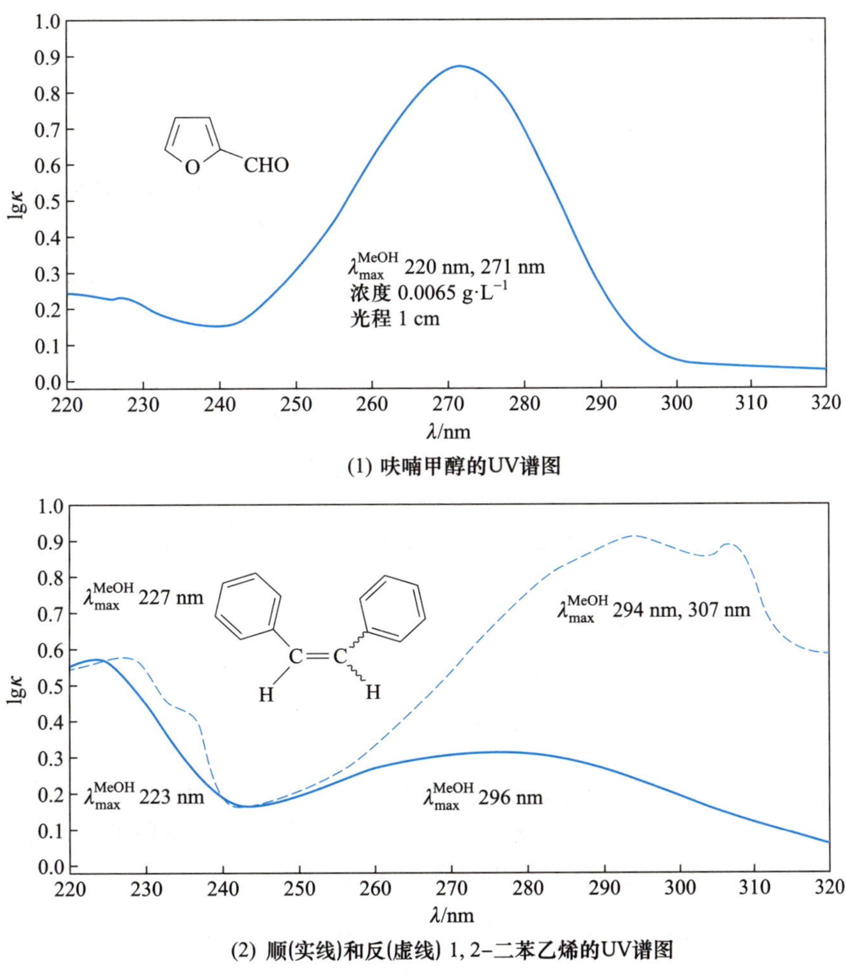

(1) 呋喃甲醇的UV谱图

(2) 顺(实线)和反(虚线) 1, 2-二苯乙烯的UV谱图

图 2.9.42　两种化合物的紫外光谱

2.9.5　质谱

质谱 (mass spectroscopy, 简称 MS) 不同于 IR 和 NMR, MS 不是与电磁辐射有关的光谱，而是利用有机化合物在高真空中受热汽化后，受到不同能量作用如 70 eV ($\sim 6.8\times10^3$ kJ·mol^{-1}) 高能量电子的轰击或激光辐射，产生分子离子和各种正离子，然后按照质量与电荷之比 (简称质荷比，m/z)，分别收集而得到质谱。

从 20 世纪 60 年代开始，质谱分析得到了迅速发展。质谱法可以直接提供相对分子质量的信息，还可以通过测定精确质量确定化合物的分子式,同时通过对质谱图中碎片离子的分析获得一些重要的结构信息。它比传统的方法更快、更准确,需要的样品量也更少 (约 10^{-6} g),因此,质谱分析已经成为有机化合物结构分析与确定最有力的工具之一。

1. 质谱仪和电离

电子轰击源单聚焦磁偏转质谱仪工作原理如图 2.9.43 所示,主要由离子源或电离室、质量分析、离子收集和鉴定系统组成。此外,还有高真空系统,压力低至 10^{-8} kPa。

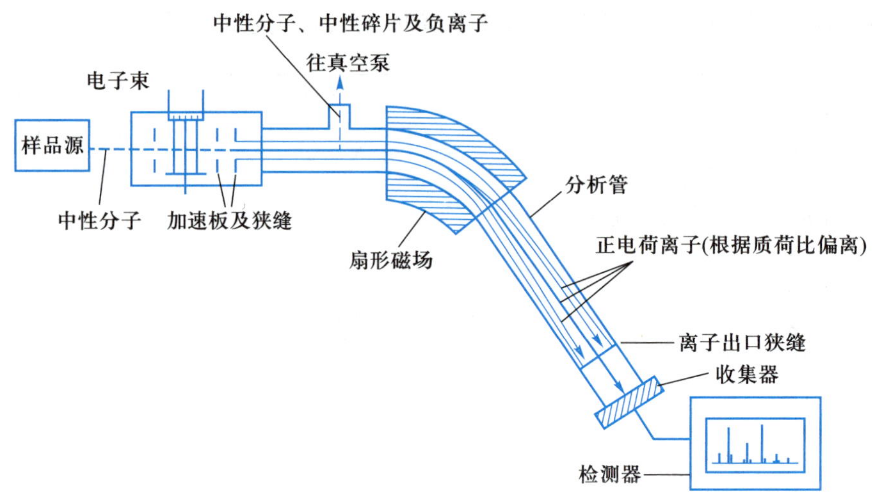

图 2.9.43　电子轰击源单聚焦磁偏转质谱仪工作原理示意图

质谱分析中,样品被注进质谱仪,汽化后受到高能量电子的轰击,失去一个电子而成为带正电荷的分子离子。

$$\underset{\text{分子}}{M} + \underset{\text{高能量电子}}{e^-} \longrightarrow \underset{\text{分子离子}}{M^+} + 2e^-$$

分子离子是具有未偶电子、带单正电荷的自由基正离子。

使气态分子转化为离子通常采用电子轰击源 (EI)。当电子轰击源具有足够能量时,分子不仅可能失去一个电子形成分子离子,而且有可能发生键的断裂,形成各种低质量数的碎片正离子和中性自由基,这些碎片离子可为化合物的结构鉴定提供重要的信息,以甲烷为例:

$$CH_4 \xrightarrow{e^-} CH_4^{+\cdot} \xrightarrow{-H\cdot} CH_3^+ \xrightarrow{-H\cdot} CH_2^{+\cdot} \longrightarrow \cdots$$

所有带正电荷的离子进入分析系统时,在此处的可变磁场作用下,按照一定的弯曲轨道行进,其行进轨道的曲率半径与其质荷比 (m/z) 大小有关。所有 m/z 相同的离子结合在一起,形成离子流,沿着相同的曲率半径轨道通过狭缝进入离子收集鉴定系统。不同质荷比的离子流在收集鉴定系统产生信号,其强度和离子数成正比,用电子方法记录所产生的信号,即可得到测样的质谱。

现代质谱技术已能直接电离固态的样品,从而使高相对分子质量的化合物如蛋白质、核酸等的研究成为可能。

2. 质谱图

图 2.9.44 是甲烷的质谱图和质谱表。

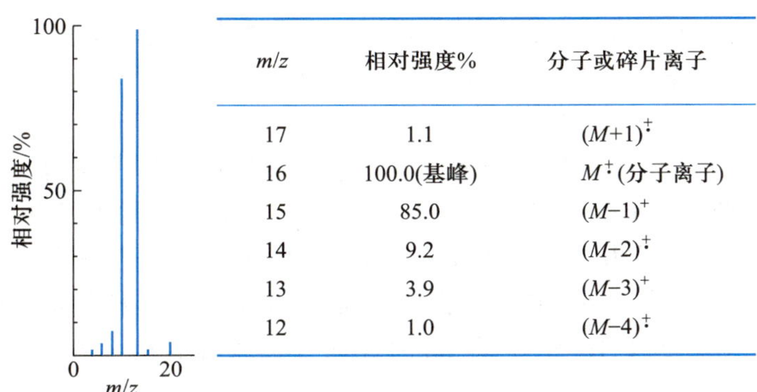

m/z	相对强度%	分子或碎片离子
17	1.1	$(M+1)^{+\cdot}$
16	100.0(基峰)	$M^{+\cdot}$(分子离子)
15	85.0	$(M-1)^{+}$
14	9.2	$(M-2)^{+\cdot}$
13	3.9	$(M-3)^{+}$
12	1.0	$(M-4)^{+\cdot}$

图 2.9.44 甲烷的质谱图和质谱表

质谱图都用棒图表示，每一条线表示一个峰，图中高低不同的峰各代表一种离子，横坐标是离子 m/z 的数值，图中最高的峰称为基峰，并人为地把它的高度定为 100，其他峰的高度为该峰的相对百分比，称为相对强度，以纵坐标来表示。文献报道时常用质谱表来代替质谱图，质谱表含两项数据，即质荷比和离子的相对强度，并据此推测相应的分子或碎片离子。

3. 分子离子和同位素峰

在质谱中出现的离子有分子离子、同位素离子、碎片离子及重排离子等。

(1) 分子离子峰　分子被电子束轰击失去一个电子形成的离子称为分子离子，有时也称母体离子，一般式是 M^{+}。

有机化合物中的 n 电子最易失去，π 电子其次，σ 电子最难失去，因此有些化合物分子离子的正电荷位置很易确定。例如：

$$+\ e^- \longrightarrow \quad + \ 2e^-$$

难以确定正电荷位置的离子可表示为 [结构式]$^{+}$，例如：

$$CH_3CH_2CH_3 + e^- \longrightarrow [CH_3CH_2CH_3]^{+} + 2e^-$$

在质谱图上，与分子离子相应的峰称为分子离子峰。大多数有机化合物的质谱中都有分子离子峰，它们在质谱中的相对强度取决于本身的稳定性和分子结构。有些化合物的分子离子峰极不稳定，分子离子峰强度极小或不存在，支链烷烃或醇类化合物就是如此。降低轰击电子束的能量，可以提高分子离子峰的强度。

由于分子离子峰带单位正电荷，故 m/z 就是化合物的相对分子质量，如能正确辨认质谱图上的分子离子峰，就可以直接确定被测物质的相对分子质量。

分子离子峰的质量数要符合“氮规则”，即不含氮或含偶数氮的有机化合物的相对分子质量为偶数，含奇数氮的有机化合物的相对分子质量为奇数。下列化合物的相对分子质量与氮规则是一致的。

	N	$(CH_3CH_2)_3N$	CH_2NH_2	NH_2
	吡啶	三乙胺	苄胺	苯胺
M_r	79	101	107	93

(2) 同位素峰 自然界中大多数元素都是由具有一定自然丰度的同位素组成，这些元素形成化合物后，其同位素就以一定的丰度出现在化合物中。因此，化合物的质谱中就会有不同同位素形成的离子峰，通常把由同位素形成的离子峰叫同位素峰。同位素一般比常见元素重，其峰一般都出现在普通峰的右侧附近。图 2.9.45 是 1-溴丙烷的质谱图。图中 m/z 43 ($C_3H_7^+$) 为基峰。另一个重要的情况是在 m/z 122 和 124 存在两个强度几乎相等 (接近 1∶1) 的峰。m/z 122 的峰是分子离子峰，其分子式为 C_3H_7Br，溴原子的相对原子质量为 79；m/z 124 称为 $M+2$ 峰，分子式虽然与分子离子峰相同，溴原子却为相对原子质量为 81 的同位素。在甲烷的质谱图中，m/z 16 为分子离子峰，m/z 17 为 $M+1$ 同位素峰，其分子式组成可能为 $^{13}CH_4$ 或 $C^1H_3{}^2H$ 等，即 $M+1$ 对分子离子峰的相对强度取决于分子中原子同位素的丰度和每一组原子的数目。

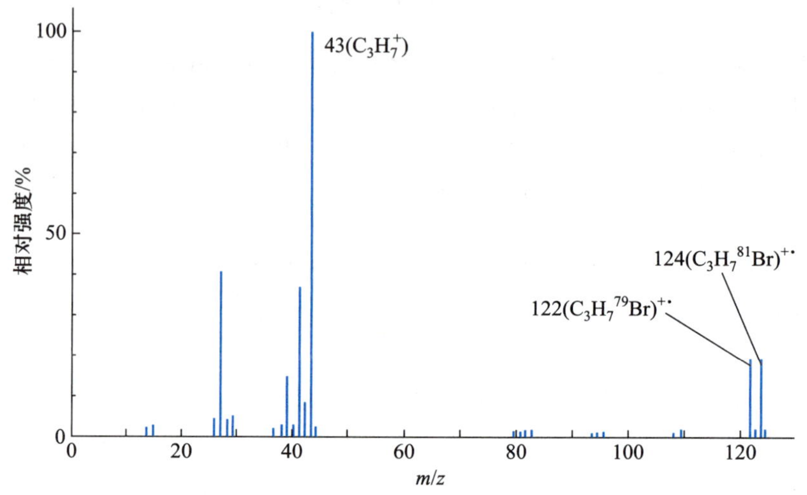

图 2.9.45 1-溴丙烷的 MS 谱图

碳、氮、氢和氧均对 $M+1$ 和 $M+2$ 峰贡献很小，其相对强度有时可用来推测化合物的分子式，表 2.9.12 列出了普通元素同位素的天然丰度。

表 2.9.12 普通元素同位素的天然丰度

元素	同位素	相对丰度/%	同位素	相对丰度/%	同位素	相对丰度/%
碳	^{12}C	98.89	^{13}C	1.11		
氢	^{1}H	99.984	^{2}H	0.016		
氮	^{14}N	99.62	^{15}N	0.38		
氧	^{16}O	99.76	^{17}O	0.04	^{18}O	0.20
氟	^{19}F	100				
硅	^{28}Si	91.55	^{29}Si	5.10	^{30}Si	3.35
磷	^{31}P	100				
硫	^{32}S	94.82	^{33}S	0.78	^{34}S	4.40
氯	^{35}Cl	67.5			^{37}Cl	32.5
溴	^{79}Br	50.69			^{81}Br	49.31
碘	^{127}I	100				
硼	^{10}B	24.8	^{11}B	75.2		

分子离子峰和同位素峰的相对强度是可以估算的。对于含 C、H、N 和 O 元素组成的有机物,其分子式可写作 $C_wH_yN_xO_z$, $M+1$ 和 $M+2$ 峰的相对强度 (规定 M 峰为 100%) 可按照下列公式加以估算:

$$\frac{M+1}{M}\times 100\% = 1.10w + 0.02y + 0.38x$$

$$\frac{M+2}{M}\times 100\% = \frac{(1.10w + 0.02y)^2}{200} + 0.20z$$

根据上述公式计算结果,甲烷 m/z 17 峰的相对强度应为 1.15%,实际测得结果为 1.1%。对含 C、H、N 和 O 的化合物,同位素峰的相对强度通常存在误差,原因是多方面的。例如样品可能发生离子分子碰撞产生额外和非预料的 $M+1$ 的离子:

$$\underset{}{CH_4^{+\cdot}} + CH_4 \longrightarrow \underset{m/z\ 17}{CH_5^{+}} + CH_3^{\cdot}$$

此外,样品中的杂质也可能产生影响。

同位素离子峰对鉴定分子中含有氯、溴、硫和硅原子很有用,因这些元素含有较丰富的高两个质量单位的同位素,并在 M、$M+2$、$M+4$ 处出现特征性强度的离子峰。如 1-溴丙烷分子中,^{79}Br 占全溴的 51%,^{81}Br 占全溴的 49%,所以 1-溴丙烷的 $M:(M+2)=51:49$,峰的强度接近相等。当质谱中出现两个强度接近相等的 M、$M+2$ 峰时,可判断分子中含有一个溴原子。可以预料,一氯化合物 $M+2$ 峰的相对强度应为 32.5%。一硫化物和二硫化物 $M+2$ 峰的相对强度分别为 4.4% 和 8.8%。对含多个卤素原子的化合物,$M+2$、$M+4$ 和 $M+6$ 峰强度的绝对值如下:

原子数	$M+2$	$M+4$	$M+6$
Br_2	195.0	95.5	
Br_3	293.0	286.0	93.4
Cl_2	65.3	10.6	
Cl_3	97.8	31.9	3.47
BrCl	130.0	31.9	
Br_2Cl	228.0	159.0	31.2
Cl_2Br	163.0	74.4	10.4

注: 相对 $M=100\%$。

根据实验测得的质谱中同位素离子峰的相对强度和贝诺 (Beynon) 表对比,经过合理的分析可确定化合物的分子式。例如,从质谱中得知: 某未知物的相对分子质量为 181, $M+1$ 峰和 $M+2$ 峰与分子离子峰的相对强度分别为 14.68% 和 0.97%,查贝诺表知相对分子质量为 181,而 $M+1$、$M+2$ 的强度接近 14.68% 和 0.97% 的有

	化学式	$M+1$ 丰度	$M+2$ 丰度
(1)	$C_{13}H_9O$	14.28	1.14
(2)	$C_{13}H_{11}N$	14.61	0.99
(3)	$C_{13}H_{26}$	14.45	0.97
(4)	$C_{14}H_{13}$	15.34	1.09

但因 (1)、(3)、(4) 式均不符合氮规则，所以该化合物的分子式为 $C_{13}H_{11}N$ (如结合碎片离子的分析，还可推出化合物的结构为 $C_6H_5CH{=}NC_6H_5$)。

4. 高分辨质谱

高分辨质谱是确定分子式的有效方法，产生的质谱的相对原子质量可精确到小数点后第四位。表 2.9.13 列出了采用这一方法测定的相对原子质量。与传统的宏观方法相比，质谱是测定相对分子质量的微观方法。例如采用宏观的方法计算甲烷的相对分子质量为 $12.00113+4\times1.00794=16.03289$，而高分辨质谱给出的数值为 $12.0000+4\times1.00783=16.03132$。

表 2.9.13　精确的同位素相对原子质量

元素	相对原子质量	核	相对原子质量
氢	1.00794	^{1}H	1.00783
		$D(^{2}H)$	2.01410
碳	12.01115	^{12}C	12.00000
		^{13}C	13.00336
氮	14.0067	^{14}N	14.0031
		^{15}N	15.0001
氧	15.9994	^{16}O	15.9949
		^{17}O	16.9991
		^{18}O	17.9992
氟	18.9984	^{19}F	18.9984
硅	28.0855	^{28}Si	27.9769
		^{29}Si	28.9769
		^{30}Si	29.9738
磷	30.9738	^{31}P	30.9738
硫	32.006	^{32}S	31.9721
		^{33}S	32.9715
		^{34}S	33.9679
氯	35.4527	^{35}Cl	34.9689
		^{37}Cl	36.9659
溴	79.904	^{79}Br	78.9183
		^{81}Br	80.9163
碘	126.9045	^{127}I	126.9045
硼	10.811	^{10}B	10.0129
		^{11}B	11.0093

精确的相对分子质量的测定使质谱可用来确定化合物的分子式。假设一个化合物整数的质量为 98，其分子式可能为 C_7H_{14} 或 $C_6H_{10}O$，利用丰度最大的同位素的精确质量计算，其相对分子质量分别为 98.1096 和 98.0372，高分辨质谱给出了 98.1082 的结果，显然与分子式 C_7H_{14} 更为一致。

5. 裂解

在电离室中，处于激发态的分子离子通常会发生键的断裂，产生质量较低的碎片离子。由于在裂解过程中任何一个共价键都可能断裂，从而使质谱变得复杂。最简单的有机化合物甲烷质谱中竟有6个峰，1-溴丙烷质谱含有27个峰，雌性激素雌酮（$C_{18}H_{22}O_2$）质谱峰的数目已超过100，其中只有2个与分子离子有关。碎片峰排列所形成的质谱指纹能用于化合物的鉴定。现代的质谱仪例行配备的计算机存有十万种以上化合物的质谱指纹用于已知物的鉴定。

分子离子的裂解过程与其结构有着密切的关系，裂解过程的难易取决于分子中键的强度和产生的碳正离子及自由基的稳定性。尽管裂解是在气相中进行的，仍然可以应用基于溶液中发生反应的规律来加以预测。了解碎片离子的裂解过程，对鉴定化合物结构能提供有价值的线索。图2.9.46和图2.9.47分别为2-甲基丁烷的质谱图和裂解方式。

H3C—CH—CH2CH3
CH3
M+·
0
10
20
30
40
50
60
70
80
90
100
m/z

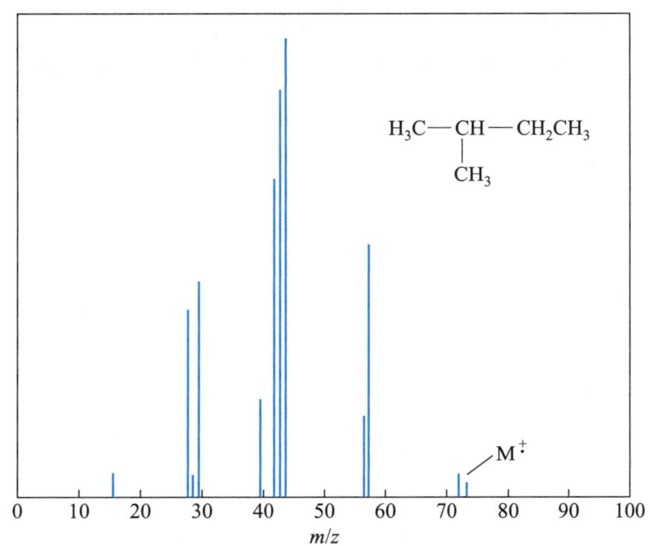

图2.9.46 2-甲基丁烷的MS谱图

H3C—CH—CH2CH3
CH3
2-甲基丁烷
−e⁻
H3C—CH—CH2CH3
1 2 3 4
CH3
碳正离子自由基
m/z 72(M+·)
从C2失去CH3
C2—C3键的断裂
CH3C+HCH2CH3 + CH3·
2-丁基碳正离子
甲基自由基
m/z 57
CH3C·HCH2CH3 + CH3+
2-丁基自由基
甲基碳正离子
m/z 15
CH3C+HCH3 + CH3CH2·
2-丙基碳正离子
乙基自由基
m/z 43
CH3C·HCH3 + CH3CH2+
2-丙基自由基
乙基碳正离子
m/z 29

图2.9.47 2-甲基丁烷的裂解方式

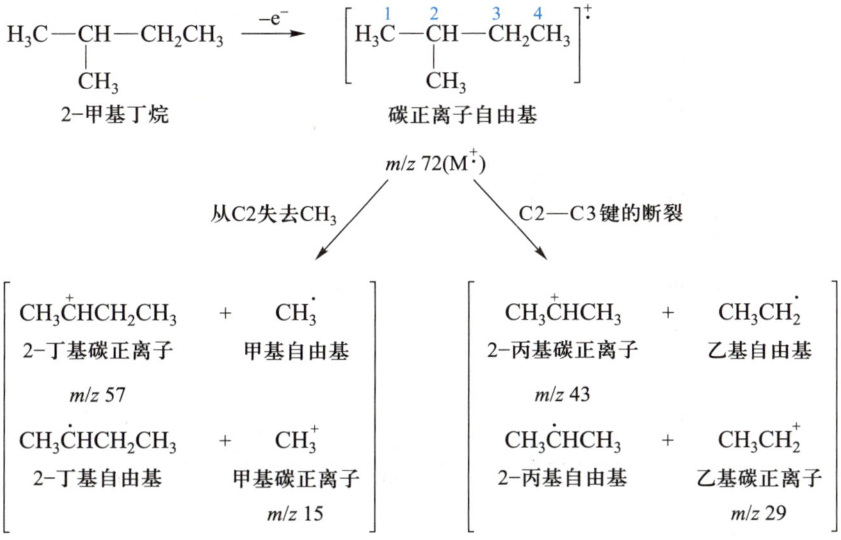

2-甲基丁烷的质谱表现出支链烷烃的几个典型特征。m/z 72 为分子离子峰，m/z 73 为由 ^{2}H 或 ^{13}C 产生的 $M+1$ 同位素峰，m/z 43 为强度 100%的基峰，相对于失去一个乙基自由基产出的 2-丙基碳正离子，在所有裂分碎片离子中是相对最稳定的。由于甲基自由基和甲基碳正离子极不稳定，故强度很小。同样，由于 1° 碳正离子的稳定性小于 2° 碳正离子，因此 m/z 29 乙基碳正离子的强度小于 m/z 57 的 2-丁基碳正离子。鉴于本书的读者对象及作为实验教材的属性，对分子裂解不作更深入的讨论。

[思考题]

(1) 3,3-二甲基庚烷的质谱图由相对峰值强度为 43 (10%), 37 (100%), 71 (90%), 29 (40%), 99 (15%) 和 113 (非常低) 的 m/z 的峰组成。没有观察到分子离子峰。

(a) 指出哪些片段对应给出的 m/z 的值；

(b) 解释为什么 113 的峰值强度很低；

(c) 计算分子离子峰的 m/z 值，并说明为什么没有观察到它。

(2) 某学生将溴苯转化为相应的格氏试剂，再与苯甲酸甲酯反应，得到反应混合物的质谱图 (图 2.9.48)，

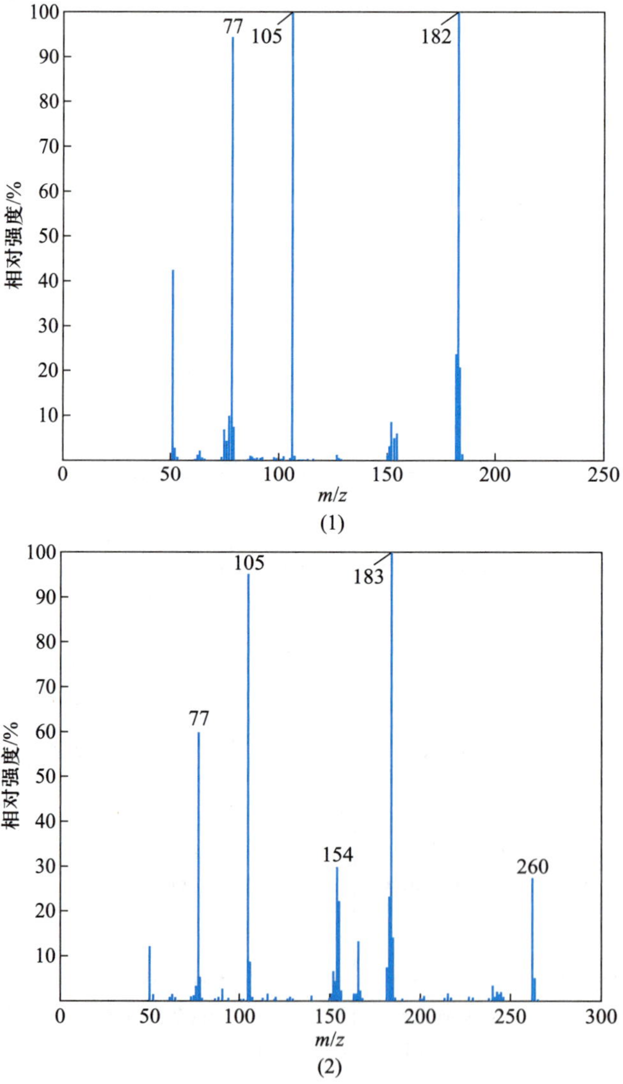

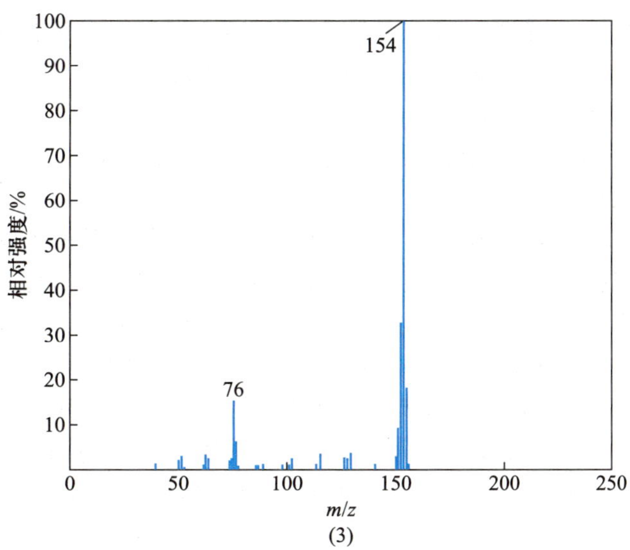

图 2.9.48 三种化合物的质谱

预计为三苯基甲醇、二苯甲酮和联苯。为每个化合物指定相应的质谱, 以确认这些产物确实形成。对于每个谱图:

(a) 确定质谱所代表的化合物;

(b) 指定分子离子峰和基峰;

(c) 对 m/z 值提供的每个峰的离子结构进行预测。

$$\text{PhBr} \xrightarrow[\text{Et}_2\text{O}]{\text{Mg}} \text{PhMgBr} \xrightarrow{\text{PhCO}_2\text{CH}_3} (\text{Ph})_3\text{COH} + \text{Ph–Ph} + \text{Ph–CO–Ph}$$

2.9.6 X 射线单晶结构分析在有机化学中的应用简介

X 射线单晶结构分析是当前人们研究晶体和分子结构的主要方法之一。在一粒单晶体中, 所有原子或原子团都按照一定的规律呈周期性排布, 将这些周期排布的原子或原子团抽象成为一系列质点, 则整个单晶体内部可以看成一系列周期排布的点阵点, 称之为晶体点阵。一个三维点阵可简单地用一个由八个相邻点构成的平行六面体 (称点阵单位) 在三维方向重复得到。每个点阵单位对应着一个小晶块, 称为晶胞。一个晶胞形状由它的三个边 (a、b、c) 及它们间的夹角 (α、β、γ) 所规定, 这六个参数称点阵参数或晶胞参数。由于晶体内点阵点间距离的尺度同 X 射线波长接近, 当用一束单色的 X 射线照射一颗单晶体时, 则会产生明显的 X 射线衍射现象。衍射产生衍射点的方向同晶体的周期性相关, 而强度则取决于晶体内部原子的种类及其位置 (分数坐标)。根据衍射仪收集到的衍射点的衍射方向和强度数据进行处理计算, 便可以得到一个单晶体内部的结构信息。

单晶结构分析通过 X 射线单晶衍射仪测定。该仪器由 X 射线发生装置 (光管及高压发生系统)、测角仪、检测器等组成。测定工作常需如下步骤:

(1) 培养和选择单晶。对于有机化合物, 一般采用挥发法或扩散法培养晶体, 在显微镜下挑选并切割出尺寸在 0.1~0.3 mm 的晶体, 粘在毛细玻璃管顶部或专用 loop 上并固定在仪器测角头上。注意外形尽可能接近球形或方形，不附着杂质和小晶体，不能选择双晶和微晶集合体。对于易风化、潮解或氧化变质的晶体则应密封在有母液或保护油的特制玻璃毛细管内。

(2) 测定晶体学参数。预收集不同方向上的数百个衍射点数据，对这些衍射点做指标化并确定晶胞参数 a、b、c、α、β、γ；大致确定晶体所属晶系及空间群。根据衍射点峰高峰宽评价晶体质量，确定收集数据的策略设置及控制参数。

(3) X 射线衍射强度数据的收集和还原。计算机程序控制下，衍射仪按设定参数自动收集衍射强度数据。每个衍射点都包括衍射方向 (衍射角 θ) 及相对强度 $I(hkl)$ 等信息。用结构解析程序包中的专用程序由 $I(hkl)$ 还原出标志衍射绝对强度的结构振幅 $|F(hkl)|$，可最终确定正确的空间群。

(4) 结构模型的确定。对于有机化合物晶体，目前多用直接法程序进行结构解析，并结合化学知识确定结构模型，再反复多次使用最小二乘法程序和差值电子密度函数或电子密度函数程序优化完善结构模型，直至结果收敛，最终得到精确的原子种类、坐标及其在平衡位置附近的热振动参数 (又称温度因子)。利用专用程序 (如 platon、diamond 等) 可画出分子结构图和分子在晶胞中的堆积图。

(5) 结构的描述。晶体结构通过晶系、点群、空间群、晶胞参数、原子坐标及其热振动参数等数据描述；分子结构通过键长、键角、构型、构象、氢键、分子堆积方式等描述。

解析结果还包括多种结构信息，研究者可根据自己需要从中提取。

青蒿琥酯是在青蒿素的基础上合成的一种抗疟疾药物 (见图 2.9.49)，其治疗疟疾疗效比青蒿素提高数倍，且可制成水溶性制剂，改善了青蒿素只能口服的局限性。该化合物具有多个手性中心，通过 X 射线单晶衍射可以确定其空间结构，并确定多个手性中心的绝对构型，如图 2.9.50 所示。常温下通过 Cu K_{α} 射线 ($\lambda = 1.54184$ Å, 1 Å $= 0.1$ nm) 衍射得到该晶体属于正交晶系，$P2_12_12_1$ 空间群，晶胞参数为：

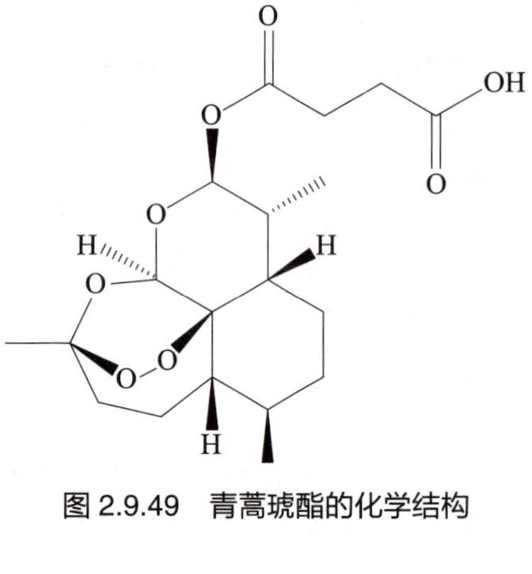

图 2.9.49 青蒿琥酯的化学结构

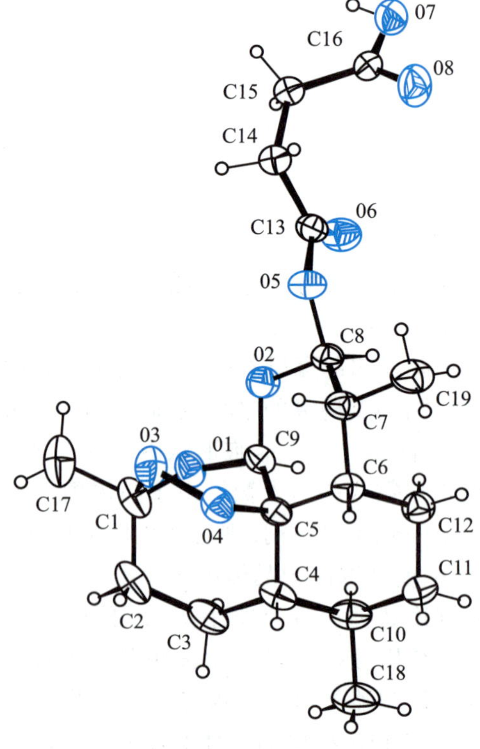

图 2.9.50 青蒿琥酯的空间结构图

$a = 9.8562\ (6)$ Å, $b = 10.5409\ (5)$ Å, $c = 18.7677\ (8)$ Å, $\alpha = \beta = \gamma = 90°$。

此外，通过衍射数据，可以确定晶体中存在分子间氢键，由羧基 O7 上的 H 和相邻分子上 O7 之间形成分子间氢键，氢键键长 2.775(4) Å，氢键角度为 171.3°。部分键长、键角数据如下所示：

键长/Å		键角/(°)	
O1—C1	1.441(6)	C1—O1—C9	113.0(3)
C1—C2	1.520(7)	C1—C2—C3	114.1(4)
C1—C17	1.517(7)	C17—C1—O3	103.9(4)

第三部分　有机化合物的制备与反应

官能团是影响各类化合物物理和化学性质的主要因素,导入、转化和控制官能团是当今有机化学的主要目标。在这一部分将通过丰富多彩的有机化合物制备与反应,加深学生对有机化学和有机化合物的理解。

3.1　消去反应　烯烃的制备

烯烃是重要的有机化工原料。简单的烯烃如乙烯、丙烯和丁二烯在工业上通过石油裂解和催化脱氢分离提纯制得。乙烯也可用乙醇在氧化铝或分子筛高温 (350~400 ℃) 催化下脱水进行制备。

实验室制备较复杂的烯烃是通过醇和卤代烷的消去反应来实现的。酸催化下的醇脱水是一个通过碳正离子进行的单分子消去反应 (E1),反应机理如下:

$$-\underset{H}{\overset{|}{C}}-\underset{OH}{\overset{|}{C}}- \underset{}{\overset{H^+}{\rightleftharpoons}} -\underset{H}{\overset{|}{C}}-\underset{\overset{+}{O}H_2}{\overset{|}{C}}- \overset{-H_2O}{\rightleftharpoons} -\underset{H}{\overset{|}{C}}-\overset{|}{\overset{+}{C}}- \overset{-H_3\overset{+}{O}}{\rightleftharpoons} >C=C<$$

(H_2O)

常用的脱水剂有硫酸、磷酸和对甲苯磺酸等。不能使用氢卤酸 (HX),后者存在下,取代生成的卤代烷将成为主要产物,并消耗掉 HX。

醇的脱水随醇的结构不同而有所不同。其反应速率顺序为:叔醇 > 仲醇 > 伯醇。叔醇在较温和的条件下即可失水,仲醇和伯醇则需要更浓的酸和更高的反应温度。例如:

$$CH_3CH_2OH \underset{180\ ℃}{\overset{浓硫酸}{\rightleftharpoons}} H_2C=CH_2 + H_2O$$

$$环己醇 \underset{165\sim170\ ℃}{\overset{浓硫酸}{\rightleftharpoons}} 环己烯 + H_2O$$

$$(CH_3)_3C-OH \underset{85\ ℃}{\overset{20\%硫酸}{\rightleftharpoons}} (CH_3)_2C=CH_2 + H_2O$$

由于整个反应是可逆的,必须不断地将生成的沸点较低的烯烃蒸出。由于高浓度的酸会导致烯烃的聚合、醇分子间的失水及碳架的重排,因此,酸催化脱水反应中常伴有烯烃的聚合物、醚及碳架的重排产物。

当有可能生成两种以上烯烃时,反应取向服从 Saytzeff 规则,主要生成双键上连有较多取代基的烯烃。

$$CH_3CH(OH)CH_2CH_3 \xrightarrow[\triangle]{\text{浓硫酸}} \text{(Z)-}CH_3CH{=}CHCH_3\ (24\%) + \text{(E)-}CH_3CH{=}CHCH_3\ (24\%) + CH_3CH_2CH{=}CH_2\ (2\%)$$

卤代烷与强碱在加热时生成烯烃的反应属于双分子消除 (E2)。

$$\underset{\substack{|\\H}}{R\overset{\beta}{C}H}\overset{\alpha}{C}H_2{-}X + B{:}^- \xrightarrow{E2} RHC{=}CH_2 + B{-}H + X{:}^-$$

β-H 与离去基团 X:⁻ 必须处于反式共平面, 反应机理如下:

$$B{:}^- + H{-}CHR{-}CH_2{-}X \longrightarrow \left[\overset{\delta-}{B}\cdots H\cdots C\overset{\cdots}{=}C\cdots X^-\right] \longrightarrow RHC{=}CH_2 + B{-}H + X{:}^-$$

常用的碱有氢氧化钾 (钠)-乙醇、叔丁醇钾 (钠)-叔丁醇、吡啶和胺类化合物。卤代烷的活性大小顺序为: R—I > R—Br > R—Cl。

仲卤代烷有两种以上的 β-H 时, 反应取向服从 Saytzeff 规则。

$$CH_3CH_2{-}CHBrCH_3 \xrightarrow[\triangle]{KOH,\ C_2H_5OH} \underset{81\%}{CH_3CH{=}CHCH_3} + \underset{19\%}{CH_3CH_2CH{=}CH_2}$$

E2 和 S_N2 是相互竞争的反应。对伯卤代烷, 取代占优势, 但当用体积大的碱, 如叔丁醇钾, 则消除为主要产物。

$$CH_3(CH_2)_{15}CH_2CH_2Br \xrightarrow[\triangle]{(CH_3)_3OK,\ (CH_3)_3COH} \underset{85\%}{CH_3(CH_2)_{15}CH{=}CH_2} + \underset{15\%}{CH_3(CH_2)_{15}{-}CH_2CH_2OC(CH_3)_3}$$

实验一 环己烯 (cyclohexene)

[反应式]

主反应

$$\underset{\substack{1\\ \text{bp } 161.1\ ℃}}{\text{环己醇}} \xrightarrow[\triangle]{\text{浓硫酸}} \underset{\substack{2\\ \text{bp } 83.95\ ℃}}{\text{环己烯}} + H_2O$$

副反应

2 环己醇(—OH) $\xrightarrow[\triangle]{\text{浓硫酸}}$ 环己基—O—环己基

3

环己醇(—OH) + $HOSO_3H$ ⟶ 环己基—OSO_3H

4

2 环己醇(—OH) $\xrightarrow[\triangle]{H_2SO_4}$ 环己基环己烯 ⟶ 聚烃

5 6

[试剂]

10 g (10.5 mL, 0.10 mol) 环己醇, 0.8 mL 浓硫酸, 食盐, 无水氯化钙, 5% 碳酸钠水溶液。

[纯化流程]

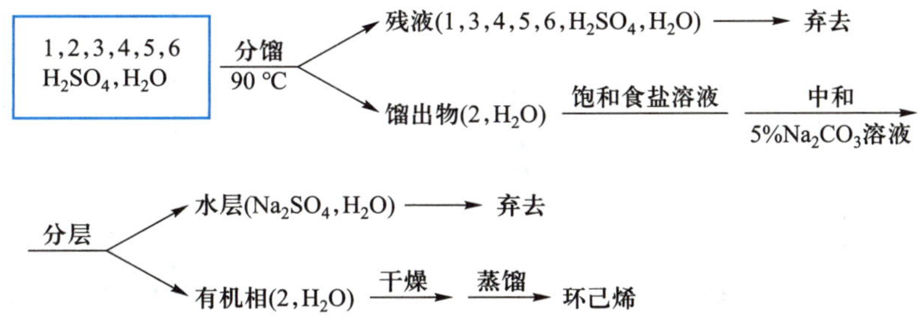

[步骤]

在干燥的 50 mL 圆底烧瓶中加入 10 g 环己醇、0.8 mL 浓硫酸[1] 和几粒沸石, 充分振摇使之混合均匀[2]。烧瓶上装一短的分馏柱 (见第二部分图 2.6.8), 接上冷凝管, 接收瓶浸在冷水中冷却。将烧瓶在石棉网上用小火缓缓加热至沸, 控制分馏柱顶部的馏出温度不超过 90 ℃[3], 当烧瓶中只剩下少量残液并出现阵阵白雾时, 即可停止蒸馏。全部蒸馏时间约需 1 h。

馏出液用食盐 (约 1 g) 饱和, 然后加 2～3 mL 5% 碳酸钠溶液中和微量的酸。将液体转入分液漏斗中, 摇振后静置分层, 分出有机相 (哪一层? 如何取出?), 用约 1 g 无水氯化钙干燥[4]。待溶液清亮透明后, 滤入蒸馏瓶中, 加入几粒沸石用水浴蒸馏[5], 收集 80～85 ℃ 的馏分于一已称量的小锥形瓶中。若蒸出产品混浊, 必须重新干燥后再蒸馏, 产量为 4～5 g。

进行环己烯溴的四氯化碳溶液和稀高锰酸钾试验 (见 4.4.1)。

纯环己烯的沸点为 83.95 ℃, 折射率 n_D^{20} 为 1.4465。图 3.1.1～图 3.1.4 分别为环己醇和环己烯的 IR 和 ^{1}H NMR 谱图。

本实验约需 4 h。

微量制备

在 5 mL 的圆底烧瓶 (或 3 mL 锥形反应瓶) 中加入 1.0 mL 环己醇和 0.5 mL 9 mol·L^{-1} 硫酸。轻轻摇动充分混合反应物。安装微型蒸馏装置, 并在冷凝管中通入冷水。

将反应瓶置于事先预热至 120 ℃ 的油浴中, 注意保持反应物液面与油浴液面一致。慢慢升高温

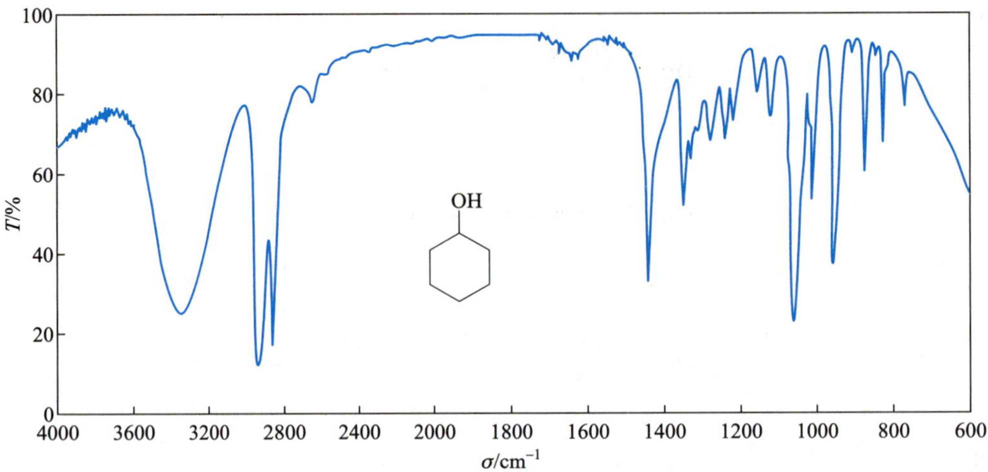

图 3.1.1　环己醇的 IR 谱图

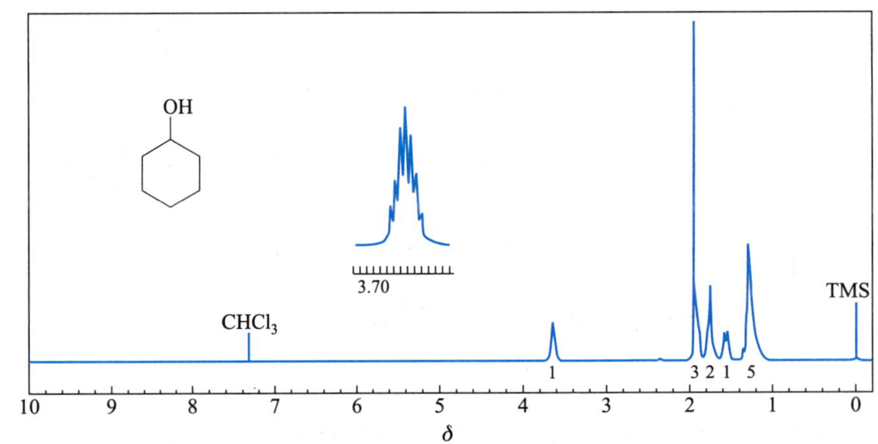

图 3.1.2　环己醇的 ^{1}H NMR 谱图 (300 MHz, $CDCl_3$)

^{13}C NMR 数据: δ 24.5, 25.9, 70.1

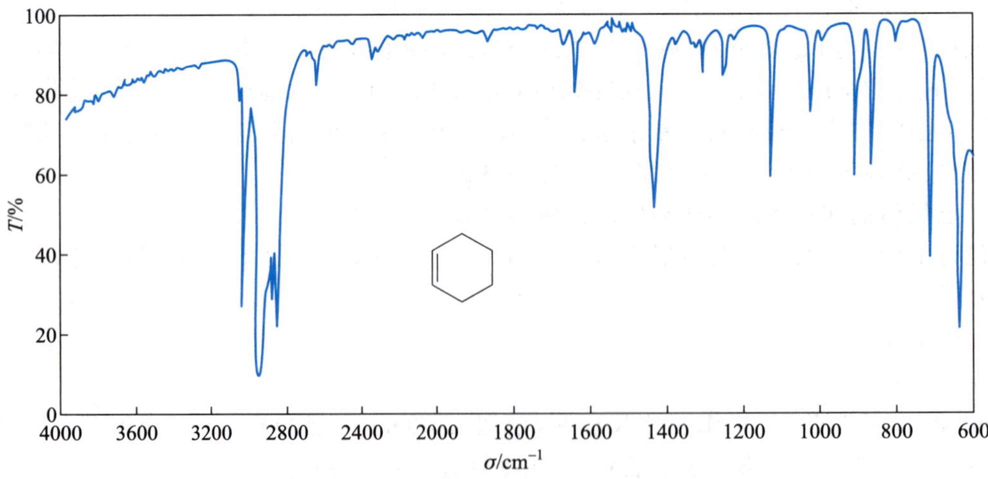

图 3.1.3　环己烯的 IR 谱图

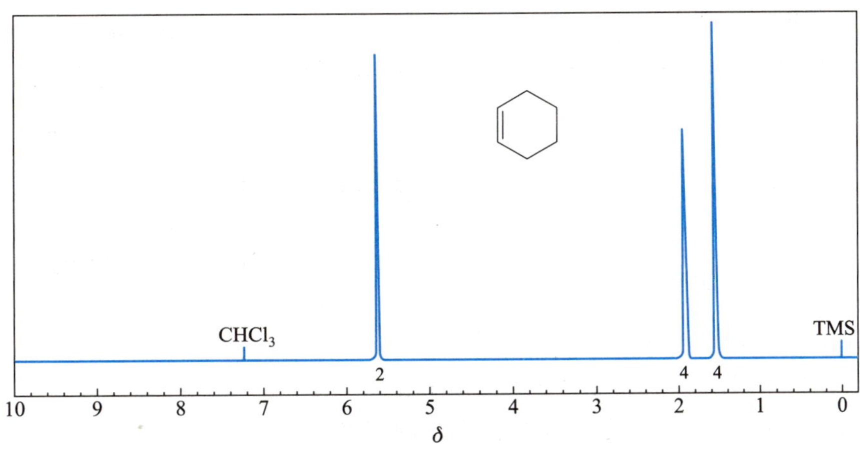

图 3.1.4 环己烯的 ^{1}H NMR 谱图 (300 MHz, $CDCl_3$)

^{13}C NMR 数据: δ 22.9, 25.2, 127.3

度使浴温保持在 130～135 ℃ (不得超过 135 ℃!), 使装置保持连续的蒸馏, 产物被收集在微型蒸馏头中, 至瓶内残余物约为 0.5 mL, 并出现白雾为止。

用毛细滴管从蒸馏头的侧管中吸出粗产物于一干燥的小试管中, 用微量钢勺分几次加入适量无水碳酸钾, 以便中和产物中的酸并干燥产物, 放置 5～10 min, 并不时摇动。如产物仍呈混浊, 需补加无水碳酸钾至呈清亮透明状。将产物转移至样品管中, 称量并计算产率。

[注释]

[1] 本实验也可用 2 mL 85% 的磷酸代替浓硫酸作脱水剂, 其余步骤相同。

[2] 环己醇在常温是黏稠液体 (mp 24 ℃), 若用量筒量取时, 应注意转移中的损失, 最好用称量法。环己醇与浓硫酸应充分混合, 否则在加热过程中会局部炭化。

[3] 最好用简易空气浴, 即将烧瓶底部向上移动, 稍微离开石棉网 1～2 mm 进行加热, 使蒸馏瓶受热均匀。由于反应中环己烯与水形成共沸物 (bp 70.8 ℃, 含水 10%); 环己醇与环己烯形成共沸物 (bp 64.9 ℃, 含环己醇 30.5%); 环己醇与水形成共沸物 (bp 97.8 ℃, 含水 80%), 在加热时温度不可过高, 蒸馏速率不宜太快, 以减少未作用的环己醇蒸出。

[4] 水层应尽可能分离完全, 否则将增加无水氯化钙的用量, 使产物更多地被干燥剂吸附而招致损失。这里用无水氯化钙干燥较适宜, 因它还可除去少量环己醇 (生成醇与氯化钙的配合物)。

[5] 产品是否清亮透明, 是衡量产品是否合格的外观标准。因此, 在蒸馏已干燥的产物时, 所用蒸馏仪器都应充分干燥。

[思考题]

(1) 制备环己烯的过程中, 为什么要控制分馏柱顶端的温度不超过 90 ℃?

(2) 在粗制环己烯中, 加入食盐使水层饱和的目的何在?

(3) 在蒸馏终止前, 出现的阵阵白雾是什么?

(4) 写出无水氯化钙吸水后的化学反应方程式, 为什么蒸馏前一定要将它过滤掉?

(5) 试对副产物二环己基醚 (3) 和 1-环己基环己烯 (5) 的生成作出解释。

(6) 4-甲基-2-戊醇的酸催化脱水产物如下:

$$(CH_3)_2CHCH_2\underset{}{\overset{OH}{CH}}-CH_3 \xrightarrow[\triangle]{H_3^+O} \underset{a}{(CH_3)_2CHCH_2CH{=}CH_2} + \underset{b}{(CH_3)_2HC(H)C{=}C(H)CH_3} +$$

$$\underset{c}{(CH_3)_2HC(H)C{=}C(CH_3)H} + \underset{d}{(H_3C)_2C{=}C(CH_2CH_3)H} + \underset{e}{H_2C{=}C(CH_3)CH_2CH_2CH_3}$$

(a) 写出这些产物生成的机理。

(b) 你认为上述产物中哪一种是主要产物? 为什么?

(c) 两种末端烯烃 (a 和 e) 含量最少, 试提出合理的解释。

(7) 考虑环己醇的光谱:

(a) 指出 IR 谱图中官能团区与醇羟基有关的吸收。

(b) 指出 ^{1}H NMR 谱图中与吸收峰对应的氢核。

(c) 指出 ^{13}C NMR 数据中与吸收峰对应的碳核。

(8) 考虑环己烯的光谱:

(a) 指出 IR 谱图中与碳碳双键和乙烯型氢对应的吸收。

(b) 指出 ^{1}H NMR 谱图中与吸收峰对应的氢核。

(c) 指出 ^{13}C NMR 数据中与吸收峰对应的碳核。

实验二 2-溴-2-甲基丁烷碱催化的消去
(base-promoted elimination of 2-bromo-2-methylbutane)

[反应式]

$$H_3C-\underset{Br}{\overset{CH_3}{C}}-CH_2CH_3 \xrightarrow[\triangle]{KOH, n\text{-}C_3H_7OH} H_3C\overset{CH_3}{C}{=}CHCH_3 + H_2C{=}\overset{CH_3}{C}CH_2CH_3$$

[试剂]

5 mL (5.91 g, 0.0394 mmol) 2-溴-2-甲基丁烷, 氢氧化钾, 1-丙醇, 叔丁醇钾, 叔丁醇。

[步骤]

在装有搅拌磁子的 100 mL 圆底烧瓶中, 加入 50 mL 4 mol·L^{-1} 氢氧化钾 1-丙醇的溶液[1] 和 5 mL 2-溴-2-甲基丁烷, 瓶口加上干燥管。按分馏装置装配仪器 (见图 2.6.7)。使用海氏分馏柱, 向柱内填入破碎的玻璃管或粗糙的不锈钢丝, 以增加冷凝效果。分馏柱与烧瓶连接处应仔细涂抹润滑脂[2]。装配完成后, 向分馏柱外管中通入冷凝水至回流结束。用 25 mL 圆底烧瓶连接真空接收器并置于冰水浴中冷却。真空接收器支管连接干燥管。

搅拌下用热水浴轻轻加热回流[3] 反应物 1~1.5 h[4]。冷却反应物至沸点以下。将分馏柱外套中的冷凝水排入水槽, 向冷凝管中通入冷凝水, 进行分馏蒸馏。收集 45 ℃ 以下的馏分, 产物转入已称量的样品瓶中,并塞紧塞子。

产品分析

称量蒸馏液,计算收率。提交样品进行 GC 分析。得到结果后,计算两种异构体的百分含量,假定二者具有相同的影响因子。产物典型的 GC 分析结果见图 3.1.5。

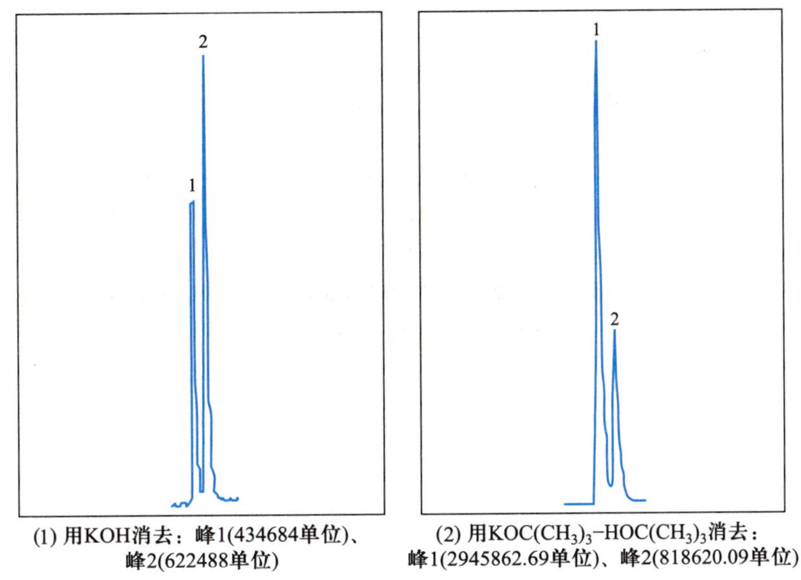

(1) 用KOH消去:峰1(434684单位)、峰2(622488单位)

(2) 用$KOC(CH_3)_3$–$HOC(CH_3)_3$消去:峰1(2945862.69单位)、峰2(818620.09单位)

图 3.1.5 2-溴-2-甲基丁烷消去产物典型的 GC 分析结果

峰 1:2-甲基-1-丁烯;峰 2:2-甲基-2-丁烯

图 3.1.6~图 3.1.11 分别为 2-溴-2-甲基丁烷、2-甲基-1-丁烯和 2-甲基-2-丁烯的 IR 和 NMR 谱图。

本实验约需 6 h。

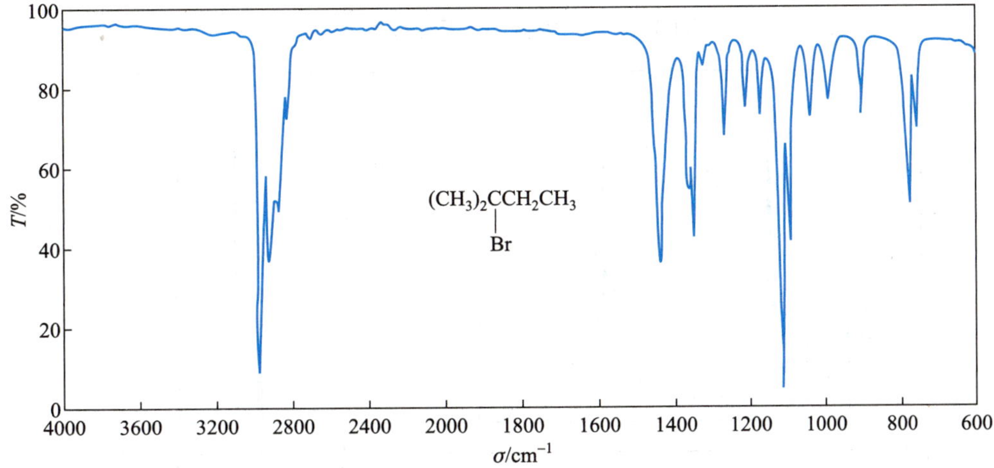

图 3.1.6 2-溴-2-甲基丁烷的 IR 谱图

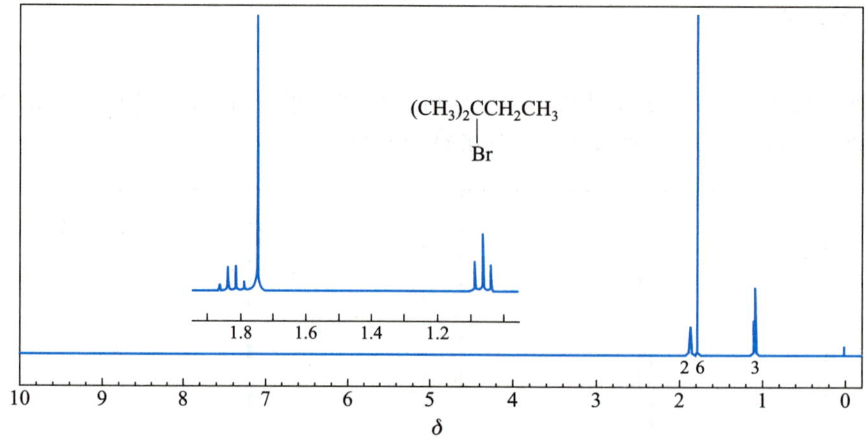

图 3.1.7　2-溴-2-甲基丁烷的 ^{1}H NMR 谱图 (300 MHz, $CDCl_3$)

^{13}C NMR 数据: δ 10.7, 33.8, 40.3, 69.2

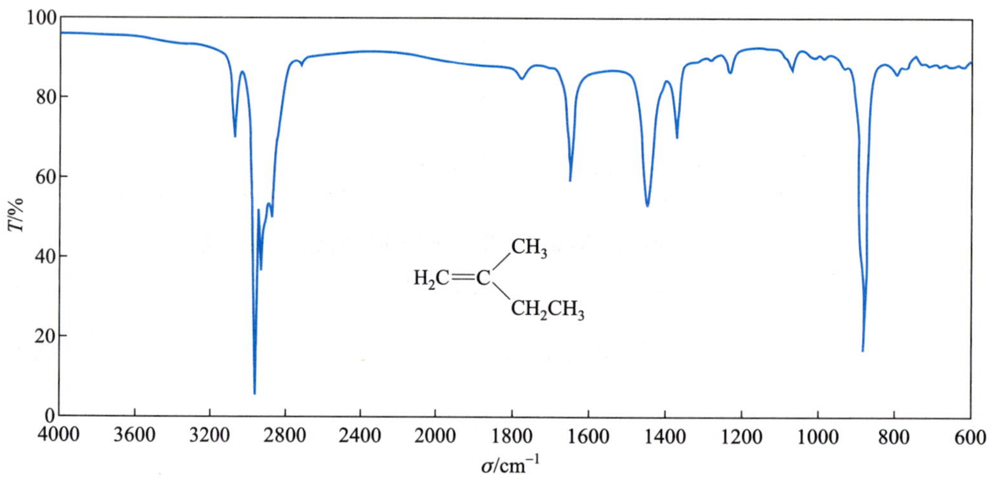

图 3.1.8　2-甲基-1-丁烯的 IR 谱图

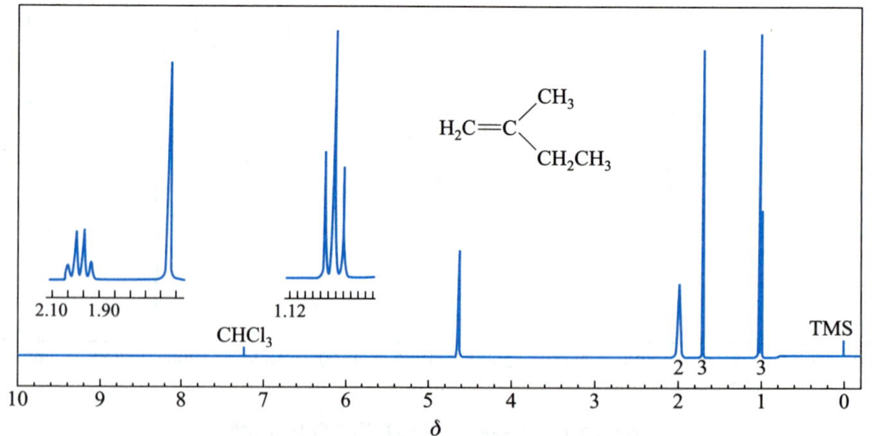

图 3.1.9　2-甲基-1-丁烯的 ^{1}H NMR 谱图 (300 MHz, $CDCl_3$)

^{13}C NMR 数据: δ 12.5, 22.3, 31.0, 108.8, 147.5

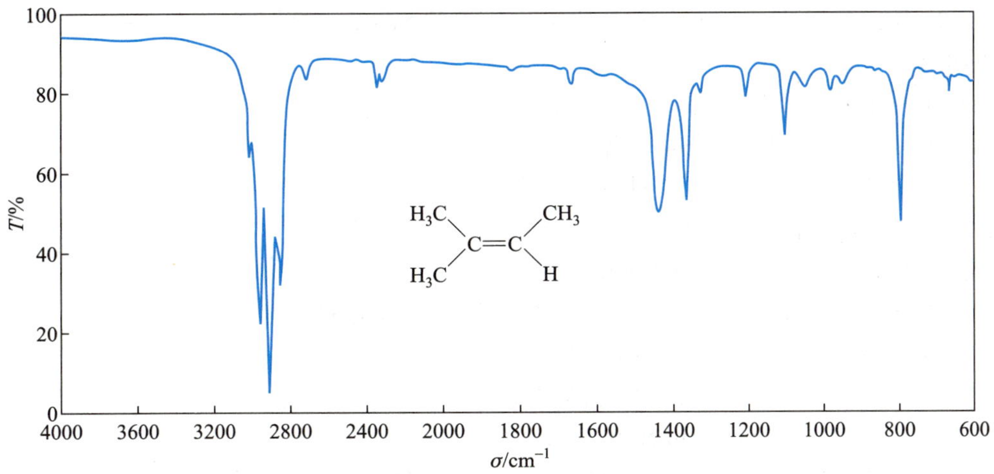

图 3.1.10 2-甲基-2-丁烯的 IR 谱图

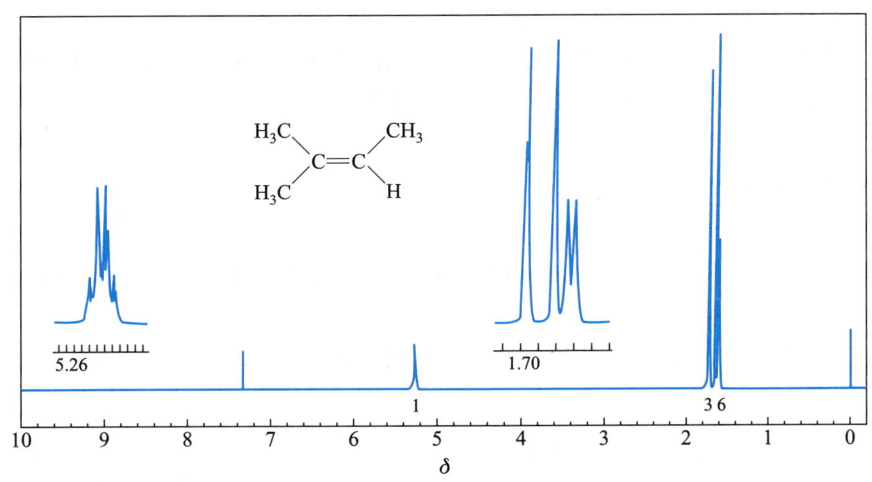

图 3.1.11 2-甲基-2-丁烯的 ¹H NMR 谱图 (300 MHz, $CDCl_3$)

^{13}C NMR 数据: δ 13.4, 17.3, 25.6, 118.8, 132.0

[注释]

[1] 教师可指定部分学生使用相同浓度和数量的 $KOC(CH_3)_3$-$HOC(CH_3)_3$ 作消去反应的催化剂, 以便和使用 KOH 消去的结果进行对照。

[2] 由于强碱的腐蚀性, 接口的润滑十分重要。否则反应结束后连接处产生黏结很难打开。

[3] 回流温度不宜过高, 以防产生的低沸点烯烃逸出。

[4] 实验可在回流结束后中断。

[思考题]

(1) 为什么卤代烷的 E2 消去要使用过量的碱?

(2) 在本实验中, 回流时向海氏分馏柱加入填充材料的目的是什么?

(3) 在消去过程中产生的固体沉淀是什么物质? 写出反应式。

(4) 如使用 $KOC(CH_3)_3$-$HOC(CH_3)_3$ 作消去试剂, 如叔丁醇中含有水, 对产物有何影响?

(5) 画出 2-溴己烷绕 C_2—C_3 旋转三种交叉式构象的 Newman 投影式，指出 β-H 与溴原子处于反式共平面的构象。

(6) 试对 GC 分析结果加以解释。

(7) 考虑 2-溴-2-甲基丁烷的 NMR 谱图:

(a) 指出 ^{1}H NMR 谱图中与吸收峰对应的氢核。

(b) 指出 ^{13}C NMR 数据中与吸收峰对应的碳核。

(8) 考虑 2-甲基-1-丁烯的 IR 和 NMR 谱图:

(a) 指出 IR 谱图中碳碳双键和连接在 C_1 上的氢原子吸收峰的位置。

(b) 指出 ^{1}H NMR 谱图中与吸收峰对应的氢核。

(c) 指出 ^{13}C NMR 数据中与吸收峰对应的碳核。

(9) 考虑 2-甲基-2-丁烯的 IR 和 NMR 谱图:

(a) 指出 IR 谱图中碳碳双键和连接在 C_3 上的氢原子吸收峰的位置。

(b) 指出 ^{1}H NMR 谱图中与吸收峰对应的氢核。

(c) 指出 ^{13}C NMR 数据中与吸收峰对应的碳核。

GC 色谱柱。色谱柱和分离条件: 19091S-433UI, 30 m×250 μm×0.25 μm, 起始柱温: 30 ℃ (2.0 min), 升温速率: 1 ℃·min^{-1}, 最终柱温: 40 ℃ (30 min), 流量: 1.0 mL·min^{-1}。

3.2　烯烃的亲电加成

烯烃有着结合的不太牢固和易极化的 π 键，因而很容易遭受缺电子的亲电试剂的进攻，发生亲电加成，这是烯烃最重要最典型的反应。

烯烃与溴的加成是一个立体选择性反应。反应是通过溴鎓离子中间体进行的，主要生成反式加成产物:

$$\rangle C{=}C\langle \;+\; Br{-}Br \xrightarrow{CH_2Cl_2} \left[\text{溴鎓离子中间体 } (Br^+ \text{桥连 } C{-}C)\right] \xrightarrow{Br:^-} \text{反式加成产物 } BrC{-}CBr$$

溴与环己烯的加成证实了这是反式加成反应:

$$\text{环己烯} + Br_2 \xrightarrow{CCl_4} \text{反-1,2-二溴环己烷 (Br, H / H, Br)}\quad 73\%\sim76\%$$

本实验列举了溴与肉桂酸的加成反应，为烯烃亲电加成反应的机理和立体化学提供了有力的证据。

实验三 溴对反肉桂酸加成的立体化学

(the stereochemistry of bromine addition to *trans*-cinnamic acid)

[反应式]

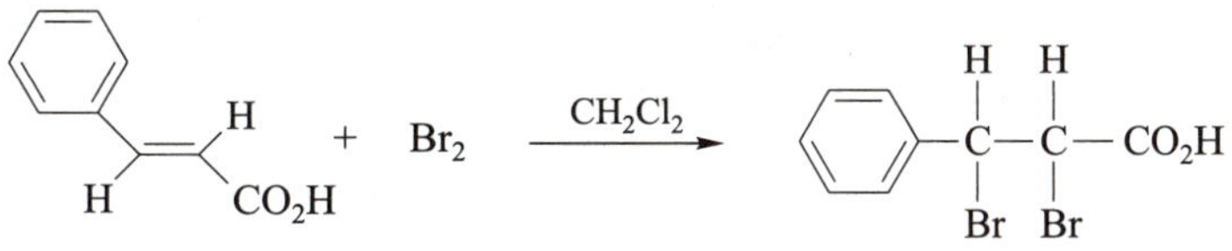

H
H
CO2H
+
Br2
CH2Cl2
H H
C C CO2H
Br Br

反肉桂酸
相对分子质量148
mp 133 ℃

2,3-二溴-3-苯基丙酸
相对分子质量308
对映体(2*S*,3*S*)和(2*R*,3*R*)
mp 93.5~95 ℃
对映体(2*S*,3*R*)和(2*R*,3*S*)
mp 202~204 ℃

溴对反肉桂酸的加成生成含两个手性中心的二溴化物,故有四种可能的立体异构体,形成两对外消旋体:

CO2H
Br H
H Br
C6H5
CO2H
H Br
Br H
C6H5
CO2H
H Br
H Br
C6H5
CO2H
Br H
Br H
C6H5

(2*R*,3*R*) (2*S*,3*S*)
苏式(thero)异构体

(2*S*,3*R*) (2*R*,3*S*)
赤式(erythro)异构体

本实验将通过对加成产物二溴化物熔点的测定,确定生成了哪一对映异构体,从而推测反应的立体化学特征及反应机理。

[试剂]

0.6 g (4.1 mmol) 反肉桂酸, 10% 溴的二氯甲烷溶液, 二氯甲烷, 乙醇。

[步骤]

在 25 mL 圆底烧瓶中加入 0.6 g 反肉桂酸, 3.5 mL 二氯甲烷和 2 mL 10% 溴的二氯甲烷溶液,摇荡后加入几粒沸石,装上冷凝管。将烧瓶置于烧杯的水浴中,保持水浴 45~50 ℃,回流 30 min。回流期间,如溴的颜色消失,从冷凝管上端滴加少量溴溶液,直至反应物呈淡橙色且保持不变。

将反应物冷却至室温,然后置于冰水浴中冷却 10 min,促使产物结晶完全。抽滤,用 2 mL 冷的二氯甲烷洗涤粗产物重复 3 次,抽干。

将粗产物转移至锥形瓶中,加入 2 mL 乙醇,在水浴中加热至沸。如结晶未全溶,每次补加 0.5 mL 乙醇至结晶全溶。在醇溶液中加入等体积的水,在水浴中温热至结晶开始形成,冷却至室温并置于冰浴中冷却、抽滤,干燥后测熔点并计算收率。注意,测定熔点时不能使用矿物油作为流体介质。

根据测定的产物熔点,确定该实验为顺式或反式加成,写出反应机理并对实验结果加以解释。

图 3.2.1 和图 3.2.2 分别为 2,3-二溴-3-苯基丙酸的 IR 和 ^{1}H NMR 谱图。肉桂酸的谱图见图 3.14.1 和图 3.14.2。

本实验需 3～4 h。

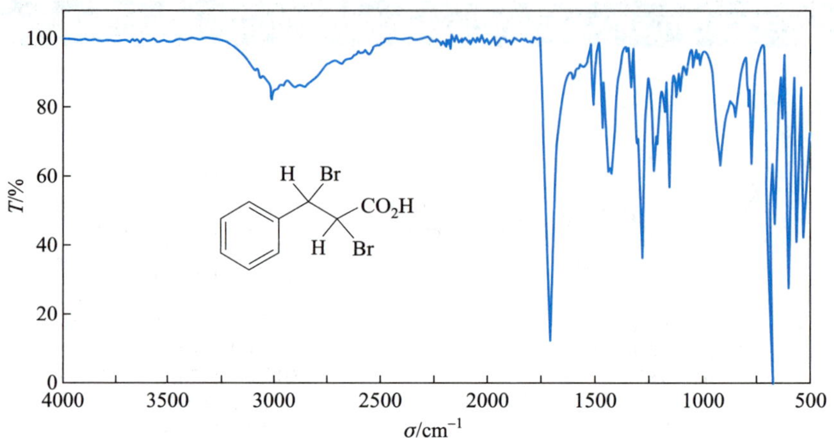

图 3.2.1　2,3-二溴-3-苯基丙酸的 IR 谱图

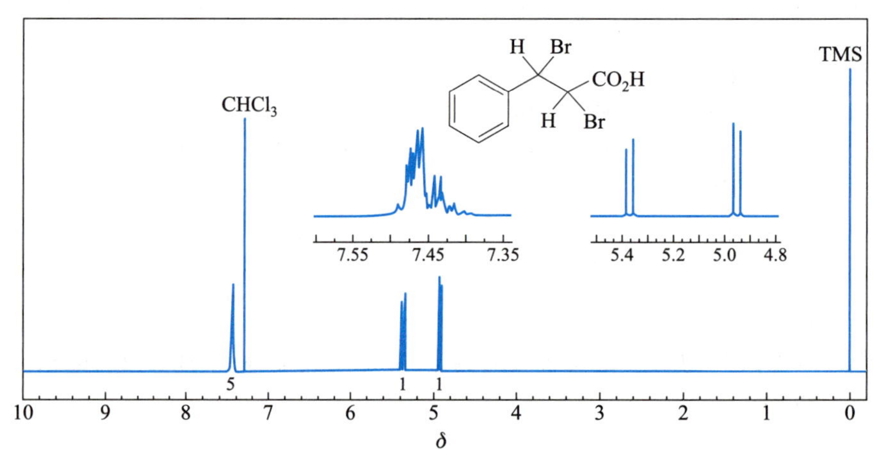

图 3.2.2　2,3-二溴-3-苯基丙酸的 ^{1}H NMR 谱图 (300 MHz, $CDCl_3$)

[思考题]

(1) 本实验反应混合物中为何要保持过量的溴? 如何确定溴是否过量?

(2) 如果分离的固体显红-橙色, 那么你在操作中所犯的最大错误是什么?

(3) 写出 1-甲基环己烯 ($-CH_3$) 与溴加成产物异构体的立体结构式, 并加以解释。

(4) 写出下列烯烃与溴加成主要产物的立体结构式, 表明其中的手性分子和内消旋体。

(a) H_3C　CH_3　　(b) H_3C　CH_3　　(c) CH_3　　(d) H　CH_3

(5) 考虑 2,3-二溴-3-苯基丙酸的 IR 和 NMR 谱图:

(a) 指出 IR 谱图中官能团区羧基的特征吸收。

(b) 指出 ^{1}H NMR 谱图中与吸收峰对应的氢核。

3.3 饱和碳上的亲核取代反应　卤代烷的制备

饱和碳上的亲核取代反应是一类最常见的有机反应,它揭示了有机化学许多重要的原理,如位阻、亲核试剂、温度和溶剂等影响因素。其重要性还在于通过简单的原料改变亲核试剂,合成一系列有用的化合物。其通式可表示为

$$Nu:^- + R-\overset{\delta+}{C}-\overset{\delta-}{L} \longrightarrow Nu-C-R + L:^-$$

亲核试剂 $Nu:^-$ 为带有负电荷或孤对电子的试剂,如 $X:^-$ (Cl, Br, I), HO^-, $N\equiv C:^-$, H_2O, N_3^-, R_3N 和 RS^- 等。$L:^-$ 为离去基团,是可以容纳 C—L 键断裂的一对电子带负电荷的离子或中性分子。

取代反应按照机理可分为单分子亲核取代 (S_N1) 和双分子亲核取代 (S_N2):

$$S_N1 \qquad R_3-L \underset{}{\overset{慢}{\rightleftharpoons}} L:^- + R_3C^+ \xrightarrow[快]{Nu:^-} R_3C-Nu$$

$$S_N2 \qquad Nu:^- + R\diagdown C-L \longrightarrow \left[\overset{\delta-}{Nu}\cdots \overset{R}{C} \cdots \overset{\delta-}{L}\right]^{\neq} \longrightarrow Nu-C\diagup R + L:^-$$

以卤代烷为例, S_N1 和 S_N2 反应的活性顺序相反:

$$\xrightarrow{\hspace{8em}} S_N1$$

$$H_3C-X \quad R-CH_2-X \quad R_2CH-X \quad R_3C-X$$

$$\xleftarrow{\hspace{8em}} S_N2$$

CH_3X 和伯 RX 有利于反应按 S_N2 历程进行,叔 RX 通常按 S_N1 历程进行。

离去基团的碱性即保持一对电子的能力,也是影响反应的重要因素。对 RX 而言,反应活性的大小顺序为 RI > RBr > RCl。

取代和消除是同时发生相互竞争的反应。一般而言,在弱碱性和质子性溶剂中,有利于 S_N1 和 E1;而在碱性溶剂存在时,E2 则占主导。伯卤代烷有利于 S_N2,但用位阻大的碱,消去也可能成为主要产物;仲卤代烷,用碱性较弱的亲核试剂,主要发生取代;叔卤代烷在碱性介质主要发生消去,在溶剂解的条件下,主要发生 S_N1 和 E1。对仲卤代烷还可能发生分子重排反应。

本节通过 1-溴丁烷和叔丁基氯的制备,了解 S_N2 和 S_N1 的反应历程。并且进行 S_N1 和 S_N2 反应活性的比较和反应动力学的研究。

卤代烷是一类重要的有机合成中间体。制备卤代烷常用的方法是醇与氢卤酸的反应,反应是可逆的,为促使反应向生成卤代烷的方向移动,通常加入过量的硫酸。

$$R-OH + HX \underset{X=Cl,Br,I}{\overset{\triangle}{\rightleftharpoons}} R-X + H_2O$$

例如，1-溴丁烷的制备：

$$n\text{-}C_4H_9\text{—}OH + HBr \xrightleftharpoons[\triangle]{\text{浓硫酸}} n\text{-}C_4H_9\text{—}Br + H_2O$$

酸催化的机理如下：

$$n\text{-}C_3H_7CH_2\text{—}\ddot{O}H + H^+ \rightleftharpoons n\text{-}C_3H_7CH_2\text{—}\overset{+}{O}H_2 \xrightarrow{Br^-} n\text{-}C_3H_7CH_2\text{—}Br + H_2O$$

强酸的作用是使醇羟基质子化，使原来难以离去的强碱 OH^- 基团变为碱性很弱易于离去的中性分子水。实际反应中常用溴化钠和过量的硫酸代替氢溴酸。

醇与氢卤酸反应的难易程度随醇的结构与氢卤酸的不同而有所不同，其活性顺序为：叔醇 > 仲醇 > 伯醇；HI > HBr > HCl。

三卤化磷与伯和仲醇的反应也属于 S_N2，当反应温度低于 0 ℃，重排、消去和异构化显著降低。此外，氯化物也可通过醇与氯化亚砜 ($SOCl_2$) 来进行制备。

$$3\ n\text{-}C_4H_9\text{—}OH + PI_3 \xrightarrow[90\%]{} 3\ n\text{-}C_4H_9\text{—}I + H_3PO_3$$

$$n\text{-}C_5H_{11}\text{—}OH + SOCl_2 \xrightarrow[80\%]{\text{吡啶}} n\text{-}C_5H_{11}\text{—}Cl + SO_2\uparrow + HCl\uparrow$$

实验四 正溴丁烷
(*n*-butyl bromide)

[反应式]

主反应：

$$NaBr + H_2SO_4 \longrightarrow HBr + NaHSO_4$$

$$n\text{-}C_4H_9OH + HBr \xrightarrow{\text{浓硫酸}} n\text{-}C_4H_9Br + H_2O$$

副反应：

$$CH_3CH_2CH_2CH_2OH \xrightarrow{\text{浓硫酸}} CH_3CH_2CH{=}CH_2 + H_2O$$

$$2\ n\text{-}C_4H_9OH \xrightarrow{\text{浓硫酸}} (n\text{-}C_4H_9)_2O + H_2O$$

[试剂]

7.4 g (9.2 mL, 0.10 mol) 正丁醇，13 g (约 0.13 mol) 无水溴化钠，浓硫酸，饱和碳酸氢钠溶液，无水氯化钙。

[纯化流程]

见图 1.3.1。

[步骤]

在 100 mL 圆底烧瓶上安装回流冷凝管，冷凝管的上口接一气体吸收装置 (见图 1.6.1 和图 1.6.3)，用 5% 的氢氧化钠溶液作吸收剂。

在圆底烧瓶中加入 10 mL 水，并小心地加入 14 mL 浓硫酸，混合均匀后冷却至室温。再依次加入 9.2 mL 正丁醇和 13 g 溴化钠[1]，充分摇振后加入几粒沸石，连上气体吸收装置。将烧瓶置于石棉网上用小火加热至沸，调节火焰使反应物保持沸腾而又平稳地回流，并不时摇动烧瓶促使反应完成。由于无机盐水溶液有较大的相对密度，不久会分出上层液体即是正溴丁烷。回流需 30～40 min (反应周期延长 1 h 仅增加 1%～2% 的产量)。待反应液冷却后，移去冷凝管，加上蒸馏弯头，改为蒸馏装置，蒸出粗产物正溴丁烷[2]。

将馏出液移至分液漏斗中，加入等体积的水洗涤[3](产物在上层还是下层?)。产物转入另一干燥的分液漏斗中，用等体积的浓硫酸洗涤[4]。尽量分去硫酸层 (哪一层?)。有机相依次用等体积的水、饱和碳酸氢钠溶液和水洗涤后转入干燥的锥形瓶中。用 1～2 g (黄豆粒大小) 无水氯化钙干燥，间歇摇动锥形瓶，直至液体清亮为止。

将干燥好的产物过滤到蒸馏瓶中，在石棉网上加热蒸馏，收集 99～103 ℃ 的馏分[5]，产量为 7～8 g。

纯正溴丁烷的沸点为 101.6 ℃，折射率 n_D^{20} 为1.4399。图 3.3.1～图 3.3.3 分别为 1-丁醇的 IR 谱图、1-溴丁烷的 IR 和 ^{1}H NMR 谱图。

本实验约需 6 h。

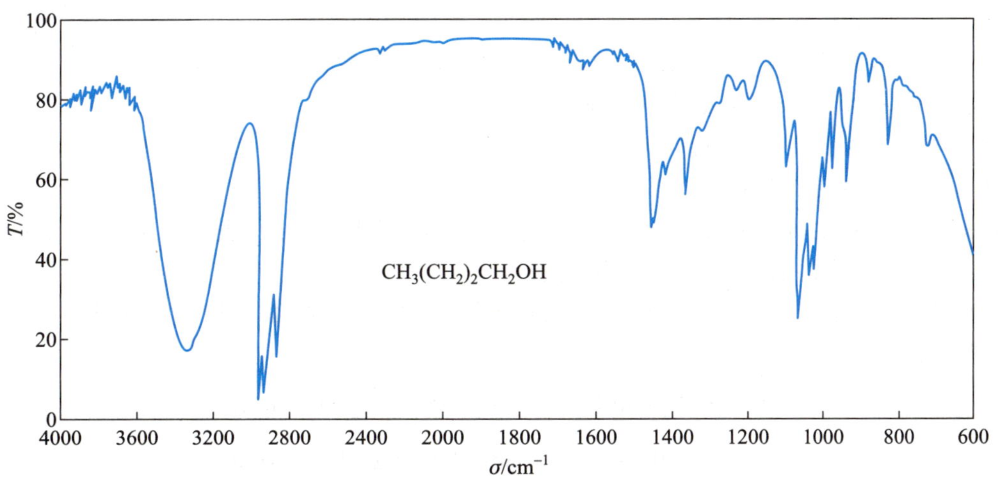

图 3.3.1 1-丁醇的 IR 谱图

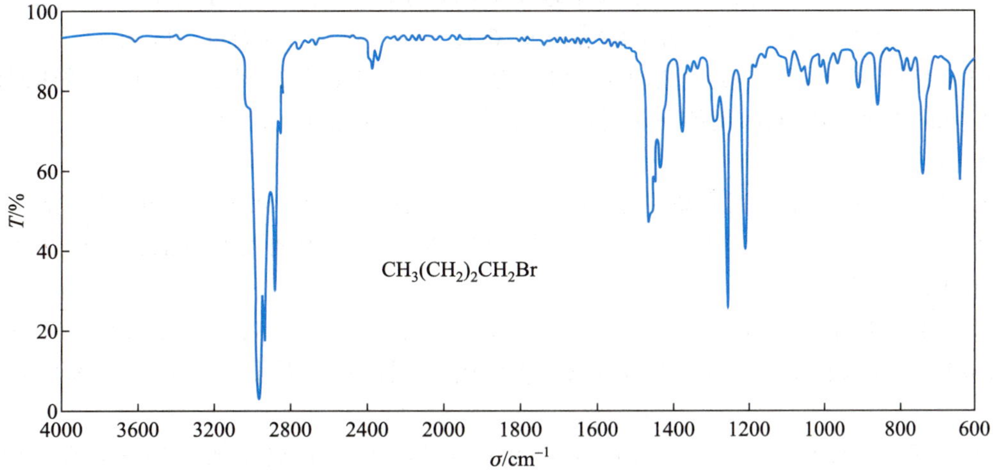

图 3.3.2 1-溴丁烷的 IR 谱图

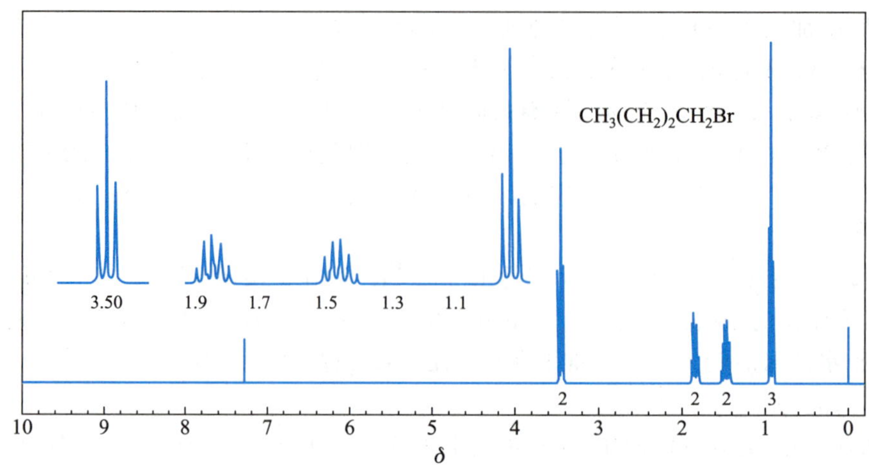

图 3.3.3　1-溴丁烷的 ^{1}H NMR 谱图 (300 MHz, $CDCl_3$)

^{13}C NMR 数据: δ 13.2, 21.5, 33.1, 35.0

[注释]

[1] 如用含结晶水的溴化钠 ($NaBr \cdot 2H_2O$), 可按物质的量换算, 并酌减水量。

[2] 正溴丁烷是否蒸完, 可从如下三方面判断:

① 馏出液是否由混浊变为澄清。

② 反应瓶上层油层是否消失。

③ 取一试管收集几滴馏出液, 加水摇动, 观察有无油珠出现。如无, 表示馏出液中已无有机物, 蒸馏完成。蒸馏不溶于水的有机物时, 常可用此法检验。

[3] 如水洗后产物尚呈红色, 是由于浓硫酸的氧化作用生成游离溴, 可加入几毫升饱和亚硫酸氢钠溶液洗涤除去。

$$2NaBr + 3H_2SO_4(\text{浓}) \longrightarrow Br_2 + SO_2 + 2H_2O + 2NaHSO_4$$

$$Br_2 + 3NaHSO_3 \longrightarrow 2NaBr + NaHSO_4 + 2SO_2 + H_2O$$

[4] 浓硫酸能溶解存在于粗产物中的少量未反应的正丁醇及副产物正丁醚等杂质。在以后的蒸馏中, 由于正丁醇和正溴丁烷可形成共沸物 (沸点 98.6 ℃, 含正丁醇 13%) 而难以除去。

[5] 本实验制备的正溴丁烷经气相色谱分析, 均含有 1%～2% 的 2-溴丁烷。制备时如回流时间较长, 2-溴丁烷的含量较高, 但回流到一定时间后, 2-溴丁烷的量就不再增加。

微量制备

在 5 mL 装有搅拌磁子的圆底烧瓶中, 加入 1.1 g 溴化钠、1.0 mL 水和 1.0 mL 正丁醇。开动搅拌, 充分混合反应物, 接着置于冰浴中冷却。在搅拌下慢慢向混合物中加入 1.0 mL 浓硫酸。继续冷却后从冰浴中取出改为回流装置。

温热反应混合物至大部分盐溶解。接着用小火加热回流 40 min。冷却至室温后改为微型蒸馏装置 (见图 2.6.1), 蒸馏收集水和正溴丁烷于微型蒸馏头中。提高加热温度继续蒸馏, 至瓶中残余物约为 1.5 mL。

用毛细滴管将蒸馏头中的蒸出液转移至 3 mL 具塞离心管中, 向管中加入 1.0 mL 水, 加上管塞, 轻轻摇动使之充分混合。分出有机层 (哪一层?), 每次用 0.5 mL 冷的 2 $mol \cdot L^{-1}$ 氢氧化钠溶液洗涤两次,接着用 1.0 mL 饱和氯化钠溶液洗涤。转移洗涤后的 1-溴丁烷于具塞离心管中,用微量钢勺加入少量无水硫酸钠干燥 10～15 min,并间歇摇动。如产物混浊,可酌量加入无水硫酸钠,直至产物呈清亮状。离心后用毛细滴管将 1-溴丁烷转移至样品管中称量并计算产率。

[思考题]

(1) 本实验中硫酸的作用是什么?硫酸的用量和浓度过大或过小有什么不好?

(2) 反应后的粗产物中含有哪些杂质?各步洗涤的目的何在?

(3) 用分液漏斗洗涤产物时,正溴丁烷时而在上层,时而在下层,如不知道产物的密度时,可用什么简便的方法加以判别?

(4) 为什么用饱和碳酸氢钠溶液洗涤前先要用水洗一次?

(5) 用分液漏斗洗涤产物时,为什么摇动后要及时放气?应如何操作?

(6) 气相色谱分析表明本实验产物中含约 1.5% 的 2-溴丁烷,试加以解释。

(7) 1-丁醇在缺酸的情况下不发生 S_N2 反应。如将醇转化为 1-丁基对甲苯磺酸酯 (如下所示),你预期该酯在缺酸时能与 NaBr 发生 S_N2 反应吗?给出合理的解释。

$$CH_3(CH_2)_2CH_2O-\overset{\overset{O}{\|}}{\underset{\underset{O}{\|}}{S}}-C_6H_4-CH_3$$

1-丁基对甲苯磺酸酯

(8) 指出 1-丁醇 IR 谱图中官能团区羟基吸收峰的位置,并对宽峰加以解释。

(9) 考虑 1-溴丁烷的 NMR 谱图:

(a) 指出 ^1H NMR 谱图中与吸收峰对应的氢核。

(b) 指出 ^{13}C NMR 数据中与吸收峰对应的碳核。

实验五 叔丁基氯
(t-butyl chloride)

[反应式]

$$(CH_3)_3COH + HCl\,(浓) \longrightarrow (CH_3)_3CCl + H_2O$$

[试剂]

4.9 g (6.3 mL, 0.066 mol) 叔丁醇[1], 16.5 mL 浓盐酸, 5% 碳酸氢钠溶液, 无水氯化钙。

[步骤]

在分液漏斗中,放置 6.3 mL 叔丁醇[2] 和 16.5 mL 浓盐酸。先勿塞住漏斗,轻轻旋摇 1 min,然后将漏斗塞紧,翻转后摇振 2～3 min。注意及时打开旋塞放气,以免漏斗内压力过大,使反应物喷出。静置分层后分出有机相,依次用等体积的水、5% 碳酸氢钠溶液、水洗涤。用碳酸氢钠溶液洗涤时,要小心操作,注意及时放气。产物经无水氯化钙干燥后,滤入蒸馏瓶中,在水浴上蒸馏。接收瓶用冰水浴冷却,收集 48～52 ℃ 的馏分,产量为 4～5 g。

纯叔丁基氯的沸点为 52 ℃, 折射率 n_D^{20} 为 1.3877。图 3.3.4 和图 3.3.5 分别为叔丁基氯的 IR 和 ^{1}H NMR 谱图。

本实验需 2～3 h。

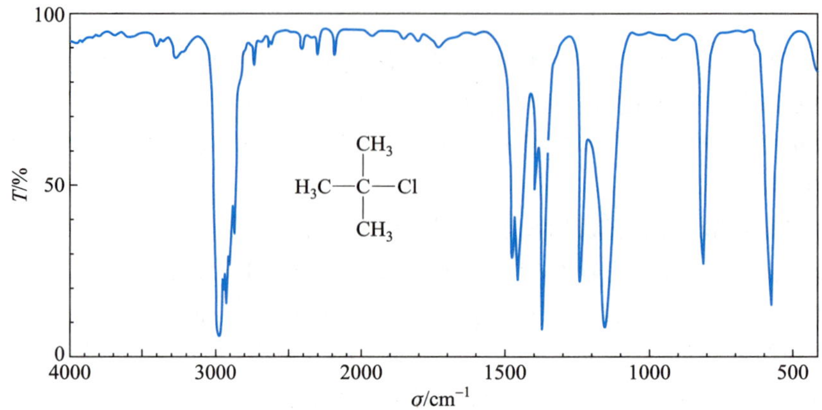

图 3.3.4　叔丁基氯的 IR 谱图

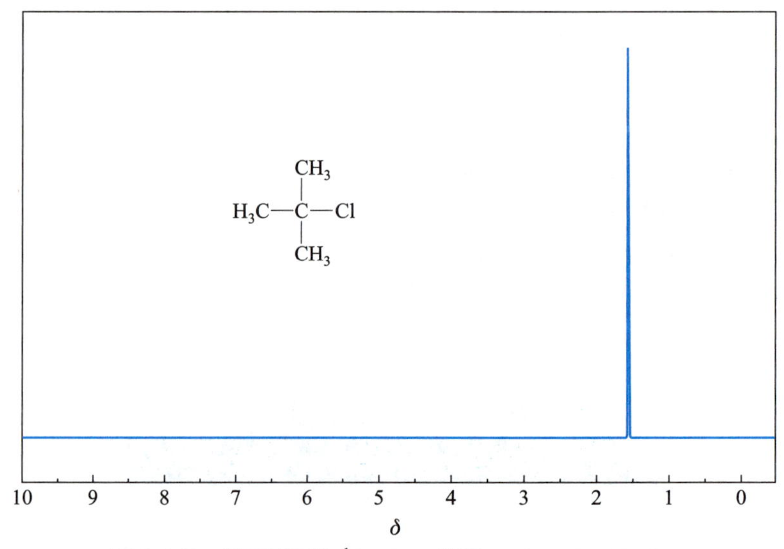

图 3.3.5　叔丁基氯的 ^{1}H NMR 谱图 (300 MHz, $CDCl_3$)

^{13}C NMR 数据: δ 34.5, 66.5

[注释]

[1] 如需替换, 可用 5.9 g (0.067 mol) 叔戊醇代替叔丁醇, 收集 79～84 ℃ 的馏分, 其余步骤相同。

[2] 叔丁醇的熔点为 25 ℃, 如果呈固体, 需在温水中温热熔化后取用。

[思考题]

(1) 洗涤粗产物时, 如果碳酸氢钠溶液浓度过高, 洗涤时间过长有什么不好?

(2) 本实验中未反应的叔丁醇如何除去?

实验六 卤代烃 S_N1/S_N2 的反应活性

(S_N1/S_N2 reactivity of alkyl halides)

卤代烃 S_N1/S_N2 反应活性与其结构有着直接的关系。S_N1 反应决定速率的步骤是碳正离子的生成,因此凡有利稳定碳正离子的因素都有利于提高 S_N1 反应的速率,反之亦然;S_N2 反应决定速率的步骤是亲核试剂带着一对电子从离去基团卤素的背后进攻,影响反应速率的因素主要来自空间障碍,过渡态越拥挤,反应速率越小,反之亦然。对卤代烷来说,S_N1 和 S_N2 反应活性如前所述。

离去基团的难易也是影响反应活性的重要因素。离去基团的酸性越弱,保持得到的一对电子的能力越强,S_N1 和 S_N2 反应的活性越高。对烷基相同卤代烷来说,反应活性的顺序为 $RI > RBr > RCl$。

烯丙基卤和苄基卤表现出高的 S_N2 和 S_N1 反应活性。高的 S_N2 反应活性显然与过渡态的稳定性有关;由于中心碳正电荷向 π 轨道的离域获得稳定,因而提高了这类化合物 S_N1 反应的活性。与此相反,乙烯基卤和卤代苯都很难发生 S_N1 和 S_N2 反应,这是由于卤原子与 sp^2 杂化的碳原子成键,与 sp^3 杂化的碳原子相比,C—X 键键长更短,键能更大,因而在 S_N1 反应中更难电离;同时由于碳原子的正电性降低和 π 电子的阻碍而难以受到亲核试剂的进攻,因而也不利于发生 S_N2 反应。

本实验将通过两种试剂比较底物发生 S_N1 和 S_N2 反应的相对活性。"S_N1" 试剂为硝酸银的乙醇溶液。由于银离子与底物中卤素的络合,促进了 C—X 键的极化,从而解离产生碳正离子和卤负离子。

$$AgNO_3 \longrightarrow Ag^+ + NO_3^-$$

$$RX + Ag^+ \longrightarrow \overset{\delta+}{R}\cdots\overset{\delta-}{X}\cdots\overset{\delta+}{Ag} \longrightarrow R^+ + AgX\downarrow$$

$$R^+ + Nu^- \longrightarrow RNu$$

"S_N2" 试剂为碘化钠的丙酮溶液,在极性非质子溶剂中,亲核性极强的碘负离子与易被取代的氯化物和溴化物反应,有利于反应按照 S_N2 的途径进行。

$$RX + NaI \longrightarrow [\overset{\delta-}{I}\cdots R\cdots\overset{\delta-}{X}]^{\neq} \longrightarrow I—R + NaX$$

反应速率的大小很容易通过出现卤化银和氯(溴)化钠的沉淀的快慢进行比较。

$$S_N1 \qquad RX + AgNO_3 \xrightarrow{\text{乙醇}} ROCH_2CH_3 + AgX\downarrow + HNO_3$$

X=Cl,Br,I

$$S_N2 \qquad RX + NaI \xrightarrow{\text{丙醇}} RI + NaX\downarrow$$

X=Cl,Br

[试剂]

正丁基氯,正丁基溴,正丁基碘(仅限于 $AgNO_3$/乙醇试验),溴代环己烷,2-氯丁烷,2-溴丁烷,叔丁基氯,叔丁基溴,1-氯-2-丁烯,2-氯-2-丁烯,1-氯-2-甲基丙烷,氯代金钢烷,氯苯,苄氯,15% NaI/丙酮溶液,1% $AgNO_3$/乙醇溶液。

[步骤][1]

1. S_N2 反应 (15% NaI/丙酮溶液)

标记 7 个干燥的试管，用滴管在每个试管中加入 3 滴上述试剂部分的前 8 种卤代烷 (正丁基碘除外)，立即用塞子塞住试管。在锥形瓶中配制 10 mL 15% NaI/丙酮溶液备用。

用吸量管在第一个试管中加入 1.0 mL NaI/丙酮溶液，记录加入时间，摇振试管使反应物充分混合，仔细观察反应并记录沉淀出现所需的时间。如室温下 5 min 内仍未出现沉淀，用塞子塞住试管并置于 50 ℃ 的热水浴中温热，观察反应并记录出现混浊或形成沉淀的时间。如在温热 15 min 后仍未出现变化，可认为此卤代烷不发生反应。

用类似的方法试验其他卤代烷，仔细观察并记录每个试管沉淀生成及所需的时间。

倒出试管中的反应物，在进行 S_N1 反应前，彻底清洗试管。

2. S_N1 反应 (1% $AgNO_3$/乙醇溶液)

标记 8 个干净的试管 (不必干燥)，在每个试管中加入 3 滴试剂中列出的前 8 种卤代烷。在锥形瓶中配制 1% $AgNO_3$/乙醇溶液备用。像 S_N2 反应那样，用吸量管在每个试管中加入 1 mL $AgNO_3$/乙醇溶液，记录加入的时间，塞住试管，充分摇振，仔细观察，记录出现混浊或形成沉淀的时间。若室温下 5 min 仍无反应，塞住试管，在 50 ℃ 的热水浴中温热，观察和记录出现混浊或形成沉淀的时间。若温热 15 min 仍无变化，可认为不反应。

3. 选做实验

用 NaI/丙酮溶液和 $AgNO_3$/乙醇溶液以与 1 和 2 相同的步骤用试剂部分列出的后 6 种卤代烃进行试验。列出这些化合物对两种试剂的反应活性并加以解释。

4. 数据处理及思考题

(1) 分别列出卤代烷对 S_N1 和 S_N2 反应活性递减的顺序并简要加以解释。

(2) 分别列出 1°、2° 和 3° 卤代烷对每种试剂的活性顺序并加以解释。

本实验约需 4 h。

[注释]

[1] 为避免顾此失彼和手忙脚乱，本实验最好安排两人一组进行。

[思考题]

将下列各组化合物按指定试剂的反应活性从大到小的顺序排列。

(1) 在 2% $AgNO_3$/乙醇溶液中的反应 (S_N1)

(a) CH_3CH_2Cl　　CH_3CH_2I　　CH_3CH_2Br　　$H_2C{=}CHCl$

(b) 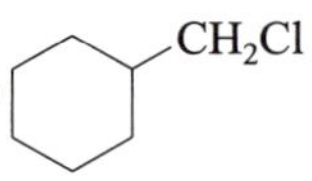 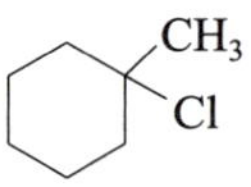 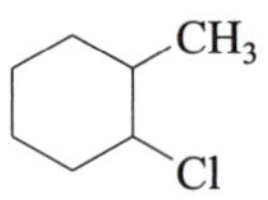 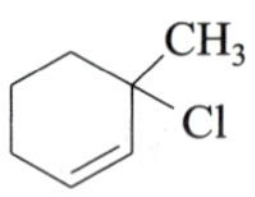 CH_2Cl　　CH_3 Cl　　CH_3 Cl　　CH_3 Cl

(2) 在 NaI 丙酮溶液中的反应 (S_N2)

(a) $CH_3CH_2CH_2CH_2Cl$　　$(CH_3)_3CCl$　　$CH_3CH_2CHClCH_3$　　$H_3C{-}CH{=}CH{-}CH_2Cl$

(b) 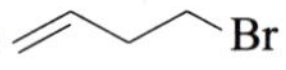 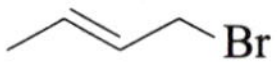 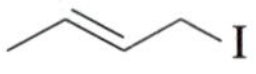 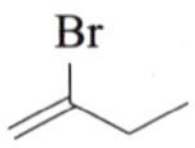 Br　　Br　　I　　Br

实验七 化学动力学——叔丁基氯的水解
(chemical kinetics —— hydrolysis of *t*-butyl chloride)

反应机理的研究是有机化学的基本内容之一，反应动力学是探讨反应机理的重要手段。动力学的研究包括了影响反应的因素及其变化对反应速率的影响，它为洞悉反应本质及机理提供了极为有用的信息，可以确定在反应步骤中，究竟哪个物质参与了决定反应速率的步骤。

S_N1 反应决定反应速率的步骤是底物离解为碳正离子，反应速率只与底物的浓度有关，即为动力学的一级反应。反应速率可表示为

$$反应速率=k_1[R-L]$$

而 S_N2 反应历程中决定反应速率的步骤是底物和亲核试剂的碰撞，反应速率与底物和亲核试剂浓度的乘积成正比，为动力学的二级反应。反应速率可表示为

$$反应速率=k_2[R-L][Nu:]$$

式中 k_1 和 k_2 均为速率常数，k_1 的量纲为 (时间)$^{-1}$，k_2 的量纲为 (浓度)$^{-1}$(时间)$^{-1}$。

比较 S_N1 和 S_N2 反应，S_N1 反应动力学的研究实验操作较易进行，速率常数的计算也相对简单，因此，本实验把 S_N1 反应的动力学作为研究对象。

叔丁基氯的水解或溶解是典型的 S_N1 反应，反应速率主要受下列因素的影响：

溶剂 溶剂性质对 S_N1 反应速率影响很大，溶剂极性和质子化性质的增加都有利于加速反应，极性大的溶剂更容易通过溶剂化作用稳定反应的过渡态。

温度 温度的变化直接影响反应速率，估计温度每上升 10 ℃，反应速率提高 1~2 倍。

浓度 S_N1 反应是动力学一级反应，反应速率与反应物 (叔丁基氯) 的浓度成正比，而反应的速率常数与反应物的浓度无关。

底物 底物中烷基的结构和离去基团的碱性都会对反应速率产生明显的影响。

由于 S_N1 反应决定反应速率的步骤仅包含卤代烷，所以反应速率与亲核试剂的浓度无关，而只与底物的浓度成正比。

$$反应速率=k[RCl]$$

速率常数 k 是给定条件下反应进行快慢的标志，它等于单位浓度下的反应速率，与反应物的浓度无关，只与反应温度、溶剂和底物的结构有关。假设 c_0 为反应物初始浓度 (时间 $t=0$)，c_t 为反应开始后任一时间 t 时反应物的浓度，则有如下关系式：

$$c_t=c_0e^{-kt} \tag{1}$$

$$k_1t=\ln(c_0/c_t) \tag{2}$$

$$k_1t=2.303\lg(c_0/c_t) \tag{3}$$

通过实验测定不同时间进程内反应物的消耗量或产物的生成量，可以计算不同时间的反应速率。考虑到时间的限制，可通过测定反应完成 10% 所需要的时间来进行计算。叔卤代烃碱性水解的时间

可由加入的氢氧化钠的量来控制。

由于在 t 时还有 90% 的底物尚未反应，所以，叔丁基氯在 t 时的浓度为

$$c_t = 0.9c_0 \tag{4}$$

将式 (4) 代入式 (3)，则

$$kt = 2.303\lg\frac{c_0}{0.9c_0} = 2.303\lg\frac{1}{0.9} \tag{5}$$

$$k = \frac{0.104}{t} \tag{6}$$

式中时间单位是 s，k 的单位是 s^{-1}。

实验中加入氢氧化钠的量 (物质的量) 为叔丁基氯的十分之一，这样就可以确保测定 10% 叔丁基氯碱水解所需要的时间。当碱水解完成 10% 时，生成的盐酸中和了氢氧化钠。反应中加入酸碱指示剂溴百里酚蓝，通过指示剂颜色的变化，可简便地测定出反应生成的盐酸量即叔丁基氯的消耗量。因此，准确地观察和判断指示剂的颜色的变化是实验的关键。

$$(CH_3)_3CCl + H_2O \longrightarrow (CH_3)_3COH + HCl$$

$$NaOH + HCl \xrightarrow{\text{溴百里酚蓝}} \text{由蓝变黄}$$

采用丙酮作为反应溶剂，是由于丙酮对叔丁基氯有良好的溶解性，且与底物不发生作用。

由于反应速率对温度的变化非常敏感，为了减小实验的误差，反应最好在水浴中进行，并尽可能保持温度的恒定，特别是温度升高时，反应时间缩短，更要引起注意。

实验中碱的加入量也关系到实验的成败，因反应速率常数的计算是以反应完成 10% 为依据的，所以要用吸量管准确量取叔丁基氯和氢氧化钠溶液。

[试剂]

0.10 mol·L^{-1} 叔丁基氯的丙酮溶液，0.10 mol·L^{-1} 氢氧化钠溶液，0.2% 溴百里酚蓝的丙酮溶液。

[步骤][1]

1. 叔丁基氯的水解反应

在三个干燥清洁的 25 mL 锥形瓶中，用 1.0 mL 移液管加入 0.30 mL 0.10 mol·L^{-1} 氢氧化钠溶液，接着用 10 mL 量筒加入 6.7 mL 蒸馏水和 2 滴 0.2% 溴百里酚蓝的丙酮溶液，摇匀后塞好塞子，记作 A。在另外三个 25 mL 锥形瓶中，用 10 mL 吸量管加入 3.0 mL 0.10 mol·L^{-1} 叔丁基氯的丙酮溶液，塞好塞子，记作 B。

将瓶 A 和瓶 B 置于水浴中，调节锥形瓶的高度，使水浴水平面到瓶颈以下，用铁夹固定，记录水浴温度。不时加以摇动锥形瓶，使反应物温度达到平衡。5 min 之后，从水浴中取出瓶 B，拭干瓶壁上的水，尽快将瓶 B 中的溶液加到瓶 A 中，同时启动秒表。摇荡约 10 s，使反应物混合混匀，溶液一旦混合反应即很快进行。观察溶液由蓝变黄时，立即停止秒表，记录反应所需的时间。重复这一操作 2～3 次，时间值的平均误差不能超过 2～3 s。取时间平均值，代入式 (6)，计算 k 值[2]。

2. 选做实验

完成上述实验之后，可根据指导教师建议视情况选做以下实验。

(1) 反应物浓度的影响。测定反应物叔丁基氯浓度为上述实验的二分之一时的速率常数 k，反应步

骤同上，只需在瓶 A 中再加 10 mL 30% 丙酮水溶液。记录叔丁基氯在此条件下进行 10% 水解所需的时间。从计算结果了解反应速率是否取决于反应物的浓度。

(2) 溶剂极性的影响。在 80% 水-20% 丙酮中进行水解反应。为此，加入 2 mL 0.15 mol·L^{-1} 叔丁基氯的丙酮溶液和 0.3 mL 0.1 mol·L^{-1} 氢氧化钠溶液和 7.7 mL 水，反应步骤同上，计算 k 值，从计算结果了解反应速率与溶剂极性的关系。

(3) 反应温度的影响。用恒温水浴控制在高于室温 10 ℃ 和低于室温 10 ℃ 两种温度条件下，重复第一部分实验。两个锥形瓶混合前必须使锥形瓶在水浴中恒温 5 min 以上。计算相应温度下的 k 值。从计算结果了解温度对反应速率的影响。

(4) 反应物结构的影响。用叔戊基氯 (2-甲基-2-氯丁烷) 和叔丁基溴代替叔丁基氯重复第一部分实验，分别计算 k 值。了解反应速率与反应物结构之间的关系。

本实验需 7～8 h。

[实验记录与数据处理]

反应物	溶剂组成(体积分数)	反应温度/℃	溶剂解的时间/s				反应速率常数/s^{-1}
			1	2	3	平均	

[注释]

[1] 本实验最好由两个学生合作完成，一个人观察指示剂颜色的变化，一个计时并记录数据。

[2] 由于不可避免的实验误差，用这一方法得到的速率常数 k，只是近似值。更可靠的方法是用 $\ln(c_0/c_t)$ 或 $\lg(c_0/c_t)$ 对 t 作图，所得直线的斜率即为速率常数 k 或 $k/2.303$。将实验所得偏离较大的点舍去，画出的直线是最接近真实 k 的直线。

初始浓度 c_0 的数值固然可用准确称量或用滴定管量取的卤代烷和溶剂量来计算，但更好和可靠的方法是让水解进行完全，即相应的时间为无穷大 ($t=\infty$) 时所消耗的氢氧化钠的物质的量。反应计量学指明，反应完全消耗的卤代烷的物质的量等于产生的 HCl 的物质的量，所以，c_0 也等于反应完全时所生成的 HCl 的物质的量，即滴定所消耗的 NaOH 的物质的量。

[思考题]

(1) 结合本实验的实验结果，试总结 S_N1 反应中反应物浓度、溶剂、温度及反应物结构等因素对反应速率常数的影响。

(2) 本实验的副反应是什么? 副反应对实验结果有何影响?

(3) 预计下列两组化合物进行溶剂解反应时的相对速率。

(a) $(CH_3)_3CCl$ 和 $(C_6H_5)_3CCl$

(b) $CH_3CH_2OCH_2Cl$ 和 $CH_3OCH_2CH_2Cl$

(4) 列出进行测定反应速率常数实验中可能出现的错误，并陈述其相对重要性。

3.4　醚的制备　Williamson 反应

本节是饱和碳上亲核取代反应的延续。

简单醚如乙醚、四氢呋喃等是有机合成中常用的溶剂。伯醇的分子间脱水是制备单纯醚常用的方法，为 S_N2 反应。例如：

$$2C_2H_5OH \xrightarrow[140\ ^\circ C]{\text{浓硫酸}} C_2H_5OC_2H_5 + H_2O$$

实验室常用的脱水剂是浓硫酸，其作用是通过羟基的质子化将醇分子的羟基转变为更好的离去基团：

$$RCH_2\ddot{O}H + RCH_2-\overset{+}{O}H_2 \xrightarrow{S_N2} RCH_2OCH_2R + H_3^+O$$

由于反应是可逆的，通常采用蒸出反应产物 (醚或水) 的方法，使反应向有利于生成醚的方向移动。同时必须严格控制反应温度，以减少副产物烯及二烷基硫酸酯的生成。

在制取乙醚时，反应温度 (140 ℃) 比原料乙醇的沸点 (78 ℃) 高得多，因此可采用先将脱水剂加热至所需要的温度，然后再将乙醇直接加到脱水剂中，以避免乙醇被蒸出。由于乙醚的沸点 (34.6 ℃) 较低，当它生成后就立即从反应瓶中蒸出。在制取正丁醚时，由于原料正丁醇 (沸点 117.7 ℃) 和产物正丁醚 (沸点 142 ℃) 的沸点都较高，故可使反应在装有水分离器的回流装置中进行，控制加热温度，并将生成的水或水的共沸物不断蒸出。虽然蒸出的水中会混有正丁醇等有机物，但是由于正丁醇等在水中溶解度较小，相对密度又较水轻，浮于水层之上，因此借助水分离器可使绝大部分的正丁醇等自动连续地返回反应瓶中，而水则沉于水分离器的下部，根据蒸出的水的体积，可以估计反应的进行程度。

仲醇及叔醇脱水制备醚的反应，通常为单分子的亲核取代反应 (S_N1)，并伴随着较多的消去反应。因此，用醇脱水制备醚时，最好使用伯醇，获得的产率较高。

由卤代烷或硫酸酯 (如硫酸二甲酯、硫酸二乙酯) 与醇钠或酚钠反应制备醚的方法称为 Williamson 合成法。它既可以合成单醚，也可以合成混合醚。反应机制是烷氧基 (酚氧基) 负离子对卤代烷或硫酸酯的亲核取代反应 (S_N2)。冠醚就是用这种方法合成的：

$$RO^-Na^+(K) + R'-L \xrightarrow{S_N2} R-O-R' + NaL$$

$$L\text{：}Br, I, OSO_2R''\text{或}OSO_2OR''$$

由于烷氧负离子是一种较强的碱，在与卤代烷反应时总伴随有卤代烷的消除反应的产物烯烃，而三级卤代烷，主要生成烯烃。因此，用 Williamson 法制备醚，不能用三级卤代烷，而采用一级卤代烷。

直接连在芳环上的卤素不容易被亲核试剂取代，因此由芳烃和脂肪烃组成的混醚，不能用卤代芳烃和脂肪醇钠制备，而应用相应的酚和脂肪卤代烃制备。由于酚是比水强的酸，故酚的钠盐可以用酚和氢氧化钠制备：

$$ArOH + NaOH \rightleftharpoons ArONa + H_2O$$

而醇的酸性比水弱，因此制备醇钠可用金属钠和无水的醇来制备：

$$2ROH + 2Na \longrightarrow 2RONa + H_2\uparrow$$

含有叔丁基的混合醚实验室通常用叔丁醇与另一醇在酸催化下直接脱水制备。这是由于叔丁醇在酸催化下容易形成稳定的 3° 碳正离子，然后与另一醇发生 S_N1 反应生成混醚：

$$(CH_3)_3C-OH \xrightleftharpoons{H^+} (CH_3)_3C-\overset{+}{O}H_2 \xrightleftharpoons{-H_2O} (CH_3)_3C^+$$

$$(CH_3)_3C^+ + :\underset{\displaystyle H}{\underset{|}{\ddot{O}}}-CH_3 \xrightleftharpoons{S_N1} (CH_3)_3C\underset{\displaystyle H}{\underset{|}{\overset{+}{O}}}CH_3 \xrightleftharpoons{-H^+} (CH_3)_3COCH_3$$

反应在较低浓度的酸中 (15% 硫酸) 和较低温度下就能进行, 产率较高。

甲基叔丁基醚可代替四乙基铅作为汽油抗震剂。

醚易挥发, 易燃, 与空气长期接触会发生氧化反应, 生成过氧化物:

$$-\overset{\displaystyle H}{\overset{|}{\underset{|}{C}}}-OR \xrightarrow{O_2} -\overset{\displaystyle O-OH}{\overset{|}{\underset{|}{C}}}-OR + RO-\overset{|}{\underset{|}{C}}-O-O-\overset{|}{\underset{|}{C}}-OR$$

过氧化物具有爆炸性, 因此使用久储的乙醚时, 须首先检验有无过氧化物并加以除去。

实验八 正丁醚

(n-butyl ether)

[反应式]

主反应

$$2CH_3CH_2CH_2CH_2OH \xrightleftharpoons{\text{浓硫酸}, 135\ ^\circ C} CH_3CH_2CH_2CH_2OCH_2CH_2CH_2CH_3 + H_2O$$

副反应

$$CH_3CH_2CH_2CH_2OH \xrightarrow{\text{浓硫酸}} CH_3CH_2CH=CH_2 + H_2O$$

[试剂]

12.5 g (15.5 mL, 0.17 mol) 正丁醇, 浓硫酸, 无水氯化钙。

[步骤]

在 50 mL 三颈烧瓶中, 加入 15.5 mL 正丁醇、2.5 mL 浓硫酸和几粒沸石, 摇匀后按图 3.4.1 所示装置仪器。三颈烧瓶一侧口装上温度计, 温度计水银球应浸入液面以下, 中间口装分水器[1], 分水器上接一回流冷凝管, 先在分水器内预先加水至支管处[2], 小心开启旋塞放出 2 mL 水, 把水的位置做好记号, 另一口用塞子塞紧。然后将烧瓶在石棉网上用小火加热, 保持反应物微沸, 回流分水。随着反应进行, 回流液经冷凝管收集于分水器内, 分液后水层沉于下层, 上层有机相积至分水器支管时, 即可返回烧瓶。

当烧瓶内反应物温度上升至 135 ℃[3] 左右, 分水器全部被水充满时, 即可停止反应, 大约需要 1.5 h。若继续加热, 则反应液变黑并有较多的副产物生成。

待反应液冷却至室温后, 拆除装置, 将反应液倒入盛有 25 mL 水的分液漏斗中, 充分摇振, 静置分层后弃去下层液体, 上层粗产物依次用 12.5 mL 水、8 mL 5% 氢氧化钠溶液[4]、8 mL 水和 8 mL 饱和氯化钙溶液洗涤[5], 然后用 1 g 无水氯化钙干燥。干燥后的产物滤入 25 mL 蒸馏瓶中, 蒸馏收集 140～144 ℃ 的馏分, 产量为 3～4 g。

纯正丁醚的沸点为 142.4 ℃, 折射率 n_D^{20} 为 1.3992。图 3.4.2 为正丁醚的 IR 谱图。

本实验约需 6 h。

分子装置图

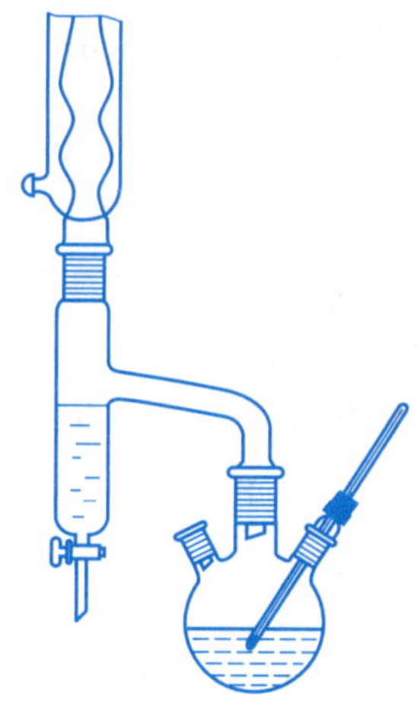

图 3.4.1　分水装置图

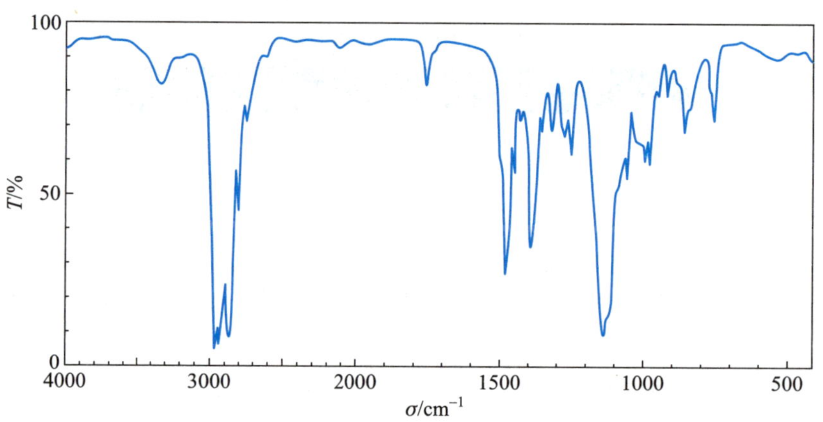

图 3.4.2　正丁醚的 IR 谱图

[注释]

[1] 如无分水器，也可用图 3.4.3 所示的简易分水装置代替，为方便测定反应温度，最好用三颈烧瓶代替圆底烧瓶。

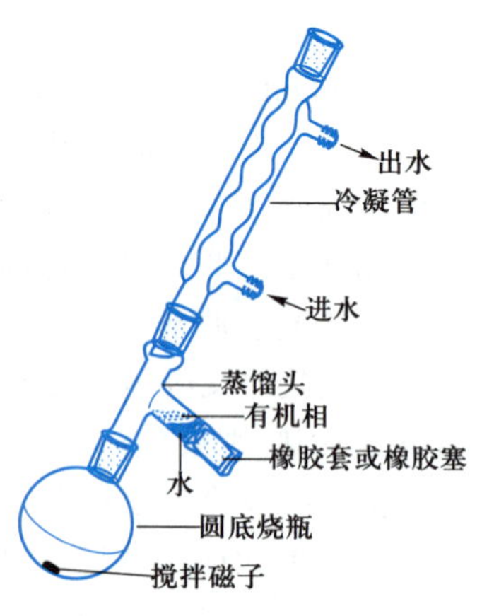

图 3.4.3　简易分水装置

[2] 本实验根据理论计算失水体积为 1.5 mL，实际分出水的体积略大于计算量，否则产率很低。

[3] 制备正丁醚的较宜温度是 130～146 ℃，但在开始回流时很难达到这一温度，这是因为正丁醚可与水形成共沸物（沸点 94.1 ℃，含水 33.4%）。另外，正丁醚可与水及正丁醇形成三元共沸物（沸点 90.6 ℃，含水 29.9%，正丁醇 34.6%），正丁醇与水也可形成共沸物（沸点 93.0 ℃，含水 44.5%）。故应控制温度在 90～100 ℃ 较合适，而实际操作是在 100～115 ℃。

[4] 在碱洗过程中，不要太剧烈地摇动分液漏斗，否则生成的乳浊液会影响分离。

[5] 上层粗产物的洗涤也可采用以下方法进行，先用冷的 60% 硫酸洗两次（每次 13 mL），再用水洗两次（每次 13 mL）。因 60% 硫酸可洗去粗产物中的正丁醇，但正丁醚也微溶于 60% 硫酸，所以产率略有降低。

[思考题]

(1) 制备正丁醚和乙醚在实验操作上有什么不同? 为什么?
(2) 试根据本实验正丁醇的用量计算应生成的水的体积。
(3) 反应结束后为什么要将混合物倒入 25 mL 水中? 各步洗涤的目的何在?
(4) 能否用本实验的方法由乙醇和 2-丁醇制备乙基仲丁基醚? 你认为应用什么方法比较合适?
(5) 指出正丁醚 IR 谱图中醚键吸收峰的位置。

实验九 苯乙醚 (phenetole)

[反应式]

$$C_6H_5OH + NaOH \longrightarrow C_6H_5ONa + H_2O$$
$$C_6H_5ONa + CH_3CH_2Br \longrightarrow C_6H_5OCH_2CH_3 + NaBr$$

[试剂]

7.5 g (0.08 mol) 苯酚, 13 g (8.9 mL, 0.12 mol) 溴乙烷, 氢氧化钠, 乙醚, 食盐, 无水氯化钙。

[步骤]

在装有搅拌磁子、回流冷凝管和滴液漏斗的 50 mL 三颈烧瓶中, 加入 7.5 g 苯酚、5 g 氢氧化钠和 4 mL 水, 开动搅拌, 水浴加热使固体全部溶解, 调节水浴温度在 80~90 ℃, 开始慢慢滴加 8.9 mL 溴乙烷[1], 约 1 h 滴加完毕[2], 继续保温搅拌 1 h, 然后冷却至室温。加适量水 (10~20 mL) 使固体全部溶解。将液体转入分液漏斗中, 分出水相, 有机相用等体积饱和食盐水洗两次 (若出现乳化现象, 可减压过滤), 分出有机相, 合并两次的洗涤液, 用 15 mL 乙醚提取一次, 提取液与有机相合并, 用无水氯化钙干燥。水浴蒸出乙醚[3], 再常压蒸馏, 收集 171~180 ℃ 的馏分。产品为无色透明液体, 产量为 4~5 g。

纯苯乙醚的沸点为 170 ℃, 折射率 n_D^{20} 为1.5073。图 3.4.4 和图 3.4.5 分别为苯乙醚的 IR 和 ^{1}H NMR 谱图。

本实验需 5~6 h。

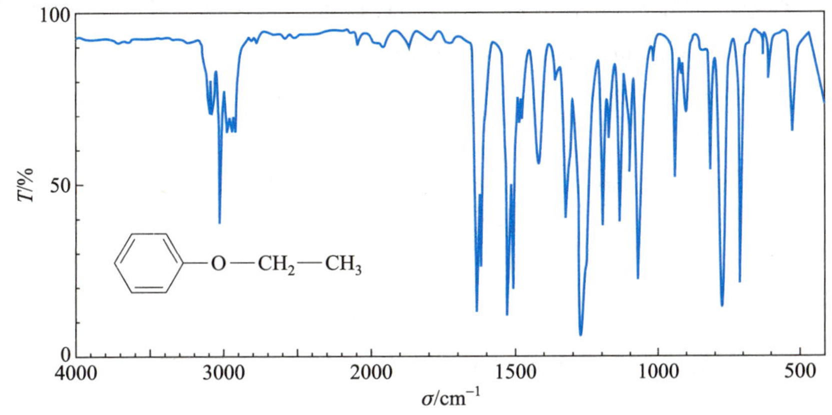

图 3.4.4 苯乙醚的 IR 谱图

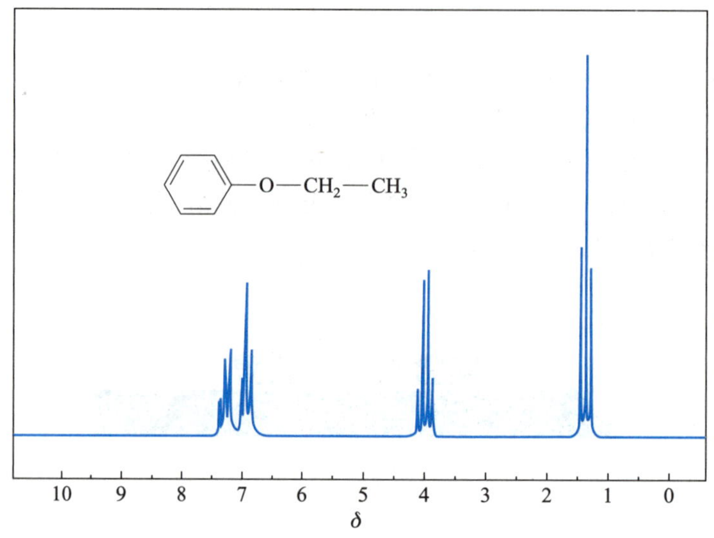

图 3.4.5　苯乙醚的 ^{1}H NMR 谱图 (300 MHz, $CDCl_3$)

[注释]

[1] 溴乙烷沸点低，回流时冷却水流量要大，以免溴乙烷从冷凝管逸出。

[2] 若有结块出现，则应停止滴加溴乙烷，待充分搅拌后再继续滴加。

[3] 蒸去乙醚时严禁使用明火，应将尾气通入下水道，以防乙醚蒸气外漏引起着火。

[思考题]

(1) 反应中，回流的液体是什么？出现的固体又是什么？为什么反应到后期回流不明显了？

(2) 制备苯乙醚时，用饱和食盐水洗涤的目的是什么？

(3) 指出苯乙醚 IR 谱图中醚键及芳环吸收峰的位置及 ^{1}H NMR 谱图中与吸收峰对应的氢核。

实验十　β-萘乙醚
(β-naphthol ethyl ether)

β 萘乙醚又称橙花油，用作香料，在其他香气 (如玫瑰香、薰衣草或柠檬香) 中作为定香剂。与苯乙醚类似，β-萘乙醚可通过 Williamson 醚合成法制得。

[反应式]

$$\text{C}_{10}\text{H}_7\text{OH} \xrightarrow{\text{NaOH}} \text{C}_{10}\text{H}_7\text{ONa} \xrightarrow{\text{C}_2\text{H}_5\text{Br}} \text{C}_{10}\text{H}_7\text{OC}_2\text{H}_5$$

[试剂]

3.5 g (0.024 mol) β-萘酚，5.10 g (3.5 mL, 0.047 mol) 溴乙烷，2.8 g (0.07 mol) 氢氧化钠，95% 乙醇。

[步骤]

在 100 mL 圆底烧瓶中加入 35 mL 无水乙醇，依次将 2.8 g 氢氧化钠、3.5 g β-萘酚溶于其中，搅拌使其溶解，然后加入 3.5 mL 溴乙烷，摇匀。装上球形冷凝管，在水浴上加热回流 1.5～2 h[1]。在回流过程中，间歇摇动反应瓶[2]。

反应结束后，改为蒸馏装置，蒸馏回收大部分乙醇，将瓶内的残余物转移到盛有 100 mL 冰水的 250 mL 烧杯中，同时不断地搅拌，待固体充分析出后，抽滤并用冷水洗涤。粗产物用 95% 乙醇重结晶[3]，晾干后称量。产量为 2.5～3 g。

纯 β-萘乙醚为无色片状结晶，熔点为 37～38 ℃，沸点为 281～282 ℃。

图 3.4.6～图 3.4.8 分别为 β-萘酚的 IR 谱图、β-萘乙醚的 IR 和 ^{1}H NMR 谱图。

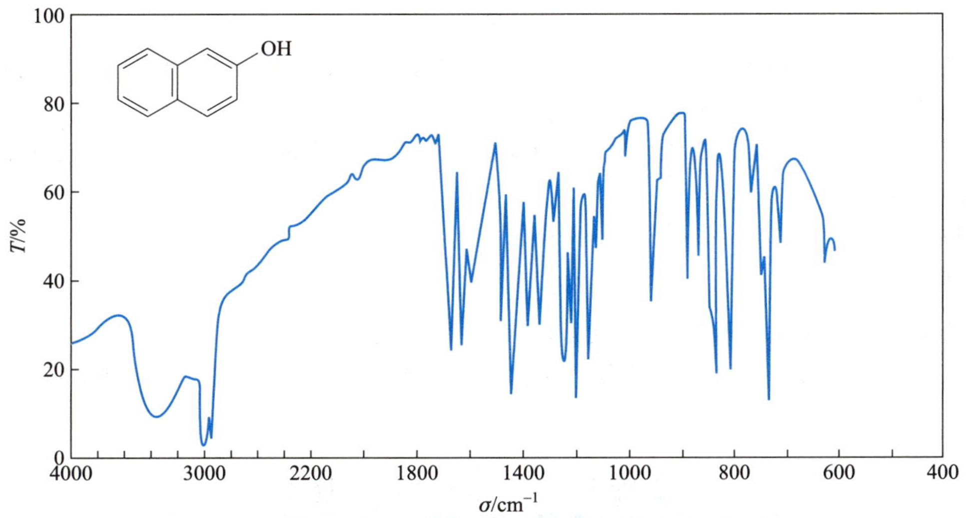

图 3.4.6 β-萘酚的 IR 谱图 (研磨法)

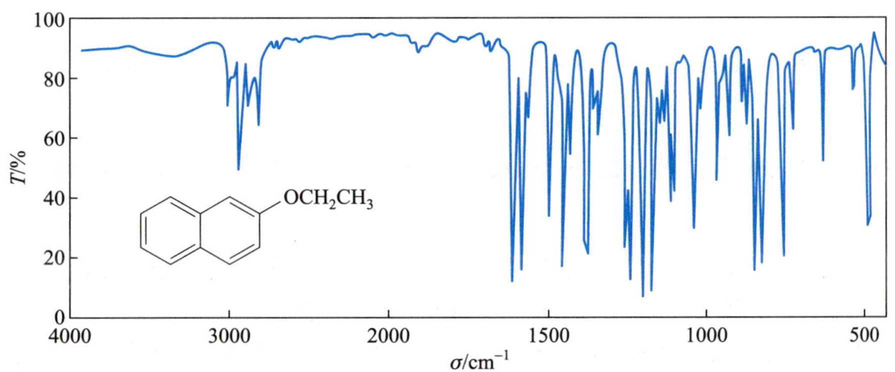

图 3.4.7 β-萘乙醚的 IR 谱图 (KBr 压片)

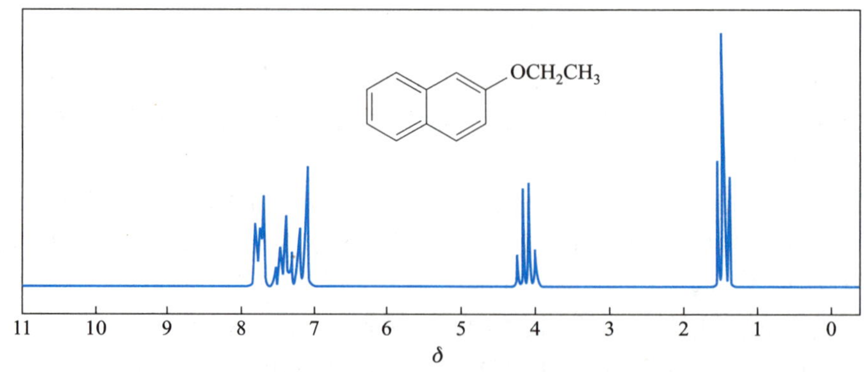

图 3.4.8　β-萘乙醚的 ^{1}H NMR 谱图 (90 MHz, $CDCl_3$)

[注释]

[1] 溴乙烷的沸点为 38.4 ℃, 易挥发, 因此反应前期水浴温度不能太高, 回流冷却水流量要适当加大一些, 保证有足够的溴乙烷参加反应。

[2] 回流过程中烧瓶中可能有固体析出, 间歇摇动可以防止出现结块。若采用电磁搅拌和油浴恒温加热, 效果会更好。

[3] 若粗产物呈灰黄色, 可加少许活性炭脱色。

[思考题]

(1) β-萘乙醚可否采用乙醇与 β-溴代萘反应来合成? 为什么?

(2) 本实验中 β-萘酚钠的生成是用氢氧化钠的乙醇溶液, 为什么不用氢氧化钠的水溶液?

实验十一　甲基叔丁基醚

(*tert*-butyl methyl ether)

[反应式]

$$(CH_3)_3COH + HOCH_3 \xrightarrow{15\%硫酸} (CH_3)_3COCH_3 + H_2O$$

[试剂]

14.8 g (19 mL, 0.2 mol) 叔丁醇, 12.8 g (16 mL, 0.4 mol) 甲醇, 15% 硫酸, 无水碳酸钠。

[步骤]

在 250 mL 圆底烧瓶上配置分馏柱, 分馏柱顶端装上温度计, 在其支管处依序配置直形冷凝管、接引管和接收瓶。接引管支管连接橡胶管并导入水槽。接收瓶置于冰浴中。

将 70 mL 15% 硫酸、16 mL 甲醇和 19 mL 叔丁醇[1] 加入圆底烧瓶中, 振摇使之混合均匀。投入几颗沸石, 小火加热进行分馏。使分馏柱顶部的蒸气温度保持在 (51±2) ℃[2], 每分钟收集 0.5~0.7 mL 馏出液。当分馏柱顶部的温度明显波动时[3], 停止分馏。全部分馏时间约需 1.5 h, 馏出液约为 22 mL。

将收集液移入分液漏斗, 每次用 5 mL 水洗涤 3~4 次[4], 当醇被洗净时, 醚层显得清澈透明, 分出醚层, 用无水碳酸钠干燥, 将醚转移到干燥的回流装置中, 加入 0.5~0.8 g 金属钠, 加热回流 30 min。然后将回流装置改为蒸馏装置, 接收器用冰水冷却, 蒸馏收集 53~56 ℃ 的馏分, 产量约为 8 g。

纯的甲基叔丁基醚的无色透明液体，沸点为 55.2 ℃，折射率 n_D^{20} 为 1.3689。图 3.4.9 和图 3.4.10 分别为甲基叔丁基醚的 IR 和 ^{1}H NMR 谱图。

本实验需 4～5 h。

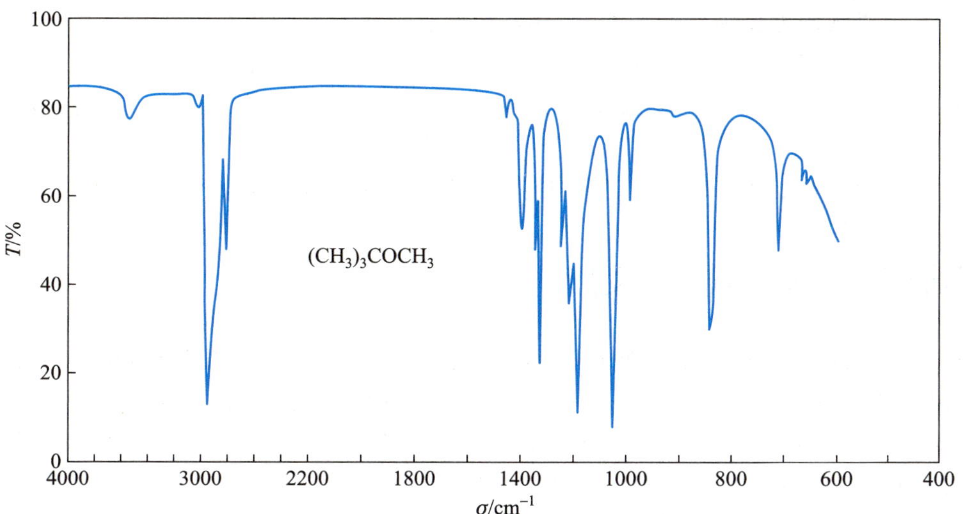

图 3.4.9 甲基叔丁基醚的 IR 谱图

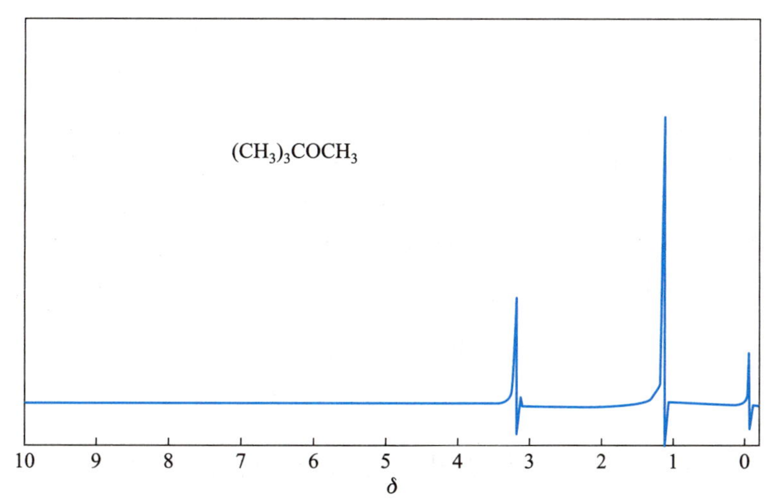

图 3.4.10 甲基叔丁基醚的 ^{1}H NMR 谱图 (300 MHz, $CDCl_3$)

[注释]

[1] 叔丁醇熔点为 25.5 ℃，沸点为 82.5 ℃，有少量水存在时呈液体。如果室温较低，加料困难，可以加入少量水，使之液化后再加料。

[2] 甲醇的沸点为 64.7 ℃，叔丁醇的沸点为 82.6 ℃。叔丁醇与水的共沸混合物 (含醇 88.3%) 的沸点为 79.9 ℃，所以分馏时温度应尽量控制在 51 ℃ 左右 (是醚和水的共沸混合物)，不超过 53 ℃ 为宜。

[3] 分馏后期，馏出速率大大减慢，此时略微调节浴温，柱顶温度会随之大幅度地波动。这说明反应瓶中的甲基叔丁基醚已基本蒸出。

[4] 洗涤至所加水的体积在洗涤后不再增加为止。

[思考题]

(1) 通常混合醚的制备宜采用 Williamson 醚合成法，为什么本实验可以用硫酸催化脱水法制备混合醚——甲基叔丁基醚?

(2) 为什么要以稀硫酸作催化剂? 如果采用浓硫酸会产生什么结果?

(3) 反应过程中，为何要严格控制馏出温度，馏出速率过快或馏出温度过高，会对反应产生什么影响?

(4) 用金属钠回流的目的是什么? 如果不进行这一步处理，而将干燥后的醚层直接蒸馏，对结果会有什么影响?

(5) 指出甲基叔丁基醚的 ^{1}H NMR 谱图中与两个吸收峰对应的氢核。

3.5 双烯烃 Diels-Alder 反应

一个重要的合成六元环的方法是 Diels-Alder 反应。它是共轭双烯对含活化双键或三键 (亲双烯) 分子的 1,4-加成反应，即包含一个 4π 电子体系对 2π 电子体系的加成，因此，该反应也称 [4+2] 环加成反应。改变共轭双烯与亲双烯的结构，可以得到多种类型的化合物。并且许多反应在室温或溶剂中加热即可进行，产率通常较高，在有机合成中有着广泛的应用。两位德国化学家 Diels 和 Alder 因为发现并认识到这一反应的重要性获得 1950 年诺贝尔化学奖。该反应被认为是通过环状过渡态进行的协同反应。

Δ ‡

共轭双烯可以是丁二烯的衍生物，也可以是环状的 1,3-二烯或呋喃及其衍生物。最典型的亲双烯是 β-碳带有吸电子基的不饱和羰基化合物，如马来酸酐、丙烯醛、对苯二醌、丙烯酸酯、丙烯腈和丁炔二羧酸酯等。甚至乙烯和乙炔也可以在一定条件下与活泼的共轭双烯发生反应。

Diels-Alder 反应是一个高度的立体专一性反应，其特点表现为

(1) 共轭双烯以 *S*-顺式构象参与反应，两个双键固定在反位的二烯烃不起反应。例如:

CH_2

(2) 1,4-环加成反应为立体专一的顺式加成反应，加成产物仍保持共轭二烯和亲双烯体原来的构型，例如:

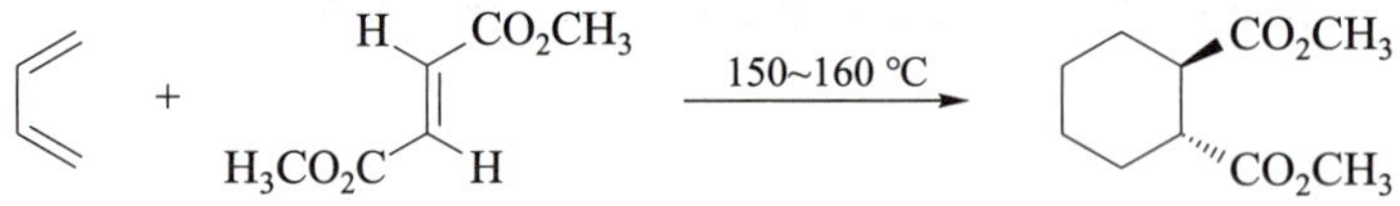

H CO_2CH_3 + H_3CO_2C H 150~160 ℃ CO_2CH_3 CO_2CH_3

(3) 反应主要生成内型 (*endo*) 而不是外型 (*exo*) 的加成产物，例如:

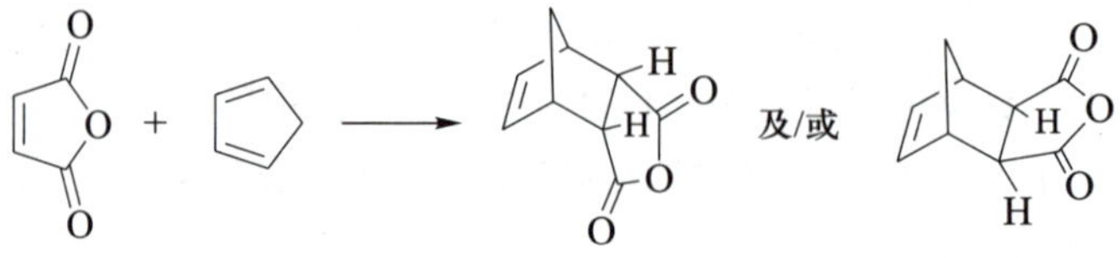

O O O + → H H O O O 及/或 H O O O H

内型 外型

Diels-Alder 反应是可逆的。例如，环戊二烯在室温下聚合生成双环戊二烯，后者加热至 170 ℃ 以上时又解聚重新生成环戊二烯：

实验十二 内型双环 [2,2,1]-5-庚烯-2,3-二羧酸酐 (endo bicyclo[2,2,1]hept-5-ene-endo-2,3-dicarboxylic anhydride)

[反应式]

[试剂]

1.6 g (2 mL, 0.025 mol) 环戊二烯[1]，2 g (0.02 mol) 马来酸酐，乙酸乙酯，石油醚 (bp 60～90 ℃)。

[步骤]

在干燥的 50 mL 圆底烧瓶中，加入 2 g 马来酸酐和 7 mL 乙酸乙酯[2]，在水浴上温热使之溶解。然后加入 7 mL 石油醚，混合均匀后将此溶液置于冰浴中冷却。加入 2 mL 新蒸的环戊二烯，在冷水浴中摇荡烧瓶，直至放热反应完成，析出白色结晶。将反应混合物在水浴上加热使固体重新溶解，再让其缓缓冷却，得到内型双环 [2,2,1]-5-庚烯-2,3-二羧酸酐的白色针状结晶，抽滤，干燥后产物约为 2 g，熔点为 163～164 ℃。

上述得到的酸酐很容易水解为内型顺二羧酸。取 1 g 酸酐，置于锥形瓶中，加入 15 mL 水，加热至沸腾使固体和油状物完全溶解后，让其自然冷却，必要时用玻璃棒摩擦瓶壁促使结晶。得白色棱状结晶 0.5 g 左右，熔点为 178～180℃。图 3.5.1～图 3.5.8 分别为环戊二烯、马来酸酐、内型双环 [2,2,1]-5-庚烯-2,3-二羧酸酐和内型双环 [2,2,1]-5-庚烯-2,3-二羧酸的 IR 和 ^{1}H NMR 谱图。

本实验需 3～4 h。

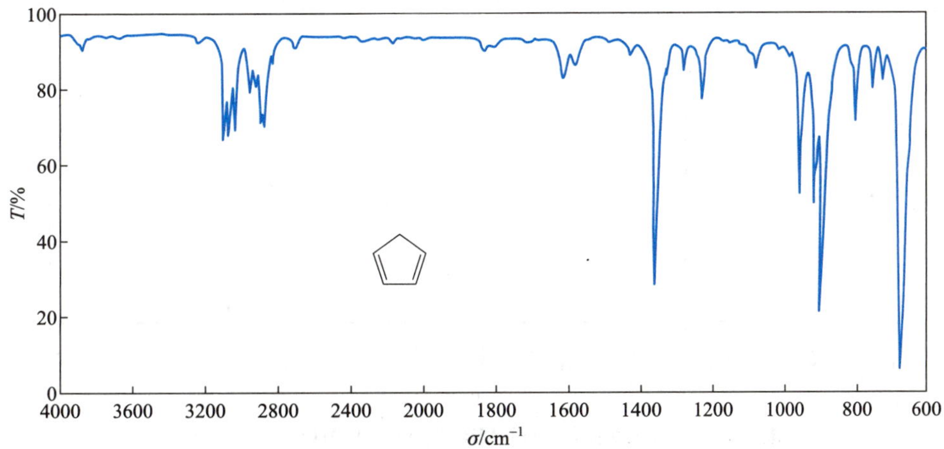

图 3.5.1 环戊二烯的 IR 谱图

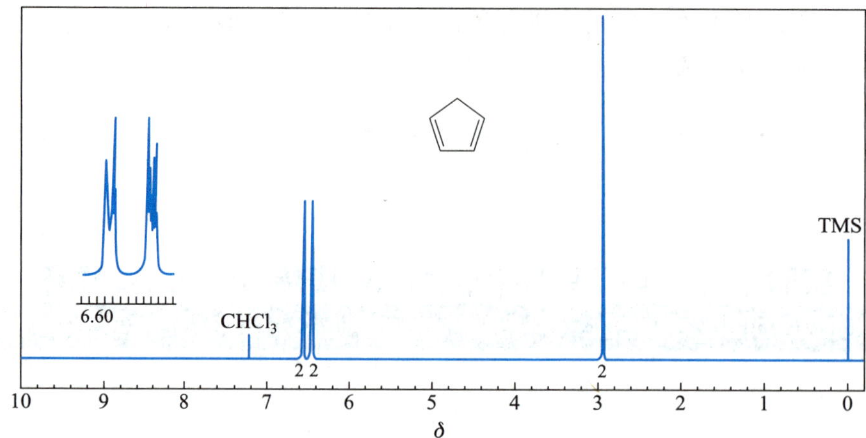

图 3.5.2　环戊二烯的 ^{1}H NMR 谱图 (300 MHz, $CDCl_3$)

^{13}C NMR 数据: δ 44.2, 133.0, 134.4

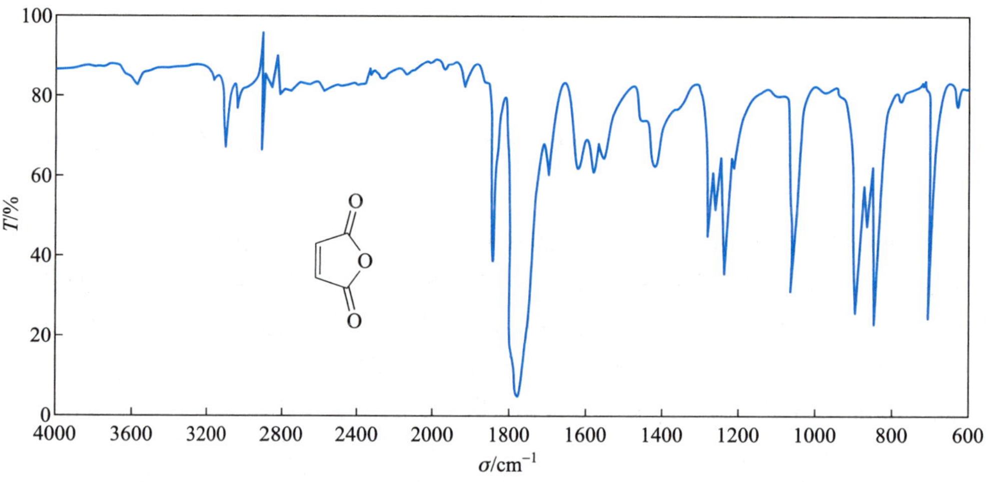

图 3.5.3　马来酸酐的 IR 谱图

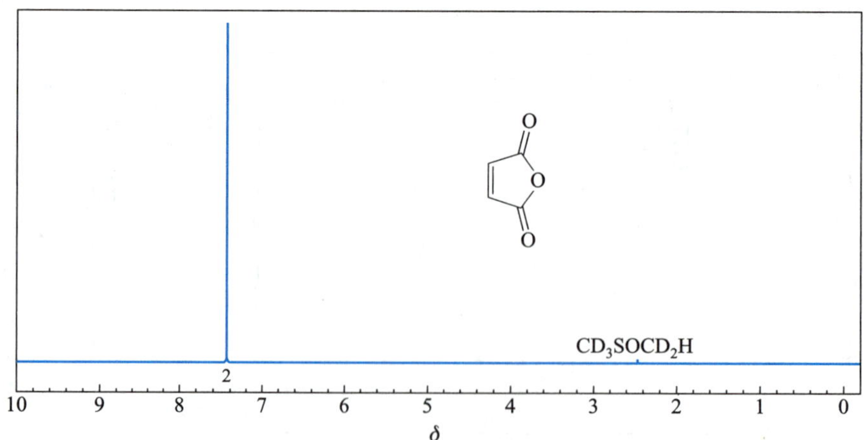

图 3.5.4　马来酸酐的 ^{1}H NMR 谱图 (300 MHz, DMSO-d_6)

^{13}C NMR 数据: δ 137.0, 165.0

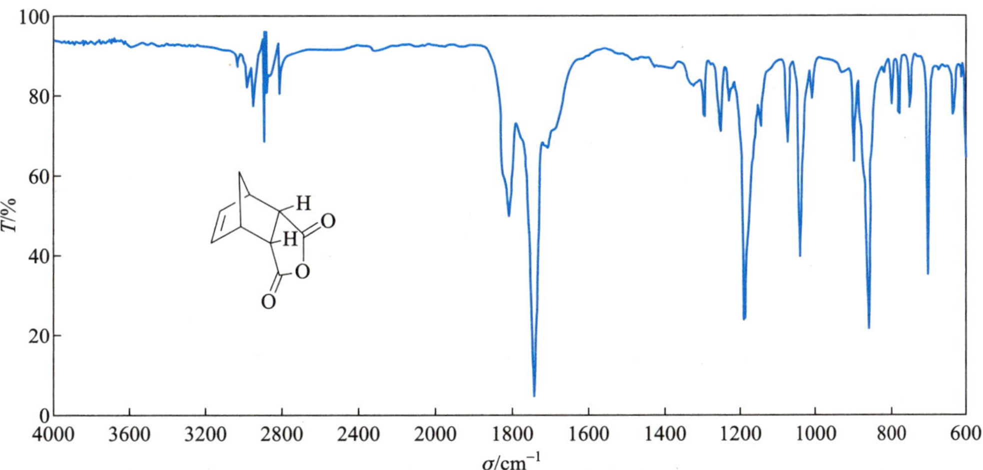

图 3.5.5 内型双环 [2.2.1]-5-庚烯-2,3-二羧酸酐的 IR 谱图

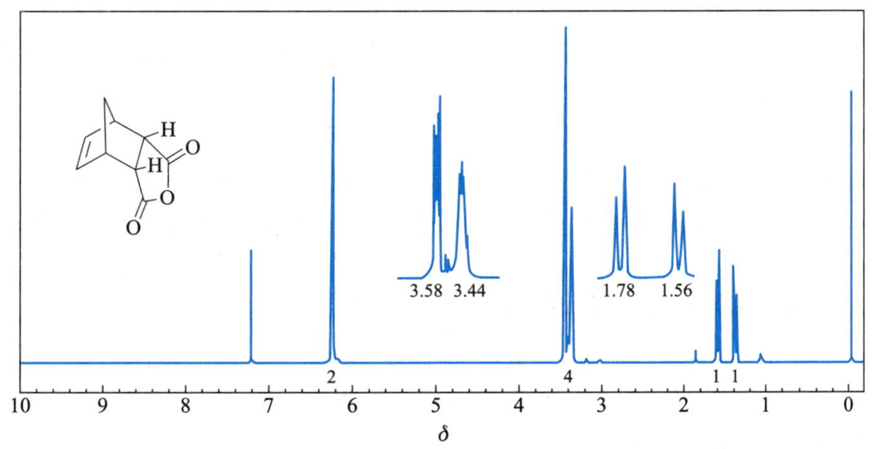

图 3.5.6 内型双环 [2.2.1]-5-庚烯-2,3-二羧酸酐的 ^{1}H NMR 谱图 (300 MHz, $CDCl_3$)

^{13}C NMR 数据: δ 47.6, 53.5, 136.1, 171.9

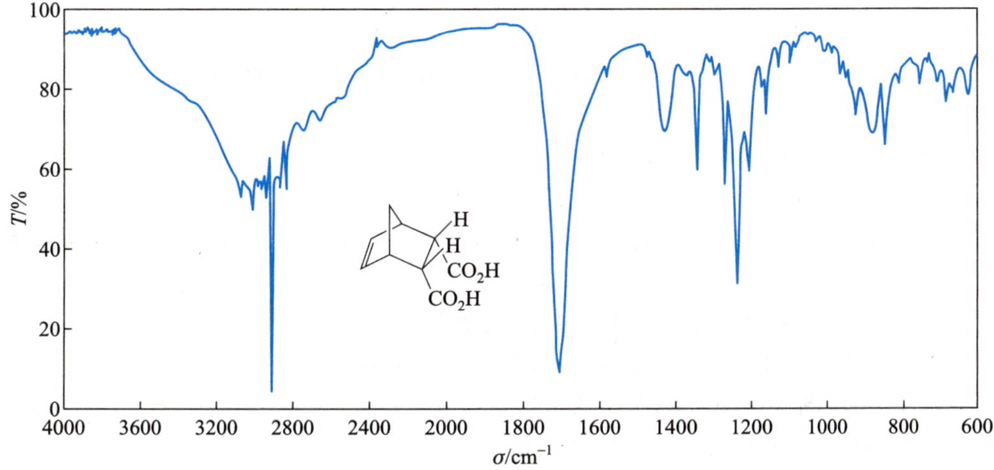

图 3.5.7 内型双环 [2,2,1]-5-庚烯-2,3-二羧酸的 IR 谱图

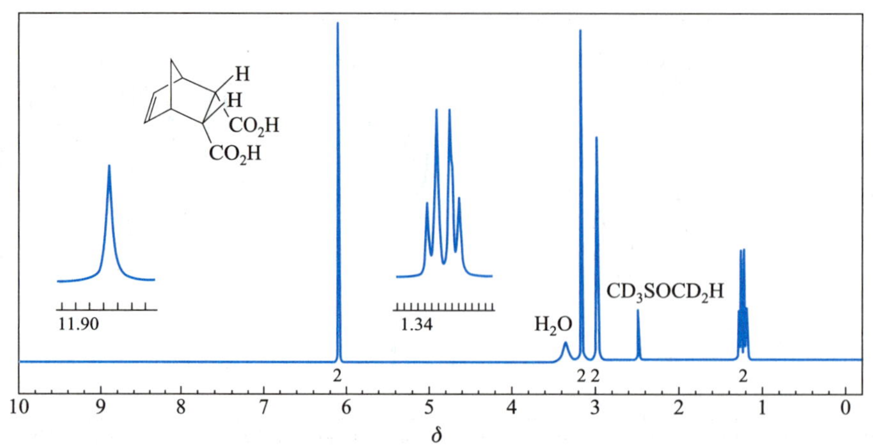

图 3.5.8 内型双环 [2,2,1]-5-庚烯-2,3-二羧酸 ^{1}H NMR 谱图 (300 MHz, DMSO-d_6)

^{13}C NMR 数据: δ 46.8, 48.9, 49.1, 135.6, 174.4

[注释]

[1] 环戊二烯在室温时容易二聚生成双环戊二烯。商品出售的环戊二烯均为二聚体,将二聚体加热到 170 ℃ 以上解聚即可得到环戊二烯,具体方法如下:

在装有 30 cm 长刺形分馏柱的圆底烧瓶中,加入环戊二烯,慢慢进行分馏。热裂反应开始要慢,二聚体转变为单体馏出,沸程为 40~42 ℃。控制分馏柱顶端温度计的温度不超过 45 ℃,接收器用冰水浴冷却。如蒸出的环戊二烯由于接收器中的潮气而呈混浊,可加无水氯化钙干燥。蒸出的环戊二烯应尽快使用,可在冰箱内短期保存。

[2] 由于马来酸酐遇水会水解成二元酸,反应仪器和所用试剂必须干燥。

[思考题]

(1) 环戊二烯为什么容易二聚与发生 Diels-Alder 反应?

(2) 写出下列 Diels-Alder 反应的产物。

(a) + CN

(b) + H CO_2CH_3 H O_2CH_3

(c) + O O O

(d) + HOOC—≡—COOH

(3) 考虑马来酸酐的谱图:

(a) 指出 IR 谱图中官能团区碳碳双键与碳氧双键吸收峰的位置。

(b) 在 ^{1}H NMR 谱图中乙烯型质子的化学位移 δ 为 7.10, 解释为什么比正常的乙烯质子移向低场。

(c) 指出 ^{13}C NMR 数据中与吸收峰对应的碳核。

(4) 考虑内型双环 [2,2,1]-5-庚烯-2,3-二羧酸的谱图:

(a) 指出 IR 谱图中官能团区碳碳双键和羰基吸收峰的位置。

(b) 指出 ^{1}H NMR 谱图中与吸收峰对应的氢核。

(c) 指出 ^{13}C NMR 数据中与吸收峰对应的碳核。

(5) 说明在本实验中得到的产物酸酐与水解得到的二羧酸两者 IR 和 ^{1}H NMR 谱图的差别。

实验十三 [3,6]-亚甲基-4-环己烯-1,2-对苯二醌 ([3,6]-methylene-4-cyclohexene-1,2-dibenzoate)

[反应式]

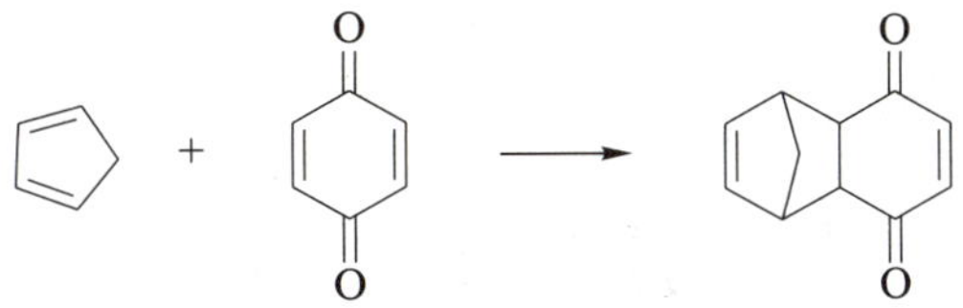

[试剂]

2.7 g (0.025 mol) 对苯二醌[1], 1.8 g (2.3 mL, 0.027 mol) 环戊二烯[2], 无水乙醇, 石油醚 (bp 60～90 ℃)。

[步骤]

在 50 mL 锥形瓶中加入 2.7 g 对苯二醌和 10 mL 无水乙醇, 使呈悬浮液, 置于冰浴中冷却至 0～5 ℃。向悬浮液中迅速加入 2.3 mL 新蒸出的环戊二烯[2], 摇匀, 置于冰浴中 15 min, 除去冰浴, 再在室温下放置 45 min。在此过程中, 反应物由混浊变澄清并析出淡黄色的沉淀。在水泵减压下蒸出乙醇, 得淡黄色固体粗产物。用石油醚重结晶, 得淡黄色针状结晶[3], 干燥后产量约为 3 g, 测熔点。

纯加成产物的熔点为 77～78 ℃。

本实验需 3～4 h。

[注释]

[1] 市售的对苯醌需用无水乙醇重结晶, 并用活性炭脱色, 所得对苯醌为黄色针状晶体。熔点为 115～117 ℃。也可用减压升华法提纯。

[2] 环戊二烯的制备见实验十二内型双环 [2,2,1]-5-庚烯-2,3-二羧酸酐的注释 [1]。

[3] 如得不到针状晶体, 说明产物中杂质较多, 需再次重结晶。

[思考题]

(1) 本实验为何要在低温下进行? 提高反应温度有什么弊端?

(2) 如用 2 mol 的环戊二烯与 1 mol 的对苯二醌反应, 会得到什么产物? 写出其结构式。

3.6 动力学与热力学控制

当一种反应物可以转变成两种或更多的不同产物时, 不同产物生成的比例一般取决于它们相对的生成速率: 哪个产物生成得较快就在最后产物混合物中占较大的比例, 这便是动力学控制 (kinetic control) 或速率控制。但是观察到的并不经常是这样, 因为当一个或多个不同反应是可逆的, 或在反应条件下产物是易于相互转化时, 则在最后产物混合物中的成分并不由不同产物相对生成速率所支配, 而是由反应系统中的各产物的相对热力学稳定性所支配, 这便是热力学控制 (thermodynamic control) 或平衡控制。

一般来说，动力学控制的产物具有较低的活化能；热力学控制的产物具有较低的内能，即具有更高的热力学稳定性。动力学控制的产物生成得较快，但解离即逆反应也较快，是低温下反应未达到平衡时的主要产物；热力学控制的产物生成得较慢，但其解离即逆反应甚至更慢，一旦生成，就会保留下来。当反应温度高到足以达到平衡时，也就是说，温度高到有相当快的解离时，较稳定的热力学控制产物就占了优势。动力学和热力学竞争反应两种产物势能变化见图 3.6.1。

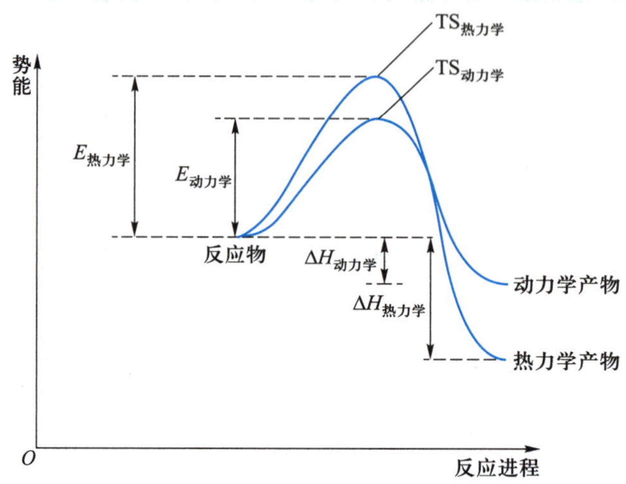

图 3.6.1　动力学和热力学竞争反应两种产物势能变化图

在实验十四中，我们将要研究环己酮与呋喃甲醛的混合物在不同温度和 pH 时与氨基脲的竞争反应，从而得出动力学与热力学控制的结论。

实验十四　环己酮、呋喃甲醛与氨基脲的竞争反应

(the competing reaction of semicarbazide with cyclohaxanone and 2-furaldehyde)

本实验通过两种羰基化合物环己酮、呋喃甲醛与氨基脲的竞争反应，表明了动力学与热力学控制的原理。

[反应式]

$$\text{环己酮}=O + H_2NNHCONH_2 \longrightarrow \text{环己基}=NNHCONH_2 + H_2O$$

$H_2NNHCONH_2$：mp 173 ℃；产物：mp 166 ℃

$$\text{2-呋喃基}-CHO + H_2NNHCONH_2 \longrightarrow \text{2-呋喃基}-CH=NNHCONH_2 + H_2O$$

产物：mp 202 ℃

氨基脲与环己酮和呋喃甲醛生成不同的缩氨脲，它们都是有特征熔点的结晶固体，很容易鉴别。由于氨的衍生物通常以盐酸盐的形成存在，故需加入弱碱使氨基脲游离出来。

$$H_2N\overset{O}{\overset{\|}{C}}NHN\overset{+}{H_3}Cl^- + HPO_4^{2-} \rightleftharpoons H_2N\overset{O}{\overset{\|}{C}}NHNH_2 + H_2PO_4^- + Cl^-$$

$$H_2PO_4^- + HO^- \rightleftharpoons HPO_4^{2-} + H_2O$$

$$HPO_4^{2-} + H_3^+O \rightleftharpoons H_2PO_4^- + H_2O$$

溶液的 pH 对醛酮与氨基脲反应的平衡常数及反应速率影响颇大。高的 pH 有利于提高亲核试剂的浓度,低的 pH 有利于羰基的质子化,调节溶液的 pH,可以使亲核加成或随后的脱水反应成为限速步骤。不同的醛酮生成缩氨脲都有一个最佳的 pH 范围,这可以通过缓冲溶液使反应在一定的 pH 范围下进行,本实验通过加入磷酸氢二钾的缓冲溶液,$H_2PO_4^-/HPO_4^{2-}$,其 pH 范围为 6.1~6.2,是反应最佳的 pH 范围。

醛酮生成缩氨脲的反应是可逆的,改变反应条件可以使一种缩氨脲变成另一种。

[试剂]

0.5 mL 环己酮、0.4 mL 呋喃甲醛、0.5 g 盐酸氨基脲,1.0 g 磷酸氢二钾 (K_2HPO_4),95% 乙醇。

[步骤][1]

1. 环己酮缩氨脲的制备

在 25 mL 锥形瓶中,溶解 0.5 g 盐酸氨基脲和 1.0 g 磷酸氢二钾于 6 mL 水中,用吸量管加入 0.5 mL 环己酮于装有 2.5 mL 95% 乙醇的试管中。将醇溶液倒入氨基脲的水溶液中,立即摇振反应混合物,5~10 min 后生成缩氨脲的结晶达到完全。在赫希漏斗中抽滤收集结晶,用少量水洗涤,在空气中干燥后称量并测定熔点。图 3.6.2 和图 3.6.3 分别为环己酮缩氨脲的 IR 和 ^{1}H NMR 谱图。

2. 呋喃甲醛缩氨脲的制备

用 0.4 mL 新蒸馏的呋喃甲醛代替环己酮重复 1 的步骤。图 3.6.4 和图 3.6.5 分别为呋喃甲醛缩氨脲的 IR 和 ^{1}H NMR 谱图。

3. 环己酮与呋喃甲醛在磷酸氢二钾溶液中与氨基脲的反应

将 3.0 g 盐酸氨基脲和 6.0 g 磷酸氢二钾溶解于 7.5 mL 水中 (称作溶液 W);制备 3.0 mL 环己酮和 2.5 mL 呋喃甲醛于 15 mL 95% 乙醇的溶液 (称作溶液 E)。

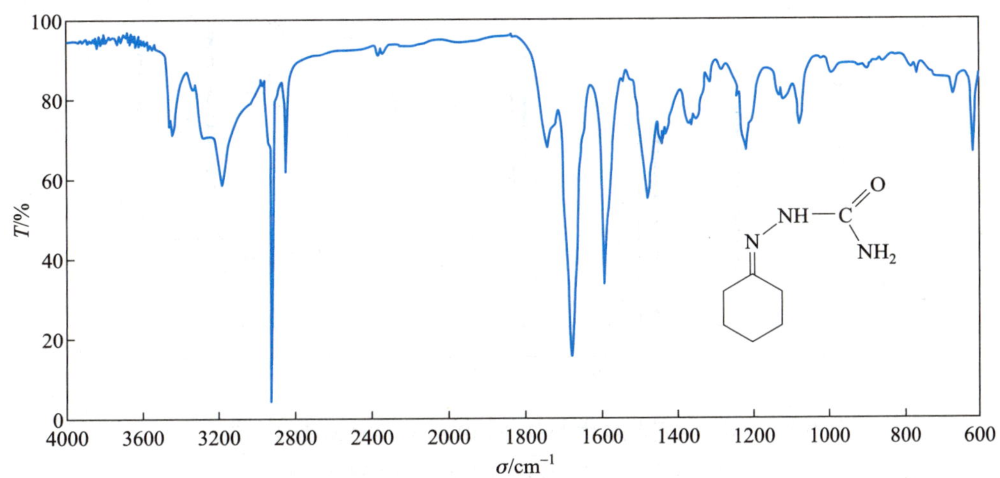

图 3.6.2 环己酮缩氨脲的 IR 谱图

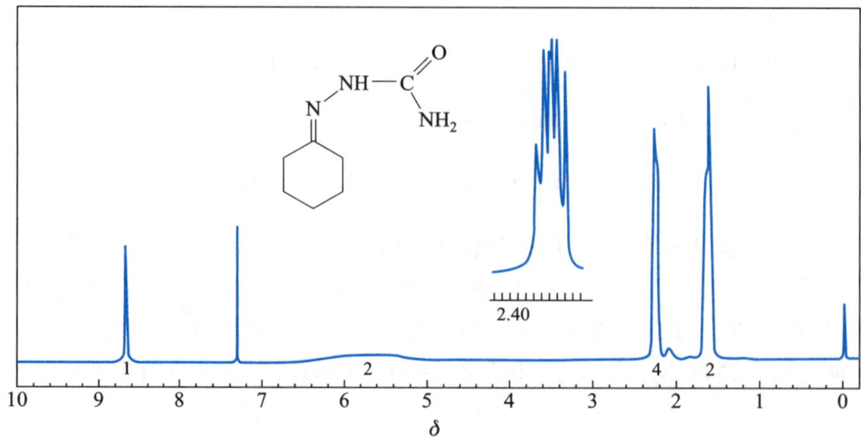

图 3.6.3　环己酮缩氨脲的 ^{1}H NMR 谱图 (300 MHz, $CDCl_3$)

^{13}C NMR 数据: δ 25.6, 25.8, 35.4, 153.4, 158.8

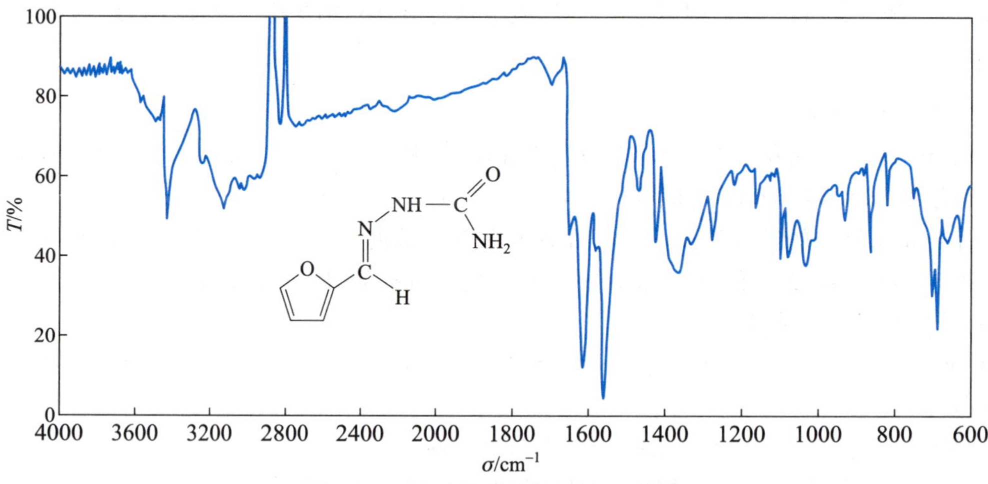

图 3.6.4　呋喃甲醛缩氨脲的 IR 谱图

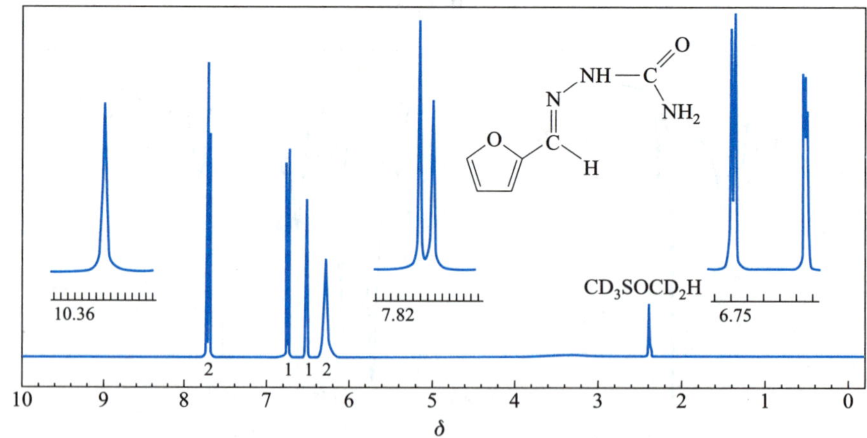

图 3.6.5　呋喃甲醛缩氨脲的 ^{1}H NMR 谱图 (300 MHz, DMSO-d_6)

^{13}C NMR 数据: δ 110.6, 111.8, 129.8, 143.8, 149.9, 156.4

(1) 在 0 ℃时的反应。取 2.5 mL 溶液 W 和 5 mL 溶液 E 于冰水浴中冷却 (0~2 ℃)。将溶液 E 加入溶液 W 中并充分摇振, 立即析出结晶。将反应混合物在冰水浴中放置 3~5 min, 抽滤收集结晶, 并用 2~3 mL 冷水洗涤, 在空气中干燥后称量并测定熔点。

(2) 在室温下的反应。将 5 mL 溶液 E 加到 2.5 mL 溶液 W 中, 1~2 min 内可观察到出现结晶。将反应混合物在室温下放置 5 min, 再在冰水浴中冷却 3~5 min。抽滤收集结晶, 并用少量冷水洗涤, 在空气中干燥后称量并测定熔点。

(3) 在 80 ℃时的反应。将 2.5 mL 溶液 W 和 5 mL 溶液 E 分别在沸水浴中加热至 80~85 ℃, 将溶液 E 加到溶液 W 中并摇振反应, 混合物继续在沸水浴中加热 10~15 min, 冷却至室温, 在冰水浴中放置 5~10 min。抽滤收集结晶, 用少量冷水洗涤, 在空气中干燥后称量并测定熔点。

4. 缩氨脲的可逆性试验

(1) 在 25 mL 锥形瓶中加入步骤 1 中制备的 0.3 g 环己酮缩氨脲、0.3 mL 呋喃甲醛、2 mL 95% 乙醇和 10 mL 水, 摇振并温热反应混合物直到形成均相的溶液。在沸水浴上继续加热 5 min。冷却至室温后接着在冰水浴中冷却。抽滤收集结晶, 用少量冷水洗涤。在空气中干燥后称量并测定熔点。

(2) 用步骤 2 中制备的 0.3 g 呋喃甲醛缩氨脲和 0.3 mL 环己酮重复上述步骤。

以表格形式记录实验结果, 并对结果进行分析, 说明哪一种产物是热力学控制产物, 哪一种产物是动力学控制产物, 以及它们之间的相互转化。

本实验需 6~7 h。

[注释]

[1] 本实验最好安排两人一组进行。

[思考题]

(1) 本实验中哪一种缩氨脲是动力学控制产物? 哪一种是热力学控制产物? 结论的实验依据是什么?

(2) 依据反应机理和产物结构对问题 (1) 的结论加以解释。

(3) 依据本实验的原料和产物, 画出反应示意的能线图。

(4) 氨基脲分子中有两种氨基, 为什么醛酮只与羰基不相连的氨基发生反应?

(5) 考虑环己酮缩氨脲的谱图:

(a) 指出 ^{1}H NMR 谱图中与吸收峰对应的氢核。

(b) 指出 ^{13}C NMR 数据中与吸收峰对应的碳核。

(6) 考虑环己酮和呋喃甲醛缩氨脲的 IR 谱图:

(a) 在 IR 谱图中 3500 cm^{-1} 附近出现不同形状的吸收, 指出与此有关的官能团。

(b) 两个 IR 谱图中在 3100~3400 cm^{-1} 区域均存在复杂的吸收, 对应什么官能团?

(c) 在呋喃甲醛缩氨脲的 IR 谱图中 1700 cm^{-1} 附近的吸收与什么官能团有关?

(7) 考虑呋喃甲醛缩氨脲的 NMR 谱图:

(a) 指出 ^{1}H NMR 谱图中与吸收峰对应的氢核。

(b) 指出 ^{13}C NMR 数据中与吸收峰对应的碳核。

3.7 芳环的亲电取代

苯环环状闭合的共轭体系，使其具有特殊的稳定性，并导致了芳香族化合物的特性——芳香性。芳香烃最典型最重要的性质是发生亲电取代反应。选择不同的亲电试剂，可以发生卤化、硝化、磺化、烷基化和酰基化等反应，生成一系列具有重要用途的化合物。

$$\underset{\text{芳香烃}}{Ar{-}H} + \underset{\text{亲电试剂}}{E^+} \longrightarrow \underset{\text{取代产物}}{Ar{-}E} + H^+$$

以苯为例，亲电取代反应的机理如下，决定反应速率的步骤是 α-络合物的生成：

第一步，亲电试剂的生成：

$$E{-}Nu \xrightleftharpoons{\text{催化剂}} E^+ + Nu:^-$$

第二步，亲电试剂与苯环反应，生成 α-络合物：

$$C_6H_6 + E^+ \xrightleftharpoons{\text{慢}} [C_6H_6E]^+ \ (\alpha\text{-络合物})$$

第三步，失去质子，生成取代产物：

$$[C_6H_6E]^+ \xrightleftharpoons{\text{快}} C_6H_5E + H^+$$

Friedel-Crafts 烷基化是将烷基导入苯环的方法，有着广泛的应用和重要的工业价值。

$$Ar{-}H + R{-}X \xrightleftharpoons{\text{催化剂}} Ar{-}R + HX$$

常用的烷基化试剂为卤代烷，其他能产生碳正离子的化合物如烯、醇等也可作为烷基化试剂。常用的催化剂为无水 $AlCl_3$，其他 Lewis 酸如 $ZnCl_2$、$FeCl_3$、BF_3 及质子酸也有类似的催化活性。催化剂的作用是产生亲电试剂——碳正离子。

$$R{-}X + AlCl_3 \rightleftharpoons R^+ + X\bar{A}lCl_3$$

工业上通常用烯烃作烃化试剂，使用三氯化铝-氯化氢-烃的液态络合物、磷酸、无水氯化氢及浓硫酸作催化剂。

烃化反应的局限性：一是由于生成的烷基苯比苯更活泼，容易发生多元取代，生成二烷基和多烷基苯，这可通过加入过量的芳香烃和控制反应温度来加以抑制；二是发生重排反应，由于反应是通过碳正离子机理来进行的，可以预料，当使用伯卤代烷和某些仲卤代烷时，主要得到能生成更稳定碳正离子的重排产物，因此，烃化反应不能用于制备含两个碳原子以上的直链烷基苯；三是芳环上含强的吸电子基如 NO_2，$R_3\overset{+}{N}$、CN、C(=O)R 时，反应产率很低或反应不能进行，这是由于碳正离子是较弱的亲电试剂。

烃化反应是放热反应，但它有一个诱导期，所以操作时要注意温度的变化。

由于三氯化铝遇水或潮气会分解失效，故反应时所用仪器和试剂都应是干燥和无水的。

Friedel-Crafts 酰基化是制备芳香酮的主要方法。在无水三氯化铝存在下，酰氯或酸酐与芳香烃反应，得到高产率的烷基芳基酮或二芳基酮。

$$RCOCl + ArH \xrightarrow{\text{无水}AlCl_3} RCOAr + HCl$$

$$Ar'COCl + ArH \xrightarrow{\text{无水}AlCl_3} Ar'COAr + HCl$$

由于羰基的致钝作用，酰基化不发生多元取代，产物纯度高。制备中常用酸酐代替酰氯作为酰化试剂，这是由于酸酐原料易得，纯度高，操作方便，无有害气体放出，产物容易提纯。

三氯化铝的作用是促使产生亲电试剂——酰基阳离子。酰基化反应与烷基化反应不同，烷基化反应所用三氯化铝是催化量的 (0.1 mol)；而在酰基化反应中，当用酰氯作酰基化试剂时，三氯化铝的用量约为 1.1 mol，因三氯化铝与反应中产生的芳基酮形成络合物 $[ArCO]^+[AlCl_4]^-$；当使用酸酐时，三氯化铝则需使用 2.1 mol，因反应中产生的有机酸也会与三氯化铝反应。其催化作用如下所示：

$$R-\overset{\overset{\large O}{\|}}{C}-Cl + AlCl_3 \longrightarrow \left[R-\overset{+}{C}=\ddot{O}: \longleftrightarrow R-C\equiv\overset{+}{O}\right] + \left[AlCl_4\right]^-$$

硝化反应是制备芳香族硝基化合物的主要方法，也是最重要的亲电取代反应之一。尽管芳香族硝基化合物本身用途有限，主要用作炸药和助爆剂 (如 TNT、特屈儿等)，但它很容易被还原为芳香胺，通过芳香胺和重氮盐间接地转化为多种芳香族化合物，因而是一类重要的有机合成中间体。硝基苯本身也是良好的溶剂，既溶解有机物，也可溶解许多无机盐 ($AlCl_3$、$FeCl_3$ 等)，有时也作为反应介质或重结晶的溶剂。

芳香烃的硝化较容易进行，在浓硫酸存在下与浓硝酸作用，芳香烃的氢原子被硝基取代，生成相应的硝基化合物，例如：

$$C_6H_6 + HNO_3(\text{浓}) \xrightarrow[50\sim55\ ^\circ C]{\text{浓硫酸}} C_6H_5NO_2 + H_2O$$

浓硫酸的作用是提供强酸的介质，有利于亲电试剂硝酰阳离子的生成：

$$H\ddot{O}-NO_2 \xrightleftharpoons{H-OSO_3H} H_2\overset{+}{O}-NO_2 \rightleftharpoons H_2O + \overset{+}{N}O_2\ (O=\overset{+}{N}=O)$$

需要指出，根据不同的硝化对象，硝化试剂也不止一种。可以使用浓硝酸与浓硫酸的混合物 (混合酸)，也可以单独使用硝酸或硝酸溶于冰乙酸及乙酸酐的溶液。选择合适的硝化试剂和反应条件，主要取决于硝化对象的反应活性、其在硝化介质中的溶解度及产物是否容易分离提纯等因素。许多对氧化敏感的酚类化合物的硝化一般采用稀硝酸。

硝化反应通常在较低的温度下进行，在较高的温度下，硝酸的氧化作用往往导致原料的损失。对于用混合酸难硝化的化合物，可以采用发烟硫酸 (含三氧化硫 60% 以上) 或发烟硝酸，如硝基苯可利用发烟硝酸和浓硫酸的混合物转化为间二硝基苯 (收率 90%)。

本节将通过 2-叔丁基对苯二酚、对甲基苯乙酮、乙酰二茂铁、邻 (对) 硝基苯酚、对硝基溴苯、2-硝基-1,3-苯二酚、间二硝基苯和对溴乙酰苯胺等化合物的制备及不同芳香族化合物亲电取代反应活性的比较，加深对芳香族化合物亲电取代反应的理解。

实验十五 2-叔丁基对苯二酚
(2-*tert*-butyl hydroqninone)

2-叔丁基对苯二酚又称叔丁基氢醌，简记为 TBHQ，属于酚类抗氧化剂，具有抗氧化和阻聚性能，且价格低廉、低毒，广泛用作橡胶、塑料的抗氧剂及食品的添加剂，可由叔丁醇作烷基化试剂，在酸催化下与对苯二酚发生烷基化反应而制得，也可由烯烃作烷基化试剂进行合成。

[反应式]

$$\text{HO-}C_6H_4\text{-OH} + (CH_3)_3COH \xrightarrow{H_3PO_4} \text{HO-}C_6H_3(C(CH_3)_3)\text{-OH} + H_2O$$

[试剂]

1.1 g (0.01 mol) 对苯二酚，0.75 g (1 mL，0.01 mol) 叔丁醇，85% 磷酸，甲苯。

[步骤]

在装有搅拌磁子的 50 mL 三颈烧瓶上，装置回流冷凝管和温度计。依次将 1.1 g 对苯二酚，4 mL 85% 的磷酸和 5 mL 甲苯加到三颈烧瓶中。

开动搅拌，在沸水浴中加热使反应瓶中的混合物升温至 90 ℃，用滴管向反应瓶中分批滴加 1 mL 叔丁醇，用少许甲苯涮洗盛器，并将涮洗液加入反应瓶中，控制反应温度在 90～95 ℃。滴加完毕 (需 10～15 min)，在沸水浴加热下继续搅拌 20 min，直至混合物中的固体全部溶解为止[1]。

趁热将反应物转入分液漏斗分出磷酸层，有机相重新转入三颈烧瓶中，加入 10 mL 水，进行水蒸气蒸馏，蒸除溶剂。除去甲苯后，将三颈烧瓶中的剩余物趁热过滤，弃去不溶物，滤液转入烧杯中，如剩余液体积不足 10 mL，应补加热水，使产物被热水所提取[2]。将滤液在冰浴中冷却，析出白色晶体，抽滤，并用少量冷水洗涤两次，在空气中干燥。产量约为 1 g，测熔点。

纯 2-叔丁基对苯二酚为无色针状结晶，熔点为 128 ℃。图 3.7.1 为 2-叔丁基对苯二酚的 IR 谱图。

本实验需 3～4 h。

[注释]

[1] 对苯二酚不溶于甲苯，而 2-叔丁基对苯二酚溶于甲苯，故当固体物质对苯二酚全溶时，可视为反应已经完成。

[2] 2-叔丁基对苯二酚微溶于冷水而可溶于热水，二取代物 2,5-二叔丁基对苯二酚不溶于热水。

[思考题]

(1) 写出对苯二酚叔丁基化的反应机理。本实验以甲苯作溶剂是否会发生甲苯的烷基化反应?

(2) 本实验的主要副反应是什么? 实验中采取了哪些措施减少副反应的发生?

(3) 水蒸气蒸馏除去甲苯时，如何判断终点? 水蒸气蒸馏结束后，为什么要趁热过滤?

(4) 考虑 2-叔丁基对苯二酚的 IR 谱图 (见图 3.7.1)，指出酚羟基和芳环 π 键及质子吸收峰的位置。

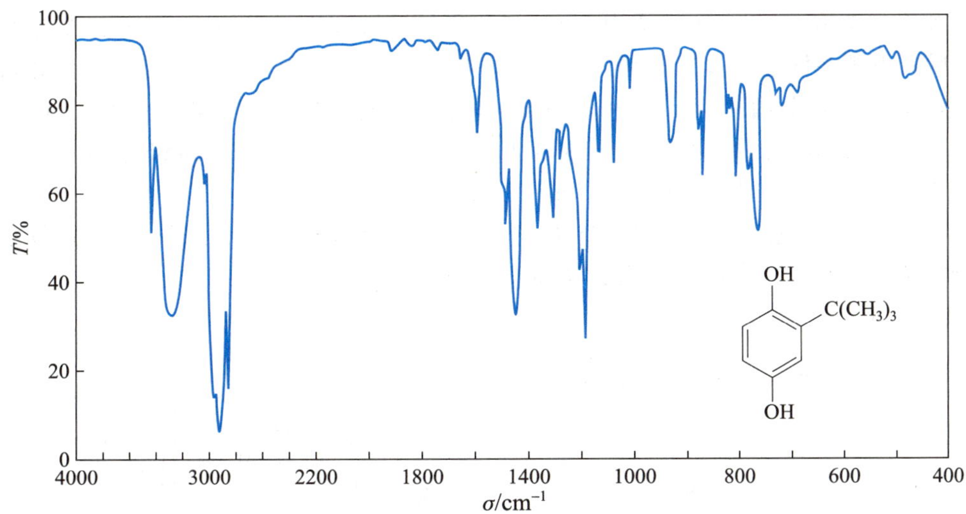

图 3.7.1 2-叔丁基-对苯二酚的 IR 谱图 (研糊法)

实验十六 对甲基苯乙酮
(*p*-methyl acetophenone)

对甲基苯乙酮有类似山楂花的芳香，并有像紫苜蓿、蜂蜜或草莓的香味，花果香味尖锐而带甜，可用于配制金合欢型皂用紫丁香型香精，也可作果味食品香精。

[反应式]

$$C_6H_5CH_3 + (CH_3CO)_2O \xrightarrow{\text{无水}AlCl_3} H_3C-C_6H_4-COCH_3 + CH_3COOH$$

可能的副产物是邻甲基苯乙酮，它与主产物之比一般不超过 1∶20。

[试剂]

甲苯 16.3 g (19 mL, 177 mmol), 乙酸酐 4.3 g (4 mL, 42 mmol), 无水三氯化铝 13.0 g (98 mmol), 浓盐酸, 5% 氢氧化钠溶液, 无水硫酸镁。

[步骤]

在 100 mL 三颈烧瓶中[1]，分别装置冷凝管和滴液漏斗，冷凝管上端装一氯化钙干燥管，干燥管再与氯化氢气体吸收装置相连。

迅速称取 13 g 经研细的无水三氯化铝[2]，加入三颈烧瓶中，再加入 19 mL 无水甲苯，塞住另一瓶口，自滴液漏斗慢慢滴加 4.0 mL 乙酸酐，控制滴加速率勿使反应过于激烈，以三颈烧瓶稍热为宜。边滴加边摇荡三颈烧瓶，15~20 min 滴加完毕。加完后，在电热套中回流 20~30 min，直至不再有氯化氢气体逸出为止。

将反应物冷却至室温，在搅拌下倒入盛有 30 mL 浓盐酸和 35 g 碎冰的烧杯中进行分解 (在通风橱中进行)。当固体完全溶解后，将混合物转入分液漏斗，分出有机层，水层每次用 10 mL 甲苯萃取两次。

合并有机层和甲苯萃取液，依次用等体积的 5% 氢氧化钠溶液和水洗涤一次，用无水硫酸镁干燥。

将干燥后的甲苯溶液滤入蒸馏瓶，先蒸去甲苯[3]，当馏分温度升至 140 ℃ 左右时停止加热。稍冷后改用空气冷凝管进行蒸馏，收集 220~225 ℃ 的馏分[4]。或把装置改为减压蒸馏装置，先用水泵减压蒸馏进一步除去甲苯，然后用油泵减压蒸馏，收集 112.5 ℃/1.46 kPa (11 mmHg) 或 93.5 ℃/0.93 kPa (7 mmHg) 的馏分，可得对甲基苯乙酮 4~4.5 g。

纯对甲基苯乙酮为无色液体，沸点为 225 ℃/98.1 kPa (736 mmHg)，熔点为 28 ℃，折射率 n_D^{20} 为 1.5335。图 3.7.2 和图 3.7.3 分别为对甲基苯乙酮的 IR 和 ^{1}H NMR 谱图。

本实验需 6~8 h。

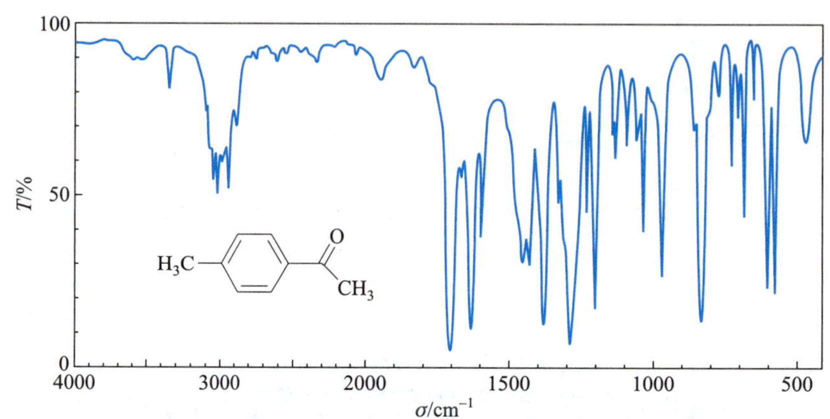

图 3.7.2　对甲基苯乙酮的 IR 谱图

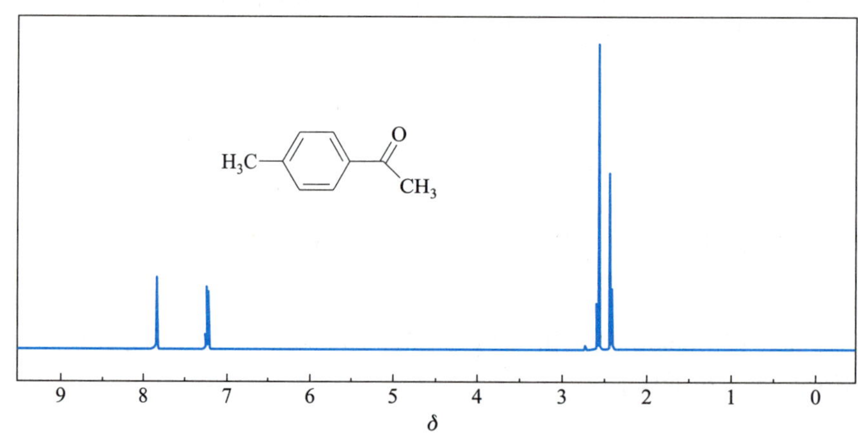

图 3.7.3　对甲基苯乙酮的 ^{1}H NMR 谱图

[注释]

[1] 本实验所用仪器和试剂均需充分干燥，否则影响反应顺利进行，装置中凡是与空气相通的部位均应装置干燥管。

[2] 无水三氯化铝的质量是本实验成功的关键。三氯化铝易潮解，研细、称量及投料均要迅速，并避免长时间暴露在空气中。可在带塞的锥形瓶中称量。

[3] 由于最终产物不多，宜选用较小的蒸馏瓶，甲苯溶液可用分液漏斗分批加入蒸馏瓶中。

[4] 为减少产品黏附造成的损失，可省去空气冷凝管直接与尾接管相连。

[思考题]

(1) 水和潮气对本实验有何影响? 在仪器装置和操作中应注意哪些事项? 为什么要迅速称取无水三氯化铝?

(2) 反应完成后为什么要加入浓盐酸和冰水的混合液?

(3) 在烷基化和酰基化反应中, 三氯化铝的用量有何不同? 为什么?

(4) 下列试剂在无水三氯化铝存在下相互作用, 应得到什么产物?

(a) 过量苯和 $ClCH_2CH_2Cl$

(b) 氯苯和丙酸酐

(c) 甲苯和邻苯二甲酸酐

(d) 溴苯和乙酸酐

(5) 指出对甲基苯乙酮 IR 谱图中羰基吸收峰和芳环 π 键吸收峰的位置。

(6) 指出对甲基苯乙酮 ^{1}H NMR 谱图中与吸收峰对应的氢核。

实验十七 乙酰二茂铁 (acetylferrocene)

1951 年二茂铁的发现 (Kealey 和 Panson) 是有机化学的一个重要事件。二茂铁是橙色的固体, 它是由两个环戊二烯负离子与亚铁离子结合而成的, 具有反常的稳定性, 加热到 470 ℃ 以上才开始分解, 可用作火箭燃料的添加剂、汽油的抗爆剂和紫外光吸收剂等。

二茂铁具有类似夹心面包式的夹层结构:

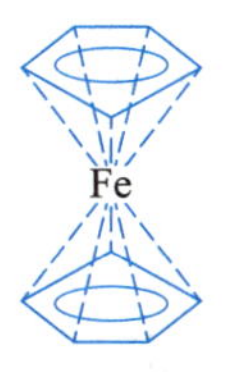

即铁原子夹在两个环中间, 依靠环中 π 电子成键, 10 个碳原子等同地与中间的亚铁离子键合, 后者的外电子层含有 18 个电子, 达到惰性气体氪的电子结构, 分子有一个对称中心, 两个环是交错的。二茂铁的发现与合成对传统的价键理论提出了挑战, 它标志着有机金属化合物一个新领域的开始, 许多过渡金属都能形成同类型的化合物。英国化学家 Wilkinson 和德国化学家 Fischer 由于确定了二茂铁的结构获得了 1973 年诺贝尔化学奖。

二茂铁具有类似于苯的一些芳香性, 比苯更容易发生亲电取代反应, 例如 Friedel-Crafts 反应。但对氧化的敏感性限制了它在合成中的应用, 二茂铁的反应通常需在隔绝空气下进行。

酰化时由于催化剂和反应条件不同, 可得到乙酰二茂铁或 1,1′-二乙酰二茂铁:

Fe $\xrightarrow[\text{催化剂}]{(CH_3CO)_2O}$ Fe—$\overset{O}{\overset{\|}{C}}CH_3$ $\xrightarrow[\text{催化剂}]{(CH_3CO)_2O}$ $H_3C\overset{O}{\overset{\|}{C}}$— Fe —$\overset{O}{\overset{\|}{C}}CH_3$

与苯的衍生物的反应相似，由于乙酰基的致钝作用，使两个乙酰基并不在一个环上。虽然二茂铁的交叉构象是占优势的，但发现二乙酰二茂铁只有一种，说明环戊二烯能够绕着与金属键合的轴旋转。

[试剂]

0.5 g (0.0027 mol) 二茂铁, 5.4 g (5 mL, 0.05 mol) 乙酸酐, 85% 磷酸, 碳酸氢钠, 石油醚 (bp 60～90 ℃), 苯, 乙醇, 环己烷, 无水乙醚。

[步骤]

1. 乙酰二茂铁的制备

在干燥的 25 mL 圆底烧瓶中, 加入 0.5 g 二茂铁和 5 mL 乙酸酐[1], 在摇荡下用滴管慢慢加入 1 mL 85% 磷酸。加完后用装有氯化钙干燥管的塞子塞住瓶口, 在沸水浴上加热 15 min, 并时加摇荡。然后将反应混合物倾入盛有 20 g 碎冰的 200 mL 烧杯中, 并用 5 mL 冷水涮洗烧瓶, 将涮洗液并入烧杯。在搅拌下, 分批加入 15 mL 6 mol·L^{-1} 的氢氧化钠溶液, 用 pH 试纸检验至溶液 pH 为 7～8 为止。将中和后的反应液置于冷水浴中冷却至室温, 用赫希漏斗抽滤收集析出的橙黄色固体, 每次用 5 mL 水洗涤两次, 抽干后在空气中干燥, 用石油醚 (bp 60～90 ℃) 重结晶, 产量为 0.15～0.2 g, 熔点为 84～85 ℃。

纯乙酰二茂铁的熔点为 85 ℃。

2. 乙酰二茂铁的薄层色谱

取少许干燥后的粗产物溶于无水乙醚[2], 在硅胶 G 板上点样, 用 1∶3 (体积比) 的无水乙醚-环己烷作展开剂, 薄层板从上至下出现黄色、橙色和橙红色三个点, 分别代表二茂铁、乙酰二茂铁和 1,1′-二乙酰二茂铁, 测定其 R_f 值。薄层色谱也可用来观察反应进程。在反应期间用滴管在液面上吸取 1 滴反应液于小试管中, 滴入几滴无水乙醚, 所得溶液用薄层色谱展开, 以了解反应进程。当二茂铁的斑点很浅时, 表示反应基本完成。

3. 乙酰二茂铁的柱色谱分离

称取 0.1 g 干燥后的粗产物置于小试管中, 加入 1 mL 正己烷溶解。量取 25 mL 环己烷于锥形瓶中作洗脱液。用 1 cm×10 cm 色谱管或合适的酸式滴定管作色谱柱, 称取 5 g Ⅲ 级氧化铝 (60～80 目) 湿法装柱。先用环己烷洗脱, 当第一个浅黄色的色带流出时, 换一个接收瓶接收, 它就是未反应的原料二茂铁, 收集洗脱液约 15 mL。接着用 50∶50 (体积比) 的环己烷-无水乙醚洗脱, 可观察到橙红色的色带较快地向下移动, 这就是产物乙酰二茂铁。当橙红色的色带完全洗出时, 收集 15～20 mL 环己烷-无水乙醚溶液。将两种洗脱液分别在水浴上蒸馏, 回收溶剂。称量纯化后的产物, 测熔点。

图 3.7.4～图 3.7.7 分别为二茂铁和乙酰二茂铁的 IR 和 ^{1}H NMR 谱图。

本实验约需 7 h。

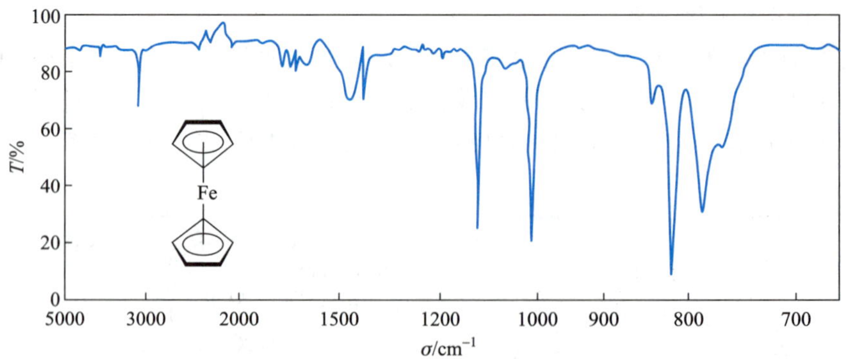

图 3.7.4 二茂铁的 IR 谱图

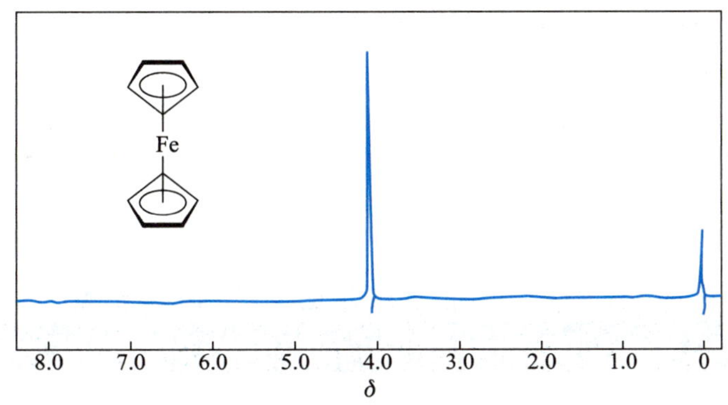

图 3.7.5 二茂铁的 ^{1}H NMR 谱图

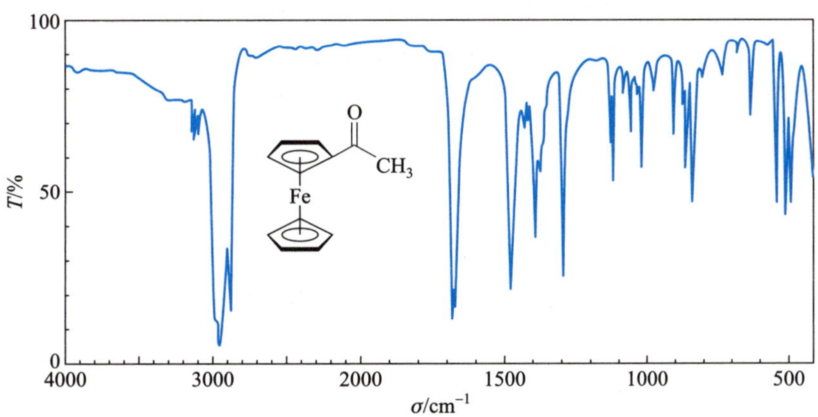

图 3.7.6 乙酰二茂铁的 IR 谱图

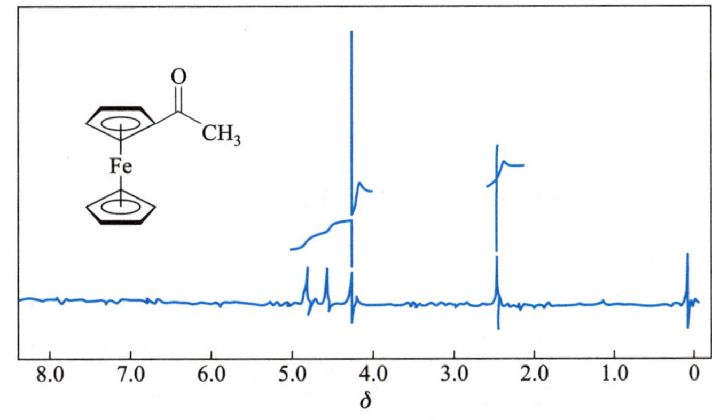

图 3.7.7 乙酰二茂铁的 ^{1}H NMR 谱图

[注释]

[1] 乙酸酐使用前通常需重新蒸馏。

[2] 为避免使用毒性较大的苯,可用无水乙醚溶解样品。

[思考题]

(1) 二茂铁酰化并形成二酰基二茂铁时,第二个酰基为什么不能进入第一个酰基所在的环上?

(2) 二茂铁比苯更容易发生亲电取代,为什么不能用混酸进行硝化?

(3) 指出二茂铁 IR 谱图中环上 π 键吸收峰的位置。

(4) 考虑乙酰二茂铁的谱图:

(a) 指出 IR 谱图中羰基和环上 π 键吸收峰的位置。

(b) 指出与 ^{1}H NMR 谱图中吸收峰对应的氢核。

实验十八 邻硝基苯酚和对硝基苯酚
(*o*-nitro phenol and *p*-nitro phenol)

苯酚很容易硝化,与冷的稀硝酸作用,即生成邻硝基苯酚和对硝基苯酚的混合物。实验室多用硝酸钠 (或硝酸钾) 与稀硫酸的混合物代替稀硝酸,以减少苯酚被硝酸氧化的可能性,并有利于增加对硝基苯酚的产量,尽管如此,仍不可避免地有部分苯酚被氧化,生成少量焦油状物质。

由于邻硝基苯酚通过分子内氢键能形成六元环,而对硝基苯酚只能通过分子间氢键形成缔合体:

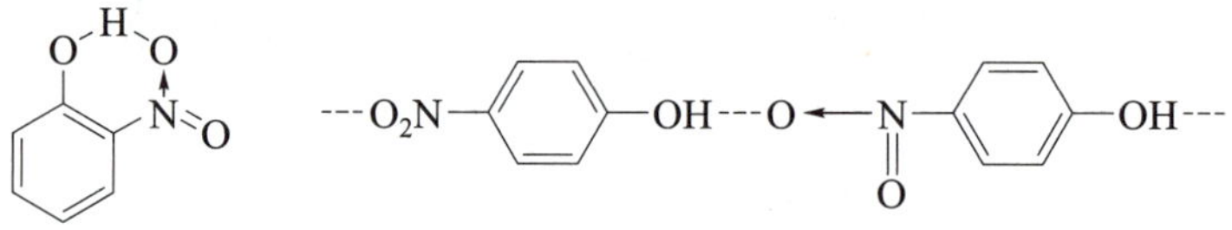

$$---O_2N-C_6H_4-OH---O\leftarrow N(=O)-C_6H_4-OH---$$

因此,邻硝基苯酚沸点较对位的低,在水中溶解度也较对位低得多,易随水蒸气挥发,与对位异构体分离。

[反应式]

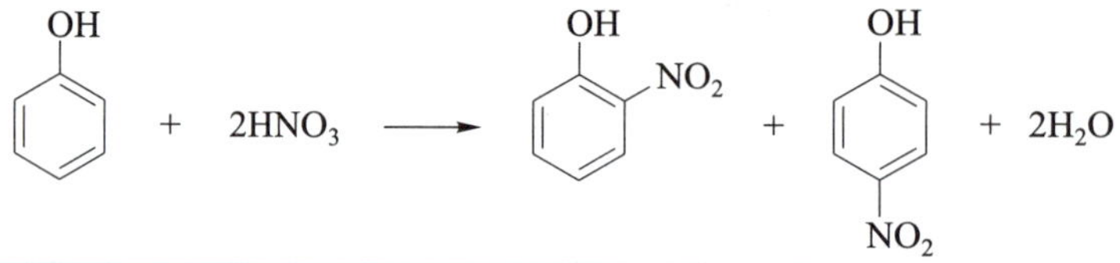

$$C_6H_5OH + 2HNO_3 \longrightarrow o\text{-}C_6H_4(OH)NO_2 + p\text{-}C_6H_4(OH)NO_2 + 2H_2O$$

[试剂]

3.5 g (0.037 mol) 苯酚, 5.8 g (0.068 mol) 硝酸钠, 9.5 g (5.2 mL, 0.096 mol) 浓硫酸, 浓盐酸。

[步骤]

在 100 mL 三颈烧瓶中放置 15 mL 水,慢慢加入 5.2 mL 浓硫酸,再加入 5.8 g 硝酸钠,待硝酸钠全溶后,装上温度计和滴液漏斗,将三颈烧瓶置于冰浴中冷却。在小烧杯中称取 3.5 g 苯酚[1],并加入 1 mL 水,温热搅拌使溶解,冷却后转入滴液漏斗中。在摇荡下自滴液漏斗向三颈烧瓶中逐滴加入苯酚水溶液,用冰水浴控制反应温度在 10~15 ℃[2]。滴加完毕后,保持同样温度放置 0.5 h,并时加摇振,使反应完全。此时反应液为黑色焦油状物质,用冰水浴冷却,使焦油状物固化。小心倾滗出酸液,固体物每次用 10 mL 水洗涤 3 次[3],以除去剩余的酸液。然后将黑色油状固体进行水蒸气蒸馏 (装置见图 2.6.20),直至冷凝管中无黄色油滴馏出为止[4]。馏液冷却后粗邻硝基苯酚迅速凝成黄色固体,抽滤收集后干燥,粗产物约 1.5 g,用乙醇-水混合溶剂重结晶[5],可得亮黄色针状晶体约为 1 g,熔点为 45 ℃。

在水蒸气蒸馏后的残液中,加水至总体积约 40 mL,再加入 2.5 mL 浓盐酸和 0.5 g 活性炭,加热煮沸 10 min,趁热过滤。滤液再用活性炭脱色一次。将两次脱色后的溶液加热,用滴管将它分批滴入浸在冰水浴内的另一烧杯中,边滴加边搅拌,粗对硝基苯酚立即析出。抽滤,干燥后约 1 g,用 2% 稀盐酸重结晶，得无色针状晶体约为 0.5 g，熔点为 114 ℃。

纯邻硝基苯酚的熔点为 45.3～45.7 ℃，对硝基苯酚的熔点为 114.9～115.6 ℃。

本实验需 7～8 h。

[注释]

[1] 苯酚室温时为固体 (熔点 41 ℃)，可用温水浴温热熔化，加水可降低酚的熔点，使呈液态，有利于反应。苯酚对皮肤有较大的腐蚀性，如不慎弄到皮肤上，应立即用肥皂和水冲洗。

[2] 由于酚与酸不互溶，故需不断振荡使其充分接触，达到反应完全，同时可防止局部过热现象。反应温度超过 20 ℃时，硝基酚可继续硝化或被氧化，使产量降低。若温度较低，则对硝基苯酚所占比例有所增加。

[3] 最好将反应瓶放入冰水浴或冰柜中冷却，使油状物固化，这样洗涤较为方便。如反应温度较高，黑色油状物难以固化。用倾滗法洗涤时，可先用滴管吸取少量酸液。残余酸液必须洗除，否则在水蒸气蒸馏过程中，由于温度升高，会使硝基苯酚进一步硝化或氧化。

[4] 水蒸气蒸馏时，往往由于邻硝苯酚的晶体析出而堵塞冷凝管。此时必须调节冷凝水，让热蒸气通过使其熔化，然后再慢慢开大水流，以免热蒸气使邻硝基苯酚伴随逸出。

[5] 先将粗邻硝基苯酚溶于热的乙醇 (40～45 ℃) 中，过滤后，滴入温水至出现混浊。然后在温水浴 (40～45 ℃) 温热或滴入少量乙醇至清，冷却后即析出亮黄色针状的邻硝基苯酚。

[思考题]

(1) 本实验有哪些可能的副反应？如何减少这些副反应的产生？

(2) 试比较苯、硝基苯、苯酚硝化的难易性，并解释其原因？

(3) 为什么邻硝基苯酚和对硝基苯酚可采用水蒸气蒸馏来加以分离？

(4) 在重结晶邻硝基苯酚时，为什么在加入乙醇温热后常易出现油状物？如何使它消失？后来在滴加水时，也常会析出油状物，应如何避免？

(5) 为什么在纯化固体产物时，总是先用其他方法除去副产物、原料和杂质后，再进行重结晶来提纯？反应完后直接用重结晶来提纯是否可以？为什么？

实验十九 对硝基溴苯

(*p*-nitrobromobenzene)

溴苯硝化产生邻硝基溴苯和对硝基溴苯的混合物，由于邻位异构体较对位异构体有较大的极性，可利用乙醇重结晶加以分离。

[反应式]

$$C_6H_5Br + HNO_3 \xrightarrow{\text{浓硫酸}} p\text{-}BrC_6H_4NO_2 + o\text{-}BrC_6H_4NO_2$$

[试剂]

3.45 g (2.3 mL, 0.022 mol) 溴苯，2.85 g (2 mL, 0.045 mol) 浓硝酸 (相对密度 1.42)，3.7 g (2 mL, 0.038 mol) 浓硫酸 (相对密度 1.84)，95% 乙醇。

[步骤]

1. 对硝基溴苯的制备

在 50 mL 圆底烧瓶中混合 2 mL 浓硝酸[1] 和 2 mL 浓硫酸，然后在瓶口加 Y 形管。Y 形管一口接冷凝器，一口插入温度计至反应瓶底部 5 mm 处。待混合酸冷却至室温后，从冷凝管分批加入 2.3 mL 溴苯，每批 0.25～0.5 mL，并时加摇振，控制反应液温度在 50～60 ℃，必要时可用冷水浴冷却，10～15 min 加完[2]。当放热反应结束，反应液温度不再上升时，将反应瓶置于沸水浴中继续加热 15 min，促使反应完全。

待反应物冷却至室温后，在充分搅拌下[3] 倒入 30 mL 冷水中，抽滤析出的硝化产物，用冷水反复洗涤至滤液接近中性 (pH = 7～8)，将滤饼尽可能在抽滤下压干。粗产物用 95% 乙醇重结晶[4] (约需 25 mL)，让溶液慢慢冷却至室温，再置于冰水中冷却，抽滤析出的对硝基溴苯[5]，用少量冷乙醇洗涤，在空气中干燥，产量为 2～2.5 g，测熔点。

2. 对硝基溴苯的薄层色谱

在两个小试管中，分别制备对硝基溴苯和含邻硝基溴苯油状物溶于 0.5 mL 二氯甲烷的溶液，在 TLC 板上点样。用 9∶1 的己烷–乙酸乙酯作展开剂。当溶剂前沿距板顶 0.5 cm 处时，迅速取出薄层板，用铅笔标记溶剂前沿。待薄层板干燥后，用紫外灯或饱和碘蒸气显色，计算邻硝基溴苯的对硝基溴苯的 R_f 值。在接近原点处可观察到一颜色较浅的点，为 2,4–二硝基溴苯。

纯对硝基溴苯的熔点为 125 ℃。图 3.7.8～图 3.7.13 分别为溴苯、对硝基溴苯和邻硝基溴苯的 IR 及 NMR 谱图。

本实验需 3～4 h。

[注释]

[1] 发烟硝酸是强腐蚀性试剂，应在通风橱内小心量取。如果不慎沾到手上，可先用水冲洗后用皂液擦洗。

[2] 也可用加入溴苯的间隔时间和用量控制反应进行得不致过于激烈。

[3] 搅拌不充分时，酸液可能包藏在固体颗粒内，影响提纯。

[4] 邻硝基溴苯室温下可溶于乙醇，对位异构体室温下的溶解度为 1.2 g · (100 mL)$^{-1}$。

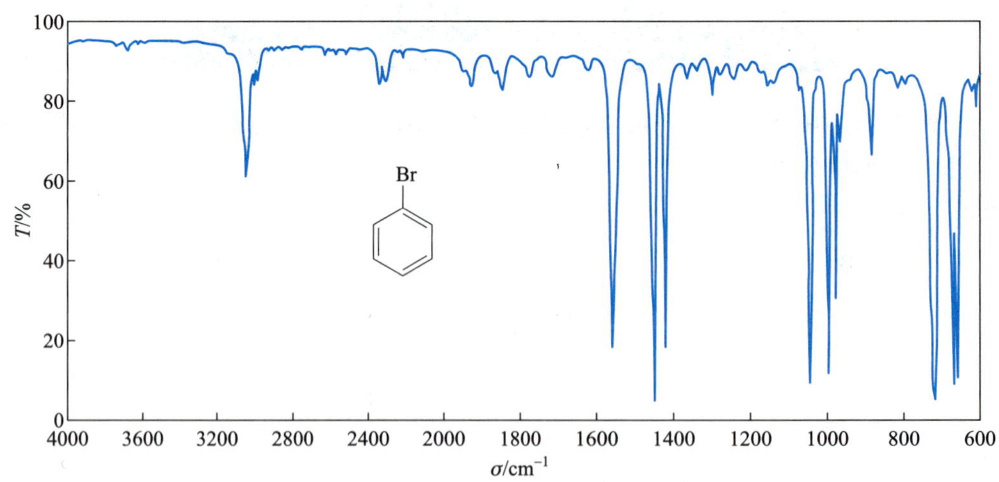

图 3.7.8 溴苯的 IR 谱图

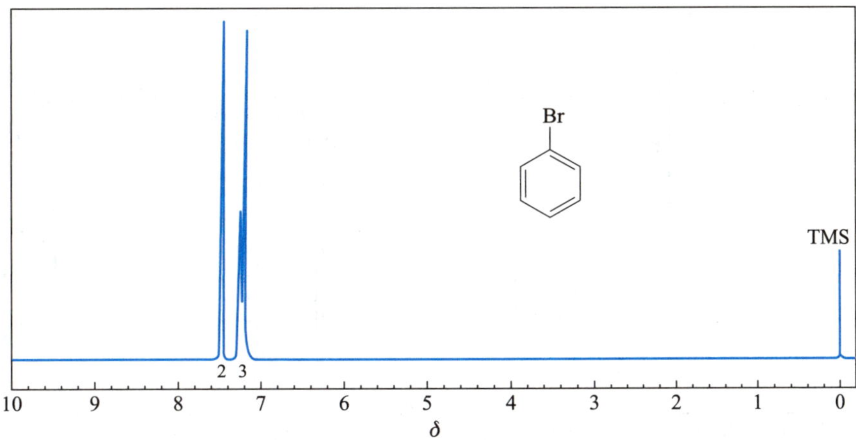

图 3.7.9 溴苯的 ^{1}H NMR 谱图 (300 MHz, $CDCl_3$)

^{13}C NMR 数据: δ 122.5, 126.7, 129.8, 131.4

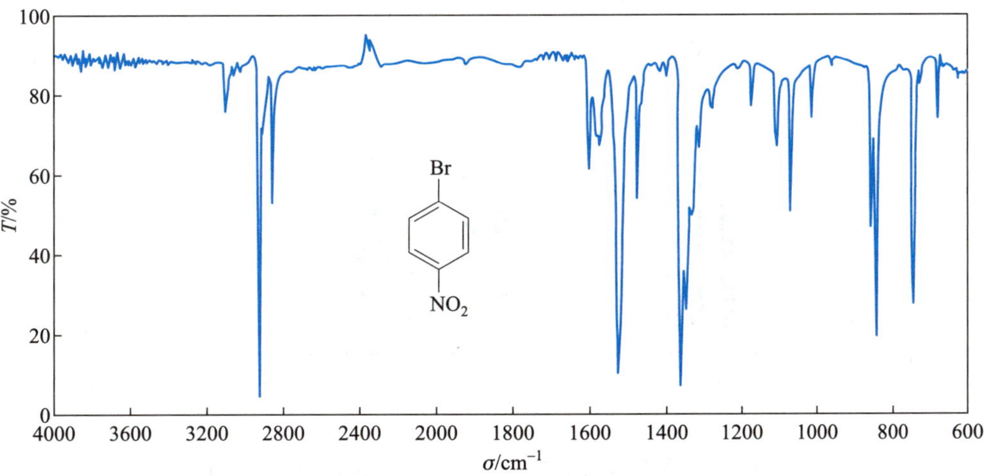

图 3.7.10 对硝基溴苯的 IR 谱图

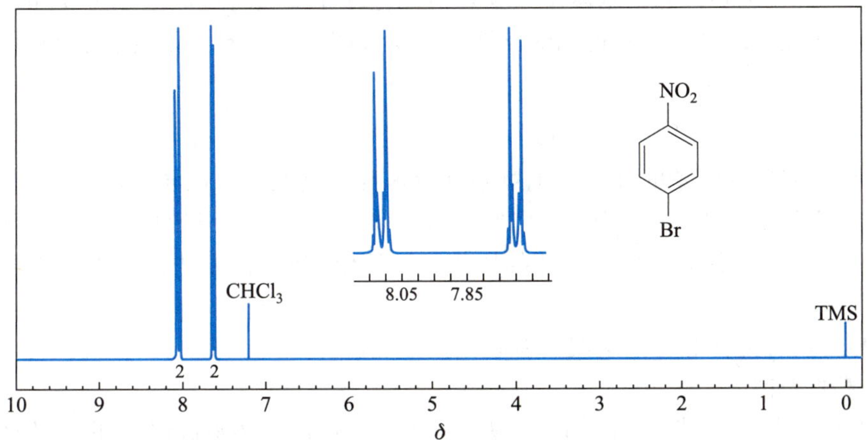

图 3.7.11 对硝基溴苯的 ^{1}H NMR 谱图 (300 MHz, $CDCl_3$)

^{13}C NMR 数据: δ 124.9, 129.8, 132.5, 147.0

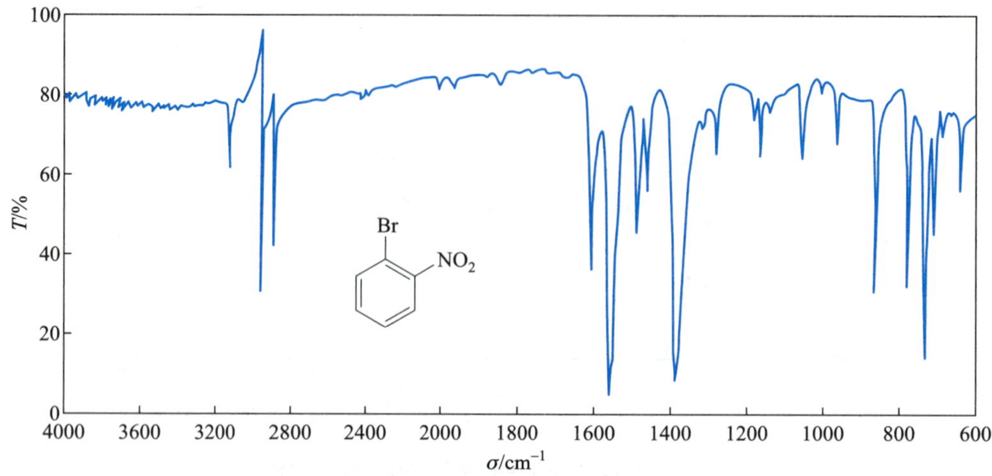

图 3.7.12　邻硝基溴苯的 IR 谱图

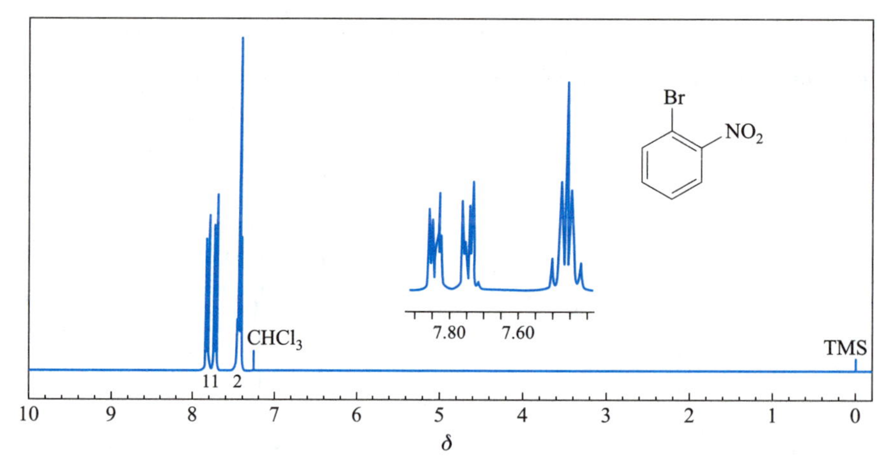

图 3.7.13　邻硝基溴苯的 ^{1}H NMR 谱图 (300 MHz, $CDCl_3$)

^{13}C NMR 数据: δ 114.1, 125.4, 128.2, 133.2, 134.8, 136.4

[5] 抽滤后的母液, 主要含邻硝基溴苯及少量对硝基溴苯。当将母液浓缩至 5 mL 时, 可析出第二批对硝基溴苯; 浓缩至 1.5～2 mL 时, 得到的黏稠物主要含邻硝基溴苯, 为低熔点固体, 可通过柱色谱进行分离。

[思考题]

(1) 解释为什么邻硝基溴苯的极性大于对硝基溴苯且熔点低于对位异构体?

(2) 文献报道溴苯单硝化 o/p 的比例为 38∶62, 根据这一比例和得到的对硝基溴苯的产量, 估计对硝基溴苯的实验产率。为什么对位异构体的比例大于邻位? 按照此方法计算单取代的程度存在什么错误?

(3) 进行 TLC 分析, 为什么对硝基溴苯有较大的 R_f 值?

(4) 考虑溴苯的光谱:

(a) 在 IR 谱图中, 指出与苯环 π 键相关的吸收。在 740 cm^{-1} 和 690 cm^{-1} 处的强吸收与什么结构特征有关?

(b) 指出 ^{1}H NMR 谱图中与吸收峰对应的氢核。

(c) 指出 ^{13}C NMR 数据中与吸收峰对应的碳核。

(5) 考虑对溴硝基苯的光谱:

(a) 在 IR 谱图中, 指出与芳环 π 键相关的吸收, 并指出与 825 cm^{-1} 强吸收有关的结构特征。

(b) 指出 ^{13}C NMR 数据中与吸收峰对应的碳核。

(6) 考虑邻溴硝基苯的光谱:

(a) 指出在官能团区与芳环 π 键相关的吸收; 并指出与 750 cm^{-1} 强吸收有关的结构特征。

(b) 指出 ^{1}H NMR 谱图中与吸收峰对应的氢核。

(c) 指出 ^{13}C NMR 数据中与吸收峰对应的碳核。

实验二十　2-硝基-1,3-苯二酚 (2-nitro-1,3-benzenediol)

2-硝基-1,3-苯二酚的制备是一个巧妙地利用定位规律的例子。它是通过间苯二酚先磺化、再硝化、最后去磺酸基而完成的。酚羟基为强的邻对位定位基, 磺酸基为强的间位定位基, 且是体积很大的基团, 很容易通过水解而被除去。间苯二酚磺化时, 磺酸基先进入最容易起反应的 4 和 6 位, 接着再硝化时, 受定位规律支配, 硝基只能进入位阻较大的 2 位, 将硝化后的产物水解, 即可得到产物。因此, 在反应中磺酸基同时起了占位和定位的双重作用。

[反应式]

OH, OH + $2H_2SO_4$ ⟶ OH, HO_3S, OH, SO_3H + $2H_2O$

OH, HO_3S, OH, SO_3H + HNO_3 $\xrightarrow{\text{浓硫酸}}$ OH, HO_3S, NO_2, OH, SO_3H + $2H_2O$

OH, HO_3S, NO_2, OH, SO_3H + $2H_2O$ $\xrightarrow{\triangle}$ OH, NO_2, OH + $2H_2SO_4$

[试剂]

2.8 g (0.025 mol) 间苯二酚, 29.2 g (16 mL, 0.296 mol) 浓硫酸 (相对密度 1.84), 2.8 g (2 mL, 0.044 mol) 浓硝酸 (相对密度 1.42), 50% 乙醇, 尿素。

[步骤]

在 100 mL 烧杯中放置 2.8 g 粉状的间苯二酚[1], 在充分搅拌下小心地加入 13 mL 浓硫酸, 此时反应液发热, 立即生成白色的磺化产物[2], 在室温下放置 15 min, 然后在冰水浴中冷却至 0~10 ℃。

在锥形瓶中加入 2 mL 浓硝酸，在摇荡下加入 3 mL 浓硫酸制成混合酸并置于冰水浴中冷却。用滴管将冷却好的混合酸慢慢滴加到上述磺化后的反应物中，并不停搅拌，控制反应温度不超过 30 ℃，此时反应物呈黄色黏稠状（不应呈棕色或紫色）。滴加完毕后，在室温下放置 15 min，然后小心加入 7 mL 冰水稀释，保持反应温度不超过 50 ℃。

将反应物转移到 100 mL 三颈烧瓶中，加入约 0.1 g 尿素[3]，然后按图 2.6.20 所示装置仪器进行水蒸气蒸馏，冷凝管壁和馏出液中有橘红色固体产生[4]，至冷凝管壁上无橘红色固体时，即可停止蒸馏。将馏出液在水浴中冷却后，减压抽滤，粗产物用乙醇-水（约需 5 mL 50% 乙醇）重结晶，得橘红色片状结晶，产量约为 1 g。

纯 2-硝基-1,3-苯二酚的熔点为 84～85 ℃。图 3.7.14 和图 3.7.15 分别为 2-硝基-1,3-苯二酚的 IR 和 ^{1}H NMR 谱图。

本实验约需 4 h。

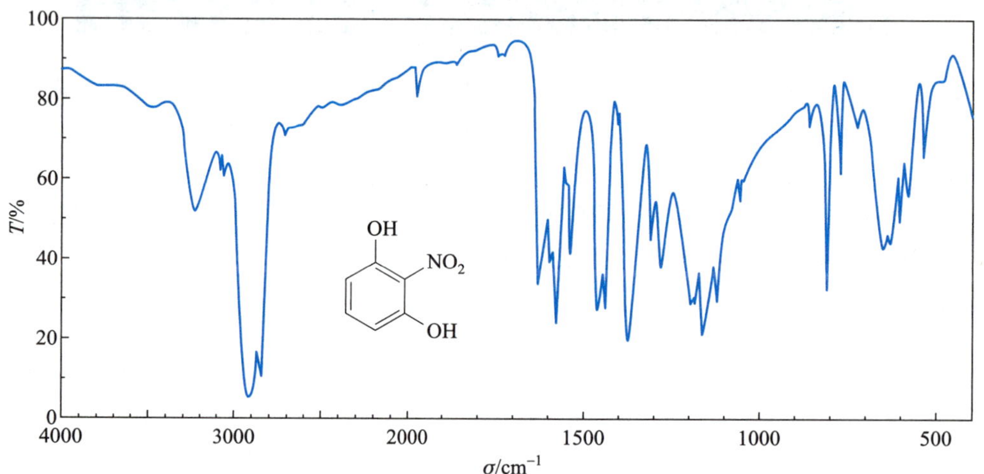

图 3.7.14　2-硝基-1,3-苯二酚的 IR 谱图（石蜡油法）

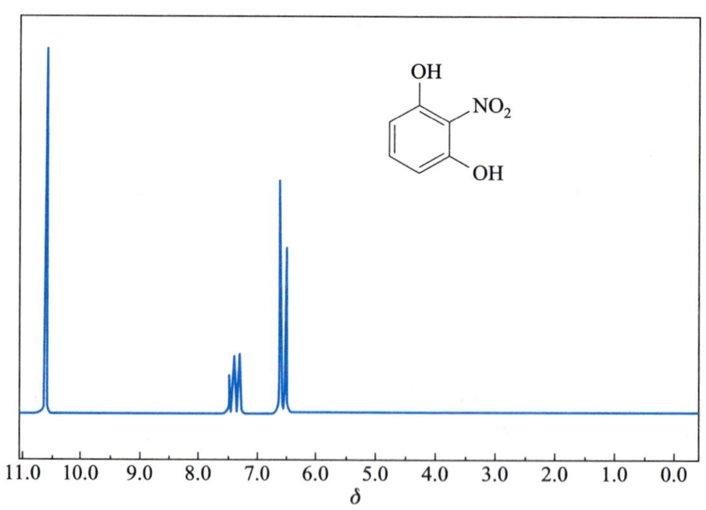

图 3.7.15　2-硝基-1,3-苯二酚的 ^{1}H NMR 谱图

[注释]

[1] 间苯二酚需在研钵中研成粉状，否则磺化不完全。间苯二酚有腐蚀性，注意勿使接触皮肤。

[2] 若无有色磺化产物形成，可将反应物加热至 60～65 ℃。

[3] 加入尿素的目的，是使多余的硝酸与尿素反应生成 $[CO(NH_2)_2 \cdot HNO_3]$，从而减少二氧化氮气体的污染。

[4] 可用调节冷凝水速率的方法，避免产生的固体堵塞冷凝管。

[思考题]

(1) 2-硝基-1,3-苯二酚能否用间苯二酚直接硝化来制备，为什么？

(2) 本实验硝化反应温度为什么要控制在 30 ℃以下？温度偏高有什么不好？

(3) 进行水蒸气蒸馏前为什么先要用冰水稀释？

(4) 指出 2-硝基-1, 3-苯二酚 IR 谱图中羟基和芳环上 π 键吸收峰的位置，以及 ^1H NMR 谱图中与吸收峰对应的氢核。

实验二十一　间二硝基苯 (微量制备)

(*m*-dinitro benzene) (micro scale)

微量制备指在微型的仪器装置中进行的制备实验，其用量是常量制备实验的十分之一至千分之一，其试剂用量固体为 10～100 mg，液体为 0.1～2 mL。微量制备有利于减少环境污染，提高实验安全，节省试剂和时间，减少仪器损耗，培养学生严谨细致的实验作风和习惯，已成为当代化学实验教学的发展趋势和潮流。从 20 世纪 90 年代，微量化学实验已在国外不少大学中逐步展开。我国自 1990 年以来已先后举行了多次微量化学实验研讨会，并在不少大学进行了微量制备的实验，为进一步推广进行了有益的探讨和尝试。微量、半微量有机化学实验教材也相继出版，不少实验教材也增加了这方面的内容。随着人们对保护环境日益强烈的呼声和教学改革的深入发展，相信微量化学实验将在有机化学实验教学中发挥越来越重要的作用。

[反应式]

$$C_6H_5NO_2 + HNO_3(\text{发烟}) \xrightarrow[\triangle]{\text{浓硫酸}} m\text{-}C_6H_4(NO_2)_2 + H_2O$$

实验方法 (一)：常规方法

[试剂]

240 mg (0.20 mL, 1.95 mmol) 硝基苯，1.0 mL 发烟硝酸，1.0 mL 浓硫酸，乙醇。

[步骤][1]

在 25 mL 锥形瓶中用有刻度的巴斯德滴管或移液管混合 1.0 mL 发烟硝酸和 1.0 mL 浓硫酸。放热反应冷却至室温后，用注射器加入 0.20 mL 硝基苯。将锥形瓶置于沸水浴中 (什么装置?)，加热 15～20 min，并时加摇动。

将反应混合物倒入含 20 mL 冰水的烧杯中，立即析出黄色固体。充分搅动混合物，用赫希漏斗真空抽滤，滤饼每次用 2 mL 水洗涤 3 次。用乙醇重结晶，并用少量冷乙醇洗涤产物。晾干后称量，产物为 0.15～0.20 g，测熔点。

纯间二硝基苯为淡黄色的针状晶体，熔点为 90.2 ℃。

实验方法 (二)：用封管制备

[试剂]

20 mg (0.16 mmol) 硝基苯，50～60 mg 混合酸，95% 乙醇。

[步骤]

在内径 3～4 mm、长 80 mm 且一端封闭的硬质玻璃管内，用特制滴管[2] 加入硝基苯 20 mg (6～9 滴) 和硝化混合酸[3] 50～60 mg (10 余滴)。用火将玻璃管开口的一端拉长后封闭。将此管系于温度计旁，尖端向上，下端置于温度计水银球中部，然后放入油浴中加热。油浴温度逐渐升高到 180～190 ℃，并在此温度维持 3 min，反应即告完成，停止加热并移去油浴。

封管冷至室温后，取下并将封管尖端处割开[4]，加水至玻璃管的一半，用细玻璃棒捣碎固体[5]。固体下沉后，用滴管吸去水溶液，再用水洗一次，尽量将水溶液除去。

在封管中进行重结晶：加 95% 乙醇至玻璃管一半处，在水浴中小心加热至结晶完全溶解。冷却后，间二硝基苯析出并沉于管底。吸出母液，结晶用冷乙醇洗涤一次，然后将玻璃管放在吸滤瓶中用水泵抽气，使产品干燥。

测定产物熔点。必要时重复以上重结晶操作，直至熔点达到 89～90 ℃ 为止。

本实验约需 2 h。

[注释]

[1] 二硝基苯和硝基苯一样，毒性较大，可以透过皮肤进入血液而中毒，操作时必须谨慎小心，若沾到皮肤上，应立即用肥皂及温水擦洗。

[2] 用尖端长 30 mm、内径 1 mm 的滴管作取样用；尖端长 90～100 mm、内径 0.5 mm 的滴管作吸液和洗涤用。

[3] 硝化混合酸是由 20 g 浓硫酸和 10 g 发烟硝酸混合而成的。

[4] 为防止因管内压力太大，造成封管爆炸伤人的事故，应严格遵守实验操作规程。用碎布包住封管，再用小砂片切割尖端，打开封管解除管内压力后，再切割拉长部分最大直径处。也可以在安全屏风后面，用强烈的燃气灯加热封管的尖端，当玻璃软化时，管中过剩的压力会将封管吹破。

[5] 用直径 1～2 mm 的玻璃棒，在捣碎固体的同时，完成洗涤作用。

[思考题]

(1) 邻硝基苯和对二硝基苯是如何制备的？在间二硝基苯的制备中这两种化合物作为杂质是怎样除去的？

(2) 封管反应有何优点？封闭和开启封管时应注意什么事项？

实验二十二 对溴乙酰苯胺(微量制备)

(*p*-bromo acetanilide) (micro scale)

[反应式]

$$C_6H_5NHCOCH_3 + Br_2 \xrightarrow{HOAc} p\text{-}BrC_6H_4NHCOCH_3 + HBr$$

[试剂]

100 mg (0.74 mmol) 乙酰苯胺, 溴, 冰乙酸, 33% 亚硫酸氢钠水溶液。

[步骤]

在一个带塞的 5 mL 圆底烧瓶中加入 100 mg 乙酰苯胺, 再用滴管滴加 16 滴冰乙酸, 摇动烧瓶至乙酰苯胺溶解, 再在通风橱内滴加 12 滴溴-乙酸试剂[1]。将所得的红褐色溶液不断振摇 10 min, 其间有黄橙色晶体从溶液中析出。

用移液管移取 1 mL 水到反应混合物中摇荡, 随后滴 10 滴 33% 亚硫酸氢钠溶液以除去未反应的溴。将此混合物置于冰浴中冷却 10 min 后晶体析出。将析出的对溴乙酰苯胺的白色晶体用赫氏漏斗吸滤收集, 产品每次用 1 mL 冷水洗涤三次, 红外灯下烘干。

粗产物可用 95% 乙醇重结晶[2], 产量约为 50 mg, 熔点为 166~168 ℃。

纯对溴乙酰苯胺的熔点为 167~169 ℃。

本实验约需 2 h。

[注释]

[1] 溴具有很强的刺激性, 操作时应戴手套和在通风橱中进行, 溴-乙酸试剂的配制方法: 2.5 mL 液溴和 5 mL 冰乙酸混合。

[2] 见图 2.5.1(3)。

实验二十三 芳香族化合物亲电取代反应活性

(the electrophilic substitution reactivity of aromatic compounds)

在所有的有机反应中, 芳环亲电取代反应活性是最易测定的。单取代芳香族化合物依据取代基的原子或基团分为致活基或致钝基。致活基增大反应活性并为邻对位定位, 致钝基降低反应活性并为间位定位 (卤素例外)。如甲苯的溴化比苯快 600 倍, 硝基苯硝化反应速率比苯慢 10^5, 而苯酚的硝化则比苯快 10^{12}, 二者表现出巨大的差异 (10^{17})。

本实验将下面 6 种化合物的溴化作为对象, 定性地比较其溴化反应的相对反应速率, 进一步加深对芳香亲电反应的理解。

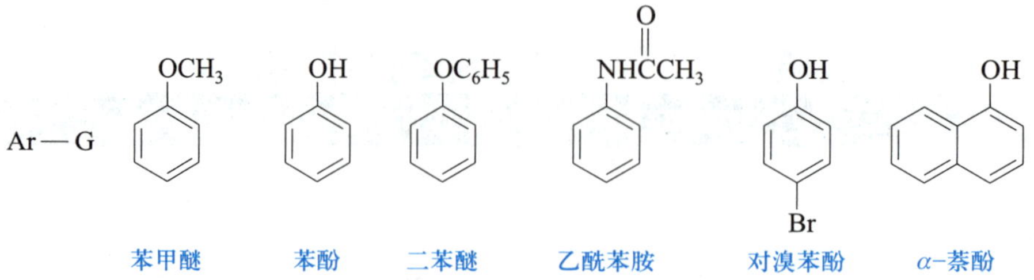

$$Ar—H + Br_2 \xrightarrow{HOAc} Ar—Br + HBr$$

Ar—G：苯甲醚（OCH_3） 苯酚（OH） 二苯醚（OC_6H_5） 乙酰苯胺（$NHCOCH_3$） 对溴苯酚（OH，Br） α-萘酚（OH）

[试剂]

0.2 mol·L^{-1}/15 mol·L^{-1} HOAc 上述物质的溶液，0.05 mol·L^{-1}/15 mol·L^{-1} HOAc 溴溶液。

[步骤]

尽可能准确标定 7 个容量为 1.5 mL 的巴斯德滴管。标记 6 个试管，分别加入 1.5 mL 上述 6 种化合物浓度为 0.2 mol·L^{-1}/15 mol·L^{-1} (90%) 的乙酸溶液。转移操作时务必小心，勿使待测物相互污染。

用 1 L 烧杯或水浴锅作为水浴，保持浴温在 (35±2) ℃。用铜丝或棉线系住试管颈或用孔网将其置于水浴中。将 25 mL 0.05 mol·L^{-1}/15 mol·L^{-1} 溴的乙酸溶液转入锥形瓶，并置于水浴中，保持几分钟。

向试管中加入 1.5 mL 溴的乙酸溶液，动作要快，记录加入时间并加以摇振。仔细监测观察混合物，记录溴的颜色由红变为淡黄或消失的时间。若到 5 min 仍未变色，说明反应进行慢。进行第二种物质的试验，等待第一种物质达到反应终点。用相同的步骤和标准重复每一种物质，排列出其溴化反应活性大小的顺序。为确认上述物质相对活性的结论，可在 0 ℃ 的冰水浴中重复上述试验。

[思考题]

(1) 写出本实验 6 种化合物单溴代反应的主要产物，解释你的预测。

(2) 为什么在 0 ℃ 进行溴化反应，其活性顺序结果更为可靠？

(3) 为什么非极性的溴分子能作为亲电试剂？

(4) 用弯箭头表示电子流动的方向，写出苯甲醚生成单溴代产物的反应机理。标明反应涉及中间体离域的共振结构。

3.8 Grignard 反应

Grignard 试剂是第一种被深入研究的金属有机化合物，也是最重要的金属有机化合物。卤代烷和卤代芳烃与金属镁在无水乙醚中反应生成烃基卤化镁，又称 Grignard 试剂。芳香和乙烯型氯化物，则需用四氢呋喃 (沸点 67 ℃) 为溶剂，才能发生反应。反应过程中，起始原料中的碳原子由亲电中心变为产物中的亲核中心。

$$\overset{\delta+}{R}—\overset{\delta-}{X} \text{ 或 } \overset{\delta+}{Ar}—\overset{\delta-}{X} + Mg \xrightarrow[\text{或THF}]{\text{无水乙醚}} \overset{\delta-}{R}—\overset{\delta+}{MgX} \text{ 或 } \overset{\delta-}{Ar}—\overset{\delta+}{MgX}$$

卤代烃生成 Grignard 试剂的活性次序为：RI > RBr > RCl。实验室通常使用活性居中的溴化物。氯化物反应较难进行，碘化物价格较贵，且容易在金属表面发生偶合，产生副产物烃 (R—R)。

醚在 Grignard 试剂的制备中有重要作用，醚分子中氧原子上的非键电子可以与试剂中带部分正电荷的镁形成络合物，使有机镁化合物稳定，并能溶解于乙醚。此外，乙醚价格低廉，沸点低，反应结束后容易除去。

Grignard 试剂中, 碳-金属键是极化的, 带部分负电荷的碳具有显著的亲核性质, 在增长碳链的方法中有重要用途, 其最重要的性质是与醛、酮、羧酸衍生物、环氧化合物、二氧化碳及腈等发生亲核加成反应, 生成相应的醇、羧酸和酮等化合物。

$$\gt C{=}O \xrightarrow{RMgX} R{-}\overset{|}{\underset{|}{C}}{-}OMgX \xrightarrow{H_3^+O} R{-}\overset{|}{\underset{|}{C}}{-}OH$$

$$R'{-}\overset{O}{\overset{\|}{C}}{-}OCH_3 \xrightarrow{2RMgX} R'{-}\overset{R}{\overset{|}{\underset{\underset{R}{|}}{C}}}{-}OMgX \xrightarrow{H_3^+O} R'{-}\overset{R}{\overset{|}{\underset{\underset{R}{|}}{C}}}{-}OH$$

$$H_2C{-}CH_2\ (\text{环氧乙烷}) \xrightarrow{RMgX} RCH_2CH_2OMgX \xrightarrow{H_3^+O} RCH_2CH_2OH$$

$$CO_2 \xrightarrow{RMgX} R{-}\overset{O}{\overset{\|}{C}}{-}OMgX \xrightarrow{H_3^+O} R{-}\overset{O}{\overset{\|}{C}}{-}OH$$

$$R'{-}C{\equiv}N \xrightarrow{RMgX} R'{-}\underset{\underset{R}{|}}{C}{=}NMgX \xrightarrow{H_3^+O} R'{-}\underset{\underset{R}{|}}{C}{=}O$$

反应所产生的卤化镁络合物, 通常由冷的无机酸水解, 即可使有机化合物游离出来。对强酸敏感的醇类化合物可用氯化铵溶液进行水解。

Grignard 试剂的制备必须在无水条件下进行, 所用仪器和试剂均需干燥, 因为微量水分的存在抑制反应的引发, 而且会分解形成的 Grignard 试剂而影响产率:

$$RMgX + H_2O \longrightarrow RH + Mg(OH)X$$

此外, Grignard 试剂还能与氧、二氧化碳 (见上) 作用及发生加成反应:

$$RMgX + O_2 \longrightarrow 2ROMgX$$

$$RMgX + RX \longrightarrow R{-}R + MgX_2$$

故 Grignard 试剂不宜较长时间保存。研究工作中, 有时需在惰性气体 (氮、氩气) 保护下进行反应。用乙醚作溶剂时, 醚由于具有较高的蒸气压可以排除反应器中大部分空气。用活泼的卤代烃和碘化物制备 Grignard 试剂时, 偶合反应是主要的副反应, 可以采取搅拌、控制卤代烃的滴加速率和降低溶液浓度等措施减少副反应的发生。

Grignard 反应是一个放热反应, 故卤代烃的滴加速率不宜过快, 必要时可用冷水冷却。当反应开始后, 应调节滴加速率, 使反应物保持微沸为宜。对活性较差的卤化物或反应不易发生时, 可采用加入少许碘粒、1,2-二溴乙烷或事先已制好的 Grignard 试剂引发反应发生。

本节将以 2-甲基-2-己醇、三苯甲醇和苯甲酸的制备作为 Grignard 试剂制备的例子。

实验二十四 2-甲基-2-己醇
(2-methyl-2-hexanol)

[反应式]

$$n\text{-}C_4H_9Br + Mg \xrightarrow{\text{无水乙醚}} n\text{-}C_4H_9MgBr$$

$$n\text{-}C_4H_9MgBr + H_3C\underset{\underset{O}{\|}}{C}CH_3 \xrightarrow{\text{无水乙醚}} n\text{-}C_4H_9\underset{\underset{OMgBr}{|}}{C}(CH_3)_2$$

$$n\text{-}C_4H_9\underset{\underset{OMgBr}{|}}{C}(CH_3)_2 + H_2O \xrightarrow{H_3^+O} n\text{-}C_4H_9\underset{\underset{OH}{|}}{C}(CH_3)_2$$

[试剂]

1.5 g (0.06 mol) 镁屑, 8.1 g (6.4 mL, 约 0.06 mol) 正溴丁烷[1], 4 g (5.1 mL, 0.069 mol) 丙酮, 无水乙醚, 乙醚, 10% 硫酸, 5% 碳酸钠溶液, 无水碳酸钾。

[步骤]

1. 正丁基溴化镁的制备

在 100 mL 三颈烧瓶[2] 上分别装置搅拌器[3]、冷凝管及滴液漏斗, 在冷凝管及滴液漏斗的上口装置氯化钙干燥管。瓶内放置 1.5 g 镁屑[4] 或除去氧化膜的镁条、10 mL 无水乙醚及一小粒碘。在滴液漏斗中混合 6.4 mL 正溴丁烷和 15 mL 无水乙醚。先向瓶内滴入约 3 mL 混合液, 数分钟后即见溶液呈微沸状态, 碘的颜色消失[5]。若不发生反应, 可用温水浴加热。反应开始比较剧烈, 必要时可用冷水浴冷却。待反应缓和后, 自冷凝管上端加入 15 mL 无水乙醚。慢慢开动搅拌, 并滴入其余的正溴丁烷醚混合液。控制滴加速率维持反应液呈微沸状态。滴加完毕后, 再水浴回流 20 min, 使镁屑几乎作用完全。

2. 2-甲基-2-己醇的制备

将上面制好的 Grignard 试剂在冰水浴冷却及搅拌下, 自滴液漏斗中滴入 5.1 mL 丙酮和 10 mL 无水乙醚的混合液, 控制滴加速率, 勿使反应过于猛烈。加完后, 在室温继续搅拌 15 min。溶液中可能有白色黏稠状固体析出。

将反应瓶在冰水浴冷却及搅拌下, 自滴液漏斗分批加入 45 mL 10% 硫酸, 分解产物 (开始滴入宜慢, 以后可逐渐加快)。待分解完全后, 将溶液倒入分液漏斗中, 分出醚层。水层每次用 12 mL 乙醚萃取两次, 合并醚层, 用 14 mL 5% 碳酸钠溶液洗涤一次, 用无水碳酸钾干燥 [6]。

将干燥后的粗产物醚溶液滤入 25 mL 蒸馏瓶, 用温水浴蒸去乙醚[7], 再在石棉网上直接加热蒸出产品, 收集 137~141 ℃ 的馏分, 产量为 3~4 g。

对产物进行硝酸铈铵 · 铬酸和 Lucas 试验 (见 4.4.4 节)。

纯 2-甲基-2-己醇的沸点为 143 ℃, 折射率 n_D^{20} 为 1.4175。图 3.8.1 和图 3.8.2 分别为 2-甲基-2-己醇的 IR 和 ^{1}H NMR 谱图。

本实验需 6~7 h。

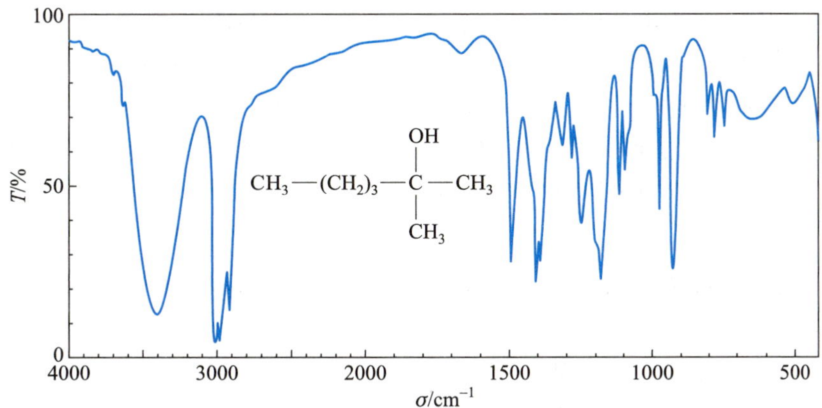

图 3.8.1 2-甲基-2-己醇的 IR 谱图

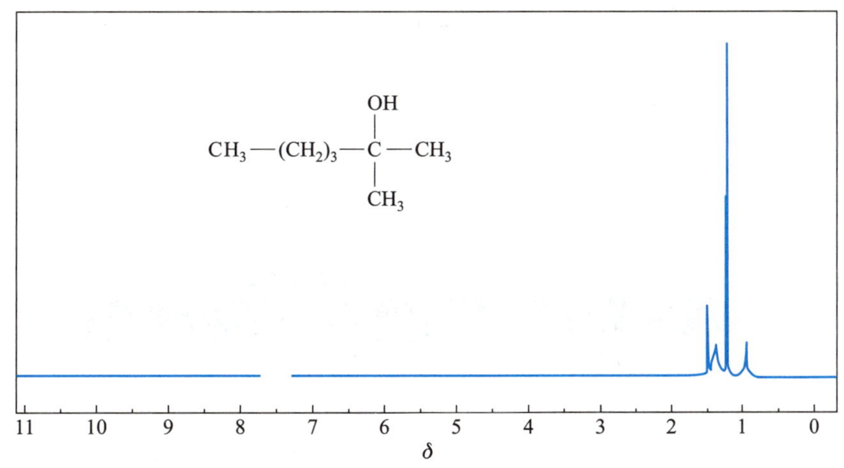

图 3.8.2 2-甲基-2-己醇的 ¹H NMR 谱图

[注释]

[1] 如需替换，可用 8.6 g (6 mL, 0.78 mol) 溴乙烷代替正溴丁烷，其余步骤相同，产物为 2-甲基-2-丁醇。蒸馏收集 95～105 ℃的馏分，产量约为 4 g。纯 2-甲基-2-丁醇的沸点为 102 ℃，折射率 n_D^{20} 为 1.4052。

[2] 本实验所用仪器及试剂必须充分干燥。正溴丁烷用无水氯化钙干燥并蒸馏纯化，丙酮用无水碳酸钾干燥，并经蒸馏纯化。

所用仪器，在烘箱中烘干后，取出稍冷即放入干燥器中冷却。或将仪器取出后，在开口处用塞子塞紧，以防止在冷却过程中玻璃壁吸附空气中的水分。

[3] 本实验的搅拌棒的密封可采用图 1.6.7(1) 所示的装置。

装置搅拌器时应注意：

① 在搅拌棒和乳胶管之间应滴入少量甘油，起到润滑作用。

② 搅拌棒应保持垂直，其末端不要触及瓶底。

③ 装好后应先用手旋动搅拌棒，试验装置无阻滞后，方可开动搅拌器。也可用电磁搅拌代替电动搅拌。

[4] 镁屑不宜采用长期放置的。如长期放置，镁屑表面常有一层氧化膜，可采用下法除去：

用 5% 盐酸作用数分钟，抽滤除去酸液后，依次用水、乙醇、乙醚洗涤。抽干后置于干燥器内备用。

也可用镁带代替镁屑,使用前用细砂纸将其表面擦亮,剪成小段。

[5] 为了使开始时溴丁烷局部浓度较大,易于发生反应,故搅拌应在反应开始后进行。若 5 min 后反应仍不开始,可用温水浴温热,或在加热前加入一小粒碘促使反应开始。

[6] 2-甲基-2-己醇与水能形成共沸物,因此必须很好地干燥,否则前馏分将显著地增大。

[7] 由于醚溶液体积较大,可采取分批过滤蒸去乙醚。

[思考题]

(1) 本实验在将 Grignard 试剂加成物水解前的各步中,为什么使用的药品和仪器均须绝对干燥?为此你采取了什么措施?

(2) 如反应未开始前,加入大量正溴丁烷有什么不好?

(3) 本实验有哪些可能的副反应?如何避免?

(4) 为什么本实验得到的粗产物不能用无水氯化钙干燥?

(5) 用 Grignard 试剂法制备 2-甲基-2-己醇,还可采用什么原料?写出反应式并对几种不同的路线加以比较。

(6) 指出 2-甲基-2-己醇 IR 谱图中羟基和羰基伸缩振动吸收峰的位置。

(7) 指出 2-甲基-2-己醇 ^1H NMR 谱图中与吸收峰对应的氢核。

实验二十五　三苯甲醇
(triphenyl carbinol)

[反应式]

$$C_6H_5Br + Mg \xrightarrow{\text{无水乙醚}} C_6H_5MgBr$$

$$2\,C_6H_5MgBr + C_6H_5COOC_2H_5 \xrightarrow{\text{无水乙醚}} (C_6H_5)_3C{-}OMgBr \xrightarrow{NH_4Cl,\ H_2O} (C_6H_5)_3C{-}OH$$

[试剂]

0.75 g (0.031 mol) 镁屑, 5 g (3.4 mL, 0.032 mol) 溴苯 (新蒸), 2 g (1.9 mL, 0.013 mol) 苯甲酸乙酯, 无水乙醚, 4 g 氯化铵, 80% 乙醇。

[步骤]

1. 苯基溴化镁的制备

在 100 mL 圆底烧瓶[1] 中,放入 0.75 g 镁屑[2]、一小粒碘和搅拌磁子[3],烧瓶上安装二口连接管、冷凝管和滴液漏斗，在冷凝管及滴液漏斗的上口装置氯化钙干燥管，在滴液漏斗中混合 5 g 溴苯及 16 mL 无水乙醚[4]。

先将三分之一的混合液滴入烧瓶中，数分钟后即见镁屑表面有气泡产生，溶液轻微混浊，碘的颜色开始消失。若不发生反应，可用水浴或手掌温热，或再加入一小粒碘。反应开始后开动搅拌，缓缓滴入其余的溴苯醚溶液，滴加速率保持溶液呈微沸状态。加毕，在水浴继续回流 0.5 h，使镁屑几乎作用完全。

2. 三苯甲醇的制备

将已制好的苯基溴化镁试剂置于冷水浴中，在搅拌下由滴液漏斗滴加 1.9 mL 苯甲酸乙酯和 7 mL 无水乙醚的混合液，控制滴加速率保持反应平稳地进行。滴加完毕后，将反应混合物在水浴回流 0.5 h，使反应进行完全，这时可以观察到反应物明显地分为两层。将反应物改为冰水浴冷却，在搅拌下由滴液漏斗慢慢滴加由 4 g 氯化铵配成的饱和水溶液 (约需 15 mL)，分解加成产物[5]。

将反应装置改为蒸馏装置，在水浴上蒸去乙醚，再将残余物进行水蒸气蒸馏 (见图 2.6.20)，以除去未反应的溴苯及联苯等副产物。瓶中剩余物冷却后凝为固体，抽滤收集。粗产物用 80% 乙醇进行重结晶，干燥后产量为 2～2.5 g，熔点为 161～162 ℃。

纯三苯甲醇为无色棱状晶体，熔点为 162.5 ℃。

3. 薄层色谱鉴定产物和副产物

用滴管吸取少许水解后的醚溶液于一干燥锥形瓶中，在硅胶 G 薄层板上点样，用 1∶1 (体积比) 的甲苯-石油醚作展开剂，在紫外灯下观察，用铅笔在荧光点的位置做出记号。从上到下四个点分别代表联苯、苯甲酸乙酯、二苯酮和三苯甲醇，计算它们的 R_f 值。若有可能，用标准样品进行比较。

4. 三苯甲基碳正离子

在一洁净的干燥试管中，加入少许三苯甲醇 (约 0.02 g) 及 2 mL 冰乙酸，温热使其溶解，向试管中滴加 2～3 滴浓硫酸，立即生成橙红色溶液，然后加入 2 mL 水，颜色消失，并有白色沉淀生成。解释观察到的现象并写出所发生变化的反应式。

图 3.8.3 和图 3.8.4 分别为三苯甲醇的 IR 和 ^{1}H NMR 谱图。本实验需 8～10 h。

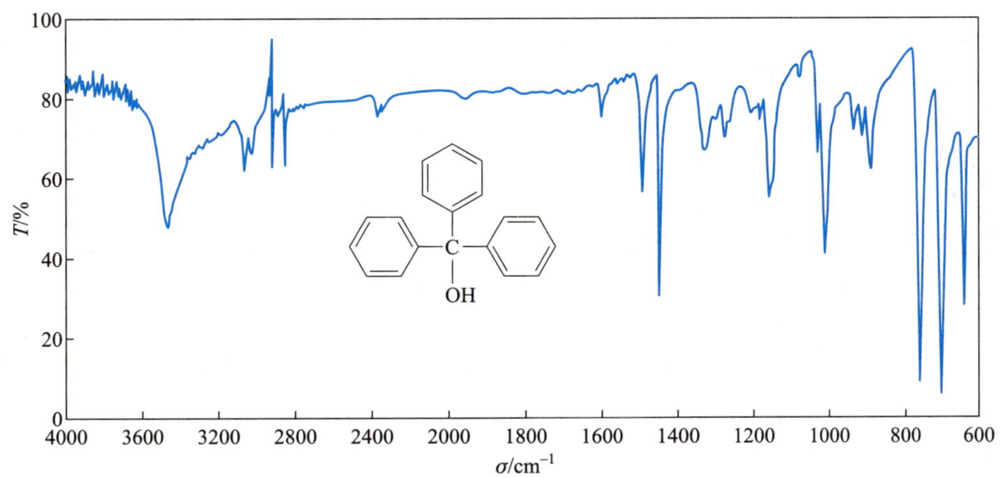

图 3.8.3 三苯甲醇的 IR 谱图

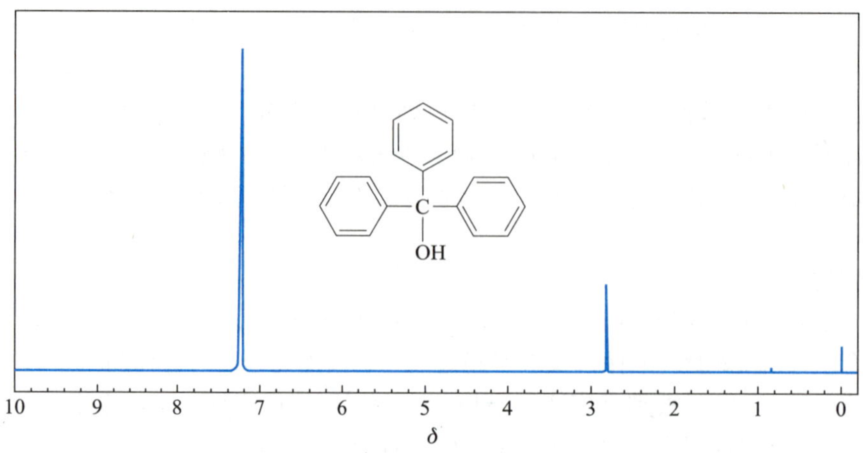

图 3.8.4 三苯甲醇的 ^{1}H NMR 谱图 (300 MHz)

^{13}C NMR 数据: δ 128.5, 130.3, 172.1

[注释]

[1] 见实验二十四注释 [2]。

[2] 见实验二十四注释 [4]。本实验也可用手摇振代替电磁搅拌。

[3] 见实验二十四注释 [3]。

[4] Grignard 反应的仪器用前应尽可能进行干燥。有时作为补救和进一步措施清除仪器所形成的水化膜,可将已加入镁屑和碘粒的三颈烧瓶在石棉网上用小火小心加热几分钟,使之彻底干燥。烧瓶冷却时可通过氯化钙干燥管吸入干燥的空气。在加入溴苯醚溶液前,需将烧瓶冷却至室温,熄灭周围所有的火源。

[5] 如反应中絮状的氢氧化镁未全溶时,可加入几毫升稀盐酸促使其全部溶解。

[思考题]

(1) 见实验二十四思考题 (1)。

(2) 本实验中溴苯加入太快或一次加入,有什么不好?

(3) 若苯甲酸乙酯和乙醚中含有乙醇,对反应有何影响?

(4) 本实验有哪些可能的副反应? 试用反应式加以表示。

(5) 写出苯基溴化镁试剂同下列化合物作用的反应式 (包括用稀酸水解反应混合物)。

(a) 二氧化碳 (b) 乙醇 (c) 氧 (d) 对甲基苯甲腈 (e) 甲酸乙酯 (f) 苯甲醛

(6) 用混合溶剂进行重结晶时,何时加入活性炭脱色? 能否加入大量的不良溶剂,使产物全部析出? 抽滤后的结晶应该用什么溶剂洗涤?

(7) 考虑三苯甲醇的谱图:

(a) 指出 IR 谱图中官能团区芳环吸收峰的位置。在 3450 cm^{-1} 附近宽的吸收峰与什么官能团有关?

(b) 指出 ^{1}H NMR 谱图中与吸收峰对应的氢核

(c) 指出 ^{13}C NMR 数据中与吸收峰对应的碳核。

实验二十六 苯甲酸
(benzoic acid)

[反应式]

$$\text{C}_6\text{H}_5\text{MgBr} + \text{O}=\text{C}=\text{O} \longrightarrow \text{C}_6\text{H}_5\text{CO}_2\text{MgBr} \xrightarrow{\text{H}_3\text{O}^+} \text{C}_6\text{H}_5\text{CO}_2\text{H}$$

[试剂]

溴苯 Grignard 试剂 (见实验二十五三苯甲醇)[1], 干冰, 无水乙醚, 溶剂级乙醚, 3 mol·L^{-1} 硫酸, 1 mol·L^{-1} 氢氧化钠溶液, 6 mol·L^{-1} 盐酸。

[步骤]

当溴苯 Grignard 试剂制备完成后, 将反应混合物冷却至室温。在 125 mL 锥形瓶中, 迅速置入 20 g 干冰, 放置前应用干毛巾压碎, 并尽量防止潮气。在剧烈搅拌下, 小心将溴苯 Grignard 试剂倒入干冰, 混合物通常会变得黏稠, 用 4～5 mL 无水乙醚涮洗烧瓶, 并将涮洗液转入锥形瓶。摇动后盖上表面皿或滤纸, 贴上写有姓名的标签, 置于通风橱中, 让二氧化碳升华, 直至下一实验周期[2]。

当过量的干冰升华后, 大部分乙醚也在此期间挥发。向锥形瓶中加入 30 mL 溶剂级乙醚。慢慢加入混有 15 g 碎冰的 20 mL 3 mol·L^{-1} 硫酸, 防止形成过多的泡沫。若乙醚在操作过程中明显挥发, 可酌量予以补加, 醚的总体积应为 30～40 mL。检查水溶液是否为酸性, 若不是则须补加硫酸。

搅拌混合物并将其转入分液漏斗。用少量乙醚涮洗锥形瓶, 并将涮洗液并入分液漏斗。摇震分液漏斗并注意及时放气。静置后分出醚层, 用 15 mL 乙醚萃取水溶液, 与先前分出的醚溶液合并。接着每次用 20 mL 1 mol·L^{-1} 氢氧化钠溶液萃取醚溶液 2 次。转移 2 次水相萃取液到锥形瓶中, 慢慢地加入 6 mol·L^{-1} 盐酸至苯甲酸沉淀完全生成, 且水溶液显酸性。将锥形瓶置于冰水浴冷却, 真空抽滤分离固体苯甲酸, 用冷水洗涤后, 用水重结晶, 干燥后称量并计算产率。

纯苯甲酸为白色固体, 熔点为 121 ℃。图 3.8.5 和图 3.8.6 为苯甲酸的 IR 和 ^{1}H NMR 谱图。

本实验需 6～7 h。

[注释]

[1] 在本实验中, 制备格式试剂的镁屑由 0.75 g 改为 0.5 g, 溴苯、无水乙醚和其他试剂也相应按比例减少。

[2] 若要继续反应, 可将反应混合物置于温水浴中摇动锥形瓶或搅拌反应混合物, 以释放过量的二氧化碳。须小心敏捷地操作, 防止二氧化碳气流突然喷发, 带出反应物到桌面或地板上。注意, 绝不允许将锥形瓶塞紧。

[思考题]

(1) 为什么溴苯的 Grignard 试剂与二氧化碳反应后得到的混合物必须酸化?

(2) 为什么要用乙醚萃取酸化反应后的水溶液? 水层和醚层各含什么物质?

(3) 纯化苯甲酸时, 用碱的水溶液萃取醚层的作用是什么? 萃取后醚层中还存在什么物质?

(4) 考虑苯甲酸的谱图:

(a) 指出 IR 谱图中官能团区羧基中羰基和芳环吸收峰的位置。IR 谱图中在 2800～3050 cm^{-1} 处存在一宽的吸收峰, 此峰与什么官能团有关?

(b) 指出 ^{1}H NMR 谱图中与吸收峰对应的氢核。

(c) 指出 ^{13}C NMR 数据中与吸收峰对应的碳核。

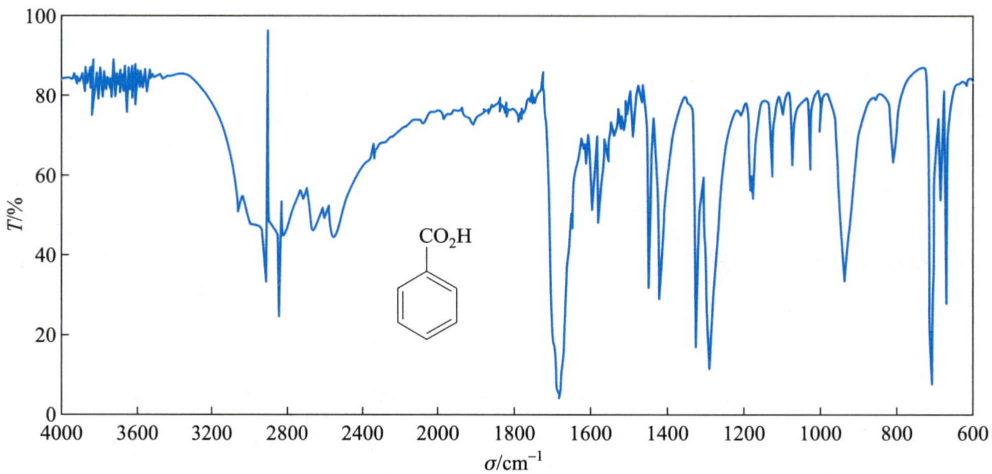

图 3.8.5　苯甲酸的 IR 谱图

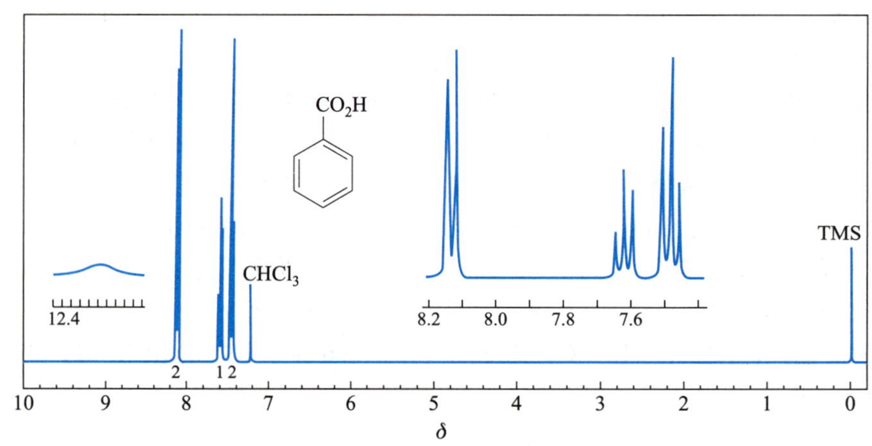

图 3.8.6　苯甲酸的 ^{1}H NMR 谱图 (300 MHz)

^{13}C NMR 数据: δ 128.5, 129.5, 130.3, 133.8, 172.7

3.9　氧化反应

氧化通常用符号 [O] 来代表。氧化与其相反的还原, 是化学基本的反应类型。氧化通常的概念是失去电子而生成离子或原子。狭义的概念则是在分子中增加氧或失去氢。对有机分子而言, 氧化意味着分子中碳原子密度的减少或偏移, 结果碳原子和电负性更强的原子如氧、氮等结合生成新键。氧化通常用于官能团的转化, 例如伯醇和仲醇分别被氧化为醛和酮, 醛被氧化为羧酸。反应有时涉及有机分子的降解,例如烯烃的臭氧化反应,碳碳双键断裂,生成羰基化合物等。

生命过程也依赖于有机物质的氧化,代谢过程的能量驱动糖类、脂肪和蛋白质的总体氧化,生成二氧化碳、水和其他物质。

两种重要和常用的氧化剂是铬酸和高锰酸钾,二者均为强氧化剂,并用于许多反应。

实验室制备脂肪和脂环醛酮较常用的方法是用铬酸氧化伯醇和仲醇。铬酸是重铬酸盐与40%～50%硫酸的混合物。制备相对分子质量低的醛(丙醛、丁醛),可以将铬酸滴加到热的酸性醇溶液中,以防止反应混合物中有过量的氧化剂存在,并采用将沸点较低的醛不断蒸出的方法,可以达到中等的产率。用铬酸氧化伯醇时,由于生成的中间产物醛容易与原料醇生成半缩醛,故最后的产物中含有少量的酯。

$$Na_2Cr_2O_7 + 2H_2SO_4 \longrightarrow 2NaHSO_4 + H_2Cr_2O_7 \xrightarrow{H_2O} 2H_2CrO_4$$

$$3RCH_2OH + 2H_2CrO_4 + 3H_2SO_4 \longrightarrow 3RCH{=}O + Cr_2(SO_4)_3 + 8H_2O$$

$$3RCHO + 2H_2CrO_4 + 3H_2SO_4 \longrightarrow 3RCO_2H + Cr_2(SO_4)_3 + 5H_2O$$

仲醇利用铬酸氧化是制备脂肪酮常采用的方法。酮对氧化剂比较稳定,不易进一步遭受氧化。氧化是放热反应,必须严格控制反应温度以免反应过于剧烈。对于不溶于水的化合物,可用铬酸在丙酮或冰乙酸中进行反应。铬酸在丙酮中的氧化反应速率较快,并且选择性地氧化羟基,分子中的双键通常不受影响。

醇与铬酸的反应机理一般认为是通过铬酸酯来进行的:

$$R_2CHOH + H_2CrO_4 \rightleftharpoons R_2CHOCrO_3H + H_2O$$

$$H_2\ddot{O} + \underset{O-CrO_3H}{H-CR_2} \longrightarrow R_2C{=}O + \underset{Cr(IV)}{H_2CrO_3} + H_2O$$

氧化过程中,铬从+6价被还原到不稳定的+4价状态。+4价铬在酸性介质中发生歧化反应,产生+6价铬与+3价铬的混合物。反应产物混合物的绿色即是+3价铬的颜色。

$$3H_2CrO_3 + 3H_2SO_4 \longrightarrow \underset{Cr(VI)}{H_2CrO_4} + \underset{Cr(III)}{Cr_2(SO_4)_3} + 5H_2O$$

伯醇用高锰酸钾或铬酸氧化是制备羧酸常用的方法。羧酸不易继续氧化,又容易分离提纯,在实验操作上比较简单。

仲醇和酮强烈氧化,也能得到羧酸,同时发生碳链断裂。例如环己醇或环己酮氧化,可用来制备己二酸,同时产生一些降解的二元羧酸。

$$RCH_2OH + KMnO_4 \xrightarrow[H_2O,\triangle]{OH^-} RCO_2^-K^+ + MnO_2$$

$$RCO_2^-K^+ \xrightarrow{H_3^+O} RCO_2H$$

$$\text{环己醇} + HNO_3 \longrightarrow HO_2C(CH_2)_4CO_2H$$

芳香烃的侧链氧化是制备芳香族羧酸最重要的方法。最常用的氧化剂是碱性高锰酸钾，产率很高。芳环上的支链不论长短，强烈氧化后最后都降解成羧基。由于侧链氧化是从进攻与苯环相连的碳氢键开始的，所以叔丁基支链对氧化是极稳定的。

$$C_6H_5CH_3 \xrightarrow[(2)\ H_3^+O]{(1)\ KMnO_4,\ OH^-,\ \triangle} C_6H_5CO_2H \quad 100\%$$

其他的氧化剂有次氯酸钠、硝酸、Tollens 试剂及各种含三氧化铬的试剂，如三氧化铬的吡啶溶液、三氧化铬吡啶盐 (PCC) 等。PCC 是较温和的氧化剂，在二氯甲烷中室温下反应 1 h，可将 1-辛醇以 95% 的收率转化为辛醛。20 世纪 80 年代发展的次氯酸钠-冰乙酸体系也是氧化仲醇的有效试剂，价格低廉，对环境污染小，且产率较高。

氧化反应一般都是放热反应，所以必须严格控制反应条件和反应温度，如果反应失控，不仅破坏产物，降低收率，有时还有发生爆炸的危险。

从绿色化学的角度，分子氧是最理想的氧化剂，具备来源丰富、无毒、可再生及不产生危害环境的副产物等优点。利用空气中的氧气氧化官能团称为“耗氧氧化”。现实情况是，除了规模大的工业生产，出于经济和环境的考虑，这样的反应还是罕见的。当代有机化学家的重要目标是利用催化剂，实现有效的对环境友好的分子氧化。

由于氧化还原反应涉及电子的转移，过渡金属如 Ni、Pd 和 Cu 等能够从其他分子接受电子，故通常用作催化剂，并取得了重大的进展，涉及许多重要的工业制备。例如铜基催化系统现已实现了在温和的条件下醇的耗氧氧化。

$$ArCH_2OH + \frac{1}{2}O_2 \xrightarrow{\text{催化剂}} ArCHO + H_2O$$

当用金属催化剂时，与试剂处于均相是最有利的。均相催化剂通常涉及含有 O、N、P 或 S 等杂原子的有机分子，金属原子或离子能与选择的溶剂发生缔合并溶于溶剂。

实验二十七 环己酮 (cyclohexanone)

实验方法 (一)：用重铬酸钠氧化

[反应式]

$$3\ C_6H_{11}OH + Na_2Cr_2O_7 + 4H_2SO_4 \longrightarrow 3\ C_6H_{10}O + Cr_2(SO_4)_3 + Na_2SO_4 + 7H_2O$$

[试剂]

7.5 g (7.8 mL, 0.075 mol) 环己醇，7.9 g (0.026 mol) 重铬酸钠 ($Na_2Cr_2O_7 \cdot 2H_2O$)，浓硫酸，食盐。

[步骤]

在 250 mL 烧杯中，加入 45 mL 水和 7.9 g 重铬酸钠[1]，搅拌溶解后，在搅拌下慢慢加入 7 mL 浓硫酸，得一橙红色溶液，冷却至室温备用。

在 250 mL 圆底烧瓶中，加入 8 mL 环己醇，将上述铬酸溶液分三批加入圆底烧瓶中，每加一次应摇振混匀。放入一温度计，测量初始温度，并观察温度变化情况。当温度上升至 55 ℃时，立即用水浴冷却，控制反应液温度在 55～60 ℃[2]。约 0.5 h 后，温度开始下降，移去水浴，放置 0.5 h，其间要不时摇振几次，直到使反应液呈墨绿色为止。

在反应瓶中加入 45 mL 水，放入几粒沸石改为蒸馏装置，进行简易水蒸气蒸馏。收集约 38 mL 蒸出液[3]。用食盐饱和后（约需 9 g）转入分液漏斗中，分出有机相，水相用 9 mL 乙醚萃取一次，将醚萃取液与有机相合并，用无水硫酸镁干燥后，转入 25 mL 圆底烧瓶，在水浴上蒸出乙醚后，改为空气冷凝管蒸馏，收集 151～155 ℃的馏分，产量为 4～4.5 g。

纯环己酮的沸点为 155.6 ℃，折射率 n_D^{20} 为 1.4520。

本实验需 4～5 h。

实验方法（二）：用次氯酸钠氧化

[反应式]

$$\text{环己醇(OH)} + NaOCl \xrightarrow{CH_3CO_2H} \text{环己酮(O)} + H_2O + NaCl$$

[试剂]

8 g (8.4 mL, 0.08 mol) 环己醇，60 mL 1.8 mol·L^{-1} 次氯酸钠水溶液，冰乙酸，碳酸钠，饱和亚硫酸钠溶液，淀粉–碘化钾试纸，氯化钠。

[步骤]

在装有冷凝管、滴液漏斗、温度计和搅拌磁子的 250 mL 三颈烧瓶中，加入 8.4 mL 环己醇和 20 mL 冰乙酸。在滴液漏斗中加入 60 mL 1.8 mol·L^{-1} 次氯酸钠水溶液[4]。开动搅拌，逐渐滴加次氯酸钠水溶液，并使瓶内温度保持在 30～35 ℃。必要时可用冰水浴冷却，但温度不得低于 30 ℃。当次氯酸钠溶液加完后，反应液呈黄绿色。取一滴反应液用淀粉–碘化钾试纸检验，如试纸变蓝，表明氧化剂过量[5]。在室温下继续搅拌 15 min[6]。然后加入饱和亚硫酸氢钠溶液（1～5 mL），直至反应液变为无色，并对淀粉–碘化钾试纸呈负性试验。

向反应混合物中加入 50 mL 水，进行水蒸气蒸馏，收集 35～40 mL 馏出液[7]。在搅拌下，向馏液中分批加入无水碳酸钠（约需 6 g），至反应液呈中性。中和后的溶液加入氯化钠[8]（约需 6.5 g）使之饱和。混合物转入分液漏斗，分出有机相。水层每次用 10 mL 乙醚萃取 2 次，合并有机相和醚萃取液，用无水硫酸镁干燥后过滤，先用水浴蒸馏回收乙醚，再蒸馏收集 150～155 ℃的馏分，产量为 5~6 g。纯环己酮为无色液体，沸点为 155.7 ℃，折射率 n_D^{20} 为 1.4507。

对产物进行 2,4–二硝基苯肼试验（见 4.4.6 节）。

图 3.9.1～图 3.9.4 分别为环己醇和环己酮的 IR 和 ^{1}H NMR 谱图。

本实验需 4～5 h。

[注释]

[1] 重铬酸钠是强氧化剂且有毒，避免与皮肤接触，反应残余物不得随意乱倒，应放入指定回收瓶中，以免污染环境。

[2] 温度低于 55 ℃,反应进行太慢,温度过高,可能导致酮的断链氧化。

[3] 水的馏出量不宜过多,否则,即使盐析,仍不可避免有少量环己酮溶于水中而损失。31 ℃时环己酮在水中的溶解度为 2.4 g·(100 mL)$^{-1}$。

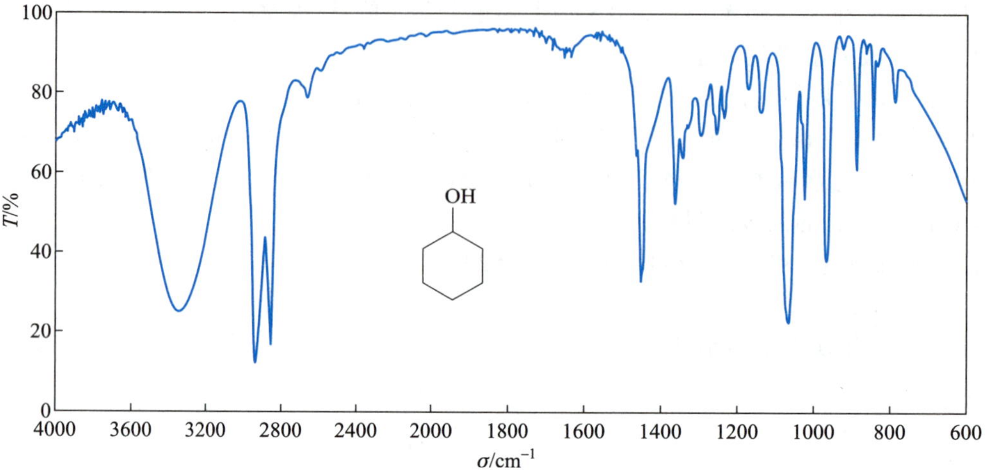

图 3.9.1　环己醇的 IR 谱图

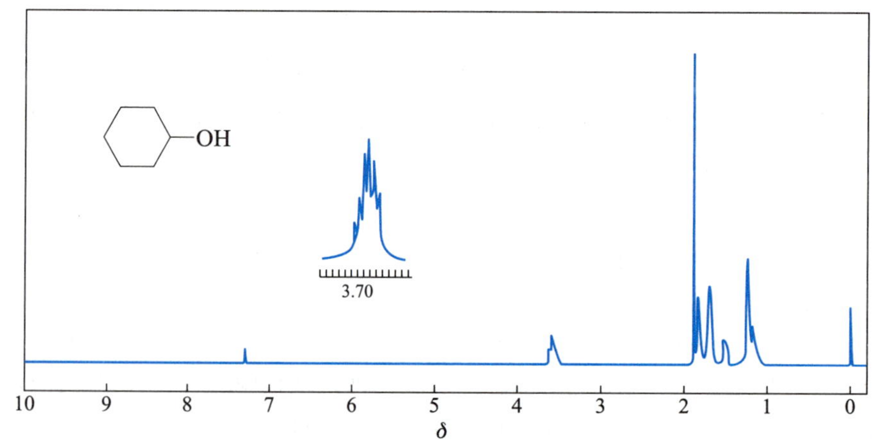

图 3.9.2　环己醇的 ¹H NMR 谱图

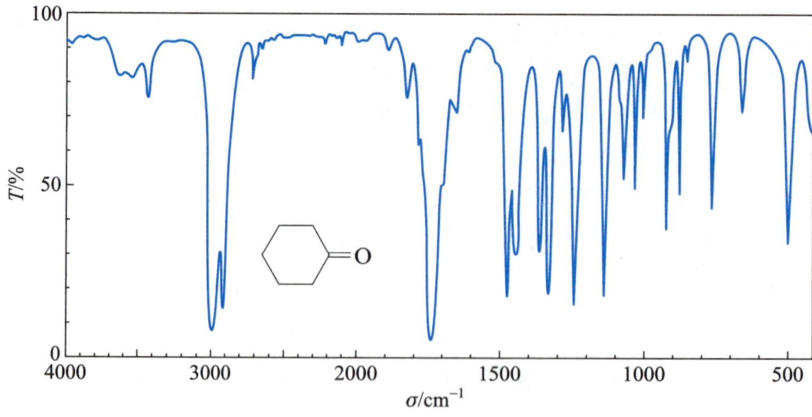

图 3.9.3　环己酮的 IR 谱图

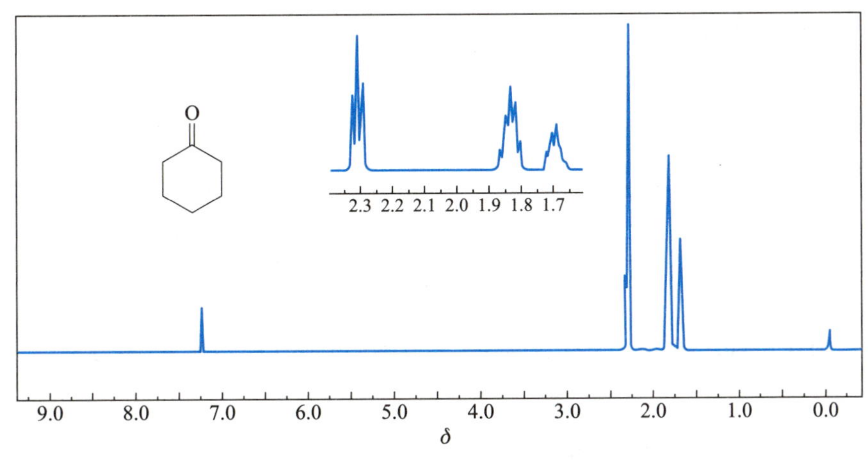

图 3.9.4 环己酮的 ^{1}H NMR 谱图

[4] 用间接碘量法测定次氯酸钠溶液的摩尔浓度。用移液管吸取 10 mL 次氯酸钠溶液于 500 mL 容量瓶中，用蒸馏水稀释至刻度，摇匀后用移液管量取 25 mL 溶液，加入 50 mL 0.1 mol·L^{-1} 盐酸和 2 g 碘化钾，用 0.1 mol·L^{-1} 硫代硫酸钠标准溶液滴定析出碘，5 mL 0.2% 淀粉溶液在滴定到近终点时加入，以防止较多碘被淀粉胶粒包住，经换算后

$$\text{次氯酸钠的浓度}\ (\mathrm{mol\cdot L^{-1}}) = [(0.1/2)\times V]\times 500/25/10$$

式中 V 为耗去的硫代硫酸钠溶液的体积。

[5] 假如混合物用淀粉-碘化钾试验未显色反应，可再加入 4 mL 次氯酸钠溶液，以保证有过量的次氯酸钠存在，使氧化反应完全。

[6] 因有微量氯气逸出，操作最好在通风橱中进行。

[7] 环己酮和水形成恒沸点混合物，沸点为 95 ℃，含环己酮 38.4%，馏出液中还有乙酸，沸程为 94～100 ℃。

[8] 加入氯化钠是为了降低环己酮的溶解度并有利于环己酮的分层。

[思考题]

(1) 重铬酸钠-浓硫酸混合液为什么要冷却至室温后使用？

(2) 本实验的氧化剂能否改为高锰酸钾？为什么？

(3) 与重铬酸钠氧化法比较，次氯酸钠-冰乙酸氧化有何优点？

(4) 实验方法 (二) 中，水蒸气蒸馏前，除去过量氧化剂的目的是什么？写出反应方程式。

(5) 指出环己醇和环己酮 IR 谱图 (见图 3.9.1 和图 3.9.3) 中羟基和羰基吸收峰的位置。

(6) 指出环己醇和环己酮 ^{1}H NMR 谱图 (见图 3.9.2 和图 3.9.4) 中吸收峰对应的氢核。

实验二十八 己二酸 (adipic acid)

己二酸是合成尼龙-66 的主要原料之一，实验室可用 50% 硝酸或高锰酸钾氧化环己醇制得。

实验方法 (一): 硝酸氧化

[反应式]

$$3\ \text{环己醇 (cyclohexanol, C}_6\text{H}_{11}\text{OH)} + 8HNO_3 \longrightarrow 3HO_2C(CH_2)_4CO_2H + 8NO + 7H_2O$$

$$8NO \xrightarrow{4O_2} 8NO_2$$

[试剂]

2.5 g (2.7 mL, 0.025 mol) 环己醇, 8 mL (10.5 g, 约 0.085 mol) 50% 硝酸, 钒酸铵。

[步骤]

在 100 mL 三颈烧瓶中, 加入 8 mL 50% 硝酸[1] 和 1 小粒钒酸铵。瓶口分别安装温度计、回流冷凝管和滴液漏斗。冷凝管上端接一气体吸收装置, 用碱液吸收反应中产生的氧化氮气体[2], 滴液漏斗中加入 2.7 mL 环己醇[3]。将三颈烧瓶在水浴中预热到 50 ℃左右, 移去水浴, 先滴入 5~6 滴环己醇, 并加以摇振。反应开始后, 瓶内反应物温度升高并有红棕色气体放出。慢慢滴入其余的环己醇, 调节滴加速率[4], 使瓶内温度维持在 50~60 ℃, 并不时摇荡。若温度过高或过低, 可借助冷水浴或热水浴加以调节。滴加完毕后 (需 10~15 min), 再用沸水浴加热 10 min, 至几乎无红棕色气体放出为止。将反应物小心倾入一外部用冷水浴冷却的烧杯中, 抽滤收集析出的晶体, 用少量冰水洗涤[5], 粗产物干燥后产量为 2~2.5 g, 熔点为 149~155 ℃。用水重结晶后熔点为 151~152 ℃, 产量约为 2 g。

纯己二酸为白色棱状晶体, 熔点为 153 ℃。

本实验需 3~4 h。

实验方法 (二): 高锰酸钾氧化

[反应式]

$$3\ \text{环己醇 (cyclohexanol, C}_6\text{H}_{11}\text{OH)} + 8KMnO_4 + H_2O \longrightarrow 3HO_2C(CH_2)_4CO_2H + 8MnO_2 + 8KOH$$

[试剂]

2 g (2.1 mL, 0.02 mol) 环己醇, 6 g (0.038 mol) 高锰酸钾, 10% 氢氧化钠溶液, 亚硫酸氢钠, 浓盐酸。

[步骤]

在 250 mL 烧杯中进行机械搅拌或电磁搅拌。烧杯中加入 5 mL 10% 氢氧化钠溶液和 50 mL 水, 搅拌下加入 6 g 高锰酸钾。待高锰酸钾溶解后, 用滴管慢慢加入 2.1 mL 环己醇, 控制滴加速率, 维持反应温度在 45 ℃左右。滴加完毕反应温度开始下降时, 在沸水浴中将混合物加热 5 min, 使氧化反应完全并使二氧化锰沉淀凝结。用玻璃棒蘸一滴反应混合物点到滤纸上做点滴试验。若有高锰酸盐存在, 则在二氧化锰点的周围出现紫色的环, 可加少量固体亚硫酸氢钠直到点滴试验呈负性为止。

趁热抽滤混合物, 滤渣二氧化锰用少量热水洗涤 3 次。合并滤液与洗涤液, 用约 4 mL 浓盐酸酸化, 使溶液呈强酸性。在石棉网上加热浓缩使溶液体积减小至 10 mL 左右, 加少量活性炭脱色后放置结晶, 得白色己二酸晶体, 熔点为 151~152 ℃, 产量为 1.5~2 g。图 3.9.5 和图 3.9.6 分别为己二酸的 IR 和 ^{1}H NMR 谱图。

本实验约需 4 h。

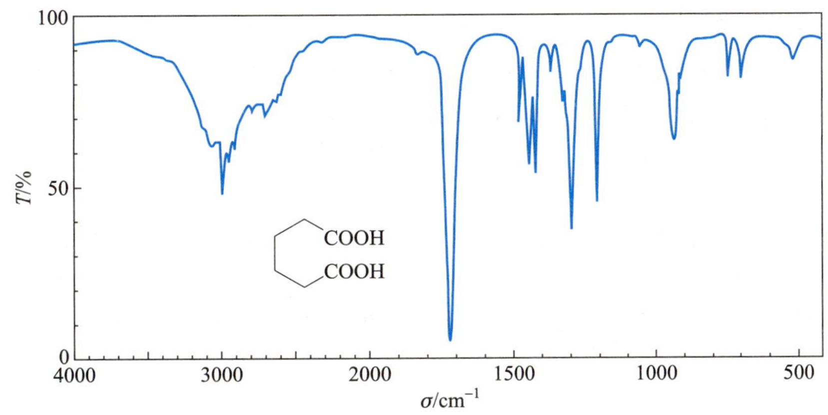

图 3.9.5 己二酸的 IR 谱图

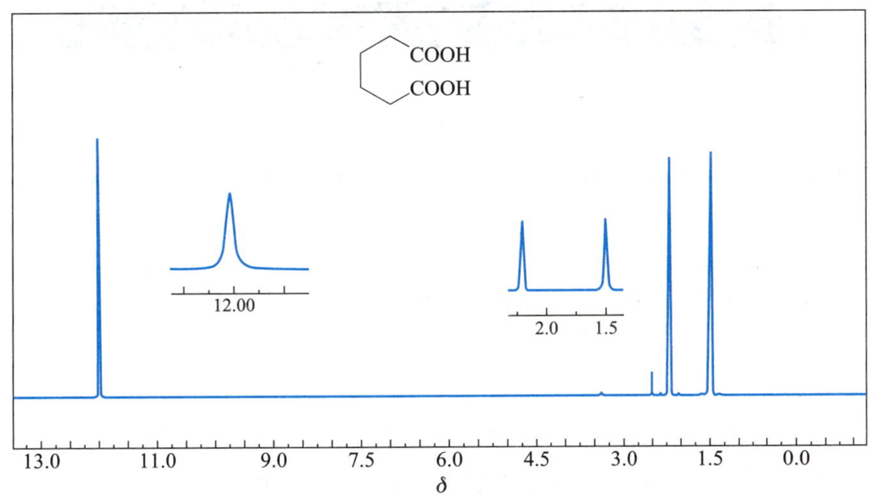

图 3.9.6 己二酸的 ^{1}H NMR 谱图

[注释]

[1] 环己醇与浓硝酸切勿用同一量筒量取，二者相遇发生剧烈反应，甚至发生意外。

[2] 本实验应在通风橱中进行。因产生的氧化氮是有毒气体，不可逸散在实验室内。仪器装置要求严密不漏，若发现漏气现象，应即暂停实验，改正后再继续进行。

[3] 环己醇熔点为 24 ℃，熔融时为黏稠液体。为减少转移时的损失，应采用称量法计量并用少量水冲洗量器，并入滴液漏斗，在室温较低时，这样做还可降低其熔点，以免堵住漏斗。

[4] 此反应为强烈放热反应，切不可大量加入，以避免反应过于剧烈，引起事故。

[5] 不同温度下己二酸的溶解度见表 3.9.1。粗产物须用冰水洗涤，如浓缩母液可回收少量产物。

表 3.9.1 不同温度下己二酸的溶解度

温度/℃	15	34	50	70	87	100
溶解度 /[g·(100 mL 水)$^{-1}$]	1.44	3.08	8.46	34.1	94.8	100

[思考题]

(1) 本实验中为什么必须控制反应温度和环己醇的滴加速率？

(2) 为什么有些实验在加入最后一种反应物前应预先加热 (如本实验中先预热到 50 ℃)? 为什么一些反应剧烈的实验, 开始时的加料速率放得较慢, 等反应开始后反而可以适当加快加料速率, 原因何在?

(3) 粗产物为什么必须干燥后称量并最好测定其熔点?

(4) 从给出的溶解度数据计算己二酸粗产物经一次重结晶后损失了多少? 与实际损失有否差别? 为什么?

(5) 从已经做过的实验中, 你能否总结一下化合物的物理性质 (如沸点、熔点、相对密度、溶解度等) 在有机实验中有哪些应用?

(6) 指出己二酸 IR 谱图中羧基和羰基吸收峰的位置, 及其 ^{1}H NMR 谱图中与吸收峰对应的氢核。

实验二十九　对硝基苯甲酸

(*p*-nitrobenzoic acid)

[反应式]

$$p\text{-}O_2NC_6H_4CH_3 + Na_2Cr_2O_7 + 4\,H_2SO_4 \longrightarrow p\text{-}O_2NC_6H_4CO_2H + Na_2SO_4 + Cr_2(SO_4)_3 + 5\,H_2O$$

[试剂]

3 g (约 0.02 mol) 对硝基甲苯, 9 g (0.03 mol) 重铬酸钠 ($Na_2Cr_2O_7 \cdot 2H_2O$), 浓硫酸, 5% 和 15% 硫酸, 5% 氢氧化钠溶液。

[步骤]

在 100 mL 装有搅拌磁子的三颈烧瓶中, 加入 3 g 对硝基甲苯, 9 g 重铬酸钠粉末及 20 mL 水, 装置冷凝管及滴液漏斗。在搅拌下自滴液漏斗慢慢滴入 12.5 mL 浓硫酸。放热反应开始后, 温度很快上升, 反应混合物的颜色逐渐变深变黑。必要时可用冷水冷却, 以免温度过高, 使对硝基甲苯挥发而凝结在冷凝管壁上。加完硫酸后, 将烧瓶在石棉网上加热, 搅拌回流 0.5 h, 反应液呈黑色。

反应过程中, 冷凝管可能有白色针状的对硝基甲苯析出, 这时可适当关小冷凝水, 使其熔融滴下。

待反应物冷却后, 在搅拌下加入 40 mL 冰水, 立即有沉淀析出。抽滤, 用 25 mL 水分两次洗涤, 粗制对硝基苯甲酸为黄黑色固体。将固体放入盛有 15 mL 5% 硫酸的烧杯中, 在沸水浴上加热 10 min, 以溶解未反应的铬盐, 冷却后抽滤, 将所得的沉淀溶于 25 mL 5% 氢氧化钠溶液, 在 50 ℃ 温热后抽滤[1], 滤液中加 0.5 g 活性炭煮沸后趁热过滤。冷却后在充分搅拌下将滤液慢慢倒入盛有 30 mL 15% 硫酸的烧杯中[2], 析出黄色沉淀, 抽滤, 用少量冷水洗涤两次, 干燥后称量, 产物已足够纯净。如需进一步提纯, 可用乙醇-水重结晶, 产品为浅黄色的针状结晶, 熔点[3] 为 241～242 ℃, 产量约为 2 g。

对产物进行溶解度和酸性试验 (见实验 4.4.8)。

纯对硝基苯甲酸的熔点为 242 ℃。

本实验需 4～5 h。

[注释]

[1] 这步的目的是除去未作用的对硝基甲苯 (熔点 51.3 ℃) 和进一步除去铬盐 (生成氢氧化铬沉淀)。如过滤温度太低, 则对硝基苯甲酸钠也会析出而被滤去。

[2] 硫酸不能反加至滤液中，否则生成的沉淀会包含一些钠盐而影响产物的纯度。中和时应使溶液呈强酸性，否则需补加少量的酸。

[3] 因产物熔点太高，最好用熔点仪测定。

[思考题]

(1) 解释下列操作原理:

(a) 反应结束后为何要加入 40 mL 冰水?

(b) 为何要将粗产物放入盛有 15 mL 5% 硫酸的烧杯中在沸水浴上加热 10 min?

(c) 为何将沉淀溶于 5% 氢氧化钠溶液中并在 50 ℃ 左右过滤?

(d) 为何最后将脱色后的滤液倒入 15% 硫酸中? 硫酸为何不能反加至滤液中?

(2) 写出下列化合物的氧化产物:

(a) 对甲基异丙苯 (b) 邻氯甲苯 (c) 萘 (d) 对叔丁基甲苯

3.10 还原反应

还原通常用符号 [H] 来代表。还原普遍接受的概念是得到电子产生中性原子或离子。然而在典型的有机反应中，碳通常形成共价键而非获得电子，不过，有机化合物的还原表现为碳原子电子密度的增加，与碳结合的电负性较强的原子如 O、N 或 X 等被氢原子所代替，官能团加入氢原子，形成 C—H 键。

含有双键、三键官能团的不饱和化合物，能够加氢生成仅含单键的饱和化合物。以下反应式为有机化学常见的还原类型。此外，其他含 π 键官能团的化合物，包括羧酸及衍生物 (酯、酰胺、酸酐和腈)、硝基及芳环等，也能被还原生成仅含单键的化合物。

$$\mathrm{>C{=}C<} \xrightarrow{[H]} \mathrm{-CH-CH-}$$

$$\mathrm{-C{\equiv}C-} \xrightarrow[\text{1 mol}]{[H]} \mathrm{HC{=}CH} \xrightarrow[\text{1 mol}]{[H]} \mathrm{-CH_2-CH_2-}$$

$$\mathrm{>C{=}O} \xrightarrow{[H]} \mathrm{-CH-OH}$$

$$\mathrm{>C{=}N-} \xrightarrow{[H]} \mathrm{-CH-NH-}$$

上述还原可通过催化氢化等方法进行。

催化氢化是一种重要的实验方法。与化学试剂还原相比，具有反应产物纯、价格低廉，催化剂能反复使用和无环境污染等优点。但催化氢化对反应器要求较高，催化剂的制备或再生操作要求较严格，而且催化剂对各种官能团还原的选择性也受到一定的限制。尽管如此，催化氢化仍然在实验室制备和工业生产中有着广泛的用途。

催化氢化常用的催化剂有铂、钯、钌、铑和镍等。这些催化剂的还原能力不同，同一催化剂也因制备方法不同或使用载体不同而具有不同的还原能力。例如,将铂氯酸或氯化钯在溶液中还原成黑色金属铂或钯称为铂黑或钯黑,将钯黑吸附在活性炭载体上称为钯炭,这些催化剂具有很强的还原能力,尽管能够回收,但价格昂贵。实验室或工业上最常用的氢化催化剂是 Raney 镍,即用镍铝合金经氢氧化钠溶液处理及洗涤后制得的海绵状的镍,使用时根据氢化对象不同采用不同的处理方法,产生不同的活性。它价格便宜,制备简单,活性也较理想。

普遍接受的催化氢化反应机理认为是氢和有机分子中不饱和键首先被吸附在催化剂表面,被催化剂的活化中心活化后,分步完成加成反应,生成饱和的有机分子,最后从催化剂表面解除吸附。由于两个氢原子是从不饱和键的同一侧加上去的,因此催化氢化是顺式加成的立体选择反应。

烯烃的结构对反应有着明显的影响,随着不饱和键取代基数目的增多和体积的增大,反应活性降低,氢化速率减慢;取代基电子效应也会影响反应的活性;此外,氢化用的溶剂、反应温度和压力等因素对氢化速率也有明显的影响。由于催化氢化为三相反应-气相(氢气)、固相(催化剂)及液相(溶剂),分子间相互间接触碰撞机会少,所以搅拌或振荡对催化氢化是必不可少的。

本节介绍了用高活性的 Raney 镍,在常温常压下,用氢气将肉桂酸还原成氢化肉桂酸,反应几乎是定量进行的。生成的氢化肉桂酸熔点为 48.5 ℃,比肉桂酸的熔点(135.6 ℃)低得多,因此很容易鉴别。

化学还原不同于催化氢化,应用金属氢化物作为还原试剂。金属氢化物也称负氢试剂,作为亲核试剂可以和醛、酮等所含极性不饱和键发生亲核加成。在烯键存在下,可以选择性地还原碳氧双键和碳氮双键,分子中的烯键不受影响,这是催化氢化难以实现的。实验室常用的负氢试剂有氢化铝锂($LiAlH_4$)和硼氢化钠($NaBH_4$)。$LiAlH_4$ 是很强的还原剂,无选择性,可迅速地还原醛酮、羧酸、酯基、氰基和硝基;而 $NaBH_4$ 活性较小,有更高的选择性,且操作方便、安全。

芳香族硝基化合物还原是制备芳胺的主要方法。工业上最实用、最经济及对环境污染最小的方法是催化氢化。实验室小量制备常用的方法是在酸性溶液中用金属或金属盐进行还原。常用的还原剂有锡、二氯化锡、锌、铁等,常用的酸为盐酸和乙酸。可以根据反应物的性质选择合适的还原剂和反应介质。锡-盐酸是常被选择的还原剂,也可用铁-盐酸,铁的用量仅为理论量的 1/40,酸可能只起了催化作用,如用乙酸代替盐酸,反应时间能显著缩短。

$$2ArNO_2 + 3Sn + 12H^+ \longrightarrow 2ArNH_2 + 3Sn^{4+} + 4H_2O$$

$$PhNO_2 + 2Fe + 6H^+ \longrightarrow PhNH_2 + 2Fe^{3+} + 2H_2O$$

$$PhNO_2 + 3Fe + 6H^+ \longrightarrow PhNH_2 + 3Fe^{2+} + 2H_2O$$

$$PhNO_2 + 2Fe + 4H_2O \xrightarrow[\triangle]{H^+} PhNH_2 + 2Fe(OH)_3$$

反应完成后,可通过充分碱化破坏胺与酸形成的络合物使胺游离出来,达到分离的目的。

电化还原研究表明,硝基化合物的还原是分步进行的:

$$PhNO_2 \xrightarrow[-H_2O]{2e^- + 2H^+} PhN{=}O \xrightarrow{2e^- + 2H^+} PhNHOH \xrightarrow[-H_2O]{2e^- + 2H^+} PhNH_2$$

金属的作用是提供电子,酸或水作为供质子剂提供反应所需要的质子。在强酸性介质中,芳香伯胺是最终还原产物,在温和条件下(锌 + 氯化铵),反应可停留在 N-羟基苯胺的阶段。

在碱性介质中,芳香硝基化合物发生双分子还原,亚硝基苯和 N-羟基苯胺继续还原的速率减慢,产物为氧化偶氮苯或其他还原产物。

间二硝基苯采用强还原剂,两个硝基均被还原,生成间苯二胺。若采用温和的还原剂如硫化氢、硫氢化钠或多硫化钠 (NaS_3) 等,可实现部分还原,生成间硝基苯胺,还原时应仔细控制还原剂的用量,以免发生进一步的还原。也可用铜粉在氢溴酸存在下实现部分还原。

$$4\,(m\text{-}C_6H_4(NO_2)_2) + 6NaSH + H_2O \longrightarrow 4\,(m\text{-}NO_2C_6H_4NH_2) + 3Na_2S_2O_3$$

本节编入了二苯甲醇、异冰片、氢化肉桂酸、苯胺、间硝基苯胺和偶氮苯六种化合物的制备,以加深学生对各种还原方法的理解。

实验三十 二苯甲醇
(benzohydrol)

二苯甲酮可以通过多种还原剂还原得到二苯甲醇。在碱性醇溶液中用锌粉还原是制备二苯甲醇常用的方法,适用于中等规模的实验室制备。对于小量合成,硼氢化钠是更理想的还原剂。1 mol 硼氢化钠理论上能还原 4 mol 醛酮。

实验方法 (一): 硼氢化钠还原

[反应式]

$$4(C_6H_5)_2C{=}O + NaBH_4 \longrightarrow Na^+B^-[OCH(C_6H_5)_2]_4$$

$$Na^+B^-[OCH(C_6H_5)_2]_4 \xrightarrow{H_2O} 4\,(C_6H_5)_2CHOH$$

[试剂]

1.83 g (0.01 mol) 二苯酮, 0.23 g (0.0061 mol) 硼氢化钠[1], 甲醇, 石油醚 (60~90 ℃)。

[步骤]

在装有回流冷凝管 25 mL 圆底烧瓶中,加入 1.83 g 二苯酮和 8 mL 甲醇,摇动使其溶解。迅速称取 0.23 g 硼氢化钠加入瓶中,摇动使之溶解。反应物自然升温至沸腾,然后室温下放置 20 min,不时振荡。加入 3 mL 水,在水浴上加热至沸,保持 5 min。冷却,析出结晶。减压过滤,粗品干燥后用石油醚或环己烷重结晶,干燥后得白色针状晶体,产量约为 1 g,测熔点。

纯二苯甲醇的熔点为 69 ℃。

实验方法 (二): 锌粉还原

[反应式]

$$C_6H_5COC_6H_5 \xrightarrow{Zn+NaOH} C_6H_5CH(OH)C_6H_5$$

[试剂]

1.83 g 二苯酮 (0.01 mol), 2.0 g (0.03 mol) 锌粉, 2.0 g (0.05 mol) 氢氧化钠, 乙醇, 浓盐酸, 石油醚 (60~90 ℃)。

[步骤]

在装有冷凝管和搅拌磁子的 50 mL 的锥形瓶中，依次加入 2.0 g 氢氧化钠、1.83 g 二苯酮、2 g 锌粉和 20 mL 95% 的乙醇，充分摇振，使氢氧化钠和二苯酮逐渐溶解，反应微微放热，约 20 min 后，在 80 ℃ 水浴上加热搅拌 2 h。反应物冷却后，真空抽滤，固体用少量乙醇洗涤。滤液倒入 80 mL 事先用冰水浴冷却的水中，摇荡混匀后用浓盐酸小心酸化，使溶液 pH 为 5～6[2]，真空抽滤析出的固体。粗产物于红外灯下干燥，然后用 15 mL 石油醚重结晶。干燥后得二苯甲醇的针状结晶约为 1 g，熔点为 68～69 ℃。图 3.10.1 和图 3.10.2 分别为二苯甲醇的 IR 和 ^{1}H NMR 谱图。

本实验需 3～4 h。

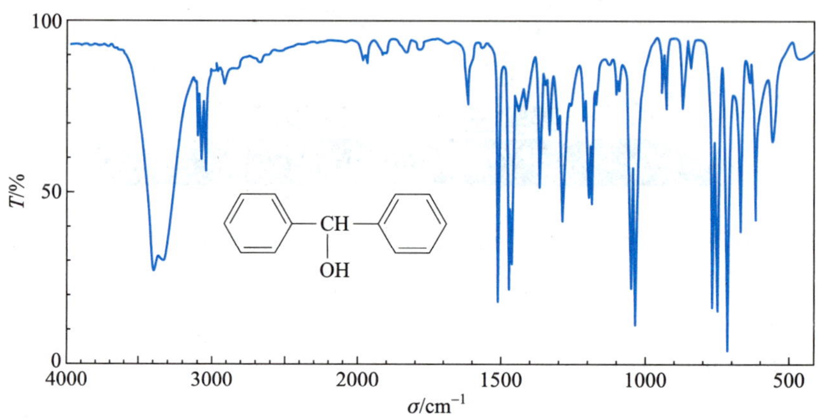

图 3.10.1　二苯甲醇的 IR 谱图

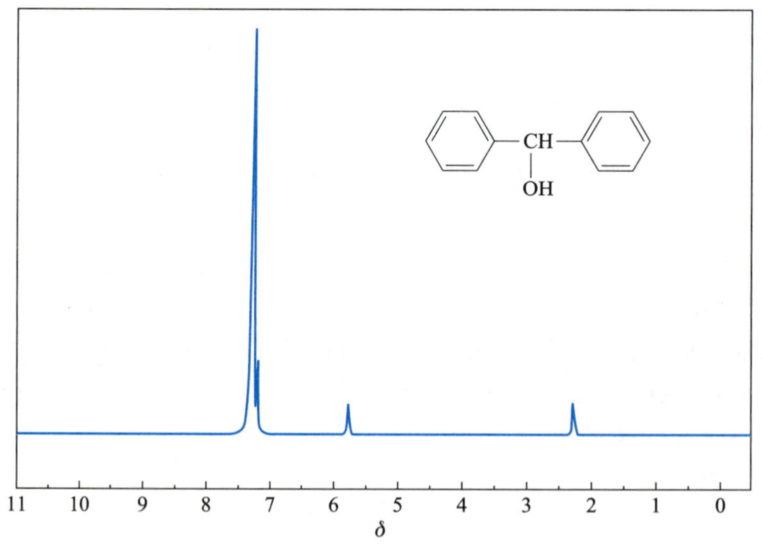

图 3.10.2　二苯甲醇的 ^{1}H NMR 谱图

[注释]

[1] 硼氢化钠有腐蚀性，称量时要小心操作勿与皮肤接触。

[2] 酸化时溶液酸性不宜太强，否则难以析出固体。

[思考题]

(1) 说明硼氢化钠和氢化锂铝在还原性及操作上有何不同。

(2) 本实验反应完成后加水煮沸的目的是什么?

(3) 指出二苯甲醇的 IR 谱图中 OH 吸收峰的位置和 ^{1}H NMR 谱图中与吸收峰对应的氢核。

实验三十一 樟脑的还原
(reduction of camphor)

硼氢化钠用于还原刚性的环酮时,表现出优越的立体选择性。本实验中用硼氢化钠还原樟脑,由于樟脑分子桥碳上两个甲基之一对氢化物的进攻产生较大的空间位阻,使络合氢化物更容易从羰基的下面进攻(内型接近),而较难从上面进攻(外型接近),因此反应的主要产物是异冰片。核磁共振测定表明,产物中异冰片的含量约为 83%,冰片约为 17%。

[反应式]

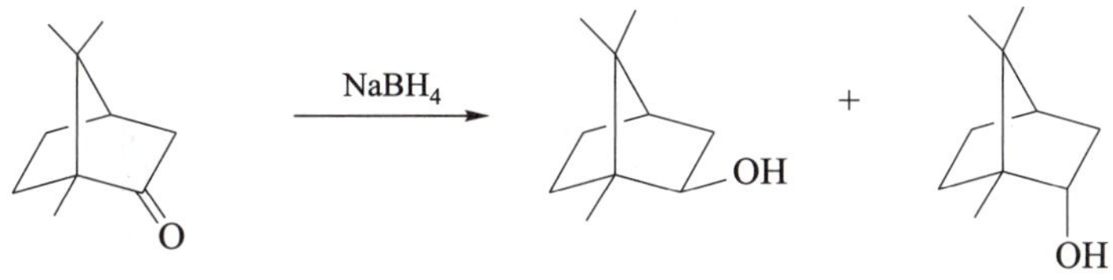

$NaBH_4$ + OH OH O

异冰片 冰片

[试剂]

0.50 g (3.3 mmol) *R*-樟脑, 0.70 g (19 mmol) 硼氢化钠[1], 甲醇。

[步骤]

在装有搅拌磁子的 25 mL 圆底烧瓶中,加入 0.50 g 樟脑和 10 mL 甲醇。开动搅拌,待樟脑溶解后,分批加入 0.70 g 硼氢化钠,在室温反应 20 min。当硼氢化钠加完后,将反应混合物在水浴中回流 10 min。

将反应混合物倒入 20 mL 冰水中,用赫希漏斗抽滤收集白色固体沉淀,用少量水洗涤,在空气中干燥后称量。粗产物可用减压升华进行纯化(见 2.5.11)。在减压下异冰片约在 110 ℃迅速升华,收集产物约 0.4 g。用封闭的毛细管法测定其熔点为 206～207 ℃。

纯异冰片的熔点为 212 ℃。图 3.10.3 和图 3.10.4 分别为异冰片的 IR 和 ^{1}H NMR 谱图。

本实验需 3～4 h。

[注释]

[1] 见实验三十注释 [1]。

[思考题]

(1) α-降冰片酮 (O) 用硼氢化钠还原时,得到的主要产物为内型降冰片 (H), OH 为什么?

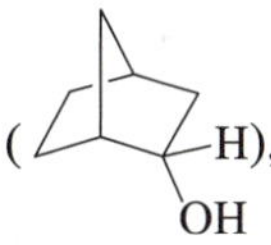

(2) 指出异冰片 IR 谱图中羟基吸收峰的位置和 ^{1}H NMR 谱图中与吸收峰对应的氢核。

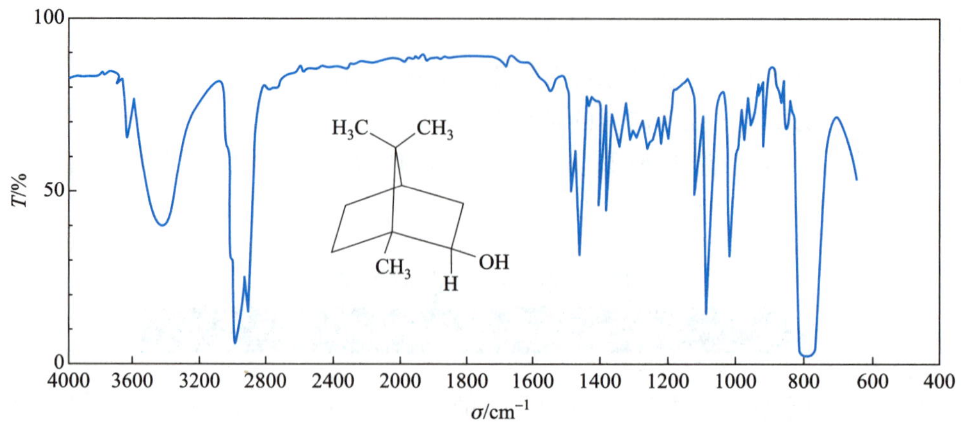

图 3.10.3 异冰片的 IR 谱图

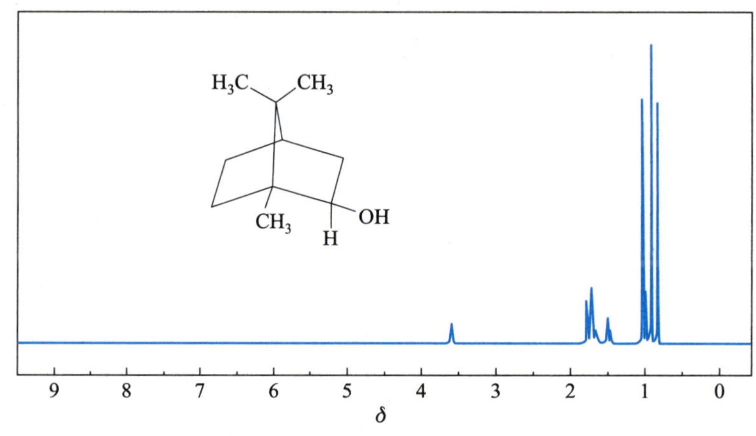

图 3.10.4 异冰片的 ^{1}H NMR 谱图

实验三十二 氢化肉桂酸
(hydrocinnamic acid)

[反应式]

$$NiAl_2 + 2NaOH + 6H_2O \longrightarrow Ni + 2Na[Al(OH)_4] + 3H_2\uparrow$$

$$C_6H_5CH{=\!=}CHCOOH + H_2 \xrightarrow[\text{常温常压}]{Ni} C_6H_5CH_2CH_2COOH$$

[试剂]

2.5 g 镍铝合金 (含镍 40%～50%), 1.5 g (0.01 mol) 肉桂酸, 氢氧化钠, 95% 乙醇。

[步骤]

1. Raney 镍的制备

在 250 mL 烧杯中, 加入 2.5 g 镍铝合金及 25 mL 蒸馏水, 旋摇烧杯使混合均匀。然后分批加入 4 g

固体氢氧化钠,并不时加以旋摇。反应强烈放热,并有大量氢气逸出。控制碱的加入速率,以泡沫不溢出为宜,至无明显的氢气逸出为止。反应物在室温放置 10 min,然后在 70 ℃水浴中保温 0.5 h。倾去上层清液,用倾滗法依次以蒸馏水和 95% 乙醇各洗涤 3 次,用 5 mL 95% 乙醇覆盖备用。使用时将乙醇倾去,每毫升催化剂含镍约 0.6 g[1]。

2. 肉桂酸的催化氢化

简易常压催化氢化装置如图 3.10.5 所示,由 50 mL 圆底烧瓶 (氢化反应瓶)、储氢筒、分液漏斗 (平衡瓶) 及电磁搅拌组成。三通旋塞 1 接氢气储存系统氢气袋[2],三通旋塞 2 接真空系统。

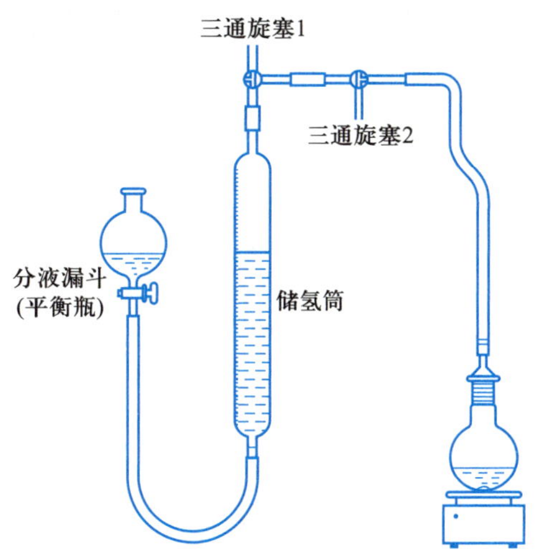

图 3.10.5 简易常压催化氢化装置图

用 50 mL 圆底烧瓶作氢化反应瓶,在瓶内溶解 1.5 g 肉桂酸于 22 mL 温热的 95% 乙醇中。冷却至室温后加 1 mL 已制好的催化剂,并用少量乙醇冲洗瓶壁。放入磁子后塞紧插有导气管的橡胶塞,使与氢化系统相连,检查整个系统是否漏气。

检查的方法是:将整个氢化系统与带有压力计的水泵相连,开启水泵,当抽至一定压力后,关闭水泵,切断与氢气系统的连接,观察压力计的读数是否发生变化。若系统漏气,应逐次检查玻璃旋塞、磨口塞是否塞紧及橡胶管连接处是否紧密等。

氢化开始前,旋转旋塞 1,把盛有蒸馏水的平衡瓶的位置提高,使储氢筒内充满水,赶尽筒内的空气。关闭三通旋塞 1,打开三通旋塞 2,使与真空系统相连,抽真空排除整个氢化系统内的空气。抽到一定真空度后关闭三通旋塞 2,打开与氢气袋相连的三通旋塞 1 进行充氢。如此抽真空-充氢重复 2~3 次,即可排除整个系统内的空气[3]。最后再对储氢筒内进行充氢。方法是:关闭与真空系统相连的三通旋塞 2,打开与氢气袋相连的三通旋塞 1,使氢气与储氢筒连通,同时降低平衡瓶的位置,用排水集气法使储氢筒内充满氢气,关闭三通旋塞 1。

取下平衡瓶,使其平面与储氢筒中水平面高度持平[4],记下储氢筒内氢气的体积,即可开始氢化反应。

开动搅拌,记下氢化反应开始的时间,每隔一定时间后,将平衡瓶水平面与储氢筒内水平面置于同一水平线上,记录储氢筒内氢气的体积变化,作出时间-吸氢体积曲线 (见图 3.10.6)。当吸氢体积无明显变化后,表明反应已经完成。整个氢化反应需 45~60 min。

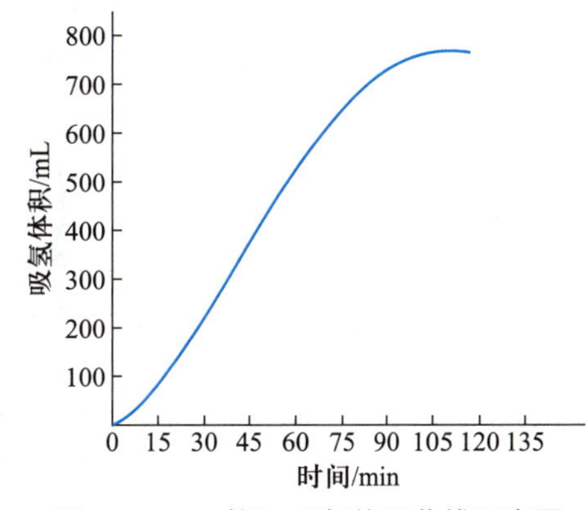

图 3.10.6 时间-吸氢体积曲线示意图

反应结束后,关闭连接储氢筒的三通旋塞 1,打开与水泵相连的三通旋塞 2,放掉系统内的残余氢气。取下反应瓶,用折叠滤纸滤去催化剂。催化剂应放入指定的回收瓶中,切勿随便扔入废物桶,以免引起着火事故。

将滤液转入 50 mL 圆底烧瓶中,在水浴上尽量蒸去乙醇,趁热将产品倒在一已称量的表面皿上,冷却后即得略带淡绿色或白色的氢化肉桂酸结晶。干燥后称量,产量约为 1 g,熔点为 47~48 ℃。如需进一步纯化,可减压蒸馏,收集 145~147 ℃/2.4 kPa (18 mmHg) 或 194~197 ℃/10 kPa (75 mmHg) 的馏分。

按投入的肉桂酸量计算理论吸氢量[5],并与实际吸氢量进行比较。

图 3.10.7 和图 3.10.8 分别为苯丙酸的 IR 和 NMR 谱图。肉桂酸的谱图见实验四十五。

本实验需 5~6 h。

氢化记录格式如下:

时间	时间间隔/min	量瓶刻度/mL	间隔吸氢量/mL	总吸氢量/mL
10:00	0	30	0	0
10:10	10 min	70	40	40
10:20	10 min	120	50	90
...	...	...	...	...

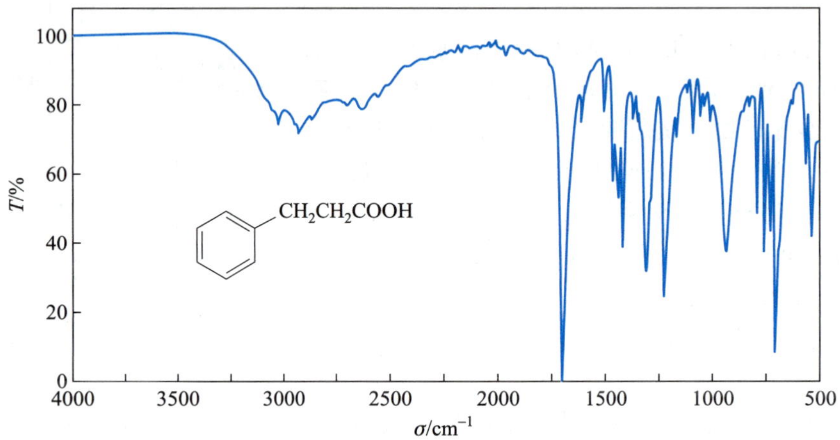

图 3.10.7　苯丙酸的 IR 谱图

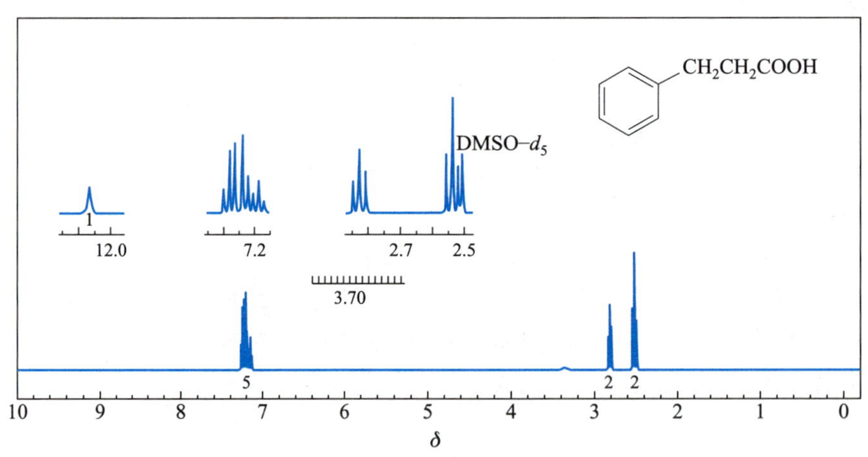

图 3.10.8　苯丙酸的 ^{1}H NMR 谱图

^{13}C NMR 数据: δ 30.4, 35.2, 126.0, 128.2, 128.3, 140.9, 173.8

[注释]

[1] 用这种方法制备的催化剂是略带碱性、高活性的催化剂,催化剂的储存导致活性显著降低,故最好新鲜制备,可得到较高的转化率。

催化剂制好后,挑少许于滤纸上,待溶剂挥发后,催化剂能发火自燃,表示活性较好,否则需重新制备。催化剂在滤纸上能起火自燃是必不可少的条件,但起火自燃并不表明活性就一定很好。催化剂活性的大小只能通过自燃的快慢及自燃的程度经验地做出判断，而最主要的是通过在氢化反应中吸氢的速率来判断。

由于放出氢气，制备应在通风橱中进行。

[2] 所用氢气袋由氢气钢瓶进行充氢。使用前应了解氢气袋所承受的最大压力及钢瓶的使用方法（见 1.5.4.3）。

氢气易燃易爆，实验过程中必须注意安全！严格按操作规程进行，并注意室内通风，熄灭一切火源。

[3] 氢化前须排除系统内的空气，氢化过程严禁空气进入氢化系统内。

[4] 反应时，平衡瓶的水平面应略高于储氢筒内的水平面，以增大反应体系的压力。

[5] 理论吸氢量可按气态方程 $pV=nRT$ 计算。

$$V=\frac{nRT}{p}=n\times 0.082\times(273+t)\times 1000$$

由于新制备的催化剂 Raney 镍是多孔且表面积很大的海绵状细小固体，氢化过程中，催化剂表面也吸附较多的氢，故实际吸氢量略大于理论吸氢量。

[思考题]

(1) 为什么氢化反应过程中，搅拌或振荡速率对氢化速率有显著的影响？

(2) 计算氢化 1.5 g 肉桂酸所需的氢气体积。

(3) 为什么每次在计量储气瓶内氢气的体积时，都要使储气瓶与平衡瓶水面相平？

(4) 为什么在氢化反应时，平衡瓶最好放在高位？如果在氢化反应时平衡瓶位置过低，对反应有什么影响？

(5) 考虑苯丙酸的谱图：

(a) 在 IR 谱图官能团区，指出与羧基和芳环 π 键相关的吸收。

(b) 指出 ^{1}H NMR 谱图中与吸收峰对应的氢核。

(c) 指出 ^{13}C NMR 数据中与吸收峰对应的碳核。

实验三十三 苯胺
(aniline)

[反应式]

$$4\,C_6H_5NO_2+9\,Fe+4\,H_2O\xrightarrow{H_3^+O}4\,C_6H_5NH_2+3\,Fe_3O_4$$

[试剂]

9.3 g (7.8 mL, 0.075 mol) 硝基苯，13.5 g (0.24 mol) 还原铁粉 (40～100 目)，冰乙酸，乙醚，食盐，氢氧化钠。

[步骤][1]

在 250 mL 圆底烧瓶中，加入 13.5 g 还原铁粉、25 mL 水及 1.5 mL 冰乙酸[2]，振荡使充分混合。

装上回流冷凝管，用小火在石棉网上加热煮沸约 10 min。稍冷后，从冷凝管顶端分批加入 7.8 mL 硝基苯，每次加完后要用力摇振，使反应物充分混合。由于反应放热，当每次加入硝基苯时，均有一阵猛烈的反应发生。加完后，将反应物加热回流 0.5 h，并时加摇动，使还原反应完全[3]，此时，冷凝管回流液应不再呈现硝基苯的黄色。

将反应瓶改为水蒸气蒸馏装置（见图 2.6.20），进行水蒸气蒸馏，至馏出液变清，再多收集 10 mL 馏出液，共需收集约 75 mL [4]。将馏出液转入分液漏斗，分出有机层，水层用食盐饱和后[5]（需 18～20 g 食盐），每次用 10 mL 乙醚萃取 3 次。合并苯胺层和醚萃取液，用粒状氢氧化钠干燥。

将干燥后的苯胺醚溶液用分液漏斗分批加入 25 mL 干燥的蒸馏瓶中，先在水浴上蒸去乙醚，残留物用空气冷凝管蒸馏，收集 180～185 ℃ 的馏分[6]，产量为 4～5 g。

纯苯胺的沸点为 184.4 ℃，折射率 n_D^{20} 为 1.5863。图 3.10.9～图 3.10.12 分别为硝基苯和苯胺的 IR 和 ^{1}H NMR 谱图。

本实验需 7～8 h。

[注释]

[1] 苯胺有毒，操作时应避免与皮肤接触或吸入其蒸气。若不慎触及皮肤，先用水冲洗，再用肥皂和温水洗涤。

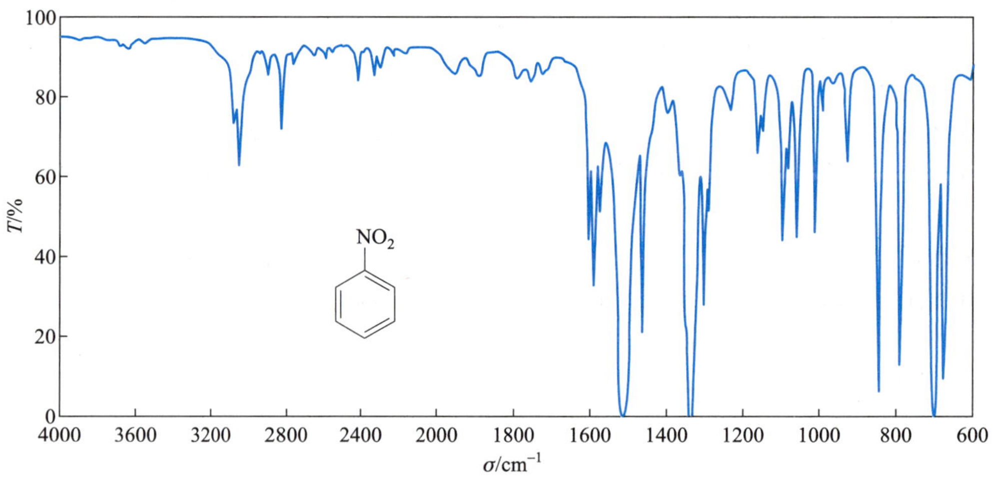

图 3.10.9　硝基苯的 IR 谱图

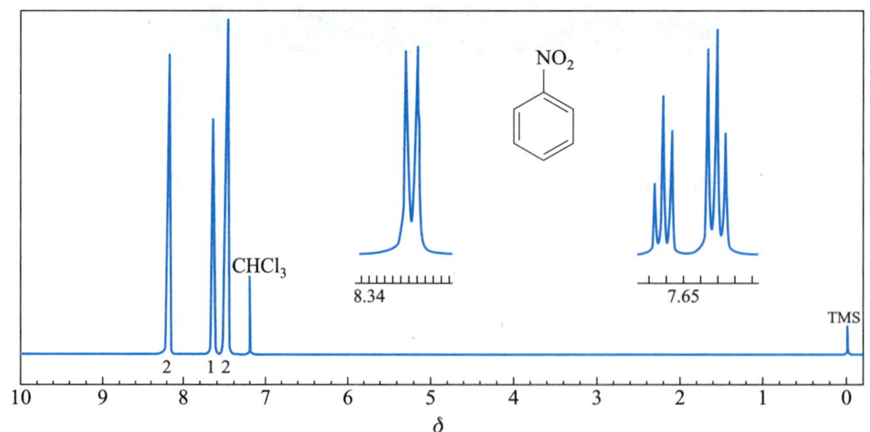

图 3.10.10　硝基苯的 ^{1}H NMR 谱图

^{13}C NMR 数据：δ 123.5, 129.5, 134.8, 148.3

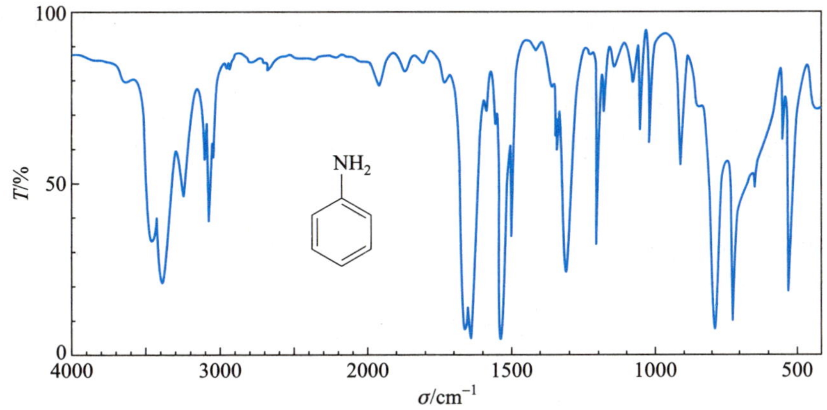

图 3.10.11 苯胺的 IR 谱图

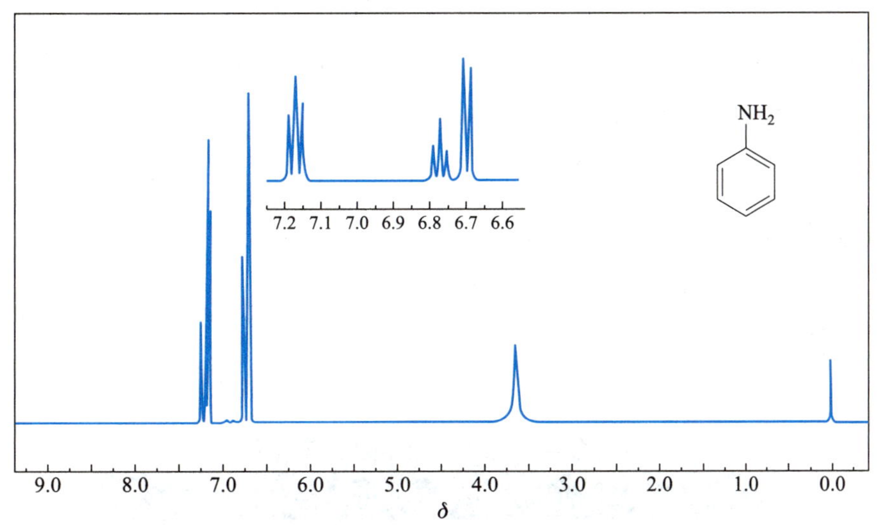

图 3.10.12 苯胺的 ^{1}H NMR 谱图

^{13}C NMR 数据: δ 123.5, 129.5, 148.3

[2] 此步的目的是使铁粉活化，缩短反应时间。铁-乙酸作为还原剂时，铁首先与乙酸作用，产生乙酸亚铁，它实际是主要的还原剂，在反应中进一步被氧化生成碱式乙酸铁：

$$Fe + 2HOAc \longrightarrow Fe(OAc)_2 + H_2\uparrow$$

$$2Fe(OAc)_2 + [O] + H_2O \longrightarrow 2Fe(OH)(OAc)_2$$

碱式乙酸铁与铁及水作用后，生成乙酸亚铁和乙酸可以再起上述反应：

$$6Fe(OH)(OAc)_2 + Fe + 2H_2O \longrightarrow 2Fe_3O_4 + Fe(OAc)_2 + 10HOAc$$

总的来看，反应中主要是水提供质子，铁提供电子完成还原反应。

[3] 硝基苯为黄色油状物，如果回流液中黄色油状物消失而转变成乳白色油珠 (由于游离苯胺引起)，表示反应已经完成。还原作用必须完全，否则残留在生成物中的硝基苯，在以下几步提纯过程中很难分离，因而影响产品纯度。

[4] 反应完后,圆底烧瓶壁上黏附的黑褐色物质,可用 1∶1 (体积比) 盐酸–水溶液温热除去。

[5] 在 20 ℃时, 100 mL 水可溶解 3.4 g 苯胺,为了减少苯胺损失,根据盐析原理,加入精盐使馏出液饱和,原来溶于水中的绝大部分苯胺就呈油状物析出。

[6] 纯苯胺为无色液体,但在空气中由于氧化而呈淡黄色,加入少许锌粉重新蒸馏,可去掉颜色。

[思考题]

(1) 如果以盐酸代替乙酸,则反应后要加入饱和碳酸钠溶液至溶液呈碱性后,才进行水蒸气蒸馏,这是为什么?本实验为何不进行中和?

(2) 有机物必须具备什么性质,才能采用水蒸气蒸馏提纯,本实验为何选择水蒸气蒸馏法将苯胺从反应混合物中分离出来?

(3) 在水蒸气蒸馏完毕时,先关闭火源,再打开 T 形管下端弹簧夹,这样做是否可以?为什么?

(4) 如果最后制得的苯胺中含有硝基苯,应如何加以分离提纯?

(5) 考虑硝基苯的谱图:

(a) 指出 IR 谱图中官能团区与硝基 (—NO_2) 和芳环相关的吸收峰的位置。

(b) 指出 ^{1}H NMR 谱图中与吸收峰对应的氢核。

(c) 指出 ^{13}C NMR 数据中与吸收峰对应的碳核。

(6) 考虑苯胺的谱图:

(a) 指出 IR 谱图中官能团区与氨基和芳环相关的吸收峰的位置。

(b) 指出 ^{1}H NMR 谱图中与吸收峰对应的氢核。

(c) 指出 ^{13}C NMR 数据中与吸收峰对应的碳核。

实验三十四 间硝基苯胺
(*m*–nitro aniline)

实验方法 (一): 用硫氢化钠还原

[反应式]

$$4\ C_6H_4(NO_2)_2\ (\text{间二硝基苯}) + 6NaSH + H_2O \longrightarrow 4\ m\text{-}NH_2C_6H_4NO_2 + 3Na_2S_2O_3$$

$$Na_2S + NaHCO_3 \longrightarrow NaSH + Na_2CO_3$$

[试剂]

2.5 g (0.015 mol) 间二硝基苯, 6 g (0.025 mol) 结晶硫化钠 ($Na_2S\cdot9H_2O$), 2.1 g (0.025 mol) 碳酸氢钠,甲醇。

[步骤]

1. 硫氢化钠溶液的制备

在 125 mL 烧杯中配制 6 g 结晶硫化钠[1] 溶于 12 mL 水的溶液。在充分搅拌下,向溶液中分批加入 2.1 g 粉状碳酸氢钠。待碳酸氢钠完全溶解后,在搅拌下,慢慢加入 15 mL 甲醇,并将烧杯置于冰水浴冷却至 20 ℃以下，立即析出水合碳酸钠的沉淀。静置 15 min 后，减压过滤析出碳酸钠结晶（保留滤饼和滤液），每次用 3 mL 甲醇洗涤滤饼 3 次，合并滤液和洗涤液备用[2]。

2. 间硝基苯胺的制备

在 125 mL 圆底烧瓶中溶解 2.5 g 间二硝基苯于 20 mL 热甲醇溶液中，装上回流冷凝管。在摇振下，从冷凝管顶端加入上述制好的硫氢化钠溶液，将反应混合物在水浴上加热回流 20 min[3]。冷却至室温后，改为蒸馏装置，在沸水浴上蒸出大部分甲醇（需收集 30～35 mL 馏液）。将蒸出甲醇后的残液在搅拌下倾入 75 mL 冷水中，立即析出间硝基苯胺的黄色晶体。减压抽滤，用少量冷水洗涤结晶，干燥后粗产物约为 1.5 g，熔点为 108～112 ℃。粗产物用 75% 的乙醇-水重结晶，用少量活性炭脱色，得黄色的间硝基苯胺的针状结晶约 1 g，熔点为 113～114 ℃。

纯间硝基苯胺的熔点为 114 ℃。

本实验约需 4 h。

[注释]

[1] 商品供应的硫化钠为九水合硫化钠结晶 ($Na_2S \cdot 9H_2O$)，极易潮解，使用的药品应取自严密封口的瓶中。也可用 3.3 g 三水合硫化钠 ($Na_2S \cdot 3H_2O$) 和 3 mL 水代替。

[2] 硫氢化钠溶液不稳定，制好后应立即使用，实验可在间二硝基苯与硫氢化钠混合物回流后中断。

[3] 如果硫氢化钠由硫化钠和碳酸氢钠制备，在甲醇热溶液中会出现少量粉状的碳酸钠沉淀，由于它在下面的步骤中溶于水，故不必除去。

实验方法（二）：用铜粉还原（微量制备）

[反应式]

$$\text{(}NO_2\text{, }NO_2\text{)} + 6Cu + 6HBr \longrightarrow \text{(}NO_2\text{, }NH_2\text{)} + 3Cu_2Br_2\downarrow + 2H_2O$$

[试剂]

0.4 g (0.0024 mol) 间二硝基苯，1 g (0.016 mol) 铜粉 (200 目)，48% 氢溴酸，甲醇，盐酸，浓氨水，甲苯，无水硫酸镁。

[步骤]

在装有搅拌磁子的 25 mL 锥形瓶中，加入 0.4 g 间二硝基苯、4 mL 甲醇和 1.8 mL 48% 氢溴酸。开动搅拌，在 15 min 内分批加入 1 g 铜粉，加完后在室温下继续搅拌 1 h。

用赫希漏斗抽滤悬浮物，将滤液转移到 50 mL 锥形瓶中，加入 20 mL 6 $mol \cdot L^{-1}$ 盐酸，旋摇使混合物均匀。将反应混合物置于冰浴中冷却，用玻璃棒摩擦瓶壁或加入几粒间二硝基苯，促使未反应的间二硝基苯析出。

抽滤除去未反应的原料，滤液转移到 250 mL 烧杯中，在通风橱中用浓氨水中和至中性。水相每次用 15 mL 甲苯萃取 2 次。合并萃取液，用无水硫酸镁干燥。过滤并用水泵减压蒸去溶剂，干燥后称量。粗产物用 75% 的乙醇-水重结晶，产量约为 0.1 g，熔点为 113～114 ℃。图 3.10.13 和图 3.10.14 分别为间硝基苯胺的 IR 和 ^1H NMR 谱图。

本实验需 3～4 h。

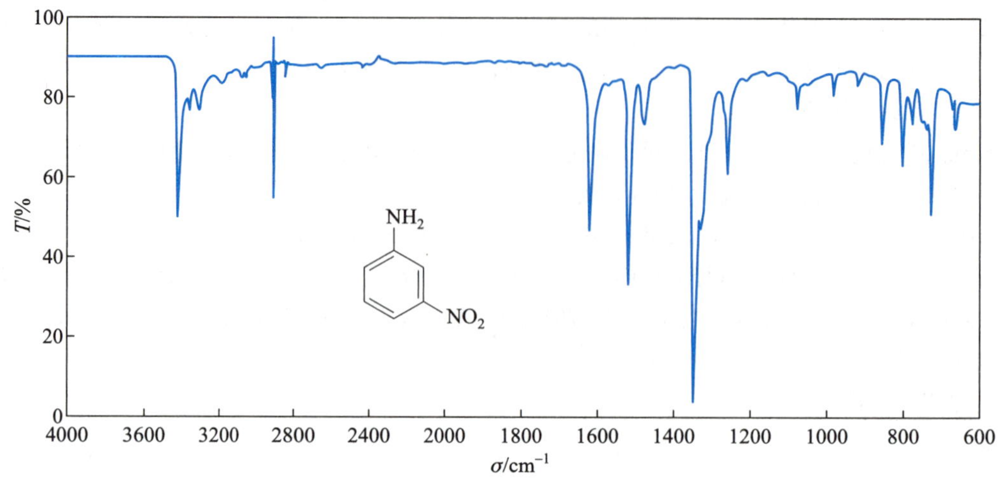

图 3.10.13　间硝基苯胺的 IR 谱图

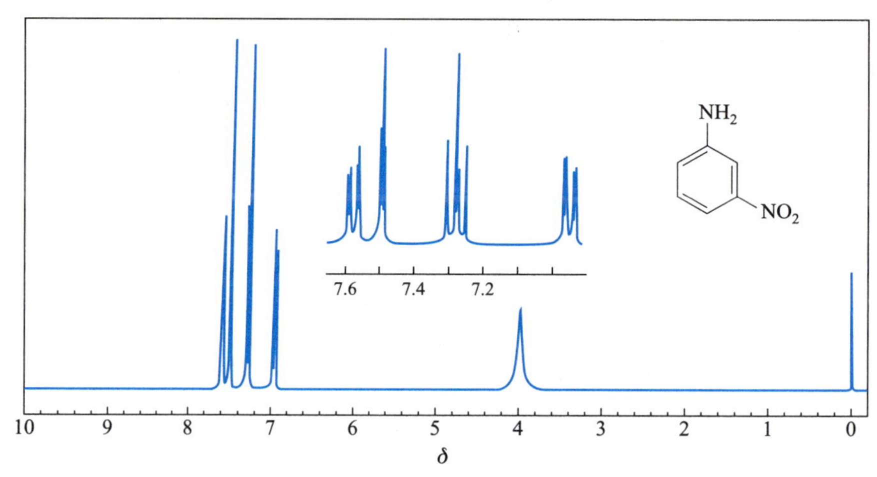

图 3.10.14　间硝基苯胺的 ^{1}H NMR 谱图

[思考题]

(1) 在实验方法 (一) 中, 为什么反应结束后要蒸出大部分甲醇?

(2) 如何由间硝基苯胺合成下列化合物?

(a) 间硝基苯酚　(b) 间氟苯胺　(c) 3,3′-二硝基联苯

(3) 指出间硝基苯胺 IR 谱图中官能团氨基吸收峰的位置及指纹区间位取代苯环吸收峰的位置。

(4) 指出间硝基苯胺 ^{1}H NMR 谱图中与吸收峰对应的氢核。

实验三十五　偶氮苯

(azobenzene)

最简便的制备偶氮苯的方法是用镁粉还原溶解于甲醇中的硝基苯。采用此法时要注意镁粉不能过量并控制反应时间, 以免在过量还原剂存在的情况下, 偶氮苯进一步还原产生氢化偶氮苯。偶氮苯

也可通过氢化偶氮苯的氧化反应来制备。

[反应式]

$$2C_6H_5NO_2 + 4Mg + 8CH_3OH \longrightarrow C_6H_5N{=\!=}NC_6H_5 + 4Mg(OCH_3)_2 + 4H_2O$$

[试剂]

1.55 g (1.3 mL, 0.0125 mol) 硝基苯, 1.5 g (0.062 mol) 镁屑, 28 mL 无水甲醇[1], 95% 乙醇, 冰乙酸。

[步骤]

在 125 mL 圆底烧瓶中, 加入 1.3 mL 硝基苯、28 mL 无水甲醇、0.75 g 镁屑和一小粒碘, 装上回流冷凝管。温热引发反应, 反应开始后放热, 足以使溶液沸腾, 若反应过于剧烈, 可用冰水浴冷却。当大部分开始加入的镁屑作用完毕后, 将反应物冷却并加入剩余的镁屑 (0.75 g), 然后在 70~80 ℃ 的热水浴上回流 0.5 h, 至镁屑基本消失。回流完毕后, 将反应混合物倒入盛有 50 mL 水的烧杯中, 并用 8 mL 水涮洗烧瓶, 将涮洗液并入烧杯中。然后在搅拌和冷却下慢慢加入冰乙酸至溶液呈中性或弱酸性, 析出红色固体。减压过滤, 用少量冰水洗涤固体。粗产物用 95% 乙醇 (每克需 3~4 mL) 重结晶, 得橙红色的针状结晶 0.5~0.7 g, 熔点为 68 ℃。

偶氮苯存在顺反异构体, 顺式异构体的熔点为 70~71 ℃, 反式异构体的熔点为 68 ℃。本实验得到的是更稳定的反式异构体。图 3.10.15 和图 3.10.16 分别为反式偶氮苯的 IR 和 ^{1}H NMR 谱图。

本实验约需 4 h。

[注释]

[1] 本实验中使用的甲醇应按附录 Ⅵ 无水甲醇的制备进行处理, 使用普通甲醇, 产率明显降低。

[思考题]

(1) 本实验中如使用过量镁屑, 反应时间过长有什么不好?

(2) 指出反式偶氮苯 IR 谱图中官能团区 N═N 双键和芳环的吸收峰的位置。

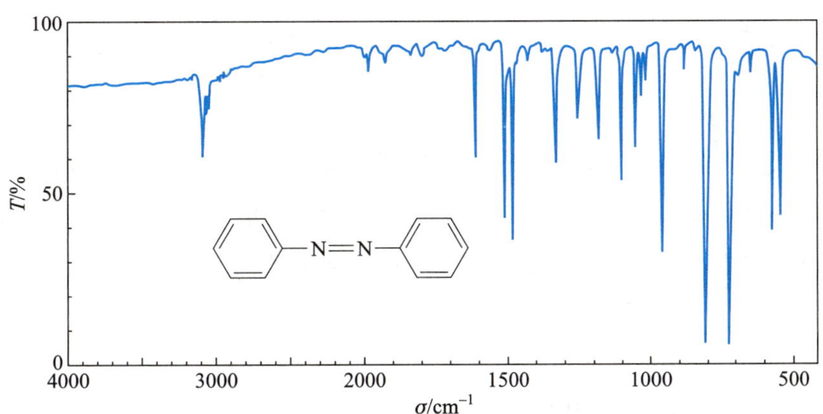

图 3.10.15 反式偶氮苯的 IR 谱图

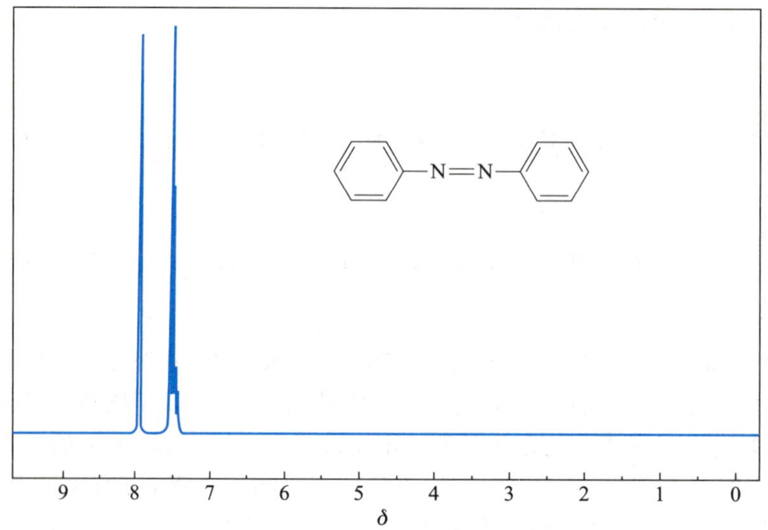

图 3.10.16　反式偶氮苯的 ^{1}H NMR 谱图

3.11　碱催化醛的氧化还原　Cannizzaro 反应

芳醛和其他无 α-活泼氢的醛（如甲醛、三甲基乙醛等）与浓的强碱溶液作用时，发生自身氧化还原反应，一分子醛被还原为醇，另一分子醛被氧化为酸，此反应称为 Cannizzaro 反应。例如：

$$2\,C_6H_5CHO \xrightarrow{\text{浓 KOH 溶液}} C_6H_5CH_2OH + C_6H_5CO_2K$$

Cannizzaro 反应的实质是羰基的亲核加成。反应涉及羟基负离子对另一分子芳香醛的亲核加成，加成物的负氢向另一分子芳香醛的转移和酸碱交换反应，其机理可表示如下：

$$H_5C_6-\overset{O}{\overset{\|}{C}}-H + OH^- \underset{\text{亲核加成}}{\rightleftharpoons} H_5C_6-\overset{O^-}{\overset{|}{\underset{H}{\underset{|}{C}}}}-OH \xrightarrow[\text{负氢迁移}]{C_6H_5\overset{}{C}(=O)-H} $$

$$H_5C_6-\overset{O}{\overset{\|}{C}}-OH + {}^-OCH_2C_6H_5 \xrightarrow{\text{酸碱交换}} H_5C_6-\overset{O}{\overset{\|}{C}}-O^- + C_6H_5CH_2OH$$

苯甲醛在低温和过量碱存在下，产物中可分离出苯甲酸苄酯，这可能是由于苯甲醇在碱溶液中形成苄氧基负离子（$C_6H_5CH_2O^-$）对苯甲醛发生亲核加成反应的结果。

$$C_6H_5CH_2OH + OH^- \rightleftharpoons C_6H_5CH_2O^- + H_2O$$

$$H_5C_6-\overset{O}{\overset{\|}{C}}-H + {}^-OCH_2C_6H_5 \rightleftharpoons H_5C_6-\overset{O^-}{\overset{|}{\underset{OCH_2C_6H_5}{\underset{|}{C}}}}-H$$

$$H_5C_6-\overset{O^-}{\overset{|}{\underset{OCH_2C_6H_5}{\underset{|}{C}}}}-H + \begin{matrix}H_5C_6\\ \\ H\end{matrix}\!\!>C=O \rightleftharpoons H_5C_6-\overset{O}{\overset{\|}{C}}-OCH_2C_6H_5 + C_6H_5CH_2O^-$$

在 Cannizzaro 反应中,通常使用 50% 的浓碱溶液,其中碱的物质的量比醛的物质的量多一倍以上。否则反应不完全,未反应的醛与生成的醇混在一起,通过一般蒸馏很难分离。

芳香醛和甲醛在浓碱存在下发生交叉的 Cannizzaro 反应,更活泼的甲醛作为氢的受体。当使用过量甲醛时,芳醛几乎可全部转化为芳醇,过量的甲醛被转化为甲酸盐和甲醇:

$$H_3C-C_6H_4-CHO + HCHO \xrightarrow{\text{浓KOH溶液}} H_3C-C_6H_4-CH_2OH + HCO_2K$$

实验三十六　苯甲醇和苯甲酸
(benzyl alcohol and benzoic acid)

[反应式]

$$2C_6H_5CHO + KOH \longrightarrow C_6H_5CH_2OH + C_6H_5CO_2K$$

$$C_6H_5CO_2K \xrightarrow{H_3^+O} C_6H_5CO_2H$$

[试剂]

10.5 g (10 mL, 0.1 mol) 苯甲醛 (新蒸), 9 g (0.16 mol) 氢氧化钾, 乙醚, 饱和亚硫酸氢钠溶液, 10% 碳酸钠溶液, 浓盐酸。

[步骤]

在锥形瓶中配制 9 g 氢氧化钾和 9 mL 水的溶液,冷却至室温后,加入 10 mL 新蒸过的苯甲醛。用橡胶塞塞紧瓶口,用力振摇[1],使反应物充分混合,最后成为白色糊状物,放置 24 h 以上。

向反应混合物中逐渐加入足够量的水 (约 30 mL),不断振摇使其中的苯甲酸盐全部溶解。将溶液倒入分液漏斗,每次用 10 mL 乙醚萃取三次 (萃取出什么?)。合并乙醚萃取液,依次用 3 mL 饱和亚硫酸氢钠溶液、5 mL 10% 碳酸钠溶液及 5 mL 水洗涤,最后用无水硫酸镁或无水碳酸钾干燥。

干燥后的乙醚溶液,先在水浴中蒸去乙醚,再蒸馏苯甲醇,收集 204~206 ℃ 的馏分,产量为 3~4 g。

纯苯甲醇的沸点为 205.35 ℃,折射率 n_D^{20} 为 1.5396。

乙醚萃取后的水溶液,用浓盐酸酸化至刚果红试纸变蓝。充分冷却使苯甲酸析出完全,抽滤,粗产物用水重结晶,得苯甲酸约 4 g,熔点为 121~122 ℃。

纯苯甲酸的熔点为 122.4 ℃。图 3.11.1~图 3.11.4 分别为苯甲醛、苯甲醇的 IR 和 ^{1}H NMR 谱图,苯甲酸的谱图见实验二十六。

本实验约需 6 h。

[注释]

[1] 充分摇振是反应成功的关键。若混合充分,放置 24 h 后混合物通常在瓶内固化,苯甲醛气味消失。

[思考题]

(1) 试比较 Cannizzaro 反应与羟醛缩合反应在醛的结构上有何不同?

(2) 本实验中两种产物是根据什么原理分离提纯的? 用饱和亚硫酸氢钠溶液及 10% 碳酸钠溶液洗

涤的目的是什么?

(3) 乙醚萃取后的水溶液,用浓盐酸酸化到中性是否最适当?为什么?不用试纸或试剂检验,怎样知道酸化已经恰当?

(4) 写出下列化合物在浓碱存在下发生 Cannizzaro 反应的产物。

(a) CHO CHO　(b) OHC—CHO　(c) O ‖ C—CHO

(5) 指出苯甲醛和苯甲醇 IR 谱图中 C═O、OH 吸收峰的位置。

(6) 指出苯甲醇和苯甲醛 ^1H NMR 谱图中与吸收峰对应的氢核。

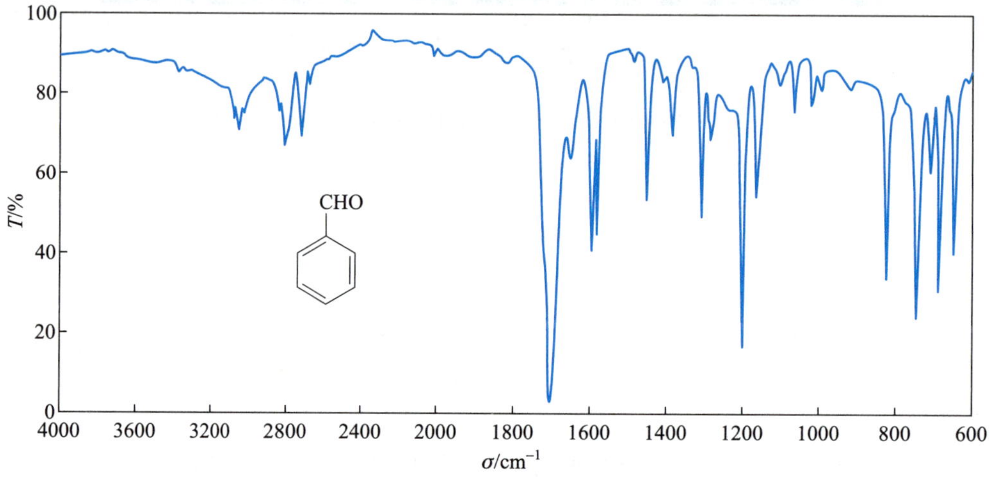

图 3.11.1　苯甲醛的 IR 谱图

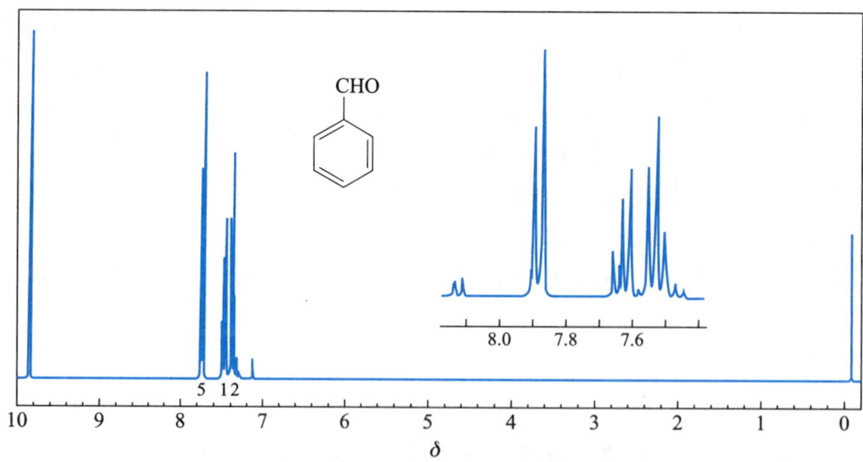

图 3.11.2　苯甲醛的 ^1H NMR 谱图

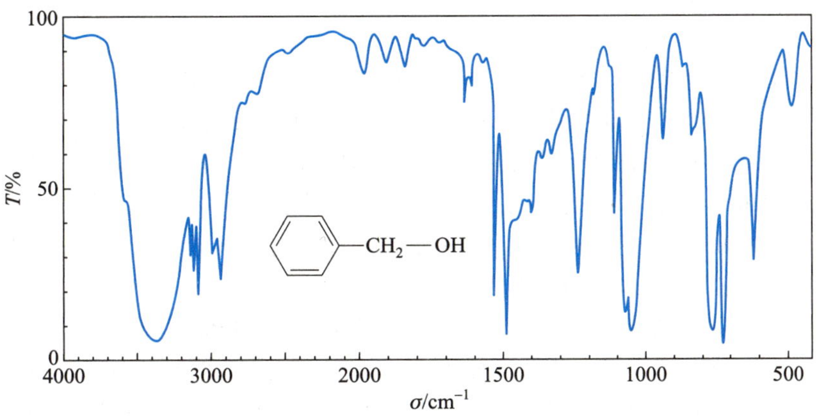

图 3.11.3 苯甲醇的 IR 谱图

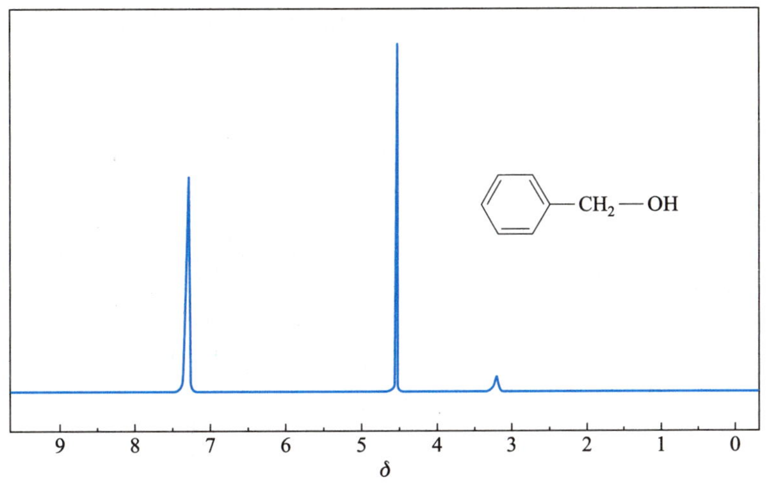

图 3.11.4 苯甲醇的 ^{1}H NMR 谱图

实验三十七 呋喃甲醇与呋喃甲酸
(2-furalcohol and 2-furoic acid)

[反应式]

2 (呋喃)—CHO + NaOH ⟶ (呋喃)—CH_2OH + (呋喃)—CO_2Na

(呋喃)—CO_2Na $\xrightarrow{H^+}$ (呋喃)—CO_2H

[试剂]

9.6 g (8.3 mL, 0.1 mol) 呋喃甲醛[1](新蒸), 4 g (0.1 mol) 氢氧化钠, 乙醚, 盐酸, 无水碳酸钾。

[步骤]

在装有搅拌磁子的烧杯中加入 8.3 mL 呋喃甲醛，将烧杯浸于冰水中冷却。另取 4 g 氢氧化钠溶于 6 mL 水中。冷却后，在搅拌下，用滴管将氢氧化钠溶液滴加到呋喃甲醛中。滴加过程必须保持反应混合物温度在 8～12 ℃[2]。加完后，仍保持此温度继续搅拌 1 h，反应即可完成，得一米黄色浆状物[3]。

在搅拌下向反应混合物中加入适量的水，使沉淀恰好完全溶解[4]，此时溶液呈暗红色。将溶液转入分液漏斗中，每次用 7 mL 乙醚萃取 4 次。合并醚萃取液，用无水碳酸钾干燥后，先在水浴上蒸去乙醚，然后在石棉网上加热蒸馏呋喃甲醇，收集 169～172 ℃ 的馏分，产量约为 3 g。

纯呋喃甲醇为无色透明液体，沸点为 171 ℃，折射率 n_D^{20} 为 1.4868。

乙醚提取后的水溶液在搅拌下慢慢加入浓盐酸，至刚果红试纸变蓝[5]（约 2.5 mL）。冷却、结晶、抽滤，产物用少量冷水洗涤，抽干后收集产品。粗产物用水重结晶[6]，得白色针状呋喃甲酸，产量为 3～4 g，熔点为 133～134 ℃[7]。

纯呋喃甲酸熔点为 133～134 ℃。图 3.11.5～图 3.11.8 分别为呋喃甲醇和呋喃甲酸的 IR 和 ^{1}H NMR 谱图。

本实验需 6～7 h。

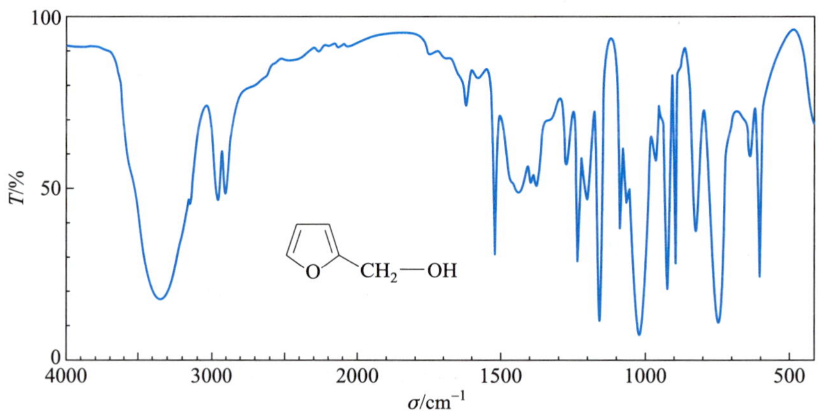

图 3.11.5 呋喃甲醇的 IR 谱图

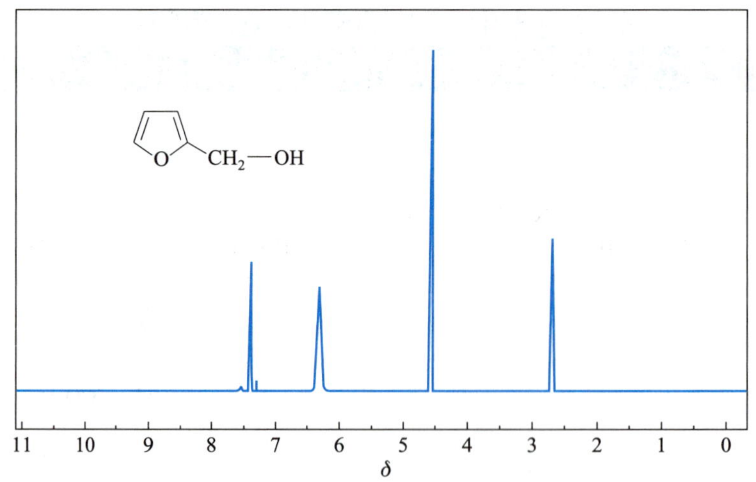

图 3.11.6 呋喃甲醇的 ^{1}H NMR 谱图

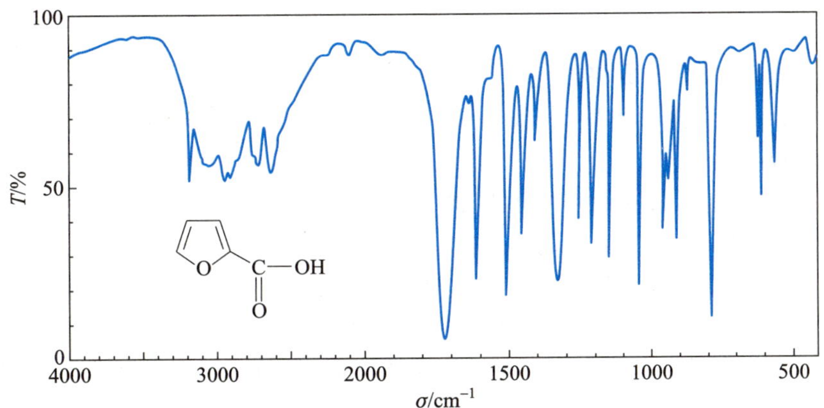

图 3.11.7 呋喃甲酸的 IR 谱图

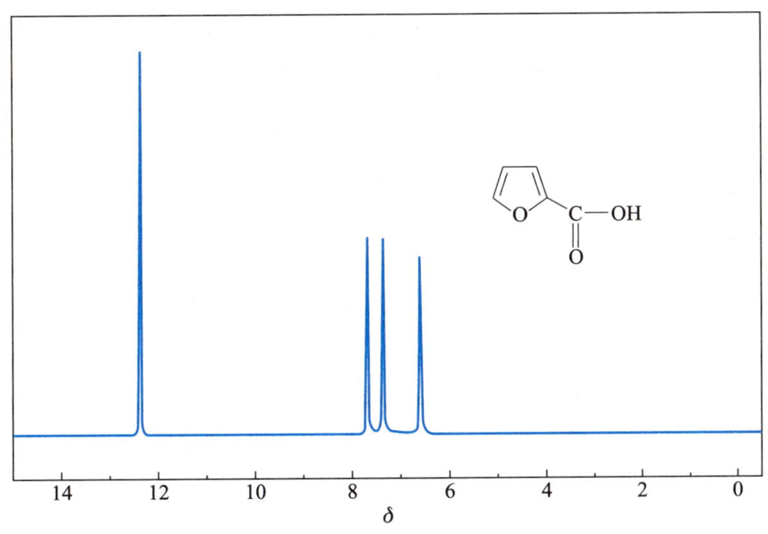

图 3.11.8 呋喃甲酸的 ^{1}H NMR 谱图

微量制备

用 1 mL 微量注射器向 10 mL 锥形瓶中加入 0.8 mL (9.7 mmol) 新蒸的 α-呋喃甲醛。锥形瓶放入冰水浴中冷却至 5 ℃后，放入搅拌磁子进行搅拌。慢慢滴加 0.8 mL 33% 氢氧化钠溶液，温度保持在 8～15 ℃，滴加完毕，在室温下搅拌 0.5 h 得黄色浆状物。加入约 0.75 mL 水搅拌，使沉淀恰好完全溶解，得棕色液体。将液体转移到 10 mL 离心试管中，用 4×1 mL 乙醚萃取。合并有机层，用无水碳酸钾干燥。滤去干燥剂，将干燥后的有机层转移到 10 mL 圆底烧瓶中。加沸石，在水浴上蒸去乙醚。然后换一个微型蒸馏头，加入沸石，直火加热蒸馏。收集 168～171 ℃的馏分，得 α-呋喃甲醇 0.22～0.30 g，产率为 45%～63%。

乙醚萃取后的水溶液用 25% 盐酸酸化至刚果红试纸变蓝。充分冷却，得到浅黄色沉淀。抽滤，用少量冷水洗涤，得粗 α-呋喃甲酸。粗产物可用约 1.7 mL 水加热溶解，趁热过滤 (必要时可加少许活性炭脱色)，冷却滤液得白色针状结晶。抽滤，干燥得 α-呋喃甲酸 0.23～0.32 g，产率为 42%～60%。

[注释]

[1] 呋喃甲醛存放过久会变成棕褐色甚至黑色, 同时往往含有水分, 因此使用前需蒸馏提纯, 收集 155~162 ℃ 的馏分, 最好在减压下蒸馏, 收集 54~55 ℃/2.27 kPa (17 mmHg) 的馏分, 新蒸的呋喃甲醛为无色或淡黄色液体。

[2] 反应温度若高于 12 ℃, 则反应物温度极易升高而难以控制, 致使反应物变成深红色, 若低于 8 ℃ 则反应过慢, 可能积累一些氢氧化钠, 一旦发生反应, 则过于猛烈, 易使温度迅速升高, 增加副反应, 影响产量及纯度。自氧化还原反应是在两相间进行的, 因此必须充分搅拌。呋喃甲醇和呋喃甲酸的制备也可在相同条件下, 采取反加的方法, 将呋喃甲醛滴加到氢氧化钠溶液中, 反应较易控制, 产率相仿。

[3] 加完氢氧化钠溶液后, 若反应液已变成黏稠物而无法搅拌, 则不用继续搅拌即可往下进行。

[4] 加水过多会损失一部分产品。

[5] 酸要加够, 以保证 pH = 3 左右, 使呋喃甲酸充分游离出来, 此步是影响呋喃甲酸收率的关键。

[6] 重结晶呋喃甲酸粗品时, 不要长时间加热回流。如长时间加热回流, 部分呋喃甲酸会被分解, 出现焦油状物。表 3.11.1 给出了在不同温度下呋喃甲酸的溶解度。

表 3.11.1 不同温度下呋喃甲酸的溶解度

t/ ℃	0	5	15	100
s/[g · (100 mL 水)$^{-1}$]	2.7	3.6	3.8	25.0

[7] 测定熔点时, 约于 125 ℃ 开始软化, 完全熔融温度约为 132 ℃。一般实验产品熔点约为 130 ℃。

[思考题]

(1) 见实验三十六苯甲醇和苯甲酸思考题 (1) 和 (4)。

(2) 本实验根据什么原理来分离和提纯呋喃甲醇和呋喃甲酸这两种产物?

(3) 用浓盐酸将乙醚萃取后的呋喃甲酸水溶液酸化至中性是否适当? 为什么? 若不用刚果红试纸, 你将如何判断酸化是否恰当?

(4) 指出呋喃甲醛和呋喃甲酸 IR 谱图中羰基和羧基吸收峰的位置。

(5) 指出呋喃甲醛和呋喃甲酸 ^{1}H NMR 谱图中与吸收峰对应的氢核。

3.12 酯化反应 羧酸酯的制备

羧酸酯是一类在工业和商业上用途广泛的化合物, 可由羧酸和醇在催化剂存在下直接酯化来进行制备, 或采用酰氯、酸酐和腈的醇解, 有时也可利用羧酸盐与卤代烷或硫酸酯的反应来制备。

酸催化的直接酯化是工业和实验室制备羧酸酯最重要的方法, 常用的催化剂有硫酸、氯化氢和对甲苯磺酸等。

$$R-\overset{\displaystyle O}{\overset{\|}{C}}-\boxed{OH + H}OR' \xrightleftharpoons{H^+} R-\overset{\displaystyle O}{\overset{\|}{C}}-OR' + H_2O$$

酸的作用是使羰基质子化从而提高羰基的反应活性, 有利于弱的亲核试剂醇的加成。反应机理如下:

$$R-\overset{\ddot{O}:}{\overset{\|}{C}}-OH \underset{}{\overset{H^+}{\rightleftharpoons}} R-\overset{\overset{+}{O}H}{\overset{\|}{C}}-OH \overset{R'\ddot{O}H}{\rightleftharpoons} R-\underset{OH}{\overset{OH}{\overset{|}{\underset{|}{C}}}}-\underset{H}{\overset{+}{O}}-R'$$

$$\rightleftharpoons$$

$$R-\overset{O}{\overset{\|}{C}}-OR' \overset{-H^+}{\rightleftharpoons} R-\overset{\overset{+}{O}H}{\overset{\|}{C}}-OR' + H_2\ddot{O} \rightleftharpoons R-\underset{\overset{+}{O}H_2}{\overset{OH}{\overset{|}{\underset{|}{C}}}}-OR'$$

整个反应是可逆的，为了使反应向有利于生成酯的方向移动，通常采用过量的羧酸或醇，或者除去反应中生成的酯或水，或者二者同时采用。

根据质量作用定律，酯化反应平衡混合物的组成可表示为

$$K_E=\frac{[\text{酯}][\text{水}]}{[\text{酸}][\text{醇}]}$$

对于乙酸和乙醇作用生成乙酸乙酯的反应，平衡常数 $K_E\approx4$，即用等物质的量的原料进行反应，达到平衡后只有三分之二的羧酸和醇转变为酯。

由于平衡常数在一定温度下为定值，故增加羧酸和醇的用量无疑会增加酯的产量，但究竟使用过量的酸还是过量的醇，则取决于原料是否易得、价格及过量的原料与产物容易分离与否等因素。

理论上催化剂不影响平衡混合物的组成，但实验表明，加入过量的酸，可以增大反应的平衡常数。因为过量酸的存在，改变了体系的环境，并通过水合作用除去了反应中生成的部分水。

在实践中，提高反应收率常用的方法是除去反应中形成的水，特别是大规模的工业制备中。在某些酯化反应中，醇、酯和水之间可以形成二元或三元最低恒沸物，也可以在反应体系中加入能与水、醇形成恒沸物的第三组分，如甲苯、环己烷、三氯乙烯等，以除去反应中不断生成的水，达到提高酯产量的目的。这种酯化方法一般称为共沸酯化。

在制备苯甲酸乙酯时，因为这个酯的沸点较高 (213 ℃)，很难蒸出，所以采用加入环己烷的方法，使环己烷、乙醇和水组成一个三元共沸物 (沸点 64.6 ℃)，以除去反应中生成的水。

酯化反应的速率明显地受羧酸和醇结构的影响，特别是空间位阻。随着羧酸 α 及 β 位取代基数目的增多，反应速率可能变得很慢甚至完全不起反应。对位阻大的羧酸最好先转化为酰氯，然后再与醇反应，或在叔胺的催化下，利用羧酸盐与卤代烷反应。

酰氯和酸酐能迅速地与伯、仲醇反应生成相应的酯。叔醇在碱存在下，与酰氯反应生成卤代烷，但在叔胺 (吡啶、三乙胺) 存在下，可顺利地与酰氯发生酰化反应。吡啶不仅可以中和反应中生成的酸，而且与酰氯生成的加成物是良好的离去基团，从而可大大加快反应速率。酸酐的活性低于酰氯，但在加热的条件下可与大多数醇反应，酸 (硫酸、二氯化锌) 和碱 (叔胺、乙酸钠等) 的催化可促进酸酐的酰基化。

$$R-\overset{O}{\overset{\|}{C}}-Cl + C_5H_5N \xrightarrow{-Cl^-} R-\overset{O}{\overset{\|}{C}}-\overset{+}{N}C_5H_5 \xrightarrow{R'OH} R-\overset{O}{\overset{\|}{C}}-OR' + C_5H_5N$$

酯在工业和商业上大量用作溶剂。低级酯一般是具有芳香气味或特定水果香味的液体，自然界许多水果和花草的芳香气味，就是由于酯存在。酯在自然界以混合物的形式存在。人工合成的一些香料

就是模拟天然水果和植物提取液的香味配制而成的。

实验三十八　乙酸异戊酯
(*iso*-amyl acetate)

[反应式]

$$CH_3COOH + (CH_3)_2CHCH_2CH_2OH \xrightleftharpoons{H^+} CH_3CO_2CH_2CH_2CH(CH_3)_2 + H_2O$$

[试剂]

4.4 g (5.4 mL, 0.05 mol) 异戊醇, 6.8 g (6.5 mL, 0.11 mol) 冰乙酸, 5% 碳酸氢钠溶液, 饱和氯化钠溶液, 无水硫酸镁, 浓硫酸。

[步骤]

1. 制备

在 25 mL 干燥的圆底烧瓶中加入 5.4 mL 异戊醇和 6.5 mL 冰乙酸, 摇动下慢慢加入 1.3 mL 浓硫酸, 混匀后[1] 加入几粒沸石, 装上回流冷凝管, 在石棉网上用小火加热回流 1 h。

将反应物冷至室温, 小心转入分液漏斗中, 用 15 mL 冷水洗涤烧瓶, 并将涮洗液合并至分液漏斗中。摇振后静置, 分出下层水溶液, 有机相用 8 mL 5% 碳酸氢钠溶液洗涤[2], 以除去粗酯中少量的乙酸杂质。静置后分去下层水溶液, 再用 8 mL 5% 碳酸氢钠溶液洗涤一次, 至水溶液对 pH 试纸呈碱性为止。然后再用 5 mL 饱和氯化钠溶液[3] 洗涤一次。分出水层, 酯层转入锥形瓶中, 用 0.5～1 g 无水硫酸镁干燥。粗产物滤入圆底烧瓶中, 蒸馏收集 138～143 ℃[4] 的馏分, 产量为 4～4.5 g。

纯乙酸异戊酯的沸点为 142.5 ℃, 折射率 n_D^{20} 为 1.4003。图 3.12.1 为由乙酸异戊酯、异戊醇和乙酸

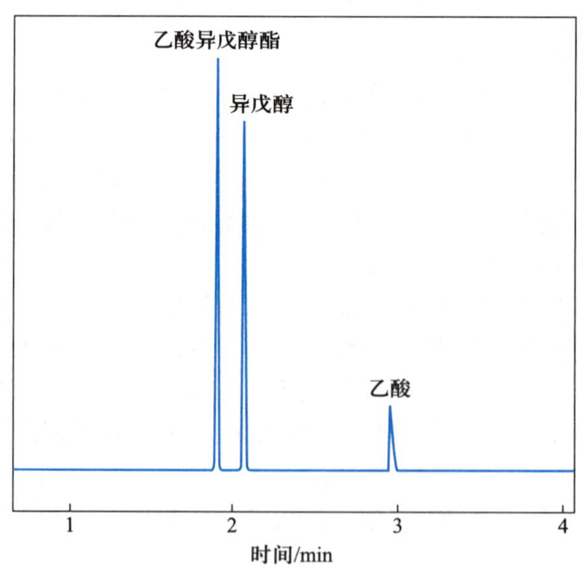

图 3.12.1　由乙酸异戊酯、异戊醇和乙酸标准样品组成的气相色谱图

色谱仪: 450-GC/CP-WAX; 担体: 白色硅藻-102; 柱温: 280 ℃; 载气: 氢气, 流速 2.0 mL · min^{-1}; 汽化温度: 240 ℃; 保留时间: 乙酸异戊酯 1.90 min, 异戊醇 2.06 min, 乙酸 2.95 min

标准样品组成的气相色谱图。图 3.12.2 和图 3.12.3 分别为乙酸异戊酯的 IR 和 ^{1}H NMR 谱图。

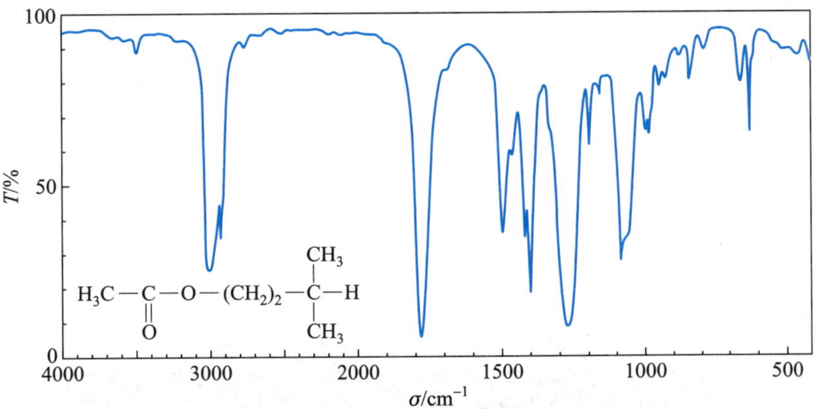

图 3.12.2 乙酸异戊酯的 IR 谱图

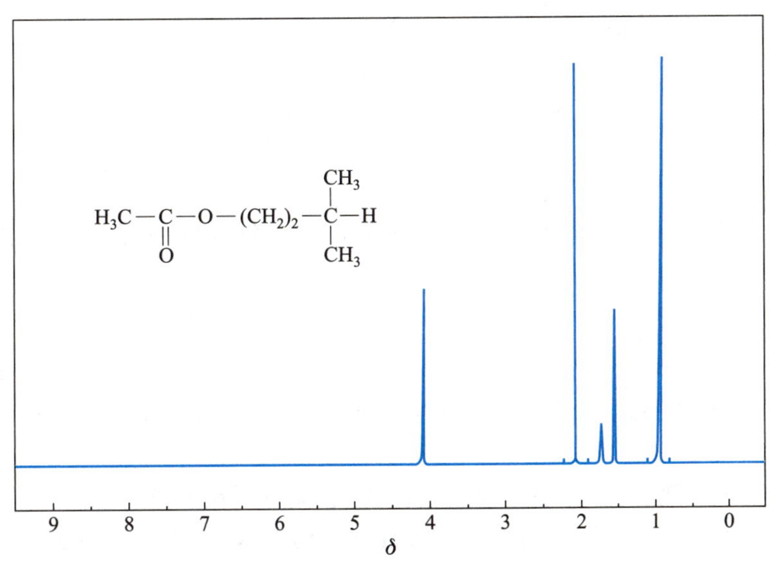

图 3.12.3 乙酸异戊酯的 ^{1}H NMR 谱图

2. 产物分析

收集产物后提交样品做 GLC 分析。

本实验约需 5 h。

[注释]

[1] 假如浓硫酸与有机物混合不均匀, 加热时会使有机物炭化, 溶液发黑。

[2] 用碳酸氢钠溶液洗涤时, 有大量的二氧化碳产生, 因此开始时不要塞住分液漏斗, 摇荡漏斗至无明显的气泡产生后再塞住摇振, 洗涤时应注意及时放气。

[3] 氯化钠饱和液不仅降低酯在水中的溶解度 [0.16 g·(100 mL 水)$^{-1}$], 而且可以防止乳化, 有利分层, 便于分离。

[4] 蒸馏时, 因产物少, 可省去冷凝管。

[思考题]

(1) 制备乙酸乙酯时, 使用过量的醇。本实验为何要使用过量的乙酸? 如使用过量的异戊醇有什么不好?

(2) 在酯化反应中, 为了提高收率, 通常可采取哪些措施?

(3) 画出分离提纯乙酸异戊酯的流程图, 各步洗涤的目的是什么?

(4) 指出乙酸异戊酯 IR 谱图中官能团区特征吸收峰的归属。

(5) 指出乙酸异戊酯 ^{1}H NMR 谱图中吸收峰对应的氢核。

实验三十九 苯甲酸乙酯

(ethyl benzoate)

[反应式]

$$C_6H_5COOH + C_2H_5OH \xrightleftharpoons{\text{浓硫酸}} C_6H_5CO_2C_2H_5 + H_2O$$

[试剂]

6 g (0.049 mol) 苯甲酸, 11.9 g (15 mL, 0.26 mol) 无水乙醇 (99.5%), 环己烷, 浓硫酸, 碳酸钠, 乙醚, 无水氯化钙。

[步骤]

在 50 mL 圆底烧瓶中, 加入 6 g 苯甲酸、15 mL 无水乙醇、15 mL 环己烷和 2.5 mL 浓硫酸[1], 摇匀后加入几粒沸石, 再装上分水器, 从分水器上端小心加水, 使水面与支管口距离 1 cm, 分水器上端接一回流冷凝管[2]。

将烧瓶在电热套中加热回流, 开始时回流速度要慢, 随着回流的进行, 蒸出环己烷-乙醇-水三元共沸混合物[3]。分水器中出现了上、下两层液体, 且下层越来越多。当下层液面接近分水器支管口时, 开启旋塞, 让下层液体流入量筒中 (维持分水器原水层液面的高度)。随着反应进行, 烧瓶中的反应物出现分层。当水分离器中的上层液体变得十分澄清, 不再有水珠落入下层时, 停止反应。回流时间需 2~2.5 h, 收集下层液体 12~14 mL。继续用水浴加热, 使多余的乙醇和环己烷蒸至分水器中 (当充满时可由旋塞放出, 注意放出时应移去热源)。

将瓶中残液倒入盛有 45 mL 冷水的烧杯中, 在搅拌下加入碳酸钠粉末[4] 至无二氧化碳气体产生 (pH 试纸检验至呈中性)。

用分液漏斗分出粗产物[5], 水层用 15 mL 乙醚萃取, 合并粗产物和醚萃取液, 用无水氯化钙干燥。水层倒入公用的回收瓶回收未反应的苯甲酸[6]。干燥后的醚溶液置于 25 mL 蒸馏瓶, 先用水浴蒸去乙醚, 再在石棉网上加热, 收集 210~213 ℃ 的馏分, 产量约为 5 g。

纯苯甲酸乙酯的沸点为 213 ℃, 折射率 n_D^{20} 为 1.5001。图 3.12.4 和图 3.12.5 分别苯甲酸乙酯的 IR 和 ^{1}H NMR 谱图。乙醇和苯甲酸的 IR 和 ^{1}H NMR 谱图分别见实验七十六和二十六。

本实验需 5~6 h[7]。

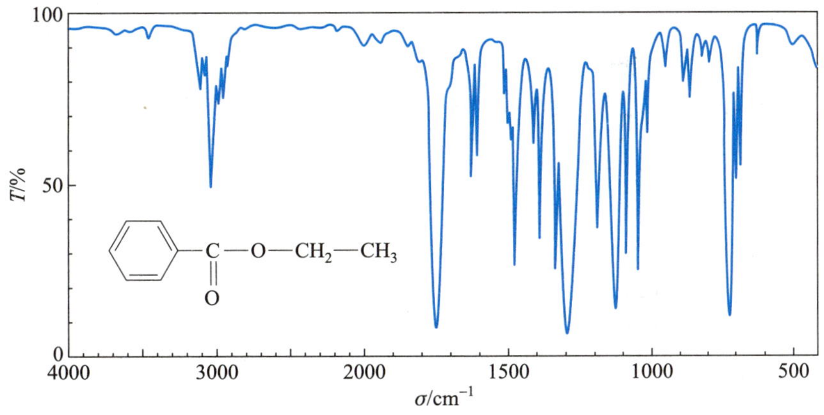

图 3.12.4 苯甲酸乙酯的 IR 谱图

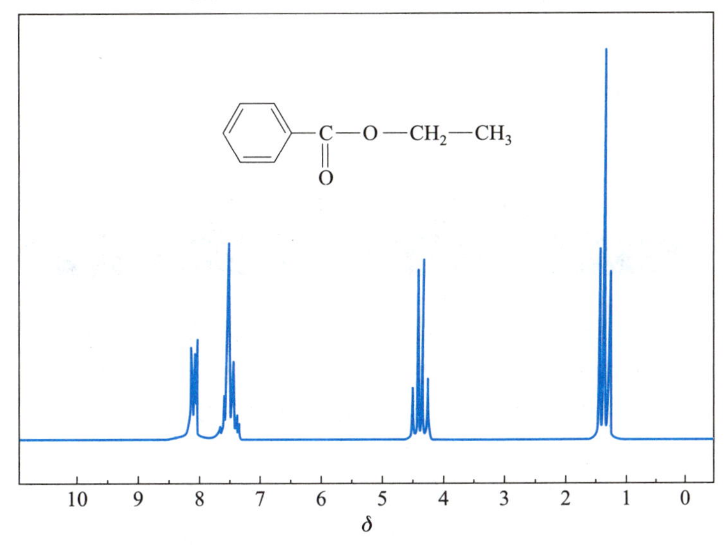

图 3.12.5 苯甲酸乙酯的 ^{1}H NMR 谱图

[注释]

[1] 在旋摇下滴加浓硫酸为妥。若浓硫酸与苯甲酸直接接触,则反应立即呈现黄棕色,影响产率。

[2] 安装冷凝管时,将其基端尖头远对分水器侧管,使滴下的液体离侧管最远,水在分水器中有效分离,若滴在侧管附近,则在分层前,会溢流到反应瓶中,影响分水效率。

[3] 该三元共沸物的沸点和组成如下:

沸点 (101.325 kPa) /°C				质量分数%		
水	乙醇	环己烷	共沸物	水	乙醇	环己烷
100	78.3	80.75	62.60	4.8	19.7	75.5

[4] 加碳酸钠的目的是除去硫酸及未作用的苯甲酸,要研细后分批加入,否则会产生大量泡沫而使液体溢出。

[5] 若粗产物中含有絮状物难以分层,则可直接用 12.5 mL 乙醚萃取。

[6] 可用盐酸小心酸化用碳酸钠中和后分出的水溶液,至溶液对 pH 试纸呈酸性,抽滤析出的苯甲

酸沉淀,并用少量冷水洗涤后干燥。

[7] 本实验也可按下列步骤进行:

将 6 g 苯甲酸、18 mL 无水乙醇、1.2 mL 浓硫酸混合均匀,加热回流 3 h 后,改成蒸馏装置。蒸去乙醇后处理方法同上。

[思考题]

(1) 本实验应用什么原理和措施来提高该平衡反应的产率?

(2) 实验中,你是如何运用化合物的物理常数分析现象和指导操作的?

(3) 反应开始时,为什么回流速度要慢,加热速度不能过快?

(4) 回流结束后,用碳酸钠中和的目的何在?能否改为氢氧化钠?

(5) 考虑苯甲酸乙酯的谱图:

(a) 指出 IR 谱图中官能团区酯羰基吸收峰的位置。在 3200 cm^{-1} 附近宽的吸收峰与什么官能团有关?为什么吸收峰宽?

(b) 指出 ^1H NMR 谱图中与吸收峰对应的氢核。

实验四十 乙酰水杨酸
(acetyl salicylic acid)

乙酰水杨酸通常称为阿司匹林 (aspirin),是由水杨酸 (邻羟基苯甲酸) 和乙酸酐合成的。早在 18 世纪,人们已从柳树皮中提取了水杨酸,并注意到它可以作为止痛、退热和抗炎药,不过对肠胃刺激作用较大。19 世纪末,人们终于成功地合成了可以替代水杨酸的有效药物——乙酰水杨酸,直到现在,阿司匹林仍然是一个广泛使用的具有解热止痛作用的治疗感冒的药物,并发现它有抑制诱发心脏病、防止血栓症和中风等新的功能,其医用价值似乎还未穷尽。

水杨酸是一种具有酚羟基和羧基双官能团化合物,能进行两种不同的酯化反应,当与乙酸酐作用时,可以得到乙酰水杨酸;如与过量的甲醇反应,生成水杨酸甲酯,它是作为冬青树的香味成分被发现的,因此也称为冬青油。本实验将进行前一个反应的实验。

[反应式]

$$o\text{-}HOC_6H_4CO_2H + (CH_3CO)_2O \xrightarrow{H^+} o\text{-}CH_3C(=O)OC_6H_4CO_2H + CH_3CO_2H$$

在生成乙酰水杨酸的同时,水杨酸分子之间可以发生缩合反应,生成少量的聚合物:

$$o\text{-}HOC_6H_4CO_2H \xrightarrow{H^+} \left[O\text{-}C_6H_4\text{-}C(=O)\text{-}O\text{-}C_6H_4\text{-}C(=O)\text{-}O\text{-}C_6H_4\text{-}C(=O)\text{-}O \right]_n + H_2O$$

乙酰水杨酸能与碳酸氢钠反应生成水溶性钠盐,而副产物聚合物不能溶于碳酸氢钠,这种性质上的差别可用于乙酰水杨酸的纯化。

存在于最终产物中的杂质可能是水杨酸本身,这是乙酰化反应不完全或产物在分离步骤中发生水解造成的。它可以在各步纯化过程和产物的重结晶过程中被除去。与大多数酚类化合物一样,水杨酸可与三氯化铁形成深色络合物,乙酰水杨酸因酚羟基已被酰化,不再与三氯化铁发生颜色反应,因此杂质很容易被检出。

[试剂]

2 g (0.014 mol) 水杨酸, 5.4 g (5 mL, 0.05 mol) 乙酸酐[1], 饱和碳酸氢钠溶液, 1% 三氯化铁溶液, 乙酸乙酯, 浓硫酸, 浓盐酸。

[步骤]

在 125 mL 锥形瓶中加入 2 g 水杨酸、5 mL 乙酸酐[1] 和 5 滴浓硫酸,旋摇锥形瓶使水杨酸全部溶解后,在水浴上加热 5～10 min,控制浴温在 85～90 ℃。冷却至室温,即有乙酰水杨酸结晶析出。若不结晶,可用玻璃棒摩擦瓶壁并将反应物置于冰水中冷却使结晶产生。加入 50 mL 水,将混合物继续在冰水浴中冷却使结晶完全。减压过滤,用滤液反复淋洗锥形瓶,直至所有晶体被收集到布氏漏斗。每次用少量冷水洗涤结晶几次,继续抽吸将溶剂尽量抽干。粗产物转移至表而皿上,在空气中风干,称量,粗产物约为 1.8 g。

将粗产物转移至 150 mL 烧杯中,在搅拌下加入 25 mL 饱和碳酸氢钠溶液。加完后继续搅拌几分钟,直至无二氧化碳气泡产生。抽气过滤,副产物聚合物应被滤出,用 5～10 mL 水冲洗漏斗,合并滤液,倒入预先盛有 3～4 mL 浓盐酸和 10 mL 水配成的溶液的烧杯中,搅拌均匀,即有乙酰水杨酸沉淀析出。将烧杯置于冰浴中冷却,使结晶完全。减压过滤,用洁净的玻璃塞挤压滤饼,尽量抽去滤液,再用冷水洗涤 2～3 次,抽干水分。将结晶移至表面皿上,干燥后约为 1.5 g,熔点为 133～135 ℃[2]。取几粒结晶加入盛有 5 mL 水的试管中,加入 1～2 滴 1% 三氯化铁溶液,观察有无颜色反应。

为了得到更纯的产品,可将上述结晶的一半溶于最少量的乙酸乙酯中 (需 2～3 mL),溶解时应在水浴上小心地加热。若有不溶物出现,可用预热过的玻璃漏斗趁热过滤。将滤液冷却至室温,乙酰水杨酸晶体析出。如不析出结晶,可在水浴上稍加浓缩,并将溶液置于冰水中冷却,或用玻璃棒摩擦瓶壁,抽滤收集产物,干燥后测熔点。

乙酰水杨酸为白色针状晶体,熔点为 135～136 ℃[2]。图 3.12.6～图 3.12.8 分别为邻羟基苯甲酸的 IR 谱图、乙酰水杨酸的 IR 和 ^{1}H NMR 谱图。

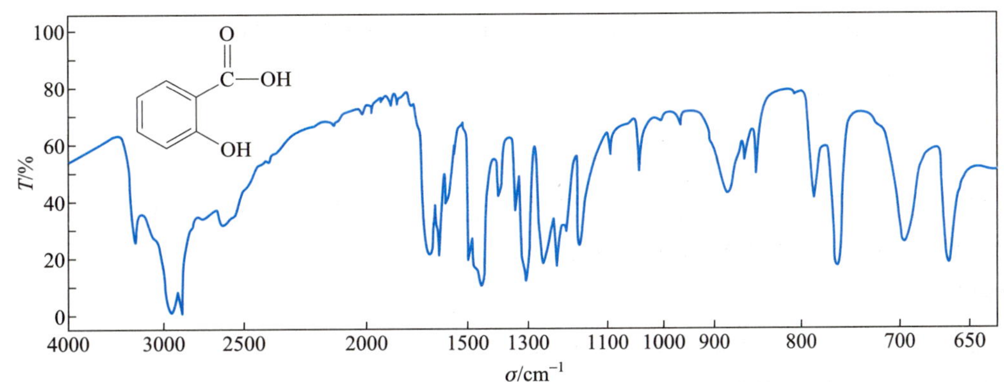

图 3.12.6 邻羟基苯甲酸的 IR 谱图

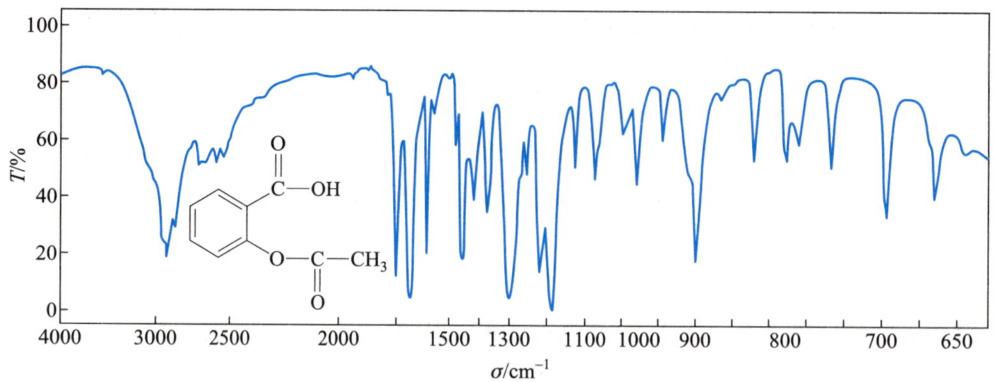

图 3.12.7 乙酰水杨酸的 IR 谱图

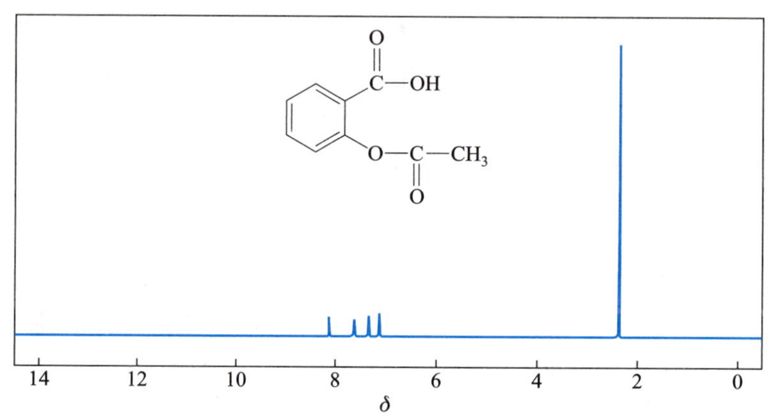

图 3.12.8 乙酰水杨酸的 ^{1}H NMR 谱图

微量制备

将 0.138 g (1.0 mmol) 水杨酸置于 5 mL 锥形瓶中，加入 0.2 mL (2.2 mmol) 乙酸酐和 1 滴浓磷酸，加入搅拌磁子。在 70～80 ℃ 水浴中加热搅拌 5 min，冷却。加入 0.3～0.4 mL 水，在室温下继续搅拌至有大量白色固体析出。向锥形瓶加入 1.0 mL 冰水，在搅拌下用冰水浴冷却。用玻璃钉漏斗抽滤、洗涤粗产物。

将粗产物转移至 5 mL 的小烧杯中，加入 1.0 mL 饱和碳酸氢钠溶液，搅拌至没有二氧化碳气体放出为止。抽滤 (若无不溶物可省去此步骤)。往滤液中慢慢加入 0.6 mL 6 $mol \cdot L^{-1}$ 盐酸，并搅拌使沉淀完全。冷却、抽滤、洗涤，晾干，得粗产物 120～140 mg，产率为 66%～80%。

本实验约需 4 h。

[注释]

[1] 乙酸酐应是新蒸的，收集 139～140 ℃ 的馏分。

[2] 乙酰水杨酸易受热分解，因此熔点不很明显，它的分解温度为 128～135 ℃。测定熔点时，应先将载体加热至 120 ℃ 左右，然后放入样品测定。

[思考题]

(1) 制备乙酰水杨酸时，加入浓硫酸的目的是什么？

(2) 反应中有哪些副产物？如何除去？

(3) 乙酰水杨酸在沸水中受热时,分解而得到一种溶液,后者对三氯化铁呈阳性试验,试给出解释,并写出反应方程式。

(4) 试对邻羟基苯甲酸和乙酰水杨酸的IR谱图中官能团区的吸收峰加以解析,说明二者有何不同。

(5) 指出乙酰水杨酸 ^{1}H NMR 谱图中与吸收峰对应的氢核。

实验四十一 五乙酸葡萄糖酯 (D-glucous pentacetates)

自然界中的D-(+)-葡萄糖是以环状半缩醛形式存在的,有 α 和 β 两种异构体。葡萄糖中游离的羟基与乙酸酐或乙酸反应,可以使五个羟基都被乙酰化,生成 α 和 β 五乙酸葡萄糖酯。当使用不同催化剂时,可生成不同的产物。用无水氯化锌作催化剂时,α-异构体为主要产物,而用无水乙酸钠作催化剂时,β-异构体为主要产物。β-异构体比 α-异构体更稳定,但在无水氯化锌的作用下,β-异构体也能转化为 α-异构体。

[反应式]

CH_2OH 葡萄糖 $\xrightarrow{ZnCl_2,\ Ac_2O}$ 五乙酸-α-葡萄糖酯

葡萄糖 $\xrightarrow[NaOAc]{Ac_2O}$ 五乙酸-β-葡萄糖酯 $\xrightarrow{ZnCl_2}$ 五乙酸-α-葡萄糖酯

五乙酸-α-葡萄糖酯

五乙酸-β-葡萄糖酯

[试剂]

2.5 g (0.014 mol) 葡萄糖, 13.5 g (12.5 mL, 0.13 mol) 乙酸酐,无水氯化锌,无水乙酸钠,乙醇。

[步骤]

1. 制备五乙酸-α-葡萄糖酯

在 50 mL 三颈烧瓶上,装上回流冷凝器和电磁搅拌器。向反应瓶中加入 0.7 g 无水氯化锌[1] 和 12.5 mL 乙酸酐,开动搅拌,反应混合物为深红色。在沸水浴中加热 5~10 min,慢慢加入 2.5 g 粉末状葡萄糖[2],继续在水浴上加热 1 h。

将反应物倒入盛有 125 mL 冰水的烧杯中,搅拌化合物[3],使产生的油状物完全固化。抽滤,用少量冷水洗涤。粗产品可用甲醇或乙醇重结晶[4],一般需要重结晶 2 次。产量约为 3 g,熔点为 110~111 ℃,测旋光度。

纯五乙酸-α-葡萄糖酯为无色针状晶体,熔点为 112~113 ℃, $[\alpha]_D^{20} = +101.6°(H_2O)$。

2. 制备五乙酸-β-葡萄糖酯

将 2 g 无水乙酸钠与 2.5 g 干燥的葡萄糖在一干燥的研钵中一起研碎，将此粉状混合物置于 50 mL 圆底烧瓶中，加入 12.5 mL 乙酸酐和搅拌磁子。装上回流冷凝器，开动搅拌，在水浴上加热直至成为透明溶液（约需 30 min），再继续加热 1 h。

将反应物在搅拌下倒入盛有 150 mL 冰水的烧杯中，放置约 10 min，直至固体完全析出为止，抽滤，用少量水洗涤晶体数次。然后各用 25 mL 乙醇重结晶 2 次。产量约为 3 g，熔点为 131～132 ℃，测旋光度。

纯五乙酸-β-葡萄糖酯熔点为 130 ℃，$[\alpha]_D^{20} = +4.2°(CHCl_3)$。

3. 五乙酸-β-葡萄糖酯转化为五乙酸-α-葡萄糖酯的反应

在 50 mL 三颈烧瓶中，加入 12.5 mL 乙酸酐和搅拌磁子，迅速加入 0.25 g 无水氯化锌，装上回流冷凝管，开动搅拌，在沸水浴上加热 5～10 min 使固体溶解。然后迅速加入 2.5 g 五乙酸-β-葡萄糖酯，在水浴上加热 30 min。

将热溶液倒入 125 mL 冰水浴中，激烈搅拌以诱导油滴尽快结晶。抽滤，用冰水洗涤晶体，抽干后用乙醇或甲醇重结晶，产量约为 1 g，测熔点。

本实验需 3～4 h。

[注释]

(1) 氯化锌极易潮解，应密封保存。若发现吸潮，应加热融熔后冷却成固体，研碎后使用。

(2) 市售葡萄糖在烘箱中 110～120 ℃ 下烘干 2 h 后再使用效果更好。

(3) 反应物倒入冰水后，应强烈搅拌使块状固体成粉末，防止固体中包藏溶剂使产物在重结晶时部分水解。

(4) 产物如有颜色时，应加少量活性炭脱色。

[思考题]

写出葡萄糖的开链结构及 α 和 β-D-(+)-吡喃葡萄糖的构象式。说明为什么 β-异构体比 α-异构体稳定。

3.13 缩合反应

具有 α-活泼氢的醛酮在稀碱催化下，分子间发生羟醛缩合反应，首先生成 β-羟基醛酮，提高反应温度，β-羟基醛酮往往进一步脱水，生成共轭的 α,β-不饱和醛酮。这是合成 β-羟基醛和 α,β-不饱和羰基化合物的重要方法，也是有机合成中增长碳链的重要反应。使用稀碱的目的是避免在浓碱存在下发生进一步的缩合反应。反应过程如下:

$$2RCH_2CHO \xrightarrow{\text{稀碱}} RCH_2\underset{\displaystyle OH}{\underset{|}{CH}}-\underset{\displaystyle R}{\underset{|}{CH}}-CHO \xrightarrow{\triangle} RCH_2CH{=}\underset{\displaystyle R}{\underset{|}{C}}-CHO$$

无 α-活泼氢的芳醛可与有 α-活泼氢的醛酮发生交叉的羟醛缩合，缩合产物自发脱水生成稳定的共轭体系 α,β-不饱和醛酮。这种交叉的羟醛缩合称为 Claisen-Schmidt 反应，它是合成侧链上含两种官能团的芳香族化合物及含几个苯环的脂肪族体系中间体的一条重要途径。例如:

$$CH_3CHO + C_6H_5CHO \xrightarrow{OH^-} \left[\begin{array}{c} C_6H_5-\underset{\displaystyle OH}{\underset{|}{C}H}-CH_2-CHO \end{array} \right] \xrightarrow{-H_2O^-} C_6H_5CH{=}CH-CHO$$

实验四十二 二苯亚甲基丙酮 (1,5-二苯-1,4-戊二烯-3-酮) [dibenzylideneacetone (1, 5-diphenylpenta-1, 4-dien-3-one)]

[反应式]

$$2C_6H_5CHO + CH_3COCH_3 \xrightarrow{OH^-} C_6H_5CH{=}CH\overset{\displaystyle O}{\overset{\|}{C}}CH{=}CHC_6H_5$$

[试剂]

2.6 g (2.5 mL, 0.025 mol) 苯甲醛 (新蒸), 0.73 g (1 mL, 0.0126 mol) 丙酮, 氢氧化钠, 乙醇, 乙酸乙酯。

[步骤]

在装有搅拌磁子的 125 mL 锥形瓶中, 配制 2.5 g 氢氧化钠溶于 25 mL 水和 20 mL 乙醇的溶液[1], 置于水浴中。保持溶液温度在 20～25 ℃, 开动搅拌, 加入一半事先配制好的 2.5 mL 苯甲醛和 1 mL 丙酮的混合液, 剧烈搅拌, 2～3 min 内形成絮状的沉淀。10 min 后加入剩余的一半混合液, 继续搅拌 20 min。抽滤析出的固体, 并用冷水洗涤 3 次, 尽可能除去产物中的碱[2]。在空气中干燥, 粗产物约为 2 g, 用 95% 乙醇重结晶, 若颜色较深, 可加少量活性炭脱色, 产物为淡黄色片状结晶, 产量约为 1.5 g, 熔点为 110～111 ℃。

纯二苯亚甲基丙酮的熔点为 112 ℃。图 3.13.1 和图 3.13.2 分别为二苯亚甲基丙酮的 IR 和 ^{1}H NMR 谱图。

本实验约需 4 h。

[注释]

[1] 加入乙醇是为了溶解苯甲醛和最初形成的苯亚甲基丙酮。

[2] 后处理氢氧化钠必须除尽, 否则难以重结晶。

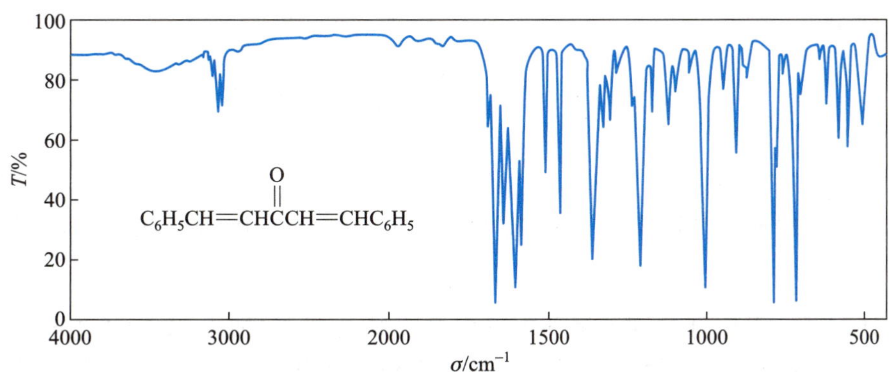

图 3.13.1 二苯亚甲基丙酮的 IR 谱图 (KBr 压片)

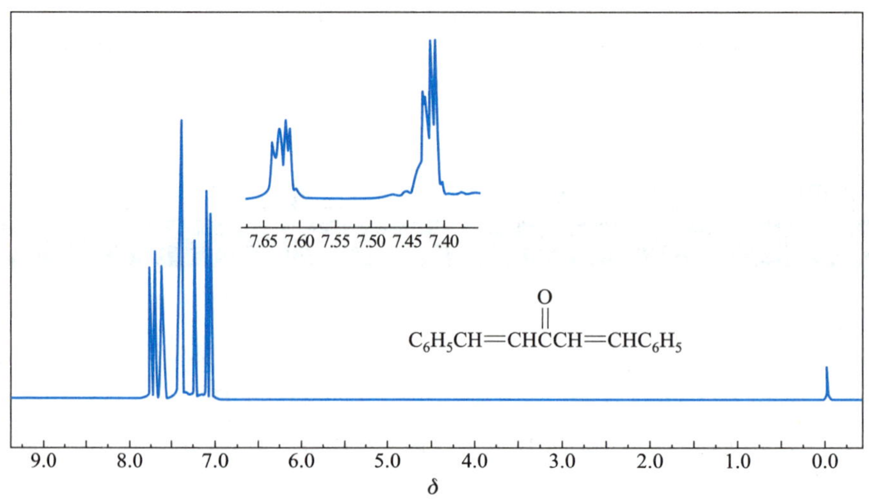

图 3.13.2　二苯亚甲基丙酮的 ^{1}H NMR 谱图

[思考题]

(1) 以本实验为例, 写出 Claisen-Schmit 反应在酸和碱催化下的反应机理。

(2) 本实验如果丙酮过量, 会有哪些副产物生成?

(3) 指出二苯亚甲基丙酮 IR 谱图中羰基和碳-碳双键吸收峰的位置。

(4) 指出二苯亚甲基丙酮 ^{1}H NMR 谱图中与吸收峰对应的氢核。

实验四十三　苯亚甲基苯乙酮
(benzal acetophenone)

[反应式]

$$C_6H_5CHO + CH_3\overset{\overset{\displaystyle O}{\|}}{C}C_6H_5 \xrightarrow{NaOH} C_6H_5\overset{\overset{\displaystyle OH}{|}}{C}HCH_2\overset{\overset{\displaystyle O}{\|}}{C}C_6H_5$$

$$\xrightarrow{-H_2O} \underset{H_5C_6}{\overset{H}{\;}}\!\!>C=C<\!\!\underset{H}{\overset{\overset{\displaystyle O}{\|}}{C}-C_6H_5}$$

[试剂]

2.6 g (2.5 mL, 0.025 mol) 苯甲醛, 3 g (3 mL, 0.025 mol) 苯乙酮, 10% 氢氧化钠溶液, 乙醇。

[步骤]

在装有搅拌磁子、温度计和滴液漏斗的 50 mL 三颈烧瓶中, 加入 12.5 mL 10% 氢氧化钠溶液、8 mL 乙醇和 3 mL 苯乙酮。搅拌下由滴液漏斗滴加 2.5 mL 苯甲醛, 控制滴加速率并保持反应温度在 25～30 ℃[1], 必要时用冷水浴冷却。滴加完毕后, 继续保持此温度搅拌 0.5 h。然后加入几粒亚甲基苯乙酮作为晶种[2], 室温下继续搅拌 1～1.5 h, 即有固体析出。反应结束后将三颈烧瓶于冰水浴中冷却

15～30 min，使结晶完全。

减压抽滤收集产物，用水充分洗涤，至洗涤液对石蕊试纸显中性。然后用少量冷乙醇 (2～3 mL) 洗涤结晶，挤压抽干，得苯亚甲基苯乙酮粗品[3]。粗产物用 95% 乙醇重结晶[4] (每克产物需 4～5 mL 溶剂)，若溶液颜色较深可加少量活性炭脱色，得浅黄色片状结晶约 3 g，熔点为 56～57 ℃[5]。图 3.13.3 和图 3.13.4 分别为反式苯亚甲基苯乙酮的 IR 和 ^{1}H NMR 谱图。

本实验需 6～7 h。

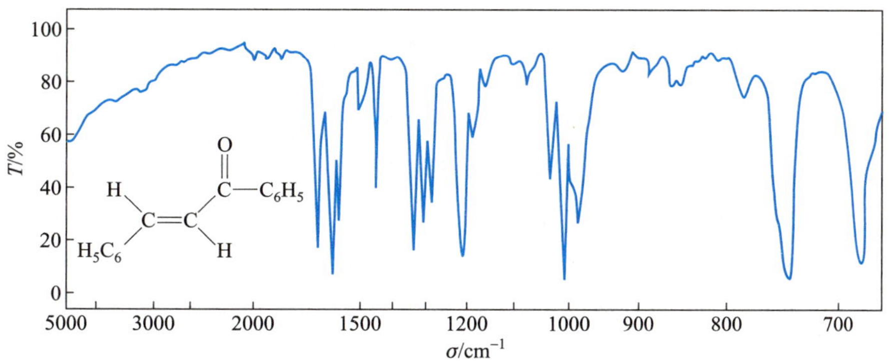

图 3.13.3 反式苯亚甲基苯乙酮的 IR 谱图

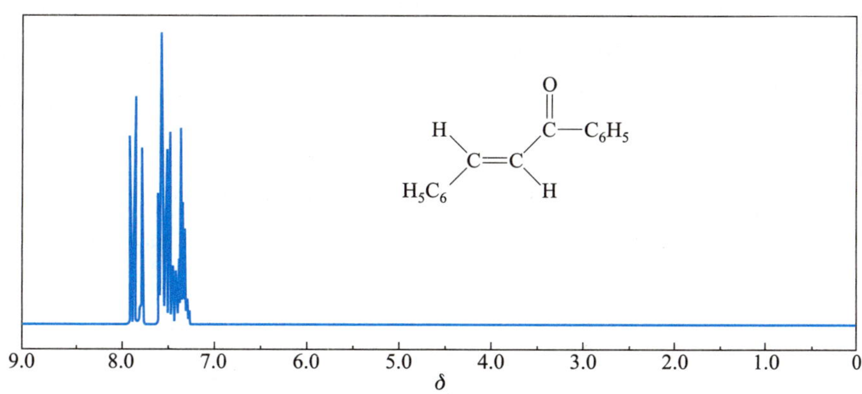

图 3.13.4 反式苯亚甲基苯乙酮的 ^{1}H NMR 谱图

[注释]

[1] 反应温度以 25～30 ℃ 为宜。温度过高，副产物多；温度过低，产物发黏，不易过滤和洗涤。

[2] 一般在室温下搅拌 1 h 后即可析出结晶，为引发结晶较快析出，最好加入事先制好的晶种。

[3] 苯亚甲基苯乙酮能使某些人皮肤过敏，处理时注意勿与皮肤接触。

[4] 苯亚甲基苯乙酮熔点低，重结晶回流时呈熔融状，必须加溶剂使呈均相。

[5] 苯亚甲基苯乙酮存在几种不同的晶形。通常得到的是片状的 α 体，纯粹的 α 体熔点为 58～59 ℃，另外还有棱状或针状的 β 体 (熔点 56～57 ℃) 及 γ 体 (熔点 48 ℃)。

[思考题]

(1) 本实验中可能会产生哪些副反应？实验中采取了哪些措施来避免副产物的生成？

(2) 写出苯甲醛与丙醛及环己酮在碱催化下缩合产物的结构式。

(3) 指出苯亚甲基苯乙酮 IR 谱图中 C═C 和 C═O 的吸收峰位置。

(4) 指出苯亚甲基苯乙酮 ^{1}H NMR 谱图中与吸收峰对应的氢核。

实验四十四 乙酰乙酸乙酯
(ethyl acetoacetate)

含 α-活泼氢的酯在碱性催化剂存在下，能与另一分子酯发生 Claisen 酯缩合反应，生成 β-羰基酸酯，乙酰乙酸乙酯就是通过这一反应来制备的。当用金属钠作缩合试剂时，真正的催化剂是钠与乙酸乙酯中残留的少量乙醇作用产生的醇钠。一旦反应开始，乙醇就可以不断生成并与金属钠继续作用，如使用高纯度的乙酸乙酯和金属钠反而不能发生缩合反应。反应经历了以下平衡过程：

$$CH_3CO_2C_2H_5 + {}^-OC_2H_5 \rightleftharpoons {}^-CH_2CO_2C_2H_5 + HOC_2H_5$$

$$CH_3\overset{O}{\overset{\|}{C}}OC_2H_5 + {}^-CH_2CO_2C_2H_5 \rightleftharpoons CH_3-\overset{O^-}{\overset{|}{\underset{OC_2H_5}{\underset{|}{C}}}}-CH_2CO_2C_2H_5 \rightleftharpoons$$

$$CH_3\overset{O}{\overset{\|}{C}}CH_2CO_2C_2H_5 + {}^-OC_2H_5 \longrightarrow \left[CH_3\overset{O}{\overset{\|}{C}}-\overset{-}{C}HCO_2C_2H_5 \longleftrightarrow CH_3\overset{O^-}{\overset{|}{C}}=CHCO_2C_2H_5\right] + HOC_2H_5$$

由于乙酰乙酸乙酯分子中亚甲基上氢的酸性比乙醇的酸性强得多（$pK_a = 10.65$），最后一步实际上是不可逆的。反应后生成乙酰乙酸乙酯的钠盐，因此，必须用乙酸酸化才能使乙酰乙酸乙酯游离出来。

$$Na^+[CH_3COCHCO_2C_2H_5]^- + CH_3CO_2H \longrightarrow CH_3\overset{O}{\overset{\|}{C}}CH_2CO_2C_2H_5 + CH_3COONa$$

乙酰乙酸乙酯是互变异构现象的一个典型例子，它是酮式和烯醇式平衡的混合物，在室温时含 92% 的酮式和 8% 的烯醇式。

$$H_3C-\overset{O}{\overset{\|}{C}}-\underset{H_2}{C}-\overset{O}{\overset{\|}{C}}-OC_2H_5 \rightleftharpoons H_3C-\overset{O\cdots H}{\overset{|}{C}}=\underset{H}{C}-\overset{O}{\overset{\|}{C}}-OC_2H_5$$

bp 41 ℃/266 Pa(2 mmHg)　mp −33 ℃　　　bp 33 ℃/266 Pa(2 mmHg)

两种异构体表现出各自的性质，在一定条件下能够分离为纯的化合物。但在微量酸碱催化下，呈现迅速转化的平衡混合物，溶剂对平衡位置有明显的影响。

乙酰乙酸乙酯的钠化物在醇溶液中可与卤代烷发生亲核取代，生成一烷基或二烷基取代的乙酰乙酸乙酯。

$$CH_3COCH_2CO_2C_2H_5 \xrightarrow[HOC_2H_5]{NaOC_2H_5} Na^+[CH_3COCHCO_2C_2H_5]^- \xrightarrow[-NaX]{RX}$$

$$CH_3CO\underset{R}{\underset{|}{C}}HCO_2C_2H_5 \xrightarrow[HOC_2H_5]{NaOC_2H_5} \xrightarrow{R'X} CH_3CO\overset{R'}{\overset{|}{\underset{R}{\underset{|}{C}}}}CO_2C_2H_5$$

取代乙酰乙酸乙酯有两种水解方式，即成酮水解和成酸水解。用冷的稀碱溶液处理，酸化后加热脱羧，发生酮水解，可用来合成取代丙酮 (CH_3COCH_2R 或 CH_3COCHR_2)。

$$\underset{\displaystyle R}{CH_3CO\underset{|}{C}HCO_2C_2H_5} \xrightarrow{\text{稀}OH^-} \underset{\displaystyle R}{CH_3CO\underset{|}{C}HCO_2^-} \xrightarrow[(2)\ \triangle,-CO_2]{(1)\ H_3^+O} CH_3COCH_2R$$

若与浓碱在醇溶液中加热，则发生酸水解，生成取代乙酸。

$$\underset{\displaystyle R}{CH_3CO\underset{|}{C}HCO_2C_2H_5} \xrightarrow[(2)\ H_3^+O]{(1)\ KOH,C_2H_5OH,\triangle} RCH_2CO_2H + CH_3CO_2H$$

由于用丙二酸酯可以得到更高产率的取代乙酸，乙酰乙酸乙酯的成酸水解在合成中很少应用。

[反应式]

$$2CH_3CO_2C_2H_5 \xrightarrow{NaOC_2H_5} Na^+[CH_3COCHCO_2C_2H_5]^- \xrightarrow{HOAc} CH_3COCH_2CO_2C_2H_5$$

[试剂]

25 g (27.5 mL, 0.38 mol) 乙酸乙酯[1], 2.5 g (0.11 mol) 金属钠[2], 二甲苯, 乙酸, 饱和氯化钠溶液, 无水硫酸钠。

[步骤]

在干燥的 100 mL 圆底烧瓶中加入 2.5 g 金属钠和 12.5 mL 干燥的二甲苯，装上冷凝管，在石棉网上小心加热使钠熔融成粒状。立即拆去冷凝管，用橡胶塞塞紧圆底烧瓶，用力来回摇振，即得细粒状钠珠。稍经放置后钠珠即沉于瓶底，将二甲苯倾滗出后倒入公用回收瓶 (切勿倒入水槽或废物缸，以免引起着火)。迅速向瓶中加入 27.5 mL 乙酸乙酯，重新装上冷凝管，并在其顶端装一氯化钙干燥管。反应随即开始，并有氢气泡逸出。若反应不开始或很慢，可稍加温热。待激烈的反应过后，将反应瓶在石棉网上用小火加热 (小心!)，保持微沸状态，直至所有金属钠几乎全部作用完为止[3]，反应约需 1.5 h。此时生成的乙酰乙酸乙酯钠盐为橘红色透明溶液 (有时析出黄白色沉淀)。待反应物稍冷后，在摇荡下加入 50% 乙酸溶液，直到反应液呈弱酸性为止 (约需 15 mL)[4]，此时，所有的固体物质均已溶解。将反应物转入分液漏斗，加入等体积的饱和氯化钠溶液，用力摇振片刻，静置后，乙酰乙酸乙酯分层析出 (哪一层?)，分出粗产物，用无水硫酸钠干燥后滤入蒸馏瓶，并用少量乙酸乙酯洗涤干燥剂。在沸水浴上蒸去未作用的乙酸乙酯，将剩余液移入 25 mL 克氏蒸馏瓶进行减压蒸馏[5]。减压蒸馏时须缓慢加热，待残留的低沸物蒸出后，再升高温度，收集乙酰乙酸乙酯，产量约为 6 g[6]。

乙酰乙酸乙酯的沸点与压力的关系如下:

压力/mmHg*	760	80	60	40	30	20	18	14	12
沸点/℃	181	100	97	92	88	82	78	74	71

* 1 mmHg≈133.3 Pa。

微量制备

在干燥的 10 mL 圆底烧瓶里，放入 0.25 g (10.9 mmol) 切成细丝的金属钠和 3 mL (2.7 g, 30.6 mmol) 乙酸乙酯。装上回流冷凝管，并在其上端装一无水氯化钙干燥管。通冷却水。反应立即开始，并有气泡逸出。如反应很慢,可稍加温热,保持微沸状态。直至所有金属钠全部作用完为止。此时生成的乙酰乙酸乙酯钠盐为橘红色透明溶液(有时析出黄白色沉淀)。稍冷后,在振摇下加入 1.5 mL 50% 乙酸溶液,直至反应液呈弱酸性为止。这时所有的固体物质都已溶解。将反应液移入分液漏斗中。加入等体积的饱和氯化钠溶液,用力振摇。静置后,分层。分出的有机层用无水硫酸钠干燥,然后滤入蒸馏瓶,并以少量乙酸乙酯洗涤干燥剂。加入沸石,在沸水浴上蒸去未作用的乙酸乙酯后将瓶内残留物移入 5 mL 圆底烧瓶中,用微量减压蒸馏装置进行减压蒸馏。收集乙酰乙酸乙酯。产量为 0.3~0.4 g,产率为 23%~28%。

乙酰乙酸乙酯是酮式 (92.3%) 和烯醇式 (7.7%) 的平衡混合物,沸点为 180 ℃。图 3.13.5 和图 3.13.6 分别为乙酰乙酸乙酯的 IR 和 ^{1}H NMR 谱图。

本实验需 7~8 h。

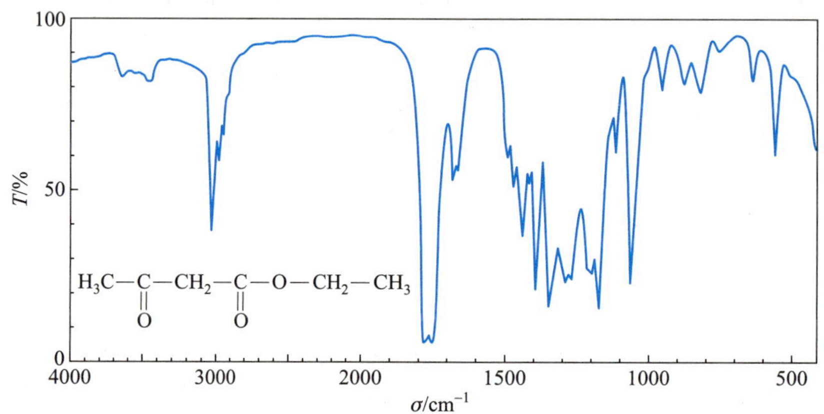

图 3.13.5　乙酰乙酸乙酯的 IR 谱图

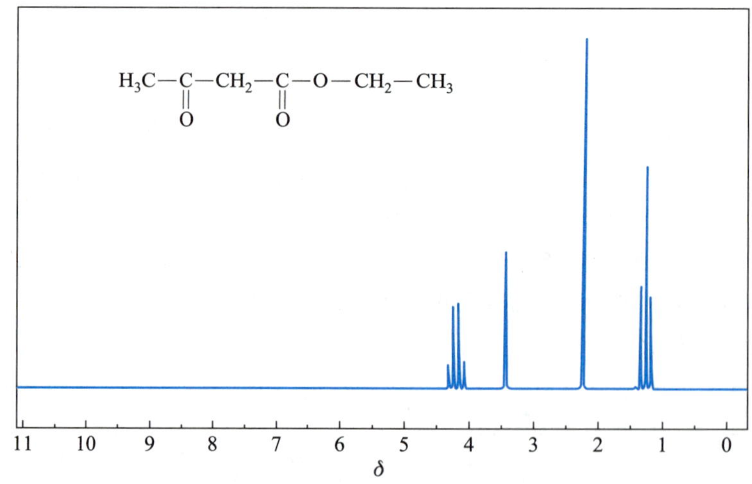

图 3.13.6　乙酰乙酸乙酯的 ^{1}H NMR 谱图

[注释]

[1] 乙酸乙酯必须绝对干燥,但其中应含有 1%~2% 的乙醇。其提纯方法如下:将普通乙酸乙酯用饱和氯化钙溶液洗涤数次,再用熔焙过的无水碳酸钾干燥,在水浴上蒸馏,收集 76~78 ℃ 的馏分。

[2] 金属钠遇水即燃烧、爆炸，故使用时应严格防止与水接触。在称量或切片过程中应当迅速，以免空气中水汽侵蚀或被氧化。

金属钠的颗粒大小直接影响缩合反应的速率。如实验室有压钠机，将钠压成钠丝，其操作步骤如下：用镊子取储存的金属钠块，用双层滤纸吸去溶剂油，用小刀切去其表面，即放入经酒精洗净的压钠机（见图 3.13.7）中，直接压入已称量的带塞的圆底烧瓶中。为防止氧化，迅速用塞子塞紧瓶口后称量。钠的用量可酌予增减，其幅度控制在 2.5 g 左右。当无压钠机时，也可将金属钠切成细条，移入粗汽油中，进行反应时，再移入反应瓶。本实验方法的优点在于可用块状金属钠。

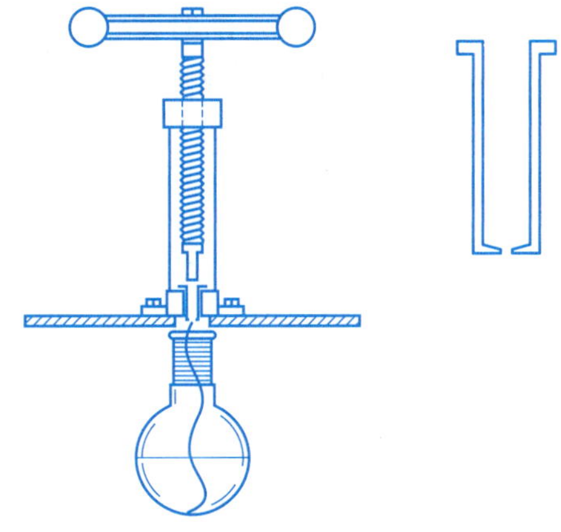
图 3.13.7 压钠机

[3] 一般要使钠全部溶解，但很少量未反应的钠并不妨碍进一步操作。

[4] 用乙酸中和时，开始有固体析出，继续加酸并不断振摇，固体会逐渐消失，最后得到澄清的液体。

若尚有少量固体未溶解，可加少许水使溶解。但应避免加入过量的乙酸，否则会增加酯在水中的溶解度而降低产量。

[5] 乙酰乙酸乙酯在常压蒸馏时，很易分解而降低产量。减压蒸馏时，也可不用克氏蒸馏瓶和毛细管，加入搅拌磁子，用油浴进行加热。

烯醇式　　酮式　　$\longrightarrow$　　去水乙酸 $+ 2CH_3CH_2OH$

[6] 产率是按钠计算的。

附：乙酰乙酸乙酯的性质试验

下列试验表明乙酰乙酸乙酯是酮式和烯醇式互变异构体的平衡混合物。

(1) 三氯化铁试验　在试管中滴入一滴乙酰乙酸乙酯，再加入 2 mL 水，混匀后滴入几滴 1% 三氯化铁溶液，振荡，观察溶液的颜色。用 1～2 滴 5% 的苯酚溶液和丙酮做对比试验。

(2) 溴的试验　在试管中滴入 1 滴乙酰乙酸乙酯，再加入 1 mL 四氯化碳，在摇荡下滴加 2% 溴的四氯化碳溶液，至溴很淡的红色且在 1 min 内保持不变。放置 5 min 后再观察颜色又发生了什么变化。试解释这一变化的原因。

(3) 2,4-二硝基苯肼试验　在试管中加入 1 mL 新配制的 2,4-二硝基苯肼溶液[1]，然后加入 4～5 滴乙酰乙酸乙酯，振荡，观察现象。

(4) 亚硫酸氢钠试验　在试管中加入 2 mL 乙酰乙酸乙酯和 0.5 mL 饱和亚硫酸氢钠溶液，振荡 5～10 min，析出亚硫酸氢钠加成物的胶状沉淀，再加入饱和碳酸钾溶液振荡后，沉淀消失，乙酰乙酸乙酯重新游离出来。写出变化的反应式。

(5) 乙酸铜试验　在试管中加入 0.5 mL 乙酰乙酸乙酯和 0.5 mL 饱和乙酸铜溶液，充分摇荡后生成蓝绿色的沉淀[2]，加入 1 mL 氯仿后再次摇振，沉淀消失。解释这一现象。

[注释]

[1] 2,4-二硝基苯肼溶液的配制见实验 4.4.6 醛和酮的鉴定。

[2] 在乙酰乙酸乙酯的烯醇结构中，存在两个配位中心（酯羰基和羟基），可以和某些金属离子如铜、钡、铝等形成螯合物，反应很灵敏，可用于某些金属离子的定量测定。

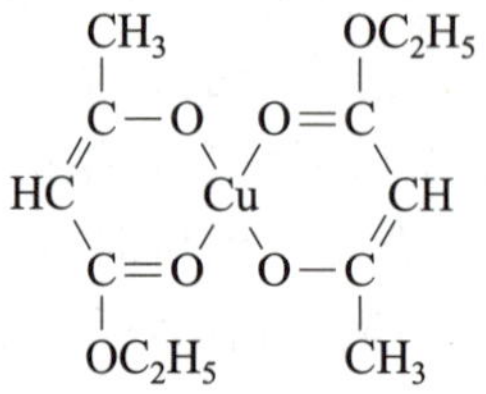

mp 192℃

[思考题]

(1) Claisen 酯缩合反应的催化剂是什么？本实验为什么可以用金属钠代替？

(2) 本实验中加入 50% 乙酸溶液和饱和氯化钠溶液的目的何在？

(3) 什么叫互变异构现象？如何用实验证明乙酰乙酸乙酯是两种互变异构体的平衡混合物？

(4) 写出下列化合物发生 Claisen 酯缩合反应的产物。

(a) 苯甲酸乙酯和丙酸乙酯 (b) 苯甲酸乙酯和苯乙酮 (c) 苯乙酸乙酯和草酸乙酯

(5) 考虑乙酰乙酸乙酯的光谱：

(a) 指出 IR 谱图中官能团区两个羰基吸收峰的位置，在 3700～3300 cm^{-1} 处的吸收与什么有关？

(b) 指出 ^1H NMR 谱图中与吸收峰对应的氢核。

3.14 Perkin 反应

芳香醛和酸酐在碱性催化剂的作用下，可以发生类似羟醛缩合的反应，生成 α,β-不饱和芳香酸，称为 Perkin 反应。催化剂通常是相应酸酐的羧酸钾或钠盐，有时也可用碳酸钾或叔胺代替，典型的例子是肉桂酸的制备：

$$C_6H_5CHO + (CH_3CO)_2O \xrightarrow[170\sim180\ ^\circ C]{CH_3CO_2K} C_6H_5CH{=}CHCO_2H + CH_3CO_2H$$

碱的作用是促使酸酐的烯醇化，生成乙酸酐碳负离子，接着碳负离子与芳醛发生亲核加成，第三步是中间产物的氧酰基交换产生更稳定的 β-酰氧基丙酸负离子，最后经 β-消去产生肉桂酸盐。用碳酸钾代替乙酸钾，反应周期可明显缩短。反应过程可表示如下：

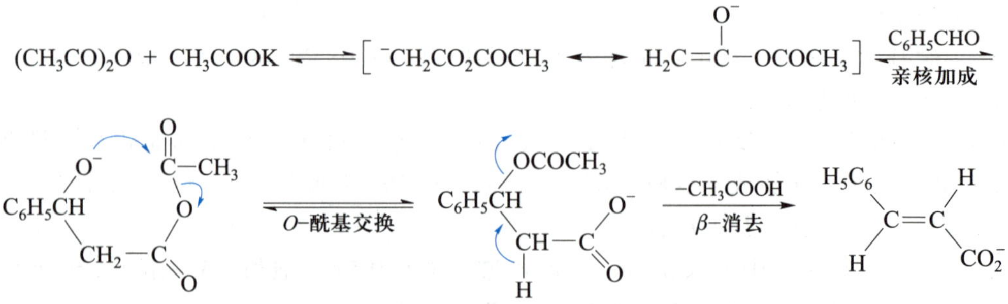

$$(CH_3CO)_2O + CH_3COOK \rightleftharpoons [\,^-CH_2CO_2COCH_3 \longleftrightarrow H_2C{=}C(O^-){-}OCOCH_3\,] \xrightleftharpoons[\text{亲核加成}]{C_6H_5CHO}$$

O-酰基交换 $\rightleftharpoons$；$\xrightarrow[\beta\text{-消去}]{-CH_3COOH}$ $H_5C_6(H)C{=}C(H)CO_2^-$

虽然理论上肉桂酸存在顺反异构体，但 Perkin 反应只得到反式肉桂酸（熔点 133 ℃），顺式异构体

(熔点 68 ℃) 不稳定, 在较高的反应温度下很容易转变为热力学更稳定的反式异构体。

实验四十五 肉桂酸
(cinnamic acid)

[反应式]

$$C_6H_5CHO + (CH_3CO)_2O \xrightarrow[K_2CO_3]{CH_3CO_2K\text{ 或}} \xrightarrow{H_3^+O} C_6H_5CH{=}CHCO_2H + CH_3CO_2H$$

实验方法 (一): 用无水乙酸钾作缩合试剂

[试剂]

2.6 g (2.5 mL, 0.025 mol) 苯甲醛 (新蒸), 4 g (3.8 mL, 约 0.039 mol) 乙酸酐 (新蒸), 1.5 g 无水乙酸钾[1], 碳酸钠, 浓盐酸。

[步骤]

在 100 mL 圆底烧瓶中, 混合 1.5 g 无水乙酸钾、3.8 mL 乙酸酐和 2.5 mL 苯甲醛, 在油浴中[2] 用小火加热回流 1.5～2 h。

反应完毕后, 加入 20 mL 水, 再加入适量的固体碳酸钠 (约需 3 g), 使溶液呈微碱性, 进行水蒸气蒸馏 (蒸去什么?) 至馏出液无油珠为止。

残留液加入少量活性炭, 煮沸数分钟趁热过滤。在搅拌下向热滤液中小心加入浓盐酸至呈酸性。冷却, 待结晶全部析出后, 抽滤收集, 以少量冷水洗涤, 干燥, 产量约为 2 g。可在热水或 3∶1 的稀乙醇中进行重结晶, 熔点为 131.5～132 ℃。

纯肉桂酸 (反式) 为白色片状结晶, 熔点为 133 ℃。

本实验需 5～6 h。

实验方法 (二): 用无水碳酸钾作缩合试剂

[试剂]

2.6 g (2.5 mL, 0.025 mol) 苯甲醛 (新蒸), 7.5 g (7 mL, 0.074 mol) 乙酸酐 (新蒸), 3.5 g 无水碳酸钾, 10% 氢氧化钠溶液, 浓盐酸。

[步骤]

在 100 mL 圆底烧瓶中, 混合 3.5 g 无水碳酸钾、2.5 mL 苯甲醛和 7 mL 乙酸酐, 将混合物在 170～180 ℃ 油浴[2] 中, 加热回流 45 min。由于有二氧化碳逸出, 最初反应会出现泡沫。

冷却反应混合物, 加入 20 mL 水浸泡几分钟, 用玻璃棒或不锈钢刮刀轻轻捣碎瓶中的固体, 进行水蒸气蒸馏 (蒸去什么?), 直至无油状物蒸出为止。将烧瓶冷却后, 加入 20 mL 10% 氢氧化钠溶液, 使生成的肉桂酸形成钠盐而溶解。再加入 20 mL 水, 加热煮沸后加入少量活性炭脱色, 趁热过滤。待滤液冷至室温后, 在搅拌下, 小心加入 10 mL 浓盐酸和 10 mL 水的混合液, 至溶液呈酸性。冷却结晶, 抽滤析出的晶体, 并用少量冷水洗涤, 干燥后称量, 粗产物约为 2 g。可用 3∶1 (体积比) 水–乙醇重结晶。肉桂酸通常以反式形式存在, 熔点为 133 ℃。图 3.14.1 和图 3.14.2 分别为肉桂酸的 IR 和 ^{1}H NMR 谱图。

本实验约需 4 h。

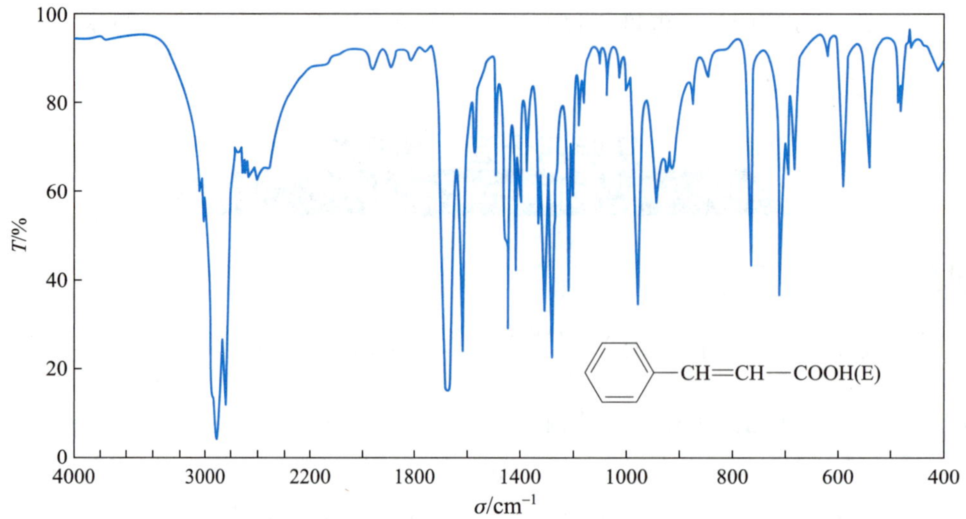

图 3.14.1 肉桂酸的 IR 谱图

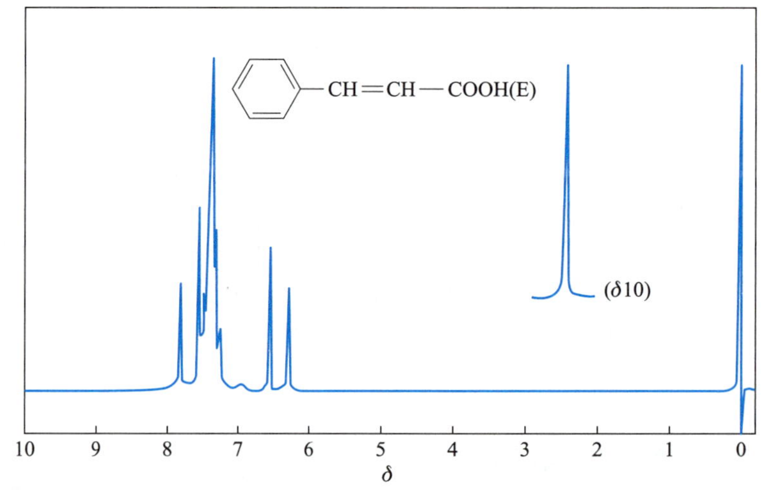

图 3.14.2 肉桂酸的 ^{1}H NMR 谱图 (DMSO-d_6+$CDCl_3$)

微量制备

往装有空气冷凝管的 10 mL 圆底烧瓶里，加入 0.35 g 无水碳酸钾，0.7 g (0.65 mL, 6.9 mmol) 乙酸酐和 0.27 g (0.25 mL, 2.6 mmol) 新蒸的苯甲醛。加入沸石，将混合物在 160～170 ℃ 下回流 1 h。

反应结束后，冷却。加入 2.0 mL 水及少量固体碳酸钠，使溶液呈弱碱性。用简易微型水蒸气蒸馏装置进行水蒸气蒸馏，除去未反应的苯甲醛，至馏出物澄清时停止蒸馏，加入适量水使总体积为 5～6 mL，再加入少量活性炭，加热煮沸 10 min，趁热过滤。滤液在冷水浴冷却下用浓盐酸小心酸化至呈酸性，待固体析出完全后，用玻璃钉漏斗抽滤、洗涤，得粗产物。产量约为 200 mg，产率为 50%。粗产物可用热水或 3∶1 水-乙醇重结晶。

[注释]

[1] 无水乙酸钾需新鲜熔焙。将含水乙酸钾放入蒸发皿中加热，则盐先在所含的结晶水中溶化，水分挥发后又结成固体。强热使固体再熔化，并不断搅拌，使水分散发后，趁热倒在金属板上，冷却后用研钵研碎，放入干燥器中备用。

[2] 也可用简易的空气浴代替油浴进行加热，将烧瓶置于石棉网上 1～2 mm 处，用小火加热回流。

[思考题]

(1) 用无水乙酸钾作缩合剂，回流结束后加入固体碳酸钠使溶液呈碱性，此时溶液中有哪几种化合物？各以什么形式存在？

(2) 实验方法 (一) 中，水蒸气蒸馏前若用氢氧化钠溶液代替碳酸钠碱化时有什么不好？

(3) 用丙酸酐和无水丙酸钾与苯甲醛反应，得到什么产物？写出反应式。

(4) 在 Perkin 反应中，如使用与酸酐不同的羧酸盐，会得到两种不同的芳基丙烯酸，为什么？

(5) 指出肉桂酸 IR 谱图中 C═O、OH 和 C═C 吸收峰的位置。

(6) 指出肉桂酸 ^{1}H NMR 谱图中与吸收峰对应的氢核。

实验四十六 香豆素-3-羧酸 (coumarin-3-carboxylic acid)

香豆素又名 1,2-苯并吡喃酮，为白色斜方晶体或结晶粉末，存在于许多天然植物中。它最早是 1820 年从香豆的种子中发现的，也存在于薰衣草和桂皮的精油中。香豆素为香辣型，表现为甜而有香茅草的香气，是重要的香料，常用作定香剂，用于配制香水、花露水香精。香豆素的衍生物除用作香料外，还可用作农药、杀鼠剂和医药等。

由于天然植物中香豆素含量很少，大量是通过合成得到的。1868 年，Perkin 用邻羟基苯甲醛 (水杨醛) 与乙酸酐、乙酸钠一起加热制得，这种合成方法因此称为 Perkin 合成法。

$$\text{(OH, CHO 取代苯)} + (CH_3CO)_2O \xrightarrow{CH_3COONa} \text{香豆素}$$

香豆素

水杨醛和乙酸酐首先在碱性条件下缩合，经酸化后生成邻羟基肉桂酸，接着在酸性条件下闭环成香豆素。

本实验采用改进的方法进行合成，用水杨醛和丙二酸酯在有机碱的催化下，可在较低的温度合成香豆素的衍生物。这种合成方法称为 Knoevengel 反应。水杨醛与丙二酸酯在六氢吡啶催化下，缩合生成中间体香豆素-3-甲酸乙酯。后者加碱水解，不但酯基而且内酯也被水解，然后酸化再次闭环内酯化即生成香豆素-3-羧酸。

[反应式]

$$\text{(CHO, OH 取代苯)} + CH_2(CO_2C_2H_5)_2 \xrightarrow{\text{六氢吡啶 (N-H)}} \text{香豆素-3-}CO_2C_2H_5$$

$$\xrightarrow{NaOH} \text{(ONa 取代苯基)-CH=C(COONa)}_2 \xrightarrow{HCl} \text{香豆素-3-}CO_2H$$

[试剂]

2.5 g (2.1 mL, 0.02 mol) 水杨醛, 3.6 g (3.4 mL, 0.0225 mol) 丙二酸酯, 无水乙醇, 六氢吡啶, 冰乙酸, 95% 乙醇, 氢氧化钠, 浓盐酸, 无水氯化钙。

[步骤]

1. 合成香豆素-3-甲酸乙酯

在干燥的 50 mL 圆底烧瓶中加入 2.1 mL 水杨醛、3.4 mL 丙二酸酯、15 mL 无水乙醇、0.3 mL 六氢吡啶和 1 滴冰乙酸, 加入几粒沸石后, 装上回流冷凝管, 冷凝管上口接一氯化钙干燥管。在水浴上加热回流 2 h。稍冷后将反应物转移到锥形瓶中, 加入 15 mL 水, 置于冰浴中冷却。待结晶完全后, 过滤, 晶体每次用 1~2 mL 冰冷过的 50% 乙醇洗涤 2~3 次。粗产物为白色晶体, 干燥后约为 3 g, 熔点为 92~93 ℃。粗产物可用 25% 乙醇重结晶, 熔点为 93 ℃。图 3.14.3 为香豆素-3-甲酸乙酯的 IR 谱图。

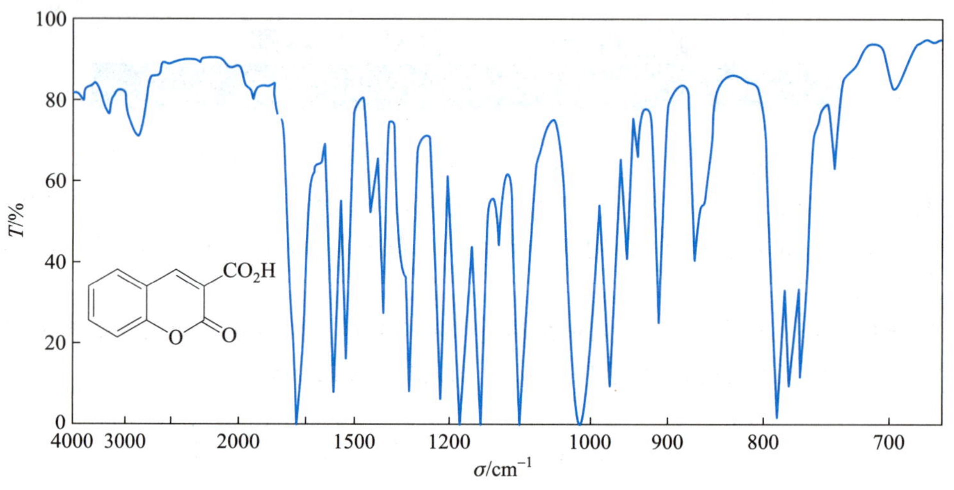

图 3.14.3　香豆素-3-甲酸乙酯的 IR 谱图

2. 合成香豆素-3-羧酸

在 50 mL 圆底烧瓶中加入 2 g 香豆素-3-甲酸乙酯、1.5 g 氢氧化钠、10 mL 95% 乙醇和 5 mL 水, 加入几粒沸石后, 装上回流冷凝管, 用水浴加热至酯溶解后, 再继续回流 15 min。稍冷后, 在搅拌下将反应混合物加到盛有 5 mL 浓盐酸和 25 mL 水的烧杯中, 立即有大量白色结晶析出。在冰浴中冷却使结晶完全。抽滤, 用少量冰水洗涤晶体, 压干, 干燥后为 1~1.5 g, 熔点为 188 ℃。粗品可用水重结晶。

纯香豆素-3-羧酸的熔点为 190 ℃ (分解)。

本实验约需 6 h。

[思考题]

(1) 试写出利用 Knoevenagel 反应制备香豆素-3-羧酸的反应机理。反应中加入乙酸的目的是什么?

(2) 如何利用香豆素-3-羧酸制备香豆素?

(3) 指出香豆素-3-甲酸乙酯 IR 谱图中酯羰基和羧羟基吸收峰的位置。

3.15 重氮盐

芳香族伯胺在强酸性介质中与亚硝酸作用生成重氮盐的反应，称为重氮化反应。

$$ArNH_2 + NaNO_2 + 2HX \xrightarrow{0\sim5\ ℃} Ar\overset{+}{N}{\equiv}N:X^- + 2H_2O + NaX$$

这是芳香伯胺特有的性质，生成的化合物 $ArN_2^+X^-$ 称为重氮盐 (diazonium salt)。与脂肪族重氮盐不同，芳基重氮盐中，重氮基上的 π 电子可以同苯环上的 π 电子重叠，使稳定性增加。因此，芳基重氮盐可在冰浴温度下制备和进行反应，作为中间体用来合成多种有机化合物，被称为芳香族的 “Grignard 试剂”，在工业或实验室制备中都具有重要的价值。

重氮盐通常的制备方法是将芳胺溶解或悬浮于过量的稀酸中，将溶液冷却至 0~5 ℃，然后加入与芳胺物质的量相等的亚硝酸钠水溶液。一般情况下，反应迅速进行，重氮盐的产率差不多是定量的。由于大多数重氮盐很不稳定，室温即会分解放出氮气，故必须严格控制反应温度。当氨基的邻或对位有强的吸电子基如硝基或磺酸基时，其重氮盐比较稳定，温度可以稍高一点。制成的重氮盐溶液不宜长时间存放，应尽快进行下一步反应。由于大多数重氮盐在干燥的固态受热或震动能发生爆炸，所以通常不需分离，而是将得到的水溶液直接用于下一步合成。只有硼氟酸重氮盐是个例外，可以分离出来并加以干燥。

酸的用量一般为 2.5～3 mol，1 mol 酸与亚硝酸钠反应产生亚硝酸，1 mol 酸生成重氮盐，余下的过量的酸是为了维持溶液一定的酸度，防止重氮盐与未起反应的胺发生偶联。邻氨基苯甲酸重氮盐是个例外，由于重氮化后生成的内盐比较稳定，故不需要过量的酸。

$$o\text{-}(COOH)C_6H_4NH_2 + NaNO_2 + HCl \xrightarrow{0\sim5\ ℃} o\text{-}(CO_2^-)C_6H_4N_2^+ + NaCl + 2H_2O$$

重氮化反应还必须注意控制亚硝酸钠的用量，若亚硝酸钠过量，则多余的亚硝酸会使重氮盐氧化而降低产率。因而在滴加亚硝酸钠溶液时，必须及时用碘化钾-淀粉试纸试验，至刚变蓝为止。

重氮盐的用途很广，其反应可分为两类。一类是用适当的试剂处理，重氮基被—H，—OH，—F，—Cl，—Br，—CN，—NO_2 及—SH 等基团取代，制备相应的芳香族化合物；另一类是保留氮的反应，即重氮盐与相应的芳香胺或酚类起偶联反应，生成偶氮染料。

实验四十七　对氯甲苯 (或邻氯甲苯)

[*p*-chlorotoluene(or *o*-chlorotoluene)]

重氮盐在合成中的重要应用之一是 Sandmeyer 反应。Sandmeyer 于 1884 年发现亚铜盐对芳基重氮盐的分解有催化作用。重氮盐溶液在氯化亚铜、溴化亚铜和氰化亚铜存在下，重氮基可以被氯、溴和氰基取代，生成芳香族氯化物、溴化物和芳腈。这为从相应的芳胺制备亲核取代芳香化合物提供了理想的途径。一般认为，这是一个自由基反应，亚铜盐的作用是传递电子。

$$CuCl + Cl^- \longrightarrow CuCl_2^-$$

$$Ar\overset{+}{N}_2 + CuCl_2^- \longrightarrow Ar\cdot + N_2 + CuCl_2$$

$$Ar\cdot + CuCl_2 \longrightarrow ArCl + CuCl$$

该反应的关键在于相应的重氮盐与氯化亚铜是否能形成良好的复合物。实验中,重氮盐与氯化亚铜以等物质的量混合。由于氯化亚铜在空气中易被氧化,故以新鲜制备为宜。在操作上是将冷的重氮盐溶液慢慢加入较低温度的氯化亚铜溶液中。制备芳腈时,反应需在中性条件下进行,以免氢氰酸逸出。

[反应式]

$$2CuSO_4 + 2NaCl + NaHSO_4 + 2NaOH \longrightarrow 2CuCl\downarrow + 2Na_2SO_4 + NaHSO_4 + H_2O$$

$$\text{对甲苯胺}(CH_3C_6H_4NH_2) \xrightarrow[\text{NaNO}_2,\ 0\sim5\ ^\circ\text{C}]{\text{HCl}} CH_3C_6H_4N_2^+Cl^- \xrightarrow[\text{HCl}]{\text{CuCl}} CH_3C_6H_4N_2^+\cdot CuCl_2^- \xrightarrow{\triangle} CH_3C_6H_4Cl + N_2\uparrow$$

[试剂]

5.4 g (5.4 mL, 0.05 mol) 对甲苯胺, 3.4 g (0.049 mol) 亚硝酸钠, 15 g (0.06 mol) 结晶硫酸铜 ($CuSO_4\cdot 5H_2O$), 3.5 g (0.034 mol) 亚硫酸氢钠, 4.5 g (0.08 mol) 精盐, 2.3 g (0.057 mol) 氢氧化钠, 浓盐酸, 乙醚, 淀粉-碘化钾试纸, 无水氯化钙。

[步骤]

1. 氯化亚铜的制备

在 250 mL 圆底烧瓶中, 加入 15 g 结晶硫酸铜 ($CuSO_4\cdot 5H_2O$)、4.5 g 精盐及 50 mL 水, 加热使固体溶解。趁热 (60～70 ℃)[1] 在摇振下加入由 3.5 g 亚硫酸氢钠[2] 与 2.3 g 氢氧化钠及 25 mL 水配成的溶液。溶液由原来的蓝绿色变为浅绿色或无色, 并析出白色粉状固体, 置于冷水浴中冷却。

用倾滗法尽量倒去上层溶液, 再用水洗涤两次, 得到白色粉末状的氯化亚铜。倒入 50 mL 冷的浓盐酸, 使沉淀溶解, 塞紧瓶塞, 置冰水浴中冷却备用[3]。

2. 重氮盐溶液的制备

在烧杯中加入 15 mL 浓盐酸、15 mL 水及 5.4 g 对甲苯胺, 加热使对甲苯胺溶解。稍冷后, 置冰盐浴中并不断搅拌使成糊状, 控制在 5 ℃ 以下。再在搅拌下, 由滴液漏斗加 3.4 g 亚硝酸钠溶于 10 mL 水的溶液, 控制滴加速度, 使温度始终保持在 5 ℃ 以下[4]。必要时可在反应液中加一小块冰, 防止温度上升。当 85%～90% 的亚硝酸钠溶液加入后, 取一两滴反应液在淀粉-碘化钾试纸上检验。若立即出现深蓝色, 表示亚硝酸钠已适量, 不必再加, 搅拌片刻。重氮化反应越到后来越慢, 最后每加一滴亚硝酸钠溶液后, 需略等几分钟再检验。

3. 对氯甲苯的制备

把制好的对甲苯胺重氮盐溶液, 慢慢倒入冷的氯化亚铜盐酸溶液中, 边加边振摇烧瓶, 不久析出重氮盐-氯化亚铜橙红色复合物, 加完后, 在室温下放置 15～30 min。然后用水浴慢慢加热到 50～60 ℃[5], 分解复合物, 直至不再有氮气逸出。将产物进行水蒸气蒸馏, 蒸出对氯甲苯。分出油层, 水层每次用

10 mL 乙醚萃取两次，萃取液与油层合并，依次用 10% 氢氧化钠溶液、水、浓硫酸、水各 5 mL 洗涤。醚层经无水氯化钙干燥后在水浴上蒸去乙醚，然后蒸馏收集 158～162 ℃ 的馏分，产量约为 4 g。

纯对氯甲苯的沸点为 162 ℃，折射率 n_D^{20} 为 1.5160。图 3.15.1 和图 3.15.2 分别为对氯甲苯的 IR 和 ^{1}H NMR 谱图。

本实验需 7～8 h。

4. 邻氯甲苯的制备

用邻甲基苯胺为原料，所有试剂及用量，实验步骤和条件及产率均与对氯甲苯相同。蒸馏收集 154～159 ℃ 的馏分。

纯邻氯甲苯的沸点为 159.15 ℃，折射率 n_D^{20} 为 1.5268。

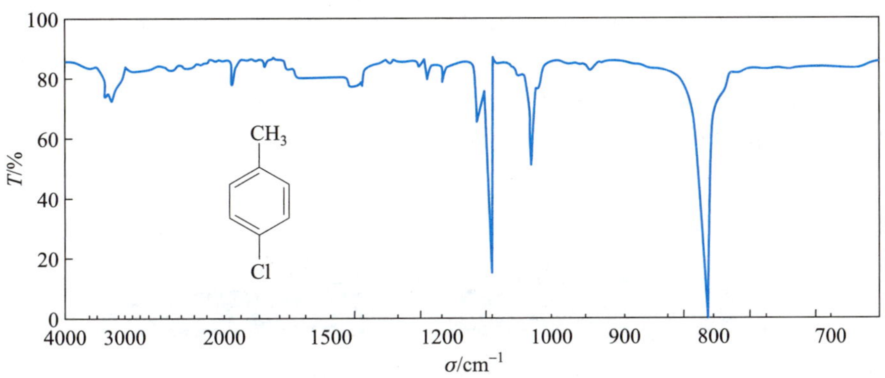

图 3.15.1 对氯甲苯在 CS_2 中的 IR 谱图

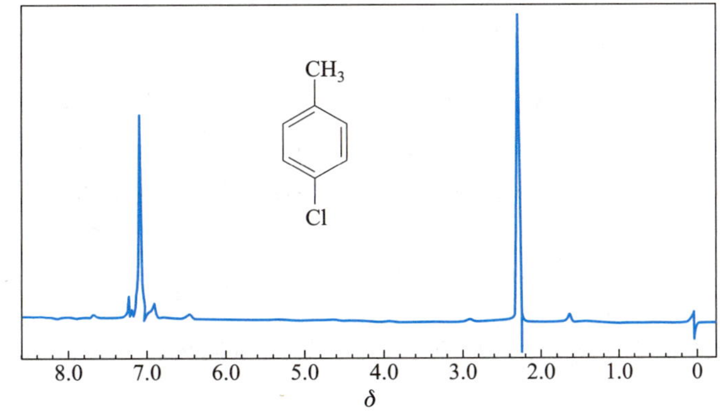

图 3.15.2 对氯甲苯的 ^{1}H NMR 谱图

[注释]

[1] 在此温度下得到的氯化亚铜粒子较粗，便于处理，且质量较好。温度较低则颗粒较细，难以洗涤。

[2] 亚硫酸氢钠的纯度，最好在 90% 以上。如果纯度不高，按此比例配方时，则还原不完全，且由于碱性偏高，生成部分氢氧化亚铜，使沉淀呈土黄色。此时可根据具体情况，酌加亚硫酸氢钠的用量，或适当减少氢氧化钠的用量。在实验中如发现氯化亚铜沉淀中杂有少量黄色沉淀时，应立即加几滴盐酸，稍加振荡即可除去。

[3] 氯化亚铜在空气中遇热或光易被氧化，重氮盐久置易分解，因此，二者的制备应同时进行，且在

较短的时间内进行混合。氯化亚铜用量较少会降低对氯甲苯产量(因为氯化亚铜与重氮盐的物质的量之比是1∶1)。

[4] 如反应温度超过5 ℃则重氮盐会分解使产率降低。

[5] 分解温度过高会产生副反应,生成部分焦油状物质。若时间许可,可将混合后生成的复合物在室温放置过夜,然后再加热分解。在水浴加热分解时,有大量氮气逸出,应不断搅拌,以免反应液外溢。

[思考题]

(1) 什么叫重氮化反应?它在有机化学合成中有何应用?

(2) 为什么重氮化反应必须在低温下进行?如果温度过高或溶液酸度不够会产生什么副反应?

(3) 为什么不直接将甲苯氯化而用Sandmeyer反应来制备邻氯甲苯和对氯甲苯?

(4) 氯化亚铜在盐酸存在下,被亚硝酸氧化,反应瓶可以观察到一种红棕色的气体放出,试解释这种现象,并用反应式表示。

(5) 写出由邻甲基苯胺制备下列化合物的反应式,并注明反应试剂和条件。

(a) 邻甲基苯甲酸　(b) 邻氟苯甲酸　(c) 邻碘甲苯　(d) 邻甲基苯肼

实验四十八　间硝基苯酚
(*m*-nitro phenol)

温热重氮盐的水溶液时,大多数重氮盐发生水解,生成相应的酚并释放出氮气。

$$ArN_2^+X^- \longrightarrow Ar^+ + N_2\uparrow + X^-$$

$$Ar^+ + H_2O \longrightarrow ArOH + H^+$$

这是重氮盐的制备要严格控制反应温度并不能长期存放的主要原因,但却为制备间位取代的酚类(间硝基苯酚、间溴苯酚)这些不能通过亲电取代反应直接合成的化合物提供了一条间接的途径。当以制备酚为目的时,重氮化通常在硫酸中进行,这是因为使用盐酸时,重氮基被氯原子取代将成为主要的副反应。

$$Ar\overset{+}{N_2}Cl^- \xrightarrow{\triangle} ArCl + N_2\uparrow$$

水解反应需在强酸性介质中进行,以避免重氮盐与酚之间的偶联,并根据不同的芳胺采取适当的分解温度。

[反应式]

$$\text{间硝基苯胺 }(m\text{-}NO_2C_6H_4NH_2) \xrightarrow[NaNO_2]{\text{浓硫酸}} m\text{-}NO_2C_6H_4\overset{+}{N_2}HSO_4^- \xrightarrow[\triangle]{40\%\sim60\%\text{硫酸}} m\text{-}NO_2C_6H_4OH$$

[试剂]

3.5 g (0.025 mol) 间硝基苯胺, 1.7 g (0.025 mol) 亚硝酸钠, 浓硫酸, 盐酸。

[步骤]

1. 重氮盐溶液的制备

在烧杯中,配制 5.5 mL 浓硫酸溶于 9 mL 水的稀硫酸,加入 3.5 g 研成粉状的间硝基苯胺和 10～12 g 碎冰,充分搅拌,至芳胺变成糊状的硫酸盐。将烧杯置于冰盐浴中冷却至 0～5 ℃,在充分搅拌下由滴液漏斗滴加 1.7 g 亚硝酸钠溶于 5 mL 水的溶液。控制滴加速度,使温度始终保持在 5 ℃以下,约 5 min 加完[1]。必要时可向反应液中加入几小块冰,以防温度上升。滴加完毕后,继续搅拌 10 min。然后取 1 滴反应液,用淀粉-碘化钾试纸进行亚硝酸试验,若试纸变蓝,表明亚硝酸钠已经过量[2],必要时,可补加 0.25 g 亚硝酸钠的溶液。然后将反应物在冰盐浴中放置 5～10 min,部分重氮盐以晶体形式析出,倾滗出大部分上层清液于一锥形瓶中,立即进行下一步实验。

2. 间硝基苯酚的制备

在圆底烧瓶中加入 12.5 mL 水,在摇荡下小心加入 16.5 mL 浓硫酸。将配制的稀硫酸在石棉网上加热至沸,分批加入倾滗于锥形瓶中的重氮盐溶液,加入速度保持反应液剧烈地沸腾,约 15 min 加完。然后再分批加入留在烧杯中的重氮盐晶体。控制加入速度,以免因氮气迅速释放产生大量泡沫而使反应物溢出。此时的反应液呈深褐色,部分间硝基苯酚呈黑色油状物析出。加完后,继续煮沸 15 min。稍冷后,将反应混合物倾入用冰水浴冷却的烧杯中,并充分搅拌,使产物形成小而均匀的晶体。减压抽滤析出的晶体,用少量冰水洗涤几次,压干,得湿的褐色粗产物约 2 g。粗产物用 15% 的盐酸重结晶(每克湿产物需 10～12 mL 溶剂),并加适量的活性炭脱色。干燥后得淡黄色的间硝基苯酚结晶,产量为 1～1.5 g,熔点为 96 ℃。

纯间硝基苯酚的熔点为 96～97 ℃。

本实验需 5～6 h。

[注释]

[1] 亚硝酸钠不宜加入过慢,以防止重氮盐与未反应的芳胺发生偶联生成黄色不溶性的重氮氨基化合物。强酸性介质有利于抑制偶联反应的发生。

[2] 游离亚硝酸的存在表明芳胺硫酸盐已充分重氮化。重氮化反应通常使用比计算量多 3%～5% 的亚硝酸钠,过量的亚硝酸钠易导致重氮基被—NO_2 取代和间硝基苯酚被氧化等副反应的发生。

[思考题]

(1) 见实验四十七对氯甲苯思考题 (2)。

(2) 写出由硝基苯为原料制备间硝基苯酚的合成路线,为什么间硝基苯酚不能由苯酚硝化来制备?

(3) 邻硝基苯胺和对硝基苯胺与氢氧化钠溶液一起煮沸后可生成对应的硝基酚,而间硝基苯胺却不发生类似的反应,试给出解释。

3.16 染料与偶氮化合物

染料是一类能使织物、纸张、皮革和其他物体着色的化合物。大自然生产的染料 (颜料) 能让花朵更美丽和引人注目,保护植物免受侵害,接受阳光并将其转变为化学能。染料也使我们生活的世界变得斑斓绚丽,多彩多姿。人类对天然染料的利用可以追溯到遥远的古代,茜素红和靛蓝就是从植物中提取出来的。直到 1865 年,Perkin 在实验中偶然得到苯胺紫,才开启了人工合成染料的大门。现在合成染料已成为化学工业中一个重要的产业。

染料根据结构可分为偶氮、阳离子、蒽醌和吲哚等；根据应用方式可分为直接、媒染、显色、还原、分散、活性和溶剂等。

偶氮染料迄今为止仍然是普遍使用的重要染料之一。它是指偶氮基（—N═N—）连接两个芳环形成的一类化合物。为了改善颜色和提高染色效果，偶氮染料通常含有成盐的基团如酚羟基、氨基、磺酸基和羧基等。

偶氮染料可通过重氮盐与酚类或芳胺发生偶联反应来进行制备，反应速率受溶液 pH 影响颇大。重氮盐与芳胺偶联时，在高 pH 介质中，重氮盐易变成重氮酸盐，而在低 pH 介质中，游离芳胺则容易转变为铵盐，二者都会降低反应物的浓度。

$$ArN_2^+ + H_2O \rightleftharpoons ArN{=}N{-}O^- + 2H^+$$

$$ArNH_2 + H^+ \rightleftharpoons Ar\overset{+}{N}H_3$$

只有溶液的 pH 在某一范围内，使两种反应物都有足够的浓度时，才能有效地发生偶联反应。胺的偶联反应，通常在中性或弱酸性介质（pH 4～7）中进行，通过加入缓冲剂乙酸钠来加以调节。酚的偶联反应与胺相似，为了使酚成为更活泼的酚氧基负离子与重氮盐发生偶联，反应需在中性或弱碱性介质（pH 7～9）中进行。

实验四十九　甲基橙
(methyl orange)

[反应式]

$$H_2N-C_6H_4-SO_3H + NaOH \longrightarrow H_2N-C_6H_4-SO_3Na + H_2O$$

$$H_2N-C_6H_4-SO_3Na \xrightarrow[HCl]{NaNO_2} [HO_3S-C_6H_4-\overset{+}{N}{\equiv}N]Cl^- \xrightarrow{C_6H_5N(CH_3)_2}$$

$$[HO_3S-C_6H_4-N{=}N-C_6H_4-NH(CH_3)_2]^+ OAc^- \xrightarrow{NaOH}$$

$$NaO_3S-C_6H_4-N{=}N-C_6H_4-N(CH_3)_2 + NaOAc + H_2O$$

[试剂]

1.05 g (0.005 mol) 对氨基苯磺酸 $\left(HO_3S-C_6H_4-NH_2 \cdot H_2O\right)$，0.4 g (0.0058 mol) 亚硝酸钠，0.6 g（约 0.65 mL，0.005 mol）*N*，*N*-二甲基苯胺，盐酸，5% 氢氧化钠溶液，乙醇，乙醚，冰乙酸，淀粉-碘化钾试纸。

[步骤]

1. 重氮盐的制备

在烧杯中放置 5 mL 5% 氢氧化钠溶液及 1.05 g 对氨基苯磺酸[1] 晶体，温热使溶。另溶 0.4 g 亚硝酸钠于 3 mL 水中，加入上述烧杯内，用冰盐浴冷至 0～5 ℃。在不断搅拌下，将 1.5 mL 浓盐酸与 5 mL

水配成的溶液缓缓滴加到上述混合溶液中，并控制温度在 5 ℃以下。滴加完后用淀粉–碘化钾试纸检验[2]。然后在冰盐浴中放置 15 min 以保证反应完全[3]。

2. 偶联反应

在试管内混合 0.6 g *N*, *N*–二甲基苯胺和 0.5 mL 冰乙酸，在不断搅拌下，将此溶液慢慢加到上述冷却的重氮盐溶液中。加完后，继续搅拌 10 min，然后慢慢加入 12.5 mL 5% 氢氧化钠溶液，直至反应物变为橙色，这时反应液呈碱性，粗制的甲基橙呈细粒状沉淀析出[4]。将反应物在沸水浴上加热 5 min，冷至室温后，再在冰水浴中冷却，使甲基橙晶体析出完全。抽滤收集结晶，依次用少量水、乙醇、乙醚洗涤，压干。

若要得到较纯产品，可用溶有少量氢氧化钠 (约 0.1 g) 的沸水 (每克粗产物约需 5 mL) 进行重结晶。待结晶析出完全后，抽滤收集，沉淀依次用少量乙醇、乙醚洗涤[5]。得到橙色的小叶片状甲基橙结晶[6]，产量约为 1 g。

溶解少许甲基橙于水中，加几滴稀盐酸，然后用稀氢氧化钠溶液中和，观察颜色变化。

本实验约需 4 h。

[注释]

[1] 对氨基苯磺酸是两性化合物，酸性比碱性强，以酸性内盐存在，所以它能与碱作用成盐而不能与酸作用成盐。

[2] 若试纸不显蓝色，尚需补充亚硝酸钠溶液。

[3] 在此时往往析出对氨基苯磺酸的重氮盐。这是因为重氮盐在水中可以解离，形成中性内盐 $\left(\bar{O}_3S-C_6H_4-\overset{+}{N}\equiv N\right)$，在低温时难溶于水而形成细小晶体析出。

[4] 若反应物中含有未作用的 *N*, *N*–二甲基苯胺乙酸盐，在加入氢氧化钠后，就会有难溶于水的 *N*, *N*–二甲基苯胺析出，影响产物的纯度。湿的甲基橙在空气中受到光照后，颜色很快变深，所以一般得紫红色粗产物。

[5] 重结晶操作应迅速，否则由于产物呈碱性，在温度高时易使产物变质，颜色变深。用乙醇、乙醚洗涤的目的是使其迅速干燥。

[6] 甲基橙的另一制法：在 50 mL 烧杯中加入 1.05 g 研细的对氨基苯磺酸和 10 mL 水，在冰盐浴中冷却至 0 ℃左右，然后加入 0.4 g 研细的亚硝酸钠，不断搅拌，直到对氨基苯磺酸全溶为止。

在另一试管中加入 0.6 g (0.65 mL) *N*, *N*–二甲基苯胺，使其溶于 7.5 mL 乙醇中，冷却到 0 ℃左右。然后，在不断搅拌下滴加到上述冷却的重氮化溶液中，继续搅拌 2～3 min。在搅拌下加入 1～1.5 mL 1 $mol \cdot L^{-1}$ 氢氧化钠溶液。

将反应物 (产物) 在石棉网上加热至全部溶解。先静置冷却，待生成相当多美丽的小叶片状晶体后，再于冰水中冷却，抽滤，产品可用 8～10 mL 水重结晶，并用 3 mL 乙醇洗涤，以促其快干。产物呈橙色，产量约为 1 g。

用此法制得的甲基橙颜色均一，但产量略低。

[思考题]

(1) 什么叫偶联反应？试结合本实验讨论偶联反应的条件。

(2) 在本实验中，制备重氮盐时为什么要将对氨基苯磺酸变成钠盐？本实验如改成下列操作步骤：先将对氨基苯磺酸与盐酸混合，再滴加亚硝酸钠溶液进行重氮化反应，可以吗？为什么？

(3) 试解释甲基橙在酸碱介质中的变色原因，并用反应式表示。

实验五十 直接染料——橙Ⅱ

(direct dye —— Orange Ⅱ)

橙Ⅱ(1-对磺酸基偶氮苯-2-萘酚钠盐)又名β-萘酚橙,为金黄色粉末,水溶液呈红光黄色,适用于毛、丝和棉织物的染色,分子中所含极性磺酸基可与染色物中的多肽键结合。

[反应式]

$$H_2N-C_6H_4-SO_3H \xrightarrow{NaOH} H_2N-C_6H_4-SO_3Na \xrightarrow[0\sim5\ ^\circ C]{NaNO_2, HCl}$$

$$\overset{+}{N_2}-C_6H_4-SO_3^- \xrightarrow[NaOH]{\text{2-萘酚 (OH)}} \text{1-(}N=N-C_6H_4-SO_3Na\text{)-2-OH-萘}$$

[试剂]

1 g (5.8 mmol) 对氨基苯磺酸, 0.4 g (5.8 mmol) 亚硝酸钠, 0.9 g (6.3 mmol) 2-萘酚, 浓盐酸, 5% 和 10% 氢氧化钠溶液, 氯化钠。

[步骤]

1. 重氮化

在 80 mL 烧杯中, 加入 5 mL 冰水及 1.6 mL 浓盐酸, 置于冰浴备用。在锥形瓶中加入 5 mL 5% 氢氧化钠溶液及 1 g 对氨基苯磺酸[1], 温热溶解, 冷至室温, 再加入 3 mL 亚硝酸钠水溶液 (0.4 g $NaNO_2$ 溶于 3 mL 水)。在不断搅拌下, 用滴管将锥形瓶中的混合液滴加到冰浴冷却的烧杯中。滴加完后, 在冰浴中搅拌 5 min, 此时有大量白色重氮盐析出, 用淀粉-碘化钾试纸检验[2], 继续在冰浴中搅拌 10 min 以上, 以保证反应完全[3]。滴加 5% 氢氧化钠溶液中和过量盐酸, 至 pH=7 为止[4]。在冰浴中冷却备用。

2. 偶联反应

在 100 mL 烧杯中, 加入 0.9 g 2-萘酚和 5 mL 冷的 10% 氢氧化钠溶液, 振荡溶解后, 在搅拌下倒入上述制得的重氮溶液 (并冲洗之)。偶联反应发生很快, 必须搅拌彻底。在 5~10 min 后将此混合物加热至固体溶解, 再加 3 g 氯化钠以进一步减小产物的溶解度, 加热并在搅拌下使它完全溶解, 然后用冰浴冷却、抽滤, 用饱和氯化钠溶液洗涤, 收集粗产物。粗产物用乙醇水溶液重结晶, 产量约为 1 g。图 3.16.1 为橙Ⅱ的 IR 谱图。

3. 染色

取 0.5 g 橙Ⅱ、5 mL 硫酸钠溶液、300 mL 水及 5 滴浓硫酸一起配成染料浴, 在接近沸点的温度下将丝绸条、布条或棉团放入浴中浸 5 min, 然后取出用清水漂洗, 除去浮在上面的染料, 得到橙色染物。

[注释]

[1] 见实验四十九甲基橙注释 [1]。

[2] 见实验四十九甲基橙注释 [2]。

[3] 见实验四十九甲基橙注释 [3]。

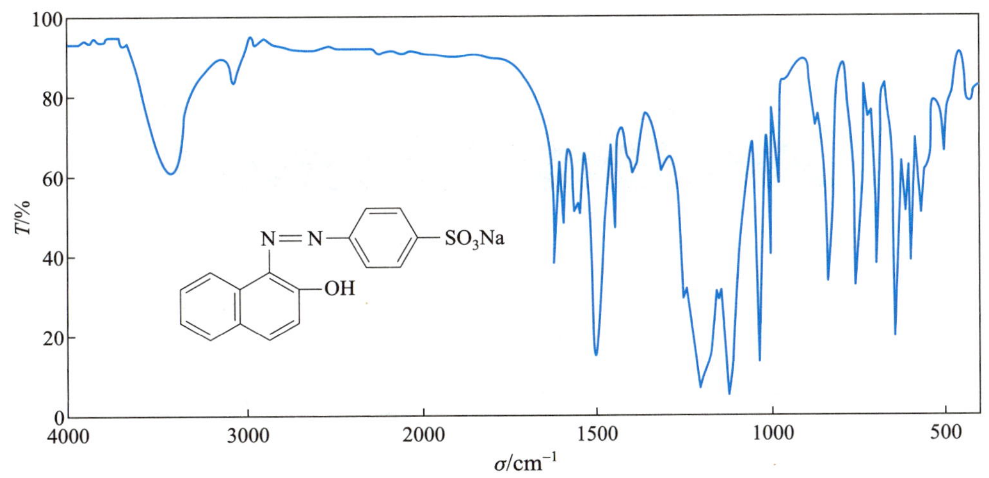

图 3.16.1　橙Ⅱ的 IR 谱图 (KBr 压片)

[4] 重氮盐与酚发生偶联反应一般要求在弱碱性介质下进行。

[思考题]

(1) 为什么该偶联反应需在氢氧化钠溶液中进行?

(2) 用橙Ⅱ染棉布效果不如染丝绸, 只能将棉布染成很淡的黄色, 而且水洗后几乎完全褪色, 为什么?

(3) 指出橙Ⅱ IR 谱图中氮氮双键和羟基吸收峰的位置。

3.17　杂环化合物

环上含有杂原子的有机物称为杂环化合物, 最常见的杂原子是氮、氧和硫原子。杂环化合物在自然界的分布十分广泛, 是有机化合物中数目最庞大的一类, 约占已知有机物的三分之一, 在有机化学各研究领域中, 杂环化合物均具有相当的重要性。由于它们具有多种多样的生物活性, 几乎所有药物分子, 无论是天然的还是合成的, 一般都含有一个或一个以上的杂环。杂环化合物的研究是有机合成中重要的一部分。

和碳环一样, 最稳定和最常见的是五元杂环和六元杂环, 环中可含一个杂原子或多个多种杂原子。许多具有生物活性的杂环化合物在生物的生长、发育、新陈代谢过程及遗传过程中都起着关键作用。如在植物中起光合作用的叶绿素, 负责高等动物体内输送氧气的血红素, 携带生命全部遗传信息的核酸等。

在合成杂环的方法中, 常使用亲核及亲电取代、羟醛缩合、酯缩合、1,3-偶极环加成反应以及 Diels-Alder 反应等。这些反应均是形成环体的重要反应, 其中羰基和酯基双官能团缩合的环化反应, 更是通常使用的基本方法。

Skraup 反应是合成杂环化合物喹啉及其衍生物最重要的方法。它是用芳胺与无水甘油、浓硫酸及弱氧化剂硝基化合物或砷酸等一起加热而得。为避免反应过于剧烈, 常加入少量硫酸亚铁作为氧载体。浓硫酸的作用是使甘油脱水成丙烯醛, 并使芳胺与丙烯醛的加成产物脱水成环。硝基化合物则将 1,2-二氢喹啉氧化成喹啉, 本身被还原成芳胺, 也可参与缩合反应。

实验五十一　8-羟基喹啉
(8-hydroxyquioline)

[反应式]

邻氨基苯酚 + 甘油（CH_2OH–$CHOH$–CH_2OH） $\xrightarrow{\text{浓硫酸}}$ 8-羟基喹啉（反应箭头下方：邻硝基苯酚）

[试剂]

4.75 g (3.6 mL, 0.05 mol) 无水甘油[1], 1.4 g (0.0125 mol) 邻氨基苯酚, 0.9 g (0.0065 mol) 邻硝基苯酚, 2.3 mL 浓硫酸, 氢氧化钠, 饱和碳酸钠溶液, 乙醇。

[步骤]

在 100 mL 圆底烧瓶中, 加入 4.75 g 无水甘油[1]、0.9 g 邻硝基苯酚和 1.4 g 邻氨基苯酚, 使混合均匀。然后缓缓加入 2.3 mL 浓硫酸[2], 装上回流冷凝管, 在石棉网上用小火加热。当溶液微沸时, 立即移去火源[3]。反应大量放热, 待作用缓和后, 继续加热, 保持反应物微沸 1.5～2 h。

稍冷后, 进行水蒸气蒸馏, 除去未作用的邻硝基苯酚。瓶内液体冷却后, 加入 3 g 氢氧化钠溶于 3 mL 水的溶液。再小心滴入饱和碳酸钠溶液, 使呈中性[4]。再进行水蒸气蒸馏, 蒸出 8-羟基喹啉 (收集馏液 100～120 mL)[5]。馏出液充分冷却后, 抽滤收集析出物, 洗涤干燥后得粗产物 2 g 左右。

粗产物用 4∶1 (体积比) 乙醇-水混合溶剂重结晶, 得 8-羟基喹啉约 1.5 g[6]。

取 0.5 g 上述产物进行升华操作, 可得美丽的针状结晶, 熔点为 76 ℃。

纯 8-羟基喹啉的熔点为 75～76 ℃。图 3.17.1 和图 3.17.2 分别为 8-羟基喹啉的 IR 和 ^{1}H NMR 谱图。

本实验需 6～7 h。

[注释]

[1] 所用甘油的含水量不应超过 0.5% (相对密度 1.26)。如果甘油含水量较大, 则喹啉的产量不好。可将普通甘油在通风橱中置于瓷蒸发皿中加热至 180 ℃, 冷却至 100 ℃ 左右, 放入有硫酸的干燥器中备用。

[2] 试剂必须按所述顺序加入, 如果浓硫酸比硫酸亚铁早加, 则反应往往很剧烈, 不易控制。

[3] 此系放热反应, 溶液呈微沸, 表示反应已经开始。如继续加热, 则反应过于激烈, 会使溶液冲出容器。

[4] 8-羟基喹啉既溶于酸又溶于碱而成盐, 成盐后不被水蒸气蒸馏蒸出, 故必须小心中和, 控制 pH 在 7～8, 中和恰当时, 析出沉淀最多。

[5] 为确保产物蒸出, 在水蒸气蒸馏后, 对残液 pH 再进行一次检查, 必要时再行水蒸气蒸馏。

[6] 产率以邻氨基苯酚计算, 不考虑邻硝基苯酚部分转化后参与反应的量。

[思考题]

(1) 为什么第一次水蒸气蒸馏在酸性下进行, 而第二次又要在中性下进行?

(2) 为什么在第二次水蒸气蒸馏前, 一定要很好地控制 pH 范围? 碱性过强时有何不利? 若已发现碱性强时, 应如何补救?

(3) 具有什么条件的固体有机化合物, 才能用升华法进行提纯?

(4) 在进行升华操作时, 为什么只能用小火缓缓加热?

(5) 如果在 Skraup 合成中用 β-萘胺或邻苯二胺作原料与甘油反应, 应得到什么产物?

(6) 指出 8-羟基喹啉 IR 谱图 (图 3.17.1) 中羟基吸收峰的位置及 ^{1}H NMR 谱图 (图 3.17.2) 中与吸收峰对应的氢核。

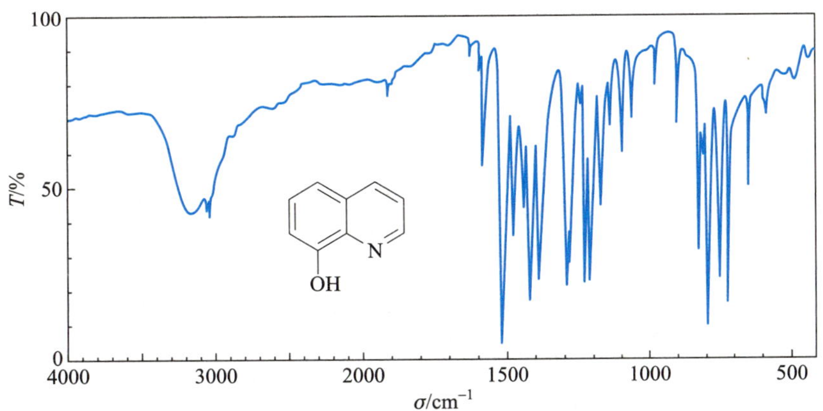

图 3.17.1 8-羟基喹啉的 IR 谱图

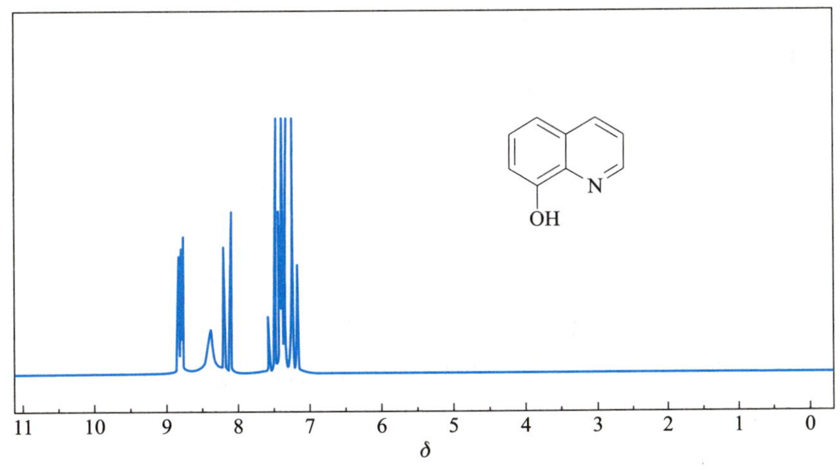

图 3.17.2 8-羟基喹啉的 ^{1}H NMR 谱图

实验五十二 苯并咪唑 (benzomidazole)

咪唑是常见的含两个氮原子的五元杂环, 广泛存在于天然产物、药物和一些有机功能材料分子中, 例如含有咪唑环的组氨酸是 26 种常见的氨基酸之一。

苯并咪唑是一种具有多种用途的杂环化合物。在高性能复合材料、电子化学品、金属防腐蚀、感光材料、生物和医药等诸多领域显示出独特的性能。

苯并咪唑及衍生物具有多种生理活性,在抗真菌、镇痛消炎、抗风湿、驱虫等有重要的药用价值,可用于动植物病毒的防治。

通过邻苯二胺与羧酸及其衍生物的缩合反应合成苯并咪唑及其衍生物传统的合成路线,是目前苯并咪唑类化合物制备的最通用方法。

[反应式]

$$\text{邻苯二胺 (C}_6\text{H}_4(\text{NH}_2)_2\text{)} + HCOOH \xrightarrow{100\ ^\circ C} \text{苯并咪唑} + H_2O$$

[试剂]

2.7 g (0.025 mol) 邻苯二胺[1], 1.5 mL (1.85 g, 0.04 mol) 甲酸, 10% 氢氧化钠溶液, 石蕊试纸。

[步骤]

在装有搅拌磁子、回流冷凝管、温度计的 50 mL 三颈烧瓶中,加入 2.7 g 邻苯二胺和 1.5 mL 90% 的甲酸,搅拌下加热到 100 ℃[2] 反应 1.5 h。冷至室温,搅拌下滴加 10% 氢氧化钠溶液[3],直到刚呈碱性为止,用石蕊试纸检测变色。搅拌均匀后抽滤,用 5 mL 冷水洗涤三颈烧瓶后洗涤滤饼得到粗产物。将粗产物加入 250 mL 烧杯中,加 35 mL 沸水和 0.15 g 活性炭,煮沸 15 min,趁热过滤,冷却后析出固体,抽滤并用适量冷水洗涤,真空干燥,得到白色固体约 2 g,产率 80%。

纯苯并咪唑为白色固体,熔点为 170 ℃。

本实验需 4～5 h。

[注释]

[1] 苯二胺有毒,具刺激性,吸入、摄入或经皮肤吸收对身体有害,对眼睛、黏膜、呼吸道有刺激作用。

[2] 反应温度控制在 100～105 ℃,温度过高会使邻苯二胺氧化。

[3] 反应完成后需加入 10% 氢氧化钠溶液 7～8 mL, pH = 9。

[思考题]

(1) 实验过程中加入 10% 氢氧化钠溶液的作用是什么?

(2) 查阅文献和资料,撰写一篇关于苯并咪唑类药物的结构类型、主要用途、制备方法及结构鉴定的综述性文章或专题介绍。

实验五十三 5,5-二苯基乙内酰脲 (5,5-diphenylhydantion)

5,5-二苯基乙内酰脲又称 5,5-二苯基-2,4-咪唑二酮,商品名为 Dilanlin,是一种严格管理的抗癫痫的药物,其钠盐通过静脉注射能控制严重癫痫患者的病情,可由二苯乙二酮和尿素在碱催化下进行制备,反应机理如下:

$$H_5C_6-\overset{O}{\overset{\|}{C}}-\overset{O}{\overset{\|}{C}}-C_6H_5 + NH_2-\overset{O}{\overset{\|}{C}}-NH_2 \longrightarrow H_5C_6-\overset{O}{\overset{\|}{C}}-\underset{C_6H_5}{\overset{O^-}{\overset{|}{\underset{|}{C}}}}-\overset{+}{N}H_2-\overset{O}{\overset{\|}{C}}-NH_2 \xrightarrow{OH^-}$$

$$H_5C_6-\overset{O}{\overset{\|}{C}}-\underset{C_6H_5}{\overset{O^-}{\overset{|}{\underset{|}{C}}}}-NH-\overset{O}{\overset{\|}{C}}-NH_2 \xrightarrow{\text{重排}} H_5C_6-\underset{C_6H_5}{\overset{O^-}{\overset{|}{\underset{|}{C}}}}-\overset{O}{\overset{\|}{C}}-NH-\overset{O}{\overset{\|}{C}}-NH_2 \xrightarrow{H_2O}$$

$$\text{(}H_5C_6)(C_6H_5)C(OH)-CO-NH-CO-NH_2 \xrightarrow{\text{脱水}} \text{5,5-二苯基乙内酰脲} \xrightarrow{\text{互变异构}} \text{烯醇式（2-OH）}$$

其钠盐在水中有较大的溶解度:

$$\text{5,5-二苯基乙内酰脲钠盐（2-}\overset{-}{O}\overset{+}{Na}\text{）}$$

[反应式]

$$H_5C_6-\overset{O}{\overset{\|}{C}}-\overset{O}{\overset{\|}{C}}-C_6H_5 + H_2N-\overset{O}{\overset{\|}{C}}-NH_2 \xrightarrow[\text{乙醇-水}]{KOH} \text{5,5-二苯基乙内酰脲（烯醇式，2-OH）}$$

[试剂]

1.0 g (4.8 mmol) 二苯乙二酮, 0.48 g (8.0 mmol) 尿素, 氢氧化钾, 95% 乙醇, 盐酸。

[步骤]

在 50 mL 锥形瓶中, 加入 1 g 二苯乙二酮、0.48 g 尿素和 25 mL 95% 乙醇, 充分摇振使固体溶解。在溶解后的反应混合物中加入 2.8 mL 9.4 $mol \cdot L^{-1}$ 的氢氧化钾溶液, 摇振后在水浴中温热 5 min, 溶液呈现褐色并在瓶底出现少量的白色残余物。用橡胶塞塞紧锥形瓶, 在实验柜中放置一周[1]。

如放置后的反应瓶中含有沉淀物, 真空抽滤, 得到澄清的溶液[2]。

将滤液或反应物转入 150 mL 烧杯, 加入 75 mL 水, 充分混合后在搅拌下滴加 10% 盐酸酸化, 直至反应混合物 pH 为 4~5, 析出 5,5-二苯基乙内酰脲沉淀。在冰水浴中冷却 10 min, 抽滤。

粗产物用乙醇重结晶, 干燥后为 0.5~1 g, 测熔点。

纯 5,5-二苯基乙内酰脲的熔点为 295~298 ℃。

本实验需 2~3 h。

[注释]

[1] 代替放置, 也可将反应混合物于 50 mL 圆底烧瓶中在水浴中回流 2 h, 冷却后进行下一步操作。

[2] 如放置或回流后未出现沉淀, 可省去此步操作。

[思考题]

(1) 反应后为何要用盐酸进行酸化? 写出酸化时的反应式。

(2) 巴比妥是一个曾经被用来治疗失眠的镇静药, 其结构式如下, 如何用丙二酸酯和尿素进行制备? 用反应式表示制备过程。

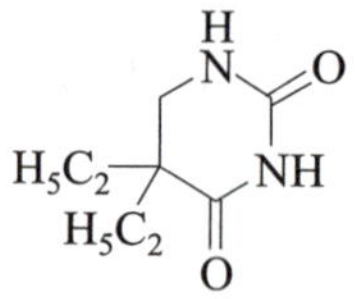

实验五十四　环己烷杯 [4] 吡咯
(cyclohexane calix [4] pyrrole)

吡咯的衍生物极为重要, 一些具有生理作用的环状化合物, 如叶绿素和血红素等都是吡咯的衍生物。这些化合物中都有一个由 4 个吡咯环和 4 个 "—CH═" 连接而成的卟吩环。吡咯和醛酮在酸性条件下可以发生缩合, 生成含 4 或 6 个吡咯环与醛酮的大环化合物, 环己烷杯 [4] 吡咯是其中的一种。

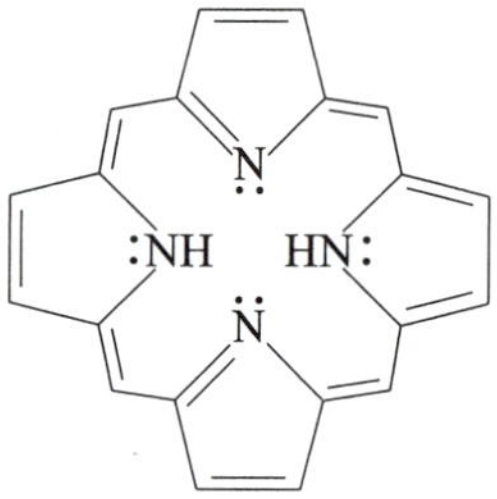

卟吩环

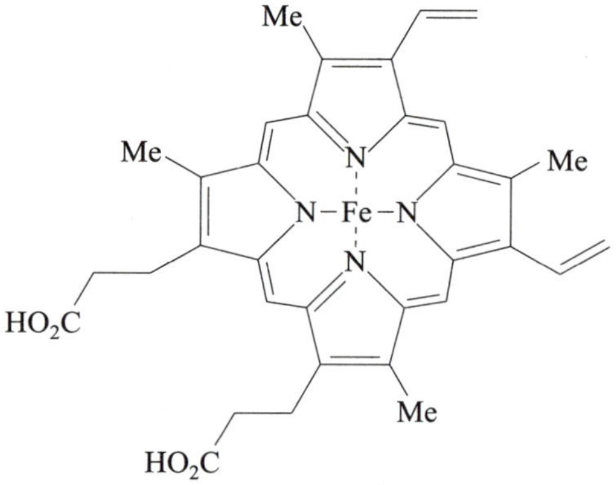

血红素

吡咯与醛酮在酸性条件下的缩合机理如下:

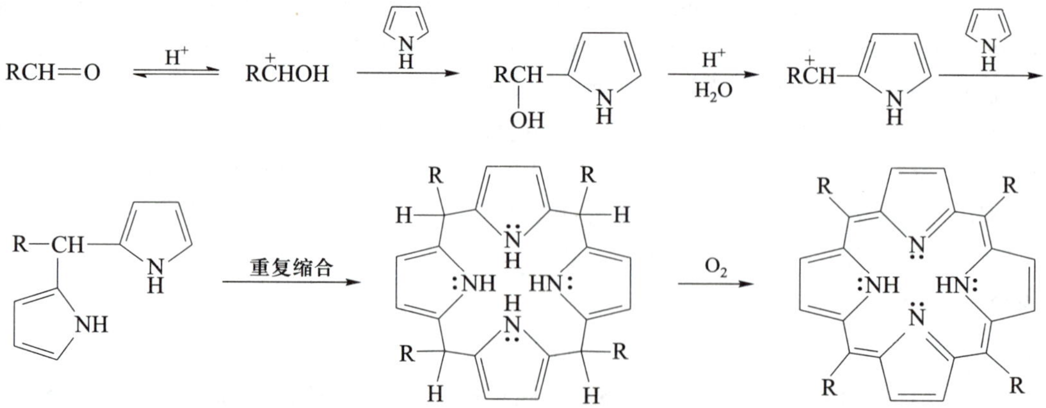

缩合产物进一步氧化, 可生成卟吩环。

杯吡咯 (calixpyrrole) 是由吡咯环和 sp^3 杂化碳原子通过吡咯环 α 位连接而成的大环化合物，是杯芳烃的类似物。这类新型主体分子具有以下特点: ①构象柔顺; ② 空腔结构大小可以调节; ③ 容易制备和进行化学修饰; ④ 熔点高，热稳定性和化学稳定性好，在大多数有机溶剂中具有一定的溶解度。杯吡咯通过母体中多个吡咯环上的亚氨基能与底物形成多氢键，可以很好地识别在生物学上具有重要意义的阴离子 (如 Cl^-, $H_2PO_4^-$)、过渡金属离子和中性分子。阴离子和中性分子比阳离子更难识别，而杯吡咯对阴离子和中性分子的卓越识别能力，使得该类主体分子在生物学、超分子化学和配位化学等领域有着重要的研究与应用价值。

[反应式]

$$\text{pyrrole} + \text{cyclohexanone} \xrightarrow{\text{EtOH, HCl}} \text{calix[4]pyrrole} + H_2O$$

[试剂]

1.55 g (1.6 mL, 0.023 mol) 吡咯 (新蒸), 2.3 g (2.4 mL, 0.023 mol) 环己酮，无水乙醇[1]，浓盐酸，乙酸乙酯，氯仿。

[步骤]

将 100 mL 装有搅拌磁子、恒压滴液漏斗和回流冷凝管的三颈烧瓶置于冰浴[2] 中冷却，向其中加入 15 mL 无水乙醇、2.4 mL 环己酮和 0.2 mL 浓盐酸[3] (直接通 HCl 气体更佳，可以避免在体系中引入不必要的水分)。开动搅拌，滴加 1.6 mL 吡咯。反应可以在 1～2 min 内完成，并放出大量的热，产生白色或粉色粉末状固体，抽滤，得到产品。若颜色较红，可用乙醇稍洗。干燥，称量，计算产率，产率约 90%[4]。可用乙酸乙酯进行重结晶[5]，得到白色片状晶体，熔点为 295 ℃[6]。图 3.17.3 为环己烷杯 [4] 吡咯的 IR 谱图，图 3.17.4 为环己烷杯 [4] 吡咯的构象。

本实验需 2～3 h。

[注释]

[1] 水的存在不利于反应的进行，可能的原因是环己酮和吡咯在水中的溶解度很小，尤其是在酸性条件下形成了水包裹着的乳浊液，阻碍了反应物之间的接触，也造成了反应物在体系中分散不均，使得局部产生线性聚合物，而影响反应的进行。

[2] 增加酸的浓度，反应液红色加深，反应速率过快，产生固体红色变深，夹带有少量黏稠状聚合物; 降低酸的浓度，反应略微减慢。酸的加入量一般控制在 0.5～2 mL 比较合适。

[3] 该聚合反应是一个很强的放热反应。在冰水浴下进行该反应，产率略有提高，纯度稍好，反应液红色较浅。加热会导致大量的黏性聚合物产生，对反应不利。

[4] 利用本方法得到的粗产品产率可以达到 90%，重结晶后仍可以达到 70%，产量很高。反应时间

很短,几乎不需等待。

[5] 在合成过程中,乙醇对于产品的溶解度较低,使得大部分产品能够析出。同时乙醇又能溶解一部分反应中产生的高聚物 (反应液常呈红色,含有聚合产物),使得产品纯度较好。利用此法得到的产品,可以直接进行核磁共振测定,谱图中未见明显杂质峰。

[6] 该物质在 270 ℃左右有升华现象。凝固时,在显微镜下可见到针状晶体。在乙酸乙酯中进行重结晶,可析出方形片状晶体,几乎不溶于水,在乙醇中溶解度也较小,在三氯甲烷和四氢呋喃等强极性有机溶剂中溶解度很大。

[思考题]

(1) 写出吡咯与苯甲醛在酸性条件下的缩合产物。

(2) 本反应的主要副反应是什么?

(3) 指出环己烷杯 [4] 吡咯 IR 谱图中 N—H 键吸收峰的位置。

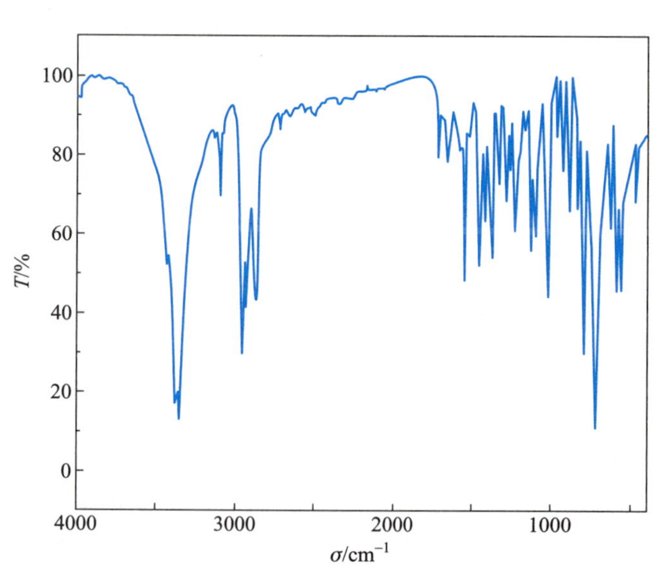

图 3.17.3　环己烷杯 [4] 吡咯的 IR 谱图

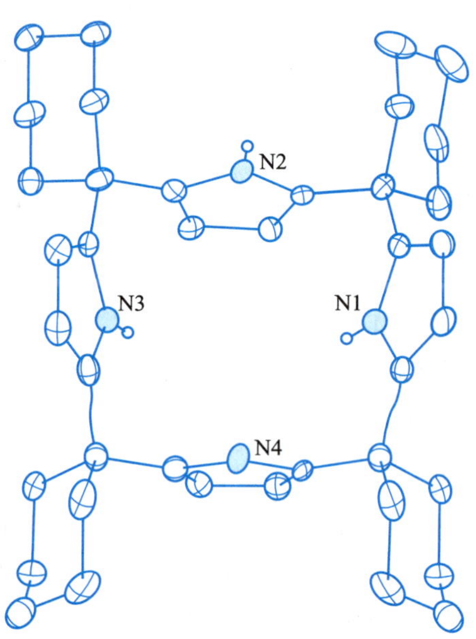

图 3.17.4　环己烷杯 [4] 吡咯的构象

3.18　Hofmann 和 Beckemann 重排

不少有机反应在反应过程中伴随着碳架的改变或官能团的位移,这类反应称为重排反应。

酰胺与氯或溴在碱溶液中反应,生成少一个碳原子的伯胺,称为 Hofmann 重排,这是由酰胺制备少一个碳原子伯胺的重要方法。

$$R-\overset{\overset{\displaystyle O}{\|}}{C}-NH_2 + 4OH^- + Br_2 \longrightarrow RNH_2 + 2Br^- + CO_3^{2-} + 2H_2O$$

反应是通过活性中间体氮宾 (nitrene) 进行的:

$$R-\overset{\overset{\displaystyle O}{\|}}{C}-NH_2 + OH^- \rightleftharpoons R-\overset{\overset{\displaystyle O}{\|}}{C}-NH^- + H_2O$$

$$R-\overset{O}{\overset{\|}{C}}-NH^- + Br_2 \rightleftharpoons R-\overset{O}{\overset{\|}{C}}-NHBr + Br^-$$

$$R-\overset{O}{\overset{\|}{C}}-NHBr + OH^- \rightleftharpoons R-\overset{O}{\overset{\|}{C}}-\bar{N}-Br + H_2O$$

$$R-\overset{O}{\overset{\|}{C}}-\bar{N}-Br \xrightarrow{-Br^-} \underset{\text{氮宾}}{R-\overset{O}{\overset{\|}{C}}-\ddot{N}} \longrightarrow \underset{\text{异氰酸酯}}{R-N=C=O} \xrightarrow{H_2O}$$

$$RNH\overset{O}{\overset{\|}{C}}-OH \xrightarrow{-CO_2} RNH_2$$

重排反应是强放热型的,通常是将反应物之一逐渐滴加到另一反应物中,使反应进行得不致过于剧烈。主要的副反应是酰胺的碱性水解,少量的酰胺与强碱作用下发生水解释放出胺混杂在重排产物中,在用盐酸中和时,生成氯化铵,可通过重结晶除去。

用邻苯二甲酰亚胺进行 Hofmann 降解是工业上制备染料中间体邻氨基苯甲酸的主要方法。由于邻氨基苯甲酸具有偶极离子的结构,因此,自碱溶液中酸化析出邻氨基苯甲酸时,要掌握好酸的加入量,使酸的加入量接近邻氨基苯甲酸的等电点。

在烃基从碳原子上迁移到氮原子上的重排反应中,最重要的莫过于酮肟类转变为 N-取代的酰胺,即 Beckemann 重排:

$$RR'C{=}NOH \longrightarrow R'CONHR \text{ 或 } RCONHR'$$

反应是由酸性试剂催化的,例如 H_2SO_4, PCl_5, BF_3, $SOCl_2$ 等。不仅酮肟本身,而且它们的 O-酯类也能起类似的重排作用。这一重排反应最有趣的特点在于不是取决于迁移基团 R 或 R′ 的本质,而是取决于它们立体化学上的排列。几乎毫无例外的是,只有与 OH 基成反式的 R 基团才能从碳迁移到氮:

$$(R)(R')C{=}\ddot{N}{-}OH \xrightarrow{\text{酸}} (HO)(R')C{=}\ddot{N}{-}R \rightleftharpoons (O{=})(R')C{-}N(R)(H) \quad \text{(即只有R}'\text{CONHR)}$$

反应被认为是这样进行的:

$$(R)(R')C{=}\ddot{N}{-}OH \xrightarrow{H^+} (R)(R')C{=}\ddot{N}{-}\overset{+}{O}H_2 \xrightarrow{-H_2O} (R')\overset{+}{C}{=}\ddot{N}{-}R$$

$$(R)(R')C{=}\ddot{N}{-}OH \xrightarrow{PCl_5} (R)(R')C{=}\ddot{N}{-}OCl \xrightarrow{-OCl^+} (R')\overset{+}{C}{=}\ddot{N}{-}R$$

$$(R')\overset{+}{C}{=}\ddot{N}{-}R \xrightarrow{H_2O} (H_2O^+)(R')C{=}\ddot{N}{-}R \xrightarrow{-H^+} (HO)(R')C{=}\ddot{N}{-}R \rightleftharpoons (O{=})(R')C{-}N(R)(H)$$

催化剂的作用在于将 OH 转变为良好的离去基团。

Beckemann 重排在立体化学上的用途是确定酮肟的构型，而在生产上则大规模地应用于制取高聚物尼龙-66 的单体，即从环己酮肟生成环状的己内酰胺。

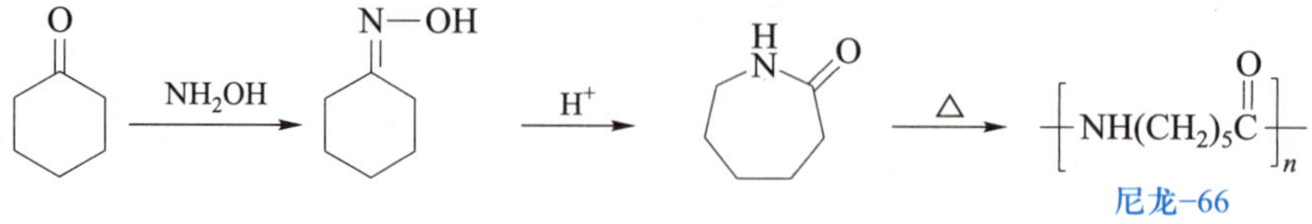

尼龙-66

实验五十五　邻氨基苯甲酸

(anthranilic acid)

[反应式]

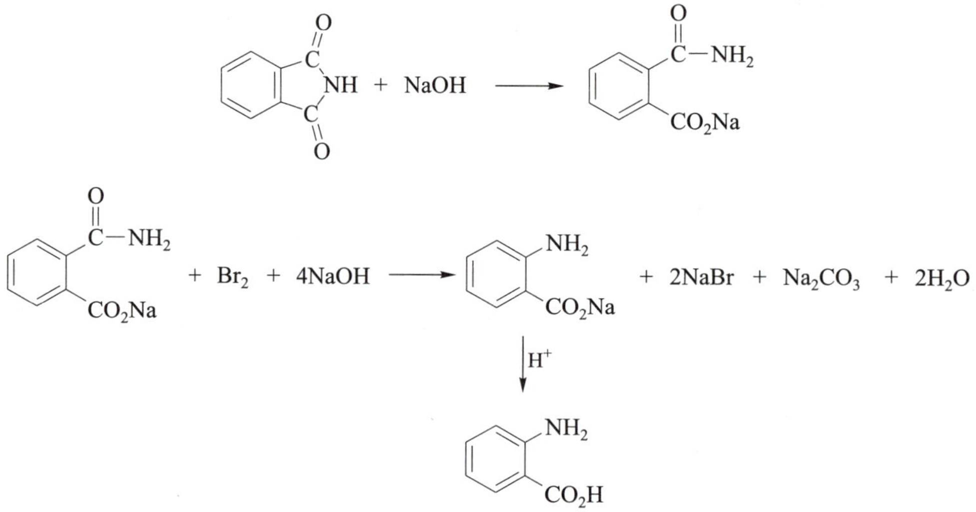

[试剂]

3 g (0.02 mol) 邻苯二甲酰亚胺[1], 3.6 g (1.1 mL, 0.022 mol) 溴[2], 氢氧化钠, 浓盐酸, 冰乙酸, 饱和亚硫酸氢钠溶液。

[步骤]

在 50 mL 锥形瓶中，溶解 3.8 g 氢氧化钠于 15 mL 水中，置于冰盐浴中冷却至 0～5 ℃。一次加入 1.1 mL 溴，摇荡锥形瓶，使溴全部作用制成次溴酸钠溶液，置于冰盐浴中冷却备用。在另一锥形瓶中配制 2.7 g 氢氧化钠溶于 10 mL 水的溶液，亦置于冰盐浴中冷却备用。在 0 ℃以下，向制好的次溴酸钠溶液中慢慢加 3 g 粉状邻苯二甲酰亚胺，加毕后再迅速加入预先配制好并冷却至 0 ℃的氢氧化钠溶液，然后在室温下旋摇锥形瓶，在 15～20 min 使逐渐升温到 20～25 ℃ (必要时加以冷却，尤其在 18 ℃左右往往有温度的突变，须加以注意!)，在该温度保持 10 min，再使其在 25～30 ℃反应 0.5 h，此时亚胺一般可以完全溶解。在整个反应过程中要不断摇荡，使反应物充分混合。然后在水浴上加热至 70 ℃ (约 2 min)，加入 1 mL 饱和亚硫酸氢钠溶液，摇振后抽滤。将滤液转入烧杯，置于冰浴中冷却。在搅拌下慢慢加入浓盐酸使溶液恰成中性 (用试纸试验, 约需 7.5 mL)[3], 然后再慢慢加入 3～3.5 mL 冰乙酸[4], 使邻氨基苯甲酸完全析出。抽滤, 用少量冷水洗涤。粗产物用热水重结晶, 并加入少量活性炭脱色, 干燥后可得白色片状晶体约为 1.5 g, 熔点为 144～145 ℃。

纯邻氨基苯甲酸熔点为 145 ℃。

本实验需 5～6 h。

[注释]

[1] 邻苯二甲酰亚胺可按下述方法制备: 在 50 mL 三颈烧瓶中, 加入 5 g 邻苯二甲酸酐和 5 mL 浓氨水, 装上空气冷凝管及一支 360 ℃ 的温度计。先在石棉网上加热, 然后用小火直接加热, 温度逐渐升高到 300 ℃。间歇摇动烧瓶, 用玻璃棒小心将升华进入冷凝管的固体物推入烧瓶。趁热将反应物倒入蒸发皿中, 冷却后凝成的固体, 在研钵中研成粉末。产量约为 4 g, 熔点为 232～234 ℃。

[2] 溴为剧毒、强腐蚀性药品, 在取用时应特别小心! 取溴操作必须在通风橱中进行, 戴防护眼镜及橡胶手套, 并注意不要吸入溴的蒸气。如不慎被溴灼伤皮肤时, 应立即用稀乙醇洗或少量甘油按摩, 然后涂以硼酸凡士林。

量取溴的一个简便方法是, 先将溴加到置于铁圈上的分液漏斗中, 或将溴先加到滴定管中, 然后根据需要的量滴到量筒中。

[3] 邻氨基苯甲酸既能溶于碱, 又能溶于酸, 故过量的盐酸会使产物溶解。若加入了过量的盐酸需再用氢氧化钠溶液中和至中性。

[4] 邻氨基苯甲酸的等电点为 pI 3～4, 为使产物完全析出, 故需加入适量的乙酸。

[思考题]

(1) 本实验中, 溴和氢氧化钠的量不足或有较大过量有什么不好?

(2) 邻氨基苯甲酸的碱性溶液, 加盐酸使之恰成中性后, 为什么不再加盐酸而是加适量乙酸使邻氨基苯甲酸完全析出?

[反应式]

$$\text{环己酮} + NH_2OH \longrightarrow \text{环己酮肟 (C=N-OH)} + H_2O$$

$$\text{环己酮肟 (C=N-OH)} \xrightarrow[(2)\ NH_3 \cdot H_2O]{(1)\ 85\%\ \text{硫酸}} \varepsilon\text{-己内酰胺}$$

[试剂]

9.8 g (10.5 mL, 0.1 mol) 环己酮, 9.8 g (0.14 mol) 羟氨盐酸盐, 14 g 结晶乙酸钠, 20% 氢氧化铵溶液,

85% 硫酸。

[步骤]

1. 环己酮肟的制备

在 250 mL 锥形瓶中, 将 9.8 g 羟氨盐酸盐及 14 g 结晶乙酸钠溶于 30 mL 水中, 温热此溶液, 使达到 35～40 ℃。每次 2 mL 分批加入 10.5 mL 环己酮, 边加边摇荡, 此时即有固体析出。加完后, 用橡胶塞塞紧瓶口, 激烈摇振 2～3 min, 环己酮肟呈白色粉状结晶析出[1]。冷却后, 抽滤并用少量水洗涤。抽干后在滤纸上进一步压干。干燥后环己酮肟为白色晶体, 熔点为 89～90 ℃。

2. 环己酮肟重排制备己内酰胺

在 500 mL 烧杯中[2], 放置 10 g 环己酮肟及 20 mL 85% 硫酸, 旋动烧杯使二者充分混溶。在烧杯内放一支 200 ℃ 温度计, 用小火加热。当开始有气泡时 (约 120 ℃), 立即移去火源, 此时发生强烈的放热反应, 温度很快自行上升 (可达 160 ℃), 反应在几秒内即完成。稍冷后, 将此溶液倒入 250 mL 三颈烧瓶中, 并在冰盐浴中冷却。三颈烧瓶上分别装置搅拌器[3]、温度计及滴液漏斗。当溶液温度下降至 0～5 ℃ 时, 在不停搅拌下小心滴入 20% 氢氧化铵溶液[4]。控制溶液温度在 20 ℃ 以下, 以免己内酰胺在温度较高时发生水解, 直至溶液恰对石蕊试纸呈碱性 (通常需加约 60 mL 20% 氨水), 约 1 h 加完。

粗产物倒入分液漏斗, 分出水层, 油层转入 25 mL 克氏瓶, 用油泵进行减压蒸馏。收集 127～133 ℃/0.93 kPa (7 mmHg)、137～140 ℃/1.6 kPa (12 mmHg) 或 140～144 ℃/1.86 kPa(14 mmHg) 的馏分[5]。馏出物在接收瓶中固化成无色结晶, 熔点为 69～70 ℃, 产量为 5～6 g。己内酰胺易吸潮, 应储于密闭容器中。

纯己内酰胺为白色晶体, 熔点为 69～70 ℃。图 3.18.1 和图 3.18.2 分别为己内酰胺的 IR 和 ^{1}H NMR 谱图。

本实验需 7～8 h。

[注释]

[1] 若此时环己酮肟呈白色小球状, 则表示反应还未完全, 须继续振摇。

[2] 由于重排反应进行得很激烈, 故须用大烧杯以利于散热, 使反应缓和。环己酮肟的纯度对反应有影响。

[3] 也可用电磁搅拌代替机械搅拌。

[4] 用氨水进行中和时, 开始要加得很慢, 因此时溶液较黏, 发热很厉害, 否则温度突然升高, 影响收率。

[5] 己内酰胺也可用重结晶方法提纯。将粗产物转入分液漏斗, 每次用 10 mL 四氯化碳萃取 3 次,

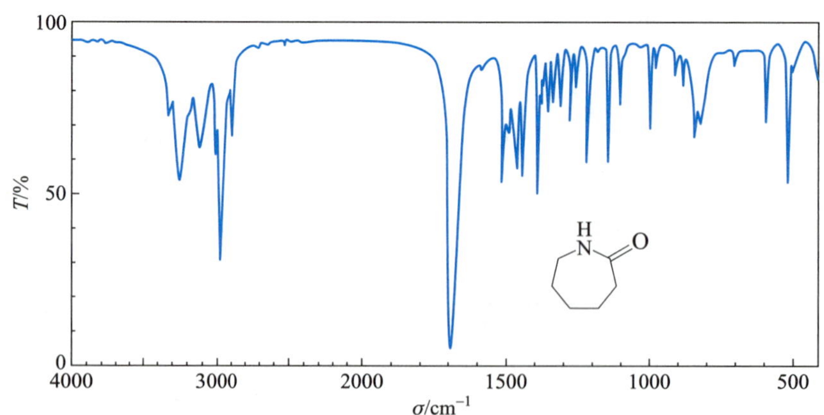

图 3.18.1 己内酰胺的 IR 谱图

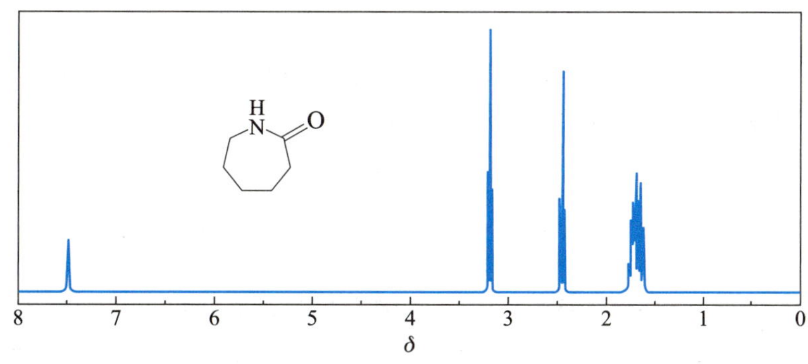

图 3.18.2 己内酰胺的 ^{1}H NMR 谱图

合并萃取液，用无水硫酸镁干燥后，滤入一干燥的锥形瓶。加入沸石后在水浴上蒸去大部分溶剂，到剩下 8 mL 左右溶液为止。小心向溶液加入石油醚 (30～60 ℃)，到恰好出现混浊为止。将锥形瓶置于冰浴中冷却结晶，抽滤，用少量石油醚洗涤结晶。如加入石油醚的量超过原溶液 4～5 倍仍未出现混浊，说明开始所剩下的四氯化碳量太多。需加入沸石后重新蒸去大部分溶剂直到剩下很少量的四氯化碳时，重新加入石油醚进行结晶。产品也可用 10 mL 石油醚单独重结晶。己内酰胺的重结晶对大多数学生的重结晶技术是一个考验。

[思考题]

(1) 制备环己酮肟时，加入乙酸钠的目的是什么？

(2) 反式甲基 $\left(\begin{array}{c} \mathrm{N{-}OH} \\ \| \\ \mathrm{H_3C{-}C{-}C_2H_5} \end{array}\right)$ 乙基酮肟经 Beckmann 重排得到什么产物？

(3) 某肟发生 Beckmann 重排后得到 $\begin{array}{c} \mathrm{O} \\ \| \\ \mathrm{H_7C_3{-}C{-}NHCH_3} \end{array}$，试推测该肟的结构？

(4) 今欲配制 70 mL 20% 的氨水溶液，需用浓氨水和水各多少毫升？

(5) 指出己内酰胺 IR 谱图中羰基吸收峰的位置及 ^{1}H NMR 谱图与吸收峰对应的氢核。

3.19 多步骤有机合成

以简单的原料合成复杂的分子是有机化学最重要的任务之一，也是有机化学最有活力的领域。在数千万种有机化合物中已成为商品的毕竟是极少数，因此，科学研究中离不开合成工作，新研究领域的探索更离不开合成。完成有机合成，除了制定合成路线及策略，娴熟的实验技巧和个人经验也是必不可少的条件。因此，当学生掌握了一些最基本的操作技术和完成了一定数量的典型制备之后，练习从基本的原料开始，经过几步，合成一些较为复杂的分子，是培养学生有机合成基本功不可忽视的环节。

在多步骤有机合成中，由于各步反应的产率低于理论产率，反应步骤一多，总产率必然受到累加影响。即使是只需五步的合成，假设每步产率为 80%，则其总产率仅为 $(0.8)^5 \times 100\% = 32.8\%$。虽然几十步的合成是极少的，但是五步以上的合成在科学研究工作和工业实验室中是较为普遍的。鉴于多步骤反应对总产率的累加影响，人们一直在研究可获得高产率的反应，并改进实验技术以减少每一步的损失，这也是多步骤合成必须重视的问题。

本节列举了三组多步骤合成的例子，它提供将一个反应的产物用于随后步骤的经验。从简单易得的原料合成有用的药物或中间体，目的在于激发学生的兴趣，并强调实验中严谨的科学态度和良好的实验技能的重要性。

在多步骤有机合成中，有的中间体必须分离提纯，有的也可以不经提纯，直接用于下一步合成，这要根据对每步反应的深入理解和实际需要，恰当地做出选择。

[系列一] 磺胺药物

磺胺药是一类对氨基苯磺酰胺（$H_2N-C_6H_4-SO_2NH_2$）的衍生物。寻求治疗细菌感染新的抗生素是制药工业研究的一个重要领域。1932 年，一家德国染料制造商获得了一种称为百浪多息新药的专利权，最初用作红色染料，意外地发现其具有抗菌作用，次年发现它具抗葡萄球菌的能力，可用于治疗败血症。它不仅能治愈链球菌的感染，且对多种细菌具有抑制作用。德国科学家 Domagk 因为这一重大发现获得了 1939 年诺贝尔生理学或医学奖。从而激发了人们对化学制药和疗法前所未有的兴趣，陆续合成的磺胺药达上千种，其中具有抗菌作用的只有为数不多的几种。

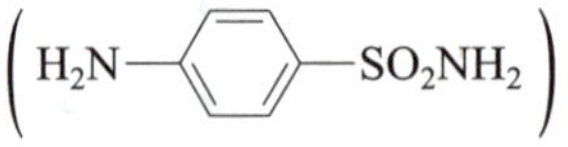

生物活性研究表明，磺胺本身不能杀死细菌，但能通过抑制活性叶酸的制造阻止细菌的再生和生长，并通过人体的自我防卫能力来消除感染。

虽然已合成了数种更安全、更有效的磺胺药，但对氨基苯磺酰胺是第一个于 1940 年用于临床的磺胺药，在二战中拯救了无数人的生命。磺胺药的修饰可通过将氨基中的氢原子用其他基团取代。常见的几种疗效较好的磺胺药如下所示。

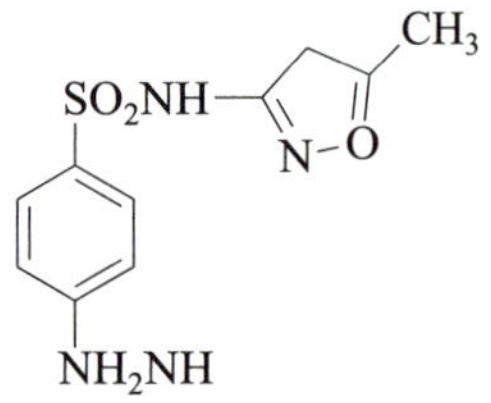

磺胺甲噁唑(新诺明)

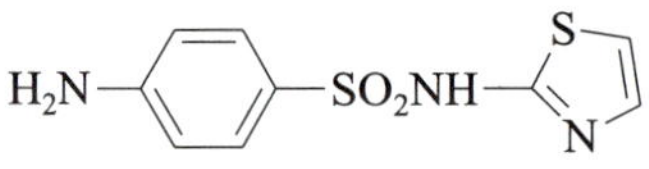

磺胺噻唑(ST)

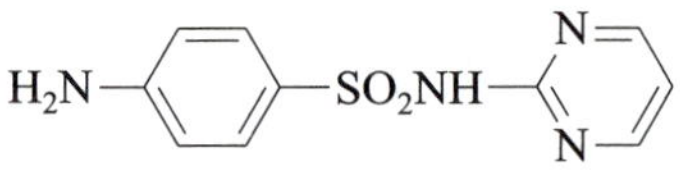

磺胺嘧啶(SD)

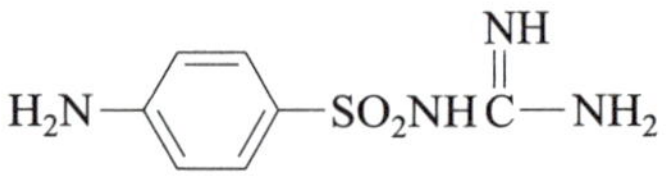

磺胺胍(SG)

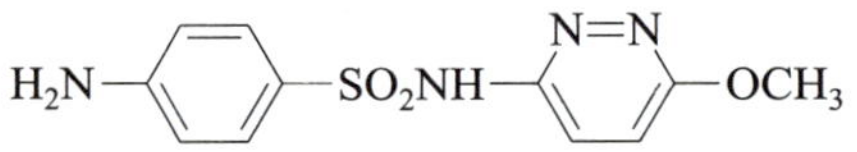

长效磺胺(SMP)

由弗来明 1928 年发现，1943 年用于临床的青霉素，是现代医学史上一次革命性的事件。从死亡的边缘拯救了千百万人的生命；青霉素在治疗葡萄球菌和链球菌引起的各种疾病中显示了惊人的效力，至今仍广泛使用。多种效能更强、作用不同的抗生素先后问世，如四环素、土霉素及大环内酯等。相信未来有机化学家同药学家及医学家合作在研发新的抗癌药、抗艾滋病药、抗衰老药等方面展示他们的智慧和才能。

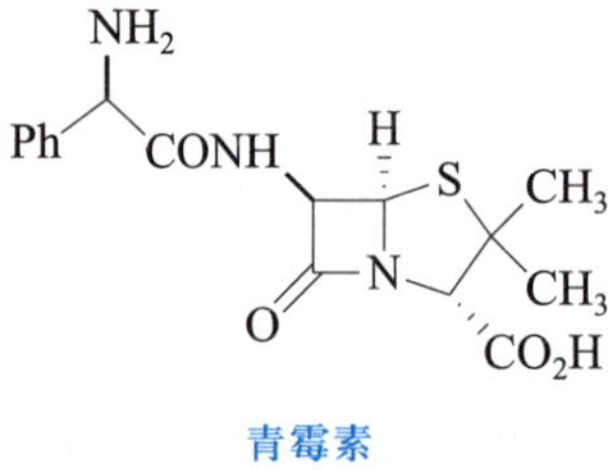

青霉素

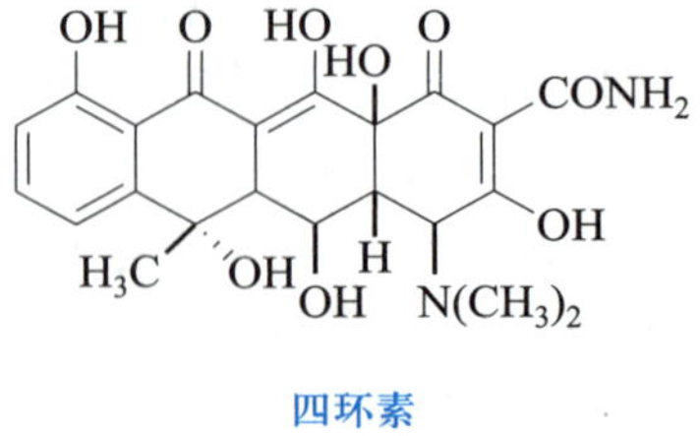

四环素

磺胺的制备是从苯和简单的脂肪族化合物开始的，其中包括许多中间体，这些中间体有的需要分离提纯出来，有的不需要精制就可直接用于下一步合成。

合成路线：

$$\text{C}_6\text{H}_6 \xrightarrow[\text{HNO}_3]{\text{H}_2\text{SO}_4} \text{C}_6\text{H}_5\text{NO}_2 \xrightarrow[\text{HOAc}]{\text{Fe}} \text{C}_6\text{H}_5\text{NH}_2 \xrightarrow{\text{HOAc}} \text{C}_6\text{H}_5\text{NHCOCH}_3 \xrightarrow{\text{ClSO}_3\text{H}}$$

$$p\text{-CH}_3\text{CONHC}_6\text{H}_4\text{SO}_2\text{Cl} \xrightarrow{\text{NH}_3} p\text{-CH}_3\text{CONHC}_6\text{H}_4\text{SO}_2\text{NH}_2 \xrightarrow[\text{(2) HCO}_3^-]{\text{(1) H}_3^+\text{O}} p\text{-H}_2\text{NC}_6\text{H}_4\text{SO}_2\text{NH}_2$$

实验五十七　乙酰苯胺
(acetanitide)

芳胺的酰化在有机合成中有着重要的作用。作为一种保护措施，一级和二级芳胺在合成中通常被转化为它们的乙酰基衍生物，以降低芳胺对氧化降解的敏感性，使其不被反应试剂破坏。同时，氨基经酰化后，降低了氨基在亲电取代反应 (特别是卤化) 中的活化能力，使其由强的第 I 类定位基变为中等强度的第 I 类定位基，使反应由多元取代变为有用的一元取代；由于乙酰胺基的空间效应，往往选择性地生成对位取代产物。在某些情况下，酰化可以避免氨基与其他功能基或试剂 (如 RCOCl, RSO_2Cl, HNO_2 等) 之间发生不必要的反应。在合成的最后步骤，氨基很容易通过酰胺在酸碱催化下水解重新产生。

芳胺可用酰氯、酸酐或与冰乙酸加热来进行酰化，使用冰乙酸试剂易得，价格便宜，但需要较长的反应时间，适合于规模较大的制备。一般来说，酸酐是比酰氯更好的酰化试剂。用游离胺与乙酸酐进行酰化时，常伴有二乙酰胺 $[ArN(COCH_3)_2]$ 副产物的生成，但如果在乙酸–乙酸钠的缓冲溶液中进行酰化，由于酸酐的水解速率比酰化速率慢得多，可以得到高纯度的产物。但这一方法不适合于硝基苯胺和其他碱性很弱的芳胺的酰化。

实验方法 (一)：用冰乙酸为酰化试剂

[反应式]

$$C_6H_5NH_2 + CH_3CO_2H \overset{\triangle}{\rightleftharpoons} C_6H_5NHCOCH_3 + H_2O$$

[试剂]

4.9 g (5 mL, 0.0525 mol) 苯胺 (自制), 7.8 g (7.5 mL, 0.13 mol) 冰乙酸，锌粉。

[步骤]

在 25 mL 圆底烧瓶中，加入 5 mL 苯胺[1]、7.5 mL 冰乙酸及少许锌粉 (约 0.05 g)[2]，装上一短的刺形分馏柱[3]，其上端装一温度计，支管通过支管接引管与接收瓶相连，接收瓶外部用冷水浴冷却。

将圆底烧瓶在石棉网上用小火加热，使反应物保持微沸约 15 min。然后逐渐升高温度，当温度计读数达到 100 ℃左右时，支管即有液体流出。维持温度在 100～110 ℃之间反应约 1.5 h，生成的水及大部分乙酸已被蒸出[4]，此时温度计读数下降，表示反应已经完成。在搅拌下趁热将反应物倒入 100 mL 冰水中[5]，冷却后抽滤析出的固体，用冷水洗涤。粗产物用水重结晶，产量约为 4～5 g，熔点为 113～114 ℃。

纯乙酰苯胺的熔点为 114.3 ℃。图 3.19.1 和图 3.19.2 分别为乙酰苯胺的 IR 和 ^{1}H NMR 谱图。

本实验需 3～4 h。

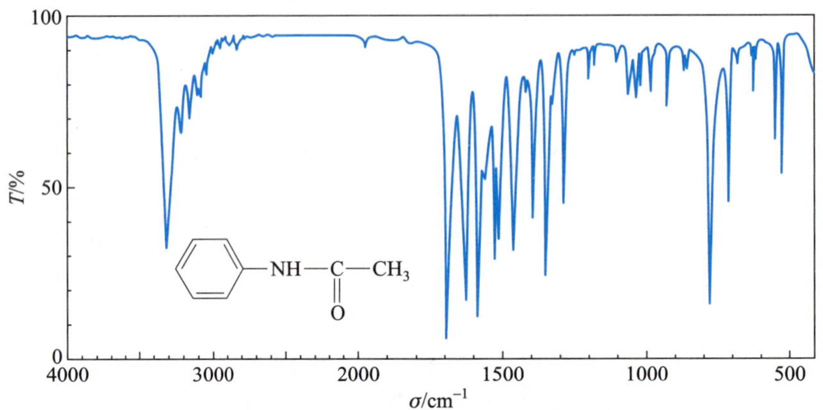

图 3.19.1　乙酰苯胺的 IR 谱图

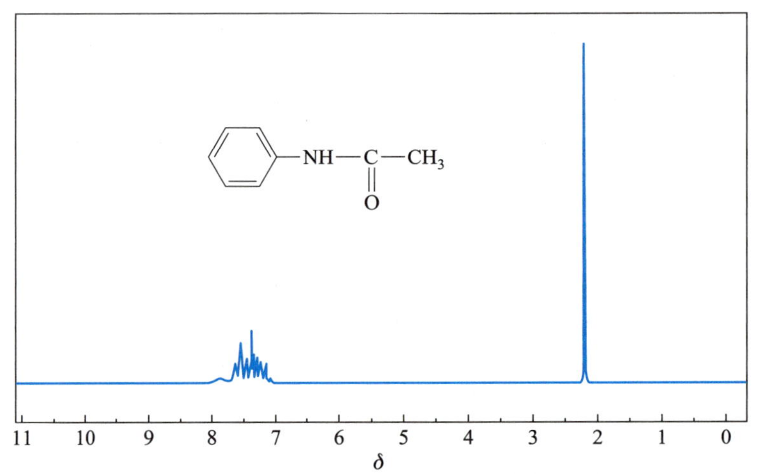

图 3.19.2　乙酰苯胺的 ^{1}H NMR 谱图

[注释]

[1] 久置的苯胺色深有杂质，会影响乙酰苯胺的质量，故最好用新蒸的苯胺。

[2] 加入锌粉的目的，是防止苯胺在反应过程中被氧化而生成有色的杂质。

[3] 分馏柱外部最好用石棉绳保温。因属小量制备，最好用微量分馏管代替刺形分馏柱。分馏管支管用一段橡胶管与一玻璃弯管相连，玻管下端伸入试管中，试管外部用冷水浴冷却。

[4] 收集乙酸及水的总体积约为 2.2 mL。

[5] 反应物冷却后，固体产物立即析出，粘在瓶壁不易处理，故须趁热在搅动下倒入冷水中，以除去过量的乙酸及未作用的苯胺（它可成为苯胺乙酸盐而溶于水）。

实验方法 (二): 用乙酸酐为酰化试剂

[反应式]

$$C_6H_5NH_2 \xrightarrow{HCl} C_6H_5\overset{+}{N}H_3Cl^- \xrightarrow[CH_3CO_2Na]{(CH_3CO)_2O} C_6H_5NHCOCH_3 + 2CH_3CO_2H + NaCl$$

[试剂]

2.8 g (2.7 mL, 0.03 mol) 苯胺, 3.8 g (3.5 mL, 0.037 mol) 乙酸酐, 4.5 g (0.0325 mol) 结晶乙酸钠 ($CH_3CO_2Na \cdot 3H_2O$), 浓盐酸。

[步骤]

在 250 mL 烧杯中, 溶解 2.5 mL 浓盐酸于 60 mL 水中, 在搅拌下加入 2.8 g 苯胺, 待苯胺溶解后[1], 再加入少量活性炭 (约 0.5 g), 将溶液煮沸 5 min, 趁热滤去活性炭及其他不溶性杂质。将滤液转移到锥形瓶中, 冷却至 50 ℃, 加入 3.7 mL 乙酸酐, 摇振使其溶解后, 立即加入事先配制好的 4.5 g 结晶乙酸钠溶于 10 mL 水的溶液, 充分摇振混合。然后将混合物置于冰浴中冷却, 使其析出结晶。减压过滤, 用少量冷水洗涤, 干燥后称量, 产量为 2~3 g, 熔点为 113~114 ℃。用此法制备的乙酰苯胺已足够纯净, 可直接用于下一步合成。如需进一步提纯, 可用水进行重结晶。

本实验需 2~3 h。

[注释]

[1] 学生自制的苯胺中有少量硝基苯, 用盐酸使苯胺成盐后, 此时苯胺溶解, 可用分液漏斗分出硝基苯油珠。

[思考题]

(1) 实验方法 (一) 中, 反应时为什么要控制分馏柱上端的温度在 100~110 ℃ 之间? 温度过高有什么不好?

(2) 实验方法 (一) 中, 根据理论计算, 反应完成时应产生几毫升水? 为什么实际收集的液体远多于理论量?

(3) 用乙酸直接酰化和用乙酸酐进行酰化各有什么优缺点? 除此之外, 还有哪些乙酰化试剂?

(4) 实验方法 (二) 中, 用乙酸酐进行乙酰化时, 加入盐酸和乙酸钠的目的是什么?

实验五十八　对氨基苯磺酰胺
(sulfanilamide)

[反应式]

$$C_6H_5NHCOCH_3 + 2HOSO_2Cl \longrightarrow \underset{\text{mp 149 ℃}}{p\text{-}ClO_2SC_6H_4NHCOCH_3} + H_2SO_4 + HCl$$

$$p\text{-}CH_3CONHC_6H_4SO_2Cl + NH_3 \longrightarrow \underset{\text{mp 219~220 ℃}}{p\text{-}CH_3CONHC_6H_4SO_2NH_2} + HCl$$

$$p\text{-}CH_3CONHC_6H_4SO_2NH_2 + H_2O \longrightarrow \underset{\text{mp 165~166 ℃}}{p\text{-}H_2NC_6H_4SO_2NH_2} + CH_3CO_2H$$

[试剂]

2.5 g (0.0185 mol) 乙酰苯胺 (自制), 11.3 g (6.3 mL, 0.097 mol) 氯磺酸[1] (相对密度 1.77), 8.8 mL 浓氨水 (28%, 相对密度 0.9), 浓盐酸, 碳酸钠。

[步骤]

1. 对乙酰氨基苯磺酰氯

在 50 mL 干燥的锥形瓶中, 加入 2.5 g 干燥的乙酰苯胺, 在石棉网上用小火加热熔化[2]。瓶壁上若有少量水汽凝结, 应用干净的滤纸吸去。冷却使熔化物凝结成块。将锥形瓶置于冰浴中冷却后, 迅速倒入 6.3 mL 氯磺酸, 立即塞上带有氯化氢导气管的塞子 (见图 3.19.3)。反应很快发生, 若反应过于剧烈, 可用冰水浴冷却。待反应缓和后, 旋摇锥形瓶使固体全溶, 然后再在温水浴中加热 10 min 使反应完全[3]。将反应瓶在冰水浴中充分冷却后, 于通风橱中在充分搅拌下, 将反应液慢慢倒入盛有 40 g 碎冰的烧杯中[4], 用少量冷水洗涤反应瓶, 洗涤液倒入烧杯中。搅拌数分钟, 并尽量将大块固体粉碎, 使成颗粒小而均匀的白色固体。抽滤收集, 用少量冷水洗涤, 压干, 立即进行下一步反应[5]。图 3.19.4 和图 3.19.5 分别为对乙酰氨基苯磺酰氯的 IR 和 NMR 谱图。

图 3.19.3　制备对乙酰氨基苯磺酰氯装置

2. 对乙酰氨基苯磺酰胺

将上述粗产物移入烧杯中, 在不断搅拌下慢慢加入 8.8 mL 浓氨水 (在通风橱内), 立即发生放热反应并产生白色糊状物。加完后, 继续搅拌 15 min, 使反应完全[6]。然后加入 5 mL 水在石棉网上用小火加热 10 min, 并不断搅拌, 以除去多余的氨, 得到的混合物可直接用于下一步合成[7]。图 3.19.6 和图 3.19.7 分别为对乙酰氨基苯磺酰胺的 IR 和 ^{1}H NMR 谱图。

3. 对氨基苯磺酰胺 (磺胺)

将上述反应物放入圆底烧瓶中, 加入 1.8 mL 浓盐酸, 在石棉网上用小火加热回流 0.5 h。冷却后, 应得一几乎澄清的溶液, 若有固体析出[8], 应继续加热, 使反应完全。如溶液呈黄色, 并有极少量固体存在时, 需加入少量活性炭煮沸 10 min, 过滤。将滤液转入大烧杯中, 在搅拌下小心加入粉状碳酸钠[9]至恰呈碱性 (约需 2 g)。在冰水浴中冷却, 抽滤收集固体, 用少量冰水洗涤, 压干。粗产物用水重结晶

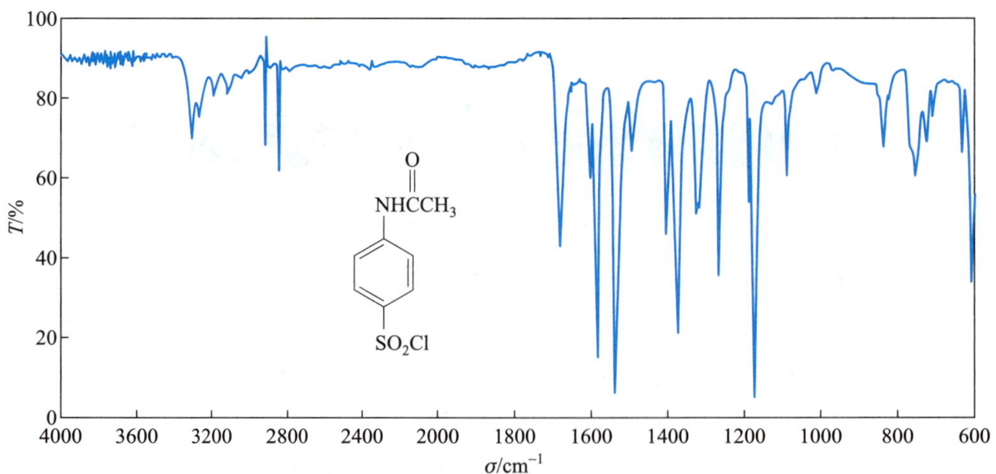

图 3.19.4　对乙酰氨基苯磺酰氯的 IR 谱图

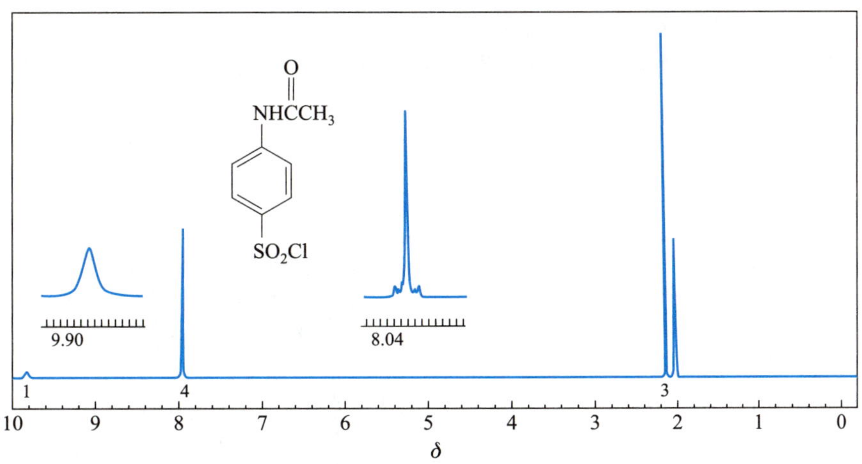

图 3.19.5 对乙酰氨基苯磺酰氯的 ^{1}H NMR 谱图 (300 MHz, CD_3COCD_3)

^{13}C NMR 数据: δ 25.3, 119.7, 127.5, 141.6, 141.7, 170.3

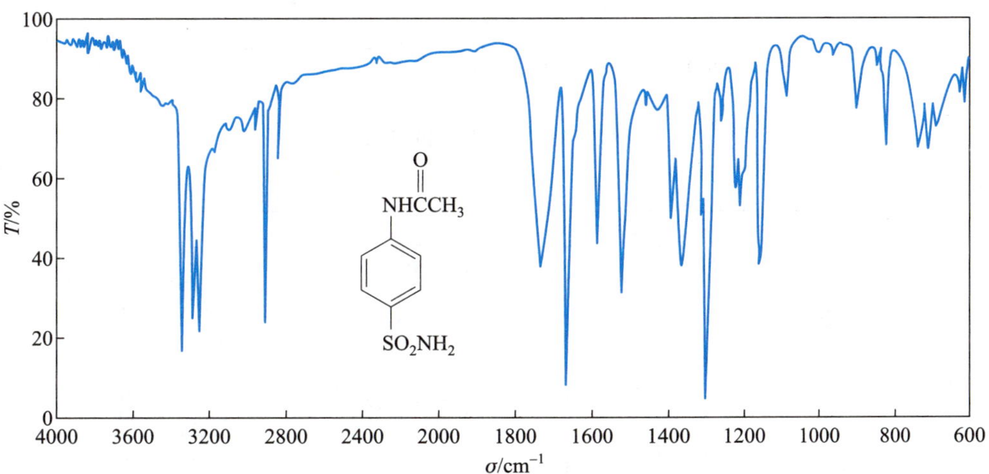

图 3.19.6 对乙酰氨基苯磺酰胺的 IR 谱图

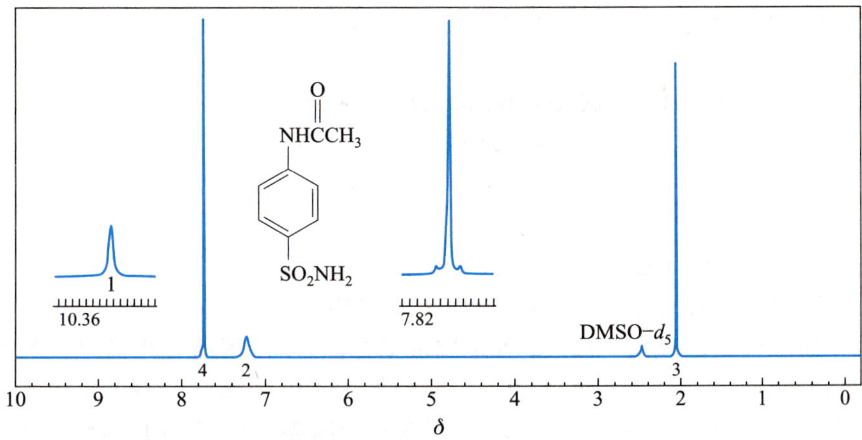

图 3.19.7 对乙酰氨基苯磺酰胺的 ^{1}H NMR 谱图

^{13}C NMR 数据: δ 24.2, 118.5, 126.7, 138.1, 142.3, 169.0

(每克产物约需 12 mL 水), 产量约为 1.5 g, 熔点为 161～162 ℃。

纯对氨基苯磺酰胺为白色针状结晶, 熔点为 163～164 ℃。图 3.19.8 和图 3.19.9 分别为磺胺的 IR 和 ^{1}H NMR 谱图。

本实验需 6～7 h。

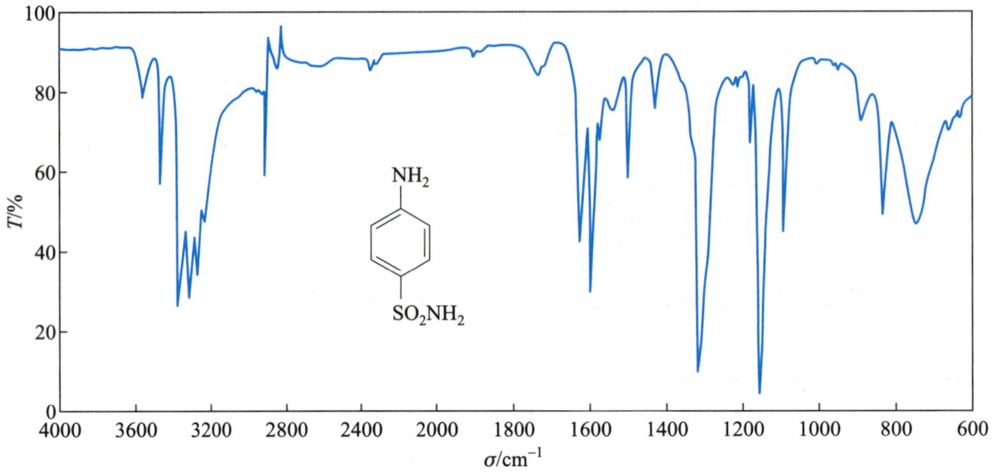

图 3.19.8　磺胺的 IR 谱图

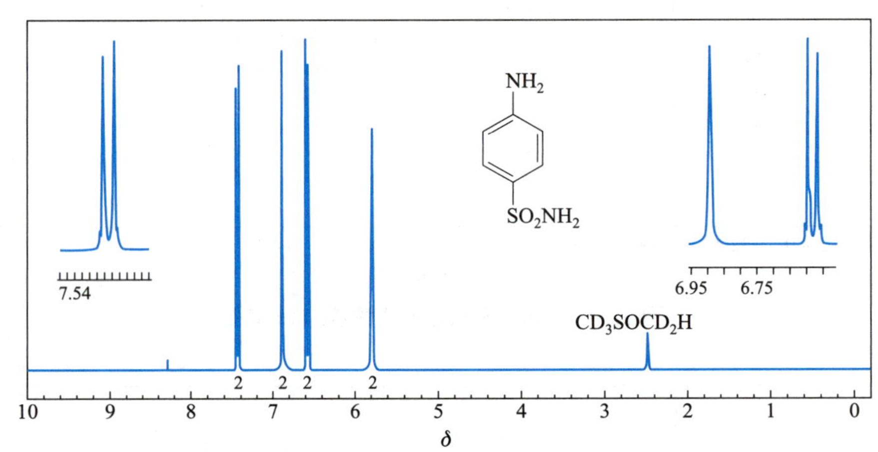

图 3.19.9　磺胺的 ^{1}H NMR 谱图 (300 MHz, DMSO-d_6)

^{13}C NMR 数据: δ 113.1, 130.2, 151.6

[注释]

[1] 氯磺酸对皮肤和衣服有强烈的腐蚀性, 暴露在空气中会冒出大量氯化氢气体, 遇水会发生猛烈的放热反应甚至爆炸, 故取用时须加小心! 反应中所用仪器及药品皆需十分干燥, 含有氯磺酸的废液不可倒入水槽, 而应倒入回收瓶中! 工业氯磺酸常呈棕黑色, 使用前宜用磨口仪器蒸馏纯化, 收集 148～150 ℃ 的馏分。

[2] 氯磺酸与乙酰苯胺的反应相当激烈, 将乙酰苯胺凝结成块状, 可使反应缓和进行, 当反应过于剧烈时, 应适当冷却。

[3] 在氯磺化过程中,将有大量氯化氢气体放出。为避免污染室内空气,装置(见图 3.19.3)应严密,导气管的末端要与接收器内的水面接近,但不能插入水中,否则可能倒吸而引起严重事故。

[4] 加入速度必须缓慢,并须充分搅拌,以免局部过热而使对乙酰氨基苯磺酰氯水解。这是实验成功的关键。

[5] 粗制的对氨基苯磺酰氯含有少量未洗净的残余酸,久置容易分解,甚至干燥后也不可避免,应在 1~2 h 内进行下一步反应。若要得到纯品,可将粗产物溶于温热的氯仿中,然后迅速转移到事先温热的分液漏斗中,分出氯仿层,在冰水浴中冷却后即可析出结晶。纯对氨基苯磺酰氯的熔点为 149 ℃。

[6] 此步是由一种固体物转变成另一种固体物,若搅拌不充分,会使一些未反应物包夹在产物中。若反应物太稠难以摇振,可用玻璃棒搅拌。

[7] 为了节省时间,这一步的粗产物可不必分出。若要得到产品,可在冰水浴中冷却,抽滤,用冰水洗涤,干燥即得粗品。用水重结晶,纯品熔点为 219~220 ℃。

[8] 对乙酰氨基苯磺酰胺在稀酸中水解成磺胺,后者又与过量的盐酸形成水溶性的盐酸盐,所以水解完成后,反应液冷却时应无晶体析出。由于水解前溶液中氨的含量不同,加 1.8 mL 盐酸有时不够,因此,在回流至固体全部消失前,应测一下溶液的酸碱性,若酸性不够,应补加盐酸继续回流一段时间。

[9] 用碳酸钠中和滤液中的盐酸时,有二氧化碳伴生,故应控制加入速率并不断搅拌使其逸出。

磺胺是一种两性化合物,在过量的碱溶液中也易变成盐类而溶解。故中和操作必须仔细进行,以免降低产量。

[思考题]

(1) 为什么在氯磺化反应完成以后处理反应混合物时,必须移到通风橱中,且在充分搅拌下缓缓倒入碎冰中? 若在未倒完前冰就融化完了,是否应补加冰块? 为什么?

(2) 为什么苯胺要乙酰化后再氯磺化? 直接氯磺化行吗?

(3) 如何理解对氨基苯磺酰胺是两性物质? 试用反应式表示磺胺与稀酸和稀碱的作用。

(4) 考虑对乙酰氨基苯磺酰氯的光谱:

(a) 指出 IR 谱图中官能团区与氮氢键、碳氧双键和芳环相关的吸收峰的位置。

(b) 指出 ^{1}H NMR 谱图中与吸收峰对应的氢核。

(c) 指出 ^{13}C NMR 数据中与吸收峰对应的碳核。

(5) 考虑对乙酰氨基对甲苯磺酰胺的谱图:

(a) 指出 IR 谱图中官能团区与氮-氢键和芳环相关的吸收峰的位置。

(b) 指出 ^{1}H NMR 谱图中与吸收峰对应的氢核。

(c) 指出 ^{13}C NMR 数据中与吸收峰对应的碳核。

(6) 考虑对氨基苯磺酰胺的谱图:

(a) 指出 IR 谱图中官能团区与氮氢键和芳环相关的吸收峰的位置。

(b) 指出 ^{1}H NMR 谱图中与吸收峰对应的氢核。

(c) 指出 ^{13}C NMR 数据中与吸收峰对应的碳核。

(7) 从原料 A 合成产品 E 有两条可供选择的路线,其产率如下:

$$\text{(a)}\quad \mathrm{A} \xrightarrow{25\%} \mathrm{B} \xrightarrow{49\%} \mathrm{C} \xrightarrow{60\%} \mathrm{D} \xrightarrow{57\%} \mathrm{E}$$

$$\text{(b)}\quad \mathrm{A} \xrightarrow{58\%} \mathrm{B} \xrightarrow{57\%} \mathrm{C} \xrightarrow{51\%} \mathrm{D} \xrightarrow{3\%} \mathrm{E}$$

计算两种合成路线的总产率。你认为哪条路线对投资生产更为合适? 为什么?

[系列二] 局部麻醉剂

局部麻醉剂或称止痛剂，是一类已被研究得十分透彻的化合物。其中苯佐卡因、利多卡因和普鲁卡因是几种重要的具有局部麻醉活性的药物。除了用作麻醉剂，它们还具有治疗特定心脏病的作用。普鲁卡因在人体内酯基受脂肪酶的作用易发生水解，半衰期很短。然而其衍生物普鲁卡因胺却相对稳定，并可作为有效的心脏镇静剂和抗心律失常的药物。有趣的是，这些化合物治疗心脏病的作用是在一次心脏病医生进行外科手术时偶然发现的，这是科学发明史上一个难得的巧合。

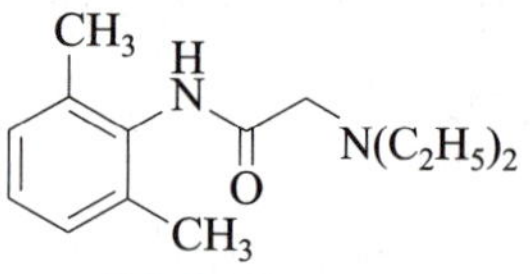

利多卡因(lidocaine) 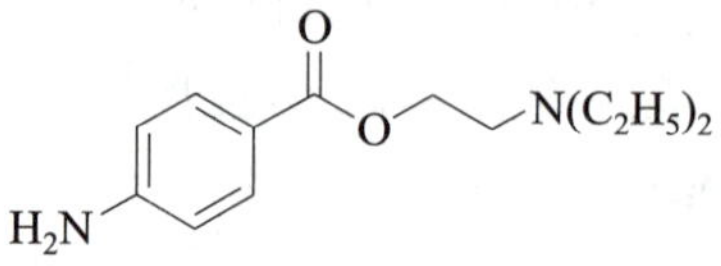　普鲁卡因(procaine) 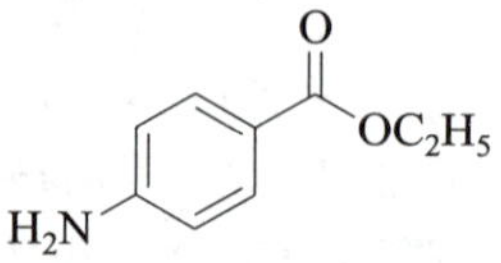　苯佐卡因(benzocaine)

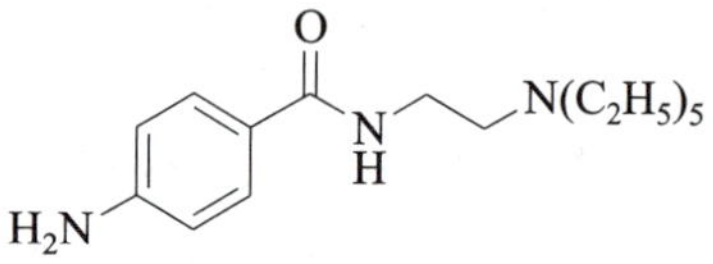

普鲁卡因胺(procainamide) 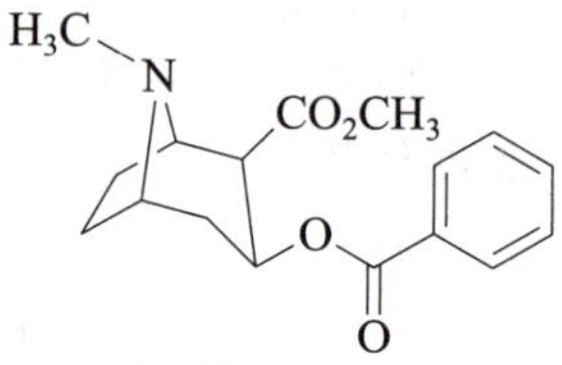　可卡因(cocaine)

在研发新药的领域，制药业工作的有机化学家充分展示了他们的智慧和卓越的合成技巧。发现新药的灵感往往来自先前已知的药物，这些药物通常是自然界已知的化合物，并在世界各地民间使用已久。上述麻醉剂就是从已知天然产物可卡因得到启示而研制出的，这些合成物作用更强，且无副作用和危险性。

可卡因是从南美洲生长的古柯植物中提取的生物碱，有止痛作用，但容易上瘾且毒性大。在摸清了古柯碱的结构和药理作用之后，化学家已合成和试验了数百种局部麻醉剂。已经发现的有活性的这类药物均有如下共同的结构特征：分子的一端是芳环，另一端则是仲胺或叔胺，两个结构单元之间相隔1~4个原子连结的中间链。苯环部分通常为芳香酸酯，它与麻醉剂在人体内的解毒有着密切的关系，氨基还有助于使此类化合物形成溶于水的盐酸盐以制成注射液。

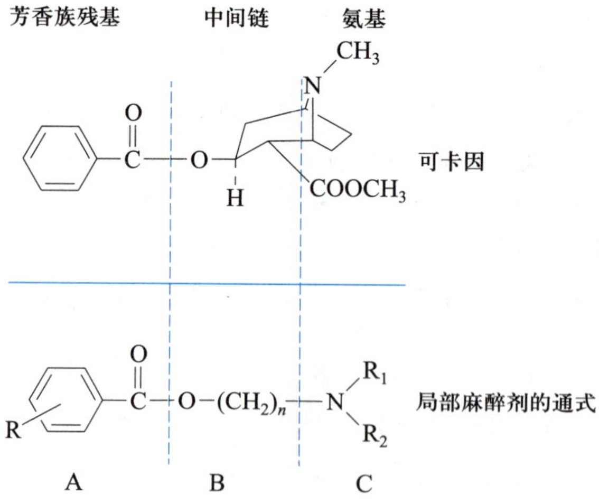

芳香族残基　中间链　氨基

可卡因

局部麻醉剂的通式

A　B　C

局部麻醉剂

本实验列举了局部麻醉剂苯佐卡因的制备,它是一种白色的晶体粉末,制成散剂或软膏用于疮面溃疡的止痛。苯佐卡因通常由对硝基甲苯首先被氧化成对硝基苯甲酸,再经乙酯化后还原而得。

$$p\text{-}CH_3C_6H_4NO_2 \xrightarrow{[O]} p\text{-}HO_2CC_6H_4NO_2 \xrightarrow[H_2SO_4]{C_2H_5OH} p\text{-}C_2H_5O_2CC_6H_4NO_2 \xrightarrow{[H]} p\text{-}C_2H_5O_2CC_6H_4NH_2$$

这是一条比较经济合理的路线。本实验采用对甲苯胺为原料,经酰化、氧化、水解、酯化一系列反应合成苯佐卡因。

$$p\text{-}CH_3C_6H_4NH_2 \xrightarrow{(CH_3CO)_2O} p\text{-}CH_3C_6H_4NHCOCH_3 \xrightarrow[(2)\ H^+,\ H_2O]{(1)\ KMnO_4} p\text{-}NH_2C_6H_4CO_2H \xrightarrow[H_2SO_4]{C_2H_5OH} p\text{-}NH_2C_6H_4CO_2C_2H_5$$

此路线虽然比以对硝基甲苯为原料长一些,但原料易得,操作方便,适合于实验室小量制备。

实验五十九 对氨基苯甲酸 (*p*-aminobenzoic acid)

对氨基苯甲酸是一种与维生素 B 有关的化合物 (又称 PABA),它是维生素 B_{10} (叶酸) 的组成部分。细菌将 PABA 作为组分之一合成叶酸,磺胺药则具有抑制这种合成的作用。

对氨基苯甲酸的合成涉及三个反应。第一个反应是将对甲苯胺用乙酸酐处理转变为相应的酰胺,这是一个制备酰胺的标准方法,其目的是在第二步高锰酸钾氧化反应中保护氨基,避免氨基被氧化,形成的酰胺在所用氧化条件下是稳定的。

第二步是对甲基乙酰苯胺中的甲基被高锰酸钾氧化为相应的羧基。氧化过程中紫色的高锰酸盐被还原成棕色的二氧化锰沉淀。鉴于溶液中有氢氧根离子生成,故要加入少量的硫酸镁作缓冲剂,使溶液碱性变得不致太强而使酰氨基发生水解。反应产物是羧酸盐,经酸化后可使生成的羧酸从溶液中析出。

最后一步是酰胺的水解,除去起保护作用的乙酰基,此反应在稀酸溶液中很容易进行。

[反应式]

$$p\text{-}CH_3C_6H_4NH_2 \xrightarrow[CH_3CO_2Na]{(CH_3CO)_2O} p\text{-}CH_3C_6H_4NHCOCH_3 + CH_3CO_2H$$

$$p\text{-}CH_3C_6H_4NHCOCH_3 + 2KMnO_4 \longrightarrow p\text{-}CH_3CONHC_6H_4CO_2K + 2MnO_2 + H_2O + KOH$$

$$p\text{-}CH_3CONHC_6H_4CO_2K \xrightarrow{H^+} p\text{-}CH_3CONHC_6H_4CO_2H$$

$$p\text{-}CH_3CONHC_6H_4CO_2H + H_2O \xrightarrow{H^+} p\text{-}NH_2C_6H_4CO_2H + CH_3CO_2H$$

[试剂]

4.0 g (0.037 mol) 对甲基苯胺, 4.35 g (4.0 mL, 0.0426 mol) 乙酸酐, 10.3 g (0.065 mol) 高锰酸钾, 6 g 结

晶乙酸钠 ($CH_3CO_2Na \cdot 3H_2O$), 10 g (0.04 mol) 硫酸镁晶体 ($MgSO_4 \cdot 7H_2O$), 乙醇, 盐酸, 硫酸, 氨水。

[步骤]

1. 对甲基乙酰苯胺

在 250 mL 烧杯中, 加入 3.8 g 对甲苯胺, 90 mL 水和 3.8 mL 浓盐酸, 必要时在水浴上温热搅拌促使溶解。若溶液颜色较深, 可加适量的活性炭脱色后过滤。同时配制 6 g 三水合乙酸钠溶于 10 mL 水的溶液, 必要时温热至所有的固体溶解。

将脱色后的盐酸对甲苯胺溶液加热至 50 ℃, 加入 4.2 mL 乙酸酐, 并立即加入预先配制好的乙酸钠溶液, 充分搅拌后将混合物置于冰浴中冷却, 此时应析出对甲基乙酰苯胺的白色固体。抽滤, 用少量冷水洗涤, 干燥后称量, 产量为 3～4 g, 纯对甲基乙酰苯胺的熔点为 154 ℃。

2. 对乙酰氨基苯甲酸

在 250 mL 烧杯中, 加入上述制得的对甲基乙酰苯胺 (约 3.5 g)、10 g 硫酸镁晶体和 175 mL 水, 将混合物在水浴上加热到约 85 ℃。同时制备 10.3 g 高锰酸钾溶于 35 mL 沸水的溶液。

在充分搅拌下, 将热的高锰酸钾溶液在 30 min 内分批加到对甲基乙酰苯胺的混合物中, 以免氧化剂局部浓度过高破坏产物。加完后, 继续在 85 ℃ 搅拌 15 min。混合物变成深棕色, 趁热用双层滤纸抽滤除去二氧化锰沉淀, 并用少量热水洗涤二氧化锰。若滤液呈紫色, 可加入 1～1.5 mL 乙醇煮沸直至紫色消失, 将滤液再用折叠滤纸过滤一次。

冷却无色滤液, 加 20% 硫酸酸化至溶液呈酸性, 此时应生成白色固体, 抽滤, 压干, 干燥后对乙酰氨基苯甲酸产量为 2～3 g。纯化合物的熔点为 250～252 ℃。湿产品可直接进行下一步合成。

3. 对氨基苯甲酸

称量上步得到的对乙酰氨基苯甲酸, 将每克湿产物用 5 mL 18% 的盐酸进行水解。将反应物置于 125 mL 圆底烧瓶中, 在石棉网上用小火缓缓回流 30 min。待反应物冷却后, 加入 15 mL 冷水, 然后加 10% 氨水中和, 使反应混合物对石蕊试纸恰成碱性, 切勿使氨水过量。每 30 mL 最终溶液加 1 mL 冰乙酸, 充分摇振后置于冰浴中骤冷以引发结晶, 必要时用玻璃棒摩擦瓶壁或放入晶种引发结晶。抽滤收集产物, 干燥后以对甲苯胺为标准计算累计产率, 测定产物的熔点。纯对氨基苯甲酸的熔点为 186～187 ℃。实验得到的熔点略低一些[1]。图 3.19.10 和图 3.19.11 分别为对氨基苯甲酸的 IR 和 ^1H NMR 谱图。

本实验需 6～8 h。

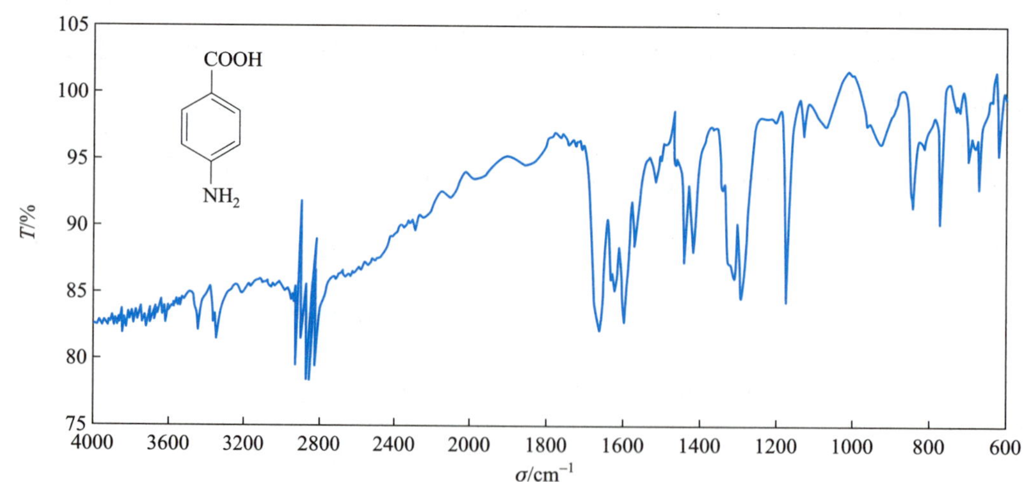

图 3.19.10 对氨基苯甲酸的 IR 谱图

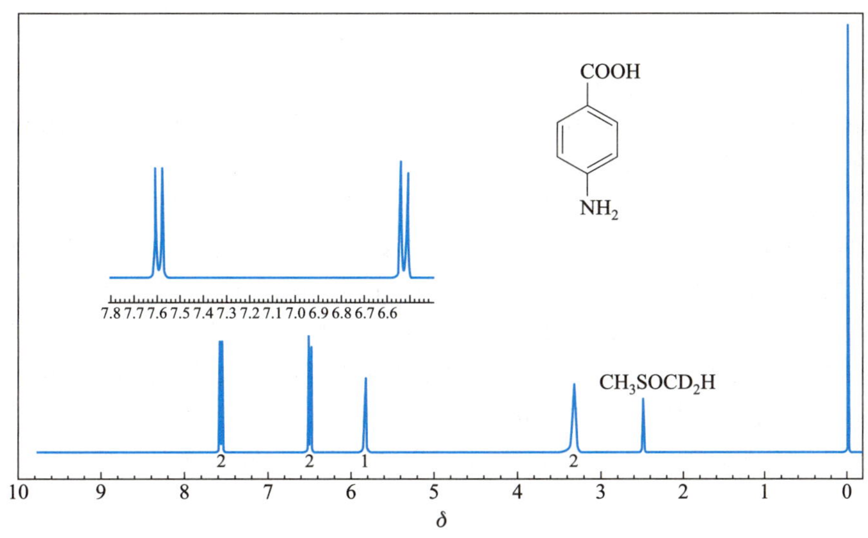

图 3.19.11 对氨基苯甲酸的 ^{1}H NMR 谱图

[注释]

[1] 对氨基苯甲酸不必重结晶，对产物重结晶的各种尝试均未获得满意的结果，产物可直接用于合成苯佐卡因。

[思考题]

(1) 对甲苯胺用乙酸酐酰化反应中加入乙酸钠的目的何在?

(2) 对甲乙酰苯胺用高锰酸钾氧化时，为何要加入硫酸镁结晶?

(3) 在氧化步骤中，若滤液有色，需加入少量乙醇煮沸，发生了什么反应?

(4) 在最后水解步骤中，用氢氧化钠溶液代替氨水中和，可以吗? 中和后加入乙酸的目的是什么?

(5) 指出对氨基苯甲酸 IR 谱图中氮氢键、羧基和芳环吸收峰的位置。

(6) 指出对氨基苯甲酸 ^{1}H NMR 谱图中与吸收峰对应的氢核。

实验六十 对氨基苯甲酸乙酯

(ethyl *p*-aminobenzoate)

[反应式]

$$p\text{-}H_2NC_6H_4COOH + CH_3CH_2OH \xrightleftharpoons{\text{浓硫酸}} p\text{-}H_2NC_6H_4CO_2C_2H_5 + H_2O$$

[试剂]

1 g (0.00725 mol) 对氨基苯甲酸, 12.5 mL 95% 乙醇, 浓硫酸, 10% 碳酸钠溶液, 乙醚, 无水硫酸镁。

[步骤]

在 50 mL 圆底烧瓶中, 加入 1 g 对氨基苯甲酸和 12.5 mL 95% 乙醇, 旋摇烧瓶使大部分固体溶解。将烧瓶置于冰浴中冷却, 加入 1 mL 浓硫酸, 立即产生大量沉淀 (在接下来的回流中沉淀将逐渐溶解), 将反应混合物在水浴上回流1 h, 并时加摇荡。

将反应混合物转入烧杯中, 冷却后分批加入 10% 碳酸钠溶液中和 (约需 6 mL), 可观察到有气体逸出并产生泡沫 (发生了什么反应?), 直至加入碳酸钠溶液后无明显气体释放。反应混合物接近中性时, 检查溶液 pH, 再加入少量碳酸钠溶液至 pH 为 9 左右。在中和过程产生少量固体沉淀 (生成了什么物质?)。将溶液倾滗到分液漏斗中, 并用少量乙醚洗涤固体后并入分液漏斗。向分液漏斗中加入 20 mL 乙醚, 摇振后分出醚层。经无水硫酸镁干燥后, 在水浴上蒸去乙醚和大部分乙醇, 至残余油状物约 1 mL 为止。残余液用乙醇-水重结晶, 产量约为 0.5 g, 熔点为 90 ℃。

纯对氨基苯甲酸乙酯的熔点为 91~92 ℃。图 3.19.12 和图 3.19.13 分别为对氨基苯甲酸乙酯的 IR 和 ^{1}H NMR 谱图。

本实验需 4~6 h。

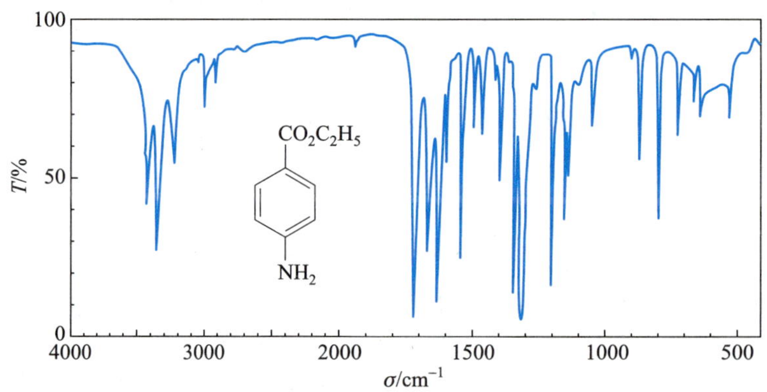

图 3.19.12 对氨基苯甲酸乙酯的 IR 谱图

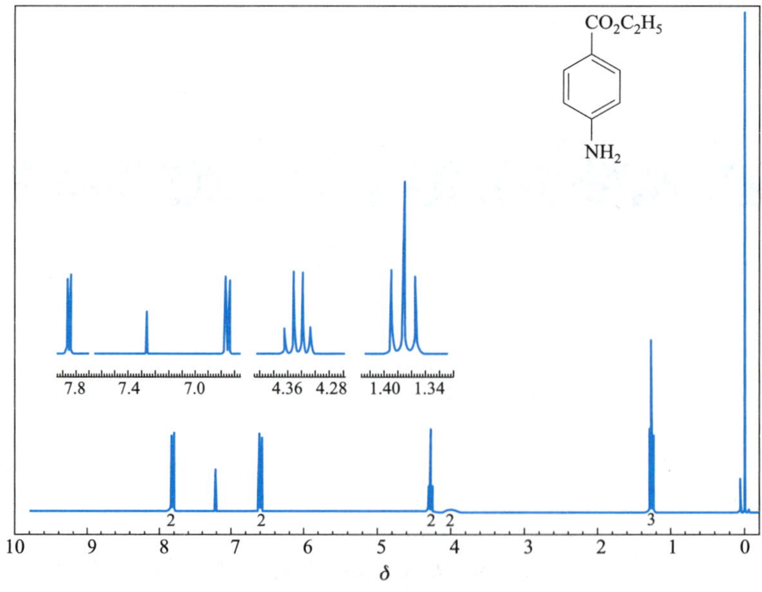

图 3.19.13 对氨基苯甲酸乙酯的 ^{1}H NMR 谱图

[思考题]

(1) 本实验中加入浓硫酸后，产生的沉淀是什么物质？试给出解释。

(2) 酯化反应结束后，为什么要用碳酸钠溶液而不用氢氧化钠溶液进行中和？为什么不中和至 pH 为 7，而要使溶液 pH 为 9 左右？

(3) 如何由对氨基苯甲酸为原料合成局部麻醉剂普鲁卡因？

(4) 指出对氨基苯甲酸乙酯 IR 谱图中氨基和羰基吸收峰的位置及 ^{1}H NMR 谱图中与吸收峰对应的氢核。

[系列三] 安息香的辅酶合成及其转化

芳香醛在氰化钠 (钾) 作用下，分子间发生缩合生成二苯羟乙酮或称安息香的反应，称为安息香缩合。最典型的例子是苯甲醛的缩合的反应:

$$2C_6H_5CHO \xrightarrow[C_2H_5OH-H_2O]{CN^-} H_5C_6-\underset{}{\overset{OH}{\overset{|}{C}}}H-\overset{O}{\overset{\|}{C}}-C_6H_5$$

安息香 (化学名称二苯羟乙酮) 的合成长期以来一直使用氰化钾 (钠) 作缩合试剂，由于氰化物剧毒，存在巨大的不安全因素，改用有生物活性的维生素 B_1 为催化剂后，反应条件温和，无毒且产率高。

维生素 B_1 又称硫胺素或噻胺 (thiamine)，它是一种辅酶，作为生物化学反应的催化剂，在生命过程中起着重要作用。其结构如下:

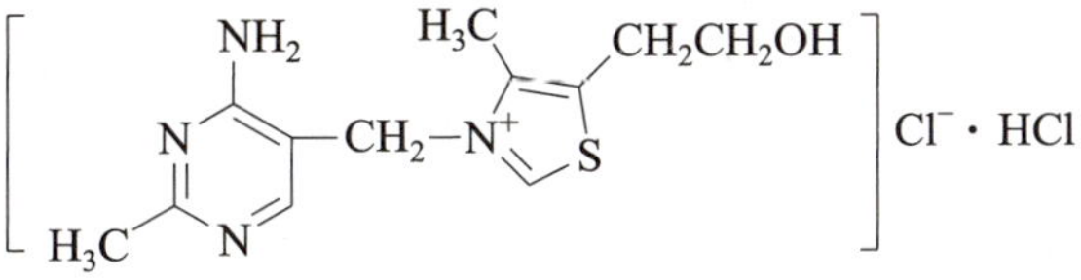

NH₂ / H₃C / CH₂CH₂OH / N / CH₂—N⁺ / S / H₃C / N / Cl⁻·HCl

嘧啶环　　噻唑环

绝大多数生化过程都是在特殊条件下进行的化学反应，酶的参与可以使反应更巧妙、更有效及在更温和的条件下进行。硫胺素在生化过程中主要对 α-酮酸脱羧和形成偶姻 (α-羟基酮) 等三种酶促反应发挥辅酶的作用。从化学角度来看，硫胺素分子中最主要的部分是噻唑环。噻唑环 C2 上的质子由于受氮和硫原子的影响，具有明显的酸性，在碱的作用下，质子容易被除去，产生的负碳作为反应中心，形成苯偶姻。其机理如下 (为简便起见，以下反应只写噻唑环的变化，其余部分相应用 R 和 R′ 代表):

(1) 在碱的作用下，产生的碳负离子和邻位带正电荷的氮原子形成稳定的两性离子 —— 内鎓盐，或称叶立德 (ylide)。

H / R—N⁺ / S / H₃C / R′ ⇌ H^+ R—N⁺ / S / H₃C / R′

维生素B_1　　ylide

(2) 噻唑环上碳负离子与苯甲醛的羰基发生亲核加成，形成烯醇加合物，环上带正电荷的氮原子起了调节电荷的作用。

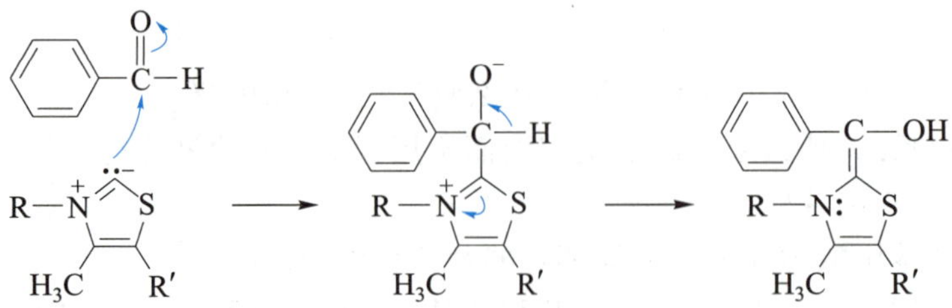

(3) 烯醇加合物再与苯甲醛作用形成一个新的辅酶加合物。

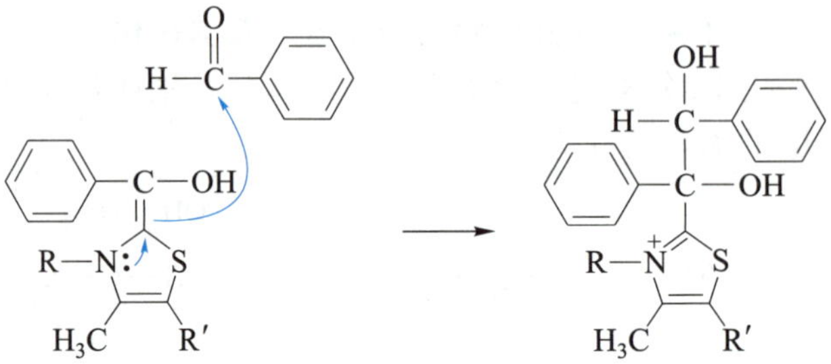

(4) 辅酶加合物离解成安息香，辅酶复原。

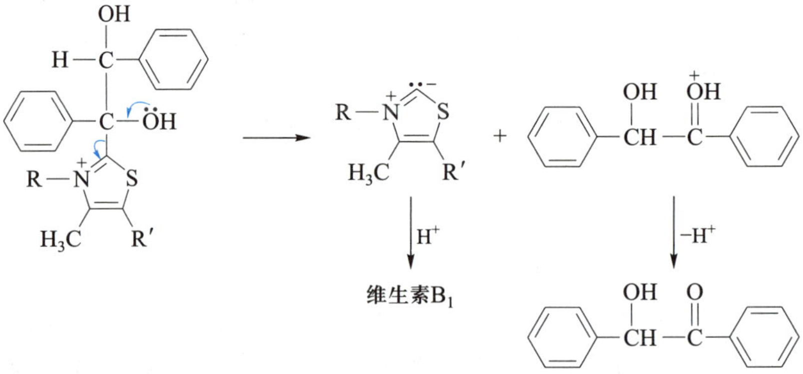

维生素B_1

二苯羟乙酮(安息香)在有机合成中常常被用作中间体。它既可以被氧化成α-二酮，又可以在各种条件下被还原生成二醇、烯、酮等各种类型的产物，作为双官能团化合物可以发生许多反应。本节将在制备苯偶姻的基础上，进一步利用铜盐或硝酸将苯偶姻氧化为二苯基乙二酮，后者用浓碱处理，发生重排反应，生成二苯羟乙酸。

实验六十一 安息香的辅酶合成 (coenzyme synthesis of benzoin)

[反应式]

$$2C_6H_5CHO \xrightarrow{\text{维生素}B_1} H_5C_6-\underset{OH}{CH}-\overset{O}{\overset{\|}{C}}-C_6H_5$$

[试剂]

5.2 g (5 mL, 0.05 mol) 苯甲醛(新蒸)[1]，0.9 g 维生素 B_1 (硫胺素)[2]，95% 乙醇，10% 氢氧化钠溶液。

[步骤]

在 50 mL 圆底烧瓶中，加入 0.9 g 维生素 B_1、2.5 mL 蒸馏水和 7.5 mL 乙醇，将烧瓶置于冰浴中冷却。同时取 2.5 mL 10% 氢氧化钠溶液于一支试管中也置于冰浴中冷却[3]。然后在冰浴冷却下，将氢氧化钠溶液在 10 min 内滴加至硫胺素溶液中，并不断摇荡，调节溶液 pH 为 9~10，此时溶液呈黄色。去掉冰水浴，加入 5 mL 新蒸的苯甲醛，装上回流冷凝管，加几粒沸石，将混合物置于水浴上温热 1.5 h。水浴温度保持在 60~75 ℃，切勿将混合物加热至剧烈沸腾，此时反应混合物呈橘黄或橘红色均相溶液。将反应混合物冷却至室温，析出浅黄色结晶。将烧瓶置于冰浴中冷却使结晶完全。若产物呈油状物析出，应重新加热使成均相，再慢慢冷却重新结晶。必要时可用玻璃棒摩擦瓶壁或投入晶种。抽滤，用 25 mL 冷水分两次洗涤结晶。粗产物用 95% 乙醇重结晶[4]。若产物呈黄色，可加入少量活性炭脱色。纯安息香为白色针状结晶，产量约为 2 g，熔点为 134~136 ℃。

纯安息香的熔点为 137 ℃。图 3.19.14 和图 3.19.15 分别为安息香的 IR 和 ^{1}H NMR 谱图。

本实验约需 4 h。

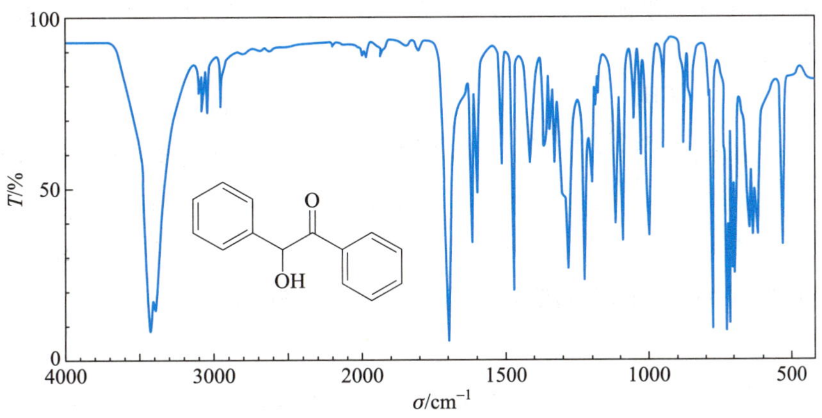

图 3.19.14　安息香的 IR 谱图

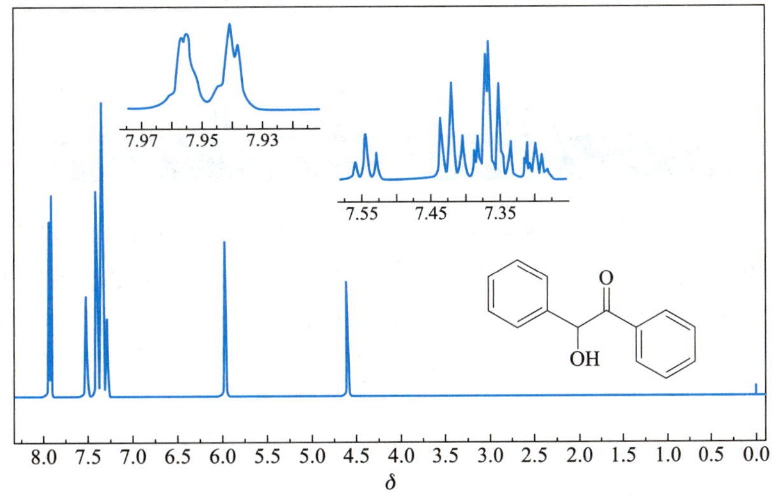

图 3.19.15　安息香的 ^{1}H NMR 谱图

[注释]

[1] 苯甲醛中不能含有苯甲酸，用前最好经 5% 碳酸氢钠溶液洗涤，而后减压蒸馏，并避光保存。

[2] 本实验也可用氰化钠（钾）代替维生素 B_1 作催化剂进行合成。操作步骤如下。

在 50 mL 圆底烧瓶中溶 0.5 g (0.01 mol) 氰化钠于 5 mL 水中，加入 10 mL 95% 乙醇、5 mL (5.5 g, 0.05 mol) 新蒸的苯甲醛和几粒沸石，装上回流冷凝管，在水浴上回流 0.5 h。

冷却促使结晶，必要时可用玻璃棒摩擦瓶壁或投入晶种，并将烧瓶置于冰浴中使结晶完全。抽滤，每次用 15 mL 冷乙醇洗涤结晶两次，然后用少量水洗涤几次，压干，在空气中干燥。粗产物为 3～4 g，进一步纯化可用 95% 乙醇重结晶。

注意！氰化钠（钾）为剧毒品，使用时必须极为小心！并在指导教师在场的情况下使用。用后必须用肥皂反复洗手。如手有伤口时，不能操作氰化钠及酸化含氰化钠的溶液。含氰化钠的滤液应倒入指定容器并做无毒处理，所用仪器应用水彻底清洗。

[3] 维生素 B_1 在酸性条件下是稳定的，但易吸水，在水溶液中易被氧化失效，光与铜、铁及锰等金属离子均可加速氧化，在氢氧化钠溶液中噻唑环易开环失效。因此，反应前维生素 B_1 溶液及氢氧化钠溶液必须用冰水冷透。

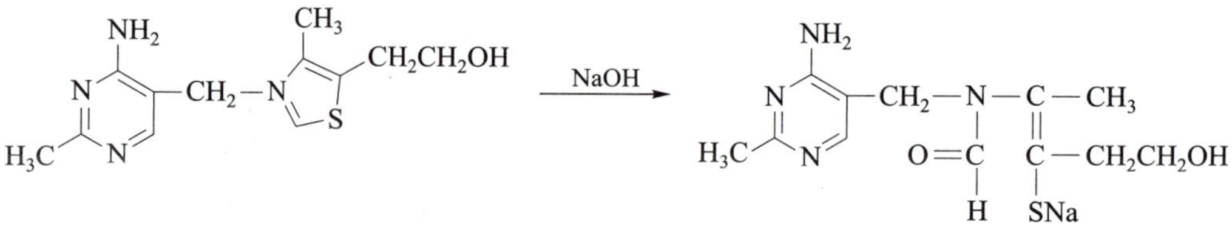

NH_2、CH_3、CH_2CH_2OH、N、CH_2—N、S、H_3C、N $\xrightarrow{NaOH}$ NH_2、N、CH_2—N—C—CH_3、H_3C、N、O=C、C—CH_2CH_2OH、H、SNa

[4] 安息香在沸腾的 95% 乙醇中的溶解度为 12～14 g·$(100\ mL)^{-1}$。

[思考题]

(1) 为什么加入苯甲醛前，反应混合物的 pH 要保持在 9～10？溶液 pH 过低有什么不好？

(2) 指出安息香 IR 谱图中官能团区羟基、羰基和芳环吸收峰的位置。

(3) 指出安息香 ^1H NMR 谱图中与吸收峰对应的氢核。

实验六十二 二苯乙二酮 (binzil)

安息香可以被温和的氧化剂乙酸铜氧化生成 α-二酮，铜盐本身被还原成亚铜态。本实验经改进后使用催化量的乙酸铜，反应中产生的亚铜盐可不断被硝酸铵重新氧化生成铜盐，硝酸本身被还原为亚硝酸铵，后者在反应条件下分解为氮气和水。改进后的方法在不延长反应时间的情况下可明显节约试剂，且不影响产率及产物纯度。安息香也可用浓硝酸氧化成 α-二酮，但由于释放出二氧化氮会对环境产生污染。

[反应式]

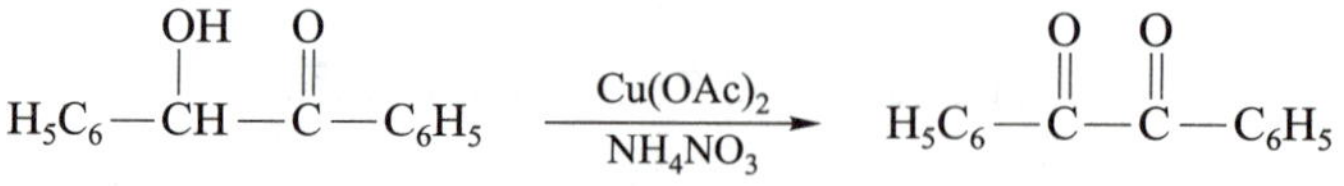

$$H_5C_6-\underset{}{\overset{OH}{CH}}-\overset{O}{\overset{\|}{C}}-C_6H_5 \xrightarrow[NH_4NO_3]{Cu(OAc)_2} H_5C_6-\overset{O}{\overset{\|}{C}}-\overset{O}{\overset{\|}{C}}-C_6H_5$$

[试剂]

2.15 g (0.01 mol) 安息香 (自制), 1 g (0.0125 mol) 硝酸铵, 2% 乙酸铜, 冰乙酸, 95% 乙醇。

[步骤]

在 50 mL 圆底烧瓶中加入 2.15 g 安息香、6.5 mL 冰乙酸、1 g 粉状的硝酸铵和 1.3 mL 2% 硫酸铜溶液[1], 加入几粒沸石, 装上回流冷凝管, 在石棉网上缓缓加热并施加摇荡。当反应物溶解后, 开始放出氮气, 继续回流 1.5 h 使反应完全[2]。将反应混合物冷却至 50~60 ℃, 在搅拌下倾入 10 mL 冰水中, 析出二苯乙二酮结晶。抽滤, 用冷水充分洗涤, 尽量压干, 粗产物干燥后约为 1.5 g。产物已足够纯净可直接用于下一步合成。如要制备纯品, 可用 75% 乙醇-水溶液重结晶, 熔点为 94~96 ℃。

纯二苯乙二酮为黄色结晶, 熔点为 95 ℃。图 3.19.16 为二苯乙二酮的 IR 谱图。

本实验需 3~4 h。

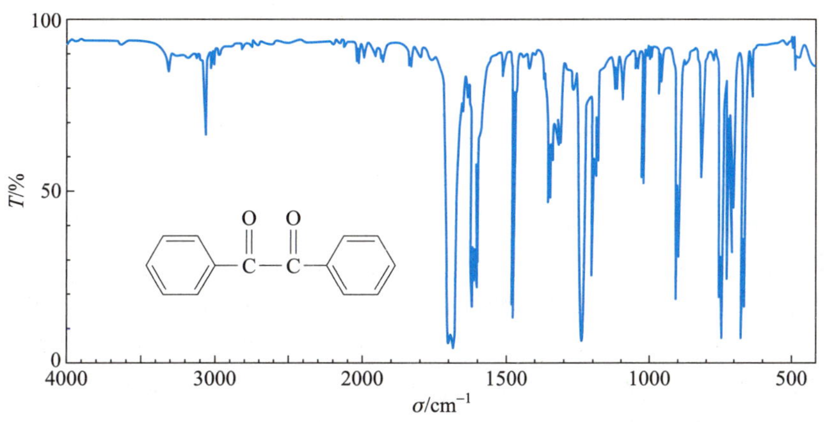

图 3.19.16 二苯乙二酮的 IR 谱图 (KBr 压片)

[注释]

[1] 2% 硫酸铜溶液可用下述方法制备: 溶解 2.5 g 一水合硫酸铜于 100 mL 10% 乙酸水溶液中, 充分搅拌后滤去碱性铜盐的沉淀。

[2] 可用薄层色谱法监测反应进程。每隔 15~20 min 用毛细管吸取少量反应液, 在 7.5 cm×2.5 cm 薄层板上点样, 用二氯甲烷作展开剂, 用碘蒸气显色, 观察安息香是否全部转化为二苯乙二酮。二苯乙二酮显黄色, 直至观察到的斑点大小和强度不变, 表示反应已经完成。

[思考题]

(1) 用反应方程式表示硫酸铜和硝酸铵在与安息香反应过程中的变化。

(2) 试写出苯甲醛在氰化钠作用下生成安息香的反应机理。

(3) 指出安息香 IR 谱图中羰基和芳环吸收峰的位置。

实验六十三 二苯乙醇酸 (binzilic acid)

二苯乙二酮与氢氧化钾溶液回流, 生成二苯乙醇酸盐, 称为二苯乙醇酸重排。反应过程如下:

$$\mathrm{H_5C_6{-}\overset{O}{\overset{\|}{C}}{-}\overset{O}{\overset{\|}{C}}{-}C_6H_5} \xrightleftharpoons{\mathrm{OH^-}} \mathrm{H_5C_6{-}\overset{O}{\overset{\|}{C}}{-}\underset{C_6H_5}{\underset{|}{\overset{O^-}{\overset{|}{C}}}}{-}OH} \longrightarrow \mathrm{H_5C_6{-}\underset{C_6H_5}{\underset{|}{\overset{O^-}{\overset{|}{C}}}}{-}\overset{O}{\overset{\|}{C}}{-}OH} \longrightarrow \mathrm{H_5C_6{-}\underset{C_6H_5}{\underset{|}{\overset{OH}{\overset{|}{C}}}}{-}\overset{O}{\overset{\|}{C}}{-}O^-}$$

形成稳定的羧酸盐是反应的推动力。一旦生成羧酸盐,经酸化后即产生二苯乙醇酸。这一重排反应可普遍用于将芳香族 α-二酮转化为芳香族 α-羟基酸,某些脂肪族 α-二酮也可发生类似的反应。

二苯乙醇酸也可直接由安息香与碱性溴酸钠溶液一步反应来制备,能够得到高纯度的产物。

实验方法 (一): 由二苯乙二酮制备

[反应式]

$$\mathrm{H_5C_6{-}\overset{O}{\overset{\|}{C}}{-}\overset{O}{\overset{\|}{C}}{-}C_6H_5} \xrightarrow[\mathrm{C_2H_5OH{-}H_2O}]{\mathrm{KOH}} \mathrm{(H_5C_6)_2\overset{OH}{\overset{|}{C}}{-}CO_2K} \xrightarrow{\mathrm{H^+}} \mathrm{(H_5C_6)_2\overset{OH}{\overset{|}{C}}{-}CO_2H}$$

[试剂]

1.25 g (0.006 mol) 二苯乙二酮 (自制), 1.3 g (0.023 mol) 氢氧化钾, 95% 乙醇, 浓盐酸。

[步骤]

在 25 mL 圆底烧瓶中溶解 1.3 g 氢氧化钾于 2.6 mL 水中, 加 1.25 g 二苯乙二酮溶于 4 mL 95% 乙醇的溶液, 混合均匀后, 装上回流冷凝管[1], 在水浴上回流 15 min。然后将反应混合物转移到小烧杯中, 在冰水浴中放置约 1 h[2], 直至析出二苯乙醇酸钾盐的晶体。抽滤, 并用少量冷乙醇洗涤晶体。

将过滤出的钾盐溶于 35 mL 水中, 用滴管加入 1 滴浓盐酸, 少量未反应的二苯乙二酮呈胶体悬浮状, 加入少量活性炭并搅拌几分钟, 然后用折叠滤纸过滤。滤液用 5% 的盐酸酸化至刚果红试纸变蓝 (约需 12 mL), 即有二苯乙醇酸晶体析出, 在冰水浴中冷却使结晶完全。抽滤, 用冷水洗涤几次以除去晶体中的无机盐。粗产物干燥后约为 1 g, 熔点为 147~149 ℃。进一步纯化可用水重结晶, 并加少量活性炭脱色, 二苯乙醇酸产量约为 0.5 g, 熔点为 148~149 ℃。

纯二苯乙醇酸为无色晶体, 熔点 150 ℃。图 3.19.17 和图 3.19.18 分别为二苯乙醇酸的 IR 和 ^{1}H NMR 谱图。

本实验需 3~4 h。

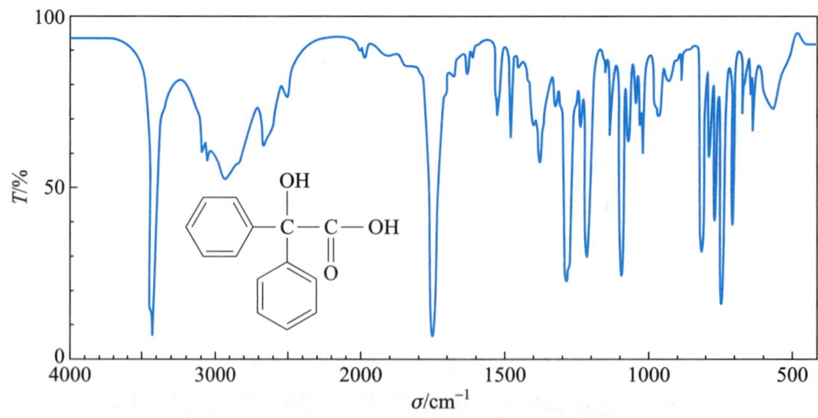

图 3.19.17 二苯乙醇酸的 IR 谱图

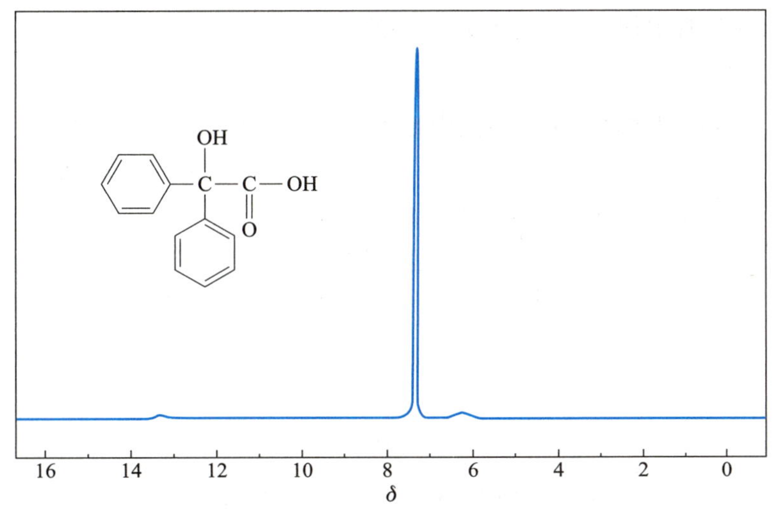

图 3.19.18 二苯乙醇酸的 ^{1}H NMR 谱图

[注释]

[1] 磨口接头须涂润滑脂, 以免被碱腐蚀而无法打开。

[2] 也可将反应混合物用表面皿盖住, 放至下一次实验, 二苯乙醇酸钾盐将在此段时间内结晶。

实验方法 (二): 由安息香制备

[反应式]

$$3H_5C_6-\overset{\displaystyle OH}{\overset{|}{CH}}-\overset{\displaystyle O}{\overset{\|}{C}}-C_6H_5 + NaBrO_3 + 3NaOH \xrightarrow{H^+} 3(H_5C_6)_2-\overset{\displaystyle OH}{\overset{|}{C}}-CO_2Na + NaBr + 3H_2O$$

[试剂]

2.15 g (0.01 mol) 安息香 (自制), 0.6 g (0.004 mol) 溴酸钠, 2.8 g (0.07 mol) 氢氧化钠, 浓硫酸。

[步骤]

在一小蒸发皿中放置 2.8 g 氢氧化钠和 0.6 g 溴酸钠, 溶于 6 mL 水。将蒸发皿置于热水浴上, 加热至 85～90 ℃。然后在搅拌下分批加入 2.15 g 安息香, 加完后保持此温度[1] 并不断搅拌, 中间需不时地补充少量水, 以免反应物变得过于黏稠, 直至取少量反应混合物于试管中, 加水后几乎完全溶解为止。反应需 1～1.5 h。

用 25 mL 水稀释反应混合物, 置于冰浴中冷却后滤去不溶物 (副产物二苯甲醇)。滤液在充分搅拌下, 慢慢加入 40% 硫酸 (体积比 1∶3), 到恰好不释放出溴为止 (约需 7 mL)[2]。抽滤析出的二苯乙醇酸晶体, 用少量冷水洗涤几次, 压干, 粗产物干燥后约为 1.5 g, 熔点为 148～149 ℃。进一步提纯可用水重结晶。

本实验需 3～4 h。

[注释]

[1] 反应混合物切勿超过 90 ℃, 反应温度过高易导致二苯乙醇酸分解脱羧, 增加副产物二苯甲醇的生成。

[2] 为了减小反应终点的危险性, 酸化前可取出 2.5～3 mL 滤液于试管中, 剩余物用硫酸酸化至释

放出微量的溴，然后从试管中加入少量事先取出的滤液除去。

[思考题]

(1) 如果二苯乙二酮用甲醇钠在甲醇溶液中处理，经酸化后应得到什么产物？写出产物的结构式和反应机理。

(2) 如何由相应的原料经二苯乙醇酸重排合成下列化合物？

(a) 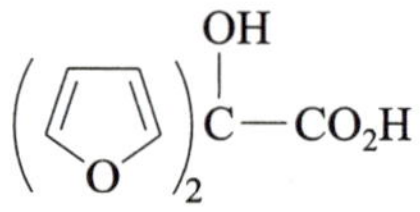 $(C_4H_3O)_2C(OH)—CO_2H$　(b) $(H_3CO—C_6H_4)_2C(OH)—CO_2H$

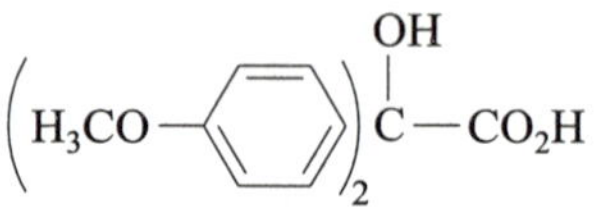

(c) HO　CO_2H (9-羟基芴-9-羧酸)　(d) $(HOOCH_2C)_2C(OH)—CO_2H$ (柠檬酸)

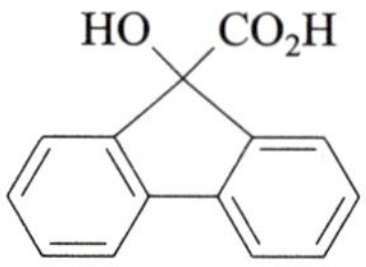

(3) 指出二苯乙醇酸 IR 谱图中官能团区羰基、羧基和芳环吸收峰的位置。

(4) 指出二苯乙醇酸 ^1H NMR 谱图中与吸收峰对应的氢核。

3.20　光化学反应

光化学反应 (photochemical reaction) 是研究被光激发分子的化学反应。能引起光化学反应的光通常为紫外光和可见光，其波长范围在 200～700 nm，能发生光化学反应的化合物一般具有不饱和键，如烯、醛、酮等。光化学反应与热化学反应的区别有两点：① 热化学反应是分子基态时的反应，反应物的分子没有选择性地被活化；而在光化学反应中，光能吸收具有严格的选择性，一定波长的光只能激发特定结构的分子。② 光化学反应吸收的光能远远超过一般热化学反应所得到的能量，某些加热难以进行的反应，可以通过光化学反应来进行。近年来由于分析技术的改进及商品紫外光源的出现，促进了有机光化学的迅速发展，已成为有机化学的一个重要分支。光不仅可以引发多种多样的有机反应，合成前所未有的奇妙分子，而且与我们的日常生活及生命现象有着密切的联系，光合作用就是自然界最重要和最奇妙的光化学反应。

紫外光和可见光对有机分子的照射可以引起分子中电子的跃迁，即将原来在成键轨道或非键轨道上的电子激发到能级更高的反键轨道上，从而使原来的基态分子变成激发态分子。

如果一个分子中所有的电子都是配对的，这个分子是没有磁矩的，它在磁场中只有一种状态，称为单线态 (singlet，简记为 S)；如果分子中有两个自旋平行的不成对电子，就会产生磁矩，在磁场中可以有三种状态，故称为三线态 (triplet，简记为 T)。绝大多数有机分子在基态时是单线态 (基态单线态记为 S_0)，当吸收一定波长的光而受激发时，由于电子跃迁过程中电子自旋方向不变，因此总是产生激发单线态 (分子的这个第一激发态记为 S_1)。但是激发单线态很不稳定，很快会发生激发电子自旋方向的倒转，变成热力学上比较稳定的三线态 (激发三线态记为 T_1)，由激发单线态向三线态转化的过程称为系间窜跃 (intersystem crossing，简记为 ISC)。激发的单线态 S_1 可通过发出荧光释放出原来所吸收的光子能量，从而恢复到基态 S_0，如图 3.20.1 所示。

三线态 T_1 可通过发出磷光 (波长较荧光要长) 恢复到基态，也可通过无辐射跃迁，放出能量，返回基态。这两种途径都涉及自旋方向的转变，因而比较困难，需要一定的时间，故三线态比单线态的寿命

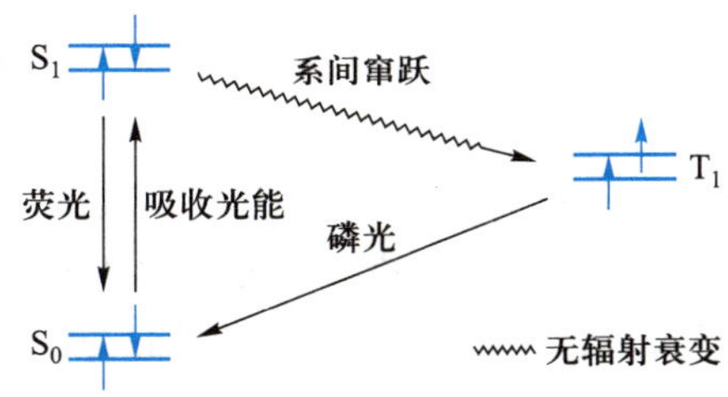

图 3.20.1 光能转换示意图

要长。许多光化学反应都是当反应物分子处于激发三线态时发生的，因此，三线态在光化学中特别重要。例如，二苯甲酮的光化学还原反应就属于此类。不过，也有的光化学反应发生在激发单线态。

本节列举了三个光化学实验，以期引起学生对这一类反应的兴趣。

实验六十四 偶氮苯的光化异构化 (photoisomerization of azobenzene)

偶氮苯存在顺反两种异构体，最常见的是能量较低较为稳定的反式异构体。反式异构体在紫外光的照射下吸收光能形成激发态分子，激发态分子失去过量能量可以转变为顺式和反式的基态，得到顺、反两种异构体。生成的混合物的组成与所使用的光的波长有关。当用波长为 365 nm 的光照射偶氮苯的苯溶液时，生成 90% 以上的顺式异构体；在阳光照射下则顺式异构体仅稍多于反式异构体。

[反应式]

$H_5C_6-N=N-C_6H_5$（反式） $\xrightarrow{h\nu}$ 激发态分子 $\longrightarrow$ $H_5C_6-N=N-C_6H_5$（顺式） + $H_5C_6-N=N-C_6H_5$（反式）

顺式　　反式

[试剂]

偶氮苯，苯，环己烷，硅胶板 (自制)。

[步骤]

1. 光化异构化

取 0.1 g 反式偶氮苯溶于 5 mL 无水甲苯中，将此溶液分放于两个小试管中，一个试管置于太阳光下照射 1 h，或用波长为 365 nm 的紫外光照射 0.5 h。另一试管用黑纸包好，避免阳光照射，以便与光照后的溶液进行对比。

2. 顺反异构体的薄层色谱分离

用 2.5 mL 1% 羧甲基纤维素钠的水溶液调和 1 g 硅胶 H 铺制 2.5 cm×7.5 cm 的薄层板 2 块 (见实验 2.8.1)，经干燥活化后点样。每块板点两个样点，一个是经过光照的，一个是未经光照的。展开剂可选用以下两种中的任何一种。

(1) 石油醚 (60~90 ℃)∶氯仿 =9∶1 (体积比)

(2) 环己烷∶甲苯 =3∶1 (体积比)

展开后测量并计算各样点的 R_f 值，观察新样点的生成并说明在哪支试管中发生了异构化及黄色斑点所代表的异构体的名称。

本实验约需 2 h。

[思考题]

(1) 在薄层色谱实验中, 为什么点样的样品斑点不可浸入展开剂的溶剂中?

(2) 当用混合物进行薄层色谱时, 如何判断各组分在薄层上的位置?

实验六十五 苯频哪醇和苯频哪酮

(binzopinacol and binzopinacone)

二苯甲酮的光化学还原是研究得较清楚的光化学反应之一。若将二苯酮溶于一种“质子给予体”的溶剂, 如异丙醇中, 并将其暴露于紫外光中, 会形成一种不溶性的二聚体 —— 苯频哪醇。

$$Ph_2C{=}O + (H_3C)_2CHOH \xrightarrow{h\nu} Ph_2C(OH){-}C(OH)Ph_2$$

在本实验中二苯甲酮的异丙醇溶液用 300~350 nm 紫外光照射时, 异丙醇不吸收光能, 只有二苯甲酮由于羰基接受光能后, 外层的非键电子发生 n→ π^* 跃迁, 经单线态 (S_1)、系间窜跃成三线态 (T_1), 由于三线态 (T_1) 有较长的半衰期和相当的能量 (314~334.7 $kJ \cdot mol^{-1}$), 它可以从异丙醇的 C2 上夺取氢, 使 C2 上的 C—H 键均裂, 各自形成自由基, 再经自由基的转移、偶合形成苯频哪醇 (四苯基乙二醇), 其跃迁过程可用下式表示:

$$Ph_2C{=}O \longrightarrow [Ph_2\dot{C}{-}\dot{O}]^{*(S_1)} \xrightarrow{(S_1)\rightarrow(T_1)} [Ph_2\dot{C}{-}\dot{O}]^{*(T_1)}$$

$$[Ph_2\dot{C}{-}\dot{O}]^{*(T_1)} + H{-}C(CH_3)_2{-}OH \longrightarrow Ph_2\dot{C}{-}OH + \cdot C(CH_3)_2{-}OH$$

$$[Ph_2\dot{C}{-}\dot{O}]^{*(T_1)} + H{-}O{-}\dot{C}(CH_3)_2 \longrightarrow Ph_2\dot{C}{-}OH + O{=}C(CH_3)_2$$

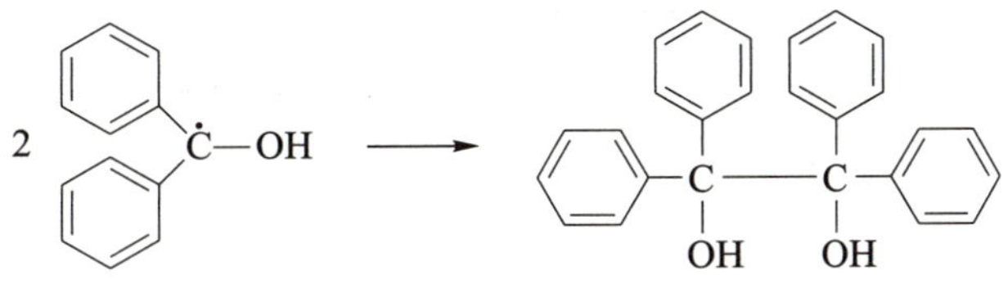

苯频哪醇也可由二苯酮在镁汞剂或金属镁与碘的混合物 (二碘化镁) 作用下发生双还原来进行制备。在酸催化下, 苯频哪醇可发生频哪重排生成苯频哪酮。

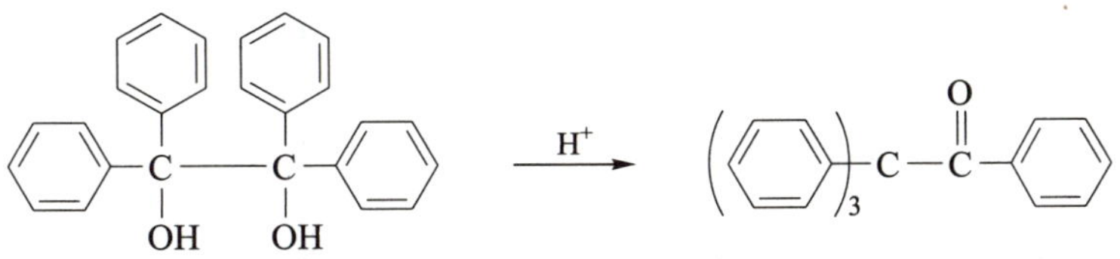

1. 二苯甲酮的光化学还原

[试剂]

1 g (0.005 mol) 二苯甲酮, 异丙醇, 冰乙酸。

[步骤]

在一支 10 mL 试管中[1], 加入 1 g 二苯甲酮和 6 mL 异丙醇, 在温水浴中加热, 使二苯甲酮溶解。向试管中加入一滴冰乙酸[2], 充分摇荡后再补加异丙醇至试管口, 以使反应尽量在无空气条件下进行[3]。用包有塑料膜的塞子将试管塞住, 置试管于烧杯中, 并放在光照良好的窗台上, 光照一周 (也可以将试管放置在 250 W 汞弧灯下照射 2 h)[4]。试管内有大量无色晶体析出。经过滤、干燥后即得苯频哪醇的无色结晶, 产量约为 1 g, 熔点为 187～189 ℃。产物已足够纯净可直接用于下一步合成。

纯苯频哪醇为无色针状晶体, 熔点为 188～190 ℃。图 3.20.2 和图 3.20.3 分别为苯频哪醇的 IR 和 ^{1}H NMR 谱图。

本实验约需 2 h。

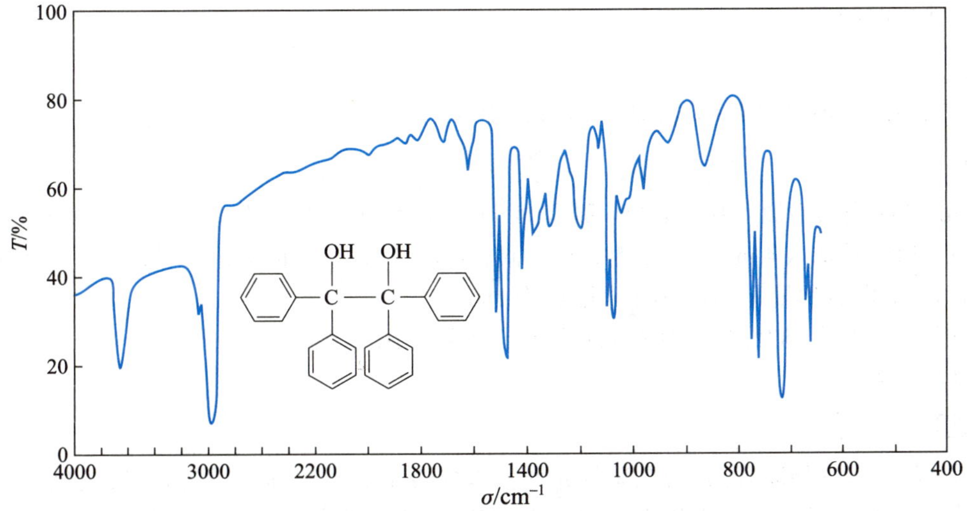

图 3.20.2 苯频哪醇的 IR 谱图

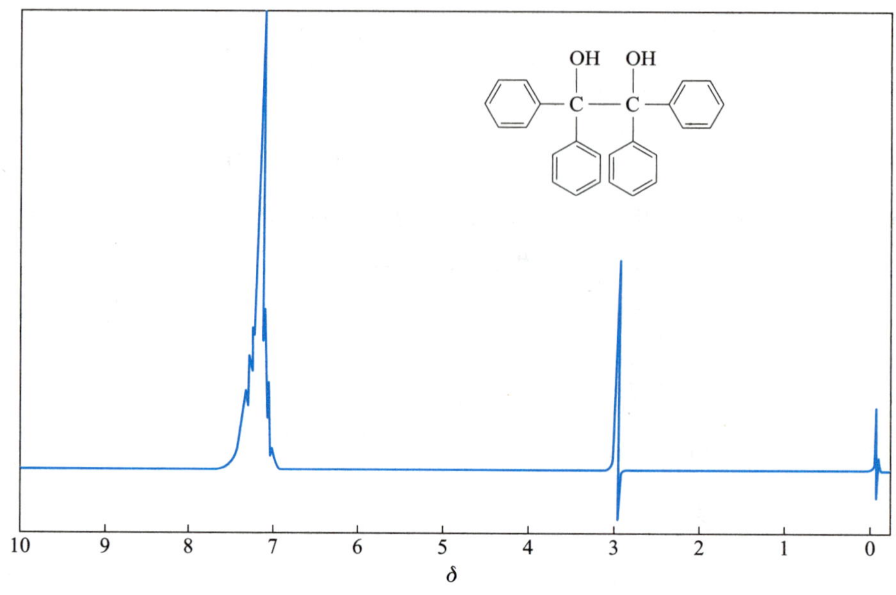

图 3.20.3　苯频哪醇的 ^{1}H NMR 谱图

[注释]

[1] 光化学反应一般需在石英器皿中进行，因为普通玻璃能吸收紫外光。而二苯酮激发的 $n\rightarrow\pi^*$ 跃迁所需要的照射波长约为 350 nm，这是易透过普通玻璃的波长。

[2] 加入冰乙酸的目的是中和普通玻璃器皿中微量的碱。碱催化下苯频哪醇易裂解生成二苯甲酮和二苯甲醇，对反应不利。

[3] 二苯甲酮光化学还原时有自由基产生，而空气中的氧会消耗自由基，使反应速率减慢。

[4] 反应进行的程度取决于光照情况。如阳光充足直射下 4 d 即可完成反应；若天气阴冷，则需一周或更长的时间，但时间长短并不影响反应的最终结果。若用日光灯照射，反应时间可明显缩短，3～4 d 即可完成。

2. 苯频哪酮的制备

[试剂]

0.75 g (0.0022 mol) 苯频哪醇 (自制)，冰乙酸，碘，95% 乙醇。

[步骤]

在 25 mL 圆底烧瓶中加入 0.75 g 苯频哪醇，4 mL 冰乙酸和一小粒碘，装上回流冷凝管，在石棉网上回流 10 min。稍冷后加入 4 mL 95% 乙醇，充分摇振后让其自然冷却结晶，抽滤，并用少量冷乙醇洗除吸附的游离碘，干燥后称量，产物为 0.5 g，熔点为 180～181 ℃。

纯苯频哪酮熔点为 182.5 ℃。图 3.20.4 为苯频哪酮的 IR 谱图。

本实验约需 2 h。

[思考题]

(1) 二苯酮和二苯甲醇的混合物在紫外光照射下能否生成苯频哪醇？写出其反应机理。

(2) 二苯酮的光化学反应中为什么要加少许冰乙酸？反应为什么要密闭杜绝空气？

(3) 试写出在氢氧化钠存在下，苯频哪醇分解为二苯酮和二苯甲醇的反应机理。

(4) 写出苯频哪醇在酸催化下重排为苯频哪酮的反应机理。

(5) 指出苯频哪醇和苯频哪酮 IR 谱图中官能团区羟基、羰基和芳环吸收峰的位置。

(6) 指出苯频哪醇 ^{1}H NMR 谱图中与吸收峰对应的氢核。

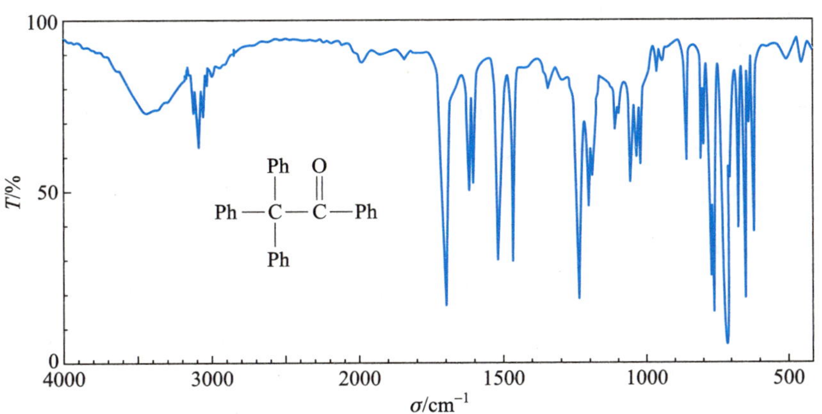

图 3.20.4 苯频哪酮的 IR 谱图

实验六十六 鲁米诺与化学发光 (luminol and chemiluminescence)

大多数化学反应都以热的形式释放能量，也有一些反应主要以光的形式释放能量。鲁米诺在碱性条件下就是一个典型的化学发光的例子。

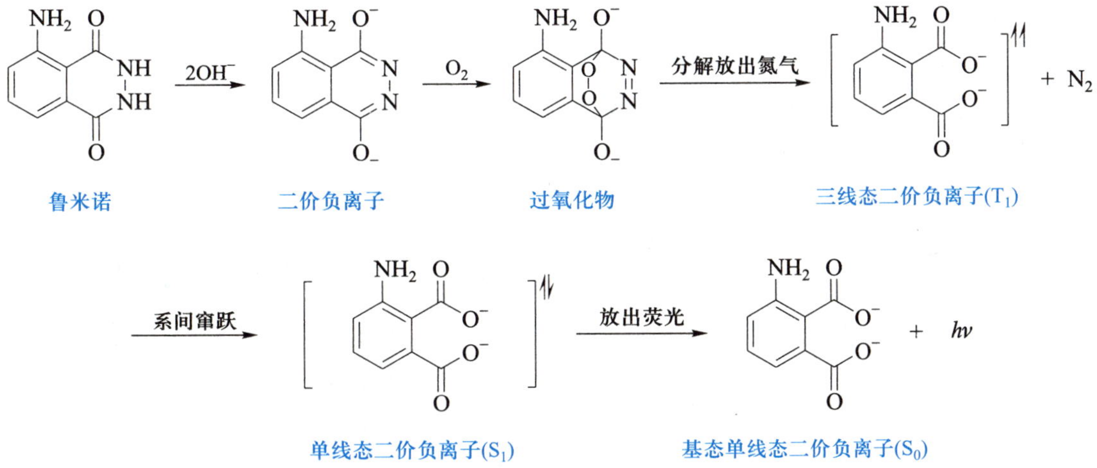

鲁米诺 —$2OH^-$→ 二价负离子 —O_2→ 过氧化物 —分解放出氮气→ 三线态二价负离子(T_1) + N_2

—系间窜跃→ 单线态二价负离子(S_1) —放出荧光→ 基态单线态二价负离子(S_0) + $h\nu$

[反应式]

3-硝基邻苯二甲酸 + NH_2NH_2 —△, $-H_2O$→ 3-硝基邻苯二甲酰肼 —$Na_2S_2O_4$→ 鲁米诺

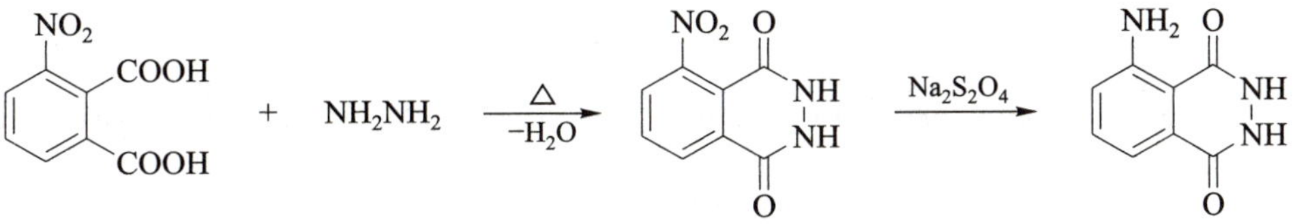

现已证实，发光体是3-氨基邻苯二甲酸盐二价负离子的激发单线态。当激发单线态返回至基态时，就会产生荧光。激发态中间体也可将能量传递至激发态能量较低的受体分子，受激发的受体分子再通过发出荧光释放能量恢复到基态。不同受体分子的激发态能量的差异使得其发出的荧光各不相同，这些现象在本实验中都可观察得到。

[试剂]

1.3 g (0.0062 mol) 3-硝基邻苯二甲酸，2 mL (0.0063 mol) 10% 水合肼，4 g (0.019 mol) 二水合连二亚硫酸钠，二缩三乙二醇，10% 氢氧化钠水溶液，冰乙酸，氢氧化钾，二甲亚砜。

[步骤]

1. 3-硝基邻苯二甲酰肼的制备

将1.3 g 3-硝基邻苯二甲酸和2 mL 10% 水合肼加入装有温度计和冷凝管的50 mL三颈烧瓶中，用电热套加热至固体溶解，加入4 mL二缩三乙二醇，将三颈烧瓶垂直固定在铁架台上，加入沸石并插入温度计，将三颈烧瓶的一支口通过安全瓶与水泵相连。打开水泵并加热三颈烧瓶，约5 min后，温度快速升至200 ℃以上，继续加热，使反应温度维持在210～220 ℃约2 min，打开安全瓶上旋塞使反应体系与大气相通，停止加热和抽气[1]。让反应液冷却至100 ℃，加入20 mL热水，进一步冷却至室温，过滤，收集浅黄色晶体3-硝基-邻苯二甲酰肼(中间体)。

2. 3-氨基邻苯二甲酰肼(鲁米诺)的制备

将中间体转入25 mL小烧杯中，加入6.5 mL 10% 氢氧化钠溶液，搅拌使固体溶解，加入4 g二水合连二亚硫酸钠，然后加热至沸腾并不断搅拌，保持5 min，稍冷后，加入2.6 mL冰乙酸，继而在冷水浴中冷却至室温，有大量浅黄色晶体析出，过滤、洗涤后收集产物鲁米诺约0.5 g。熔点为319～320 ℃。图3.20.5～图3.20.10分别为3-硝基邻苯二甲酸、3-硝基邻苯二甲酰肼和鲁米诺的IR和^{1}H NMR谱图。

3. 鲁米诺的化学发光

在100 mL锥形瓶中依次加入4 g固体氢氧化钾、20 mL二甲亚砜和0.2 g鲁米诺。溶解后分装在若干支10 mL试管中，分别进行以下实验。

(1) 试管塞紧以后剧烈振荡，在暗处观察荧光的颜色和强度。再打开试管塞并振荡试管，在暗处观察荧光的颜色和强度。比较两种情况下荧光的强度。

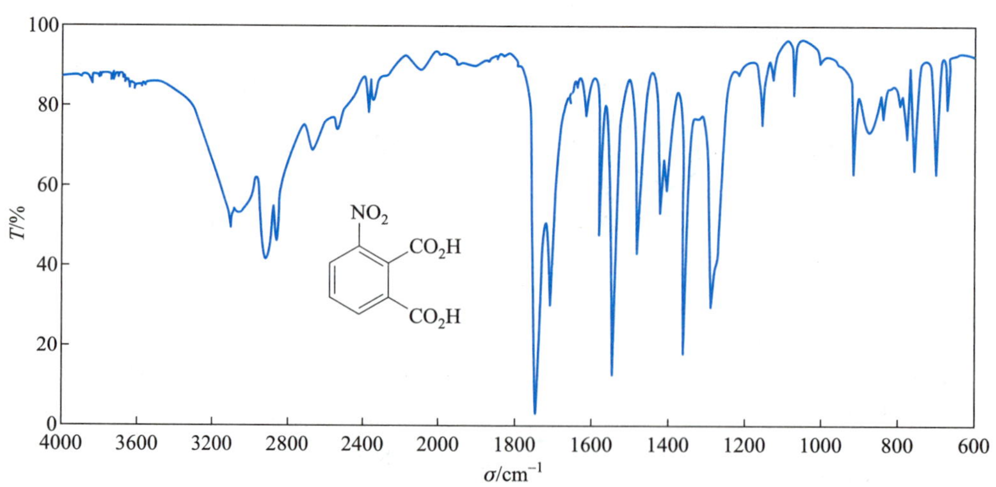

图3.20.5 3-硝基邻苯二甲酸的IR谱图

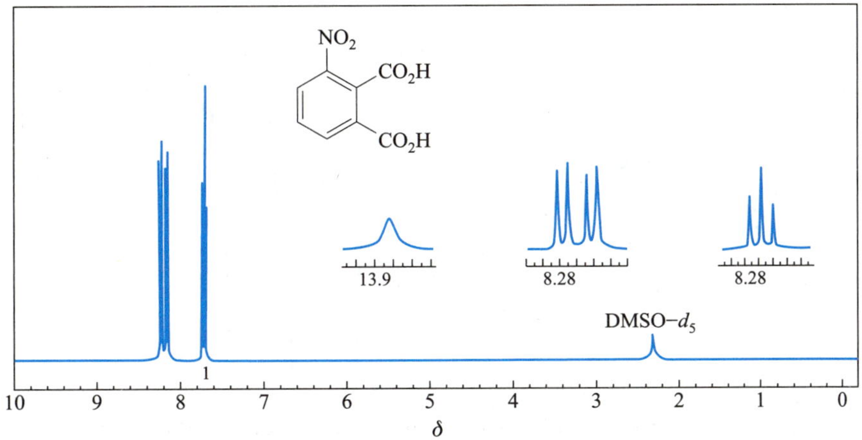

图 3.20.6 3-硝基邻苯二甲酸的 ¹H NMR 谱图 (300 MHz)

^{13}C NMR 数据: δ 127.4, 130.4, 130.7, 131.3, 134.9, 146.5, 165.7, 165.8

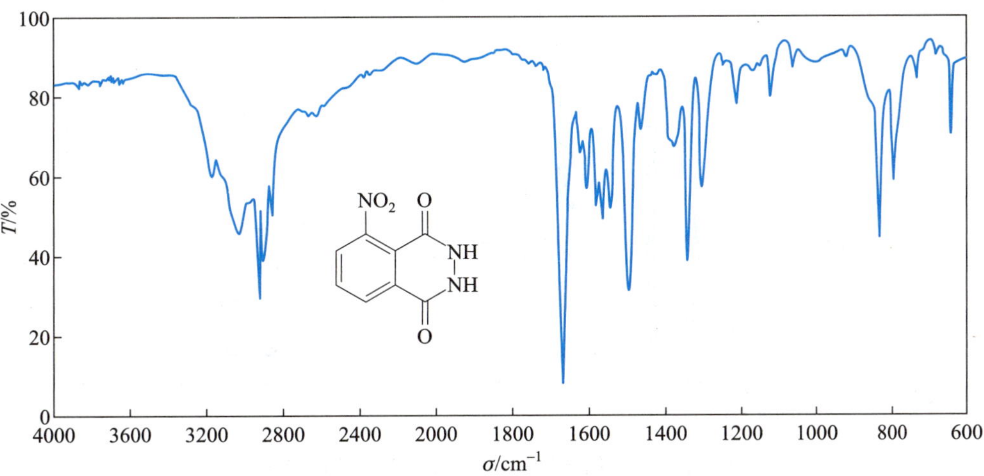

图 3.20.7 3-硝基邻苯二甲酰肼的 IR 谱图

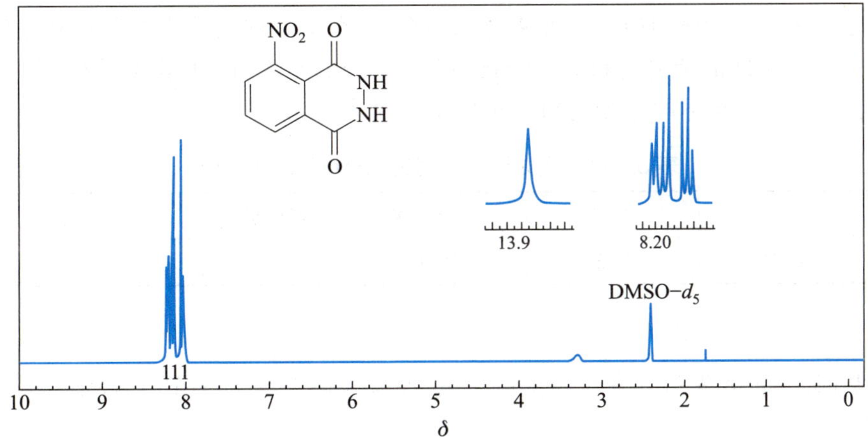

图 3.20.8 3-硝基邻苯二甲酰肼的 ¹H NMR 谱图 (300 MHz)

^{13}C NMR 数据: δ 118.4, 126.1, 127.6, 127.8, 133.9, 147.7, 151.9, 152.7

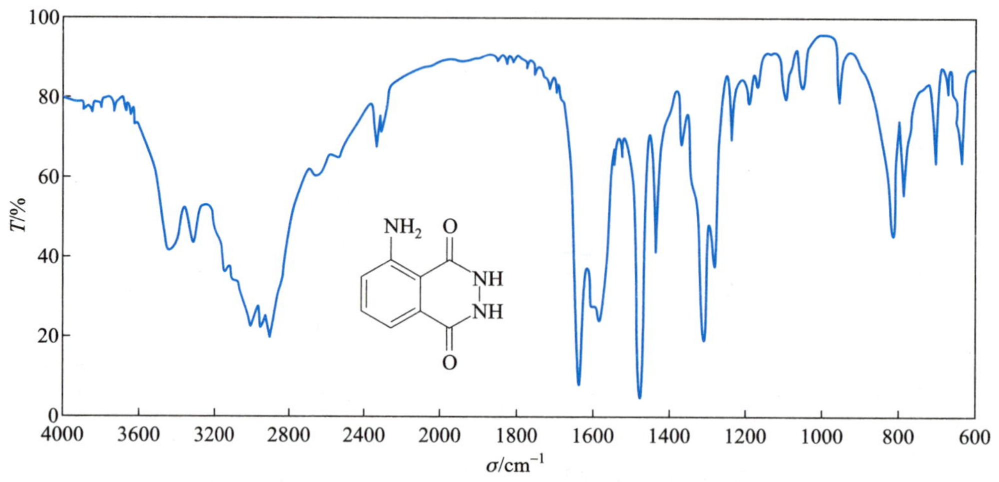

图 3.20.9 鲁米诺的 IR 谱图

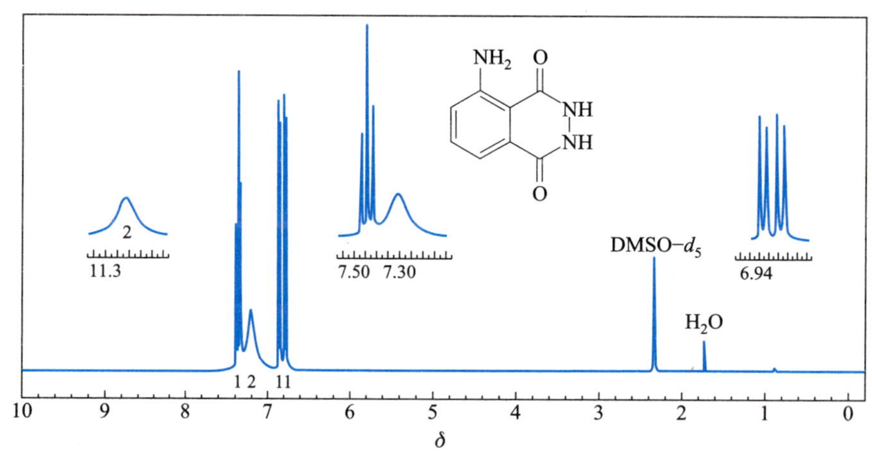

图 3.20.10 鲁米诺的 ^{1}H NMR 谱图 (300 MHz)

^{13}C NMR 数据: δ 109.8, 110.6, 116.7, 126.5, 133.9, 150.2, 151.5, 161.2

(2) 在试管中加入 3 mL 10% H_2O_2 后塞紧并剧烈振荡, 在暗处观察荧光的颜色和强度。

(3) 在试管中加入不同的荧光材料 (1～5 mg 溶于 2～3 mL 水中) 后塞紧并剧烈振荡, 在暗处观察荧光的颜色和强度。鲁米诺与不同荧光材料呈现的颜色见表 3.20.1。

表 3.20.1 鲁米诺与不同荧光材料呈现的颜色

所加荧光材料	—	荧光素	二氯荧光素	罗丹明 B	9-氨基吖啶	曙红
呈现的颜色	黄白	黄绿	黄橙	绿	蓝	橙红

[注释]

[1] 停止加热时, 一定要先打开安全瓶上的旋塞, 使反应体系与大气连通, 否则容易发生倒吸。

[思考题]

(1) 鲁米诺的发光原理是什么?

(2) 本实验在做鲁米诺发光演示时, 为什么要不时打开瓶盖剧烈振摇?

(3) 考虑 3-硝基邻苯二甲酸的谱图:

(a) 指出 IR 谱图中官能团区羟基、羧基和硝基吸收峰的位置。

(b) 指出 ^{1}H NMR 谱图中与吸收峰对应的氢核。

(c) 指出 ^{13}C NMR 数据中与吸收峰对应的碳核。

(4) 考虑 3-硝基邻苯二甲酰肼的谱图:

(a) 指出 IR 谱图中官能团区 N—H 键、羰基和硝基吸收峰的位置。

(b) 指出 ^{1}H NMR 谱图中与吸收峰对应的氢核。

(c) 指出 ^{13}C NMR 数据中与吸收峰对应的碳核。

(5) 考虑鲁米诺的谱图:

(a) 指出 IR 谱图中官能团区 N—H 键、氨基和羰基吸收峰的位置。

(b) 指出 ^{1}H NMR 谱图中与吸收峰对应的氢核。

(c) 指出 ^{13}C NMR 数据中与吸收峰对应的碳核。

3.21 Wittig 反应

醛酮与磷叶立德 (ylide) 作用, 生成烯烃的反应, 称为 Wittig 反应。其通式为

$$R_2CHX \xrightarrow{(C_6H_5)_3P} R_2CH\overset{+}{P}(C_6H_5)_3X^- \xrightarrow{n\text{-}C_4H_9Li}$$

$$\underset{\text{ylide}}{R_2\overset{-}{C}-\overset{+}{P}(C_6H_5)_3} \xrightarrow{R'_2C=O} R'_2C=CR_2$$

在 Wittig 反应中, ylide 中带负电荷的碳进攻羰基碳原子, 生成不稳定的环状化合物, 后者迅速分解成烯烃和三苯氧膦:

$$(C_6H_5)_3\overset{+}{P}-\overset{..}{C}R'_2 + R'_2C=O \longrightarrow \left[\begin{matrix} (C_6H_5)_3\overset{+}{P}-CR_2 \\ {}^-O-CR'_2 \end{matrix} \longleftrightarrow \begin{matrix} (C_6H_5)_3P-CR_2 \\ O-CR'_2 \end{matrix} \right]$$

$$\longrightarrow (C_6H_5)_3P=O + R_2C=CR'_2$$

Wittig 反应是在分子内导入烯键的重要方法, 反应条件温和, 产率高, 可以用来合成一些对酸敏感的烯烃和共轭烯烃。

一个改进的 Wittig 反应是由亚磷酸酯与活泼的卤代烃 (如苄氯) 反应, 生成苄基磷酸酯, 后者在碱存在下, 产生类似 ylide 的碳负离子, 与羰基化合物反应。

$$(C_2H_5O)_3P + C_6H_5CH_2Cl \longrightarrow (C_2H_5O)_2\overset{O}{\overset{\|}{P}}CH_2C_6H_5 + C_2H_5Cl$$

$$(C_2H_5O)_2\overset{O}{\overset{\|}{P}}CH_2C_6H_5 + C_6H_5CHO \xrightarrow{NaOC_2H_5} C_6H_5CH=CHC_6H_5 + (C_2H_5O)_2\overset{O}{\overset{\|}{P}}ONa$$

Wittig 由于发现磷叶立德及在制备烯烃中的作用获得了 1979 年诺贝尔化学奖。α-卤代羧酯也可与亚磷酸酯发生类似的反应，这是一个 Wittig 反应重要的合成中间体，称为 Horner-Wadsworth-Emmons 反应。

$$(C_2H_5O)_3P + BrCH_2CO_2C_2H_5 \longrightarrow (C_2H_5O)_2\overset{O}{\overset{\|}{P}}-CH_2CO_2C_2H_5 \xrightarrow{NaH}$$

$$(C_2H_5O)_2\overset{O}{\overset{\|}{P}}-\overset{-}{C}HCO_2C_2H_5 \xrightarrow{R_2C=O} R_2C=CHCO_2C_2H_5 + (C_2H_5O)_2\overset{O}{\overset{\|}{P}}ONa$$

通过改良的 Wittig 反应制备单和双取代丙烯酸酯是比 Reformatsky 反应更好的合成方法。

实验六十七 反-1, 2-二苯乙烯
(*trans*-stilbene)

反-1,2-二苯乙烯可通过 Wittig 反应和 Horner-Wadsworth-Emmons 反应两种方法来进行制备。

实验方法 (一): 通过 Wittig 反应来制备

本实验通过苄氯与三苯基膦作用，生成氯化苄基三苯基膦，再在碱存在下与苯甲醛作用，制备 1,2-二苯乙烯。第二步是两相反应，通过季鏻盐和 ylide鏻盐起相转移催化剂的作用，反应可顺利进行，具有操作简便、反应时间短等优点，适合于教学制备实验。

[反应式]

$$(C_6H_5)_3P + ClCH_2C_6H_5 \xrightarrow{\triangle} (C_6H_5)_3\overset{+}{P}CH_2C_6H_5Cl^- \xrightarrow{NaOH}$$

$$(C_6H_5)_3P=CHC_6H_5 \xrightarrow{C_6H_5CH=O} C_6H_5CH=CHC_6H_5 + (C_6H_5)_3PO$$

[试剂]

3 g (2.8 mL, 0.024 mol) 苄氯[1], 6.3 g (0.024 mol) 三苯基膦[2], 1.6 g (1.5 mL, 0.015 mol) 苯甲醛, 氯仿, 乙醚, 二氯甲烷, 50% 氢氧化钠溶液, 95% 乙醇。

[步骤]

1. 氯化苄基三苯基膦

在 50 mL 圆底烧瓶中，加入 3 g 苄氯，6.3 g 三苯基膦和 20 mL 氯仿，装上带有干燥管的回流冷凝管，在水浴上回流 2~3 h。反应完后改为蒸馏装置，蒸出氯仿。向烧瓶中加入 5 mL 二甲苯，充分摇振混合，真空抽滤。用少量甲苯洗涤结晶，于 110 ℃ 烘箱中干燥1 h，得 7 g 季鏻盐。产品为无色晶体，熔点为 310~312 ℃，储于干燥器中备用。

2. 反-1,2-二苯乙烯

在装有搅拌磁子的 50 mL 圆底烧瓶中，加入5.8 g 氯化苄基三苯基膦，1.6 g 苯甲醛[3] 和 10 mL 二氯甲烷，装上回流冷凝管。在充分搅拌下，自冷凝管顶滴入 7.5 mL 50% 氢氧化钠溶液，约 15 min 滴完。加完后，继续搅拌 0.5 h。

将反应混合物转入分液漏斗，加入 10 mL 水和 10 mL 乙醚，摇振后分出有机层，水层每次用 10 mL 乙醚萃取 2 次，合并有机层和醚萃取液，每次用 10 mL 水洗涤 3 次后，用无水硫酸镁干燥，滤去干燥

剂，在水浴上蒸去有机溶剂。残余物加入 95% 乙醇加热溶解 (约需 10 mL)，然后置于冰浴中冷却，析出反-1,2-二苯乙烯结晶。抽滤，干燥后称量。产量约为 1 g，熔点为 123～124 ℃。进一步纯化可用甲醇-水重结晶。

纯反-1,2-二苯乙烯的熔点为 124 ℃。图 3.21.1 和图 3.21.2 分别为反-1,2-二苯乙烯的 IR 和 ^{1}H NMR 谱图。

本实验需 6～8 h。

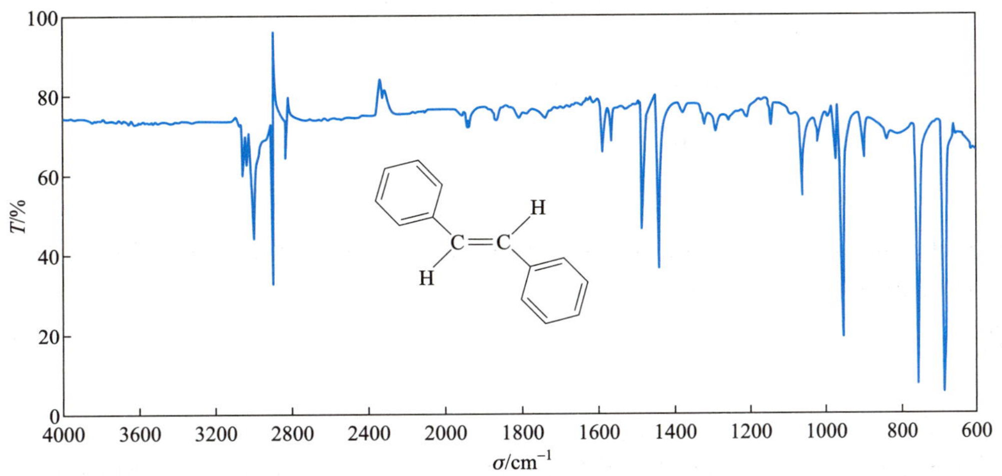

图 3.21.1　反-1,2-二苯乙烯的 IR 谱图

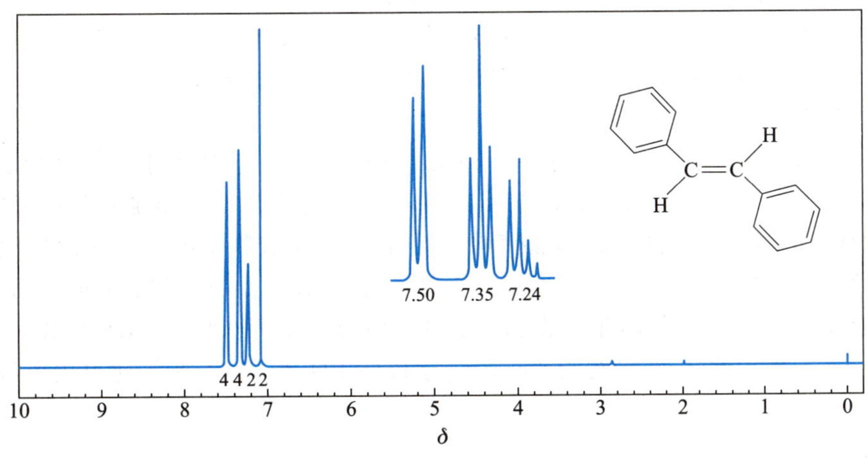

图 3.21.2　反-1,2-二苯乙烯的 ^{1}H NMR 谱图 (300 MHz)

^{13}C NMR 数据：δ 126.3, 127.8, 129.0, 137.6

[注释]

[1] 苄氯蒸气对眼睛有强烈的刺激作用，转移时切勿滴在瓶外，如不慎沾在手上，应用水冲洗后再用肥皂擦洗。

[2] 有机磷化物通常是有毒的，与皮肤接触后应立即用肥皂擦洗。

[3] 作为替换，可用 2 g (0.015 mol) 肉桂醛代替苯甲醛，其余操作相同，得到 1,4-二苯基-1,3-丁二

烯, 产量约为 1 g, 熔点为 150～151 ℃。

实验方法 (二): 通过 Horner-Wadsworth-Emmons 反应来制备

[反应式]

$$(C_2H_5O)_3P + C_6H_5CH_2Cl \longrightarrow (C_2H_5O)_3\overset{+}{P}CH_2C_6H_5\overset{-}{Cl} \xrightarrow{-CH_3CH_2Cl}$$

$$(C_2H_5O)_2\overset{O}{\overset{\|}{P}}-CH_2C_6H_5 \xrightarrow{CH_3ONa} (C_2H_5O)_2\overset{O}{\overset{\|}{P}}-\ddot{C}HC_6H_5\ Na^+ \xrightarrow{C_6H_5CHO}$$

$$(H_5C_6)(H)C=C(H)(C_6H_5) + (C_2H_5O)_2\overset{O}{\overset{\|}{P}}ONa$$

[试剂]

3.3 g (3 mL, 0.026 mol) 苄氯, 4.4 g (4.5 mL, 0.026 mol) 亚磷酸三乙酯, 1.5 g (0.028 mol) 甲醇钠, 2.7 g (2.6 mL, 0.026 mol) 苯甲醛, DMF, 甲醇, 异丙醇。

[步骤]

1. 苄基膦酸二乙酯

本实验应在通风橱中进行, 反应释放氯乙烷。

在 25 mL 圆底烧瓶中放入 3 mL 苄氯[1] 和 4.5 mL 亚磷酸三乙酯, 加入沸石。烧瓶上装一 Y 形连接管, 侧口装回流冷凝管, 其上端连一氯化钙干燥管, 中间口插入一温度计, 其水银球离烧瓶底约 3 mm。在石棉网上用燃气灯加热, 在 130～140 ℃ 可以发现氯乙烷释放出来, 约在 165 ℃ 开始沸腾, 继续加热 1.5～2 h, 温度最终达到 200 ℃ 以上[2]。停止加热, 当反应物温度下降到低于 100 ℃ 时, 可将烧瓶置于冷水浴里使其冷却。将粗产物溶于 5 mL DMF 中, 直接用于下一步 Wittig 反应。

2. 反-1,2-二苯乙烯

在 100 mL 锥形瓶中放入 1.5 g 甲醇钠[3] 和 10 mL DMF。加入 (1) 中得到的苄基膦酸二乙酯的 DMF 溶液。摇动锥形瓶, 放入冰水浴中冷却, 调整反应温度到 20 ℃[4] 附近。滴加新蒸馏过的 2.6 mL 苯甲醛溶于 10 mL DMF 的溶液。再摇动锥形瓶使均匀混合, 反应混合物温度上升, 间歇用冰水浴冷却, 保持反应温度在 20～30 ℃。约 5 min 后, 温度不再上升。此时, 在室温下放置 5 min, 然后加入 15 mL 水, 反式二苯乙烯析出。在布氏漏斗上抽滤, 得白色晶体。用 15 mL 甲醇水溶液 (体积比 1∶1) 洗涤粗产物, 尽量挤压去水分。干燥后称量, 产量约为 2 g, 熔点为 123～124 ℃。进一步纯化可用甲醇-水或 95% 乙醇重结晶。

本实验需 6～7 h。

[注释]

[1] 见实验方法 (一) 中 [1]。

[2] 如果加热时间是 1 h 或反应温度低于 220 ℃, 产率都会降低。

[3] 所用甲醇钠应呈细粉状。甲醇钠的质量与收率高低密切相关。

制备甲醇钠的步骤如下:

在 100 mL 圆底烧瓶中加入 15 mL 无水甲醇, 用磨口塞塞紧。用镊子取金属钠一小块, 用刀子切去外皮, 迅速称量 6 g 并切成薄片, 直接投入盛有石油醚的 100 mL 烧杯中。夹取一片投入甲醇中, 立即有氢气逸出,待全溶解后再加入另一片。操作应在通风橱中进行,不能有明火,更不能一次投入多片钠。金属钠全部反应后,装上蒸馏装置,在热水浴中蒸出过量的甲醇。然后在油浴及水泵减压下蒸去残留的甲醇,得到干燥的白色甲醇钠固体。保存于干燥的广口瓶内,用橡胶塞塞紧,于真空干燥器内备用。

[4] 生成叶立德的反应是放热反应。

[思考题]

(1) 三苯亚甲基膦能与水起反应,三苯亚苄基膦则在水存在下可与苯甲醛反应,并主要生成烯烃,试比较两者的亲核活性并从结构上加以说明。

(2) 写出亚磷酸三乙酯与苄氯生成苄基膦酸二乙酯的反应机理。

(3) 为什么 Wittig 反应中要除去苯甲醛中所含的苯甲酸?

(4) 试比较通过 Wittig 反应与用消去反应制备烯烃的差别。

(5) Wittig 反应制得的烯烃,一般以反式为主,如何理解此反应的立体选择性?

(6) 考虑反-1,2-二苯乙烯的谱图 (图 3.21.1 和图 3.21.2):

(a) 在 IR 谱图中,指出与反式乙烯式氢相对应的吸收;解释为什么在 1600～1700 cm^{-1} 烯烃通常典型的吸收区域无明显的吸收。

(b) 指出 ^{1}H NMR 谱图中与吸收峰对应的氢核。

(c) 指出 ^{13}C NMR 数据中与吸收峰对应的碳核。

3.22 卡宾的反应和相转移催化剂

卡宾 (carbene) 是通式为:CR_2 的中性活性中间体的总称,其中碳原子与两个原子或基团以 σ 键相连,另外还有一对非键电子。最简单的卡宾是亚甲基 (:CH_2),二卤卡宾 (:CX_2) 则是常见的取代卡宾。由于碳原子周围只有六个外层电子,卡宾具有很强的亲电性。

卡宾最典型的反应是与 C═C 发生加成反应,生成环丙烷及其衍生物,这是合成三元环的主要方法:

$$\gt C{=}C\lt \ + \ :CR_2 \longrightarrow \text{(cyclopropane: } -C-C- \text{ bridged by } CR_2)$$

也可以与碳氢键进行插入反应:

$$-\overset{|}{\underset{|}{C}}-H \ + \ :CR_2 \longrightarrow -\overset{|}{\underset{|}{C}}-\overset{R}{\underset{R}{C}}-H$$

但二卤卡宾一般不能发生这一反应。

制备卡宾的方法较多,实验室常用的有两种。一种是重氮化合物的光或热分解:

$$\left[R_2\overset{-}{C}{=}\overset{+}{N}{=}N \longleftrightarrow R_2\overset{-}{C}-\overset{+}{N_2}\right] \xrightarrow{\text{光或热}} R_2C: \ + \ N_2\uparrow$$

另一种是通过 α-消去反应。三卤甲烷在强碱作用下,先生成三卤甲基碳负离子,它接着脱去一个卤负离子,产生二卤卡宾。例如:

$$HCCl_3 + HO^- \rightleftharpoons :\bar{C}Cl_3 + H_2O$$

$$:\bar{C}Cl_3 \rightleftharpoons :CCl_2 + Cl^-$$

由于重氮化合物不稳定,有爆炸危险,作为基础课教学实验须极为慎重;相比之下,α-消去反应则既安全又方便,但产率偏低。

利用二卤卡宾制备三元环传统的方法是在无水叔丁醇中用叔丁醇钾与氯仿反应。反应需要较长时间且必须在无水条件下进行,但在少量相转移催化剂存在下,可用氢氧化钠溶液代替叔丁醇钾,且反应时间明显缩短,产率较高。例如:

$$\text{环己烯} + CHCl_3 \xrightarrow[C_6H_5CH_2\overset{+}{N}Et_3Cl^-]{50\%NaOH\text{溶液}} \text{7,7-二氯双环[4.1.0]庚烷}\ (72\%)$$

一个有用的合成三元环的方法是 Simens-Smith 反应。该反应是将二碘甲烷与锌-铜合金及烯烃一起搅拌。二碘甲烷与锌反应产生有机锌化合物,接着与烯烃发生顺式加成,生成环丙烷的衍生物:

$$CH_2I_2 + Zn(Cu) \longrightarrow ICH_2ZnI \xrightarrow{>C=C<} \text{环丙烷衍生物}$$

相转移催化剂 (phase transfer catalysis)

相转移催化也称 PT,是 20 世纪 60 年代以来在有机合成中应用日趋广泛的一种新的合成方法。在有机合成中,常遇到水溶性的无机负离子和不溶于水的有机化合物之间的反应,这种非均相反应在通常条件下速率慢、产率低,甚至有时很难发生。但如果用水溶解无机盐,用极性小的有机溶剂溶解有机物,并加入少量 (通常为 0.05 mol 以下) 的季铵盐或季鏻盐,反应则很容易进行。这些能促使提高反应速度并在两相之间转移负离子的鎓盐,称为相转移催化剂。常用的盐是苄基三乙基氯化铵 (TEBA)、四丁基硫酸氢铵 (TBAB) 和三辛基甲基氯化铵等。

$$C_6H_5CH_2\overset{+}{N}(CH_2CH_3)_3Cl^-$$
TEBA

$$(CH_3CH_2CH_2CH_2)_4\overset{+}{N}HSO_4^-$$
TBAB

$$[CH_3(CH_2)_6CH_2]_3\overset{+}{N}CH_3Cl^-$$
三辛基甲基氯化铵

这些化合物具有同时在水相和有机相溶解的能力,其中烃基是油溶性基,带正电荷的氮是水溶性基。烃基的碳原子总数一般不少于 13,以保证具有足够的油溶性。季铵盐中的正与负离子在水相形成离子对,可以将负离子从水相转移到有机相,而在有机相中,负离子无溶剂化作用,而且由于正离子体积大,正负离子之间的距离也大,彼此间作用弱,负离子可以看作是裸露的,因而反应活性大大提高。相转移催化剂转移离子的过程可表示如下:

有机相　$R—L + Q^+Nu^- \longrightarrow RNu + Q^+L^-$

水相　$L^- + Q^+Nu^- \longleftarrow Nu^- + Q^+L^-$

(两相间 Q^+Nu^- 与 Q^+L^- 各自通过 $\rightleftharpoons$ 平衡转移)

其中 Q^+ 代表季铵盐或季鏻盐离子。

除鎓盐外，冠醚如 18－冠－6、二苯并－18－冠－6 等也可作为相转移催化剂。冠醚具有和某些金属离子络合的性能而溶于有机相，因而和络合离子形成离子对的负离子也随之进入有机相。

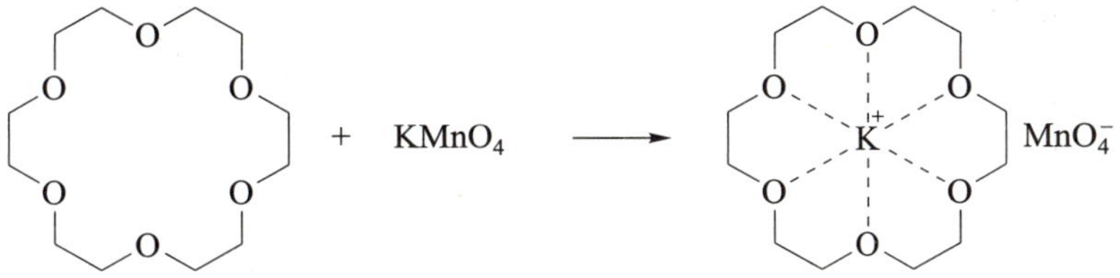

$$\text{18-冠-6} + KMnO_4 \longrightarrow [\text{18-冠-6}\cdot K^+]\ MnO_4^-$$

相转移催化剂能有效地加速许多反应，这些反应比非催化反应操作简便，时间缩短，而且避免了使用价格较贵的非质子性溶剂，如 Williamson 反应、腈化反应、用高锰酸钾的氧化反应、酰化反应及 Wittig 反应等。本节列举了两个相转移催化反应的例子，即 7,7－二氯双环 [4.1.0] 庚烷和扁桃酸的制备。

实验六十八　7,7－二氯双环 [4.1.0] 庚烷
(7,7－dichloro－bicyclo [4.1.0] heptane)

[反应式]

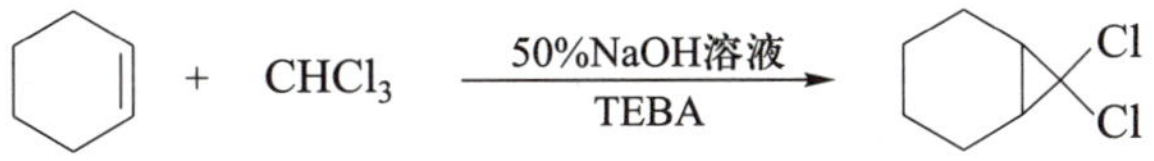

$$\text{环己烯} + CHCl_3 \xrightarrow[\text{TEBA}]{50\%NaOH\text{溶液}} \text{7,7-二氯双环[4.1.0]庚烷}$$

[试剂]

4.1 g (5.1 mL, 0.05 mol) 环己烯，22 g (15 mL, 0.185 mol) 氯仿，0.25 g 苄基三乙基氯化铵 (TEBA)[1]，氢氧化钠。

[步骤]

在锥形瓶中，小心配制 9 g 氢氧化钠溶于 9 mL 水的溶液，在冰浴中冷却至室温。在装有搅拌器[2]、滴液漏斗、回流冷凝管和温度计的 100 mL 三颈烧瓶中，加入 5.1 mL 环己烯、0.25 g TEBA 和 15 mL 氯仿。开动搅拌，由冷凝管上口以较慢的速率滴加配制好的 50% 氢氧化钠溶液[3]，约 15 min 滴完。放热反应使瓶内温度逐渐上升至 50～60 ℃，反应物的颜色逐渐变为橙黄色。滴加完毕后，在水浴中加热回流，继续搅拌 45～60 min。

将反应物冷至室温，加入 30 mL 水稀释后转入分液漏斗，分出有机层 (如两层界面上有较多的乳化物，可过滤)。水层用 12 mL 乙醚萃取一次，合并醚萃取液和有机层，用等体积的水洗涤两次，用无水硫酸镁干燥。

在水浴上蒸去溶剂，然后进行减压蒸馏，收集 75～80 ℃/2.0 kPa (15 mmHg)，95～97 ℃/4.67 kPa (35 mmHg) 馏分。产量约为 5 g。产品也可在常压下蒸馏，收集 190～190 ℃ 馏分，沸点时产物略有分解。

纯 7,7－二氯双环 [4.1.0] 庚烷的沸点为 198 ℃。图 3.22.1 和图 3.22.2 分别为 7,7－二氯双环 [4.1.0] 庚烷的 IR 和 ^{1}H NMR 谱图。

本实验需 6～7 h。

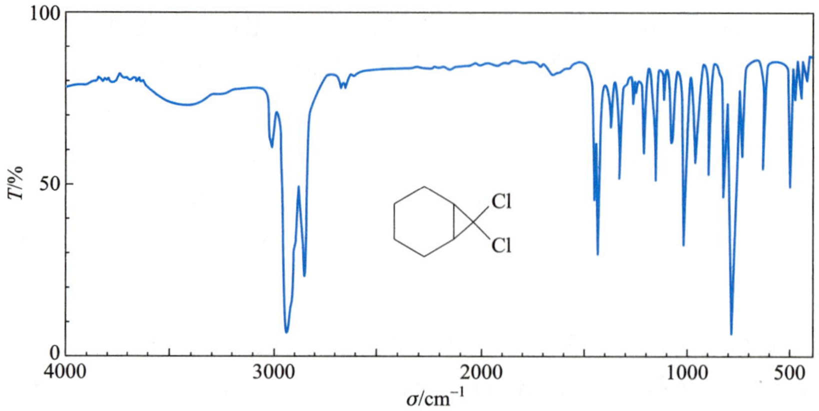

图 3.22.1　7,7-二氯双环 [4.1.0] 庚烷的 IR 谱图

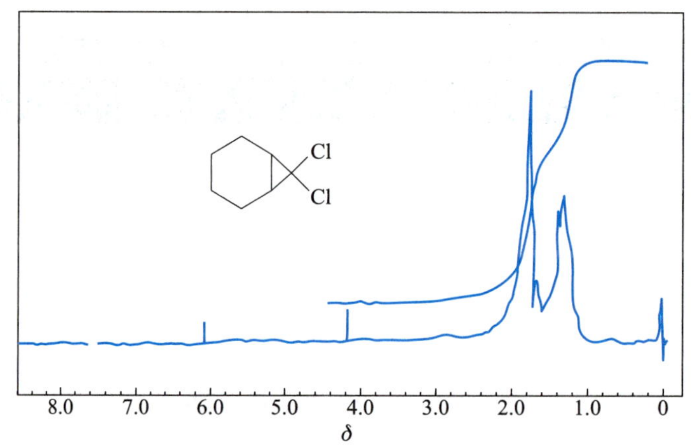

图 3.22.2　7,7-二氯双环 [4.1.0] 庚烷的 ^{1}H NMR 谱图

[注释]

[1] TEBA 可通过下述步骤进行制备: 在装有搅拌器、回流冷凝管的三颈烧瓶中, 加入 5.5 mL (6.4 g, 0.05 mol) 苄氯, 7 mL (0.05 mol) 三乙胺和 19 mL 1,2-二氯乙烷, 回流搅拌 1.5 h。将反应物冷却, 析出结晶, 抽滤, 用少量二氯甲烷或无水乙醚洗涤, 干燥后产量约为 10 g。季铵盐易吸潮, 干燥后的产品应置于干燥器中保存。

[2] 也可用电磁搅拌代替电动搅拌。相转移反应是非均相反应, 搅拌必须是有效而安全的, 这是实验成功的关键。

[3] 浓碱溶液呈黏稠状, 腐蚀性极强, 应小心操作。盛碱的分液漏斗用后要立即洗干净, 以防旋塞受腐蚀而黏结。

[思考题]

(1) 根据相转移反应的原理, 写出本反应中离子的转移和二氯卡宾的产生及反应过程。

(2) 本实验反应过程中为什么要激烈搅拌反应混合物?

(3) 本实验中为什么要使用大大过量的氯仿?

(4) 指出 7,7-二氯双环 [4.1.0] 庚烷 ^{1}H NMR 谱图中与吸收峰对应的氢核。

实验六十九 扁桃酸
(mandelic acid)

扁桃酸又名苦杏仁酸，是有机合成的中间体和口服治疗尿道感染的药物。它含有一个不对称碳原子，化学方法合成得到的是外消旋体。用旋光性的碱如麻黄素可拆分为具有旋光性的组分 (见实验 七十一)。

扁桃酸传统上可用扁桃腈 [$C_6H_5CH(OH)CN$] 和 α,α-二氯苯乙酮 ($C_6H_5COCHCl_2$) 的水解来制备，但合成路线长、操作不便且欠安全。本实验采用相转移催化反应，一步即可得到产物，显示了相转移催化 (PT) 的优点。

[反应式]

$$C_6H_5\overset{O}{\overset{\|}{C}}H + CHCl_3 \xrightarrow[TEBA]{NaOH} \xrightarrow{H^+} C_6H_5\overset{OH}{\overset{|}{\underset{*}{C}}}HCO_2H$$

反应机理一般认为是反应中产生的二氯卡宾对苯甲醛的羰基加成，再经重排及水解：

$$C_6H_5\overset{O}{\overset{\|}{C}}H \xrightarrow{:CCl_2} C_6H_5\underset{H}{C}(-O-)CCl_2 \xrightarrow{重排} C_6H_5\overset{Cl}{\overset{|}{C}}HCOCl \xrightarrow{OH^-} \xrightarrow{H^+} C_6H_5\overset{OH}{\overset{|}{C}}HCO_2H$$

[试剂]

3.55 g (3.4 mL, 0.0335 mol) 苯甲醛 (新蒸), 9 g (6 mL, 0.075 mol) 氯仿, 0.35 g TEBA, 氢氧化钠, 乙醚, 硫酸, 甲苯, 无水硫酸钠, 无水乙醇。

[步骤]

在锥形瓶中小心配制 6.5 g 氢氧化钠溶于 6.5 mL 水的溶液，在水浴中冷至室温。

在 50 mL 装有搅拌器、回流冷凝管和温度计的三颈烧瓶中，加入 3.4 mL 苯甲醛, 0.35 g TEBA 和 6 mL 氯仿。开动搅拌，在水浴上加热，待温度上升至 50～60 ℃时，自冷凝管上口慢慢滴加配制的 50% 氢氧化钠溶液。滴加过程中控制反应温度在 60～65 ℃，需要 45～60 min 加完。加完后，保持此温度继续搅拌 1 h[1]。

将反应液用 70 mL 水稀释，每次用 8 mL 乙醚萃取两次，合并醚萃取液，倒入指定容器待回收乙醚。此时水层为亮黄色透明状，用 50% 硫酸酸化至 pH 为 1～2 后，再每次用 15 mL 乙醚萃两次，合并酸化后的醚萃取液，用无水硫酸钠干燥。在水浴上蒸去乙醚 (蒸出的乙醚倒入指定回收容器)，并用水泵减压抽净残留的乙醚 (产物在醚中溶解度大)，得粗产物约 3 g。

将粗产物用甲苯-无水乙醇[2] (体积比 8∶1) 进行重结晶 (每克粗产物约需 3 mL)，趁热过滤，母液在室温下放置使结晶慢慢析出。冷却后抽滤，并用少量石油醚 (30～60 ℃) 洗涤促使其快干。产品为白色结晶，产量约为 2 g，熔点为 118～119 ℃。

纯扁桃酸熔点为 118.5 ℃。图 3.22.3 为扁桃酸的 IR 谱图。

本实验需 6～8 h。

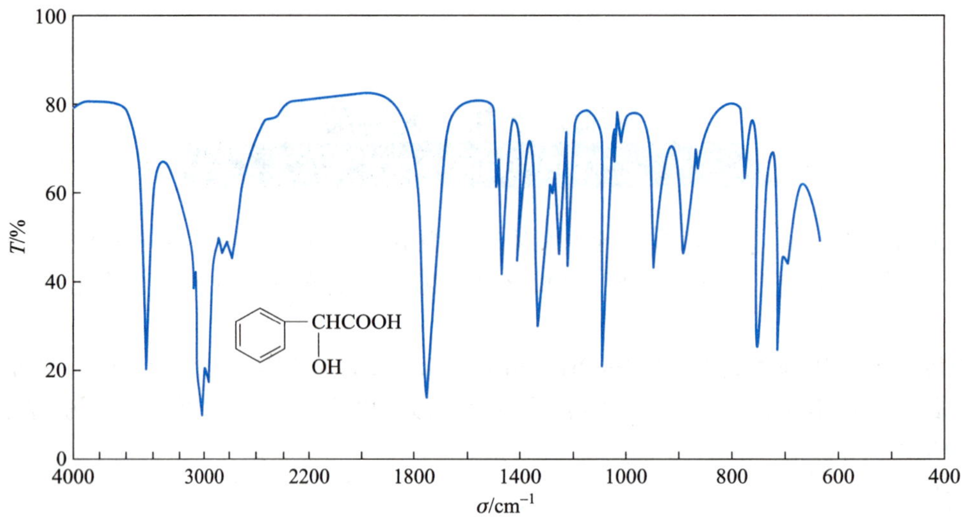

图 3.22.3　扁桃酸的 IR 谱图

[注释]

[1] 此时可取反应液用 pH 试纸测其 pH, 应接近中性, 否则适当延长反应时间。

[2] 亦可用甲苯单独重结晶 (每克约需 1.5 mL)。

[思考题]

(1) 本实验中, 酸化前后两次用乙醚萃取的目的何在?

(2) 根据相转移反应原理, 写出本反应中离子的转移和二氯卡宾的产生及反应过程。

(3) 本实验过程中为什么样必须充分搅拌?

(4) 指出扁桃酸 IR 谱图中官能团区羟基、羧基和芳环双键吸收峰的位置。

3.23　苯炔的制备和反应

为了充分了解一种有机反应, 就必须清楚认识和鉴定原料转变成产物过程中所生成的可能的中间体。有机化学中遇到的中间体类型无论在电子结构和相对活性方面都不相同, 有带电的中间体如碳正和碳负离子, 也有不带电的中间体如自由基、卡宾和烯氮。本节所要介绍的是另一种活性中间体 —— 苯炔。

苯炔 (benzyne) 又称去氢苯。1953 年, Rorberts 的同位素标记实验证实了苯炔作为活性中间体的存在, 从而标志着苯炔化学的开始, 随后出现了几种不同的制备方法 (如下所示)。苯炔一般由芳香卤化物与强碱作用制备。一种适合教学实验的、更方便的方法是利用邻氨基苯甲酸与亚硝酸酯作用制成重氮盐, 然后重氮盐热分解产生苯炔。由于苯炔非常活泼, 迄今为止尚未单独分离出来, 但它可以作为 “亲电试剂和亲双烯” 发生许多反应。如在水或氨中可生成苯酚和苯胺。若无其他化合物与之反应, 苯炔即可自身聚合成二聚体 —— 二联苯。

本节选择的实验是通过生成的苯炔立即与呋喃发生 1,4-环加成反应, 生成 1,4-二氢-1,4-桥氧萘, 制备 α-萘酚。

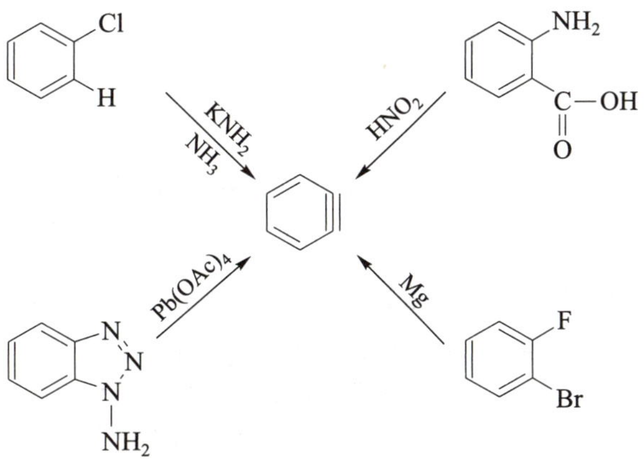

对这个反应来说,溶剂的选择是关键性的。首先,所有原料包括中间体都应溶于溶剂中;其次,溶剂的沸点必须使重氮盐的生成和分解保持恰当的速率;第三,溶剂必须是非质子化的,以便降低溶剂对苯炔高度活泼的三键起加成反应的可能性。乙二醇二甲醚正是符合上述要求的、合适极性的非质子性溶剂。

实验七十 从苯炔制备 α-萘酚 (preparation of naphthol from benzyne)

[反应式]

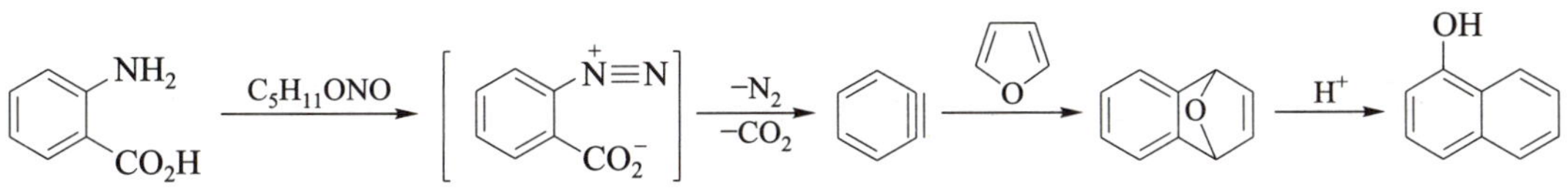

1. 1,4-二氢-1,4-桥氧萘的制备

[试剂]

2.75 g (20 mmol) 邻氨基苯甲酸, 4 mL (3.5 g, 30 mmol) 亚硝酸异戊酯, 呋喃, 10 mL (9.37 g, 138 mmol) 乙二醇二甲醚, 石油醚 (30~60 ℃), 氢氧化钠, 硫酸镁。

[步骤]

在 100 mL 圆底烧瓶中, 加入 10 mL 呋喃和乙二醇二甲醚, 放入沸石, 安装回流冷凝管。取两支 25 mm×100 mm 的试管, 分别放入 10 mL 溶有 4 mL 亚硝酸异戊酯的乙二醇二甲醚和 10 mL 溶有 2.75 g 邻氨基苯甲酸的乙二醇二甲醚溶液。在水浴上将呋喃溶液加热回流, 每隔 3~4 min, 用移液管分别加入上述两种溶液各 1 mL, 之后继续回流 5 min。回流完毕将溶液冷却。

量取 25 mL 溶有 0.50 g 氢氧化钠的水溶液, 加到已经冷却过的混合液中, 混匀后移入分液漏斗中, 用 25 mL 石油醚进行萃取, 弃去水相, 并用 15 mL 水分数次洗涤石油醚溶液, 用硫酸镁进行干燥。必要时可加入活性炭脱色, 过滤。滤液在水浴上浓缩至 10 mL, 此时如有油状物析出, 可将其倒入一干净的试管中, 原烧瓶用 1~2 mL 石油醚冲洗倒入上述试管中, 冷却, 并用玻璃棒摩擦管壁, 促其桥氧化合物结晶。收集产品, 用 5 mL 石油醚重结晶, 称量, 测熔点并计算此 1,4-二氢-1,4-桥氧萘的产率。进一步纯化，可将产品在 100 ℃减压升华后，再进行重结晶。纯 1,4-二氢-1,4-桥氧萘的熔点为 56 ℃。

2. α-萘酚的制备

[试剂]

0.50 g (3.5 mmol) 1,4-二氢-1,4-桥氧萘，石油醚 (30～60 ℃)，乙醇，浓盐酸，硫酸钠，乙醚。

[步骤]

称取 0.50 g 1,4-二氢-1,4-桥氧萘和 10 mL 乙醇放入 25 mm×100 mm 的试管中，然后加入 5 mL 浓盐酸，搅拌均匀后放置 10 min，将其转移到分液漏斗中。原试管分别用 20 mL 乙醚和 15 mL 水洗涤，充分振荡，分出乙醚层，乙醚层用 5 mL 水分数次洗涤，用无水硫酸钠干燥。滤出干燥剂，滤液转移到 50 mL 锥形瓶中，在水浴上蒸除溶剂，残余物中加入 15 mL 石油醚溶解产物并使其冷却。重结晶后结晶呈微粉红色，在室温干燥，称量，测定熔点并计算产率。

纯 α-萘酚为白色晶体，熔点为 96 ℃。图 3.23.1 和图 3.23.2 分别为 α-萘酚的 IR 和 ^{1}H NMR 谱图。

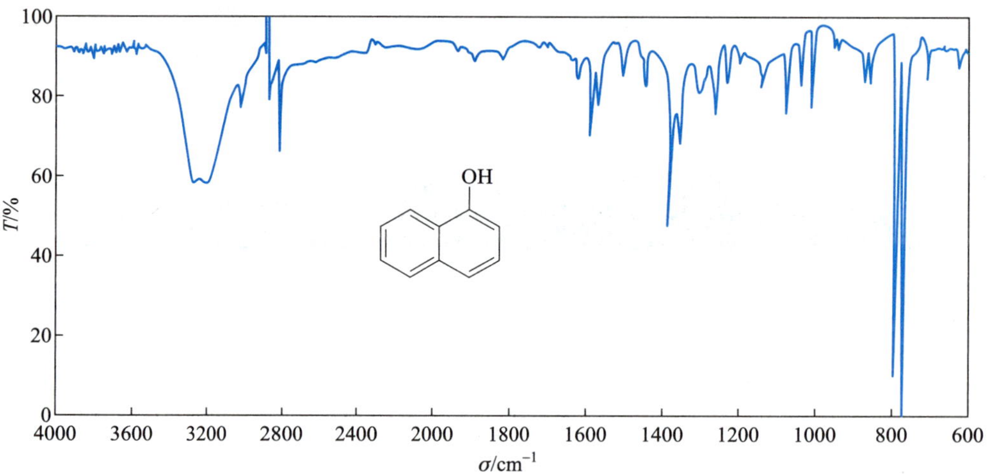

图 3.23.1 α-萘酚的 IR 谱图

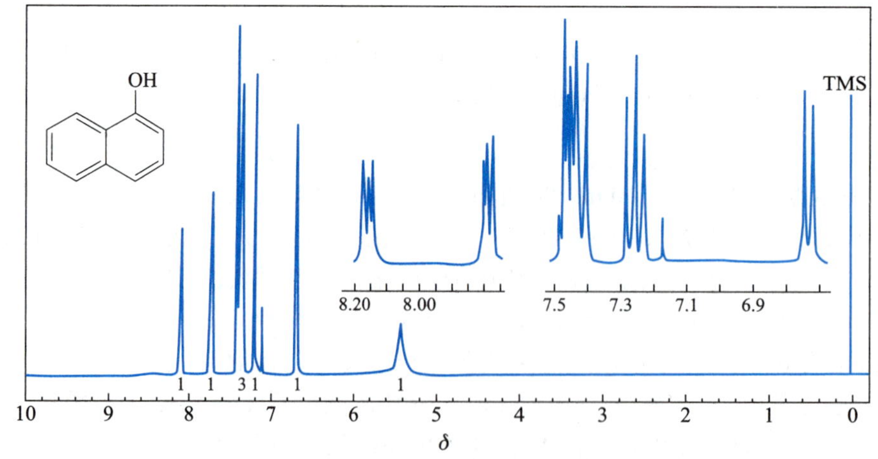

图 3.23.2 α-萘酚的 ^{1}H NMR 谱图 (300 MHz)

^{13}C NMR 数据：δ 108.8, 119.8, 122.1, 124.9, 125.3, 125.8, 126.2, 127.6, 134.9, 152.4

[思考题]

(1) 在没有亲核试剂或双烯存在下, 苯炔将形成双聚体和三聚体, 试写出这两种化合物的结构式并命名。

(2) 用 1,4-二氢-1,4-桥氧萘和 2,3-二甲基丁二烯反应时, 在酸或氧化剂存在下, 可形成 2,3-二甲基蒽, 试写出它们的反应式及反应机理。

(3) 写出下列包括苯炔中间体在内的反应方程式:

$$\text{(a) 邻溴苯甲醚} \xrightarrow[\text{NH}_3\text{(液)}]{\text{KNH}_2} \text{间甲氧基苯胺}$$

$$\text{(b) 邻氟溴苯} + \text{Mg} + \text{蒽} \longrightarrow \text{三蝶烯(triptycene)}$$

(4) 如用蒽代替呋喃与苯炔反应, 将得到什么产物? 写出产物的结构式。反应结束后, 未反应的蒽如何从反应混合物中去除?

(5) 仔细分析邻氨基苯甲酸和亚硝酸异戊酯反应, 发现氮气首先放出, 然后才是二氧化碳。推测失去氮气后可能形成的中间体。

(6) 说明为分离出 1,4-二氢-1,4-桥氧萘, 要用水数次洗涤石油醚的原因。

(7) 写出酸催化下 1,4-二氢-1,4-桥氧萘转化成 α-萘酚的机理。

(8) 考虑 α-萘酚的光谱:

(a) 指出 IR 谱图中官能团区芳环 π 键和羟基吸收峰的位置。

(b) 指出 ^{1}H NMR 谱图中与吸收峰对应的氢核。

(c) 指出 ^{13}C NMR 数据中与吸收峰对应的碳核。

3.24 外消旋化合物的拆分

由生物体产生的天然有机化合物, 通常为有旋光性的左旋体或右旋体, 这是生物体内生化反应立体专一性所致。在非手性条件下, 由一般合成反应所得的手性化合物为等量的对映体组成的外消旋体, 故无旋光性。利用拆分的方法将外消旋体的一对对映体分成纯净的左旋体和右旋体, 即外消旋体的拆分。拆分外消旋体最常用的方法是利用化学反应将对映体转变为非对映体。如果手性化合物的分子中含有一个易于反应的拆分基团, 如羧基或氨基等, 就可以使它与一个纯的旋光化合物 (拆解剂) 反应, 从而将一对对映体变成两种非对映体。由于非对映体具有不同的物理性质, 如溶解性、结晶性等, 利用结晶等方法将它们分离、精制, 然后再去掉拆解剂, 就可以得到纯的旋光化合物, 达到拆分的目的。实际工作中, 要得到单个旋光纯的对映体, 并不是件容易的事情, 往往需要冗长的拆分操作和反复的重结晶才能完成。常用的拆解剂有马钱子碱、喹宁和麻黄素等旋光纯的生物碱 (拆分外消旋的有机酸) 及酒石酸、樟脑磺酸等旋光纯的有机酸 (拆分外消旋的有机碱)。

除物理和化学拆分法外, 还有生物化学拆分法, 即利用酶对底物严格的空间专一性达到拆分的目的; 形成分子复合物拆分法, 即某些具有特定空间结构和形态的拆分剂如环糊精、尿素等, 能选择性地与外消旋体中的一个对映体形成容易解拆的分子复合物; 色谱拆分法, 利用手性化合物如淀粉、石英粉等作为色谱柱的固定相, 使外消旋体被拆分为单个的对映体。高效液相色谱 (HPLC) 的手性分离技术已能使外消旋体的拆分和分离实现程序化和自动化。

对映体的完全分离当然是最理想的, 但在实际工作中很难做到这一点, 常用光学纯度 (OP) 表示被拆分后对映体的纯净程度，它等于样品的比旋光度除以纯对映体的比旋光度。

$$OP = \frac{[\alpha]_{样品}}{[\alpha]_{纯物质}} \times 100\%$$

本节介绍了外消旋苦杏仁酸、外消旋 α-苯乙胺及 1,1′-联-2-萘酚的制备及拆分。

实验七十一 外消旋苦杏仁酸的拆分
(resolution of racemic mandlic acid)

本实验利用天然光学纯的(−)-麻黄素作为拆解剂，它与外消旋的苦杏仁酸作用，生成非对映体的盐，利用两种非对映体的盐在无水乙醇中的溶解度不同，用分步结晶的方法将它们拆开，然后再用酸处理已拆分的盐，使苦杏仁酸重新游离出来，得到较纯的(−)-苦杏仁酸和(+)-苦杏仁酸，并通过旋光度(α)的测定，计算产物的比旋光度[α]和光学纯度(OP)。

天然(−)-麻黄素的结构为

$$\begin{array}{c} CH_3 \\ H-\!\!\!-\!\!\!+\!\!\!-\!\!\!-NHCH_3 \\ H-\!\!\!-\!\!\!+\!\!\!-\!\!\!-OH \\ C_6H_5 \end{array}$$

其实验过程可用以下流程图说明：

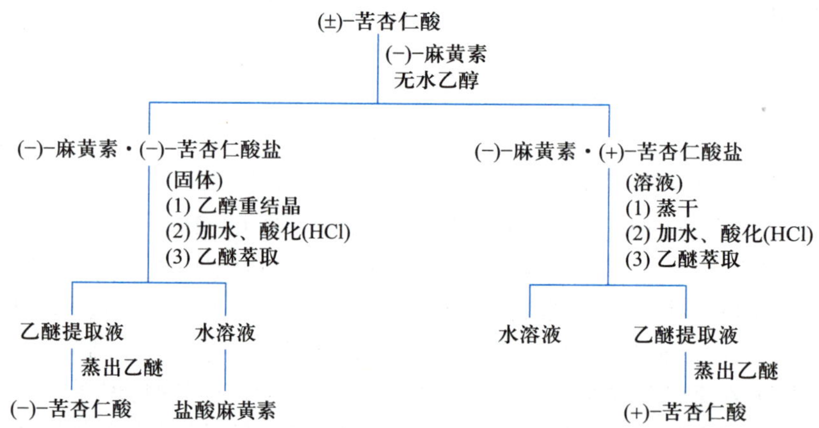

[试剂]

4.0 g (0.02 mol) 麻黄素盐酸盐[1]，3.0 g (0.02 mol) 苦杏仁酸，氢氧化钠，乙醚，无水乙醇，浓盐酸，无水硫酸钠。

[步骤]

1. (−)-麻黄素的制备

在 50 mL 锥形瓶中，将 4 g 麻黄素盐酸盐溶于 10 mL 水，加入 1 g 氢氧化钠溶于 5 mL 水的溶液，摇荡混合后，(−)-麻黄素即游离出来。冷却后每次加 10 mL 乙醚萃取两次，合并醚萃取液并用无水硫酸钠干燥。在 100 mL 圆底烧瓶中蒸去乙醚后[2]，即得(−)-麻黄素。

2. 外消旋苦杏仁酸的拆分

将上面制得的麻黄素溶于 30 mL 无水乙醇,然后加入 3 g 苦杏仁酸溶于 10 mL 无水乙醇的溶液,混合均匀后在水浴上隔绝潮气回流 1.5~2 h。放置至室温使其自然结晶,然后在冰浴中冷却使其结晶完全。抽滤,粗产物用 40 mL 无水乙醇重结晶后得无色结晶约为 2.2 g,熔点为 165 ℃。重新用 20 mL 无水乙醇再结晶一次后,得到白色粒状晶体即为 (−)−苦杏仁酸·(−)−麻黄素盐,约为 1.5 g,熔点为 169~170 ℃。

将得到的非对映体盐溶于 10 mL 水,然后用浓盐酸小心酸化至刚果红试纸变蓝 (约需 1 mL)。酸化后的水溶液每次用 10 mL 乙醚萃取两次,合并醚萃取液,经无水硫酸钠干燥后在水浴上蒸去乙醚,得 (−)−苦杏仁酸白色结晶约 0.5 g,熔点为 131~132 ℃。萃取后的水溶液倒入指定的容器内,以便回收麻黄素[3]。

将两次结晶 (−)−苦杏仁酸·(−)−麻黄素盐后的乙醇母液在水浴上蒸去乙醇,并用水泵将溶液抽干。残留物中加入 20 mL 水,温热并搅拌使固体溶解,然后小心用浓盐酸酸化至刚果红试剂变蓝。此时若有油状黏稠物出现,可用滤纸滤掉。每次用 10 mL 乙醚萃取两次,合并醚萃取液,经无水硫酸钠干燥后蒸去乙醚,得 (+)−苦杏仁酸[4]。萃取后的水溶液倒入指定容器回收麻黄素。

3. 比旋光度的测定

将上面制得的 (+)−苦杏仁酸及 (−)−苦杏仁酸分别准确称量后,用蒸馏水配成 2% 的溶液[5]。测定比旋光度,并计算拆分后单个对映体的光学纯度。

纯苦杏仁酸的 $[\alpha] = +156°$ 或 $-156°$。

本实验约需 8 h。

[注释]

[1] 盐酸麻黄素熔点为 216~220 ℃, $[\alpha] = 33° \sim 35.5°$ 符合药典要求。由于麻黄素可被不法分子用来制备冰毒,其购置审批手续非常严格,药品的使用和保管必须有严格的制度和监管。也可以安排从麻黄草中提取麻黄碱的实验。

[2] 蒸出的乙醚可用于下一步萃取。

[3] 将萃取后的水溶液在蒸馏瓶中蒸去大部分水,然后移至烧杯中浓缩至一定体积后,冷却结晶,抽滤析出的晶体,干燥,即可回收 (−)−麻黄素。

[4] (+)−苦杏仁酸的分离显得更加困难,一般难以得到纯品。故建议安排学生实验时只分离对映异构体之一,即 (−)−苦杏仁酸。

[5] 若溶液混浊,需用定量滤纸过滤。

[思考题]

(1) 为提高产物的光学纯度,你认为本实验的关键步骤是什么?

(2) 如果测定苦杏仁酸的旋光度 $\alpha = -6°$,如何确定其旋光度是 $-6°$ 而不是 $+354°$?

实验七十二 α−苯乙胺
(α−phenyl ethylamine)

醛或酮在高温下与甲酸铵反应得到伯胺的反应称为 Leuchart 反应。例如:

$$C_6H_5\overset{O}{\overset{\|}{C}}CH_3 \xrightarrow[185\ ^\circ C]{H\overset{O}{\overset{\|}{C}}-ONH_4} C_6H_5\overset{NH_2}{\overset{|}{C}}HCH_3$$

反应中氨首先与羰基发生亲核加成，接着脱水生成亚胺，亚胺随后被还原生成胺。与还原胺化不同，这里不是用催化氢化，而是用甲酸作为还原剂。反应过程如下：

$$H\overset{O}{\overset{\|}{C}}-ONH_4 \rightleftharpoons HCO_2H + NH_3$$

$$>C=O + NH_3 \underset{}{\overset{-H_2O}{\rightleftharpoons}} >C=NH \overset{NH_4^+}{\rightleftharpoons} >C=\overset{+}{N}H_2$$

$$^{-}O-\overset{O}{\overset{\|}{C}}-H + >C=\overset{+}{N}H_2 \longrightarrow CO_2 + H-\overset{|}{\underset{|}{C}}-NH_2$$

[反应式]

$$C_6H_5\overset{O}{\overset{\|}{C}}CH_3 + 2HCO_2NH_4 \longrightarrow C_6H_5\overset{CH_3}{\overset{|}{C}}H-NHCHO + NH_3\uparrow + CO_2\uparrow + 2H_2O$$

$$C_6H_5\overset{CH_3}{\overset{|}{C}}H-NHCHO + HCl + H_2O \longrightarrow C_6H_5\overset{CH_3}{\overset{|}{C}}H-\overset{+}{N}H_3Cl^- + HCO_2H$$

$$C_6H_5\overset{CH_3}{\overset{|}{C}}H\overset{+}{N}H_3Cl^- + NaOH \longrightarrow \underset{(\pm)\text{苯乙胺}}{C_6H_5\overset{CH_3}{\overset{|}{C}}HNH_2} + NaCl + H_2O$$

[试剂]

12 g (11.8 mL, 0.1 mol) 苯乙酮，20 g (0.32 mol) 甲酸铵，氯仿，浓盐酸，氢氧化钠，甲苯。

[步骤]

在 100 mL 蒸馏瓶中，加入 11.8 mL 苯乙酮、20 g 甲酸铵和几粒沸石，蒸馏头上口装上插入瓶底的温度计，侧口连接冷凝管配成简单蒸馏装置。在石棉网上用小火加热反应混合物至 150~155 ℃，甲酸铵开始熔化并分为两相，并逐渐变为均相。反应物剧烈沸腾，并有水和苯乙酮蒸出，同时不断产生泡沫放出氨气。继续缓缓加热至温度到达 185 ℃，停止加热，通常约需 1.5 h。反应过程中可能会在冷凝管上生成一些固体碳酸铵，需暂时关闭冷凝水使固体溶解，避免堵塞冷凝管。将馏出物转入分液漏斗，分出苯乙酮层，重新倒回反应瓶，再继续加热 1.5 h，控制反应温度不超过 185 ℃。

将反应物冷却至室温，转入分液漏斗中，用 15 mL 水洗涤，以除去甲酸铵和甲酰胺，分出 *N*-甲酰 -α-苯乙胺粗品，将其倒回原反应瓶。水层每次用 10 mL 氯仿萃取两次，合并萃取液也倒回反应瓶，弃去水层。向反应瓶中加入 12 mL 浓盐酸和几粒沸石，蒸出所有氯仿，再继续保持微沸回流 30~45 min，使 *N*-甲酰 -α-苯乙胺水解。将反应物冷至室温，如有结晶析出，加入最少量的水使之溶解。然后每次用 5 mL 氯仿萃取 3 次，合并萃取液倒入指定容器回收氯仿，水层转入 100 mL 三颈烧瓶。

将三颈烧瓶置于冰浴中冷却，慢慢加入 10 g 氢氧化钠溶于 20 mL 水溶液并加以摇振，然后进行水蒸气蒸馏[1]。用 pH 试纸检查馏出液，开始为碱性，至馏出液 pH = 7 为止 (为什么?)。收集馏出液 65~80 mL。

将含游离胺的馏出液每次用 10 mL 甲苯萃取 3 次，合并甲苯萃取液，加入粒状氢氧化钠干燥并塞住瓶口[2]。将干燥后的甲苯溶液用滴液漏斗分批加入 25 mL 蒸馏瓶中，先蒸去甲苯，然后改用空气冷凝管蒸馏收集 180～190 ℃ 馏分，产量 5～6 g。塞好瓶口准备进行拆分实验。

对产物进行 Hinsberg 和 Ramini 试验 (见 4.4.7 节)。

纯 α-苯乙胺的沸点为 187.4 ℃。图 3.24.1 和图 3.24.2 分别为 α-苯乙胺的 IR 和 ^1H NMR 谱图。

本实验约需 8 h。

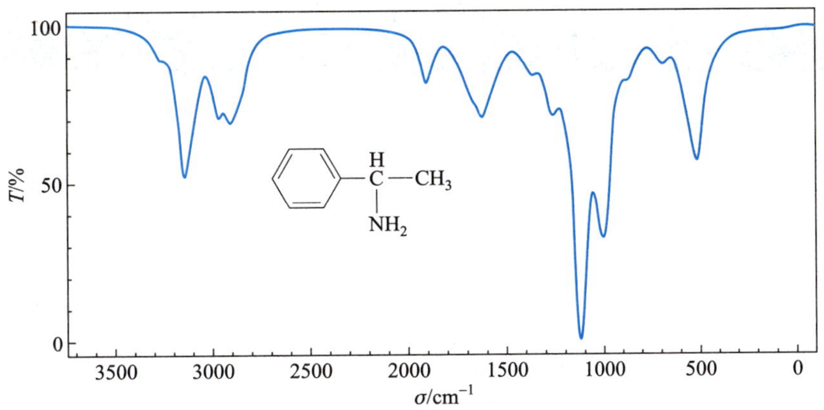

图 3.24.1 α-苯乙胺的 IR 谱图

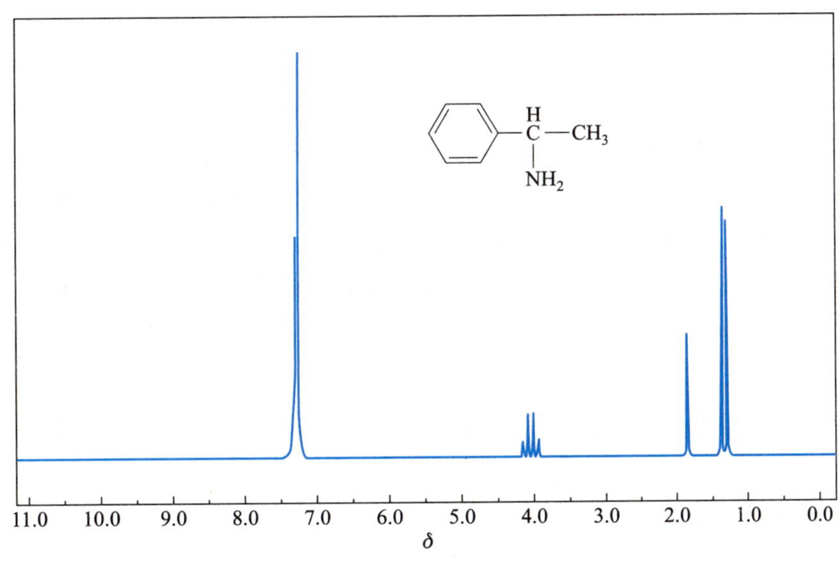

图 3.24.2 α-苯乙胺的 ^1H NMR 谱图

[注释]

[1] 水蒸气蒸馏时，玻璃磨口接头应涂上润滑脂以防接口因受碱性溶液作用而被粘住。

[2] 游离胺易吸收空气中的二氧化碳形成碳酸盐，故应塞好瓶口隔绝空气保存。

[思考题]

(1) 本实验中，还原胺化反应结束后，用水萃取的目的何在? 后面的实验中，先后两次用氯仿萃取的目的是什么?

(2) 本实验中,为何在水蒸气蒸馏前要将溶液碱化?如不用水蒸气蒸馏,还可采取什么方法分离出游离的胺?

(3) 指出 α-苯乙胺 IR 谱图中氨基和芳环吸收峰的位置及 ^{1}H NMR 谱图中与吸收峰对应的氢核。

实验七十三　外消旋 α-苯乙胺的拆分

(resolution of α-phenylethylamine)

本实验用(+)-酒石酸为拆解剂,它与外消旋 α-苯乙胺形成非对映异构体的盐。其反应如下:

$C_6H_5CH(NH_2)CH_3$ + (+)-酒石酸 ⟶ (+)-胺·(+)-酸盐 + (−)-胺·(+)-酸盐

(±)-α-苯乙胺　(+)-酒石酸

(+)-胺·(+)-酸盐

(−)-胺·(+)-酸盐

旋光纯的酒石酸在自然界颇为丰富,它是酿酒过程中的副产物。由于(−)-胺·(+)-酸非对映体的盐比另一种非对映体的盐在甲醇中的溶解度小,故易从溶液中呈结晶析出,经稀碱处理,使(−)-α-苯乙胺游离出来。母液中含有(+)-胺·(+)-酸盐,原则上经提纯后可以得到另一个非对映体的盐,经稀碱处理后得到(+)-胺。本实验只分离对映异构体之一,即左旋异构体,因右旋异构体的分离对学生来说显得困难。

[试剂]

6.3 g (0.042 mol) (+)-酒石酸, 5 g (0.041 mol) α-苯乙胺, 甲醇, 乙醚, 50% 氢氧化钠溶液。

[步骤]

1. *S*-(−)-α-苯乙胺的分离

在 125 mL 锥形瓶中,加入 6.3 g (+)-酒石酸和 90 mL 甲醇,在水浴上加热至接近沸腾(约 60 ℃),搅拌使酒石酸溶解。然后在搅拌下慢慢加入 5 g α-苯乙胺。须小心操作,以免混合物沸腾或起泡溢出。冷却至室温后,将烧瓶塞住,放置 24 h 以上,应析出白色棱状晶体。假如析出针状结晶,应重新加热溶解并冷却至完全析出棱状结晶[1]。抽气过滤,并用少量冷甲醇洗涤,干燥后得(−)-胺·(+)-酒石酸盐约 4 g。以下步骤为减少操作的困难,可由两个学生将各自的产品合并起来,约为 8 g 盐的晶体。将 8 g (−)-胺·(+)-酒石酸盐置于 125 mL 锥形瓶中,加入 30 mL 水,搅拌使部分结晶溶解,接着加入 5 mL 50% 氢氧化钠溶液,搅拌混合物至固体完全溶解。将溶液转入分液漏斗,每次用 15 mL 乙醚萃取两次。合并醚萃取液,用无水硫酸钠干燥。水层倒入指定容器中回收(+)-酒石酸。

将干燥后的乙醚溶液用滴液漏斗分批转入 25 mL 圆底烧瓶，在水浴上蒸去乙醚，然后蒸馏收集 180～190 ℃馏分[2]于一已称量的锥形瓶中，产量为 2～2.5 g，用塞子塞住锥形瓶准备测定旋光度。

2. 旋光度的测定

因制备规模限制，产生的纯胺数量不足以充满旋光管，故必须用甲醇加以稀释。用移液管量取 10 mL 甲醇于盛胺的锥形瓶中，摇振使胺溶解。溶液的总体积非常接近 10 mL，或者是后者的质量除以其密度（相对密度 0.9395），两个体积的加合值在本步骤中引起的误差可忽略不计。根据胺的质量和总体积，计算出胺的浓度（$g\cdot mL^{-1}$）。将溶液置于 2 cm 的样品管中，测定旋光度并计算比旋光度，以及拆分后胺的光学纯度。

纯 *S*-(−)-*α*-苯乙胺的 $[\alpha]_D^{25}=-39.5°$。

本实验需 5～6 h。

[注释]

[1] 必须得到棱状晶体，这是实验成功的关键。若溶液中析出针状晶体，可采取如下步骤：

① 由于针状晶体易溶解，可加热反应混合物到恰好针状结晶已完全溶解而棱状结晶尚未开始溶解为止，重新放置过夜。

② 分出少量棱状结晶。加热反应混合物至其余结晶全部溶解，稍冷后用取出的棱状晶体种晶。当析出的针状晶体较多时，此方法更为适宜。若有现成的棱状结晶，在放置过夜前接种更好。

[2] 蒸馏 *α*-苯乙胺时，容易起泡，可加入 1～2 滴消泡剂（聚二甲基硅烷的 0.001% 己烷溶液）。

作为一种简化处理，可将干燥后的醚溶液直接过滤到一已事先称量的圆底烧瓶中，先在水浴上尽可能蒸去乙醚，再用水泵抽去残留的乙醚。称量后即可计算出 (−)-*α*-苯乙胺的质量，省去了进一步的蒸馏操作。

[思考题]

你认为本实验的关键步骤是什么？如何控制反应条件才能分离出纯的旋光异构体？

实验七十四 1,1′-联-2-萘酚的合成和拆分 (synthesis of 1,1′-2-binaphthol and resolution)

1,1′-联-2-萘酚又称 *β*,*β*′-联萘酚或联萘酚（简称 BINOL）。由于其邻位两个羟基的立体位阻，使 C—C 联萘键的自由旋转受到阻碍，两个萘环不能共平面，因此该化合物分子具有手性。联萘酚作为典型的手性化合物具有很强的面不对称性，且易于拆分成高纯度的对映体。对映体纯 BINOL 的衍生物是不对称合成中应用最广泛、不对称诱导效果最好的手性辅助剂之一，在有机不对称合成、染料、农药、香料、食品添加剂，尤其在特种医药行业有着重要的用途。其外消旋体、*R* 型和 *S* 型的结构如下：

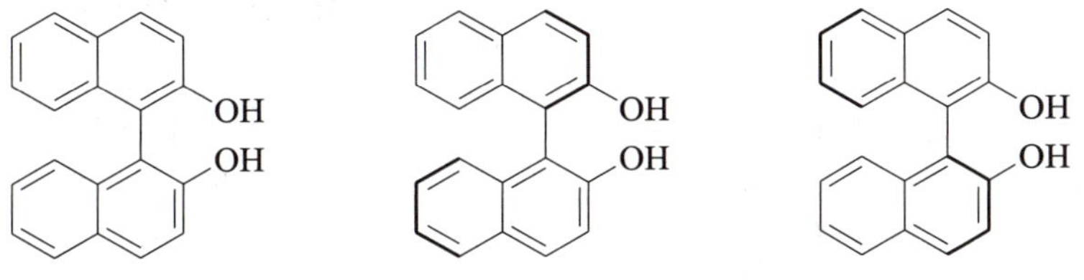

OH OH (*rac*)-BINOL,1

OH OH (*R*)-BINOL

OH OH (*S*)-BINOL

外消旋 1,1′-联-2-萘酚的合成主要通过 2-萘酚的氧化偶联获得，常用的氧化剂有 Fe^{3+}、Cu^{2+}、Mn^{3+} 等，反应介质大致包括有机溶剂、水或无溶剂。本实验采用 $FeCl_3 \cdot 6H_2O$ 为氧化剂、水为反应介质的绿色反应体系。

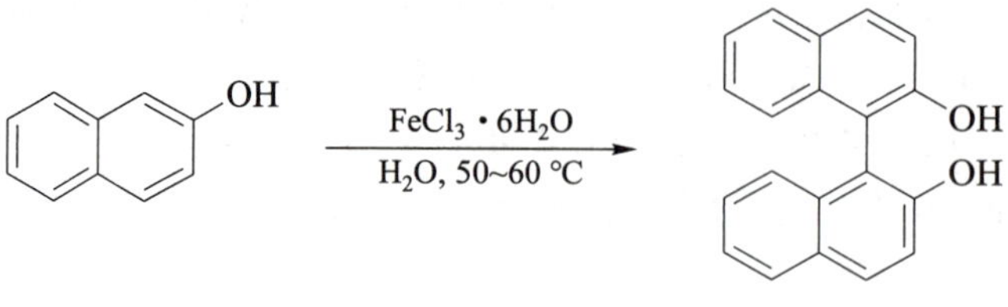

$FeCl_3 \cdot 6H_2O$，H_2O，50~60 ℃

(*rac*)–BINOL,1

如前所述，外消旋体的拆分有多种方法，其中通过分子识别的方法对映选择性地形成主客体 (或超分子) 络合物，从而达到拆分的目的是有效、实用而方便的手段之一。外消旋体 1,1′-联-2-萘酚的拆分是利用容易制备的 *N*-苄基氯化辛可宁 (2) 作为拆分试剂，因为它能够选择性地与 (*rac*)-BINOL 中的 (*R*)-BINOL 异构体形成稳定的分子络合物晶体，而 (*S*)-BINOL 异构体则被留在母液中，从而实现 (*rac*)-BINOL 的光学拆分。

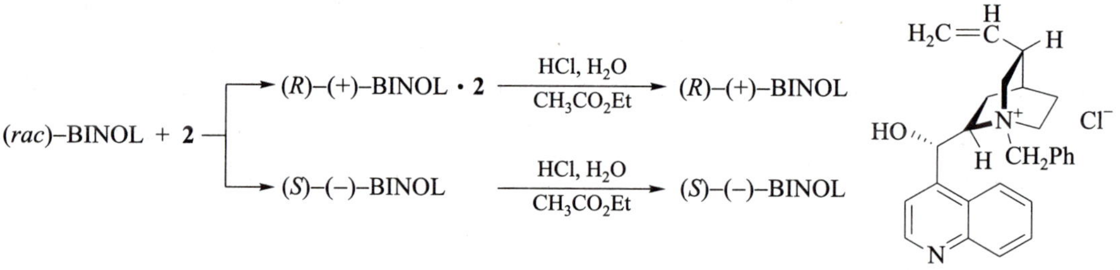

(*rac*)–BINOL + **2** → (*R*)–(+)–BINOL · **2** —HCl, H_2O / CH_3CO_2Et→ (*R*)–(+)–BINOL

(*rac*)–BINOL + **2** → (*S*)–(–)–BINOL —HCl, H_2O / CH_3CO_2Et→ (*S*)–(–)–BINOL

2

N-苄基氯化辛可宁与 (*R*)-BINOL 的分子识别模式如图所示，二者间主要通过分子间氢键作用以及氯负离子与铵正离子的静电作用结合，包括一个 (*R*)-BINOL 分子的羟基氢与氯负离子间以及邻近的另一个 (*R*)-BINOL 分子的羟基氢与氯负离子间的氢键作用，氯负离子在两个 (*R*)-BINOL 分子间起桥梁作用，同时氯负离子与 *N*-苄基氯化辛可宁正离子的静电作用以及 *N*-苄基氯化辛可宁分子中羟基氢与 (*R*)-BINOL 分子中的一个羟基氧间的氢键作用使 BINOL 部分与 *N*-苄基氯化辛可宁部分结合起来。

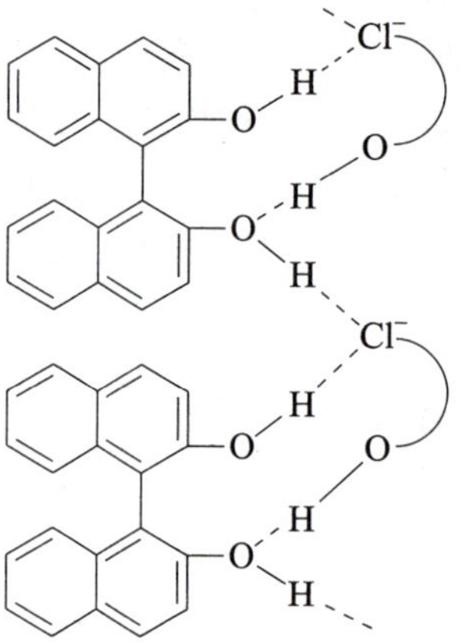

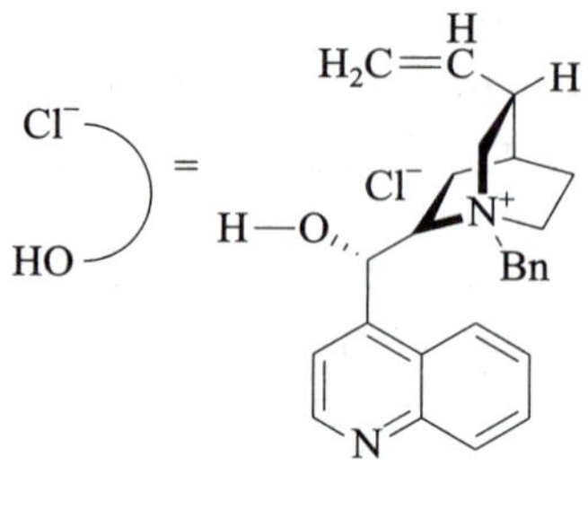

N-苄基氯化辛可宁

[试剂]

1.5 g α-萘酚 (10.5 mmol), 5.7 g 六水合三氯化铁 (21 mmol), 0.93 g *N*-苄基氯化辛可宁 (2.2 mmol), 乙腈, 乙酸乙酯, 稀盐酸 ($1\ mol \cdot L^{-1}$), 饱和食盐水, 四氢呋喃, 甲苯, 甲醇, 碳酸钠, 无水硫酸镁。

[步骤]

1. 外消旋 1,1′-联-2-萘酚的合成

在 100 mL 装有搅拌磁子的圆底烧瓶中, 将 5.7 g $FeCl_3 \cdot 6H_2O$ 溶于 45 mL 水中, 然后加入 1.5 g 粉状的 α-萘酚。加热悬浮液至 60～70 ℃, 并在此温度下搅拌 1～1.5 h。随着反应的进行, 反应物由黄褐色变为浅黄色悬浮液[1]。

反应混合物冷却至室温, 抽滤得到粗产物, 用蒸馏水洗涤除去 Fe^{3+} 和 Fe^{2+} [2], 粗产物为浅黄色或浅灰色粉状物。用适量甲苯重结晶[3], 得到约 2 g 白色针状晶体[4]。

纯外消旋 1,1′-联-2-萘酚的熔点为 216～218 ℃。图 3.24.3 和图 3.24.4 分别为 1,1′-联-2-萘酚的 IR 和 ^1H NMR 谱图。

本部分实验需 2～3 h。

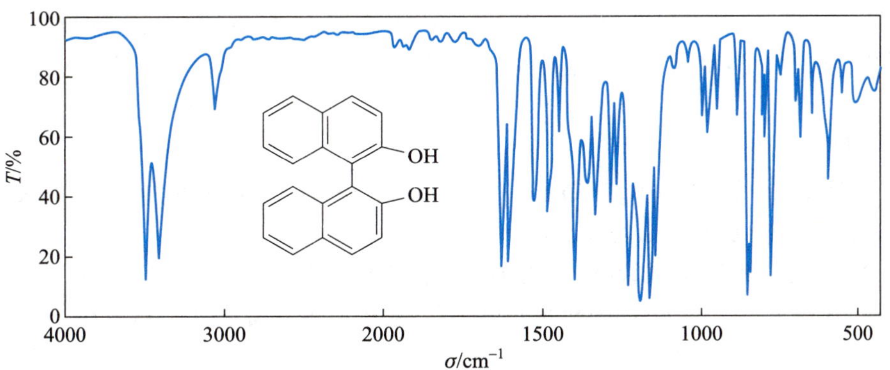

图 3.24.3 1,1′-联-2-萘酚的 IR 谱图

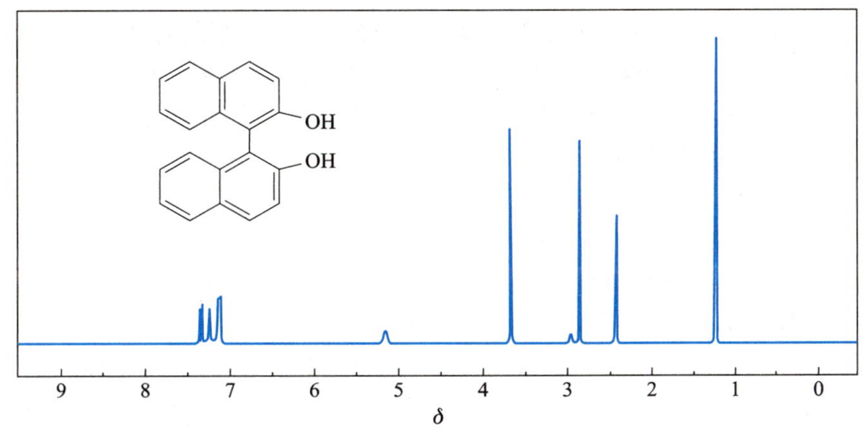

图 3.24.4 1,1′-联-2-萘酚的 ^1H NMR 谱图

2. 外消旋 1,1′-联-2-萘酚的拆分

在一装有回流冷凝管的 50 mL 圆底烧瓶中, 加入 1.0 g (3.5 mmol) (*rac*)-BINOL , 0.884 g (2.1 mmol)

N-苄基氯化辛可宁[5] 和 20 mL 乙腈。反应混合物搅拌下加热回流反应 2 h, 然后冷却至室温, 抽滤析出的白色固体, 固体用 15 mL 乙腈洗涤 3 次 (每次 5 mL)。固体是 (R)-(+)-BINOL 与 N-苄基氯化辛可宁形成的 1∶1 分子络合物, 熔点为 248 ℃ (分解)。母液保留, 用于回收 (S)-(−)-BINOL。

将白色固体悬浮于由 40 mL 乙酸乙酯和稀盐酸水溶液 (1 mol · L^{-1} 盐酸 30 mL ＋水 30 mL) 组成的混合体系中, 混合物在室温下搅拌反应 30 min, 直至白色固体消失。分出有机相。水相用10 mL 乙酸乙酯萃取一次, 合并有机相, 用饱和食盐水洗涤, 有机相用无水 $MgSO_4$ 干燥, 过滤除去干燥剂, 蒸去有机溶剂, 残留物用甲苯重结晶, 得到 0.3～0.4 g 无色柱状晶体, 即 (R)-(+)-BINOL, 收率为 60%～80%, 熔点为 208～210 ℃, $[\alpha]_D^{27} = +32.1°$ ($c = 1.0$ mol · L^{-1}, THF)。

纯 (R)-1,1′-联二萘酚为无色晶体, 熔点为 208～210 ℃, $[\alpha]_D^{17} = +35.3(°) \cdot dm \cdot g^{-1}$($\rho = 0.003$ g · mL^{-1}, THF)。

将母液蒸干, 所得固体重新溶于 40 mL 乙酸乙酯中, 并用 10 mL 稀盐酸 (1 mol · L^{-1}) 和 10 mL 饱和食盐水各洗涤一次, 有机层用无水 $MgSO_4$ 干燥, 过滤除去干燥剂, 蒸去有机溶剂, 残留物用甲苯重结晶, 得到 0.3～0.4 g (S)-(−)-BINOL, 收率为 60%～80%, 熔点为 208～210 ℃, $[\alpha]_D^{27} = -32.1°$($c = 1.0$ mol · L^{-1}, THF)[6]。

将上述两个萃取后的盐酸层 (水相) 合并, 然后用固体 Na_2CO_3 中和至无气泡放出, 得到白色沉淀, 抽滤, 固体用甲醇水混合溶剂重结晶, 得到 N-苄基氯化辛可宁, 收率 > 90%, 可重新用来拆分, 而且不降低效率[7]。

3. 测定旋光度

准确称取 0.25 g (准确至 0.001 g) (R)-(+)-BINOL 或 (S)-(−)-BINOL, 定量转移至 25 mL 容量瓶中, 加入四氢呋喃 (THF) 至刻度, 摇匀, 配成 1% 的溶液。

取一支长 1 dm 的旋光测定试管, 依次用蒸馏水洗净、少量丙酮涮洗和吹风机吹干。将容量瓶中配制的 (R)-(+)-BINOL 或 (S)-(−)-BINOL 的 THF 溶液小心倒入旋光测定试管中, 用旋光仪测定其旋光度, 计算比旋光度及产物的光学纯度。

本部分实验需 5～6 h。

[注释]

[1] 可以用薄层色谱监测反应进行的程度。吸取约 0.5 mL 反应悬浮液, 加入 1.5 mL 塑料离心管中, 滴加 10 滴乙酸乙酯, 充分振荡, 悬浮液变清。取上层有机相用薄层色谱监测, 用石油醚和乙酸乙酯 2∶1 (体积比) 作展开剂展开。在薄层板上 $R_f = 0.7$ 的位置附近出现两个点, 前一个点是原料 β-萘酚, 后一个点是产物, 产物点有微弱的蓝色荧光。

[2] Fe^{3+} 和 Fe^{2+} 可用 SCN^- 铁氰化钾溶液检验。

[3] 每克粗产物用 8～10 mL 甲苯重结晶。

[4] 消旋体 BINOL 与光学纯 BINOL 的熔点有明显的区别, 晶体形状也明显不同, 外消旋 BINOL 为针状晶体, 而光学纯 BINOL 容易形成较大的块状晶体。

[5] N-苄基氯化辛可宁由辛可宁和苄氯在无水 N,N-二甲基甲酰胺中反应制得, 可由教师预先完成, 具体的制备方法如下: 将 11.76 g (40 mmol) 辛可宁加到 7.62 g (60 mmol) 苄氯的 80 mL N,N-二甲基甲酰胺 (DMF) 溶液中, 混合物在 80 ℃ 搅拌反应 3 h, 冷却至室温后抽滤收集白色固体, 固体用 20 mL 丙酮洗涤两次 (每次 10 mL), 干燥后得到 14.24 g N-苄基氯化辛可宁, 产率为 85%, 熔点为 256 ℃ (分解)。

[6] 外消旋体的拆分理论上分成单一的左旋体和右旋体, 但实际上可能存在不能彻底拆分开的情况。就本实验而言, 右旋体中混有极少量的左旋体, 所以拆分得到的右旋联萘酚的比旋度数值比左旋

体的数值略小。

[7] *N*-苄基氯化辛可宁的回收可由实验指导教师统一进行,这样可以提高收率。

[思考题]

(1) 各步骤中用乙酸乙酯萃取的是什么物质?

(2) 萃取后的盐酸层中是什么物质?

(3) 外消旋体的拆分方法除分子识别外还有哪些?

3.25 植物生长调节剂

植物生长调节剂是在植物细胞中合成的能够调节植物生长及生理功能的一类化合物。第一种被鉴定的植物激素是吲哚乙酸,存在于一些植物中,能促进植物生长。科学家已经合成了一些结构类似的植物调节剂,如吲哚丁酸、α-萘乙酸和2,4-二氯苯氧乙酸(2,4-D)等。2,4-D低浓度时,可促进植物根茎的生长,高纯度时可作为除草剂,杀死农作物中的杂草。本节列举了2,4-D的合成。

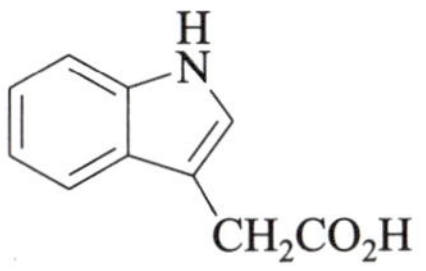

CH_2CO_2H(吲哚-3-基)

吲哚乙酸

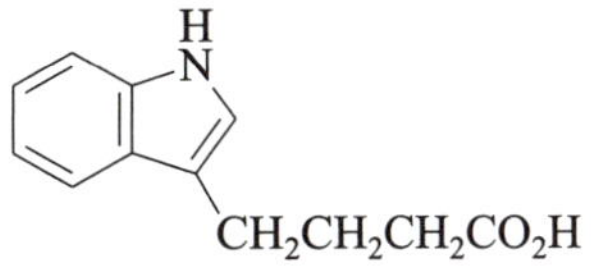

$CH_2CH_2CH_2CO_2H$(吲哚-3-基)

吲哚丁酸

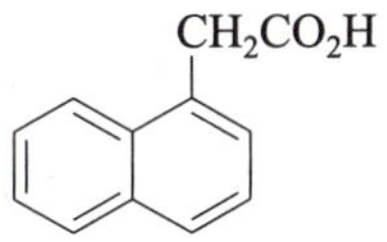

CH_2CO_2H(1-萘基)

α-萘乙酸

OCH_2CO_2H, Cl, Cl

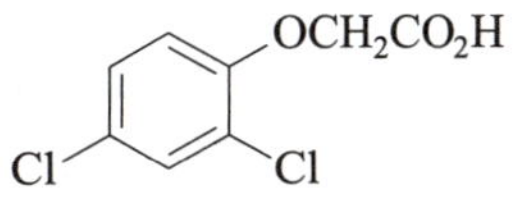

2,4-二氯苯氧乙酸

实验七十五 2,4-二氯苯氧乙酸 (2,4-dichlorophenoxyacetic acid)

[反应式]

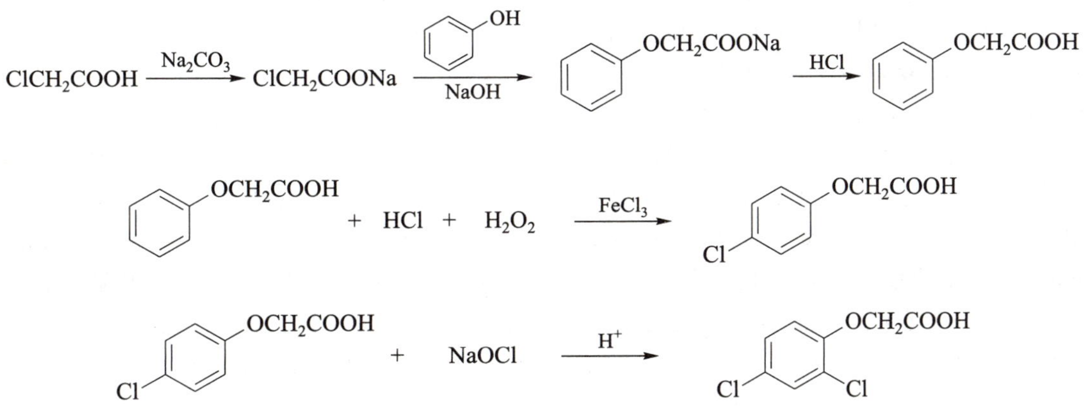

$$ClCH_2COOH \xrightarrow{Na_2CO_3} ClCH_2COONa \xrightarrow[NaOH]{C_6H_5OH} C_6H_5OCH_2COONa \xrightarrow{HCl} C_6H_5OCH_2COOH$$

$$C_6H_5OCH_2COOH + HCl + H_2O_2 \xrightarrow{FeCl_3} 4\text{-}Cl\text{-}C_6H_4OCH_2COOH$$

$$4\text{-}Cl\text{-}C_6H_4OCH_2COOH + NaOCl \xrightarrow{H^+} 2,4\text{-}Cl_2C_6H_3OCH_2COOH$$

苯氧乙酸作为防霉剂,可由苯酚钠和氯乙酸通过 Williamson 合成法制备。通过它的氯化,可得到对氯苯氧乙酸和2,4-二氯苯氧乙酸(简称2,4-D)。前者又称防落素,可以减少农作物落花落果。后者又名除莠剂,可选择性地除掉杂草,二者都是植物生长调节剂。

芳环上的卤化是重要的芳环亲电取代反应之一。本实验通过浓盐酸加过氧化氢和用次氯酸钠在酸性介质中的氯化,避免了直接使用氯气带来的危险和不便。其基本反应如下:

$$2HCl + H_2O_2 \longrightarrow Cl_2 + 2H_2O$$

$$HOCl + H^+ \rightleftharpoons H_2^+OCl$$

$$2HOCl \rightleftharpoons Cl_2O + H_2O$$

H_2O^+Cl 和 Cl_2O 也是良好的氯化试剂。

[试剂]

3.8 g (0.04 mol) 氯乙酸[1], 2.5 g (0.027 mol) 苯酚[1], 饱和碳酸钠溶液, 35% 氢氧化钠溶液, 冰乙酸, 浓盐酸, 过氧化氢 (33%), 次氯酸钠, 乙醇, 四氯化碳。

[步骤][2]

1. 苯氧乙酸的制备

在装有搅拌磁子、回流冷凝管和滴液漏斗的 100 mL 三颈烧瓶中, 加入 3.8 g 氯乙酸和 5 mL 水。开动搅拌, 慢慢滴加饱和碳酸钠溶液[3] (约需 8 mL), 至溶液 pH 为 7~8。然后加入 2.5 g 苯酚, 再慢慢滴加 35% 氢氧化钠溶液至反应混合物的 pH 为 12。将反应物在沸水浴中加热约 0.5 h。反应过程中 pH 会下降, 应补加氢氧化钠溶液, 保持 pH 为 11~12, 在沸浴上再继续加热 30 min, 使反应完全。反应完毕后, 将三颈烧瓶移出水浴, 趁热转入锥形瓶中, 在搅拌下用浓盐酸酸化至 pH 为 2~3。在冰浴中冷却, 析出固体, 待结晶完全后, 抽滤, 粗产物用冷水洗涤 2~3 次, 在 60~65 ℃ 下干燥, 产量约为 3 g, 测熔点。粗产物可直接用于对氯苯氧乙酸的制备。

纯苯氧乙酸的熔点为 98.5 ℃。

2. 对氯苯氧乙酸的制备

在装有搅拌磁子、回流冷凝管和滴液漏斗的 100 mL 三颈烧瓶中, 加入 3.1 g (0.02 mol) 上述制备的苯氧乙酸和 10 mL 冰乙酸。将三颈烧瓶置于水浴加热, 同时开动搅拌。待水浴温度上升至 55 ℃ 时, 加入少许 (约10 mg) 三氯化铁和 10 mL 浓盐酸[4]。当水浴温度升至 60~70 ℃ 时, 在 15 min 内慢慢滴加 3 mL 过氧化氢 (33%), 滴加完毕后保持此温度再反应 3 min。升高温度使瓶内固体全溶, 慢慢冷却, 析出结晶。抽滤, 粗产物用水洗涤 3 次。粗品用乙醇-水 (1∶3) 重结晶, 干燥后产量约为 3 g。

纯对氯苯氧乙酸的熔点为 156.5 ℃。

3. 2,4-二氯苯氧乙酸 (2,4-D) 的制备

在 100 mL 锥形瓶中, 加入 1 g (0.0066 mol) 干燥的对氯苯氧乙酸和 12 mL 冰乙酸, 搅拌使固体溶解。将锥形瓶置于冰浴中冷却, 在摇荡下分批加入 19 mL 5% 次氯酸钠溶液[5]。然后将锥形瓶从冰浴中取出, 待反应物温度升至室温后再保持 5 min, 此时反应液颜色变深。向锥形瓶中加入 50 mL 水, 并用 6 $mol \cdot L^{-1}$ 的盐酸酸化至刚果红试纸变蓝。反应物每次用 25 mL 乙醚萃取 2 次。合并醚萃取液, 在分液漏斗中用 15 mL 水洗涤后, 再用 15 mL 10% 碳酸钠溶液萃取产物 (小心! 有二氧化碳气体逸出)。将碱性萃取液移至烧杯中, 加入 25 mL 水, 用浓盐酸酸化至刚果红试纸变蓝。抽滤析出的晶体, 并用冷水

洗涤 2～3 次，干燥后产量约为 0.5 g，粗品用四氯化碳重结晶，熔点为 134～136 ℃。

纯 2,4-二氯苯氧乙酸的熔点为 138 ℃。图 3.25.1 和图 3.25.2 分别为对氯苯氧乙酸和 2,4-二氯苯氧乙酸的 IR 谱图。

本实验需 6～8 h。

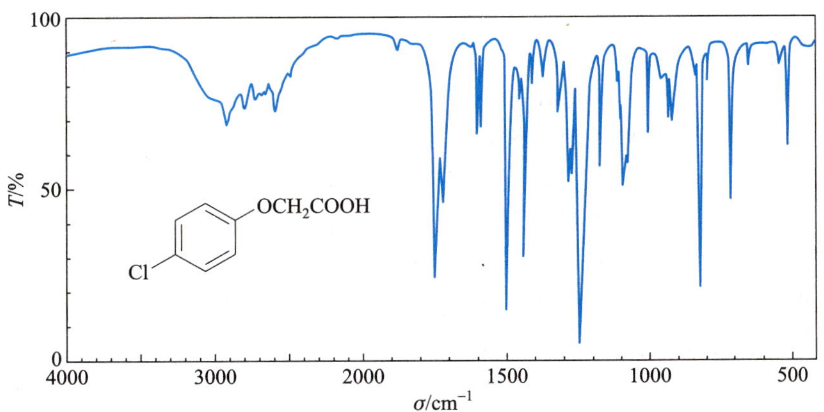

图 3.25.1 对氯苯氧乙酸的 IR 谱图

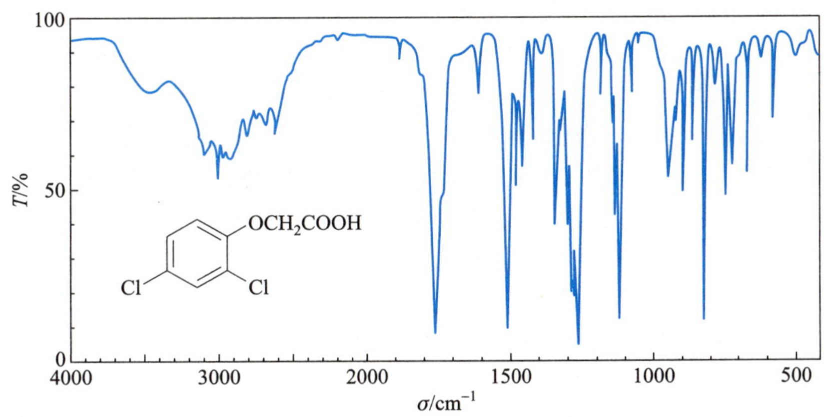

图 3.25.2 2,4-二氯苯氧乙酸的 IR 谱图

[注释]

[1] 氯乙酸和苯酚对皮肤有腐蚀性，使用时应小心，若不慎接触皮肤，应及时用肥皂洗涤。

[2] 若时间安排有问题，本实验也可停留在对氯苯乙酸阶段。

[3] 为防止 $ClCH_2COOH$ 水解，先用饱和 Na_2CO_3 溶液溶解使之成盐，并且加碱的速率要慢。

[4] 开始加入时，可能有沉淀产生，不断搅拌后又会溶解，盐酸不能过量太多，否则会生成镁盐而溶于水。若未见沉淀生成，可再补加 1～1.5 mL 浓盐酸。

[5] 次氯酸钠过量会使产量降低。也可直接用市售洗涤漂白剂，不过由于含次氯酸钠不稳定，反应收率降低。

[思考题]

(1) 说明本实验中各步反应 pH 的目的和意义。

(2) 以苯氧乙酸为原料, 如何制备对溴苯氧乙酸? 能用本法制备对碘苯氧乙酸吗? 为什么?

(3) 指出对氯苯氧乙酸和2,4-二氯苯氧乙酸 IR 谱图中酚氧基和羧基吸收峰的位置。

3.26 乙醇的生物合成

乙醇是一种具有广泛用途的工业原料。作为一种重要的有机溶剂, 能溶解许多无机物和有机物, 在有机合成及制药中常作为反应和重结晶的溶剂; 也是重要的化工原料, 可用来制备乙醚、乙酸等多种有机化合物; 乙醇在医药中常作为消毒剂和防腐剂; 在日常生活和食品工业中, 常作为饮品和食品添加剂。我国几千年的酒文化诞生了许多脍炙人口的美妙诗篇、华章和像李白、杜甫这样伟大的诗人。

工业上, 乙醇可通过乙烯水合来进行制备。发酵是天然有机物借助生物催化剂 —— 酶进行化学变化的过程, 在工业及日常生活中有着广泛的应用。酿酒及所包括的发酵操作是古老的化学技艺, 在相当长的历史时期内, 曾是生产乙醇的唯一方法。发酵的原料可以是含淀粉的农作物, 如谷物、薯类或野生植物的果实, 也可以用制糖厂的废糖蜜等。

这些物质经一定的预处理后, 经水解、发酵, 即可制得乙醇。发酵液中乙醇的含量为 6%~10%, 经精馏可得 95% 的工业乙醇。发酵法所用的原料都是可再生物质, 不但对环境无污染, 而且操作简单, 符合绿色化学的原则。

已经证明, 发酵过程可不需要任何酵母细胞的存在, 发酵显然是由于非常高效的催化剂 —— 酒化酶所产生的生化过程。酒化酶为复合物, 有着高度的选择性, 其反应活性受温度、pH 影响较大。

蔗糖的发酵过程是蔗糖首先水解为葡萄糖和果糖的磷酸酯, 后者再断裂为两三个碎片, 这些磷酸酯碎片最终转化为丙酮酸, 再脱羧生成乙醛, 接着乙醛在最后阶段还原为乙醇。每一步需要一种特效的酶作为催化剂, 也需要一些常见的无机离子 (如镁离子), 当然还有磷酸盐。发酵过程都是厌氧反应, 如果期间有氧存在, 乙醇将会被氧化为乙酸, 得到的是一个有酸味的酒。

本实验以蔗糖为原料, 借助酵母中酒化酶的生物催化作用在磷酸盐的促进作用下进行发酵, 生成乙醇和二氧化碳, 然后发酵液通过蒸馏、分馏得到约 95% 的乙醇。发酵液中还含有一些其他的高沸点醇, 常称为杂醇油 (C3~C5 醇的混合物), 是使酒具有特殊味道的主要成分, 它们是由原料和酵母中蛋白质生成的某些氨基酸转化产生的。

发酵过程中, 可发酵糖经过细胞内酒化酶的作用, 生成乙醇和二氧化碳并渗透到细胞体外, 当发酵产生的二氧化碳在溶液中饱和时, 此时的二氧化碳会不断上升, 带动发酵液中的酵母细胞上下游动, 从而使酵母能更加充分地与糖接触, 使得发酵作用趋于完全。

实验七十六 发酵法合成乙醇
(synthesis of ethanol by fermentation)

[反应式]

$$\underset{\text{蔗糖}}{C_{12}H_{22}O_{11}} + H_2O \xrightarrow[30\sim37\ ^\circ C]{\text{转化酶}} \underset{\text{葡萄糖}}{C_6H_{12}O_6} + \underset{\text{果糖}}{C_6H_{12}O_6} \xrightarrow[30\sim37\ ^\circ C]{\text{酒化酶}} 4C_2H_5OH + 4CO_2$$

[试剂]

蔗糖 50 g, 干酵母, 巴斯德溶液[1]。

[步骤]

1. 糖液的发酵

在 500 mL 圆底烧瓶中加入 4.4 g 干酵母、44 mL 巴斯德溶液 [1]、50 g 蔗糖和 250 mL 水, 充分摇动使物料混合均匀, 塞上一个带有弯曲玻璃管的单孔橡胶塞, 把玻璃管插入装有饱和氢氧化钙水溶液的试管内, 玻璃管口伸入饱和氢氧化钙溶液的液面以下, 超过 0.5 cm (见图 3.26.1), 注意观察是否有气泡逸出 (这种实验装置既可以让气体释放出来, 又可避免外面空气进入)。

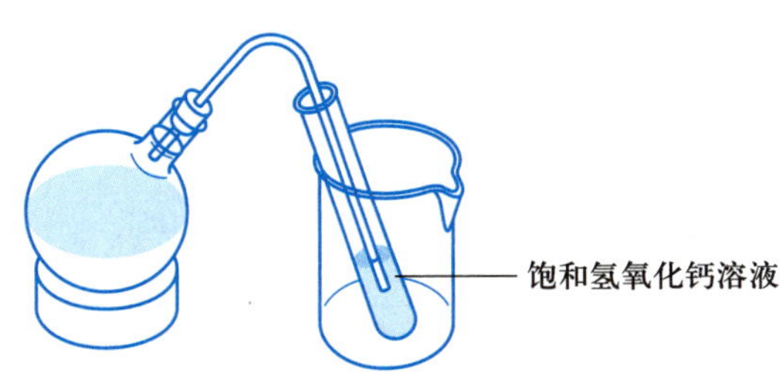

图 3.26.1 蔗糖发酵实验装置

装置安装稳妥后, 室温 (25～35 ℃) 下放置 7 天, 直至二氧化碳气体停止放出, 表明发酵完全。

2. 乙醇的分馏

在布氏漏斗中铺一层硅藻土[2] (约 10 g), 用清水洗去硅藻土中可能存在的杂质, 洗涤液应为无色透明溶液, 弃去洗涤液。慢慢将发酵混合物倒在硅藻土上, 抽滤[3], 得到澄清滤液, 简单蒸馏滤液, 收集 60 mL 馏出液, 用量筒作为接收器, 每 10 mL 记录温度一次。弃去留在瓶内的残留液。

将馏出液转入 100 mL 圆底烧瓶, 安装分馏装置[4], 蒸馏收集下列沸程的馏分。每收集 2 mL 馏出液记录温度一次。

A: 70～80 ℃; B: 80～90 ℃; C: ＞90 ℃ (约 5 mL)

弃去瓶内含杂醇油的残液, 测量各馏分的体积。馏分 A 为乙醇和水的恒沸混合物, 馏分 B 的体积较少。测定 A 和 B 馏分的密度换算成乙醇的含量, 计算乙醇的收率。

以馏出液体积为横坐标, 温度为纵坐标, 绘制分馏曲线。若条件允许, 可将馏分进行 GLC 分析。

图 3.26.2 和图 3.26.3 分别为乙醇的 IR 和 ^{1}H NMR 谱图。

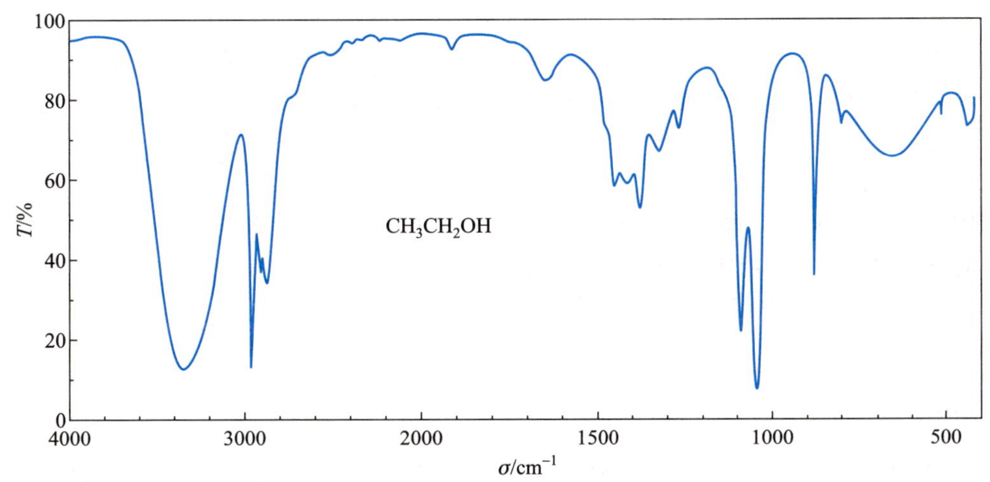

图 3.26.2 乙醇的 IR 谱图

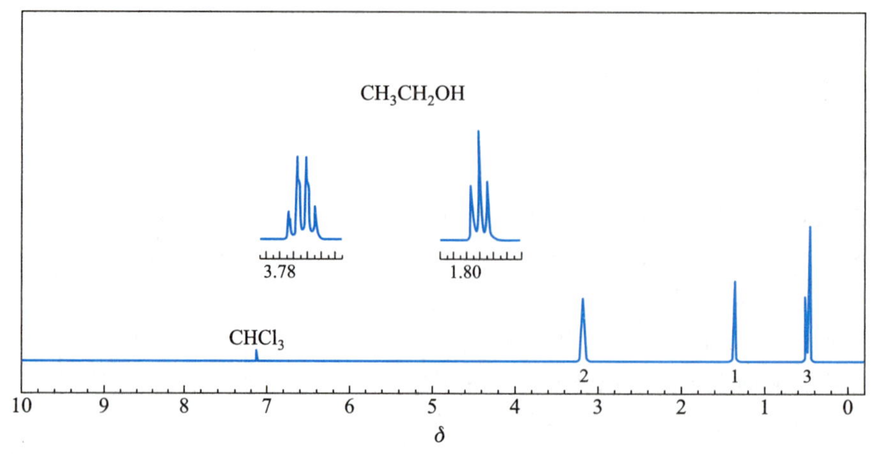

图 3.26.3 乙醇的 ^{1}H NMR 谱图

^{13}C NMR 数据: δ 18.1, 57.8

[注释]

[1] 巴斯德盐溶液由 2.0 g 磷酸钙、0.2 g 硫酸镁和 10 g 酒石酸铵溶于 860 mL 水配制而成。它可提供微生物繁殖所需的养分。

[2] 硅藻土作助滤剂, 捕集滤液中极细的酵母颗粒, 加快过滤速度, 使滤液澄清透明。将 10 g 硅藻土和约 30 mL 水置于烧杯中, 剧烈搅拌此混合物, 然后在抽气下将其倾入铺有滤纸的布氏漏斗中, 使一薄层助滤剂沉积在滤纸上, 再用清水洗至无色, 弃去洗涤水后, 即可用于过滤发酵液。

[3] 在整个后处理过程中切勿摇动反应瓶, 以免沉积物浮起, 影响过滤速度。先小心地过滤上层清液, 最后过滤沉淀物, 过滤时真空度不要过高, 以减少产品损失。

[4] 可用海氏分馏柱 (见图 2.6.6) 代替韦氏分馏柱, 分馏效果更佳。

[思考题]

(1) 本实验中应采取哪些措施来减少乙醇的损失以提高收率?

(2) 为什么用蒸馏的方法只能得到 95.6% 的乙醇? 如何用普通乙醇来制备无水乙醇?

(3) 乙醇中水的百分含量可通过测定溶液密度的方法来加以确定, 试说明依据。

(4) 发酵完成后, 氢氧化钙溶液出现的沉淀是什么? 写出平衡的反应式。

(5) 考虑乙醇的谱图:

(a) 在 IR 谱图中 3350 cm^{-1} 附近宽的吸收峰代表什么官能团? 为什么宽?

(b) 指出 ^{1}H NMR 谱图中与吸收峰对应的氢核。

(c) 指出 ^{13}C NMR 数据中与吸收峰对应的碳核。

3.27 天然产物的提取

从天然植物或动物资源衍生出来的物质称为天然产物, 随着分子生物学的诞生, 其范围甚至包括人与动物体内许多内源性成分。人类利用天然产物已有漫长的历史, 许多天然产物展示了不同的生理活性, 人类治疗疾病的药物很多来源于天然产物, 如抗癌药物紫杉醇和喜树碱, 抗疟疾的奎宁和青蒿素, 最早使用的镇痛药吗啡等。另一些天然产物则产生有价值的调味品、香料和染料, 应用于人类的日常生活。有的则具有毒性，甚至致人死亡。早期有机化学的研究主要是围绕天然产物的分离鉴定展开的。目前，寻求具有生理活性和特殊性能天然产物的提取、分离、鉴定与合成，仍然是有机化学一个十分活跃的领域。

天然产物种类繁多，根据它们的结构特征一般可分为四大类，即糖类、类脂化合物、萜类和甾族化合物及生物碱，其中生物碱是种类和变化最多的含氮碱性有机化合物。

最早的天然产物研究是从植物开始的，其分离、提纯和鉴定是一项十分艰辛的工作，一些天然产物含量很少，一千克植物最终得到的纯品为毫克级甚至更少。有机化学家通常使用萃取、蒸馏等手段来获取需要的产物。然而有的天然产物挥发性很低，萃取后往往得到油状或胶状物。现在各种色谱手段如薄层色谱及柱色谱、气液色谱及高效液相色谱的出现，已能实现天然产物的有效分离并得到纯品。

天然产物的结构确定最早是利用官能团鉴定和降阶的方法，这是一项十分耗时的工作，有的甚至需要数十年的时间，例如吗啡 1805 年已致纯，其结构鉴定及合成工作直到 1952 年才全部完成。现在各种波谱技术如红外和紫外光谱、核磁共振谱及质谱已使天然产物的结构测定更为有效和便利。另外，X 射线衍射对于测定分子的绝对构型，也起着决定性的作用。

有机化学家最终的目标是实现天然产物的实验室合成，这是有机化学的重要组成部分，也是对化学家智力和技能的严峻挑战，在该领域的研究中，不断有新的理论，新的反应及新的试剂产生，并取得了令人瞩目的成果，从而推动了有机化学的发展。例如天然产物中的巨型分子沙海葵毒素，相对分子质量高达 2678.6，已在较短的时间完成了结构鉴定和全合成。

我国有着极为丰富的中草药资源，中药治疗疾病已有几千年的历史，成为人类的宝贵财富，并且取得了令人欣喜的成果。我国科学家屠呦呦获得了 2015 年诺贝尔生理学或医学奖。屠呦呦和她的科研团队发现的青蒿素及双氢青蒿素目前是治疗疟疾的一线药物，为全世界上亿人解除了疾病的痛苦，从死亡线上挽救了上百万人的生命，这是中药对人类健康事业作出的巨大贡献。

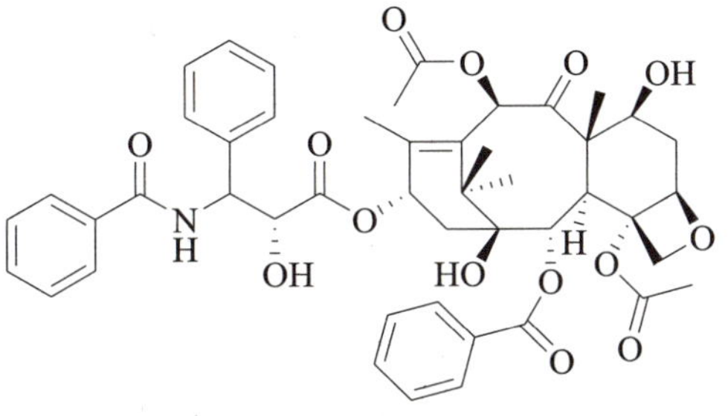

紫杉醇

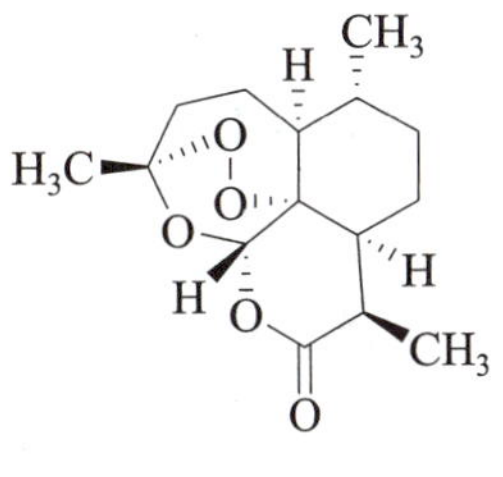

青蒿素

为了使学生对天然产物的分离提取有一个初步的概念，本节选择了从茶叶中提取咖啡因、菠菜色素的提取和分离、从烟叶中提取烟碱、从红辣椒中提取红色素及从黄连中提取黄连素 5 个实验。

实验七十七　从茶叶中提取咖啡因
(extraction of caffeine from tea)

茶叶中含有多种天然产物，其中以咖啡因 (又称咖啡碱) 为主，占 1%～5%。另外还含有 11%～12% 的丹宁酸 (又名鞣酸)、0.6% 的色素、纤维素、蛋白质等。咖啡因是弱碱性化合物，易溶于氯仿 (12.6%)、

水 (2%) 及乙醇 (2%) 等。在苯中的溶解度为 1% (热苯为 5%)。丹宁酸易溶于水和乙醇，但不溶于苯。

咖啡因是杂环化合物嘌呤的衍生物，其化学名称是 1,3,7-三甲基-2,6-二氧嘌呤。

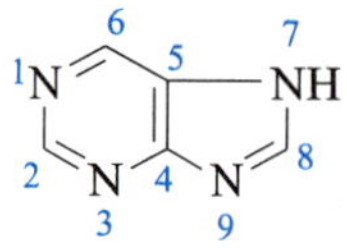

嘌呤

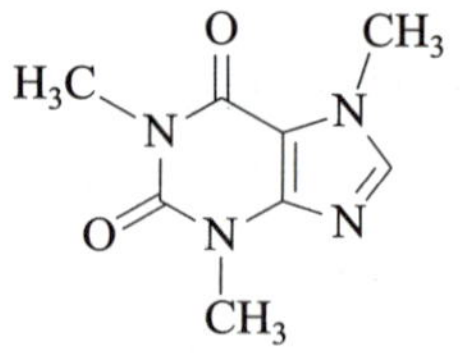

咖啡因
(1,3,7-三甲基-2,6-二氧嘌呤)

含结晶水的咖啡因系无色针状结晶，味苦，能溶于水、乙醇、氯仿等。在 100 ℃时即失去结晶水，并开始升华，120 ℃时升华相当显著，至 178 ℃时升华很快。无水咖啡因的熔点为 234.5 ℃。

为了提取茶叶中的咖啡因，往往利用适当的溶剂 (氯仿、乙醇、苯等) 在脂肪提取器中连续抽提，然后蒸去溶剂，即得粗咖啡因。

粗咖啡因还含有其他一些生物碱和杂质，利用升华可进一步提纯。

工业上，咖啡因主要通过人工合成制得。它具有刺激心脏、兴奋大脑神经和利尿等作用，因此可作为中枢神经兴奋药。它也是复方阿司匹林 (APC) 等药物的组分之一。

咖啡因可以通过测定熔点及光谱法加以鉴别。此外，还可以通过制备咖啡因水杨酸盐衍生物进一步得到确证。咖啡因作为碱，可与水杨酸作用生成咖啡因水杨酸盐，此盐的熔点为 137 ℃。

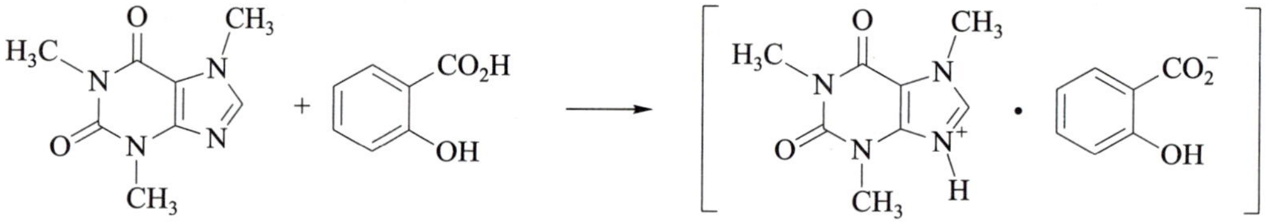

咖啡因 + 水杨酸 → 咖啡因水杨酸盐

实验方法 (一): 连续提取法

[试剂]

10 g 茶叶，95% 乙醇，生石灰。

[步骤]

按图 2.7.6 装好提取装置[1]。称取 10 g 茶叶，放入脂肪提取器的滤纸套筒中[2]，在圆底烧瓶中加入 75 mL 95% 乙醇，用水浴加热，连续提取 1.5 h[3]。待冷凝液刚刚虹吸下去时，立即停止加热。稍冷后，改成蒸馏装置，回收提取液中的大部分乙醇[4]。趁热将瓶中的残液倾入蒸发皿中，拌入 3～4 g 生石灰粉[5] 使成糊状，在蒸气浴上蒸干，其间应不断搅拌，并压碎块状物。最后将蒸发皿放在石棉网上，用小火焙炒片刻，务使水分全部除去。冷却后，擦去粘在边上的粉末，以免在升华时污染产物。取一只口径合适的玻璃漏斗，罩在隔以刺有许多小孔滤纸的蒸发皿上，用沙浴小心加热升华[6]，控制沙浴温度在 220 ℃左右。当滤纸上出现许多白色毛状结晶时，暂停加热，使其自然冷却至 100 ℃左右。小心取下漏斗，揭开滤纸，用刮刀将纸上和器皿周围的咖啡因刮下。残渣经拌和后用较大的火再加热片刻，使升华完全。合并两次收集的咖啡因，称量并测定熔点。

纯咖啡因的熔点为 234.5 ℃。图 3.27.1～图 3.27.3 分别为咖啡因的 IR、^{1}H NMR 和 ^{13}C NMR 谱图。

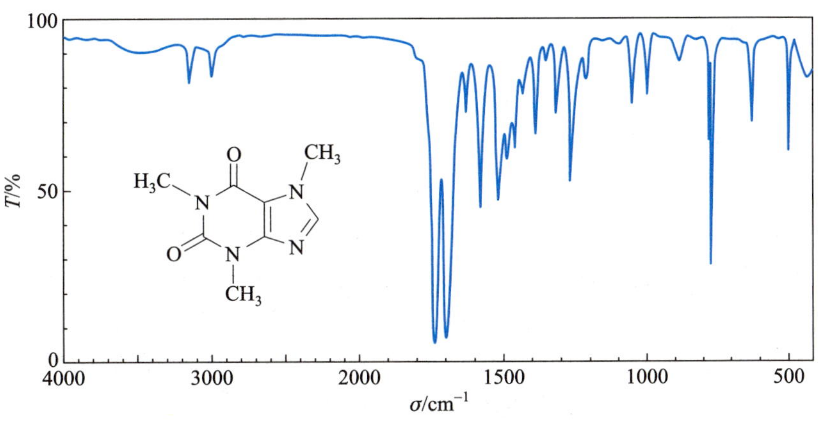

图 3.27.1 咖啡因的 IR 谱图

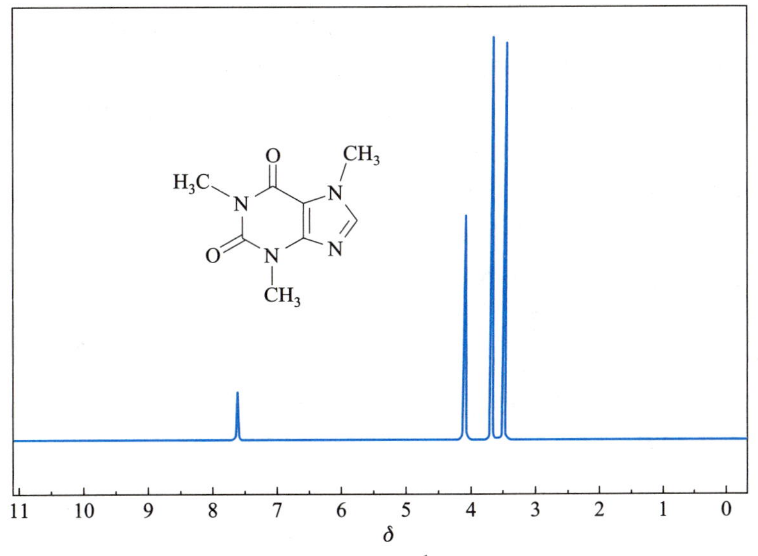

图 3.27.2 咖啡因的 ^{1}H NMR 谱图

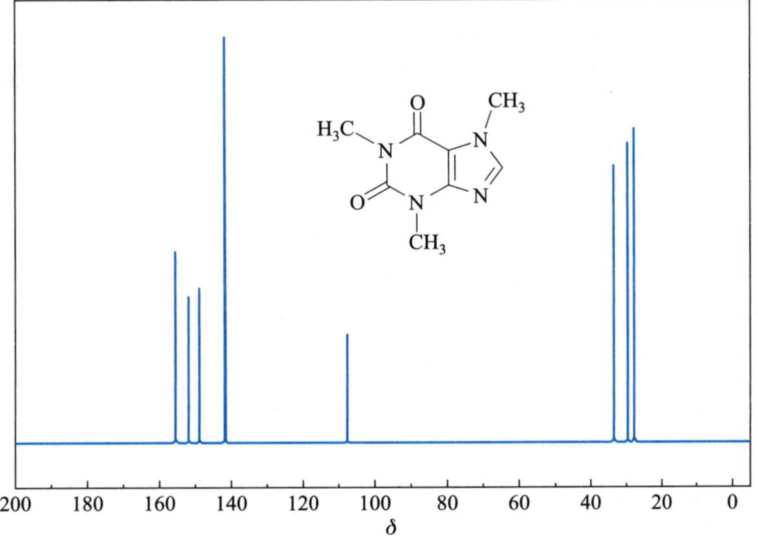

图 3.27.3 咖啡因的 ^{13}C NMR 谱图

实验方法 (二): 浸取法

[试剂]

10 g 茶叶, 8 g 碳酸钠, 二氯甲烷。

[步骤]

在 250 mL 烧杯中加入 100 mL 蒸馏水和 8 g 碳酸钠。称取 10 g 茶叶, 用纱布包好后放入烧杯中, 煮沸 30 min, 注意勿使溶液泛泡溢出。稍冷后 (约 50 ℃) 取出茶叶包, 挤干弃去。将提取液小心倾滗于另一烧杯中, 冷却至室温后转入分液漏斗, 用 40 mL 二氯甲烷分两次萃取。摇振 (注意放气) 后静置分层。此时两相界面产生乳化层[7]。在一小玻璃漏斗的颈口放置一小团脱脂棉, 脱脂棉上放置约 1 cm 厚的无水硫酸镁, 从分液漏斗直接将下层的有机相滤入一干燥的锥形瓶, 再用 1～2 mL 二氯甲烷洗涤干燥剂。加入少量无水硫酸镁, 放置 20 min。收集于锥形瓶中的有机相应是清亮透明的。

将干燥后的萃取液分批倾滗于 50 mL 圆底烧瓶, 并用少量二氯甲烷洗涤干燥剂。加入几粒沸石, 再水浴蒸馏回收二氯甲烷, 并用水泵将溶剂抽干。含咖啡因的残渣进行减压升华 (见图 2.5.11)。在烧瓶口上安装指形冷凝器, 接通冷凝水, 抽气口与水泵连接好, 打开水泵, 关闭安全瓶上的放气阀, 进行抽气。将此装置放入油浴或沙浴中加热, 使咖啡因在一定压力下升华。升华后的固体将凝聚在冷凝器的底部。当瓶中残渣变为绿色、不再有固体析出时, 升华完成。升华过程中浴温不得超过 180～185 ℃, 否则咖啡因会发生熔融或炭化。减压升华, 停止抽滤时一定要先打开安全瓶上的放空阀, 再关泵, 否则循环泵内的水会吸入吸滤管中, 造成实验失败。用刮刀小心刮下冷凝器底部的结晶, 称量并计算产率。

附: 咖啡因水杨酸盐衍生物的制备

在试管中加入50 mg 咖啡因、37 mg 水杨酸和 4 mL 甲苯, 在水浴上加热摇振使其溶解, 然后加入约 1 mL 石油醚 (60～90 ℃), 在冰浴中冷却结晶。若无晶体析出, 可用玻璃棒或刮刀摩擦管壁。用玻璃钉漏斗过滤收集产物, 测定熔点。

纯盐的熔点为 137 ℃。

本实验需 6～7 h。

[注释]

[1] 脂肪提取器的虹吸管极易折断, 装置仪器和取拿时须特别小心。

[2] 滤纸套大小既要紧贴器壁, 又能方便取放, 其高度不得超过虹吸管, 滤纸包茶叶时要仔细严密, 防止漏出堵塞虹吸管, 纸套上面折成凹形, 以保证回流液均匀浸润被萃取物。

[3] 若提取液颜色很淡时, 即可停止提取。

[4] 瓶中乙醇不可蒸得太干, 否则残液很黏, 转移时损失较大。

[5] 生石灰起吸水和中和作用, 以除去部分酸性杂质。

[6] 在萃取回流充分的情况下, 升华操作是实验成败的关键。升华过程中, 升华温度保持在 200～220 ℃, 始终都需用小火间接加热。注意不要将蒸发皿紧贴在沙盘底部。

若温度太高, 产物会发黄。注意, 温度计应放在合适的位置, 以便较准确反映出升华的温度。

若无沙浴, 也可用简易空气浴加热升华, 即将蒸发皿底部稍离开石棉网 1～2 mm 进行加热, 并在附近悬挂温度计指示升华温度。

[7] 乳化层通过干燥剂无水硫酸镁时可被破坏。

[思考题]

(1) 提取咖啡因时, 方法 (一) 中用到生石灰, 方法 (二) 中用到碳酸钠, 它们各起什么作用?

(2) 从茶叶中提取出的粗咖啡因有绿色光泽，为什么？

(3) 方法（二）中蒸馏回收二氯甲烷时，馏出液为何出现混浊？

(4) 指出咖啡因 IR 谱图中羰基吸收峰的位置。

(5) 指出咖啡因 NMR 谱图和数据中与吸收峰对应的氢核和碳核。

实验七十八　菠菜色素的提取和分离
(extraction of pigments from spinach and chromagraphic isolation)

绿色植物如菠菜叶中含有叶绿素（绿）、胡萝卜素（橙）和叶黄素（黄）等多种天然色素。叶绿素存在两种结构相似的形式即叶绿素 a ($C_{55}H_{72}O_5N_4Mg$) 和叶绿素 b ($C_{55}H_{70}O_6N_4Mg$)，其差别仅是 a 中一个甲基被 b 中的甲酰基所取代，均为吡咯衍生物与金属镁的络合物，是植物进行光合作用所必需的催化剂。植物中叶绿素 a 的含量通常是 b 的 3 倍。尽管叶绿素分子中含有一些极性基团，但大的烃基结构使它易溶于乙醚、石油醚等一些非极性的溶剂。

胡萝卜素 ($C_{40}H_{56}$) 是具有长链结构的共轭多烯。它有三种异构体，即 α-、β-和 γ-胡萝卜素，其中 β-异构体含量最多，也最重要。生长期较长的绿色植物中，异构体中 β-体的含量多达 90%。β-体具有维生素 A 的生理活性，其结构是两分子维生素 A 在链端失去两分子水结合而成的。在生物体内，β-体受酶催化氧化即形成维生素 A。目前 β-体已可进行工业生产，可作为维生素 A 使用，也可作为食品工业中的色素。

叶黄素 ($C_{40}H_{56}O_2$) 是胡萝卜素的羟基衍生物，它在绿叶中的含量通常是胡萝卜素的两倍。与胡萝卜素相比，叶黄素较易溶于醇而在石油醚中溶解度较小。

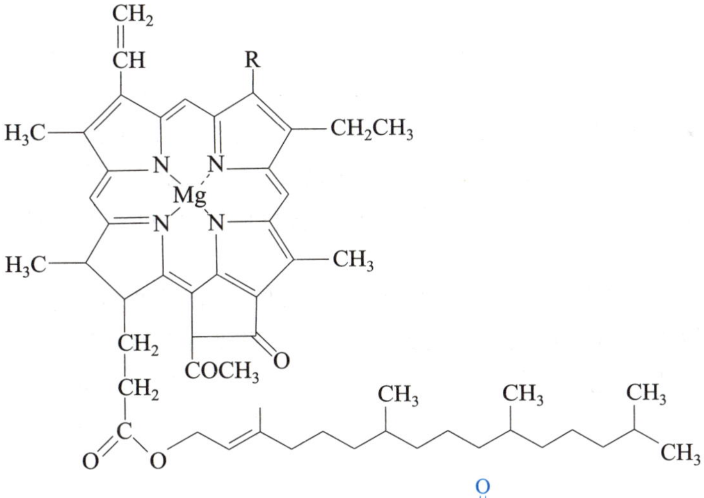

叶绿素a(R = CH_3)　叶绿素b(R = $\overset{O}{\overset{\|}{C}}H$)

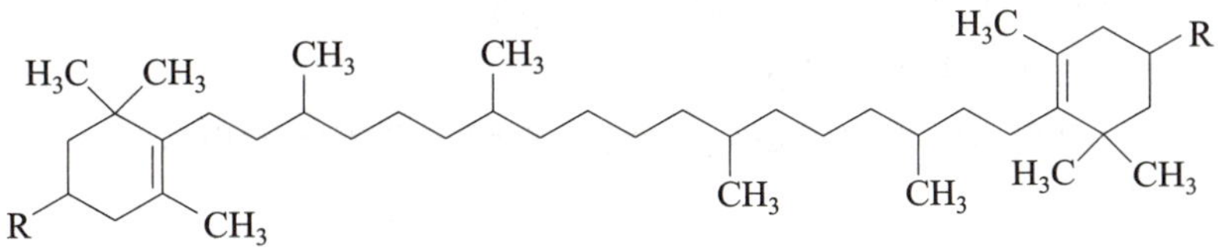

β-胡萝卜素(R = H)　叶黄素(R = OH)

CH2OH

维生素A

本实验将从菠菜中提取上述几种色素，并通过薄层色谱鉴定。有条件的，可进行β-胡萝卜素的紫外光谱测定。

[试剂]

硅胶 G, 95% 乙醇, 石油醚 (60～90 ℃), 丙酮, 乙酸乙酯, 氯仿, 食盐, 无水硫酸钠, 菠菜叶。

[步骤]

1. 菠菜色素的提取

称取约 5 g 洗净后用滤纸吸干的新鲜 (或冷冻) 除去叶柄的深绿色菠菜叶[1], 剪碎后置于研钵中, 加入 2 mL 2∶1 (体积比) 的石油醚-乙醇溶液, 在研钵中研磨 5 min, 然后用布氏漏斗抽滤。将滤液转入分液漏斗, 先加入 10 mL 饱和食盐水[2], 摇荡后分出水层, 再每次用 10 mL 水洗涤两次, 以除去萃取液中的乙醇和其他水溶性杂质。萃取时要轻轻旋荡, 以防止产生乳化。弃去水-乙醇层, 石油醚层用无水硫酸钠干燥 10 min 后滤入圆底烧瓶, 加入几粒沸石, 在水浴上蒸去石油醚至体积为 0.5～1 mL 为止。也可滤入锥形瓶, 在通风橱中用水泵抽除溶剂 (见图 2.7.9)。

2. 薄层色谱

取 4 块 2 cm×10 cm 自制活化后的硅胶板或不含荧光剂的商品硅胶板。用铅笔在距板底 1 cm 处轻画起始线, 用内径 0.05 mm 平口毛细管, 吸取提取液。在起始线中间轻轻点样。若样品颜色较浅, 可待样点溶剂挥发后, 重复点样几次, 但样点直径不得超过 2 mm。

展开剂: (a) 石油醚 - 丙酮 =8∶2 (体积比)

(b) 石油醚 - 乙酸乙酯 =6∶4 (体积比)

(c) 氯仿

先在展开瓶中加入展开剂, 深约 0.5 cm, 瓶的内壁贴一张高约 5 cm, 周长约 4/5 的滤纸, 下端浸入展开剂中, 加盖使瓶内蒸气饱和 5～10 min。用镊子小心将薄层板斜靠于展开瓶内壁, 以防止手上的油渍玷污薄层板, 盖好瓶塞待展开剂上升至薄层板另一端的 0.5 cm 处时, 取出薄层板, 用铅笔做出标记, 在空气中晾干。

分别用 3 种不同的展开剂展开。各种点的 R_f 因薄层厚度, 活化程度及展开剂不同而有所差异, 好的分离最多能观察到 8 个不同颜色的点。大致次序为 β-胡萝卜素 (橙黄色), 脱镁叶绿素 (灰色), 叶绿素 a (蓝绿色), 叶绿素 b (黄绿色), 叶黄素[3] (黄色)。计算展开后各色斑的 R_f, 比较不同展开剂的分离效果, 注意更换展开剂时, 须干燥展开瓶, 不允许前一展开剂带入后一展开剂体系。

本实验需 4～5 h。

[注释]

[1] 也可安排学生用树叶或灌木叶与菠菜作对比实验。

[2] 用饱和食盐水洗涤是为了防止乳化。

[3] 叶黄素易溶于醇而在石油醚中溶解度较小, 从嫩绿菠菜得到的提取液中, 叶黄素含量很少, 柱色谱中不易分出黄色带。

[思考题]

试比较叶绿素、叶黄素和胡萝卜素三种色素的极性,为什么胡萝卜素在色谱柱中移动最快?

实验七十九 从烟叶中提取烟碱 (isolation of nicotine from tobacco)

烟碱又名尼古丁,是存在于烟草中主要的生物碱,于 1928 年首次被分离出来,它是具有吡啶和吡咯两种杂环的含氮碱,天然尼古丁是左旋体。

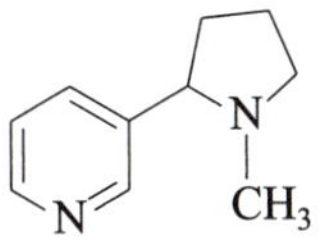

烟碱在商业上用作杀虫剂以及兽医药剂中寄生虫的驱除剂,对人类的毒害很大!“吸烟有害健康”的忠告应该引起人们充分的注意。

烟碱为无色油状液体 (bp 246 ℃),能溶于水和许多有机溶剂。由于分子中两个氮都显碱性,故 1 mol 烟碱一般能与 2 mol 的酸成盐。

本实验将从干燥的烟叶中离析出烟碱,它在烟叶中的含量为 2%~3%,并与柠檬酸及苹果酸结合在一起。用强碱溶液 (5% 氢氧化钠溶液) 萃取烟叶,使产生游离碱,然后再用乙醚将它从碱溶液中萃取出来,并进一步精制。由于烟碱是液体,并且从一支雪茄烟中离析出的量很少,不易纯化和操作,因此在萃取后醇溶液中加入苦味酸,使烟碱成为二苦味酸盐的结晶而析出,并通过测定衍生物的熔点加以鉴定。

[反应式]

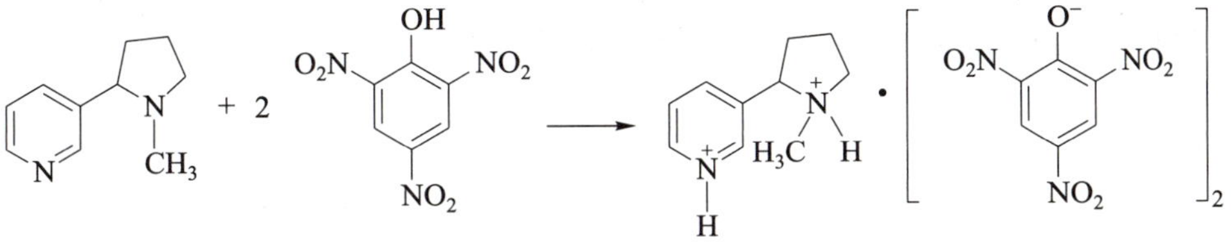

[试剂]

烟叶,5% 氢氧化钠溶液,乙醚,饱和苦味酸甲醇溶液,甲醇。

[步骤]

在 400 mL 烧杯中加入 8.5 g 碾碎的雪茄烟叶[1] 和 100 mL 5% 氢氧化钠溶液,搅拌 15 min。然后用布氏漏斗抽气过滤。勿放置滤纸 (滤纸在碱液中会立即膨胀并失去作用),用干净的玻塞或小烧杯的底部挤压过滤的烟叶以挤出所有的碱提取液,接着用 20 mL 水洗涤烟叶,并再次抽滤挤压。将抽滤后的碱提取液通过在颈口放置有玻璃棉的短颈漏斗,以除去少量穿过漏斗的烟叶碎片,用少量水洗涤玻璃棉并将洗涤液合并至碱提取液中。

将黑褐色的提取液移入 250 mL 分液漏斗中,用 25 mL 乙醚萃取。萃取时应轻轻旋荡,但不要振荡漏斗,以免形成乳状液而难以分层。分出下层水相于烧杯中并予以保留;当醚层趋近旋塞时,可能在漏斗尖底部出现少量黑色乳状液,小心从漏斗上口将醚层倾滗于 100 mL 圆底烧瓶中与乳状液分离,水层再每次用 25 mL 乙醚萃取两次。

合并醚萃取液，在水浴上蒸去乙醚，并用水泵将溶剂抽干。乙醚倒入指定的回收瓶中。残余物[2]中加入 1 mL 水，并轻轻旋摇使残渣溶解。然后加入 4 mL 甲醇，将溶液通过放有玻璃棉 (或一小团棉花) 的短颈漏斗过滤到小烧杯中，并用 5 mL 甲醇涮洗烧瓶和玻璃棉，合并至小烧杯中。此时溶液应是清亮的，否则需重新过滤。在搅拌下向烧杯中加入 10 mL 饱和苦味酸甲醇溶液，立即析出浅黄色的二苦味酸烟碱盐沉淀。用玻璃钉漏斗过滤，干燥后测定熔点。按此操作得到的二苦味酸烟碱盐的熔点为 217～220 ℃，称量并计算所提取的烟碱的收率。

用刮刀将粗产物移入 50 mL 锥形瓶中，加入 20 mL 50% 乙醇-水 (体积比) 溶液，小心加热至沸使粗产物溶解，放置让其自然冷却。注意亮黄色长形棱状结晶的生成。结晶过程有时是缓慢的，可用刮刀摩擦瓶壁促使结晶或塞住瓶子放置至下次实验。抽滤，干燥后称量并测定熔点。纯二苦味酸烟碱盐的熔点为 222～223 ℃。

本实验约需 4 h。

[注释]

[1] 也可用普通香烟烟丝代替雪茄，由于大多数烟厂都试图去除烟草中的尼古丁，因此雪茄烟或市售的干燥烟叶是更理想的提取烟碱的原料。

[2] 烟碱剧毒，致死量为 60 mg，操作时务必小心。如不慎手上沾上烟碱提取液，应用水冲洗后用肥皂擦洗。

实验八十 从红辣椒中提取红色素
(extraction of red pigments from red pepper)

红辣椒中含有多种色泽鲜艳的天然色素。其中呈深红色的色素主要是由辣椒红脂肪酸酯和少量辣椒玉红素脂肪酸酯所组成的，呈黄色的色素则是 β-胡萝卜素。

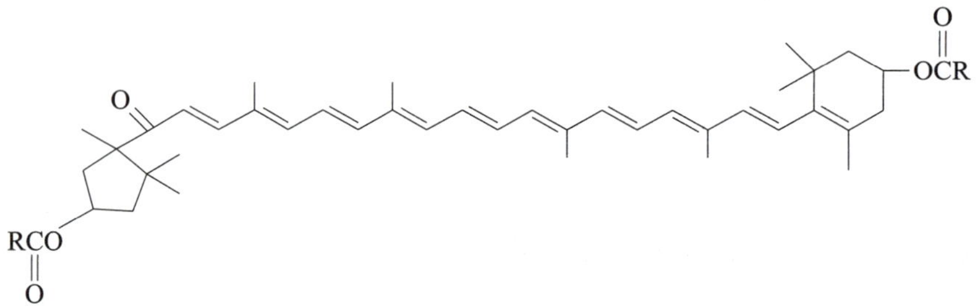

辣椒红脂肪酸酯

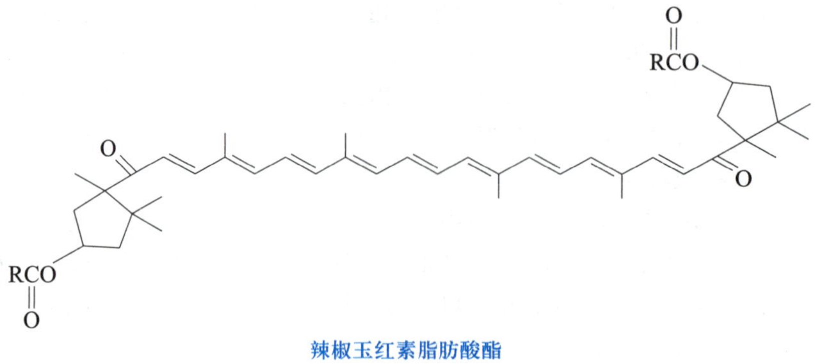

辣椒玉红素脂肪酸酯

这些色素可以通过色谱法加以分离。本实验以二氯甲烷作萃取剂，从红辣椒中提取出辣椒红色素。然后采用薄层色谱分析，确定各组分的 R_f，再经柱色谱分离，分段接收并蒸除溶剂，即可获得各个单组分。

[试剂]

1.5 g 干燥的红辣椒，二氯甲烷，硅胶 G (200～300 目)。

[步骤]

1. 提取和薄层色谱分析

在 25 mL 圆底烧瓶中，放入 1.5 g 干燥并研细的红辣椒[1] 和 2 粒沸石，加入 15 mL 二氯甲烷，装上回流冷凝管，加热回流 30 min。待提取液冷却至室温，过滤，除去不溶物，蒸馏回收二氯甲烷，得到浓缩的粗色素黏稠液。

以 200 mL 广口瓶作展开缸，二氯甲烷作展开剂。取极少量色素粗品置于小试管中，滴入 2～3 滴二氯甲烷使之溶解，并在一块 3 cm×8 cm 的硅胶 G 薄层板上点样，然后置入展开缸中展开，展开后板上出现大红色、小红色和黄色三个斑点，计算每种色素的 R_f。

2. 柱色谱分离

在 20 cm×1 cm 的色谱柱中，湿法装填硅胶 G 至柱高15 cm。柱上端加入粗辣椒素溶于 1 mL 二氯甲烷的浓缩液，用二氯甲烷淋洗，柱上逐渐分离出黄色、红色、深红色三条环状色带。按颜色收集三个流出馏分。红色带洗出后，用丙酮淋洗，收集深红色带。蒸馏或用旋转蒸发仪浓缩，收集红色素。

对所得红色素样品做紫外-可见光谱分析 (见图 3.27.4)。图 3.27.5 为红色素的 IR 谱图。

本实验需 3～4 h。

[注释]

[1] 若辣椒未研细，其用量需加倍。

[思考题]

(1) 展开过程中有时会出现“拖尾”现象，一般是什么原因造成的? 这对展开结果有何影响? 如何避免“拖尾”现象?

(2) 色谱柱中有气泡会对分离带来什么影响? 如何除去气泡?

(3) 分析红色素的红外谱图，从中可以获得有关分子结构的哪些信息?

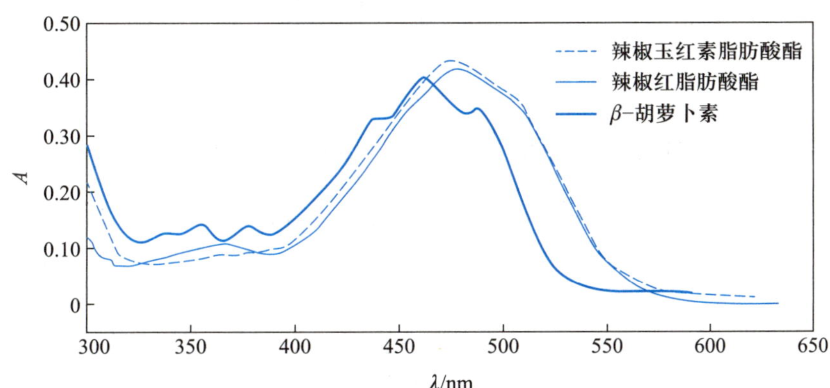

图 3.27.4 分离的辣椒色素的 UV 谱图

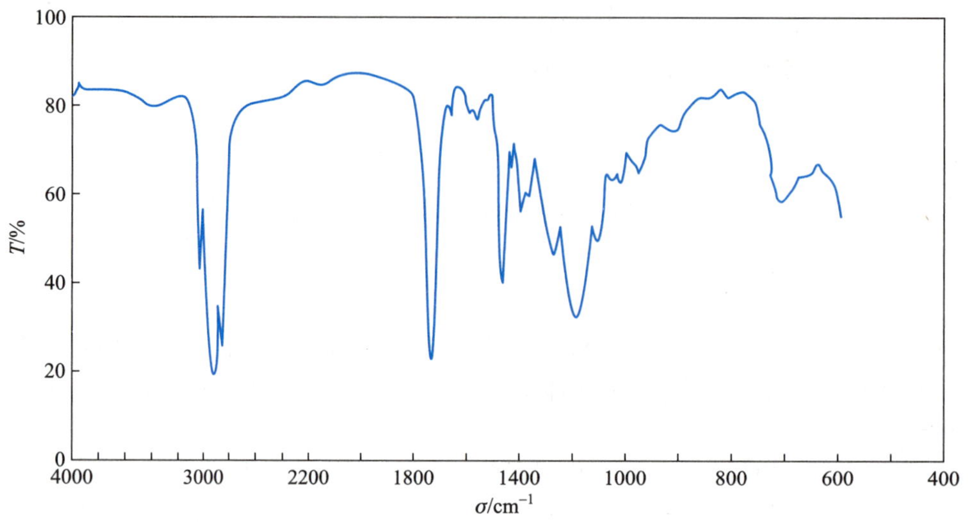

图 3.27.5　红色素的 IR 谱图

实验八十一　从中药黄连中提取黄连素
(extraction of berberine from Coptis Chinensis Franch)

黄连素是一种有很强的抗菌能力的药材，对急性结膜炎、口疮、急性细菌性痢疾、急性肠胃炎等均有很好的疗效。黄连中含有多种生物碱，以黄连素 (berberine) (俗称小檗碱) 为主要成分，随野生和栽培及产地的不同，黄连中黄连素的含量为 4%～10%。

黄连素为黄色针状体，微溶于冷水和乙醇，但在热水和热乙醇中溶解度较大，几乎不溶于乙醚。黄连素存在 3 种互变异构体，一般以较为稳定的季铵碱结构式为主。其结构式如下：

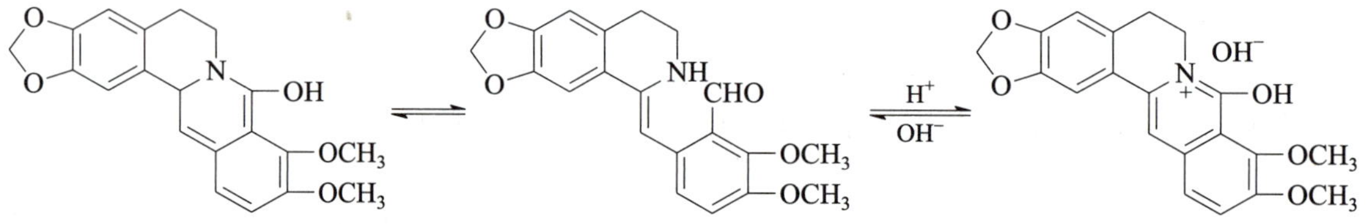

醇式　　　　醛式　　　　季铵碱式

在自然界中黄连素多以带两个结晶水的季铵盐形式存在，其结构式：

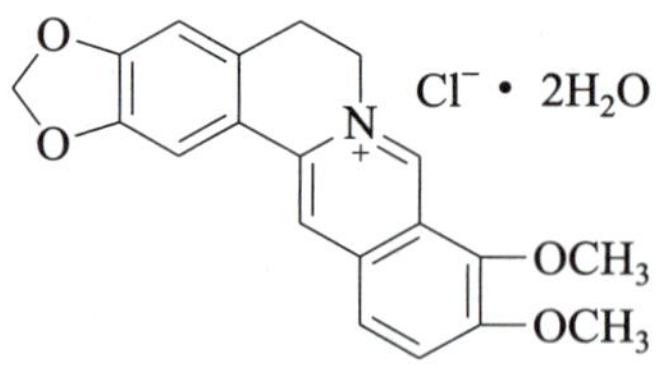

$Cl^- \cdot 2H_2O$

黄连素的盐酸盐、氢碘酸盐、硫酸盐、硝酸盐均难溶于冷水，易溶于热水，其各种盐的纯化都比较容易。

[试剂]

黄连, 95% 乙醇, 浓盐酸, 1% 乙酸溶液。

[步骤]

1. 浸取法

称取 5 g 黄连, 切碎, 研细, 放入 100 mL 圆底烧瓶中, 加入 50 mL 乙醇, 装上球形冷凝管, 在热水浴中加热回流 30 min, 冷却并静置浸泡 30 min, 抽滤。将滤渣重新放入圆底烧瓶中, 加入 50 mL 乙醇重复上述操作。合并两次所得滤液, 用水泵进行减压蒸馏蒸出乙醇 (或用旋转蒸发仪将乙醇蒸出), 再加入 15～20 mL 1% 乙酸溶液, 加热溶解, 趁热抽滤以除去不溶物, 然后在滤液中滴加浓盐酸 (约需 6 mL) 至溶液混浊为止, 放置冷却, 即有黄色针状晶体析出, 抽滤, 并用冰水洗涤两次, 再用丙酮洗涤一次, 干燥后称量, 测熔点。

将得到的粗品加入热水刚好溶解, 然后煮沸, 用石灰乳调节 pH 至 8.5～9.8, 冷却后除去杂质, 滤液继续冷却到室温以下, 即有针状体的黄连素析出, 抽滤, 将结晶在 50～60 ℃下干燥, 得到非常纯净的黄连素。

2. 索氏提取器连续提取法

称取 5 g 黄连, 切碎, 研细, 用滤纸卷成筒状将黄连倒入其中包好, 注意勿使黄连从滤纸缝中漏出。将滤纸筒装入索式提取器中, 从索式提取器上口加入 100 mL 95% 乙醇, 水浴加热, 回流提取, 直至提取液颜色较浅为止 (2.5～3 h), 当发生虹吸溢流时, 停止加热回流, 将烧瓶中的提取液在水泵减压下蒸出乙醇, 直到溶液为棕红色糖浆状物。再加入 1% 乙酸溶液 (约 10 mL), 加热溶解, 抽滤以除去不溶物, 然后将清液倒入烧杯中, 边搅拌边滴加浓盐酸 (约 10 mL), 至溶液混浊为止, 放置冷却[1], 即有黄色针状的黄连素盐酸盐析出, 抽滤, 晶体用冰水洗涤两次, 再用丙酮洗涤一次, 干燥, 得到粗品。

然后将粗品加热水至刚好溶解煮沸, 用石灰乳调节 pH 至 8.5～9.8。冷却, 滤除杂质, 继续冷却至室温以下, 即有黄连素结晶析出。抽滤, 得到纯净的黄连素晶体[2], 干燥后称量, 测熔点。

纯黄连素的熔点为 145 ℃。图 3.27.6～图 3.27.8 分别为黄连素的 IR 和 NMR 谱图。

本实验需 6～7 h。

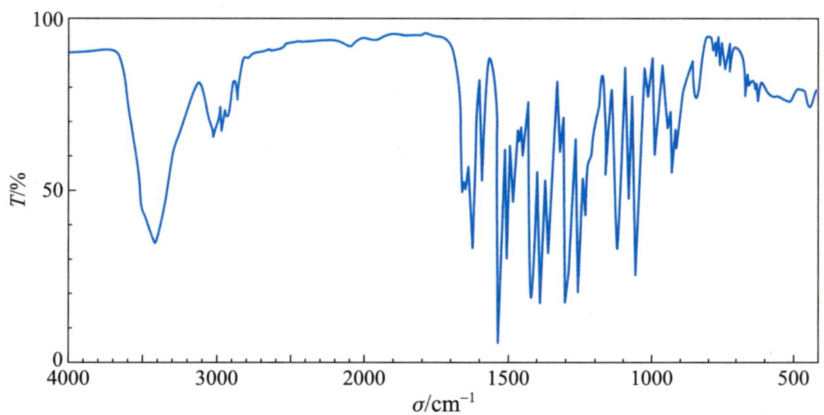

图 3.27.6 黄连素的 IR 谱图 (KBr 压片)

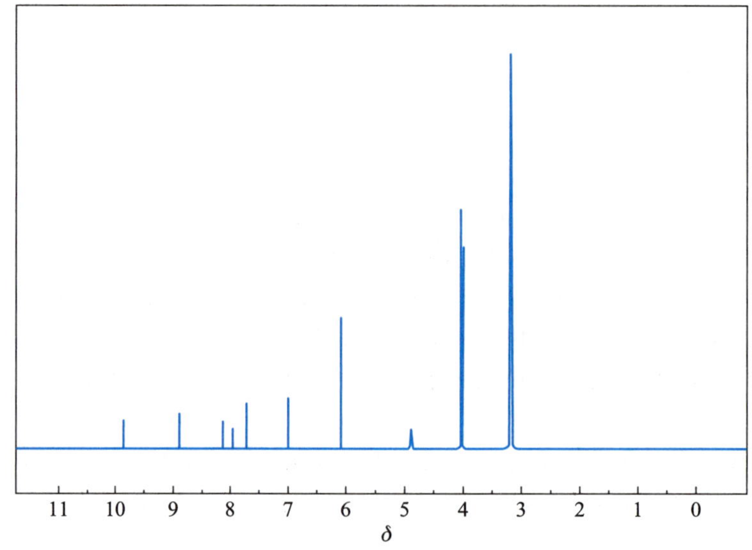

图 3.27.7 黄连素的 ^{1}H NMR 谱图 (DMSO-d_6)

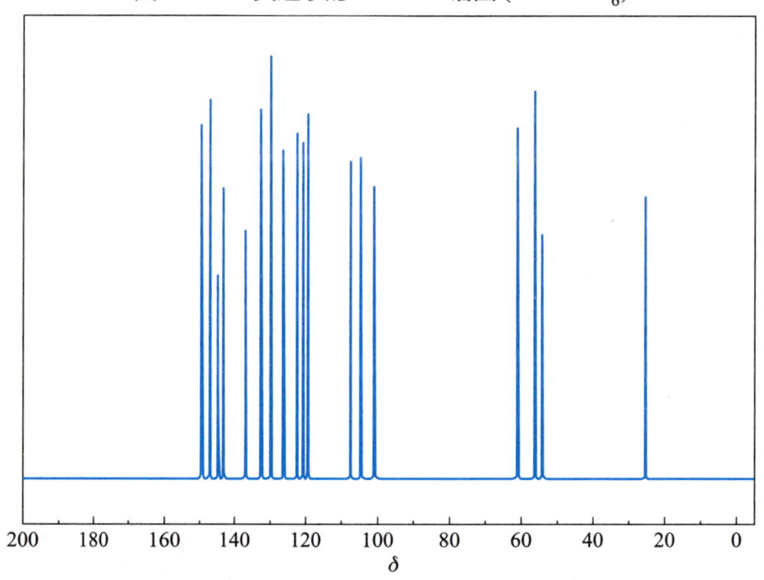

图 3.27.8 黄连素的 ^{13}C NMR 谱图 (DMSO-d_6, 65 ℃)

[注释]

[1] 冷却时,最好用冰水浴。

[2] 如果晶形不好,可用水再重结晶一次。

[思考题]

(1) 黄连素为哪种生物碱类的化合物?

(2) 为何要用石灰乳来调节 pH? 用强碱氢氧化钾 (钠) 是否可以? 为什么?

(3) 指出黄连素 IR 谱图中醚键吸收峰的位置。

(4) 指出黄连素 ^{1}H NMR 谱图中与吸收峰对应的氢核。

3.28 聚合反应

聚合物是由成千上万个重复单元组成的高相对分子质量的一类化合物,也称高分子化合物。形成重复单元的化合物称为单体。由一种单体组成的聚合物称为均聚物;由两种以上单体组成的聚合物称为共聚物。

$$\underset{\text{均聚物}}{R—M—(M)_n—M—R} \qquad \underset{\text{共聚物}}{R—M_1(M_1-M_2)_n—M_2—R}$$

聚合物根据来源不同可分为天然聚合物和合成聚合物。天然聚合物是指自然界存在的高分子化合物,如具有生物功能的蛋白质、核酸、多糖,具有结构功能的天然橡胶、蚕丝等;合成聚合物指通过人工合成的聚合物,所谓“三大合成材料” —— 合成塑料、合成纤维及合成橡胶,已成为现代化学工业的支柱产业,渗透到人们日常生活的各个方面及工农业生产、军事、航天及科学研究等许多领域,对人类的物质文明产生了深刻的影响。

聚合反应根据单体的结构和反应不同可分为加成聚合 (链式聚合) 和缩合聚合 (逐步聚合)。加聚是由不饱和的小分子化合物 (单体) 通过自由基链式反应相互连接形成聚合物的过程,包括均聚和共聚。例如,聚乙烯 (PE)、聚氯乙烯 (PVC)、聚丙烯 (PP)、聚苯乙烯 (PS)、聚四氟乙烯 (PTFE 或 Teflon)、聚丙烯腈、丁苯橡胶、聚甲基丙烯酸甲酯 (PMMA)、ABS 等都通过加聚反应形成。缩聚反应是由两种或一种具不同双官能团的小分子化合物通过逐步的缩合反应形成聚合物的过程。例如,聚酯 (PET)、聚酰胺 (Nylon)、聚氨酯和聚碳酸酯等都是通过这类反应形成的产物。本节利用聚苯乙烯和尼龙-66的制备作为链式聚合和逐步聚合的两个例子。

实验八十二 聚苯乙烯 (polystyrene)

聚苯乙烯是重要的高分子化工产品。由加热或引发剂制备聚苯乙烯的过程是典型的自由基链式反应,其机理与烷烃的卤化反应类似。常用的引发剂为酰基过氧化物,如过氧化苯甲酰,叔丁基过氧化苯甲酰等。当加热时,引发剂分解产生两个自由基,如用In· 表示该类自由基,聚苯乙烯的链式聚合可表示如下:

链引发

$$(CH_3)_3CO—OCOC_6H_5 \longrightarrow (CH_3)_3CO\cdot + \cdot OCOC_6H_5$$

$$In\cdot + CH_2{=}CH—Ph \longrightarrow In—CH_2—\dot{C}H—Ph$$

链增长

$$In—CH_2—\underset{Ph}{\underset{|}{\dot{C}H}} + nCH_2{=}CH—Ph \longrightarrow In\!\left[CH_2\underset{Ph}{\underset{|}{CH}}\right]_n CH_2\underset{Ph}{\underset{|}{\dot{C}H}}$$

链终止

$$2In\!\left[CH_2\underset{Ph}{\underset{|}{CH}}\right]_n CH_2\underset{Ph}{\underset{|}{\dot{C}H}} \longrightarrow In\!\left[CH_2\underset{Ph}{\underset{|}{CH}}\right]_n CH_2\underset{Ph}{\underset{|}{CH}}—\underset{Ph}{\underset{|}{CH}}CH_2\!\left[\underset{Ph}{\underset{|}{CH}}CH_2\right]_n In$$

$$2In\!\left[CH_2\underset{Ph}{\underset{|}{CH}}\right]_n CH_2\underset{Ph}{\underset{|}{\dot{C}H}} \longrightarrow In\!\left[CH_2\underset{Ph}{\underset{|}{CH}}\right]_n CH_2CH_2Ph + In\!\left[CH_2\underset{Ph}{\underset{|}{CH}}\right]_n CH{=}CHPh$$

聚合反应根据实验方法不同，分为本体聚合、溶液聚合、悬浮聚合和乳液聚合，聚合所用的方法是由产物的用途决定的。本实验列举了本体聚合、乳液聚合及溶液聚合等聚合方法。

[试剂]

苯乙烯，叔丁基过氧化苯甲酰，过硫酸钾 ($K_2S_2O_8$)，十二烷基苯硫酸钠 (SDS)，磷酸二氢钠，氢氧化钠，无水氯化钙，硫酸钾铝 [$AlK(SO_4)_2 \cdot 12H_2O$]，甲醇，二甲苯。

[步骤]

1. 从商品苯乙烯中除去阻聚剂

为了防止苯乙烯单体在储存和运输过程中发生自聚，常常加入一些酚类化合物作为自由基聚合的阻聚剂，在聚合前需要将其除去。除去的方法是：取约 10 mL 苯乙烯于分液漏斗中，加入 10% 氢氧化钠溶液 10 mL，充分摇动混合物使两层分离，分去水层，用水洗涤有机层 3 次，每次 8 mL 水，仔细分去水层，将苯乙烯倾入含有少量无水氯化钙的锥形瓶中干燥，并时加摇动，保持干燥 20 min。弃去干燥剂，干燥的苯乙烯用于下列聚合反应（如有必要，可以将苯乙烯进行减压蒸馏纯化）。图 3.28.1 和图 3.28.2 分别为苯乙烯的 IR 和 ^{1}H NMR 谱图。

2. 苯乙烯的本体聚合

在一小的软质玻璃试管中放置 2～3 mL 干燥苯乙烯，加入 2～3 滴叔丁基过氧化苯甲酰。垂直夹住试管在加热器上加热，试管内插一温度计，水银球触及液面。当温度达到 140 ℃时暂时移去热源，使体系保持微沸。随着反应的进行，可以观察到沸腾的速度迅速增加。

聚合反应开始后体系温度可达 180～190 ℃，远高于苯乙烯的沸点。在这期间液体的黏度将迅速增加，一旦体系的温度开始下降，移去温度计。当取出温度计时可观察到生成的丝状聚合物。聚苯乙烯的聚合速度取决于所用引发剂的用量、反应温度和反应加热的时间。

3. 苯乙烯的溶液聚合和成膜[1]

在 25 mL 圆底烧瓶中加入 2～3 mL 干燥苯乙烯和 5 mL 二甲苯，用滴管滴入 7～8 滴叔丁基过氧化苯甲酰。安装加热回流装置，加热回流 20～30 min。将溶液冷却至室温，将其中二分之一倾入 25 mL 甲醇中使其沉淀，使固液分离，得到的聚苯乙烯在强烈的搅拌下于新鲜甲醇中再悬浮，过滤收集聚苯乙烯并在通风橱中干燥。

将另一半聚苯乙烯溶液倒在玻璃表面皿或大口烧杯中，于通风橱中使溶剂挥发，可以得到透明的聚苯乙烯薄膜。称量所得的聚合物，计算转化率。测定苯乙烯和聚苯乙烯的红外光谱。

4. 苯乙烯的乳液聚合[2]

在装有搅拌磁子的 50 mL 圆底烧瓶中，加入 2 mL 磷酸二氢钠 ($0.01\ mol \cdot L^{-1}$)，2 mL 十二烷基硫酸钠 ($1.25\ g \cdot L^{-1}$)、1 mL 新制备的过硫酸钾 ($10\ g \cdot L^{-1}$) 的水溶液和 2.5 mL 新蒸馏的苯乙烯，装上冷凝管。在冷凝管与烧瓶连接处涂少许润滑脂，旋转均匀。开动搅拌，加热反应混合物，调节加热装置使反应物保持回流但不致在冷凝管中起泡，聚合反应约需 1 h。

停止加热，从冷凝管顶端加入 5 mL 水并继续搅拌使反应体系冷却。如发现有块状聚合物，可暂时取下冷凝管，用刮刀在瓶壁小心研碎。并确信搅拌磁子旋转正常。慢慢滴加 0.5 mL $100\ g \cdot L^{-1}$ 硫酸铝钾水溶液使聚合物完全沉淀，继续冷凝和搅拌几分钟。

抽滤聚合物沉淀，每次用 10 mL 水洗涤两次后，接着每次用 10 mL 甲醇再洗涤两次。将聚合物转入烧杯中，用滤纸覆盖（写上姓名），置烘箱中于 50 ℃烘干 12 h，称量并计算产率。

本实验需 5～6 h。

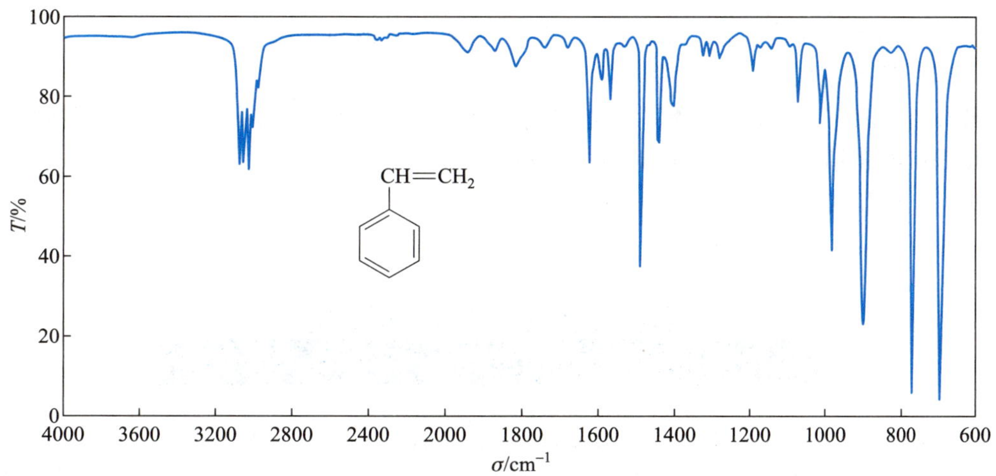

图 3.28.1 苯乙烯的 IR 谱图

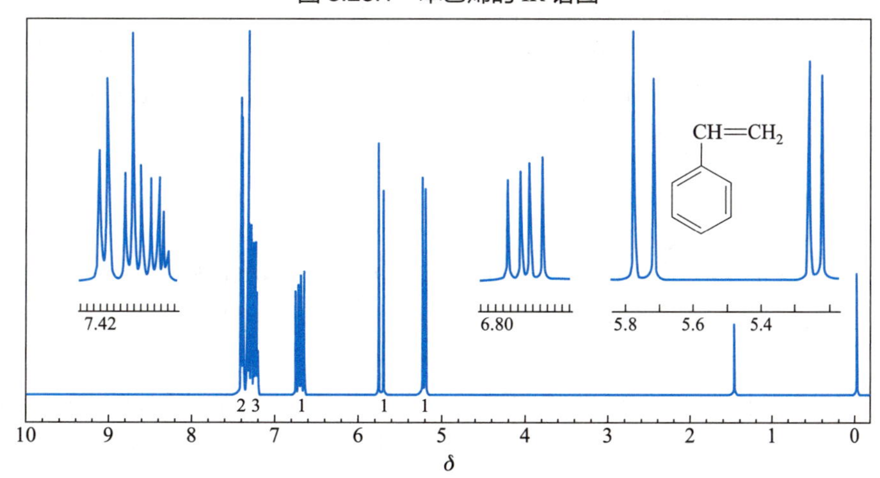

图 3.28.2 苯乙烯的 ^{1}H NMR 谱图

^{13}C NMR 数据: δ 113.5, 126.2, 127.6, 128.5, 137.0, 137.7

[注释]

[1] 也可取上述乳液聚合得到的聚合物 0.1 g 溶于 1.5 mL 乙酸乙酯或二甲苯中, 倒在表面皿或烧杯中, 在通风橱中使溶剂挥发制得薄膜。

[2] 乳液聚合是一种或几种烯类单体在乳化剂的分散稳定作用下经自由基引发剂引发, 在水相中呈水包油乳状液分散的聚合反应过程。聚合产物以微胶粒 (0.1～1.0 μm) 状态分散在水相中的乳状液, 稳定性优良。以水作介质, 具有价格低廉、使用安全、无污染的优点, 广泛用于合成橡胶、黏合剂、涂料、纺织印染和纸张助剂的生产。

[思考题]

(1) 在聚合反应中, 引发剂用量对反应有何影响?

(2) 为什么烯烃的链式聚合是放热反应?

(3) 在苯乙烯聚合反应中, 为什么自由基不是加在连有苯环的碳上而是加在相邻的另一个碳上? 如何理解反应取向的选择性?

(4) 在苯乙烯的乳液聚合中，十二烷基硫酸钠和磷酸二氢钠的作用是什么?

(5) 考虑苯乙烯的谱图:

(a) 指出 IR 谱图中官能团区碳-碳双键及芳环的吸收位置，并说明在指纹区末端乙烯基的特征吸收。

(b) 指出 ^{1}H NMR 谱图中与吸收峰对应的氢核。

(c) 指出 ^{13}C NMR 数据中与吸收峰对应的碳核。

实验八十三　聚己内酰胺 (polycaprolactam, nylon)

聚酰胺通常称为尼龙，其结构为含酰胺基团 (—CONH —) 的线形高分子化合物。

己内酰胺具有不稳定的七元环结构，因此在高温和催化剂作用下，可以开环聚合成线型高分子，通常称为尼龙-66，在我国称为锦纶，可以作纤维，也可以作塑料。

聚合反应的催化剂，除了常用的水之外，还有有机酸碱或金属锂、钠等。采用不同的催化剂，聚合机理不同，从而聚合速率和所得的聚合物也不相同。用水作催化剂时，通常得到相对分子质量为 $10^4 \sim 4\times10^4$ 的线型高分子，其两端分别为氨基和羧基。

[反应式]

$$(n+1)\ \text{己内酰胺 (NH—C=O 七元环)} \xrightarrow{H_2O} HO-\overset{O}{\overset{\|}{C}}-(CH_2)_5-\left[NH\overset{O}{\overset{\|}{C}}(CH_2)_5\right]_n-NH_2$$

[步骤]

在一封管[1] 中加入 2 g 己内酰胺，再用滴管加入单体质量的 1% 的蒸馏水。用纯氮置换封管中的空气后，封闭管口。加上保护套后放入聚合炉，于 250 ℃ 加热约 5 h。反应后期应得到极黏稠的熔融物。将封管自聚合炉中取出，任其自行冷却，管内熔融物质即凝成固体，再打开封管，取出聚合物称量。

本实验约需 2 h。

[注释]

[1] 封管操作:

在实验室中常使用金属制的高压釜进行高压反应。但在小量操作中 (如小于 5 mL 液体或用于 1 g 固体)，更常用厚壁硬质玻璃 (封) 管，文献上称作 Carius 管或聚合管等，形状如图 3.28.3 所示，要求壁厚均匀，无结疤、裂纹等缺陷。

清洗　封管在使用之前，需经碱洗、水洗和蒸馏水洗涤，并在烘箱中烘干。

装料　常温下是气体的原料，可直接将浸在冷冻剂内的封管与原料容器相连接，或用蒸馏的方法加料，借封管上事先做好的记号计算体积来定投料量 (也可用称量法)。

至于液体或固体的原料，可以用图 3.28.3 所示的注射器或长颈漏斗加料，其目的在于不使药品玷污封管的颈部，以免熔封时炭化影响封口的质量。

脱气 (或使用保护气体) 和熔封　为了避免空气和湿气对反应的影响，往往在封管封闭前作脱气或用惰性气体如纯氮置换管中空气。

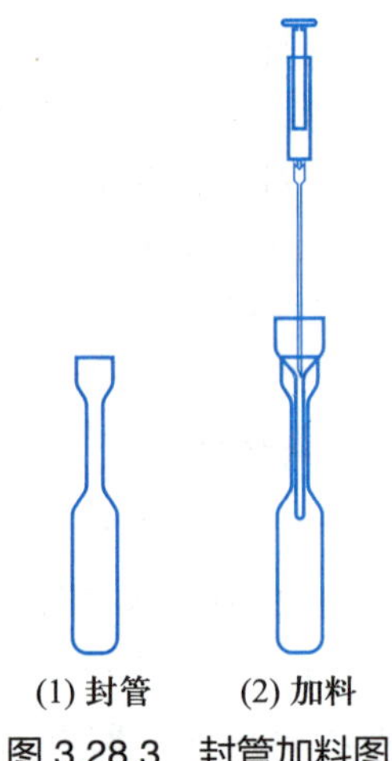

图 3.28.3　封管加料图

对于极易挥发的原料,一般来说,应使封管浸在冷冻剂中,接上三通旋塞。三通旋塞的另两个通路,一个接真空泵,另一个接保护气体瓶,轮番抽空和置换保护气体数次。关闭旋塞,然后进行封闭。

封闭 调节燃气喷灯,先用大而温度不高的黄色火焰加热封管的颈部,并转动封管使受热均匀。至刚呈现钠的黄色火焰时,开大喷灯的空气阀,使高温的氧化焰把颈部端软化熔融,最后粘在一起,慢慢拉去末端。封闭这一动作不能过快,否则封闭的尖端处太薄不安全可靠。然后再调小喷灯的空气阀,用黄色火焰退火,消除封端玻璃的内应力。慢慢放冷 (不要吹风),其后把封管装入防护套中,放入加热炉反应。

启封 封管受热之后,因内容物的汽化或膨胀,内压很大,像是一个很不安全的炸弹,因此把它从加热炉中取出时应装在防护套中放冷。操作者应戴好手套和防护眼镜,用有机玻璃挡板保护好身体和面部,然后从封管尖嘴部抽出防护套。用煤气喷灯高温小尖焰对冷封管尖端烧,当玻璃软化时,管中过剩的压力将管吹破。以后的操作就是一般玻璃工操作了。

[思考题]

(1) 写出由己二酸与己二胺制备尼龙-66 和由对苯二甲酸与乙二醇制备聚酯的反应式和产物的结构。

(2) 为什么聚己内酰胺具有很强的吸水性和很高的抗拉强度? 聚己内酰胺可以发生分子内氢键缔合吗?

(3) 聚合时为何要通入氮气?

(4) 如何用化学方法测定本实验制备的聚己内酰胺的相对分子质量?

3.29 微波辐射合成实验

微波化学 (microwave chemistry) 是利用微波技术研究物质在微波作用下的物理和化学行为的一门新兴交叉学科。

微波是指波长在 100 cm～1 mm, 频率在 300 MHz～300 GHz 范围内的电磁波,介于电磁波的红外辐射和无线电波之间。在一般条件下,微波可穿透玻璃、陶瓷和某些塑料,因此这些材料被用作家用微波炉的炊具、支架和窗口。微波在通信、军事等领域的应用已有较长的历史,作为一种能源,在家用、制药材料等诸多领域也获得了广泛的应用。但将其用于合成化学则是近三十年的事情。自从 1986 年 Giquere 对蒽与顺丁烯二酸二甲酯的 D-A 环加成反应的微波合成研究开始,至今已在有机合成诸多反应的研究中取得了重大的进展,几乎涉及了有机反应的各种类型。与传统的加热方法相比,微波辐射具有反应速率快、操作方便、产率高和易于纯化等优点,反应速率比常规方法要加快数倍甚至上千倍,展示了广阔的应用前景。如今,微波促进有机化学反应已发展成为一门引人注目的全新领域 —— MORE 化学 (microwave-induced organic reaction enhancement chemistry)。

尽管微波辐射对化学反应的促进和加速已是不争的事实,但对其机理还缺乏充分的了解。目前学术界有 “热效应” 和 “非热效应” 两种不同观点。传统加热方式是指由热源通过传导、对流、辐射将热量供给反应体系,期间的热损失不可避免; 微波加热是指通过极化机制和电子、离子传导机制进行加热,是一种直接作用于分子的体内加热。极性分子通常更易吸收微波辐射,因而非极性溶剂体系中的极性反应物所处的实际温度高于反应体系的表观温度,这是某些常规加热方法下不能发生的反应可在微波辐射时顺利进行的可能原因之一。此外,很多研究者认为,微波场会影响分子运动的取向,增大分子间的有效碰撞概率，并通过改变分子排列的焓效应、熵效应进而改变活化能，或诱导分子转动进入亚稳态，这些改变均可能使反应更易于进行。看来人们对微波化学的认识还需要更全面、深入和系统地加以探讨。

近年来微波技术发展很快，性能不断改进，技术日趋成熟。带搅拌器和带分水器的常压微波反应装置分别见图 3.29.1 和图 3.29.2。一些专业生产厂家已研制出了适合各种反应条件下使用的微波反应装置。图 3.29.3 和图 3.29.4 分别给出了祥鹄 XH-100 A 微波合成仪和新仪 MAS-3 普及型微波合成仪。微波功率可根据反应要求温度自动变频控制，实时监测和控制反应温度，配备电磁或机械搅拌，按照需要加装反应容器及冷凝、滴加、补液和分水装置，甚至通过摄像装置，观察监测反应过程和变化。图 3.29.5 和图 3.29.6 所示为更先进和实用的微波反应仪。

由于微波反应的特殊性，在采用家用微波炉进行实验的过程中，应该注意相应的安全事项：

(1) 如果微波炉门封及门体损坏，要经专业维修人员修好之后再行使用；

(2) 微波炉内加热不能使用金属器；

(3) 不能空腔启动微波炉；

(4) 如果发现微波炉内出现烟雾，应立即将微波炉电源断开，并且不要急于打开炉门；

(5) 在取出被加热的液体时，要防止烫伤；

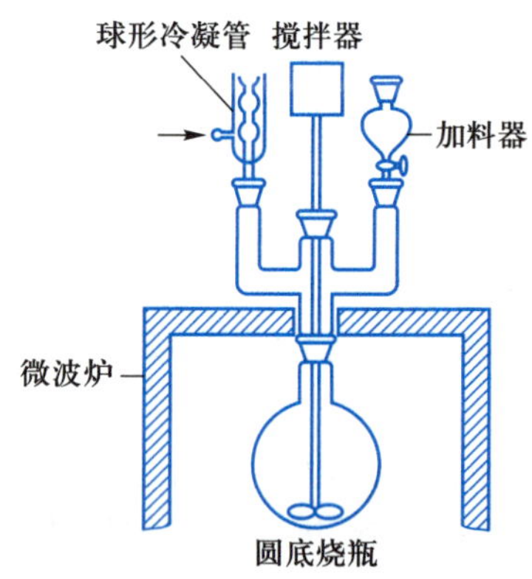

图 3.29.1　带搅拌器的常压微波反应装置

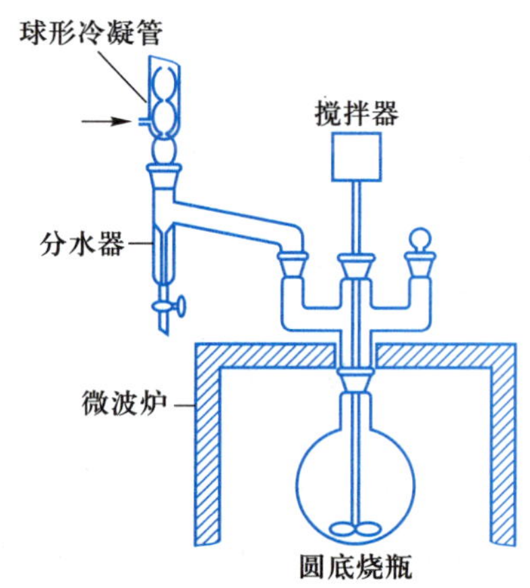

图 3.29.2　带分水器的常压微波反应装置

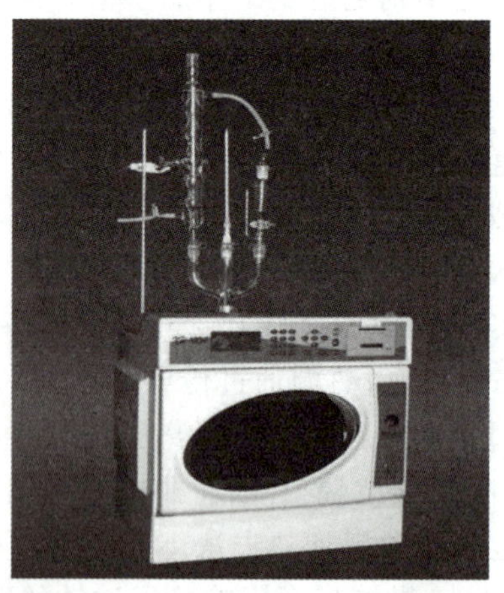

图 3.29.3　祥鹄 XH-100A 微波合成仪

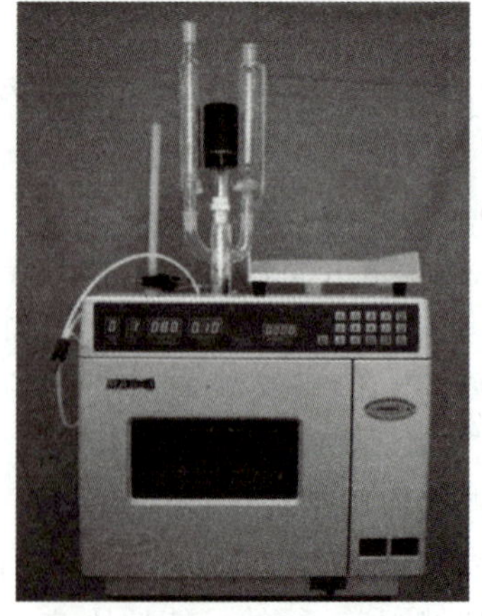

图 3.29.4　新仪 MAS-3 普及型微波合成仪

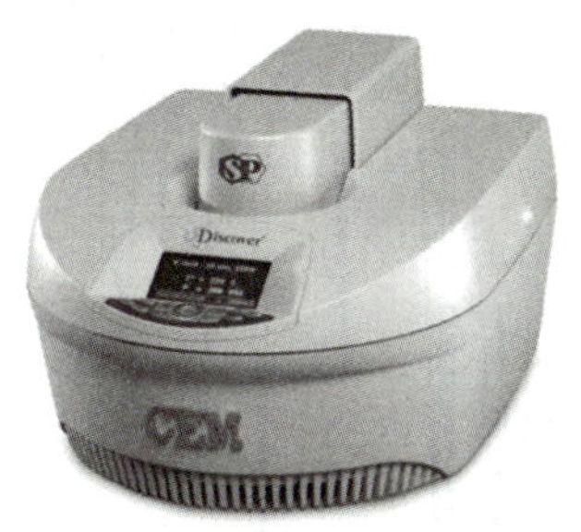

图 3.29.5 CEM-SP 微波合成仪

图 3.29.6 CEM MARS 微波合成系统

(6) 在微波炉附近不要放置易燃、易爆物品;

(7) 在微波炉工作运行期间, 要注意监控反应时间、反应温度, 避免发生火灾。

本节选入了三个微波制备实验, 目的在于激发学生的好奇心, 拓宽学生的视野, 培养学生的创新思维和意识。

实验八十四 对氨基苯磺酸
(p-aminolbenzenesulfonic acid)

对氨基苯磺酸是合成偶氮染料的中间体, 也可用于防治麦锈病的农药, 由苯胺和浓硫酸在 180～190 ℃下共热而制得。

室温下芳胺与浓硫酸混合生成 N-磺基铵盐, 然后加热转化为对氨基苯磺酸, 用常规加热方法反应需要 4.5 h, 而用微波辐射仅用 10 min 左右便能完成。

[反应式]

$$C_6H_5NH_2 \xrightarrow{\text{浓硫酸}} C_6H_5\overset{+}{N}H_2SO_3^- \xrightarrow[\triangle]{MW} p\text{-}NH_2C_6H_4SO_3H$$

[试剂]

2.8 g (2.9 mL, 0.03 mol) 苯胺 (新蒸), 3.1 g (1.7 mL, 0.031 mol) 浓硫酸, 10% 氢氧化钠溶液。

[步骤]

在 25 mL 圆底烧瓶中加入 2.8 mL 苯胺, 分批滴加 1.7 mL 浓硫酸[1], 并不断振摇。加完酸后将烧瓶置入 1000 W 微波炉内, 装上空气冷凝管 (为使装置稳妥, 可在烧瓶下方垫一烧杯), 同时在微波炉内放入盛有 100 mL 水的烧杯[2]。火力调至低挡, 持续 10 min。关闭微波炉待稍冷[3], 取出 1～2 滴反应混合物于 2 mL 10% 氢氧化钠溶液中, 振荡后若得澄清溶液, 可认为反应完成, 否则需继续加热。

反应完成后, 将反应液趁热在不断搅拌下倒入盛有 20 mL 冷水或碎冰的烧杯中, 析出白色对氨基苯磺酸, 抽滤, 用少量水洗涤。粗产物用热水重结晶, 并用活性炭脱色, 可得到含两个结晶水的对氨基苯磺酸, 产量约为 3 g。图 3.29.7 和图 3.29.8 分别为对氨基苯磺酸的 IR 和 ^1H NMR 谱图。

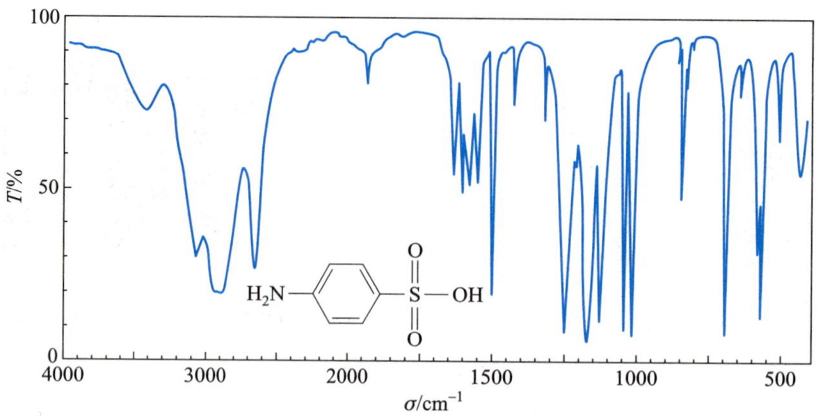

图 3.29.7 对氨基苯磺酸的 IR 谱图

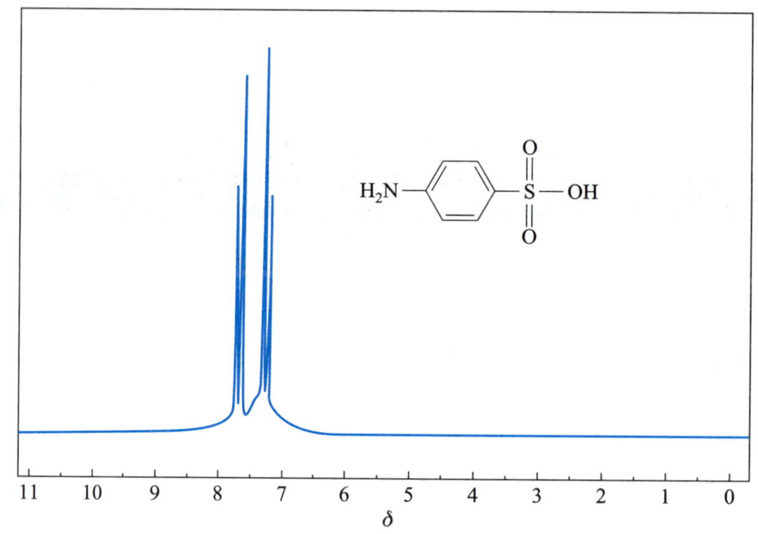

图 3.29.8 对氨基苯磺酸的 ^{1}H NMR 谱图

白色晶体在 100 ℃时失去水分，无水物在 290～300 ℃不经熔融而炭化。

[注释]

[1] 由于加浓硫酸时，硫酸与苯胺激烈反应生成苯胺硫酸盐，因此先要滴加，当硫酸加至生成盐不能摇振时才可分批加入。

[2] 用烧杯装 100 mL 水置于微波炉中，可以分散微波能量，从而减少反应中因火力过猛而发生炭化的量。

[3] 稍冷可以使未反应的苯胺冷凝下来，以免苯胺遇热挥发而造成损失和中毒。

[思考题]

(1) 写出磺化反应的机理，反应的中间体是什么？

(2) 为什么微波辐射可以加速反应？

实验八十五 苯甲酸乙酯
(ethyl benzoate)

[反应式]

$$C_6H_5COOH + C_2H_5OH \xrightarrow[\text{MW}]{\text{浓硫酸}} C_6H_5COOC_2H_5 + H_2O$$

[试剂]

6.2 g (50.8 mmol) 苯甲酸, 13.5 g (15 mL 29 mmol) 无水乙醇, 环己烷, 浓硫酸, 饱和碳酸钠溶液, 乙醚。

[步骤]

在 100 mL 圆底烧瓶中依次加入 6.2 g 苯甲酸、15 mL 无水乙醇、15 mL 环己烷 (共沸带水剂) 和 2 mL 浓硫酸, 摇匀, 加入沸石。将圆底烧瓶放入微波反应器炉腔内, 装上分水器及回流冷凝管, 如图 3.29.2 所示。关闭微波炉炉门, 在 650 W 的功率下, 微波辐射至水分离器中不再有水生成, 反应过程需 6~7 min。整个反应可分出 8~10 mL 乙醇水溶液。水浴蒸馏或旋转蒸发除去未反应乙醇。把粗产物倒入 40 mL 水中, 加入饱和碳酸钠溶液中和至 pH = 8。分出下层水溶液, 用 2×10 mL 乙醚萃取, 萃取液与分出的有机层合并, 用 10 mL 乙醚萃取, 萃取液与分出的有机层合并, 用 10 mL 饱和食盐水洗涤, 分出有机层, 用无水硫酸镁干燥后过滤。先用热水浴蒸除溶剂, 再蒸馏收集 208~210 ℃ 的馏分。产量为 6~7 g。

纯苯甲酸乙酯沸点为 213 ℃, 折射率 n_D^{20} 为 1.5001。

实验八十六 9,10-二氢蒽-9,10-α,β-马来酸酐
(9,10-dihydroanthracene-9,10-α,β-maleic anhydride)

[反应式]

$$\text{蒽} + \text{HC=CH(CO)}_2\text{O} \xrightarrow{\text{MW}} \text{9,10-二氢蒽-9,10-}\alpha,\beta\text{-马来酸酐}$$

[试剂]

1.8 g (100 mmol) 蒽, 0.98 g (100 mmol) 顺丁烯二酸酐, 二甲氧基乙二醇。

[步骤]

在研钵中放 1.8 g 蒽和 0.98 g 顺丁烯二酸酐, 混合均匀后研细。混合物转移到 50 mL 烧杯中, 加入 5 mL 二甲氧基二乙醚, 搅拌混合均匀后, 盖上表面皿, 置入微波炉[1] 托盘上。用中火 (50% 功率) 加热

3 min。取出烧杯，冷却、析出浅绿色晶体，抽滤，用乙醚洗涤两次，每次用乙醚 2 mL。得微绿色晶体[2]，称量，测其熔点，用 TLC 分析其组成[3]。产量约为 1.8 g。图 3.29.9 为 9,10–二氢蒽–9,10–α,β–马来酸酐的 IR 谱图。

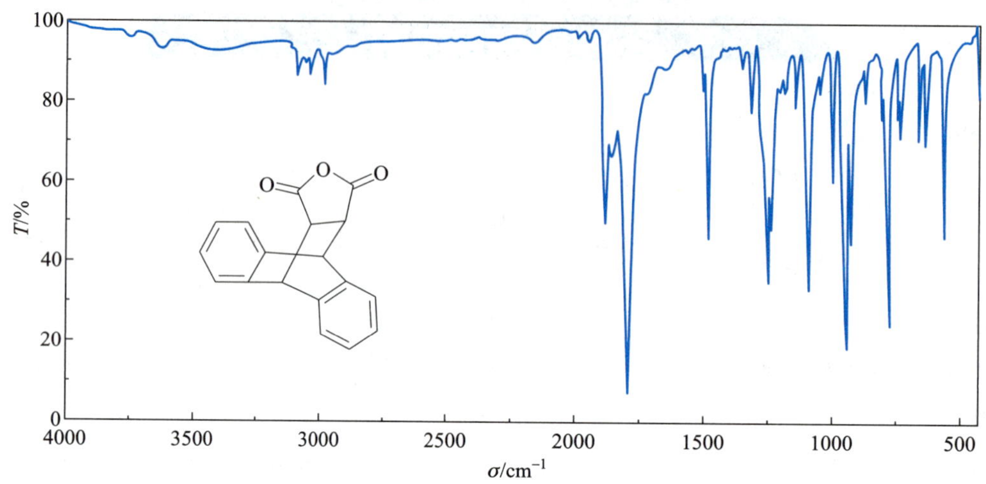

图 3.29.9　9,10–二氢蒽–9,10–α,β–马来酸酐的 IR 谱图

[注释]

[1] 本实验用的微波炉的功率为 700 W。

[2] 可用二甲苯重结晶，得到纯净物。

[3] 用硅胶 H 为吸附剂，以体积比为 1∶1 的石油醚和甲基叔丁基醚的混合物为展开剂，用碘蒸气显色。

[思考题]

(1) 在微波辐射的教学实验中为什么用高沸点溶剂如氯苯等？

(2) 查阅相关有机化学实验资料，对比用传统加热进行实验与用微波辐射加热进行实验的最大差别是什么？

3.30　超声化学反应

类似于微波辐射合成，近年来超声在化学中的应用迅速发展，以致形成了一门新兴的交叉学科 —— 声化学。

随着声化学的发展，超声辐射 (US) 在有机合成中的应用研究呈蓬勃发展之势，已广泛应用于氧化、还原、取代、缩合和水解等反应，几乎涉及各种有机反应类型。声化学杂志 *Ultrasonics Sonochemistry* 于 1994 年 3 月创刊，声化学专著 *Practical Sonochemistry* 于 1991 年发行，第一部声化学中文专著《声化学及其应用》于 1992 年出版。

大量的文献报道和许多实验表明：超声辐射可以改善反应条件，加快反应速率，提高反应产率。经归纳总结，超声辐射合成主要有以下两个特点。

1. 反应速率快且产率高

不论是均相反应还是多相反应，甚至标准的干反应，超声辐射都能显著加快反应速率，大大提高产率。例如,在超声辐射下,用 $KMnO_4$ 把 $PhCH_2OH$ 氧化成 PhCHO, 10 min 产率可达 90%,而不用超声辐射时产率只有 29%。在 $Fe_2(CO)_9$ 的催化和超声辐射下,1-戊烯双键的转移较无超声辐射时的速率增加约 105 倍。

2. 反应条件温和,有利于工艺生产

超声辐射造成空穴效应,使溶液中出现微区和极短时间高温高压,但相对于整个反应体系而言,只是常温和常压环境。这一点对化工生产有很大好处,不仅降低了设备成本,而且减少了高温高压所带来的危险。

超声的研究和发展,与媒质中超声的产生和接收的研究密切相关。当超声在媒质中传播时,声波和媒质之间的相互作用使媒质发生一系列物理的和化学的变化,也出现一系列力学、光学、电化学等超声效应。目前,更大超声功率的磁制伸缩换能器,以及各种不同用途的电动型、电磁力型、静电型换能器等多种超声换能器相继出现,必将促进声化学的进一步发展。

本节列举了苯亚甲基苯乙酮超声制备,可与实验三十七加热合成对照,以期引起学生对声化学的兴趣。

实验八十七 苯亚甲基苯乙酮的超声制备

(sonopreparation of benzalacetophenone)

[反应式]

$$C_6H_5-\overset{O}{\overset{\|}{C}}H + C_6H_5-\overset{O}{\overset{\|}{C}}-CH_3 \xrightarrow[\text{US, 20\sim25 ℃}]{\text{10\%NaOH溶液, EtOH}} C_6H_5-\overset{O}{\overset{\|}{C}}-CH=CH-C_6H_5$$

[仪器]

超声发生器:昆山超声仪器有限公司生产的 KQ-3200 超声波清洗器。

[试剂]

2.1 g (2 mL, 17.5 mmol) 苯甲醛, 2.06 g (2 mL, 19.8 mmol) 苯乙酮,氢氧化钠,乙醇。

[步骤]

在 250 mL 圆底烧瓶中依次加入 40 mL 95% 乙醇、50 mL 10% 氢氧化钠溶液、2 mL 新蒸馏的苯甲醛和 2 mL 苯乙酮。室温下,将圆底烧瓶置于超声波清洗器的水槽中,在功率为 500 W 下超声辐射 35 min。冰浴冷却,抽滤,用冰水洗至中性。粗产品可用 95% 乙醇重结晶。产品为淡黄色晶体,产量为 2.8~3.1 g,产率为 80%~86%。

纯苯亚甲基苯乙酮的熔点为 59 ℃。

3.31 文献实验

在通过基本操作、合成实验的训练之后,学生已初步掌握了进行有机化学实验的基本知识与技能。在此基础上,可以安排学生进行一些难度较大的选做实验,有条件的学校也可安排学生进行文献实验。所谓文献实验,是让学生在教师的指导下,选择题目,查阅文献,确定实验步骤,进行一些实验教学内容以外的实验。文献实验对于学生进一步巩固基本知识和实验操作技能,初步掌握文献查阅方法,培养独立进行有机实验的能力是十分必要的。文献实验是深化实验教学改革的一种尝试,也是学生将来进行毕业论文的准备和初步训练。

文献实验的具体过程如下:

(1) 布置课题。文献实验最好能结合教师科学研究的需要,合成某些原料或中间体,或结合生产实际合成一些有实用价值的化合物,也可以是实验教学改革中一些需要探讨的课题。

(2) 查阅文献。文献查阅是进行科学研究必不可少的环节。教师应向学生介绍有机化学文献概况,以实验参考书和工具书为主 (见 1.10)。一般要求学生查阅指定的文献资料,当查到需要的文献时,应摘录有关化合物的制备方法和物理常数。

(3) 提出方案,进行实验。学生应对所查阅的文献资料进行归纳整理,结合具体情况,提出初步的实验方案,在征求教师的意见后,确定最后的合成路线与实验步骤,独立地进行实验。

由于原始文献中记载的实验步骤和条件,往往彼此间有所不同,有时也没有实验教材那么详细,所以有关仪器的装置,操作条件的选择,产物的鉴定都需要灵活而正确地运用以往所获得的知识和技能。同时原料的纯化、试剂的配制也需自行处理,如时间许可,可重复进行一些实验以便比较,要求结果能达到或接近文献产率。

(4) 进行总结,写出实验报告。文献实验报告要求比一般实验报告要提高一步,可按小论文形式进行撰写。报告格式应以一般化学杂志的化学论文作为借鉴,由题目、作者、日期、摘要、讨论、实验步骤和结果组成。要能简要地介绍题目的背景和实验的目的意义,要有实验步骤和对结果的精确描述,包括原料的用量、产物的产量和收率、产物的物理常数及文献值、进行实验的名称和结果、图表、波谱及其他有关数据。要根据实验结果写上自己的心得体会及对实验的改进意见,并在报告结尾引入制备所依据的参考文献。

本节列出了三个实验: *N*,*N*-二乙基间甲苯甲酰胺的制备、(*S*)-(+)-3-羟基丁酸乙酯生物合成及香料紫罗兰酮的制备,可作为文献实验的参考选题。

实验八十八 *N*,*N*-二乙基间甲苯甲酰胺的制备
(preparation of *N*,*N*-diethyl-*m*-toluamide)

[研究背景]

N,*N*-二乙基间甲苯甲酰胺 (简写为 Deet),俗称避蚊胺,是市售驱蚊剂的主要活性成分,对蚊虫有很强的驱避作用。并证明它是红色螟蛉蛾的性引诱素组分之一。据报道驱蚊胺的驱蚊效能是对蚊虫感觉器官的阻塞作用,而对人畜无毒,使用安全,因而应用十分广泛。其合成可用间二甲苯为原料,经氧化、酰氯化和胺化的途径而得到:

$$H_3C{-}C_6H_4{-}CH_3 \xrightarrow{\text{氧化}} H_3C{-}C_6H_4{-}COOH \xrightarrow{\text{酰氯化}} H_3C{-}C_6H_4{-}COCl \xrightarrow{\text{胺化}} H_3C{-}C_6H_4{-}CON(C_2H_5)_2$$

芳烃侧链的氧化一般可选用 $KMnO_4$ 或 HNO_3 为氧化剂。氧化以后,除得主产物间甲苯甲酸外,还有少量间苯二甲酸,利用它们在乙醚中的溶解度不同,可以将副产物间苯二甲酸除去。酰氯化最常用

的试剂是 $SOCl_2$、PCl_3 和 PCl_5，它们各有不同的特点，可以相互补充。由于酰氯很容易分解，因此，本实验操作时应避免空气中的水进入反应系统。

N, *N*-二乙基间甲苯甲酰胺为亮黄色的油状液体。产率一般为 60%～65%。图 3.31.1 和图 3.31.2 分别为 *N*, *N*-二乙基间甲苯甲酰胺的 IR 和 ^{1}H NMR 谱图。

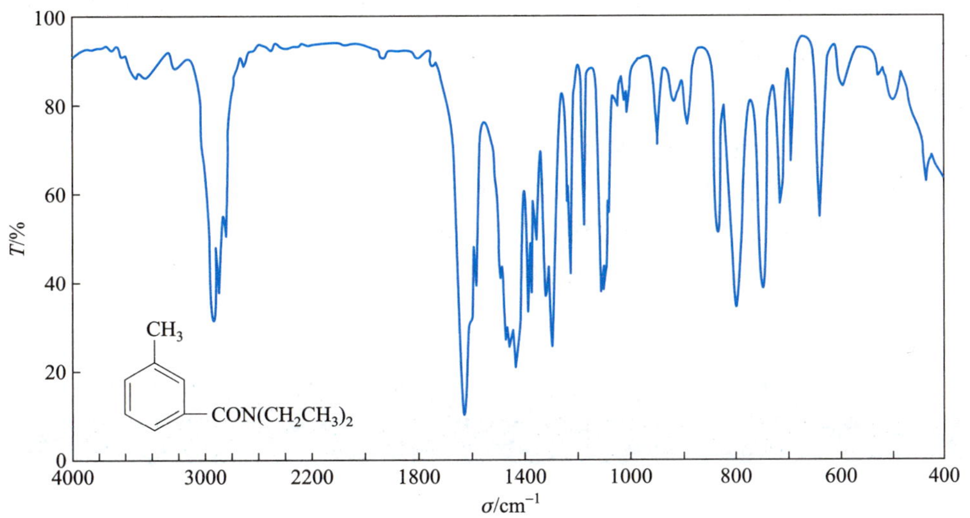

图 3.31.1　*N*, *N*-二乙基间甲苯甲酰胺的 IR 谱图

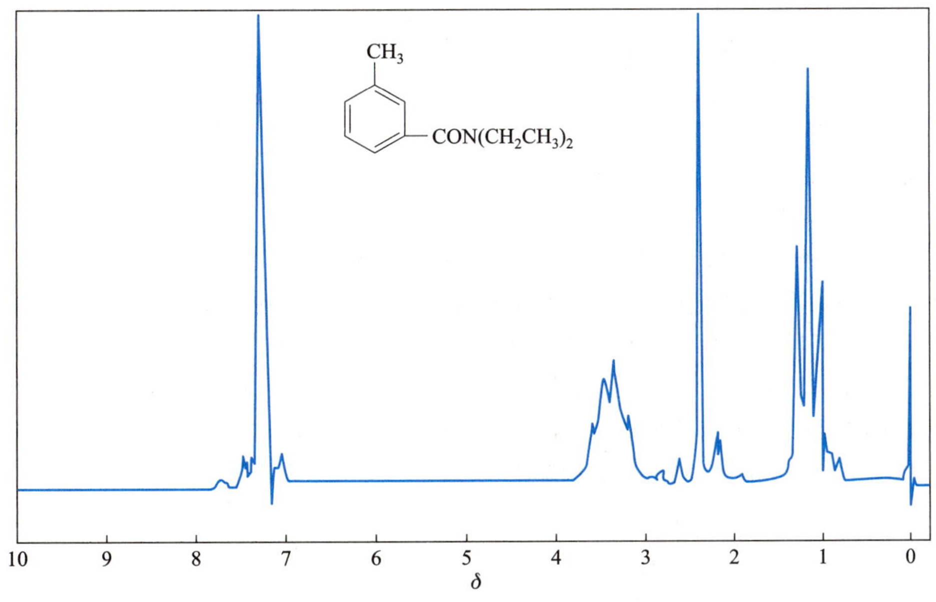

图 3.31.2　*N*, *N*-二乙基间甲苯甲酰胺的 ^{1}H NMR 谱图

[实验要求]

(1) 以间二甲苯为原料制备 *N*, *N*-二乙基间甲苯甲酰胺。要求制得的精制产品 1 g 左右。

(2) 查阅相关的参考文献，拟定合理的制备路线。酰氯化试剂可以用 $SOCl_2$ 或 PCl_3。

(3) 合理的制备路线应包括以下内容: ① 合适的原料配比; ② 满足实验要求的合成装置; ③ 反应温度、时间等主要反应参数; ④ 合适的分离和提纯手段和操作步骤; ⑤ 产物的鉴定方法。

(4) 列出实验所需要的所有仪器 (含设备和玻璃仪器) 和药品。对某些特殊药品的使用和保管方法应在实验前特别注意, 试剂的配制方法应预先查阅有关手册。

(5) 实验中可能出现的问题及对应的处理方法。对于分离提纯操作建议画出操作流程图, 如果需要用洗涤或萃取操作, 尤其注意标明需要的在哪一层。

[参考资料]

[1] 焦家俊. 有机化学实验. 上海交通大学出版社, 2000.

[2] 王富来. 有机化学实验. 武汉大学出版社, 2001.

[3] 丁音琴, 陈天明. 福州大学学报 (自然科学版), 1999, 27(2).

[4] 杨纪红. 山西大学学报 (自然科学版), 2002, 25(1).

实验八十九　(*S*)-(+)-3-羟基丁酸乙酯生物合成
(biosynthesis of ethyl(*S*)-(+)-3-hydryoxybutyrate)

[研究背景]

面包酵母是人类自古以来广泛利用的微生物之一, 其还原作用早已被发现。在环境污染日益严重的今天, 化学家再次将目光转向了生物合成。生物有机合成以其反应条件温和、立体专一性强、无污染、速率快、产率高等优势成为绿色化学的重要体现。

手性是构成生命世界的重要基础。目前所使用的合成医药品和高效农药多数为含立体中心的手性分子, 并且多为含两种对映体的外消旋混合物。因此, 人们迫切希望能生产出仅含单一对映体光学纯的手性药物, 从而减小副作用和提高药效。在手性合成的诸多方法中, 酶催化有着重要的作用, 已成为有机化学研究中的前沿领域。

活性酶是由蛋白质、核酸等物质组成的一类有特殊功能的手性分子, 依赖分子特定的空间结构所形成活性中心, 能与底物结合并催化反应过程。活性中心是酶高效和高专一性的基础。在各种活性酶中, 以水解酶和氧化还原酶最为常见和实用。其中氧化还原酶催化羰基还原反应, 产率可达 100%。通常使用完整的微生物细胞 (如面包酵母) 而非纯化的酶作为生物合成催化剂更为经济实用。

本实验利用面包酵母催化还原乙酰乙酸乙酯来制备具旋光活性的 (*S*)-(+)-3-羟基丁酸乙酯 [ethyl(*S*)-(+)-3-hydryoxybutyrate]。其过程如下:

$$CH_3\overset{O}{\overset{\|}{C}}CH_2\overset{O}{\overset{\|}{C}}OC_2H_5 \xrightarrow{\text{面包酵母}} (S)\text{-}HO\cdots\overset{H}{C}(H_3C)-CH_2\overset{O}{\overset{\|}{C}}OC_2H_5$$

面包酵母通常用作面包和馒头制作的辅料, 内含有多种酶, 控制合适的反应条件, 可使其中的还原酶活性最高, 利用酶作用的不对称性, 使乙酰乙酸乙酯的还原产物中 (*S*)-3-羟基丁酸乙酯 (可用于合成昆虫性激素) 占多数, (*R*)-3-羟基丁酸乙酯占少数, 达到不对称还原 (asymmetric reduction) 的目的。由于面包酵母已有干燥的颗粒制剂出售, 不必自行培养, 而且生物反应器皿也无须灭菌消毒, 实际操作十分方便，因此特别适合大多数没有受过微生物学专门训练的化学工作者使用。

[实验要求]

(1) 以本实验提供的文献为基础，查阅相关文献资料。总结面包酵母催化羰基不对称还原合成手性醇的研究进展，以及生物催化不对称合成 (*S*)-(+)-3-羟基丁酸乙酯的研究进展。

(2) 以面包酵母为生物催化剂，选择合理的反应条件，合成 (*S*)-(+)-3-羟基丁酸乙酯，并用合适方法评价生物催化还原结果的优劣。

(3) 利用旋光仪和气相色谱仪进行光学纯度和对映体过量值的测定研究。

(4) 研究反应条件对合成目标产物的影响，包括底物量、酵母量、温度、反应时间、pH 等。

(5) 总结实验研究结果，撰写总结论文。

[参考资料]

[1] 朱文州，许建和，俞俊棠. 华东理工大学学报，2000, 26 (2).

[2] 于明安，朱晓冰，祁巍. 催化学报，2005, 26 (7).

[3] 目婕，陈五岭，秦蓉. 现代化工，2004, 24 (4).

[4] 刘湘，孙培冬，李明，等. 分子催化，2002, 16 (2).

[5] 黄和，杨忠华，姚善泾. 生物加工过程，2004, Z (2).

[6] 张玉彬. 生物催化的手性合成. 化学工业出版社，2002.

[7] 李再资. 生化工程与酶催化. 华南理工大学出版社，1995.

[8] 林国强. 手性合成 —— 不对称反应及其应用. 北京：科学出版社，2000.

[9] 北京大学化学与分子工程学院有机化学研究所. 有机化学实验 (第三版). 北京大学出版社，2015.

[10] J C Gilbert, S F Martin. Experimental organic chemistry. 6th ed. Cengage, 2016.

实验九十 紫罗兰酮的制备

(preparation of ionone)

[研究背景]

紫罗兰酮又称香荚酮，它有 α、β、γ 三种异构体，紫罗兰酮一般是 α、β 异构体的混合物。

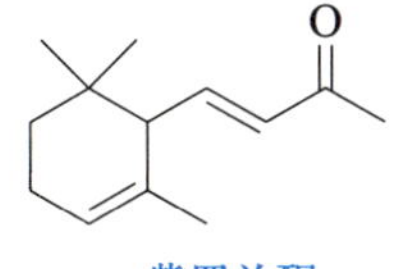

α-紫罗兰酮

沸点： 121~122 ℃/1.3 kPa
相对密度： 0.931
λ_{max}：228.5 nm

β-紫罗兰酮

沸点： 128~129 ℃/1.3 kPa
相对密度： 0.940
λ_{max}：293.5 nm

γ-紫罗兰酮

沸点： 80 ℃/1.3 kPa
相对密度： 0.942

紫罗兰酮具有强烈的香味，是许多高级香精不可缺少的原料，在化妆品、香皂中也大量使用，还可用作食用香精。β-异构体也是合成维生素 A 的原料。

紫罗兰酮可由柠檬醛和丙酮为原料，经下列途径制得:

CHO
NaOH
H_2O
O
H_3C C CH_3
O

柠檬醛 假紫罗兰酮

H_2SO_4

α-紫罗兰酮 β-紫罗兰酮

假性紫罗兰酮的环化在硫酸、磷酸、三氯化铝、氯化锌、分子筛等酸催化剂下进行。但是,环化所使用的酸的种类、浓度、反应条件不同,生成的异构体比例也不同。异构体的分离可用几种方法进行。

[实验要求]

(1) 以柠檬醛、丙酮为原料,经缩合、环化制备紫罗兰酮。要求制得的产品为 3 g 左右。产率达到 60% 左右。

(2) 查阅相关的参考文献,拟定合理的制备路线。其中环化催化剂可以选择你认为是活性、选择性均比较高且绿色化的一种。如果催化剂是非单组分的,还应同时考虑其制备方法。

(3) 合理的制备路线应包括以下内容: ① 合适的原料配比; ② 满足实验要求的合成装置; ③ 反应温度、时间等主要反应参数; ④ 合适的分离和提纯手段和操作步骤; ⑤ 产物的鉴定方法。

(4) 本实验中,将产生一定量的酸碱废水。你准备如何处理? 请拟定合理的处理方法。

(5) 列出实验所需要的所有仪器 (含设备和玻璃仪器) 和药品。对某些特殊药品的使用和保管方法应在实验前特别注意,试剂的配制方法应预先查阅有关手册。

(6) 实验中可能出现的问题及对应的处理方法。对于分离提纯操作建议画出操作流程图,如果需要用到洗涤或萃取操作,尤其注意标明需要的在哪一层。

[参考资料]

[1] 塞默 E. T. 香味与香料化学. 科学出版社, 1989.
[2] 樊蕾, 王志刚. 精细化工.2002, 19 (3).
[3] 赵振华. 分子催化. 2000, 14 (2).
[4] 吴琴芳, 刘燕燕. 南昌大学学报 (工科版). 2006, 28 (3).
[5] 孙青, 舒学军. 浙江大学学报 (理学版). 2012, 39 (1).

第四部分　有机化合物的鉴定

有机定性分析即未知物的确认和鉴定，是有机化学研究的一个重要部分，化学工作者必须掌握确认从化学反应或天然产物中得到的有机化合物的适当方法。长期以来，经典的化学分析一直是鉴定未知物的唯一手段，如前所述，它是一项艰苦而耗时的工作，甚至有的化学家穷其一生才能完成。20 世纪 50 年代以来，由于波谱技术的发展和普及，使这一工作变得空前方便和快捷，已代替化学方法成为鉴定有机化合物的主要手段。但这并不意味着经典的化学分析已经过时，在实验室，试管中的化学分析仍然是每个化学工作者必须掌握的一种操作技巧。它具有简单易行、操作方便的特点，并且对鉴定化合物可以提供重要的信息。在很多情况下，化学和波谱这两种方法是相辅相成，互为补充，往往是通过一种方法得到一个线索，然后通过另一种方法加以证实。学生在学习和实践过程中，应当逐渐体会化学及仪器分析二者之间的关系和它们各自的功能，以便决定使用哪一种方法，更为迅速简便。

4.1　未知物鉴定的一般步骤和初步观察

4.1.1　未知物鉴定的一般步骤

在深入讨论元素分析、分类试验和官能团鉴定之前，有必要介绍一下未知物鉴定的一般步骤。首先我们所讨论的未知物鉴定是纯净的有机物的鉴定，实际工作中，需要鉴定的化合物往往是不纯的。确定化合物纯度最常用的手段是气相色谱，纯净的化合物在气相色谱中只出现一个单峰。液体化合物也可采用测定沸点的方法，恒定的沸点和窄的沸程 (1～2 ℃)，一般表明该化合物是纯品。确定固体化合物纯度最常用的方法是测定熔点，敏锐的熔点和窄的熔程 (1～2 ℃) 通常是纯品的标志。但是要排除共沸混合物或共熔混合物的可能。分离提纯有机化合物通常采用萃取、蒸馏、重结晶、薄层色谱 (TLC)、柱色谱、气相色谱 (GC) 和高效液相色谱 (HPLC) 等方法。本书第二部分对此已作了详细的讨论。

一旦确定未知物的纯度，就可以测定其物理常数，沸点和熔点数据将使化合物种类的选择范围大大缩小。液体化合物也可测定其折射率或相对密度。对旋学活性物质，比旋光度是一个不可忽略的常数。

接下来的工作则需要通过元素分析和相对分子质量来测定未知物的分子式。相对分子质量的测定传统上采用凝固点降低的方法，质谱的出现已使测定相对分子质量的速度和准确度大大提高。

未知物在水、酸、碱和在有机溶剂中的溶解度可对化合物的分类及可能存在的官能团提供初步的有价值的线索。确定未知物中所含官能团最重要的手段是红外光谱，它虽然不能对化合物的类型做出肯定的回答，却可以使选择的范围大为缩小，在此基础上，进行一两个化学试验，即可确定化合物所含的官能团。

如果有机化合物有一个已知样品可进行比较的话，就可以对未知物的鉴定作出严格的决定性的试验。可以将已知物和未知物的红外光谱进行对比。如果两张谱图中的峰对得起来，就基本可以肯定是同一化合物。

设法通过化学反应将需要鉴定的化合物转变为另一已知物的固体衍生物是鉴定未知物的重要试

验之一。这两个化合物通常会生成熔点不同的两个衍生物，可以用来区别其他方面非常相似的两个化合物。

未知物的最终鉴定可采用物理和化学的方法。波谱技术已成为化学工作者测定未知物结构快捷和有力的工具，常用的是核磁共振谱、红外光谱、质谱和紫外光谱。通常利用波谱法就可确定未知物的结构，有时则必须借助传统的化学方法来加以确证。

未知物的鉴定，一般包括以下步骤：

(1) 物理和化学性质的初步鉴定；

(2) 物理常数测定；

(3) 元素分析；

(4) 溶解度试验；

(5) 红外光谱 (IR)、核磁共振谱 (NMR) 和质谱 (MS) 分析；

(6) 官能团鉴定；

(7) 固体衍生物制备。

必须指出，面对上千万种有机化合物，这里只能提供一个有效地鉴别未知物的方法和技术，作为入门和向导。除了几条指导性的原则外，没有一种固定不变的模式可供遵循，学生必须依靠自己的判断力、经验和才智来选择鉴定未知物的具体方法。

4.1.2　未知物的初步观察

初步鉴定可以观察未知物的外观、色泽、物态 (液态、固态及晶形)，在空气中是否容易氧化，辨别其特征的气味等，这些信息往往可以在手册中找到。

普通的有色物质包括硝基和亚硝基化合物 (黄)，α-二酮 (黄)，醌 (黄到红)，偶氮化合物 (黄到红)，高度共轭的烯和酮 (黄到红)，芳胺由于含有微量的空气氧化产物而使其迅速变色。

许多有机化合物特别是低相对分子质量的有机化合物往往具有独特的气味。如低级胺类具特有的鱼腥味，酯类有令人愉快的水果或花香味，酸有辛辣的刺鼻味，属于不愉快气味之列的还有硫醇和异腈等。出色的化学工作者必须学会辨认或熟悉典型气味。需要提醒的是，用鼻嗅任何未知物时均需极端谨慎，只可用手在敞开的样品瓶口轻轻扇动，使少许蒸气飘近鼻下。

灼烧试验也是重要的鉴别手段。将少量样品 (1 滴液体或 10 mg 固体样品)，放到刮刀或瓷坩埚盖上，在小火或小火边缘上加热，观察固体在低温下熔融还是在强烈的灼烧下才熔融，并观察其可燃性和火焰的性质。黄色发烟表明为芳香或高度不饱和脂肪族化合物，黄色但不发烟为脂肪族化合物的特征，化合物中含氧使火焰接近无色 (或蓝色)，化合物中氧的含量过高或含卤素，使易燃性降低。二氧化硫特殊的臭味可用来证明化合物中有硫的存在。

如燃烧后有白色“非挥发性”的残渣，加 1 滴水并用石蕊试纸或 pH 试纸测试，如呈碱性说明为钠盐 (或其他金属盐)。

4.2　元素定性分析

在有机化合物中，常见的元素除碳、氢、氧外，还含有氮、硫、卤素，有时亦含有其他元素如磷、砷、硅及某些金属元素等。元素定性分析的目的在于鉴定某一有机化合物是由哪些元素组成，若有必要再在此基础上进行元素定量分析或官能团试验。

一般有机化合物都含有碳和氢，因此已知要分析的样品是有机物后，一般就不再鉴定其中是否含有碳和氢了。化合物中氧的鉴定还没有好的方法，通常是通过官能团鉴定反应或根据定量分析结果来判断其是否存在。当今先进的元素分析仪已可以测定氧的含量。

4.2.1 钠熔法

由于组成有机化合物的各元素原子大都是以共价键相结合的，很难在水中解离成相应的离子，为此需要将样品分解，使元素转变成离子，再利用无机定性分析来鉴定。分解样品的方法很多，最常用的方法是钠熔法，即将有机物与金属钠混合共熔，结果有机物中的氮、硫、卤素等元素转变为氰化钠、硫化钠、硫氰化钠和卤化钠等可溶于水的无机化合物。

$$\begin{array}{c}\text{有机物}\\ \text{(含C、H、O、N、S、X)}\end{array} \xrightarrow{\text{钠熔}} \left\{ \begin{array}{l} NaCN \\ Na_2S \\ NaSCN \\ NaX \\ NaOH \end{array} \right.$$

钠熔可采用金属钠或更适用的钠-铅合金，后者含 9 份铅和 1 份钠。建议最好采用钠-铅合金，它比金属钠更容易操作，且在水解时更为安全。

1. 钠-铅合金法

取一硬质小试管，用石棉绳缠绕的铁夹垂直固定于铁架上 (见图 4.2.1)，向其中加入 0.5 g 钠-铅合金。用小火加热，至金属熔融钠合金气上升至 1~2 cm，注意不要将试管加热至红热状态。除去火焰，立即向热的合金中加入 2~3 滴液体或 10 mg 固体样品。加入时应小心操作，且勿让样品沾到试管壁上。如无明显反应，可用小火加热至反应开始后中断加热，使反应缓和进行。接着加热试管到红热状态 2 min。然后冷至室温，加入 3 mL 蒸馏水水解反应混合物，接着轻轻加热混合物几分钟使水解完全。倾滗或过滤溶液。如采用过滤则用 2 mL 水洗涤滤纸，或向倾滗的溶液中入 2 mL 水。用合适的试管保存并标记钠熔溶液，留作检测硫、氮和卤素。

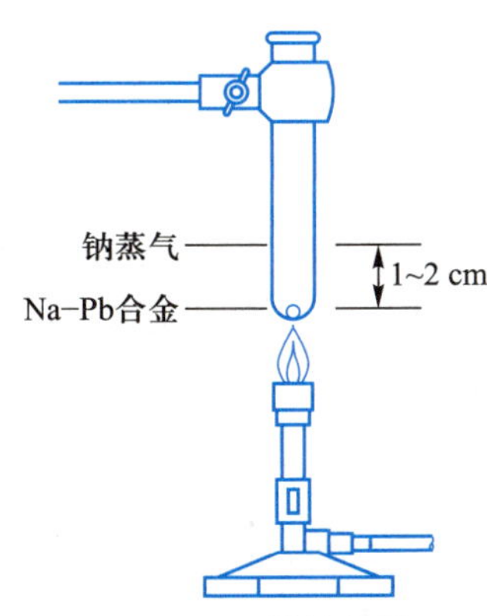

图 4.2.1 钠熔装置

2. 钠熔法

取干燥的硬质试管一支，将其用石棉绳缠绕的铁夹垂直固定在铁架上 (见如图 4.2.1)。用镊子取存于煤油中的金属钠[1]，用滤纸吸去煤油后，切去黄色外皮，迅速称取 0.5 g 放入试管底部，然后用滴管加入 2~3 滴液体样品或投入 10 mg 研细的固体样品，使样品直接落于管底，不要沾在管壁上。用小火在试管底部慢慢加热使钠熔化，待钠的蒸气上升至 1~2 cm 时，再迅速加入第二份同样数量的样品[2] 及少许蔗糖[3]。然后强热 1~2 min 使试管底部呈暗红色，冷却，加入 1 mL 乙醇分解过量的钠。再用燃气灯将钠熔试管加热，当试管红热时，趁热将试管底部浸入盛有 10 mL 蒸馏水的小烧杯中 (小心!)，试管底当即破裂。煮沸，过滤，滤渣用水洗两次。得无色或淡黄色澄清的滤液及水洗液共 15~20 mL，留作检测氮、硫和卤素。

[注释]

[1] 用时必须注意安全 (详见第三部分实验四十四乙酰乙酸乙酯注释 [2])。

[2] 取用固体的体积与钠的颗粒大小相仿，若为液体样品，则用 3~4 滴。钠熔时试管口不可面对人，以防意外。

[3] 加入少许蔗糖有利于含碳较少的含氮样品形成氰离子，否则氮不易检出。

4.2.2　氮、硫和卤素的鉴定

1. 氮的鉴定

普鲁士蓝试验：未知物中氮的鉴定可通过普鲁士蓝试验，在溶液中加入亚铁 (Fe^{2+}) 和铁离子 (Fe^{3+})，使氰离子转变为铁氰化钾，后者为深蓝色的沉淀，称为普鲁士蓝。

取 2 mL 滤液，加入几滴 10% 氢氧化钠溶液，再加入一小粒硫酸亚铁晶体或 3～4 滴新配的硫酸亚铁饱和溶液，将混合液煮沸 1 min，如有黑色硫化铁沉淀，须过滤除去 (也可用吸管小心吸出上层清液，弃去残渣。若上面试验中不含硫，无须过滤)。冷却后，加 10% 硫酸使产生的硫化亚铁和氢氧化亚铁沉淀恰好溶解，再加 2～3 滴 5% 的三氯化铁溶液，如有蓝色沉淀生成则表明含有氮。

$$6CN^- + Fe^{2+} \longrightarrow Fe(CN)_6^{4-} \xrightarrow{K^+和Fe^{3+}} \underset{普鲁士蓝}{KFeFe(CN)_6\downarrow}$$

2. 硫的鉴定

硫化铅试验：取 1 mL 滤液，加乙酸使呈酸性，溶液中的硫离子转化为 H_2S，再加 3 滴 2% 乙酸铅溶液，如有黑褐色沉淀表明有硫参与反应。

$$Pb(OAc)_2 + H_2S \longrightarrow PbS\downarrow + 2HOAc$$

3. 卤素的鉴定

取 2 mL 溶液，加稀硝酸使呈酸性，在通风橱中煮沸几分钟，使其中的硫和氰离子分别转化为硫化氢和氰化氢而逸出，以免干扰卤素的鉴定。然后向其中加入硝酸银溶液，生成卤化银沉淀表明卤素的存在。

$$Ag^+ + X^- \longrightarrow AgX\downarrow$$

沉淀的颜色可用来确定未知物中存在哪一种卤素。AgCl 为白色，在光照下转变为紫色；AgBr 为黄色；AgI 则呈深黄色。卤素的精确鉴定可采用无机定性分析的标准步骤或采用 TLC 方法。

4.3　溶解度试验

所有未知物都应进行溶解度试验。要对少量有机物在水、5% 盐酸、5% 氢氧化钠溶液、5% 碳酸氢钠溶液、浓硫酸及有机溶剂中的溶解度进行测定。未知物的溶解性能可以揭示该化合物是酸，是碱，还是中性化合物。硫酸试验可以说明中性化合物中是否含有能被质子化的含氧、含氮或含硫的官能团。溶解度试验还可以使我们排除或选择各种不同官能团的可能性。然而必须认识到，用正规的溶解度分类来确证一个未知物有时不是很准确的，因为大量有机物的溶解度不论用什么标准来划分总难以有确切的界限，并且已知有许多临界的例子。溶解度试验的分类流程见图 4.3.1。

[实验操作]

在小试管中放置 1 mL 左右的溶剂，用滴管加入 1 滴液体未知物或用刮刀的尾端将几粒未知物晶体直接加入溶剂中，摇振或用手指叩击试管使充分混合，然后观察溶液中有无任何混合线条出现。液体或固体的消失及混合线条的出现，都表明发生了溶解。再加入几滴液体或几粒固体晶体，以测定化

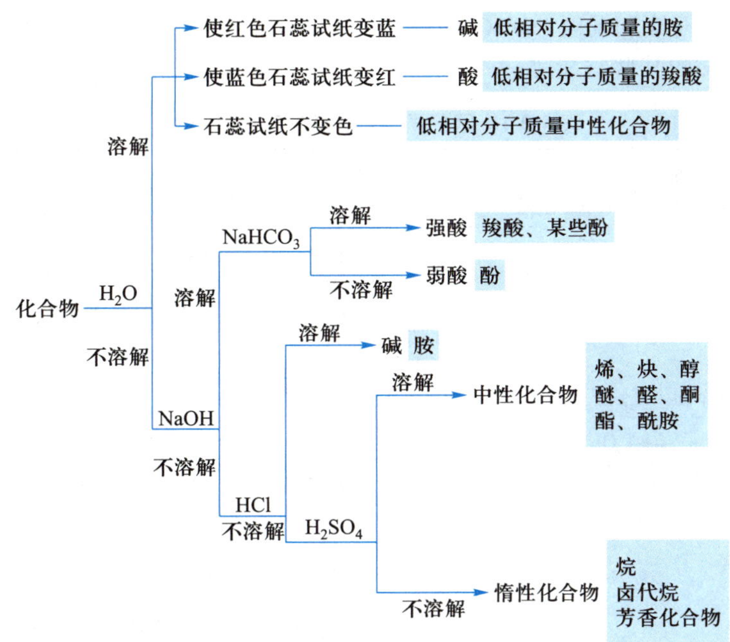

图 4.3.1 溶解度试验的分类流程图

合物溶解度的大小。在测定溶解度时常犯的一个错误是把过多的未知物投入所选定的溶剂中，应注意加入少量的未知物。固体的溶解可能需要几分钟的时间，大的结晶与粉状或小的晶体相比，溶解需要更长的时间，因此必须要将大的结晶研碎。适度加热有时会帮助溶解，但不宜强烈加热，以免引起反应。有色化合物溶解时往往会使溶液染上颜色。

按照以上的实验操作，测定未知物在下列各种物质中的溶解度：水，5% NaOH 溶液，5% $NaHCO_3$ 溶液，5% 盐酸，浓硫酸。用浓硫酸试验时，有时观察到的可能是颜色的变化，应视为阳性试验。在任何试验的溶剂中都不溶解的固体未知物可能是无机盐，为排除这种可能性，应试验此未知物在几种有机溶剂中的溶解度，如果是有机物，通常总能找到一个溶解它的溶剂。

如未知物能溶于水，就应用石蕊试纸或 pH 试纸估计溶液的 pH。水溶性的化合物一般能溶于所有水性溶剂中。如果某化合物仅微溶于水，则它可能更易溶解于另一水性溶剂中。例如，某种羧酸可能微溶于水，却极易溶于稀碱。一般没有必要测定未知物在每种溶液中的溶解度。

1. 水中的溶解度

含四个或少于四个碳并含有氧、氮元素的化合物往往是水溶性的，任何含这些元素的官能团均能使低相对分子质量的化合物具备水溶性，含这些元素的五碳或六碳化合物往往不溶于水或具有边界线溶解度。化合物的烷基支链使分子间作用力降低，较直链化合物的分子彼此较易分离，因而在水中溶解度较大。由此可以预料，叔丁醇比正丁醇易溶于水。

当分子中氧、氮对碳原子的比例增大时，由于分子中极性官能团的数目增多，在水中的溶解度也往往增大。

化合物中的烷烃链增长，达到四个碳以上时，极性基团的影响减小，在水中的溶解度开始下降，同系物中的高级成员更像衍生它们的烃类。

2. 5% NaOH 溶液和 5% $NaHCO_3$ 溶液中的溶解度

能溶于弱碱碳酸氢钠中的化合物是强酸，能溶于强碱氢氧化钠中的化合物可能是强酸或弱酸。因此,通过在强碱 (NaOH) 溶液和弱碱 ($NaHCO_3$) 溶液中的溶解度的测定,便可区别弱酸和强酸。表 4.3.1 列出了区分强酸和弱酸的某些官能团。

表 4.3.1 区分强酸和弱酸的某些官能团

强酸 可溶于 NaOH 溶液和 $NaHCO_3$ 溶液	弱酸 溶于 NaOH 溶液,但不溶于 $NaHCO_3$ 溶液
	酚 ArOH
磺酸 RSO_3H	硝基烷烃 RCH_2NO_2, R_2CHNO_2
羧酸 RCO_2H	β-二酮 $R—\overset{O}{\overset{\|\|}{C}}—CH_2—\overset{O}{\overset{\|\|}{C}}—R$
邻位和对位取代的二硝基苯酚和三硝基苯酚	β-二酯 $RO—\overset{O}{\overset{\|\|}{C}}—CH_2—\overset{O}{\overset{\|\|}{C}}—R$
(2,4-二硝基苯酚:OH, NO_2, NO_2)　(2,4,6-三硝基苯酚:OH, O_2N, NO_2, NO_2)	酰亚胺 $R—\overset{O}{\overset{\|\|}{C}}—\overset{H}{N}—\overset{O}{\overset{\|\|}{C}}—R$
	磺酰胺 $ArSO_2NH_2$　$ArSO_2NHR$

在试验时,一个同时能溶于两种碱溶液的化合物通常表明是羧酸 ($pK_a \approx 5$); 若只溶于 NaOH 溶液,则表明可能是酚 ($pK_a \approx 10$)。

化合物能溶于碱是由于生成钠盐,某些高相对分子质量化合物的钠盐如硬脂酸的钠盐往往形成乳状液。某些酚也能形成不溶性钠盐,而且这些钠盐往往由于负离子的共振作用而有颜色。

3. 5% 盐酸中的溶解度

若未知物可溶于稀酸 (5% 盐酸),就应考虑到胺的可能性。脂肪胺 (RNH_2、R_2NH、R_3N) 易溶于酸,由于生成盐酸盐,后者溶于水介质中。

$$RNH_2 + HCl \longrightarrow R\overset{+}{N}H_3Cl^-$$

氨基被芳环取代后,胺的碱性下降,但仍可与稀酸发生成盐反应。芳胺的碱性下降是由于游离碱中氮上的未共用电子对与芳环发生共轭作用离域的结果。当胺的氮上连有两或三个芳环时,碱性进一步下降,因此二芳基胺 (Ar_2NH) 和三芳基胺 (Ar_3N) 均不溶于稀酸。某些取代芳胺如三溴苯胺和对硝基苯胺由于碱性太弱也不溶于稀酸。

4. 浓硫酸中的溶解度

许多化合物能溶于冷的浓硫酸,醇、醚、醛、酮和酯等含氧化合物属于这一类。能溶于浓硫酸的其他化合物包括烯、炔、酰胺和芳香硝基化合物。

凡能溶于浓硫酸但不溶于稀酸的化合物均为 Lewis 碱。所有含氧、氮和硫原子的化合物几乎都可以在浓硫酸中被质子化而溶于硫酸介质中。由于能溶于浓硫酸的化合物的种类较多,故需通过进一步的化学试验或波谱来加以区别。

不溶于浓硫酸或任一其他溶剂的化合物被认为是惰性的,包括烷烃、卤代烷和大多数简单的芳香族化合物。

4.4 官能团的鉴定和衍生物的制备

要确定一个化合物的结构，除了由元素分析知道所含的元素和它们的百分含量，以及测定它们的物理常数并进行溶解度试验，官能团分析也是很重要的方法。尤其是官能团的定性试验，操作简便，费时少，反应快，可立即知道结果，结合波谱分析，对化合物的鉴定非常有用。官能团的定性是利用有机化合物各官能团所具有的不同特性，能与某些试剂作用产生特殊的颜色或沉淀等现象，而与其他有机物区别开来，所以定性试验要求反应迅速，结果明显，而且对某一官能团有专一性。

有机反应大多是分子反应，分子中直接发生变化的部分一般都局限在官能团上，具有同一官能团的不同化合物由于受到分子其他部分的影响不同，反应性能不可能完全相同，所以在有机定性试验中例外情况也是常见的。此外有机定性试验中还存在不少干扰因素。但是，使用几种试验方法还是可以达到官能团定性分析的目的的，这就是有机定性试验中常常用几种方法来检验同一种官能团的原因。

为了更进一步确定有机化合物的结构，通常可以采用制备衍生物的方法，由所用的反应和衍生物的结构来证明原来有机物的结构，在选择制备衍生物时应考虑下列几点：

(1) 衍生物在常温下是固体，要求熔点在 50～200 ℃;

(2) 反应速率快而副反应少，容易纯化;

(3) 衍生物的物理性质与样品有较大的差别。

制备所得的衍生物的熔点可由一般的有机分析书或手册中查得，从而可以鉴定原来的有机化合物。

在进行有机化合物的性质试验或制备衍生物时，试剂用量的比例必须严格掌握，对于吸取试剂的滴管，最好能有统一的规格或进行标定过，这样便于在取药时折算。对于少量固体样品应用电子天平称量，否则将达不到预期的结果。

4.4.1 烷、烯、炔的鉴定

烷烃分子含 C—H 键与 C—C 键，是饱和的碳氢化合物，在一般条件下比较稳定，在特殊条件下可发生取代反应等。烯烃与炔烃分子含有 C═C 键和 C≡C 键，是不饱和的碳氢化合物，易于发生加成反应和氧化反应。例如，溴的四氯化碳溶液 (或水溶液) 与不饱和化合物发生加成反应，而使溴的颜色褪去。

$$\gt C{=}C\lt \; + \; \underset{\text{橙红色}}{Br_2} \longrightarrow -\underset{|}{\overset{\overset{Br}{|}}{C}}-\underset{\underset{Br}{|}}{\overset{|}{C}}-$$

$$\underset{\text{炔}}{-C{\equiv}C-} \xrightarrow[\text{橙红色}]{Br_2} \underset{\text{1,2-二溴代烯(无色)}}{(Br)C{=}C(Br)} \xrightarrow[\text{橙红色}]{Br_2} \underset{\text{1,1,2,2-四溴代烷(无色)}}{-CBr_2-CBr_2-}$$

如用高锰酸钾溶液与不饱和化合物反应时，高锰酸钾的紫色褪去，同时生成黑褐色的二氧化锰沉淀。

$$3\underset{\text{烯烃}}{\gt C{=}C\lt} + \underset{\text{紫色}}{2KMnO_4} + 4H_2O \longrightarrow 3\underset{\text{1,2-二醇}}{-\underset{OH}{\overset{|}{C}}-\underset{OH}{\overset{|}{C}}-} + 2KOH + \underset{\text{褐色}}{2MnO_2\downarrow}$$

$$R-C\equiv C-R' + 2KMnO_4 \longrightarrow RCOO^-K^+ + R'COO^-K^+ + 2MnO_2\downarrow$$

紫色 褐色

R—C≡C—H 型的炔烃,因其含有活泼氢,可与一价银离子或亚铜离子生成白色的炔化银或红色炔化亚铜沉淀,借此性质可与烯烃及其他炔烃区别开来。

$$R-C\equiv C-H \xrightarrow{Ag^+(Cu^+)} R-C\equiv CAg\downarrow \quad (R-C\equiv CCu\downarrow)$$

1. 溴的四氯化碳溶液试验

于干燥的小试管中加入 2 mL 2% 溴的四氯化碳溶液,加入 4 滴样品 (用乙炔[1] 时,则在试剂溶液中通入乙炔气体 1~2 min 下同),摇荡,观察溴的橙红色是否褪去。

2. 稀高锰酸钾溶液试验

在小试管中加入 2 mL 1% 高锰酸钾水溶液,然后加入 2 滴样品,摇荡试管使混合均匀,并观察高锰酸钾的紫色是否褪去,有无褐色二氧化锰沉淀生成。

3. 鉴别炔类化合物的试验

(1) 氧化银的氨水溶液试验。在试管中加入 0.5 mL 5% 硝酸银溶液,再加 l 滴 5% 氢氧化钠溶液,然后滴加 2% 氨水溶液,直至开始形成的氧化银沉淀又溶解为止[2],在此溶液中通入乙炔或加入 2 滴样品,观察有无白色沉淀生成。

(2) 与铜氨溶液的反应。取 0.1 g 固体氯化亚铜,溶于 1 mL 水中,然后滴加浓氨水至沉淀完全溶解,在此溶液中通入乙炔或加入 2 滴样品,观察有无沉淀生成。

样品:精制石油醚,粗汽油 (或环已烯),乙炔。

[注释]

[1] 制取乙炔:在一支带有支管的大试管中放置约 5 g 碳化钙,管口用带有滴液漏斗的橡胶塞塞住,支管用橡胶管与导气管相接,滴液漏斗中盛 10 mL 饱和食盐水,打开滴液漏斗旋塞,使水缓缓滴入试管中,即有乙炔气体产生。

[2] 配制银氨溶液的反应如下:

$$AgNO_3 + NaOH \longrightarrow AgOH + NaNO_3$$

$$2AgOH \longrightarrow Ag_2O + H_2O$$

$$Ag_2O + 4NH_3 \cdot H_2O \longrightarrow 2[Ag^+(NH_3)_2]OH^- + 3H_2O$$

4.4.2 芳香烃的鉴定

芳香烃及衍生物与三氯化铝及氯仿混合时,通常出现特有的颜色变化,可用于芳香烃的鉴别:

化合物	颜色
苯的衍生物	橙到红
萘	蓝
联苯及菲	紫
蒽	绿

颜色的分类试验是由于芳香化合物在三氯化铝存在下与氯仿发生了傅克 (F–C) 反应。通过烷基化和质子的转移，在三氯化铝的表面形成共振稳定的有颜色的碳正离子盐。

$$CHCl_3 + AlCl_3 \longrightarrow CHCl_2^+AlCl_4^- \xrightarrow{C_6H_6} [C_6H_6(H)(CHCl_2)]^+ \xrightarrow{-H^+}$$

$$C_6H_5CHCl_2 \xrightarrow[C_6H_6]{AlCl_3} (C_6H_5)_2CH—Cl \xrightarrow{AlCl_3} (C_6H_5)_2CH^+AlCl_4^- \xrightarrow{C_6H_6}$$

$$[C_6H_6(H)CH(C_6H_5)_2]^+ \xrightarrow{-H^+} (C_6H_5)_3CH \xrightarrow{(C_6H_5)_2CH^+} \underset{\text{共振稳定并有色}}{(C_6H_5)_3C^+} + (C_6H_5)_2CH_2$$

虽然正性试验是芳香烃及衍生物存在的证据，但负性结果，并不能排除芳香结构。某些带强吸电子基的芳香族化合物不能发生 F–C 反应，芳香卤化物的显色反应也很难直接得到，可通过简捷的试验进行证实。

两种类型的衍生物可用于芳香烃及芳基卤的鉴定，即硝化反应及侧链氧化反应。

$$R—C_6H_5 \xrightarrow[H_2SO_4]{HNO_3} R—C_6H_4—NO_2$$

$$Ar—\underset{H}{\overset{R}{C}}—R'(H) \xrightarrow[\text{或}H_2CrO_4]{KMnO_4/OH^-} Ar—\overset{O}{\overset{\|}{C}}—OH$$

卤代芳烃一硝化或二硝化产物通常为易鉴定固体。

侧链芳烃氧化时发生碳碳键或碳氢键的断裂产生芳香酸。若芳环上存在一个以上的烷基，氧化时可产生多元酸。芳香酸的鉴定可提供侧链烷基在芳环上定位的信息。若酸为固体，可作为未知物的衍生物进行鉴定。

$$\underset{(1,2-,\ 1,3-\text{或}1,4-)}{R—C_6H_4—R} \xrightarrow[\text{(2) 酸化中和}]{\text{(1) }KMnO_4/OH^-} \underset{(1,2-,\ 1,3-\text{或}1,4-)}{HO_2C—C_6H_4—CO_2H}$$

1. 显色试验

将一支干燥的试管倾斜固定于铁架之上 (见图4.4.1)，向其中加入 100 mg 无水三氯化铝，加热使之升华，直至升华物上升至距试管底部 3～4 cm。冷却试管，至触摸时手感舒服为止。接着沿试管壁加入 20 mg 固体或 1 滴液体，随后再沿管壁加入 2～3 滴氯仿。在样品和氯仿与三氯化铝接触处出现红到蓝鲜艳的颜色表明芳环的存在。

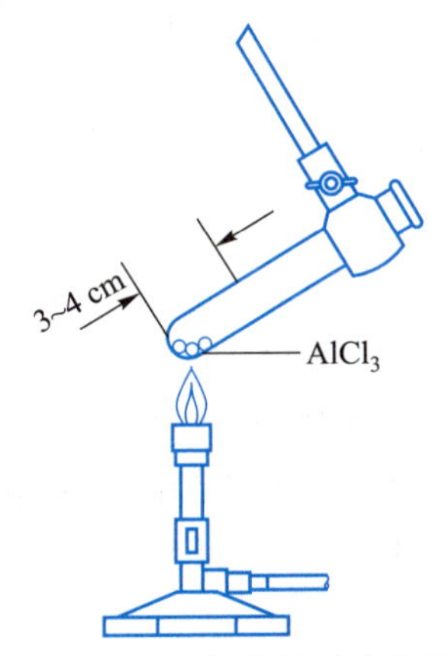

图 4.4.1 三氯化铝升华装置

2. 衍生物的制备

(1) 硝基苯烃。苯或硝基苯的硝化可产生硝基苯或间二硝基苯，氯或溴苯，苄氯或甲苯可产生 4–或 2–硝基的衍生物；苯酚，乙酰苯胺，萘或联苯可产生二硝基的衍生物。

在大试管或小锥形瓶中，加入约 0.5 g 样品和 2 mL 浓硫酸，向混合物中分批滴加 2 mL 浓硝酸。每次滴加后，塞住管或瓶口，用力摇振。滴加完成后，将混合物置于 40～50 ℃ 水浴中温热 5 min。接着倾入 15 g 碎冰中，抽滤收集沉淀,用乙醇水溶液重结晶。

更强烈的硝化是用 2 mL 发烟硝酸代替浓硝酸,并将反应混合物在沸水浴中加热 10 min。若仍不发生反应,用发烟硫酸代替浓硫酸。反应需在通风橱中进行。此法更适于卤代芳烃的硝化,产生的二硝基化合物比一硝基化合物熔点更高且易纯化。二甲苯、1,3,5-三甲苯和 1,2,4-三甲苯用上述方法可得到二或三硝基化合物。

(2) 芳烃的侧链氧化。在装有搅拌磁子的圆底烧瓶中加入 0.5 g 样品,2 g 高锰酸钾溶于 80 mL 水的溶液和 0.5 mL 3 $mol \cdot L^{-1}$ 氢氧化钠溶液。开动搅拌,加热回流混合物至高锰酸钾的紫色消失,反应时间需 0.5~3 h。冷却反应混合物至室温,用 3 $mol \cdot L^{-1}$ 硫酸酸化至呈酸性。酸化后的混合物再加热 30 min,接着冷却。过滤除去混合物中棕色的二氧化锰沉淀。如仍有少量二氧化锰存在,可加入亚硫酸氢钠溶液摇振后除去,亚硫酸氢钠可将二氧化锰还原为水可溶性的二价锰离子。真空抽滤收集固体酸,用甲苯或乙醇水溶液重结晶。如仅有少量或无固体析出,这是由于芳香酸在水中溶解度较大所致。此种情况下可用乙醚或二氯甲烷萃取水层,用无水硫酸钠干燥萃取液,过滤或用倾滗法除去干燥剂,在通风橱中蒸去溶剂,重结晶从水溶液中萃取的芳香酸。

注意用上述方法制备羧酸时,由于氧化时碱的存在,可能导致其与玻璃容器反应产生硅酸,从而影响羧酸的纯度,并使熔点的测定产生偏差。

4.4.3 卤代烃的鉴定

由元素定性分析测得化合物含有卤素及是何种卤素后,进一步可用硝酸银-乙醇溶液和碘化钾-丙酮溶液试验卤代烃发生 S_N1 和 S_N2 反应的活性,进而推测卤代烃可能的结构 (见实验七)。

4.4.4 醇的鉴定

含 10 个碳以下的醇和硝酸铈铵溶液作用可生成红色的络合物,溶液的颜色由橘黄变成红色,此反应可用来鉴别化合物中是否含有羟基。

$$\underset{\text{橘黄色}}{(NH_4)_2Ce(NO_3)_6} + ROH \longrightarrow \underset{\text{红色}}{(NH_4)_2Ce(OR)(NO_3)_5} + HNO_3$$

铬酸是鉴别醇和醛酮的一个重要试剂,反应在丙酮溶液中进行,可迅速获得明确的结果。铬酸试剂可氧化伯醇、仲醇及所有醛类,在 5 s 内产生明显的颜色变化,溶液由橙色变为蓝绿色,而在试验条件下,叔醇和酮不起反应,因此,铬酸试验可使伯、仲醇与叔醇区别开来。

$$\underset{\text{橙色}}{H_2CrO_4} + RCH_2OH \text{ 或 } R_2CHOH \xrightarrow{H_2SO_4} \underset{\text{蓝绿色}}{Cr_2(SO_4)_3} + RCO_2H \text{ 或 } R_2C{=}O$$

不同类型的醇与氯化锌-盐酸 (Lucas) 试剂反应的速度不同,三级醇最快,二级醇次之,一级醇最慢,故可用来区别一、二、三级醇。含 3~6 个碳原子的醇可溶于氯化锌-盐酸溶液中,反应后由于生成不溶于试剂的卤代烷,故会出现混浊或分层,利用各种醇出现混浊或分层的速度不同可加以区别。含 6 个以上碳原子的醇类不溶于水,故不能用此法检验。而甲醇和乙醇由于生成相应卤代烷具有挥发性,故此法也不适用。

$$ROH + HCl \xrightarrow{ZnCl_2} RCl + H_2O$$

醇最常见的另外两种衍生物是尿烷和苯甲酸酯。前者主要用于伯醇和仲醇的鉴定,后者可用于所有醇类。

当醇与芳基取代的异氰酸酯反应时,发生醇对碳-氮双键的加成,生成氨基甲酸酯(俗称尿烷)。最常用的异氰酸酯是α-萘基、4-硝基苯基和苯基异氰酸酯。

$$\underset{\text{芳基异氰酸酯}}{ArN{=}C{=}O} + ROH \longrightarrow \underset{\text{氨基甲酸酯}}{ArHN{-}C({=}O){-}OR}$$

主要的副反应是异氰酸酯水解脱羧生成芳胺,后者与异氰酸酯反应生成二取代脲。

$$ArN{=}C{=}O + H_2O \longrightarrow \underset{\text{氨基甲酸}}{ArHN{-}C({=}O){-}OH} \xrightarrow{-CO_2} ArNH_2$$

$$ArN{=}C{=}O + ArNH_2 \longrightarrow \underset{\text{二取代脲}}{ArHN{-}C({=}O){-}NHAr}$$

由于二取代脲的对称性和高熔点,共存在使尿烷很难提纯,故反应时应确保醇为无水。最好使用不溶于水的醇进行制备,因其更容易得到无水的形式。

3,5-二硝基苯甲酰氯与醇反应,生成相应的酯,可用于伯、仲和叔醇的鉴定,特别是含微量水的水溶性醇类。

$$ROH + Cl{-}C({=}O){-}C_6H_3(NO_2)_2 \xrightarrow{\text{吡啶}} RO{-}C({=}O){-}C_6H_3(NO_2)_2 + HCl$$

1. 硝酸铈铵试验

取2滴样品(或固体样品30 mg),加入2 mL水制成溶液(不溶于水的样品,以2 mL二氧六环代替),再加入0.5 mL硝酸铈铵试剂,摇荡后观察颜色变化,溶液呈现红色表示有醇存在,并作空白试验对比之。

样品: 乙醇, 甘油, 苄醇, 环己醇。

硝酸铈铵溶液的配置: 取10 g硝酸铈铵加250 mL 2 mol·L^{-1}硝酸,加热使溶解后放冷。

2. 铬酸试验

将1滴液体样品(或10 mg固体样品)溶于1 mL丙酮中,加入1滴铬酸试剂,摇荡并注意观察5 s内发生的现象。伯醇和仲醇呈阳性试验,溶液由橙色变为蓝绿色;叔醇不发生反应,溶液仍保持橙色。为了证实丙酮不含被氧化性杂质即不会产生阳性试验,加1滴铬酸于1 mL丙酮中进行空白试验,试剂的橙色应至少保持5 s,否则需更换丙酮。

样品: 正丁醇, 仲丁醇, 叔丁醇或正戊醇, 仲戊醇, 叔戊醇。

铬酸溶液的配制: 取25 g铬酸酐(CrO_3)加入25 mL浓硫酸中,搅拌直至形成均匀的浆状液,然后用15 mL蒸馏水小心稀释浆状液,搅拌,直至形成清亮的橙色溶液即可。

3. Lucas 试验

取伯、仲、叔醇样品各 5～6 滴分别放入 3 支干燥试管中，加 Lucas 试剂（盐酸-氯化锌试剂）2 mL，摇荡，若溶液立即呈现混浊，且静置后分层者为叔醇；如不见混浊，则放在水浴中温热[1] 数分钟，塞住管口剧烈摇荡后，静置，溶液慢慢出现混浊，最后分层者为仲醇；不起作用者为伯醇。

样品：正丁醇，仲丁醇，叔丁醇或正戊醇，仲戊醇，叔戊醇。

盐酸-氯化锌试剂的配制：将无水氯化锌在蒸发皿中加强热熔融，稍冷后在干燥器中冷至室温，取出捣碎，称取 136 g 溶于 90 mL 浓盐酸中。溶解时有大量氯化氢气体和热量放出，放冷后储于玻璃瓶中，塞严，防止潮气侵入。

4. 衍生物的制备

(1) 尿烷。在 5 mL 圆底烧瓶或试管中放置 1 g 醇（或酚），迅速加入 0.5 mL α-萘基或苯基异氰酸酯，在瓶口加上干燥管。注意应尽量避免异氰酸酯暴露于空气中。如制备酚的衍生物，需加入 2～3 滴无水吡啶作催化剂。将烧瓶温热 5 min 后置于冰浴中冷却，必要时可用玻璃棒摩擦促使结晶，产物用石油醚重结晶，干燥后测熔点[2]。

(2) 3,5-二硝基苯甲酸酯。在试管中放入 50 mg 3,5-二硝基苯甲酰氯[3]，加入 0.2 mL 样品，在热水浴中加热 10 min，然后加入 1 mL 冷水，用冰水浴冷却使结晶析出。用玻璃钉漏斗抽滤，所得结晶用 1 mL 10% 碳酸钠溶液洗涤。然后移入锥形瓶中，用乙醇-水作溶剂进行重结晶，干燥后测熔点。

样品：甲醇，乙醇，异丙醇。

[注释]

[1] 低级醇沸点较低，故应在较低温度下加热以免挥发。

[2] 1,3-二（α-萘基）脲和 1,3-二苯基脲的熔点分别为 293 ℃ 和 237 ℃。如发现产物中存在上述杂质，须确保在无水条件下仔细进行重复制备。

[3] 3,5-二硝基苯甲酰氯的制备：取 3 g（约 0.014 mol）研细的 3,5-二硝基苯甲酸和 3.3 g（0.016 mol）五氯化磷混合，在 120～130 ℃ 油浴中加热回流 75 min，把所得的澄清溶液进行减压蒸馏，蒸除三氯氧磷 [75 ℃/2.66 kPa（20 mmHg）]。残渣用四氯化碳进行重结晶，可得产品 2.5 g，熔点为 66～68 ℃。

4.4.5 酚的鉴定

酚类化合物具有弱酸性，与强碱作用生成酚盐而溶于水，酸化后可使酚游离出来。

大多数酚与三氯化铁有特殊的颜色反应，而且各种酚产生不同的颜色，多数酚呈现红、蓝、紫或绿色，颜色的产生是由于形成铁和酚离子的络合物。以苯酚为例：

$$6\,C_6H_5OH + FeCl_3 \longrightarrow 3H^+ + 3HCl + [Fe(OC_6H_5)_6]^{3-}$$

一般烯醇类化合物也能与三氯化铁起颜色反应（多数为红紫色）。大多数硝基酚类、间位和对羟基苯甲酸不起颜色反应，某些酚如 α-萘酚及 β-萘酚等由于在水中溶解度很小，它的水溶液与三氯化铁不产生颜色反应，若采用乙醇溶液则呈正反应。

羟基的存在使苯环活泼性增加，酚类能使溴水褪色，形成溴代酚析出。如苯酚与溴水作用生成白色固体三溴酚：

$$\text{C}_6\text{H}_5\text{OH} + 3Br_2 \longrightarrow \text{2,4,6-}Br_3\text{C}_6\text{H}_2\text{OH} + 3HBr$$

但要指出的是,这个反应并非酚的特有反应,其他含有易被溴取代的氢原子的化合物,以及易被溴水氧化的化合物,如芳胺与硫醇均有此反应。

酚与醇类似,可与芳基取代的异氰酸酯形成有固定熔点类的衍生物–氨基甲酸酚酯。最常用的异氰酸酯是 α–萘基异氰酸酯 (见 4.4.4 醇的鉴定)。

1. 酚的弱酸性

在试管中取酚样品 0.1 g, 逐渐加入水, 全溶后, 用 pH 试纸检测其水溶液是否为弱酸性; 若不溶于水则可逐渐滴加 10% 氢氧化钠溶液至全溶 (为什么?), 再加 10% 盐酸使其析出 (为什么?)。

样品: 苯酚, 间苯二酚, 对苯二酚, 邻硝基苯酚。

2. 三氯化铁试验

在试管中加入 0.5 mL 1% 样品水溶液或稀乙醇溶液, 再加入 1% 三氯化铁水溶液 1~2 滴, 即有颜色反应, 观察各种酚所表现的不同颜色。

样品: 苯酚, 水杨酸, 间苯二酚, 对苯二酚, 对羟基苯甲酸, 邻硝基苯酚。

配制 1% 水杨酸、对羟基苯甲酸和邻硝基苯酚水溶液时需加入少量乙醇或直接用饱和溶液进行试验。

3. 溴化

在试管中加入 0.5 mL 1% 样品水溶液, 逐渐加入溴水溶液, 溴水不断褪色, 并观察有无沉淀析出。

样品: 苯酚, 水杨酸, 间苯二酚[1], 对苯二酚, 对羟基苯甲酸, 邻硝基苯酚, 苯甲酸。

溴水溶液的配制: 溶解 15 g 溴化钾于 100 mL 水中, 加入 10 g 溴, 振荡。

[注释]

[1] 间苯二酚的溴化物在水中溶解度较大, 需加入较多的溴水溶液才能产生沉淀。

4.4.6 醛和酮的鉴别

醛和酮类化合物含有羰基, 能与许多试剂如苯肼、2,4–二硝基苯肼、羟氨、缩氨脲、亚硫酸氢钠等发生作用。

$$\text{R(R')HC=O} + \text{2,4-(NO}_2)_2\text{C}_6\text{H}_3\text{NHNH}_2 \longrightarrow \text{2,4-(NO}_2)_2\text{C}_6\text{H}_3\text{NHN=C(R)H(R')} + H_2O$$

2,4–二硝基苯肼　　　　2,4–二硝基苯腙

2,4–二硝基苯腙是有固定熔点的结晶, 易从溶液中析出, 既可作为检验醛酮的定性试验, 又可作为制备醛酮衍生物的一种方法。沉淀的颜色取决于醛酮的共轭程度, 为了得到真实颜色, 必须将沉淀从溶液中分离出来, 并加以洗涤。

缩醛因可水解生成醛, 故也可与 2,4–二硝基苯肼作用生成沉淀; 某些烯丙醇和苄醇由于易被试剂

氧化生成相应的醛酮，因而也对2,4-二硝基苯肼显正性试验。此外，某些醇因含少量的氧化产物，也可与2,4-二硝基苯肼作用产生少量沉淀，故极少量的沉淀一般不应视为正性试验。

区别醛和酮最常用的是Schiff's试验、Tollens试验和铬酸试验。

Schiff's试剂是盐酸蔷薇苯胺(俗称品红)、亚硫酸氢钠和浓盐酸的水溶液，其与醛反应，生成亚胺，也称Schiff碱，呈紫红色，酮无此反应。反应如下：

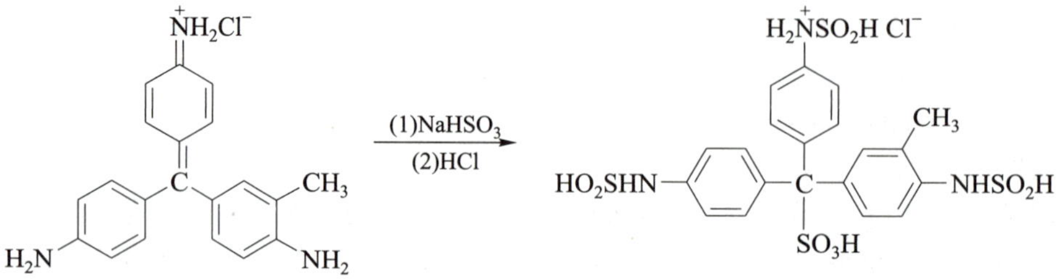

$\overset{+}{N}H_2Cl^-$; CH_3 ; H_2N ; NH_2 —(1)$NaHSO_3$ (2)HCl→ $H_2\overset{+}{N}SO_2H\ Cl^-$; CH_3 ; HO_2SHN ; C ; $NHSO_2H$; SO_3H

盐酸蔷薇苯胺(品红)
紫色

Schiff's试剂
无色

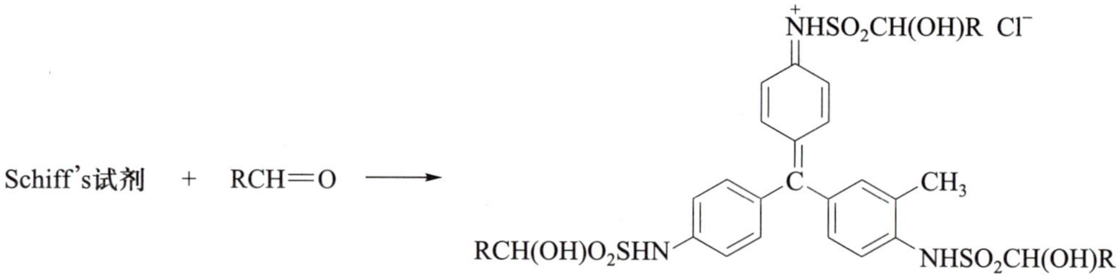

Schiff's试剂 + RCH=O ⟶ $\overset{+}{N}HSO_2CH(OH)R\ Cl^-$; CH_3 ; $RCH(OH)O_2SHN$; $NHSO_2CH(OH)R$

醛

加成产物(Schiff碱)
紫红色

Tollens试剂是银氨络离子的碱性水溶液。反应时醛被氧化成酸，银离子被还原成银附着在试管壁上，故Tollens试验又称银镜反应。

$$RCHO + 2Ag^+(NH_3)_2OH^- \longrightarrow 2Ag\downarrow + RCO_2NH_4 + H_2O + 3NH_3$$

有实验发现，除醛能发生反应外，酮和某些化合物也对Tollens试剂显正性反应，甚至用加碱的Tollens试剂进行空白试验，加热到一定温度时试管壁也能出现银镜。因而采用不加碱的银氨溶液与各种醛酮进行银镜反应，其结果更为可靠。

Fehling试剂(一种含铜离子的络盐)更多地用于还原性糖的鉴定。

铬酸试验也可用来区别醛和酮，由于铬酸在室温下很容易将醛氧化为相应的羧酸，溶液由橘黄色变为绿色，酮在类似条件下不发生反应。

$$3RCHO + \underset{\text{橘黄色}}{2H_2CrO_4} + 3H_2SO_4 \longrightarrow 3RCO_2H + \underset{\text{绿色}}{Cr_2(SO_4)_3} + 5H_2O$$

由于伯醇和仲醇也可被铬酸氧化，因此铬酸试验不是鉴别醛的特征试验，只有通过用2,4-二硝基苯肼鉴别出羰基后，才能用此法进一步区别醛和酮。

一个鉴别甲基酮的简便方法是次碘酸钠试验，凡具有CH_3CO—基团或其他易被次碘酸钠氧化成这种基团的化合物，如 $H_3C-\underset{OH}{\underset{|}{C}H}-$ ，均能与次碘酸钠作用生成黄色的碘仿沉淀。

$$
\begin{array}{ccccccc}
RCOCH_3 & + & 3NaIO & \longrightarrow & RCOCI_3 & + & 3NaOH \\
 & & & & \downarrow NaOH & & \\
 & & & & RCOONa & + & CHI_3\downarrow \\
 & & & & & & \text{黄色}
\end{array}
$$

1. 2,4-二硝基苯肼试验

取 2,4-二硝基苯肼试剂 2 mL 放入试管中, 加入 3～4 滴样品, 振荡, 静置片刻, 若无沉淀生成, 可微热 0.5 min 再振荡, 冷后有橙黄色或橙红色沉淀生成, 表明样品是羰基化合物。

样品: 乙醛水溶液, 丙酮, 苯乙酮。

2,4-二硝基苯肼试剂的配制: 取 2,4-二硝基苯肼 1 g, 加入 7.5 mL 浓硫酸, 溶解后, 将此溶液倒入 75 mL 95% 乙醇中, 用水稀释至 250 mL, 必要时过滤备用。

2. Schiff's 试验

在小试管中放置 1 mL Schiff's 试剂, 加入 1 滴样品, 放置几分钟, 观察颜色变化。

样品: 甲醛水溶液, 乙醛水溶液, 丙酮。

Schiff's 试剂的配制: 将 0.01 g 品红溶于 10 mL 水, 加入 0.4 mL 饱和亚硫酸氢钠水溶液, 混匀后静置 1 h, 接着加入 0.2 mL 浓盐酸, 充分混合后完成配制。

3. Tollens 试验[1]

在洁净的试管中加入 2 mL 5% 的硝酸银溶液[2], 振荡下逐渐滴加浓氨水, 开始溶液中产生棕色沉淀, 继续滴加氨水, 直到沉淀恰好溶解为止 (不宜多加, 否则影响试验的灵敏度), 得一澄清透明溶液。然后向试管中加入 2 滴样品 (不溶或难溶于水的样品, 可加入几滴丙酮使之溶解), 振荡, 如无变化, 可在手心或在水浴中温热, 有银镜生成, 表明是醛类化合物。

样品: 甲醛水溶液, 乙醛水溶液, 丙酮, 苯甲醛。

4. 铬酸试验

在试管中将 1 滴液体样品 (或 10 mg 固体样品) 溶于 1 mL 试剂级丙酮中, 加入数滴铬酸试剂, 边加边摇, 每次 1 滴, 溶液橘黄色的消失和产生绿色沉淀表明为正性试验。脂肪醛通常在 5 s 内显示混浊, 30 s 内出现沉淀, 芳香醛通常需要 0.5～2 min 才能出现沉淀, 有些可能需更长的时间。

样品: 丁醛, 苯甲醛, 环己酮。

试剂: 见 4.4.4 醇的鉴定。

5. 碘仿试验

在试管中加入 1 mL 水和 3～4 滴样品 (不溶或难溶于水的样品, 可加入几滴二氧六环使之溶解), 再加入 1 mL 10% 氢氧化钠溶液, 然后滴加碘-碘化钾溶液至溶液呈浅黄色, 振荡后析出黄色沉淀为正性试验。若不析出沉淀, 可在温水浴微热, 若溶液变成无色, 继续滴加 2～4 滴碘-碘化钾溶液, 观察结果。

样品: 乙醛水溶液, 正丁醛, 丙酮, 乙醇。

碘-碘化钾溶液的配制: 溶解 10 g 碘和 20 g 碘化钾于 100 mL 水中。

6. 未知物鉴定

现有六瓶无标签试剂, 已知其中有环己烷、苯甲醛、丙酮、环己烯、正丁醛和环己醇, 试分别鉴定出每个瓶子装的是哪一种试剂。

7. 2,4-二硝基苯腙的制备

在锥形瓶中放入 0.1 g 2,4-二硝基苯肼和 1 mL 浓硫酸, 用滴管逐渐加水至固体完全溶解。趁热加

2.5 mL 95% 乙醇, 在此溶液中加入 0.1 g 样品溶于 5 mL 乙醇的溶液, 摇动后不久即析出结晶。冷却、抽滤, 沉淀用乙醇-水混合溶剂重结晶, 得到黄色结晶, 测熔点。

[注释]

[1] Tollens 试剂久置后将形成雷银 (AgN_3) 沉淀, 容易爆炸, 故必须临时配用。进行实验时, 切忌用火焰直接加热, 以免发生危险。实验完毕后, 应加入少许硝酸, 立即煮沸洗去银镜。

[2] 硝酸银溶液与皮肤接触, 立即形成黑色的金属银, 很难洗去, 故滴加和摇荡时应小心操作, 避免与皮肤接触。

4.4.7　胺的鉴定

胺类化合物具有碱性, 是判断这类化合物最重要的依据, 它可以与酸作用形成铵盐。

Hinsberg 试验是根据伯胺和仲胺与苯磺酰氯发生不同反应结果而区别鉴定的。伯胺与苯磺酰氯反应生成的 N-取代苯磺酰胺有酸性氢, 能溶于氢氧化钾溶液中, 而仲胺反应所生成的 N,N-二取代磺酰胺无酸性氢, 因而不溶于氢氧化钾溶液。

$$H_3C-C_6H_4-SO_2Cl \;(\text{对甲苯磺酰氯}) + RNH_2 \;(\text{伯胺}) \longrightarrow H_3C-C_6H_4-SO_2NHR \;(\text{不溶})$$

$$H_3C-C_6H_4-SO_2NHR \underset{HCl}{\overset{KOH}{\rightleftharpoons}} H_3C-C_6H_4-SO_2\bar{N}R\;K^+ \;(\text{可溶性盐})$$

$$H_3C-C_6H_4-SO_2Cl + R_2NH \longrightarrow H_3C-C_6H_4-SO_2NR_2 \xrightarrow{KOH} \text{不溶，沉淀保持}$$

伯胺和仲胺的区别取决于其衍生物磺酰胺的溶解性。某些伯胺的磺酰胺在碱溶液中并不完全溶解, 特别是相对分子质量高或带脂环基的伯胺。为避免混淆或错误地判断, 可将碱溶液与油状物或固体分离, 接着酸化碱溶液, 生成油状物或沉淀, 表明衍生物部分溶解, 应为伯胺。但要避免过度酸化, 以免引起不必要的副反应。原有的油状物或固体应进行水和酸中的溶解度试验, 以便进一步证实是伯胺还是仲胺。

叔胺在此条件下不反应。实际上, 叔胺可与苯磺酰氯发生反应, 然而在大多数情况下, 总的结果看来反应似乎没有发生。而脂肪叔胺与芳香叔胺的情况又有所不同。对大多数脂肪族叔胺, 反应是按下列方式进行的:

$$R_3N\!: + H_3C-C_6H_4-S(=O)_2-Cl \longrightarrow \left[H_3C-C_6H_4-S(=O)_2-\bar{N}R_3\,Cl^-\right] \xrightarrow{OH^-}$$

$$R_3N + H_3C-C_6H_4-S(=O)_2-OH + Cl^-$$

在 Hinsberg 条件下,加碱后叔胺又重新恢复。叔胺几乎不溶于碱溶液,因此混合物保持两相。由于叔胺的相对密度比对苯磺酸盐的水溶液小,因此以油状物的形式浮在上面。进一步证实可对叔胺进行酸水溶液的溶解度试验,可溶性通常表明为叔胺。

芳香叔胺由于小的亲核性和比脂肪胺更小的溶解度,主要发生苯磺酰氯的水解。然而芳叔胺也可能发生其他的副反应,生成复杂的混合物,因此试验应在较短时间和较低温度下进行。

$$C_6H_5SO_2Cl \xrightarrow{OH^-} C_6H_5SO_3^- + Cl^- + H_2O$$

$$C_6H_5SO_2Cl \xrightarrow{ArNR_2} \text{复杂混合物 包括 } C_6H_5SO_2NRAr$$

由于上述原因,进行 Hinsberg 试验时,必须使用试剂级的胺以免混入杂质;微量沉淀不应视为正性反应;操作应迅速,反应时间不宜太长,只能微热。

亚硝酸试验虽然长期一直被用来区别伯胺和仲胺,但由于仲胺与亚硝酸生成的亚硝基化物为致癌物质,为避免潜在的危险性,建议用改进的硝普钠盐(一亚硝基五氰合铁酸二钠盐)$Na_2[Fe(NO)(CN)_5]\cdot 2H_2O$。

硝普钠盐两种颜色试验可用于区别脂肪族伯胺和仲胺。颜色形成的机理可能是复杂的。在 Ramini 和 Simon 两种颜色试验(见表 4.4.1)中分别涉及胺与丙酮或乙醛反应,其产物能与硝普钠盐生成有颜色的络合物。

表 4.4.1 Ramini 和 Simon 试验生成的颜色

	1° 脂肪胺	2° 脂肪胺	1° 芳胺	2° 芳胺	3° 芳胺
Ramini	深红色	深红色			
Simon	淡黄色到红棕色	深蓝色			
改进的 Ramini			橘红色到红褐色	橘红色到红褐色	绿色
改进的 Simon			橘红色到红褐色	紫色	通常为绿色

苯甲酰胺和苯磺酰胺是伯胺和仲胺合适的衍生物,而叔胺则一般利用它的成盐性质。

$$RNH_2\ (R_2NH) + C_6H_5COCl \xrightarrow{\text{吡啶}} C_6H_5CONHR\ (C_6H_5CONR_2)$$

利用 Hinsberg 反应制备磺酰胺时,应注意原料应足量,最终产物可用 95% 乙醇重结晶。鉴定叔胺一般利用它的成盐性质,碘甲烷和苦味酸盐都为结晶的盐。

$$R_3N + CH_3I \longrightarrow [R_3\overset{+}{N}CH_3]I^-$$

$$R_3N + HO\text{-}C_6H_2(NO_2)_3 \longrightarrow R_3\overset{+}{N}H\ \ {}^-O\text{-}C_6H_2(NO_2)_3$$

1. 溶解度与碱性试验

取 3~4 滴样品,逐渐加入 1.5 mL 水,观察是否溶解。如冷水热水均不溶,可逐渐加入 10% 硫酸使其溶解,再逐渐滴加 10% 氢氧化钠溶液,观察现象。

样品: 甲胺盐酸盐, 苯胺。

2. Hinsberg 试验

取 3 支试管中分别混合 5 mL 2 mol · L^{-1} 氢氧化钾水溶液, 0.2 mL (5 滴) 或 0.2 g 胺和 0.7 mL (15 滴) 苯磺酰氯[1], 用塞子塞住管口, 用力摇振 3~5 min。除去塞子, 在摇振下于水浴中温热 3~5 min[2]。冷却溶液, 用试纸检验是否为碱性, 如否则需补加氢氧化钾溶液至呈碱性。观察有无油状物或沉淀析出。

如混合物呈均相, 表明为伯胺。酸化溶液至刚果红变色 (pH = 4), 伯胺的磺酰胺将作为油状物或沉淀析出。

如混合物有油状物或沉淀析出, 用倾滗或过滤法将其分出后, 检验其在 6 mol · L^{-1} 盐酸和水中的溶解度, 完全不溶表明未知物为仲胺。

如沉淀或油状物溶于 6 mol · L^{-1} 盐酸表明未知物为叔胺。需要注意的是, 在检验沉淀或油状物在酸中的溶解度时, 虽然仲胺的磺酰胺不溶, 但胺至少是部分溶解的。由于空间位阻或亲核性等原因, 导致胺与磺酰氯的反应速率很慢, 因而有可能做出错误的判断。

样品: 苯胺, *N*-甲基苯胺, *N*, *N*-二甲苯胺。

3. 胺的 Ramini 和 Simon 试验

硝酸普钠盐的配制　溶解 0.4 g 硝酸普钠盐于 10 mL 50% 甲醇水溶液。

Ramini 试验　在试管中加入 1 mL 上述配制的硝酸普钠盐试剂、1 mL 水、0.2 mL (5 滴) 丙酮和 30 mg 胺, 颜色通常在几秒钟出现, 偶尔可延长至 2 min。

Simon 试验　在试管中加入 1 mL 上述配制的硝酸普钠盐试剂、1 mL 水、0.2 mL (5 滴) 2.5 mol · L^{-1} 乙醛水溶液和 30 mg 胺, 颜色通常在几秒内出现, 偶尔可达 2 min。

改进的 Ramini 试验　在试管中放置 1 mL 硝普钠盐试剂, 依次加入 1 mL 饱和氯化锌水溶液, 0.2 mL (5 滴) 丙酮和 30 mg 胺。芳香族伯和仲胺在几秒至 5 min 内出现橘红色到红褐色; 芳香叔胺在类似期间显现从橘红色到绿色的颜色变化。

改进的 Simon 试验　在试管中放置 1 mL 硝酸普钠盐试剂, 依次加入 1 mL 饱和氯化锌水溶液、0.2 mL (5 滴) 2.5 mol · L^{-1} 乙醛水溶液和 30 mg 胺。芳香族伯胺在几秒到 5 min 内呈现橘红色到红褐色, 芳香仲胺呈现红色到紫色; 芳香叔胺呈现从橙红色到绿色的变化。

4. 衍生物的制备

(1) 苯甲酰胺　在装有搅拌磁子的 10 mL 的圆底烧瓶中, 溶解 0.3 g 胺于 3 mL 干燥的吡啶中, 慢慢加入 0.3 mL 苯甲酰氯, 在瓶口加上干燥管。在搅拌下将反应混合物于 60~70 ℃ 加热 30 min, 接着在搅拌下将混合物倒入 25 mL 冰水中。用赫希漏斗真空抽滤析出的沉淀, 尽量抽干除去水分。将固体溶于 10 mL 乙醚, 并且每次用 5 mL 乙醚萃取水溶液, 合并醚萃取液, 依次用 5 mL 水、1.5 mol · L^{-1} HCl、0.6 mol · L^{-1} 碳酸氢钠溶液洗涤后, 用无水硫酸钠干燥。干燥后的醚溶液用倾滗或过滤除去干燥剂, 蒸除乙醚后的固体可用下列溶剂重结晶: 环己烷-己烷, 环己烷-乙酸乙酯, 95% 乙醇, 乙醇的水溶液。

(2) 季铵盐　在干燥的试管中混合 0.3 g 胺和 0.3 mL 碘甲烷 (bp 43 ℃, 在手掌中温热 5 min, 塞紧试管, 在冰浴中放置 10 min, 然后加入 1.5 mL 无水乙醚, 抽滤析出的晶体, 并用少量溶剂洗涤, 用无水甲醇或无水乙醇重结晶。季铵盐在空气中易潮解, 产品应密封保存。许多季铵盐在熔点附近发生分解。

[注释]

[1] 见实验五十八对氨基苯磺酰胺注释 [1]。

[2] 苯磺酰氯水解不完全时, 可与叔胺混在一起, 沉于试管底部, 酸化时, 叔胺虽已溶解, 而苯磺酰氯

仍以油状物存在，往往会得出错误的结论。为此在酸化之前，应在水浴上加热，使苯磺酰氯水解完全，此时叔胺全部浮在溶液上面，下部无油状物。

4.4.8 羧酸的鉴定

羧酸具有酸的通性，可与氢氧化钠和碳酸氢钠发生成盐反应，这是判断这类化合物最重要的依据。由于羧酸较强的酸性，故可通过用标准碱滴定来确定其中和当量。

$$中和当量=\frac{羧酸的质量\ (\mathrm{mg})}{\mathrm{NaOH}\ 的浓度\ (\mathrm{mol\cdot L^{-1}})\times 所加\ \mathrm{NaOH}\ 的体积\ (\mathrm{mL})}$$

一元羧酸的中和当量等于它的相对分子质量，多元酸中和当量等于酸的相对分子质量除以分子中羧基的数目。中和当量可用于鉴定一个具体的酸，它几乎像衍生物鉴定一样有用。

某些酚特别是环上邻位和对位有吸电子取代基的酚有与羧酸类似的酸性，这些酚可通过三氯化铁试验加以排除。

1. 溶解度和酸性试验

水溶性酸可用 pH 试纸直接测量水溶液的 pH。非水溶性的羧酸可将样品溶于少量乙醇或甲醇，然后滴加水使溶液恰至变浊，再加入 1~2 滴醇使溶液变清，用 pH 试纸测量溶液的酸性。

取少量样品溶于 5% 碳酸氢钠溶液，观察现象。若化合物为羧酸，溶液中将产生二氧化碳气泡。

样品：乙酸，苯甲酸。

2. 中和当量

准确称量约 0.10 g 酸于 50 mL 锥形瓶中，用 25 mL 水、乙醇或醇的水溶液溶解，必要时可加以温热。然后用标准的氢氧化钠溶液 (浓度约为 $0.10\ \mathrm{mol\cdot L^{-1}}$) 滴定，用酚酞作指示剂。计算酸的中和当量。

$$中和当量=\frac{羧酸的质量\ (\mathrm{g})}{消耗的碱的体积\ (\mathrm{L})(N)}$$

式中 N 为标准碱溶液的当量浓度。

4.4.9 羧酸衍生物的鉴定

1. 酯的鉴定

鉴别酯最普通的试验是氧肟酸铁试验。所谓氧肟酸铁试验是指酯首先与羟胺作用形成羟肟酸，后者与三氯化铁在弱酸性溶液中络合形成洋红色的可溶性羟肟酸铁。

$$\mathrm{R{-}\overset{\overset{\displaystyle O}{\|}}{C}{-}OR'} + \mathrm{NH_2OH} \longrightarrow \underset{羟肟酸}{\mathrm{R{-}\overset{\overset{\displaystyle O}{\|}}{C}{-}NHOH}} + \mathrm{R'OH}$$

$$3\mathrm{R{-}\overset{\overset{\displaystyle O}{\|}}{C}{-}NHOH} + \mathrm{FeCl_3} \longrightarrow \underset{羟肟酸铁(洋红色)}{\left[\mathrm{R{-}C({=}O{\rightarrow})(N(H){-}O{-})}\right]_3\mathrm{Fe}} + 3\mathrm{HCl}$$

所有羧酸酯 (包括内酯和聚酯) 根据其结构特征，均可显示不同深度的洋红色。酰氯和酸酐也可产生正性试验。除甲酸可显红色外，其他羧酸均为负性试验。大多数酰胺和腈也可产生正性试验。

(1) 酯的皂化当量　酯在碱性溶液中水解，以定量方式进行时，即可测定其皂化当量 (SE)。皂化当量类似于酸的中和当量，即酯的摩尔质量除以分子中酯基的数目。因此，SE 为与 1 g 当量碱反应所需的酯的质量 (g)。

SE 的测定用标准碱溶液水解称量的酯，然后用标定的盐酸滴定过量的碱，用酚酞作指示剂。计算如下：

$$\text{皂化当量 (SE)} = \frac{\text{酯的质量 (g)}}{\text{被消耗的碱的当量}}$$

$$= \frac{\text{酯的质量 (g)}}{(\text{以升表示的碱的体积})(N) - (\text{以升表示的酸的体积})(N')}$$

式中 N 为标准碱溶液的当量浓度；N' 为标准酸溶液的当量浓度。

(2) 皂化当量的测定　溶解约 3 g 氢氧化钾于 60 mL 95% 的乙醇中，若有少量不溶物沉淀于容器底部，用倾滗法将上层清液转入 50 mL 滴定管中。分别量取 25 mL 醇溶液于两个圆底烧瓶中，准确称量 0.3～0.4 g 纯净干燥的酯样品转移至一个烧瓶中，另一个碱溶液用作空白试验。在两个烧瓶中放置搅拌磁子并加上回流冷凝管。

在搅拌下将两个烧瓶轻轻加热回流 1 h。冷却至室温后，分别用 10 mL 蒸馏水涮洗冷凝管，涮洗液应返回烧瓶中。加入 1～2 滴酚酞指示剂，然后用浓度约为 0.5 $mol \cdot L^{-1}$ 的标定盐酸分别滴定每个烧瓶中的溶液。

中和含样品与含相同量碱溶液所需盐酸的体积差，即相应于与酯发生皂化反应所消耗的氢氧化钾的量，体积差值以毫升计，得出等于消耗的氢氧化钾毫摩尔的盐酸的摩尔数，应用滴定数据，计算未知酯的皂化当量。

如在给定时间，呈现非均相溶液，表示酯未完全皂化。此种情况下，可将混合物回流时间延长至 2～4 h。如某些酯需更高的温度，可用乙二醇二乙醚代替乙醇作为溶剂。

2. 酰氯的鉴定

酰氯在室温或加热时与硝酸银的醇溶液产生白色的氯化银沉淀。

$$R-\overset{\overset{\displaystyle O}{\|}}{C}-Cl + AgNO_3 \xrightarrow{\text{乙醇}} R-\overset{\overset{\displaystyle O}{\|}}{C}-ONO_2 + AgCl\downarrow$$

许多酰氯在室温下即可水解，生成母体酸。室温下难水解的酰氯在碱溶液中加热时，即可发生水解。

$$R-\overset{\overset{\displaystyle O}{\|}}{C}-Cl + H_2O \longrightarrow R-\overset{\overset{\displaystyle O}{\|}}{C}-OH + HCl$$

样品：乙酸乙酯，苯甲酸乙酯。

(1) 硝酸银试验　在装有 1 mL 0.1 $mol \cdot L^{-1}$ 硝酸银乙醇溶液的试管中加入一滴未知物，摇振后立即出现氯化银的白色沉淀视为正性试验。如在室温下 5 min 内不发生反应，可将反应混合物在沸水浴中加热 3～4 min。观察是否出现沉淀及沉淀的颜色。

在混合物中加入 2 滴 1 $mol \cdot L^{-1}$ 的硝酸，某些羧酸会生成不溶性的银盐。

样品：乙酰氯，苯甲酰氯。

(2) 酰氯的水解　在试管中溶解 0.1 g 或 3 滴未知物于 1 mL 水中，然后加入 1.5 $mol \cdot L^{-1}$ 的盐酸酸化后分离母体酸，过滤或用乙醚萃取。萃取液干燥后蒸去乙醚，对残留的母体酸进行鉴定。

样品：乙酰氯，苯甲酰氯。

3. 酰胺的鉴定

酰胺的定性鉴定类似于酯，可发生氧肟酸铁的试验。

$$R-\overset{O}{\overset{\|}{C}}-NH_2 + H_2NOH \longrightarrow R-\overset{O}{\overset{\|}{C}}-NHOH \xrightarrow{FeCl_3} \left[R-C\overset{O}{\underset{\underset{H}{N}-O}{}}\right]_3 Fe + 3HCl$$

羟胺　　羟肟酸

(1) 衍生物的制备　酰胺在酸碱催化下发生水解，生成胺和羧酸。未取代的酰胺释放出氨；取代酰胺生成胺，此时需鉴别伯或仲胺，并进行衍生物的制备。

(2) 碱催化酰胺的水解　在小的圆底烧瓶中置入 10 mL 3 mol·L^{-1} 的氢氧化钠溶液，瓶口直接装上尾接管，以缩短蒸馏路径。尾接管末端置于含几毫升稀盐酸的接收器中。将混合物加热至沸，观察接收器中有无变化。当混合物呈均相后，停止加热，冷至室温。

中和接收器中的酸溶液，对析出的胺进行 Hinsberg 试验，确定分类。如胺为非挥发性的，加热蒸馏时未能进入接收器。此时可用少量乙醚萃取烧瓶中的水层，萃取液用片状氢氧化钾干燥，倾滗出醚溶液，蒸除溶剂后，对残留的胺进行分类试验并制备衍生物。

酸化萃取后 (或蒸去胺) 的碱溶液，真空抽滤析出的酸。或用乙醚萃取，经无水硫酸钠干燥，除去溶剂后，制备合适的衍生物鉴定有机酸。

4. 腈的鉴别

腈与酯及酰胺类似，可以发生氧肟酸铁试验，生成有颜色的溶液。

$$R-C\equiv N + H_2NOH \longrightarrow 3\ R-\overset{NH}{\overset{\|}{C}}-NHOH \xrightarrow{FeCl_3} \left[R-C\overset{\overset{H}{N}}{\underset{\underset{H}{N}-O}{}}\right]_3 Fe + 3HCl$$

羟胺　　铁的配合物显色

腈在酸碱催化下可发生水解，最终转化为相应的羧酸，然后制备生成的羧酸的衍生物。

$$R-C\equiv N + NaOH \xrightarrow{H_2O} R-CO_2^-Na^+ + NH_3$$

$$R-C\equiv N \xrightarrow[H_2SO_4]{H_2O} R-CONH_2 \xrightarrow[H_2SO_4]{H_2O} R-CO_2H + NH_4^+$$

(1) 腈的氧肟酸铁试验　在大试管中混合 2 mL 1 mol·L^{-1} 盐酸羟胺丙二醇溶液和 30～50 mg 腈溶于最小量丙二醇的溶液，加入 1 mL 1 mol·L^{-1} 氢氧化钾溶液，加热煮沸 2 min，接着冷却至室温，加入 0.5～1.0 mL 0.5 mol·L^{-1} 三氯化铁醇溶液。混合物呈现红到紫色视为正性试验，黄色视为负性；褐色或沉淀不能判断正、负性。

(2) 腈的水解和衍生物的制备

① 碱催化的水解。在小锥形瓶中混合 10 mL 氢氧化钠溶液和 1 g 腈，加热混合物至沸，注意有无氨的气味，并用湿润的 pH 试纸置于瓶口上，观察有无颜色变化。当加热混合物至均相时，冷却并接着酸化，如有固体酸析出，真空抽滤；如出现液体，用少量乙醚萃取，干燥后倾滗出醚溶液，蒸除溶剂，残余物为酸，制备合适的酸的衍生物。

② 酸催化的水解。在装有搅拌磁子和冷凝管的小圆底烧瓶中，混合物 1 g 腈和 10 mL 浓硫酸或浓盐酸。将混合物于 50 ℃ 温热 30 min，然后加入 20 mL 水稀释 (如为浓硫酸时需小心操作)，稀释后的混合物轻轻加热回流 0.5～2 h，接着冷却，酸此时会产生并分层。如冷却时酸呈固体析出，真空抽滤收集；如为液体，用乙醚萃取，干燥并除去溶剂后制备酸的合适的衍生物。

4.4.10 糖的鉴定

糖类化合物是指多羟基醛或多羟基酮以及它们的缩合物，通常分为单糖（如葡萄糖、果糖）、双糖（如蔗糖、麦芽糖）和多糖（淀粉、纤维素）。

糖类化合物一个比较普遍的定性反应是 Molish 反应，即在浓硫酸存在下，糖与 α-萘酚作用生成紫色环。紫色环生成的原因通常认为是糖被浓硫酸脱水生成糠醛或糠醛衍生物，后者再进一步与 α-萘酚缩合成有色物质。

单糖又称还原性糖，能还原 Fehling 试剂、Benedict 试剂和 Tollens 试剂，并且能与过量的苯肼生成脎。单糖与苯肼的作用是一个很重要的反应，糖脎有良好的结晶和一定的熔点，根据糖脎的形状和熔点可以鉴别不同的糖。果糖和葡萄糖结构不同但能形成相同的脎。

```
    H—C=O
      |
    H—C—OH
      |
   HO—C—H
      |
    H—C—OH
      |
    H—C—OH  ┐
      |     │
     CH2OH  │
    葡萄糖   │                        H—C=N—NH—C6H5
            │   过量苯肼                 |
     CH2OH  ├──────────→                C=N—NH—C6H5
      |     │                           |
      C=O   ┘                        HO—C—H
      |                                 |
   HO—C—H                             H—C—OH
      |                                 |
    H—C—OH                            H—C—OH
      |                                 |
    H—C—OH                             CH2OH
      |                          葡萄糖脎(或果糖脎)
     CH2OH
     果糖
```

虽然葡萄糖和果糖形成相同的脎，但是由于反应速率不同，析出糖脎的时间也不同，所以还是可以用这一反应加以区别和鉴定的。

双糖由于两个单糖的结合方式不同，有的有还原性，有的则无。麦芽糖、乳糖、纤维二糖等分子里有一个半缩醛羟基，属于还原糖，也能成脎。蔗糖分子里没有半缩醛结构，所以没有还原性，也不能成脎。

淀粉和纤维素都是由很多葡萄糖缩合而成。葡萄糖以 α-苷键连接则形成淀粉，若以 β-苷键结合则形成纤维素，两者均无还原性。淀粉与碘生成蓝色，在酸或淀粉酶作用下水解生成葡萄糖。

1. α-萘酚试验（Molish 试验）[1]

在试管中加入 0.5 mL 5% 糖水溶液，滴入 2 滴 10% α-萘酚的酒精溶液，混合均匀后把试管倾斜 45°，沿管壁慢慢加入 1 mL 浓硫酸（勿摇动），硫酸在下层，试液在上层，若两层交界处出现紫色环，表示溶液含有糖类化合物。

样品：葡萄糖，蔗糖，淀粉，滤纸浆。

2. Fehling 试验

取 Fehling Ⅰ和 Fehling Ⅱ 溶液各 0.5 mL[2]，混合均匀，并于水浴中微热后，加入样品 5 滴，振荡，再加热，注意颜色变化及有否沉淀析出。

样品: 葡萄糖, 果糖, 蔗糖, 麦芽糖。

Fehling 溶液配制: 因酒石酸钾钠和氢氧化铜混合后生成的络合物不稳定, 故需分别配制, 试验时将二溶液混合。

Fehling Ⅰ: 将 3.5 g 五水合硫酸铜溶于 100 mL 水中, 即得淡蓝色的 Fehling Ⅰ试剂。

Fehling Ⅱ: 将 17 g 五结晶水酒石酸钾钠溶于 20 mL 热水中, 然后加入 20 mL 含 5 g 氢氧化钠的水溶液, 稀释至 100 mL 即得无色清亮的 Fehling 试剂Ⅱ。

3. Benedict 试验

用 Benedict 试剂[3] 代替 Fehling 试剂做以上试验。

样品: 葡萄糖, 果糖, 蔗糖, 麦芽糖。

Benedict 试剂的配制: 取 17.3 g 柠檬酸钠和 10 g 无水碳酸钠溶解于 80 mL 水中。再取 1.73 g 结晶硫酸铜溶解在 10 mL 水中, 慢慢将此溶液加入上述溶液中, 最后用水稀释至 100 mL, 如溶液不澄清, 可过滤之。

4. Tollens 试验

在洗净的试管中加入 1 mL Tollens 试剂[4], 再加入 0.5 mL 5% 糖溶液, 在 50 ℃ 水浴中温热, 观察有无银镜生成。

样品: 葡萄糖, 果糖, 麦芽糖, 蔗糖。

5. 成脎反应

在试管中加入 1 mL 5% 样品, 再加入 0.5 mL 10% 苯肼盐酸盐溶液和 0.5 mL 15% 乙酸钠溶液[5], 在沸水浴中加热, 并不断振摇, 比较产生脎结晶的速度, 记录成脎的时间, 并在低倍显微镜下观察脎的结晶形状 (见图 4.4.2)。

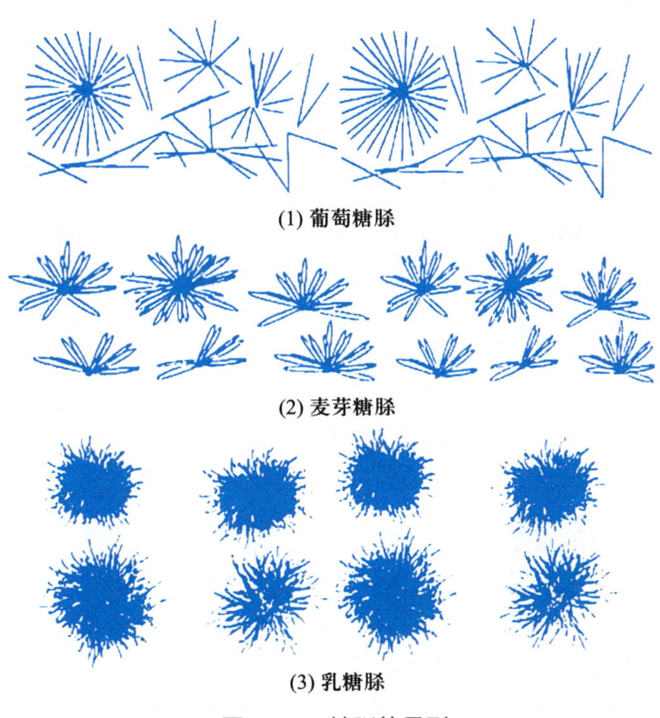

图 4.4.2 糖脎的晶形

样品: 葡萄糖, 果糖, 蔗糖[6], 麦芽糖。

6. 淀粉水解

在试管中加入 3 mL 淀粉溶液, 再加 0.5 mL 稀硫酸, 于沸水浴中加热 5 min, 冷却后用 10% 氢氧化钠溶液中和至中性。取 2 滴与 Fehling 试剂作用, 观察现象。

[注释]

[1] 糖类化合物与浓硫酸作用生成糠醛及其衍生物 (如羟甲基糠醛) 等。其显色原因可能是糠醛及其衍生物与 α-萘酚起缩合作用, 生成紫色的缩合物。

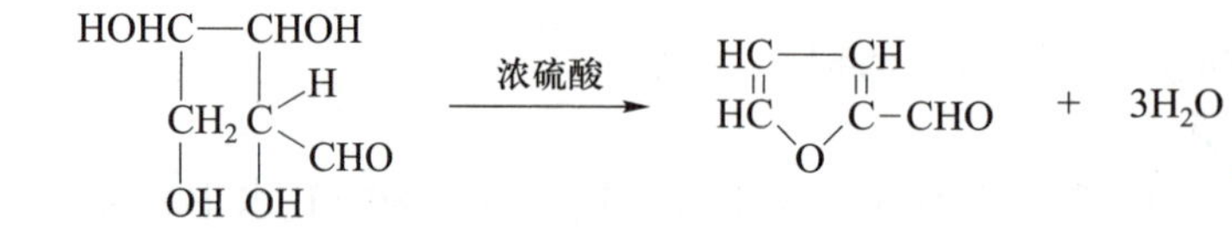

五碳糖 $\xrightarrow{\text{浓硫酸}}$ 糠醛 + $3H_2O$

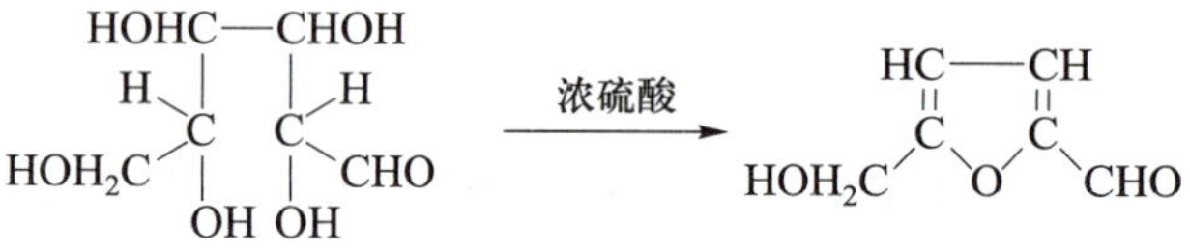

六碳糖 $\xrightarrow{\text{浓硫酸}}$ 羟甲基糠醛 + $3H_2O$

羟甲基糠醛 + 2 α-萘酚 $\xrightarrow{\text{浓硫酸}}$ 缩合物

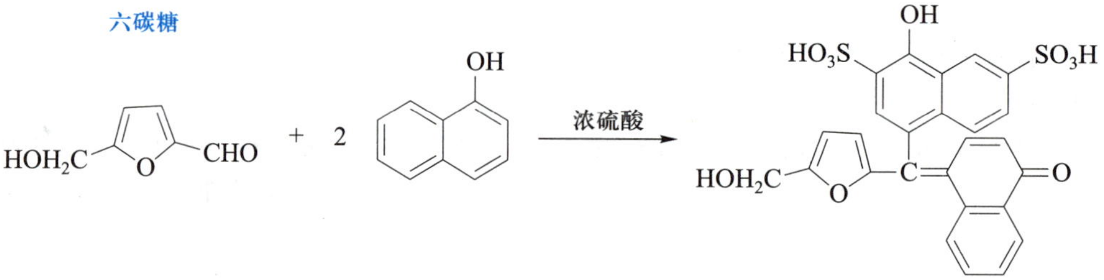

[2] Fehling 试剂的配置方法见醛酮性质试验部分 (4.4.6)。

[3] Benedict 试剂为 Fehling 试剂的改进, 试剂稳定, 不必临时配制, 同时它还原糖类时很灵敏。

[4] Tollens 试剂配法见醛酮性质试验部分 (4.4.6)。

[5] 乙酸钠与苯肼盐酸盐作用生成苯肼乙酸盐, 弱酸弱碱所生成的盐在水中容易水解生成苯肼。

$$C_6H_5NHNH_2 \cdot HCl + CH_3COONa \longrightarrow C_6H_5NHNH_2 \cdot CH_3COOH + NaCl$$

$$C_6H_5NHNH_2 \cdot CH_3COOH \rightleftharpoons C_6H_5NHNH_2 + CH_3COOH$$

苯肼毒性较大, 操作时应小心, 防止试剂溢出或沾到皮肤上。如不慎触及皮肤, 应先用稀乙酸洗, 继之以水洗。

[6] 蔗糖不与苯肼作用生成脎, 但经长时间加热, 可能水解成葡萄糖与果糖, 因而也有少量糖脎沉淀出现。

4.4.11 氨基酸及蛋白质的鉴定

最常见的氨基酸是 α-氨基酸, 除甘氨酸外, 其余均具旋光性。氨基酸是两性化合物, 不同的氨基酸和蛋白质具有各自不同的等电点。氨基酸易溶于水而难溶于有机溶剂, 不同的氨基酸溶解性也不相同, 利用此特性可用纸色谱来分离混合氨基酸。

氨基酸是组成蛋白质的基本单位, 蛋白质是由氨基酸以酰胺键形成的复杂的高分子化合物, 是生物体的基本组成物质，在有机体中承担着各种各样的生理功能。在酸碱和酶的作用下，蛋白质可被水解成多肽最后形成氨基酸的混合物。

蛋白质具有各自特殊的稳定构象，正是这种特殊的构象赋予蛋白质以某种特殊的生理活性。在物理或化学因素影响下，一旦构象遭到破坏，其活性就完全消失，这种现象称为蛋白质的变性，如沉淀和凝固等。

α-氨基酸或含有游离氨基的蛋白质及其水解产物与茚三酮水溶液一起加热，能生成蓝紫色的有色物质，这是 α-氨基酸特有的反应，常用于 α-氨基酸的定性或定量测定。

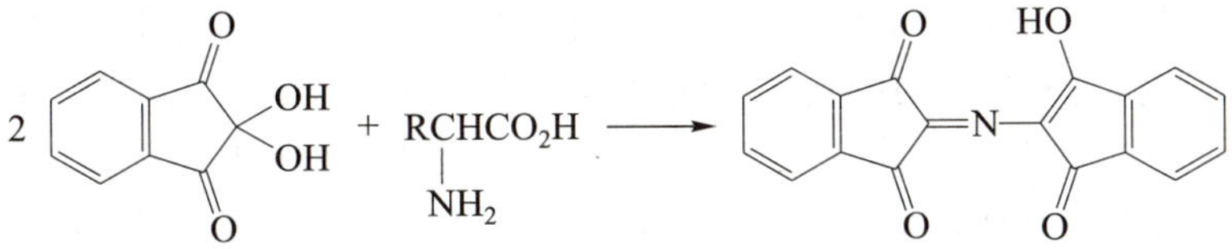

$$2\ \text{(茚三酮水合物)} + \underset{\displaystyle NH_2}{RCHCO_2H} \longrightarrow \text{(产物)}$$

蓝紫色

多肽和蛋白质分子中有类似于缩二脲的结构单元可 $\left(-CO-NH-\overset{|}{\underset{|}{C}}-CO-NH-\overset{|}{\underset{|}{C}}-\right)$ 与硫酸铜作用形成蓝色、紫色或红色的铜盐络合物。氨基酸因不含肽键，故除组氨酸外都不发生此反应。

几乎所有的蛋白质与浓硝酸作用产生黄色，黄色物质在碱性溶液中则转变为橙红色。这是由于蛋白质通常都含有带苯环的氨基酸，产生黄色的硝化产物。

重金属盐、苦味酸都能使蛋白质发生变性，生成难溶于水的沉淀。当重金属中毒时，用蛋白质作解毒剂，就是利用了不可逆沉淀原理。此外，加热、无机酸、超声波等因素都能使蛋白质发生变性。

1. 茚三酮反应

取 3 支试管，编号后分别加 4 滴 0.5% 甘氨酸溶液、0.5% 酪蛋白溶液和蛋白质溶液[1]，各再加 2 滴 0.1% 茚三酮-乙醇溶液[2]，混合均匀后，放在沸水浴中加热 1～2 min。观察并比较 3 支试管里显色的先后次序。

2. 双缩脲反应

取 1 支试管，加 10 滴蛋白质溶液和 15～20 滴 10% 氢氧化钠溶液，混合均匀后，再加入 3～5 滴 5% 硫酸铜溶液[3]，边加边摇动，观察有何现象产生。

3. 黄色反应

(1) 取 1 支试管，加 4 滴蛋白质溶液及 2 滴浓硝酸 (由于强酸作用，蛋白质出现白色沉淀)。然后放在水浴中加热，沉淀变成黄色，冷却后，再逐滴加入 10% 氢氧化钠溶液，当反应液呈碱性时，颜色由黄色变成橙黄色。

(2) 取 1 支试管，加 4 滴 0.1% 苯酚溶液代替蛋白质溶液，重复上述操作，注意颜色的变化。

(3) 取 1 支试管，加一些指甲，再加 5～10 滴浓硝酸，放置 10 min 后，观察指甲的颜色变化。

4. 乙酸铅反应

取 1 支试管，加 1 mL 0.5% 乙酸铅溶液，再逐滴缓慢地加 1% 氢氧化钠溶液，直到生成的沉淀溶解为止，摇动均匀。然后，加 5～10 滴蛋白质溶液，混合均匀，在水浴上小心加热，待溶液变成棕黑色时，将试管取出，冷却后，再小心地加 2 mL 浓盐酸。观察有何现象产生，并嗅其味，判断是什么物质。

[注释]

[1] 取 25 mL 鸡蛋清于小烧杯中，加入 100～120 mL 蒸馏水，搅拌均匀后，用经水浸湿的纱布或脱脂棉过滤，即得蛋白质溶液。

[2] 茚三酮溶液配制如下: 溶 0.4 g 茚三酮于 100 mL 95% 乙醇中, 再加入 1.5 mL 吡啶摇匀即成。

[3] 硫酸铜溶液不能加过量, 否则硫酸铜在碱性溶液中生成氢氧化铜沉淀, 会遮蔽所产生的紫色反应。

4.5　近代光谱分析法

经典的系统有机定性分析主要的局限性是仅可用来鉴定已知化合物, 化学研究人员经常面临的课题是对新化合物的鉴定。虽然从经典系统分析中可以获得许多有关化合物类型的信息, 但是为了同已知物联系起来, 最终确定未知物的结构还得用降解和合成相结合的方法, 而这往往是烦琐而冗长的工作。波谱方法已使这一局面大为改观, 波谱的联合应用可以迅速地鉴定已知的和未知的化合物 (见 2.9 节)。现在某些只需要几天或几周就可以鉴定的分子结构, 要比 19 世纪到 20 世纪初期一些著名的化学家穷其一生研究的化合物的结构复杂得多。

当今鉴定有机化合物的典型方法是波谱技术与经典方法的结合。最理想的是引导学生通过仪器的操作掌握波谱在有机化学中的应用, 但是由于有些仪器价值昂贵, 在大多数情况下, 这样做是不太现实的。另一种选择是让学生解析典型的已知化合物的波谱, 然后再对未知物的光谱进行鉴定。本书波谱方法一章特别是第三部分提供了 100 多张制备实验中原料和产物的 IR 和 NMR 谱图, 仔细认真地研究这些图谱, 在教师的指导下, 就可以对结构不太复杂的未知物的 IR 和 NMR 谱图进行鉴定。

尽管波谱数据为化合物的鉴定带来了极大的方便, 但也不能完全代替经典的定性分析。例如, 红外光谱在 1690～1760 cm^{-1} 存在强吸收表明了羰基的存在, 而 2,4-二硝基苯肼试验却可以更简便地得出同样的结论; 核磁共振氢谱在 δ 6.0～8.5 的吸收却比 $CHCl_3$ 和芳烃的颜色试验更可靠地证实了芳环的存在。

必须强调光谱分析与经典分析一样, 必须对数据进行仔细解析, 而且有较好的化学背景。学生切勿对波谱技术过分热衷, 尽管大多数问题用波谱方法可以迅速独特地得到解决, 而有些问题经典定性分析却显得更为简单经济, 应当学会将波谱与化学方法相互结合并巧妙地予以应用。

红外光谱最重要的用途是鉴定官能团, 考查 IR 谱图中是否存在某些特定的吸收可以提供化合物中所含官能团的信息。例如, IR 谱图中 1650～1760 cm^{-1} 区域内显现的强吸收峰是醛、酮、羧酸或羧酸衍生物的分子中羰基存在最有力的证据, 在 3500～3650 cm^{-1} 区域内的强吸收则意味着该化合物可能为醇、酚、羧酸、伯胺、仲胺或酰胺。或者由于不存在这些吸收而排除对这些官能团进行进一步的考查。

基于红外吸收得出结论时, 必须谨慎。像波谱技术一章所指出的, 只有偶极矩变化的振动才能产生红外吸收, 即对称性的炔烃不产生三键伸缩振动的红外吸收, 甚至两个相似取代基的二取代炔烃在该区域也仅有很弱的吸收。类似的理由, 谱图中无碳-碳双键的吸收并不能排除该官能团存在的可能性, 因为双键上取代基的性质可能使红外吸收变得很弱而难以判断。此外, 由于某些结构因素也可使官能团的吸收产生小的移动, 因此, 红外光谱不可能总是作为鉴定官能团的唯一方式。正是由于少数官能团的不确定性, 恰恰需要在实验室进行几种定性试验来加以解决。

NMR 谱通常不能直接用来鉴定官能团, 但可以提供某些官能团存在与否的间接证据。^{1}H NMR 谱鉴定化合物的三个主要特征是化学位移、裂分和峰面积, ^{13}C NMR 谱碳原子的化学位移也可对鉴定未知物官能团的性质提供有价值的线索。

由于迅速简便和只需少量样品, 化学研究人员往往在进行元素分析或溶解度试验之前就可得到未知物的 IR 和 NMR 谱, 只有对谱图进行分析之后, 才能着手进行测定结构的其他方法, 以减少不必要的耗时。未知物的其他信息也可以从质谱获得, 它可以提供未知物相对分子质量和元素组成等准确的信息。

未知物鉴定示例一:

未知物 Y 为一液体, 可利用的信息如下:

初步观察	无色带有愉快香味的液体, bp 143～145 ℃
元素分析	表明不含 X, S 或 N
溶解度试验	与水相溶的中性溶液
光谱	IR 和 ^{1}H NMR 谱见图 4.5.1
分类试验	给出了酯的正性试验, 其余所有官能团试验均为负性

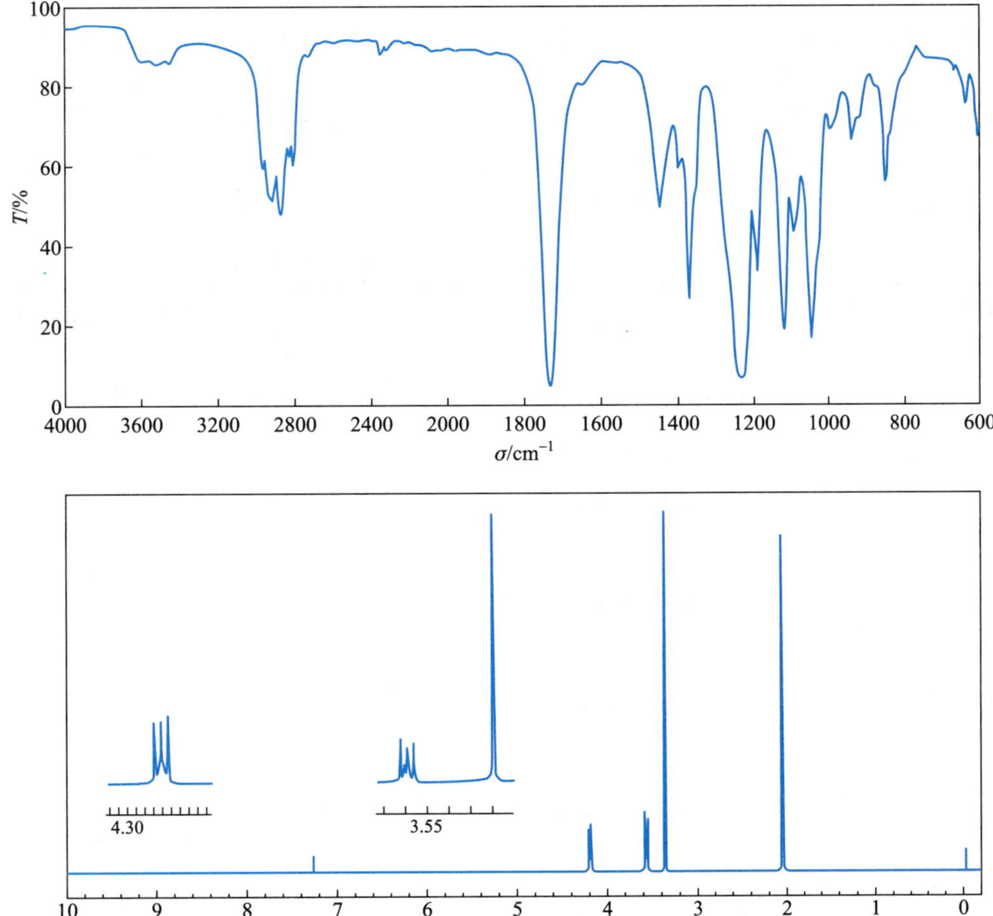

图 4.5.1 未知物 Y 的 IR 和 ^{1}H NMR 谱图

分析

由于与水相溶, Y 很可能含有与氧相连的极性官能团, 且分子中碳原子数应不大于 6 (含 6 个以上碳原子的化合物通常不溶于水)。红外光谱在 1750 cm^{-1} 和 1230 cm^{-1} 处有强吸收, 分别为 C═O 和 C—O—C 的伸缩振动, 表明分子中含有酯基。虽然五元环酮在 1750 cm^{-1} 也有吸收, 但 ^{1}H NMR 谱的数据已否定了五元环酮和其他的可能性。

Y 的 ^{1}H NMR 谱有 4 组不同的共振吸收; δ 4.2 多重峰, δ 3.6 多重峰, δ 3.4 单峰, δ 2.1 单峰, 峰面积之比为 2∶2∶3∶3, 表明分子中至少存在 4 种等性氢原子。在 δ 2.1 和 3.4 两个单峰表明分子中存在两个与其他碳不相邻的甲基。高场 δ 2.1 的单峰与甲基酮或乙酰基 (CH_3CO) 中甲基的化学位移相符合。IR 谱和官能团试验表明 Y 为酯类化合物。另一个 δ 3.4 的甲基峰移向低场, 推断甲基可能与氧键联。但甲酯类的可能性不大, 甲酯类甲基的吸收通常在 δ 3.7~4.1 的范围, 而饱和醇和醚 α-氢的位移通常在 δ 3.3~4.0 的区域。由于表明不存在羟基峰, 该化合物可能含有甲氧基, 而且在 IR 谱 1050 cm^{-1} 出现的 C—O—C 的吸收与脂肪醚的吸收相一致。在 δ 4.2 和 3.6 两个多重峰。峰面积均为两个氢并且相互之间存在自旋偶合, 这种类型最常见的是化学上不等价彼此相连的次甲基如 x—CH_2—CH_2—y。在低场的吸收表明两个 CH_2 均与氧键连。

表 4.5.1 列出了一些仅有单一结构的沸点 140~150 ℃ 的液体酯。只有 2-甲氧基乙酸乙酯 (4) 与化合物 Y 所有光谱数据完全相符。未知物结构鉴定是以衍生物分类试验最终加以确证, 为此水解 (见 4.4.9 小节) 猜想的酯 (4) 可生成乙酸和 2-甲氧基乙醇, 二者均可通过固体衍生物加以鉴定。例如醇可转变为 α-萘次甲基氨基甲酸乙酯的衍生物, 该衍生物的熔点为 111~113 ℃, 与 2-甲氧基乙醇生成的衍生物熔程相符, 证明未知物 Y 中含有 2-甲氧基乙基 ($CH_3OCH_2CH_2$—) 的结构单元, 从而确证 Y 具有 (4) 的结构, 即该化合物为 2-甲氧基乙酸乙酯。

表 4.5.1 仅有单一结构的沸点 140~150 ℃ 的液态酯

名称和编号	结构	bp/℃	α-萘亚甲基氨基甲酸乙酯沸点/℃
3-甲基乙酸丁酯 (1)	$CH_3C(=O)OCH_2CH_2CH(CH_3)_2$	142	82
乳酸甲酯 (2)	$CH_3CH(OH)—C(=O)OCH_3$	145	124
氯代乙酸乙酯 (3)	$ClCH_2C(=O)OCH_2CH_3$	145	79
2-甲氧基乙酸乙酯 (4)	$CH_3C(=O)OCH_2CH_2OCH_3$	145	113
戊酸乙酯 (5)	$CH_3(CH_2)_3C(=O)OCH_2CH_3$	146	79
α-氯代丙酸乙酯 (6)	$CH_3CH(Cl)—C(=O)OCH_2CH_3$	146	79
碳酸二异丙酯 (7)	$(CH_3)_2CHOC(=O)OCH(CH_3)_2$	147	106
乙酸戊酯 (8)	$CH_3C(=O)O(CH_2)_4CH_3$	149	68

上述未知物的结构鉴定提供了一个将波谱分析与化学方法即“试管试验”的相结合的范例。虽然波谱本身尚不能最终确定未知物的结构，却可以揭示分子中可能存在的官能团，这也可能通过进行恰当的官能团试验加以确认。但波谱分析可以避免失误和做一连串显然是浪费时间和精力的徒劳的试验，因为这些试验大多数是负性结果。未知物结构的最终确认是制备固体衍生物，并将其熔点与已知物进行比较。当然未知物结构鉴定是最常用的手段是 IR 和 NMR 谱，如果猜想的化合物的波谱数据与未知物一致，未知物的鉴定就可以最终确认。

未知物鉴定示例二：

未知物 X，分子式为 $C_9H_{10}O$，其 IR 和 ^1H NMR 谱见图 4.5.2。根据分子式计算，不饱和度为 5，表明分子中存在环或重键。X 的 IR 谱在官能团区存在两个强的吸收峰，1700 cm^{-1} 处的吸收表明存在羰基，而 3400～2300 cm^{-1} 宽的吸收则是羧酸中 OH 常见的吸收位置。进一步证明羧基存在的证据是 C—O 键在 1320 cm^{-1} 伸缩振动产生的吸收。由于羧基中羟基宽的吸收带，故未知物中羟基的吸收被掩盖而未出现。最后，在 1500 cm^{-1} 处中等尖的吸收峰为苯环存在的证据，这与不饱和度 5 是相符的。

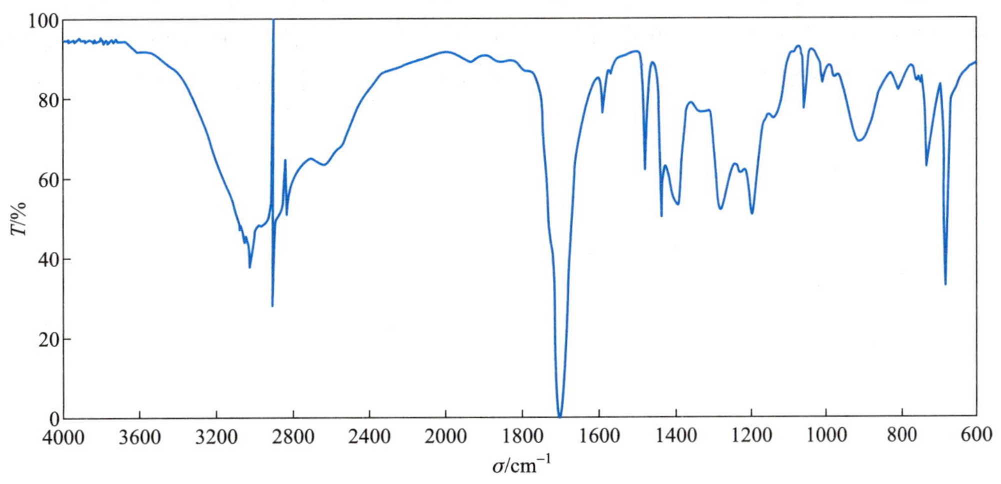

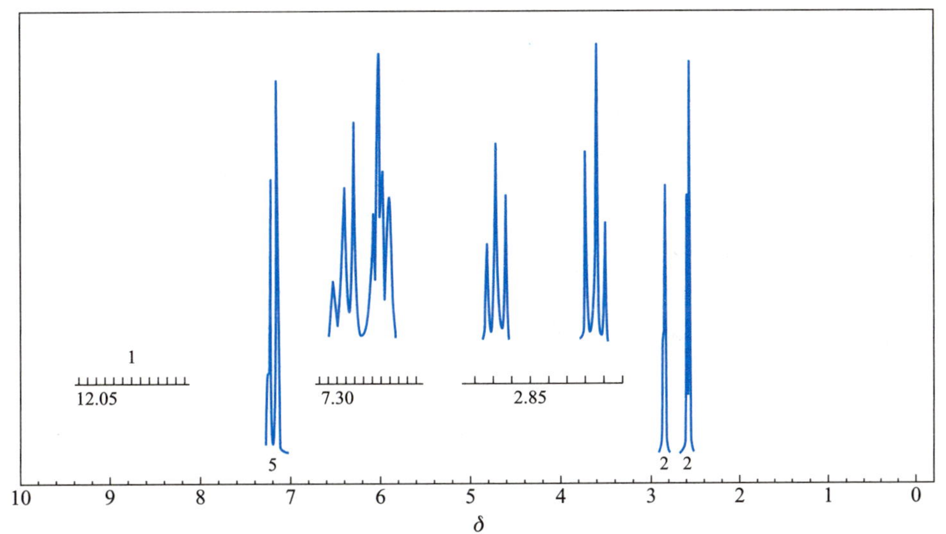

图 4.5.2 未知物 X 的 IR (上) 和 ^1H NMR (下) 谱图

X 的 ^{13}C NMR 谱显示分子中存在 7 种不同的碳原子 (见表 2.9.6)。δ 179.5 处的吸收符合羧基中羰基碳原子, δ 30 和 δ 35.5 处的吸收为 sp^3 杂化碳原子, 而 δ 126～140 区域的吸收则为 sp^2 杂化碳原子, 由于仅有 4 个此区域的共振, 故必须有 6 个碳原子。其中两个峰每一个代表了两个磁性相同的碳原子, 因此, 意味着 X 为单或对位取代的苯环 (1 或 2), 考虑之前给出的其余 3 个碳原子的结论, 故只有 3～5 是可能的结构。对比这些初步考查的结果, 我们将进一步利用 ^{1}H NMR 的数据 (图 4.5.2), 对这 3 种可能性加以判断。

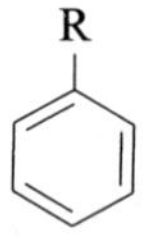

R　　R′ / R_2　　$CH_2CH_2CO_2H$　　CH_2CO_2H / CH_3　　CO_2H / CH_2CH_3

1 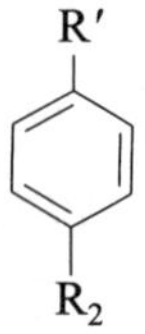　　2 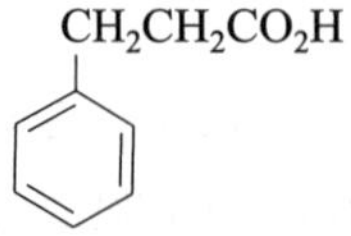　　3 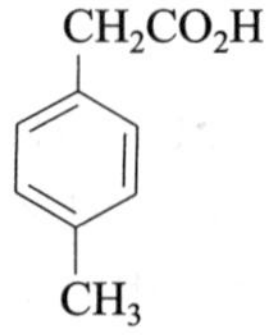　　4 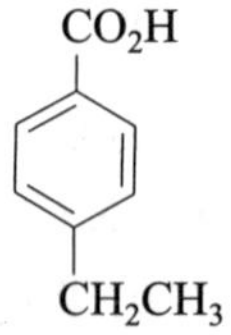　　5

X 的 ^{1}H NMR 显示存在 4 种等价质子, 其数目比为 1∶5∶2∶2, 与分子式的氢原子数目一致。最低场 δ 11.9 为羧酸羧基上的氢, δ 7.2 宽的单峰为芳环上质子化学位移的范围, 积分高度为 5 意味着为单取代苯环, 因此, 该未知物的结构必然为 3。在 δ 2.85 和 δ 2.95 两位三重峰为两个相邻的不同的亚甲基之间相互偶合的结果。

附　录

Ⅰ　常用元素相对原子质量表

附表 1

元素		相对原子质量	元素		相对原子质量
银	Ag	107.87	锂	Li	6.941
铝	Al	26.98	镁	Mg	24.31
硼	B	10.81	锰	Mn	54.938
钡	Ba	137.34	钼	Mo	95.94
溴	Br	79.904	氮	N	14.007
碳	C	12.01	钠	Na	22.99
钙	Ca	40.08	镍	Ni	58.69
氯	Cl	35.45	氧	O	15.999
铬	Cr	51.996	磷	P	30.97
铜	Cu	63.55	铅	Pb	207.2
氟	F	18.998	钯	Pd	106.4
铁	Fe	55.847	铂	Pt	195.084
氢	H	1.008	硫	S	32.065
汞	Hg	200.59	硅	Si	28.086
碘	I	126.904	锡	Sn	118.71
钾	K	39.10	锌	Zn	65.409

Ⅱ　常用酸碱溶液相对密度及组成表

盐　酸

附表 2

HCl 质量分数/%	相对密度 d_4^{20}	100 mL 水溶液中 HCl 的质量/g	HCl 质量分数/%	相对密度 d_4^{20}	100 mL 水溶液中 HCl 的质量/g
1	1.0032	1.003	8	1.0376	8.301
2	1.0082	2.006	10	1.0474	10.47
4	1.0181	4.007	12	1.0574	12.69
6	1.0279	6.167	14	1.0675	14.95

续表

HCl 质量分数 %	相对密度 d_4^{20}	100 mL 水溶液中 HCl 的质量/g	HCl 质量分数 %	相对密度 d_4^{20}	100 mL 水溶液中 HCl 的质量/g
16	1.0776	17.24	30	1.1492	34.48
18	1.0878	19.58	32	1.1593	37.10
20	1.0980	21.96	34	1.1691	39.75
22	1.1083	24.38	36	1.1789	42.44
24	1.1187	26.85	38	1.1885	45.16
26	1.1290	29.35	40	1.1980	47.92
28	1.1392	31.90			

硫 酸

附表 3

H_2SO_4 质量分数 %	相对密度 d_4^{20}	100 mL 水溶液中 H_2SO_4 的质量/g	H_2SO_4 质量分数 %	相对密度 d_4^{20}	100 mL 水溶液中 H_2SO_4 的质量/g
1	1.0051	1.005	65	1.5533	101.0
2	1.0118	2.024	70	1.6105	112.7
3	1.0184	3.055	75	1.6692	125.2
4	1.0250	4.100	80	1.7272	138.2
5	1.0317	5.159	85	1.7786	151.2
10	1.0661	10.66	90	1.8144	163.3
15	1.1020	16.53	91	1.8195	165.6
20	1.1394	22.79	92	1.8240	167.8
25	1.1783	29.46	93	1.8279	170.2
30	1.2185	36.56	94	1.8312	172.1
35	1.2599	44.10	95	1.8337	174.2
40	1.3028	52.11	96	1.8355	176.2
45	1.3476	60.64	97	1.8364	178.1
50	1.3951	69.76	98	1.8361	179.9
55	1.4453	79.49	99	1.8342	181.6
60	1.4983	89.90	100	1.8305	183.1

硝 酸

附表 4

HNO_3 质量分数 %	相对密度 d_4^{20}	100 mL 水溶液中 HNO_3 的质量/g	HNO_3 质量分数 %	相对密度 d_4^{20}	100 mL 水溶液中 HNO_3 的质量/g
1	1.0036	1.004	65	1.3913	90.43
2	1.0091	2.018	70	1.4134	98.94
3	1.0146	3.044	75	1.4337	107.5
4	1.0201	4.080	80	1.4521	116.2
5	1.0256	5.128	85	1.4686	124.8
10	1.0543	10.54	90	1.4826	133.4
15	1.0842	16.26	91	1.4850	135.1
20	1.1150	22.30	92	1.4873	136.8
25	1.1469	28.67	93	1.4892	138.5
30	1.1800	35.40	94	1.4912	140.2
35	1.2140	42.49	95	1.4932	141.9
40	1.2463	49.85	96	1.4952	143.5
45	1.2783	57.52	97	1.4974	145.2
50	1.3100	65.50	98	1.5008	147.1
55	1.3393	73.66	99	1.5056	149.1
60	1.3667	82.00	100	1.5129	151.3

乙 酸

附表 5

CH_3COOH 质量分数 %	相对密度 d_4^{20}	100 mL 水溶液中 CH_3COOH 的质量/g	CH_3COOH 质量分数 %	相对密度 d_4^{20}	100 mL 水溶液中 CH_3COOH 的质量/g
1	0.9996	0.9996	65	1.0666	69.33
2	1.0012	2.002	70	1.0685	74.80
3	1.0025	3.008	75	1.0696	80.22
4	1.0040	4.016	80	1.0700	85.60
5	1.0055	5.028	85	1.0689	90.86
10	1.0125	10.13	90	1.0661	95.95
15	1.0195	15.29	91	1.0652	96.93
20	1.0263	20.53	92	1.0643	97.92
25	1.0326	25.82	93	1.0632	98.88
30	1.0384	31.15	94	1.0619	99.82
35	1.0438	36.53	95	1.0605	100.7
40	1.0488	41.95	96	1.0588	101.6
45	1.0534	47.40	97	1.0570	102.5
50	1.0575	52.88	98	1.0549	103.4
55	1.0611	58.36	99	1.0524	104.2
60	1.0642	63.85	100	1.0498	105.0

氢溴酸

附表 6

HBr 质量分数 %	相对密度 d_4^{20}	100 mL 水溶液中 HBr 的质量/g	HBr 质量分数 %	相对密度 d_4^{20}	100 mL 水溶液中 HBr 的质量/g
10	1.0723	10.7	45	1.4446	65.0
20	1.1579	23.2	50	1.5173	75.8
30	1.2580	37.7	55	1.5953	87.7
35	1.3150	46.0	60	1.6787	100.7
40	1.3772	56.1	65	1.7675	114.9

氢碘酸

附表 7

HI 质量分数 %	相对密度 d_4^{20}	100 mL 水溶液中 HI 的质量/g	HI 质量分数 %	相对密度 d_4^{20}	100 mL 水溶液中 HI 的质量/g
20.77	1.1578	24.4	56.78	1.6998	96.6
31.77	1.2962	41.2	61.97	1.8218	112.8
42.7	1.4489	61.9			

发烟硫酸

附表 8

游离 SO_3 质量分数 %	相对密度 d_4^{20}	100 mL 水溶液中游离 SO_3 的质量/g	游离 SO_3 质量分数 %	相对密度 d_4^{20}	100 mL 水溶液中游离 SO_3 的质量/g
1.54	1.860	2.8	10.07	1.900	19.1
2.66	1.865	5.0	10.56	1.905	20.1
4.28	1.870	8.0	11.43	1.910	21.8
5.44	1.875	10.2	13.33	1.915	25.5
6.42	1.880	12.1	15.95	1.920	30.6
7.29	1.885	13.7	18.67	1.925	35.9
8.16	1.890	15.4	21.34	1.930	41.2
9.43	1.895	17.7	25.65	1.935	49.6

氨 水

附表 9

NH_3 质量分数/%	相对密度 d_4^{20}	100 mL 水溶液中 NH_3 的质量/g	NH_3 质量分数/%	相对密度 d_4^{20}	100 mL 水溶液中 NH_3 的质量/g
1	0.9939	9.94	16	0.9362	149.8
2	0.9895	19.79	18	0.9295	167.3
4	0.9811	39.24	20	0.9229	184.6
6	0.9730	58.38	22	0.9164	201.6
8	0.9651	77.21	24	0.9101	218.4
10	0.9575	95.75	26	0.9040	235.0
12	0.9501	114.0	28	0.8980	251.4
14	0.9430	132.0	30	0.8920	267.6

氢氧化钠

附表 10

NaOH 质量分数/%	相对密度 d_4^{20}	100 mL 水溶液中 NaOH 的质量/g	NaOH 质量分数/%	相对密度 d_4^{20}	100 mL 水溶液中 NaOH 的质量/g
1	1.0095	1.010	26	1.2848	33.40
2	1.0207	2.041	28	1.3064	36.58
4	1.0428	4.171	30	1.3279	39.84
6	1.0648	6.389	32	1.3490	43.17
8	1.0869	8.695	34	1.3696	46.57
10	1.1089	11.09	36	1.3900	50.04
12	1.1309	13.57	38	1.4101	53.58
14	1.1530	16.14	40	1.4300	57.20
16	1.1751	18.80	42	1.4494	60.87
18	1.1972	21.55	44	1.4685	64.61
20	1.2191	24.38	46	1.4873	68.42
22	1.2411	27.30	48	1.5065	72.31
24	1.2629	30.31	50	1.5253	76.27

氢氧化钾

附表 11

KOH 质量分数 %	相对密度 d_4^{20}	100 mL 水溶液中 KOH 的质量/g	KOH 质量分数 %	相对密度 d_4^{20}	100 mL 水溶液中 KOH 的质量/g
1	1.0083	1.008	28	1.2695	35.55
2	1.0175	2.035	30	1.2905	38.72
4	1.0359	4.144	32	1.3117	41.97
6	1.0544	6.326	34	1.3331	45.33
8	1.0730	8.584	36	1.3549	48.78
10	1.0918	10.92	38	1.3765	52.32
12	1.1108	13.33	40	1.3991	55.96
14	1.1299	15.82	42	1.4215	59.70
16	1.1493	19.70	44	1.4443	63.55
18	1.1688	21.04	46	1.4673	67.50
20	1.1884	23.77	48	1.4907	71.55
22	1.2083	26.58	50	1.5143	75.72
24	1.2285	29.48	52	1.5382	79.99
26	1.2489	32.47			

碳酸钠

附表 12

Na_2CO_3 质量分数 %	相对密度 d_4^{20}	100 mL 水溶液中 Na_2CO_3 的质量/g	Na_2CO_3 质量分数 %	相对密度 d_4^{20}	100 mL 水溶液中 Na_2CO_3 的质量/g
1	1.0086	1.009	12	1.1244	13.49
2	1.0190	2.038	14	1.1463	16.05
4	1.0398	4.159	16	1.1682	18.50
6	1.0606	6.364	18	1.1905	21.33
8	1.0816	8.653	20	1.2132	24.26
10	1.1029	11.03			

常用的酸和碱

附表 13

溶液	相对密度 d_4^{20}	质量分数/%	c/(mol·L^{-1})	ρ/[g·(100 mL^{-1})]
浓盐酸	1.19	37	12.0	44.0
恒沸点盐酸 (252 mL 浓盐酸＋200 mL) 水, 沸点 110 ℃	1.10	20.2	6.1	22.2
10%盐酸 (100 mL 浓盐酸＋32 mL 水)	1.05	10	2.9	10.5
5% 盐酸 (50 mL 浓盐酸＋380.5 mL 水)	1.03	5	1.4	5.2
1 mol·L^{-1} 盐酸 (41.5 mL 浓盐酸稀释到 500 mL)	1.02	3.6	1	3.6
恒沸点氢溴酸 (沸点 126 ℃)	1.49	47.5	8.8	70.7
恒沸点氢碘酸 (沸点 127 ℃)	1.7	57	7.6	97
浓硫酸	1.84	96	18	177
10% 硫酸 (25 mL 浓硫酸＋398 mL 水)	1.07	10	1.1	10.7
0.5 mol·L^{-1} 硫酸 (13.9 mL 浓硫酸稀释到 500 mL)	1.03	4.7	0.5	4.9
浓硝酸	1.42	71	16	101
10% 氢氧化钠溶液	1.11	10	2.8	11.1
浓氨水	0.9	28.4	15	25.9

Ⅲ 常用有机溶剂沸点、相对密度表

附表 14

名称	沸点/℃	相对密度 d_4^{20}	名称	沸点/℃	相对密度 d_4^{20}
甲醇	64.7	0.792	己烷	69	0.660
乙醇 (95%)	78.2	0.816	环己烷	80.7	0.778
乙醇 (无水)	78.5	0.789	戊烷	36.1	0.626
乙醚	34.6	0.713	异丙醇	82.5	0.785
乙酸	118	1.049	二甲基甲酰胺 (DMF)	153	0.944
乙酸乙酯	77	0.902	四氢呋喃 (THF)	66	0.889
氯仿	56.5	0.791	二氧六环	101	1.034
二氯甲烷	40	1.325	甲苯	110.6	0.866
四氯化碳	76.5	1.594	苯	80	0.879

Ⅳ 水的蒸气压表 (0～100 ℃)

附表 15

温度/℃	p/mmHg*	温度/℃	p/mmHg	温度/℃	p/mmHg	温度/℃	p/mmHg
0	4.579	15	12.788	30	31.824	85	433.6
1	4.926	16	13.634	31	33.695	90	525.76
2	5.294	17	14.530	32	35.663	91	546.05
3	5.685	18	15.477	33	37.729	92	566.99
4	6.101	19	16.477	34	39.898	93	588.60
5	6.543	20	17.535	35	42.175	94	610.90
6	7.013	21	18.650	40	55.324	95	633.90
7	7.513	22	19.827	45	71.88	96	657.62
8	8.045	23	21.068	50	92.51	97	682.07
9	8.609	24	22.377	55	118.04	98	707.27
10	9.209	25	23.756	60	149.38	99	733.24
11	9.844	26	25.209	65	187.54	100	760.00
12	10.518	27	26.739	70	233.7		
13	11.231	28	28.349	75	289.1		
14	11.987	29	30.043	80	355.1		

* 1 mmHg≈133 Pa。

Ⅴ 压力换算表

附表 16

压力单位 kPa	压力单位 mmHg	压力单位 kPa	压力单位 mmHg
0.013	0.10	0.667	5.00
0.027	0.20	0.800	6.00
0.040	0.30	0.931	7.00
0.053	0.40	1.067	8.00
0.080	0.60	1.197	9.100
0.107	0.80	1.333	10.00
0.133	1.00	1.463	11.00
0.267	2.00	1.596	12.00
0.400	3.00	1.729	13.00
0.533	4.00	1.862	14.00

续表

压力单位 kPa	压力单位 mmHg	压力单位 kPa	压力单位 mmHg
1.995	15.00	3.999	30.00
2.218	16.00	5.332	40.00
2.261	17.00	6.665	50.00
2.394	18.00	7.998	60.00
2.527	19.00	10.994	80.00
2.666	20.00	13.332	100.00

牛顿/米^2 ($N \cdot m^{-2}$)	毫米水银柱 (mmHg)	公斤/厘米^2 ($kg \cdot cm^{-2}$)	大气压 (atm)
1	7.50062×10^{-2}	1.01972×10^{-5}	9.86923×10^{-6}
133.322	1	1.35951×10^{-1}	1.31579×10^{-1}
9.80665×10^{4}	735.559	1	0.967841
1.01325×10^{5}	760	1.03323	1

Ⅵ 常用有机溶剂的纯化

有机化学实验离不开溶剂,溶剂不仅作为反应介质,在产物的纯化和后处理中也经常使用。市售的有机溶剂有工业、化学纯和分析纯等各种规格,纯度愈高,价格愈贵。在有机合成中,常常根据反应的特点和要求,选用适当规格的溶剂,以便使反应能够顺利地进行而又符合经济节约的原则。某些有机反应 (如 Grignard 反应等),对溶剂要求较高,即使微量杂质或水分存在,也会对反应速率、产率和纯度带来一定的影响。由于有机合成中使用溶剂的量都比较大,若仅依靠购买市售纯品,不仅价值较贵,有时也不一定能满足反应的要求,因此了解有机溶剂性质及纯化方法,是十分必要的。有机溶剂的纯化是有机合成工作的一项基本操作,这里介绍了市售的普通溶剂在实验室条件下常用的纯化方法。

1. 无水乙醚 (absolute ether)

bp 34.51 ℃, n_D^{20} 1.3526, d_4^{20} 0.71378

普通乙醚中常含有一定量的水、乙醇及少量过氧化物等杂质,这对于要求以无水乙醚作溶剂的反应 (如 Grignard 反应),不仅影响反应的进行,且易发生危险。制备无水乙醚时首先要检验有无过氧化物。为此取少量乙醚与等体积的 2% 碘化钾溶液,加入几滴稀盐酸一起振摇,若能使淀粉溶液呈紫色或蓝色,即证明有过氧化物存在。除去过氧化物可在分液漏斗中加入普通乙醚和相当于乙醚体积 1/5 的新配制硫酸亚铁溶液[1],剧烈摇动后分去水溶液。除去过氧化物后,按照下述操作进行精制。

[步骤]

在 250 mL 圆底烧瓶中,放置 100 mL 除去过氧化物的普通乙醚和几粒沸石,装上冷凝管。加上盛有 10 mL 浓硫酸[2] 的滴液漏斗。通入冷凝水,将浓硫酸慢慢滴入乙醚中,由于脱水作用所产生的热,乙醚会自行沸腾。加完后摇动反应物。

待乙醚停止沸腾后,拆下冷凝管,改成蒸馏装置。在收集乙醚的接收瓶支管上连一氯化钙干燥管,并用与干燥管连接的橡胶管把乙醚蒸气导入水槽。加入沸石后，用事先准备好的水浴加热蒸馏。蒸馏速度不宜太快，以免乙醚蒸气冷凝不下来而逸散室内[3]。当收集到约 70 mL 乙醚，且蒸馏速度显著变慢时，即可停止蒸馏。瓶内所剩残液，倒入指定的回收瓶中，切不可将水加入残液中 (为什么?)。

将蒸馏收集的乙醚倒入干燥的锥形瓶中，加入 1 g 钠屑或 1 g 钠丝，然后用带有氯化钙干燥管的软木塞塞住，或在木塞中插入一末端拉成毛细管的玻璃管，这样可以防止潮气侵入并可使产生的气体逸出。放置 24 h 以上，使乙醚中残留的少量水和乙醇转化为氢氧化钠和乙醇钠。如不再有气泡逸出，同时钠的表面较好，则可储放备用。如放置后，金属钠表面已全部发生作用，需重新压入少量钠丝，放置至无气泡发生。这种无水乙醚可符合一般无水要求[4]。

[注释]

[1] 硫酸亚铁溶液的配制：在 110 mL 水中加入 6 mL 浓硫酸，然后加入 60 g 硫酸亚铁。硫酸亚铁溶液久置后容易氧化变质，因此需在使用前临时配制。使用较纯的乙醚制取无水乙醚时，可免去硫酸亚铁溶液洗涤。

[2] 也可在 100 mL 乙醚中加入 4～5 g 无水氯化钙代替浓硫酸作干燥剂，并在下步操作中用五氧化二磷代替金属钠而制得合格的无水乙醚。

[3] 乙醚沸点低 (34.51 ℃)，极易挥发 (20 ℃ 时蒸气压为 58.9 kPa)，且蒸气比空气重 (约为空气的 2.5 倍)，容易聚集在桌面附近或低凹处。当空气中含有 1.85%～36.5% 的乙醚蒸气时，遇火即会发生燃烧爆炸。故在使用和蒸馏过程中，一定要谨慎小心，远离火源。尽量不让乙醚蒸气散发到空气中，以免造成意外。

[4] 如需要更纯的乙醚时，则在除去过氧化物后，应再用 0.5% 高锰酸钾溶液与乙醚共振摇，使其中含有的醛类氧化成酸，然后依次用 5% 氢氧化钠溶液、水洗涤。经干燥，蒸馏，再压入钠丝。

2. 绝对乙醇 (absolute ethylalcohol)

bp 78.5 ℃, n_D^{20} 1.3611, d_4^{20} 0.7893

市售的无水乙醇一般只能达到 99.5% 的纯度，在许多反应中需用纯度更高的绝对乙醇，经常需自己制备。通常工业用的 95.5% 的乙醇不能直接用蒸馏法制取无水乙醇，因 95.5% 乙醇和 4.5% 的水形成恒沸点混合物。要将水除去，第一步是加入氧化钙 (生石灰) 煮沸回流，使乙醇中的水与生石灰作用生成氢氧化钙，然后再将无水乙醇蒸出。这样得到无水乙醇，纯度最高约 99.5% 。纯度更高的无水乙醇可用金属镁或金属钠进行处理。

$$2C_2H_5OH + Mg \longrightarrow (C_2H_5O)_2Mg + H_2\uparrow$$

$$(C_2H_5O)_2Mg + 2H_2O \longrightarrow 2C_2H_5OH + Mg(OH)_2$$

$$C_2H_5OH + Na \longrightarrow C_2H_5ONa + \frac{1}{2}H_2\uparrow$$

$$C_2H_5ONa + H_2O \rightleftharpoons C_2H_5OH + NaOH$$

[步骤]

(1) 无水乙醇 (含量 99.5%) 的制备。

在 500 mL 圆底烧瓶[1] 中，放置 200 mL 95% 乙醇和 50 g 生石灰[2]，用木塞塞紧瓶口，放置至下次实验 [3]。

下次实验时，拔去木塞，装上回流冷凝管，其上端接一氯化钙干燥管，在水浴上回流加热 2～3 h，稍冷后取下冷凝管，改成蒸馏装置。蒸去前馏分后，用干燥的吸滤瓶或蒸馏瓶作接收器，其支管接一氯化钙干燥管，使与大气相通。用水浴加热，蒸馏至几乎无液滴流出为止。称量无水乙醇的质量或量其体积, 计算收率。

(2) 绝对乙醇 (含量 99.95%) 的制备。

① 用金属镁制取。在 250 mL 的圆底烧瓶中, 放置 0.6 g 干燥纯净的镁条, 10 mL 99.5% 乙醇, 装上回流冷凝管, 并在冷凝管上端附加一支无水氯化钙干燥管。在沸水浴上或用火直接加热使达微沸, 移去热源, 立刻加入几粒碘 (此时注意不要振荡), 顷刻即在碘粒附近发生作用, 最后可以达到相当剧烈的程度。有时作用太慢则需加热, 如果在加碘之后, 作用仍不开始, 则可再加入数粒碘 (一般来说, 乙醇与镁的作用是缓慢的, 如所用乙醇含水量超过 0.5% 则作用尤其困难)。待全部镁已经作用完毕后, 加入 100 mL 99.5% 乙醇和几粒沸石。回流 1 h。蒸馏, 产物收存于玻璃瓶中, 用一橡胶塞或磨口塞塞住。

② 用金属钠制取。装置和操作同①, 在 250 mL 圆底烧瓶中, 放置 2 g 金属钠[4] 和 100 mL 纯度至少为 99% 的乙醇, 加入几粒沸石。加热回流 30 min 后, 加入 4 g 邻苯二甲酸二乙酯[5], 再回流 10 min。取下冷凝管, 改成蒸馏装置, 按收集无水乙醇的要求进行蒸馏。产品储于带有磨口塞或橡胶塞的容器中。

[注释]

[1] 本实验中所用仪器均需彻底干燥。由于无水乙醇具有很强的吸水性, 故操作过程中和存放时必须防止水分进入。

[2] 一般用干燥剂干燥有机溶剂时, 在蒸馏前必须先过滤除去。但氧化钙与乙醇中的水反应生成的氢氧化钙, 因在加热时不分解, 故可留在瓶中一起蒸馏。

[3] 若不放置, 可适当延长回流时间。

[4] 金属钠的使用见第三部分实验四十四。

[5] 加入邻苯二甲酸二乙酯的目的是利用它与氢氧化钠发生如下反应:

$$C_6H_4(COOC_2H_5)_2 + 2NaOH \longrightarrow C_6H_4(COONa)_2 + 2C_2H_5OH$$

因此消除了乙醇和氢氧化钠生成乙醇钠与水的作用, 这样制得的乙醇可达到极高的纯度。

3. 无水甲醇 (absolute methylalcolhol)

bp 64.96 ℃, n_D^{20} 1.3288, d_4^{20} 0.7914

市售的甲醇是由合成而来, 含水量不超过 0.5%～1%。由于甲醇和水不能形成共沸混合物, 为此可借助高效的精馏柱将少量水除去。精制甲醇含有 0.02% 的丙酮和 0.1% 的水, 一般已可应用。如要制得无水甲醇, 可用镁的办法 (见无水乙醇)。若含水量低于 0.1% , 亦可用 3 Å 或 4 Å 分子筛干燥。甲醇有毒, 处理时应避免吸入其蒸气。

4. 无水无噻吩苯 (benzene)

bp 80.1 ℃, n_D^{20} 1.5011, d_4^{20} 0.87865

普通苯含有少量的水 (可达 0.02%), 由煤焦油加工得来的苯还含有少量噻吩 (沸点 84 ℃), 不能用分馏或分步结晶等方法分离除去。为制得无水、无噻吩的苯可采用下列方法:

在分液漏斗内将普通苯及相当苯体积 15% 的浓硫酸一起摇荡, 摇荡后将混合物静置, 弃去底层的酸液, 再加入新的浓硫酸, 这样复重操作直至酸层呈现无色或淡黄色, 且检验无噻吩为止。分去酸层, 苯层依次用水、10% 碳酸钠溶液、水洗涤, 用氯化钙干燥, 蒸馏, 收集 80 ℃ 的馏分。若要高度干燥可加入钠丝 (见无水乙醚) 进一步去水。由石油加工得来的苯一般可省去除噻吩的步骤。

噻吩的检验: 取 5 滴苯于小试管中, 加入 5 滴浓硫酸及 1～2 滴 1% α,β-吲哚醌-浓硫酸溶液, 振荡片刻。如呈墨绿色或蓝色, 表示有噻吩存在。

苯是高毒性的化合物,操作需在通风橱中进行,避免吸入其蒸气。

5. 甲苯 (toluene)

bp 110.2 ℃, n_D^{20} 1.49693, d_4^{20} 0.8660

普通甲苯含少量的水,由煤焦油加工得来的甲苯还可能含有少量噻吩,可采用下列方法精制:

用无水氯化钙将甲苯进行干燥,过滤后加入少量金属钠片,进行蒸馏,即得无水甲苯。

除去甲基噻吩是将 1000 mL 甲苯加入 100 mL 浓硫酸,摇荡约 30 min (温度不要超过 30 ℃),除去酸层,然后再分别用水、10% 碳酸钠水溶液和水洗涤,以无水氯化钙干燥过夜,过滤后进行蒸馏,收集纯品。

6. 丙酮 (acetone)

bp 56.2 ℃, n_D^{20} 1.3588, d_4^{20} 0.7899

普通丙酮中往往含有少量水及甲醇、乙醛等还原性杂质,可用下列方法精制:

(1) 用 100 mL 丙酮中加入 0.5 g 高锰酸钾回流,以除去还原性杂质,若高锰酸钾紫色很快消失,需要补加少量高锰酸钾继续回流,直至紫色不再消失为止。蒸出丙酮,用无水碳酸钾或无水硫酸钙干燥,过滤,蒸馏收集 55～56.5 ℃ 的馏分。

(2) 于 100 mL 丙酮中加入 4 mL 10% 硝酸银溶液及 35 mL 0.1 mol·L^{-1} 氢氧化钠溶液,振荡 10 min,除去还原性杂质。过滤,滤液用无水硫酸钙干燥后,蒸馏收集 55～56.5 ℃ 的馏分。

7. 乙酸乙酯 (ethyl acetate)

bp 77.06 ℃, n_D^{20} 1.3723, d_4^{20} 0.9003

市售的乙酸乙酯中含少量水、乙醇和乙酸,可用下述方法精制。

(1) 于 100 mL 乙酸乙酯中加入 10 mL 乙酸酐,1 滴浓硫酸,加热回流 4 h,除去乙醇及水等杂质,然后进行分馏。馏液用 2～3 g 无水碳酸钾振荡干燥后蒸馏,最后产物的沸点为 77 ℃,纯度达 99.7%。

(2) 将乙酸乙酯先用等体积 5% 碳酸钠溶液洗涤,再用饱和氯化钙溶液洗涤,然后用无水碳酸钾干燥后蒸馏。

8. 二硫化碳 (carbon disulfide)

bp 46.25 ℃, n_D^{20} 1.63189, d_4^{20} 1.2661

二硫化碳为有较高毒性的液体 (能使血液和神经中毒),它具有高度的挥发性和易燃性,所以使用时必须十分小心,避免吸入其蒸气。一般有机合成实验中对二硫化碳要求不高,可在普通二硫化碳中加入少量研碎的无水氯化钙,干燥后滤去干燥剂,然后在水浴中蒸馏收集。

若要制得较纯的二硫化碳,则需将试剂级的二硫化碳用 0.5% 高锰酸钾水溶液洗涤 3 次,除去硫化氢,再用汞不断振荡除去硫,最后用 2.5% 硫酸汞溶液洗涤,除去所有恶臭 (剩余的硫化氢),再经氯化钙干燥,蒸馏收集。其纯化过程的反应式如下:

$$3H_2S + 2KMnO_4 \longrightarrow 2MnO_2\downarrow + 3S\downarrow + 2H_2O + 2KOH$$

$$Hg + S \longrightarrow HgS\downarrow$$

$$HgSO_4 + H_2S \longrightarrow HgS\downarrow + H_2SO_4$$

9. 氯仿 (chloroform)

bp 61.7 ℃, n_D^{20} 1.4459, d_4^{20} 1.4832

普通用的氯仿含有 1% 的乙醇,这是为了防止氯仿分解为有毒的光气,作为稳定剂加进去的。为了除去乙醇,可以将氯仿用一半体积的水振荡数次,然后分出下层氯仿,用无水氯化钙干燥数小时后蒸馏。

另一种精制方法是将氯仿与小量浓硫酸一起振荡两三次。每 100 mL 氯仿,用浓硫酸 5 mL。分去酸层以后的氯仿用水洗涤,干燥,然后蒸馏。除去乙醇的无水氯仿应保存于棕色瓶子里,并且不要见光,以免分解。

10. 石油醚 (petroleum)

石油醚为轻质石油产品,是低相对分子质量烃类(主要是戊烷和己烷)的混合物。其沸程为 30~150 ℃,收集的温度区间一般为 30 ℃左右,如有 30~60 ℃、60~90 ℃、90~120 ℃等沸程规格的石油醚。石油醚中含有少量不饱和烃,沸点与烷烃相近,用蒸馏法无法分离,必要时可用浓硫酸和高锰酸钾将其除去。通常将石油醚用其体积十分之一的浓硫酸洗涤两三次,再用 10% 的硫酸加入高锰酸钾配成的饱和溶液洗涤,直至水层中的紫色不再消失为止。然后再用水洗,经无水氯化钙干燥后蒸馏。如要绝对干燥的石油醚则加入钠丝 (见无水乙醚的纯化)。

11. 吡啶 (pyridine)

bp 115.5 ℃, n_D^{20} 1.5095, d_4^{20} 0.9819

分析纯的吡啶含有少量水分,但已可供一般应用。如要制得无水吡啶,可与粒状氢氧化钾或氢氧化钠一同回流,然后隔绝潮气蒸出备用。干燥的吡啶吸水性很强,保存时应将容器口用石蜡封好。

12. *N*,*N*-二甲基甲酰胺 (*N*,*N*-dimethyl forinamide)

bp 149~156 ℃, n_D^{20} 1.4305, d_4^{20} 0.9487

N,*N*-二甲基甲酰胺含有少量水分。在常压蒸馏时有些分解,产生二甲胺与一氧化碳。若有酸或碱存在时,分解加快,所以在加入固体氢氧化钾或氢氧化钠在室温放置数小时后,即有部分分解。因此,最好用硫酸钙、硫酸镁、氧化钡、硅胶或分子筛干燥,然后减压蒸馏,收集 76 ℃/4.79 kPa (36 mmHg) 的馏分。其中含水较多时,可加入十分之一体积的苯,在常压及 80 ℃以下蒸去水和苯,然后用硫酸镁或氧化钡干燥,再进行减压蒸馏。

N,*N*-二甲基甲酰胺中如有游离胺存在,可用 2,4-二硝基氟苯产生颜色来检查。

13. 四氢呋喃 (tetrahydrofuran)

bp 67 ℃ (64.5 ℃), n_D^{20} 1.4050, d_4^{20} 0.8892

四氢呋喃是具有乙醚气味的无色透明液体,市售的四氢呋喃常含有少量水分及过氧化物。如要制得无水四氢呋喃可与氢化锂铝在隔绝潮气下回流 (通常 1000 mL 需 2~4 g 氢化铝锂) 除去其中的水和过氧化物,然后在常压下蒸馏,收集 66 ℃的馏分。精制后的液体应在氮气氛中保存,如需较久放置,应加 0.025% 2,6-二叔丁基-4-甲基苯酚作抗氧剂。处理四氢呋喃时,应先用小量进行试验,以确定只有少量水和过氧化物,作用不致过于猛烈时,方可进行。

四氢呋喃中的过氧化物可用酸化的碘化钾溶液来试验。如过氧化物较多,可用硫酸亚铁溶液除去 (见无水乙醚的纯化)。

14. 二甲亚砜 (dimethyl sulfone)

bp 189 ℃ (mp 18.5 ℃), n_D^{20} 1.4783, d_4^{20} 1.0954

二甲亚砜为无色、无臭、微带苦味的吸湿性液体。常压下加热至沸腾可部分分解。市售试剂级二甲亚砜含水量约为 1%,通常先减压蒸馏,然后用 4 Å 分子筛干燥,或用氢化钙粉末搅拌 4~8 h,再减压蒸馏收集 64~65 ℃/533 Pa (4 mmHg) 馏分。蒸馏时,温度不宜高于 90 ℃,否则会发生歧化反应生成二甲砜和二甲硫醚。二甲亚砜与某些物质混合时可能发生爆炸,例如氢化钠、高碘酸或高氯酸镁等,应予注意。

15. 二氧六环 (dioxane)

bp 101.523 (mp 12 ℃), n_D^{20} 1.4224, d_4^{20} 1.0336

二氧六环与醚相似,可与水任意混合。普通二氧六环中含有少量二乙醇缩醛与水,久储的二氧六环还可能含有过氧化物。

二氧六环的纯化,一般加入 10% 质量的浓盐酸与之回流 3 h,同时慢慢通入氮气,以除去生成的乙醛,冷至室温,加入粒状氢氧化钾直至不再溶解。然后分去水层,用粒状氢氧化钾干燥过夜后,过滤,再加金属钠加热回流数小时,蒸馏后压入钠丝保存。

16. 1,2-二氯乙烷 (1, 2-dichloro ethane)

bp 83.4 ℃, n_D^{20} 1.4448, d_4^{20} 1.2531

1,2-二氯乙烷为无色油状液体,有芳香味,溶于 120 份水中,可与水形成恒沸混合物,沸点 72 ℃,其中含 81.5% 的 1,2-二氯乙烷,可与乙醇、乙醚、氯仿等相混溶。在结晶和提取时是极有用的溶剂,比常用的含氯有机溶剂更为活泼。

一般纯化可依次用浓硫酸、水、稀碱溶液和水洗涤,用无水氯化钙干燥或加入五氧化二磷分馏即可。

17. 正己烷 (*n*-hexane)

bp 68.7 ℃, n_D^{20} 1.3751, d_4^{20} 0.66

正己烷来自石油的精密分馏产品,往往含有不饱和烃和苯等杂质,故先用 $KMnO_4$ 溶液洗至紫色不变以除去不饱和烃类;第二步用含 20%～30% SO_3 的发烟硫酸洗至酸层不变颜色以洗去苯。分去酸层后,用水洗去残留酸,再用 5%～10% NaOH(或 Na_2CO_3) 洗至酚酞呈粉红色,加无水氯化钙干燥。过滤后用金属钠进一步脱水和保护。使用前蒸馏,收集所需馏分。

Ⅶ 乙醚的 MSDS 数据示例

乙醚										
CAS No.	PS	Color	Odor	FP	BP	MP	d	VP	VD	Sol
60-29-7	液体	无色	甜味	−40	35	−116	0.7	442 torr @ 20	2.6	6.9%

危险/暴露类型	急性危害/症状	预防	急救/火
易燃	严重火灾与爆炸危险;可能形成易爆的过氧化物;蒸气可能被远距离引燃	无火焰与火花,不与热表面接触	泡沫,二氧化碳,干粉,水
吸入	抑制中枢神经系统,常伴有嗜睡、头晕、恶心、头痛和体温降低等症状	通风换气,局部排气	避免接触危险源;必要时进行人工呼吸;及时就医
皮肤	皮肤刺激、脱脂和干燥	佩戴防护手套	除去被污染物;用清水彻底清洗皮肤
眼睛	严重炎症	佩戴安全护目镜	用清水彻底清洗眼睛几分钟,摘除隐形眼镜,并立即就医
摄入	抑制中枢神经系统,常伴恶心、呕吐、嗜睡、头晕;胃部迅速膨胀,妨碍呼吸等症状	禁止在实验室饮食	立即就医
致癌性	不是已知的致癌物	诱变	潜在的诱变剂

有关乙醚更详细的信息,请查阅该化合物的材料安全数据表。

缩写含义: CAS No.= 化学文摘服务登记号; PS= 物理状态; FP= 闪点 (℃); BP= 沸点 (℃)@760 torr (除非另有说明); MP= 熔点 (℃); d= 密度或比重 ($g \cdot mL^{-1}$); VP= 相对于空气的蒸气密度 (1.0); Sol= 在水中的溶解度。

Ⅷ 乙醚的 MSDS 概述

名称	醚	评价与标准	OSHA 标准-空气: TWA 400 ppm
其他名称	乙醚	健康危害	吸入、误食或皮肤吸收可能有害。蒸气或薄雾对眼睛、黏膜和上呼吸道有刺激作用。刺激皮肤。接触会引起咳嗽、胸痛、呼吸困难、恶心、头痛和呕吐
CAS 注册号	60-29-7	急救	一旦接触,立即用大量的水冲洗眼睛或皮肤至少 15 min,同时脱掉被污染的衣服和鞋子。如被吸入,移至新鲜空气处,必要时进行人工呼吸,或给予吸氧。如误食,需用清水漱口,并立即就医
结构	$(CH_3CH_2)_2O$	不兼容	氧化剂和高温
MP	−116 ℃	灭火媒介	二氧化碳,干粉,聚合物泡沫
BP	34.6 ℃(760 Torr)	分解产物	一氧化碳、二氧化碳的有毒或有害的烟雾
FP	−40 ℃	处理和储存	佩戴合适的呼吸器、耐化学物质手套、护目镜与防护服等。不要吸入蒸气。避免接触眼睛、皮肤和衣服,否则需要彻底清洗刺激物。长时间储存形成易爆的过氧化物,应冷藏保存。极度易燃。蒸气应远离火源,储存容器接触火源易发生爆炸。在无水的条件下易形成易爆的过氧化物;需加入0.0001% BHT 抑制
外观	无色液体	溢出	远离所有火源。加上活性炭吸附剂,置于密闭容器中,带到室外
刺激数据	人眼 100 ppm	处理	储存在有明确标签的容器中,直到容器交给经批准的承包商并按照当地法规进行处置
毒性数据	人体,口服 LDL_0 260 mg/kg		

IX ^{1}H NMR 和 ^{13}C NMR 化学位移的近似值

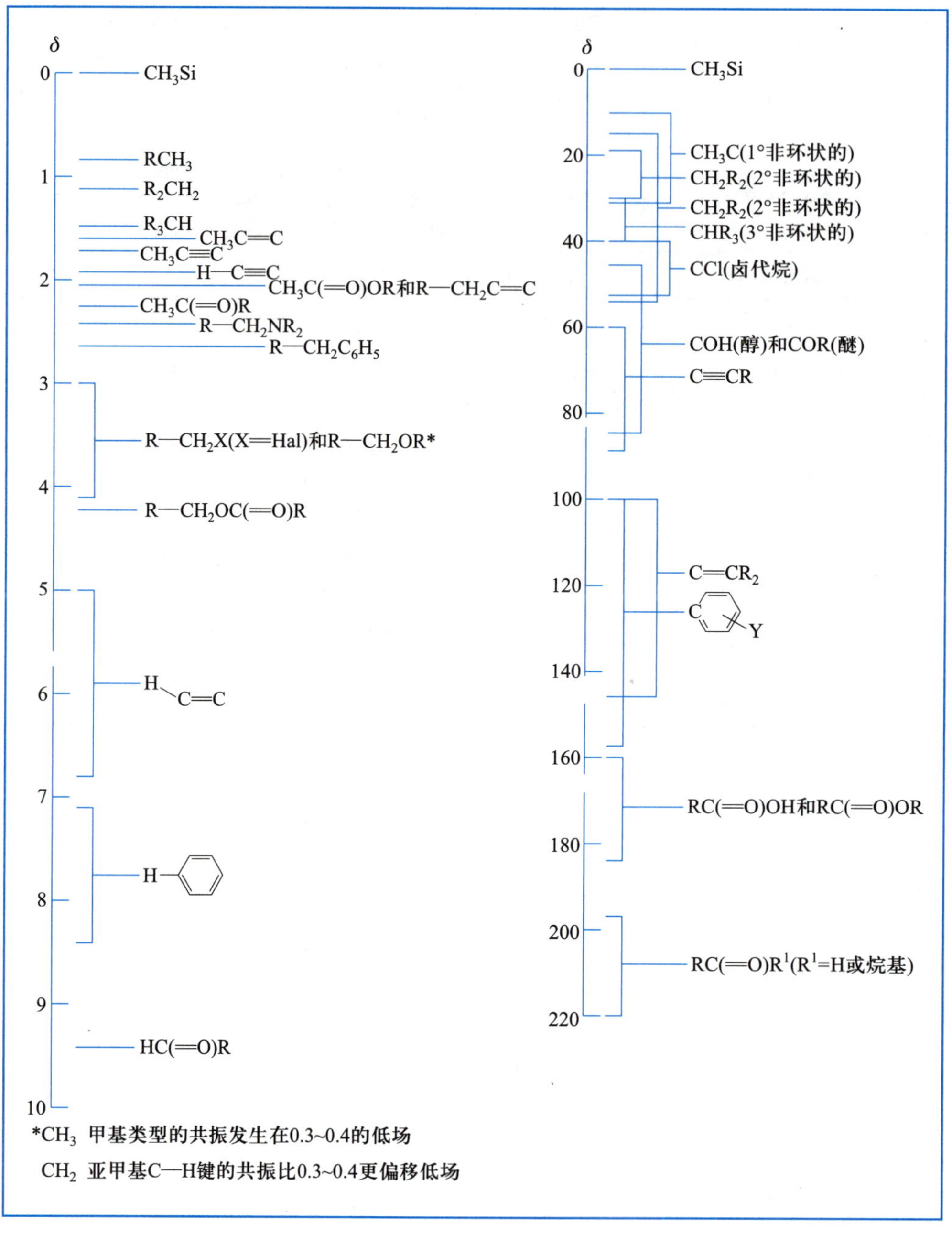

*CH_3 甲基类型的共振发生在0.3~0.4的低场

CH_2 亚甲基C—H键的共振比0.3~0.4更偏移低场

参考书目

[1] 北京大学化学与分子工程学院有机化学研究所. 张奇涵, 关烨第, 关玲, 修订. 有机化学实验. 3 版. 北京: 北京大学出版社, 2015.

[2] 谷珉珉, 贾韵仪, 姚子鹏. 有机化学实验. 上海: 复旦大学出版社, 1991.

[3] 刘湘, 刘士荣. 有机化学实验. 3 版. 北京: 化学工业出版社, 2020.

[4] 曹健, 郭玲香. 有机化学实验. 3 版. 南京: 南京大学出版社, 2018.

[5] 汪志勇, 查正根, 郑小琦. 实用有机化学实验高级教程. 北京: 高等教育出版社, 2016.

[6] 阴金香. 基础有机化学实验. 北京: 清华大学出版社, 2010.

[7] 林敏, 周金梅, 阮永红. 小量-半微量-微量有机化学实验. 北京: 高等教育出版社, 2010.

[8] 高占先, 于丽梅. 有机化学实验. 5 版. 北京: 高等教育出版社, 2016.

[9] 曾和平. 有机化学实验. 5 版. 北京: 高等教育出版社, 2022.

[10] 李吉海, 刘金庭. 基础化学实验 (Ⅱ) —— 有机化学实验. 2 版. 北京: 化学工业出版社, 2020.

[11] 陈琳, 孙福强. 有机化学实验. 2 版. 北京: 科学出版社, 2013.

[12] 何树华, 朱晔, 张向阳. 有机化学实验. 2 版. 武汉: 华中科技大学出版社, 2021.

[13] 龚跃法, 等. 基础化学实验—有机与高分子化学实验分册. 北京: 高等教育出版社, 2021.

[14] 王玉良, 陈静荣, 等. 有机化学实验. 北京: 科学出版社, 2020.

[15] 孟长功, 等. 基础化学实验. 3 版. 北京: 高等教育出版社, 2019.

[16] 房芳, 谭斌. 有机化学实验. 北京: 高等教育出版社, 2020.

[17] 王福来. 有机化学实验. 武汉: 武汉大学出版社, 2001.

[18] 黄涛. 有机化学实验. 2 版. 北京: 高等教育出版社, 1998.

[19] 焦家俊. 有机化学实验. 2 版. 上海: 上海交通大学出版社, 2010.

[20]《有机化学实验技术》编写组. 有机化学实验技术. 北京: 科学出版社, 1978.

[21] 王伯康. 综合化学实验. 南京: 南京大学出版社, 2000.

[22] 周宁怀, 王德琳. 微型有机化学实验. 北京: 科学出版社, 1999.

[23] 吴世晖. 中级有机化学实验. 北京: 高等教育出版社, 1986.

[24] 陈长水. 微型有机化学实验. 北京: 化学工业出版社, 1998.

[25] 帕维亚, 丁新腾, 译. 现代有机化学实验技术导论. 北京: 科学出版社, 1985.

[26] Gilbert J C, Martin S F. Experimental organic chemistry: a miniscale and microscalel approach. 6th ed. Belmont, CA: Thomson Boots/Cole, 2016.

[27] Smith B V, Furniss B S, Volgel A I. Vogel's elementary practical organic chemistry. 5th ed. New York: Halslead press, 1989.

[28] Bell C E, Clark A K, Taber D F, et al. Organic chemistry laboratory: standard and microscale experiments. 2nd ed. New York: Saunders College Publishing, 1997.

[29] Mohrig J R, Hammond C N, Morrill T C, et al. Experimental organic chemistry: a balanced approach, macroscale and microscale. New York: W H Freeman, 1999.

[30] Palleros D R. Experimental organic chemistry. New York: Wiley, 2000.

[31] Pavia D L, Lampman G M, Kriz G S. Introduction to organic laboratory techniques: a contemporary approach. 3rd ed. Philadelphia: Saunders College Publishing, 1998.

[32] Wilcox C F. Experimental organic chemistry: a small scale approach. New York: Macmillan, 1988.

郑重声明

读者意见反馈

为收集对教材的意见建议，进一步完善教材编写并做好服务工作，读者可将对本教材的意见建议通过如下渠道反馈至我社。

咨询电话　400-810-0598

反馈邮箱　hepsci@pub.hep.cn

通信地址　北京市朝阳区惠新东街4号富盛大厦1座

　　　　　高等教育出版社理科事业部

邮政编码　100029

防伪查询说明

用户购书后刮开封底防伪涂层，使用手机微信等软件扫描二维码，会跳转至防伪查询网页，获得所购图书详细信息。

防伪客服电话　（010）58582300